广东省市政基础设施工程竣工验收技术资料系列培训教材

广东省市政基础设施工程竣工验收技术资料统一用表（2019版）—城市轨道交通分册

广东省市政行业协会　组织编写

中国建筑工业出版社

图书在版编目(CIP)数据

广东省市政基础设施工程竣工验收技术资料统一用表 2019 版，一城市轨道交通分册/广东省市政行业协会组织编写. 一北京：中国建筑工业出版社，2019.3

广东省市政基础设施工程竣工验收技术资料系列培训教材

ISBN 978-7-112-23315-1

Ⅰ. ①广… Ⅱ. ①广… Ⅲ. ①城市铁路-轨道交通-市政工程-工程验收-广东-技术培训-教材 Ⅳ. ①TU99

中国版本图书馆 CIP 数据核字(2019)第 029223 号

责任编辑：李　明　李　杰

责任校对：赵　颖

广东省市政基础设施工程竣工验收技术资料系列培训教材

广东省市政基础设施工程竣工验收技术资料统一用表（2019 版）

一城市轨道交通分册

广东省市政行业协会　组织编写

*

中国建筑工业出版社出版、发行（北京海淀三里河路 9 号）

各地新华书店、建筑书店经销

北京红光制版公司制版

北京圣夫亚美印刷有限公司印刷

*

开本：880×1230 毫米　1/16　印张：57¾　字数：1788 千字

2019 年 4 月第一版　　2019 年 4 月第一次印刷

定价：**198.00** 元

ISBN 978-7-112-23315-1

(33626)

（邮政编码 100037）

本书编委会

主编单位： 广东省市政行业协会
广州地铁集团有限公司
广东省建筑科学研究院集团股份有限公司

参编单位： 中国中铁股份有限公司
广州市建设工程质量监督站
广州市市政工程安全质量监督站
深圳市地铁集团有限公司
广东华隧建设集团股份有限公司
广州轨道交通建设监理有限公司
深圳市市政工程质量安全监督总站
东莞市建设工程质量监督站
广东工程建设监理公司
广州市盾建地下工程有限公司
广州市建设工程质量安全检测中心
深圳建设工程检测工程检测中心

主　　审： 蔡　瀛

副 主 审： 林兆雄　冼莉华　简旭华　袁建强　曾庆鹏　黄悦波　申新亚　张　平

审　　查： 罗家侠　乔军志　沈思远　饶　瑞　戴　飞　陈晓娟　温晓虎　张　荣　彭勇波　钟小铟

主　　编： 唐建新　麦志坚　袁　丽　龙宇航　陈乔松　苏振宇　邓　浩　汪良旗　刘　辉　张作萍　李　健　金德成　李仲峰　张　成　谢　颖　梁健芳

参编人员： 戴四化　易　觉　钟长平　周忽湘　古　力　毛吉化　刘绪普　王　晖　马建梅　李海明　汪　超　刘糖果　周　舟　朱彩红　汪全信　朱晓平　黎　寿　葛　斌　仇培云　李　婕　黄　玲　杨少华　刘　健　简　锋　关丽娟　程　勤　徐加兵　刘　丽　罗　忠　石雪峰　陈嘉诚　郑新泽　乔　明　林锐深　蔡志刚

顾　　问： 丁建隆　何　霖　孙成伟

前　言

为加强我省城市轨道交通工程竣工验收技术资料管理，体现工程建设过程程序的合法性，保证竣工验收资料规范、齐全，提高工程质量的整体管理水平，在省住房城乡建设厅大力支持下，我会联同广州地铁集团有限公司和广东省建筑科学研究院集团股份有限公司组织了建设、监督、监理、检测、施工等相关单位组织专家依据《住房城乡建设部关于印发城市轨道交通建设工程验收管理暂行办法的通知》（建质〔2014〕42号），共同编制了《广东省市政基础设施工程竣工验收技术资料统一用表（2019版）—城市轨道交通分册》（以下简称《轨道统表》）。

该表以《广东省市政基础设施工程竣工验收技术资料统一用表》（2019版）（以下简称《市政统表》）和《广东省房屋建筑工程竣工验收资料统一用表》（2016版）（以下简称《房建统表》）为基础，参考《住房城乡建设部关于印发城市轨道交通建设工程验收管理暂行办法的通知》（建质〔2014〕42号）、《广东省建设工程质量管理条例》（广东省第十二届人民代表大会常务委员会公告（第4号））、《建筑工程施工质量验收统一标准》GB 50300—2013、《建设工程监理规范》GB/T 50319—2013、《通风与空调工程施工质量验收规范》GB 50243—2016、《自动喷水灭火系统施工及验收规范》GB 50261—2017、《建筑装饰装修工程施工质量验收规范》GB 50210—2018、《地下铁道工程施工及验收规范》GB 50299—1999（20013版）、《城市轨道交通信号工程施工质量验收规范》GB 50578—2010、《城市轨道交通自动售检票系统工程质量验收规范》GB 50381—2010、《地铁节能工程施工及验收规范》DBJ15—114—2016、《盾构法隧道施工与验收规范》GB 50446—2017、等现行的法规、标准，对城市轨道交通建设全过程各专业的检验批、分项、分部、单位（子单位）工程竣工验收等技术资料用表进行编制，从而达到城市轨道交通工程竣工资料编制有章可循、规范、统一。

《轨道统表》在文件分类上与《市政统表》保持一致，涵盖基建程序文件、监理用表、施工管理文件、进场施工物资质量证明文件、见证取（抽）样检验（测）报告、施工记录文件、施工过程质量验收文件、工程竣工验收文件共八大类；同时，以相同技术用表沿用《市政统表》和《房建统表》，新增轨道工程、供电系统、信号系统、自动售检票系统、屏蔽门等城市轨道交通特有的专业技术用表为原则进行编制。《轨道统表》共有1541份表格，其中沿用《市政统表》641份，《房建统表》406份、新增专业技术用表494份。

《轨道统表》的编制过程中，得到了省住房城乡建设厅领导、质量安全监督处领导、广东省市政行业协会编制组专家的指导，以及有关单位的大力支持。在此，衷心感谢参与编写的专家们和支持、帮助本次修订工作的所有领导和同行们！

《轨道统表》在使用过程中，欢迎使用单位随时将有关意见和建议反馈我们，以便今后作进一步修改完善。

广东省市政行业协会

二〇一八年八月

目　　录

5.1.19 轨道试·材-19 岩石抗压强度试验报告 市政试·材-19
5.1.20 轨道试·材-20 蒸压加气混凝土砌块检验报告 GD-C3-518
5.1.21 轨道试·材-21 轻集料混凝土小型空心砌块检验报告 GD-C3-519
5.1.22 轨道试·材-22 普通混凝土小型空心砌块检验报告 GD-C3-5110
5.1.23 轨道试·材-23 烧结普通砖试验报告 市政试·材-20
5.1.24 轨道试·材-24 烧结多孔砖检验报告 GD-C3-5112
5.1.25 轨道试·材-25 烧结空心砖砌块检验报告 GD-C3-5114
5.1.26 轨道试·材-26 混凝土路面砖试验报告 市政试·材-21
5.1.27 轨道试·材-27 蒸压灰砂砖试验报告 市政试·材-22
5.1.28 轨道试·材-28 土工合成材料试验报告（封面） 市政试·材-23
5.1.29 轨道试·材-29 塑料排水板（带）试验报告 市政试·材-24
5.1.30 轨道试·材-30 高强螺栓力学性能试验报告（封面） 市政试·材-25
5.1.31 轨道试·材-31 金属洛氏硬度试验报告 市政试·材-26
5.1.32 轨道试·材-32 预应力筋-连接器组装件静载试验报告 市政试·材-27
5.1.33 轨道试·材-33 预应力波纹管检验报告 市政试·材-28
5.1.34 轨道试·材-34 桥梁橡胶支座力学性能试验报告 市政试·材-29
5.1.35 轨道试·材-35 小型预制混凝土构件质量试验报告 市政试·材-30
5.1.36 轨道试·材-36 预制混凝土排水管结构性能试验报告 市政试·材-31
5.1.37 轨道试·材-37 化学建材管试验报告 市政试·材-32
5.1.38 轨道试·材-38 PVC-U 塑料管道用胶粘剂检验报告 GD-C3-5155
5.1.39 轨道试·材-39 钢纤维混凝土检查井盖试验报告 市政试·材-33
5.1.40 轨道试·材-40 铸铁检查井盖试验报告 市政试·材-34
5.1.41 轨道试·材-41 再生树脂复合材料检查井盖试验报告 市政试·材-35
5.1.42 轨道试·材-42 环氧煤沥青涂料性能试验报告 市政试·材-36
5.1.43 轨道试·材-43 防水卷材试验报告 市政试·材-37
5.1.44 轨道试·材-44 防水涂料试验报告 市政试·材-38
5.1.45 轨道试·材-45 阀门压力试验报告 市政试·材-39
5.1.46 轨道试·材-46 电线检验报告 GD-C3-5157
5.1.47 轨道试·材-47 电缆检验报告 GD-C3-5158
5.1.48 轨道试·材-48 断路器检验报告 GD-C3-5159
5.1.49 轨道试·材-49 带过电流保护的漏电动作断路器检验报告 GD-C3-5160
5.1.50 轨道试·材-50 漏电动作断路器检验报告 GD-C3-5161
5.1.51 轨道试·材-51 照明开关检验报告 GD-C3-5162
5.1.52 轨道试·材-52 插座检验报告 GD-C3-5163
5.1.53 轨道试·材-53 风机盘管机组性能检验报告 GD-C3-5164
5.1.54 轨道试·材-54 建筑外门窗物理性能检验报告 GD-C3-5223
5.1.55 轨道试·材-55 建筑外门窗保温性能检验报告 GD-C3-5224
5.1.56 轨道试·材-56 建筑幕墙物理性能检验报告 GD-C3-5225
5.1.57 轨道试·材-57 建筑用硅酮结构密封胶相容性检验报告 GD-C3-5226
5.1.58 轨道试·材-58 建筑用硅酮结构密封胶检验报告 GD-C3-5128
5.1.59 轨道试·材-59 石材用密封胶检验报告 GD-C3-5129
5.1.60 轨道试·材-60 陶瓷墙地砖胶粘剂检验报告 GD-C3-5131
5.1.61 轨道试·材-61 建筑玻璃冲击性能检验报告 GD-C3-5132

5.2.63　轨道试·施-63　预埋/后置锚固件抗拔性能检验报告　GD-C3-5215
5.2.64　轨道试·施-64　钢结构无损检测试验报告　市政试·施-50
5.2.65　轨道试·施-65　钢结构防火涂层厚度检验报告　GD-C3-5221
5.2.66　轨道试·施-66　钢结构防腐涂层厚度检验报告　GD-C3-5222
5.2.67　轨道试·施-67　回弹法检测混凝土抗压强度报告　GD-C3-531
5.2.68　轨道试·施-68　钻芯法检测混凝土抗压强度报告　GD-C3-532
5.2.69　轨道试·施-69　超声回弹综合法检测混凝土抗压强度报告　GD-C3-533
5.2.70　轨道试·施-70　超声法检测混凝土缺陷报告　GD-C3-534
5.2.71　轨道试·施-71　混凝土结构钢筋保护层检测报告　GD-C3-535
5.2.72　轨道试·施-72　聚苯颗粒浆料试件检验报告　GD-C3-5145
5.2.73　轨道试·施-73　玻化微珠保温砂浆试件检验报告　GD-C3-5146
5.2.74　轨道试·施-74　外墙节能构造钻芯检验报告　GD-C3-5242
5.2.75　轨道试·施-75　外墙墙体传热系数检验报告　GD-C3-5243
5.2.76　轨道试·施-76　外墙饰面砖粘结强度检验报告　市政试·施-51
5.2.77　轨道试·施-77　土壤中氡浓度检验报告　GD-C3-5227
5.2.78　轨道试·施-78　混凝土拌合物氯离子含量检验报告　市政试·施-52
5.2.79　轨道试·施-79　园林铺装工程（园路）外观与形体质量检测报告　市政试·施-53
5.2.80　轨道试·施-80　园林植物病虫害调查检验报告　市政试·施-54
5.2.81　轨道试·施-81　钢轨移动式闪光焊接头检验报告　市政试·施-55
5.2.82　轨道试·施-82　钢轨铝热焊接头检验报告　市政试·施-56
5.2.83　轨道试·施-83　槽型钢轨移动式闪光焊接头检验报告　市政试·施-57
5.2.84　轨道试·施-84　钢轨超声波检测报告　市政试·施-58
5.2.85　轨道试·施-85　钢轨焊接型式试验报告　市政试·施-59
5.2.86　轨道试·施-86　钢轨焊接周期性生产检验报告　市政试·施-60
5.2.87　轨道试·施-87　发电机组负载试验报告　GD-C3-5246
5.2.88　轨道试·施-88　综合布线系统检测报告　GD-C3-5247
5.2.89　轨道试·施-89　公共广播系统检测报告　GD-C3-5248
5.2.90　轨道试·施-90　设备监控系统检测报告　GD-C3-5249
5.2.91　轨道试·施-91　视频监控系统检测报告　GD-C3-5250
5.2.92　轨道试·施-92　访客对讲电控防盗系统检测报告　GD-C3-5251
5.2.93　轨道试·施-93　入侵报警系统检测报告　GD-C3-5252
5.2.94　轨道试·施-94　出入口控制（门禁）系统检测报告　GD-C3-5253
5.2.95　轨道试·施-95　电子巡更系统检测报告　GD-C3-5254
5.2.96　轨道试·施-96　停车库（场）管理系统检测报告　GD-C3-5255
5.2.97　轨道试·施-97　计算机网络系统检测报告　GD-C3-5256
5.2.98　轨道试·施-98　平均照度和照明功率密度检测报告　GD-C3-5257
5.2.99　轨道试·施-99　电源质量检测报告　GD-C3-5258
5.2.100　轨道试·施-100　风管严密性和强度检测报告　GD-C3-5259
5.2.101　轨道试·施-101　组合式空调机组漏风率检测报告　GD-C3-5260
5.2.102　轨道试·施-102　通风与空调系统总风量和风口风量检测报告　GD-C3-5261
5.2.103　轨道试·施-103　定风量系统平衡度检测报告　GD-C3-5262
5.2.104　轨道试·施-104　空调机组冷冻水供回水温差检测报告　GD-C3-5263
5.2.105　轨道试·施-105　空调系统（冷冻、冷却）水流量检测报告　GD-C3-5264

7.1.2.66 轨道验·通-102 填方工程（场地平整）检验批质量验收记录 市政验·通-85

7.1.2.67 轨道验·通-103 边坡喷锚检验批质量验收记录 市政验·通-86

7.1.2.68 轨道验·通-104 挡土墙检验批质量验收记录 市政验·通-87

7.1.2.69 轨道验·通-105 边坡开挖检验批质量验收记录 市政验·通-88

7.1.2.70 轨道验·通-106 地基与基础分部工程质量控制资料核查记录 GD-C5-7321

7.1.2.71 轨道验·通-107 地基基础分部工程安全和功能检验资料核查及主要功能抽查记录 GD-C5-7331

7.1.2.72 轨道验·通-108 地基与基础分部工程观感质量检查评定记录汇总表 GD-C5-7341

7.1.2.73 轨道验·通-109 防水混凝土检验批质量验收记录 市政验·通-89

7.1.2.74 轨道验·通-110 水泥砂浆防水层检验批质量验收记录 市政验·通-90

7.1.2.75 轨道验·通-111 卷材防水层检验批质量验收记录 市政验·通-91

7.1.2.76 轨道验·通-112 涂料防水层检验批质量验收记录 市政验·通-92

7.1.2.77 轨道验·通-113 塑料板防水层检验批质量验收记录 市政验·通-93

7.1.2.78 轨道验·通-114 金属板防水层检验批质量验收记录 市政验·通-94

7.1.2.79 轨道验·通-115 膨润土防水材料防水层检验批质量验收记录 市政验·通-95

7.1.2.80 轨道验·通-116 施工缝检验批质量验收记录 市政验·通-96

7.1.2.81 轨道验·通-117 变形缝检验批质量验收记录 市政验·通-97

7.1.2.82 轨道验·通-118 后浇带检验批质量验收记录 市政验·通-98

7.1.2.83 轨道验·通-119 穿墙管检验批质量验收记录 市政验·通-99

7.1.2.84 轨道验·通-120 埋设件检验批质量验收记录 市政验·通-100

7.1.2.85 轨道验·通-121 预留通道接头检验批质量验收记录 市政验·通-101

7.1.2.86 轨道验·通-122 桩头检验批质量验收记录 市政验·通-102

7.1.2.87 轨道验·通-123 孔口检验批质量验收记录 市政验·通-103

7.1.2.88 轨道验·通-124 坑、池检验批质量验收记录 市政验·通-104

7.1.2.89 轨道验·通-125 喷锚支护（结构防水）检验批质量验收记录 市政验·通-105

7.1.2.90 轨道验·通-126 地下连续墙（结构防水）检验批质量验收记录 市政验·通-106

7.1.2.91 轨道验·通-127 盾构隧道（结构防水）检验批质量验收记录 市政验·通-107

7.1.2.92 轨道验·通-128 沉井（结构防水）检验批质量验收记录 市政验·通-108

7.1.2.93 轨道验·通-129 逆筑结构（结构防水）检验批质量验收记录 市政验·通-109

7.1.2.94 轨道验·通-130 渗排水、盲沟排水检验批质量验收记录 市政验·通-110

7.1.2.95 轨道验·通-131 隧道排水、坑道排水检验批质量验收记录 市政验·通-111

7.1.2.96 轨道验·通-132 塑料排水板排水检验批质量验收记录 市政验·通-112

7.1.2.97 轨道验·通-133 预注浆、后注浆检验批质量验收记录 市政验·通-113

7.1.2.98 轨道验·通-134 结构裂缝注浆检验批质量验收记录 市政验·通-114

7.1.3 混凝土结构

7.1.3.1 轨道验·通-135 模板安装检验批质量验收记录 市政验·通-115

7.1.3.2 轨道验·通-136 钢筋原材料检验批质量验收记录 市政验·通-116

7.1.3.3 轨道验·通-137 钢筋加工工程检验批质量验收记录 市政验·通-117

7.1.3.4 轨道验·通-138 钢筋连接检验批质量验收记录 市政验·通-118

7.1.3.5 轨道验·通-139 钢筋安装检验批质量验收记录 市政验·通-119

7.1.3.6 轨道验·通-140 预应力原材料检验批质量验收记录 市政验·通-120

7.1.3.7 轨道验·通-141 预应力筋制作与安装检验批质量验收记录 市政验·通-121

7.1.3.8 轨道验·通-142 预应力张拉与放张检验批质量验收记录 市政验·通-122

7.1.3.9 轨道验·通-143 预应力灌浆与封锚检验批质量验收记录 市政验·通-123

7.2.3.28 轨道验·土-70 混凝土柱安装检验批质量验收记录 市政验·桥-25
7.2.3.29 轨道验·土-71 现浇混凝土盖梁检验批质量验收记录 市政验·桥-26
7.2.3.30 轨道验·土-72 人行天桥钢墩柱制作检验批质量验收记录 市政验·桥-27
7.2.3.31 轨道验·土-73 人行天桥钢墩柱安装检验批质量验收记录 市政验·桥-28
7.2.3.32 轨道验·土-74 台背填土检验批质量验收记录 市政验·桥-29
7.2.3.33 轨道验·土-75 支座安装检验批质量验收记录 市政验·桥-30
7.2.3.34 轨道验·土-76 支架上浇筑梁、板检验批质量验收记录 市政验·桥-31
7.2.3.35 轨道验·土-77 预制梁（板）检验批质量验收记录 市政验·桥-32
7.2.3.36 轨道验·土-78 梁、板安装检验批质量验收记录 市政验·桥-33
7.2.3.37 轨道验·土-79 悬臂浇筑预应力混凝土梁检验批质量验收记录 市政验·桥-34
7.2.3.38 轨道验·土-80 悬臂拼装预制梁段检验批质量验收记录 市政验·桥-35
7.2.3.39 轨道验·土-81 悬臂拼装预应力混凝土梁检验批质量验收记录 市政验·桥-36
7.2.3.40 轨道验·土-82 顶推施工梁检验批质量验收记录 市政验·桥-37
7.2.3.41 轨道验·土-83-1 钢板梁制作检验批质量验收记录（一） 市政验·桥-38－1
7.2.3.42 轨道验·土-83-2 钢板梁制作检验批质量验收记录（二） 市政验·桥-38－2
7.2.3.43 轨道验·土-84 钢桁梁节段制作检验批质量验收记录 市政验·桥-39
7.2.3.44 轨道验·土-85 钢箱形梁制作检验批质量验收记录 市政验·桥-40
7.2.3.45 轨道验·土-86 钢梁现场安装检验批质量检验记录 市政验·桥-41
7.2.3.46 轨道验·土-87 结合梁现浇混凝土结构检验批质量验收记录 市政验·桥-42
7.2.3.47 轨道验·土-88 砌筑拱圈检验批质量验收记录 市政验·桥-43
7.2.3.48 轨道验·土-89 现浇混凝土拱圈检验批质量验收记录 市政验·桥-44
7.2.3.49 轨道验·土-90 劲性骨架混凝土拱圈制作检验批质量验收记录 市政验·桥-45
7.2.3.50 轨道验·土-91 劲性骨架混凝土拱圈安装检验批质量验收记录 市政验·桥-46
7.2.3.51 轨道验·土-92 劲性骨架混凝土拱圈检验批质量验收记录 市政验·桥-47
7.2.3.52 轨道验·土-93 装配式混凝土拱部结构（预制拱圈）检验批质量验收记录 市政验·桥-48
7.2.3.53 轨道验·土-94 装配式混凝土拱部结构（拱圈安装）检验批质量验收记录 市政验·桥-49
7.2.3.54 轨道验·土-95 装配式混凝土拱部结构（悬臂拼装桁架拱）检验批质量验收记录 市政验·桥-50
7.2.3.55 轨道验·土-96 装配式混凝土拱部结构（腹拱安装）检验批质量验收记录 市政验·桥-51
7.2.3.56 轨道验·土-97 钢管拱肋制作与安装检验批质量验收记录 市政验·桥-52
7.2.3.57 轨道验·土-98 钢管混凝土拱肋检验批质量验收记录 市政验·桥-53
7.2.3.58 轨道验·土-99 顶进箱涵滑板检验批质量验收记录 市政验·桥-82
7.2.3.59 轨道验·土-100 预制箱涵检验批质量验收记录 市政验·桥-83
7.2.3.60 轨道验·土-101 箱涵顶进检验批质量验收记录 市政验·桥-84
7.2.3.61 轨道验·土-102 桥面排水设施检验批质量验收记录 市政验·桥-85
7.2.3.62 轨道验·土-103 混凝土桥面防水层检验批质量验收记录 市政验·桥-86
7.2.3.63 轨道验·土-104 钢桥面防水粘结层检验批质量验收记录 市政验·桥-87
7.2.3.64 轨道验·土-105 桥面铺装层检验批质量检验记录 市政验·桥-88
7.2.3.65 轨道验·土-106 人行天桥塑胶桥面铺装层检验批质量验收记录 市政验·桥-89
7.2.3.66 轨道验·土-107 伸缩装置检验批质量验收记录 市政验·桥-90
7.2.3.67 轨道验·土-108 地袱、缘石、挂板检验批质量验收记录 市政验·桥-91
7.2.3.68 轨道验·土-109 预制混凝土栏杆检验批质量验收记录 市政验·桥-92
7.2.3.69 轨道验·土-110 栏杆安装检验批质量验收记录 市政验·桥-93
7.2.3.70 轨道验·土-111 防撞护栏、防撞墩、隔离墩检验批质量验收记录 市政验·桥-94

注：本书中只有新增表格，其他表格均为引用市政/房建表格编码。

第一章 工程建设前期主要法定基建程序文件

基本要求

一、根据工程建设法律、法规、规章和有关行政管理规定，从事建设工程活动，必须严格执行基本建设程序。工程建设开工前，建设单位应当取得表中的各项法定基建程序文件，方可进行施工。

二、除《工程建设前期法定基建程序文件检查表》外，各项法定基建程序文件无固定表式。

三、按照国务院规定的权限和程序批准开工报告的城市轨道交通工程，可不领取施工许可证。

四、引用市政/房建表格的基建程序文件可根据最后一列的市政/房建表格编码进行索引，表格编码按第二列的编码进行编制。

1.15　轨道 1.15　工程建设前期法定基建程序文件核查表

市政基础设施工程

工程建设前期法定基建程序文件核查表

轨道 1.15

<table>
<tr><td>工程名称</td><td colspan="2"></td><td>工程地址</td><td></td></tr>
<tr><td>工程规模</td><td colspan="2"></td><td>工程类别</td><td></td></tr>
<tr><td>地面层数</td><td colspan="2"></td><td>地下室层数</td><td></td></tr>
<tr><td>建设单位</td><td colspan="2"></td><td>勘察单位</td><td></td></tr>
<tr><td>设计单位</td><td colspan="2"></td><td>施工单位</td><td></td></tr>
<tr><td>监理单位</td><td colspan="2"></td><td>审图单位</td><td></td></tr>
<tr><td>序号</td><td colspan="2">文件资料名称</td><td>检查结果</td><td>备注</td></tr>
<tr><td>1</td><td colspan="2">工程建设立项审核、核准或备案文件</td><td></td><td></td></tr>
<tr><td>2</td><td colspan="2">可行性研究报告及批复</td><td></td><td></td></tr>
<tr><td>3</td><td colspan="2">环境影响报告及批复</td><td></td><td></td></tr>
<tr><td>4</td><td colspan="2">建设用地批准文件</td><td></td><td></td></tr>
<tr><td>5</td><td colspan="2">国有土地使用文件</td><td></td><td></td></tr>
<tr><td>6</td><td colspan="2">建设用地规划许可文件</td><td></td><td></td></tr>
<tr><td>7</td><td colspan="2">建设工程规划许可文件</td><td></td><td></td></tr>
<tr><td>8</td><td colspan="2">建设工程报建审核文件</td><td></td><td></td></tr>
<tr><td>9</td><td colspan="2">施工图设计文件审查意见</td><td></td><td></td></tr>
<tr><td>10</td><td colspan="2">勘察、设计、施工、监理中标通知书</td><td></td><td></td></tr>
<tr><td>11</td><td colspan="2">勘察、设计、施工、监理承包合同（含施工专业、劳务分包）</td><td></td><td></td></tr>
<tr><td>12</td><td colspan="2">建设工程施工许可文件</td><td></td><td></td></tr>
<tr><td>13</td><td colspan="2">质量、安全监督登记表</td><td></td><td></td></tr>
<tr><td>14</td><td colspan="2">法律、法规、规章规定应办理的其他建设程序文件</td><td></td><td></td></tr>
<tr><td>检查意见</td><td colspan="4">经检查，工程建设前期法定基建程序文件合法、齐全、有效。
________________________________文件依法不需办理。
总监理工程师（建设单位项目负责人）：
年　　月　　日</td></tr>
</table>

填表说明：依法不需要办理相应基建程序文件审批的建设项目，应在相应备注栏中注明“依法不需办理”。

第二章　工程质量监理用表

基本要求

一、“市政监表”是市政基础设施工程施工过程中监理单位填写或施工单位填写后报监理单位进行审批的用表，工程竣工后由监理单位或施工单位进行组卷，并移交给城建档案馆。

二、表格允许打印，但审查意见和签名必须由该工程项目的总监理工程师本人签署；如需专业监理工程师审查和签名的，必须由具备相应专业资格的监理工程师本人签署；项目经理也必须为该的项目经理本人签署。

三、工程名称填写施工承包合同的工程名称。

四、表中注明“公章”的必须盖中标单位的公章，表中注明“章”的，可以盖单位公章或工程项目部章。

五、引用市政/房建表格的工程质量监理用表表格格式和表格内容可根据最后一列的市政/房建表格编码进行索引，表格编码按第二列的编码进行编制。

2.1　工程监理单位用表

2.1.16　轨道监-16　____分部（子分部）工程质量评估报告

轨道监-16

市政基础设施工程

____分部（子分部）工程质量评估报告

工程名称：________________________

监理单位（公章）：____________________

总监理工程师（签名并盖执业章）：__________

单位技术负责人（签名）：______________

日　　期：________________________

目　录

一、分部（子分部）工程概况

<table>
<tr><td>工程名称</td><td colspan="2"></td><td>分部（子分部）工程名称</td><td colspan="2"></td></tr>
<tr><td>分部（子分部）工程施工日期</td><td colspan="5">年　　月　　日开工至　　年　　月　　日完工</td></tr>
<tr><td>分部（子分部）工程规模</td><td colspan="5"></td></tr>
<tr><td>监理评估范围</td><td colspan="5"></td></tr>
<tr><td rowspan="6">项目监理机构组成人员</td><td>姓名</td><td>专业</td><td>职务</td><td>职称</td><td>执业资格证号</td></tr>
<tr><td></td><td></td><td></td><td></td><td></td></tr>
<tr><td></td><td></td><td></td><td></td><td></td></tr>
<tr><td></td><td></td><td></td><td></td><td></td></tr>
<tr><td></td><td></td><td></td><td></td><td></td></tr>
<tr><td></td><td></td><td></td><td></td><td></td></tr>
<tr><td>质量责任行为履行情况</td><td colspan="5"></td></tr>
<tr><td>执行旁站巡视、平行检验监理工程情况</td><td colspan="5"></td></tr>
</table>

二、分部（子分部）工程质量验收情况

<table>
<tr><td rowspan="2">原材料、构配件及设备</td><td>质量控制情况：</td></tr>
<tr><td>存在问题及处理情况：</td></tr>
<tr><td>结构实体检查情况</td><td></td></tr>
</table>

二、分部（子分部）工程质量验收情况（续表一）

施工技术资料	审查情况：
	存在问题及处理情况：

二、分部（子分部）工程质量验收情况（续表二）

分部分项工程和实物	质量控制情况：
	存在问题及处理情况：

三、分部（子分部）工程质量事故及其处理情况

质量事故情况：
处理情况：

四、分部（子分部）工程质量评估意见

质量验收综合意见及存在主要问题	质量验收综合意见：
	存在主要问题：

五、有关补充说明

第三章　施 工 管 理 文 件

基本要求

一、表格允许打印，但填写意见和签名必须由本人签署。

二、凡空格处要求盖公章的，必须加盖单位公章。

三、凡空格处要求盖执业资格证章的，必须加盖个人执业资格证章。

四、本章表格格式和表格内容全部引用市政表格，可根据最后一列的编码进行索引，表格编码按第二列的编码进行编制。

第四章　进场施工物资质量证明文件

基本要求

一、表格允许打印，但填写意见和签名必须由本人签署。

二、填写人一般为专职材料员。

三、合格证为复印件的，必须加盖供货单位的印章方为有效，并注明使用工程名称、规格、数量、进场日期、经办人签名及原件存放地点。

四、本章表格格式和表格内容全部引用市政表格，可根据最后一列的编码进行索引，表格编码按第二列的编码进行编制。

第五章　见证取(抽)样检验(测)报告

基本要求

一、“报告编号”是由出具试验报告检测（试验）机构自编，编号必须遵循“唯一性”的原则，即一个检测机构出具的每一份报告必须而且只能有一个报告编号。

二、“试验类别”分为“自检”、“普通送检（检验）”、“有见证送检（检验）”、“监督抽检”等四种类型。

“自检”：是指施工承包单位内部检测机构进行的检测；

“普通送检（检验）”：是指由施工承包单位委托有资质的检测机构进行的试验；

“有见证送检（检验）”：是指在建设单位或工程监理单位人员的见证下，由施工承包单位的现场试验人员对工程中涉及结构安全的试块、试件和材料在现场取样，并送至经过省级以上建设行政主管部门对其资质认可和质量技术监督部门对其计量认证的质量检测单位进行检测，其数量及具体要求必须符合建设部《房屋建筑工程和市政基础设施工程实行见证取样和送检的规定》（建建〔2000〕211号文）的相关规定；

“监督抽检”：一是指监督机构在施工现场使用便携式仪器、设备随机对工程实体及建筑材料、构配件和设备进行的抽样测试；二是指由监督机构根据监督工作的需要委托检测机构在负责实施项目质量监督员的见证下，对进入施工现场的建筑材料、构配件或工程实体等，按照规定的比率进行取样送检或实地检测的行为。

关于有见证送检和监督抽检的基本要求：

（1）工程涉及结构安全的试块、试件以及有关建筑材料的质量检测实行有见证取样送检制度和监督抽检制度；

（2）检测机构在受理该类委托检测时，应对试样有见证取样或监督抽查送检有效性进行确认，经确认后的检测项目，其检测报告应加盖“有见证检验”或“监督抽检”印章；

（3）“有见证送检（检验）”和“监督抽检”需在报告中注明见证人或监督抽检人的姓名和证号。

三、各类检测报告的内容和要求必须符合建设部2002年9月28日发布施行的《市政基础设施工程施工技术文件管理规定》（建城〔2002〕221号）的有关规定：

（1）进入施工现场的原材料、成品、半成品、构配件，在使用前必须按现行国家有关标准的规定抽取试样，交由具有相应资质的检测、试验机构进行复试，复试结果合格方可使用；

（2）进场材料凡复试不合格的，应按原标准规定的要求（一般在三方见证情况下加倍取样）再次进行复试，再次复试的结果全部合格方可认为该批材料合格，两次报告必须同时归入施工技术文件；

（3）凡有见证取样及送检要求的，应有见证记录、有见证试验汇总表；

（4）对按国家规定只提供技术参数的测试报告，应由使用单位的技术负责人依据有关技术标准对技术参数进行判别并签字确认；

（5）功能性试验按有关标准进行，并有有关单位参加，填写试验记录，由各方签字，手续完备；

（6）所有检（试）验报告应由具有相应资质的检测、试验机构出具。

四、市政基础设施工程功能性检验主要项目一般包括：

（1）道路、桥梁、隧道、轨道结构；

（2）智能建筑工程；

（3）供电、通信、信号、售检票等系统；

（4）其他施工项目如设计有要求，按规定及有关规范做使用功能试验。

功能性检验项目须委托具有相应资质的检测、试验机构进行，在进行具体检测时除按说明3的第（5）条规定做好各方见证记录外，还必须按照说明3的第（6）条的规定，由具有相应资质的检测、试验机构出具检测（试验）报告。

五、商品混凝土应以现场制作的标养28d的试块抗压、抗折、抗渗、抗冻指标作为评定的依据，并应在相应试验报告上标明商品混凝土生产单位名称、合同编号。

六、部分表格仅出具报告封面，出具这些报告只需要做到报告封面格式统一，其内容可根据相应的检测（试验）规程的要求来确定。

七、凡本统一用表中未单独列出专用表格的其他材料的试验表格，可以统一采用轨道试·材-83进行填制。

八、检测（试验）报告内容的基本要求，见建设部《文件管理规定》的相关说明。

九、使用机构需要在报告列出的信息而相应试验表格没有时，可以在表格“备注”栏予以补充。

十、引用市政/房建表格的见证取（抽）样检验（测）报告表格格式和表格内容可根据最后一列的房建/市政表格编码进行索引，表格编码按第二列的编码进行编制。

5.2 施工试验及功能性检测报告

5.2.37 轨道试·施-37 预应力孔道注浆密实度检测报告（封面）

轨道试·施-37

市政基础设施工程

预应力孔道注浆密实度检测报告

委托编号：________________委托日期：________________

报告编号：________________试验类别：________________

委托单位：________________工程名称：________________

工程部位：________________________________

见证人及证号：______________见证人单位：______________

试验单位（章）

年 月 日

第 页 共 页

5.2.39 轨道试·施-39 隧道超前地质预报检测报告（封面）

轨道试·施-39

市政基础设施工程

隧道超前地质预报检测报告

委托编号：________________________委托日期：________________________

报告编号：________________________试验类别：________________________

委托单位：________________________工程名称：________________________

工程部位：____

见证人及证号：____________________见证人单位：______________________

试验单位（章）

年 月 日

第 页 共 页

5.2.40 轨道试·施-40 隧道作业空间环境检测报告

市政基础设施工程

隧道作业空间环境检测报告

轨道试·施-40

委托单位：________________ 检验单位：（检测报告专用章）

工程名称：________________

工程部位：________________ 报告编号：________________

检评依据：________________ 样品编号：________________

见证单位：________________ 检验类别：________________

见证人员：________________ 监督登记号：________________

送检日期：________ 检验日期：________ 报告日期：________

检测项目	测点1 实测值	测点2 实测值	测点3 实测值	最大值	规范/设计 限值	规范名称	是否满足 规范要求
结论							
备注	委托单位地址：						

声明：1. 本检验报告涂改、换页无效。未经本单位书面批准，不得部分复制本检验报告。（完全复制除外）

2. 对本报告如有异议，应在收到报告15日内以书面形式向本单位提出，过期不予受理。

检验单位地址： 电话：

批准： 审核： 主验：

5.2.41　轨道试·施-41　管片抗弯性能检验报告

市政基础设施工程

管片抗弯性能检验报告

轨道试·施-41

委托单位：________________ 检验单位：（检测报告专用章）

工程名称：________________

工程部位：________________ 报告编号：________

检评依据：________________ 样品编号：________

见证单位：________________ 检验类别：________

见证人员：________________ 监督登记号：________

送检日期：________ 检验日期：________ 报告日期：________

<table>
<tr><td colspan="8">样品信息</td></tr>
<tr><td>样品编号</td><td colspan="3"></td><td>生产单位</td><td colspan="3"></td></tr>
<tr><td colspan="8">检验</td></tr>
<tr><td rowspan="2">次序</td><td rowspan="2">分级
荷载
（kN）</td><td rowspan="2">累计
外加荷载
（kN）</td><td rowspan="2">持荷
时间
（min）</td><td colspan="3">各级荷载下位移值（mm）</td><td rowspan="2">裂缝情况</td></tr>
<tr><td>中心点
位移</td><td>载荷点
位移</td><td>水平点
位移</td></tr>
<tr><td>1</td><td></td><td></td><td></td><td></td><td></td><td></td><td></td></tr>
<tr><td>2</td><td></td><td></td><td></td><td></td><td></td><td></td><td></td></tr>
<tr><td>3</td><td></td><td></td><td></td><td></td><td></td><td></td><td></td></tr>
<tr><td>4</td><td></td><td></td><td></td><td></td><td></td><td></td><td></td></tr>
<tr><td>5</td><td></td><td></td><td></td><td></td><td></td><td></td><td></td></tr>
<tr><td>6</td><td></td><td></td><td></td><td></td><td></td><td></td><td></td></tr>
<tr><td>7</td><td></td><td></td><td></td><td></td><td></td><td></td><td></td></tr>
<tr><td>结论</td><td colspan="7"></td></tr>
<tr><td>备注</td><td colspan="7">委托单位地址：</td></tr>
</table>

声明：1. 本检验报告涂改、换页无效。未经本单位书面批准，不得部分复制本检验报告。（完全复制除外）

2. 对本报告如有异议，应在收到报告15日内以书面形式向本单位提出，过期不予受理。

检验单位地址：　　　　　　电话：

批准：　　　　　　审核：　　　　　　主验：

附图

附图 1　中心点荷载-位移曲线图（管片编号：　　）

附图

附图 2　载荷点荷载-位移曲线图（管片编号：　　）

附图

附图 3　水平点荷载-位移曲线图（管片编号：　　）

5.2.42　轨道试·施-42　管片抗拔性能检验报告

市政基础设施工程

管片抗拔性能检验报告

轨道试·施-42

委托单位：________________　检验单位：（检测报告专用章）

工程名称：________________

工程部位：________________　报告编号：________________

检评依据：________________　样品编号：________________

见证单位：________________　检验类别：________________

见证人员：________________　监督登记号：________________

送检日期：________　检验日期：________　报告日期：________

样品信息					
样品编号			生产单位		
检验					
次序	分级荷载（kN）	累计外加荷载（kN）	持荷时间（min）	螺栓累计垂直位移（mm）	试验现象
1					
2					
3					
4					
5					
6					
7					
附图：曲线图					
结论					
备注	委托单位地址：				

声明：1. 本检验报告涂改、换页无效。未经本单位书面批准，不得部分复制本检验报告。（完全复制除外）

2. 对本报告如有异议，应在收到报告15日内以书面形式向本单位提出，过期不予受理。

检验单位地址：　　　　电话：

批准：　　　　审核：　　　　主验：

5.2.43 轨道试·施-43 管片抗渗检漏检验报告

市政基础设施工程

管片抗渗检漏检验报告

轨道试·施-43

委托单位：______ 检验单位：（检测报告专用章）

工程名称：______

工程部位：______ 报告编号：______

检评依据：______ 样品编号：______

见证单位：______ 检验类别：______

见证人员：______ 监督登记号：______

送检日期：______ 检验日期：______ 报告日期：______

样品信息					
样品编号			生产单位		
检验					
次序	分级水压（MPa）	累计施加水压（MPa）	持荷时间（min）	侧面渗透高度（mm）	渗漏水现象
1					
2					
3					
4					
5					
6					
结论					
备注	委托单位地址：				

声明：1. 本检验报告涂改、换页无效。未经本单位书面批准，不得部分复制本检验报告。（完全复制除外）

2. 对本报告如有异议，应在收到报告15日内以书面形式向本单位提出，过期不予受理。

检验单位地址： 电话：

批准： 审核： 主验：

5.2.44 轨道试·施-44 管片水平拼装检验报告

市政基础设施工程

管片水平拼装检验报告

轨道试·施-44

委托单位：________________ 检验单位：（检测报告专用章）

工程名称：________________

工程部位：________________ 报告编号：________________

检评依据：________________ 样品编号：________________

见证单位：________________ 检验类别：________________

见证人员：________________ 监督登记号：________________

送检日期：________ 检验日期：________ 报告日期：________

样品信息									
样品编号				生产单位					
检验									
序号	检验项目	几何尺寸/与设计值偏差（mm）						允许偏差（mm）	设计值（mm）
1	成环后内径								
2	成环后外径								
3	环向缝间隙								
4	纵向缝间隙								
结论									
备注	委托单位地址：								

声明：1. 本检验报告涂改、换页无效。未经本单位书面批准，不得部分复制本检验报告。（完全复制除外）

2. 对本报告如有异议，应在收到报告15日内以书面形式向本单位提出，过期不予受理。

检验单位地址： 电话：

批准： 审核： 主验：

5.2.45 轨道试·施-45 疏散平台检测报告（封面）

轨道试·施-45

市政基础设施工程

疏散平台检测报告

委托编号：＿＿＿＿＿＿＿＿＿＿＿委托日期：＿＿＿＿＿＿＿＿＿＿＿

报告编号：＿＿＿＿＿＿＿＿＿＿＿试验类别：＿＿＿＿＿＿＿＿＿＿＿

委托单位：＿＿＿＿＿＿＿＿＿＿＿工程名称：＿＿＿＿＿＿＿＿＿＿＿

工程部位：＿＿＿＿＿＿＿＿＿＿＿＿＿＿＿＿＿＿＿＿＿＿＿＿＿＿

见证人及证号：＿＿＿＿＿＿＿＿＿见证人单位：＿＿＿＿＿＿＿＿＿＿

试验单位（章）

年 月 日

第 页 共 页

5.2.46 轨道试·施-46 电缆支架检测报告（封面）

轨道试·施-46

市政基础设施工程

电缆支架检测报告

委托编号：____________________委托日期：____________________

报告编号：____________________试验类别：____________________

委托单位：____________________工程名称：____________________

工程部位：____

见证人及证号：________________见证人单位：________________

试验单位（章）

年　　月　　日

第　　页 共　　页

5.2.47 轨道试·施-47 轨枕承载力检测报告

市政基础设施工程

轨枕承载力检测报告

轨道试·施-47

委托单位：______ 检验单位：（检测报告专用章）
工程名称：______
工程部位：______ 报告编号：______
检评依据：______ 样品编号：______
见证单位：______ 检验类别：______
见证人员：______ 监督登记号：______
送检日期：______ 检验日期：______ 报告日期：______

<table>
<tr><td colspan="8">样品信息</td></tr>
<tr><td>类型</td><td colspan="3"></td><td>生产单位</td><td colspan="3"></td></tr>
<tr><td colspan="8">检验</td></tr>
<tr><td rowspan="2">轨枕
编号</td><td colspan="3">轨下截面</td><td colspan="3">中间截面</td><td rowspan="2">合格判定</td></tr>
<tr><td>检验
荷载
kN</td><td>静载
时间
min</td><td>开裂
荷载
kN</td><td>检验
荷载
kN</td><td>静载
时间
min</td><td>开裂
荷载
kN</td></tr>
<tr><td></td><td></td><td></td><td></td><td></td><td></td><td></td><td></td></tr>
<tr><td></td><td></td><td></td><td></td><td></td><td></td><td></td><td></td></tr>
<tr><td></td><td></td><td></td><td></td><td></td><td></td><td></td><td></td></tr>
<tr><td></td><td></td><td></td><td></td><td></td><td></td><td></td><td></td></tr>
<tr><td></td><td></td><td></td><td></td><td></td><td></td><td></td><td></td></tr>
<tr><td></td><td></td><td></td><td></td><td></td><td></td><td></td><td></td></tr>
<tr><td></td><td></td><td></td><td></td><td></td><td></td><td></td><td></td></tr>
<tr><td></td><td></td><td></td><td></td><td></td><td></td><td></td><td></td></tr>
<tr><td></td><td></td><td></td><td></td><td></td><td></td><td></td><td></td></tr>
<tr><td>结论</td><td colspan="7"></td></tr>
<tr><td>备注</td><td colspan="7">委托单位地址：</td></tr>
</table>

声明：1. 本检验报告涂改、换页无效。未经本单位书面批准，不得部分复制本检验报告。（完全复制除外）
2. 对本报告如有异议，应在收到报告15日内以书面形式向本单位提出，过期不予受理。

检验单位地址： 电话：
批准： 审核： 主验：

5.2.48 轨道试·施-48 螺旋道钉抗拔力检验报告

市政基础设施工程

螺旋道钉抗拔力检验报告

轨道试·施-48

委托单位：________________ 检验单位：（检测报告专用章）

工程名称：________________

工程部位：________________ 报告编号：________________

检评依据：________________ 样品编号：________________

见证单位：________________ 检验类别：________________

见证人员：________________ 监督登记号：________________

送检日期：________ 检验日期：________ 报告日期：________

序号	构件编号	标准技术要求	检验抗拔力	评定结果
1				
2				
3				
4				
5				
6				
7				
8				
9				
结论				
备注	委托单位地址：			

声明：1. 本检验报告涂改、换页无效。未经本单位书面批准，不得部分复制本检验报告。（完全复制除外）

2. 对本报告如有异议，应在收到报告15日内以书面形式向本单位提出，过期不予受理。

检验单位地址： 电话：

批准： 审核： 主验：

5.2.49 轨道试·施-49 隧道衬砌质量检测报告（封面）

轨道试·施-49

市政基础设施工程

隧道衬砌质量检测报告

委托编号：________________ 委托日期：________________

报告编号：________________ 试验类别：________________

委托单位：________________ 工程名称：________________

工程部位：____

见证人及证号：______________ 见证人单位：______________

试验单位（章）

年 月 日

第 页 共 页

5.2.122　轨道试·施-122　屏蔽门/安全门系统检测报告（封面）

轨道试·施-122

市政基础设施工程

屏蔽门/安全门系统检测报告

委托编号：______________________委托日期：______________________

报告编号：______________________试验类别：______________________

委托单位：______________________工程名称：______________________

工程部位：____

见证人及证号：__________________见证人单位：____________________

试验单位（章）

年　　月　　日

第　　页 共　　页

5.2.123 轨道试·施-123 电源与接地系统检测报告（封面）

轨道试·施-123

市政基础设施工程

智能建筑工程检测报告

工程名称：

委托单位：

检测内容：电源与接地系统

报告编号：

试验单位（章）

年 月 日

第 页 共 页

5.2.124　轨道试·施-124　环境与设备监控系统检测报告（封面）

轨道试·施-124

市政基础设施工程

智能建筑工程检测报告

工程名称：

委托单位：

检测内容：环境与设备监控系统

报告编号：

试验单位（章）

年　　月　　日

第　　页 共　　页

5.2.125　轨道试·施-125　智能化系统集成检测报告（封面）

轨道试·施-125

市政基础设施工程

智能建筑工程检测报告

工程名称：

委托单位：

检测内容：智能化系统集成

报告编号：

试验单位（章）

年　　月　　日

第　　页 共　　页

5.2.126　轨道试·施-126　信号系统检测报告（封面）

轨道试·施-126

市政基础设施工程

智能建筑工程检测报告

工程名称：

委托单位：

检测内容：信号系统

报告编号：

试验单位（章）

年　　月　　日

第　　页 共　　页

5.2.127　轨道试·施-127　公务电话系统检测报告（封面）

轨道试·施-127

市政基础设施工程

智能建筑工程检测报告

工程名称：

委托单位：

检测内容：公务电话系统

报告编号：

试验单位（章）

年　　月　　日

第　　页 共　　页

5.2.128 轨道试·施-128 时钟系统检测报告（封面）

轨道试·施-128

市政基础设施工程

智能建筑工程检测报告

工程名称：

委托单位：

检测内容：时钟系统

报告编号：

试验单位（章）

年 月 日

第 页 共 页

5.2.129　轨道试·施-129　无线通信系统检测报告（封面）

轨道试·施-129

市政基础设施工程

智能建筑工程检测报告

工程名称：

委托单位：

检测内容：无线通信系统

报告编号：

试验单位（章）

年　　月　　日

第　　页 共　　页

5.2.130 轨道试·施-130 专用电话系统检测报告（封面）

轨道试·施-130

市政基础设施工程

智能建筑工程检测报告

工程名称：

委托单位：

检测内容：专用电话系统

报告编号：

试验单位（章）

年 月 日

第 页共 页

5.2.131　轨道试·施-131　乘客信息系统检测报告（封面）

轨道试·施-131

市政基础设施工程

智能建筑工程检测报告

工程名称：

委托单位：

检测内容：乘客信息系统

报告编号：

试验单位（章）

年　　月　　日

第　　页 共　　页

5.2.132 轨道试·施-132 传输系统检测报告（封面）

轨道试·施-132

市政基础设施工程

智能建筑工程检测报告

工程名称：

委托单位：

检测内容：传输系统

报告编号：

试验单位（章）

年 月 日

第 页 共 页

5.2.133 轨道试·施-133 公安通信系统检测报告（封面）

轨道试·施-133

市政基础设施工程

智能建筑工程检测报告

工程名称：

委托单位：

检测内容：公安通信系统

报告编号：

试验单位（章）

年　　月　　日

第　　页 共　　页

5.2.134 轨道试·施-134 自动售检票系统检测报告（封面）

轨道试·施-134

市政基础设施工程

智能建筑工程检测报告

工程名称：

委托单位：

检测内容：自动售检票系统

报告编号：

试验单位（章）

年 月 日

第 页 共 页

5.2.135　轨道试·施-135　不间断电源系统检测报告（封面）

轨道试·施-135

市政基础设施工程

智能建筑工程检测报告

工程名称：

委托单位：

检测内容：不间断电源系统

报告编号：

试验单位（章）

年　　月　　日

第　　页 共　　页

5.2.136 轨道试·施-136 电子引导系统检测报告（封面）

轨道试·施-136

市政基础设施工程

智能建筑工程检测报告

工程名称：

委托单位：

检测内容：电子引导系统

报告编号：

试验单位（章）

年 月 日

第 页 共 页

5.2.137 轨道试·施-137 通风与空气调节系统检测报告（封面）

轨道试·施-137

市政基础设施工程

通风与空气调节系统检测报告

委托编号：______________________委托日期：______________________

报告编号：______________________试验类别：______________________

委托单位：______________________工程名称：______________________

工程部位：____

见证人及证号：__________________见证人单位：____________________

试验单位（章）

年 月 日

第 页 共 页

5.4 填 表 说 明

5.2.37　轨道试·施-37　预应力孔道注浆密实度检测报告

桥梁预应力孔道注浆密实度检测目的为检测箱梁预应力孔道注浆是否密实。本试验依据《铁路桥涵工程施工质量验收标准》TB 10415—2018 和《混凝土结构现场检测技术标准》GB/T 50784—2013。

检测报告的主要包括以下几大方面内容：

一、工程概况或工程背景

二、检测目的和依据

1. 检测目的

2. 检测依据

三、检测设备

1. 检测仪器设备

2. 操作方法

四、检测方案

应包含测点布置、测点数等信息。

五、检测结果及评价

六、附图

5.2.39　轨道试·施-39　隧道超前地质预报检测报告

隧道超前地质预报检测目的是预报掌子面前方地质情况。本试验依据铁路标准《铁路隧道超前地质预报技术规程》Q/CR 9217—2015。

检测报告的主要包括以下几大方面内容：

一、工程概况表

二、引言

委托单位、试验日期、委托方的相关要求、试验目的及检测数量等。

三、检测所用仪器设备、方法原理和执行的标准依据

1. 检测仪器设备

2. 操作方法

3. 检测标准

四、检测方案

根据现场实际情况，给出测线布置示意图。

五、检测结果

1. 掌子面描述

2. 雷达图像分析

六、建议

掌子面前方施工措施建议。

5.2.40　轨道试·施-40　隧道作业空间环境检测报告

1. 此试验项目适用于隧道作业空间环境的气体监测。

2. 检测点的数量不应少于 3 个；上下检测点，距离地下有限空间顶部和底部均不应超过 1m，中间检测点均匀分布，检测点之间的距离不应超过 8m。

3. 试验方法按《地下有限空间作业安全技术规范　第 2 部分：气体检测与通风》DB11/852.2—2013 等标准进行。

4. 使用的被测气体的标准混合气体（或代用气体）应符合要求，其浓度的误差（不确定度）应小

于被标仪器的检测误差，被测气体的浓度应达到对应规范的要求。

5.2.41　轨道试·施-41　管片抗弯性能检验报告

1. 此试验项目适用于混凝土管片在进场时的抗弯性能检测。

2. 每 1000 环抽检 1 块，不足 1000 环时按 1000 环计。

3. 试验方法按《盾构法隧道施工及验收规范》GB 50446—2017 等标准进行。

4. 该试验测得的混凝土管片的抗弯性能应满足设计要求。

5.2.42　轨道试·施-42　管片抗拔性能检验报告

1. 此试验项目适用于混凝土管片在进场时的抗拔性能检测。

2. 每 1000 环抽检 1 块，不足 1000 环时按 1000 环计。

3. 试验方法按《盾构法隧道施工及验收规范》GB 50446—2017 等标准进行。

4. 中心注浆孔预埋件应进行抗拉拔试验，试验结果应符合设计要求；当设计无要求时，抗拉拔力不应低于管片自重的 7 倍。

5.2.43　轨道试·施-43　管片抗渗检漏检验报告

1. 此试验项目适用于混凝土管片在进场时的抗拔性能检测。

2. 每 1000 环抽检 1 块，不足 1000 环时按 1000 环计。

3. 试验方法按《盾构法隧道施工及验收规范》GB 50446—2017 等标准进行。

4. 该试验测得的混凝土管片的抗渗性能应满足设计要求。

5.2.44　轨道试·施-44　管片水平拼装检验报告

1. 此试验项目适用于混凝土管片和钢管片在进场时的水平拼装检测。

2. 每生产 200 环管片应进行水平拼装检验一次。

3. 试验方法按《盾构法隧道施工及验收规范》GB 50446—2017 等标准进行。

4. 该试验测得的混凝土管片和钢管片的环向缝间隙偏差应少于 2mm，纵向缝间隙应少于 2mm，成环后内径允许偏差为±2mm，成环后外径允许偏差为＋6mm 和－2mm。

5.2.45　轨道试·施-45　疏散平台检测报告

疏散平台荷载试验目的是通过测试疏散平台在设计荷载作用下的应力（应变）、挠度特性等力学性能，判断该疏散平台结构的刚度能否满足设计要求。本试验依据标准《混凝土结构工程施工质量验收规范》GB 50204—2015。

检测报告的主要包括以下几大方面内容：

一、工程概况表

二、引言

委托单位、试验日期、委托方的相关要求、试验目的及检测数量等。

三、检测所用仪器设备、方法原理和执行的标准依据

1. 检测仪器设备

2. 操作方法

3. 检测标准

四、试验方法

（1）根据委托方提供的设计及施工资料，给出疏散平台加载工况表和加载示意图。

（2）根据委托方提供的设计及施工资料，给出判定要求。

五、试验结果

六、试验结论

评定疏散平台在设计荷载作用下的应力（应变）、挠度是否满足设计要求。

5.2.46　轨道试·施-46　电缆支架检测报告

电缆支架荷载试验目的是检验支架的支撑强度、刚度等结构力学性能能否满足试验指标要求。本试

验依据标准《电控配电用电缆桥架》JB/T 10216—2013。

检测报告的主要包括以下几大方面内容：

一、工程概况表

二、引言

委托单位、试验日期、委托方的相关要求、试验目的及检测数量等。

三、检测所用仪器设备、方法原理和执行的标准依据

1. 检测仪器设备

2. 操作方法

3. 检测标准

四、试验方法

根据委托方提供的设计及施工资料，给出支架加载工况表和加载示意图。

五、试验结果

六、试验结论

评定支架度、刚度是否满足试验指标要求。

5.2.47　轨道试·施-47　轨枕承载力检测报告

1. 此试验项目适用于轨枕的承载力检测。

2. 同一厂家、同一批次施工单位每 50000 根抽检 1 次，不足 50000 根按 1 次抽检；监理单位全部见证检验。

3. 试验方法按《预应力混凝土枕静载抗裂试验方法》TB/T 1879—2002、《预应力混凝土枕疲劳试验方法》TB/T 1878—2002 等标准进行。

4. 进行静载抗裂试验时，记录出现裂缝时的开裂荷载；进行疲劳试验时记录试验后轨枕残余裂缝宽度和破坏强度。

5.2.48　轨道试·施-48　螺旋道钉抗拔力检测报告

1. 此试验项目适用于轨枕螺旋道钉锚固抗拔力的检测。

2. 施工单位每千米抽检 3 个道钉；监理单位见证数量为施工单位检测数量的 20%。

3. 试验方法按现行标准《铁路轨道工程施工质量验收标准》TB 10413 等标准进行。

4. 试验测得的螺旋道钉锚固抗拔力不得小于 60kN。

5.2.49　轨道试·施-49　隧道衬砌质量检测报告

隧道衬砌质量检测目的是检测隧道的衬砌厚度、衬砌内部钢筋的分布及衬砌混凝土强度是否满足设计要求，检测衬砌背后的回填密实状况和衬砌内部钢筋保护层厚度情况。本试验依据《铁路隧道衬砌质量无损检测规程》TB 10223—2004、《城市工程地球物理探测规范》CJJ 7—2007、《回弹法检测混凝土抗压强度技术规程》JGJ/T 23—2011 和《地下铁道工程施工及验收标准》GB 50299—2018。

检测报告的主要包括以下几大方面内容：

一、工程概况表

二、引言

委托单位、试验日期、委托方的相关要求、试验目的及检测数量等。

三、检测所用仪器设备、方法原理和执行的标准依据

1. 检测仪器设备

2. 操作方法

3. 检测标准

四、检测方案

1. 雷达检测测线布置说明及示意图

2. 混凝土强度检测方法

五、检测结果

六、检测结论

（1）评定隧道的衬砌厚度、衬砌内部钢筋的分布和衬砌混凝土强度是否满足设计要求。

（2）反应衬砌背后的回填密实状况和衬砌内部钢筋的及保护层厚度情况。

七、附图

雷达图像　张。

5.2.122　轨道试·施-122　屏蔽门/安全门系统检测报告

1. 工程概况

工程概况包括：工程名称、工程地址、工程部位、监督编号、工程编码、委托单位、建设单位、设计单位、施工单位、监理单位、监督单位、检测日期、工程概述。

2. 检测项目及数量

3. 检测依据

应按照《城市轨道交通站台屏蔽门》CJ/T 236—2006或其他相应的质量标准、规范的要求逐批取样进行质量试验。

4. 检测仪器设备

（1）接地电阻测试仪；

（2）绝缘电阻测试仪；

（3）数字万用表；

（4）推拉力计；

（5）电子秒表；

（6）声级计。

5. 检测结果

6. 检测结论

根据检测结果及判定依据标准，所检项目均符合《城市轨道交通站台屏蔽门》CJ/T 236—2006的要求。

5.2.123　轨道试·施-123　电源与接地系统检测报告

1. 工程概况

工程概况包括：工程名称、工程地址、工程部位、监督编号、工程编码、委托单位、建设单位、设计单位、施工单位、监理单位、监督单位、检测日期、工程概述。

2. 检测项目及数量

3. 检测依据

应按照《智能建筑工程质量验收规范》GB 50339—2013、《智能建筑工程检测规程》CECS 182—2005或其他相应的质量标准、规范的要求逐批取样进行质量试验。

4. 检测仪器设备

接地电阻测试仪及其他设备

5. 检测结果

6. 检测结论

根据检测结果及判定依据标准，所检项目均符合《智能建筑工程质量验收规范》GB 50339—2013的要求。

5.2.124　轨道试·施-124　环境与设备监控系统检测报告

1. 工程概况

工程概况包括：工程名称、工程地址、工程部位、监督编号、工程编码、委托单位、建设单位、设计单位、施工单位、监理单位、监督单位、检测日期、工程概述。

2. 检测项目及数量

3. 检测依据

应按照《智能建筑工程质量验收规范》GB 50339—2013、《智能建筑工程检测规程》CECS 182—2005、《综合布线系统工程验收规范》GB/T 50312—2016 或其他相应的质量标准、规范的要求逐批取样进行质量试验。

4. 检测仪器设备

（1）数字万用表；

（2）光时域反射仪；

（3）光源、光功率计；

（4）数字电缆认证分析仪；

（5）二氧化碳测试仪；

（6）温湿度计；

（7）电子秒表。

5. 检测结果

6. 检测结论

根据检测结果及判定依据标准，所检项目均符合《智能建筑工程质量验收规范》GB 50339—2013、《综合布线系统工程验收规范》GB/T 50312—2016 的要求。

5.2.125　轨道试·施-125　智能化系统集成检测报告

1. 工程概况

工程概况包括：工程名称、工程地址、工程部位、监督编号、工程编码、委托单位、建设单位、设计单位、施工单位、监理单位、监督单位、检测日期、工程概述。

2. 检测项目及数量

3. 检测依据

应按照《智能建筑工程质量验收规范》GB 50339—2013、《智能建筑工程检测规程》CECS 182—2005、《综合布线系统工程验收规范》GB/T 50312—2016 或其他相应的质量标准、规范的要求逐批取样进行质量试验。

4. 检测仪器设备

（1）数字万用表；

（2）光时域反射仪；

（3）光源、光功率计；

（4）数字电缆认证分析仪；

（5）二氧化碳测试仪；

（6）温湿度计；

（7）电子秒表。

5. 检测结果

6. 检测结论

根据检测结果及判定依据标准，所检项目均符合《智能建筑工程质量验收规范》GB 50339—2013、《综合布线系统工程验收规范》GB/T 50312—2016 的要求。

5.2.126　轨道试·施-126　信号系统检测报告

1. 工程概况

工程概况包括：工程名称、工程地址、工程部位、监督编号、工程编码、委托单位、建设单位、设计单位、施工单位、监理单位、监督单位、检测日期、工程概述。

2. 检测项目及数量

3. 检测依据

应按照《智能建筑工程质量验收规范》GB 50339—2013、《智能建筑工程检测规程》CECS 182—2005、《综合布线系统工程验收规范》GB/T 50312—2016、《城市轨道交通信号工程施工质量验收标准》GB 50578—2018 或其他相应的质量标准、规范的要求逐批取样进行质量试验。

4. 检测仪器设备

（1）钢卷尺；

（2）激光测距仪；

（3）接地电阻测试仪；

（4）绝缘电阻测试仪；

（5）数字万用表；

（6）电源质量分析仪；

（7）光时域反映仪；

（8）光源、光功率计。

5. 检测结果

6. 检测结论

根据检测结果及判定依据标准，所检项目均符合《智能建筑工程质量验收规范》GB 50339—2013、《城市轨道交通信号工程施工质量验收标准 GB 50578—2018》和《综合布线系统工程验收规范》GB/T 50312—2016 的要求。

5.2.127　轨道试·施-127　公务电话系统检测报告

1. 工程概况

工程概况包括：工程名称、工程地址、工程部位、监督编号、工程编码、委托单位、建设单位、设计单位、施工单位、监理单位、监督单位、检测日期、工程概述。

2. 检测项目及数量

3. 检测依据

应按照《智能建筑工程质量验收规范》GB 50339—2013、《智能建筑工程检测规程》CECS 182—2005、《城市轨道交通通信工程质量验收规范》GB 50382—2016 或其他相应的质量标准、规范的要求逐批取样进行质量试验。

4. 检测仪器设备

（1）钢卷尺；

（2）激光测距仪；

（3）接地电阻测试仪；

（4）绝缘电阻测试仪；

（5）数字万用表。

5. 检测结果

6. 检测结论

根据检测结果及判定依据标准，所检项目均符合《智能建筑工程质量验收规范》GB 50339—2013、《城市轨道交通通信工程质量验收规范》GB 50382—2016 的要求。

5.2.128　轨道试·施-128　时钟系统检测报告

1. 工程概况

工程概况包括：工程名称、工程地址、工程部位、监督编号、工程编码、委托单位、建设单位、设计单位、施工单位、监理单位、监督单位、检测日期、工程概述。

2. 检测项目及数量

3. 检测依据

应按照《智能建筑工程质量验收规范》GB 50339—2013、《智能建筑工程检测规程》CECS 182—2005、《城市轨道交通通信工程质量验收规范》GB 50382—2016或其他相应的质量标准、规范的要求逐批取样进行质量试验。

4. 检测仪器设备

(1) 钢卷尺;

(2) 激光测距仪;

(3) 接地电阻测试仪;

(4) 绝缘电阻测试仪;

(5) 数字万用表。

5. 检测结果

6. 检测结论

根据检测结果及判定依据标准,所检项目均符合《智能建筑工程质量验收规范》GB 50339—2013、《城市轨道交通通信工程质量验收规范》GB 50382—2016的要求。

5.2.129 轨道试·施-129 无线通信系统检测报告

1. 工程概况

工程概况包括:工程名称、工程地址、工程部位、监督编号、工程编码、委托单位、建设单位、设计单位、施工单位、监理单位、监督单位、检测日期、工程概述。

2. 检测项目及数量

3. 检测依据

应按照《智能建筑工程质量验收规范》GB 50339—2013、《智能建筑工程检测规程》CECS 182—2005、《城市轨道交通通信工程质量验收规范》GB 50382—2016或其他相应的质量标准、规范的要求逐批取样进行质量试验。

4. 检测仪器设备

(1) 钢卷尺;

(2) 激光测距仪;

(3) 接地电阻测试仪;

(4) 绝缘电阻测试仪;

(5) 数字万用表。

5. 检测结果

6. 检测结论

根据检测结果及判定依据标准,所检项目均符合《智能建筑工程质量验收规范》GB 50339—2013、《城市轨道交通通信工程质量验收规范》GB 50382—2016的要求。

5.2.130 轨道试·施-130 专用电话系统检测报告

1. 工程概况

工程概况包括:工程名称、工程地址、工程部位、监督编号、工程编码、委托单位、建设单位、设计单位、施工单位、监理单位、监督单位、检测日期、工程概述。

2. 检测项目及数量

3. 检测依据

应按照《智能建筑工程质量验收规范》GB 50339—2013、《智能建筑工程检测规程》CECS 182—2005、《城市轨道交通通信工程质量验收规范》GB 50382—2016或其他相应的质量标准、规范的要求逐批取样进行质量试验。

4. 检测仪器设备

(1) 钢卷尺;

（2）激光测距仪；
（3）接地电阻测试仪；
（4）绝缘电阻测试仪；
（5）数字万用表。
5. 检测结果
6. 检测结论
根据检测结果及判定依据标准，所检项目均符合《智能建筑工程质量验收规范》GB 50339—2013、《城市轨道交通通信工程质量验收规范》GB 50382—2016 的要求。

5.2.131 轨道试·施-131 乘客信息系统检测报告

1. 工程概况
工程概况包括：工程名称、工程地址、工程部位、监督编号、工程编码、委托单位、建设单位、设计单位、施工单位、监理单位、监督单位、检测日期、工程概述。
2. 检测项目及数量
3. 检测依据
应按照《智能建筑工程质量验收规范》GB 50339—2013、《智能建筑工程检测规程》CECS 182—2005、《城市轨道交通通信工程质量验收规范》GB 50382—2016、《综合布线系统工程验收规范》GB/T 50312—2016 或其他相应的质量标准、规范的要求逐批取样进行质量试验。
4. 检测仪器设备
（1）钢卷尺；
（2）激光测距仪；
（3）接地电阻测试仪；
（4）绝缘电阻测试仪；
（5）数字万用表；
（6）光时域反射仪；
（7）光时域反映仪；
（8）光源、光功率计。
5. 检测结果
6. 检测结论
根据检测结果及判定依据标准，所检项目均符合《智能建筑工程质量验收规范》GB 50339—2013、《城市轨道交通通信工程质量验收规范》GB 50382—2016 和《综合布线系统工程验收规范》GB/T 50312—2016 的要求。

5.2.132 轨道试·施-132 传输系统检测报告

1. 工程概况
工程概况包括：工程名称、工程地址、工程部位、监督编号、工程编码、委托单位、建设单位、设计单位、施工单位、监理单位、监督单位、检测日期、工程概述。
2. 检测项目及数量
3. 检测依据
应按照《智能建筑工程质量验收规范》GB 50339—2013、《智能建筑工程检测规程》CECS 182—2005、《城市轨道交通通信工程质量验收规范》GB 50382—2016、《综合布线系统工程验收规范》GB/T 50312—2016 或其他相应的质量标准、规范的要求逐批取样进行质量试验。
4. 检测仪器设备
（1）钢卷尺；
（2）激光测距仪；

(3) 接地电阻测试仪；
(4) 绝缘电阻测试仪；
(5) 数字万用表；
(6) 光时域反射仪；
(7) 光时域反映仪；
(8) 光功率计；
(9) 2M 误码测试仪。

5. 检测结果

6. 检测结论

根据检测结果及判定依据标准，所检项目均符合《智能建筑工程质量验收规范》GB 50339—2013、《城市轨道交通通信工程质量验收规范》GB 50382—2016 和《综合布线系统工程验收规范》GB/T 50312—2016 的要求。

5.2.133　轨道试·施-133　公安通信系统检测报告

1. 工程概况

工程概况包括：工程名称、工程地址、工程部位、监督编号、工程编码、委托单位、建设单位、设计单位、施工单位、监理单位、监督单位、检测日期、工程概述。

2. 检测项目及数量

3. 检测依据

应按照《智能建筑工程质量验收规范》GB 50339—2013、《智能建筑工程检测规程》CECS 182—2005、《城市轨道交通通信工程质量验收规范》GB 50382—2016、《综合布线系统工程验收规范》GB/T 50312—2016 或其他相应的质量标准、规范的要求逐批取样进行质量试验。

4. 检测仪器设备

(1) 钢卷尺；
(2) 激光测距仪；
(3) 接地电阻测试仪；
(4) 绝缘电阻测试仪；
(5) 数字万用表；
(6) 光时域反射仪；
(7) 光时域反映仪；
(8) 光功率计；
(9) 视频测试卡。

5. 检测结果

6. 检测结论

根据检测结果及判定依据标准，所检项目均符合《智能建筑工程质量验收规范》GB 50339—2013、《城市轨道交通通信工程质量验收规范》GB 50382—2016 和《综合布线系统工程验收规范》GB/T 50312—2016 的要求。

5.2.134　轨道试·施-134　自动售检票系统检测报告

1. 工程概况

工程概况包括：工程名称、工程地址、工程部位、监督编号、工程编码、委托单位、建设单位、设计单位、施工单位、监理单位、监督单位、检测日期、工程概述。

2. 检测项目及数量

3. 检测依据

应按照《智能建筑工程质量验收规范》GB 50339—2013、《智能建筑工程检测规程》CECS 182—

2005、《城市轨道交通自动售检票系统工程质量验收标准》GB/T 50381—2018、《综合布线系统工程验收规范》GB/T 50312—2016 或其他相应的质量标准、规范的要求逐批取样进行质量试验。

4. 检测仪器设备

（1）钢卷尺；

（2）激光测距仪；

（3）接地电阻测试仪；

（4）绝缘电阻测试仪；

（5）数字万用表；

（6）光时反射计；

（7）光功率计；

（8）数据电缆认证分析仪；

（9）秒表。

5. 检测结果

6. 检测结论

根据检测结果及判定依据标准，所检项目均符合《智能建筑工程质量验收规范》GB 50339—2013、《城市轨道交通自动售检票系统工程质量验收标准》GB/T 50381—2018 和《综合布线系统工程验收规范》GB/T 50312—2016 的要求。

5.2.135　轨道试·施-135　不间断电源系统检测报告

1. 工程概况

工程概况包括：工程名称、工程地址、工程部位、监督编号、工程编码、委托单位、建设单位、设计单位、施工单位、监理单位、监督单位、检测日期、工程概述。

2. 检测项目及数量

3. 检测依据

应按照《智能建筑工程质量验收规范》GB 50339—2013、《智能建筑工程检测规程》CECS 182—2005、《城市轨道交通通信工程质量验收规范》GB 50382—2016、《建筑电气工程施工质量验收规范》GB 50303—2015 或其他相应的质量标准、规范的要求逐批取样进行质量试验。

4. 检测仪器设备

（1）钢卷尺；

（2）激光测距仪；

（3）接地电阻测试仪；

（4）绝缘电阻测试仪；

（5）数字万用表；

（6）电源质量分析仪。

5. 检测结果

6. 检测结论

具体检测结果见第 6 章节，根据检测结果及判定依据标准，所检项目均符合《智能建筑工程质量验收规范》GB 50339—2013、《城市轨道交通通信工程质量验收规范》GB 50382—2016、《建筑电气工程施工质量验收规范》GB 50303—2015。

5.2.136　轨道试·施-136　电子引导系统检测报告

1. 工程概况

工程概况包括：工程名称、工程地址、工程部位、监督编号、工程编码、委托单位、建设单位、设计单位、施工单位、监理单位、监督单位、检测日期、工程概述。

2. 检测项目及数量

3. 检测依据

应按照《智能建筑工程质量验收规范》GB 50339—2013、《智能建筑工程检测规程》CECS 182—2005、《城市轨道交通通信工程质量验收规范》GB 50382—2016 或其他相应的质量标准、规范的要求逐批取样进行质量试验。

4. 检测仪器设备

（1）钢卷尺；

（2）激光测距仪；

（3）接地电阻测试仪；

（4）绝缘电阻测试仪；

（5）数字万用表。

5. 检测结果

6. 检测结论

根据检测结果及判定依据标准，所检项目均符合《智能建筑工程质量验收规范》GB 50339—2013、《城市轨道交通通信工程质量验收规范》GB 50382—2016 的要求。

5.2.137 轨道试·施-137 通风与空气调节系统检测报告

1. 工程概况

工程概况包括：合同编号、工程名称、工程地点、建设单位、设计单位、施工单位、监理单位、建筑面积（m^2）、空调面积（m^2）、检测项目及数量、备注、检测日期、附图。

2. 检测项目及数量

3. 检测依据

4. 检测仪器设备

5. 检测结果

检测结果包括：空调机组水流量检测结果、组合式空调机组检测结果、送、排风机检测结果。

（1）空调机组水流量检测结果包括：空调末端编号、设计流量（m^3/h）、实测流量（m^3/h）、偏离值（%）、规范允许偏差（%）以及判定。

（2）组合式空调机组检测结果包括：系统总风量（m^3/h）、机外余压（Pa）、冷冻水流量（m^3/h）、机组输入功率（kW）、进水水温（℃）、出水水温（℃）、进风温度（℃）、出风温度（℃）以及判定。

（3）送、排风机检测结果包括：系统风量（m^3/h）、机外余压（Pa）、风机输入功率（kW）以及判定。

6. 检测结论

第六章　施 工 记 录 文 件

基本要求

1. 表格允许打印，但填写意见和签名必须由本人签署。

2. 除测量类记录表外，施工记录应该由该项目的施工员在实际施工过程中填写。

3. 通用部分提示：

工程名称：填写合同上标准的工程名称。

承包单位：统一按施工承包合同的单位名称填写。

项目技术负责人：实行项目法施工的承包商派驻项目部的项目总工程师亲笔签名；没有实行项目法施工的承包商由单位的技术负责人亲笔签名。

质检员：有资格证的质检员亲笔签名。

施工员：有资格证的施工员亲笔签名。

日期：填写表格的日期。

4. 施工记录按不同的施工内容编排，归档可按里程顺序或时间顺序收编。

5. 引用市政/房建表格的施工记录文件表格格式和表格内容可根据最后一列的市政/房建表格编码进行索引，表格编码按第二列的编码进行编制。第三节表格全部为非沿用表格。

6.1 通 用 表 格

6.1.9 轨道施·通-9 ____附合导线测量计算表

市政基础设施工程

________附合导线测量计算表

轨道施·通-9

共 页 第 页

监理单位：　　　　　　　　编 号：

施工单位：　　　　　　　　合同号：

点号	观测左角（° ′ ″）	改正数（″）	方位角（° ′ ″）	平距（m）	坐标增量（m）		改正数（mm）		改正后坐标增量（m）		平差后坐标（m）	
					ΔX	ΔY	X	Y	ΔX	ΔY	X	Y

制表：　　计算：　　复核：　　监理工程师：　　日期：

6.1.10 轨道施·通-10 导线水准测量计算表

市政基础设施工程

导线水准测量计算表

轨道施·通-10

共 页 第 页

合同段				工程名称			
桩号或部位				测量日期			
水准点编号	设计高程	实测高程	偏差	水准点编号	设计高程	实测高程	偏差
闭合差							
允许误差							
测量				技术主管			
监理意见	签名： 年 月 日						

6.1.11 轨道施·通-11 盾构姿态报表

市政基础设施工程

盾构姿态报表

轨道施·通-11

共 页 第 页

工程名称： 测量时间：

<table>
<tr><td colspan="2">测量日期</td><td></td><td>使用仪器</td><td colspan="2"></td></tr>
<tr><td colspan="2">导向系统显示切口里程</td><td></td><td>导向系统显示后参考点里程</td><td colspan="2"></td></tr>
<tr><td colspan="2">实测切口里程</td><td></td><td>实测后参考点里程</td><td colspan="2"></td></tr>
<tr><td colspan="3">掘进</td><td colspan="3"></td></tr>
<tr><td colspan="3">紧邻盾构千斤顶环片号</td><td colspan="3"></td></tr>
<tr><td></td><td colspan="2">X 坐标</td><td>Y 坐标</td><td colspan="2">H 坐标</td></tr>
<tr><td>前参考点</td><td colspan="2"></td><td></td><td colspan="2"></td></tr>
<tr><td>后参考点</td><td colspan="2"></td><td></td><td colspan="2"></td></tr>
<tr><td></td><td colspan="2">前参考点偏差（mm）</td><td>后参考点偏差（mm）</td><td colspan="2">主机趋势（mm/m）</td></tr>
<tr><td>导向系统显示水平</td><td colspan="2"></td><td></td><td colspan="2"></td></tr>
<tr><td>导向系统显示垂直</td><td colspan="2"></td><td></td><td colspan="2"></td></tr>
<tr><td>实测水平</td><td colspan="2"></td><td></td><td colspan="2"></td></tr>
<tr><td>实测垂直</td><td colspan="2"></td><td></td><td colspan="2"></td></tr>
<tr><td colspan="2">隧道轴线方位角（°）</td><td colspan="4"></td></tr>
<tr><td colspan="2">前胴体方位角（°）</td><td colspan="4"></td></tr>
<tr><td rowspan="2">导向系统显示</td><td colspan="2">绝对俯仰角（纵向坡度°）</td><td></td><td>mm/m</td><td></td></tr>
<tr><td colspan="2">滚动角（横向旋转角°）</td><td></td><td>mm/m</td><td></td></tr>
<tr><td rowspan="2">实测</td><td colspan="2">绝对俯仰角（纵向坡度°）</td><td></td><td>mm/m</td><td></td></tr>
<tr><td colspan="2">滚动角（横向旋转角°）</td><td></td><td>mm/m</td><td></td></tr>
<tr><td colspan="6">备注：
1. 盾构机参考点的水平方向偏差沿线路前进方向偏右为正，反之为负；垂直方向偏差高于设计值为正，反之为负。如掘进方向与线路前进方向相反，则人工测量与导向系统显示的符号相反。主机向右、向上的趋势为正，反之为负。
2. 仰俯角为正值时表明盾构机为抬头姿态，为负值时则为低头姿态。滚动角顺时针方向为正，反之为负。</td></tr>
</table>

测量人： 计算人： 复核人： 专业监理工程师：

6.1.12 轨道施·通-12 环片姿态人工测量报表

市政基础设施工程

环片姿态人工测量报表

轨道施·通-12

共　　页　第　　页

工程名称：　　　　　　　使用仪器：　　　　　　　测量时间：　　　　　年　　月　　日

环号N	里程(km)	线路中心线设计坐标（m）			实测线路中心线坐标（m）			实测偏移量（mm）		导向系统（mm）		较差（mm）		备注
		X	Y	H	X	Y	H	横向	竖向	横向	竖向	横向	竖向	

测量人：　　　　计算人：　　　　复核人：　　　　专业监理工程师：　　　　图名图号：

说明：

1. 本表以施工图（需注明使用的图名、图号）的设计线路中心线为测量基准。
2. 本表适用于用横杆法人工测量环片姿态；H应实测环片底部。
3. 沿线路前进方向，左为负，右为正；若逆线路前进方向掘进，导向系统显示值与实测值符号相反；竖向向下为负，向上为正。
4. 业主测量队无需填写导向系统显示值，无需监理工程师签名，改为审核人签名。

6.1.13 轨道施·通-13 贯通测量误差表

市政基础设施工程

贯通测量误差表

轨道施·通-13

共　　页　第　　页

测量时间：　　　　年　　月　　日

	贯通测量误差			贯通面里程	备注
	横向（mm）	纵向（mm）	高程（mm）		
左线					
右线					

制表：　　　　　　　　　　　　　　　　　　　　　　复核人：

说明：1. 本贯通表误差已投影到设计线路中心线上进行改正。该贯通里程处线路设计方位或里程处切线方位：__________。

2. 此表后附加贯通测量报告。

6.1.14 轨道施·通-14 贯通测量误差统计表

市政基础设施工程

贯通测量误差统计表

轨道施·通-14

共　页 第　页

测量时间：　　年　月　日

土建标段	左线/右线	土建单位贯通测量误差			业主测量队贯通测量误差			贯通面里程	备注
		横向（mm）	纵向（mm）	高程（mm）	横向（mm）	纵向（mm）	高程（mm）		

制表：　　　　复核人：

说明：本贯通表误差已投影到设计线路中心线上进行改正。该贯通里程处线路设计方位或里程处切线方位：________。

6.1.15 轨道施·通-15 车站断面测量记录（ 线）

市政基础设施工程

车站断面测量记录（ 线）

轨道施·通-15

共　　页 第　　页

工点：

车站类型：　　　测量时间：　　　年　　月　　日

断面里程		实测断面				实测高程			备注
		左		右		顶点（m）	底点（m）	高度（m）	
		L（mm）	H（m）	L（mm）	H（m）				
	上								
	中1								
	中2								
	下								
	屏A					/	/	/	
	屏B					/	/	/	
						/	/	/	
	上								
	中1								
	中2								
	下								
	屏A					/	/	/	
	屏B					/	/	/	
						/	/	/	
	上								
	中1								
	中2								
	下								
	屏A					/	/	/	
	屏B					/	/	/	
						/	/	/	
	上								
	中1								
	中2								
	下								
	屏A					/	/	/	
	屏B					/	/	/	
						/	/	/	

测量人：　　　　　　　　复测人：　　　　　　　　施工技术负责人：

说明：

1. 本表以施工图（需注明使用的图名、图号）的设计线路中心线为测量基准。
2. 本表L表示横距，H表示横距的测点高程；“实测高程”栏高度（m）为顶点至底点高程差。

6.1.16 轨道施·通-16 隧道断面测量记录（线）

市政基础设施工程

隧道断面测量记录（ 线）

轨道施·通-16

共 页 第 页

工点（站、区间）：

隧道类型： 测量时间： 年 月 日

<table>
<tr><td rowspan="4">断面里程</td><td colspan="5">实测断面</td><td colspan="3">实测高程</td><td rowspan="4">备注</td></tr>
<tr><td rowspan="3"></td><td colspan="2">左</td><td colspan="2">右</td><td rowspan="3">顶点（m）</td><td rowspan="3">底点（m）</td><td rowspan="3">高度（m）</td></tr>
<tr><td>L（mm）</td><td>H（m）</td><td>L（mm）</td><td>H（m）</td></tr>
<tr></tr>
<tr><td rowspan="7"></td><td>上</td><td></td><td></td><td></td><td></td><td rowspan="7"></td><td rowspan="7"></td><td rowspan="7"></td><td rowspan="7"></td></tr>
<tr><td>中 1</td><td></td><td></td><td></td><td></td></tr>
<tr><td>中 2</td><td></td><td></td><td></td><td></td></tr>
<tr><td>下</td><td></td><td></td><td></td><td></td></tr>
<tr><td>撤 A</td><td></td><td></td><td></td><td></td></tr>
<tr><td>撤 B</td><td></td><td></td><td></td><td></td></tr>
<tr><td></td><td></td><td></td><td></td><td></td></tr>
<tr><td rowspan="7"></td><td>上</td><td></td><td></td><td></td><td></td><td rowspan="7"></td><td rowspan="7"></td><td rowspan="7"></td><td rowspan="7"></td></tr>
<tr><td>中 1</td><td></td><td></td><td></td><td></td></tr>
<tr><td>中 2</td><td></td><td></td><td></td><td></td></tr>
<tr><td>下</td><td></td><td></td><td></td><td></td></tr>
<tr><td>撤 A</td><td></td><td></td><td></td><td></td></tr>
<tr><td>撤 B</td><td></td><td></td><td></td><td></td></tr>
<tr><td></td><td></td><td></td><td></td><td></td></tr>
<tr><td rowspan="7"></td><td>上</td><td></td><td></td><td></td><td></td><td rowspan="7"></td><td rowspan="7"></td><td rowspan="7"></td><td rowspan="7"></td></tr>
<tr><td>中 1</td><td></td><td></td><td></td><td></td></tr>
<tr><td>中 2</td><td></td><td></td><td></td><td></td></tr>
<tr><td>下</td><td></td><td></td><td></td><td></td></tr>
<tr><td>撤 A</td><td></td><td></td><td></td><td></td></tr>
<tr><td>撤 B</td><td></td><td></td><td></td><td></td></tr>
<tr><td></td><td></td><td></td><td></td><td></td></tr>
<tr><td rowspan="7"></td><td>上</td><td></td><td></td><td></td><td></td><td rowspan="7"></td><td rowspan="7"></td><td rowspan="7"></td><td rowspan="7"></td></tr>
<tr><td>中 1</td><td></td><td></td><td></td><td></td></tr>
<tr><td>中 2</td><td></td><td></td><td></td><td></td></tr>
<tr><td>下</td><td></td><td></td><td></td><td></td></tr>
<tr><td>撤 A</td><td></td><td></td><td></td><td></td></tr>
<tr><td>撤 B</td><td></td><td></td><td></td><td></td></tr>
<tr><td></td><td></td><td></td><td></td><td></td></tr>
</table>

测量人： 复核人： 施工技术负责人：

说明：

1. 本表以施工图（需注明使用的图名、图号）的设计线路中心线为测量基准。
2. 本表 L 表示横距，H 表示横距的测点高程；“实测高程”栏高度（m）为顶点至底点高程差。

6.2 土 建 施 工

6.2.20 轨道施·土-20 注浆施工记录

市政基础设施工程

注浆施工记录

轨道施·土-20

第 页 共 页

单位（子单位）工程名称								
施工单位				检查日期				
分部/子分部/分项				检验批编号				
施工执行标准名称及编号								
注浆材料及配合比								
施工日期	环号	注浆孔数	浆液比重	注浆时间		注浆压力（MPa）	注浆量（m^3）	备注
				始	终			
专业工长				专业质检员				
施工班组长				专业监理工程师				

天气情况及气温：根据实测结果填写。

设计坍落度：填写配合比通知单中设计配合比的坍落度值。

6.2.22 轨道施·土-22 封端混凝土灌注记录

市政基础设施工程

封端混凝土灌注记录

轨道施·土-22

第 页 共 页

<table>
<tr><td colspan="2">单位（子单位）工程名称</td><td colspan="6"></td></tr>
<tr><td colspan="2">施工单位</td><td colspan="4"></td><td>检验批编号</td><td></td></tr>
<tr><td colspan="2">分部/子分部/分项</td><td colspan="4"></td><td>检查日期</td><td></td></tr>
<tr><td colspan="2">梁号</td><td colspan="4"></td><td>梁别</td><td></td></tr>
<tr><td colspan="2">灌注开、停盘时间</td><td></td><td colspan="2">拌合机型号</td><td></td><td>每盘拌合产量（m^3）</td><td></td></tr>
<tr><td colspan="2">混凝土设计强度</td><td></td><td colspan="2">要求陷度（mm）</td><td></td><td>实测陷度（cm）</td><td></td></tr>
<tr><td colspan="2">混凝土理论配合比</td><td></td><td colspan="2">每立方米水泥用量</td><td></td><td>混凝土施工配合比</td><td></td></tr>
<tr><td rowspan="7">原材料产地及品名</td><td>水泥</td><td></td><td rowspan="7">每盘用量（kg）</td><td>水泥</td><td></td><td colspan="2" rowspan="9">灌注中情况及处理：</td></tr>
<tr><td>砂</td><td></td><td>砂</td><td></td></tr>
<tr><td>石</td><td></td><td>石</td><td></td></tr>
<tr><td>水</td><td></td><td>水</td><td></td></tr>
<tr><td>注射浆助剂</td><td></td><td>注射浆助剂</td><td></td></tr>
<tr><td>阻锈剂</td><td></td><td>阻锈剂</td><td></td></tr>
<tr><td>减水剂</td><td></td><td>减水剂</td><td></td></tr>
<tr><td colspan="2">水温（℃）</td><td></td><td colspan="2">混凝土出盘温度（℃）</td><td></td></tr>
<tr><td colspan="2">拌合盘数</td><td></td><td colspan="2">混凝土方量（m^3）</td><td></td></tr>
<tr><td colspan="2">专业工长</td><td colspan="2"></td><td colspan="2">专业质检员</td><td colspan="2"></td></tr>
<tr><td colspan="2">施工班组长</td><td colspan="2"></td><td colspan="2">专业监理工程师</td><td colspan="2"></td></tr>
</table>

6.2.42 轨道施·土-42 袖阀管施工记录

市政基础设施工程

袖阀管施工记录

轨道施·土-42

共 页 第 页

单位（子单位）工程名称								
施工单位					工程部位			
袖阀管材料及规格			起止桩号		施工日期			
钻孔数	钻孔角度	钻孔深度	钻孔间距	总进尺	开钻时间	结束时间	钻孔口径	钻机型号
套壳料材料及配比					注浆材料及配比			
注浆参数								
施工执行标准及编号								
孔号	注浆时间		注浆压力（MPa）	注浆量（m^3）	孔号	注浆时间	注浆压力（MPa）	注浆量（m^3）
草图：								
专业工长				专业质检员				
施工班组长				专业监理工程师				

6.2.43 轨道施·土-43 土压盾构掘进记录

市政基础设施工程

土压盾构掘进记录

轨道施·土-43

共 页 第 页

单位（子单位）工程名称						分部/子分部/分项				检验批编号		
总承包施工单位					项目负责人			专业承包施工单位		项目负责人		
环号	日期	班组	掘进开始时间	掘进终止时间	掘进速度（mm/min）	刀盘转速（r/min）	推力（kN）	刀盘扭矩（kN·m）	土压力	出土量	地质描述	备注

自检意见：

施工工长（技术员）： 班组长： 项目专业质量检查员： 日期：

监理单位意见：

专业监理工程师（建设单位项目专业技术负责人）： 日期：

6.2.44 轨道施·土-44 泥水盾构掘进记录

市政基础设施工程

泥水盾构掘进记录

轨道施·土-44

共 页 第 页

单位（子单位）工程名称						分部/子分部/分项				检验批编号		
总承包施工单位					项目负责人			专业承包施工单位		项目负责人		
环号	日期	班组	掘进开始时间	掘进终止时间	掘进速度（mm/min）	刀盘转速（r/min）	推力（kN）	刀盘扭矩（kN·m）	切口水压（bar）	泥水比重	干砂量	地质描述
自检意见： 施工工长（技术员）： 班组长： 项目专业质量检查员： 日期：												
监理单位意见： 专业监理工程师（建设单位项目专业技术负责人）： 日期：												

6.2.45 轨道施·土-45 复合式衬砌施工记录

市政基础设施工程

复合式衬砌施工记录

轨道施·土-45

共 页 第 页

单位（子单位）工程名称					
施工单位					
分部/子分部/分项				检验批编号	
施工部位				施工日期	
初期支护面处理情况					
防水层类型		缓冲排水层类型		排水盲管类型	
暗钉圈间距		防水层搭接方式		焊缝气压	
衬砌厚度		混凝土抗渗等级		混凝土强度等级	
混凝土配合比		水灰比		砂率	
浇筑起止时间		浇筑方式		浇筑方量	
混凝土入仓温度		浇筑时气温		混凝土入仓坍落度	
墙拱交界处砼浇筑间隙时间			振捣情况		
混凝土拆模时间		拆模时混凝土强度		养护方式	
混凝土渗漏水量		混凝土表面平整度		混凝土表面缺陷	
混凝土浇筑时防水层损坏情况					
混凝土试件制作及养护方式					
排水盲管透水情况					
施工过程中有无异常情况出现					
专业工长			专业质检员		
施工班组长			专业监理工程师		

6.2.46 轨道施·土-46 开挖断面及地质检查记录

市政基础设施工程

开挖断面及地质检查记录

轨道施·土-46

共　页第　页

<table>
<tr><td>单位（子单位）工程名称</td><td colspan="10"></td></tr>
<tr><td>施工单位</td><td colspan="10"></td></tr>
<tr><td>分部/子分部/分项</td><td colspan="4"></td><td colspan="3">检验批编号</td><td colspan="3"></td></tr>
<tr><td>检查部位</td><td colspan="4"></td><td colspan="3">检查日期</td><td colspan="3"></td></tr>
<tr><td>施工执行标准名称及编号</td><td colspan="10"></td></tr>
<tr><td rowspan="2">断面超欠挖值（cm）</td><td rowspan="2" colspan="2">1 2 3 4 5 6 7
断面轮廓示意图</td><td>1</td><td>2</td><td>3</td><td>4</td><td>5</td><td>6</td><td>7</td><td>8</td></tr>
<tr><td></td><td></td><td></td><td></td><td></td><td></td><td></td><td></td></tr>
<tr><td rowspan="4">地质情况</td><td colspan="2">岩层性质</td><td colspan="8"></td></tr>
<tr><td colspan="2">围岩级别</td><td colspan="8"></td></tr>
<tr><td colspan="2">结构面产状</td><td colspan="8"></td></tr>
<tr><td colspan="2">地质描述</td><td colspan="8"></td></tr>
<tr><td>地下水</td><td colspan="2">位置及描述</td><td colspan="8"></td></tr>
<tr><td>专业工长</td><td colspan="2"></td><td colspan="3">专业质检员</td><td colspan="5"></td></tr>
<tr><td>施工班组长</td><td colspan="2"></td><td colspan="3">专业监理工程师</td><td colspan="5"></td></tr>
</table>

6.2.47 轨道施·土-47 管棚钻孔施工记录

市政基础设施工程

管棚钻孔施工记录

轨道施·土-47

共　　页 第　　页

<table>
<tr><td colspan="3">单位（子单位）工程名称</td><td colspan="7"></td></tr>
<tr><td colspan="3">施工单位</td><td colspan="7"></td></tr>
<tr><td colspan="3">分部/子分部/分项</td><td colspan="3"></td><td colspan="2">检验批编号</td><td colspan="2"></td></tr>
<tr><td>设计钻孔直径</td><td></td><td>设计钻孔长度</td><td></td><td>施工部位</td><td></td><td>钻孔日期</td><td></td><td>钻孔型号</td><td></td></tr>
<tr><td>钻孔编号</td><td>地层类别</td><td>钻孔直径（cm）</td><td colspan="3">钻孔时间</td><td colspan="2">钻孔长度（m）</td><td>钻孔倾角</td><td>备注</td></tr>
<tr><td></td><td></td><td></td><td colspan="3"></td><td colspan="2"></td><td></td><td></td></tr>
<tr><td></td><td></td><td></td><td colspan="3"></td><td colspan="2"></td><td></td><td></td></tr>
<tr><td></td><td></td><td></td><td colspan="3"></td><td colspan="2"></td><td></td><td></td></tr>
<tr><td></td><td></td><td></td><td colspan="3"></td><td colspan="2"></td><td></td><td></td></tr>
<tr><td></td><td></td><td></td><td colspan="3"></td><td colspan="2"></td><td></td><td></td></tr>
<tr><td></td><td></td><td></td><td colspan="3"></td><td colspan="2"></td><td></td><td></td></tr>
<tr><td></td><td></td><td></td><td colspan="3"></td><td colspan="2"></td><td></td><td></td></tr>
<tr><td></td><td></td><td></td><td colspan="3"></td><td colspan="2"></td><td></td><td></td></tr>
<tr><td></td><td></td><td></td><td colspan="3"></td><td colspan="2"></td><td></td><td></td></tr>
<tr><td></td><td></td><td></td><td colspan="3"></td><td colspan="2"></td><td></td><td></td></tr>
<tr><td></td><td></td><td></td><td colspan="3"></td><td colspan="2"></td><td></td><td></td></tr>
<tr><td></td><td></td><td></td><td colspan="3"></td><td colspan="2"></td><td></td><td></td></tr>
<tr><td></td><td></td><td></td><td colspan="3"></td><td colspan="2"></td><td></td><td></td></tr>
<tr><td></td><td></td><td></td><td colspan="3"></td><td colspan="2"></td><td></td><td></td></tr>
<tr><td></td><td></td><td></td><td colspan="3"></td><td colspan="2"></td><td></td><td></td></tr>
<tr><td colspan="2">专业工长</td><td colspan="4"></td><td colspan="2">专业质检员</td><td colspan="2"></td></tr>
<tr><td colspan="2">施工班组长</td><td colspan="4"></td><td colspan="2">专业监理工程师</td><td colspan="2"></td></tr>
</table>

6.2.48 轨道施·土-48 管棚注浆施工检查记录

市政基础设施工程

管棚注浆施工检查记录

轨道施·土-48

共　页　第　页

单位（子单位）工程名称								
施工单位						检查部位		
分部/子分部/分项						检验批编号		
注浆日期			检查部位			注浆设备		
管棚编号	地层类别	注浆起止深度（m）	注浆材料及配合比	注浆开始时间	注浆终止时间	注浆压力（MPa）	注浆量（L）	备注

专业监理工程师：　　项目专业工长：　　专业质检员：　　施工班组长：　　记录人：

6.2.49 轨道施·土-49 管棚施工工程检查记录

市政基础设施工程

管棚施工工程检查记录

轨道施·土-49

共 页 第 页

<table>
<tr><td>单位（子单位）工程名称</td><td colspan="3"></td></tr>
<tr><td>施工单位</td><td colspan="3"></td></tr>
<tr><td>分部/子分部/分项</td><td></td><td>检验批编号</td><td></td></tr>
<tr><td>检查部位</td><td></td><td>检查时间</td><td></td></tr>
<tr><td>施工执行标准名称及编号</td><td colspan="3"></td></tr>
<tr><td colspan="4">本检查部位按 号图施工，检查结果如下：

检查内容：

钻孔： 1. 编号： 2. 钻机型号： 3. 倾角： 4. 孔径：
5. 孔深：

杆件： 1. 类型： 2. 直径： 3. 钢管长度： 4. 预留：

注浆： 1. 水泥强度等级： 2. 水灰比： 3. 注浆量：</td></tr>
</table>

专业工长		专业质检员	
施工班组长		专业监理工程师	

6.2.50 轨道施·土-50 小导管施工记录

市政基础设施工程

小导管施工记录

轨道施·土-50

共　页　第　页

单位（子单位）工程名称								
施工单位								
分部/子分部/分项					检验批编号			
施工部位					施工日期			
设计参数		导管直径：　mm　导管长度：　m　导管倾角：　间距：						
编号	长度（m）	直径（mm）	角度（°）	间距（m）	压力（MPa）	注浆材料及配合比	注浆量（L）	备注
专业工长		专业质检员		施工班组长				
记录人		专业监理工程师						

6.2.51 轨道施·土-51 锁脚锚管施工记录

市政基础设施工程

锁脚锚管施工记录

轨道施·土-51

共 页 第 页

单位（子单位）工程名称								
施工单位								
分部/子分部/分项						检验批编号		
施工部位						施工日期		
设计参数	导管直径： mm				导管长度： m			
编号	长度（m）	直径（mm）	角度（°）	间距（m）	压力（MPa）	注浆材料及配合比	注浆量（L）	备注

专业工长		专业质检员		施工班组长	
记录人		专业监理工程师			

6.2.53 轨道施·土-53 埋地管线（设备、配件）防腐施工质量检查记录

市政基础设施工程

埋地管线（设备、配件）防腐施工质量检查记录

轨道施·土-53

第 页共 页

工程名称		单位工程名称	
施工单位		分包单位	
防腐部位/防腐方式/防腐材料/防腐施工方法简介：			
防腐施工质量的外观检查及测试记录：			
项目技术负责人		质检员	
施工员		监理工程师	

年 月 日

6.2.54 轨道施·土-54 管线警示标识装置施工记录

市政基础设施工程

管线警示标识装置施工记录

轨道施·土-54

第　　页 共　　页

工程名称		单位工程名称	
施工单位		分包单位	
警示带（板）设置（埋设）的相关示意图、照片或说明：			
标识装置简图：			
项目技术负责人		质检员	
施工员		监理工程师	

年　　月　　日

6.2.55 轨道施·土-55-1 接地装置（含连通或引下线）接头连接记录（一）

市政基础设施工程

接地装置（含连通或引下线）接头连接记录（一）

轨道施·土-55-1

第　　页共　　页

工程名称		单位工程名称	
施工单位		分包单位	
接头（端子）的名称/具体位置/编号	连接导体的材料名称/型号/规格（尺寸）	接头的连接形式/防腐形式	搭接长度（mm）
相关示图、照片和说明（如表达接头形式及连接状况）；简介施工方法/已作检查测试的项目及其结果：			
项目技术负责人		质检员	
施工员		监理工程师	

年　　月　　日

6.2.56 轨道施·土-55-2 接地装置（含连通或引下线）接头连接记录（二）

市政基础设施工程

接地装置（含连通或引下线）接头连接记录（二）

轨道施·土-55-2

第　　页 共　　页

<table>
<tr><td colspan="2">工程名称</td><td></td><td>单位工程名称</td><td></td></tr>
<tr><td colspan="2">施工单位</td><td></td><td>分包单位</td><td></td></tr>
<tr><td colspan="2">接地（含跨接）装置的接头（端子）</td><td rowspan="2">连接形式</td><td rowspan="2">连接处数</td><td rowspan="2">连接导体的材料名称/规格（尺寸）/数量</td></tr>
<tr><td>名称</td><td>接头具体位置/编号</td></tr>
<tr><td></td><td></td><td></td><td></td><td></td></tr>
<tr><td colspan="5">接地（含跨接）装置的接头（端子）所在位置/编号和施工方法简介/已作检查测试的项目及其结果，以及连接形式、连接导体的规格尺寸和数量、搭接（焊接）长度等的示意图及相关说明：</td></tr>
<tr><td colspan="5"></td></tr>
<tr><td colspan="2">项目技术负责人</td><td></td><td>质检员</td><td></td></tr>
<tr><td colspan="2">施工员</td><td></td><td>监理工程师</td><td></td></tr>
</table>

年　　月　　日

6.3 机电设备安装

6.3.1 轨道施·电-1 电缆支（桥）架及接地扁钢安装记录

市政基础设施工程

电缆支（桥）架及接地扁钢安装记录

轨道施·电-1

第　　页共　　页

工程名称				单位工程名称	
施工单位				分包单位	
检查部位				检查日期	年　月　日
施工及验收依据文件名称及编号		《电气装置安装工程电缆线路施工及验收规范》GB 50168			
支架/扁钢规格	安装位置	材质	数量	工艺质量要求（摘要）	检查结果［以定量或定性（符合/不符合要求）表达］
项目技术负责人				质检员	
施工员				监理工程师	

6.3.2 轨道施·电-2 电缆中间头/终端头制作安装记录

市政基础设施工程

电缆中间头/终端头制作安装记录

轨道施·电-2

第　　页 共　　页

<table>
<tr><td>工程名称</td><td colspan="4"></td><td colspan="2">单位工程名称</td><td></td></tr>
<tr><td>施工单位</td><td colspan="4"></td><td colspan="2">分包单位</td><td></td></tr>
<tr><td>检查部位</td><td colspan="5"></td><td>检查日期</td><td>年　月　日</td></tr>
<tr><td>施工及验收依据文件名称及编号</td><td colspan="7">《电气装置安装工程电缆线路施工及验收规范》GB 50168</td></tr>
<tr><td>电缆及电缆头类型</td><td>安装位置</td><td>中间接头或终端头型号</td><td>铠装或屏蔽层是否接地</td><td>接地线的截面</td><td colspan="2">电缆头制作工艺是否满足电缆头制作要求</td><td>电缆头固定情况</td></tr>
<tr><td></td><td></td><td></td><td></td><td></td><td colspan="2"></td><td></td></tr>
<tr><td></td><td></td><td></td><td></td><td></td><td colspan="2"></td><td></td></tr>
<tr><td></td><td></td><td></td><td></td><td></td><td colspan="2"></td><td></td></tr>
<tr><td></td><td></td><td></td><td></td><td></td><td colspan="2"></td><td></td></tr>
<tr><td></td><td></td><td></td><td></td><td></td><td colspan="2"></td><td></td></tr>
<tr><td></td><td></td><td></td><td></td><td></td><td colspan="2"></td><td></td></tr>
<tr><td></td><td></td><td></td><td></td><td></td><td colspan="2"></td><td></td></tr>
<tr><td></td><td></td><td></td><td></td><td></td><td colspan="2"></td><td></td></tr>
<tr><td></td><td></td><td></td><td></td><td></td><td colspan="2"></td><td></td></tr>
<tr><td></td><td></td><td></td><td></td><td></td><td colspan="2"></td><td></td></tr>
<tr><td></td><td></td><td></td><td></td><td></td><td colspan="2"></td><td></td></tr>
<tr><td colspan="8"></td></tr>
<tr><td>项目技术负责人</td><td colspan="3"></td><td colspan="2">质检员</td><td colspan="2"></td></tr>
<tr><td>施工员</td><td colspan="3"></td><td colspan="2">监理工程师</td><td colspan="2"></td></tr>
</table>

6.3.3 轨道施·电-3 参比电极安装记录

市政基础设施工程

参比电极安装记录

轨道施·电-3

第　页共　页

<table>
<tr><td>工程名称</td><td colspan="2"></td><td>单位工程名称</td><td></td></tr>
<tr><td>施工单位</td><td colspan="2"></td><td>分包单位</td><td></td></tr>
<tr><td>检查部位</td><td colspan="3"></td><td>检查日期　　年　月　日</td></tr>
<tr><td>施工及验收依据文件名称及编号</td><td colspan="4"></td></tr>
<tr><td>参比电极型号</td><td>安装位置</td><td>与对应的测试端子之间距离</td><td>检查项目</td><td>检查结果</td></tr>
<tr><td></td><td></td><td></td><td></td><td></td></tr>
<tr><td></td><td></td><td></td><td></td><td></td></tr>
<tr><td></td><td></td><td></td><td></td><td></td></tr>
<tr><td></td><td></td><td></td><td></td><td></td></tr>
<tr><td></td><td></td><td></td><td></td><td></td></tr>
<tr><td></td><td></td><td></td><td></td><td></td></tr>
<tr><td></td><td></td><td></td><td></td><td></td></tr>
<tr><td></td><td></td><td></td><td></td><td></td></tr>
<tr><td></td><td></td><td></td><td></td><td></td></tr>
<tr><td></td><td></td><td></td><td></td><td></td></tr>
<tr><td>项目技术负责人</td><td colspan="2"></td><td>质检员</td><td></td></tr>
<tr><td>施工员</td><td colspan="2"></td><td>监理工程师</td><td></td></tr>
</table>

6.3.4 轨道施·电-4 传感器、转接器及检测装置安装记录

市政基础设施工程

传感器、转接器及检测装置安装记录

轨道施·电-4

第　　页 共　　页

<table>
<tr><td>工程名称</td><td colspan="4"></td><td>单位工程名称</td><td colspan="2"></td></tr>
<tr><td>施工单位</td><td colspan="4"></td><td>分包单位</td><td colspan="2"></td></tr>
<tr><td>检查部位</td><td colspan="5"></td><td>检查日期</td><td>年　月　日</td></tr>
<tr><td>施工及验收依据
文件名称及编号</td><td colspan="7"></td></tr>
<tr><td>设备名称</td><td>规格型号</td><td>安装位置</td><td>安装高度</td><td colspan="3">检查项目</td><td>检查结果</td></tr>
<tr><td></td><td></td><td></td><td></td><td colspan="3"></td><td></td></tr>
<tr><td></td><td></td><td></td><td></td><td colspan="3"></td><td></td></tr>
<tr><td></td><td></td><td></td><td></td><td colspan="3"></td><td></td></tr>
<tr><td></td><td></td><td></td><td></td><td colspan="3"></td><td></td></tr>
<tr><td></td><td></td><td></td><td></td><td colspan="3"></td><td></td></tr>
<tr><td></td><td></td><td></td><td></td><td colspan="3"></td><td></td></tr>
<tr><td></td><td></td><td></td><td></td><td colspan="3"></td><td></td></tr>
<tr><td></td><td></td><td></td><td></td><td colspan="3"></td><td></td></tr>
<tr><td></td><td></td><td></td><td></td><td colspan="3"></td><td></td></tr>
<tr><td></td><td></td><td></td><td></td><td colspan="3"></td><td></td></tr>
<tr><td></td><td></td><td></td><td></td><td colspan="3"></td><td></td></tr>
<tr><td>项目技术负责人</td><td colspan="3"></td><td colspan="2">质检员</td><td colspan="2"></td></tr>
<tr><td>施工员</td><td colspan="3"></td><td colspan="2">监理工程师</td><td colspan="2"></td></tr>
</table>

6.3.5 轨道施·电-5 中心锚结安装记录

市政基础设施工程

中心锚结安装记录

轨道施·电-5

第　　页 共　　页

工程名称		单位工程名称				
施工单位		分包单位				
检查部位				检查日期	年　月　日	
施工及验收依据文件名称及编号						
安装锚段	安装位置	安装型式	安装状态	绝缘距离检查	安装日期	检查结论
项目技术负责人		质检员				
施工员		监理工程师				

6.3.6 轨道施·电-6 隔离开关（柜）及引线安装记录

市政基础设施工程

隔离开关（柜）及引线安装记录

轨道施·电-6

第 页 共 页

<table>
<tr><td colspan="2">工程名称</td><td colspan="2"></td><td>单位工程名称</td><td colspan="2"></td></tr>
<tr><td colspan="2">施工单位</td><td colspan="2"></td><td>分包单位</td><td colspan="2"></td></tr>
<tr><td colspan="2">检查部位</td><td colspan="2"></td><td>检查日期</td><td colspan="2">年 月 日</td></tr>
<tr><td colspan="2">施工及验收依据文件名称及编号</td><td colspan="5">《铁路电力牵引供电工程施工质量验收规范》TB 10421</td></tr>
<tr><td colspan="2" rowspan="2">设备名称、型号、规格</td><td rowspan="2"></td><td colspan="2">出厂编号</td><td colspan="2">安装位置自编号</td></tr>
<tr><td colspan="2"></td><td colspan="2"></td></tr>
<tr><td colspan="2">开关引线安装</td><td>电缆规格型号</td><td colspan="2"></td><td>电缆引线长度</td><td></td></tr>
<tr><td colspan="2">检查（测量）项目</td><td colspan="4">工艺质量要求</td><td>检查结论</td></tr>
<tr><td colspan="2">安装位置</td><td colspan="4"></td><td></td></tr>
<tr><td colspan="2">开关本体</td><td colspan="4"></td><td></td></tr>
<tr><td colspan="2">隔离开关底座</td><td colspan="4"></td><td></td></tr>
<tr><td colspan="2">电缆引线</td><td colspan="4"></td><td></td></tr>
<tr><td colspan="2">开关分合闸状态</td><td colspan="4"></td><td></td></tr>
<tr><td>项目技术负责人</td><td colspan="2"></td><td>质检员</td><td colspan="3"></td></tr>
<tr><td>施工员</td><td colspan="2"></td><td>监理工程师</td><td colspan="3"></td></tr>
</table>

6.3.7 轨道施·电-7 分段绝缘器安装检查记录

市政基础设施工程

分段绝缘器安装检查记录

轨道施·电-7

第 页 共 页

工程名称		单位工程名称		
施工单位		分包单位		
检查部位			检查日期	年 月 日
施工及验收依据文件名称及编号				
名称、型号、规格		出厂编号	安装位置自编号	
检查（测量）项目	工艺质量要求（摘要）	检查结果［以定量或定性（符合/不符合要求）表达］		
项目技术负责人		质检员		
施工员		监理工程师		

6.3.8 轨道施·电-8 避雷器安装检查记录

市政基础设施工程

避雷器安装检查记录

轨道施·电-8

第　　页 共　　页

<table>
<tr><td>工程名称</td><td colspan="3"></td><td colspan="2">单位工程名称</td><td colspan="2"></td></tr>
<tr><td>施工单位</td><td colspan="3"></td><td colspan="2">分包单位</td><td colspan="2"></td></tr>
<tr><td>检查部位</td><td colspan="5"></td><td>检查日期</td><td>年　月　日</td></tr>
<tr><td>施工及验收依据文件名称及编号</td><td colspan="7"></td></tr>
<tr><td>安装位置</td><td>安装形式</td><td>避雷器型号</td><td colspan="2">电缆引线长度</td><td colspan="2">接地电阻</td><td>检查结论</td></tr>
<tr><td></td><td></td><td></td><td colspan="2"></td><td colspan="2"></td><td></td></tr>
<tr><td></td><td></td><td></td><td colspan="2"></td><td colspan="2"></td><td></td></tr>
<tr><td></td><td></td><td></td><td colspan="2"></td><td colspan="2"></td><td></td></tr>
<tr><td></td><td></td><td></td><td colspan="2"></td><td colspan="2"></td><td></td></tr>
<tr><td></td><td></td><td></td><td colspan="2"></td><td colspan="2"></td><td></td></tr>
<tr><td></td><td></td><td></td><td colspan="2"></td><td colspan="2"></td><td></td></tr>
<tr><td></td><td></td><td></td><td colspan="2"></td><td colspan="2"></td><td></td></tr>
<tr><td></td><td></td><td></td><td colspan="2"></td><td colspan="2"></td><td></td></tr>
<tr><td></td><td></td><td></td><td colspan="2"></td><td colspan="2"></td><td></td></tr>
<tr><td></td><td></td><td></td><td colspan="2"></td><td colspan="2"></td><td></td></tr>
<tr><td>项目技术负责人</td><td colspan="3"></td><td colspan="2">质检员</td><td colspan="2"></td></tr>
<tr><td>施工员</td><td colspan="3"></td><td colspan="2">监理工程师</td><td colspan="2"></td></tr>
</table>

6.3.9 轨道施·电-9 均、回流箱及电缆安装记录

市政基础设施工程

均、回流箱及电缆安装记录

轨道施·电-9

第　　页 共　　页

<table>
<tr><td>工程名称</td><td colspan="2"></td><td>单位工程名称</td><td colspan="2"></td></tr>
<tr><td>施工单位</td><td colspan="2"></td><td>分包单位</td><td colspan="2"></td></tr>
<tr><td>检查部位</td><td colspan="3"></td><td>检查日期</td><td>年　月　日</td></tr>
<tr><td>施工及验收依据文件名称及编号</td><td colspan="5"></td></tr>
<tr><td>规格型号</td><td>安装位置</td><td>电缆长度</td><td>电缆连接方式</td><td colspan="2">检查结论</td></tr>
<tr><td></td><td></td><td></td><td></td><td colspan="2"></td></tr>
<tr><td></td><td></td><td></td><td></td><td colspan="2"></td></tr>
<tr><td></td><td></td><td></td><td></td><td colspan="2"></td></tr>
<tr><td></td><td></td><td></td><td></td><td colspan="2"></td></tr>
<tr><td></td><td></td><td></td><td></td><td colspan="2"></td></tr>
<tr><td></td><td></td><td></td><td></td><td colspan="2"></td></tr>
<tr><td></td><td></td><td></td><td></td><td colspan="2"></td></tr>
<tr><td></td><td></td><td></td><td></td><td colspan="2"></td></tr>
<tr><td></td><td></td><td></td><td></td><td colspan="2"></td></tr>
<tr><td></td><td></td><td></td><td></td><td colspan="2"></td></tr>
<tr><td>项目技术负责人</td><td colspan="2"></td><td>质检员</td><td colspan="2"></td></tr>
<tr><td>施工员</td><td colspan="2"></td><td>监理工程师</td><td colspan="2"></td></tr>
</table>

6.3.10 轨道施·电-10 道岔轨缝电缆安装记录

市政基础设施工程

道岔轨缝电缆安装记录

轨道施·电-10

第　　页 共　　页

工程名称		单位工程名称		
施工单位		分包单位		
检查部位			检查日期	年　月　日
施工及验收依据文件名称及编号				
安装位置	安装形式	电缆规格型号	电缆长度	检查结论
项目技术负责人		质检员		
施工员		监理工程师		

6.3.11 轨道施·电-11 隧道悬挂装置安装及调整记录

市政基础设施工程

隧道悬挂装置安装及调整记录

轨道施·电-11

第　　页 共　　页

工程名称			单位工程名称		
施工单位			分包单位		
检查部位				检查日期	年　月　日
施工及验收依据文件名称及编号					

锚段\定位号	底座类型	悬挂类型	绝缘距离检查	悬挂装配检查	检查结论

项目技术负责人		质检员	
施工员		监理工程师	

6.3.12 轨道施·电-12 汇流排安装记录

市政基础设施工程

汇流排安装记录

轨道施·电-12

第　　页 共　　页

工程名称			单位工程名称		
施工单位			分包单位		
检查部位				检查日期	年　月　日
施工及验收依据文件名称及编号					
锚段号	锚段汇流排长度（m）	汇流排接头间隙（mm）	螺栓紧固力矩（kN）	接头安装位置	检查结论
项目技术负责人			质检员		
施工员			监理工程师		

6.3.13 轨道施·电-13 刚性接触网接触线安装记录

市政基础设施工程

刚性接触网接触线安装记录

轨道施·电-13

第 页 共 页

<table>
<tr><td>工程名称</td><td colspan="3"></td><td colspan="2">单位工程名称</td><td></td></tr>
<tr><td>施工单位</td><td colspan="3"></td><td colspan="2">分包单位</td><td></td></tr>
<tr><td>检查部位</td><td colspan="4"></td><td>检查日期</td><td>年 月 日</td></tr>
<tr><td>施工及验收依据文件名称及编号</td><td colspan="6"></td></tr>
<tr><td>区间\锚段号</td><td>接触线规格型号</td><td>安装长度（mm）</td><td>端头外露长度（mm）</td><td>安装张力（kN）</td><td>安装时温度（℃）</td><td>检查结论</td></tr>
<tr><td></td><td></td><td></td><td></td><td></td><td></td><td></td></tr>
<tr><td></td><td></td><td></td><td></td><td></td><td></td><td></td></tr>
<tr><td></td><td></td><td></td><td></td><td></td><td></td><td></td></tr>
<tr><td></td><td></td><td></td><td></td><td></td><td></td><td></td></tr>
<tr><td></td><td></td><td></td><td></td><td></td><td></td><td></td></tr>
<tr><td></td><td></td><td></td><td></td><td></td><td></td><td></td></tr>
<tr><td></td><td></td><td></td><td></td><td></td><td></td><td></td></tr>
<tr><td></td><td></td><td></td><td></td><td></td><td></td><td></td></tr>
<tr><td></td><td></td><td></td><td></td><td></td><td></td><td></td></tr>
<tr><td></td><td></td><td></td><td></td><td></td><td></td><td></td></tr>
<tr><td colspan="2">项目技术负责人</td><td colspan="2"></td><td colspan="2">质检员</td><td></td></tr>
<tr><td colspan="2">施工员</td><td colspan="2"></td><td colspan="2">监理工程师</td><td></td></tr>
</table>

6.3.14 轨道施·电-14 刚性接触网架空地线安装记录

市政基础设施工程

刚性接触网架空地线安装记录

轨道施·电-14

第　　页 共　　页

<table>
<tr><td colspan="2">工程名称</td><td colspan="2"></td><td>单位工程名称</td><td colspan="2"></td></tr>
<tr><td colspan="2">施工单位</td><td colspan="2"></td><td>分包单位</td><td colspan="2"></td></tr>
<tr><td colspan="2">检查部位</td><td colspan="3"></td><td>检查日期</td><td>年　月　日</td></tr>
<tr><td colspan="2">施工及验收依据
文件名称及编号</td><td colspan="5"></td></tr>
<tr><td>下锚
位置</td><td>线缆规
格型号</td><td>安装长度
（mm）</td><td>架线张力
（kN）</td><td>安装时温度
（℃）</td><td>距带电体距离
（mm）</td><td>检查结论</td></tr>
<tr><td></td><td></td><td></td><td></td><td></td><td></td><td></td></tr>
<tr><td></td><td></td><td></td><td></td><td></td><td></td><td></td></tr>
<tr><td></td><td></td><td></td><td></td><td></td><td></td><td></td></tr>
<tr><td></td><td></td><td></td><td></td><td></td><td></td><td></td></tr>
<tr><td></td><td></td><td></td><td></td><td></td><td></td><td></td></tr>
<tr><td></td><td></td><td></td><td></td><td></td><td></td><td></td></tr>
<tr><td></td><td></td><td></td><td></td><td></td><td></td><td></td></tr>
<tr><td></td><td></td><td></td><td></td><td></td><td></td><td></td></tr>
<tr><td></td><td></td><td></td><td></td><td></td><td></td><td></td></tr>
<tr><td></td><td></td><td></td><td></td><td></td><td></td><td></td></tr>
<tr><td colspan="3">项目技术负责人</td><td></td><td colspan="2">质检员</td><td></td></tr>
<tr><td colspan="3">施工员</td><td></td><td colspan="2">监理工程师</td><td></td></tr>
</table>

6.3.15 轨道施·电-15 刚性接触网膨胀接头安装记录

市政基础设施工程

刚性接触网膨胀接头安装记录

轨道施·电-15

第 页 共 页

<table>
<tr><td>工程名称</td><td colspan="2"></td><td>单位工程名称</td><td colspan="2"></td></tr>
<tr><td>施工单位</td><td colspan="2"></td><td>分包单位</td><td colspan="2"></td></tr>
<tr><td>检查部位</td><td colspan="3"></td><td>检查日期</td><td>年 月 日</td></tr>
<tr><td>施工及验收依据文件名称及编号</td><td colspan="5"></td></tr>
<tr><td rowspan="2">名称、型号、规格</td><td rowspan="2" colspan="2"></td><td colspan="2">出厂编号</td><td>安装位置自编号</td></tr>
<tr><td colspan="2"></td><td></td></tr>
<tr><td>检查（测量）项目</td><td colspan="2">工艺质量要求（摘要）</td><td colspan="3">检查结果［以定量或定性（符合/不符合要求）表达］</td></tr>
<tr><td></td><td colspan="2"></td><td colspan="3"></td></tr>
<tr><td></td><td colspan="2"></td><td colspan="3"></td></tr>
<tr><td></td><td colspan="2"></td><td colspan="3"></td></tr>
<tr><td></td><td colspan="2"></td><td colspan="3"></td></tr>
<tr><td></td><td colspan="2"></td><td colspan="3"></td></tr>
<tr><td></td><td colspan="2"></td><td colspan="3"></td></tr>
<tr><td></td><td colspan="2"></td><td colspan="3"></td></tr>
<tr><td></td><td colspan="2"></td><td colspan="3"></td></tr>
<tr><td colspan="2">项目技术负责人</td><td></td><td>质检员</td><td colspan="2"></td></tr>
<tr><td colspan="2">施工员</td><td></td><td>监理工程师</td><td colspan="2"></td></tr>
</table>

6.3.16 轨道施·电-16 锚段关节及电连接安装记录

市政基础设施工程

锚段关节及电连接安装记录

轨道施·电-16

第　　页 共　　页

<table>
<tr><td>工程名称</td><td colspan="3"></td><td>单位工程名称</td><td colspan="2"></td></tr>
<tr><td>施工单位</td><td colspan="3"></td><td>分包单位</td><td colspan="2"></td></tr>
<tr><td>检查部位</td><td colspan="4"></td><td>检查日期</td><td>年　月　日</td></tr>
<tr><td>施工及验收依据文件名称及编号</td><td colspan="6"></td></tr>
<tr><td colspan="2">线缆规格型号</td><td colspan="2"></td><td colspan="2">安装长度</td><td></td></tr>
<tr><td colspan="2">检查（测量）项目</td><td colspan="3">工艺质量要求（摘要）</td><td colspan="2">检查结果［以定量或定性（符合/不符合要求）表达］</td></tr>
<tr><td colspan="2"></td><td colspan="3"></td><td colspan="2"></td></tr>
<tr><td colspan="2"></td><td colspan="3"></td><td colspan="2"></td></tr>
<tr><td colspan="2"></td><td colspan="3"></td><td colspan="2"></td></tr>
<tr><td colspan="2"></td><td colspan="3"></td><td colspan="2"></td></tr>
<tr><td colspan="2"></td><td colspan="3"></td><td colspan="2"></td></tr>
<tr><td colspan="2"></td><td colspan="3"></td><td colspan="2"></td></tr>
<tr><td colspan="2"></td><td colspan="3"></td><td colspan="2"></td></tr>
<tr><td colspan="2"></td><td colspan="3"></td><td colspan="2"></td></tr>
<tr><td colspan="2"></td><td colspan="3"></td><td colspan="2"></td></tr>
<tr><td colspan="2">项目技术负责人</td><td colspan="2"></td><td colspan="2">质检员</td><td></td></tr>
<tr><td colspan="2">施工员</td><td colspan="2"></td><td colspan="2">监理工程师</td><td></td></tr>
</table>

6.3.17　轨道施·电-17　接触轨底座及支架安装记录

市政基础设施工程

接触轨底座及支架安装记录

轨道施·电-17

第　　页共　　页

<table>
<tr><td>工程名称</td><td colspan="3"></td><td>单位工程名称</td><td colspan="2"></td></tr>
<tr><td>施工单位</td><td colspan="3"></td><td>分包单位</td><td colspan="2"></td></tr>
<tr><td>检查部位</td><td colspan="4"></td><td>检查日期</td><td>年　月　日</td></tr>
<tr><td>施工及验收依据
文件名称及编号</td><td colspan="6">《城市轨道交通接触轨供电系统技术规范》CJJ/T 198</td></tr>
<tr><td>锚段＼定位号</td><td>安装形式</td><td>底座型号</td><td>支架型号</td><td>悬挂装配检查</td><td colspan="2">检查结论</td></tr>
<tr><td></td><td></td><td></td><td></td><td></td><td colspan="2"></td></tr>
<tr><td></td><td></td><td></td><td></td><td></td><td colspan="2"></td></tr>
<tr><td></td><td></td><td></td><td></td><td></td><td colspan="2"></td></tr>
<tr><td></td><td></td><td></td><td></td><td></td><td colspan="2"></td></tr>
<tr><td></td><td></td><td></td><td></td><td></td><td colspan="2"></td></tr>
<tr><td></td><td></td><td></td><td></td><td></td><td colspan="2"></td></tr>
<tr><td></td><td></td><td></td><td></td><td></td><td colspan="2"></td></tr>
<tr><td></td><td></td><td></td><td></td><td></td><td colspan="2"></td></tr>
<tr><td></td><td></td><td></td><td></td><td></td><td colspan="2"></td></tr>
<tr><td></td><td></td><td></td><td></td><td></td><td colspan="2"></td></tr>
<tr><td>项目技术负责人</td><td colspan="2"></td><td>质检员</td><td colspan="3"></td></tr>
<tr><td>施工员</td><td colspan="2"></td><td>监理工程师</td><td colspan="3"></td></tr>
</table>

6.3.18 轨道施·电-18 接触轨安装及调整记录

市政基础设施工程

接触轨安装及调整记录

轨道施·电-18

第 页 共 页

工程名称				单位工程名称			
施工单位				分包单位			
检查部位					检查日期	年 月 日	
施工及验收依据文件名称及编号	《城市轨道交通接触轨供电系统技术规范》CJJ/T 198						
锚段号/定位号	安装长度(m)	中间接头间隙(mm)	螺栓紧固力矩(kN)	膨胀接头安装位置	接触轨的受流面至走行轨钢轨平面的垂直距离(mm)	接触轨中心至轨道中心的距离(mm)	检查结论
项目技术负责人				质检员			
施工员				监理工程师			

6.3.19 轨道施·电-19 接地线及跳线安装记录

市政基础设施工程

接地线及跳线安装记录

轨道施·电-19

第 页 共 页

工程名称			单位工程名称			
施工单位			分包单位			
检查部位				检查日期	年 月 日	
施工及验收依据文件名称及编号	《城市轨道交通接触轨供电系统技术规范》CJJ/T 198					
锚段号	地线长度（m）	接头搭接长度（mm）	地线状态检查	接地跳线长度（m）	螺栓紧固检查	检查结论
项目技术负责人			质检员			
施工员			监理工程师			

6.3.20 轨道施·电-20 接触轨间电连接安装记录

市政基础设施工程

接触轨间电连接安装记录

轨道施·电-20

第　　页 共　　页

工程名称				单位工程名称	
施工单位				分包单位	
检查部位				检查日期	年　月　日
施工及验收依据文件名称及编号	《城市轨道交通接触轨供电系统技术规范》CJJ/T 198				
安装锚段	线缆规格型号	电缆长度（m）	电缆连接状态	安装日期	检查结论

项目技术负责人		质检员	
施工员		监理工程师	

6.3.21 轨道施·电-21 接触轨防护罩安装记录

市政基础设施工程

接触轨防护罩安装记录

轨道施·电-21

第 页 共 页

工程名称			单位工程名称		
施工单位			分包单位		
检查部位				检查日期	年 月 日
施工及验收依据文件名称及编号	《城市轨道交通接触轨供电系统技术规范》CJJ/T 198				
锚段号	定位号	安装长度（m）	防护罩支撑卡安装间距（mm）	搭接长度（mm）	检查结论

项目技术负责人		质检员	
施工员		监理工程师	

6.3.22 轨道施·电-22 支柱（吊柱）装配安装记录

市政基础设施工程

支柱（吊柱）装配安装记录

轨道施·电-22

第 页 共 页

<table>
<tr><td colspan="2">工程名称</td><td colspan="2"></td><td colspan="2">单位工程名称</td><td></td></tr>
<tr><td colspan="2">施工单位</td><td colspan="2"></td><td colspan="2">分包单位</td><td></td></tr>
<tr><td colspan="2">检查部位</td><td colspan="3"></td><td>检查日期</td><td>年 月 日</td></tr>
<tr><td colspan="2">施工及验收依据
文件名称及编号</td><td colspan="5"></td></tr>
<tr><td>支柱（吊柱）编号</td><td>支柱（吊柱）类型</td><td>支柱安装垂直度</td><td>腕臂及拉杆底座、地线肩架安装高度符合设计要求</td><td>腕臂与底座的交接处转动灵活，腕臂外露部分长度符合要求</td><td>安装日期</td><td>备注</td></tr>
<tr><td></td><td></td><td></td><td></td><td></td><td></td><td></td></tr>
<tr><td></td><td></td><td></td><td></td><td></td><td></td><td></td></tr>
<tr><td></td><td></td><td></td><td></td><td></td><td></td><td></td></tr>
<tr><td></td><td></td><td></td><td></td><td></td><td></td><td></td></tr>
<tr><td></td><td></td><td></td><td></td><td></td><td></td><td></td></tr>
<tr><td></td><td></td><td></td><td></td><td></td><td></td><td></td></tr>
<tr><td colspan="2">项目技术负责人</td><td colspan="2"></td><td colspan="2">质检员</td><td></td></tr>
<tr><td colspan="2">施工员</td><td colspan="2"></td><td colspan="2">监理工程师</td><td></td></tr>
</table>

6.3.23 轨道施·电-23 承力索安装记录

市政基础设施工程

承力索安装记录

轨道施·电-23

第 页共 页

工程名称				单位工程名称		
施工单位				分包单位		
检查部位					检查日期	年 月 日
施工及验收依据文件名称及编号						
锚段号	承力索长度（m）	线材规格型号	架线时温度（℃）	线材有无损伤、断股	架线张力（kN）	备注
项目技术负责人			质检员			
施工员			监理工程师			

6.3.24 轨道施·电-24 柔性接触网接触线架设安装记录

市政基础设施工程

柔性接触网接触线架设安装记录

轨道施·电-24

第 页 共 页

<table>
<tr><td>工程名称</td><td colspan="3"></td><td colspan="2">单位工程名称</td><td colspan="2"></td></tr>
<tr><td>施工单位</td><td colspan="3"></td><td colspan="2">分包单位</td><td colspan="2"></td></tr>
<tr><td>检查部位</td><td colspan="4"></td><td>检查日期</td><td colspan="2">年 月 日</td></tr>
<tr><td>施工及验收依据文件名称及编号</td><td colspan="7"></td></tr>
<tr><td>锚段号</td><td>接触线长度（m）</td><td>接触线涂脂情况</td><td colspan="2">接触线有无损伤、扭曲</td><td>架线时温度（℃）</td><td>架线张力（N）</td><td>备注</td></tr>
<tr><td></td><td></td><td></td><td colspan="2"></td><td></td><td></td><td></td></tr>
<tr><td></td><td></td><td></td><td colspan="2"></td><td></td><td></td><td></td></tr>
<tr><td></td><td></td><td></td><td colspan="2"></td><td></td><td></td><td></td></tr>
<tr><td></td><td></td><td></td><td colspan="2"></td><td></td><td></td><td></td></tr>
<tr><td></td><td></td><td></td><td colspan="2"></td><td></td><td></td><td></td></tr>
<tr><td></td><td></td><td></td><td colspan="2"></td><td></td><td></td><td></td></tr>
<tr><td></td><td></td><td></td><td colspan="2"></td><td></td><td></td><td></td></tr>
<tr><td></td><td></td><td></td><td colspan="2"></td><td></td><td></td><td></td></tr>
<tr><td></td><td></td><td></td><td colspan="2"></td><td></td><td></td><td></td></tr>
<tr><td></td><td></td><td></td><td colspan="2"></td><td></td><td></td><td></td></tr>
<tr><td colspan="2">项目技术负责人</td><td colspan="2"></td><td colspan="2">质检员</td><td colspan="2"></td></tr>
<tr><td colspan="2">施工员</td><td colspan="2"></td><td colspan="2">监理工程师</td><td colspan="2"></td></tr>
</table>

6.3.25 轨道施·电-25 地电位均衡器安装记录

市政基础设施工程

地电位均衡器安装记录

轨道施·电-25

第 页 共 页

<table>
<tr><td>工程名称</td><td colspan="3"></td><td colspan="2">单位工程名称</td><td colspan="2"></td></tr>
<tr><td>施工单位</td><td colspan="3"></td><td colspan="2">分包单位</td><td colspan="2"></td></tr>
<tr><td>检查部位</td><td colspan="4"></td><td>检查日期</td><td colspan="2">年 月 日</td></tr>
<tr><td>施工及验收依据
文件名称及编号</td><td colspan="7"></td></tr>
<tr><td>安装区段</td><td>定位号</td><td>设备规格型号</td><td>安装方式符合设计要求</td><td colspan="2">螺母垫片齐全、链接紧固无松动</td><td>施工日期</td><td>备注</td></tr>
<tr><td></td><td></td><td></td><td></td><td colspan="2"></td><td></td><td></td></tr>
<tr><td></td><td></td><td></td><td></td><td colspan="2"></td><td></td><td></td></tr>
<tr><td></td><td></td><td></td><td></td><td colspan="2"></td><td></td><td></td></tr>
<tr><td></td><td></td><td></td><td></td><td colspan="2"></td><td></td><td></td></tr>
<tr><td></td><td></td><td></td><td></td><td colspan="2"></td><td></td><td></td></tr>
<tr><td></td><td></td><td></td><td></td><td colspan="2"></td><td></td><td></td></tr>
<tr><td></td><td></td><td></td><td></td><td colspan="2"></td><td></td><td></td></tr>
<tr><td></td><td></td><td></td><td></td><td colspan="2"></td><td></td><td></td></tr>
<tr><td></td><td></td><td></td><td></td><td colspan="2"></td><td></td><td></td></tr>
<tr><td></td><td></td><td></td><td></td><td colspan="2"></td><td></td><td></td></tr>
<tr><td colspan="2">项目技术负责人</td><td colspan="2"></td><td colspan="2">质检员</td><td colspan="2"></td></tr>
<tr><td colspan="2">施工员</td><td colspan="2"></td><td colspan="2">监理工程师</td><td colspan="2"></td></tr>
</table>

6.3.26 轨道施·电-26 拉线安装记录

市政基础设施工程

拉线安装记录

轨道施·电-26

第　　页 共　　页

工程名称					单位工程名称			
施工单位					分包单位			
检查部位						检查日期	年　月　日	
施工及验收依据文件名称及编号								
锚段号	支柱编号	支柱类型	拉杆与地面夹角	锚柱拉线设置符合要求	UT螺栓外露长度（mm）	拉线外观质量	连接螺栓紧固力矩（kN）	安装日期
项目技术负责人					质检员			
施工员					监理工程师			

6.3.27 轨道施·电-27 下锚补偿装置安装记录

市政基础设施工程

下锚补偿装置安装记录

轨道施·电-27

第 页共 页

<table>
<tr><td colspan="2">工程名称</td><td colspan="2"></td><td>单位工程名称</td><td></td></tr>
<tr><td colspan="2">施工单位</td><td colspan="2"></td><td>分包单位</td><td></td></tr>
<tr><td colspan="2">检查部位</td><td colspan="2"></td><td>检查日期</td><td>年 月 日</td></tr>
<tr><td colspan="2">施工及验收依据文件名称及编号</td><td colspan="4">深圳市地铁集团有限公司《接触网（刚、柔）安装工程施工质量验收标准（试行）》QB/SZMC—21402</td></tr>
<tr><td>锚段号</td><td>下锚位置</td><td>承力索、接触线在张力补偿器处的额定张力符合设计要求</td><td>坠铊及棘轮装配符合设计要求</td><td>坠铊限制架的安装高度符合设计要求</td><td>备注</td></tr>
<tr><td></td><td></td><td></td><td></td><td></td><td></td></tr>
<tr><td></td><td></td><td></td><td></td><td></td><td></td></tr>
<tr><td></td><td></td><td></td><td></td><td></td><td></td></tr>
<tr><td></td><td></td><td></td><td></td><td></td><td></td></tr>
<tr><td></td><td></td><td></td><td></td><td></td><td></td></tr>
<tr><td></td><td></td><td></td><td></td><td></td><td></td></tr>
<tr><td></td><td></td><td></td><td></td><td></td><td></td></tr>
<tr><td></td><td></td><td></td><td></td><td></td><td></td></tr>
<tr><td></td><td></td><td></td><td></td><td></td><td></td></tr>
<tr><td></td><td></td><td></td><td></td><td></td><td></td></tr>
<tr><td colspan="2">项目技术负责人</td><td colspan="2"></td><td>质检员</td><td></td></tr>
<tr><td colspan="2">施工员</td><td colspan="2"></td><td>监理工程师</td><td></td></tr>
</table>

6.3.28 轨道施·电-28 硬横跨安装记录

市政基础设施工程

硬横跨安装记录

轨道施·电-28

第 页 共 页

工程名称		单位工程名称	
施工单位		分包单位	
检查部位		检查日期	年 月 日
施工及验收依据 文件名称及编号			

锚段号	支柱号	支柱类型	安装高度符合设计要求	固定角钢安装高度符合要求	装配安装符合设计要求	施工日期	备注

项目技术负责人		质检员	
施工员		监理工程师	

6.3.29 轨道施·电-29 接触悬挂安装及调整记录

市政基础设施工程

接触悬挂安装及调整记录

轨道施·电-29

第　　页共　　页

<table>
<tr><td>工程名称</td><td colspan="2"></td><td colspan="2">单位工程名称</td><td></td></tr>
<tr><td>施工单位</td><td colspan="2"></td><td colspan="2">分包单位</td><td></td></tr>
<tr><td>检查部位</td><td colspan="3"></td><td>检查日期</td><td>年　月　日</td></tr>
<tr><td>施工及验收依据
文件名称及编号</td><td colspan="5"></td></tr>
<tr><td>锚段\定位号</td><td>底座类型</td><td>悬挂类型</td><td>绝缘距离检查</td><td>悬挂装配检查</td><td>检查结论</td></tr>
<tr><td></td><td></td><td></td><td></td><td></td><td></td></tr>
<tr><td></td><td></td><td></td><td></td><td></td><td></td></tr>
<tr><td></td><td></td><td></td><td></td><td></td><td></td></tr>
<tr><td></td><td></td><td></td><td></td><td></td><td></td></tr>
<tr><td></td><td></td><td></td><td></td><td></td><td></td></tr>
<tr><td></td><td></td><td></td><td></td><td></td><td></td></tr>
<tr><td></td><td></td><td></td><td></td><td></td><td></td></tr>
<tr><td></td><td></td><td></td><td></td><td></td><td></td></tr>
<tr><td></td><td></td><td></td><td></td><td></td><td></td></tr>
<tr><td></td><td></td><td></td><td></td><td></td><td></td></tr>
<tr><td>项目技术负责人</td><td colspan="2"></td><td colspan="2">质检员</td><td></td></tr>
<tr><td>施工员</td><td colspan="2"></td><td colspan="2">监理工程师</td><td></td></tr>
</table>

6.3.30 轨道施·电-30 柔性接触网线岔安装记录

市政基础设施工程

柔性接触网线岔安装记录

轨道施·电-30

第 页 共 页

工程名称		单位工程名称	
施工单位		分包单位	
检查部位		检查日期	年 月 日
施工及验收依据 文件名称及编号			
名称、型号、规格		出厂编号	安装位置自编号
检查（测量）项目	工艺质量要求（摘要）	检查结果［以定量或定性（符合/不符合要求）表达］	
项目技术负责人		质检员	
施工员		监理工程师	

6.3.31 轨道施·电-31 屏蔽门立柱垂直度测量记录

市政基础设施工程

屏蔽门立柱垂直度测量记录

轨道施·电-31

第　　页共　　页

工程名称			单位工程名称		
施工单位			分包单位		
执行的技术标准名称、编号及设计图号					
立柱位置		X方向（车行方向）		Y方向（站台方向）	
		左线	右线	左线	右线
允许偏差值					
项目技术负责人			质检员		
施工员			监理工程师		

年　　月　　日

6.3.32 轨道施·电-32 屏蔽门立柱间距测量记录

市政基础设施工程

屏蔽门立柱间距测量记录

轨道施·电-32

第 页 共 页

工程名称			单位工程名称	
施工单位			分包单位	
执行的技术标准名称、编号及设计图号				

立柱位置		立柱顶部		立柱底部	
		左线	右线	左线	右线
允许偏差值					

项目技术负责人		质检员	
施工员		监理工程师	

年 月 日

6.3.33 轨道施·电-33 屏蔽门门槛偏移量检测记录

市政基础设施工程

屏蔽门门槛偏移量检测记录

轨道施·电-33

第　　页共　　页

<table>
<tr><td colspan="2">工程名称</td><td colspan="2"></td><td colspan="2">单位工程名称</td><td colspan="2"></td></tr>
<tr><td colspan="2">施工单位</td><td colspan="2"></td><td colspan="2">分包单位</td><td colspan="2"></td></tr>
<tr><td colspan="3">执行的技术标准名称、编号及设计图号</td><td colspan="5"></td></tr>
<tr><td colspan="2" rowspan="2">门槛位置</td><td colspan="3">从门槛包板边缘到轨道中心线的距离</td><td colspan="3">从门槛包板表面到轨道顶面的距离</td></tr>
<tr><td>左</td><td>中</td><td>右</td><td>左</td><td>中</td><td>右</td></tr>
<tr><td></td><td></td><td></td><td></td><td></td><td></td><td></td><td></td></tr>
<tr><td></td><td></td><td></td><td></td><td></td><td></td><td></td><td></td></tr>
<tr><td></td><td></td><td></td><td></td><td></td><td></td><td></td><td></td></tr>
<tr><td></td><td></td><td></td><td></td><td></td><td></td><td></td><td></td></tr>
<tr><td></td><td></td><td></td><td></td><td></td><td></td><td></td><td></td></tr>
<tr><td></td><td></td><td></td><td></td><td></td><td></td><td></td><td></td></tr>
<tr><td></td><td></td><td></td><td></td><td></td><td></td><td></td><td></td></tr>
<tr><td></td><td></td><td></td><td></td><td></td><td></td><td></td><td></td></tr>
<tr><td></td><td></td><td></td><td></td><td></td><td></td><td></td><td></td></tr>
<tr><td colspan="2">设计允许偏差值</td><td colspan="3"></td><td colspan="3"></td></tr>
<tr><td colspan="2">项目技术负责人</td><td colspan="2"></td><td colspan="2">质检员</td><td colspan="2"></td></tr>
<tr><td colspan="2">施工员</td><td colspan="2"></td><td colspan="2">监理工程师</td><td colspan="2"></td></tr>
</table>

年　　月　　日

6.3.34 轨道施·电-34 滑动门门槛凹槽间隙检测记录

市政基础设施工程

滑动门门槛凹槽间隙检测记录

轨道施·电-34

第　　页 共　　页

工程名称		单位工程名称	
施工单位		分包单位	
执行的技术标准名称、编号及设计图号			

门槛位置	左线						右线					
	1	2	3	4	5	6	1	2	3	4	5	6
设计允许偏差值												

项目技术负责人		质检员	
施工员		监理工程师	

年　　月　　日

6.3.35 轨道施·电-35 滑动门门框到轨道中心线的距离检测记录

市政基础设施工程

滑动门门框到轨道中心线的距离检测记录

轨道施·电-35

第　　页 共　　页

<table>
<tr><td>工程名称</td><td colspan="4"></td><td>单位工程名称</td><td colspan="4"></td></tr>
<tr><td>施工单位</td><td colspan="4"></td><td>分包单位</td><td colspan="4"></td></tr>
<tr><td colspan="3">执行的技术标准名称、编号及设计图号</td><td colspan="7"></td></tr>
<tr><td rowspan="2">滑动门位置</td><td colspan="2">左线</td><td colspan="2">右线</td><td rowspan="2">滑动门位置</td><td colspan="2">左线</td><td colspan="2">右线</td></tr>
<tr><td>左滑动门</td><td>右滑动门</td><td>左滑动门</td><td>右滑动门</td><td>左滑动门</td><td>右滑动门</td><td>左滑动门</td><td>右滑动门</td></tr>
<tr><td></td><td></td><td></td><td></td><td></td><td></td><td></td><td></td><td></td><td></td></tr>
<tr><td></td><td></td><td></td><td></td><td></td><td></td><td></td><td></td><td></td><td></td></tr>
<tr><td></td><td></td><td></td><td></td><td></td><td></td><td></td><td></td><td></td><td></td></tr>
<tr><td></td><td></td><td></td><td></td><td></td><td></td><td></td><td></td><td></td><td></td></tr>
<tr><td></td><td></td><td></td><td></td><td></td><td></td><td></td><td></td><td></td><td></td></tr>
<tr><td></td><td></td><td></td><td></td><td></td><td></td><td></td><td></td><td></td><td></td></tr>
<tr><td></td><td></td><td></td><td></td><td></td><td></td><td></td><td></td><td></td><td></td></tr>
<tr><td></td><td></td><td></td><td></td><td></td><td></td><td></td><td></td><td></td><td></td></tr>
<tr><td></td><td></td><td></td><td></td><td></td><td></td><td></td><td></td><td></td><td></td></tr>
<tr><td>设计允许偏差值</td><td colspan="5"></td><td colspan="4"></td></tr>
<tr><td colspan="2">项目技术负责人</td><td colspan="3"></td><td colspan="2">质检员</td><td colspan="3"></td></tr>
<tr><td colspan="2">施工员</td><td colspan="3"></td><td colspan="2">监理工程师</td><td colspan="3"></td></tr>
</table>

年　　月　　日

6.3.36 轨道施·电-36 滑动门宽度测量记录

市政基础设施工程

滑动门宽度测量记录

轨道施·电-36

第　　页 共　　页

工程名称					单位工程名称				
施工单位					分包单位				
执行的技术标准名称、编号及设计图号									
滑动门位置	左线		右线		滑动门位置	左线		右线	
	上部	下部	上部	下部		上部	下部	上部	下部
设计允许偏差值									
项目技术负责人					质检员				
施工员					监理工程师				

年　　月　　日

6.4 填 表 说 明

6.1.9 轨道施·通-9 附合导线测量计算表

本表用于附合导线测量的内业计算，导线外业测量，应满足《城市轨道交通工程测量规范》GB/T 50308—2017的规定。内业计算包括：方位角的推算及角度改正数的确定、坐标增量的确定、坐标增量改正数的计算、角度闭合差的计算、角度闭合差的计算、要符合相应等级的规范要求。

6.1.10 轨道施·通-10 导线水准测量计算表

本表用于水准测量的内业计算，水准外业测量，应满足《城市轨道交通工程测量规范》GB/T 50308—2017的二等水准测量规定。内业计算包括：高差闭合差的计算、高差正数的确定、容许高差闭合差的确定、最终高程的计算及与设计值的差值。

6.1.11 轨道施·通-11 盾构姿态报表

盾构机姿态测量应包括平面偏差、高程偏差、仰俯角、方位角、滚转角及切口里程。盾构测量标志点的三维坐标应与盾构机结构几何坐标建立换算关系。

盾构测量标志点测量宜采用极坐标法，并宜采用双极坐标法进行检核，测量中误差不应超过±3mm。

6.1.12 轨道施·通-12 环片姿态人工测量报表

1. 本表适用于用横杆法人工测量环片姿态；H应实测环片底部。

2. 沿线路前进方向，左偏为负右偏为正；若道线路前进方向掘进。导向系统显示值与实测值符号相反；竖向向下为负，向上为正。

3. 业主测量队无须填写导向系统显示值，无须监理工程师签名，改为审核人签名。

4. 土建单位在中报本表时，须提供本区间隧道的线路（含平、纵断面）图纸的复印件。

6.1.15 轨道施·通-15 车站断面测量记录（ 线）

1. 编制依据

《工程测量规范》GB 50026—2007

2. 适应范围

车站完工后，净空检测。

3. 填写要求

（1）本表以施工图（需注明使用的图名、图号）的设计线路中心线为测量基准。

（2）本表L表示横距，H表示横距的测点高程；“实测高程”栏高度（m）为顶点至底点高程差。

（3）车站类型分为明挖，（半）盖挖、洞桩法。

4. 实施要点

车站断面分左右线分别测量，每个断面测量6个点。

5. 子项释义

（1）工点即为单位工程。

（2）车站类型分为明挖，（半）盖挖、洞桩法。

6.1.16 轨道施·通-16 隧道断面测量记录（ 线）

1. 编制依据

《工程测量规范》GB 50026—2007

2. 适应范围

隧道完工后，净空检测。

3. 填写要求

（1）本表以施工图（需注明使用的图名、图号）的设计线路中心线为测量基准。

（2）本表L表示横距，H表示横距的测点高程；“实测高程”栏高度（m）为顶点至底点高程差。

4. 实施要点

隧道断面分左右线分别测量，每个断面测量 6 个点。

5. 子项释义

（1）工点即为单位工程。

（2）隧道类型分为明挖，暗挖、盾构隧道。

6.2.20 轨道施·土-20 注浆施工记录

1. 编制依据

（1）《混凝土结构工程施工质量验收规范》GB 50204—2015

（2）《地下铁道工程施工质量验收标准》GB/T 50299—2018

2. 填写要求

同步注浆及二次注浆施工过程中用该表作为施工记录。

3. 实施要点

根据现场参数如实填写。

4. 表格解析

注浆材料及配合比：填写配合比试验单中配合比。

注浆孔数：按照实际要求填写。

注浆时间、注浆压力、注浆量：根据现场实际施工情况填写。

浇注过程中出现的问题及处理情况：记录施工过程中发生的问题、处理情况及需要补充的说明的其他情况。

根据每日注浆环数填写一张记录。

6.2.22 轨道施·土-22 封端混凝土灌注记录

1. 编制依据

（1）《城市桥梁工程施工与质量验收规范》CJJ 2—2008

（2）《公路桥涵施工技术规范》JTG/T F50—2011

（3）《混凝土结构工程施工质量验收规范》GB 50204—2015

2. 填写要求

混凝土浇注施工过程中用该表作为施工记录。

3. 实施要点

4. 表格解析

浇注部位：填写浇注混凝土构筑物所在的具体位置。

天气情况及气温：根据实测结果填写。

设计坍落度：填写配合比通知单中设计配合比的坍落度值

设计强度等级：按照设计图要求或配合比通知单的设计强度等级填写，商品混凝土如实填写供应商名称和合同号，供料强度等级按照实际填写。

设计配合比试验单位编号：填写有资质试验提供的配合比试验单编号

自拌混凝土的混凝土配合比：材料名称、规格产地按实际使用的材料填写；每立方用量、每盘用量按照配合比试验单填写；材料含水量按照实测各种材料的含水量填写；材料含水量按照实测各种材料的含水量填写；实际每盘用量按照各种材料的实测含水量进行修正后的施工配合比填写；混凝土浇注量：按照施工图纸计算的浇注部位的混凝土体积。开始时间和完成时间是指浇注开始和结束时间。入模温度是指混凝土拌合物入模前的实际温度。实测坍落度：填写随即检测的实测值，每台班至少要抽查并记录 4 次、每车次至少要抽查并记录 1 次。

浇注过程中出现的问题及处理情况：记录施工过程中发生的问题、处理情况及需要补充的说明的其他情况。混凝土试块的种类及其留置数量应按照国家有关的规范执行。试块类别分别由抗折、抗压、抗渗，分别在其后的小方框内打“√”，按其是否实行见证和试块的养护方法可分无见证标养、有见证标养、同条件养护试块等。取样人、见证人签名栏必须有取样人或见证人亲笔签名。

每浇注一次混凝土填写一张记录。

6.2.42　轨道施·土-42　袖阀管施工记录

1. 编制依据

(1)《建筑地基基础工程施工质量验收标准》GB 50202—2018

(2)《建筑地基处理技术规范》JGJ 79—2012

(3)《地下铁道工程施工质量验收标准》GB/T 50299—2018

2. 适用范围

袖阀管注浆法是通过较大的压力将浆液注入岩土层中，适用于砂土、粉土、黏性土和人工填土等地基加固以及建筑地基的局部加固处理。加固材料可选用水泥浆液、硅化浆液和碱液等固化剂。

3. 填写要求

袖阀管施工质量控制应贯穿整个施工过程，并应坚持全程的施工监理；施工过程中必须随时检查施工记录和计量记录。

4. 实施要点

(1) 注浆加固施工前，应进行室内浆液配比试验和现场注浆试验，确定设计参数，检验施工方法和设备。

(2) 根据测量放样确定孔位，钻机就位后检查钻机垂直度（垂直孔）和倾斜角度（斜孔），其误差应控制在1%以内，钻进过程中应根据实际地质情况做好记录。

(3) 钻孔到设计深度后，向孔内注入套壳料，用以封闭袖阀管与钻孔之间的环形空间，防止注浆时浆液到处流窜。

(4) 安放袖阀管时应注意防止杂物进入，影响注浆质量。

(5) 对既有建筑地基进行注浆加固时，应对既有建筑及其邻近建筑、地下管线和地面沉降、倾斜、位移和裂缝进行监测。并应采用多孔间隔注浆和缩短浆液凝固时间等措施，减少既有建筑基础因注浆而产生的附加沉降。

5. 填写范例

<table>
<tr><td>袖阀管材料及规格</td><td colspan="2">××</td><td>起止桩号</td><td>YCK35＋120.000～YCK35＋150.000</td><td>施工日期</td><td colspan="3">××年××月××日</td></tr>
<tr><td>钻孔数</td><td>钻孔角度</td><td>钻孔深度</td><td>钻孔间距</td><td>总进尺</td><td>开钻时间</td><td>结束时间</td><td>钻孔口径</td><td>钻机型号</td></tr>
<tr><td>10</td><td>70°</td><td>30m</td><td>3m</td><td>300m</td><td>h：min</td><td>h：min</td><td>80mm</td><td>××</td></tr>
<tr><td colspan="2">套壳材料及配比</td><td colspan="3"></td><td colspan="2">注浆材料及配比</td><td colspan="2"></td></tr>
<tr><td colspan="2">注浆参数</td><td colspan="7"></td></tr>
<tr><td colspan="3">施工执行标准及编号</td><td colspan="6"></td></tr>
<tr><td>孔号</td><td colspan="2">注浆时间</td><td>注浆压力（MPa）</td><td>注浆量（m³）</td><td>孔号</td><td>注浆时间</td><td>注浆压力（MPa）</td><td>注浆量（m³）</td></tr>
<tr><td>11</td><td colspan="2">min</td><td>0.5</td><td>1</td><td></td><td></td><td></td><td></td></tr>
<tr><td></td><td colspan="2"></td><td></td><td></td><td></td><td></td><td></td><td></td></tr>
</table>

6.2.43　轨道施·土-43　土压盾构掘进记录

1. 编制依据

(1)《地下铁道工程施工质量验收标准》GB/T 50299—2018

(2)《混凝土结构工程质量验收规范》GB 50204—2015

2. 填写要求

本表按隧道每日施工进度进行填写、记录。

3. 表格解析

表格中所有施工数据均根据掘进记录如实填写。

掘进过程中出现的问题及处理情况及需要补充的说明的其他情况可补充于备注。

6.2.44　轨道施·土-44　泥水盾构掘进记录

1. 编制依据

(1)《地下铁道工程施工质量验收标准》GB/T 50299—2018

(2)《混凝土结构工程质量验收规范》GB 50204—2015

2. 填写要求

本表按隧道每日施工进度进行填写、记录。

3. 表格解析

表格中所有施工数据均根据掘进记录如实填写。

掘进过程中出现的问题及处理情况及需要补充的说明的其他情况可补充于备注。

6.2.45　轨道施·土-45　复合式衬砌施工记录

1. 编制依据

(1)《地下铁道工程施工质量验收标准》GB/T 50299—2018

(2)《混凝土结构工程质量验收规范》GB 50204—2015

(3)《地下工程防水技术规范》GB 50108—2008

2. 填写要求

(1) 本表按隧道每施工段结构（不应大于 30m 长）进行填写、记录。

(2) 防水层所使用的防水材料、品种、规格、数量应符合设计要求。

(3) 隧道结构二次衬砌应采用防水混凝土，按设计要求设计混凝土配合比，并进行配合比验证后使用。

3. 实施要点

(1) 隧道防水层应在初期支护结构趋于基本稳定，并经隐检合格后方可进行铺贴。铺贴防水层的基面应坚实、平整、圆顺、无漏水现象，基面不平整度 50mm。

(2) 防水层的衬层应沿隧道环向由拱顶向两侧依次铺贴平顺，并与基面固定牢固，其长、短边搭接长度均不应小于 100mm。防水材料搭接处应采用双焊缝焊接，焊缝宽度不应小于 10mm。

(3) 隧道二次衬砌混凝土灌注宜采用输送泵输送，坍落度应为：墙体 100～150mm，拱部 160～210mm；边墙与拱部模板应预留混凝土灌注及振捣孔口；混凝土灌注至墙拱交界处，应间歇 1～1.5h 后方可继续灌注。

(4) 隧道二次衬砌模板拆模时间：不承重侧墙模板，在混凝土强度达到 2.5MPa 时即可拆除；承重结构拆模以符合《混凝土结构工程施工规范》GB 50666—2011 规范表 4.5.2 的要求。

底模拆除时的混凝土强度要求　　表 4.5.2

构件类型	构件跨度（m）	达到设计的混凝土立方体抗压强度标准值的百分率（%）
板	≤2	≥50
	>2，≤8	≥75
	>8	≥100

续表

构件类型	构件跨度（m）	达到设计的混凝土立方体抗压强度标准值的百分率（%）
梁、拱、壳	≤8	≥75
	>8	≥100
悬臂构件		≥100

(5) 隧道二次衬砌防水混凝土试件的留置组数，同一配合比时，每 100m³ 和 500m³（不足者也分别按 100m³ 和 500m³ 计）应分别做两组抗压强度和抗渗压力试件，其中一组在同条件养护，另一组在标准条件下养护。

(6) 防水混凝土终凝后，应立即进行养护，并保持湿润，养护期不应小于 14d。

(7) 隧道二次衬砌模板拆模拆除后按《混凝土结构工程质量验收规范》GB 50204—2015 规范对混凝土结构外观进行验收。

6.2.46　轨道施·土-46　开挖断面及地质检查记录

1. 编制依据

《地下铁工程道施工质量验收标准》GB/T 50299—2018

2. 填写要求

隧道开挖断面及地质检查应贯穿整个洞身开挖过程，并应坚持全程的施工监理；每个开挖循环中必须随时检查隧道地质情况、开挖断面尺寸并做好记录，必要时尚应进行超前地质勘探。

3. 实施要点

(1) 隧道开挖前应制定防坍塌方案，备好抢险物资，并在现场堆码整齐。

(2) 隧道在稳定岩体中可先开挖后支护，支护结构距开挖面宜为 5～10m；在土层和不稳定岩体中，初期支护的挖、支喷三环节必须紧跟，当开挖面稳定时间满足不了初期支施工时，应采取超前支护或注浆加固措施。

(3) 隧道开挖循环进尺，在土层和不稳定岩体中为 0.5～1.2m；在稳定岩体中为 1～1.5m。

(4) 隧道应按设计尺寸严格控制开挖断面尺寸，不得欠挖，其允许超挖值应符合本规范表 7.5.14 的规定。

(5) 两条平行隧道（包括导洞），相距小于 1 倍隧道开挖跨度时，其前后开挖面错开距离不应小于 15m。

(6) 同一条隧道相对开挖，当两工作面相距 20m 时应停挖一端，另一端继续开挖，并做好测量工作，及时纠偏。其中线贯通允许偏差为：平面位置±30mm，高程±20mm。

(7) 隧道台阶法施工，应在拱部初期支护结构基本稳定且喷混凝土达到设计强度的 70%以上时，方可进行下部台阶开挖。

(8) 隧道开挖过程中，应对隧道围岩进行观察和监测，拟定监控量测方案，监测围岩变形，反馈量测信息指导设计和施工。量测项目和量测频率应符合设计要求。

4. 表格解析

(1) 断面超欠挖：根据隧道开挖断面形式绘制断面图，并记录断面检查点位的尺寸偏差值。

(2) 地质情况：根据隧道开挖揭示地质情况，结合地质勘察报告记录岩层性质、围岩级别、结构面产状、地质详细描述。

(3) 地下水情况：记录地下水涌出量、地下水位深度等情况。

6.2.47　轨道施·土-47　管棚钻孔施工记录

1. 编制依据

(1)《地下铁道工程施工质量验收标准》GB/T 50299—2018

(2)《铁路隧道工程施工质量验收标准》TB 10417—2018

2. 填写要求

(1) 管棚所用钢管的品种、级别、规格和数量必须符合设计要求。

(2) 管棚纵向搭接长度必须符合设计要求。

(3) 钻孔实施过程必须设专人对成孔进行检查、记录。

3. 实施要点

(1) 管棚采用的钢管纵向连接丝扣长度不小于150mm，管箍长200mm，并均采用厚壁钢管制作。

(2)《铁路隧道工程施工质量验收标准》TB 10417—2018 管棚施工应符合下列规定：

① 钻孔外插角允许偏差1°。

② 钻孔间距允许偏差±150。

③ 钻孔深度±50。

4. 表格解析

(1) 钻孔编号：指实际的管棚编号。钻孔编号由施工单位按施工实际编号。

(2) 地层类别：指管棚所处地质类型。

(3) 钻孔直径：钻孔的成孔直径，钻孔孔径应比钢管直径大30～40mm。

(4) 钻孔时间：指完成一个孔的开始与结束时间。

(5) 钻孔长度：管棚工作面与孔底的长度。

(6) 钻孔倾角：成孔与水平线的夹角。

6.3.23 轨道施·电-23 承力索安装记录

一、适用范围

本表用于接触网承力索安装施工过程进行记录。

二、执行标准

参照广州地铁供电系统施工质量验收标准及深圳地铁《接触网（刚、柔）安装工程施工质量验收标准（试行）》QB/SZMC—21402—2014。

三、表内填写提示

按照广州地铁供电系统施工质量验收标准及深圳地铁《接触网（刚、柔）安装工程施工质量验收标准（试行）》QB/SZMC—21402—2014 的要求填写。

6.3.24 轨道施·电-24 柔性接触网接触线架设安装记录

一、适用范围

本表用于柔性接触网接触线架设安装施工过程进行记录。

二、执行标准

参照广州地铁供电系统施工质量验收标准及深圳地铁《接触网（刚、柔）安装工程施工质量验收标准（试行）》QB/SZMC—21402—2014。

三、表内填写提示

按照广州地铁供电系统施工质量验收标准及深圳地铁《接触网（刚、柔）安装工程施工质量验收标准（试行）》QB/SZMC—21402—2014 的要求填写。

6.3.25 轨道施·电-25 地电位均衡器安装记录

一、适用范围

本表用于接触网地电位均衡器安装施工过程进行记录。

二、执行标准

参照广州地铁供电系统施工质量验收标准及深圳地铁《接触网（刚、柔）安装工程施工质量验收标准（试行）》QB/SZMC—21402—2014。

三、表内填写提示

按照广州地铁供电系统施工质量验收标准及深圳地铁《接触网（刚、柔）安装工程施工质量验收标准（试行）》QB/SZMC—21402—2014 的要求填写。

6.3.26　轨道施·电-26　拉线安装记录

一、适用范围

本表用于接触网拉线安装施工过程进行记录。

二、执行标准

参照广州地铁供电系统施工质量验收标准及深圳地铁《接触网（刚、柔）安装工程施工质量验收标准（试行）》QB/SZMC—21402—2014。

三、表内填写提示

按照广州地铁供电系统施工质量验收标准及深圳地铁《接触网（刚、柔）安装工程施工质量验收标准（试行）》QB/SZMC—21402—2014 的要求填写。

6.3.27　轨道施·电-27　下锚补偿装置安装记录

一、适用范围

本表用于接触网下锚补偿装置安装施工过程进行记录。

二、执行标准

参照广州地铁供电系统施工质量验收标准及深圳地铁《接触网（刚、柔）安装工程施工质量验收标准（试行）》QB/SZMC—21402—2014。

三、表内填写提示

按照广州地铁供电系统施工质量验收标准及深圳地铁《接触网（刚、柔）安装工程施工质量验收标准（试行）》QB/SZMC—21402—2014 的要求填写。

6.3.28　轨道施·电-28　硬横跨安装记录

一、适用范围

本表用于接触网硬横跨安装施工过程进行记录。

二、执行标准

参照广州地铁供电系统施工质量验收标准及深圳地铁《接触网（刚、柔）安装工程施工质量验收标准（试行）》QB/SZMC—21402—2014。

三、表内填写提示

按照广州地铁供电系统施工质量验收标准及深圳地铁《接触网（刚、柔）安装工程施工质量验收标准（试行）》QB/SZMC—21402—2014 的要求填写。

6.3.29　轨道施·电-29　接触悬挂安装及调整记录

一、适用范围

本表用于接触网接触悬挂安装及调整施工过程进行记录。

二、执行标准

参照广州地铁供电系统施工质量验收标准及深圳地铁《接触网（刚、柔）安装工程施工质量验收标准（试行）》QB/SZMC—21402—2014。

三、表内填写提示

按照广州地铁供电系统施工质量验收标准及深圳地铁《接触网（刚、柔）安装工程施工质量验收标准（试行）》QB/SZMC—21402—2014 的要求填写。

6.3.30　轨道施·电-30　柔性接触网线岔安装记录

一、适用范围

本表用于柔性接触网线岔安装施工过程进行记录。

二、执行标准

参照广州地铁供电系统施工质量验收标准及深圳地铁《接触网（刚、柔）安装工程施工质量验收标准（试行）》QB/SZMC—21402—2014。

三、表内填写提示

按照广州地铁供电系统施工质量验收标准及深圳地铁《接触网（刚、柔）安装工程施工质量验收标准（试行）》QB/SZMC—21402—2014 的要求填写。

6.3.31　轨道施·电-31　屏蔽门立柱垂直度测量记录

一、适用范围

本表用于屏蔽门立柱安装检验记录。

二、执行标准

应符合现行国家标准《城市轨道交通站台屏蔽门系统技术规范》CJJ 183—2012、《城市轨道交通站台屏蔽门》CJ/T 236—2006 的相关规定。

三、表内填写提示

按照《城市轨道交通站台屏蔽门系统技术规范》CJJ 183—2012 的要求填写。

6.3.32　轨道施·电-32　屏蔽门立柱间距测量记录

一、适用范围

本表用于屏蔽门立柱安装检验记录。

二、执行标准

应符合现行国家标准《城市轨道交通站台屏蔽门系统技术规范》CJJ 183—2012、《城市轨道交通站台屏蔽门》CJ/T 236—2006 的相关规定。

三、表内填写提示

按照《城市轨道交通站台屏蔽门系统技术规范》CJJ 183—2012 的要求填写。

6.3.33　轨道施·电-33　屏蔽门门槛偏移量检测记录

一、适用范围

本表用于屏蔽门门槛安装检验记录。

二、执行标准

应符合现行国家标准《城市轨道交通站台屏蔽门系统技术规范》CJJ 183—2012、《城市轨道交通站台屏蔽门》CJ/T 236—2006 的相关规定。

三、表内填写提示

按照《城市轨道交通站台屏蔽门系统技术规范》CJJ 183—2012 的要求填写。

6.3.43　轨道施·电-34　滑动门门槛凹槽间隙检测记录

一、适用范围

本表用于屏蔽门滑动门门槛安装检验记录。

二、执行标准

应符合现行国家标准《城市轨道交通站台屏蔽门系统技术规范》CJJ 183—2012、《城市轨道交通站台屏蔽门》CJ/T 236—2006 的相关规定。

三、表内填写提示

按照《城市轨道交通站台屏蔽门系统技术规范》CJJ 183—2012 的要求填写。

6.3.35　轨道施·电-35　滑动门门框到轨道中心线的距离检测记录

一、适用范围

本表用于屏蔽门滑动门门框安装检验记录。

二、执行标准

应符合现行国家标准《城市轨道交通站台屏蔽门系统技术规范》CJJ 183—2012、《城市轨道交通站台屏蔽门》CJ/T 236—2006 的相关规定。

三、表内填写提示

按照《城市轨道交通站台屏蔽门系统技术规范》CJJ 183—2012 的要求填写。

6.3.36 轨道施·电-36 滑动门宽度测量记录

一、适用范围

本表用于屏蔽门滑动门安装检验记录。

二、执行标准

应符合现行国家标准《城市轨道交通站台屏蔽门系统技术规范》CJJ 183—2012、《城市轨道交通站台屏蔽门》CJ/T 236—2006 的相关规定。

三、表内填写提示

按照《城市轨道交通站台屏蔽门系统技术规范》CJJ 183—2012 的要求。

6.3.48 轨道施·土-48 管棚注浆施工检查记录

1. 编制依据

(1)《地下铁道工程施工质量验收标准》GB/T 50299—2018

(2)《铁路隧道工程施工质量验收标准》TB 10417—2018

2. 填写要求

(1) 管棚注浆原材料必须符合设计要求。

(2) 注浆浆液必须充满钢管及周围的空隙并密实。

(3) 注浆过程设专人负责记录每孔的注浆压力、注浆量及注浆起止时间。

3. 实施要点

(1) 注浆浆液宜采用水泥或水泥砂浆，其水泥浆的水灰比为 0.5～1，水泥砂浆配合比为 1∶0.5～3。

(2) 管棚注浆的注浆量和压力应根据试验确定。

4. 表格解析

(1) 管棚编号：指实际的管棚编号，编号由施工单位按施工实际编号，与钻孔编号一致。

(2) 地层类别：指管棚所处地质类型。

(3) 注浆起止深度：指管棚注浆体深度。

(4) 注浆材料及配合比：指注浆所采用的材料及各种材料的比例。

(5) 注浆开始时间：单根管棚注浆开始时间。

(6) 注浆结束时间：单根管棚完成注浆时间。

(7) 注浆压力：注浆压力应在设计给予范围内根据试验确定。

(8) 注浆量：单个孔体的注浆量。

6.2.49 轨道施·土-49 管棚施工检查记录

1. 编制依据

(1)《地下铁道工程施工质量验收标准》GB/T 50299—2018

(2)《铁路隧道工程施工质量验收标准》TB 10417—2003

2. 填写要求

(1) 管棚所用钢管的品种、级别、规格和数量必须符合设计要求。

(2) 管棚注浆原材料必须符合设计要求。

(3) 管棚纵向搭接长度必须符合设计要求。

(4) 管棚与支撑结构的连接必须符合设计要求。

(5) 注浆浆液必须充满钢管及周围的空隙并密实。

3. 实施要点

(1)《高速铁路隧道工程施工质量验收标准》TB 10753—2010 超前小导管钻孔施工应符合下列规定：

① 钻孔外插角允许偏差 1°。

② 钻孔间距允许偏差±30mm。
③ 钻孔深度±50mm。
(2) 注浆浆液的配合比应符合设计要求。
(3) 注浆压力应符合设计要求，注浆浆液应充满钢管及其周围的空隙。
4. 表格解析
(1) 编号：指实际的管棚编号。钻孔编号由施工单位按施工实际编号。
(2) 长度：指小导管的钻孔长度。
(3) 直径：钻孔的成孔直径，钻孔孔径应比钢管直径大 30～40mm。
(4) 角度：成孔与水平线的夹角。
(5) 钻孔长度：管棚工作面与孔底的长度。
(6) 钻孔倾角：成孔与水平线的夹角。
(7) 压力：注浆压力应在设计给予范围内根据试验确定。
(8) 注浆材料及配合比：指注浆所采用的材料及各种材料的比例。
(9) 注浆量：单个孔体的注浆量。

6.2.50 轨道施·土-50 小导管施工记录

1. 编制依据
(1)《地下铁道工程施工质量验收标准》GB 50299—2018
(2)《铁路隧道工程施工质量验收标准》TB 10417—2018
2. 填写要求
(1) 导管所用钢管的品种、级别、规格和数量必须符合设计要求。
(2) 小导管注浆原材料必须符合设计要求。
(3) 超前小导管纵向搭接长度必须符合设计要求。
(4) 超前小导管与支撑结构的连接必须符合设计要求。
(5) 注浆浆液必须充满钢管及周围的空隙并密实。
3. 实施要点
(1)《铁路隧道工程施工质量验收标准》TB 10417—2018 超前小导管钻孔施工应符合下列规定：
① 钻孔外插角允许偏差 2°。
② 钻孔间距允许偏差±50。
③ 钻孔深度+50，0。
(2) 注浆浆液宜采用水泥或水泥砂浆，其水泥浆的水灰比为 0.5～1，水泥砂浆配合比为 1∶0.5～3。
(3) 超前小导管注浆的注浆量和压力应根据试验确定。
4. 表格解析
(1) 编号：指实际的小导管编号。钻孔编号由施工单位按施工实际编号。
(2) 长度：指小导管的钻孔长度。
(3) 直径：钻孔的成孔直径，钻孔孔径应比钢管直径大 30～40mm。
(4) 角度：成孔与水平线的夹角。
(5) 钻孔长度：管棚工作面与孔底的长度。
(6) 钻孔倾角：成孔与水平线的夹角。
(7) 压力：注浆压力应在设计给予范围内根据试验确定。
(8) 注浆材料及配合比：指注浆所采用的材料及各种材料的比例。
(9) 注浆量：单个孔体的注浆量。

6.2.51 轨道施·土-51 锁脚锚管施工记录

1. 编制依据

(1)《地下铁道工程施工质量验收标准》GB/T 50299—2018

(2)《铁路隧道工程施工质量验收标准》TB 10417—2018

2. 填写要求

(1) 导管所用钢管的品种、级别、规格和数量必须符合设计要求。

(2) 导管注浆原材料必须符合设计要求。

(3) 导管与支撑结构的连接必须符合设计要求。

(4) 注浆浆液必须充满钢管及周围的空隙并密实。

3. 实施要点

(1)《铁路隧道工程施工质量验收标准》TB 10417—2018 超前小导管钻孔施工应符合下列规定：

① 钻孔外插角允许偏差 2°。

② 钻孔间距允许偏差±50。

③ 钻孔深度+50，0。

(2) 注浆浆液宜采用水泥或水泥砂浆，其水泥浆的水灰比为 0.5～1，水泥砂浆配合比为 1∶0.5～3。

(3) 导管注浆的注浆量和压力应根据试验确定。

4. 表格解析

(1) 编号：指实际的导管编号。钻孔编号由施工单位按施工实际编号。

(2) 长度：指小导管的钻孔长度。

(3) 直径：钻孔的成孔直径，钻孔孔径应比钢管直径大 30～40mm。

(4) 角度：成孔与水平线的夹角。

(5) 钻孔长度：管棚工作面与孔底的长度。

(6) 钻孔倾角：成孔与水平线的夹角。

(7) 压力：注浆压力应在设计给予范围内根据试验确定。

(8) 注浆材料及配合比：指注浆所采用的材料及各种材料的比例。

(9) 注浆量：单个孔体的注浆量。

6.2.53　轨道施·土-53　埋地管线（设备、配件）防腐施工质量检查记录

一、适用范围

本表用于埋地管线（设备、配件）防腐施工质量检查记录。

二、执行标准

《管道及设备防腐施工工艺标准》SGBZ—0518。

三、表内填写提示

(1) 埋地管道的防腐层应符合以下规定：

① 材质和结构符合设计要求和施工规范规定。

② 卷材与管道以及各层卷材间粘贴牢固，表面平整，无皱折、空鼓、滑移和封口不严等缺陷。

检验方法：观察或切开防腐层检查。

(2) 管道、箱类和金属支架涂漆应符合以下规定：油漆种类和涂刷遍数符合设计要求，附着良好，无脱皮、起泡和漏涂，漆膜厚度均匀，色泽一致，无流坠及污染现象。

检验方法：观察检查。

(3) 质量要求

① 管材表面无脱皮、返锈。

② 管材、设备及容器表面无有油漆不均匀，有流坠或有漏涂现象。

6.2.54　轨道施·土-54　管线警示标识装置施工记录

一、适用范围

本表用于管线警示标识装置施工记录。

二、执行标准

（1）《建筑电气工程施工质量验收规范》GB 50303—2015。

三、表内填写提示

（1）管线警示标示穿管在管道表面用油漆涂标识。

（2）单个独立电气设备挂标识指示牌。

（3）本表中插入的示图、照片、说明等，如幅面不能容纳（或无法表达清楚），则可随本表之后作为本表的附件。

（4）对于重要的隐蔽（埋设）标识装置，除应附示图和说明之外，还应附照片。

6.2.55～6.2.56 轨道施·土-55 接地装置（含连通或引下线）接头连接记录（一）（二）

1. 编制依据

（1）《建筑电气工程施工质量验收规范》GB 50303—2015。

2. 填写要求

（1）本表适用于接地类别为：防雷接地、保护（保安）接地、工作接地、等电位接地、防静电接地、共用（联合）接地等的装置（含连通或引下线）接头连接的相关记录。

（2）本表仅可填写接头连接形式相同的一处或多处的连接记录。

（3）本表中插入的示图、照片和说明等，如幅面不能容纳（或无法表达清楚），则可随本表之后作为本表的附件。

3. 实施要点

（1）接地装置的连接应采用焊接，焊接必须牢固无虚焊。接至电气设备上的接地线，应用镀锌螺栓连接；有色金属接地线不能采用焊接时，可用螺栓连接。螺栓连接处的接触面应按现行国家标准《电气装置安装工程母线装置施工及验收规范》的规定处理。

（2）接地装置的焊接应采用搭接焊，其搭接长度必须符合下列规定：

1）扁钢为其宽度的 2 倍（且至少 3 个棱边焊接）。

2）圆钢为其直径的 6 倍。

3）圆钢与扁钢连接时，其长度为圆钢直径的 6 倍。

4）扁钢与钢管、扁钢与角钢焊接时，为了连接可靠，除应在其接触部位两侧进行焊接外，并应焊以由钢带弯成的弧形（或直角形）卡子或直接由钢带本身弯成弧形（或直角形）与钢管（或角钢）焊接。

6.3 机电设备安装

6.3.1 轨道施·电-1 电缆支（桥）架及接地扁钢安装记录

一、适用范围

本表用于供电系统电缆支（桥）架及接地扁钢安装施工过程进行记录。

二、执行标准

《电气装置安装工程电缆线路施工及验收标准》GB 50168—2018 等。以最新颁布的规范、标准为准。

三、表内填写提示

（1）本表适用于变电所、环网专业的电缆支（桥）架及接地扁钢安装的相关记录。

（2）电缆支架、桥架、桥架支持装置的固定方式、径路、支吊跨距应符合设计要求，安装位置正确，连接可靠，固定牢固。各支架的层间横挡应在同一水平面上，托架支吊架沿桥架走向左右的偏差不应大于 10mm。

（3）金属电缆支架、桥架、桥架支持装置接地连接可靠。

（4）电缆桥架转弯处的转弯半径，不应小于该桥架上的电缆最小允许弯曲半径的最大值。

（5）安装后的复合材料电缆支架横臂容许上翘为设计值，电缆固定支架与隧道壁应紧密相贴，不得侵入建筑限界内。复合绝缘材料电缆固定支架下端距钢轨面应符合设计要求。

6.3.2　轨道施·电-2　电缆中间头/终端头制作安装记录

一、适用范围

本表用于供电系统电缆中间头/终端头制作安装施工过程进行记录。

二、执行标准

《电气装置安装工程电缆线路施工及验收标准》GB 50168—2018 等。以最新颁布的规范、标准为准。

三、表内填写提示

(1) 本表适用于 33kV 交流电缆中间头及终端头电缆头制作的记录。

(2) 电力电缆终端头的接地线的界面选用标准：当电缆截面为 $120mm^2$ 及以下时，接地线的截面不得小于 $16mm^2$；当电缆截面为 $150mm^2$ 及以上时，接地线的截面不得小于 $25mm^2$。

(3) 电缆终端和中间接头应采取加强绝缘、密封防潮、机械保护措施。6kV 以上电缆接头处有改善电缆屏蔽端部电场集中的有效措施，并确保外绝缘材相间和对地距离。

(4) 电缆头制作完后绝缘良好，试验合格，各带电部分距离符合相应电压等级规定。各带电部位应满足相应电压等级的电气距离规定，相间及对地的安全净距。电缆终端头与设备连接的金具应符合设计要求，连接正确，固定牢靠。

(5) 表格类，需要对电缆型号、电缆头型号、铠装或屏蔽层接地情况进行填写，电缆头的制作工艺满足施工规范的要求后，在表填写“符合要求”。对电缆头固定情况，进行文字描述。

6.3.3　轨道施·电-3　参比电极安装记录

一、适用范围

本表用于杂散电流防护系统传感器、转接器及检测装置安装施工过程进行记录。

二、执行标准

《地铁杂散电流腐蚀防护技术规程》CJJ 49—1992 等。以最新颁布的规范、标准为准。

三、表内填写提示

(1) 本表适用于杂散电流防护系统参比电极的安装记录表。

(2) 参考电极安装地点应符合设计要求，安装位置与对应的测试端子之间距离不应超过 1m 的范围，安装孔直径及深度符合设计值。

(3) 参考电极安装时不应和结构钢筋接触，严禁撞击其他刚硬结构物。

(4) 参考电极埋设的填充物、封洞档板的封闭及引线的固定，应符合设计要求。

(5) 表格类，需要对参比电极的型号、安装位置、与对应的测试端子之间距离进行填写，埋设的填充物、封洞档板的封闭及引线的固定满足施工规范的要求后，在表“检查结果”填写“符合要求”。

6.3.4　轨道施·电-4　传感器、转接器及检测装置安装记录

一、适用范围

本表用于杂散电流防护系统传感器、转接器及检测装置安装施工过程进行记录。

二、执行标准

《地铁杂散电流腐蚀防护技术规程》CJJ 49—1992 等。以最新颁布的规范、标准为准。

三、表内填写提示

(1) 本表适用于杂散电流防护系统传感器、转接器及检测装置的安装记录表。

(2) 传感器、转接器安装地点、固定方式应符合设计要求，安装高度在轨面以上 1.2～1.5m 之间。

(3) 传感器、转接器支架应安装水平、牢固可靠，支架防腐措施良好。

(4) 传感器、转接器应安装牢固可靠端正，不得侵入限界。

(5) 参考电极端子和测试端子与连接引线、传感器与转接器连接的通信电缆均应连接可靠。

(6) 表格类，需要对设备的型号、安装位置、安装高度进行填写，对安装的检查项目满足施工规范的要求后，在表“检查结果”填写“符合要求”。

6.3.5　轨道施·电-5　中心锚结安装记录

一、适用范围

本表用于接触网中心锚结安装施工过程进行记录。

二、执行标准

参照广州地铁供电系统施工质量验收标准及深圳地铁《接触网（刚、柔）安装工程施工质量验收标准（试行）》QB/SZMC—21402—2014。

三、表内填写提示

按照广州地铁供电系统施工质量验收标准及深圳地铁《接触网（刚、柔）安装工程施工质量验收标准（试行）》QB/SZMC—21402—2014的要求填写。

6.3.6　轨道施·电-6　隔离开关（柜）及引线安装记录

一、适用范围

本表用于接触网隔离开关（柜）及引线安装施工过程进行记录。

二、执行标准

参照广州地铁供电系统施工质量验收标准及深圳地铁《接触网（刚、柔）安装工程施工质量验收标准（试行）》QB/SZMC—21402—2014。

三、表内填写提示

按照广州地铁供电系统施工质量验收标准及深圳地铁《接触网（刚、柔）安装工程施工质量验收标准（试行）》QB/SZMC—21402—2014的要求填写。

6.3.7　轨道施·电-7　分段绝缘器安装检查记录

一、适用范围

本表用于接触网分段绝缘器安装施工过程进行记录。

二、执行标准

参照广州地铁供电系统施工质量验收标准及深圳地铁《接触网（刚、柔）安装工程施工质量验收标准（试行）》QB/SZMC—21402—2014。

三、表内填写提示

按照广州地铁供电系统施工质量验收标准及深圳地铁《接触网（刚、柔）安装工程施工质量验收标准（试行）》QB/SZMC—21402—2014的要求填写。

6.3.8　轨道施·电-8避雷器安装检查记录

一、适用范围

本表用于接触网避雷器安装施工过程进行记录。

二、执行标准

参照广州地铁供电系统施工质量验收标准及深圳地铁《接触网（刚、柔）安装工程施工质量验收标准（试行）》QB/SZMC—21402—2014。

三、表内填写提示

按照广州地铁供电系统施工质量验收标准及深圳地铁《接触网（刚、柔）安装工程施工质量验收标准（试行）》QB/SZMC—21402—2014的要求填写。

6.3.9　轨道施·电-9　均、回流箱及电缆安装记录

一、适用范围

本表用于接触网均、回流箱及电缆安装施工过程进行记录。

二、执行标准

参照广州地铁供电系统施工质量验收标准及深圳地铁《接触网（刚、柔）安装工程施工质量验收标准（试行）》QB/SZMC—21402—2014。

三、表内填写提示

按照广州地铁供电系统施工质量验收标准及深圳地铁《接触网（刚、柔）安装工程施工质量验收标准（试行）》QB/SZMC—21402—2014 的要求填写。

6.3.10 轨道施·电-10 道岔轨缝电缆安装记录

一、适用范围

本表用于接触网道岔轨缝电缆安装施工过程进行记录。

二、执行标准

参照广州地铁供电系统施工质量验收标准及深圳地铁《接触网（刚、柔）安装工程施工质量验收标准（试行）》QB/SZMC—21402—2014。

三、表内填写提示

按照广州地铁供电系统施工质量验收标准及深圳地铁《接触网（刚、柔）安装工程施工质量验收标准（试行）》QB/SZMC—21402—2014 的要求填写。

6.3.11 轨道施·电-11 隧道悬挂装置安装及调整记录

一、适用范围

本表用于接触网隧道悬挂装置安装及调整施工过程进行记录。

二、执行标准

参照广州地铁供电系统施工质量验收标准及深圳地铁《接触网（刚、柔）安装工程施工质量验收标准（试行）》QB/SZMC—21402—2014。

三、表内填写提示

按照广州地铁供电系统施工质量验收标准及深圳地铁《接触网（刚、柔）安装工程施工质量验收标准（试行）》QB/SZMC—21402—2014 的要求填写。

6.3.12 轨道施·电-12 汇流排安装记录

一、适用范围

本表用于接触网汇流排安装施工过程进行记录。

二、执行标准

参照广州地铁供电系统施工质量验收标准及深圳地铁《接触网（刚、柔）安装工程施工质量验收标准（试行）》QB/SZMC—21402—2014。

三、表内填写提示

按照广州地铁供电系统施工质量验收标准及深圳地铁《接触网（刚、柔）安装工程施工质量验收标准（试行）》QB/SZMC—21402—2014 的要求填写。

6.3.13 轨道施·电-13 刚性接触网接触线安装记录

一、适用范围

本表用于刚性接触网接触线安装施工过程进行记录。

二、执行标准

参照广州地铁供电系统施工质量验收标准及深圳地铁《接触网（刚、柔）安装工程施工质量验收标准（试行）》QB/SZMC—21402—2014。

三、表内填写提示

按照广州地铁供电系统施工质量验收标准及深圳地铁《接触网（刚、柔）安装工程施工质量验收标准（试行）》QB/SZMC—21402—2014 的要求填写。

6.3.14 轨道施·电-14 刚性接触网架空地线安装记录

一、适用范围

本表用于刚性接触网架空地线安装施工过程进行记录。

二、执行标准

参照广州地铁供电系统施工质量验收标准及深圳地铁《接触网（刚、柔）安装工程施工质量验收标准（试行）》QB/SZMC—21402—2014。

三、表内填写提示

按照广州地铁供电系统施工质量验收标准及深圳地铁《接触网（刚、柔）安装工程施工质量验收标准（试行）》QB/SZMC—21402—2014 的要求填写。

6.3.15　轨道施·电-15　刚性接触网膨胀接头安装记录

一、适用范围

本表用于刚性接触网膨胀接头安装施工过程进行记录。

二、执行标准

参照广州地铁供电系统施工质量验收标准及深圳地铁《接触网（刚、柔）安装工程施工质量验收标准（试行）》QB/SZMC—21402—2014。

三、表内填写提示

按照广州地铁供电系统施工质量验收标准及深圳地铁《接触网（刚、柔）安装工程施工质量验收标准（试行）》QB/SZMC—21402—2014 的要求填写。

6.3.16　轨道施·电-16　锚段关节及电连接安装记录

一、适用范围

本表用于接触网锚段关节及电连接安装施工过程进行记录。

二、执行标准

参照广州地铁供电系统施工质量验收标准及深圳地铁《接触网（刚、柔）安装工程施工质量验收标准（试行）》QB/SZMC—21402—2014。

三、表内填写提示

按照广州地铁供电系统施工质量验收标准及深圳地铁《接触网（刚、柔）安装工程施工质量验收标准（试行）》QB/SZMC—21402—2014 的要求填写。

6.3.17　轨道施·电-17　接触轨底座及支架安装记录

一、适用范围

本表用于接触轨底座及支架安装施工过程进行记录。

二、《城市轨道交通接触轨供电系统技术规范》CJJ/T 198—2013 规范摘要

5.2.1　底座、绝缘支架或绝缘子及连接零配件进场时应检查其规格、型号、外观，质量应符合设计要求。

检验数量：全数检查全部检查。

检验方法：查阅产品质量证明文件，观察和测量检查。

5.2.2　绝缘支架或绝缘子的电气性能、机械性能应符合设计规定。

检验数量：全部检查产品质量证明文件，按每批次数量的 10%测量绝缘电阻。

检验方法：查阅产品质量证明文件，目测、绝缘电阻测试。

5.2.3　底座安装位置应符合设计要求，绝缘支撑装置安装应端正。各部件连接应牢固，螺栓紧固力矩值应符合产品说明书要求。

检验数量：全部检查。

检验方法：观察、钢尺测量、用力矩扳手检查。

5.2.4　绝缘支撑装置在垂直线路的水平方向和铅垂方向的调节孔宜居中安装。

检验数量：全部检查。

检验方法：观察和测量检查。

6.3.18　轨道施·电-18　接触轨安装及调整记录

一、适用范围

本表用于接触轨安装及调整施工过程进行记录。

二、《城市轨道交通接触轨供电系统技术规范》CJJ/T 198—2013 规范摘要

6.3.19　轨道施·电-19　接地线及跳线安装记录

一、适用范围

本表用于接触网接地线及跳线安装施工过程进行记录。

二、执行标准

参照《城市轨道交通接触轨供电系统技术规范》CJJ/T 198—2013 等。以最新颁布的规范、标准为准。

三、表内填写提示

按照《城市轨道交通接触轨供电系统技术规范》CJJ/T 198—2013 的要求填写。

6.3.20　轨道施·电-20　接触轨间电连接安装记录

一、适用范围

本表用于接触轨间电连接安装施工过程进行记录。

二、执行标准

参照《城市轨道交通接触轨供电系统技术规范》CJJ/T 198—2013 等。以最新颁布的规范、标准为准。

三、表内填写提示

按照《城市轨道交通接触轨供电系统技术规范》CJJ/T 198—2013 的要求填写。

6.3.21　轨道施·电-21　接触轨防护罩安装记录

一、适用范围

本表用于接触轨防护罩安装施工过程进行记录。

二、执行标准

参照《城市轨道交通接触轨供电系统技术规范》CJJ/T 198—2013 等。以最新颁布的规范、标准为准。

三、表内填写提示

按照《城市轨道交通接触轨供电系统技术规范》CJJ/T 198—2013 的要求填写。

6.3.22　轨道施·电-22　支柱（吊柱）装配安装记录

一、适用范围

本表用于接触网支柱（吊柱）装配安装施工过程进行记录。

二、执行标准

参照广州地铁供电系统施工质量验收标准及深圳地铁《接触网（刚、柔）安装工程施工质量验收标准（试行）》QB/SZMC—21402—2014。

三、表内填写提示

按照广州地铁供电系统施工质量验收标准及深圳地铁《接触网（刚、柔）安装工程施工质量验收标准（试行）》QB/SZMC—21402—2014 的要求填写。

第七章　施工过程质量验收文件

基本要求

施工过程质量验收文件是施工过程中对每道工序/检验批、分项、分部（子分部）工程质量控制情况的现场验收确认文件，是组织单位（子单位）工程质量验收的基础，所有的质量验收文件必须有符合相应资格要求的监理工程师签名确认的印迹。施工单位在自检合格的基础上向监理单位申报工序/检验批、分项工程或分部工程的质量检查验收时，必须提供相应的材料质量检验、进场（见证）检（复）验、施工检测、安全及功能性检验资料和施工记录等质量控制资料。

本章主要编列了材料/施工检测质量、地基基础工程、钢筋混凝土工程、钢结构工程、砌体工程、建筑节能工程的质量（检查）验收通用表，车站及配套用房、区间工程、轨道工程、装饰装修等土建工程质量验收专用表以及通风与空调、智能建筑、灭火系统、火灾自动报警系统、供电系统、通信系统、信号系统、自动售检票系统、电梯安装、屏蔽门安装等机电设备安装工程的质量验收专用表；各专业工程用表主要以国家及广东省现行的工程建设质量验收规范、标准为编制依据，其中轨道工程、供电系统工程的个别表格结合了轨道交通工程的特点，参考广州、深圳的地方标准、企业标准进行编制，用表单位可结合当地的情况，经工程建设各方质量责任主体单位同意后参考使用。

一、质量验收用表的使用要求

质量验收用表包括通用表和专用表两大类，当专业工程中的专用表不能满足实际验收要求时，均可使用相应的通用表表式记录质量验收情况；专用表是结合专业工程质量验收规范、标准编制的，原则上只适用于对应的专业工程验收时使用。

1. 引用市政/房建表格的质量验收文件表格格式和表格内容可根据最后一列的市政/房建表格编码进行索引，表格编码按第二列的编码进行编制。

2. 当某些专业工程质量验收没有专用表或专用表不齐全时，应采用通用表或经工程建设各方质量责任主体单位同意使用的专用表。

3. 当某些专业工程没有适用的国家及省发布的现行质量验收规范、标准时，用表单位应用对应的通用表表式按工程建设各方质量责任主体单位同意使用的质量验收标准填写。

4. 当专业工程在设计、合同等文件中明确采用的质量验收规范、标准与本章专业工程用表编制引用的质量验收规范、标准不一致时，用表单位应结合实际采用的质量验收规范、标准来填写对应的通用表表式。

5. 当编制用表引用的质量验收规范、标准有更新时，用表单位应以新发布的规范、标准为质量验收依据，并同步更新对应用表内的验收项目、规定等内容。

6. 表格允许打印，但现场检查情况、验收记录、验收结论和签名必须由参加质量检查人员和符合相应资格要求的总/专业监理工程师本人签署。

7. 表格内不发生的项目，要用“/ ”划掉，不留空白。

二、工程采用的主要材料、半成品、成品、建筑构配件、器具和设备应进行进场检验。凡涉及安全、节能、环境保护和主要使用功能的重要材料、产品，应按各专业工程施工规范、验收规范和设计文件等规定进行复验，并应经专业监理工程师检查认可。

三、工程应按对应专业质量验收规范、标准的要求划分为单位工程、分部工程、分项工程和检验批/工序，作为工程施工质量检查和验收的基础。

（一）单位工程划分原则

1. 具备独立施工条件并能形成独立使用功能的建筑物或构筑物为一个单位工程。

2. 对于规模较大的单位工程，可将其能形成独立使用功能的部分划分为一个子单位工程。

（二）分部工程划分原则

1. 可按专业性质、工程部位确定。

2. 当分部工程较大或较复杂时，可按材料种类、施工特点、施工程序、专业系统及类别等将分部工程划分为若干子分部工程。

（三）分项工程可按主要工种、材料、施工工艺、设备类别等进行划分，分项工程可有一个或若干检验批组成。

（四）检验批可根据施工、质量控制和专业验收的需要，按工程量、施工段、变形缝等进行划分，它是按相同生产条件或规定的方式汇总起来供抽样检验用的，有一定数量样本组成的检验体。

四、施工前，应由施工单位制定分项工程和检验批的划分方案，并由监理单位审核。对于相关专业验收规范未涵盖的分项工程和检验批，可由建设单位组织监理、施工等单位协商确定。

各专业工程的分部（子分部）工程、分项工程、检验批的划分应按对应专业工程规范的有关规定执行；没有规定的可参考《建筑工程施工质量验收统一标准》GB 50300 的规定执行。

结合轨道交通工程的特点，检验批的划分应考虑每道工序交接检验的要求，为保证工程质量，同时避免同一工序的重复验收，一般应在该工序被下一工序覆盖前（即被隐蔽前）组织验收，并作为一个或多个检验批填写对应的检验批质量验收记录；当该工序没有对应的检验批质量验收专用表或专用表中的验收内容不齐全时，应填写隐蔽工程质量验收记录。

五、工程施工质量验收要求

1. 工程质量的验收均应在施工单位自行检查评定合格的基础上进行。

2. 参加工程施工质量验收的各方人员应具备规定的资格。

3. 检验批的质量应按主控项目和一般项目进行验收。

4. 对涉及结构安全、节能、环境保护和主要使用功能的试块、试件及材料，应在进场时或施工中按规定进行见证检验。

5. 隐蔽工程（工序）在隐蔽前应由施工单位通知监理单位进行验收，并应形成验收文件，验收合格后方可继续施工。

6. 对涉及结构安全、节能、环境保护和使用功能的重要分部工程，应在验收前按规定进行见证抽样检验。

7. 工程的外观质量应由验收人员现场检查，并应共同确认。

8. 各专业工程的地基基础、混凝土结构、钢结构质量验收按照各专业工程的相关验收规范的规定执行。若相关验收规范没有明确的，应按照设计文件要求执行，并可参照《建筑地基基础工程施工质量验收标准》GB 50202、《地下防水工程质量验收规范》GB 50208、《混凝土结构工程施工质量验收规范》GB 50204、《钢结构工程施工质量验收规范》GB 50205 的相关规定执行。

六、检验批、分项工程、分部工程、单位工程质量验收合格的要求

（一）检验批质量验收合格应符合下列规定

1. 主控项目的质量经抽样检验均应合格。

2. 一般项目的质量经抽样检验合格。当采用计数抽样时，合格点率应符合有关专业验收规范的规定，且不得存在严重缺陷。对于计数抽样的一般项目，正常检验的一次、二次抽样可按 GB 50300—2013 附录 D 判定。

3. 具有完整的施工操作依据、质量验收记录。

一般项目正常检验一次抽样判定　　　　附录 D　表 D. 0. 1-1

样本容量	合格判定数	不合格判定数	样本容量	合格判定数	不合格判定数
5	1	2	13	3	4
8	2	3	20	5	6

续表

样本容量	合格判定数	不合格判定数	样本容量	合格判定数	不合格判定数
32	7	8	80	14	15
50	10	11	125	21	22

一般项目正常检验二次抽样判定　　表 D. 0. 1-2

抽样次数	样本容量	合格判定数	不合格判定数	抽样次数	样本容量	合格判定数	不合格判定数
(1) (2)	3 6	0 1	2 2	(1) (2)	20 40	3 9	6 10
(1) (2)	5 10	0 3	3 4	(1) (2)	32 64	5 12	9 13
(1) (2)	8 16	1 4	3 5	(1) (2)	50 100	7 18	11 19
(1) (2)	13 26	2 6	5 7	(1) (2)	80 160	11 26	16 27

注：(1) 和 (2) 表示抽样次数，(2) 对应的样本容量为二次抽样的累计数量。

（二）分项工程质量验收合格应符合下列规定

1. 所含检验批的质量均应验收合格。

2. 所含检验批的质量验收记录应完整。

（三）分部工程质量验收合格应符合下列规定

1. 所含分项工程的质量均应验收合格。

2. 质量控制资料应完整。

3. 有关安全、节能、环境保护和主要使用功能的抽样检验结果应符合相应规定。

4. 观感质量应符合要求。

（四）单位工程质量验收合格应符合下列规定

1. 所含分部工程的质量均应验收合格。

2. 质量控制资料应完整。

3. 所含分部工程中有关安全、节能、环境保护和主要使用功能的检验资料应完整。

4. 主要使用功能的抽查结果应符合相关专业验收规范的规定。

5. 观感质量应符合要求。

七、工程施工质量不符合规定时，应按下列规定进行处理

1. 经返工或返修的检验批，应重新进行验收。

2. 经有资质的检测机构检测鉴定能够达到设计要求的检验批，应予以验收。

3. 经有资质的检测机构检测鉴定达不到设计要求、但经原设计单位核算认可能够满足安全和使用功能的检验批，可予以验收。

4. 经返修或加固处理的分部工程及单位工程，满足安全及使用功能要求时，可按技术处理方案和协商文件的要求予以验收。

5. 经返修或加固处理仍不能满足安全或使用要求的分部工程及单位工程，严禁验收。

八、工程质量验收的程序和组织

1. 检验批应由专业监理工程师组织施工单位项目专业质量检查员、专业工长等进行验收。

2. 分项工程应由专业监理工程师组织施工单位项目专业技术负责人等进行验收。

3. 分部工程应由总专业监理工程师组织施工单位项目负责人和项目技术、质量负责人等进行验收。勘察、设计单位项目负责人和施工单位技术、质量部门负责人应参加地基与基础分部工程的验收。设计单位项目负责人和施工单位技术、质量部门负责人应参加主体结构、节能分部工程的验收。

九、表格通用信息的填写要求

1. 工程名称：填写施工承包合同上的工程名称。

2. 单位工程名称：可按各专业施工与质量验收规范划分单位工程的要求填写（如：道路工程、桥梁工程、排水工程等）。

3. 分部（子分部）工程名称：按各专业施工与质量验收规范中划定的分部（子分部）名称填写。

4. 分项工程名称：按各专业施工与质量验收规范中划定的分项工程名称填写。

5. 施工单位：填写总包单位名称，或与建设单位签订合同专业承包单位名称，宜写全称，并与合同上公章名称一致，并应注意各表格填写的名称应相互一致。

6. 分包单位：一些特殊专业，如承包方分包给有相应专业施工资质的单位施工时，该分包单位与施工单位应有合法有效的分包合同，并得到建设方和监理方的确认。即填写与施工单位签订合同的专业分包单位名称，宜写全称，并与合同上公章名称一致，并应注意各表格填写的名称应相互一致。

7. 项目负责人：凡表格中无专门注明单位的，该称谓均对施工单位而言亦即项目经理，填写合同中指定的项目负责人名称，如有变更，应完善相关的变更审批手续。表头中人名由填表人填写即可，只是标明具体的负责人，不用签字。

8. 项目技术负责人：指由施工单位派驻项目部负责项目技术管理等工作的技术人员，表头中人名由填表人填写即可，只是标明具体的负责人，不用签字。

9. 专业工长：指检验批的具体施工负责人（如施工员、施工主管、施工班组长等），且具有对应的上岗资格证。

10. 项目专业质量检查员：由施工单位派驻项目部负责施工质量检查监控的人员，且具有对应的上岗资格证。

11. 专业监理工程师：由总监理工程师授权，负责实施某一专业或某一岗位的监理工作，有相应监理文件签发权，具有工程类注册执业资格或具有中级及以上专业技术职称、2 年及以上工程实践经验的监理人员。凡不具备专业监理工程师资格的人员一律不得在专业监理工程师签名栏签名。

12. 总监理工程师：由工程监理单位法定代表人书面任命，负责履行建设工程监理合同、主持项目监理机构工作的注册监理工程师。如有变更，应完善相关的变更审批手续。

13. 验收记录中涉及检测报告数据的验收项目，必须在取得相应的正式检测报告后方可确认，监理单位可对其他验收项目先行验收确认。

14. 部分验收记录中同时包含多个工序、结构部位等的验收内容时，用表单位可按实际的施工先后顺序分开选填并验收，形成多份记录；或者填写在同一份记录内，但验收意见、时间应按实际的施工先后顺序分别在签认。

7.1 通 用 表 格

7.1.1 检查（测）验收及汇总

7.1.1.13 轨道验·通-13 主体结构渗漏及修补情况检查汇总表

市政基础设施工程

主体结构渗漏及修补情况检查汇总表

轨道验·通-13

第 页 共 页

施工单位			检查日期		
分部/子分部/分项			检验批编号		
施工执行标准名称及编号					
结构渗水量		设计允许值（修补前）		实测值（修补后）	
渗漏修补统计					
编号	部位、里程	渗漏现象描述	渗漏原因分析	修补方法	修补效果
施工单位检查结果	专业工长：（签名） 项目专业质量检查员：（签名） 年 月 日				
监理单位验收结论	专业监理工程师：（签名） 年 月 日				

7.1.1.18 轨道验·通-18 锚栓（固定）装置牢固性试验验收记录

市政基础设施工程

锚栓（固定）装置牢固性试验验收记录

轨道验·通-18

第　　页共　　页

<table>
<tr><td>工程名称</td><td colspan="4"></td><td colspan="2">单位工程名称</td><td colspan="3"></td></tr>
<tr><td>施工单位</td><td colspan="4"></td><td colspan="2">分包单位</td><td colspan="3"></td></tr>
<tr><td>检查部位</td><td colspan="5"></td><td>检查日期</td><td colspan="3">年　月　日</td></tr>
<tr><td>施工及验收依据文件名称及编号</td><td colspan="9">《混凝土后锚固件抗拔和抗剪性能检测技术规程》DBJ/T 15—35</td></tr>
<tr><td>试验的起止时间</td><td colspan="9">年　月　日　时　分至　年　月　日　时　分</td></tr>
<tr><td rowspan="2">锚栓名称/型号（规格）</td><td rowspan="2">安装位置/编号</td><td rowspan="2">锚栓数量</td><td rowspan="2">悬吊（固定）装置的形式、主要几何尺寸（mm）及数量</td><td colspan="2">标准（或设计）要求的试验参数</td><td colspan="2">实际试验参数</td><td rowspan="2" colspan="2">试验结果（符合/不符合要求）</td></tr>
<tr><td>试验承载力（kN）</td><td>试验持续时间（min）</td><td>试验承载力（kN）</td><td>试验持续时间（min）</td></tr>
<tr><td></td><td></td><td></td><td></td><td rowspan="6"></td><td rowspan="6"></td><td></td><td></td><td colspan="2"></td></tr>
<tr><td></td><td></td><td></td><td></td><td></td><td></td><td colspan="2"></td></tr>
<tr><td></td><td></td><td></td><td></td><td></td><td></td><td colspan="2"></td></tr>
<tr><td></td><td></td><td></td><td></td><td></td><td></td><td colspan="2"></td></tr>
<tr><td></td><td></td><td></td><td></td><td></td><td></td><td colspan="2"></td></tr>
<tr><td></td><td></td><td></td><td></td><td></td><td></td><td colspan="2"></td></tr>
<tr><td>施工单位检查结果</td><td colspan="9">专业工长：（签名）　　项目专业质量检查员：（签名）　　年　月　日</td></tr>
<tr><td>监理单位验收结论</td><td colspan="9">专业监理工程师：（签名）　　年　月　日</td></tr>
</table>

7.1.1.19 轨道验·通-19 电缆单盘测试验收记录

市政基础设施工程

电缆单盘测试验收记录

轨道验·通-19

第　　页 共　　页

<table>
<tr><td>工程名称</td><td colspan="4"></td><td>单位工程名称</td><td colspan="4"></td></tr>
<tr><td>施工单位</td><td colspan="4"></td><td>分包单位</td><td colspan="4"></td></tr>
<tr><td colspan="2">执行的技术标准名称、编号及设计图号</td><td colspan="8"></td></tr>
<tr><td>测试时的环境</td><td colspan="9">℃/相对湿度：　　%</td></tr>
<tr><td>测试起止日期</td><td colspan="9">年　　月　　日起至　　年　　月　　日止</td></tr>
<tr><td rowspan="3">电缆名称/规格</td><td colspan="8">测试内容及记录</td></tr>
<tr><td rowspan="2">长度（1km）</td><td colspan="2">对地绝缘电阻标准（MΩ）</td><td colspan="2">线间绝缘电阻（MΩ）</td><td colspan="2">直流电阻（Ω）</td><td rowspan="2">测试结果（符合/不符合要求）</td></tr>
<tr><td>标准值</td><td>实测值</td><td>标准值</td><td>实测值</td><td>标准值</td><td>实测值</td></tr>
<tr><td></td><td></td><td></td><td></td><td></td><td></td><td></td><td></td><td></td></tr>
<tr><td></td><td></td><td></td><td></td><td></td><td></td><td></td><td></td><td></td></tr>
<tr><td></td><td></td><td></td><td></td><td></td><td></td><td></td><td></td><td></td></tr>
<tr><td></td><td></td><td></td><td></td><td></td><td></td><td></td><td></td><td></td></tr>
<tr><td></td><td></td><td></td><td></td><td></td><td></td><td></td><td></td><td></td></tr>
<tr><td></td><td></td><td></td><td></td><td></td><td></td><td></td><td></td><td></td></tr>
<tr><td></td><td></td><td></td><td></td><td></td><td></td><td></td><td></td><td></td></tr>
<tr><td></td><td></td><td></td><td></td><td></td><td></td><td></td><td></td><td></td></tr>
<tr><td></td><td></td><td></td><td></td><td></td><td></td><td></td><td></td><td></td></tr>
<tr><td></td><td></td><td></td><td></td><td></td><td></td><td></td><td></td><td></td></tr>
<tr><td></td><td></td><td></td><td></td><td></td><td></td><td></td><td></td><td></td></tr>
<tr><td>施工单位检查结果</td><td colspan="8">专业工长：（签名）　　项目专业质量检查员：（签名）　　年　月　日</td></tr>
<tr><td>监理单位验收结论</td><td colspan="8">专业监理工程师：（签名）　　年　月　日</td></tr>
</table>

7.1.1.20 轨道验·通-20 光缆单盘测试验收记录

市政基础设施工程

光缆单盘测试验收记录

轨道验·通-20

第　　页 共　　页

<table>
<tr><td>工程名称</td><td colspan="2"></td><td>单位工程名称</td><td></td></tr>
<tr><td>施工单位</td><td colspan="2"></td><td>分包单位</td><td></td></tr>
<tr><td>执行的技术标准名称、编号及设计图号</td><td colspan="4"></td></tr>
<tr><td>测试时的环境</td><td colspan="4">℃/相对湿度：　　%</td></tr>
<tr><td>测试起止日期</td><td colspan="4">年　　月　　日起至　　年　　月　　日止</td></tr>
<tr><td rowspan="3">光缆名称/规格</td><td colspan="4">测试内容及记录</td></tr>
<tr><td rowspan="2">光缆长度（1km）</td><td colspan="2">衰减值（测试波长：1310nm/1550nm）</td><td rowspan="2">测试结果（符合/不符合要求）</td></tr>
<tr><td>标准值</td><td>实测值</td></tr>
<tr><td></td><td></td><td></td><td></td><td></td></tr>
<tr><td></td><td></td><td></td><td></td><td></td></tr>
<tr><td></td><td></td><td></td><td></td><td></td></tr>
<tr><td></td><td></td><td></td><td></td><td></td></tr>
<tr><td></td><td></td><td></td><td></td><td></td></tr>
<tr><td></td><td></td><td></td><td></td><td></td></tr>
<tr><td></td><td></td><td></td><td></td><td></td></tr>
<tr><td></td><td></td><td></td><td></td><td></td></tr>
<tr><td></td><td></td><td></td><td></td><td></td></tr>
<tr><td></td><td></td><td></td><td></td><td></td></tr>
<tr><td></td><td></td><td></td><td></td><td></td></tr>
<tr><td>施工单位检查结果</td><td colspan="4">专业工长：（签名）　　专业质量检查员：（签名）　　年　　月　　日</td></tr>
<tr><td>监理单位验收结论</td><td colspan="4">专业监理工程师：（签名）　　年　　月　　日</td></tr>
</table>

7.1.1.21 轨道验·通-21 避雷针（网）及接地装置隐蔽工程验收记录

市政基础设施工程

避雷针（网）及接地装置隐蔽工程验收记录

轨道验·通-21

共　　页 第　　页

工程名称		施工单位	
单位工程名称		分包单位	
分部（子分部）工程名称		验收部位/区段	
施工及验收依据			
施工执行标准名称及编号			
1. 接地装置的接地阻值			
2. 避雷针（网）安装			
3. 接地（零）线敷设			
4. 接地体安装			
5. 钢材品种、规格			
6. 搭接长度			
示意图：			
施工单位检查结果	专业工长：（签名）　专业质量检查员：（签名）　年　月　日		
监理单位验收结论	专业监理工程师：（签名）　年　月　日		

7.1.1.26 轨道验·通-26 绝缘子绝缘电阻测试验收记录

市政基础设施工程

绝缘子绝缘电阻测试验收记录

轨道验·通-26

第　　页共　　页

工程名称			单位工程名称		
施工单位			分包单位		
检查部位				检查日期	年　月　日
施工及验收依据文件名称及编号					
绝缘子类型		绝缘子总量		测试比例	
绝缘子编号 绝缘电阻值	绝缘子编号 （MΩ）	绝缘电阻值 （MΩ）	绝缘子编号	绝缘电阻值	（MΩ）
施工单位 检查结果	专业工长：（签名）　　项目专业质量检查员：（签名）　　年　月　日				
监理单位 验收结论	专业监理工程师：（签名）　　年　月　日				

7.1.1.30 轨道验·通-30 ____安装检查验收记录

____安装检查验收记录

轨道验·通-30

第 页 共 页

<table>
<tr><td>单位（子单位）工程名称</td><td colspan="3"></td></tr>
<tr><td>施工单位</td><td colspan="3"></td></tr>
<tr><td>分部/子分部/分项</td><td></td><td>检验批编号</td><td></td></tr>
<tr><td>检查部位</td><td></td><td>检查日期</td><td></td></tr>
<tr><td>施工执行标准名称及编号</td><td colspan="3"></td></tr>
<tr><td rowspan="2">设备名称、型号、规格</td><td rowspan="2"></td><td>出厂编号</td><td>安装位置自编号</td></tr>
<tr><td></td><td></td></tr>
<tr><td>检查（测量）项目</td><td>工艺质量要求（摘要）</td><td colspan="2">检查结果［以定量或定性
（符合/不符合要求）表达］</td></tr>
<tr><td></td><td></td><td colspan="2"></td></tr>
<tr><td></td><td></td><td colspan="2"></td></tr>
<tr><td></td><td></td><td colspan="2"></td></tr>
<tr><td></td><td></td><td colspan="2"></td></tr>
<tr><td colspan="4">备注（含说明、示图、照片等）：</td></tr>
<tr><td>施工单位
检查结果</td><td colspan="3">专业工长：（签名） 项目专业质量检查员：（签名） 年 月 日</td></tr>
<tr><td>监理单位
验收结论</td><td colspan="3">专业监理工程师：（签名） 年 月 日</td></tr>
</table>

7.1.6 建筑节能

7.1.6.5 轨道验·通-195 通风与空调节能工程检验批质量验收记录

市政基础设施工程

通风与空调节能工程检验批质量验收记录

轨道验·通-195

第　页共　页

工程名称						
单位工程名称						
施工单位			分包单位			
项目负责人			项目技术负责人			
分部（子分部）工程名称			分项工程名称			
验收部位/区段			检验批容量			
施工及验收依据	《地铁节能工程施工质量验收规范》DBJ 15—114					
验收项目			设计要求或规范规定	最小/实际抽样数量	检查记录	检查结果
主控项目	1	设备、管道、阀门、仪表、绝热材料等进场验收	第5.2.1条	/		
	2	风机盘管机组和绝热材料见证取样送检复验	第5.2.2条	/		
	3	隧道风机、射流风机、推力风机的参数和性能核查	第5.2.3条	/		
	4	通风与空调系统的安装	第5.2.4条	/		
	5	风管的制作与安装	第5.2.5条	/		
	6	空调机组、新风机组合风盘管机组的安装	第5.2.6条	/		
	7	多联式空调机组的安装	第5.2.7条	/		
	8	风机的安装	第5.2.8条	/		
	9	组合式风阀的安装	第5.2.9条	/		
	10	消声器的安装	第5.2.10条	/		
	11	水系统自控阀门与仪表的安装	第5.2.11条	/		
	12	空调风管系统及部件的绝热层和防潮层的施工	第5.2.12条	/		
	13	空调水系统管道、制冷剂管道及配件的绝热层和防潮层的施工	第5.2.13条	/		
	14	冷冻水管道及制冷剂管道与支、吊架之间的绝热衬垫检查	第5.2.14条	/		
	15	调试前对风管系统的吹扫及试运行后对滤网的清洗或更换检查	第5.2.15条	/		
	16	通风与空调系统的联合运转和调试，系统风量平衡调试	第5.2.16条	/		
	17	多联机空调系统的试运转与调试，带负荷运行的综合效果检验	第5.2.17条	/		
一般项目	1	通风与空调系统风口的安装	第5.3.1条	/		
施工单位检查结果	专业工长：(签名)　　专业质量检查员：(签名)　　年　月　日					
监理单位验收结论	专业监理工程师：(签名)　　年　月　日					

7.1.6.6 轨道验·通-196 空调系统冷热源及管网节能工程检验批质量验收记录

市政基础设施工程

空调系统冷热源及管网节能工程检验批质量验收记录

轨道验·通-196

第 页 共 页

<table>
<tr><td colspan="3">工程名称</td><td colspan="5"></td></tr>
<tr><td colspan="3">单位工程名称</td><td colspan="5"></td></tr>
<tr><td colspan="3">施工单位</td><td colspan="2"></td><td colspan="2">分包单位</td><td></td></tr>
<tr><td colspan="3">项目负责人</td><td colspan="2"></td><td colspan="2">项目技术负责人</td><td></td></tr>
<tr><td colspan="3">分部（子分部）工程名称</td><td colspan="2"></td><td colspan="2">分项工程名称</td><td></td></tr>
<tr><td colspan="3">验收部位/区段</td><td colspan="2"></td><td colspan="2">检验批容量</td><td></td></tr>
<tr><td colspan="3">施工及验收依据</td><td colspan="5">《地铁节能工程施工质量验收规范》DBJ 15—114</td></tr>
<tr><td colspan="3">验收项目</td><td>设计要求或规范规定</td><td>最小/实际抽样数量</td><td>检查记录</td><td colspan="2">检查结果</td></tr>
<tr><td rowspan="11">主控项目</td><td>1</td><td>冷热源设备、辅助设备、自控阀门、仪表、绝热材料等进场验收</td><td>第6.2.1条</td><td>/</td><td></td><td colspan="2"></td></tr>
<tr><td>2</td><td>绝热材料见证取样送检复验</td><td>第6.2.2条</td><td>/</td><td></td><td colspan="2"></td></tr>
<tr><td>3</td><td>空调系统冷热源设备和辅助设备及其管网系统的安装</td><td>第6.2.3条</td><td>/</td><td></td><td colspan="2"></td></tr>
<tr><td>4</td><td>电动两通调节阀、水力平衡阀及冷量装置等自控阀门与仪表的安装</td><td>第6.2.4条</td><td>/</td><td></td><td colspan="2"></td></tr>
<tr><td>5</td><td>电机驱动压缩机的蒸汽压缩循环冷水机组的安装</td><td>第6.2.5条</td><td>/</td><td></td><td colspan="2"></td></tr>
<tr><td>6</td><td>冷却塔、循环水泵等辅助设备的安装</td><td>第6.2.6条</td><td>/</td><td></td><td colspan="2"></td></tr>
<tr><td>7</td><td>多联机空调系统室外机的安装</td><td>第6.2.7条</td><td>/</td><td></td><td colspan="2"></td></tr>
<tr><td>8</td><td>空调冷水系统管道及配件绝热层和防潮层的施工</td><td>第6.2.8条</td><td>/</td><td></td><td colspan="2"></td></tr>
<tr><td>9</td><td>非闭孔绝热材料防潮层和保护层的检查</td><td>第6.2.9条</td><td>/</td><td></td><td colspan="2"></td></tr>
<tr><td>10</td><td>空调冷水管道与支架、吊架之间绝热衬垫的施工</td><td>第6.2.10条</td><td>/</td><td></td><td colspan="2"></td></tr>
<tr><td>11</td><td>空调系统冷热源设备和辅助设备及其管网系统安装完毕后，系统运转及调试</td><td>第6.2.11条</td><td>/</td><td></td><td colspan="2"></td></tr>
<tr><td>一般项目</td><td>1</td><td>空调系统的冷热源设备及其辅助设备、配件的绝热，不得影响其操作功能</td><td>第6.3.1条</td><td>/</td><td></td><td colspan="2"></td></tr>
<tr><td colspan="2">施工单位检查结果</td><td colspan="6">专业工长：（签名） 专业质量检查员：（签名） 年 月 日</td></tr>
<tr><td colspan="2">监理单位验收结论</td><td colspan="6">专业监理工程师：（签名） 年 月 日</td></tr>
</table>

7.1.6.7 轨道验·通-197 配电与照明节能工程检验批质量验收记录

市政基础设施工程

配电与照明节能工程检验批质量验收记录

轨道验·通-197

第 页 共 页

工程名称						
单位工程名称						
施工单位			分包单位			
项目负责人			项目技术负责人			
分部（子分部）工程名称			分项工程名称			
验收部位/区段			检验批容量			
施工及验收依据	《地铁节能工程施工质量验收规范》DBJ 15—114					
验收项目			设计要求或规范规定	最小/实际抽样数量	检查记录	检查结果
主控项目	1	配电设备、电线电缆、照明光源、灯具及其附属装置等进场验收	第7.2.1条	/		
主控项目	2	照明光源、灯具及其附属装置、低压配电系统电线电缆的见证取样送检复验	第7.2.2条	/		
主控项目	3	低压配电系统选择的导体截面	第7.2.3条	/		
主控项目	4	配电系统的调试及对低压配电系统相关技术参数的测试	第7.2.4条	/		
主控项目	5	照度与功率密度的现场测试	第7.2.5条	/		
一般项目	1	母线与母线或母线与电器接线端子安装质量验收	第7.3.1条	/		
一般项目	2	交流单芯电缆或分相后的每相电缆的敷设质量验收	第7.3.2条	/		
施工单位检查结果	专业工长：（签名） 专业质量检查员：（签名） 年 月 日					
监理单位验收结论	专业监理工程师：（签名） 年 月 日					

7.1.6.8 市政验·通-198 监测与控制节能工程检验批质量验收记录

市政基础设施工程

监测与控制节能工程检验批质量验收记录

轨道验·通-198

第 页 共 页

工程名称						
单位工程名称						
施工单位			分包单位			
项目负责人			项目技术负责人			
分部（子分部）工程名称			分项工程名称			
验收部位/区段			检验批容量			
施工及验收依据	《地铁节能工程施工质量验收规范》DBJ 15—114					
验收项目			设计要求或规范规定	最小/实际抽样数量	检查记录	检查结果
主控项目	1	设备、材料及附属产品进场验收	第10.2.1条	/		
	2	现场仪表安装质量验收	第10.2.2条	/		
	3	综合监控系统工作站软件功能的测试	第10.2.3条	/		
	4	通风与空调系统的控制和故障报警功能验收	第10.2.4条	/		
	5	能耗监测计量装置的功能验收	第10.2.5条	/		
	6	冷热源的水系统变频控制的功能验收	第10.2.6条	/		
	7	供配电的监测与数据采集系统功能验收	第10.2.7条	/		
	8	照明自动控制系统功能验收	第10.2.8条	/		
	9	电梯与自动扶梯的控制及故障报警功能验收	第10.2.9条	/		
	10	给水排水系统的控制功能及故障报警功能验收	第10.2.10条	/		
一般项目	1	监测与控制系统要达到可靠性、实时性、可维护等系统性能验收	第10.3.1条	/		
施工单位检查结果	专业工长：（签名） 专业质量检查员：（签名） 年 月 日					
监理单位验收结论	专业监理工程师：（签名） 年 月 日					

7.1.6.9 市政验·通-199 围护结构节能工程检验批质量验收记录

市政基础设施工程

围护结构节能工程检验批质量验收记录

轨道验·通-199

第 页共 页

工程名称						
单位工程名称						
施工单位			分包单位			
项目负责人			项目技术负责人			
分部（子分部）工程名称			分项工程名称			
验收部位/区段			检验批容量			
施工及验收依据	《地铁节能工程施工质量验收规范》DBJ 15—114					
验收项目			设计要求或规范规定	最小/实际抽样数量	检查记录	检查结果
主控项目	1	绝热隔热材料、设计有节能要求的门窗、站台门的品种、规格、尺寸和性能指标等进场检查	第4.2.1条	/		
	2	绝热隔热材料进场时进行见证取样送检复验	第4.2.2条	/		
	3	站台门及设计有节能要求的门窗的气密性能、玻璃传热系数核查	第4.2.3条	/		
	4	绝热材料的厚度检查。绝热板材与基层及各层之间的粘结或连接检查	第4.2.4条	/		
	5	设计有节能要求的门窗框、副框、洞口之间的密封	第4.2.5条	/		
	6	站台门门机框与外部四周、各门扇与门楣、门槛面及门槛面和立柱的密封	第4.2.6条	/		
一般项目	1	密封材料的物理性能、密封条的安装	第4.3.1条	/		
施工单位检查结果	专业工长：（签名） 专业质量检查员：（签名） 年 月 日					
监理单位验收结论	专业监理工程师：（签名） 年 月 日					

7.1.6.10 市政验·通-200 电梯与自动扶梯节能工程检验批质量验收记录

市政基础设施工程

电梯与自动扶梯节能工程检验批质量验收记录

轨道验·通-200

第 页 共 页

<table>
<tr><td colspan="3">工程名称</td><td colspan="6"></td></tr>
<tr><td colspan="3">单位工程名称</td><td colspan="6"></td></tr>
<tr><td colspan="3">施工单位</td><td colspan="2"></td><td colspan="2">分包单位</td><td colspan="2"></td></tr>
<tr><td colspan="3">项目负责人</td><td colspan="2"></td><td colspan="2">项目技术负责人</td><td colspan="2"></td></tr>
<tr><td colspan="3">分部（子分部）
工程名称</td><td colspan="2"></td><td colspan="2">分项工程名称</td><td colspan="2"></td></tr>
<tr><td colspan="3">验收部位/区段</td><td colspan="2"></td><td colspan="2">检验批容量</td><td colspan="2"></td></tr>
<tr><td colspan="3">施工及验收依据</td><td colspan="6">《地铁节能工程施工质量验收规范》DBJ 15—114</td></tr>
<tr><td colspan="3">验收项目</td><td>设计要求或
规范规定</td><td colspan="2">最小/实际
抽样数量</td><td colspan="2">检查
记录</td><td>检查
结果</td></tr>
<tr><td rowspan="2">主控
项目</td><td>1</td><td>主要材料、成品、配件和设备的进场验收</td><td>第 8.2.1 条</td><td colspan="2">/</td><td colspan="2"></td><td></td></tr>
<tr><td>2</td><td>单台曳引式乘客电梯能源效率等级和标准待机能耗检查验收</td><td>第 8.2.2 条</td><td colspan="2">/</td><td colspan="2"></td><td></td></tr>
<tr><td colspan="2">施工单位
检查结果</td><td colspan="7">专业工长：（签名）　　专业质量检查员：（签名）　　年　月　日</td></tr>
<tr><td colspan="2">监理单位
验收结论</td><td colspan="7">专业监理工程师：（签名）　　年　月　日</td></tr>
</table>

7.1.6.11 市政验·通-201 给水排水节能工程检验批质量验收记录

市政基础设施工程

给水排水节能工程检验批质量验收记录

轨道验·通-201

第　　页共　　页

工程名称						
单位工程名称						
施工单位				分包单位		
项目负责人				项目技术负责人		
分部（子分部）工程名称				分项工程名称		
验收部位/区段				检验批容量		
施工及验收依据	《地铁节能工程施工质量验收规范》DBJ 15—114					
验收项目			设计要求或规范规定	最小/实际抽样数量	检查记录	检查结果
主控项目	1	主要材料、成品、半成品、配件、器具和设备的进场验收	第9.2.1条	/		
主控项目	2	水泵、管道、设备仪表及阀门的安装质量验收	第9.2.2条	/		
主控项目	3	给水管道系统的水压试验，排水管道的灌水和通水试验；水泵试运转及调试	第9.2.3条	/		
施工单位检查结果	专业工长：（签名）　　专业质量检查员：（签名）　　年　月　日					
监理单位验收结论	专业监理工程师：（签名）　　年　月　日					

7.1.6.12 市政验·通-202 地面节能工程检验批质量验收记录

市政基础设施工程

地面节能工程检验批质量验收记录

轨道验·通-202

第 页 共 页

工程名称							
单位工程名称							
施工单位				分包单位			
项目负责人				项目技术负责人			
分部（子分部）工程名称				分项工程名称			
验收部位/区段				检验批容量			
施工及验收依据	《建筑节能工程施工质量验收规范》GB 50411						
验收项目			设计要求或规范规定	最小/实际抽样数量	检查记录	检查结果	
主控项目	1	保温材料的品种、规格	第8.2.1条	/			
	2	导热系数、密度、抗压强度、燃烧性能等	第8.2.2条	/			
	3	导热系数、密度、抗压强度、燃烧性能等进场复验	第8.2.3条	/			
	4	基层	第8.2.4条	/			
	5	保温层、隔热层、保护层等的设置和构造以及保温层的厚度等	第8.2.5条	/			
	6	施工质量	第8.2.6条	/			
	7	有防水要求的地面	第8.2.7条	/			
	8	严寒、寒冷地区的建筑首层	第8.2.8条	/			
	9	保温层的表面防潮层和保护层	第8.2.9条	/			
一般项目	1	采用地面辐射供暖工程的地面	第8.3.1条	/			
施工单位检查结果	专业工长：（签名） 专业质量检查员：（签名） 年 月 日						
监理单位验收结论	专业监理工程师：（签名） 年 月 日						

7.2 土建工程专用表格

7.2.1 车站及配套用房

7.2.2.1 轨道验·土-33 洞身开挖检查质量验收记录

市政基础设施工程

洞身开挖检查质量验收记录

轨道验·土-33

第　　页共　　页

<table>
<tr><td colspan="2">工程名称</td><td colspan="6"></td></tr>
<tr><td colspan="2">单位工程名称</td><td colspan="6"></td></tr>
<tr><td colspan="2">施工单位</td><td colspan="3"></td><td colspan="2">分包单位</td><td></td></tr>
<tr><td colspan="2">项目负责人</td><td colspan="3"></td><td colspan="2">项目技术负责人</td><td></td></tr>
<tr><td colspan="2">分部（子分部）
工程名称</td><td colspan="3"></td><td colspan="2">分项工程名称</td><td></td></tr>
<tr><td colspan="2">验收部位/区段</td><td colspan="3"></td><td colspan="2">检验批容量</td><td></td></tr>
<tr><td colspan="2">施工及验收依据</td><td colspan="6">《地下铁道工程施工质量验收标准》GB/T 50299</td></tr>
<tr><td colspan="4">验收项目</td><td>设计要求或
规范规定</td><td>最小/实际
抽样数量</td><td>检查
记录</td><td>检查
结果</td></tr>
<tr><td colspan="4">开挖中线和高程</td><td>设计要求</td><td>/</td><td></td><td></td></tr>
<tr><td colspan="4">欠挖</td><td>第 7.5.14 条</td><td>/</td><td></td><td></td></tr>
<tr><td colspan="4">炮眼痕迹保存率</td><td>第 7.4.7-2 条</td><td>/</td><td></td><td></td></tr>
<tr><td rowspan="10">开挖断面允许
超挖值（mm）</td><td rowspan="8">拱
部</td><td rowspan="2">硬岩</td><td>平均线形超挖</td><td>100</td><td>/</td><td></td><td></td></tr>
<tr><td>最大超挖</td><td>200</td><td>/</td><td></td><td></td></tr>
<tr><td rowspan="2">中硬岩</td><td>平均线形超挖</td><td>150</td><td>/</td><td></td><td></td></tr>
<tr><td>最大超挖</td><td>250</td><td>/</td><td></td><td></td></tr>
<tr><td rowspan="2">软岩</td><td>平均线形超挖</td><td>150</td><td>/</td><td></td><td></td></tr>
<tr><td>最大超挖</td><td>250</td><td>/</td><td></td><td></td></tr>
<tr><td rowspan="2">土质和不需
爆破岩层</td><td>平均线形超挖</td><td>100</td><td>/</td><td></td><td></td></tr>
<tr><td>最大超挖</td><td>150</td><td>/</td><td></td><td></td></tr>
<tr><td colspan="2" rowspan="2">边墙及仰拱</td><td>平均线形超挖</td><td>100</td><td>/</td><td></td><td></td></tr>
<tr><td>最大超挖</td><td>150</td><td>/</td><td></td><td></td></tr>
<tr><td colspan="2">施工单位
检查结果</td><td colspan="6">专业工长：（签名）　　项目专业质量检查员：（签名）　　年　月　日</td></tr>
<tr><td colspan="2">监理单位
验收结论</td><td colspan="6">专业监理工程师：（签名）　　年　月　日</td></tr>
</table>

7.2.2.2 轨道验·土-34 格栅钢架制安、钢筋网检查质量验收记录

市政基础设施工程

格栅钢架制安、钢筋网检查质量验收记录

轨道验·土-34

第　页共　页

<table>
<tr><td colspan="3">工程名称</td><td colspan="5"></td></tr>
<tr><td colspan="3">单位工程名称</td><td colspan="5"></td></tr>
<tr><td colspan="3">施工单位</td><td colspan="2"></td><td colspan="2">分包单位</td><td></td></tr>
<tr><td colspan="3">项目负责人</td><td colspan="2"></td><td colspan="2">项目技术负责人</td><td></td></tr>
<tr><td colspan="3">分部（子分部）
工程名称</td><td colspan="2"></td><td colspan="2">分项工程名称</td><td></td></tr>
<tr><td colspan="3">验收部位/区段</td><td colspan="2"></td><td colspan="2">检验批容量</td><td></td></tr>
<tr><td colspan="3">施工及验收依据</td><td colspan="5">《地下铁道工程施工质量验收标准》GB/T 50299</td></tr>
<tr><td colspan="3">验收项目</td><td>设计要求或
规范规定</td><td>最小/实际
抽样数量</td><td>检查
记录</td><td colspan="2">检查
结果</td></tr>
<tr><td colspan="3">钢筋种类、型号、规格</td><td>设计要求</td><td>/</td><td></td><td colspan="2"></td></tr>
<tr><td colspan="3">格栅钢架的焊接</td><td>设计要求</td><td>/</td><td></td><td colspan="2"></td></tr>
<tr><td colspan="3">格栅钢架间的连接</td><td>第 7.6.5.3 条</td><td>/</td><td></td><td colspan="2"></td></tr>
<tr><td colspan="3">钢筋网的铺设</td><td>第 7.6.6 条</td><td>/</td><td></td><td colspan="2"></td></tr>
<tr><td rowspan="14">允许偏差值（mm）</td><td colspan="2">拱架矢高及弧长</td><td>+20，0</td><td>/</td><td></td><td colspan="2"></td></tr>
<tr><td colspan="2">墙架长度</td><td>±20</td><td>/</td><td></td><td colspan="2"></td></tr>
<tr><td rowspan="2">拱、墙架断面尺寸</td><td>高</td><td>+10，0</td><td>/</td><td></td><td colspan="2"></td></tr>
<tr><td>宽</td><td>+10，0</td><td>/</td><td></td><td colspan="2"></td></tr>
<tr><td rowspan="3">钢架安装</td><td>高</td><td>±30</td><td>/</td><td></td><td colspan="2"></td></tr>
<tr><td>宽</td><td>±20</td><td>/</td><td></td><td colspan="2"></td></tr>
<tr><td>扭曲度</td><td>20</td><td>/</td><td></td><td colspan="2"></td></tr>
<tr><td rowspan="4">钢架垂直</td><td>横向</td><td>±30</td><td>/</td><td></td><td colspan="2"></td></tr>
<tr><td>纵向</td><td>±50</td><td>/</td><td></td><td colspan="2"></td></tr>
<tr><td>高程</td><td>±30</td><td>/</td><td></td><td colspan="2"></td></tr>
<tr><td>垂直度</td><td>5‰</td><td>/</td><td></td><td colspan="2"></td></tr>
<tr><td rowspan="2">钢筋网片加工</td><td>钢筋间距</td><td>±10</td><td>/</td><td></td><td colspan="2"></td></tr>
<tr><td>钢筋搭接</td><td>±15</td><td>/</td><td></td><td colspan="2"></td></tr>
<tr><td colspan="2">钢筋网搭接</td><td>≥200</td><td>/</td><td></td><td colspan="2"></td></tr>
<tr><td colspan="2">施工单位
检查结果</td><td colspan="6">专业工长：（签名）　　项目专业质量检查员：（签名）　　年　月　日</td></tr>
<tr><td colspan="2">监理单位
验收结论</td><td colspan="6">专业监理工程师：（签名）　　年　月　日</td></tr>
</table>

7.2.2.3 轨道验·土-35 管棚安装质量验收记录

市政基础设施工程

管棚安装质量验收记录

轨道验·土-35

第　页共　页

<table>
<tr><td>工程名称</td><td colspan="6"></td></tr>
<tr><td>单位工程名称</td><td colspan="6"></td></tr>
<tr><td>施工单位</td><td colspan="2"></td><td colspan="2">分包单位</td><td colspan="2"></td></tr>
<tr><td>项目负责人</td><td colspan="2"></td><td colspan="2">项目技术负责人</td><td colspan="2"></td></tr>
<tr><td>分部（子分部）
工程名称</td><td colspan="2"></td><td colspan="2">分项工程名称</td><td colspan="2"></td></tr>
<tr><td>验收部位/区段</td><td colspan="2"></td><td colspan="2">检验批容量</td><td colspan="2"></td></tr>
<tr><td>施工及验收依据</td><td colspan="6">《地下铁道工程施工质量验收标准》GB/T 50299、《铁路隧道工程施工质量验收标准》TB 10417</td></tr>
<tr><td colspan="2">验收项目</td><td>设计要求或规范规定</td><td>最小/实际抽样数量</td><td>检查记录</td><td colspan="2">检查结果</td></tr>
<tr><td colspan="2">管棚品种、级别、规格、数量</td><td>设计要求</td><td>/</td><td></td><td colspan="2"></td></tr>
<tr><td colspan="2">管棚搭接长度</td><td>设计要求</td><td>/</td><td></td><td colspan="2"></td></tr>
<tr><td rowspan="3">管棚施工允许偏差（mm）</td><td>钻孔外插角</td><td>1°</td><td>/</td><td></td><td colspan="2"></td></tr>
<tr><td>孔距</td><td>±150</td><td>/</td><td></td><td colspan="2"></td></tr>
<tr><td>孔深</td><td>±50</td><td>/</td><td></td><td colspan="2"></td></tr>
<tr><td colspan="2">浆液强度、配合比及注浆效果</td><td>第7.3.5条</td><td>/</td><td></td><td colspan="2"></td></tr>
<tr><td>施工单位检查结果</td><td colspan="6">专业工长：（签名）　　项目专业质量检查员：（签名）　　年　月　日</td></tr>
<tr><td>监理单位验收结论</td><td colspan="6">专业监理工程师：（签名）　　年　月　日</td></tr>
</table>

7.2.2.4 轨道验·土-36 小导管安装质量验收记录

市政基础设施工程

小导管安装质量验收记录

轨道验·土-36

第　　页 共　　页

工程名称					
单位工程名称					
施工单位			分包单位		
项目负责人			项目技术负责人		
分部（子分部）工程名称			分项工程名称		
验收部位/区段			检验批容量		
施工及验收依据	《地下铁道工程施工质量验收标准》GB/T 50299、《铁路隧道工程施工质量验收标准》TB 10417				
验收项目		设计要求或规范规定	最小/实际抽样数量	检查记录	检查结果
超前小导管品种、级别、规格、数量		设计要求	/		
超前小导管与支撑结构的连接		设计要求	/		
超前小导管的纵向搭接长度		设计要求	/		
导管施工允许偏差（mm）	钻孔外插角	2°	/		
	孔距	±50	/		
	孔深	0，+50	/		
浆液强度、配合比及注浆效果		第7.3.5条	/		
施工单位检查结果	专业工长：（签名）　项目专业质量检查员：（签名）　年　月　日				
监理单位验收结论	专业监理工程师：（签名）　年　月　日				

7.2.2.5 轨道验·土-37 喷射混凝土检查质量验收记录

市政基础设施工程

喷射混凝土检查质量验收记录

轨道验·土-37

第　　页共　　页

工程名称			
单位工程名称			
施工单位		分包单位	
项目负责人		项目技术负责人	
分部（子分部）工程名称		分项工程名称	
验收部位/区段		检验批容量	
施工及验收依据	《地下铁道工程施工质量验收标准》GB/T 50299		

验收项目	设计要求或规范规定	最小/实际抽样数量	检查记录	检查结果
喷射混凝土所用原材料质量	第7.6.7条	/		
喷射混凝土的配合比设计	第7.6.9.1条	/		
喷射混凝土的养护	第7.6.12条	/		
喷射混凝土抗压强度、抗渗性能	第7.6.14.1条及设计要求	/		
喷射混凝土的厚度	第7.6.14.2条	/		
喷射混凝土原材料的每盘称量的偏差	第7.6.8.2条	/		
喷射混凝土的喷射方式	第7.6.11条	/		
喷射混凝土质量	第7.6.14.3条	/		
喷射混凝土表面平整度	30mm，且矢弦比≯1/6	/		

施工单位检查结果	专业工长：（签名）　　项目专业质量检查员：（签名）　　年　月　日
监理单位验收结论	专业监理工程师：（签名）　　年　月　日

7.2.4 轨道工程

7.2.4.1 轨道验·土-124 隔离层铺设及隔振器定位及安装检查质量验收记录

市政基础设施工程

隔离层铺设及隔振器定位及安装检查质量验收记录

轨道验·土-124

第　页 共　页

工程名称				
单位工程名称				
施工单位		分包单位		
项目负责人		项目技术负责人		
分部（子分部）工程名称		分项工程名称		
验收部位/区段		检验批容量		
施工及验收依据	《浮置板轨道技术规范》CJJ/T 191			
验收项目	设计要求或规范规定	最小/实际抽样数量	检查记录	检查结果
隔振元件规格、型号、数量	第5.2.2条	/		
隔振器套筒位置公差（mm）	第5.1.4条	/		
隔振器套筒位置平整度（mm/m^2）	第5.1.4条	/		
隔离膜材料	第5.1.5条	/		
隔离膜铺设部位	第5.1.5条	/		
施工单位检查结果	专业工长：（签名）　项目专业质量检查员：（签名）　年　月　日			
监理单位验收结论	专业监理工程师：（签名）　年　月　日			

7.2.4.8 轨道验·土-131 铺底碴检验批质量验收记录

市政基础设施工程

铺底碴检验批质量验收记录

轨道验·土-131

第 页共 页

工程名称						
单位工程名称						
施工单位			分包单位			
项目负责人			项目技术负责人			
分部（子分部）工程名称			分项工程名称			
验收部位/区段			检验批容量			
施工及验收依据	《铁路轨道工程施工质量验收标准》TB 10413					

验收项目				设计要求或规范规定	最小/实际抽样数量	检查记录	检查结果
主控项目	1	底碴品种，外观		第5.2.1条	/		
	2	底碴杂质含量和粒径级配		第5.2.2条	/		
	3	底碴的碾压和压实密度		第5.2.3条	/		
一般项目	1	底碴铺设允许偏差（mm）	厚度	第5.2.4条	/		
	2		半宽	第5.2.4条	/		

施工单位检查结果	专业工长：(签名) 项目专业质量检查员：(签名) 年 月 日
监理单位验收结论	专业监理工程师：(签名) 年 月 日

7.2.4.9 轨道验·土-132 轨道架设及轨枕安装检验批质量验收记录

市政基础设施工程

轨道架设及轨枕安装检验批质量验收记录

轨道验·土-132

第 页 共 页

工程名称				
单位工程名称				
施工单位		分包单位		
项目负责人		项目技术负责人		
分部（子分部）工程名称		分项工程名称		
验收部位/区段		检验批容量		
施工及验收依据	[A]《铁路轨道工程施工质量验收标准》TB 10413 [B]《地下铁道工程施工质量验收标准》GB/T 50299			

验收项目	设计要求或规范规定	最小/实际抽样数量	检查记录	检查结果
钢轨、扣件、轨枕的类型、规格和质量	[A] 第8.2.1条	/		
钢轨架设前必须调直，扣件的飞边、毛刺等应打磨干净并涂油	[B] 第13.4.1条	/		
轨排均应采用支撑架架设，其架设间距：直线段宜3m、曲线段宜2.5m设置一个，直线段支撑架应垂直线路方向，曲线段支撑架应垂直线路的切线方向	[B] 第13.4.2条	/		
架设于支撑架上的钢轨应初步调整其水平、位置、轨距和高程，轨枕位置准确	[B] 第13.4.3条	/		
轨枕安装时，直线段两股钢轨的轨枕中心线应与线路中线垂直，曲线段应与线路中线的切线方向垂直	[B] 第13.4.4条	/		
配轨采用相对式接头	[B] 第13.5.2条	/		
承轨槽边缘至道床变形缝、钢轨普通（绝缘）接缝中心距离	[B] 第13.4.5条	/		
轨枕或短轨枕安装距离	[B] 第13.4.5条	/		
轨枕的垫板安装完毕，其扣件宜先安装轨道的一侧再安装另一侧，位置正确后拧紧螺栓。钢轨的普通接头和绝缘接头，应按设计轨缝宽度安装夹板后拧紧螺栓	[B] 第13.4.6条	/		

施工单位检查结果	专业工长：（签名） 项目专业质量检查员：（签名） 年 月 日
监理单位验收结论	专业监理工程师：（签名） 年 月 日

7.2.4.11　轨道验·土-134　有缝线路轨道铺设及调整检验批质量验收记录

市政基础设施工程

有缝线路轨道铺设及调整检验批质量验收记录

轨道验·土-134

第　　页 共　　页

<table>
<tr><td colspan="2">工程名称</td><td colspan="5"></td></tr>
<tr><td colspan="2">单位工程名称</td><td colspan="5"></td></tr>
<tr><td colspan="2">施工单位</td><td></td><td>分包单位</td><td colspan="3"></td></tr>
<tr><td colspan="2">项目负责人</td><td></td><td>项目技术负责人</td><td colspan="3"></td></tr>
<tr><td colspan="2">分部（子分部）工程名称</td><td></td><td>分项工程名称</td><td colspan="3"></td></tr>
<tr><td colspan="2">验收部位/区段</td><td></td><td>检验批容量</td><td colspan="3"></td></tr>
<tr><td colspan="2">施工及验收依据</td><td colspan="5">[A]《铁路轨道工程施工质量验收标准》TB 10413
[B]《地下铁道工程施工质量验收标准》GB/T 50299</td></tr>
<tr><td colspan="3">验收项目</td><td>设计要求或规范规定</td><td>最小/实际抽样数量</td><td>检查记录</td><td>检查结果</td></tr>
<tr><td colspan="3">钢轨、配件类型、规格、质量</td><td>[A] 第 8.2.1 条</td><td>/</td><td></td><td></td></tr>
<tr><td colspan="3">配轨，采用相对式接头符合要求</td><td>[B] 第 13.5.2 条</td><td>/</td><td></td><td></td></tr>
<tr><td colspan="3">承台槽边缘至钢轨普通（绝缘）接缝中心距离</td><td>[B] 第 13.4.5 条
≮70</td><td>/</td><td></td><td></td></tr>
<tr><td colspan="3">轨道中心线</td><td>10</td><td>/</td><td></td><td></td></tr>
<tr><td colspan="3">轨距</td><td>+4、−2 变化率≯1‰</td><td>/</td><td></td><td></td></tr>
<tr><td colspan="3">高程</td><td>±5</td><td>/</td><td></td><td></td></tr>
<tr><td rowspan="2">轨向（10m 弦）</td><td colspan="2">直线（10m 弦）</td><td>4</td><td>/</td><td></td><td></td></tr>
<tr><td colspan="2">曲线正矢差（20m 弦）</td><td>[A] 表 7.7.3-2</td><td>/</td><td></td><td></td></tr>
<tr><td colspan="3">高低（10m 弦）</td><td>4</td><td>/</td><td></td><td></td></tr>
<tr><td colspan="3">扭曲（基长 6.25m）</td><td>4</td><td>/</td><td></td><td></td></tr>
<tr><td colspan="3">轨底坡</td><td>1/40</td><td>/</td><td></td><td></td></tr>
<tr><td colspan="3">钢轨接头：轨面、轨头两侧平直顺耳</td><td>0.5</td><td>/</td><td></td><td></td></tr>
<tr><td>施工单位检查结果</td><td colspan="6">专业工长：（签名）　　项目专业质量检查员：（签名）　　年　月　日</td></tr>
<tr><td>监理单位验收结论</td><td colspan="6">专业监理工程师：（签名）　　年　月　日</td></tr>
</table>

7.2.4.12 轨道验·土-135 钢轨伸缩调节器铺设及整道检验批质量验收记录

市政基础设施工程

钢轨伸缩调节器铺设及整道检验批质量验收记录

轨道验·土-135

第　　页共　　页

工程名称								
单位工程名称								
施工单位				分包单位				
项目负责人				项目技术负责人				
分部（子分部）工程名称				分项工程名称				
验收部位/区段				检验批容量				
施工及验收依据	《铁路轨道工程施工质量验收标准》TB 10413							
验收项目				设计要求或规范规定	最小/实际抽样数量	检查记录	检查结果	
主控项目	1	钢轨伸缩调节器的种类、型号、质量		第9.5.1条	/			
	2	钢轨伸缩调节器铺设位置		第9.5.2条	/			
	3	伸缩预留量		第9.5.3条	/			
	4	尖轨刨切范围内与基本轨密贴情况		第9.5.4条	/			
	5	基本轨、尖轨工作状态		第9.5.5条	/			
一般项目	1	尖轨轨撑扣件螺母扭矩		120～150N·m	/			
		基本轨轨撑扣件螺母扭矩		60～80N·m	/			
		铁垫板塑料套管连接螺栓螺母扭矩		300～320N·m	/			
		伸缩调节器两端、尖轨尖端、尖轨轨头刨切起点处的轨距允许偏差		±1	/			
	2	轨枕方正（mm）	间距	±20	/			
			偏斜	±20	/			
	3	轨道中线偏差（mm）		30	/			
	4	钢轨伸缩调节器整道（mm）	轨向：尖轨尖端至尖轨顶宽5mm处范围内	4	/			
			轨向：其余范围内	2	/			
			轨面前后高低	4	/			
			左右股钢轨水平差	4	/			
			轨面扭曲	4	/			
施工单位检查结果	专业工长：（签名）　项目专业质量检查员：（签名）　年　月　日							
监理单位验收结论	专业监理工程师：（签名）　年　月　日							

7.2.4.15　轨道验·土-138　预铺道碴检验批质量验收记录

市政基础设施工程

预铺道碴检验批质量验收记录

轨道验·土-138

第　　页共　　页

<table>
<tr><td colspan="3">工程名称</td><td colspan="5"></td></tr>
<tr><td colspan="3">单位工程名称</td><td colspan="5"></td></tr>
<tr><td colspan="3">施工单位</td><td colspan="2"></td><td colspan="2">分包单位</td><td></td></tr>
<tr><td colspan="3">项目负责人</td><td colspan="2"></td><td colspan="2">项目技术负责人</td><td></td></tr>
<tr><td colspan="3">分部（子分部）
工程名称</td><td colspan="2"></td><td colspan="2">分项工程名称</td><td></td></tr>
<tr><td colspan="3">验收部位/区段</td><td colspan="2"></td><td colspan="2">检验批容量</td><td></td></tr>
<tr><td colspan="3">施工及验收依据</td><td colspan="5">《铁路轨道工程施工质量验收标准》TB 10413</td></tr>
<tr><td colspan="4">验收项目</td><td>设计要求或
规范规定</td><td>最小/实际
抽样数量</td><td>检查
记录</td><td>检查
结果</td></tr>
<tr><td rowspan="3">主控项目</td><td>1</td><td colspan="2">道碴的材质</td><td>第5.3.1条</td><td>/</td><td></td><td></td></tr>
<tr><td>2</td><td colspan="2">道碴的品种、级别、外观</td><td>第5.3.2条</td><td>/</td><td></td><td></td></tr>
<tr><td>3</td><td colspan="2">道碴的粒径级配、针状和片状指数、杂质含量</td><td>第5.3.3条</td><td>/</td><td></td><td></td></tr>
<tr><td rowspan="4">一般项目</td><td rowspan="2">1</td><td rowspan="2">有缝线路单层道床轨道</td><td>铺轨前碴带宽度</td><td>第5.3.5条
不得小于800mm</td><td>/</td><td></td><td></td></tr>
<tr><td>铺轨前碴带厚度</td><td>第5.3.5条
15～200mm</td><td>/</td><td></td><td></td></tr>
<tr><td rowspan="2">2</td><td rowspan="2">无缝线路铺轨前铺碴</td><td>道碴的压实密度</td><td>第5.3.7条</td><td>/</td><td></td><td></td></tr>
<tr><td>碴面平整度</td><td>第5.3.7条</td><td>/</td><td></td><td></td></tr>
<tr><td colspan="2">施工单位
检查结果</td><td colspan="6">专业工长：(签名)　　项目专业质量检查员：(签名)　　年　月　日</td></tr>
<tr><td colspan="2">监理单位
验收结论</td><td colspan="6">专业监理工程师：(签名)　　年　月　日</td></tr>
</table>

7.2.4.16 轨道验·土-139 无缝线路铺碴整道检验批质量验收记录

市政基础设施工程

无缝线路铺碴整道检验批质量验收记录

轨道验·土-139

第 页 共 页

<table>
<tr><td colspan="4">工程名称</td><td colspan="5"></td></tr>
<tr><td colspan="4">单位工程名称</td><td colspan="5"></td></tr>
<tr><td colspan="4">施工单位</td><td></td><td>分包单位</td><td colspan="3"></td></tr>
<tr><td colspan="4">项目负责人</td><td></td><td>项目技术负责人</td><td colspan="3"></td></tr>
<tr><td colspan="4">分部（子分部）工程名称</td><td></td><td>分项工程名称</td><td colspan="3"></td></tr>
<tr><td colspan="4">验收部位/区段</td><td></td><td>检验批容量</td><td colspan="3"></td></tr>
<tr><td colspan="4">施工及验收依据</td><td colspan="5">《地下铁道工程施工质量验收标准》GB/T 50299
《铁路轨道工程施工质量验收标准》TB 10413</td></tr>
<tr><td colspan="5">验收项目</td><td>设计要求或规范规定</td><td>最小/实际抽样数量</td><td>检查记录</td><td>检查结果</td></tr>
<tr><td rowspan="9">主控项目</td><td>1</td><td rowspan="3">有碴道床稳定状态参数指标</td><td colspan="2">道床支撑刚度（kN/mm）</td><td>Ⅲ型：100</td><td>/</td><td></td><td></td></tr>
<tr><td>2</td><td colspan="2">道床横向阻力（kN/枕）</td><td>Ⅲ型：10</td><td>/</td><td></td><td></td></tr>
<tr><td>3</td><td colspan="2">道床纵向阻力（kN/枕）</td><td>Ⅲ型：12</td><td>/</td><td></td><td></td></tr>
<tr><td>4</td><td rowspan="6">有碴轨道静态质量几何尺寸（mm）</td><td colspan="2">轨距</td><td>+6、−2
变化率≯1‰</td><td>/</td><td></td><td></td></tr>
<tr><td>5</td><td rowspan="2">轨向</td><td>直线（10m 弦量）</td><td>5</td><td>/</td><td></td><td></td></tr>
<tr><td>6</td><td>曲线正矢差</td><td>[A] 表 7.7.3-2</td><td>/</td><td></td><td></td></tr>
<tr><td>7</td><td colspan="2">水平</td><td>5</td><td>/</td><td></td><td></td></tr>
<tr><td>8</td><td colspan="2">扭曲（基长 6.25m）</td><td>5</td><td>/</td><td></td><td></td></tr>
<tr><td>9</td><td colspan="2">高低（10m 弦）</td><td>5</td><td>/</td><td></td><td></td></tr>
<tr><td rowspan="7">一般项目</td><td>1</td><td rowspan="7">有碴轨道整理允许偏差（mm）</td><td colspan="2">中线（mm）</td><td>30</td><td>/</td><td></td><td></td></tr>
<tr><td>2</td><td colspan="2">相邻正线和站线、站线和站线线间距（mm）</td><td>±20</td><td>/</td><td></td><td></td></tr>
<tr><td>3</td><td colspan="2">路基上轨面高程（mm）</td><td>+50
−30</td><td>/</td><td></td><td></td></tr>
<tr><td>4</td><td colspan="2">轨枕空吊板</td><td>8%不得连续出现</td><td>/</td><td></td><td></td></tr>
<tr><td>5</td><td colspan="2">道床厚度（mm）</td><td>±50</td><td>/</td><td></td><td></td></tr>
<tr><td>6</td><td colspan="2">道床半宽（mm）</td><td>+50
−20</td><td>/</td><td></td><td></td></tr>
<tr><td>7</td><td colspan="2">碴肩堆高</td><td>不得有负偏差</td><td>/</td><td></td><td></td></tr>
<tr><td colspan="2">施工单位检查结果</td><td colspan="7">专业工长：（签名） 项目专业质量检查员：（签名） 年 月 日</td></tr>
<tr><td colspan="2">监理单位验收结论</td><td colspan="7">专业监理工程师：（签名） 年 月 日</td></tr>
</table>

7.2.4.17 轨道验·土-140 钢弹簧浮置板道床顶升检验批质量验收记录

市政基础设施工程

钢弹簧浮置板道床顶升检验批质量验收记录

轨道验·土-140

第　　页 共　　页

<table>
<tr><td>工程名称</td><td colspan="6"></td></tr>
<tr><td>单位工程名称</td><td colspan="6"></td></tr>
<tr><td>施工单位</td><td colspan="2"></td><td colspan="2">分包单位</td><td colspan="2"></td></tr>
<tr><td>项目负责人</td><td colspan="2"></td><td colspan="2">项目技术负责人</td><td colspan="2"></td></tr>
<tr><td>分部（子分部）
工程名称</td><td colspan="2"></td><td colspan="2">分项工程名称</td><td colspan="2"></td></tr>
<tr><td>验收部位/区段</td><td colspan="2"></td><td colspan="2">检验批容量</td><td colspan="2"></td></tr>
<tr><td>施工及验收依据</td><td colspan="6">《城市轨道交通弹簧浮置板轨道技术标准》QGD—001</td></tr>
<tr><td colspan="2">验收项目</td><td>设计要求或规范规定</td><td colspan="2">最小/实际抽样数量</td><td>检查记录</td><td>检查结果</td></tr>
<tr><td colspan="2">隔振器安装位置</td><td></td><td colspan="2">/</td><td></td><td></td></tr>
<tr><td colspan="2">顶升高度</td><td></td><td colspan="2">/</td><td></td><td></td></tr>
<tr><td colspan="2">道床密封</td><td></td><td colspan="2">/</td><td></td><td></td></tr>
<tr><td colspan="2">隔振器套筒清理</td><td></td><td colspan="2">/</td><td></td><td></td></tr>
<tr><td>施工单位
检查结果</td><td colspan="6">专业工长：（签名）　　项目专业质量检查员：（签名）　　年　月　日</td></tr>
<tr><td>监理单位
验收结论</td><td colspan="6">专业监理工程师：（签名）　　年　月　日</td></tr>
</table>

7.2.4.19 轨道验·土-142 有缝线路轨道整理检验批质量验收记录

市政基础设施工程

有缝线路轨道整理检验批质量验收记录

轨道验·土-142

第 页 共 页

<table>
<tr><td colspan="3">工程名称</td><td colspan="6"></td></tr>
<tr><td colspan="3">单位工程名称</td><td colspan="6"></td></tr>
<tr><td colspan="3">施工单位</td><td colspan="2"></td><td>分包单位</td><td colspan="3"></td></tr>
<tr><td colspan="3">项目负责人</td><td colspan="2"></td><td>项目技术负责人</td><td colspan="3"></td></tr>
<tr><td colspan="3">分部（子分部）工程名称</td><td colspan="2"></td><td>分项工程名称</td><td colspan="3"></td></tr>
<tr><td colspan="3">验收部位/区段</td><td colspan="2"></td><td>检验批容量</td><td colspan="3"></td></tr>
<tr><td colspan="3">施工及验收依据</td><td colspan="6">《铁路轨道工程施工质量验收标准》TB 10413</td></tr>
<tr><td colspan="5">验收项目</td><td>设计要求或规范规定</td><td>最小/实际抽样数量</td><td>检查记录</td><td>检查结果</td></tr>
<tr><td rowspan="6">主控项目</td><td>1</td><td rowspan="6">有缝轨道静态质量几何尺寸（mm）</td><td colspan="2">轨距</td><td>第8.4.3条</td><td>/</td><td></td><td></td></tr>
<tr><td rowspan="2">2</td><td rowspan="2">轨向</td><td>直线（10m弦量）</td><td>第8.4.3条</td><td>/</td><td></td><td></td></tr>
<tr><td>曲线正矢差</td><td>第7.7.4-2条</td><td>/</td><td></td><td></td></tr>
<tr><td>3</td><td colspan="2">水平</td><td>第8.4.3条</td><td>/</td><td></td><td></td></tr>
<tr><td>4</td><td colspan="2">扭曲（6.25基长）</td><td>第8.4.3条</td><td>/</td><td></td><td></td></tr>
<tr><td>5</td><td colspan="2">高底（10m弦）</td><td>第8.4.3条</td><td>/</td><td></td><td></td></tr>
<tr><td rowspan="7">一般项目</td><td>1</td><td rowspan="7">有缝轨道整理允许偏差（mm）</td><td colspan="2">中线（mm）</td><td>第8.4.10条</td><td>/</td><td></td><td></td></tr>
<tr><td>2</td><td colspan="2">线间距（mm）</td><td>第8.4.10条</td><td>/</td><td></td><td></td></tr>
<tr><td>3</td><td colspan="2">轨面高程（mm）</td><td>第8.4.10条</td><td>/</td><td></td><td></td></tr>
<tr><td rowspan="2">4</td><td rowspan="2">接头</td><td>错牙、错台</td><td>第8.4.10条</td><td>/</td><td></td><td></td></tr>
<tr><td>接头相错量</td><td>第8.4.10条</td><td>/</td><td></td><td></td></tr>
<tr><td rowspan="2">5</td><td rowspan="2">轨枕</td><td>间距</td><td>第8.4.10条</td><td>/</td><td></td><td></td></tr>
<tr><td>轨底坡</td><td>第8.4.10条</td><td>/</td><td></td><td></td></tr>
<tr><td colspan="2">施工单位检查结果</td><td colspan="7">专业工长：（签名） 项目专业质量检查员：（签名） 年 月 日</td></tr>
<tr><td colspan="2">监理单位验收结论</td><td colspan="7">专业监理工程师：（签名） 年 月 日</td></tr>
</table>

7.2.4.26 轨道验·土-149 道口铺设检验批质量验收记录

市政基础设施工程

道口铺设检验批质量验收记录

轨道验·土-149

第　页共　页

<table>
<tr><td colspan="3">工程名称</td><td colspan="5"></td></tr>
<tr><td colspan="3">单位工程名称</td><td colspan="5"></td></tr>
<tr><td colspan="3">施工单位</td><td></td><td colspan="2">分包单位</td><td colspan="2"></td></tr>
<tr><td colspan="3">项目负责人</td><td></td><td colspan="2">项目技术负责人</td><td colspan="2"></td></tr>
<tr><td colspan="3">分部（子分部）工程名称</td><td></td><td colspan="2">分项工程名称</td><td colspan="2"></td></tr>
<tr><td colspan="3">验收部位/区段</td><td></td><td colspan="2">检验批容量</td><td colspan="2"></td></tr>
<tr><td colspan="3">施工及验收依据</td><td colspan="5">《铁路轨道工程施工质量验收标准》TB 10413</td></tr>
<tr><td colspan="4">验收项目</td><td>设计要求或规范规定</td><td>最小/实际抽样数量</td><td>检查记录</td><td>检查结果</td></tr>
<tr><td rowspan="3">主控项目</td><td>1</td><td colspan="2">道口铺面板规格、质量</td><td>第 10.1.1 条</td><td></td><td>/</td><td></td></tr>
<tr><td>2</td><td colspan="2">道口位置</td><td>第 10.1.2 条</td><td></td><td>/</td><td></td></tr>
<tr><td>3</td><td colspan="2">道口范围不得有钢轨接头</td><td>第 10.1.3 条</td><td></td><td>/</td><td></td></tr>
<tr><td rowspan="10">一般项目</td><td rowspan="2">1</td><td rowspan="2">铺面板铺设</td><td>钢轨头部外侧 50mm 范围内</td><td>低于轨面 5mm</td><td></td><td>/</td><td></td></tr>
<tr><td>其余面板应与轨面一致</td><td>允许偏差±5mm</td><td></td><td>/</td><td></td></tr>
<tr><td rowspan="4">2</td><td rowspan="4">道口铺设几何尺寸允许偏差</td><td>板面接缝宽</td><td><10mm</td><td></td><td>/</td><td></td></tr>
<tr><td>相邻板面高差</td><td><3mm</td><td></td><td>/</td><td></td></tr>
<tr><td>道口宽度</td><td>±50mm</td><td></td><td>/</td><td></td></tr>
<tr><td>铺面板厚度</td><td>±10mm</td><td></td><td>/</td><td></td></tr>
<tr><td rowspan="3">3</td><td rowspan="3">护轨轮缘槽</td><td>宽度</td><td>70～100mm</td><td></td><td>/</td><td></td></tr>
<tr><td>曲线里股</td><td>90～100mm</td><td></td><td>/</td><td></td></tr>
<tr><td>深度</td><td>45～60mm</td><td></td><td>/</td><td></td></tr>
<tr><td>4</td><td colspan="2">护轨结构外形</td><td>第 10.1.7 条</td><td></td><td>/</td><td></td></tr>
<tr><td colspan="2">施工单位检查结果</td><td colspan="6">专业工长：（签名）　　项目专业质量检查员：（签名）　　年　月　日</td></tr>
<tr><td colspan="2">监理单位验收结论</td><td colspan="6">专业监理工程师：（签名）　　年　月　日</td></tr>
</table>

7.2.4.27 轨道验·土-150 道口防护设施检验批质量验收记录

市政基础设施工程

道口防护设施检验批质量验收记录

轨道验·土-150

第 页 共 页

<table>
<tr><td colspan="3">工程名称</td><td colspan="5"></td></tr>
<tr><td colspan="3">单位工程名称</td><td colspan="5"></td></tr>
<tr><td colspan="3">施工单位</td><td></td><td>分包单位</td><td colspan="3"></td></tr>
<tr><td colspan="3">项目负责人</td><td></td><td>项目技术负责人</td><td colspan="3"></td></tr>
<tr><td colspan="3">分部（子分部）工程名称</td><td></td><td>分项工程名称</td><td colspan="3"></td></tr>
<tr><td colspan="3">验收部位/区段</td><td></td><td>检验批容量</td><td colspan="3"></td></tr>
<tr><td colspan="3">施工及验收依据</td><td colspan="5">《铁路轨道工程施工质量验收标准》TB 10413</td></tr>
<tr><td colspan="3">验收项目</td><td>设计要求或规范规定</td><td>最小/实际抽样数量</td><td>检查记录</td><td>检查结果</td><td></td></tr>
<tr><td rowspan="3">主控项目</td><td>1</td><td>防护设施及标志的规格、尺寸、质量</td><td>第10.2.1条</td><td>/</td><td></td><td></td><td></td></tr>
<tr><td>2</td><td>防护设施位置及显示方向</td><td>第10.2.2条</td><td>/</td><td></td><td></td><td></td></tr>
<tr><td>3</td><td>道口标志齐全</td><td>第10.2.3条</td><td>/</td><td></td><td></td><td></td></tr>
<tr><td rowspan="4">一般项目</td><td>1</td><td>防护设施及标志设置准确</td><td>第10.2.4条</td><td>/</td><td></td><td></td><td></td></tr>
<tr><td>2</td><td>防护设施及标志涂料均匀</td><td>第10.2.4条</td><td>/</td><td></td><td></td><td></td></tr>
<tr><td>3</td><td>标志图案完整清晰</td><td>第10.2.4条</td><td>/</td><td></td><td></td><td></td></tr>
<tr><td>4</td><td>防护设施及标志预留高度</td><td>第10.2.4条</td><td>/</td><td></td><td></td><td></td></tr>
<tr><td colspan="2">施工单位检查结果</td><td colspan="6">专业工长：（签名） 项目专业质量检查员：（签名） 年 月 日</td></tr>
<tr><td colspan="2">监理单位验收结论</td><td colspan="6">专业监理工程师：（签名） 年 月 日</td></tr>
</table>

7.2.4.28 轨道验·土-151 感应板安装检验批质量验收记录

市政基础设施工程

感应板安装检验批质量验收记录

轨道验·土-151

第 页共 页

工程名称						
单位工程名称						
施工单位			分包单位			
项目负责人			项目技术负责人			
分部（子分部）工程名称			分项工程名称			
验收部位/区段			检验批容量			
施工及验收依据	《直线电机轨道交通施工及验收规范》CJJ 201					
验收项目			设计要求或规范规定	最小/实际抽样数量	检查记录	检查结果
主要项目	1	感应板、配件的类型、规格、质量	设计要求	/		
	2	轨顶距感应板定高度	第12.4.4条	/		
	3	扣件螺栓扭矩	第12.4.5条	/		
	4	感应板固定方式	第12.4.6条 第12.4.7条	/		
一般项目	1	感应板工作面划痕数量、长度、深度	第12.4.8条 第12.4.9条	/		
	2	支架	第12.4.8条	/		
	3	标识	第12.4.10条	/		
施工单位检查结果	专业工长：（签名） 项目专业质量检查员：（签名） 年 月 日					
监理单位验收结论	专业监理工程师：（签名） 年 月 日					

7.2.4.29 轨道验·土-152 护轨铺设检验批质量验收记录

市政基础设施工程

护轨铺设检验批质量验收记录

轨道验·土-152

第 页 共 页

工程名称						
单位工程名称						
施工单位			分包单位			
项目负责人			项目技术负责人			
分部（子分部）工程名称			分项工程名称			
验收部位/区段			检验批容量			
施工及验收依据	《铁路轨道工程施工质量验收标准》TB 10413					
验收项目			设计要求或规范规定	最小/实际抽样数量	检查记录	检查结果
主控项目	1	护轨、扣件的规格、型号、质量	第11.0.1条	/		
	2	接头螺栓、螺母	第11.0.2条	/		
	3	绝缘接头设置	第11.0.3条	/		
	4	桥上护轨铺设	第11.0.4条	/		
	5	其他地段护轨铺设	第11.0.5条	/		
一般项目	1	护轨弯折及梭头斜面	第11.0.6条	/		
	2	护轨的铺设地段及扣件、道钉数量	第11.0.7条	/		
	3	护轨与基本轨间距	第11.0.8条	/		
	4	护轨面与基本轨面高差	第11.0.9条	/		
	5	木枕木垫板	第11.0.10条	/		
施工单位检查结果	专业工长：（签名） 项目专业质量检查员：（签名） 年 月 日					
监理单位验收结论	专业监理工程师：（签名） 年 月 日					

7.2.4.30 轨道验·土-153 平台安装检验批质量验收记录

市政基础设施工程

平台安装检验批质量验收记录

轨道验·土-153

第 页 共 页

工程名称						
单位工程名称						
施工单位			分包单位			
项目负责人			项目技术负责人			
分部（子分部） 工程名称			分项工程名称			
验收部位/区段			检验批容量			
施工及验收依据	《直线电机轨道交通施工及验收规范》CJJ 201					
验收项目			设计要求或规范规定	最小/实际抽样数量	检查记录	检查结果
主要项目	1	疏散平台构件界限	第7.6.1条	/		
	2	疏散平台支撑装置	第7.6.2条	/		
	3	锚栓安装边距	第7.6.3条	/		
	4	锚栓安装后拉拔力	第7.6.4条	/		
一般项目	1	疏散平台宽度	第7.4.5条	/		
	2	踏板边缘到线路中心线水平距离	第7.4.6条	/		
	3	平台踏板及支撑装置	第7.4.7条	/		
	4	平台扶手中心线距平台踏板高度	第7.4.8条	/		
施工单位检查结果	专业工长：（签名） 项目专业质量检查员：（签名） 年 月 日					
监理单位验收结论	专业监理工程师：（签名） 年 月 日					

7.2.4.31 轨道验·土-154 步梯安装检验批质量验收记录

市政基础设施工程

步梯安装检验批质量验收记录

轨道验·土-154

第 页 共 页

<table>
<tr><td colspan="3">工程名称</td><td colspan="5"></td></tr>
<tr><td colspan="3">单位工程名称</td><td colspan="5"></td></tr>
<tr><td colspan="3">施工单位</td><td></td><td colspan="2">分包单位</td><td colspan="2"></td></tr>
<tr><td colspan="3">项目负责人</td><td></td><td colspan="2">项目技术负责人</td><td colspan="2"></td></tr>
<tr><td colspan="3">分部（子分部）
工程名称</td><td></td><td colspan="2">分项工程名称</td><td colspan="2"></td></tr>
<tr><td colspan="3">验收部位/区段</td><td></td><td colspan="2">检验批容量</td><td colspan="2"></td></tr>
<tr><td colspan="3">施工及验收依据</td><td colspan="5">《广州市轨道交通工程区间隧道复合材料消防疏散平台安装施工质量验收标准》(参考)</td></tr>
<tr><td colspan="3">验收项目</td><td>设计要求或
规范规定</td><td>最小/实际
抽样数量</td><td>检查
记录</td><td colspan="2">检查
结果</td></tr>
<tr><td rowspan="4">主要
项目</td><td>1</td><td>平台步梯高度</td><td>第 3.6.1 条</td><td>/</td><td></td><td colspan="2"></td></tr>
<tr><td>2</td><td>平台步梯末端复合材料水沟盖板规格、质量及与水沟的砼面接合情况</td><td>第 3.6.2 条</td><td>/</td><td></td><td colspan="2"></td></tr>
<tr><td>3</td><td>平台步梯的材质、性能、规格和安装牢固情况</td><td>第 3.6.2 条</td><td>/</td><td></td><td colspan="2"></td></tr>
<tr><td>4</td><td>平台步梯边缘距线路中心线距离</td><td>第 3.6.2 条</td><td>/</td><td></td><td colspan="2"></td></tr>
<tr><td rowspan="3">一般
项目</td><td>1</td><td>化学紧固锚栓化学药剂填充程度</td><td>第 3.6.3 条</td><td>/</td><td></td><td colspan="2"></td></tr>
<tr><td>2</td><td>平台步梯外观质量</td><td>第 3.6.4 条</td><td>/</td><td></td><td colspan="2"></td></tr>
<tr><td>3</td><td>平台步级安装水平、高度与稳固情况</td><td>第 3.6.4 条</td><td>/</td><td></td><td colspan="2"></td></tr>
<tr><td colspan="2">施工单位
检查结果</td><td colspan="6">

专业工长：(签名)　　　项目专业质量检查员：(签名)　　　年　月　日</td></tr>
<tr><td colspan="2">监理单位
验收结论</td><td colspan="6">

专业监理工程师：(签名)　　　年　月　日</td></tr>
</table>

7.2.4.32 轨道验·土-155 扶手安装检验批质量验收记录

市政基础设施工程

扶手安装检验批质量验收记录

轨道验·土-155

第 页 共 页

工程名称					
单位工程名称					
施工单位		分包单位			
项目负责人		项目技术负责人			
分部（子分部）工程名称		分项工程名称			
验收部位/区段		检验批容量			
施工及验收依据	《广州市轨道交通工程区间隧道复合材料消防疏散平台安装施工质量验收标准》(参考)				

验收项目			设计要求或规范规定	最小/实际抽样数量	检查记录	检查结果
主要项目	1	扶手紧固锚栓、螺母、垫片规格、材质、质量和间距	第3.5.1条	/		
	2	扶手管中心距平台踏板高度	第3.5.2条	/		
	3	扶手管中心距隧道墙面距离	第3.5.2条	/		
一般项目	1	扶手布置里程	第3.5.3条	/		
	2	扶手杆不滑动、不转动	第3.5.3条	/		
	3	扶手杆件规格、材质性能	第3.5.4条	/		
	4	扶手锚固件材料、规格	第3.5.4条	/		
施工单位检查结果	专业工长：(签名) 项目专业质量检查员：(签名) 年 月 日					
监理单位验收结论	专业监理工程师：(签名) 年 月 日					

7.2.6 装饰装修

7.2.6.10 轨道验·土-273 一般抹灰检验批质量验收记录

市政基础设施工程

一般抹灰检验批质量验收记录

轨道验·土-273

第 页，共 页

<table>
<tr><td colspan="3">工程名称</td><td colspan="6"></td></tr>
<tr><td colspan="3">单位工程名称</td><td colspan="6"></td></tr>
<tr><td colspan="3">施工单位</td><td colspan="2"></td><td colspan="2">分包单位</td><td colspan="2"></td></tr>
<tr><td colspan="3">项目负责人</td><td colspan="2"></td><td colspan="2">项目技术负责人</td><td colspan="2"></td></tr>
<tr><td colspan="3">分部（子分部）
工程名称</td><td colspan="2"></td><td colspan="2">分项工程名称</td><td colspan="2"></td></tr>
<tr><td colspan="3">验收部位/区段</td><td colspan="2"></td><td colspan="2">检验批容量</td><td colspan="2"></td></tr>
<tr><td colspan="3">施工及验收依据</td><td colspan="6">《建筑装饰装修工程施工质量验收标准》GB 50210</td></tr>
<tr><td colspan="4">验收项目</td><td colspan="2">设计要求或
规范规定</td><td>最小/实际
抽样数量</td><td>检查
记录</td><td>检查
结果</td></tr>
<tr><td rowspan="4">主控
项目</td><td>1</td><td colspan="2">材料品种和性能</td><td colspan="2">第4.2.1条</td><td>/</td><td></td><td></td></tr>
<tr><td>2</td><td colspan="2">基层表面</td><td colspan="2">第4.2.2条</td><td>/</td><td></td><td></td></tr>
<tr><td>3</td><td colspan="2">操作要求</td><td colspan="2">第4.2.3条</td><td>/</td><td></td><td></td></tr>
<tr><td>4</td><td colspan="2">各层间粘结及面层质量</td><td colspan="2">第4.2.4条</td><td>/</td><td></td><td></td></tr>
<tr><td rowspan="11">一般
项目</td><td>1</td><td colspan="2">表面质量</td><td colspan="2">第4.2.5条</td><td>/</td><td></td><td></td></tr>
<tr><td>2</td><td colspan="2">细部质量</td><td colspan="2">第4.2.6条</td><td>/</td><td></td><td></td></tr>
<tr><td>3</td><td colspan="2">层与层间材料要求层总厚度</td><td colspan="2">第4.2.7条</td><td>/</td><td></td><td></td></tr>
<tr><td>4</td><td colspan="2">分格缝</td><td colspan="2">第4.2.8条</td><td>/</td><td></td><td></td></tr>
<tr><td>5</td><td colspan="2">滴水线（槽）</td><td colspan="2">第4.2.9条</td><td>/</td><td></td><td></td></tr>
<tr><td rowspan="6">6</td><td colspan="2">项目</td><td>普通抹灰</td><td>高级抹灰</td><td></td><td></td><td></td></tr>
<tr><td rowspan="5">允许
偏差</td><td>立面垂直度（mm）</td><td>4</td><td>3</td><td>/</td><td></td><td></td></tr>
<tr><td>表面平整度（mm）</td><td>4</td><td>3</td><td>/</td><td></td><td></td></tr>
<tr><td>阴阳角方正（mm）</td><td>4</td><td>3</td><td>/</td><td></td><td></td></tr>
<tr><td>分格条（缝）直线度（mm）</td><td>4</td><td>3</td><td>/</td><td></td><td></td></tr>
<tr><td>墙裙、勒脚上口直线度（mm）</td><td>4</td><td>3</td><td>/</td><td></td><td></td></tr>
<tr><td colspan="2">施工单位
检查结果</td><td colspan="7">专业工长： 项目专业质量检查员： 年 月 日</td></tr>
<tr><td colspan="2">监理单位
验收结论</td><td colspan="7">专业监理工程师： 年 月 日</td></tr>
</table>

7.2.6.11 轨道验·土-274 保温层薄抹灰检验批质量验收记录

市政基础设施工程

保温层薄抹灰检验批质量验收记录

轨道验·土-274

第 页，共 页

<table>
<tr><td colspan="3">工程名称</td><td colspan="5"></td></tr>
<tr><td colspan="3">单位工程名称</td><td colspan="5"></td></tr>
<tr><td colspan="3">施工单位</td><td></td><td colspan="2">分包单位</td><td colspan="2"></td></tr>
<tr><td colspan="3">项目负责人</td><td></td><td colspan="2">项目技术负责人</td><td colspan="2"></td></tr>
<tr><td colspan="3">分部（子分部）
工程名称</td><td></td><td colspan="2">分项工程名称</td><td colspan="2"></td></tr>
<tr><td colspan="3">验收部位/区段</td><td></td><td colspan="2">检验批容量</td><td colspan="2"></td></tr>
<tr><td colspan="3">施工及验收依据</td><td colspan="5">《建筑装饰装修工程施工质量验收标准》GB 50210</td></tr>
<tr><td colspan="4">验收项目</td><td>设计要求或
规范规定</td><td>最小/实际
抽样数量</td><td>检查
记录</td><td>检查
结果</td></tr>
<tr><td rowspan="5">主控
项目</td><td>1</td><td colspan="2">材料品种和性能</td><td>第4.3.1条</td><td>/</td><td></td><td></td></tr>
<tr><td>2</td><td colspan="2">基层表面</td><td>第4.3.2条</td><td>/</td><td></td><td></td></tr>
<tr><td>3</td><td colspan="2">操作要求</td><td>第4.3.3条</td><td>/</td><td></td><td></td></tr>
<tr><td>4</td><td colspan="2">各层间粘结及面层质量</td><td>第4.3.4条</td><td>/</td><td></td><td></td></tr>
<tr><td></td><td colspan="2"></td><td></td><td></td><td></td><td></td></tr>
<tr><td rowspan="9">一般
项目</td><td>1</td><td colspan="2">表面质量</td><td>第4.3.5条</td><td>/</td><td></td><td></td></tr>
<tr><td>2</td><td colspan="2">细部质量</td><td>第4.3.6条</td><td>/</td><td></td><td></td></tr>
<tr><td>3</td><td colspan="2">层与层间材料要求层总厚度</td><td>第4.3.7条</td><td>/</td><td></td><td></td></tr>
<tr><td>4</td><td colspan="2">分格缝</td><td>第4.3.8条</td><td>/</td><td></td><td></td></tr>
<tr><td>5</td><td colspan="2">滴水线（槽）</td><td>第4.3.9条</td><td>/</td><td></td><td></td></tr>
<tr><td rowspan="4">6</td><td rowspan="4">允许
偏差</td><td>立面垂直度（mm）</td><td>3</td><td>/</td><td></td><td></td></tr>
<tr><td>表面平整度（mm）</td><td>3</td><td>/</td><td></td><td></td></tr>
<tr><td>阴阳角方正（mm）</td><td>3</td><td>/</td><td></td><td></td></tr>
<tr><td>分格条（缝）直线度（mm）</td><td>3</td><td>/</td><td></td><td></td></tr>
<tr><td colspan="2">施工单位
检查结果</td><td colspan="6">专业工长： 项目专业质量检查员： 年 月 日</td></tr>
<tr><td colspan="2">监理单位
验收结论</td><td colspan="6">专业监理工程师： 年 月 日</td></tr>
</table>

7.2.6.12 轨道验·土-275 装饰抹灰检验批质量验收记录

市政基础设施工程

装饰抹灰检验批质量验收记录

轨道验·土-275

第　　页，共　　页

<table>
<tr><td colspan="3">工程名称</td><td colspan="8"></td></tr>
<tr><td colspan="3">单位工程名称</td><td colspan="8"></td></tr>
<tr><td colspan="3">施工单位</td><td colspan="3"></td><td colspan="3">分包单位</td><td colspan="2"></td></tr>
<tr><td colspan="3">项目负责人</td><td colspan="3"></td><td colspan="3">项目技术负责人</td><td colspan="2"></td></tr>
<tr><td colspan="3">分部（子分部）
工程名称</td><td colspan="3"></td><td colspan="3">分项工程名称</td><td colspan="2"></td></tr>
<tr><td colspan="3">验收部位/区段</td><td colspan="3"></td><td colspan="3">检验批容量</td><td colspan="2"></td></tr>
<tr><td colspan="3">施工及验收依据</td><td colspan="8">《建筑装饰装修工程施工质量验收标准》GB 50210</td></tr>
<tr><td colspan="4">验收项目</td><td colspan="4">设计要求或
规范规定</td><td>最小/实际
抽样数量</td><td>检查
记录</td><td>检查
结果</td></tr>
<tr><td rowspan="4">主控
项目</td><td>1</td><td colspan="2">材料品种和性能</td><td colspan="4">第4.4.1条</td><td>/</td><td></td><td></td></tr>
<tr><td>2</td><td colspan="2">基层表面</td><td colspan="4">第4.4.2条</td><td>/</td><td></td><td></td></tr>
<tr><td>3</td><td colspan="2">操作要求</td><td colspan="4">第4.4.3条</td><td>/</td><td></td><td></td></tr>
<tr><td>4</td><td colspan="2">各层间粘结及面层质量</td><td colspan="4">第4.4.4条</td><td>/</td><td></td><td></td></tr>
<tr><td rowspan="9">一般
项目</td><td>1</td><td colspan="2">表面质量</td><td colspan="4">第4.4.5条</td><td>/</td><td></td><td></td></tr>
<tr><td>2</td><td colspan="2">分格缝</td><td colspan="4">第4.4.6条</td><td>/</td><td></td><td></td></tr>
<tr><td>3</td><td colspan="2">滴水线（槽）</td><td colspan="4">第4.4.7条</td><td>/</td><td></td><td></td></tr>
<tr><td rowspan="6">4</td><td colspan="2">项目</td><td>水刷石</td><td>斩假石</td><td>干粘石</td><td>假面砖</td><td>/</td><td></td><td></td></tr>
<tr><td rowspan="5">允许
偏差</td><td>立面垂直度（mm）</td><td>5</td><td>4</td><td>5</td><td>5</td><td>/</td><td></td><td></td></tr>
<tr><td>表面平整度（mm）</td><td>3</td><td>3</td><td>5</td><td>4</td><td>/</td><td></td><td></td></tr>
<tr><td>阴阳角方正（mm）</td><td>3</td><td>3</td><td>4</td><td>4</td><td>/</td><td></td><td></td></tr>
<tr><td>分格条（缝）直线度（mm）</td><td>3</td><td>3</td><td>3</td><td>3</td><td>/</td><td></td><td></td></tr>
<tr><td>墙裙、勒脚上口直线度（mm）</td><td>3</td><td>3</td><td>—</td><td>—</td><td>/</td><td></td><td></td></tr>
<tr><td colspan="2">施工单位
检查结果</td><td colspan="9">专业工长：　　　　项目专业质量检查员：　　　　年　　月　　日</td></tr>
<tr><td colspan="2">监理单位
验收结论</td><td colspan="9">专业监理工程师：　　　　年　　月　　日</td></tr>
</table>

7.2.6.13 轨道验·土-276 清水砌体勾缝检验批质量验收记录

市政基础设施工程

清水砌体勾缝检验批质量验收记录

轨道验·土-276

第 页，共 页

工程名称							
单位工程名称							
施工单位				分包单位			
项目负责人				项目技术负责人			
分部（子分部）工程名称				分项工程名称			
验收部位/区段				检验批容量			
施工及验收依据	《建筑装饰装修工程施工质量验收标准》GB 50210						
验收项目			设计要求或规范规定	最小/实际抽样数量	检查记录	检查结果	
主控项目	1	水泥及配合比	第4.5.1条	/			
	2	勾缝牢固性	第4.5.2条	/			
一般项目	1	勾缝外观质量	第4.5.3条	/			
	2	灰缝及表面	第4.5.4条	/			
施工单位检查结果	专业工长： 项目专业质量检查员： 年 月 日						
监理单位验收结论	专业监理工程师： 年 月 日						

7.2.6.14 轨道验·土-277 外墙防水（砂浆）检验批质量验收记录

市政基础设施工程

外墙防水（砂浆）检验批质量验收记录

轨道验·土-277

第 页，共 页

<table>
<tr><td colspan="3">工程名称</td><td colspan="5"></td></tr>
<tr><td colspan="3">单位工程名称</td><td colspan="5"></td></tr>
<tr><td colspan="3">施工单位</td><td colspan="2"></td><td colspan="2">分包单位</td><td></td></tr>
<tr><td colspan="3">项目负责人</td><td colspan="2"></td><td colspan="2">项目技术负责人</td><td></td></tr>
<tr><td colspan="3">分部（子分部）
工程名称</td><td colspan="2"></td><td colspan="2">分项工程名称</td><td></td></tr>
<tr><td colspan="3">验收部位/区段</td><td colspan="2"></td><td colspan="2">检验批容量</td><td></td></tr>
<tr><td colspan="3">施工及验收依据</td><td colspan="5">《建筑装饰装修工程施工质量验收标准》GB 50210</td></tr>
<tr><td colspan="3">验收项目</td><td>设计要求或
规范规定</td><td>最小/实际
抽样数量</td><td>检查
记录</td><td colspan="2">检查
结果</td></tr>
<tr><td rowspan="5">主控
项目</td><td>1</td><td>材料品种及性能</td><td>第5.2.1条</td><td>/</td><td></td><td colspan="2"></td></tr>
<tr><td>2</td><td>操作要求</td><td>第5.2.2条</td><td>/</td><td></td><td colspan="2"></td></tr>
<tr><td>3</td><td>渗漏现象</td><td>第5.2.3条</td><td>/</td><td></td><td colspan="2"></td></tr>
<tr><td>4</td><td>粘结情况</td><td>第5.2.4条</td><td>/</td><td></td><td colspan="2"></td></tr>
<tr><td></td><td></td><td></td><td></td><td></td><td colspan="2"></td></tr>
<tr><td rowspan="10">一般
项目</td><td>1</td><td>表面质量</td><td>第5.2.5条</td><td>/</td><td></td><td colspan="2"></td></tr>
<tr><td>2</td><td>施工缝位置及施工方法</td><td>第5.2.6条</td><td>/</td><td></td><td colspan="2"></td></tr>
<tr><td>3</td><td>厚度要求</td><td>第5.2.7条</td><td>/</td><td></td><td colspan="2"></td></tr>
<tr><td></td><td></td><td></td><td></td><td></td><td colspan="2"></td></tr>
<tr><td></td><td></td><td></td><td></td><td></td><td colspan="2"></td></tr>
<tr><td></td><td></td><td></td><td></td><td></td><td colspan="2"></td></tr>
<tr><td></td><td></td><td></td><td></td><td></td><td colspan="2"></td></tr>
<tr><td></td><td></td><td></td><td></td><td></td><td colspan="2"></td></tr>
<tr><td></td><td></td><td></td><td></td><td></td><td colspan="2"></td></tr>
<tr><td></td><td></td><td></td><td></td><td></td><td colspan="2"></td></tr>
<tr><td colspan="2">施工单位
检查结果</td><td colspan="6">专业工长： 项目专业质量检查员： 年 月 日</td></tr>
<tr><td colspan="2">监理单位
验收结论</td><td colspan="6">专业监理工程师： 年 月 日</td></tr>
</table>

7.2.6.15 轨道验·土-278 外墙防水（涂膜）检验批质量验收记录

市政基础设施工程

外墙防水（涂膜）检验批质量验收记录

轨道验·土-278

第　　页，共　　页

<table>
<tr><td colspan="3">工程名称</td><td colspan="6"></td></tr>
<tr><td colspan="3">单位工程名称</td><td colspan="6"></td></tr>
<tr><td colspan="3">施工单位</td><td colspan="2"></td><td colspan="2">分包单位</td><td colspan="2"></td></tr>
<tr><td colspan="3">项目负责人</td><td colspan="2"></td><td colspan="2">项目技术负责人</td><td colspan="2"></td></tr>
<tr><td colspan="3">分部（子分部）
工程名称</td><td colspan="2"></td><td colspan="2">分项工程名称</td><td colspan="2"></td></tr>
<tr><td colspan="3">验收部位/区段</td><td colspan="2"></td><td colspan="2">检验批容量</td><td colspan="2"></td></tr>
<tr><td colspan="3">施工及验收依据</td><td colspan="6">《建筑装饰装修工程施工质量验收标准》GB 50210</td></tr>
<tr><td colspan="3">验收项目</td><td colspan="2">设计要求或
规范规定</td><td>最小/实际
抽样数量</td><td>检查
记录</td><td colspan="2">检查
结果</td></tr>
<tr><td rowspan="5">主控
项目</td><td>1</td><td>材料品种及性能</td><td colspan="2">第5.3.1条</td><td>/</td><td></td><td colspan="2"></td></tr>
<tr><td>2</td><td>操作要求</td><td colspan="2">第5.3.2条</td><td>/</td><td></td><td colspan="2"></td></tr>
<tr><td>3</td><td>渗漏现象</td><td colspan="2">第5.3.3条</td><td>/</td><td></td><td colspan="2"></td></tr>
<tr><td>4</td><td>粘结情况</td><td colspan="2">第5.3.4条</td><td>/</td><td></td><td colspan="2"></td></tr>
<tr><td></td><td></td><td colspan="2"></td><td></td><td></td><td colspan="2"></td></tr>
<tr><td rowspan="10">一般
项目</td><td>1</td><td>表面质量</td><td colspan="2">第5.3.5条</td><td>/</td><td></td><td colspan="2"></td></tr>
<tr><td>2</td><td>厚度要求</td><td colspan="2">第5.3.6条</td><td>/</td><td></td><td colspan="2"></td></tr>
<tr><td></td><td></td><td colspan="2"></td><td></td><td></td><td colspan="2"></td></tr>
<tr><td></td><td></td><td colspan="2"></td><td></td><td></td><td colspan="2"></td></tr>
<tr><td></td><td></td><td colspan="2"></td><td></td><td></td><td colspan="2"></td></tr>
<tr><td></td><td></td><td colspan="2"></td><td></td><td></td><td colspan="2"></td></tr>
<tr><td></td><td></td><td colspan="2"></td><td></td><td></td><td colspan="2"></td></tr>
<tr><td></td><td></td><td colspan="2"></td><td></td><td></td><td colspan="2"></td></tr>
<tr><td></td><td></td><td colspan="2"></td><td></td><td></td><td colspan="2"></td></tr>
<tr><td></td><td></td><td colspan="2"></td><td></td><td></td><td colspan="2"></td></tr>
<tr><td colspan="2">施工单位
检查结果</td><td colspan="7">专业工长：　　　　项目专业质量检查员：　　　　年　　月　　日</td></tr>
<tr><td colspan="2">监理单位
验收结论</td><td colspan="7">专业监理工程师：　　　　年　　月　　日</td></tr>
</table>

7.2.6.16 轨道验·土-279 外墙防水（透气膜）检验批质量验收记录

市政基础设施工程

外墙防水（透气膜）检验批质量验收记录

轨道验·土-279

第　　页，共　　页

工程名称						
单位工程名称						
施工单位			分包单位			
项目负责人			项目技术负责人			
分部（子分部）工程名称			分项工程名称			
验收部位/区段			检验批容量			
施工及验收依据	《建筑装饰装修工程施工质量验收标准》GB 50210					
验收项目			设计要求或规范规定	最小/实际抽样数量	检查记录	检查结果
主控项目	1	材料品种及性能	第5.4.1条	/		
	2	操作要求	第5.4.2条	/		
	3	渗漏现象	第5.4.3条	/		
	4	粘结情况	第5.4.4条	/		
一般项目	1	表面质量	第5.4.5条	/		
	2	铺贴及搭接要求	第5.4.6条	/		
	3	搭接缝	第5.4.7条	/		
施工单位检查结果	专业工长：　　项目专业质量检查员：　　年　月　日					
监理单位验收结论	专业监理工程师：　　年　月　日					

7.2.6.17 轨道验·土-280-1 木门窗安装检验批质量验收记录（一）

市政基础设施工程

木门窗安装检验批质量验收记录（一）

轨道验·土-280-1

第　　页，共　　页

<table>
<tr><td colspan="3">工程名称</td><td colspan="5"></td></tr>
<tr><td colspan="3">单位工程名称</td><td colspan="5"></td></tr>
<tr><td colspan="3">施工单位</td><td></td><td colspan="2">分包单位</td><td colspan="2"></td></tr>
<tr><td colspan="3">项目负责人</td><td></td><td colspan="2">项目技术负责人</td><td colspan="2"></td></tr>
<tr><td colspan="3">分部（子分部）
工程名称</td><td></td><td colspan="2">分项工程名称</td><td colspan="2"></td></tr>
<tr><td colspan="3">验收部位/区段</td><td></td><td colspan="2">检验批容量</td><td colspan="2"></td></tr>
<tr><td colspan="3">施工及验收依据</td><td colspan="5">《建筑装饰装修工程施工质量验收标准》GB 50210</td></tr>
<tr><td colspan="3">验收项目</td><td>设计要求或
规范规定</td><td>最小/实际
抽样数量</td><td>检查
记录</td><td colspan="2">检查
结果</td></tr>
<tr><td rowspan="6">主控
项目</td><td>1</td><td>品种、规格、安装方向位置、连接及性能要求</td><td>第6.2.1条</td><td>/</td><td></td><td colspan="2"></td></tr>
<tr><td>2</td><td>材质及饰面质量</td><td>第6.2.2条</td><td>/</td><td></td><td colspan="2"></td></tr>
<tr><td>3</td><td>防火、防腐、防虫处理</td><td>第6.2.3条</td><td>/</td><td></td><td colspan="2"></td></tr>
<tr><td>4</td><td>木门窗框安装质量</td><td>第6.2.4条</td><td>/</td><td></td><td colspan="2"></td></tr>
<tr><td>5</td><td>木门窗扇安装质量</td><td>第6.2.5条</td><td>/</td><td></td><td colspan="2"></td></tr>
<tr><td>6</td><td>配件安装</td><td>第6.2.6条</td><td>/</td><td></td><td colspan="2"></td></tr>
<tr><td rowspan="9">一般
项目</td><td>1</td><td>表面质量</td><td>第6.2.7条</td><td>/</td><td></td><td colspan="2"></td></tr>
<tr><td>2</td><td>割角和拼缝质量</td><td>第6.2.8条</td><td>/</td><td></td><td colspan="2"></td></tr>
<tr><td>3</td><td>木门窗上槽、孔边缘</td><td>第6.2.9条</td><td>/</td><td></td><td colspan="2"></td></tr>
<tr><td>4</td><td>木门窗与墙体间缝隙</td><td>第6.2.10条</td><td>/</td><td></td><td colspan="2"></td></tr>
<tr><td>5</td><td>批水、盖口条等细部</td><td>第6.2.11条</td><td>/</td><td></td><td colspan="2"></td></tr>
<tr><td></td><td></td><td></td><td></td><td></td><td colspan="2"></td></tr>
<tr><td></td><td></td><td></td><td></td><td></td><td colspan="2"></td></tr>
<tr><td></td><td></td><td></td><td></td><td></td><td colspan="2"></td></tr>
<tr><td></td><td></td><td></td><td></td><td></td><td colspan="2"></td></tr>
<tr><td colspan="2">施工单位
检查结果</td><td colspan="6">专业工长：　　　　项目专业质量检查员：　　　　年　　月　　日</td></tr>
<tr><td colspan="2">监理单位
验收结论</td><td colspan="6">专业监理工程师：　　　　年　　月　　日</td></tr>
</table>

7.2.6.18 轨道验·土-280-2 木门窗安装检验批质量验收记录（二）

市政基础设施工程

木门窗安装检验批质量验收记录（二）

轨道验·土-280-2

第　　页，共　　页

<table>
<tr><td colspan="3">工程名称</td><td colspan="6"></td></tr>
<tr><td colspan="3">单位工程名称</td><td colspan="6"></td></tr>
<tr><td colspan="3">施工单位</td><td colspan="2"></td><td colspan="2">分包单位</td><td colspan="2"></td></tr>
<tr><td colspan="3">项目负责人</td><td colspan="2"></td><td colspan="2">项目技术负责人</td><td colspan="2"></td></tr>
<tr><td colspan="3">分部（子分部）工程名称</td><td colspan="2"></td><td colspan="2">分项工程名称</td><td colspan="2"></td></tr>
<tr><td colspan="3">验收部位/区段</td><td colspan="2"></td><td colspan="2">检验批容量</td><td colspan="2"></td></tr>
<tr><td colspan="3">施工及验收依据</td><td colspan="6">《建筑装饰装修工程施工质量验收标准》GB 50210</td></tr>
<tr><td colspan="4" rowspan="2">验收项目</td><td colspan="2">设计要求或规范规定</td><td rowspan="2">最小/实际抽样数量</td><td rowspan="2">检查记录</td><td rowspan="2">检查结果</td></tr>
<tr><td>留缝限值 mm</td><td>允许偏差 mm</td></tr>
<tr><td rowspan="16">一般项目</td><td rowspan="16">6</td><td colspan="2">门窗框的正、侧面垂直度</td><td>—</td><td>2</td><td>/</td><td></td><td></td></tr>
<tr><td colspan="2">框与扇、扇与扇接缝高低差</td><td>—</td><td>1</td><td>/</td><td></td><td></td></tr>
<tr><td colspan="2">门窗扇对口缝</td><td>1～4</td><td>—</td><td>/</td><td></td><td></td></tr>
<tr><td colspan="2">工业厂房、围墙双扇大门对口缝</td><td>2～7</td><td>—</td><td>/</td><td></td><td></td></tr>
<tr><td colspan="2">门窗扇与上框间留缝</td><td>1～3</td><td>—</td><td>/</td><td></td><td></td></tr>
<tr><td colspan="2">门窗扇与合页侧框间留缝</td><td>1～3</td><td>—</td><td>/</td><td></td><td></td></tr>
<tr><td colspan="2">室外门扇与锁侧框间留缝</td><td>1～3</td><td>—</td><td>/</td><td></td><td></td></tr>
<tr><td colspan="2">门扇与下框间留缝</td><td>3～5</td><td>—</td><td>/</td><td></td><td></td></tr>
<tr><td colspan="2">窗扇与下框间留缝</td><td>1～3</td><td>—</td><td>/</td><td></td><td></td></tr>
<tr><td colspan="2">双层门窗内外框间距</td><td>—</td><td>4</td><td>/</td><td></td><td></td></tr>
<tr><td rowspan="3">无下框时门扇与地面间留缝</td><td>室外门</td><td>4～7</td><td>—</td><td>/</td><td></td><td></td></tr>
<tr><td>卫生间门</td><td>4～8</td><td>—</td><td>/</td><td></td><td></td></tr>
<tr><td>厂房、围墙大门</td><td>10～20</td><td>—</td><td>/</td><td></td><td></td></tr>
<tr><td rowspan="2">框与扇搭接宽度</td><td>门</td><td>—</td><td>2</td><td>/</td><td></td><td></td></tr>
<tr><td>窗</td><td>—</td><td>1</td><td>/</td><td></td><td></td></tr>
<tr><td colspan="7" style="display:none"></td></tr>
<tr><td>施工单位检查结果</td><td colspan="8">专业工长：　　项目专业质量检查员：　　年　月　日</td></tr>
<tr><td>监理单位验收结论</td><td colspan="8">专业监理工程师：
年　月　日</td></tr>
</table>

7.2.6.19 轨道验·土-281-1 金属门窗（钢、铝合金、涂色镀锌钢板）安装检验批质量验收记录（一）

市政基础设施工程

金属门窗(钢、铝合金、涂色镀锌钢板)安装检验批质量验收记录(一)

轨道验·土-281-1

第　　页，共　　页

<table>
<tr><td colspan="3">工程名称</td><td colspan="4"></td></tr>
<tr><td colspan="3">单位工程名称</td><td colspan="4"></td></tr>
<tr><td colspan="3">施工单位</td><td></td><td colspan="2">分包单位</td><td></td></tr>
<tr><td colspan="3">项目负责人</td><td></td><td colspan="2">项目技术负责人</td><td></td></tr>
<tr><td colspan="3">分部（子分部）工程名称</td><td></td><td colspan="2">分项工程名称</td><td></td></tr>
<tr><td colspan="3">验收部位/区段</td><td></td><td colspan="2">检验批容量</td><td></td></tr>
<tr><td colspan="3">施工及验收依据</td><td colspan="4">《建筑装饰装修工程施工质量验收标准》GB 50210</td></tr>
<tr><td colspan="3">验收项目</td><td>设计要求或规范规定</td><td>最小/实际抽样数量</td><td>检查记录</td><td>检查结果</td></tr>
<tr><td rowspan="4">主控项目</td><td>1</td><td>门窗质量</td><td>第6.3.1条</td><td>/</td><td></td><td></td></tr>
<tr><td>2</td><td>框和附框安装，预埋件</td><td>第6.3.2条</td><td>/</td><td></td><td></td></tr>
<tr><td>3</td><td>门窗扇安装</td><td>第6.3.3条</td><td>/</td><td></td><td></td></tr>
<tr><td>4</td><td>配件质量及安装</td><td>第6.3.4条</td><td>/</td><td></td><td></td></tr>
<tr><td rowspan="10">一般项目</td><td>1</td><td>表面质量</td><td>第6.3.5条</td><td>/</td><td></td><td></td></tr>
<tr><td>2</td><td>金属门窗推拉门窗扇开关力不应大于50N</td><td>第6.3.6条</td><td>/</td><td></td><td></td></tr>
<tr><td>3</td><td>框与墙体间缝隙</td><td>第6.3.7条</td><td>/</td><td></td><td></td></tr>
<tr><td>4</td><td>扇密封胶条或毛毡密封条</td><td>第6.3.8条</td><td>/</td><td></td><td></td></tr>
<tr><td>5</td><td>排水孔</td><td>第6.3.9条</td><td>/</td><td></td><td></td></tr>
<tr><td></td><td></td><td></td><td></td><td></td><td></td></tr>
<tr><td></td><td></td><td></td><td></td><td></td><td></td></tr>
<tr><td></td><td></td><td></td><td></td><td></td><td></td></tr>
<tr><td></td><td></td><td></td><td></td><td></td><td></td></tr>
<tr><td></td><td></td><td></td><td></td><td></td><td></td></tr>
<tr><td>施工单位检查结果</td><td colspan="6">专业工长：　　　　项目专业质量检查员：　　　　年　月　日</td></tr>
<tr><td>监理单位验收结论</td><td colspan="6">专业监理工程师：
年　月　日</td></tr>
</table>

7.2.6.20 轨道验·土-281-2 金属门窗（钢）安装检验批质量验收记录（二）

市政基础设施工程

金属门窗（钢）安装检验批质量验收记录（二）

轨道验·土-281-2

第 页，共 页

工程名称								
单位工程名称								
施工单位				分包单位				
项目负责人				项目技术负责人				
分部（子分部）工程名称				分项工程名称				
验收部位/区段				检验批容量				
施工及验收依据	《建筑装饰装修工程施工质量验收标准》GB 50210							
验收项目				设计要求或规范规定		最小/实际抽样数量	检查记录	检查结果
一般项目	6			留缝限值 mm	允许偏差 mm			
		门窗槽口宽度高度	≤1500mm	—	2	/		
			>1500mm	—	3	/		
		门窗槽口对角线长度差	≤2000mm	—	3	/		
			>2000mm	—	4	/		
		门窗框的正侧面垂直度		—	3	/		
		门窗横框的水平度		—	3	/		
		门窗横框标高		—	5	/		
		门窗竖向偏离中心		—	4	/		
		双层门窗内外框间距		—	5	/		
		门窗框、扇配合间隙		≤2	—	/		
		平开门窗框扇搭接宽度	门	≥6	—	/		
			窗	≥4	—	/		
		推拉门窗框扇搭接宽度		≥6	—	/		
		无下框时门扇与地面间留缝		4～8	—	/		
施工单位检查结果	专业工长： 项目专业质量检查员： 年 月 日							
监理单位验收结论	专业监理工程师： 年 月 日							

7.2.6.21 轨道验·土-281-3 金属门窗（铝合金）安装检验批质量验收记录（三）

市政基础设施工程

金属门窗（铝合金）安装检验批质量验收记录（三）

轨道验·土-281-3

第　　页，共　　页

工程名称							
单位工程名称							
施工单位				分包单位			
项目负责人				项目技术负责人			
分部（子分部）工程名称				分项工程名称			
验收部位/区段				检验批容量			
施工及验收依据	《建筑装饰装修工程施工质量验收标准》GB 50210						
验收项目				设计要求或规范规定	最小/实际抽样数量	检查记录	检查结果
一般项目	6	允许偏差mm	门窗槽口宽度高度 ≤2000mm	2	/		
			门窗槽口宽度高度 >2000mm	3	/		
			门窗槽口对角线长度差 ≤2500mm	4	/		
			门窗槽口对角线长度差 >2500mm	5	/		
			门窗框的正、侧面垂直度	2	/		
			门窗横框的水平度	2	/		
			门窗横框标高	2	/		
			门窗竖向偏离中心	5	/		
			双层门窗内外框间距	4	/		
			平开门窗框扇搭接宽度 门	2	/		
			平开门窗框扇搭接宽度 窗	1	/		
施工单位检查结果	专业工长：　　项目专业质量检查员：　　年　月　日						
监理单位验收结论	专业监理工程师：　　年　月　日						

7.2.6.22 轨道验·土-281-4 金属门窗（涂色镀锌钢板）安装检验批质量验收记录（四）

市政基础设施工程

金属门窗（涂色镀锌钢板）安装检验批质量验收记录（四）

轨道验·土-281-4

第　　页，共　　页

<table>
<tr><td colspan="4">工程名称</td><td colspan="5"></td></tr>
<tr><td colspan="4">单位工程名称</td><td colspan="5"></td></tr>
<tr><td colspan="4">施工单位</td><td></td><td colspan="2">分包单位</td><td colspan="2"></td></tr>
<tr><td colspan="4">项目负责人</td><td></td><td colspan="2">项目技术负责人</td><td colspan="2"></td></tr>
<tr><td colspan="4">分部（子分部）工程名称</td><td></td><td colspan="2">分项工程名称</td><td colspan="2"></td></tr>
<tr><td colspan="4">验收部位/区段</td><td></td><td colspan="2">检验批容量</td><td colspan="2"></td></tr>
<tr><td colspan="4">施工及验收依据</td><td colspan="5">《建筑装饰装修工程施工质量验收标准》GB 50210</td></tr>
<tr><td colspan="5">验收项目</td><td>设计要求或规范规定</td><td>最小/实际抽样数量</td><td>检查记录</td><td>检查结果</td></tr>
<tr><td rowspan="10">一般项目</td><td rowspan="10">6</td><td rowspan="10">允许偏差mm</td><td rowspan="2">门窗槽口宽度高度</td><td>≤1500mm</td><td>2</td><td>/</td><td></td><td></td></tr>
<tr><td>>1500mm</td><td>3</td><td>/</td><td></td><td></td></tr>
<tr><td rowspan="2">门窗槽口对角线长度差</td><td>≤2000mm</td><td>4</td><td>/</td><td></td><td></td></tr>
<tr><td>>2000mm</td><td>5</td><td>/</td><td></td><td></td></tr>
<tr><td colspan="2">门窗框的正、侧面垂直度</td><td>3</td><td>/</td><td></td><td></td></tr>
<tr><td colspan="2">门窗横框的水平度</td><td>3</td><td>/</td><td></td><td></td></tr>
<tr><td colspan="2">门窗横框标高</td><td>5</td><td>/</td><td></td><td></td></tr>
<tr><td colspan="2">门窗竖向偏离中心</td><td>5</td><td>/</td><td></td><td></td></tr>
<tr><td colspan="2">双层门窗内外框间距</td><td>4</td><td>/</td><td></td><td></td></tr>
<tr><td colspan="2">推拉门窗框扇搭接宽度</td><td>2</td><td>/</td><td></td><td></td></tr>
<tr><td colspan="2">施工单位检查结果</td><td colspan="7">专业工长：　　　　项目专业质量检查员：　　　　年　月　日</td></tr>
<tr><td colspan="2">监理单位验收结论</td><td colspan="7">专业监理工程师：
年　月　日</td></tr>
</table>

7.2.6.23 轨道验·土-282-1 塑料门窗安装检验批质量验收记录（一）

市政基础设施工程

塑料门窗安装检验批质量验收记录（一）

轨道验·土-282-1

第　　页，共　　页

工程名称						
单位工程名称						
施工单位			分包单位			
项目负责人			项目技术负责人			
分部（子分部）工程名称			分项工程名称			
验收部位/区段			检验批容量			
施工及验收依据	《建筑装饰装修工程施工质量验收标准》GB 50210					
验收项目			设计要求或规范规定	最小/实际抽样数量	检查记录	检查结果
主控项目	1	门窗的品种、类型、规格、尺寸等	第6.4.1条	/		
	2	安装及连接要求	第6.4.2条	/		
	3	拼樘料的尺寸、内衬增强型钢形状和壁厚	第6.4.3条	/		
	4	伸缩缝	第6.4.4条	/		
	5	滑撑铰链安装	第6.4.5条	/		
	6	推拉门窗安装	第6.4.6条	/		
	7	门窗扇关闭情况	第6.4.7条	/		
	8	配件型号、规格、数量	第6.4.8条	/		
一般项目	1	密封条	第6.4.9条	/		
	2	开关力	第6.4.10条	/		
	3	表面情况	第6.4.11条	/		
	4	旋转窗间隙	第6.4.12条	/		
	5	排水孔	第6.4.13条	/		
施工单位检查结果	专业工长：　　项目专业质量检查员：　　年　月　日					
监理单位验收结论	专业监理工程师：　　年　月　日					

7.2.6.24 轨道验·土-282-2 塑料门窗安装检验批质量验收记录（二）

市政基础设施工程

塑料门窗安装检验批质量验收记录（二）

轨道验·土-282-2

第 页，共 页

工程名称								
单位工程名称								
施工单位				分包单位				
项目负责人				项目技术负责人				
分部（子分部）工程名称				分项工程名称				
验收部位/区段				检验批容量				
施工及验收依据	《建筑装饰装修工程施工质量验收标准》GB 50210							
验收项目					设计要求或规范规定	最小/实际抽样数量	检查记录	检查结果
一般项目	6	允许偏差	门、窗框外形（高、宽）尺寸长度差	≤1500mm	2	/		
				>1500mm	3	/		
			门、窗框两对角线长度差	≤2000mm	3	/		
				>2000mm	5	/		
			门、窗框（含拼樘料）正、侧面垂直度		3	/		
			门、窗框（含拼樘料）水平度		3	/		
			门、窗下横框的标高		5	/		
			门、窗竖向偏离中心		5	/		
			双层门、窗内外框间距		4	/		
			平开门窗及上悬、下悬、中悬窗	门、窗扇与框搭接宽度	2	/		
				同樘门、窗相邻扇的水平高度差	2	/		
				门、窗框扇四周的配合间隙	1	/		
			推拉门窗	门、窗扇与框搭接宽度	2	/		
				门、窗扇与框或相邻扇立边平行度	2	/		
			组合门窗	平整度	3	/		
				缝直线度	3	/		
施工单位检查结果	专业工长： 项目专业质量检查员： 年 月 日							
监理单位验收结论	专业监理工程师： 年 月 日							

7.2.6.25 轨道验・土-283-1 特种门安装检验批质量验收记录（一）

市政基础设施工程

特种门安装检验批质量验收记录（一）

轨道验・土-283-1

第　　页，共　　页

工程名称							
单位工程名称							
施工单位				分包单位			
项目负责人				项目技术负责人			
分部（子分部）工程名称				分项工程名称			
验收部位/区段				检验批容量			
施工及验收依据	《建筑装饰装修工程施工质量验收标准》GB 50210						
验收项目				设计要求或规范规定	最小/实际抽样数量	检查记录	检查结果
主控项目	1	门质量和性能		第 6.5.1 条	/		
	2	门窗的品种、类型、规格、尺寸、开启方向、安装位置和防腐处理		第 6.5.2 条	/		
	3	机械、自动或智能化装置		第 6.5.3 条	/		
	4	安装及预埋件、锚固件		第 6.5.4 条	/		
	5	配件、安装及功能		第 6.5.5 条	/		
一般项目	1	表面装饰		第 6.5.6 条	/		
	2	表面质量		第 6.5.7 条	/		
	3	推拉自动门的感应时间限值（s）	开门响应时间	≤0.5	/		
			堵门保护延时	16～20	/		
			门扇全开启后保持时间	13～17	/		
	4	保护部位的安全间隙（mm）		＜8，＞25	/		
施工单位检查结果	专业工长：　　项目专业质量检查员：　　年　月　日						
监理单位验收结论	专业监理工程师：　　年　月　日						

7.2.6.26 轨道验·土-283-2 特种门安装检验批质量验收记录（二）

市政基础设施工程

特种门安装检验批质量验收记录（二）

轨道验·土-283-2

第　　页，共　　页

<table>
<tr><td colspan="4">工程名称</td><td colspan="8"></td></tr>
<tr><td colspan="4">单位工程名称</td><td colspan="8"></td></tr>
<tr><td colspan="4">施工单位</td><td colspan="2"></td><td colspan="3">分包单位</td><td colspan="3"></td></tr>
<tr><td colspan="4">项目负责人</td><td colspan="2"></td><td colspan="3">项目技术负责人</td><td colspan="3"></td></tr>
<tr><td colspan="4">分部（子分部）工程名称</td><td colspan="2"></td><td colspan="3">分项工程名称</td><td colspan="3"></td></tr>
<tr><td colspan="4">验收部位/区段</td><td colspan="2"></td><td colspan="3">检验批容量</td><td colspan="3"></td></tr>
<tr><td colspan="4">施工及验收依据</td><td colspan="8">《建筑装饰装修工程施工质量验收标准》GB 50210</td></tr>
<tr><td colspan="4">验收项目</td><td colspan="4">设计要求或规范规定</td><td>最小/实际抽样数量</td><td>检查记录</td><td>检查结果</td></tr>
<tr><td rowspan="10">一般项目</td><td rowspan="9">5</td><td rowspan="9">自动门安装允许偏差（mm）</td><td rowspan="2">项目</td><td colspan="4">允许偏差</td><td></td><td></td><td></td></tr>
<tr><td>推拉自动门</td><td>平开自动门</td><td>折叠自动门</td><td>旋转自动门</td><td></td><td></td><td></td></tr>
<tr><td>上框、平梁水平度</td><td>1</td><td>1</td><td>1</td><td>—</td><td>/</td><td></td><td></td></tr>
<tr><td>上框、平梁直线度</td><td>2</td><td>2</td><td>2</td><td>—</td><td>/</td><td></td><td></td></tr>
<tr><td>立框垂直度</td><td>1</td><td>1</td><td>1</td><td>1</td><td>/</td><td></td><td></td></tr>
<tr><td>导轨和平梁平行度</td><td>2</td><td>—</td><td>2</td><td>2</td><td>/</td><td></td><td></td></tr>
<tr><td>门框固定扇内侧对角线尺寸</td><td>2</td><td>2</td><td>2</td><td>2</td><td>/</td><td></td><td></td></tr>
<tr><td>活动扇与框、横梁、固定扇间隙差</td><td>1</td><td>1</td><td>1</td><td>1</td><td>/</td><td></td><td></td></tr>
<tr><td>板材对接接缝平整度</td><td>0.3</td><td>0.3</td><td>0.3</td><td>0.3</td><td>/</td><td></td><td></td></tr>
<tr><td>6</td><td colspan="2">自动门手动开启力（N）</td><td>≤100</td><td>≤100</td><td>≤100</td><td>150～300</td><td>/</td><td></td><td></td></tr>
<tr><td colspan="2">施工单位检查结果</td><td colspan="10">专业工长：　　　　项目专业质量检查员：　　　　年　　月　　日</td></tr>
<tr><td colspan="2">监理单位验收结论</td><td colspan="10">专业监理工程师：
年　　月　　日</td></tr>
</table>

7.2.6.27 轨道验·土-284 门窗玻璃安装检验批质量验收记录

市政基础设施工程

门窗玻璃安装检验批质量验收记录

轨道验·土-284

第　　页，共　　页

<table>
<tr><td colspan="3">工程名称</td><td colspan="5"></td></tr>
<tr><td colspan="3">单位工程名称</td><td colspan="5"></td></tr>
<tr><td colspan="3">施工单位</td><td></td><td colspan="2">分包单位</td><td colspan="2"></td></tr>
<tr><td colspan="3">项目负责人</td><td></td><td colspan="2">项目技术负责人</td><td colspan="2"></td></tr>
<tr><td colspan="3">分部（子分部）工程名称</td><td></td><td colspan="2">分项工程名称</td><td colspan="2"></td></tr>
<tr><td colspan="3">验收部位/区段</td><td></td><td colspan="2">检验批容量</td><td colspan="2"></td></tr>
<tr><td colspan="3">施工及验收依据</td><td colspan="5">《建筑装饰装修工程施工质量验收标准》GB 50210</td></tr>
<tr><td colspan="3">验收项目</td><td>设计要求或规范规定</td><td>最小/实际抽样数量</td><td>检查记录</td><td colspan="2">检查结果</td></tr>
<tr><td rowspan="7">主控项目</td><td>1</td><td>玻璃的层数、品种、规格、尺寸、色彩、图案和涂膜朝向等</td><td>第6.6.1条</td><td>/</td><td></td><td colspan="2"></td></tr>
<tr><td>2</td><td>玻璃裁割与安装质量</td><td>第6.6.2条</td><td>/</td><td></td><td colspan="2"></td></tr>
<tr><td>3</td><td>安装方法</td><td>第6.6.3条</td><td>/</td><td></td><td colspan="2"></td></tr>
<tr><td>4</td><td>钉子或钢丝卡</td><td>第6.6.3条</td><td>/</td><td></td><td colspan="2"></td></tr>
<tr><td>5</td><td>木压条</td><td>第6.6.4条</td><td>/</td><td></td><td colspan="2"></td></tr>
<tr><td>6</td><td>密封条</td><td>第6.6.5条</td><td>/</td><td></td><td colspan="2"></td></tr>
<tr><td>7</td><td>带密封条的玻璃压条</td><td>第6.6.6条</td><td>/</td><td></td><td colspan="2"></td></tr>
<tr><td rowspan="6">一般项目</td><td>1</td><td>玻璃表面</td><td>第6.6.7条</td><td>/</td><td></td><td colspan="2"></td></tr>
<tr><td>2</td><td>腻子及密封胶</td><td>第6.6.8条</td><td>/</td><td></td><td colspan="2"></td></tr>
<tr><td>3</td><td>固定玻璃的卡子</td><td>第6.6.8条</td><td>/</td><td></td><td colspan="2"></td></tr>
<tr><td>4</td><td>密封条</td><td>第6.6.9条</td><td>/</td><td></td><td colspan="2"></td></tr>
<tr><td></td><td></td><td></td><td></td><td></td><td colspan="2"></td></tr>
<tr><td></td><td></td><td></td><td></td><td></td><td colspan="2"></td></tr>
<tr><td colspan="2">施工单位检查结果</td><td colspan="6">专业工长：　　　　项目专业质量检查员：　　　　年　　月　　日</td></tr>
<tr><td colspan="2">监理单位验收结论</td><td colspan="6">专业监理工程师：
年　　月　　日</td></tr>
</table>

7.2.6.28 轨道验·土-285 整体面层吊顶检验批质量验收记录

市政基础设施工程

整体面层吊顶检验批质量验收记录

轨道验·土-285

第　　页，共　　页

<table>
<tr><td colspan="3">工程名称</td><td colspan="5"></td></tr>
<tr><td colspan="3">单位工程名称</td><td colspan="5"></td></tr>
<tr><td colspan="3">施工单位</td><td colspan="2"></td><td colspan="2">分包单位</td><td></td></tr>
<tr><td colspan="3">项目负责人</td><td colspan="2"></td><td colspan="2">项目技术负责人</td><td></td></tr>
<tr><td colspan="3">分部（子分部）工程名称</td><td colspan="2"></td><td colspan="2">分项工程名称</td><td></td></tr>
<tr><td colspan="3">验收部位/区段</td><td colspan="2"></td><td colspan="2">检验批容量</td><td></td></tr>
<tr><td colspan="3">施工及验收依据</td><td colspan="5">《建筑装饰装修工程施工质量验收标准》GB 50210</td></tr>
<tr><td colspan="4">验收项目</td><td>设计要求或规范规定</td><td>最小/实际抽样数量</td><td>检查记录</td><td>检查结果</td></tr>
<tr><td rowspan="5">主控项目</td><td>1</td><td colspan="2">吊顶标高、尺寸、起拱和造型</td><td>第7.2.1条</td><td>/</td><td></td><td></td></tr>
<tr><td>2</td><td colspan="2">面层材料的材质、品种、规格、图案、颜色和性能</td><td>第7.2.2条</td><td>/</td><td></td><td></td></tr>
<tr><td>3</td><td colspan="2">吊杆、龙骨和面板的安装</td><td>第7.2.3条</td><td>/</td><td></td><td></td></tr>
<tr><td>4</td><td colspan="2">吊杆和龙骨的材质、规格、安装间距及连接方式</td><td>第7.2.4条</td><td>/</td><td></td><td></td></tr>
<tr><td>5</td><td colspan="2">接缝处理</td><td>第7.2.5条</td><td>/</td><td></td><td></td></tr>
<tr><td rowspan="7">一般项目</td><td>1</td><td colspan="2">面层材料表面质量</td><td>第7.2.6条</td><td>/</td><td></td><td></td></tr>
<tr><td>2</td><td colspan="2">面板上的设备设施的安装位置</td><td>第7.2.7条</td><td>/</td><td></td><td></td></tr>
<tr><td>3</td><td colspan="2">龙骨接缝</td><td>第7.2.8条</td><td>/</td><td></td><td></td></tr>
<tr><td>4</td><td colspan="2">填充吸声材料</td><td>第7.2.9条</td><td>/</td><td></td><td></td></tr>
<tr><td rowspan="2">5</td><td rowspan="2">安装允许偏差（mm）</td><td>表面平整度</td><td>3</td><td>/</td><td></td><td></td></tr>
<tr><td>缝格、凹槽直线度</td><td>3</td><td>/</td><td></td><td></td></tr>
<tr><td></td><td colspan="2"></td><td></td><td></td><td></td><td></td></tr>
<tr><td>施工单位检查结果</td><td colspan="7">专业工长：　　　　项目专业质量检查员：　　　　年　　月　　日</td></tr>
<tr><td>监理单位验收结论</td><td colspan="7">专业监理工程师：
年　　月　　日</td></tr>
</table>

7.2.6.29 轨道验·土-286 板块面层吊顶检验批质量验收记录

市政基础设施工程

板块面层吊顶检验批质量验收记录

轨道验·土-286

第 页，共 页

<table>
<tr><td colspan="3">工程名称</td><td colspan="9"></td></tr>
<tr><td colspan="3">单位工程名称</td><td colspan="9"></td></tr>
<tr><td colspan="3">施工单位</td><td colspan="5"></td><td colspan="2">分包单位</td><td colspan="2"></td></tr>
<tr><td colspan="3">项目负责人</td><td colspan="5"></td><td colspan="2">项目技术负责人</td><td colspan="2"></td></tr>
<tr><td colspan="3">分部（子分部）工程名称</td><td colspan="5"></td><td colspan="2">分项工程名称</td><td colspan="2"></td></tr>
<tr><td colspan="3">验收部位/区段</td><td colspan="5"></td><td colspan="2">检验批容量</td><td colspan="2"></td></tr>
<tr><td colspan="3">施工及验收依据</td><td colspan="9">《建筑装饰装修工程施工质量验收标准》GB 50210</td></tr>
<tr><td colspan="4">验收项目</td><td colspan="4">设计要求或规范规定</td><td>最小/实际抽样数量</td><td>检查记录</td><td colspan="2">检查结果</td></tr>
<tr><td rowspan="5">主控项目</td><td>1</td><td colspan="2">吊顶标高、尺寸、起拱和造型</td><td colspan="4">第7.3.1条</td><td>/</td><td></td><td colspan="2"></td></tr>
<tr><td>2</td><td colspan="2">面层材料的材质、品种、规格、图案、颜色和性能</td><td colspan="4">第7.3.2条</td><td>/</td><td></td><td colspan="2"></td></tr>
<tr><td>3</td><td colspan="2">面板的安装</td><td colspan="4">第7.3.3条</td><td>/</td><td></td><td colspan="2"></td></tr>
<tr><td>4</td><td colspan="2">吊杆和龙骨的材质、规格、安装间距及连接方式</td><td colspan="4">第7.3.4条</td><td>/</td><td></td><td colspan="2"></td></tr>
<tr><td>5</td><td colspan="2">板块面层吊顶工程的吊杆和龙骨安装</td><td colspan="4">第7.3.5条</td><td>/</td><td></td><td colspan="2"></td></tr>
<tr><td rowspan="8">一般项目</td><td>1</td><td colspan="2">面层材料表面质量</td><td colspan="4">第7.3.6条</td><td>/</td><td></td><td colspan="2"></td></tr>
<tr><td>2</td><td colspan="2">面板上的设备设施安装位置</td><td colspan="4">第7.3.7条</td><td>/</td><td></td><td colspan="2"></td></tr>
<tr><td>3</td><td colspan="2">龙骨接缝</td><td colspan="4">第7.3.8条</td><td>/</td><td></td><td colspan="2"></td></tr>
<tr><td>4</td><td colspan="2">填充吸声材料</td><td colspan="4">第7.3.9条</td><td>/</td><td></td><td colspan="2"></td></tr>
<tr><td rowspan="4">5</td><td rowspan="4">安装允许偏差（mm）</td><td>项目</td><td>石膏板</td><td>金属板</td><td>矿棉板</td><td>木板、塑料板、玻璃板、复合板</td><td></td><td></td><td colspan="2"></td></tr>
<tr><td>表面平整度</td><td>3</td><td>2</td><td>3</td><td>2</td><td>/</td><td></td><td colspan="2"></td></tr>
<tr><td>接缝直线度</td><td>3</td><td>2</td><td>3</td><td>3</td><td>/</td><td></td><td colspan="2"></td></tr>
<tr><td>接缝高低差</td><td>1</td><td>1</td><td>2</td><td>1</td><td>/</td><td></td><td colspan="2"></td></tr>
<tr><td colspan="2">施工单位检查结果</td><td colspan="10">专业工长： 项目专业质量检查员： 年 月 日</td></tr>
<tr><td colspan="2">监理单位验收结论</td><td colspan="10">专业监理工程师：
年 月 日</td></tr>
</table>

7.2.6.30 轨道验·土-287 格栅吊顶检验批质量验收记录

市政基础设施工程

格栅吊顶检验批质量验收记录

轨道验·土-287

第　　页，共　　页

<table>
<tr><td colspan="3">工程名称</td><td colspan="6"></td></tr>
<tr><td colspan="3">单位工程名称</td><td colspan="6"></td></tr>
<tr><td colspan="3">施工单位</td><td colspan="2"></td><td colspan="2">分包单位</td><td colspan="2"></td></tr>
<tr><td colspan="3">项目负责人</td><td colspan="2"></td><td colspan="2">项目技术负责人</td><td colspan="2"></td></tr>
<tr><td colspan="3">分部（子分部）工程名称</td><td colspan="2"></td><td colspan="2">分项工程名称</td><td colspan="2"></td></tr>
<tr><td colspan="3">验收部位/区段</td><td colspan="2"></td><td colspan="2">检验批容量</td><td colspan="2"></td></tr>
<tr><td colspan="3">施工及验收依据</td><td colspan="6">《建筑装饰装修工程施工质量验收标准》GB 50210</td></tr>
<tr><td colspan="4">验收项目</td><td colspan="2">设计要求或规范规定</td><td>最小/实际抽样数量</td><td>检查记录</td><td>检查结果</td></tr>
<tr><td rowspan="4">主控项目</td><td>1</td><td colspan="2">吊顶标高、尺寸、起拱和造型</td><td colspan="2">第7.4.1条</td><td>/</td><td></td><td></td></tr>
<tr><td>2</td><td colspan="2">格栅的材质、品种、规格、图案、颜色和性能</td><td colspan="2">第7.4.2条</td><td>/</td><td></td><td></td></tr>
<tr><td>3</td><td colspan="2">吊杆和龙骨的材质、规格、安装间距及连接方式</td><td colspan="2">第7.4.3条</td><td>/</td><td></td><td></td></tr>
<tr><td>4</td><td colspan="2">格栅吊顶工程的吊杆、龙骨和格栅安装</td><td colspan="2">第7.4.4条</td><td>/</td><td></td><td></td></tr>
<tr><td rowspan="8">一般项目</td><td>1</td><td colspan="2">面层材料表面质量</td><td colspan="2">第7.4.5条</td><td>/</td><td></td><td></td></tr>
<tr><td>2</td><td colspan="2">面板上的设备设施安装位置</td><td colspan="2">第7.4.6条</td><td>/</td><td></td><td></td></tr>
<tr><td>3</td><td colspan="2">龙骨接缝</td><td colspan="2">第7.4.7条</td><td>/</td><td></td><td></td></tr>
<tr><td>4</td><td colspan="2">填充吸声材料</td><td colspan="2">第7.4.8条</td><td>/</td><td></td><td></td></tr>
<tr><td>5</td><td colspan="2">格栅吊顶表面处理及吊顶内各种设备管线</td><td colspan="2">第7.4.9条</td><td>/</td><td></td><td></td></tr>
<tr><td rowspan="3">6</td><td rowspan="3">安装允许偏差（mm）</td><td>项目</td><td>金属格栅</td><td>木格栅、塑料格栅、复合材料格栅</td><td></td><td></td><td></td></tr>
<tr><td>表面平整度</td><td>2</td><td>3</td><td>/</td><td></td><td></td></tr>
<tr><td>格栅直线度</td><td>2</td><td>3</td><td>/</td><td></td><td></td></tr>
<tr><td>施工单位检查结果</td><td colspan="8">专业工长：　　　　项目专业质量检查员：　　　　年　月　日</td></tr>
<tr><td>监理单位验收结论</td><td colspan="8">专业监理工程师：
年　月　日</td></tr>
</table>

7.2.6.31　轨道验·土-288　板材隔墙检验批质量验收记录

市政基础设施工程

板材隔墙检验批质量验收记录

轨道验·土-288

第　　页，共　　页

<table>
<tr><td colspan="3">工程名称</td><td colspan="9"></td></tr>
<tr><td colspan="3">单位工程名称</td><td colspan="9"></td></tr>
<tr><td colspan="3">施工单位</td><td colspan="3"></td><td colspan="3">分包单位</td><td colspan="3"></td></tr>
<tr><td colspan="3">项目负责人</td><td colspan="3"></td><td colspan="3">项目技术负责人</td><td colspan="3"></td></tr>
<tr><td colspan="3">分部（子分部）工程名称</td><td colspan="3"></td><td colspan="3">分项工程名称</td><td colspan="3"></td></tr>
<tr><td colspan="3">验收部位/区段</td><td colspan="3"></td><td colspan="3">检验批容量</td><td colspan="3"></td></tr>
<tr><td colspan="3">施工及验收依据</td><td colspan="9">《建筑装饰装修工程施工质量验收标准》GB 50210</td></tr>
<tr><td colspan="4">验收项目</td><td colspan="4">设计要求或
规范规定</td><td>最小/实际
抽样数量</td><td>检查记录</td><td>检查结果</td></tr>
<tr><td rowspan="5">主控项目</td><td>1</td><td colspan="2">板材品种、规格、质量</td><td colspan="4">第8.2.1条</td><td>/</td><td></td><td></td></tr>
<tr><td>2</td><td colspan="2">预埋件、连接件</td><td colspan="4">第8.2.2条</td><td>/</td><td></td><td></td></tr>
<tr><td>3</td><td colspan="2">安装质量</td><td colspan="4">第8.2.3条</td><td>/</td><td></td><td></td></tr>
<tr><td>4</td><td colspan="2">接缝材料、方法</td><td colspan="4">第8.2.4条</td><td>/</td><td></td><td></td></tr>
<tr><td>5</td><td colspan="2">安装位置</td><td colspan="4">第8.2.5条</td><td>/</td><td></td><td></td></tr>
<tr><td rowspan="8">一般项目</td><td>1</td><td colspan="2">表面质量</td><td colspan="4">第8.2.6条</td><td>/</td><td></td><td></td></tr>
<tr><td>2</td><td colspan="2">孔洞、槽、盒</td><td colspan="4">第8.2.7条</td><td>/</td><td></td><td></td></tr>
<tr><td rowspan="6">3</td><td rowspan="6">安装允许偏差（mm）</td><td rowspan="2">项目</td><td colspan="2">复合轻质墙板</td><td rowspan="2">石膏空心板</td><td rowspan="2">增强水泥板、混凝土轻质板</td><td rowspan="2"></td><td rowspan="2"></td><td rowspan="2"></td></tr>
<tr><td>金属夹芯板</td><td>其他复合板</td></tr>
<tr><td>立面垂直度</td><td>2</td><td>3</td><td>3</td><td>3</td><td>/</td><td></td><td></td></tr>
<tr><td>表面平整度</td><td>2</td><td>3</td><td>3</td><td>3</td><td>/</td><td></td><td></td></tr>
<tr><td>阴阳角方正</td><td>3</td><td>3</td><td>3</td><td>4</td><td>/</td><td></td><td></td></tr>
<tr><td>接缝高低差</td><td>1</td><td>2</td><td>2</td><td>3</td><td>/</td><td></td><td></td></tr>
<tr><td colspan="2">施工单位检查结果</td><td colspan="10">专业工长：　　　　项目专业质量检查员：　　　　年　月　日</td></tr>
<tr><td colspan="2">监理单位验收结论</td><td colspan="10">专业监理工程师：
年　月　日</td></tr>
</table>

7.2.6.32 轨道验·土-289 骨架隔墙检验批质量验收记录

市政基础设施工程

骨架隔墙检验批质量验收记录

市政验·土-289

第 页，共 页

工程名称			
单位工程名称			
施工单位		分包单位	
项目负责人		项目技术负责人	
分部（子分部）工程名称		分项工程名称	
验收部位/区段		检验批容量	
施工及验收依据	《建筑装饰装修工程质量验收标准》GB 50210		

验收项目				设计要求或规范规定		最小/实际抽样数量	检查记录	检查结果
主控项目	1	材料的品种、规格、性能要求		第8.3.1条		/		
	2	龙骨连接		第8.3.2条		/		
	3	龙骨间距及构造连接		第8.3.3条		/		
	4	防火、防腐		第8.3.4条		/		
	5	墙面板安装		第8.3.5条		/		
	6	墙面板接缝材料及方法		第8.3.6条		/		
一般项目	1	表面质量		第8.3.7条		/		
	2	孔洞、槽、盒		第8.3.8条		/		
	3	填充材料		第8.3.9条		/		
				纸面石膏板	人造木板、水泥纤维板			
	4	允许偏差	立面垂直（mm）	3	4	/		
			表面平整度（mm）	3	3	/		
			阴阳角方正（mm）	3	3	/		
			接缝直线度（mm）	—	3	/		
			压条直线度（mm）	—	3	/		
			接缝高低差（mm）	1	1	/		
施工单位检查结果	专业工长： 项目专业质量检查员： 年 月 日							
监理单位验收结论	专业监理工程师： 年 月 日							

7.2.6.33 轨道验·土-290 活动隔墙检验批质量验收记录

市政基础设施工程

活动隔墙检验批质量验收记录

市政验·土-290

第 页，共 页

<table>
<tr><td colspan="3">工程名称</td><td colspan="5"></td></tr>
<tr><td colspan="3">单位工程名称</td><td colspan="5"></td></tr>
<tr><td colspan="3">施工单位</td><td></td><td colspan="2">分包单位</td><td colspan="2"></td></tr>
<tr><td colspan="3">项目负责人</td><td></td><td colspan="2">项目技术负责人</td><td colspan="2"></td></tr>
<tr><td colspan="3">分部（子分部）工程名称</td><td></td><td colspan="2">分项工程名称</td><td colspan="2"></td></tr>
<tr><td colspan="3">验收部位/区段</td><td></td><td colspan="2">检验批容量</td><td colspan="2"></td></tr>
<tr><td colspan="3">施工及验收依据</td><td colspan="5">《建筑装饰装修工程质量验收标准》GB 50210</td></tr>
<tr><td colspan="4">验收项目</td><td>设计要求或规范规定</td><td>最小/实际抽样数量</td><td>检查记录</td><td>检查结果</td></tr>
<tr><td rowspan="6">主控项目</td><td>1</td><td colspan="2">材料品种、规格、性能</td><td>第8.4.1条</td><td>/</td><td></td><td></td></tr>
<tr><td>2</td><td colspan="2">轨道安装</td><td>第8.4.2条</td><td>/</td><td></td><td></td></tr>
<tr><td>3</td><td colspan="2">构配件安装</td><td>第8.4.3条</td><td>/</td><td></td><td></td></tr>
<tr><td>4</td><td colspan="2">制作方法，组合方式</td><td>第8.4.4条</td><td>/</td><td></td><td></td></tr>
<tr><td>5</td><td colspan="2"></td><td></td><td></td><td></td><td></td></tr>
<tr><td>6</td><td colspan="2"></td><td></td><td></td><td></td><td></td></tr>
<tr><td rowspan="8">一般项目</td><td>1</td><td colspan="2">表面质量</td><td>第8.4.5条</td><td>/</td><td></td><td></td></tr>
<tr><td>2</td><td colspan="2">孔洞、槽、盒</td><td>第8.4.6条</td><td>/</td><td></td><td></td></tr>
<tr><td>3</td><td colspan="2">隔墙推拉</td><td>第8.4.7条</td><td>/</td><td></td><td></td></tr>
<tr><td rowspan="5">4</td><td rowspan="5">允许偏差</td><td>立面垂直度（mm）</td><td>3</td><td>/</td><td></td><td></td></tr>
<tr><td>表面平整度（mm）</td><td>2</td><td>/</td><td></td><td></td></tr>
<tr><td>接缝直线度（mm）</td><td>3</td><td>/</td><td></td><td></td></tr>
<tr><td>接缝高低差（mm）</td><td>2</td><td>/</td><td></td><td></td></tr>
<tr><td>接缝宽度（mm）</td><td>2</td><td>/</td><td></td><td></td></tr>
<tr><td colspan="2">施工单位检查结果</td><td colspan="6">专业工长： 项目专业质量检查员： 年 月 日</td></tr>
<tr><td colspan="2">监理单位验收结论</td><td colspan="6">专业监理工程师：
年 月 日</td></tr>
</table>

7.2.6.34 轨道验·土-291 玻璃隔墙检验批质量验收记录

市政基础设施工程

玻璃隔墙检验批质量验收记录

市政验·土-291

第 页，共 页

<table>
<tr><td colspan="3">工程名称</td><td colspan="6"></td></tr>
<tr><td colspan="3">单位工程名称</td><td colspan="6"></td></tr>
<tr><td colspan="3">施工单位</td><td colspan="2"></td><td colspan="2">分包单位</td><td colspan="2"></td></tr>
<tr><td colspan="3">项目负责人</td><td colspan="2"></td><td colspan="2">项目技术负责人</td><td colspan="2"></td></tr>
<tr><td colspan="3">分部（子分部）工程名称</td><td colspan="2"></td><td colspan="2">分项工程名称</td><td colspan="2"></td></tr>
<tr><td colspan="3">验收部位/区段</td><td colspan="2"></td><td colspan="2">检验批容量</td><td colspan="2"></td></tr>
<tr><td colspan="3">施工及验收依据</td><td colspan="6">《建筑装饰装修工程质量验收标准》GB 50210</td></tr>
<tr><td colspan="4">验收项目</td><td colspan="2">设计要求或规范规定</td><td>最小/实际抽样数量</td><td>检查记录</td><td>检查结果</td></tr>
<tr><td rowspan="6">主控项目</td><td>1</td><td colspan="2">材料品种、规格、性能</td><td colspan="2">第8.5.1条</td><td>/</td><td></td><td></td></tr>
<tr><td>2</td><td colspan="2">砌筑或安装</td><td colspan="2">第8.5.2条</td><td>/</td><td></td><td></td></tr>
<tr><td>3</td><td colspan="2">受力杆及橡胶垫、玻璃板安装</td><td colspan="2">第8.5.3条</td><td>/</td><td></td><td></td></tr>
<tr><td>4</td><td colspan="2">受力爪件连接情况</td><td colspan="2">第8.5.4条</td><td>/</td><td></td><td></td></tr>
<tr><td>5</td><td colspan="2">与墙板连接、地弹簧安装情况</td><td colspan="2">第8.5.5条</td><td>/</td><td></td><td></td></tr>
<tr><td>6</td><td colspan="2">拉结筋与基体连接情况</td><td colspan="2">第8.5.6条</td><td>/</td><td></td><td></td></tr>
<tr><td rowspan="10">一般项目</td><td>1</td><td colspan="2">表面质量</td><td colspan="2">第8.5.7条</td><td>/</td><td></td><td></td></tr>
<tr><td>2</td><td colspan="2">接缝</td><td colspan="2">第8.5.8条</td><td>/</td><td></td><td></td></tr>
<tr><td>3</td><td colspan="2">嵌缝及勾缝</td><td colspan="2">第8.5.9条</td><td>/</td><td></td><td></td></tr>
<tr><td rowspan="7">4</td><td rowspan="7">允许偏差</td><td></td><td>玻璃砖</td><td>玻璃板</td><td></td><td></td><td></td></tr>
<tr><td>立面垂直度（mm）</td><td>3</td><td>2</td><td>/</td><td></td><td></td></tr>
<tr><td>表面平整度（mm）</td><td>3</td><td>—</td><td>/</td><td></td><td></td></tr>
<tr><td>阴阳角方正（mm）</td><td>—</td><td>2</td><td></td><td></td><td></td></tr>
<tr><td>接缝直线度（mm）</td><td>—</td><td>2</td><td>/</td><td></td><td></td></tr>
<tr><td>接缝高低差（mm）</td><td>3</td><td>2</td><td>/</td><td></td><td></td></tr>
<tr><td>接缝宽度（mm）</td><td>—</td><td>1</td><td>/</td><td></td><td></td></tr>
<tr><td>施工单位检查结果</td><td colspan="8">专业工长：　　项目专业质量检查员：　　年　月　日</td></tr>
<tr><td>监理单位验收结论</td><td colspan="8">专业监理工程师：
年　月　日</td></tr>
</table>

7.2.6.35 轨道验·土-292 饰面板安装（石板）检验批质量验收记录

市政基础设施工程

饰面板安装（石板）检验批质量验收记录

市政验·土-292

第 页，共 页

工程名称			
单位工程名称			
施工单位		分包单位	
项目负责人		项目技术负责人	
分部（子分部）工程名称		分项工程名称	
验收部位/区段		检验批容量	
施工及验收依据	《建筑装饰装修工程质量验收标准》GB 50210		

验收项目				设计要求或规范规定			最小/实际抽样数量	检查记录	检查结果
主控项目	1	石板品种、规格、质量		第 9.2.1 条			/		
	2	石板孔、槽、位置、尺寸		第 9.2.2 条			/		
	3	石板安装		第 9.2.3 条			/		
	4	石板与基层连接情况		第 9.2.4 条			/		
一般项目	1	石板表面质量		第 9.2.5 条			/		
	2	石板嵌缝		第 9.2.6 条					
	3	湿作业施工		第 9.2.7 条			/		
	4	石板孔洞套割		第 9.2.8 条			/		
				光面	剁斧石	蘑菇石			
	5	允许偏差	立面垂直度（mm）	2	3	3	/		
			表面平整度（mm）	2	3	—	/		
			阴阳角方正（mm）	2	4	4	/		
			接缝直线度（mm）	2	4	4	/		
			墙裙、勒角上口直线度（mm）	2	3	3	/		
			接缝高低差（mm）	1	3	—	/		
			接缝宽度（mm）	1	2	2	/		
施工单位检查结果	专业工长： 项目专业质量检查员： 年 月 日								
监理单位验收结论	专业监理工程师： 年 月 日								

7.2.6.36 轨道验·土-293 饰面板安装（陶瓷板）检验批质量验收记录

市政基础设施工程

饰面板安装（陶瓷板）检验批质量验收记录

市政验·土-293

第　　页，共　　页

工程名称			
单位工程名称			
施工单位		分包单位	
项目负责人		项目技术负责人	
分部（子分部）工程名称		分项工程名称	
验收部位/区段		检验批容量	
施工及验收依据	《建筑装饰装修工程质量验收标准》GB 50210		

验收项目				设计要求或规范规定	最小/实际抽样数量	检查记录	检查结果
主控项目	1	陶瓷板品种、规格、质量		第9.3.1条	/		
	2	陶瓷板孔、槽、位置、尺寸		第9.3.2条	/		
	3	陶瓷板安装		第9.3.3条	/		
	4	陶瓷板与基层粘结情况		第9.3.4条	/		
一般项目	1	陶瓷板表面质量		第9.3.5条	/		
	2	陶瓷板嵌缝		第9.3.6条			
	3	湿作业施工		第9.3.7条	/		
	4	陶瓷板孔洞套割		第9.3.8条	/		
	5	允许偏差	立面垂直度（mm）	2			
			表面平整度（mm）	2	/		
			阴阳角方正（mm）	2	/		
			接缝直线度（mm）	2			
			墙裙、勒角上口直线度（mm）	2	/		
			接缝高低差（mm）	1	/		
			接缝宽度（mm）	1	/		

施工单位检查结果	专业工长：　　　　项目专业质量检查员：　　　　年　　月　　日
监理单位验收结论	专业监理工程师： 年　　月　　日

7.2.6.37 轨道验·土-294 饰面板安装（木板）检验批质量验收记录

市政基础设施工程

饰面板安装（木板）检验批质量验收记录

市政验·土-294

第　　页，共　　页

工程名称			
单位工程名称			
施工单位		分包单位	
项目负责人		项目技术负责人	
分部（子分部）工程名称		分项工程名称	
验收部位/区段		检验批容量	
施工及验收依据	《建筑装饰装修工程质量验收标准》GB 50210		

验收项目				设计要求或规范规定	最小/实际抽样数量	检查记录	检查结果
主控项目	1	木板品种、规格、质量		第9.4.1条	/		
	2	木板安装		第9.4.2条	/		
一般项目	1	木板表面质量		第9.4.3条	/		
	2	木板嵌缝		第9.4.4条	/		
	3	木板孔洞套割		第9.4.5条	/		
	4	允许偏差	立面垂直度（mm）	2	/		
			表面平整度（mm）	1	/		
			阴阳角方正（mm）	2	/		
			接缝直线度（mm）	2	/		
			墙裙、勒角上口直线度（mm）	2	/		
			接缝高低差（mm）	1	/		
			接缝宽度（mm）	1	/		

施工单位检查结果	专业工长：　　　　项目专业质量检查员：　　　　年　　月　　日
监理单位验收结论	专业监理工程师：　　　　年　　月　　日

7.2.6.38 轨道验·土-295 饰面板安装（金属板）检验批质量验收记录

市政基础设施工程

饰面板安装（金属板）检验批质量验收记录

市政验·土-295

第　　页，共　　页

工程名称			
单位工程名称			
施工单位		分包单位	
项目负责人		项目技术负责人	
分部（子分部）工程名称		分项工程名称	
验收部位/区段		检验批容量	
施工及验收依据	《建筑装饰装修工程质量验收标准》GB 50210		

验收项目				设计要求或规范规定	最小/实际抽样数量	检查记录	检查结果
主控项目	1	金属板品种、规格、质量		第9.5.1条	/		
	2	金属板安装		第9.5.2条	/		
	3	金属板防雷装置		第9.5.3条	/		
一般项目	1	金属板表面质量		第9.5.4条	/		
	2	金属板嵌缝		第9.5.5条			
	3	金属板孔洞套割		第9.5.6条	/		
	4	允许偏差	立面垂直度（mm）	2	/		
			表面平整度（mm）	3	/		
			阴阳角方正（mm）	3	/		
			接缝直线度（mm）	2	/		
			墙裙、勒角上口直线度（mm）	2	/		
			接缝高低差（mm）	1	/		
			接缝宽度（mm）	1	/		
施工单位检查结果	专业工长：　　　　项目专业质量检查员：　　　　年　　月　　日						
监理单位验收结论	专业监理工程师：　　　　年　　月　　日						

7.2.6.39 轨道验·土-296 饰面板安装（塑料板）检验批质量验收记录

市政基础设施工程

饰面板安装（塑料板）检验批质量验收记录

市政验·土-296

第 页，共 页

<table>
<tr><td colspan="3">工程名称</td><td colspan="5"></td></tr>
<tr><td colspan="3">单位工程名称</td><td colspan="5"></td></tr>
<tr><td colspan="3">施工单位</td><td></td><td colspan="2">分包单位</td><td colspan="2"></td></tr>
<tr><td colspan="3">项目负责人</td><td></td><td colspan="2">项目技术负责人</td><td colspan="2"></td></tr>
<tr><td colspan="3">分部（子分部）工程名称</td><td></td><td colspan="2">分项工程名称</td><td colspan="2"></td></tr>
<tr><td colspan="3">验收部位/区段</td><td></td><td colspan="2">检验批容量</td><td colspan="2"></td></tr>
<tr><td colspan="3">施工及验收依据</td><td colspan="5">《建筑装饰装修工程质量验收标准》GB 50210</td></tr>
<tr><td colspan="4">验收项目</td><td>设计要求或规范规定</td><td>最小/实际抽样数量</td><td>检查记录</td><td>检查结果</td></tr>
<tr><td rowspan="4">主控项目</td><td>1</td><td colspan="2">塑料板品种、规格、质量</td><td>第9.6.1条</td><td>/</td><td></td><td></td></tr>
<tr><td>2</td><td colspan="2">塑料板安装</td><td>第9.6.2条</td><td>/</td><td></td><td></td></tr>
<tr><td></td><td colspan="2"></td><td></td><td>/</td><td></td><td></td></tr>
<tr><td></td><td colspan="2"></td><td></td><td></td><td></td><td></td></tr>
<tr><td rowspan="10">一般项目</td><td>1</td><td colspan="2">塑料板表面质量</td><td>第9.6.3条</td><td>/</td><td></td><td></td></tr>
<tr><td>2</td><td colspan="2">塑料板接缝</td><td>第9.6.4条</td><td>/</td><td></td><td></td></tr>
<tr><td>3</td><td colspan="2">塑料板孔洞套割</td><td>第9.6.5条</td><td>/</td><td></td><td></td></tr>
<tr><td rowspan="7">4</td><td rowspan="7">允许偏差</td><td>立面垂直度（mm）</td><td>2</td><td>/</td><td></td><td></td></tr>
<tr><td>表面平整度（mm）</td><td>3</td><td>/</td><td></td><td></td></tr>
<tr><td>阴阳角方正（mm）</td><td>3</td><td>/</td><td></td><td></td></tr>
<tr><td>接缝直线度（mm）</td><td>2</td><td>/</td><td></td><td></td></tr>
<tr><td>墙裙、勒角上口直线度（mm）</td><td>2</td><td>/</td><td></td><td></td></tr>
<tr><td>接缝高低差（mm）</td><td>1</td><td>/</td><td></td><td></td></tr>
<tr><td>接缝宽度（mm）</td><td>1</td><td>/</td><td></td><td></td></tr>
<tr><td>施工单位检查结果</td><td colspan="7">专业工长： 项目专业质量检查员： 年 月 日</td></tr>
<tr><td>监理单位验收结论</td><td colspan="7">专业监理工程师：
年 月 日</td></tr>
</table>

7.2.6.40 轨道验·土-297 饰面砖粘贴（内墙）检验批质量验收记录

市政基础设施工程

饰面砖粘贴（内墙）检验批质量验收记录

轨道验·土-297

第　　页，共　　页

工程名称							
单位工程名称							
施工单位				分包单位			
项目负责人				项目技术负责人			
分部（子分部）工程名称				分项工程名称			
验收部位/区段				检验批容量			
施工及验收依据	《建筑装饰装修工程施工质量验收标准》GB 50210						
验收项目				设计要求或规范规定	最小/实际抽样数量	检查记录	检查结果
主控项目	1	饰面砖品种、规格、质量		第10.2.1条	/		
	2	饰面砖粘贴材料		第10.2.2条	/		
	3	饰面砖粘贴		第10.2.3条	/		
	4	满粘法施工		第10.2.4条	/		
一般项目	1	饰面砖表面质量		第10.2.5条	/		
	2	墙面突出物周围		第10.2.6条	/		
	3	饰面砖接缝、填嵌、宽深		第10.2.7条	/		
	4	粘贴允许偏差（mm）	立面垂直度	2	/		
			表面平整度	3	/		
			阴阳角方正	3	/		
			接缝直线度	2	/		
			接缝高低差	1	/		
			接缝宽度	1	/		
施工单位检查结果	专业工长：　　项目专业质量检查员：　　年　月　日						
监理单位验收结论	专业监理工程师：　　年　月　日						

7.2.6.41 轨道验·土-298 饰面砖粘贴（外墙）检验批质量验收记录

市政基础设施工程

饰面砖粘贴（外墙）检验批质量验收记录

轨道验·土-298

第 页，共 页

工程名称						
单位工程名称						
施工单位			分包单位			
项目负责人			项目技术负责人			
分部（子分部）工程名称			分项工程名称			
验收部位/区段			检验批容量			
施工及验收依据	《建筑装饰装修工程施工质量验收标准》GB 50210					

验收项目				设计要求或规范规定	最小/实际抽样数量	检查记录	检查结果
主控项目	1	饰面砖品种、规格、质量		第10.3.1条	/		
	2	饰面砖粘贴材料		第10.3.2条	/		
	3	饰面砖伸缩缝		第10.3.3条	/		
	4	饰面砖粘贴		第10.3.4条	/		
	5	饰面砖工程质量		第10.3.5条	/		
一般项目	1	饰面砖表面质量		第10.3.6条	/		
	2	阴阳角		第10.3.7条	/		
	3	墙面突出物周围		第10.3.8条	/		
	4	饰面砖接缝、填嵌、宽深		第10.3.9条	/		
	5	滴水线（槽）		第10.3.10条	/		
	6	粘贴允许偏差（mm）	立面垂直度	3	/		
			表面平整度	4	/		
			阴阳角方正	3	/		
			接缝直线度	3	/		
			接缝高低差	1	/		
			接缝宽度	1	/		
施工单位检查结果	专业工长：			项目专业质量检查员：		年 月 日	
监理单位验收结论	专业监理工程师：					年 月 日	

7.2.6.42 轨道验·土-299 玻璃幕墙安装检验批质量验收记录

市政基础设施工程

玻璃幕墙安装检验批质量验收记录

轨道验·土-299

第 页，共 页

工程名称						
单位工程名称						
施工单位			分包单位			
项目负责人			项目技术负责人			
分部（子分部）工程名称			分项工程名称			
验收部位/区段			检验批容量			
施工及验收依据	《建筑装饰装修工程施工质量验收标准》GB 50210					
验收项目			设计要求或规范规定	最小/实际抽样数量	检查记录	检查结果
主控项目	1	玻璃幕墙工程所用材料、构件和组件质量	第11.2.1.1条	/		
	2	玻璃幕墙的造型和立面分格	第11.2.1.2条	/		
	3	玻璃幕墙主体结构上的埋件	第11.2.1.3条	/		
	4	玻璃幕墙连接安装质量	第11.2.1.4条	/		
	5	隐、框或半隐框玻璃幕墙玻璃托条	第11.2.1.5条	/		
	6	明框玻璃幕墙的玻璃安装质量	第11.2.1.6条	/		
	7	吊挂在主体结构上的全玻璃幕墙吊夹具和玻璃接缝密封	第11.2.1.7条	/		
	8	玻璃幕墙节点、各种变形缝、墙角的连接点	第11.2.1.8条	/		
	9	玻璃幕墙的防火、保温、防潮材料的设置	第11.2.1.9条	/		
	10	玻璃幕墙防水效果	第11.2.1.10条	/		
	11	金属框架和连接件的防腐处理	第11.2.1.11条	/		
	12	玻璃幕墙开启窗的配件安装质量	第11.2.1.12条	/		
	13	玻璃幕墙防雷	第11.2.1.13条	/		
一般项目	1	玻璃幕墙表面质量	第11.2.2.1条	/		
	2	玻璃和铝合金型材的表面质量	第11.2.2.2条	/		
	3	明框玻璃幕墙的外露框或压条	第11.2.2.3条	/		
	4	玻璃幕墙拼缝	第11.2.2.4条	/		
	5	玻璃幕墙板缝注胶	第11.2.2.5条	/		
	6	玻璃幕墙隐蔽节点的遮封	第11.2.2.6条	/		
	7	玻璃幕墙安装偏差	第11.2.2.7条	/		
施工单位检查结果	专业工长： 项目专业质量检查员： 年 月 日					
监理单位验收结论	专业监理工程师： 年 月 日					

7.2.6.43 轨道验·土-300 金属幕墙安装检验批质量验收记录

市政基础设施工程

金属幕墙安装检验批质量验收记录

轨道验·土-300

第　　页，共　　页

工程名称			
单位工程名称			
施工单位		分包单位	
项目负责人		项目技术负责人	
分部（子分部）工程名称		分项工程名称	
验收部位/区段		检验批容量	
施工及验收依据	《建筑装饰装修工程施工质量验收标准》GB 50210		

验收项目			设计要求或规范规定	最小/实际抽样数量	检查记录	检查结果
主控项目	1	金属幕墙工程所用材料和配件质量	第11.3.1.1条	/		
	2	金属幕墙的造型、立面分格、颜色、光泽、花纹和图案	第11.3.1.2条	/		
	3	金属幕墙主体结构上的埋件	第11.3.1.3条	/		
	4	金属幕墙连接安装质量	第11.3.1.4条	/		
	5	金属幕墙的防火、保温、防潮材料的设置	第11.3.1.5条	/		
	6	金属框架和连接件的防腐处理	第11.3.1.6条	/		
	7	金属幕墙防雷	第11.3.1.7条	/		
	8	变形缝、墙角的连接节点	第11.3.1.8条	/		
	9	金属幕墙防水效果	第11.3.1.9条	/		
一般项目	1	金属幕墙表面质量	第11.3.2.1条	/		
	2	金属幕墙的压条安装质量	第11.3.2.2条	/		
	3	金属幕墙板缝注胶	第11.3.2.3条	/		
	4	金属幕墙流水坡向和滴水线	第11.3.2.4条	/		
	5	金属板表面质量	第11.3.2.5条	/		
	6	金属幕墙安装偏差	第11.3.2.6条	/		
施工单位检查结果	专业工长：　　项目专业质量检查员：　　年　月　日					
监理单位验收结论	专业监理工程师：　　年　月　日					

7.2.6.44 轨道验·土-301 石材幕墙安装检验批质量验收记录

市政基础设施工程

石材幕墙检验批质量验收记录

轨道验·土-301

第　　页，共　　页

工程名称						
单位工程名称						
施工单位			分包单位			
项目负责人			项目技术负责人			
分部（子分部）工程名称			分项工程名称			
验收部位/区段			检验批容量			
施工及验收依据	《建筑装饰装修工程施工质量验收标准》GB 50210					
验收项目			设计要求或规范规定	最小/实际抽样数量	检查记录	检查结果
主控项目	1	石材幕墙工程所用材料质量	第11.4.1.1条	/		
	2	石材幕墙的造型、立面分格、颜色、光泽、花纹和图案	第11.4.1.2条	/		
	3	石材孔、槽加工质量	第11.4.1.3条	/		
	4	石材幕墙主体结构上的埋件	第11.4.1.4条	/		
	5	石材幕墙连接安装质量	第11.4.1.5条	/		
	6	金属框架和连接件的防腐处理	第11.4.1.6条	/		
	7	石材幕墙的防雷	第11.4.1.7条	/		
	8	石材幕墙的防火、保温、防潮材料的设置	第11.4.1.8条	/		
	9	变形缝、墙角的连接节点	第11.4.1.9条	/		
	10	石材表面和板缝的处理	第11.4.1.10条	/		
	11	有防水要求的石材幕墙防水效果	第11.4.1.11条	/		
一般项目	1	石材幕墙表面质量	第11.4.2.1条	/		
	2	石材幕墙的压条安装质量	第11.4.2.2条	/		
	3	石材接缝、阴阳角、凸凹线、洞口、槽	第11.4.2.3条	/		
	4	石材幕墙板缝注胶	第11.4.2.4条	/		
	5	石材幕墙流水坡向和滴水线	第11.4.2.5条	/		
	6	石材表面质量	第11.4.2.6条	/		
	7	石材幕墙安装偏差	第11.4.2.7条	/		
施工单位检查结果	专业工长：　　项目专业质量检查员：　　年　月　日					
监理单位验收结论	专业监理工程师：　　年　月　日					

7.2.6.45 轨道验·土-302 人造板材幕墙安装检验批质量验收记录

市政基础设施工程

人造板材幕墙检验批质量验收记录

轨道验·土-302

第 页，共 页

工程名称					
单位工程名称					
施工单位		分包单位			
项目负责人		项目技术负责人			
分部（子分部）工程名称		分项工程名称			
验收部位/区段		检验批容量			
施工及验收依据	《建筑装饰装修工程施工质量验收标准》GB 50210				

验收项目			设计要求或规范规定	最小/实际抽样数量	检查记录	检查结果
主控项目	1	人造板材幕墙工程所用材料、构件和组件质量	第11.5.1.1条	/		
	2	人造板材幕墙的造型、立面分格、颜色、光泽、花纹和图案	第11.5.1.2条	/		
	3	人造板材幕墙主体结构上的埋件	第11.5.1.3条	/		
	4	人造板材幕墙连接安装质量	第11.5.1.4条	/		
	5	金属框架和连接件的防腐处理	第11.5.1.5条	/		
	6	人造板材幕墙防雷	第11.5.1.6条	/		
	7	人造板材幕墙的防火、保温、防潮材料的设置	第11.5.1.7条	/		
	8	变形缝、墙角的连接节点	第11.5.1.8条	/		
	9	有防水要求的人造板材幕墙防水效果	第11.5.1.9条	/		
一般项目	1	人造板材幕墙表面质量	第11.5.2.1条	/		
	2	板缝	第11.5.2.2条	/		
	3	人造板材幕墙流水坡向和滴水线	第11.5.2.3条	/		
	4	人造板材表面质量	第11.5.2.4条	/		
	5	人造板材幕墙安装偏差	第11.5.2.5条	/		
施工单位检查结果	专业工长： 项目专业质量检查员： 年 月 日					
监理单位验收结论	专业监理工程师： 年 月 日					

7.2.6.46 轨道验·土-303 水性涂料涂饰检验批质量验收记录

市政基础设施工程

水性涂料涂饰检验批质量验收记录

轨道验·土-303

第 页，共 页

<table>
<tr><td colspan="4">工程名称</td><td colspan="5"></td></tr>
<tr><td colspan="4">单位工程名称</td><td colspan="5"></td></tr>
<tr><td colspan="4">施工单位</td><td colspan="2"></td><td colspan="2">分包单位</td><td></td></tr>
<tr><td colspan="4">项目负责人</td><td colspan="2"></td><td colspan="2">项目技术负责人</td><td></td></tr>
<tr><td colspan="4">分部（子分部）工程名称</td><td colspan="2"></td><td colspan="2">分项工程名称</td><td></td></tr>
<tr><td colspan="4">验收部位/区段</td><td colspan="2"></td><td colspan="2">检验批容量</td><td></td></tr>
<tr><td colspan="4">施工及验收依据</td><td colspan="5">《建筑装饰装修工程质量验收标准》GB 50210</td></tr>
<tr><td colspan="5">验收项目</td><td>设计要求或规范规定</td><td>最小/实际抽样数量</td><td>检查记录</td><td>检查结果</td></tr>
<tr><td rowspan="4">主控项目</td><td>1</td><td colspan="3">涂料品种、型号、性能</td><td>第 12.2.1 条</td><td>/</td><td></td><td></td></tr>
<tr><td>2</td><td colspan="3">涂饰颜色和图案</td><td>第 12.2.2 条</td><td>/</td><td></td><td></td></tr>
<tr><td>3</td><td colspan="3">涂饰综合质量</td><td>第 12.2.3 条</td><td>/</td><td></td><td></td></tr>
<tr><td>4</td><td colspan="3">基层处理</td><td>第 12.2.4 条</td><td>/</td><td></td><td></td></tr>
<tr><td rowspan="22">一般项目</td><td rowspan="10">1</td><td rowspan="10">薄涂料涂饰质量允许偏差</td><td rowspan="2">颜色</td><td>普通涂饰</td><td>均匀一致</td><td>/</td><td></td><td></td></tr>
<tr><td>高级涂饰</td><td>均匀一致</td><td>/</td><td></td><td></td></tr>
<tr><td rowspan="2">光泽、光滑</td><td>普通涂饰</td><td>光泽均匀，光滑无挡手感</td><td>/</td><td></td><td></td></tr>
<tr><td>高级涂饰</td><td>光泽均匀一致，光滑</td><td>/</td><td></td><td></td></tr>
<tr><td rowspan="2">泛碱、咬色</td><td>普通涂饰</td><td>允许少量轻微</td><td>/</td><td></td><td></td></tr>
<tr><td>高级涂饰</td><td>不允许</td><td>/</td><td></td><td></td></tr>
<tr><td rowspan="2">流坠、疙瘩</td><td>普通涂饰</td><td>允许少量轻微</td><td>/</td><td></td><td></td></tr>
<tr><td>高级涂饰</td><td>不允许</td><td>/</td><td></td><td></td></tr>
<tr><td rowspan="2">砂眼、刷纹</td><td>普通涂饰</td><td>允许少量轻微砂眼、刷纹通顺</td><td>/</td><td></td><td></td></tr>
<tr><td>高级涂饰</td><td>无砂眼、无刷纹</td><td>/</td><td></td><td></td></tr>
<tr><td rowspan="8">2</td><td rowspan="8">厚涂料涂饰质量允许偏差</td><td rowspan="2">颜色</td><td>普通涂饰</td><td>均匀一致</td><td>/</td><td></td><td></td></tr>
<tr><td>高级涂饰</td><td>均匀一致</td><td>/</td><td></td><td></td></tr>
<tr><td rowspan="2">光泽</td><td>普通涂饰</td><td>光泽基本均匀</td><td>/</td><td></td><td></td></tr>
<tr><td>高级涂饰</td><td>光泽均匀一致</td><td>/</td><td></td><td></td></tr>
<tr><td rowspan="2">泛碱、咬色</td><td>普通涂饰</td><td>允许少量轻微</td><td>/</td><td></td><td></td></tr>
<tr><td>高级涂饰</td><td>不允许</td><td>/</td><td></td><td></td></tr>
<tr><td rowspan="2">点状分布</td><td>普通涂饰</td><td>—</td><td>/</td><td></td><td></td></tr>
<tr><td>高级涂饰</td><td>疏密均匀</td><td>/</td><td></td><td></td></tr>
<tr><td rowspan="4">3</td><td rowspan="4">复层涂饰质量允许偏差</td><td colspan="2">颜色</td><td>均匀一致</td><td>/</td><td></td><td></td></tr>
<tr><td colspan="2">光泽</td><td>光泽基本均匀</td><td>/</td><td></td><td></td></tr>
<tr><td colspan="2">泛碱、咬色</td><td>不允许</td><td>/</td><td></td><td></td></tr>
<tr><td colspan="2">喷点疏密程度</td><td>均匀，不允许连片</td><td>/</td><td></td><td></td></tr>
<tr><td>施工单位检查结果</td><td colspan="8">专业工长： 项目专业质量检查员： 年 月 日</td></tr>
<tr><td>监理单位验收结论</td><td colspan="8">专业监理工程师：
年 月 日</td></tr>
</table>

7.2.6.47 轨道验·土-304-1 溶剂型涂料涂饰检验批质量验收记录（一）

市政基础设施工程

溶剂型涂料涂饰检验批质量验收记录（一）

轨道验·土-304-1

第　　页，共　　页

工程名称			
单位工程名称			
施工单位		分包单位	
项目负责人		项目技术负责人	
分部（子分部）工程名称		分项工程名称	
验收部位/区段		检验批容量	
施工及验收依据	《建筑装饰装修工程质量验收标准》GB 50210		

验收项目					设计要求或规范规定	最小/实际抽样数量	检查记录	检查结果
主控项目	1	涂料品种、型号、性能			第12.3.1条	/		
	2	涂饰颜色和图案			第12.3.2条	/		
	3	涂饰综合质量			第12.3.3条	/		
	4	基层处理			第12.3.4条	/		
	5	与其他材料衔接吻合、清晰			第12.3.7条			
一般项目	1	色漆涂饰质量及允许偏差（mm）	颜色	普通涂饰	均匀一致	/		
				高级涂饰	均匀一致	/		
			光泽、光滑	普通涂饰	光泽基本均匀光滑无挡手感	/		
				高级涂饰	光泽均匀一致光滑	/		
			刷纹	普通涂饰	刷纹通顺	/		
				高级涂饰	无刷纹	/		
			裹棱、流坠、皱皮	普通涂饰	明显处不允许	/		
				高级涂饰	不允许	/		
	2	清漆涂饰质量（mm）	颜色	普通涂饰	基本一致	/		
				高级涂饰	均匀一致	/		
			木纹	普通涂饰	棕眼刮平、木纹清楚	/		
				高级涂饰	棕眼刮平、木纹清楚	/		
			光泽、光滑	普通涂饰	光泽基本均匀光滑无挡手感	/		
				高级涂饰	光泽均匀一致光滑	/		
			刷纹	普通涂饰	无刷纹	/		
				高级涂饰	无刷纹	/		
			裹棱、流坠、皱皮	普通涂饰	明显处不允许	/		
				高级涂饰	不允许	/		
施工单位检查结果	专业工长：　　项目专业质量检查员：　　年　月　日							
监理单位验收结论	专业监理工程师：　　年　月　日							

7.2.6.48 轨道验·土-304-2 溶剂型涂料涂饰检验批质量验收记录（二）

市政基础设施工程

溶剂型涂料涂饰检验批质量验收记录（二）

轨道验·土-304-2

第　　页，共　　页

<table>
<tr><td colspan="5">工程名称</td><td colspan="6"></td></tr>
<tr><td colspan="5">单位工程名称</td><td colspan="6"></td></tr>
<tr><td colspan="5">施工单位</td><td colspan="2"></td><td colspan="2">分包单位</td><td colspan="2"></td></tr>
<tr><td colspan="5">项目负责人</td><td colspan="2"></td><td colspan="2">项目技术负责人</td><td colspan="2"></td></tr>
<tr><td colspan="5">分部（子分部）工程名称</td><td colspan="2"></td><td colspan="2">分项工程名称</td><td colspan="2"></td></tr>
<tr><td colspan="5">验收部位/区段</td><td colspan="2"></td><td colspan="2">检验批容量</td><td colspan="2"></td></tr>
<tr><td colspan="5">施工及验收依据</td><td colspan="6">《建筑装饰装修工程质量验收标准》GB 50210</td></tr>
<tr><td colspan="5">验收项目</td><td colspan="2">设计要求或规范规定</td><td>最小/实际抽样数量</td><td>检查记录</td><td>检查结果</td></tr>
<tr><td rowspan="20">一般项目</td><td rowspan="20">3</td><td rowspan="20">墙面溶剂型涂料（mm）</td><td rowspan="4">立面垂直度</td><td>普通涂饰</td><td rowspan="2">色漆</td><td>4</td><td>/</td><td></td><td></td></tr>
<tr><td>高级涂饰</td><td>3</td><td>/</td><td></td><td></td></tr>
<tr><td>普通涂饰</td><td rowspan="2">清漆</td><td>3</td><td>/</td><td></td><td></td></tr>
<tr><td>高级涂饰</td><td>2</td><td>/</td><td></td><td></td></tr>
<tr><td rowspan="4">表面平整度</td><td>普通涂饰</td><td rowspan="2">色漆</td><td>4</td><td>/</td><td></td><td></td></tr>
<tr><td>高级涂饰</td><td>3</td><td>/</td><td></td><td></td></tr>
<tr><td>普通涂饰</td><td rowspan="2">清漆</td><td>3</td><td>/</td><td></td><td></td></tr>
<tr><td>高级涂饰</td><td>2</td><td>/</td><td></td><td></td></tr>
<tr><td rowspan="4">阴阳角反正</td><td>普通涂饰</td><td rowspan="2">色漆</td><td>4</td><td>/</td><td></td><td></td></tr>
<tr><td>高级涂饰</td><td>3</td><td>/</td><td></td><td></td></tr>
<tr><td>普通涂饰</td><td rowspan="2">清漆</td><td>3</td><td>/</td><td></td><td></td></tr>
<tr><td>高级涂饰</td><td>2</td><td>/</td><td></td><td></td></tr>
<tr><td rowspan="4">装饰线、分色线直线度</td><td>普通涂饰</td><td rowspan="2">色漆</td><td>2</td><td>/</td><td></td><td></td></tr>
<tr><td>高级涂饰</td><td>1</td><td>/</td><td></td><td></td></tr>
<tr><td>普通涂饰</td><td rowspan="2">清漆</td><td>2</td><td>/</td><td></td><td></td></tr>
<tr><td>高级涂饰</td><td>1</td><td>/</td><td></td><td></td></tr>
<tr><td rowspan="4">墙裙、勒脚上口直线度</td><td>普通涂饰</td><td rowspan="2">色漆</td><td>2</td><td>/</td><td></td><td></td></tr>
<tr><td>高级涂饰</td><td>1</td><td>/</td><td></td><td></td></tr>
<tr><td>普通涂饰</td><td rowspan="2">清漆</td><td>2</td><td>/</td><td></td><td></td></tr>
<tr><td>高级涂饰</td><td>1</td><td>/</td><td></td><td></td></tr>
<tr><td>施工单位检查结果</td><td colspan="10">专业工长：　　　　项目专业质量检查员：　　　　年　月　日</td></tr>
<tr><td>监理单位验收结论</td><td colspan="10">专业监理工程师：
年　月　日</td></tr>
</table>

7.2.6.49 轨道验·土-305 美术涂饰检验批质量验收记录

市政基础设施工程

美术涂饰检验批质量验收记录

轨道验·土-305

第　　页，共　　页

<table>
<tr><td colspan="3">工程名称</td><td colspan="5"></td></tr>
<tr><td colspan="3">单位工程名称</td><td colspan="5"></td></tr>
<tr><td colspan="3">施工单位</td><td></td><td colspan="2">分包单位</td><td colspan="2"></td></tr>
<tr><td colspan="3">项目负责人</td><td></td><td colspan="2">项目技术负责人</td><td colspan="2"></td></tr>
<tr><td colspan="3">分部（子分部）工程名称</td><td></td><td colspan="2">分项工程名称</td><td colspan="2"></td></tr>
<tr><td colspan="3">验收部位/区段</td><td></td><td colspan="2">检验批容量</td><td colspan="2"></td></tr>
<tr><td colspan="3">施工及验收依据</td><td colspan="5">《建筑装饰装修工程施工质量验收标准》GB 50210</td></tr>
<tr><td colspan="4">验收项目</td><td>设计要求或规范规定</td><td>最小/实际抽样数量</td><td>检查记录</td><td>检查结果</td></tr>
<tr><td rowspan="4">主控项目</td><td>1</td><td colspan="2">材料品种、型号、性能</td><td>第12.4.1条</td><td>/</td><td></td><td></td></tr>
<tr><td>2</td><td colspan="2">涂饰综合质量</td><td>第12.4.2条</td><td>/</td><td></td><td></td></tr>
<tr><td>3</td><td colspan="2">基层处理</td><td>第12.4.3条</td><td>/</td><td></td><td></td></tr>
<tr><td>4</td><td colspan="2">套色、花纹、图案</td><td>第12.4.4条</td><td>/</td><td></td><td></td></tr>
<tr><td rowspan="8">一般项目</td><td>1</td><td colspan="2">表面质量</td><td>第12.4.5条</td><td>/</td><td></td><td></td></tr>
<tr><td>2</td><td colspan="2">仿花纹涂饰表面质量</td><td>第12.4.6条</td><td>/</td><td></td><td></td></tr>
<tr><td>3</td><td colspan="2">套色涂饰图案</td><td>第12.4.7条</td><td>/</td><td></td><td></td></tr>
<tr><td rowspan="5">4</td><td rowspan="5">涂饰允许偏差(mm)</td><td>立面垂直度</td><td>4</td><td>/</td><td></td><td></td></tr>
<tr><td>表面平整度</td><td>4</td><td>/</td><td></td><td></td></tr>
<tr><td>阴阳角方正</td><td>4</td><td>/</td><td></td><td></td></tr>
<tr><td>装饰线、分色线直线度</td><td>2</td><td>/</td><td></td><td></td></tr>
<tr><td>墙裙、勒脚上口直线度</td><td>2</td><td>/</td><td></td><td></td></tr>
<tr><td colspan="2">施工单位检查结果</td><td colspan="6">专业工长：　　　　项目专业质量检查员：　　　　年　　月　　日</td></tr>
<tr><td colspan="2">监理单位验收结论</td><td colspan="6">专业监理工程师：
年　　月　　日</td></tr>
</table>

7.2.6.50 轨道验·土-306 裱糊检验批质量验收记录

市政基础设施工程

裱糊检验批质量验收记录

轨道验·土-306

第 页，共 页

<table>
<tr><td colspan="3">工程名称</td><td colspan="6"></td></tr>
<tr><td colspan="3">单位工程名称</td><td colspan="6"></td></tr>
<tr><td colspan="3">施工单位</td><td colspan="2"></td><td colspan="2">分包单位</td><td colspan="2"></td></tr>
<tr><td colspan="3">项目负责人</td><td colspan="2"></td><td colspan="2">项目技术负责人</td><td colspan="2"></td></tr>
<tr><td colspan="3">分部（子分部）工程名称</td><td colspan="2"></td><td colspan="2">分项工程名称</td><td colspan="2"></td></tr>
<tr><td colspan="3">验收部位/区段</td><td colspan="2"></td><td colspan="2">检验批容量</td><td colspan="2"></td></tr>
<tr><td colspan="3">施工及验收依据</td><td colspan="6">《建筑装饰装修工程施工质量验收标准》GB 50210</td></tr>
<tr><td colspan="4">验收项目</td><td>设计要求或规范规定</td><td>最小/实际抽样数量</td><td>检查记录</td><td colspan="2">检查结果</td></tr>
<tr><td rowspan="4">主控项目</td><td>1</td><td colspan="2">材料品种、型号、规格、性能</td><td>第13.2.1条</td><td>/</td><td></td><td colspan="2"></td></tr>
<tr><td>2</td><td colspan="2">基层处理</td><td>第13.2.2条</td><td>/</td><td></td><td colspan="2"></td></tr>
<tr><td>3</td><td colspan="2">各幅拼接</td><td>第13.2.3条</td><td>/</td><td></td><td colspan="2"></td></tr>
<tr><td>4</td><td colspan="2">壁纸、墙布粘贴</td><td>第13.2.4条</td><td>/</td><td></td><td colspan="2"></td></tr>
<tr><td rowspan="10">一般项目</td><td>1</td><td colspan="2">裱糊表面质量</td><td>第13.2.5条</td><td>/</td><td></td><td colspan="2"></td></tr>
<tr><td>2</td><td colspan="2">壁纸压痕及发泡层</td><td>第13.2.6条</td><td>/</td><td></td><td colspan="2"></td></tr>
<tr><td>3</td><td colspan="2">与装饰线、设备线盒交接</td><td>第13.2.7条</td><td>/</td><td></td><td colspan="2"></td></tr>
<tr><td>4</td><td colspan="2">壁纸、墙布边缘</td><td>第13.2.8条</td><td>/</td><td></td><td colspan="2"></td></tr>
<tr><td>5</td><td colspan="2">壁纸、墙布阴、阳角无接缝</td><td>第13.2.9条</td><td>/</td><td></td><td colspan="2"></td></tr>
<tr><td rowspan="3">6</td><td rowspan="3">裱糊允许偏差（mm）</td><td>表面平整度</td><td>3</td><td>/</td><td></td><td colspan="2"></td></tr>
<tr><td>立面垂直度</td><td>3</td><td>/</td><td></td><td colspan="2"></td></tr>
<tr><td>阴阳角方正</td><td>3</td><td>/</td><td></td><td colspan="2"></td></tr>
<tr><td></td><td colspan="2"></td><td></td><td></td><td></td><td colspan="2"></td></tr>
<tr><td></td><td colspan="2"></td><td></td><td></td><td></td><td colspan="2"></td></tr>
<tr><td colspan="2">施工单位检查结果</td><td colspan="7">专业工长： 项目专业质量检查员： 年 月 日</td></tr>
<tr><td colspan="2">监理单位验收结论</td><td colspan="7">专业监理工程师：
年 月 日</td></tr>
</table>

7.2.6.51 轨道验·土-307 软包工程检验批质量验收记录

市政基础设施工程

软包工程检验批质量验收记录

轨道验·土-307

第　　页，共　　页

工程名称						
单位工程名称						
施工单位			分包单位			
项目负责人			项目技术负责人			
分部（子分部）工程名称			分项工程名称			
验收部位/区段			检验批容量			
施工及验收依据	《建筑装饰装修工程施工质量验收标准》GB 50210					
验收项目			设计要求或规范规定	最小/实际抽样数量	检查记录	检查结果
主控项目	1	安装位置、构造做法	第13.3.1条	/		
	2	软包边框材料质量	第13.3.2条	/		
	3	软包衬板、面料及内衬材料质量	第13.3.3条	/		
	4	龙骨、边框安装质量	第13.3.4条	/		
	5	衬板安装质量	第13.3.5条	/		
一般项目	1	单块面料	第13.3.6条	/		
	2	软包表面质量	第13.3.7条	/		
	3	边框安装质量	第13.3.8条	/		
	4	内衬安装质量	第13.3.9条	/		
	5	墙面接缝质量	第13.3.10条	/		
	6	安装允许偏差(mm)：单块软包边框水平度	3	/		
		安装允许偏差(mm)：单块软包边框垂直度	3	/		
		安装允许偏差(mm)：单块软包对角线长度差	3	/		
		安装允许偏差(mm)：单块软包宽度、高度	0，−2	/		
		安装允许偏差(mm)：分格条（缝）直线度	3	/		
		安装允许偏差(mm)：裁口线条结合处高度差	1	/		
施工单位检查结果	专业工长：　　项目专业质量检查员：　　年　月　日					
监理单位验收结论	专业监理工程师：　　年　月　日					

7.2.6.52 轨道验·土-308 橱柜制作与安装检验批质量验收记录

市政基础设施工程

橱柜制作与安装检验批质量验收记录

轨道验·土-308

第　　页，共　　页

工程名称							
单位工程名称							
施工单位				分包单位			
项目负责人				项目技术负责人			
分部（子分部）工程名称				分项工程名称			
验收部位/区段				检验批容量			
施工及验收依据	《建筑装饰装修工程施工质量验收标准》GB 50210						
验收项目				设计要求或规范规定	最小/实际抽样数量	检查记录	检查结果
主控项目	1	材料质量		第14.2.1条	/		
	2	预埋件或后置埋件		第14.2.2条	/		
	3	制作、安装、固定方法		第14.2.3条	/		
	4	橱柜配件		第14.2.4条	/		
	5	抽屉和柜门		第14.2.5条	/		
一般项目	1	橱柜表面质量		第14.2.6条	/		
	2	橱柜裁口		第14.2.7条	/		
	3	橱柜安装允许偏差（mm）	外形尺寸	3	/		
			立面垂直度	2	/		
			门与框架的平行度	2	/		
施工单位检查结果	专业工长：　　　　项目专业质量检查员：　　　　年　　月　　日						
监理单位验收结论	专业监理工程师：　　　　年　　月　　日						

7.2.6.53 轨道验·土-309 窗帘盒、窗台板制作与安装检验批质量验收记录

市政基础设施工程

窗帘盒、窗台板制作与安装检验批质量验收记录

轨道验·土-309

第　　页，共　　页

<table>
<tr><td colspan="4">工程名称</td><td colspan="4"></td></tr>
<tr><td colspan="4">单位工程名称</td><td colspan="4"></td></tr>
<tr><td colspan="4">施工单位</td><td></td><td colspan="2">分包单位</td><td></td></tr>
<tr><td colspan="4">项目负责人</td><td></td><td colspan="2">项目技术负责人</td><td></td></tr>
<tr><td colspan="4">分部（子分部）工程名称</td><td></td><td colspan="2">分项工程名称</td><td></td></tr>
<tr><td colspan="4">验收部位/区段</td><td></td><td colspan="2">检验批容量</td><td></td></tr>
<tr><td colspan="4">施工及验收依据</td><td colspan="4">《建筑装饰装修工程施工质量验收标准》GB 50210</td></tr>
<tr><td colspan="4">验收项目</td><td>设计要求或规范规定</td><td>最小/实际抽样数量</td><td>检查记录</td><td>检查结果</td></tr>
<tr><td rowspan="3">主控项目</td><td>1</td><td colspan="2">材料质量</td><td>第 14.3.1 条</td><td>/</td><td></td><td></td></tr>
<tr><td>2</td><td colspan="2">造型尺寸、安装、固定方法</td><td>第 14.3.2 条</td><td>/</td><td></td><td></td></tr>
<tr><td>3</td><td colspan="2">窗帘盒配件</td><td>第 14.3.3 条</td><td>/</td><td></td><td></td></tr>
<tr><td rowspan="10">一般项目</td><td>1</td><td colspan="2">表面质量</td><td>第 14.3.4 条</td><td>/</td><td></td><td></td></tr>
<tr><td>2</td><td colspan="2">与墙面、窗框衔接</td><td>第 14.3.5 条</td><td>/</td><td></td><td></td></tr>
<tr><td rowspan="4">3</td><td rowspan="4">安装允许偏差（mm）</td><td>水平度</td><td>2</td><td>/</td><td></td><td></td></tr>
<tr><td>上口、下口直线度</td><td>3</td><td>/</td><td></td><td></td></tr>
<tr><td>两端距窗洞口长度差</td><td>2</td><td>/</td><td></td><td></td></tr>
<tr><td>两端出大墙厚度差</td><td>3</td><td>/</td><td></td><td></td></tr>
<tr><td></td><td colspan="2"></td><td></td><td></td><td></td><td></td></tr>
<tr><td></td><td colspan="2"></td><td></td><td></td><td></td><td></td></tr>
<tr><td></td><td colspan="2"></td><td></td><td></td><td></td><td></td></tr>
<tr><td></td><td colspan="2"></td><td></td><td></td><td></td><td></td></tr>
<tr><td>施工单位检查结果</td><td colspan="7">专业工长：　　　　项目专业质量检查员：　　　　年　　月　　日</td></tr>
<tr><td>监理单位验收结论</td><td colspan="7">专业监理工程师：
年　　月　　日</td></tr>
</table>

7.2.6.54 轨道验·土-310 门窗套制作与安装检验批质量验收记录

市政基础设施工程

门窗套制作与安装检验批质量验收记录

轨道验·土-310

第　　页，共　　页

<table>
<tr><td colspan="3">工程名称</td><td colspan="5"></td></tr>
<tr><td colspan="3">单位工程名称</td><td colspan="5"></td></tr>
<tr><td colspan="3">施工单位</td><td colspan="2"></td><td>分包单位</td><td colspan="2"></td></tr>
<tr><td colspan="3">项目负责人</td><td colspan="2"></td><td>项目技术负责人</td><td colspan="2"></td></tr>
<tr><td colspan="3">分部（子分部）工程名称</td><td colspan="2"></td><td>分项工程名称</td><td colspan="2"></td></tr>
<tr><td colspan="3">验收部位/区段</td><td colspan="2"></td><td>检验批容量</td><td colspan="2"></td></tr>
<tr><td colspan="3">施工及验收依据</td><td colspan="5">《建筑装饰装修工程施工质量验收标准》GB 50210</td></tr>
<tr><td colspan="4">验收项目</td><td>设计要求或规范规定</td><td>最小/实际抽样数量</td><td>检查记录</td><td>检查结果</td></tr>
<tr><td rowspan="5">主控项目</td><td>1</td><td colspan="2">材料质量</td><td>第14.4.1条</td><td>/</td><td></td><td></td></tr>
<tr><td>2</td><td colspan="2">造型、尺寸及固定方法</td><td>第14.4.2条</td><td>/</td><td></td><td></td></tr>
<tr><td></td><td colspan="2"></td><td></td><td></td><td></td><td></td></tr>
<tr><td></td><td colspan="2"></td><td></td><td></td><td></td><td></td></tr>
<tr><td></td><td colspan="2"></td><td></td><td></td><td></td><td></td></tr>
<tr><td rowspan="9">一般项目</td><td>1</td><td colspan="2">表面质量</td><td>第14.4.3条</td><td>/</td><td></td><td></td></tr>
<tr><td rowspan="3">2</td><td rowspan="3">安装允许偏差（mm）</td><td>正、侧面垂直度</td><td>3</td><td>/</td><td></td><td></td></tr>
<tr><td>门窗套上口水平度</td><td>1</td><td>/</td><td></td><td></td></tr>
<tr><td>门窗套上口直线度</td><td>3</td><td>/</td><td></td><td></td></tr>
<tr><td></td><td colspan="2"></td><td></td><td></td><td></td><td></td></tr>
<tr><td></td><td colspan="2"></td><td></td><td></td><td></td><td></td></tr>
<tr><td></td><td colspan="2"></td><td></td><td></td><td></td><td></td></tr>
<tr><td></td><td colspan="2"></td><td></td><td></td><td></td><td></td></tr>
<tr><td></td><td colspan="2"></td><td></td><td></td><td></td><td></td></tr>
<tr><td>施工单位检查结果</td><td colspan="7">专业工长：　　　　项目专业质量检查员：　　　　年　月　日</td></tr>
<tr><td>监理单位验收结论</td><td colspan="7">专业监理工程师：
年　月　日</td></tr>
</table>

7.2.6.55 轨道验·土-311 护栏与扶手制作与安装检验批质量验收记录

市政基础设施工程

护栏与扶手制作与安装检验批质量验收记录

轨道验·土-311

第 页，共 页

<table>
<tr><td colspan="3">工程名称</td><td colspan="5"></td></tr>
<tr><td colspan="3">单位工程名称</td><td colspan="5"></td></tr>
<tr><td colspan="3">施工单位</td><td colspan="2"></td><td colspan="2">分包单位</td><td></td></tr>
<tr><td colspan="3">项目负责人</td><td colspan="2"></td><td colspan="2">项目技术负责人</td><td></td></tr>
<tr><td colspan="3">分部（子分部）工程名称</td><td colspan="2"></td><td colspan="2">分项工程名称</td><td></td></tr>
<tr><td colspan="3">验收部位/区段</td><td colspan="2"></td><td colspan="2">检验批容量</td><td></td></tr>
<tr><td colspan="3">施工及验收依据</td><td colspan="5">《建筑装饰装修工程施工质量验收标准》GB 50210</td></tr>
<tr><td colspan="4">验收项目</td><td>设计要求或规范规定</td><td>最小/实际抽样数量</td><td>检查记录</td><td>检查结果</td></tr>
<tr><td rowspan="5">主控项目</td><td>1</td><td colspan="2">材料质量</td><td>第14.5.1条</td><td>/</td><td></td><td></td></tr>
<tr><td>2</td><td colspan="2">造型、尺寸、安装位置</td><td>第14.5.2条</td><td>/</td><td></td><td></td></tr>
<tr><td>3</td><td colspan="2">预埋件及连接</td><td>第14.5.3条</td><td>/</td><td></td><td></td></tr>
<tr><td>4</td><td colspan="2">护栏高度、位置与安装</td><td>第14.5.4条</td><td>/</td><td></td><td></td></tr>
<tr><td>5</td><td colspan="2">护栏玻璃</td><td>第14.5.5条</td><td>/</td><td></td><td></td></tr>
<tr><td rowspan="7">一般项目</td><td>1</td><td colspan="2">转角、接缝及表面质量</td><td>第14.5.6条</td><td>/</td><td></td><td></td></tr>
<tr><td rowspan="4">2</td><td rowspan="4">安装允许偏差（mm）</td><td>护栏垂直度</td><td>3</td><td>/</td><td></td><td></td></tr>
<tr><td>栏杆间距</td><td>3</td><td>/</td><td></td><td></td></tr>
<tr><td>扶手直线度</td><td>4</td><td>/</td><td></td><td></td></tr>
<tr><td>扶手高度</td><td>3</td><td>/</td><td></td><td></td></tr>
<tr><td></td><td colspan="2"></td><td></td><td></td><td></td><td></td></tr>
<tr><td></td><td colspan="2"></td><td></td><td></td><td></td><td></td></tr>
<tr><td>施工单位检查结果</td><td colspan="7">专业工长： 项目专业质量检查员： 年 月 日</td></tr>
<tr><td>监理单位验收结论</td><td colspan="7">专业监理工程师：
年 月 日</td></tr>
</table>

7.2.6.56 轨道验·土-312 花饰制作与安装检验批质量验收记录

市政基础设施工程

花饰制作与安装检验批质量验收记录

轨道验·土-312

第　　页，共　　页

<table>
<tr><td colspan="3">工程名称</td><td colspan="7"></td></tr>
<tr><td colspan="3">单位工程名称</td><td colspan="7"></td></tr>
<tr><td colspan="3">施工单位</td><td colspan="3"></td><td colspan="2">分包单位</td><td colspan="2"></td></tr>
<tr><td colspan="3">项目负责人</td><td colspan="3"></td><td colspan="2">项目技术负责人</td><td colspan="2"></td></tr>
<tr><td colspan="3">分部（子分部）工程名称</td><td colspan="3"></td><td colspan="2">分项工程名称</td><td colspan="2"></td></tr>
<tr><td colspan="3">验收部位/区段</td><td colspan="3"></td><td colspan="2">检验批容量</td><td colspan="2"></td></tr>
<tr><td colspan="3">施工及验收依据</td><td colspan="7">《建筑装饰装修工程施工质量验收标准》GB 50210</td></tr>
<tr><td colspan="5">验收项目</td><td colspan="2">设计要求或规范规定</td><td>最小/实际抽样数量</td><td>检查记录</td><td>检查结果</td></tr>
<tr><td rowspan="5">主控项目</td><td>1</td><td colspan="3">材料质量、规格</td><td colspan="2">第14.6.1条</td><td>/</td><td></td><td></td></tr>
<tr><td>2</td><td colspan="3">造型、尺寸</td><td colspan="2">第14.6.2条</td><td>/</td><td></td><td></td></tr>
<tr><td>3</td><td colspan="3">安装位置与固定方法</td><td colspan="2">第14.6.3条</td><td>/</td><td></td><td></td></tr>
<tr><td></td><td colspan="3"></td><td colspan="2"></td><td></td><td></td><td></td></tr>
<tr><td></td><td colspan="3"></td><td colspan="2"></td><td></td><td></td><td></td></tr>
<tr><td rowspan="7">一般项目</td><td>1</td><td colspan="3">表面质量</td><td colspan="2">第14.6.4条</td><td>/</td><td></td><td></td></tr>
<tr><td rowspan="6">2</td><td rowspan="6">安装允许偏差(mm)</td><td rowspan="4">条型条花饰的水平度或垂直度</td><td rowspan="2">每米</td><td>室内</td><td>1</td><td>/</td><td></td><td></td></tr>
<tr><td>室外</td><td>2</td><td>/</td><td></td><td></td></tr>
<tr><td rowspan="2">全长</td><td>室内</td><td>3</td><td>/</td><td></td><td></td></tr>
<tr><td>室外</td><td>6</td><td>/</td><td></td><td></td></tr>
<tr><td colspan="2" rowspan="2">单独花饰中心位置偏移</td><td>室内</td><td>10</td><td>/</td><td></td><td></td></tr>
<tr><td>室外</td><td>15</td><td>/</td><td></td><td></td></tr>
<tr><td colspan="2">施工单位检查结果</td><td colspan="8">专业工长：　　　项目专业质量检查员：　　　年　月　日</td></tr>
<tr><td colspan="2">监理单位验收结论</td><td colspan="8">专业监理工程师：
年　月　日</td></tr>
</table>

7.3 机电设备安装工程专用表格

7.3.1 建筑给水排水

7.3.1.19 轨道验・机-19 雨水管道及配件安装检验批质量验收记录

市政基础设施工程

雨水管道及配件安装检验批质量验收记录

轨道验・机-19

第　　页共　　页

工程名称			
单位工程名称			
施工单位		分包单位	
项目负责人		项目技术负责人	
分部（子分部）工程名称		分项工程名称	
验收部位/区段		检验批容量	
施工及验收依据	《建筑给水排水及采暖工程施工质量验收规范》GB 50242		

验收项目					设计要求或规范规定	最小/实际抽样数量	检查记录	检查结果
主控项目	1	室内雨水管道灌水试验			第5.3.1条	/		
	2	塑料雨水管安装伸缩节			第5.3.2条	/		
	3	地下埋设雨水管道最小坡度	(1)	50mm	20‰	/		
			(2)	75mm	15‰	/		
			(3)	100mm	8‰	/		
			(4)	125mm	6‰	/		
			(5)	150mm	5‰	/		
			(6)	200～400mm	4‰	/		
			(7)	悬吊雨水管最小坡度≥5‰		/		
一般项目	1	雨水管不得与生活污水管相连接			设计要求	/		
	2	雨水斗安装			设计要求			
	3	悬吊式雨水管道检查口间距	管径≤150		≥15m	/		
			管径≥200		≥20m	/		
	4	焊缝允许偏差	焊口平直度	管壁厚10mm以内	管壁厚1/4	/		
			焊缝加强面	高度	+1mm	/		
				宽度		/		
			咬边	深度	小于0.5mm	/		
			咬边 长度	连续长度	25mm	/		
				总长度（两侧）	小于焊缝长度的10%	/		
	5	雨水管道安装的允许偏差同室内排水管			第5.3.7条	/		
施工单位检查结果	专业工长：（签名）　　项目专业质量检查员：（签名）　　年　月　日							
监理单位验收结论	专业监理工程师：（签名）　　年　月　日							

7.3.2 通风与空调

7.3.2.26 轨道验·机-55 风管与配件产成品检验批质量验收记录（金属风管）

市政基础设施工程

风管与配件产成品检验批质量验收记录（金属风管）

轨道验·机-55

第 页 共 页

工程名称						
单位工程名称						
施工单位				分包单位		
项目负责人				项目技术负责人		
分部（子分部）工程名称				分项工程名称		
验收部位/区段				检验批容量		
施工及验收依据	《通风与空调工程施工规范》GB 50738 《通风与空调工程施工质量验收规范》GB 50243					
验收项目			设计要求或规范规定	最小/实际抽样数量	检查记录	检查结果
主控项目	1	风管强度与严密性工艺检测	第 4.2.1 条	/		
	2	钢板风管性能及厚度	第 4.2.3-1 条	/		
	3	铝板与不锈钢板性能及厚度	第 4.2.3-1 条	/		
	4	风管的连接	第 4.2.3-2 条	/		
	5	风管的加固	第 4.2.3-3 条	/		
	6	防火风管	第 4.2.2 条	/		
	7	净化空调系统风管	第 4.2.7 条	/		
一般项目	1	法兰风管	第 4.3.1-1 条	/		
	2	无法兰风管	第 4.3.1-2 条	/		
	3	风管的加固	第 4.3.1-3 条	/		
	4	焊接风管	第 4.3.1 条第 1 款第 3、4、6 项	/		
	5	铝板或不锈钢板风管	第 4.3.1 条第 1 款第 8 项	/		
	6	圆形弯管	第 4.3.5 条	/		
	7	矩形风管导流片	第 4.3.6 条	/		
	8	风管变径管	第 4.3.7 条	/		
	9	净化空调系统风管	第 4.3.4 条	/		
施工单位检查结果	专业工长：（签名） 项目专业质量检查员：（签名） 年 月 日					
监理单位验收结论	专业监理工程师：（签名） 年 月 日					

7.3.2.27 轨道验·机-56 风管与配件产成品检验批质量验收记录（非金属风管）

市政基础设施工程

风管与配件产成品检验批质量验收记录（非金属风管）

轨道验·机-56

第 页 共 页

<table>
<tr><td colspan="3">工程名称</td><td colspan="5"></td></tr>
<tr><td colspan="3">单位工程名称</td><td colspan="5"></td></tr>
<tr><td colspan="3">施工单位</td><td></td><td colspan="2">分包单位</td><td colspan="2"></td></tr>
<tr><td colspan="3">项目负责人</td><td></td><td colspan="2">项目技术负责人</td><td colspan="2"></td></tr>
<tr><td colspan="3">分部（子分部）工程名称</td><td></td><td colspan="2">分项工程名称</td><td colspan="2"></td></tr>
<tr><td colspan="3">验收部位/区段</td><td></td><td colspan="2">检验批容量</td><td colspan="2"></td></tr>
<tr><td colspan="3">施工及验收依据</td><td colspan="5">《通风与空调工程施工规范》GB 50738
《通风与空调工程施工质量验收规范》GB 50243</td></tr>
<tr><td colspan="3">验收项目</td><td>设计要求或规范规定</td><td>最小/实际抽样数量</td><td>检查记录</td><td colspan="2">检查结果</td></tr>
<tr><td rowspan="7">主控项目</td><td>1</td><td>风管强度与严密性工艺检测</td><td>第 4.2.1 条</td><td>/</td><td></td><td colspan="2"></td></tr>
<tr><td>2</td><td>硬聚氯乙烯风管材质、性能及厚度</td><td>第 4.2.4
第 2 款第 1 项</td><td>/</td><td></td><td colspan="2"></td></tr>
<tr><td>3</td><td>玻璃钢风管材质、性能及厚度</td><td>第 4.2.4 条
第 3 款第 1 页</td><td>/</td><td></td><td colspan="2"></td></tr>
<tr><td>4</td><td>硬聚氯乙烯风管的连接与加固</td><td>第 4.2.4 条第 2 款
第 2、3 项</td><td>/</td><td></td><td colspan="2"></td></tr>
<tr><td>5</td><td>玻璃钢风管的连接与加固</td><td>第 4.2.4 条第 3 款
第 2、3、4 项</td><td>/</td><td></td><td colspan="2"></td></tr>
<tr><td>6</td><td>砖、混凝土建筑风道</td><td>第 4.2.4-4 条</td><td>/</td><td></td><td colspan="2"></td></tr>
<tr><td>7</td><td>织物布风管</td><td>第 4.2.4-5 条</td><td>/</td><td></td><td colspan="2"></td></tr>
<tr><td rowspan="7">一般项目</td><td>1</td><td>硬聚氯乙烯风管</td><td>第 4.3.2-1 条</td><td>/</td><td></td><td colspan="2"></td></tr>
<tr><td>2</td><td>有机玻璃钢风管</td><td>第 4.3.2-2 条</td><td>/</td><td></td><td colspan="2"></td></tr>
<tr><td>3</td><td>无机玻璃钢风管</td><td>第 4.3.2-3 条</td><td>/</td><td></td><td colspan="2"></td></tr>
<tr><td>4</td><td>砖、混凝土建筑风道</td><td>第 4.3.2-4 条</td><td>/</td><td></td><td colspan="2"></td></tr>
<tr><td>5</td><td>圆形弯管</td><td>第 4.3.5 条</td><td>/</td><td></td><td colspan="2"></td></tr>
<tr><td>6</td><td>矩形风管导流片</td><td>第 4.3.6 条</td><td>/</td><td></td><td colspan="2"></td></tr>
<tr><td>7</td><td>风管变径管</td><td>第 4.3.7 条</td><td>/</td><td></td><td colspan="2"></td></tr>
<tr><td>施工单位检查结果</td><td colspan="7">专业工长：（签名） 项目专业质量检查员：（签名） 年 月 日</td></tr>
<tr><td>监理单位验收结论</td><td colspan="7">专业监理工程师：（签名） 年 月 日</td></tr>
</table>

7.3.2.28 轨道验·机-57 风管与配件产成品检验批质量验收记录（复合材料风管）

市政基础设施工程

风管与配件产成品检验批质量验收记录（复合材料风管）

轨道验·机-57

第　　页 共　　页

<table>
<tr><td colspan="3">工程名称</td><td colspan="5"></td></tr>
<tr><td colspan="3">单位工程名称</td><td colspan="5"></td></tr>
<tr><td colspan="3">施工单位</td><td></td><td colspan="2">分包单位</td><td colspan="2"></td></tr>
<tr><td colspan="3">项目负责人</td><td></td><td colspan="2">项目技术负责人</td><td colspan="2"></td></tr>
<tr><td colspan="3">分部（子分部）工程名称</td><td></td><td colspan="2">分项工程名称</td><td colspan="2"></td></tr>
<tr><td colspan="3">验收部位/区段</td><td></td><td colspan="2">检验批容量</td><td colspan="2"></td></tr>
<tr><td colspan="3">施工及验收依据</td><td colspan="5">《通风与空调工程施工规范》GB 50738
《通风与空调工程施工质量验收规范》GB 50243</td></tr>
<tr><td colspan="3">验收项目</td><td>设计要求或规范规定</td><td>最小/实际抽样数量</td><td>检查记录</td><td colspan="2">检查结果</td></tr>
<tr><td rowspan="4">主控项目</td><td>1</td><td>风管强度与严密性工艺检测</td><td>第4.2.1条</td><td>/</td><td></td><td colspan="2"></td></tr>
<tr><td>2</td><td>复合材料风管材质、性能及厚度</td><td>第4.2.6-1条</td><td>/</td><td></td><td colspan="2"></td></tr>
<tr><td>3</td><td>铝箔复合材料风管</td><td>第4.2.6-2条</td><td>/</td><td></td><td colspan="2"></td></tr>
<tr><td>4</td><td>夹芯彩钢板风管</td><td>第4.2.6-3条</td><td>/</td><td></td><td colspan="2"></td></tr>
<tr><td rowspan="7">一般项目</td><td>1</td><td>风管及法兰</td><td>第4.3.3-1条</td><td>/</td><td></td><td colspan="2"></td></tr>
<tr><td>2</td><td>双面铝箔复合绝热材料风管</td><td>第4.3.3-2条</td><td>/</td><td></td><td colspan="2"></td></tr>
<tr><td>3</td><td>铝箔玻璃纤维板风管</td><td>第4.3.3-3条</td><td>/</td><td></td><td colspan="2"></td></tr>
<tr><td>4</td><td>机制玻璃纤维增强氯氧镁水泥复合板网管</td><td>第4.3.3-4条</td><td>/</td><td></td><td colspan="2"></td></tr>
<tr><td>5</td><td>圆形弯管制作</td><td>第4.3.5条</td><td>/</td><td></td><td colspan="2"></td></tr>
<tr><td>6</td><td>矩形风管导流片</td><td>第4.3.6条</td><td>/</td><td></td><td colspan="2"></td></tr>
<tr><td>7</td><td>风管弯径管</td><td>第4.3.7条</td><td>/</td><td></td><td colspan="2"></td></tr>
<tr><td colspan="2">施工单位检查结果</td><td colspan="6">专业工长：（签名）　　项目专业质量检查员：（签名）　　年　月　日</td></tr>
<tr><td colspan="2">监理单位验收结论</td><td colspan="6">专业监理工程师：（签名）　　年　月　日</td></tr>
</table>

7.3.2.29 轨道验·机-58 风管部件与消声器产成品检验批质量验收记录

市政基础设施工程

风管部件与消声器产成品检验批质量验收记录

轨道验·机-58

第 页 共 页

工程名称				
单位工程名称				
施工单位		分包单位		
项目负责人		项目技术负责人		
分部（子分部）工程名称		分项工程名称		
验收部位/区段		检验批容量		
施工及验收依据	《通风与空调工程施工规范》GB 50738 《通风与空调工程施工质量验收规范》GB 50243			

验收项目			设计要求或规范规定	最小/实际抽样数量	检查记录	检查结果
主控项目	1	外购部件验收	第5.2.1第 第5.2.2条	/		
	2	各类风阀验收	第5.2.3条	/		
	3	防火阀、排烟阀（口）	第5.2.4条	/		
	4	防爆风阀	第5.2.5条	/		
	5	消声器、消声弯管	第5.2.6条	/		
	6	防排烟系统柔性短管	第5.2.7条	/		
一般项目	1	风管部件及法兰规定	第5.3.1条	/		
	2	各类风阀验收	第5.3.2条	/		
	3	各类风罩	第5.3.3条	/		
	4	各类风帽	第5.3.4条	/		
	5	各类风口	第5.3.5条	/		
	6	消声器与消声静压箱	第5.3.6条	/		
	7	柔性短管	第5.3.7条	/		
	8	空气过滤器及框架	第5.3.8条	/		
	9	电加热器	第5.3.9条	/		
	10	检查门	第5.3.10条	/		
施工单位检查结果	专业工长：（签名） 项目专业质量检查员：（签名） 年 月 日					
监理单位验收结论	专业监理工程师：（签名） 年 月 日					

7.3.2.30 轨道验·机-59 风管系统安装检验批质量验收记录（排风系统）

市政基础设施工程

风管系统安装检验批质量验收记录（排风系统）

轨道验·机-59

第　　页 共　　页

<table>
<tr><td colspan="3">工程名称</td><td colspan="4"></td></tr>
<tr><td colspan="3">单位工程名称</td><td colspan="4"></td></tr>
<tr><td colspan="3">施工单位</td><td></td><td colspan="2">分包单位</td><td></td></tr>
<tr><td colspan="3">项目负责人</td><td></td><td colspan="2">项目技术负责人</td><td></td></tr>
<tr><td colspan="3">分部（子分部）工程名称</td><td></td><td colspan="2">分项工程名称</td><td></td></tr>
<tr><td colspan="3">验收部位/区段</td><td></td><td colspan="2">检验批容量</td><td></td></tr>
<tr><td colspan="3">施工及验收依据</td><td colspan="4">《通风与空调工程施工规范》GB 50738
《通风与空调工程施工质量验收规范》GB 50243</td></tr>
<tr><td colspan="3">验收项目</td><td>设计要求或规范规定</td><td>最小/实际抽样数量</td><td>检查记录</td><td>检查结果</td></tr>
<tr><td rowspan="9">主控项目</td><td>1</td><td>风管支、吊架安装</td><td>第6.2.1条</td><td>/</td><td></td><td></td></tr>
<tr><td>2</td><td>风管穿越防火、防爆墙</td><td>第6.2.2条</td><td>/</td><td></td><td></td></tr>
<tr><td>3</td><td>风管安装规定</td><td>第6.2.3条</td><td>/</td><td></td><td></td></tr>
<tr><td>4</td><td>高于60℃风管系统</td><td>第6.2.4条</td><td>/</td><td></td><td></td></tr>
<tr><td>5</td><td>风管部件安装</td><td>第6.2.7-1、3、4、5条</td><td>/</td><td></td><td></td></tr>
<tr><td>6</td><td>风口的安装</td><td>第6.2.8条</td><td>/</td><td></td><td></td></tr>
<tr><td>7</td><td>风管严密性检验</td><td>第6.2.9条</td><td>/</td><td></td><td></td></tr>
<tr><td>8</td><td>住宅排气管道安装</td><td>第6.2.11条</td><td>/</td><td></td><td></td></tr>
<tr><td>9</td><td>病毒实验室风管安装</td><td>第6.2.12条</td><td>/</td><td></td><td></td></tr>
<tr><td rowspan="10">一般项目</td><td>1</td><td>风管的支、吊架</td><td>第6.3.1条</td><td>/</td><td></td><td></td></tr>
<tr><td>2</td><td>风管系统的安装</td><td>第6.3.2条</td><td>/</td><td></td><td></td></tr>
<tr><td>3</td><td>含凝结水风管</td><td>第6.3.3条</td><td>/</td><td></td><td></td></tr>
<tr><td>4</td><td>柔性短管安装</td><td>第6.3.5条</td><td>/</td><td></td><td></td></tr>
<tr><td>5</td><td>非金属风管安装</td><td>第6.3.6条</td><td>/</td><td></td><td></td></tr>
<tr><td>6</td><td>复合材料风管安装</td><td>第6.3.7条</td><td>/</td><td></td><td></td></tr>
<tr><td>7</td><td>风阀的安装</td><td>第6.3.8条</td><td>/</td><td></td><td></td></tr>
<tr><td>8</td><td>排风口、吸风罩（柜）安装</td><td>第6.3.9条</td><td>/</td><td></td><td></td></tr>
<tr><td>9</td><td>风帽的安装</td><td>第6.3.10条</td><td>/</td><td></td><td></td></tr>
<tr><td>10</td><td>风管过滤器安装</td><td>第6.3.12条</td><td>/</td><td></td><td></td></tr>
<tr><td>施工单位检查结果</td><td colspan="6">专业工长：（签名）　　项目专业质量检查员：（签名）　　年　月　日</td></tr>
<tr><td>监理单位验收结论</td><td colspan="6">专业监理工程师：（签名）　　年　月　日</td></tr>
</table>

7.3.2.31　轨道验·机-60　风管系统安装检验批质量验收记录（送风系统）

市政基础设施工程

风管系统安装检验批质量验收记录（送风系统）

轨道验·机-60

第　　页 共　　页

工程名称						
单位工程名称						
施工单位			分包单位			
项目负责人			项目技术负责人			
分部（子分部）工程名称			分项工程名称			
验收部位/区段			检验批容量			
施工及验收依据	《通风与空调工程施工规范》GB 50738 《通风与空调工程施工质量验收规范》GB 50243					
验收项目			设计要求或规范规定	最小/实际抽样数量	检查记录	检查结果
主控项目	1	风管支、吊架安装	第6.2.1条	/		
	2	风管穿越防火、防爆墙体或楼板	第6.2.2条	/		
	3	风管内严禁其他管线穿越	第6.2.3条	/		
	4	高于60℃风管系统	第6.2.4条	/		
	5	风管部件安装	第6.2.7-1、3、4、5条	/		
	6	风口的安装	第6.2.8条	/		
	7	风管严密性检验	第6.2.9条	/		
	8	病毒实验室风管安装	第6.2.12条	/		
一般项目	1	风管的支、吊架	第6.3.1条	/		
	2	风管系统的安装	第6.3.2条	/		
	3	含凝结水或其他液体风管	第6.3.3条	/		
	4	柔性短管安装	第6.3.5条	/		
	5	非金属风管安装	第6.3.6-1、2、3条	/		
	6	复合材料风管安装	第6.3.7条	/		
	7	风阀的安装	第6.3.8-1、2、3条	/		
	8	排风口、吸风罩（柜）安装	第6.3.9条	/		
	9	风帽安装	第6.3.10条	/		
	10	消声器及静压箱安装	第6.3.11条	/		
	11	风管内过滤器安装	第6.3.12条	/		
施工单位检查结果	专业工长：（签名）　　项目专业质量检查员：（签名）　　年　月　日					
监理单位验收结论	专业监理工程师：（签名）　　年　月　日					

7.3.2.32 轨道验·机-61 风管系统安装检验批质量验收记录（防、排烟系统）

市政基础设施工程

风管系统安装检验批质量验收记录（防、排烟系统）

轨道验·机-61

第　　页 共　　页

<table>
<tr><td colspan="3">工程名称</td><td colspan="5"></td></tr>
<tr><td colspan="3">单位工程名称</td><td colspan="5"></td></tr>
<tr><td colspan="3">施工单位</td><td>分包单位</td><td colspan="4"></td></tr>
<tr><td colspan="3">项目负责人</td><td>项目技术负责人</td><td colspan="4"></td></tr>
<tr><td colspan="3">分部（子分部）工程名称</td><td>分项工程名称</td><td colspan="4"></td></tr>
<tr><td colspan="3">验收部位/区段</td><td>检验批容量</td><td colspan="4"></td></tr>
<tr><td colspan="3">施工及验收依据</td><td colspan="5">《通风与空调工程施工规范》GB 50738
《通风与空调工程施工质量验收规范》GB 50243</td></tr>
<tr><td colspan="3">验收项目</td><td>设计要求或规范规定</td><td>最小/实际抽样数量</td><td>检查记录</td><td colspan="2">检查结果</td></tr>
<tr><td rowspan="8">主控项目</td><td>1</td><td>风管支、吊架安装</td><td>第 6.2.1 条</td><td>/</td><td></td><td colspan="2"></td></tr>
<tr><td>2</td><td>风管穿越防火、防爆墙体或楼板</td><td>第 6.2.2 条</td><td>/</td><td></td><td colspan="2"></td></tr>
<tr><td>3</td><td>风管安装规定</td><td>第 6.2.3 条</td><td>/</td><td></td><td colspan="2"></td></tr>
<tr><td>4</td><td>高于 60℃风管系统</td><td>第 6.2.4 条</td><td>/</td><td></td><td colspan="2"></td></tr>
<tr><td>5</td><td>风管部件排烟阀安装</td><td>第 6.2.7-1、5 条</td><td>/</td><td></td><td colspan="2"></td></tr>
<tr><td>6</td><td>正压风口的安装</td><td>第 6.2.8 条</td><td>/</td><td></td><td colspan="2"></td></tr>
<tr><td>7</td><td>风管严密性检验</td><td>第 6.2.9 条</td><td>/</td><td></td><td colspan="2"></td></tr>
<tr><td>8</td><td>柔性短管必须为不燃材料</td><td>第 5.2.7 条</td><td>/</td><td></td><td colspan="2"></td></tr>
<tr><td rowspan="5">一般项目</td><td>1</td><td>风管的支、吊架</td><td>第 6.3.1 条</td><td>/</td><td></td><td colspan="2"></td></tr>
<tr><td>2</td><td>风管系统的安装</td><td>第 6.3.2 条</td><td>/</td><td></td><td colspan="2"></td></tr>
<tr><td>3</td><td>柔性短管安装</td><td>第 6.3.5 条</td><td>/</td><td></td><td colspan="2"></td></tr>
<tr><td>4</td><td>防、排烟风阀的安装</td><td>第 6.3.8-2、3 条</td><td>/</td><td></td><td colspan="2"></td></tr>
<tr><td>5</td><td>风口安装</td><td>第 6.3.13 条</td><td>/</td><td></td><td colspan="2"></td></tr>
<tr><td>施工单位检查结果</td><td colspan="7">

专业工长：（签名）　　　　项目专业质量检查员：（签名）　　　　年　　月　　日</td></tr>
<tr><td>监理单位验收结论</td><td colspan="7">

专业监理工程师：（签名）　　　　年　　月　　日</td></tr>
</table>

7.3.2.33 轨道验·机-62 风管系统安装检验批质量验收记录（舒适性空调风系统）

市政基础设施工程

风管系统安装检验批质量验收记录（舒适性空调风系统）

轨道验·机-62

第　　页 共　　页

工程名称			
单位工程名称			
施工单位		分包单位	
项目负责人		项目技术负责人	
分部（子分部）工程名称		分项工程名称	
验收部位/区段		检验批容量	
施工及验收依据	《通风与空调工程施工规范》GB 50738 《通风与空调工程施工质量验收规范》GB 50243		

验收项目			设计要求或规范规定	最小/实际抽样数量	检查记录	检查结果
主控项目	1	风管支、吊架安装	第6.2.1条	/		
	2	风管穿越防火、防爆墙体或楼板	第6.2.2条	/		
	3	风管内严禁其他管线穿越	第6.2.3条	/		
	4	风管部件安装	第6.2.7-1、3、5条	/		
	5	风口的安装	第6.2.8条	/		
	6	风管严密性检验	第6.2.9条	/		
	7	病毒实验室风管安装	第6.2.12条	/		
一般项目	1	风管的支、吊架	第6.3.1条	/		
	2	风管系统的安装	第6.3.2条	/		
	3	柔性短管安装	第6.3.5条	/		
	4	非金属风管安装	第6.3.6-1、2、4条	/		
	5	复合材料风管安装	第6.3.7条	/		
	6	风阀的安装	第6.3.8-1条	/		
	7	消声器及消声弯管	第6.3.11条	/		
	8	风管过滤器安装	第6.3.12条	/		
	9	风口的安装	第6.3.13条	/		

施工单位检查结果	专业工长：（签名）　　项目专业质量检查员：（签名）　　年　月　日
监理单位验收结论	专业监理工程师：（签名）　　年　月　日

7.3.2.34 轨道验·机-63 风管系统安装检验批质量验收记录（恒温恒湿空调风系统）

市政基础设施工程

风管系统安装检验批质量验收记录（恒温恒湿空调风系统）

轨道验·机-63

第　　页 共　　页

工程名称			
单位工程名称			
施工单位		分包单位	
项目负责人		项目技术负责人	
分部（子分部）工程名称		分项工程名称	
验收部位/区段		检验批容量	
施工及验收依据	《通风与空调工程施工规范》GB 50738 《通风与空调工程施工质量验收规范》GB 50243		

验收项目			设计要求或规范规定	最小/实际抽样数量	检查记录	检查结果
主控项目	1	风管支、吊架安装	第 6.2.1 条	/		
	2	风管穿越防火、防爆墙体或楼板	第 6.2.2 条	/		
	3	风管内严禁其他管线穿越	第 6.2.3 条	/		
	4	高于 60℃风管系统	第 6.2.4 条	/		
	5	风管及部件安装	第 6.2.7-1、3、4、5 条	/		
	6	风口的安装	第 6.2.8 条	/		
	7	风管严密性检验	第 6.2.9 条	/		
	8	病毒实验室风管安装	第 6.2.12 条	/		
一般项目	1	风管的支、吊架	第 6.3.1 条	/		
	2	风管系统的安装	第 6.3.2 条	/		
	3	柔性短管安装	第 6.3.5 条	/		
	4	非金属风管安装	第 6.3.6-1、2 条	/		
	5	复合材料风管安装	第 6.3.7 条	/		
	6	风阀的安装	第 6.3.8-1、2 条	/		
	7	消声器及静压箱安装	第 6.3.11 条	/		
	8	风管过滤器安装	第 6.3.12 条	/		
	9	风口的安装	第 6.3.13 条	/		
施工单位检查结果	专业工长：（签名）　　项目专业质量检查员：（签名）　　年　月　日					
监理单位验收结论	专业监理工程师：（签名）　　年　月　日					

7.3.2.35 轨道验・机-64 风管系统安装检验批质量验收记录（地下人防系统）

市政基础设施工程

风管系统安装检验批质量验收记录（地下人防系统）

轨道验・机-64

第　　页 共　　页

工程名称						
单位工程名称						
施工单位			分包单位			
项目负责人			项目技术负责人			
分部（子分部）工程名称			分项工程名称			
验收部位/区段			检验批容量			
施工及验收依据	《通风与空调工程施工规范》GB 50738 《通风与空调工程施工质量验收规范》GB 50243					

验收项目			设计要求或规范规定	最小/实际抽样数量	检查记录	检查结果
主控项目	1	风管支、吊架安装	第 6.2.1 条	/		
	2	风管穿越防火、防爆墙体或楼板	第 6.2.2 条	/		
	3	风管内严禁其他管线穿越	第 6.2.3 条	/		
	4	风管及部件安装	第 6.2.7-1、3、4、5 条	/		
	5	风口的安装	第 6.2.8 条	/		
	6	风管严密性检验	第 6.2.9 条	/		
	7	人防染毒区焊接风管安装	第 6.2.10 条	/		
一般项目	1	风管的支、吊架	第 6.3.1 条	/		
	2	风管系统的安装	第 6.3.2 条	/		
	3	柔性短管安装	第 6.3.5 条	/		
	4	风阀安装	第 6.3.8-1、2、3、5 条	/		
	5	消声器及静压箱安装	第 6.3.11 条	/		
	6	风管过滤器安装	第 6.3.12 条	/		
	7	风口的安装	第 6.3.13 条	/		
施工单位检查结果	专业工长：（签名）　　项目专业质量检查员：（签名）　　年　月　日					
监理单位验收结论	专业监理工程师：（签名）　　年　月　日					

7.3.2.36 轨道验·机-65 风机与空气处理设备安装检验批质量验收记录（通风系统）

市政基础设施工程

风机与空气处理设备安装检验批质量验收记录（通风系统）

轨道验·机-65

第　　页共　　页

工程名称						
单位工程名称						
施工单位			分包单位			
项目负责人			项目技术负责人			
分部（子分部）工程名称			分项工程名称			
验收部位/区段			检验批容量			
施工及验收依据	《通风与空调工程施工规范》GB 50738 《通风与空调工程施工质量验收规范》GB 50243					
验收项目			设计要求或规范规定	最小/实际抽样数量	检查记录	检查结果
主控项目	1	风机及风机箱的安装	第7.2.1条	/		
	2	通风机安全措施	第7.2.2条	/		
	3	空气热回收装置的安装	第7.2.4条	/		
	4	除尘器的安装	第7.2.6条	/		
	5	静电式空气净化装置安装	第7.2.10条	/		
	6	电加热器的安装	第7.2.11条	/		
	7	过滤吸收器的安装	第7.2.12条	/		
一般项目	1	风机及风机箱的安装	第7.3.1条	/		
	2	风幕机的安装	第7.3.2条	/		
	3	空气过滤器的安装	第7.3.5条	/		
	4	蒸汽加湿器安装	第7.3.6条	/		
	5	空气热回收器的安装	第7.3.8条	/		
	6	除尘器安装	第7.3.11条	/		
	7	现场组装静电除尘器的安装	第7.3.12条	/		
	8	现场组装布袋除尘器的安装	第7.3.13条	/		
施工单位检查结果	专业工长：（签名）　　项目专业质量检查员：（签名）　　年　月　日					
监理单位验收结论	专业监理工程师：（签名）　　年　月　日					

7.3.2.37　轨道验·机-66　风机与空气处理设备安装检验批质量验收记录（舒适空调系统）

市政基础设施工程

风机与空气处理设备安装检验批质量验收记录（舒适空调系统）

轨道验·机-66

第　　页 共　　页

<table>
<tr><td colspan="3">工程名称</td><td colspan="5"></td></tr>
<tr><td colspan="3">单位工程名称</td><td colspan="5"></td></tr>
<tr><td colspan="3">施工单位</td><td colspan="2"></td><td colspan="2">分包单位</td><td></td></tr>
<tr><td colspan="3">项目负责人</td><td colspan="2"></td><td colspan="2">项目技术负责人</td><td></td></tr>
<tr><td colspan="3">分部（子分部）工程名称</td><td colspan="2"></td><td colspan="2">分项工程名称</td><td></td></tr>
<tr><td colspan="3">验收部位/区段</td><td colspan="2"></td><td colspan="2">检验批容量</td><td></td></tr>
<tr><td colspan="3">施工及验收依据</td><td colspan="5">《通风与空调工程施工规范》GB 50738
《通风与空调工程施工质量验收规范》GB 50243</td></tr>
<tr><td colspan="3">验收项目</td><td>设计要求或规范规定</td><td>最小/实际抽样数量</td><td>检查记录</td><td colspan="2">检查结果</td></tr>
<tr><td rowspan="8">主控项目</td><td>1</td><td>风机及风机箱的安装</td><td>第 7.2.1 条</td><td>/</td><td></td><td colspan="2"></td></tr>
<tr><td>2</td><td>通风机安全措施</td><td>第 7.2.2 条</td><td>/</td><td></td><td colspan="2"></td></tr>
<tr><td>3</td><td>单元式与组合式空调机组</td><td>第 7.2.3 条</td><td>/</td><td></td><td colspan="2"></td></tr>
<tr><td>4</td><td>空气热回收装置的安装</td><td>第 7.2.4 条</td><td>/</td><td></td><td colspan="2"></td></tr>
<tr><td>5</td><td>空调末端设备安装</td><td>第 7.2.5 条</td><td>/</td><td></td><td colspan="2"></td></tr>
<tr><td>6</td><td>静电式空气净化装置安装</td><td>第 7.2.10 条</td><td>/</td><td></td><td colspan="2"></td></tr>
<tr><td>7</td><td>电加热器的安装</td><td>第 7.2.11 条</td><td>/</td><td></td><td colspan="2"></td></tr>
<tr><td>8</td><td>过滤吸收器的安装</td><td>第 7.2.12 条</td><td>/</td><td></td><td colspan="2"></td></tr>
<tr><td rowspan="10">一般项目</td><td>1</td><td>风机及风机箱的安装</td><td>第 7.3.1 条</td><td>/</td><td></td><td colspan="2"></td></tr>
<tr><td>2</td><td>风幕机的安装</td><td>第 7.3.2 条</td><td>/</td><td></td><td colspan="2"></td></tr>
<tr><td>3</td><td>单元式空调机组的安装</td><td>第 7.3.3 条</td><td>/</td><td></td><td colspan="2"></td></tr>
<tr><td>4</td><td>组合式空调机组、新风机组安装</td><td>第 7.3.4 条</td><td>/</td><td></td><td colspan="2"></td></tr>
<tr><td>5</td><td>空气过滤器的安装</td><td>第 7.3.5 条</td><td>/</td><td></td><td colspan="2"></td></tr>
<tr><td>6</td><td>蒸汽加湿器的安装</td><td>第 7.3.6 条</td><td>/</td><td></td><td colspan="2"></td></tr>
<tr><td>7</td><td>紫外线、离子空气净化装置的安装</td><td>第 7.3.7 条</td><td>/</td><td></td><td colspan="2"></td></tr>
<tr><td>8</td><td>空气热回收器的安装</td><td>第 7.3.8 条</td><td>/</td><td></td><td colspan="2"></td></tr>
<tr><td>9</td><td>风机盘管机组的安装</td><td>第 7.3.9 条</td><td>/</td><td></td><td colspan="2"></td></tr>
<tr><td>10</td><td>变风量、定风量末端装置的安装</td><td>第 7.3.10 条</td><td>/</td><td></td><td colspan="2"></td></tr>
<tr><td colspan="2">施工单位检查结果</td><td colspan="6">专业工长：（签名）　　项目专业质量检查员：（签名）　　年　月　日</td></tr>
<tr><td colspan="2">监理单位验收结论</td><td colspan="6">专业监理工程师：（签名）　　年　月　日</td></tr>
</table>

7.3.2.38 轨道验·机-67 风机与空气处理设备安装检验批质量验收记录（恒温恒湿空调系统）

市政基础设施工程

风机与空气处理设备安装检验批质量验收记录（恒温恒湿空调系统）

轨道验·机-67

第 页 共 页

工程名称					
单位工程名称					
施工单位			分包单位		
项目负责人			项目技术负责人		
分部（子分部）工程名称			分项工程名称		
验收部位/区段			检验批容量		
施工及验收依据	《通风与空调工程施工规范》GB 50738 《通风与空调工程施工质量验收规范》GB 50243				

验收项目			设计要求或规范规定	最小/实际抽样数量	检查记录	检查结果
主控项目	1	风机及风机箱的安装	第7.2.1条	/		
	2	通风机安全措施	第7.2.2条	/		
	3	单元式与组合式空调机组	第7.2.3条	/		
	4	空气热回收装置的安装	第7.2.4条	/		
	5	空调末端设备安装	第7.2.5条	/		
	6	静电式空气净化装置安装	第7.2.10条	/		
	7	电加热器的安装	第7.2.11条	/		
一般项目	1	风机及风机箱的安装	第7.3.1条	/		
	2	单元式空调机组的安装	第7.3.3条	/		
	3	组合式空调机组、新风机组安装	第7.3.4条	/		
	4	空气过滤器的安装	第7.3.5条	/		
	5	蒸汽加湿器的安装	第7.3.6条	/		
	6	空气热回收器的安装	第7.3.8条	/		
	7	变风量、定风量末端装置的安装	第7.3.10条	/		
施工单位检查结果	专业工长：（签名） 项目专业质量检查员：（签名） 年 月 日					
监理单位验收结论	专业监理工程师：（签名） 年 月 日					

7.3.2.39 轨道验·机-68 空调制冷机组及系统安装检验批质量验收记录（制冷机组及辅助设备）

市政基础设施工程

空调制冷机组及系统安装检验批质量验收记录（制冷机组及辅助设备）

轨道验·机-68

第　　页共　　页

工程名称						
单位工程名称						
施工单位			分包单位			
项目负责人			项目技术负责人			
分部（子分部）工程名称			分项工程名称			
验收部位/区段			检验批容量			
施工及验收依据	《通风与空调工程施工规范》GB 50738 《通风与空调工程施工质量验收规范》GB 50243					
验收项目			设计要求或规范规定	最小/实际抽样数量	检查记录	检查结果
主控项目	1	制冷设备与附属设备安装	第8.2.1条	/		
	2	直膨表冷器的安装	第8.2.3条	/		
	3	燃油系统的安装	第8.2.4条	/		
	4	燃气系统的安装	第8.2.5条	/		
	5	制冷设备的严密性试验及试运行	第8.2.6条	/		
	6	氨制冷机安装	第8.2.8条	/		
	7	多联机空调（热泵）系统安装	第8.2.9条	/		
	8	空气源热泵机组的安装	第8.2.10条	/		
	9	吸收式制冷机组安装	第8.2.11条	/		
一般项目	1	制冷及附属设备安装	第8.3.1条	/		
	2	模块式冷水机组安装	第8.3.2条	/		
	3	多联机及系统安装	第8.3.6条	/		
	4	空气源热泵的安装	第8.3.7条	/		
	5	燃油泵与载冷剂泵的安装	第8.3.8条	/		
	6	吸收式制冷机组安装	第8.3.9条	/		
施工单位检查结果	专业工长：（签名）　　项目专业质量检查员：（签名）　　年　月　日					
监理单位验收结论	专业监理工程师：（签名）　　年　月　日					

7.3.2.40 轨道验·机-69 空调制冷机组及系统安装检验批质量验收记录（制冷剂管道系统）

市政基础设施工程

空调制冷机组及系统安装检验批质量验收记录（制冷剂管道系统）

轨道验·机-69

第 页 共 页

工程名称			
单位工程名称			
施工单位		分包单位	
项目负责人		项目技术负责人	
分部（子分部）工程名称		分项工程名称	
验收部位/区段		检验批容量	
施工及验收依据	《通风与空调工程施工规范》GB 50738 《通风与空调工程施工质量验收规范》GB 50243		

验收项目			设计要求或规范规定	最小/实际抽样数量	检查记录	检查结果
主控项目	1	制冷剂管道安装	第 8.2.7 条	/		
	2	氨制冷机管道安装	第 8.2.8 条	/		
	3	多联机系统安装	第 8.2.9 条	/		
	4	制冷剂管路试压	第 8.2.2 条	/		
	5	空气源热泵的安装	第 8.2.10-3 条	/		
一般项目	1	制冷系统管道及管件安装	第 8.3.3 条	/		
	2	阀门安装	第 8.3.4 条	/		
	3	制冷系统吹扫	第 8.3.5 条	/		
	4	多联机及系统安装	第 8.3.6-4 条	/		
	5	燃油泵与载冷剂泵的安装	第 8.3.8 条	/		
施工单位检查结果	专业工长：（签名） 项目专业质量检查员：（签名） 年 月 日					
监理单位验收结论	专业监理工程师：（签名） 年 月 日					

7.3.2.41 轨道验·机-70 空调水系统安装检验批质量验收记录（水泵及附属设备）

市政基础设施工程

空调水系统安装检验批质量验收记录（水泵及附属设备）

轨道验·机-70

第　页 共　页

工程名称					
单位工程名称					
施工单位			分包单位		
项目负责人			项目技术负责人		
分部（子分部）工程名称			分项工程名称		
验收部位/区段			检验批容量		
施工及验收依据	《通风与空调工程施工规范》GB 50738 《通风与空调工程施工质量验收规范》GB 50243				

		验收项目	设计要求或规范规定	最小/实际抽样数量	检查记录	检查结果
主控项目	1	系统的管材与配件验收	第9.2.1条	/		
	2	阀门的检验，试压	第9.2.4-1条	/		
	3	水泵、冷却塔安装	第9.2.6条	/		
	4	水箱，集水器，分水器安装	第9.2.7条	/		
	5	空气源热泵的安装	第9.2.8条	/		
	6	地源热泵换热器安装	第9.2.9条	/		
一般项目	1	现场设备的焊接	第9.3.2-3条	/		
	2	风机盘管，冷排管等设备管道连接	第9.3.7条	/		
	3	附属设备安装	第9.3.10条	/		
	4	冷却塔安装	第9.3.11条	/		
	5	水泵及附属设备安装	第9.3.12条	/		
	6	水箱、集水器、分水器、膨胀水箱等安装	第9.3.13条	/		
	7	地源热泵换热器安装	第9.3.15条	/		
	8	地表水换热安装	第9.3.16条	/		
	9	蓄能系统设备安装	第9.3.17条	/		
施工单位检查结果	专业工长：（签名）　　项目专业质量检查员：（签名）　　年　月　日					
监理单位验收结论	专业监理工程师：（签名）　　年　月　日					

7.3.2.42 轨道验·机-71 空调水系统安装检验批质量验收记录（金属管道）

市政基础设施工程

空调水系统安装检验批质量验收记录（金属管道）

轨道验·机-71

第　页 共　页

<table>
<tr><td colspan="4">工程名称</td><td colspan="5"></td></tr>
<tr><td colspan="4">单位工程名称</td><td colspan="5"></td></tr>
<tr><td colspan="4">施工单位</td><td></td><td colspan="2">分包单位</td><td colspan="2"></td></tr>
<tr><td colspan="4">项目负责人</td><td></td><td colspan="2">项目技术负责人</td><td colspan="2"></td></tr>
<tr><td colspan="4">分部（子分部）工程名称</td><td></td><td colspan="2">分项工程名称</td><td colspan="2"></td></tr>
<tr><td colspan="4">验收部位/区段</td><td></td><td colspan="2">检验批容量</td><td colspan="2"></td></tr>
<tr><td colspan="4">施工及验收依据</td><td colspan="5">《通风与空调工程施工规范》GB 50738
《通风与空调工程施工质量验收规范》GB 50243</td></tr>
<tr><td colspan="5">验收项目</td><td>设计要求或规范规定</td><td>最小/实际抽样数量</td><td>检查记录</td><td>检查结果</td></tr>
<tr><td rowspan="10">主控项目</td><td>1</td><td colspan="3">系统的管材与配件验收</td><td>第 9.2.1 条</td><td>/</td><td></td><td></td></tr>
<tr><td>2</td><td colspan="3">管道柔性接管安装</td><td>第 9.2.2-3 条</td><td>/</td><td></td><td></td></tr>
<tr><td>3</td><td colspan="3">管道套管</td><td>第 9.2.2-5 条</td><td>/</td><td></td><td></td></tr>
<tr><td>4</td><td colspan="3">管道补偿器安装及固定支架</td><td>第 9.2.5 条</td><td>/</td><td></td><td></td></tr>
<tr><td>5</td><td colspan="3">系统与设备贯通冲洗、排污</td><td>第 9.2.2-4 条</td><td>/</td><td></td><td></td></tr>
<tr><td>6</td><td colspan="3">阀门安装</td><td>第 9.2.4-1、9.2.4-2 条</td><td>/</td><td></td><td></td></tr>
<tr><td>7</td><td colspan="3">阀门试压</td><td>第 9.2.4-1 条</td><td>/</td><td></td><td></td></tr>
<tr><td>8</td><td colspan="3">系统试压</td><td>第 9.2.3 条</td><td>/</td><td></td><td></td></tr>
<tr><td>9</td><td colspan="3">隐蔽管道验收</td><td>第 9.2.2-1 条</td><td>/</td><td></td><td></td></tr>
<tr><td>10</td><td colspan="3">焊接、镀锌钢管煨弯</td><td>第 9.2.2-2 条</td><td>/</td><td></td><td></td></tr>
<tr><td rowspan="20">一般项目</td><td>1</td><td colspan="3">管道焊接连接</td><td>第 9.3.2 条</td><td>/</td><td></td><td></td></tr>
<tr><td>2</td><td colspan="3">管道螺纹连接</td><td>第 9.3.3 条</td><td>/</td><td></td><td></td></tr>
<tr><td>3</td><td colspan="3">管道法兰连接</td><td>第 9.3.4 条</td><td>/</td><td></td><td></td></tr>
<tr><td rowspan="13">4</td><td rowspan="3">（1）坐标</td><td rowspan="2">架空及地沟</td><td>室外</td><td>25</td><td>/</td><td></td><td></td></tr>
<tr><td>室内</td><td>15</td><td>/</td><td></td><td></td></tr>
<tr><td colspan="2">埋地</td><td>60</td><td>/</td><td></td><td></td></tr>
<tr><td rowspan="3">（2）标高</td><td rowspan="2">架空及地沟</td><td>室外</td><td>±20</td><td>/</td><td></td><td></td></tr>
<tr><td>室内</td><td>±15</td><td>/</td><td></td><td></td></tr>
<tr><td colspan="2">埋地</td><td>±25</td><td>/</td><td></td><td></td></tr>
<tr><td rowspan="2">（3）水平管平直度</td><td colspan="2">$DN \leqslant 100mm$</td><td>2L‰，最大 40</td><td>/</td><td></td><td></td></tr>
<tr><td colspan="2">$DN > 100mm$</td><td>3L‰，最大 60</td><td>/</td><td></td><td></td></tr>
<tr><td colspan="3">（4）立管垂直</td><td>5L‰，最大 25</td><td>/</td><td></td><td></td></tr>
<tr><td colspan="3">（5）成排管段间距</td><td>15</td><td>/</td><td></td><td></td></tr>
<tr><td colspan="3">（6）成排管段或成排阀门在同一平面上</td><td>3</td><td>/</td><td></td><td></td></tr>
<tr><td>5</td><td colspan="3">管道沟槽式连接</td><td>第 9.3.6 条</td><td>/</td><td></td><td></td></tr>
<tr><td>6</td><td colspan="3">管道支、吊架</td><td>第 9.3.8 条</td><td>/</td><td></td><td></td></tr>
<tr><td>7</td><td colspan="3">阀门及其他部件安装</td><td>第 9.3.10 条</td><td>/</td><td></td><td></td></tr>
<tr><td>8</td><td colspan="3">系统放气阀与排水阀</td><td>第 9.3.10-4 条</td><td>/</td><td></td><td></td></tr>
<tr><td colspan="2">施工单位检查结果</td><td colspan="7">专业工长：（签名）　　项目专业质量检查员：（签名）　　年　月　日</td></tr>
<tr><td colspan="2">监理单位验收结论</td><td colspan="7">专业监理工程师：（签名）　　年　月　日</td></tr>
</table>

7.3.2.43　轨道验·机-72　空调水系统安装检验批质量验收记录（非金属管道）

市政基础设施工程

空调水系统安装检验批质量验收记录（非金属管道）

轨道验·机-72

第　　页共　　页

工程名称						
单位工程名称						
施工单位			分包单位			
项目负责人			项目技术负责人			
分部（子分部）工程名称			分项工程名称			
验收部位/区段			检验批容量			
施工及验收依据	《通风与空调工程施工规范》GB 50738 《通风与空调工程施工质量验收规范》GB 50243					
验收项目			设计要求或规范规定	最小/实际抽样数量	检查记录	检查结果
主控项目	1	系统管材与配件验收	第 9.2.1 条	/		
	2	管道柔性接管安装	第 9.2.2-3 条	/		
	3	管道套管	第 9.2.2-5 条	/		
	4	管道补偿器安装及固定支架	第 9.2.5 条	/		
	5	系统冲洗、排污	第 9.2.2-4 条	/		
	6	阀门安装	第 9.2.4-1、9.2.4-2 条	/		
	7	阀门试压	第 9.2.4-1 条	/		
	8	系统试压	第 9.2.3 条	/		
	9	隐蔽管道验收	第 9.2.2-1 条	/		
一般项目	1	PVC-U 管道安装	第 9.3.1 条	/		
	2	PP-R 管道安装	第 9.3.1 条	/		
	3	PEX 管道安装	第 9.3.1 条	/		
	4	管道与金属支吊架间隔绝	第 9.3.9 条	/		
	5	管道支、吊架	第 9.3.8 条	/		
	6	阀门安装	第 9.3.10 条	/		
	7	系统放气阀与排水阀	第 9.3.10-4 条	/		
施工单位检查结果	专业工长：（签名）　　　项目专业质量检查员：（签名）　　　年　月　日					
监理单位验收结论	专业监理工程师：（签名）　　　年　月　日					

7.3.2.44 轨道验·机-73 空调水系统安装检验批质量验收记录（设备）

市政基础设施工程

空调水系统安装检验批质量验收记录（设备）

轨道验·机-73

第　　页共　　页

<table>
<tr><td colspan="3">工程名称</td><td colspan="5"></td></tr>
<tr><td colspan="3">单位工程名称</td><td colspan="5"></td></tr>
<tr><td colspan="3">施工单位</td><td></td><td colspan="2">分包单位</td><td colspan="2"></td></tr>
<tr><td colspan="3">项目负责人</td><td></td><td colspan="2">项目技术负责人</td><td colspan="2"></td></tr>
<tr><td colspan="3">分部（子分部）工程名称</td><td></td><td colspan="2">分项工程名称</td><td colspan="2"></td></tr>
<tr><td colspan="3">验收部位/区段</td><td></td><td colspan="2">检验批容量</td><td colspan="2"></td></tr>
<tr><td colspan="3">施工及验收依据</td><td colspan="5">《通风与空调工程施工规范》GB 50738
《通风与空调工程施工质量验收规范》GB 50243</td></tr>
<tr><td colspan="3">验收项目</td><td>设计要求或规范规定</td><td>最小/实际抽样数量</td><td>检查记录</td><td colspan="2">检查结果</td></tr>
<tr><td rowspan="4">主控项目</td><td>1</td><td>系统设备与附属设备</td><td>第 9.2.1 条</td><td>/</td><td></td><td colspan="2"></td></tr>
<tr><td>2</td><td>冷却塔安装</td><td>第 9.2.6 条</td><td>/</td><td></td><td colspan="2"></td></tr>
<tr><td>3</td><td>水泵安装</td><td>第 9.2.6 条</td><td>/</td><td></td><td colspan="2"></td></tr>
<tr><td>4</td><td>其他附属设备安装</td><td>第 9.2.7 条</td><td>/</td><td></td><td colspan="2"></td></tr>
<tr><td rowspan="5">一般项目</td><td>1</td><td>风机盘管机组等与管道连接</td><td>第 9.3.7 条</td><td>/</td><td></td><td colspan="2"></td></tr>
<tr><td>2</td><td>冷却塔安装</td><td>第 9.3.11 条</td><td>/</td><td></td><td colspan="2"></td></tr>
<tr><td>3</td><td>水泵及附属设备安装</td><td>第 9.3.12 条</td><td>/</td><td></td><td colspan="2"></td></tr>
<tr><td>4</td><td>水箱、集水缸、分水缸、储冷罐等设备安装</td><td>第 9.3.13 条</td><td>/</td><td></td><td colspan="2"></td></tr>
<tr><td>5</td><td>水过滤器等设备安装</td><td>第 9.3.10-3 条</td><td>/</td><td></td><td colspan="2"></td></tr>
<tr><td>施工单位检查结果</td><td colspan="7">

专业工长：（签名）　　项目专业质量检查员：（签名）　　年　　月　　日</td></tr>
<tr><td>监理单位验收结论</td><td colspan="7">

专业监理工程师：（签名）　　年　　月　　日</td></tr>
</table>

7.3.2.45 轨道验·机-74 防腐与绝热施工检验批质量验收记录（风管系统与设备）

市政基础设施工程

防腐与绝热施工检验批质量验收记录（风管系统与设备）

轨道验·机-74

第 页 共 页

工程名称					
单位工程名称					
施工单位			分包单位		
项目负责人			项目技术负责人		
分部（子分部）工程名称			分项工程名称		
验收部位/区段			检验批容量		
施工及验收依据	《通风与空调工程施工规范》GB 50738 《通风与空调工程施工质量验收规范》GB 50243				

验收项目			设计要求或规范规定	最小/实际抽样数量	检查记录	检查结果
主控项目	1	防腐涂料的验证	第 10.2.1 条	/		
	2	绝热材料规定	第 10.2.2 条	/		
	3	绝热材料复验规定	第 10.2.3 条	/		
	4	洁净室内风管绝热材料规定	第 10.2.4 条	/		
一般项目	1	防腐涂层质量	第 10.3.1 条	/		
	2	空调设备、部件油漆或绝热	第 10.3.2 条	/		
	3	绝热层施工	第 10.3.3 条	/		
	4	风管橡塑绝热材料施工	第 10.3.4 条	/		
	5	风管绝热层保温钉固定	第 10.3.5 条	/		
	6	防潮层的施工与绝热胶带固定	第 10.3.7 条	/		
	7	绝热涂料	第 10.3.8 条	/		
	8	金属保护壳的施工	第 10.3.9 条	/		
施工单位检查结果	专业工长：（签名） 项目专业质量检查员：（签名） 年 月 日					
监理单位验收结论	专业监理工程师：（签名） 年 月 日					

7.3.2.46 轨道验·机-75 防腐与绝热施工检验批质量验收记录（管道系统与设备）

市政基础设施工程

防腐与绝热施工检验批质量验收记录（管道系统与设备）

轨道验·机-75

第　页共　页

<table>
<tr><td colspan="3">工程名称</td><td colspan="5"></td></tr>
<tr><td colspan="3">单位工程名称</td><td colspan="5"></td></tr>
<tr><td colspan="3">施工单位</td><td colspan="2"></td><td colspan="2">分包单位</td><td></td></tr>
<tr><td colspan="3">项目负责人</td><td colspan="2"></td><td colspan="2">项目技术负责人</td><td></td></tr>
<tr><td colspan="3">分部（子分部）工程名称</td><td colspan="2"></td><td colspan="2">分项工程名称</td><td></td></tr>
<tr><td colspan="3">验收部位/区段</td><td colspan="2"></td><td colspan="2">检验批容量</td><td></td></tr>
<tr><td colspan="3">施工及验收依据</td><td colspan="5">《通风与空调工程施工规范》GB 50738
《通风与空调工程施工质量验收规范》GB 50243</td></tr>
<tr><td colspan="3">验收项目</td><td>设计要求或规范规定</td><td>最小/实际抽样数量</td><td>检查记录</td><td colspan="2">检查结果</td></tr>
<tr><td rowspan="4">主控项目</td><td>1</td><td>防腐涂料的验证</td><td>第 10.2.1 条</td><td>/</td><td></td><td colspan="2"></td></tr>
<tr><td>2</td><td>绝热材料规定</td><td>第 10.2.2 条</td><td>/</td><td></td><td colspan="2"></td></tr>
<tr><td>3</td><td>绝热材料复验规定</td><td>第 10.2.3 条</td><td>/</td><td></td><td colspan="2"></td></tr>
<tr><td>4</td><td>洁净室内风管绝热材料规定</td><td>第 10.2.4 条</td><td>/</td><td></td><td colspan="2"></td></tr>
<tr><td rowspan="9">一般项目</td><td>1</td><td>防腐涂层质量</td><td>第 10.3.1 条</td><td>/</td><td></td><td colspan="2"></td></tr>
<tr><td>2</td><td>空调设备、部件油漆或绝热</td><td>第 10.3.2 条</td><td>/</td><td></td><td colspan="2"></td></tr>
<tr><td>3</td><td>绝热层施工</td><td>第 10.3.3 条</td><td>/</td><td></td><td colspan="2"></td></tr>
<tr><td>4</td><td>风管橡塑绝热材料施工</td><td>第 10.3.4 条</td><td>/</td><td></td><td colspan="2"></td></tr>
<tr><td>5</td><td>管道玻璃棉与岩棉绝热</td><td>第 10.3.6 条</td><td>/</td><td></td><td colspan="2"></td></tr>
<tr><td>6</td><td>防潮层的施工与绝热胶带固定</td><td>第 10.3.7 条</td><td>/</td><td></td><td colspan="2"></td></tr>
<tr><td>7</td><td>绝热涂料</td><td>第 10.3.8 条</td><td>/</td><td></td><td colspan="2"></td></tr>
<tr><td>8</td><td>金属保护壳的施工</td><td>第 10.3.9 条</td><td>/</td><td></td><td colspan="2"></td></tr>
<tr><td>9</td><td>管道色标</td><td>第 10.3.10 条</td><td>/</td><td></td><td colspan="2"></td></tr>
<tr><td>施工单位检查结果</td><td colspan="7">专业工长：（签名）　　项目专业质量检查员：（签名）　　年　月　日</td></tr>
<tr><td>监理单位验收结论</td><td colspan="7">专业监理工程师：（签名）　　年　月　日</td></tr>
</table>

7.3.2.47 轨道验·机-76 工程系统调试检验批质量验收记录（单机试运行及调试）

市政基础设施工程

工程系统调试检验批质量验收记录（单机试运行及调试）

轨道验·机-76

第　　页共　　页

工程名称					
单位工程名称					
施工单位			分包单位		
项目负责人			项目技术负责人		
分部（子分部）工程名称			分项工程名称		
验收部位/区段			检验批容量		
施工及验收依据	《通风与空调工程施工规范》GB 50738 《通风与空调工程施工质量验收规范》GB 50243				

		验收项目	设计要求或规范规定	最小/实际抽样数量	检查记录	检查结果
主控项目	1	通风机、空调机组单机试运转及调试	第11.2.2-1条	/		
	2	水泵单机试运转及调试	第11.2.2-2条	/		
	3	冷却塔单机试运转及调试	第11.2.2-3条	/		
	4	制冷机组单机试运转及调试	第11.2.2-4条	/		
	5	多联式空调（热泵）机组系统	第11.2.2-5条	/		
	6	电控防、排烟阀的动作试验	第11.2.2-6条	/		
	7	变风量末端装置的试运转及调试	第11.2.2-7条	/		
	8	蓄能设备运行	第11.2.2-8条	/		
一般项目	1	风机盘管机组风量	第11.3.1-1条	/		
	2	风机、空调机组噪声	第11.3.1-2条	/		
	3	水泵的安装	第11.3.1-3条	/		
	4	冷却塔的调试	第11.3.1-4条	/		
	5	设备监控设备的调试	第11.3.5条	/		
施工单位检查结果	专业工长：（签名）　　项目专业质量检查员：（签名）　　年　月　日					
监理单位验收结论	专业监理工程师：（签名）　　年　月　日					

7.3.2.48 轨道验·机-77 工程系统调试检验批质量验收记录（非设计满负荷条件下系统联合试运转及调试）

市政基础设施工程

工程系统调试检验批质量验收记录（非设计满负荷条件下系统联合试运转及调试）

轨道验·机-77

第 页 共 页

工程名称						
单位工程名称						
施工单位			分包单位			
项目负责人			项目技术负责人			
分部（子分部）工程名称			分项工程名称			
验收部位/区段			检验批容量			
施工及验收依据	《通风与空调工程施工规范》GB 50738 《通风与空调工程施工质量验收规范》GB 50243					
验收项目			设计要求或规范规定	最小/实际抽样数量	检查记录	检查结果
主控项目	1	系统总风量	第11.2.3-1条	/		
	2	变风量系统调试	第11.2.3-2条	/		
	3	冷（热）水系统调试	第11.2.3-3条	/		
	4	制冷（热泵）机组调试	第11.2.3-4条	/		
	5	地源（水源）热泵调试	第11.2.3-5条	/		
	6	空调区域的温度与湿度调试	第11.2.3-6条	/		
	7	防、排烟系统调试	第11.2.4条	/		
	8	净化空调风量、压差调试	第11.2.5条	/		
	9	蓄能空调系统的运行调试	第11.2.6条	/		
	10	空调正常运行不少于8h	第11.2.7条	/		
一般项目	1	系统风口风量平衡	第11.3.2-1条	/		
	2	系统设备动作协调	第11.3.2-2条	/		
	3	湿式除尘与淋洗水系统调试	第11.3.2-3条	/		
	4	空调水系统调试	第11.3.3-1、2、3条	/		
	5	空调风系统调试	第11.3.3-4、5、6、条	/		
	6	蓄能空调系统调试	第11.3.4条	/		
	7	系统自控设备的调试	第11.3.5条	/		
施工单位检查结果	专业工长：（签名） 项目专业质量检查员：（签名） 年 月 日					
监理单位验收结论	专业监理工程师：（签名） 年 月 日					

7.3.3 建筑电气

7.3.3.1 轨道验·机-81 电气配管埋设隐蔽工程验收记录

市政基础设施工程

电气配管埋设隐蔽工程验收记录

轨道验·机-81

第　　页共　　页

<table>
<tr><td>工程名称</td><td colspan="2"></td><td colspan="2">施工单位</td><td colspan="2"></td></tr>
<tr><td>单位工程名称</td><td colspan="2"></td><td colspan="2">分包单位</td><td colspan="2"></td></tr>
<tr><td>分部（子分部）工程名称</td><td colspan="2"></td><td colspan="2">验收部位/区段</td><td colspan="2"></td></tr>
<tr><td>施工及验收依据</td><td colspan="6"></td></tr>
<tr><td rowspan="2">回路名称/编号</td><td rowspan="2" colspan="2">拟穿线缆型号/规格/根数</td><td colspan="2">配　管</td><td colspan="2">接头连接方式</td></tr>
<tr><td>名称（材质）</td><td>型号（规格）</td><td>管与管</td><td>管与盒</td></tr>
<tr><td></td><td colspan="2"></td><td></td><td></td><td></td><td></td></tr>
<tr><td></td><td colspan="2"></td><td></td><td></td><td></td><td></td></tr>
<tr><td></td><td colspan="2"></td><td></td><td></td><td></td><td></td></tr>
<tr><td></td><td colspan="2"></td><td></td><td></td><td></td><td></td></tr>
<tr><td></td><td colspan="2"></td><td></td><td></td><td></td><td></td></tr>
<tr><td colspan="7">简介埋设隐蔽方式（如在砼内或砖砌体内埋设等）/施工方法/隐蔽前已进行的检查测试项目及其结果：</td></tr>
<tr><td colspan="7"></td></tr>
<tr><td>施工单位检查结果</td><td colspan="6">专业工长：（签名）　　专业质量检查员：（签名）　　年　　月　　日</td></tr>
<tr><td>监理单位验收结论</td><td colspan="6">专业监理工程师：（签名）　　年　　月　　日</td></tr>
</table>

7.3.4 智能建筑

7.3.4.1 轨道验·机-117 安装场地检查质量验收记录

市政基础设施工程

安装场地检查质量验收记录

轨道验·机-117

第　　页 共　　页

<table>
<tr><td colspan="2">工程名称</td><td colspan="5"></td></tr>
<tr><td colspan="2">单位工程名称</td><td colspan="5"></td></tr>
<tr><td colspan="2">施工单位</td><td colspan="2"></td><td colspan="2">分包单位</td><td></td></tr>
<tr><td colspan="2">项目负责人</td><td colspan="2"></td><td colspan="2">项目技术负责人</td><td></td></tr>
<tr><td colspan="2">分部（子分部）工程名称</td><td colspan="2"></td><td colspan="2">分项工程名称</td><td></td></tr>
<tr><td colspan="2">验收部位/区段</td><td colspan="2"></td><td colspan="2">检验批容量</td><td></td></tr>
<tr><td colspan="2">施工及验收依据</td><td colspan="5">《智能建筑工程质量验收规范》GB 50339</td></tr>
<tr><td colspan="3">验收项目</td><td>设计要求或规范规定</td><td>最小/实际抽样数量</td><td>检查记录</td><td>检查结果</td></tr>
<tr><td colspan="3">信息接入系统的检查和验收范围应符合设计要求</td><td>第5.0.2条</td><td>/</td><td></td><td></td></tr>
<tr><td colspan="3">机房的净高、地面防静电、电源、照明、温湿度、防尘、防水、消防和接地等应符合通信工程设计要求</td><td>第5.0.3条
第9.0.2条
第10.0.2条</td><td>/</td><td></td><td></td></tr>
<tr><td colspan="3">预留孔洞位置、尺寸和承重荷载应符合通信工程设计要求</td><td>第5.0.4条
第9.0.3条
第10.0.3条</td><td>/</td><td></td><td></td></tr>
<tr><td colspan="3">屋顶楼板孔洞防水处理应符合设计要求</td><td>第10.0.3条</td><td>/</td><td></td><td></td></tr>
<tr><td colspan="3">预埋天线的安装加固件、防雷和接地装置的位置和尺寸应符合设计要求</td><td>第10.0.4条</td><td>/</td><td></td><td></td></tr>
<tr><td>施工单位检查结果</td><td colspan="6">专业工长：（签名）　　专业质量检查员：（签名）　　年　月　日</td></tr>
<tr><td>监理单位验收结论</td><td colspan="6">专业监理工程师：（签名）　　年　月　日</td></tr>
</table>

7.3.4.2 轨道验·机-118-1 梯架、托盘、槽盒和导管安装质量验收记录（一）

市政基础设施工程

梯架、托盘、槽盒和导管安装质量验收记录（一）

轨道验·机-118-1

第　　页，共　　页

<table>
<tr><td colspan="2">工程名称</td><td colspan="5"></td></tr>
<tr><td colspan="2">单位工程名称</td><td colspan="5"></td></tr>
<tr><td colspan="2">施工单位</td><td></td><td colspan="2">分包单位</td><td colspan="2"></td></tr>
<tr><td colspan="2">项目负责人</td><td></td><td colspan="2">项目技术负责人</td><td colspan="2"></td></tr>
<tr><td colspan="2">分部（子分部）工程名称</td><td></td><td colspan="2">分项工程名称</td><td colspan="2"></td></tr>
<tr><td colspan="2">验收部位/区段</td><td></td><td colspan="2">检验批容量</td><td colspan="2"></td></tr>
<tr><td colspan="2">施工及验收依据</td><td colspan="5">《智能建筑工程施工规范》GB 50606</td></tr>
<tr><td colspan="3">验收项目</td><td>设计要求或规范规定</td><td>最小/实际抽样数量</td><td>检查记录</td><td>检查结果</td></tr>
<tr><td rowspan="7">主控项目</td><td>1</td><td>材料、器具、设备进场质量检测</td><td>第3.5.1条</td><td>/</td><td></td><td></td></tr>
<tr><td>2</td><td>敷设在竖井内和穿越不同防火分区的桥架及线管的孔洞，应有防火封堵</td><td>第4.5.1条第1款</td><td>/</td><td></td><td></td></tr>
<tr><td>3</td><td>桥架、线管经过建筑物的变形缝处应设置补偿装置，线缆应留余量</td><td>第4.5.1条第2款</td><td>/</td><td></td><td></td></tr>
<tr><td>4</td><td>桥架、线管及接线盒应可靠接地；当采用联合接地时，接地电阻不应大于1Ω</td><td>第4.5.1条第4款</td><td>/</td><td></td><td></td></tr>
<tr><td>5</td><td>火灾自动报警系统的材料必须符合防火设计要求，并按规定验收</td><td>第13.1.3条第3款</td><td>/</td><td></td><td></td></tr>
<tr><td>6</td><td>火灾自动报警系统应使用桥架和专用线管</td><td>第13.2.1条第1款</td><td>/</td><td></td><td></td></tr>
<tr><td>7</td><td>桥架、金属线管应作保护接地</td><td>第13.2.1条第3款</td><td>/</td><td></td><td></td></tr>
<tr><td>施工单位检查结果</td><td colspan="6">专业工长：　　　　项目专业质量检查员：　　　　年　月　日</td></tr>
<tr><td>监理单位验收结论</td><td colspan="6">专业监理工程师：
年　月　日</td></tr>
</table>

7.3.4.3 轨道验·机-118-2 梯架、托盘、槽盒和导管安装质量验收记录（二）

市政基础设施工程

梯架、托盘、槽盒和导管安装质量验收记录（二）

轨道验·机-118-2

第　　页，共　　页

工程名称						
单位工程名称						
施工单位			分包单位			
项目负责人			项目技术负责人			
分部（子分部）工程名称			分项工程名称			
验收部位/区段			检验批容量			
施工及验收依据	《智能建筑工程施工规范》GB 50606					
验收项目			设计要求或规范规定	最小/实际抽样数量	检查记录	检查结果
主控项目	1	桥架切割和钻孔后，应采取防腐措施，支吊架应做防腐处理	第4.5.2条第1款	/		
	2	线管两端应设有标志，并应穿带线	第4.5.2条第2款	/		
	3	线管与控制箱、接线箱、拉线盒等连接时应采用锁母，线管、箱盒应固定牢固	第4.5.2条第3款	/		
	4	吊顶内配管，宜使用单独的支吊架固定，支吊架不得架设在龙骨或其他管道上	第4.5.2条第4款	/		
	5	套接紧定式钢管连接处应采取密封措施	第4.5.2条第5款	/		
	6	桥架应安装牢固、横平竖直，无扭曲变形	第4.5.2条第6款	/		
施工单位检查结果	专业工长：　　项目专业质量检查员：　　年　月　日					
监理单位验收结论	专业监理工程师：　　年　月　日					

7.3.4.4 轨道验·机-119 机柜、机架、配线架安装质量验收记录

市政基础设施工程

机柜、机架、配线架安装质量验收记录

轨道验·机-119

第　　页，共　　页

<table>
<tr><td colspan="3">工程名称</td><td colspan="4"></td></tr>
<tr><td colspan="3">单位工程名称</td><td colspan="4"></td></tr>
<tr><td colspan="3">施工单位</td><td></td><td colspan="2">分包单位</td><td></td></tr>
<tr><td colspan="3">项目负责人</td><td></td><td colspan="2">项目技术负责人</td><td></td></tr>
<tr><td colspan="3">分部（子分部）工程名称</td><td></td><td colspan="2">分项工程名称</td><td></td></tr>
<tr><td colspan="3">验收部位/区段</td><td></td><td colspan="2">检验批容量</td><td></td></tr>
<tr><td colspan="3">施工及验收依据</td><td colspan="4">《智能建筑工程施工规范》GB 50606、
《综合布线系统工程验收规范》GB /T 50312</td></tr>
<tr><td colspan="3">验收项目</td><td>设计要求或规范规定</td><td>最小/实际抽样数量</td><td>检查记录</td><td>检查结果</td></tr>
<tr><td rowspan="3">主控项目</td><td>1</td><td>材料、器具、设备进场质量检测</td><td>第3.5.1条</td><td>/</td><td></td><td></td></tr>
<tr><td>2</td><td>机柜应可靠接地</td><td>第5.2.5条</td><td>/</td><td></td><td></td></tr>
<tr><td>3</td><td>机柜、机架、配线设备箱体、电缆桥架及线槽等设备的安装应牢固，如有抗震要求，应按抗震设计进行加固</td><td>第5.0.1条</td><td>/</td><td></td><td></td></tr>
<tr><td rowspan="6">一般项目</td><td>1</td><td>机柜、机架安装位置应符合设计要求</td><td>第5.0.1条</td><td>/</td><td></td><td></td></tr>
<tr><td>2</td><td>机柜、机架安装垂直度</td><td>≤3mm</td><td>/</td><td></td><td></td></tr>
<tr><td>3</td><td>机柜、机架上的各种零件不得脱落或碰坏</td><td>第5.0.1条</td><td>/</td><td></td><td></td></tr>
<tr><td>4</td><td>漆面不应有脱落及划痕，各种标志应完整、清晰</td><td>第5.0.1条</td><td>/</td><td></td><td></td></tr>
<tr><td>5</td><td>配线部件应完整，安装就位，标志齐全</td><td>第5.0.2条</td><td>/</td><td></td><td></td></tr>
<tr><td>6</td><td>安装螺丝必须拧紧，面板应保持在一个平面上</td><td>第5.0.2条</td><td>/</td><td></td><td></td></tr>
<tr><td>施工单位检查结果</td><td colspan="6">专业工长：　　　　项目专业质量检查员：　　　　年　　月　　日</td></tr>
<tr><td>监理单位验收结论</td><td colspan="6">专业监理工程师：
年　　月　　日</td></tr>
</table>

7.3.4.5 轨道验·机-120-1 线缆敷设质量验收记录（一）

市政基础设施工程

线缆敷设质量验收记录（一）

轨道验·机-120-1

第　　页，共　　页

工程名称						
单位工程名称						
施工单位			分包单位			
项目负责人			项目技术负责人			
分部（子分部）工程名称			分项工程名称			
验收部位/区段			检验批容量			
施工及验收依据	《智能建筑工程施工规范》GB 50606					
验收项目			设计要求或规范规定	最小/实际抽样数量	检查记录	检查结果
主控项目	1	材料、器具、设备进场质量检测	第3.5.1条	/		
	2	线缆两端应有防水、耐摩擦的永久性标签，标签书写应清晰、准确	第4.5.1条第3款	/		
	3	报警线缆连接应在端子箱或分支盒内进行，导线连接应采用可靠压接或焊接	第13.2.1条第2款	/		
	4	火灾自动报警系统的线缆应符合防火设计要求	第13.1.3条第3款	/		
	5	火灾自动报警系统，按规范检查线缆的种类、电压等级	第13.1.3条第4款	/		
一般项目	1	桥架、线管内线缆间不应拧绞，线缆间不得有接头	第4.5.2条第7款	/		
	2	线缆的最小允许弯曲半径应符合国家标准规定	第4.4.3条	/		
	3	线管出线口与设备接线端子之间，应采用金属软管连接，金属软管长度不宜超过2m，不得将线裸露	第4.4.4条	/		
施工单位检查结果	专业工长：　　　　项目专业质量检查员：　　　　年　月　日					
监理单位验收结论	专业监理工程师：　　　　年　月　日					

7.3.4.6 轨道验·机-120-2 线缆敷设质量验收记录（二）

市政基础设施工程

线缆敷设质量验收记录（二）

轨道验·机-120-2

第　　页，共　　页

<table>
<tr><td>工程名称</td><td colspan="7"></td></tr>
<tr><td>单位工程名称</td><td colspan="7"></td></tr>
<tr><td>施工单位</td><td colspan="3"></td><td colspan="2">分包单位</td><td colspan="2"></td></tr>
<tr><td>项目负责人</td><td colspan="3"></td><td colspan="2">项目技术负责人</td><td colspan="2"></td></tr>
<tr><td>分部（子分部）工程名称</td><td colspan="3"></td><td colspan="2">分项工程名称</td><td colspan="2"></td></tr>
<tr><td>验收部位/区段</td><td colspan="3"></td><td colspan="2">检验批容量</td><td colspan="2"></td></tr>
<tr><td>施工及验收依据</td><td colspan="7">《智能建筑工程施工规范》GB 50606</td></tr>
<tr><td colspan="4">验收项目</td><td>设计要求或规范规定</td><td>最小/实际抽样数量</td><td>检查记录</td><td>检查结果</td></tr>
<tr><td rowspan="7">主控项目</td><td>4</td><td colspan="2">桥架内线缆应排列整齐，不得拧绞；在线缆进出桥架部位、转弯处应绑扎固定；垂直桥架内线缆绑扎固定点间隔不宜大于1.5m</td><td>第4.4.5条</td><td>/</td><td></td><td></td></tr>
<tr><td>5</td><td colspan="2">线缆穿越建筑物变形缝时应留置相适应的补偿余量</td><td>第4.4.6条</td><td>/</td><td></td><td></td></tr>
<tr><td rowspan="5">6</td><td rowspan="5">综合布线</td><td>线缆布放应自然平直，不应受外力挤压和损伤</td><td>第5.2.1条第1款</td><td>/</td><td></td><td></td></tr>
<tr><td>线缆布放宜留不小于0.15m余量</td><td>第5.2.1条第2款</td><td>/</td><td></td><td></td></tr>
<tr><td>从配线架引向工作区各信息端口4对对绞电缆的长度不应大于90m</td><td>第5.2.1条第3款</td><td>/</td><td></td><td></td></tr>
<tr><td>线缆敷设拉力及其他保护措施应符合产品厂家的施工要求</td><td>第5.2.1条第4款</td><td>/</td><td></td><td></td></tr>
<tr><td>线缆弯曲半径宜符合规定</td><td>第5.2.1条第5款</td><td>/</td><td></td><td></td></tr>
<tr><td>施工单位检查结果</td><td colspan="7">专业工长：　　　　项目专业质量检查员：　　　　年　月　日</td></tr>
<tr><td>监理单位验收结论</td><td colspan="7">专业监理工程师：
年　月　日</td></tr>
</table>

7.3.4.7 轨道验·机-120-3 线缆敷设质量验收记录（三）

市政基础设施工程

线缆敷设质量验收记录（三）

轨道验·机-120-3

第　　页，共　　页

<table>
<tr><td colspan="4">工程名称</td><td colspan="5"></td></tr>
<tr><td colspan="4">单位工程名称</td><td colspan="5"></td></tr>
<tr><td colspan="4">施工单位</td><td colspan="2"></td><td>分包单位</td><td colspan="2"></td></tr>
<tr><td colspan="4">项目负责人</td><td colspan="2"></td><td>项目技术负责人</td><td colspan="2"></td></tr>
<tr><td colspan="4">分部（子分部）工程名称</td><td colspan="2"></td><td>分项工程名称</td><td colspan="2"></td></tr>
<tr><td colspan="4">验收部位/区段</td><td colspan="2"></td><td>检验批容量</td><td colspan="2"></td></tr>
<tr><td colspan="4">施工及验收依据</td><td colspan="5">《智能建筑工程施工规范》GB 50606</td></tr>
<tr><td colspan="4">验收项目</td><td>设计要求或规范规定</td><td>最小/实际抽样数量</td><td>检查记录</td><td colspan="2">检查结果</td></tr>
<tr><td rowspan="5">主控项目</td><td rowspan="5">6</td><td rowspan="5">综合布线</td><td>线缆间净距应符合规定</td><td>第5.2.1条第6款</td><td>/</td><td></td><td colspan="2"></td></tr>
<tr><td>室内光缆桥架内敷设时宜在绑扎固定处加装垫套</td><td>第5.2.1条第7款</td><td>/</td><td></td><td colspan="2"></td></tr>
<tr><td>线缆敷设施工时，现场应安装稳固的临时线号标签，线缆上配线架、打模块前应安装永久线号标签</td><td>第5.2.1条第8款</td><td>/</td><td></td><td colspan="2"></td></tr>
<tr><td>线缆经过桥架、管线拐弯处，应保证线缆紧贴底部，且不应悬空、不受牵引力。在桥架的拐弯处应采取绑扎或其他形式固定</td><td>第5.2.1条第9款</td><td>/</td><td></td><td colspan="2"></td></tr>
<tr><td>距信息点最近的一个过线盒穿线时应宜留有不小于0.15m的余量</td><td>第5.2.1条第10款</td><td>/</td><td></td><td colspan="2"></td></tr>
<tr><td>施工单位检查结果</td><td colspan="8">专业工长：　　　　项目专业质量检查员：　　　　年　月　日</td></tr>
<tr><td>监理单位验收结论</td><td colspan="8">专业监理工程师：
年　月　日</td></tr>
</table>

7.3.4.8 轨道验·机-121 信息插座安装质量验收记录

市政基础设施工程

信息插座安装质量验收记录

轨道验·机-121

第　　页，共　　页

<table>
<tr><td colspan="2">工程名称</td><td colspan="6"></td></tr>
<tr><td colspan="2">单位工程名称</td><td colspan="6"></td></tr>
<tr><td colspan="2">施工单位</td><td colspan="2"></td><td colspan="2">分包单位</td><td colspan="2"></td></tr>
<tr><td colspan="2">项目负责人</td><td colspan="2"></td><td colspan="2">项目技术负责人</td><td colspan="2"></td></tr>
<tr><td colspan="2">分部（子分部）工程名称</td><td colspan="2"></td><td colspan="2">分项工程名称</td><td colspan="2"></td></tr>
<tr><td colspan="2">验收部位/区段</td><td colspan="2"></td><td colspan="2">检验批容量</td><td colspan="2"></td></tr>
<tr><td colspan="2">施工及验收依据</td><td colspan="6">《智能建筑工程施工规范》GB 50606、
《综合布线系统工程验收规范》GB/T 50312</td></tr>
<tr><td colspan="3">验收项目</td><td>设计要求或规范规定</td><td>最小/实际抽样数量</td><td>检查记录</td><td colspan="2">检查结果</td></tr>
<tr><td rowspan="2">主控项目</td><td>1</td><td>材料、器具、设备进场质量检测</td><td>第3.5.1条</td><td>/</td><td></td><td colspan="2"></td></tr>
<tr><td></td><td></td><td></td><td>/</td><td></td><td colspan="2"></td></tr>
<tr><td rowspan="8">一般项目</td><td>1</td><td>信息插座模块、多用户信息插座、集合点配线模块安装位置和高度应符合设计要求</td><td>第5.0.3条</td><td>/</td><td></td><td colspan="2"></td></tr>
<tr><td>2</td><td>安装在活动地板内或地面上时，应固定在接线盒内，插座面板采用直立和水平等形式；接线盒盖面应与地面齐平</td><td>第5.0.3条</td><td>/</td><td></td><td colspan="2"></td></tr>
<tr><td>3</td><td>接线盒盖可开启，并应具有防水、防尘、抗压功能</td><td>第5.0.3条</td><td>/</td><td></td><td colspan="2"></td></tr>
<tr><td>4</td><td>信息插座底盒同时安装信息插座模块和电源插座时，间距及采取的防护措施应符合设计要求</td><td>第5.0.3条</td><td>/</td><td></td><td colspan="2"></td></tr>
<tr><td>5</td><td>信息插座模块明装底盒的固定方法根据施工现场条件而定</td><td>第5.0.3条</td><td>/</td><td></td><td colspan="2"></td></tr>
<tr><td>6</td><td>固定螺丝需拧紧，不应产生松动现象</td><td>第5.0.3条</td><td>/</td><td></td><td colspan="2"></td></tr>
<tr><td>7</td><td>各种插座面板应有标识，以颜色、图形、文字表示所接终端设备业务类型</td><td>第5.0.3条</td><td>/</td><td></td><td colspan="2"></td></tr>
<tr><td>8</td><td>工作区内终接光缆的光纤连接器件及适配器安装底盒应具有足够的空间，并应符合设计要求</td><td>第5.0.3条</td><td>/</td><td></td><td colspan="2"></td></tr>
<tr><td>施工单位检查结果</td><td colspan="7">专业工长：　　　　项目专业质量检查员：　　　　年　月　日</td></tr>
<tr><td>监理单位验收结论</td><td colspan="7">专业监理工程师：
年　月　日</td></tr>
</table>

7.3.4.9 轨道验·机-122-1 软件安装质量验收记录（一）

市政基础设施工程

软件安装质量验收记录（一）

轨道验·机-122-1

第　　页，共　　页

<table>
<tr><td colspan="2">工程名称</td><td colspan="5"></td></tr>
<tr><td colspan="2">单位工程名称</td><td colspan="5"></td></tr>
<tr><td colspan="2">施工单位</td><td colspan="2"></td><td>分包单位</td><td colspan="2"></td></tr>
<tr><td colspan="2">项目负责人</td><td colspan="2"></td><td>项目技术负责人</td><td colspan="2"></td></tr>
<tr><td colspan="2">分部（子分部）工程名称</td><td colspan="2"></td><td>分项工程名称</td><td colspan="2"></td></tr>
<tr><td colspan="2">验收部位/区段</td><td colspan="2"></td><td>检验批容量</td><td colspan="2"></td></tr>
<tr><td colspan="2">施工及验收依据</td><td colspan="5">《智能建筑工程施工规范》GB 50606</td></tr>
<tr><td colspan="3">验收项目</td><td>设计要求或规范规定</td><td>最小/实际抽样数量</td><td>检查记录</td><td>检查结果</td></tr>
<tr><td rowspan="8">主控项目</td><td>1</td><td>软件产品质量检查应符合规定</td><td>第3.5.5条</td><td>/</td><td></td><td></td></tr>
<tr><td>2</td><td>应为操作系统、数据库、防病毒软件安装最新版本的补丁程序</td><td>第11.4.1条</td><td>/</td><td></td><td></td></tr>
<tr><td>3</td><td>软件和设备在启动、运行和关闭过程中不应出现运行时错误</td><td>第11.4.1条</td><td>/</td><td></td><td></td></tr>
<tr><td>4</td><td>软件修改后，应通过系统测试和回归测试</td><td>第11.4.1条</td><td>/</td><td></td><td></td></tr>
<tr><td>5</td><td>软件在启动、运行和关闭过程中不应出现运行时错误</td><td>第15.3.1条第2款</td><td>/</td><td></td><td></td></tr>
<tr><td>6</td><td>通信接口软件修改后，应通过系统测试和回归测试</td><td>第15.3.1条第3款</td><td>/</td><td></td><td></td></tr>
<tr><td>7</td><td>应根据集成子系统的通信接口、工程资料和设备实际运行情况，对运行数据进行核对</td><td>第15.3.1条第4款</td><td>/</td><td></td><td></td></tr>
<tr><td>8</td><td>系统应能正确实现经会审批准的智能化集成系统的联动功能</td><td>第15.3.1条第5款</td><td>/</td><td></td><td></td></tr>
<tr><td rowspan="4">一般项目</td><td>1</td><td>应按设计文件为设备安装相应软件系统，系统安装应完整</td><td>第6.2.2条第1款</td><td>/</td><td></td><td></td></tr>
<tr><td>2</td><td>应提供正版软件技术手册</td><td>第6.2.2条第2款</td><td>/</td><td></td><td></td></tr>
<tr><td>3</td><td>服务器不应安装与本系统无关的软件</td><td>第6.2.2条第3款</td><td>/</td><td></td><td></td></tr>
<tr><td>4</td><td>操作系统、防病毒软件应设置为自动更新方式</td><td>第6.2.2条第4款</td><td>/</td><td></td><td></td></tr>
<tr><td>施工单位检查结果</td><td colspan="6">专业工长：　　　　项目专业质量检查员：　　　　年　月　日</td></tr>
<tr><td>监理单位验收结论</td><td colspan="6">专业监理工程师：
年　月　日</td></tr>
</table>

7.3.4.10 轨道验·机-122-2 软件安装质量验收记录（二）

市政基础设施工程

软件安装质量验收记录（二）

轨道验·机-122-2

第 页，共 页

<table>
<tr><td colspan="3">工程名称</td><td colspan="5"></td></tr>
<tr><td colspan="3">单位工程名称</td><td colspan="5"></td></tr>
<tr><td colspan="3">施工单位</td><td></td><td colspan="2">分包单位</td><td colspan="2"></td></tr>
<tr><td colspan="3">项目负责人</td><td></td><td colspan="2">项目技术负责人</td><td colspan="2"></td></tr>
<tr><td colspan="3">分部（子分部）工程名称</td><td></td><td colspan="2">分项工程名称</td><td colspan="2"></td></tr>
<tr><td colspan="3">验收部位/区段</td><td></td><td colspan="2">检验批容量</td><td colspan="2"></td></tr>
<tr><td colspan="3">施工及验收依据</td><td colspan="5">《智能建筑工程施工规范》GB 50606</td></tr>
<tr><td colspan="4">验收项目</td><td>设计要求或规范规定</td><td>最小/实际抽样数量</td><td>检查记录</td><td>检查结果</td></tr>
<tr><td rowspan="9">一般项目</td><td>5</td><td colspan="2">软件系统安装后应能够正常启动、运行和退出</td><td>第6.2.2条第5款</td><td>/</td><td></td><td></td></tr>
<tr><td>6</td><td colspan="2">在网络安全检验后，服务器方可以在安全系统的保护下与互联网相联，并应对操作系统、防病毒软件升级及更新相应的补丁程序</td><td>第6.2.2条第6款</td><td>/</td><td></td><td></td></tr>
<tr><td>7</td><td colspan="2">应检验软件系统的操作界面，操作命令不得有二义性</td><td>第6.3.2条第1款</td><td>/</td><td></td><td></td></tr>
<tr><td>8</td><td colspan="2">应检验软件系统的可扩展性、可容错性和可维护性</td><td>第6.3.2条第2款</td><td>/</td><td></td><td></td></tr>
<tr><td>9</td><td colspan="2">应检验网络安全管理制度、机房的环境条件、防泄露与保密措施</td><td>第6.3.2条第3款</td><td>/</td><td></td><td></td></tr>
<tr><td>10</td><td colspan="2">服务器和工作站上应安装防病毒软件，应使其始终处于启用状态</td><td>第11.3.7条第1款</td><td>/</td><td></td><td></td></tr>
<tr><td rowspan="2">11</td><td rowspan="2">用户密码</td><td>密码长度不应少于8位</td><td>第11.3.7条第2款1)</td><td>/</td><td></td><td></td></tr>
<tr><td>密码宜为大写字母、小写字母、数字、标点符号的组合</td><td>第11.3.7条第2款2)</td><td>/</td><td></td><td></td></tr>
<tr><td>12</td><td colspan="2">多台服务器与工作站之间或多个软件之间不得使用完全相同的用户名和密码组合</td><td>第11.3.7条第3款</td><td>/</td><td></td><td></td></tr>
<tr><td>施工单位检查结果</td><td colspan="7">专业工长：　　　　项目专业质量检查员：　　　　年　月　日</td></tr>
<tr><td>监理单位验收结论</td><td colspan="7">专业监理工程师：
年　月　日</td></tr>
</table>

7.3.4.11 轨道验·机-122-3 软件安装质量验收记录（三）

市政基础设施工程

软件安装质量验收记录（三）

轨道验·机-122-3

第　　页，共　　页

工程名称					
单位工程名称					
施工单位		分包单位			
项目负责人		项目技术负责人			
分部（子分部）工程名称		分项工程名称			
验收部位/区段		检验批容量			
施工及验收依据	《智能建筑工程施工规范》GB 50606				

验收项目			设计要求或规范规定	最小/实际抽样数量	检查记录	检查结果
一般项目	13	应定期对服务器和工作站进行病毒查杀和恶意软件查杀操作	第11.3.7条第4款	/		
	14	应依据网络规划和配置方案，配置服务器、工作站等设备的网络地址	第11.4.2条第1款	/		
	15	操作系统、数据库等基础平台软件、防病毒软件应具有正式软件使用（授权）许可证	第11.4.2条第2款	/		
	16	服务器、工作站的操作系统和防病毒软件应设置为自动更新的运行方式	第11.4.2条第3款	/		
	17	应记录服务器、工作站等设备的配置参数	第11.4.2条第4款	/		
	18	应依据网络规划和配置方案，配置服务器、工作站、通信接口转换器、视频编解码器等设备的网络地址	第15.3.2条第1款	/		
	19	操作系统、数据库等基础平台软件、防病毒软件应具有正式软件使用（授权）许可证	第15.3.2条第2款	/		
	20	服务器、工作站的操作系统应设置为自动更新的运行方式	第15.3.2条第3款	/		
	21	服务器、工作站上应安装防病毒软件，并应设置为自动更新的运行方式	第15.3.2条第4款	/		
	22	应记录服务器、工作站、通信接口转换器、视频编解码器等设备的配置参数	第15.3.2条第5款	/		
施工单位检查结果	专业工长：　　　项目专业质量检查员：　　　年　月　日					
监理单位验收结论	专业监理工程师：　　　年　月　日					

7.3.4.12 轨道验·机-124 链路或信道测试质量验收记录

市政基础设施工程

链路或信道测试质量验收记录

轨道验·机-124

第 页，共 页

<table>
<tr><td colspan="3">工程名称</td><td colspan="5"></td></tr>
<tr><td colspan="3">单位工程名称</td><td colspan="5"></td></tr>
<tr><td colspan="3">施工单位</td><td colspan="2"></td><td colspan="2">分包单位</td><td></td></tr>
<tr><td colspan="3">项目负责人</td><td colspan="2"></td><td colspan="2">项目技术负责人</td><td></td></tr>
<tr><td colspan="3">分部（子分部）工程名称</td><td colspan="2"></td><td colspan="2">分项工程名称</td><td></td></tr>
<tr><td colspan="3">验收部位/区段</td><td colspan="2"></td><td colspan="2">检验批容量</td><td></td></tr>
<tr><td colspan="3">施工及验收依据</td><td colspan="5">《智能建筑工程施工规范》GB 50606</td></tr>
<tr><td colspan="3">验收项目</td><td>设计要求或规范规定</td><td>最小/实际抽样数量</td><td>检查记录</td><td colspan="2">检查结果</td></tr>
<tr><td rowspan="3">主控项目</td><td>1</td><td>线缆永久链路的技术指标应符合现行国家标准《综合布线系统工程设计规范》GB 50311 的有关规定</td><td>第 5.4.1 条</td><td>/</td><td></td><td colspan="2"></td></tr>
<tr><td>2</td><td>电缆电气性能测试及光纤系统性能测试应符合现行国家标准《综合布线系统工程验收规范》GB 50312 的有关规定</td><td>第 5.4.2 条</td><td>/</td><td></td><td colspan="2"></td></tr>
<tr><td></td><td></td><td></td><td></td><td></td><td colspan="2"></td></tr>
<tr><td>施工单位检查结果</td><td colspan="7">专业工长： 项目专业质量检查员： 年 月 日</td></tr>
<tr><td>监理单位验收结论</td><td colspan="7">专业监理工程师：
年 月 日</td></tr>
</table>

7.3.4.13 轨道验·机-125 智能化集成系统接口及系统调试质量验收记录

市政基础设施工程

智能化集成系统接口及系统调试质量验收记录

轨道验·机-125

第　　页 共　　页

工程名称			
单位工程名称			
施工单位		分包单位	
项目负责人		项目技术负责人	
分部（子分部）工程名称		分项工程名称	
验收部位/区段		检验批容量	
施工及验收依据	《智能建筑工程质量验收规范》GB 50339		

验收项目	设计要求或规范规定	最小/实际抽样数量	检查记录	检查结果
接口功能	第4.0.4条	/		
集中监视、储存和统计功能	第4.0.5条	/		
报警监视及处理功能	第4.0.6条	/		
控制和调节功能	第4.0.7条	/		
联动配置及管理功能	第4.0.8条	/		
权限管理功能	第4.0.9条	/		
冗余功能	第4.0.10条	/		
文件报表生成和打印功能	第4.0.11条	/		
数据分析功能	第4.0.12条	/		
施工单位检查结果	专业工长：（签名）　　项目专业质量检查员：（签名）　　年　月　日			
监理单位验收结论	专业监理工程师：（签名）　　年　月　日			

7.3.4.14 轨道验·机-126-1 用户电话交换系统设备安装质量验收记录（一）

市政基础设施工程

用户电话交换系统设备安装质量验收记录（一）

轨道验·机-126-1

第　　页，共　　页

<table>
<tr><td colspan="3">工程名称</td><td colspan="5"></td></tr>
<tr><td colspan="3">单位工程名称</td><td colspan="5"></td></tr>
<tr><td colspan="3">施工单位</td><td></td><td colspan="2">分包单位</td><td colspan="2"></td></tr>
<tr><td colspan="3">项目负责人</td><td></td><td colspan="2">项目技术负责人</td><td colspan="2"></td></tr>
<tr><td colspan="3">分部（子分部）工程名称</td><td></td><td colspan="2">分项工程名称</td><td colspan="2"></td></tr>
<tr><td colspan="3">验收部位/区段</td><td></td><td colspan="2">检验批容量</td><td colspan="2"></td></tr>
<tr><td colspan="3">施工及验收依据</td><td colspan="5">《智能建筑工程施工规范》GB 50606</td></tr>
<tr><td colspan="3">验收项目</td><td>设计要求或规范规定</td><td>最小/实际抽样数量</td><td>检查记录</td><td colspan="2">检查结果</td></tr>
<tr><td>主控项目</td><td>1</td><td>材料、器具、设备进场质量检测</td><td>第3.5.1条</td><td>/</td><td></td><td colspan="2"></td></tr>
<tr><td rowspan="7">一般项目</td><td>1</td><td>机房的环境条件进行检查</td><td>第10.2.1条</td><td>/</td><td></td><td colspan="2"></td></tr>
<tr><td>2</td><td>交换机机柜，上下两端垂直偏差</td><td>≤3mm</td><td>/</td><td></td><td colspan="2"></td></tr>
<tr><td>3</td><td>机柜应排列成直线，每5m误差</td><td>≤5mm</td><td>/</td><td></td><td colspan="2"></td></tr>
<tr><td>4</td><td>各种配线架各直列上下两端垂直偏差</td><td>≤3mm</td><td>/</td><td></td><td colspan="2"></td></tr>
<tr><td>5</td><td>各种配线架底座水平误差（每米）</td><td>≤2 mm</td><td>/</td><td></td><td colspan="2"></td></tr>
<tr><td>6</td><td>机架、配线架应按施工图的抗震要求进行加固</td><td>第10.2.1条
第10款</td><td>/</td><td></td><td colspan="2"></td></tr>
<tr><td>7</td><td>直流电源线连同所接的列内电源线，应测试正负线间和负线对地间的绝缘电阻，绝缘电阻均不得小于1MΩ</td><td>第10.2.1条
第11款</td><td>/</td><td></td><td colspan="2"></td></tr>
<tr><td>施工单位检查结果</td><td colspan="7">专业工长：　　　　项目专业质量检查员：　　　　年　　月　　日</td></tr>
<tr><td>监理单位验收结论</td><td colspan="7">专业监理工程师：
年　　月　　日</td></tr>
</table>

7.3.4.15 轨道验·机-126-2 用户电话交换系统设备安装质量验收记录（二）

市政基础设施工程

用户电话交换系统设备安装质量验收记录（二）

轨道验·机-126-2

第 页，共 页

<table>
<tr><td colspan="4">工程名称</td><td colspan="4"></td></tr>
<tr><td colspan="4">单位工程名称</td><td colspan="4"></td></tr>
<tr><td colspan="4">施工单位</td><td></td><td>分包单位</td><td colspan="2"></td></tr>
<tr><td colspan="4">项目负责人</td><td></td><td>项目技术负责人</td><td colspan="2"></td></tr>
<tr><td colspan="4">分部（子分部）工程名称</td><td></td><td>分项工程名称</td><td colspan="2"></td></tr>
<tr><td colspan="4">验收部位/区段</td><td></td><td>检验批容量</td><td colspan="2"></td></tr>
<tr><td colspan="4">施工及验收依据</td><td colspan="4">《智能建筑工程施工规范》GB 50606</td></tr>
<tr><td colspan="4">验收项目</td><td>设计要求或规范规定</td><td>最小/实际抽样数量</td><td>检查记录</td><td>检查结果</td></tr>
<tr><td rowspan="6">一般项目</td><td>8</td><td colspan="2">交换系统使用的交流电源线芯线间和芯线对地的绝缘电阻均不得小于1MΩ</td><td>第10.2.1条第12款</td><td>/</td><td></td><td></td></tr>
<tr><td>9</td><td colspan="2">交换系统用的交流电源线应有保护接地线</td><td>第10.2.1条第13款</td><td>/</td><td></td><td></td></tr>
<tr><td>10</td><td rowspan="4">交换机设备通电前检查</td><td>各种电路板数量、规格、接线及机架的安装位置、标识</td><td>第10.2.1条第14款1)</td><td>/</td><td></td><td></td></tr>
<tr><td>11</td><td>各机架所有的熔断器规格应符合要求，检查各功能单元电源开关应处于关闭状态</td><td>第10.2.1条第14款2)</td><td>/</td><td></td><td></td></tr>
<tr><td>12</td><td>设备的各种选择开关应置于初始位置</td><td>第10.2.1条第14款3)</td><td>/</td><td></td><td></td></tr>
<tr><td>13</td><td>设备的供电电源线，接地线规格应符合设计要求，并端接应正确、牢固</td><td>第10.2.1条第14款4)</td><td>/</td><td></td><td></td></tr>
<tr><td>施工单位检查结果</td><td colspan="7">专业工长：　　　　项目专业质量检查员：　　　　年　月　日</td></tr>
<tr><td>监理单位验收结论</td><td colspan="7">专业监理工程师：
年　月　日</td></tr>
</table>

7.3.4.16 轨道验·机-126-3 用户电话交换系统设备安装质量验收记录（三）

市政基础设施工程

用户电话交换系统设备安装质量验收记录（三）

轨道验·机-126-3

第　　页，共　　页

工程名称						
单位工程名称						
施工单位			分包单位			
项目负责人			项目技术负责人			
分部（子分部）工程名称			分项工程名称			
验收部位/区段			检验批容量			
施工及验收依据	《智能建筑工程施工规范》GB 50606					
验收项目			设计要求或规范规定	最小/实际抽样数量	检查记录	检查结果
一般项目	14	应测量机房主电源输入电压，确定正常后，方可进行通电测试	第10.2.1条第15款	/		
	15	设备、线缆标识应清晰、明确	第10.3.2条第1款	/		
	16	电话交换系统安装各种业务板及业务板电缆，信号线和电源应分别引入	第10.3.2条第2款	/		
	17	各设备、器件、盒、箱、线缆等的安装应符合设计要求，并应做到布局合理、排列整齐、牢固可靠、线缆连接正确、压接牢固	第10.3.2条第3款	/		
	18	馈线连接头应牢固安装，接触应良好，并应采取防雨、防腐措施	第10.3.2条第4款	/		
施工单位检查结果	专业工长：　　　　项目专业质量检查员：　　　　年　月　日					
监理单位验收结论	专业监理工程师： 年　月　日					

7.3.4.17 轨道验·机-127 用户电话交换系统接口及系统调试质量验收记录

市政基础设施工程

用户电话交换系统接口及系统调试质量验收记录

轨道验·机-127

第　　页 共　　页

<table>
<tr><td>工程名称</td><td colspan="5"></td></tr>
<tr><td>单位工程名称</td><td colspan="5"></td></tr>
<tr><td>施工单位</td><td colspan="2"></td><td colspan="2">分包单位</td><td></td></tr>
<tr><td>项目负责人</td><td colspan="2"></td><td colspan="2">项目技术负责人</td><td></td></tr>
<tr><td>分部（子分部）工程名称</td><td colspan="2"></td><td colspan="2">分项工程名称</td><td></td></tr>
<tr><td>验收部位/区段</td><td colspan="2"></td><td colspan="2">检验批容量</td><td></td></tr>
<tr><td>施工及验收依据</td><td colspan="5">《智能建筑工程质量验收规范》GB 50339</td></tr>
<tr><td colspan="2">验收项目</td><td>设计要求或规范规定</td><td>最小/实际抽样数量</td><td>检查记录</td><td>检查结果</td></tr>
<tr><td colspan="2">业务测试</td><td>第6.0.6条</td><td>/</td><td></td><td></td></tr>
<tr><td colspan="2">信令方式测试</td><td>第6.0.6条</td><td>/</td><td></td><td></td></tr>
<tr><td colspan="2">系统互通测试</td><td>第6.0.6条</td><td>/</td><td></td><td></td></tr>
<tr><td colspan="2">网络管理测试</td><td>第6.0.6条</td><td>/</td><td></td><td></td></tr>
<tr><td colspan="2">计费功能测试</td><td>第6.0.6条</td><td>/</td><td></td><td></td></tr>
<tr><td>施工单位检查结果</td><td colspan="5">专业工长：（签名）　　专业质量检查员：（签名）　　年　月　日</td></tr>
<tr><td>监理单位验收结论</td><td colspan="5">专业监理工程师：（签名）　　年　月　日</td></tr>
</table>

7.3.4.18 轨道验·机-128 信息网络系统调试质量验收记录

市政基础设施工程

信息网络系统调试质量验收记录

轨道验·机-128

第 页 共 页

<table>
<tr><td>工程名称</td><td colspan="6"></td></tr>
<tr><td>单位工程名称</td><td colspan="6"></td></tr>
<tr><td>施工单位</td><td></td><td colspan="2">分包单位</td><td colspan="3"></td></tr>
<tr><td>项目负责人</td><td></td><td colspan="2">项目技术负责人</td><td colspan="3"></td></tr>
<tr><td>分部（子分部）工程名称</td><td></td><td colspan="2">分项工程名称</td><td colspan="3"></td></tr>
<tr><td>验收部位/区段</td><td></td><td colspan="2">检验批容量</td><td colspan="3"></td></tr>
<tr><td>施工及验收依据</td><td colspan="6">《智能建筑工程质量验收规范》GB 50339</td></tr>
<tr><td colspan="2">验收项目</td><td colspan="2">设计要求或规范规定</td><td>最小/实际抽样数量</td><td>检查记录</td><td>检查结果</td></tr>
<tr><td colspan="2">计算机网络系统连通性</td><td colspan="2">第7.2.3条</td><td>/</td><td></td><td></td></tr>
<tr><td colspan="2">计算机网络系统传输延时和丢包率</td><td colspan="2">第7.2.4条</td><td>/</td><td></td><td></td></tr>
<tr><td colspan="2">计算机网络系统路由</td><td colspan="2">第7.2.5条</td><td>/</td><td></td><td></td></tr>
<tr><td colspan="2">计算机网络系统组播功能</td><td colspan="2">第7.2.6条</td><td>/</td><td></td><td></td></tr>
<tr><td colspan="2">计算机网络系统 QoS 功能</td><td colspan="2">第7.2.7条</td><td>/</td><td></td><td></td></tr>
<tr><td colspan="2">计算机网络系统容错功能</td><td colspan="2">第7.2.8条</td><td>/</td><td></td><td></td></tr>
<tr><td colspan="2">计算机网络系统无线局域网的功能</td><td colspan="2">第7.2.9条</td><td>/</td><td></td><td></td></tr>
<tr><td colspan="2">网络安全系统安全保护技术措施</td><td colspan="2">第7.3.2条</td><td>/</td><td></td><td></td></tr>
<tr><td colspan="2">网络安全系统安全审计功能</td><td colspan="2">第7.3.3条</td><td>/</td><td></td><td></td></tr>
<tr><td colspan="2">网络安全系统有物理隔离要求的网络的物理隔离检测</td><td colspan="2">第7.3.4条</td><td>/</td><td></td><td></td></tr>
<tr><td colspan="2">网络安全系统无线接入认证的控制策略</td><td colspan="2">第7.3.5条</td><td>/</td><td></td><td></td></tr>
<tr><td colspan="2">计算机网络系统网络管理功能</td><td colspan="2">第7.2.10条</td><td>/</td><td></td><td></td></tr>
<tr><td colspan="2">网络安全系统远程管理时，防窃听措施</td><td colspan="2">第7.3.6条</td><td>/</td><td></td><td></td></tr>
<tr><td>施工单位检查结果</td><td colspan="6">专业工长：（签名） 专业质量检查员：（签名） 年 月 日</td></tr>
<tr><td>监理单位验收结论</td><td colspan="6">专业监理工程师：（签名） 年 月 日</td></tr>
</table>

7.3.4.19 轨道验·机-129 综合布线系统调试质量验收记录

市政基础设施工程

综合布线系统调试质量验收记录

轨道验·机-129

第 页 共 页

工程名称			
单位工程名称			
施工单位		分包单位	
项目负责人		项目技术负责人	
分部（子分部）工程名称		分项工程名称	
验收部位/区段		检验批容量	
施工及验收依据	《智能建筑工程质量验收规范》GB 50339		

验收项目		设计要求或规范规定	最小/实际抽样数量	检查记录	检查结果
对绞电缆链路或信道和光纤链路或信道的检测		第8.0.5条	/		
标签和标识检测，综合布线管理软件功能		第8.0.6条	/		
电子配线架管理软件		第8.0.7条	/		
施工单位检查结果	专业工长：（签名） 专业质量检查员（签名）： 年 月 日				
监理单位验收结论	专业监理工程师：（签名） 年 月 日				

7.3.4.20 轨道验·机-130 有线电视及卫星电视接收系统设备安装质量验收记录

市政基础设施工程

有线电视及卫星电视接收系统设备安装质量验收记录

轨道验·机-130

第 页，共 页

<table>
<tr><td colspan="3">工程名称</td><td colspan="5"></td></tr>
<tr><td colspan="3">单位工程名称</td><td colspan="5"></td></tr>
<tr><td colspan="3">施工单位</td><td></td><td colspan="2">分包单位</td><td colspan="2"></td></tr>
<tr><td colspan="3">项目负责人</td><td></td><td colspan="2">项目技术负责人</td><td colspan="2"></td></tr>
<tr><td colspan="3">分部（子分部）工程名称</td><td></td><td colspan="2">分项工程名称</td><td colspan="2"></td></tr>
<tr><td colspan="3">验收部位/区段</td><td></td><td colspan="2">检验批容量</td><td colspan="2"></td></tr>
<tr><td colspan="3">施工及验收依据</td><td colspan="5">《智能建筑工程施工规范》GB 50606</td></tr>
<tr><td colspan="3">验收项目</td><td>设计要求或规范规定</td><td>最小/实际抽样数量</td><td>检查记录</td><td colspan="2">检查结果</td></tr>
<tr><td rowspan="7">主控项目</td><td>1</td><td>材料、器具、设备进场质量检测</td><td>第3.5.1条</td><td>/</td><td></td><td colspan="2"></td></tr>
<tr><td>2</td><td>有源设备均应通电检查</td><td>第7.1.3条第1款</td><td>/</td><td></td><td colspan="2"></td></tr>
<tr><td>3</td><td>主要设备和器材，应选用具有国家广播电影电视总局或有资质检测机构颁发的有效认定标识的产品</td><td>第7.1.3条第2款</td><td>/</td><td></td><td colspan="2"></td></tr>
<tr><td>4</td><td>天线系统的接地与避雷系统的接地应分开，设备接地与防雷系统接地应分开</td><td>第7.3.1条第1款</td><td>/</td><td></td><td colspan="2"></td></tr>
<tr><td>5</td><td>卫星天线馈电端、阻抗匹配器、天线避雷器、高频连接器和放大器应连接牢固，并应采取防雨、防腐措施</td><td>第7.3.1条第2款</td><td>/</td><td></td><td colspan="2"></td></tr>
<tr><td>6</td><td>卫星接收天线应在避雷针保护范围内，天线底座接地电阻应小于4Ω</td><td>第7.3.1条第3款</td><td>/</td><td></td><td colspan="2"></td></tr>
<tr><td>7</td><td>卫星接收天线应安装牢固</td><td>第7.3.1条第4款</td><td>/</td><td></td><td colspan="2"></td></tr>
<tr><td rowspan="4">一般项目</td><td>1</td><td>有线电视系统各设备、器件、盒、箱、电缆等的安装应符合设计要求，应做到布局合理，排列整齐，牢固可靠，线缆连接正确，压接牢固</td><td>第7.3.2条第1款</td><td>/</td><td></td><td colspan="2"></td></tr>
<tr><td>2</td><td>放大器箱体内门板内侧应贴箱内设备的接线图，并应标明电缆的走向及信号输入、输出电平</td><td>第7.3.2条第2款</td><td>/</td><td></td><td colspan="2"></td></tr>
<tr><td>3</td><td>暗装的用户盒面板应紧贴墙面，四周应无缝隙，安装应端正、牢固</td><td>第7.3.2条第3款</td><td>/</td><td></td><td colspan="2"></td></tr>
<tr><td>4</td><td>分支分配器与同轴电缆应连接可靠</td><td>第7.3.2条第4款</td><td>/</td><td></td><td colspan="2"></td></tr>
<tr><td>施工单位检查结果</td><td colspan="7">专业工长： 项目专业质量检查员： 年 月 日</td></tr>
<tr><td>监理单位验收结论</td><td colspan="7">专业监理工程师：
年 月 日</td></tr>
</table>

7.3.4.21 轨道验·机-131 有线电视及卫星电视接收系统调试质量验收记录

市政基础设施工程

有线电视及卫星电视接收系统调试质量验收记录

轨道验·机-131

第 页 共 页

工程名称			
单位工程名称			
施工单位		分包单位	
项目负责人		项目技术负责人	
分部（子分部）工程名称		分项工程名称	
验收部位/区段		检验批容量	
施工及验收依据	《智能建筑工程质量验收规范》GB 50339		

验收项目	设计要求或规范规定	最小/实际抽样数量	检查记录	检查结果
客观测试	第11.0.3条	/		
主观评价	第11.0.4条	/		
HFC网络和双向数字电视系统下行测试	第11.0.5条	/		
HFC网络和双向数字电视系统上行测试	第11.0.6条	/		
有线数字电视主观评价	第11.0.7条	/		
施工单位检查结果	专业工长：（签名） 专业质量检查员：（签名） 年 月 日			
监理单位验收结论	专业监理工程师：（签名） 年 月 日			

7.3.4.22 轨道验·机-132-1 公共广播系统设备安装质量验收记录（一）

市政基础设施工程

公共广播系统设备安装质量验收记录（一）

轨道验·机-132-1

第　　页，共　　页

<table>
<tr><td colspan="3">工程名称</td><td colspan="4"></td></tr>
<tr><td colspan="3">单位工程名称</td><td colspan="4"></td></tr>
<tr><td colspan="3">施工单位</td><td></td><td>分包单位</td><td colspan="2"></td></tr>
<tr><td colspan="3">项目负责人</td><td></td><td>项目技术负责人</td><td colspan="2"></td></tr>
<tr><td colspan="3">分部（子分部）工程名称</td><td></td><td>分项工程名称</td><td colspan="2"></td></tr>
<tr><td colspan="3">验收部位/区段</td><td></td><td>检验批容量</td><td colspan="2"></td></tr>
<tr><td colspan="3">施工及验收依据</td><td colspan="4">《智能建筑工程施工规范》GB 50606</td></tr>
<tr><td colspan="3">验收项目</td><td>设计要求或规范规定</td><td>最小/实际抽样数量</td><td>检查记录</td><td>检查结果</td></tr>
<tr><td rowspan="6">主控项目</td><td>1</td><td>材料、器具、设备进场质量检测</td><td>第3.5.1条</td><td>/</td><td></td><td></td></tr>
<tr><td>2</td><td>扬声器、控制器、插座板等设备安装应牢固可靠，导线连接应排列整齐，线号应正确清晰</td><td>第9.3.1条第1款</td><td>/</td><td></td><td></td></tr>
<tr><td>3</td><td>当广播系统具有紧急广播功能时，其紧急广播应由消防分机控制，并应具有最高优先权</td><td>第9.3.1条第2款</td><td>/</td><td></td><td></td></tr>
<tr><td>4</td><td>在火灾和突发事故发生时，应能强制切换为紧急广播并以最大音量播出</td><td>第9.3.1条第2款</td><td>/</td><td></td><td></td></tr>
<tr><td>5</td><td>系统应能在手动或警报信号触发的10s内，向相关广播区播放警示信号（含警笛）、警报语声文件或实时指挥语声</td><td>第9.3.1条第2款</td><td>/</td><td></td><td></td></tr>
<tr><td>6</td><td>以现场环境噪声为基准，紧急广播的信噪比不应小于15dB</td><td>第9.3.1条第2款</td><td>/</td><td></td><td></td></tr>
<tr><td>施工单位检查结果</td><td colspan="6">专业工长：　　　　项目专业质量检查员：　　　　年　　月　　日</td></tr>
<tr><td>监理单位验收结论</td><td colspan="6">专业监理工程师：
年　　月　　日</td></tr>
</table>

7.3.4.23 轨道验·机-132-2 公共广播系统设备安装质量验收记录（二）

市政基础设施工程

公共广播系统设备安装质量验收记录（二）

轨道验·机-132-2

第 页，共 页

工程名称			
单位工程名称			
施工单位		分包单位	
项目负责人		项目技术负责人	
分部（子分部）工程名称		分项工程名称	
验收部位/区段		检验批容量	
施工及验收依据	《智能建筑工程施工规范》GB 50606		

验收项目			设计要求或规范规定	最小/实际抽样数量	检查记录	检查结果
一般项目	1	同一室内的吸顶扬声器应排列均匀	第9.3.2条第1款	/		
	2	扬声器箱、控制器、插座等标高应一致、平整牢固	第9.3.2条第1款	/		
	3	扬声器周围不应有破口现象，装饰罩不应有损伤、且应平整	第9.3.2条第1款	/		
	4	各设备导线连接应正确、可靠、牢固；	第9.3.2条第2款	/		
	5	箱内电缆（线）应排列整齐，线路编号应正确清晰	第9.3.2条第2款	/		
	6	线路较多时应绑扎成束，并应在箱（盒）内留有适当空间	第9.3.2条第2款	/		
施工单位检查结果	专业工长： 项目专业质量检查员： 年 月 日					
监理单位验收结论	专业监理工程师： 年 月 日					

7.3.4.24 轨道验·机-133 公共广播系统调试质量验收记录

市政基础设施工程

公共广播系统调试质量验收记录

轨道验·机-133

第 页 共 页

工程名称						
单位工程名称						
施工单位				分包单位		
项目负责人				项目技术负责人		
分部（子分部）工程名称				分项工程名称		
验收部位/区段				检验批容量		
施工及验收依据	《智能建筑工程质量验收规范》GB 50339					
验收项目			设计要求或规范规定	最小/实际抽样数量	检查记录	检查结果
主控项目	1	当紧急广播系统具有火灾应急广播功能时，应检查传输线缆、槽盒和导管的防火保护措施	第12.0.2条	/		
	2	公共广播系统的应备声压级	第12.0.4条	/		
	3	主观评价	第12.0.5条	/		
	4	紧急广播的功能和性能	第12.0.6条	/		
一般项目	1	业务广播和背景广播的功能	第12.0.7条	/		
	2	公共广播系统的声场不均匀度、漏出声衰减及系统设备信噪比	第12.0.8条	/		
	3	公共广播系统的扬声器分布	第12.0.9条	/		
施工单位检查结果	专业工长：（签名） 专业质量检查员：（签名） 年 月 日					
监理单位验收结论	专业监理工程师：（签名） 年 月 日					

7.3.4.25 轨道验·机-134 会议系统设备安装质量验收记录

市政基础设施工程

会议系统设备安装质量验收记录

轨道验·机-134

第　　页，共　　页

<table>
<tr><td colspan="3">工程名称</td><td colspan="4"></td></tr>
<tr><td colspan="3">单位工程名称</td><td colspan="4"></td></tr>
<tr><td colspan="3">施工单位</td><td></td><td colspan="2">分包单位</td><td></td></tr>
<tr><td colspan="3">项目负责人</td><td></td><td colspan="2">项目技术负责人</td><td></td></tr>
<tr><td colspan="3">分部（子分部）工程名称</td><td></td><td colspan="2">分项工程名称</td><td></td></tr>
<tr><td colspan="3">验收部位/区段</td><td></td><td colspan="2">检验批容量</td><td></td></tr>
<tr><td colspan="3">施工及验收依据</td><td colspan="4">《智能建筑工程施工规范》GB 50606</td></tr>
<tr><td colspan="3">验收项目</td><td>设计要求或规范规定</td><td>最小/实际抽样数量</td><td>检查记录</td><td>检查结果</td></tr>
<tr><td rowspan="5">主控项目</td><td>1</td><td>材料、器具、设备进场质量检测</td><td>第3.5.1条</td><td>/</td><td></td><td></td></tr>
<tr><td>2</td><td>应保证机柜内设备安装的水平度，不得在有尘、不洁环境下施工</td><td>第8.3.1条
第1款</td><td>/</td><td></td><td></td></tr>
<tr><td>3</td><td>设备安装应牢固</td><td>第8.3.1条
第2款</td><td>/</td><td></td><td></td></tr>
<tr><td>4</td><td>信号电缆长度不得超过设计要求</td><td>第8.3.1条
第3款</td><td>/</td><td></td><td></td></tr>
<tr><td>5</td><td>视频会议应具有较高的语言清晰度和合适的混响时间</td><td>第8.3.1条
第4款</td><td>/</td><td></td><td></td></tr>
<tr><td rowspan="2">一般项目</td><td>1</td><td>电缆敷设前应作整体通路检测</td><td>第8.3.2条
第1款</td><td>/</td><td></td><td></td></tr>
<tr><td>2</td><td>设备安装前应通电预检，有故障的设备应及时处理</td><td>第8.3.2条
第2款</td><td>/</td><td></td><td></td></tr>
<tr><td>施工单位检查结果</td><td colspan="6">专业工长：　　　　项目专业质量检查员：　　　　年　月　日</td></tr>
<tr><td>监理单位验收结论</td><td colspan="6">专业监理工程师：
年　月　日</td></tr>
</table>

7.3.4.26 轨道验·机-135 会议系统调试质量验收记录

市政基础设施工程

会议系统调试质量验收记录

轨道验·机-135

第　页共　页

工程名称			
单位工程名称			
施工单位		分包单位	
项目负责人		项目技术负责人	
分部（子分部）工程名称		分项工程名称	
验收部位/区段		检验批容量	
施工及验收依据	《智能建筑工程质量验收规范》GB 50339		

验收项目	设计要求或规范规定	最小/实际抽样数量	检查记录	检查结果
会议扩声系统声学特性指标	第13.0.5条	/		
会议视频显示系统显示特性指标	第13.0.6条	/		
具有会议电视功能的会议灯光系统的平均照度值	第13.0.7条	/		
与火灾自动报警系统的联动功能	第13.0.8条	/		
会议电视系统检测	第13.0.9条	/		
其他系统检测	第13.0.10条	/		

施工单位检查结果	专业工长：（签名）　　专业质量检查员：（签名）　　年　月　日
监理单位验收结论	专业监理工程师：（签名）　　年　月　日

7.3.4.27 轨道验·机-136 信息导引及发布系统显示设备安装质量验收记录

市政基础设施工程

信息导引及发布系统显示设备质量验收记录

轨道验·机-136

第 页，共 页

工程名称			
单位工程名称			
施工单位		分包单位	
项目负责人		项目技术负责人	
分部（子分部）工程名称		分项工程名称	
验收部位/区段		检验批容量	
施工及验收依据	《智能建筑工程施工规范》GB 50606		

验收项目			设计要求或规范规定	最小/实际抽样数量	检查记录	检查结果
主控项目	1	材料、器具、设备进场质量检测	第3.5.1条	/		
	2	多媒体显示屏安装必须牢固	第10.3.1条第4款	/		
	3	供电和通讯传输系统必须连接可靠，确保应用要求	第10.3.1条第4款	/		
一般项目	1	设备、线缆标识应清晰、明确	第10.3.2条第1款	/		
	2	各设备、器件、盒、箱、线缆等的安装应符合设计要求，并应做到布局合理、排列整齐、牢固可靠、线缆连接正确、压接牢固	第10.3.2条第3款	/		
	3	馈线连接头应牢固安装，接触应良好，并应采取防雨、防腐措施	第10.3.2条第4款	/		
	4	触摸屏与显示屏的安装位置应对人行通道无影响	第10.2.3条第2款	/		
	5	触摸屏、显示屏应安装在没有强电磁辐射源及干燥的地方	第10.2.3条第3款	/		
	6	与相关专业协调并在现场确定落地式显示屏安装钢架的承重能力应满足设计要求	第10.2.3条第4款	/		
	7	室外安装的显示屏应做好防漏电、防雨措施，并应满足IP65防护等级标准	第10.2.3条第5款	/		
施工单位检查结果	专业工长： 项目专业质量检查员： 年 月 日					
监理单位验收结论	专业监理工程师： 年 月 日					

7.3.4.28 轨道验·机-137 信息导引及发布系统调试质量验收记录

市政基础设施工程

信息导引及发布系统调试质量验收记录

轨道验·机-137

第　　页 共　　页

<table>
<tr><td>工程名称</td><td colspan="5"></td></tr>
<tr><td>单位工程名称</td><td colspan="5"></td></tr>
<tr><td>施工单位</td><td colspan="2"></td><td colspan="2">分包单位</td><td></td></tr>
<tr><td>项目负责人</td><td colspan="2"></td><td colspan="2">项目技术负责人</td><td></td></tr>
<tr><td>分部（子分部）工程名称</td><td colspan="2"></td><td colspan="2">分项工程名称</td><td></td></tr>
<tr><td>验收部位/区段</td><td colspan="2"></td><td colspan="2">检验批容量</td><td></td></tr>
<tr><td>施工及验收依据</td><td colspan="5">《智能建筑工程质量验收规范》GB 50339</td></tr>
<tr><td colspan="2">验收项目</td><td>设计要求或规范规定</td><td>最小/实际抽样数量</td><td>检查记录</td><td>检查结果</td></tr>
<tr><td colspan="2">系统功能</td><td>第 14.0.3 条</td><td>/</td><td></td><td></td></tr>
<tr><td colspan="2">显示性能</td><td>第 14.0.4 条</td><td>/</td><td></td><td></td></tr>
<tr><td colspan="2">自动恢复功能</td><td>第 14.0.5 条</td><td>/</td><td></td><td></td></tr>
<tr><td colspan="2">系统终端设备的远程控制功能</td><td>第 14.0.6 条</td><td>/</td><td></td><td></td></tr>
<tr><td colspan="2">图像质量主观评价</td><td>第 14.0.7 条</td><td>/</td><td></td><td></td></tr>
<tr><td>施工单位
检查结果</td><td colspan="5">专业工长：（签名）　　专业质量检查员：（签名）　　年　月　日</td></tr>
<tr><td>监理单位
验收结论</td><td colspan="5">专业监理工程师：（签名）　　年　月　日</td></tr>
</table>

7.3.4.29 轨道验・机-138-1 时钟系统设备安装质量验收记录（一）

市政基础设施工程

时钟系统设备安装质量验收记录（一）

轨道验・机-138-1

第　　页，共　　页

<table>
<tr><td colspan="3">工程名称</td><td colspan="5"></td></tr>
<tr><td colspan="3">单位工程名称</td><td colspan="5"></td></tr>
<tr><td colspan="3">施工单位</td><td colspan="2"></td><td colspan="2">分包单位</td><td></td></tr>
<tr><td colspan="3">项目负责人</td><td colspan="2"></td><td colspan="2">项目技术负责人</td><td></td></tr>
<tr><td colspan="3">分部（子分部）工程名称</td><td colspan="2"></td><td colspan="2">分项工程名称</td><td></td></tr>
<tr><td colspan="3">验收部位/区段</td><td colspan="2"></td><td colspan="2">检验批容量</td><td></td></tr>
<tr><td colspan="3">施工及验收依据</td><td colspan="5">《智能建筑工程施工规范》GB 50606</td></tr>
<tr><td colspan="4">验收项目</td><td>设计要求或规范规定</td><td>最小/实际抽样数量</td><td>检查记录</td><td>检查结果</td></tr>
<tr><td rowspan="2">主控项目</td><td>1</td><td colspan="2">材料、器具、设备进场质量检测</td><td>第3.5.1条</td><td>/</td><td></td><td></td></tr>
<tr><td>2</td><td colspan="2">时钟系统的时间信息设备、母钟、子钟时间控制必须准确、同步</td><td>第10.3.1条第3款</td><td>/</td><td></td><td></td></tr>
<tr><td rowspan="6">一般项目</td><td>1</td><td colspan="2">设备、线缆标识应清晰、明确</td><td>第10.3.2条第1款</td><td>/</td><td></td><td></td></tr>
<tr><td>2</td><td colspan="2">各设备、器件、盒、箱、线缆等的安装应符合设计要求，并应做到布局合理、排列整齐、牢固可靠、线缆连接正确、压接牢固</td><td>第10.3.2条第3款</td><td>/</td><td></td><td></td></tr>
<tr><td>3</td><td colspan="2">馈线连接头应牢固安装，接触应良好，并应采取防雨、防腐措施</td><td>第10.3.2条第4款</td><td>/</td><td></td><td></td></tr>
<tr><td>4</td><td rowspan="3">中心母钟、时间服务器、监控计算机、分路输出接口箱</td><td>应安装于机房的机柜内</td><td>第10.2.2条</td><td>/</td><td></td><td></td></tr>
<tr><td>5</td><td>按设计及设备安装图，应将分路接口与子钟等设备连接</td><td>第10.2.2条第1款1)</td><td>/</td><td></td><td></td></tr>
<tr><td>6</td><td>中心母钟机柜安装位置与GPS天线距离不宜大于300m</td><td>第10.2.2条第1款2)</td><td>/</td><td></td><td></td></tr>
<tr><td>施工单位检查结果</td><td colspan="7">专业工长：　　　　项目专业质量检查员：　　　　年　月　日</td></tr>
<tr><td>监理单位验收结论</td><td colspan="7">专业监理工程师：
年　月　日</td></tr>
</table>

7.3.4.30 轨道验·机-138-2 时钟系统设备安装质量验收记录（二）

市政基础设施工程

时钟系统设备安装质量验收记录（二）

轨道验·机-138-2

第　　页，共　　页

<table>
<tr><td colspan="3">工程名称</td><td colspan="5"></td></tr>
<tr><td colspan="3">单位工程名称</td><td colspan="5"></td></tr>
<tr><td colspan="3">施工单位</td><td colspan="2"></td><td colspan="2">分包单位</td><td></td></tr>
<tr><td colspan="3">项目负责人</td><td colspan="2"></td><td colspan="2">项目技术负责人</td><td></td></tr>
<tr><td colspan="3">分部（子分部）工程名称</td><td colspan="2"></td><td colspan="2">分项工程名称</td><td></td></tr>
<tr><td colspan="3">验收部位/区段</td><td colspan="2"></td><td colspan="2">检验批容量</td><td></td></tr>
<tr><td colspan="3">施工及验收依据</td><td colspan="5">《智能建筑工程施工规范》GB 50606</td></tr>
<tr><td colspan="4">验收项目</td><td>设计要求或规范规定</td><td>最小/实际抽样数量</td><td>检查记录</td><td>检查结果</td></tr>
<tr><td rowspan="7">一般项目</td><td>7</td><td colspan="2">时间服务器、监控计算机的安装应符合本规范第6.2.1、第6.2.2条的规定</td><td>第10.2.2条第1款3)</td><td>/</td><td></td><td></td></tr>
<tr><td>8</td><td colspan="2">子钟安装应牢固，安装高度符合要求</td><td>第10.2.2条第2款</td><td>/</td><td></td><td></td></tr>
<tr><td>9</td><td colspan="2">天线应安装于室外，至少应有三面无遮挡，且应在建筑物避雷区域内</td><td>第10.2.2条第3款</td><td>/</td><td></td><td></td></tr>
<tr><td>10</td><td colspan="2">天线应固定在墙面或屋顶上的金属底座上</td><td>第10.2.2条第4款</td><td>/</td><td></td><td></td></tr>
<tr><td>11</td><td rowspan="3">大型室外钟的安装</td><td>支撑架安装方式符合规定</td><td>第10.2.2条第5款1）～3)</td><td>/</td><td></td><td></td></tr>
<tr><td>12</td><td>应按设计要求安装防雷击装置</td><td>第10.2.2条第5款4)</td><td>/</td><td></td><td></td></tr>
<tr><td>13</td><td>应做好防漏、防雨的密封措施</td><td>第10.2.2条第5款5)</td><td>/</td><td></td><td></td></tr>
<tr><td>施工单位检查结果</td><td colspan="7">专业工长：　　　　项目专业质量检查员：　　　　年　　月　　日</td></tr>
<tr><td>监理单位验收结论</td><td colspan="7">专业监理工程师：
年　　月　　日</td></tr>
</table>

7.3.4.31 轨道验·机-139 时钟系统调试质量验收记录

市政基础设施工程

时钟系统调试质量验收记录

轨道验·机-139

第 页共 页

<table>
<tr><td>工程名称</td><td colspan="5"></td></tr>
<tr><td>单位工程名称</td><td colspan="5"></td></tr>
<tr><td>施工单位</td><td colspan="2"></td><td colspan="2">分包单位</td><td></td></tr>
<tr><td>项目负责人</td><td colspan="2"></td><td colspan="2">项目技术负责人</td><td></td></tr>
<tr><td>分部（子分部）工程名称</td><td colspan="2"></td><td colspan="2">分项工程名称</td><td></td></tr>
<tr><td>验收部位/区段</td><td colspan="2"></td><td colspan="2">检验批容量</td><td></td></tr>
<tr><td>施工及验收依据</td><td colspan="5">《智能建筑工程质量验收规范》GB 50339</td></tr>
<tr><td colspan="2">验收项目</td><td>设计要求或规范规定</td><td>最小/实际抽样数量</td><td>检查记录</td><td>检查结果</td></tr>
<tr><td colspan="2">母钟与时标信号接收器同步、母钟对子钟同步校时的功能</td><td>第 15.0.3 条</td><td>/</td><td></td><td></td></tr>
<tr><td colspan="2">平均瞬时日差指标</td><td>第 15.0.4 条</td><td>/</td><td></td><td></td></tr>
<tr><td colspan="2">时钟显示的同步偏差</td><td>第 15.0.5 条</td><td>/</td><td></td><td></td></tr>
<tr><td colspan="2">授时校准功能</td><td>第 15.0.6 条</td><td>/</td><td></td><td></td></tr>
<tr><td colspan="2">母钟、子钟和时间服务器等运行状态的监测功能</td><td>第 15.0.7 条</td><td>/</td><td></td><td></td></tr>
<tr><td colspan="2">自动恢复功能</td><td>第 15.0.8 条</td><td>/</td><td></td><td></td></tr>
<tr><td colspan="2">系统的使用可靠性</td><td>第 15.0.9 条</td><td>/</td><td></td><td></td></tr>
<tr><td colspan="2">有日历显示的时钟换历功能</td><td>第 15.0.10 条</td><td>/</td><td></td><td></td></tr>
<tr><td>施工单位检查结果</td><td colspan="5">专业工长：（签名） 专业质量检查员：（签名） 年 月 日</td></tr>
<tr><td>监理单位验收结论</td><td colspan="5">专业监理工程师：（签名） 年 月 日</td></tr>
</table>

7.3.4.32 轨道验·机-140 信息化应用系统调试质量验收记录

市政基础设施工程

信息化应用系统调试质量验收记录

轨道验·机-140

第　　页 共　　页

工程名称			
单位工程名称			
施工单位		分包单位	
项目负责人		项目技术负责人	
分部（子分部）工程名称		分项工程名称	
验收部位/区段		检验批容量	
施工及验收依据	《智能建筑工程质量验收规范》GB 50339		

验收项目	设计要求或规范规定	最小/实际抽样数量	检查记录	检查结果
检查设备的性能指标	第16.0.4条	/		
业务功能和业务流程	第16.0.5条	/		
应用软件功能和性能测试	第16.0.6条	/		
应用软件修改后回归测试	第16.0.7条	/		
应用软件功能和性能测试	第16.0.8条	/		
运行软件产品的设备中与应用软件无关的软件检查	第16.0.9条	/		
施工单位检查结果	专业工长：（签名）　专业质量检查员：（签名）　年　月　日			
监理单位验收结论	专业监理工程师：（签名）　年　月　日			

7.3.4.33 轨道验·机-141-1 建筑设备监控系统设备安装质量验收记录（一）

市政基础设施工程

建筑设备监控系统设备安装质量验收记录（一）

轨道验·机-141-1

第　　页，共　　页

工程名称						
单位工程名称						
施工单位			分包单位			
项目负责人			项目技术负责人			
分部（子分部）工程名称			分项工程名称			
验收部位/区段			检验批容量			
施工及验收依据	《智能建筑工程施工规范》GB 50606					
验收项目			设计要求或规范规定	最小/实际抽样数量	检查记录	检查结果
主控项目	1	材料、器具、设备进场质量检测	第3.5.1条	/		
	2	电动阀和温度、压力、流量、电量等计量器具（仪表）进场检验	第12.1.1条	/		
	3	传感器的焊接安装应符合标准规定	第12.3.1条第1款	/		
	4	传感器、执行器接线盒的引入口不宜朝上，当不可避免时，应采取密封措施	第12.3.1条第2款	/		
	5	传感器、执行器的安装应严格按照说明书的要求进行，接线应按照接线图和设备说明书进行，配线应整齐，不宜交叉，并应固定牢靠，端部均应标明编号	第12.3.1条第3款	/		
施工单位检查结果	专业工长：　　项目专业质量检查员：　　年　月　日					
监理单位验收结论	专业监理工程师：　　年　月　日					

7.3.4.34　轨道验·机-141-2　建筑设备监控系统设备安装质量验收记录（二）

市政基础设施工程

建筑设备监控系统设备安装质量验收记录（二）

轨道验·机-141-2

第　　页，共　　页

工程名称							
单位工程名称							
施工单位				分包单位			
项目负责人				项目技术负责人			
分部（子分部）工程名称				分项工程名称			
验收部位/区段				检验批容量			
施工及验收依据	《智能建筑工程施工规范》GB 50606						
验收项目			设计要求或规范规定	最小/实际抽样数量	检查记录	检查结果	
主控项目	6	水管型温度传感器、水管压力传感器、水流开关、水管流量计应安装在水流平稳的直管段，应避开水流流束死角，且不宜安装在管道焊缝处	第12.3.1条第4款	/			
主控项目	7	风管型温、湿度传感器、压力传感器、空气质量传感器应安装在风管的直管段且气流流束稳定的位置，且应避开风管内通风死角	第12.3.1条第5款	/			
主控项目	8	仪表电缆电线的屏蔽层，应在控制室仪表盘柜侧接地，同一回路的屏蔽层应具有可靠的电气连续性，不应浮空或重复接地	第12.3.1条第6款	/			
施工单位检查结果	专业工长：　　项目专业质量检查员：　　年　月　日						
监理单位验收结论	专业监理工程师：　　年　月　日						

7.3.4.35 轨道验·机-141-3 建筑设备监控系统设备安装质量验收记录（三）

市政基础设施工程

建筑设备监控系统设备安装质量验收记录（三）

轨道验·机-141-3

第　　页，共　　页

工程名称						
单位工程名称						
施工单位			分包单位			
项目负责人			项目技术负责人			
分部（子分部）工程名称			分项工程名称			
验收部位/区段			检验批容量			
施工及验收依据	《智能建筑工程施工规范》GB 50606					
验收项目			设计要求或规范规定	最小/实际抽样数量	检查记录	检查结果
一般项目	1	现场设备（如传感器、执行器、控制箱柜）的安装质量应符合设计要求	第12.3.2条第1款	/		
	2	控制器箱接线端子板的每个接线端子，接线不得超过两根	第12.3.2条第2款	/		
	3	传感器、执行器均不应被保温材料遮盖	第12.3.2条第3款	/		
	4	风管压力、温度、湿度、空气质量、空气速度等传感器和压差开关应在风管保温完成并经吹扫后安装	第12.3.2条第4款	/		
	5	传感器、执行器宜安装在光线充足、方便操作的位置；应避免安装在有振动、潮湿、易受机械损伤、有强电磁场干扰、高温的位置	第12.3.2条第5款	/		
施工单位检查结果	专业工长：　　项目专业质量检查员：　　年　月　日					
监理单位验收结论	专业监理工程师：　　年　月　日					

7.3.4.36 轨道验·机-141-4 建筑设备监控系统设备安装质量验收记录（四）

市政基础设施工程

建筑设备监控系统设备安装质量验收记录（四）

轨道验·机-141-4

第　　页，共　　页

工程名称			
单位工程名称			
施工单位		分包单位	
项目负责人		项目技术负责人	
分部（子分部）工程名称		分项工程名称	
验收部位/区段		检验批容量	
施工及验收依据	《智能建筑工程施工规范》GB 50606		

验收项目			设计要求或规范规定	最小/实际抽样数量	检查记录	检查结果
一般项目	6	传感器、执行器安装过程中不应敲击、震动，安装应牢固、平正；安装传感器、执行器的各种构件间应连接牢固、受力均匀，并应作防锈处理	第12.3.2条第6款	/		
	7	水管型温度传感器、水管型压力传感器、蒸汽压力传感器、水流开关的安装宜与工艺管道安装同时进行	第12.3.2条第7款	/		
	8	水管型压力、压差、蒸汽压力传感器、水流开关、水管流量计等安装套管的开孔与焊接，应在工艺管道的防腐、衬里、吹扫和压力试验前进行	第12.3.2条第8款	/		
施工单位检查结果	专业工长：　　项目专业质量检查员：　　年　月　日					
监理单位验收结论	专业监理工程师：　　年　月　日					

7.3.4.37　轨道验・机-141-5　建筑设备监控系统设备安装质量验收记录（五）

市政基础设施工程

建筑设备监控系统设备安装质量验收记录（五）

轨道验・机-141-5

第　　页，共　　页

<table>
<tr><td colspan="3">工程名称</td><td colspan="5"></td></tr>
<tr><td colspan="3">单位工程名称</td><td colspan="5"></td></tr>
<tr><td colspan="3">施工单位</td><td></td><td colspan="2">分包单位</td><td colspan="2"></td></tr>
<tr><td colspan="3">项目负责人</td><td></td><td colspan="2">项目技术负责人</td><td colspan="2"></td></tr>
<tr><td colspan="3">分部（子分部）工程名称</td><td></td><td colspan="2">分项工程名称</td><td colspan="2"></td></tr>
<tr><td colspan="3">验收部位/区段</td><td></td><td colspan="2">检验批容量</td><td colspan="2"></td></tr>
<tr><td colspan="3">施工及验收依据</td><td colspan="5">《智能建筑工程施工规范》GB 50606</td></tr>
<tr><td colspan="4">验收项目</td><td>设计要求或规范规定</td><td>最小/实际抽样数量</td><td>检查记录</td><td>检查结果</td></tr>
<tr><td rowspan="5">一般项目</td><td>9</td><td rowspan="2">风机盘管温控器安装</td><td>与其他开关并列安装时，高度差</td><td><1mm</td><td>/</td><td></td><td></td></tr>
<tr><td>10</td><td>在同一室内，其高度差</td><td><5mm</td><td>/</td><td></td><td></td></tr>
<tr><td>11</td><td colspan="2">安装于室外的阀门及执行器应有防晒、防雨措施</td><td>第12.3.2条第10款</td><td>/</td><td></td><td></td></tr>
<tr><td>12</td><td colspan="2">用电仪表的外壳、仪表箱和电缆槽、支架、底座等正常不带电的金属部分，均应做保护接地</td><td>第12.3.2条第11款</td><td>/</td><td></td><td></td></tr>
<tr><td>13</td><td colspan="2">仪表及控制系统的信号回路接地、屏蔽接地应共用接地</td><td>第12.3.2条第12款</td><td>/</td><td></td><td></td></tr>
<tr><td colspan="2">施工单位检查结果</td><td colspan="6">专业工长：　　　　项目专业质量检查员：　　　　年　　月　　日</td></tr>
<tr><td colspan="2">监理单位验收结论</td><td colspan="6">专业监理工程师：
年　　月　　日</td></tr>
</table>

7.3.4.38 轨道验·机-142 建筑设备监控系统调试质量验收记录

市政基础设施工程

建筑设备监控系统调试质量验收记录

轨道验·机-142

第　　页 共　　页

工程名称			
单位工程名称			
施工单位		分包单位	
项目负责人		项目技术负责人	
分部（子分部）工程名称		分项工程名称	
验收部位/区段		检验批容量	
施工及验收依据	《智能建筑工程质量验收规范》GB 50339		

验收项目	设计要求或规范规定	最小/实际抽样数量	检查记录	检查结果
暖通空调监控系统的功能	第 17.0.5 条	/		
变配电监测系统的功能	第 17.0.6 条	/		
公共照明监控系统的功能	第 17.0.7 条	/		
给排水监控系统的功能	第 17.0.8 条	/		
电梯和自动扶梯监测系统启停、上下行、位置、故障等运行状态显示功能	第 17.0.9 条	/		
能耗监测系统能耗数据的显示、记录、统计、汇总及趋势分析等功能	第 17.0.10 条	/		
中央管理工作站与操作分站功能及权限	第 17.0.11 条	/		
系统实时性	第 17.0.12 条	/		
系统可靠性	第 17.0.13 条	/		
系统可维护性	第 17.0.14 条	/		
系统性能评测项目	第 17.0.15 条	/		

施工单位检查结果	专业工长：（签名）　　专业质量检查员：（签名）　　年　月　日
监理单位验收结论	专业监理工程师：（签名）　　年　月　日

7.3.4.39 轨道验·机-143 安全技术防范系统设备安装质量验收记录

市政基础设施工程

安全技术防范系统设备安装质量验收记录

轨道验·机-143

第 页，共 页

工程名称						
单位工程名称						
施工单位			分包单位			
项目负责人			项目技术负责人			
分部（子分部）工程名称			分项工程名称			
验收部位/区段			检验批容量			
施工及验收依据	《智能建筑工程施工规范》GB 50606					
验收项目			设计要求或规范规定	最小/实际抽样数量	检查记录	检查结果
主控项目	1	材料、器具、设备进场质量检测	第3.5.1条	/		
	2	各系统主要设备安装应安装牢固、接线正确，并应采取有效的抗干扰措施	第14.3.1条第1款	/		
	3	应检查系统的互联互通，子系统之间的联动应符合设计要求	第14.3.1条第2款	/		
	4	监控中心系统记录的图像质量和保存时间应符合设计要求	第14.3.1条第3款	/		
	5	监控中心接地应做等电位连接，接地电阻应符合设计要求	第14.3.1条第4款	/		
一般项目	1	各设备、器件的端接应规范	第14.3.2条第1款	/		
	2	视频图像应无干扰纹	第14.3.2条第2款	/		
	3	防雷与接地工程应符合规定	第14.3.2条第3款	/		
施工单位检查结果	专业工长： 项目专业质量检查员： 年 月 日					
监理单位验收结论	专业监理工程师： 年 月 日					

7.3.4.40 轨道验·机-144 安全技术防范系统调试质量验收记录

市政基础设施工程

安全技术防范系统调试质量验收记录

轨道验·机-144

第 页 共 页

工程名称			
单位工程名称			
施工单位		分包单位	
项目负责人		项目技术负责人	
分部（子分部）工程名称		分项工程名称	
验收部位/区段		检验批容量	
施工及验收依据	《智能建筑工程质量验收规范》GB 50339		

验收项目	设计要求或规范规定	最小/实际抽样数量	检查记录	检查结果
安全防范综合管理系统的功能	第 19.0.5 条	/		
视频安防监控系统控制功能、监视功能、显示功能、存储功能、回放功能、报警联动功能和图像丢失报警功能	第 19.0.6 条	/		
入侵报警系统的入侵报警功能、防破坏及故障报警功能、记录及显示功能、系统自检功能、系统报警响应时间、报警复核功能、报警声级、报警优先功能	第 19.0.7 条	/		
出入口控制系统的出入目标识读装置功能、信息处理/控制设备功能、执行机构功能、报警功能和访客对讲功能	第 19.0.8 条	/		
电子巡查系统的巡查设置功能、记录打印功能、管理功能	第 19.0.9 条	/		
停车库（场）管理系统的识别功能、控制功能、报警功能、出票验票功能、管理功能和显示功能	第 19.0.10 条	/		
监控中心管理软件中电子地图显示的设备位置	第 19.0.11 条	/		
安全性及电磁兼容性	第 19.0.12 条	/		

施工单位检查结果	专业工长：（签名） 专业质量检查员：（签名） 年 月 日
监理单位验收结论	专业监理工程师：（签名） 年 月 日

7.3.4.41 轨道验·机-145 应急响应系统调试质量验收记录

市政基础设施工程

应急响应系统调试质量验收记录

轨道验·机-145

第 页 共 页

工程名称			
单位工程名称			
施工单位		分包单位	
项目负责人		项目技术负责人	
分部（子分部）工程名称		分项工程名称	
验收部位/区段		检验批容量	
施工及验收依据	《智能建筑工程质量验收规范》GB 50339		

验收项目	设计要求或规范规定	最小/实际抽样数量	检查记录	检查结果
功能检测	第20.0.2条	/		

施工单位检查结果	专业工长：（签名） 专业质量检查员：（签名） 年 月 日
监理单位验收结论	专业监理工程师：（签名） 年 月 日

7.3.4.42 轨道验·机-146-1 机房供配电系统质量验收记录（一）

市政基础设施工程

机房供配电系统质量验收记录（一）

轨道验·机-146-1

第　　页，共　　页

<table>
<tr><td colspan="3">工程名称</td><td colspan="5"></td></tr>
<tr><td colspan="3">单位工程名称</td><td colspan="5"></td></tr>
<tr><td colspan="3">施工单位</td><td></td><td colspan="2">分包单位</td><td colspan="2"></td></tr>
<tr><td colspan="3">项目负责人</td><td></td><td colspan="2">项目技术负责人</td><td colspan="2"></td></tr>
<tr><td colspan="3">分部（子分部）工程名称</td><td></td><td colspan="2">分项工程名称</td><td colspan="2"></td></tr>
<tr><td colspan="3">验收部位/区段</td><td></td><td colspan="2">检验批容量</td><td colspan="2"></td></tr>
<tr><td colspan="3">施工及验收依据</td><td colspan="5">《智能建筑工程施工规范》GB 50606、
《数据中心基础设施施工及验收规范》GB 50462</td></tr>
<tr><td colspan="4">验收项目</td><td>设计要求或规范规定</td><td>最小/实际抽样数量</td><td>检查记录</td><td>检查结果</td></tr>
<tr><td rowspan="5">主控项目</td><td>1</td><td colspan="2">材料、器具、设备进场质量检测</td><td>第3.5.1条</td><td>/</td><td></td><td></td></tr>
<tr><td rowspan="4">2</td><td rowspan="4">系统测试应符合设计要求</td><td>电气装置与其他系统的联锁动作的正确性、响应时间及顺序</td><td rowspan="4">第4.5.1条</td><td>/</td><td></td><td></td></tr>
<tr><td>电线、电缆及电气装置的相序的正确性</td><td>/</td><td></td><td></td></tr>
<tr><td>柴油发电机组的启动时间，输出电压、电流及频率</td><td>/</td><td></td><td></td></tr>
<tr><td>不间断电源的输出电压、电流、波形参数及切换时间</td><td>/</td><td></td><td></td></tr>
<tr><td rowspan="2">一般项目</td><td>1</td><td colspan="2">配电柜和配电箱安装支架的制作尺寸应与配电柜和配电箱的尺寸匹配，安装应牢固，并应可靠接地</td><td>第17.2.2条第1款</td><td>/</td><td></td><td></td></tr>
<tr><td>2</td><td colspan="2">线槽、线管和线缆的施工应符合本规范规定</td><td>第17.2.2条第2款</td><td>/</td><td></td><td></td></tr>
<tr><td colspan="2">施工单位检查结果</td><td colspan="6">专业工长：　　　　项目专业质量检查员：　　　　年　　月　　日</td></tr>
<tr><td colspan="2">监理单位验收结论</td><td colspan="6">专业监理工程师：
年　　月　　日</td></tr>
</table>

7.3.4.43 轨道验·机-146-2 机房供配电系统质量验收记录（二）

市政基础设施工程

机房供配电系统质量验收记录（二）

轨道验·机-146-2

第　　页，共　　页

<table>
<tr><td colspan="3">工程名称</td><td colspan="5"></td></tr>
<tr><td colspan="3">单位工程名称</td><td colspan="5"></td></tr>
<tr><td colspan="3">施工单位</td><td colspan="2"></td><td colspan="2">分包单位</td><td></td></tr>
<tr><td colspan="3">项目负责人</td><td colspan="2"></td><td colspan="2">项目技术负责人</td><td></td></tr>
<tr><td colspan="3">分部（子分部）工程名称</td><td colspan="2"></td><td colspan="2">分项工程名称</td><td></td></tr>
<tr><td colspan="3">验收部位/区段</td><td colspan="2"></td><td colspan="2">检验批容量</td><td></td></tr>
<tr><td colspan="3">施工及验收依据</td><td colspan="5">《智能建筑工程施工规范》GB 50606、
《数据中心基础设施施工及验收规范》GB 50462</td></tr>
<tr><td colspan="4">验收项目</td><td>设计要求或规范规定</td><td>最小/实际抽样数量</td><td>检查记录</td><td>检查结果</td></tr>
<tr><td rowspan="8">一般项目</td><td rowspan="5">3</td><td rowspan="5">灯具、开关和各种电气控制装置以及各种插座安装</td><td>灯具、开关和插座安装应牢固，位置准确，开关位置应与灯位相对应</td><td rowspan="5">第 17.2.2 条第 3 款</td><td>/</td><td></td><td></td></tr>
<tr><td>同一房间，同一平面高度的插座面板应水平</td><td>/</td><td></td><td></td></tr>
<tr><td>灯具的支架、吊架、固定点位置的确定应符合牢固安全、整齐美观的原则</td><td>/</td><td></td><td></td></tr>
<tr><td>灯具、配电箱安装完毕后，每条支路进行绝缘摇测，绝缘电阻应大于 1MΩ 并应做好记录</td><td>/</td><td></td><td></td></tr>
<tr><td>机房地板应满足电池组的符合承重要求</td><td>/</td><td></td><td></td></tr>
<tr><td rowspan="3">4</td><td rowspan="3">不间断电源设备的安装</td><td>主机和电池柜应按设计要求和产品技术要求进行固定</td><td rowspan="3">第 17.2.2 条第 4 款</td><td>/</td><td></td><td></td></tr>
<tr><td>各类线缆的接线应牢固，正确，并应作标识</td><td>/</td><td></td><td></td></tr>
<tr><td>不间断电源电池组应接直流接地</td><td>/</td><td></td><td></td></tr>
<tr><td>施工单位检查结果</td><td colspan="7">专业工长：　　　　　　项目专业质量检查员：　　　　年　　月　　日</td></tr>
<tr><td>监理单位验收结论</td><td colspan="7">专业监理工程师：
年　　月　　日</td></tr>
</table>

7.3.4.44 轨道验·机-147 机房防雷与接地系统质量验收记录

市政基础设施工程

机房防雷与接地系统质量验收记录

轨道验·机-147

第 页，共 页

<table>
<tr><td colspan="3">工程名称</td><td colspan="5"></td></tr>
<tr><td colspan="3">单位工程名称</td><td colspan="5"></td></tr>
<tr><td colspan="3">施工单位</td><td colspan="2"></td><td colspan="2">分包单位</td><td></td></tr>
<tr><td colspan="3">项目负责人</td><td colspan="2"></td><td colspan="2">项目技术负责人</td><td></td></tr>
<tr><td colspan="3">分部（子分部）工程名称</td><td colspan="2"></td><td colspan="2">分项工程名称</td><td></td></tr>
<tr><td colspan="3">验收部位/区段</td><td colspan="2"></td><td colspan="2">检验批容量</td><td></td></tr>
<tr><td colspan="3">施工及验收依据</td><td colspan="5">《智能建筑工程施工规范》GB 50606、
《数据中心基础设施施工及验收规范》GB 50462</td></tr>
<tr><td colspan="4">验收项目</td><td>设计要求或规范规定</td><td>最小/实际抽样数量</td><td>检查记录</td><td>检查结果</td></tr>
<tr><td rowspan="7">主控项目</td><td>1</td><td colspan="2">材料、器具、设备进场质量检测</td><td>第3.5.1条</td><td>/</td><td></td><td></td></tr>
<tr><td rowspan="6">2</td><td rowspan="6">系统测试应符合设计要求</td><td>接地装置的结构、材质、连接方法、安装位置、埋设间距、深度及安装方法应符合设计要求</td><td rowspan="6">第5.4.1条</td><td>/</td><td></td><td></td></tr>
<tr><td>接地装置的外露接点外观检查应符合规定</td><td>/</td><td></td><td></td></tr>
<tr><td>浪涌保护器的规格、型号应符合设计要求；安装位置和方式应符合设计要求或产品安装说明书的要求</td><td>/</td><td></td><td></td></tr>
<tr><td>接地线规格、敷设方法及其与等电位金属带的连接方法应符合设计要求</td><td>/</td><td></td><td></td></tr>
<tr><td>等电位联接金属带的规格、敷设方法应符合设计要求</td><td>/</td><td></td><td></td></tr>
<tr><td>接地装置的接地电阻值应符合设计要求</td><td>/</td><td></td><td></td></tr>
<tr><td>施工单位检查结果</td><td colspan="7">专业工长： 项目专业质量检查员： 年 月 日</td></tr>
<tr><td>监理单位验收结论</td><td colspan="7">专业监理工程师：
年 月 日</td></tr>
</table>

7.3.4.45 轨道验·机-148 机房空气调节系统质量验收记录

市政基础设施工程

机房空气调节系统质量验收记录

轨道验·机-148

第 页，共 页

工程名称					
单位工程名称					
施工单位			分包单位		
项目负责人			项目技术负责人		
分部（子分部）工程名称			分项工程名称		
验收部位/区段			检验批容量		
施工及验收依据	《智能建筑工程施工规范》GB 50606、《数据中心基础设施施工及验收规范》GB 50462				

		验收项目	设计要求或规范规定	最小/实际抽样数量	检查记录	检查结果
主控项目	1	材料、器具、设备进场质量检测	第3.5.1条	/		
	2	空调机组安装符合设计要求和规范规定	第6.2.1条 第6.2.4条	/		
	3	管道安装符合设计要求和规范规定	第6.2.5条	/		
	4	检漏及压力测试及清洗	第6.2.6条	/		
	5	管道保温	第6.2.7条	/		
	6	新风系统设备与管道安装符合设计要求，安装牢固	第6.3.2条	/		
	7	管道防火阀和排烟防火阀应符合消防产品标准规定	第6.3.3条	/		
	8	管道防火阀和排烟防火阀必须有产品合格证及性能检测报告	第6.3.4条	/		
	9	管道防火阀和排烟防火阀安装应牢固可靠、启闭灵活、关闭严密。阀门的驱动装置动作应正确可靠	第6.3.5条	/		
	10	手动单叶片和多叶片调节阀的安装应牢固可靠、启闭灵活、调节方便	第6.3.6条	/		
	11	风管、部件制作符合设计要求和规范规定	第6.4.1条- 第6.4.6条	/		
	12	风管、部件安装符合设计要求和规范规定	第6.4.7条	/		
	13	系统调试应符合设计要求和规范规定	第6.5.2条- 第6.5.4条	/		
施工单位检查结果	专业工长： 项目专业质量检查员： 年 月 日					
监理单位验收结论	专业监理工程师： 年 月 日					

7.3.4.46 轨道验·机-149 机房给水排水系统质量验收记录

市政基础设施工程

机房给水排水系统质量验收记录

轨道验·机-149

第 页，共 页

工程名称						
单位工程名称						
施工单位			分包单位			
项目负责人			项目技术负责人			
分部（子分部）工程名称			分项工程名称			
验收部位/区段			检验批容量			
施工及验收依据	《智能建筑工程施工规范》GB 50606、《数据中心基础设施施工及验收规范》GB 50462					
验收项目			设计要求或规范规定	最小/实际抽样数量	检查记录	检查结果
主控项目	1	材料、器具、设备进场质量检测	第3.5.1条	/		
	2	镀锌管道连接方式符合规范规定	第7.2.1条	/		
	3	管道弯制符合设计要求和规范规定	第7.2.2条	/		
	4	管道支、吊、托架安装符合设计要求和规范规定	第7.2.3条	/		
	5	水平排水管道应用3.5‰～5‰的坡度，并坡向排泄方向	第7.2.4条	/		
	6	冷热水管道检漏和压力试验符合设计要求和规范规定	第7.2.5条	/		
	7	保温应采用难燃材料，保温层应平整、密实，不得有裂缝、空隙。防潮层应紧贴在保温层上，并应封闭良好；表面层应光滑平整不起尘	第7.2.6条	/		
	8	地面应坡向地漏处，坡度应不小于3‰；地漏顶面应低于地面5mm	第7.2.7条	/		
	9	空调器冷凝水排水管应设有存水弯	第7.2.8条	/		
	10	给水管道压力试验符合设计要求和规范规定	第7.3.1条	/		
	11	排水管应只做通水试验，流水应畅通，不得渗漏	第7.3.2条	/		
施工单位检查结果	专业工长： 项目专业质量检查员： 年 月 日					
监理单位验收结论	专业监理工程师： 年 月 日					

7.3.4.47 轨道验·机-150 机房综合布线系统质量验收记录

市政基础设施工程

机房综合布线系统质量验收记录

轨道验·机-150

第 页，共 页

<table>
<tr><td colspan="3">工程名称</td><td colspan="5"></td></tr>
<tr><td colspan="3">单位工程名称</td><td colspan="5"></td></tr>
<tr><td colspan="3">施工单位</td><td colspan="2"></td><td colspan="2">分包单位</td><td></td></tr>
<tr><td colspan="3">项目负责人</td><td colspan="2"></td><td colspan="2">项目技术负责人</td><td></td></tr>
<tr><td colspan="3">分部（子分部）工程名称</td><td colspan="2"></td><td colspan="2">分项工程名称</td><td></td></tr>
<tr><td colspan="3">验收部位/区段</td><td colspan="2"></td><td colspan="2">检验批容量</td><td></td></tr>
<tr><td colspan="3">施工及验收依据</td><td colspan="5">《智能建筑工程施工规范》GB 50606、
《数据中心基础设施施工及验收规范》GB 50462</td></tr>
<tr><td colspan="3">验收项目</td><td>设计要求或规范规定</td><td>最小/实际抽样数量</td><td>检查记录</td><td colspan="2">检查结果</td></tr>
<tr><td rowspan="6">主控项目</td><td>1</td><td>材料、器具、设备进场质量检测</td><td>第3.5.1条</td><td>/</td><td></td><td colspan="2"></td></tr>
<tr><td>2</td><td>配线柜的安装及配线架的压接应符合规范规定</td><td rowspan="4">第8.3.1条</td><td>/</td><td></td><td colspan="2"></td></tr>
<tr><td>3</td><td>走线架、槽的安装应符合规范规定</td><td>/</td><td></td><td colspan="2"></td></tr>
<tr><td>4</td><td>线缆的敷设应符合设计要求和规范规定</td><td>/</td><td></td><td colspan="2"></td></tr>
<tr><td>5</td><td>线缆标识应符合规范规定</td><td>/</td><td></td><td colspan="2"></td></tr>
<tr><td>6</td><td>系统测试应符合设计要求和规范规定</td><td>第8.3.2条</td><td>/</td><td></td><td colspan="2"></td></tr>
<tr><td>施工单位检查结果</td><td colspan="7">专业工长： 项目专业质量检查员： 年 月 日</td></tr>
<tr><td>监理单位验收结论</td><td colspan="7">专业监理工程师：
年 月 日</td></tr>
</table>

7.3.4.48　轨道验·机-151　机房监控与安全防范系统质量验收记录

市政基础设施工程

机房监控与安全防范系统质量验收记录

轨道验·机-151

第　　页，共　　页

<table>
<tr><td colspan="3">工程名称</td><td colspan="4"></td></tr>
<tr><td colspan="3">单位工程名称</td><td colspan="4"></td></tr>
<tr><td colspan="3">施工单位</td><td></td><td colspan="2">分包单位</td><td></td></tr>
<tr><td colspan="3">项目负责人</td><td></td><td colspan="2">项目技术负责人</td><td></td></tr>
<tr><td colspan="3">分部（子分部）工程名称</td><td></td><td colspan="2">分项工程名称</td><td></td></tr>
<tr><td colspan="3">验收部位/区段</td><td></td><td colspan="2">检验批容量</td><td></td></tr>
<tr><td colspan="3">施工及验收依据</td><td colspan="4">《智能建筑工程施工规范》GB 50606、
《数据中心基础设施施工及验收规范》GB 50462</td></tr>
<tr><td colspan="3">验收项目</td><td>设计要求或规范规定</td><td>最小/实际抽样数量</td><td>检查记录</td><td>检查结果</td></tr>
<tr><td rowspan="6">主控项目</td><td>1</td><td>材料、器具、设备进场质量检测</td><td>第 3.5.1 条</td><td>/</td><td></td><td></td></tr>
<tr><td>2</td><td>设备、装置及配件的安装应符合设计要求和规范规定</td><td rowspan="5">第 9.5.1 条</td><td>/</td><td></td><td></td></tr>
<tr><td>3</td><td>环境监控系统和场地设备监控系统的数据采集、传送、转化、控制功能应符合设计要求和规范规定</td><td>/</td><td></td><td></td></tr>
<tr><td>4</td><td>入侵报警系统的入侵报警功能、防破坏和故障报警功能、记录显示功能和系统自检功能应符合设计要求和规范规定</td><td>/</td><td></td><td></td></tr>
<tr><td>5</td><td>视频监控系统的控制功能、监视功能、显示功能、记录功能和报警联动功能应符合设计要求和规范规定</td><td>/</td><td></td><td></td></tr>
<tr><td>6</td><td>出入口控制系统的出入目标识读功能、信息处理和控制功能、执行机构功能应符合设计要求和规范规定</td><td>/</td><td></td><td></td></tr>
<tr><td>施工单位检查结果</td><td colspan="6">专业工长：　　　　项目专业质量检查员：　　　　年　　月　　日</td></tr>
<tr><td>监理单位验收结论</td><td colspan="6">专业监理工程师：
年　　月　　日</td></tr>
</table>

7.3.4.49 轨道验·机-152 机房消防系统质量验收记录

市政基础设施工程

机房消防系统质量验收记录

轨道验·机-152

第 页，共 页

<table>
<tr><td colspan="2">工程名称</td><td colspan="5"></td></tr>
<tr><td colspan="2">单位工程名称</td><td colspan="5"></td></tr>
<tr><td colspan="2">施工单位</td><td></td><td colspan="2">分包单位</td><td colspan="2"></td></tr>
<tr><td colspan="2">项目负责人</td><td></td><td colspan="2">项目技术负责人</td><td colspan="2"></td></tr>
<tr><td colspan="2">分部（子分部）工程名称</td><td></td><td colspan="2">分项工程名称</td><td colspan="2"></td></tr>
<tr><td colspan="2">验收部位/区段</td><td></td><td colspan="2">检验批容量</td><td colspan="2"></td></tr>
<tr><td colspan="2">施工及验收依据</td><td colspan="5">《智能建筑工程施工规范》GB 50606、
《数据中心基础设施施工及验收规范》GB 50462</td></tr>
<tr><td colspan="3">验收项目</td><td>设计要求或规范规定</td><td>最小/实际抽样数量</td><td>检查记录</td><td>检查结果</td></tr>
<tr><td rowspan="4">主控项目</td><td>1</td><td>材料、器具、设备进场质量检测</td><td>第3.5.1条</td><td>/</td><td></td><td></td></tr>
<tr><td>2</td><td>火灾自动报警与消防联动控制系统安装及功能应符合设计要求和规范规定</td><td>第10.0.1条</td><td>/</td><td></td><td></td></tr>
<tr><td>3</td><td>气体灭火系统安装及功能应符合设计要求和规范规定</td><td>第10.0.2条</td><td>/</td><td></td><td></td></tr>
<tr><td>4</td><td>自动喷水灭火系统安装及功能应符合设计要求和规范规定</td><td>第10.0.3条</td><td>/</td><td></td><td></td></tr>
<tr><td>施工单位检查结果</td><td colspan="6">专业工长： 项目专业质量检查员： 年 月 日</td></tr>
<tr><td>监理单位验收结论</td><td colspan="6">专业监理工程师：
年 月 日</td></tr>
</table>

7.3.4.50 轨道验·机-153-1 机房室内装饰装修质量验收记录（一）

市政基础设施工程

机房室内装饰装修质量验收记录（一）

轨道验·机-153-1

第　　页，共　　页

工程名称						
单位工程名称						
施工单位			分包单位			
项目负责人			项目技术负责人			
分部（子分部）工程名称			分项工程名称			
验收部位/区段			检验批容量			
施工及验收依据	《智能建筑工程施工规范》GB 50606、 《数据中心基础设施施工及验收规范》GB 50462					
验收项目			设计要求或规范规定	最小/实际抽样数量	检查记录	检查结果
主控项目	1	材料、器具、设备进场质量检测	第3.5.1条	/		
	2	在防雷接地等电位排安装完毕并引入机柜线槽和管线的安装完毕后方可进行装饰工程	第17.2.1条第1款	/		
	3	吊顶吊杆、饰面板和龙骨的材质、规格符合设计要求	第11.2.2条	/		
	4	吊杆、龙骨安装间距和连接方式应符合设计要求		/		
	5	吊顶板上铺设的防火、保温、吸音材料应包封严密，板块间应无缝隙，并应固定牢固	第11.2.4条	/		
	6	吊顶与墙面、柱面、窗帘盒的交接应符合设计要求，装饰面质量符合规定	第11.2.7条	/		
	7	隔断墙材料质量符合设计要求和规范规定	第11.3.3条	/		
	8	隔断墙安装质量符合规范规定	第11.3.4条-第11.3.8条	/		
施工单位检查结果	专业工长：　　　　项目专业质量检查员：　　　　年　　月　　日					
监理单位验收结论	专业监理工程师： 年　　月　　日					

7.3.4.51 轨道验·机-153-2 机房室内装饰装修质量验收记录（二）

市政基础设施工程

机房室内装饰装修质量验收记录（二）

轨道验·机-153-2

第 页，共 页

<table>
<tr><td colspan="3">工程名称</td><td colspan="4"></td></tr>
<tr><td colspan="3">单位工程名称</td><td colspan="4"></td></tr>
<tr><td colspan="3">施工单位</td><td></td><td colspan="2">分包单位</td><td></td></tr>
<tr><td colspan="3">项目负责人</td><td></td><td colspan="2">项目技术负责人</td><td></td></tr>
<tr><td colspan="3">分部（子分部）工程名称</td><td></td><td colspan="2">分项工程名称</td><td></td></tr>
<tr><td colspan="3">验收部位/区段</td><td></td><td colspan="2">检验批容量</td><td></td></tr>
<tr><td colspan="3">施工及验收依据</td><td colspan="4">《智能建筑工程施工规范》GB 50606、
《数据中心基础设施施工及验收规范》GB 50462</td></tr>
<tr><td colspan="3">验收项目</td><td>设计要求或规范规定</td><td>最小/实际抽样数量</td><td>检查记录</td><td>检查结果</td></tr>
<tr><td rowspan="9">主控项目</td><td>9</td><td>有耐火极限要求的隔断墙板安装应符合规定</td><td>第 11.3.4 条 3</td><td>/</td><td></td><td></td></tr>
<tr><td>10</td><td>地面材料质量和安装质量符合规定</td><td>第 11.4.1 条-第 11.4.4 条</td><td>/</td><td></td><td></td></tr>
<tr><td>11</td><td>防潮层材料和安装质量符合规定</td><td>第 11.4.3 条</td><td>/</td><td></td><td></td></tr>
<tr><td>12</td><td>活动地板支撑架应安装牢固，并应调平</td><td>第 17.2.1 条第 2 款</td><td>/</td><td></td><td></td></tr>
<tr><td>13</td><td>活动地板的高度应根据电缆布线和空调送风要求确定，宜为 200mm～500mm</td><td>第 17.2.1 条第 3 款</td><td>/</td><td></td><td></td></tr>
<tr><td>14</td><td>地板线缆出口应配合计算机实际位置进行定位，出口应有线缆保护措施</td><td>第 17.2.1 条第 4 款</td><td>/</td><td></td><td></td></tr>
<tr><td>15</td><td>内墙、顶棚及柱面的处理符合规定</td><td>第 11.6.1 条-第 11.6.4 条</td><td>/</td><td></td><td></td></tr>
<tr><td>16</td><td>门窗材质符合设计要求，质量符合规定</td><td>第 11.7.2 条-第 11.7.8 条</td><td>/</td><td></td><td></td></tr>
<tr><td>17</td><td>其他材料符合设计要求，安装符合规定</td><td>第 11.6.5 条</td><td>/</td><td></td><td></td></tr>
<tr><td>施工单位检查结果</td><td colspan="6">专业工长： 项目专业质量检查员： 年 月 日</td></tr>
<tr><td>监理单位验收结论</td><td colspan="6">专业监理工程师：
年 月 日</td></tr>
</table>

7.3.4.52 轨道验·机-154-1 机房电磁屏蔽质量验收记录（一）

市政基础设施工程

机房电磁屏蔽质量验收记录（一）

轨道验·机-154-1

第　　页，共　　页

<table>
<tr><td colspan="3">工程名称</td><td colspan="5"></td></tr>
<tr><td colspan="3">单位工程名称</td><td colspan="5"></td></tr>
<tr><td colspan="3">施工单位</td><td></td><td colspan="2">分包单位</td><td colspan="2"></td></tr>
<tr><td colspan="3">项目负责人</td><td></td><td colspan="2">项目技术负责人</td><td colspan="2"></td></tr>
<tr><td colspan="3">分部（子分部）工程名称</td><td></td><td colspan="2">分项工程名称</td><td colspan="2"></td></tr>
<tr><td colspan="3">验收部位/区段</td><td></td><td colspan="2">检验批容量</td><td colspan="2"></td></tr>
<tr><td colspan="3">施工及验收依据</td><td colspan="5">《智能建筑工程施工规范》GB 50606、
《数据中心基础设施施工及验收规范》GB 50462</td></tr>
<tr><td colspan="3">验收项目</td><td>设计要求或规范规定</td><td>最小/实际抽样数量</td><td>检查记录</td><td colspan="2">检查结果</td></tr>
<tr><td rowspan="8">主控项目</td><td>1</td><td>材料、器具、设备进场质量检测</td><td>第3.5.1条</td><td>/</td><td></td><td colspan="2"></td></tr>
<tr><td>2</td><td>焊接应牢固可靠，焊缝应光滑致密，不得有熔渣、裂纹、气泡、气孔和虚焊。焊接后应对全部焊缝进行除锈处理</td><td>第12.1.4条</td><td>/</td><td></td><td colspan="2"></td></tr>
<tr><td>3</td><td>可拆卸式电磁屏蔽室壳体安装应符合规定</td><td>第12.2.2条</td><td>/</td><td></td><td colspan="2"></td></tr>
<tr><td>4</td><td>自撑式电磁屏蔽室壳体安装应符合规定</td><td>第12.2.3条</td><td>/</td><td></td><td colspan="2"></td></tr>
<tr><td>5</td><td>直贴式电磁屏蔽室壳体安装应符合规定</td><td>第12.2.4条</td><td>/</td><td></td><td colspan="2"></td></tr>
<tr><td>6</td><td>铰链屏蔽门安装应符合规定</td><td>第12.3.1条</td><td>/</td><td></td><td colspan="2"></td></tr>
<tr><td>7</td><td>平移屏蔽门安装应符合规定</td><td>第12.3.2条</td><td>/</td><td></td><td colspan="2"></td></tr>
<tr><td>8</td><td>滤波器安装应符合规定</td><td>第12.4.1条</td><td>/</td><td></td><td colspan="2"></td></tr>
<tr><td>施工单位检查结果</td><td colspan="7">专业工长：　　　　项目专业质量检查员：　　　　年　月　日</td></tr>
<tr><td>监理单位验收结论</td><td colspan="7">专业监理工程师：
年　月　日</td></tr>
</table>

7.3.4.53 轨道验·机-154-2 机房电磁屏蔽质量验收记录（二）

市政基础设施工程

机房电磁屏蔽质量验收记录（二）

轨道验·机-154-2

第　　页，共　　页

工程名称						
单位工程名称						
施工单位			分包单位			
项目负责人			项目技术负责人			
分部（子分部）工程名称			分项工程名称			
验收部位/区段			检验批容量			
施工及验收依据	《智能建筑工程施工规范》GB 50606、《数据中心基础设施施工及验收规范》GB 50462					
验收项目			设计要求或规范规定	最小/实际抽样数量	检查记录	检查结果
主控项目	9	截止波导通风窗安装应符合规定	第12.4.2条	/		
	10	屏蔽玻璃安装应符合规定	第12.4.3条	/		
	11	所有屏蔽接口件应用电磁屏蔽检漏仪连续检漏，不得漏检，不合格处应修补	第12.5.1条	/		
	12	电磁屏蔽室的全频段检测应符合规定	第12.5.2条	/		
	13	其他施工不得破坏屏蔽层	第12.6.1条	/		
	14	所有出入屏蔽室的信号线缆必须进行屏蔽滤波处理	第12.6.2条	/		
	15	所有出入屏蔽室的气管和液管必须通过屏蔽波导	第12.6.3条	/		
	16	屏蔽壳体接地符合设计要求，接地电阻符合设计要求	第12.6.4条	/		
施工单位检查结果	专业工长：　　项目专业质量检查员：　　年　月　日					
监理单位验收结论	专业监理工程师：　　年　月　日					

7.3.4.54 轨道验·机-155 机房设备安装质量验收记录

市政基础设施工程

机房设备安装质量验收记录

轨道验·机-155

第 页，共 页

工程名称						
单位工程名称						
施工单位				分包单位		
项目负责人				项目技术负责人		
分部（子分部）工程名称				分项工程名称		
验收部位/区段				检验批容量		
施工及验收依据	《智能建筑工程施工规范》GB 50606					
验收项目			设计要求或规范规定	最小/实际抽样数量	检查记录	检查结果
主控项目	1	电气装置应安装牢固、整齐、标识明确、内外清洁	第17.3.1条第1款	/		
	2	机房内的地面、活动地板的防静电施工应符合规定	第17.3.1条第2款	/		
	3	电源线、信号线入口处的浪涌保护器安装位置正确、牢固	第17.3.1条第3款	/		
	4	接地线和等电位连接带连接正确，安装牢固。接地电阻应符合本规范第16.4.1的规定	第17.3.1条第4款	/		
一般项目	1	吊顶内电气装置应安装在便于维修处	第17.3.2条第1款	/		
	2	配电装置应有明显标志，并应注明容量、电压、频率等	第17.3.2条第2款	/		
	3	落地式电气装置的底座与楼地面应安装牢固	第17.3.2条第3款	/		
	4	电源线、信号线应分别铺设，并应排列整齐，捆扎固定，长度应留有余量	第17.3.2条第4款	/		
	5	成排安装的灯具应平直、整齐	第17.3.2条第5款	/		
施工单位检查结果	专业工长：　　　　项目专业质量检查员：　　　　年　月　日					
监理单位验收结论	专业监理工程师： 年　月　日					

7.3.4.55 轨道验·机-156 机房工程系统调试质量验收记录

市政基础设施工程

机房工程系统调试质量验收记录

轨道验·机-156

第　　页 共　　页

<table>
<tr><td colspan="2">工程名称</td><td colspan="4"></td></tr>
<tr><td colspan="2">单位工程名称</td><td colspan="4"></td></tr>
<tr><td colspan="2">施工单位</td><td></td><td colspan="2">分包单位</td><td></td></tr>
<tr><td colspan="2">项目负责人</td><td></td><td colspan="2">项目技术负责人</td><td></td></tr>
<tr><td colspan="2">分部（子分部）工程名称</td><td></td><td colspan="2">分项工程名称</td><td></td></tr>
<tr><td colspan="2">验收部位/区段</td><td></td><td colspan="2">检验批容量</td><td></td></tr>
<tr><td colspan="2">施工及验收依据</td><td colspan="4">《智能建筑工程质量验收规范》GB 50339</td></tr>
<tr><td colspan="2">验收项目</td><td>设计要求或规范规定</td><td>最小/实际抽样数量</td><td>检查记录</td><td>检查结果</td></tr>
<tr><td colspan="2">供配电系统的输出电能质量</td><td>第21.0.4条</td><td>/</td><td></td><td></td></tr>
<tr><td colspan="2">不间断电源的供电时延</td><td>第21.0.5条</td><td>/</td><td></td><td></td></tr>
<tr><td colspan="2">静电防护措施</td><td>第21.0.6条</td><td>/</td><td></td><td></td></tr>
<tr><td colspan="2">弱电间检测</td><td>第21.0.7条</td><td>/</td><td></td><td></td></tr>
<tr><td colspan="2">机房供配电系统、防雷与接地系统、空气调节系统、给水排水系统、综合布线系统、监控与安全防范系统、消防系统、室内装饰装修和电磁屏蔽等系统检测</td><td>第21.0.8条</td><td>/</td><td></td><td></td></tr>
<tr><td>施工单位检查结果</td><td colspan="5">专业工长：（签名）　　专业质量检查员：（签名）　　年　月　日</td></tr>
<tr><td>监理单位验收结论</td><td colspan="5">专业监理工程师：（签名）　　年　月　日</td></tr>
</table>

7.3.4.56 轨道验·机-157-1 接地装置质量验收记录（一）

市政基础设施工程

接地装置质量验收记录（一）

轨道验·机-157-1

第　　页，共　　页

<table>
<tr><td colspan="3">工程名称</td><td colspan="5"></td></tr>
<tr><td colspan="3">单位工程名称</td><td colspan="5"></td></tr>
<tr><td colspan="3">施工单位</td><td colspan="2"></td><td colspan="2">分包单位</td><td></td></tr>
<tr><td colspan="3">项目负责人</td><td colspan="2"></td><td colspan="2">项目技术负责人</td><td></td></tr>
<tr><td colspan="3">分部（子分部）工程名称</td><td colspan="2"></td><td colspan="2">分项工程名称</td><td></td></tr>
<tr><td colspan="3">验收部位/区段</td><td colspan="2"></td><td colspan="2">检验批容量</td><td></td></tr>
<tr><td colspan="3">施工及验收依据</td><td colspan="5">《智能建筑工程施工规范》GB 50606、
《建筑电气工程施工质量验收规范》GB 50303</td></tr>
<tr><td colspan="3">验收项目</td><td>设计要求或规范规定</td><td>最小/实际抽样数量</td><td>检查记录</td><td colspan="2">检查结果</td></tr>
<tr><td rowspan="8">主控项目</td><td>1</td><td>材料、器具、设备进场质量检测</td><td>第3.5.1条</td><td>/</td><td></td><td colspan="2"></td></tr>
<tr><td>2</td><td>采用建筑物共用接地装置时，接地电阻不应大于1Ω</td><td>第16.2.1条
第1款</td><td>/</td><td></td><td colspan="2"></td></tr>
<tr><td>3</td><td>采用单独接地装置时，接地电阻不应大于4Ω</td><td>第16.2.1条
第2款</td><td>/</td><td></td><td colspan="2"></td></tr>
<tr><td>4</td><td>接地装置的焊接应符合规定</td><td>第16.2.1条
第3款</td><td>/</td><td></td><td colspan="2"></td></tr>
<tr><td>5</td><td>接地装置测试点的设置</td><td>第22.1.1条</td><td>/</td><td></td><td colspan="2"></td></tr>
<tr><td>6</td><td>防雷接地的人工接地装置的接地干线埋设</td><td>第16.1.1条</td><td>/</td><td></td><td colspan="2"></td></tr>
<tr><td>7</td><td>接地模块的埋设深度、间距和基坑尺寸</td><td rowspan="2">第22.1.4条</td><td>/</td><td></td><td colspan="2"></td></tr>
<tr><td>8</td><td>接地模块设置应垂直或水平就位</td><td>/</td><td></td><td colspan="2"></td></tr>
<tr><td>施工单位检查结果</td><td colspan="7">专业工长：　　　　项目专业质量检查员：　　　　年　　月　　日</td></tr>
<tr><td>监理单位验收结论</td><td colspan="7">专业监理工程师：
年　　月　　日</td></tr>
</table>

7.3.4.57 轨道验·机-157-2 接地装置质量验收记录（二）

市政基础设施工程

接地装置质量验收记录（二）

轨道验·机-157-2

第 页，共 页

<table>
<tr><td colspan="3">工程名称</td><td colspan="4"></td></tr>
<tr><td colspan="3">单位工程名称</td><td colspan="4"></td></tr>
<tr><td colspan="3">施工单位</td><td></td><td colspan="2">分包单位</td><td></td></tr>
<tr><td colspan="3">项目负责人</td><td></td><td colspan="2">项目技术负责人</td><td></td></tr>
<tr><td colspan="3">分部（子分部）工程名称</td><td></td><td colspan="2">分项工程名称</td><td></td></tr>
<tr><td colspan="3">验收部位/区段</td><td></td><td colspan="2">检验批容量</td><td></td></tr>
<tr><td colspan="3">施工及验收依据</td><td colspan="4">《智能建筑工程施工规范》GB 50606、
《建筑电气工程施工质量验收规范》GB 50303</td></tr>
<tr><td colspan="3">验收项目</td><td>设计要求或规范规定</td><td>最小/实际抽样数量</td><td>检查记录</td><td>检查结果</td></tr>
<tr><td rowspan="6">一般项目</td><td>1</td><td>接地装置埋设深度、间距和搭接长度和防腐措施</td><td>第22.2.1条、第22.2.2条</td><td>/</td><td></td><td></td></tr>
<tr><td>2</td><td>接地装置的材质和最小允许规格尺寸</td><td>第22.1.3条</td><td>/</td><td></td><td></td></tr>
<tr><td>3</td><td>接地模块与干线的连接和干线材质选用</td><td>第23.1.2条</td><td>/</td><td></td><td></td></tr>
<tr><td>4</td><td>接地体垂直长度不应小于2.5m，间距不宜小于5m</td><td>第16.1.1条第1款</td><td>/</td><td></td><td></td></tr>
<tr><td>5</td><td>接地体埋深不宜小于0.6m</td><td>第16.1.1条第2款</td><td>/</td><td></td><td></td></tr>
<tr><td>6</td><td>接地体距建筑物距离不应小于1.5m</td><td>第16.1.1条第3款</td><td>/</td><td></td><td></td></tr>
<tr><td colspan="2">施工单位检查结果</td><td colspan="5">专业工长： 项目专业质量检查员： 年 月 日</td></tr>
<tr><td colspan="2">监理单位验收结论</td><td colspan="5">专业监理工程师：
年 月 日</td></tr>
</table>

7.3.4.58 轨道验·机-158 接地线质量验收记录

市政基础设施工程

接地线质量验收记录

轨道验·机-158

第 页，共 页

工程名称					
单位工程名称					
施工单位		分包单位			
项目负责人		项目技术负责人			
分部（子分部）工程名称		分项工程名称			
验收部位/区段		检验批容量			
施工及验收依据	《智能建筑工程施工规范》GB 50606、《建筑电气工程施工质量验收规范》GB 50303				

验收项目			设计要求或规范规定	最小/实际抽样数量	检查记录	检查结果
主控项目	1	材料、器具、设备进场质量检测	第3.5.1条	/		
	2	利用金属构件、金属管道作接地线时与接地干线的连接	第24.1.4条	/		
一般项目	1	钢制接地线的连接和材料规格、尺寸	第22.2.2条	/		
	2	电缆穿过零序电流互感器时，电缆头的接地线检查	第16.1.2条	/		
	3	钢制接地线的焊接连接应焊缝饱满，并应采取防腐措施	第16.2.2条第1款	/		
	4	接地线在穿越墙壁和楼板处应加金属套管，金属套管应与接地线连接	第16.2.2条第2款	/		
施工单位检查结果	专业工长： 项目专业质量检查员： 年 月 日					
监理单位验收结论	专业监理工程师： 年 月 日					

7.3.4.59 轨道验·机-159-1 等电位联接质量验收记录（一）

市政基础设施工程

等电位联接质量验收记录（一）

轨道验·机-159-1

第　页，共　页

工程名称						
单位工程名称						
施工单位			分包单位			
项目负责人			项目技术负责人			
分部（子分部）工程名称			分项工程名称			
验收部位/区段			检验批容量			
施工及验收依据	《智能建筑工程施工规范》GB 50606、《建筑电气工程施工质量验收规范》GB 50303					
验收项目			设计要求或规范规定	最小/实际抽样数量	检查记录	检查结果
主控项目	1	材料、器具、设备进场质量检测	第3.5.1条	/		
	2	建筑物总等电位联结端子板接地线应从接地装置直接引入，各区域的总等电位联结装置应相互连通	第16.1.3条第1款	/		
	3	应在接地装置两处引连接导体与室内总等电位接地端子板相连接	第16.1.3条第2款	/		
	4	接地装置与室内总等电位连接带的连接导体截面积，铜质接地线不应小于50mm²，钢质接地线不应小于80mm²	第16.1.3条第2款	/		
	5	等电位接地端子板之间应采用螺栓连接，铜质接地线的连接应焊接或压接，钢质地线连接应采用焊接	第16.1.3条第3款	/		
施工单位检查结果	专业工长：　　项目专业质量检查员：　　年　月　日					
监理单位验收结论	专业监理工程师：　　年　月　日					

7.3.4.60 轨道验·机-159-2 等电位联接质量验收记录（二）

市政基础设施工程

等电位联接质量验收记录（二）

轨道验·机-159-2

第　　页，共　　页

<table>
<tr><td colspan="3">工程名称</td><td colspan="5"></td></tr>
<tr><td colspan="3">单位工程名称</td><td colspan="5"></td></tr>
<tr><td colspan="3">施工单位</td><td></td><td colspan="2">分包单位</td><td colspan="2"></td></tr>
<tr><td colspan="3">项目负责人</td><td></td><td colspan="2">项目技术负责人</td><td colspan="2"></td></tr>
<tr><td colspan="3">分部（子分部）工程名称</td><td></td><td colspan="2">分项工程名称</td><td colspan="2"></td></tr>
<tr><td colspan="3">验收部位/区段</td><td></td><td colspan="2">检验批容量</td><td colspan="2"></td></tr>
<tr><td colspan="3">施工及验收依据</td><td colspan="5">《智能建筑工程施工规范》GB 50606、
《建筑电气工程施工质量验收规范》GB 50303</td></tr>
<tr><td colspan="3">验收项目</td><td colspan="2">设计要求或规范规定</td><td>最小/实际抽样数量</td><td>检查记录</td><td>检查结果</td></tr>
<tr><td rowspan="2">主控项目</td><td>6</td><td>每个电气设备的接地应用单独的接地线与接地干线相连</td><td colspan="2">第 16.1.3 条
第 4 款</td><td>/</td><td></td><td></td></tr>
<tr><td>7</td><td>不得利用蛇皮管、管道保温层的金属外皮或金属网及电缆金属护层作接地线；不得将桥架、金属线管作接地线</td><td colspan="2">第 16.1.3 条
第 5 款</td><td>/</td><td></td><td></td></tr>
<tr><td rowspan="2">一般项目</td><td>1</td><td>等电位联结的可接近裸露导体或其他金属部件、构件与支线的连接可靠，导通正常</td><td colspan="2" rowspan="2">第 25.2.1 条</td><td>/</td><td></td><td></td></tr>
<tr><td>2</td><td>需等电位联结的高级装修金属部件或零件等电位联结的连接</td><td>/</td><td></td><td></td></tr>
<tr><td>施工单位检查结果</td><td colspan="7">专业工长：　　　　项目专业质量检查员：　　　　年　　月　　日</td></tr>
<tr><td>监理单位验收结论</td><td colspan="7">专业监理工程师：
年　　月　　日</td></tr>
</table>

7.3.4.61 轨道验·机-160 屏蔽设施质量验收记录

市政基础设施工程

屏蔽设施质量验收记录

轨道验·机-160

第　　页 共　　页

工程名称			
单位工程名称			
施工单位		分包单位	
项目负责人		项目技术负责人	
分部（子分部）工程名称		分项工程名称	
验收部位/区段		检验批容量	
施工及验收依据	《智能建筑工程质量验收规范》GB 50339		

验收项目	设计要求或规范规定	最小/实际抽样数量	检查记录	检查结果
屏蔽设施接地安装应符合设计要求	第22.0.3条	/		
接地电阻值应符合设计要求	第22.0.3条	/		

施工单位检查结果	专业工长：（签名）　　专业质量检查员：（签名）　　年　月　日
监理单位验收结论	专业监理工程师：（签名）　　年　月　日

7.3.4.62 轨道验·机-161 电涌保护器质量验收记录

市政基础设施工程

电涌保护器质量验收记录

轨道验·机-161

第　　页，共　　页

<table>
<tr><td colspan="3">工程名称</td><td colspan="5"></td></tr>
<tr><td colspan="3">单位工程名称</td><td colspan="5"></td></tr>
<tr><td colspan="3">施工单位</td><td></td><td colspan="2">分包单位</td><td colspan="2"></td></tr>
<tr><td colspan="3">项目负责人</td><td></td><td colspan="2">项目技术负责人</td><td colspan="2"></td></tr>
<tr><td colspan="3">分部（子分部）工程名称</td><td></td><td colspan="2">分项工程名称</td><td colspan="2"></td></tr>
<tr><td colspan="3">验收部位/区段</td><td></td><td colspan="2">检验批容量</td><td colspan="2"></td></tr>
<tr><td colspan="3">施工及验收依据</td><td colspan="5">《智能建筑工程施工规范》GB 50606、
《数据中心基础设施施工及验收规范》GB 50462</td></tr>
<tr><td colspan="4">验收项目</td><td>设计要求或规范规定</td><td>最小/实际抽样数量</td><td>检查记录</td><td>检查结果</td></tr>
<tr><td rowspan="11">主控项目</td><td>1</td><td colspan="2">材料、器具、设备进场质量检测</td><td>第3.5.1条</td><td>/</td><td></td><td></td></tr>
<tr><td rowspan="3">2</td><td rowspan="3">电源线路浪涌保护器</td><td>安装位置和连接设备</td><td rowspan="3">第6.5.1条</td><td>/</td><td></td><td></td></tr>
<tr><td>连接方式</td><td>/</td><td></td><td></td></tr>
<tr><td>连接导线最小截面积</td><td>/</td><td></td><td></td></tr>
<tr><td rowspan="2">3</td><td rowspan="2">天馈线路浪涌保护器</td><td>安装位置和连接设备</td><td rowspan="2">第6.5.2条</td><td>/</td><td></td><td></td></tr>
<tr><td>接地线路</td><td>/</td><td></td><td></td></tr>
<tr><td rowspan="2">4</td><td rowspan="2">信息线路浪涌保护器</td><td>安装位置和连接设备</td><td rowspan="2">第6.5.3条</td><td>/</td><td></td><td></td></tr>
<tr><td>导线和接地线路</td><td>/</td><td></td><td></td></tr>
<tr><td>5</td><td colspan="2">浪涌保护器应安装牢固</td><td>第5.2.1条</td><td>/</td><td></td><td></td></tr>
<tr><td rowspan="2">一般项目</td><td>1</td><td colspan="2">室外安装时应有防水措施</td><td>第16.1.4条第1款</td><td>/</td><td></td><td></td></tr>
<tr><td>2</td><td colspan="2">浪涌保护器安装位置应靠近被保护设备</td><td>第16.1.4条第2款</td><td>/</td><td></td><td></td></tr>
<tr><td>施工单位检查结果</td><td colspan="7">专业工长：　　　　项目专业质量检查员：　　　　年　月　日</td></tr>
<tr><td>监理单位验收结论</td><td colspan="7">专业监理工程师：
年　月　日</td></tr>
</table>

7.3.4.63 轨道验·机-162 防雷与接地系统调试质量验收记录

市政基础设施工程

防雷与接地系统调试质量验收记录

轨道验·机-162

第　　页 共　　页

<table>
<tr><td>工程名称</td><td colspan="5"></td></tr>
<tr><td>单位工程名称</td><td colspan="5"></td></tr>
<tr><td>施工单位</td><td colspan="2"></td><td colspan="2">分包单位</td><td></td></tr>
<tr><td>项目负责人</td><td colspan="2"></td><td colspan="2">项目技术负责人</td><td></td></tr>
<tr><td>分部（子分部）工程名称</td><td colspan="2"></td><td colspan="2">分项工程名称</td><td></td></tr>
<tr><td>验收部位/区段</td><td colspan="2"></td><td colspan="2">检验批容量</td><td></td></tr>
<tr><td>施工及验收依据</td><td colspan="5">《智能建筑工程质量验收规范》GB 50339</td></tr>
<tr><td colspan="2">验收项目</td><td>设计要求或规范规定</td><td>最小/实际抽样数量</td><td>检查记录</td><td>检查结果</td></tr>
<tr><td colspan="2">接地装置与接地连接点安装</td><td>第22.0.3条</td><td>/</td><td></td><td></td></tr>
<tr><td colspan="2">接地导体的规格、敷设方法和连接方法</td><td>第22.0.3条</td><td>/</td><td></td><td></td></tr>
<tr><td colspan="2">等电位联结带的规格、联结方法和安装位置</td><td>第22.0.3条</td><td>/</td><td></td><td></td></tr>
<tr><td colspan="2">屏蔽设施的安装</td><td>第22.0.3条</td><td>/</td><td></td><td></td></tr>
<tr><td colspan="2">电涌保护器的性能参数、安装位置、安装方式和连接导线规格</td><td>第22.0.3条</td><td>/</td><td></td><td></td></tr>
<tr><td colspan="2">智能建筑的接地系统必须保证建筑内各智能化系统的正常运行和人身、设备安全</td><td>第22.0.4条</td><td>/</td><td></td><td></td></tr>
<tr><td>施工单位检查结果</td><td colspan="5">专业工长：（签名）　　专业质量检查员：（签名）　　年　月　日</td></tr>
<tr><td>监理单位验收结论</td><td colspan="5">专业监理工程师：（签名）　　年　月　日</td></tr>
</table>

7.3.4.64 轨道验·机-163-1 设备安装质量验收记录（一）

市政基础设施工程

设备安装质量验收记录（一）

轨道验·机-163-1

第 页，共 页

<table>
<tr><td colspan="3">工程名称</td><td colspan="4"></td></tr>
<tr><td colspan="3">单位工程名称</td><td colspan="4"></td></tr>
<tr><td colspan="3">施工单位</td><td></td><td colspan="2">分包单位</td><td></td></tr>
<tr><td colspan="3">项目负责人</td><td></td><td colspan="2">项目技术负责人</td><td></td></tr>
<tr><td colspan="3">分部（子分部）工程名称</td><td></td><td colspan="2">分项工程名称</td><td></td></tr>
<tr><td colspan="3">验收部位/区段</td><td></td><td colspan="2">检验批容量</td><td></td></tr>
<tr><td colspan="3">施工及验收依据</td><td colspan="4">《智能建筑工程施工规范》GB 50606</td></tr>
<tr><td colspan="3">验收项目</td><td>设计要求或规范规定</td><td>最小/实际抽样数量</td><td>检查记录</td><td>检查结果</td></tr>
<tr><td rowspan="3">主控项目</td><td>1</td><td>材料、器具、设备进场质量检测</td><td>第3.5.1条</td><td>/</td><td></td><td></td></tr>
<tr><td>2</td><td>系统安全专用产品必须具有公安部计算机管理监察部门审批颁发的计算机信息系统安全专用产品销售许可证</td><td>第6.1.2条</td><td>/</td><td></td><td></td></tr>
<tr><td>3</td><td>集成子系统提供的技术文件应符合规定，产品资料内容齐全</td><td>第15.1.2条第2款</td><td>/</td><td></td><td></td></tr>
<tr><td rowspan="4">一般项目</td><td>1</td><td>安装位置应符合设计要求，安装应平稳牢固，并应便于操作维护</td><td>第6.2.1条第1款</td><td>/</td><td></td><td></td></tr>
<tr><td>2</td><td>机柜内安装的设备应有通风散热措施，内部接插件与设备连接应牢固</td><td>第6.2.1条第2款</td><td>/</td><td></td><td></td></tr>
<tr><td>3</td><td>承重要求大于600kg/m² 的设备应单独制作设备基座，不应直接安装在抗静电地板上</td><td>第6.2.1条第3款</td><td>/</td><td></td><td></td></tr>
<tr><td>4</td><td>对有序列号的设备应登记设备的序列号</td><td>第6.2.1条第4款</td><td>/</td><td></td><td></td></tr>
<tr><td>施工单位检查结果</td><td colspan="6">专业工长： 项目专业质量检查员： 年 月 日</td></tr>
<tr><td>监理单位验收结论</td><td colspan="6">专业监理工程师：
年 月 日</td></tr>
</table>

7.3.4.65 轨道验·机-163-2 设备安装质量验收记录（二）

市政基础设施工程

设备安装质量验收记录（二）

轨道验·机-163-2

第 页，共 页

工程名称					
单位工程名称					
施工单位		分包单位			
项目负责人		项目技术负责人			
分部（子分部）工程名称		分项工程名称			
验收部位/区段		检验批容量			
施工及验收依据	《智能建筑工程施工规范》GB 50606				

		验收项目	设计要求或规范规定	最小/实际抽样数量	检查记录	检查结果
一般项目	5	应对有源设备进行通电检查，设备应工作正常	第6.2.1条第5款	/		
	6	跳线连接应规范，线缆排列应有序，线缆上应有正确牢固的标签	第6.2.1条第6款	/		
	7	设备安装机柜应张贴设备系统连线示意图	第6.2.1条第7款	/		
	8	网络安全设备安装应符合设计要求	设计要求	/		
	9	集成子系统的硬线连接和设备接口连接应符合规定	第15.3.1条第1款	/		
	10	设备在启动、运行和关闭过程中不应出现运行时错误	第15.3.1条第2款	/		
	11	应急响应系统设备安装应符合设计要求	设计要求	/		
施工单位检查结果	专业工长： 项目专业质量检查员： 年 月 日					
监理单位验收结论	专业监理工程师： 年 月 日					

7.3.4.66 轨道验·机-164 系统试运行质量验收记录

市政基础设施工程

系统试运行质量验收记录

轨道验·机-164

第 页 共 页

工程名称				
单位工程名称				
施工单位		分包单位		
项目负责人		项目技术负责人		
分部（子分部）工程名称		分项工程名称		
验收部位/区段		检验批容量		
施工及验收依据	《智能建筑工程质量验收规范》GB 50339			

验收项目	设计要求或规范规定	最小/实际抽样数量	检查记录	检查结果
系统试运行应连续进行120h	第3.1.3条	/		
试运行中出现系统故障时，应重新开始计时，直至连续运行满120h	第3.1.3条	/		
系统功能符合设计要求	设计要求	/		
施工单位检查结果	专业工长：（签名） 专业质量检查员：（签名） 年 月 日			
监理单位验收结论	专业监理工程师：（签名） 年 月 日			

7.3.5 灭火系统、火灾自动报警系统

7.3.5.1 自动喷水灭火系统

7.3.5.1.1 轨道验·机-216 消防喷头安装前检查试验记录

市政基础设施工程

消防喷头安装前检查试验记录

轨道验·机-216

第 页 共 页

<table>
<tr><td colspan="2">工程名称</td><td colspan="5"></td></tr>
<tr><td colspan="2">单位工程名称</td><td colspan="5"></td></tr>
<tr><td colspan="2">施工单位</td><td></td><td colspan="2">分包单位</td><td colspan="2"></td></tr>
<tr><td colspan="2">项目负责人</td><td></td><td colspan="2">项目技术负责人</td><td colspan="2"></td></tr>
<tr><td colspan="2">分部（子分部）工程名称</td><td></td><td colspan="2">分项工程名称</td><td colspan="2"></td></tr>
<tr><td colspan="2">验收部位/区段</td><td></td><td colspan="2">检验批容量</td><td colspan="2"></td></tr>
<tr><td colspan="2">施工及验收依据</td><td colspan="5">《自动喷水灭火系统工程施工及验收规范》GB 50261</td></tr>
<tr><td colspan="2">验收项目</td><td>设计要求或规范规定</td><td>最小/实际抽样数量</td><td>检查记录</td><td colspan="2">检查结果</td></tr>
<tr><td>1</td><td>喷头的商标、型号、公称动作温度、响应时间指数（RTI）、制造厂及生产期等标志检查</td><td>第 3.2.7.1 条</td><td>/</td><td></td><td colspan="2"></td></tr>
<tr><td>2</td><td>喷头的型号、规格等检查</td><td>第 3.2.7.2 条</td><td>/</td><td></td><td colspan="2"></td></tr>
<tr><td>3</td><td>喷头外观加工缺陷和机械损伤检查</td><td>第 3.2.7.3 条</td><td>/</td><td></td><td colspan="2"></td></tr>
<tr><td>4</td><td>喷头螺纹密封面伤痕、毛刺、缺丝或断丝现象检查</td><td>第 3.2.7.4 条</td><td>/</td><td></td><td colspan="2"></td></tr>
<tr><td>5</td><td>闭式喷头密封性能试验检测</td><td>第 3.2.7.5 条</td><td>/</td><td></td><td colspan="2"></td></tr>
<tr><td colspan="2">施工单位检查结果</td><td colspan="5">专业工长：（签名）　　项目专业质量检查员：（签名）　　年　月　日</td></tr>
<tr><td colspan="2">监理单位验收结论</td><td colspan="5">专业监理工程师：（签名）　　年　月　日</td></tr>
</table>

7.3.5.1.2 轨道验·机-217 消防水泵安装检验批质量验收记录

市政基础设施工程

消防水泵安装检验批质量验收记录

轨道验·机-217

第 页 共 页

<table>
<tr><td colspan="3">工程名称</td><td colspan="4"></td></tr>
<tr><td colspan="3">单位工程名称</td><td colspan="4"></td></tr>
<tr><td colspan="3">施工单位</td><td colspan="2"></td><td>分包单位</td><td></td></tr>
<tr><td colspan="3">项目负责人</td><td colspan="2"></td><td>项目技术负责人</td><td></td></tr>
<tr><td colspan="3">分部（子分部）工程名称</td><td colspan="2"></td><td>分项工程名称</td><td></td></tr>
<tr><td colspan="3">验收部位/区段</td><td colspan="2"></td><td>检验批容量</td><td></td></tr>
<tr><td colspan="3">施工及验收依据</td><td colspan="4">《自动喷水灭火系统工程施工及验收规范》GB 50261</td></tr>
<tr><td colspan="3">验收项目</td><td>设计要求或规范规定</td><td>最小/实际抽样数量</td><td>检查记录</td><td>检查结果</td></tr>
<tr><td rowspan="6">主控项目</td><td>1</td><td>规格、型号检测</td><td>第4.2.1条</td><td>/</td><td></td><td></td></tr>
<tr><td>2</td><td>水泵安装时，保证其完好状况及使用功能性的要求</td><td>第4.2.2条</td><td>/</td><td></td><td></td></tr>
<tr><td>3</td><td>吸水管及其附件的安装检测</td><td>第4.2.3条</td><td>/</td><td></td><td></td></tr>
<tr><td>4</td><td>止回阀、控制阀和压力表，或控制阀、多功能水泵控制阀和压力表等安装检查</td><td>第4.2.4条</td><td>/</td><td></td><td></td></tr>
<tr><td>5</td><td>出水管上，控制阀安装检查</td><td>第4.2.5条</td><td>/</td><td></td><td></td></tr>
<tr><td></td><td></td><td></td><td></td><td></td><td></td></tr>
<tr><td rowspan="3">一般项目</td><td>1</td><td></td><td></td><td></td><td></td><td></td></tr>
<tr><td>2</td><td></td><td></td><td></td><td></td><td></td></tr>
<tr><td>3</td><td></td><td></td><td></td><td></td><td></td></tr>
<tr><td colspan="2">施工单位检查结果</td><td colspan="5">专业工长：（签名） 项目专业质量检查员：（签名） 年 月 日</td></tr>
<tr><td colspan="2">监理单位验收结论</td><td colspan="5">专业监理工程师：（签名） 年 月 日</td></tr>
</table>

7.3.5.1.3 轨道验·机-218 消防水箱安装和消防水池施工检验批质量验收记录

市政基础设施工程

消防水箱安装和消防水池施工检验批质量验收记录

轨道验·机-218

第 页 共 页

<table>
<tr><td colspan="3">工程名称</td><td colspan="5"></td></tr>
<tr><td colspan="3">单位工程名称</td><td colspan="5"></td></tr>
<tr><td colspan="3">施工单位</td><td colspan="2"></td><td colspan="2">分包单位</td><td></td></tr>
<tr><td colspan="3">项目负责人</td><td colspan="2"></td><td colspan="2">项目技术负责人</td><td></td></tr>
<tr><td colspan="3">分部（子分部）工程名称</td><td colspan="2"></td><td colspan="2">分项工程名称</td><td></td></tr>
<tr><td colspan="3">验收部位/区段</td><td colspan="2"></td><td colspan="2">检验批容量</td><td></td></tr>
<tr><td colspan="3">施工及验收依据</td><td colspan="5">《自动喷水灭火系统工程施工及验收规范》GB 50261</td></tr>
<tr><td colspan="3">验收项目</td><td>设计要求或规范规定</td><td>最小/实际抽样数量</td><td colspan="2">检查记录</td><td>检查结果</td></tr>
<tr><td rowspan="4">主控项目</td><td>1</td><td>消防水池、消防水箱的施工和安装检查</td><td>第4.3.1条</td><td>/</td><td colspan="2"></td><td></td></tr>
<tr><td>2</td><td>防水套管，接头检查</td><td>第4.3.2条</td><td>/</td><td colspan="2"></td><td></td></tr>
<tr><td>3</td><td></td><td></td><td></td><td colspan="2"></td><td></td></tr>
<tr><td>4</td><td></td><td></td><td></td><td colspan="2"></td><td></td></tr>
<tr><td rowspan="6">一般项目</td><td>1</td><td>消防水箱、消防水池的容积、安装位置检查</td><td>第4.3.3条</td><td>/</td><td colspan="2"></td><td></td></tr>
<tr><td>2</td><td>溢流管、泄水管的连接排水方式检查</td><td>第4.3.4条</td><td>/</td><td colspan="2"></td><td></td></tr>
<tr><td>3</td><td>高位消防水箱、消防水池的入孔密封性检查</td><td>第4.3.5条</td><td>/</td><td colspan="2"></td><td></td></tr>
<tr><td>4</td><td>高位消防水箱、消防水池是否设置消防用水被他用的措施检查</td><td>第4.3.6条</td><td>/</td><td colspan="2"></td><td></td></tr>
<tr><td>5</td><td>进水管、出水管是否设置带有指示启闭装置的阀门</td><td>第4.3.7条</td><td>/</td><td colspan="2"></td><td></td></tr>
<tr><td>6</td><td>防止消防用水倒流的止回阀安装情况检查</td><td>第4.3.8条</td><td>/</td><td colspan="2"></td><td></td></tr>
<tr><td>施工单位检查结果</td><td colspan="7">专业工长：（签名） 项目专业质量检查员：（签名） 年 月 日</td></tr>
<tr><td>监理单位验收结论</td><td colspan="7">专业监理工程师：（签名） 年 月 日</td></tr>
</table>

7.3.5.1.4　轨道验・机-219　消防气压给水设备及稳压泵安装检验批质量验收记录

市政基础设施工程

消防气压给水设备及稳压泵安装检验批质量验收记录

轨道验・机-219

第　　页 共　　页

<table>
<tr><td colspan="3">工程名称</td><td colspan="5"></td></tr>
<tr><td colspan="3">单位工程名称</td><td colspan="5"></td></tr>
<tr><td colspan="3">施工单位</td><td colspan="2"></td><td colspan="2">分包单位</td><td></td></tr>
<tr><td colspan="3">项目负责人</td><td colspan="2"></td><td colspan="2">项目技术负责人</td><td></td></tr>
<tr><td colspan="3">分部（子分部）工程名称</td><td colspan="2"></td><td colspan="2">分项工程名称</td><td></td></tr>
<tr><td colspan="3">验收部位/区段</td><td colspan="2"></td><td colspan="2">检验批容量</td><td></td></tr>
<tr><td colspan="3">施工及验收依据</td><td colspan="5">《自动喷水灭火系统工程施工及验收规范》GB 50261</td></tr>
<tr><td colspan="3">验收项目</td><td>设计要求或规范规定</td><td>最小/实际抽样数量</td><td>检查记录</td><td colspan="2">检查结果</td></tr>
<tr><td rowspan="4">主控项目</td><td>1</td><td>消防气压给水设备的气压罐，其容积、气压、水位及工作压力检查</td><td>第4.4.1条</td><td>/</td><td></td><td colspan="2"></td></tr>
<tr><td>2</td><td>消防气压给水设备安装位置、进水管及出水管方向</td><td>第4.4.2条</td><td>/</td><td></td><td colspan="2"></td></tr>
<tr><td>3</td><td></td><td></td><td></td><td></td><td colspan="2"></td></tr>
<tr><td>4</td><td></td><td></td><td></td><td></td><td colspan="2"></td></tr>
<tr><td rowspan="3">一般项目</td><td>1</td><td>消防气压给水设备上的安全阀、压力表、泄水管、水位指示器、压力控制仪表等的安装情况检查</td><td>第4.4.3条</td><td>/</td><td></td><td colspan="2"></td></tr>
<tr><td>2</td><td>稳压泵的规格、型号检查</td><td>第4.4.4条</td><td>/</td><td></td><td colspan="2"></td></tr>
<tr><td>3</td><td>稳压泵的安装检查</td><td>第4.4.5条</td><td>/</td><td></td><td colspan="2"></td></tr>
<tr><td colspan="2">施工单位检查结果</td><td colspan="6">专业工长：（签名）　　项目专业质量检查员：（签名）　　年　月　日</td></tr>
<tr><td colspan="2">监理单位验收结论</td><td colspan="6">专业监理工程师：（签名）　　年　月　日</td></tr>
</table>

7.3.5.1.5 轨道验・机-220 消防水泵接合器安装检验批质量验收记录

市政基础设施工程

消防水泵接合器安装检验批质量验收记录

轨道验・机-220

第　页共　页

<table>
<tr><td colspan="3">工程名称</td><td colspan="5"></td></tr>
<tr><td colspan="3">单位工程名称</td><td colspan="5"></td></tr>
<tr><td colspan="3">施工单位</td><td></td><td colspan="2">分包单位</td><td colspan="2"></td></tr>
<tr><td colspan="3">项目负责人</td><td></td><td colspan="2">项目技术负责人</td><td colspan="2"></td></tr>
<tr><td colspan="3">分部（子分部）工程名称</td><td></td><td colspan="2">分项工程名称</td><td colspan="2"></td></tr>
<tr><td colspan="3">验收部位/区段</td><td></td><td colspan="2">检验批容量</td><td colspan="2"></td></tr>
<tr><td colspan="3">施工及验收依据</td><td colspan="5">《自动喷水灭火系统工程施工及验收规范》GB 50261</td></tr>
<tr><td colspan="3">验收项目</td><td>设计要求或规范规定</td><td>最小/实际抽样数量</td><td>检查记录</td><td colspan="2">检查结果</td></tr>
<tr><td rowspan="4">主控项目</td><td>1</td><td>组装式消防水泵接合器的安装情况检查</td><td>第 4.5.1 条</td><td>/</td><td></td><td colspan="2"></td></tr>
<tr><td>2</td><td>接合器安装位置检查</td><td>第 4.5.2 条</td><td>/</td><td></td><td colspan="2"></td></tr>
<tr><td>3</td><td>地下消防水泵接合器的安装</td><td>第 4.5.3 条</td><td>/</td><td></td><td colspan="2"></td></tr>
<tr><td>4</td><td></td><td></td><td></td><td></td><td colspan="2"></td></tr>
<tr><td rowspan="3">一般项目</td><td>1</td><td>地下消防水泵接合器井的砌筑防水和排水措施检查</td><td>第 4.5.4 条</td><td>/</td><td></td><td colspan="2"></td></tr>
<tr><td>2</td><td></td><td></td><td></td><td></td><td colspan="2"></td></tr>
<tr><td>3</td><td></td><td></td><td></td><td></td><td colspan="2"></td></tr>
<tr><td colspan="2">施工单位检查结果</td><td colspan="6">专业工长：（签名）　　项目专业质量检查员：（签名）　　年　月　日</td></tr>
<tr><td colspan="2">监理单位验收结论</td><td colspan="6">专业监理工程师：（签名）　　年　月　日</td></tr>
</table>

7.3.5.1.6 轨道验·机-221-1 管网安装检验批质量验收记录（一）

市政基础设施工程

管网安装检验批质量验收记录（一）

轨道验·机-221-1

第　页　共　页

工程名称						
单位工程名称						
施工单位			分包单位			
项目负责人			项目技术负责人			
分部（子分部）工程名称			分项工程名称			
验收部位/区段			检验批容量			
施工及验收依据	《自动喷水灭火系统工程施工及验收规范》GB 50261					
验收项目			设计要求或规范规定	最小/实际抽样数量	检查记录	检查结果
主控项目	1	管网采用钢管时，其材质应符合现行国家标准	第5.1.1条	/		
	2	管网采用不锈钢管时，其材质应符合现行国家标准	第5.1.2条	/		
	3	管网采用铜管道时，其材质应符合现行国家标准	第5.1.3条	/		
	4	管网采用涂覆钢管时，其材质应符合现行国家标准	第5.1.4条	/		
	5	管网采用氯化聚氯乙烯（PVC-C）管道时，其材质应符合现行国家标准	第5.1.5条	/		
	6	管道连接后不应减小过水横断面面积。热镀锌钢管、涂覆钢管安装应采用螺纹、沟槽式管件或法兰连接	第5.1.6条	/		
	7	薄壁不锈钢管安装应采用环压、卡凸式、卡压、沟槽式、法兰等连接	第5.1.7条	/		
	8	铜管安装应采用钎焊、卡套、卡压、沟槽式等连接	第5.1.8条	/		
	9	管件的连接	第5.1.9条	/		
	10	管网安装前应校直管道，并清除管道内部的杂物；在具有腐蚀性的场所，安装前应按设计要求对管道、管件等进行防腐处理；安装时应随时清除管道内部的杂物	第5.1.10条	/		
施工单位检查结果	专业工长：（签名）　项目专业质量检查员：（签名）　年　月　日					
监理单位验收结论	专业监理工程师：（签名）　年　月　日					

7.3.5.1.7 轨道验·机-221-2 管网安装检验批质量验收记录（二）

市政基础设施工程

管网安装检验批质量验收记录（二）

轨道验·机-221-2

第 页 共 页

工程名称						
单位工程名称						
施工单位			分包单位			
项目负责人			项目技术负责人			
分部（子分部）工程名称			分项工程名称			
验收部位/区段			检验批容量			
施工及验收依据	《自动喷水灭火系统工程施工及验收规范》GB 50261					
验收项目			设计要求或规范规定	最小/实际抽样数量	检查记录	检查结果
主控项目	11	沟槽式管件连接应符合规定	第5.1.11条	/		
	12	螺纹连接应符合要求	第5.1.12条	/		
	13	法兰连接可采用焊接法兰或螺纹法兰。焊接法兰焊接处应做防腐处理，并宜重新镀锌后再连接。焊接应符合现行国家标准	第5.1.13条	/		
一般项目	1	管道的安装位置应符合设计要求	第5.1.14条	/		
	2	管道支架、吊架、防晃支架的安装应符合要求	第5.1.15条	/		
	3	管道穿过建筑物的变形缝时，应采取抗变形措施。穿过墙体或楼板时应加设套管，套管长度不得小于墙体厚度，穿过楼板的套管其顶部应高出装饰地面20mm；穿过卫生间或厨房楼板的套管，其顶部应高出装饰地面50mm，且套管底部应与楼板底面相平。套管与管道的间隙应采用不燃材料填塞密实	第5.1.16条	/		
施工单位检查结果	专业工长：（签名） 项目专业质量检查员：（签名） 年 月 日					
监理单位验收结论	专业监理工程师：（签名） 年 月 日					

7.3.5.1.8 轨道验·机-221-3 管网安装检验批质量验收记录（三）

市政基础设施工程

管网安装检验批质量验收记录（三）

轨道验·机-221-3

第　　页共　　页

工程名称						
单位工程名称						
施工单位			分包单位			
项目负责人			项目技术负责人			
分部（子分部）工程名称			分项工程名称			
验收部位/区段			检验批容量			
施工及验收依据	《自动喷水灭火系统工程施工及验收规范》GB 50261					
验收项目			设计要求或规范规定	最小/实际抽样数量	检查记录	检查结果
一般项目	4	管道横向安装宜设2‰～5‰的坡度，且应坡向排水管；当局部区域难以利用排水管将水排净时，应采取相应的排水措施。当喷头数量小于或等于5只时，可在管道低凹处加设堵头；当喷头数量大于5只时，宜装设带阀门的排水管	第5.1.17条	/		
	5	配水干管、配水管应做红色或红色环圈标志。红色环圈标志，宽度不应小于20mm，间隔不宜大于4m，在一个独立的单元内环圈不宜少于2处	第5.1.18条	/		
	6	管网在安装中断时，应将管道的敞口封闭	第5.1.19条	/		
	7	涂覆钢管的安装应符合有关规定	第5.1.20条	/		
	8	不锈钢管的安装应符合有关规定	第5.1.21条	/		
	9	铜管的安装应符合有关规定	第5.1.22条	/		
	10	氯化聚氯乙烯（PVC-C）管道的安装应符合有关规定	第5.1.23条	/		
	11	消防洒水软管的安装应符合有关规定	第5.1.24条	/		
施工单位检查结果	专业工长：（签名）　　项目专业质量检查员：（签名）　　年　月　日					
监理单位验收结论	专业监理工程师：（签名）　　年　月　日					

7.3.5.1.9 轨道验·机-222 喷头安装检验批质量验收记录

市政基础设施工程

喷头安装检验批质量验收记录

轨道验·机-222

第 页 共 页

工程名称			
单位工程名称			
施工单位		分包单位	
项目负责人		项目技术负责人	
分部（子分部）工程名称		分项工程名称	
验收部位/区段		检验批容量	
施工及验收依据	《自动喷水灭火系统工程施工及验收规范》GB 50261		

验收项目			设计要求或规范规定	最小/实际抽样数量	检查记录	检查结果
主控项目	1	喷头安装前管网已经试压、冲洗合格	第5.2.1条	/		
	2	喷头安装时，保证其完好状况及使用功能性的要求	第5.2.2条	/		
	3	喷头安装时，防止变形或损伤的工艺措施要求	第5.2.3条	/		
	4	喷头的机械损伤防护措施要求	第5.2.4条	/		
	5	为保证喷洒效果，喷头溅水盘的安装位置（距离）要求	第5.2.5条	/		
	6	喷头安装前检查其型号、规格、使用场所符合设计要求	第5.2.6条	/		
一般项目	1	公称直径小于10mm的喷头的过滤（防堵）装置要求	第5.2.7条	/		
	2	当喷头附近有喷洒障碍物时，喷头的安装位置（距离）的要求	第5.2.8条-第5.2.14条	/		
施工单位检查结果	专业工长：（签名） 项目专业质量检查员：（签名） 年 月 日					
监理单位验收结论	专业监理工程师：（签名） 年 月 日					

7.3.5.1.10　轨道验·机-223　报警阀组安装检验批质量验收记录

市政基础设施工程

报警阀组安装检验批质量验收记录

轨道验·机-223

第　　页共　　页

工程名称						
单位工程名称						
施工单位				分包单位		
项目负责人				项目技术负责人		
分部（子分部）工程名称				分项工程名称		
验收部位/区段				检验批容量		
施工及验收依据	《自动喷水灭火系统工程施工及验收规范》GB 50261					
验收项目			设计要求或规范规定	最小/实际抽样数量	检查记录	检查结果
主控项目	1	报警阀组的安装前提条件（管网试压、冲洗合格）及安装连接的顺序、位置（距离）等要求；在室内安装时，排水设施要求	第5.3.1条	/		
	2	报警阀及附件安装要求	第5.3.2条	/		
	3	湿式报警阀组安装要求	第5.3.3条	/		
	4	干式报警阀组安装要求	第5.3.4条	/		
	5	雨淋阀组安装要求	第5.3.5条	/		
施工单位检查结果	专业工长：（签名）　　项目专业质量检查员：（签名）　　年　月　日					
监理单位验收结论	专业监理工程师：（签名）　　年　月　日					

7.3.5.1.11　轨道验·机-224　其他组件安装检验批质量验收记录

市政基础设施工程

其他组件安装检验批质量验收记录

轨道验·机-224

第　　页 共　　页

工程名称						
单位工程名称						
施工单位			分包单位			
项目负责人			项目技术负责人			
分部（子分部）工程名称			分项工程名称			
验收部位/区段			检验批容量			
施工及验收依据	《自动喷水灭火系统工程施工及验收规范》GB 50261					
验收项目			设计要求或规范规定	最小/实际抽样数量	检查记录	检查结果
主控项目	1	水流指示器安装要求	第5.4.1条	/		
	2	控制阀的型号、规格、安装位置符合设计要求	第5.4.2条	/		
	3	压力开关安装位置和方向等要求，压力控制装置安装符合设计要求	第5.4.3条	/		
	4	水力警铃安装位置及其配套的管材、阀门要求，警铃声响强度要求	第5.4.4条	/		
	5	末端试水装置及排水设施的安装位置和排水能力要求	第5.4.5条	/		
一般项目	1	信号阀安装位置要求	第5.4.6条	/		
	2	排气阀安装的前提条件（管网试压、冲洗合格）要求，安装质量（位置、无渗漏）要求	第5.4.7条	/		
	3	节流管和减压孔板安装符合设计要求	第5.4.8条	/		
	4	压力开关、信号阀、水流指示器引出线防水措施的要求	第5.4.9条	/		
	5	减压阀安装的要求	第5.4.10条	/		
	6	多功能水泵控制阀的要求	第5.4.11条	/		
	7	倒流防止器安装的要求	第5.4.12条	/		
施工单位检查结果	专业工长：（签名）　　项目专业质量检查员：（签名）　　年　月　日					
监理单位验收结论	专业监理工程师：（签名）　　年　月　日					

7.3.5.1.12 轨道验·机-225 水压试验检验批质量验收记录

市政基础设施工程

水压试验检验批质量验收记录

轨道验·机-225

第　页共　页

工程名称						
单位工程名称						
施工单位			分包单位			
项目负责人			项目技术负责人			
分部（子分部）工程名称			分项工程名称			
验收部位/区段			检验批容量			
施工及验收依据	《自动喷水灭火系统工程施工及验收规范》GB 50261					
验收项目			设计要求或规范规定	最小/实际抽样数量	检查记录	检查结果
主控项目	1	管网系统水压强度试验的压力要求	第6.2.1条	/		
	2	管网系统水压强度水压测试点设置要求，强度试验方法（含稳压时间）和试验合格标准的要求	第6.2.2条	/		
	3	管网系统水压严密性试验的前提条件（水压强度试验和冲洗均已合格）的要求，试验稳压时间和合格标准的要求	第6.2.3条	/		
一般项目	1	水压试验环境温度和防冻措施要求	第6.2.4条	/		
	2	水源干管、进户管和室内埋地管道回填前的强度及严密性水压试验要求	第6.2.5条	/		
施工单位检查结果	专业工长：（签名）　项目专业质量检查员：（签名）　年　月　日					
监理单位验收结论	专业监理工程师：（签名）　年　月　日					

7.3.5.1.13 轨道验·机-226 气压试验检验批质量验收记录

市政基础设施工程

气压试验检验批质量验收记录

轨道验·机-226

第 页 共 页

工程名称					
单位工程名称					
施工单位		分包单位			
项目负责人		项目技术负责人			
分部（子分部）工程名称		分项工程名称			
验收部位/区段		检验批容量			
施工及验收依据	《自动喷水灭火系统工程施工及验收规范》GB 50261				

		验收项目	设计要求或规范规定	最小/实际抽样数量	检查记录	检查结果
主控项目	1	气压严密性试验参数（压力、稳压时间、允许压降值）的要求	第 6.3.1 条	/		
一般项目	1	气压试验的介质要求	第 6.3.2 条	/		
施工单位检查结果	专业工长：（签名） 项目专业质量检查员：（签名） 年 月 日					
监理单位验收结论	专业监理工程师：（签名） 年 月 日					

7.3.5.1.14　轨道验·机-227　冲洗检验批质量验收记录

市政基础设施工程

冲洗检验批质量验收记录

轨道验·机-227

第　　页共　　页

工程名称			
单位工程名称			
施工单位		分包单位	
项目负责人		项目技术负责人	
分部（子分部）工程名称		分项工程名称	
验收部位/区段		检验批容量	
施工及验收依据	《自动喷水灭火系统工程施工及验收规范》GB 50261		

验收项目			设计要求或规范规定	最小/实际抽样数量	检查记录	检查结果
主控项目	1	管网冲洗水流参数（流速、流量）要求；分区（段）冲洗要求；水平管网冲洗时，排水管位置要求	第6.4.1条	/		
	2	管网冲洗的水流方向要求	第6.4.2条	/		
	3	管网冲洗连续性的要求，冲洗合格标准的要求	第6.4.3条	/		
一般项目	1	管网冲洗的临时排水设施要求	第6.4.4条	/		
	2	管网的地上管道与地下管道连接前加设装置和地下管道冲洗的要求	第6.4.5条	/		
	3	管网冲洗结束后的排水（必要时吹干）处理要求	第6.4.6条	/		
施工单位检查结果	专业工长：（签名）　　项目专业质量检查员：（签名）　　年　月　日					
监理单位验收结论	专业监理工程师：（签名）　　年　月　日					

7.3.5.1.15 轨道验·机-228 水源测试检验批质量验收记录

市政基础设施工程

水源测试检验批质量验收记录

轨道验·机-228

第 页共 页

工程名称								
单位工程名称								
施工单位					分包单位			
项目负责人					项目技术负责人			
分部（子分部）工程名称					分项工程名称			
验收部位/区段					检验批容量			
施工及验收依据	《自动喷水灭火系统工程施工及验收规范》GB 50261							
验收项目					设计要求或规范规定	最小/实际抽样数量	检查记录	检查结果
主控项目	1	水源测试	1	消防水箱（水池）容积、设置高度符合设计要求，消防储水专用性技术措施要求	第7.2.2条第1款	/		
			2	核实与验证消防水泵接合器数量及供水能力符合设计要求	第7.2.2条第2款	/		
施工单位检查结果	专业工长：（签名） 项目专业质量检查员：（签名） 年 月 日							
监理单位验收结论	专业监理工程师：（签名） 年 月 日							

7.3.5.1.16　轨道验·机-229　消防水泵调试检验批质量验收记录

市政基础设施工程

消防水泵调试检验批质量验收记录

轨道验·机-229

第　　页共　　页

<table>
<tr><td colspan="3">工程名称</td><td colspan="5"></td></tr>
<tr><td colspan="3">单位工程名称</td><td colspan="5"></td></tr>
<tr><td colspan="3">施工单位</td><td></td><td colspan="2">分包单位</td><td colspan="2"></td></tr>
<tr><td colspan="3">项目负责人</td><td></td><td colspan="2">项目技术负责人</td><td colspan="2"></td></tr>
<tr><td colspan="3">分部（子分部）工程名称</td><td></td><td colspan="2">分项工程名称</td><td colspan="2"></td></tr>
<tr><td colspan="3">验收部位/区段</td><td></td><td colspan="2">检验批容量</td><td colspan="2"></td></tr>
<tr><td colspan="3">施工及验收依据</td><td colspan="5">《自动喷水灭火系统工程施工及验收规范》GB 50261</td></tr>
<tr><td colspan="3">验收项目</td><td>设计要求或规范规定</td><td>最小/实际抽样数量</td><td>检查记录</td><td colspan="2">检查结果</td></tr>
<tr><td rowspan="4">主控项目</td><td rowspan="2">1</td><td>以自动或手动方式启动泵时，从启动至投入正常运行的时间间隔要求</td><td>第7.2.3条第1款</td><td>/</td><td></td><td colspan="2"></td></tr>
<tr><td>以备用电源（或备用泵）进行电源（或泵）切换时，启动至投入正常运行的时间间隔要求</td><td>第7.2.3条第2款</td><td>/</td><td></td><td colspan="2"></td></tr>
<tr><td>2</td><td></td><td></td><td></td><td></td><td colspan="2"></td></tr>
<tr><td>3</td><td></td><td></td><td></td><td></td><td colspan="2"></td></tr>
<tr><td rowspan="3">一般项目</td><td>1</td><td></td><td></td><td></td><td></td><td colspan="2"></td></tr>
<tr><td>2</td><td></td><td></td><td></td><td></td><td colspan="2"></td></tr>
<tr><td>3</td><td></td><td></td><td></td><td></td><td colspan="2"></td></tr>
<tr><td colspan="2">施工单位检查结果</td><td colspan="6">专业工长：（签名）　　　　项目专业质量检查员：（签名）　　　　年　　月　　日</td></tr>
<tr><td colspan="2">监理单位验收结论</td><td colspan="6">专业监理工程师：（签名）　　　　年　　月　　日</td></tr>
</table>

7.3.5.1.17 轨道验·机-230 稳压泵调试检验批质量验收记录

市政基础设施工程

稳定泵调试检验批质量验收记录

轨道验·机-230

第　页 共　页

工程名称						
单位工程名称						
施工单位			分包单位			
项目负责人			项目技术负责人			
分部（子分部）工程名称			分项工程名称			
验收部位/区段			检验批容量			
施工及验收依据	《自动喷水灭火系统工程施工及验收规范》GB 50261					
验收项目			设计要求或规范规定	最小/实际抽样数量	检查记录	检查结果
主控项目	1	稳压泵的调试符合设计要求（即稳压泵启动与停止条件符合设计要求）	第7.2.4条	/		
	2					
	3					
一般项目	1					
	2					
	3					
施工单位检查结果	专业工长：（签名）　项目专业质量检查员：（签名）　年　月　日					
监理单位验收结论	专业监理工程师：（签名）　年　月　日					

7.3.5.1.18 轨道验·机-231 报警阀组调试检验批质量验收记录

市政基础设施工程

报警阀组调试检验批质量验收记录

轨道验·机-231

第 页共 页

工程名称			
单位工程名称			
施工单位		分包单位	
项目负责人		项目技术负责人	
分部（子分部）工程名称		分项工程名称	
验收部位/区段		检验批容量	
施工及验收依据	《自动喷水灭火系统工程施工及验收规范》GB 50261		

验收项目					设计要求或规范规定	最小/实际抽样数量	检查记录	检查结果
主控项目	1	报警阀调试	1	湿式报警阀调试状态（参数）、结果要求	第7.2.5条第1款	/		
			2	干式报警阀调试状态（参数）、结果要求	第7.2.5条第2款	/		
			3	雨淋阀调试状态（参数）、结果要求	第7.2.5条第3款	/		
施工单位检查结果	专业工长：（签名） 项目专业质量检查员：（签名） 年 月 日							
监理单位验收结论	专业监理工程师：（签名） 年 月 日							

7.3.5.1.19 轨道验·机-232 排水装置调试检验批质量验收记录

市政基础设施工程

排水装置调试检验批质量验收记录

轨道验·机-232

第　　页 共　　页

<table>
<tr><td colspan="3">工程名称</td><td colspan="5"></td></tr>
<tr><td colspan="3">单位工程名称</td><td colspan="5"></td></tr>
<tr><td colspan="3">施工单位</td><td></td><td colspan="2">分包单位</td><td colspan="2"></td></tr>
<tr><td colspan="3">项目负责人</td><td></td><td colspan="2">项目技术负责人</td><td colspan="2"></td></tr>
<tr><td colspan="3">分部（子分部）工程名称</td><td></td><td colspan="2">分项工程名称</td><td colspan="2"></td></tr>
<tr><td colspan="3">验收部位/区段</td><td></td><td colspan="2">检验批容量</td><td colspan="2"></td></tr>
<tr><td colspan="3">施工及验收依据</td><td colspan="5">《自动喷水灭火系统工程施工及验收规范》GB 50261</td></tr>
<tr><td colspan="3">验收项目</td><td>设计要求或规范规定</td><td>最小/实际抽样数量</td><td>检查记录</td><td colspan="2">检查结果</td></tr>
<tr><td rowspan="9">一般项目</td><td>1</td><td>调试过程中，系统排水设施的排水效果</td><td>第7.2.6条</td><td>/</td><td></td><td colspan="2"></td></tr>
<tr><td></td><td></td><td></td><td></td><td></td><td colspan="2"></td></tr>
<tr><td></td><td></td><td></td><td></td><td></td><td colspan="2"></td></tr>
<tr><td></td><td></td><td></td><td></td><td></td><td colspan="2"></td></tr>
<tr><td></td><td></td><td></td><td></td><td></td><td colspan="2"></td></tr>
<tr><td></td><td></td><td></td><td></td><td></td><td colspan="2"></td></tr>
<tr><td></td><td></td><td></td><td></td><td></td><td colspan="2"></td></tr>
<tr><td></td><td></td><td></td><td></td><td></td><td colspan="2"></td></tr>
<tr><td></td><td></td><td></td><td></td><td></td><td colspan="2"></td></tr>
<tr><td colspan="2">施工单位检查结果</td><td colspan="6">专业工长：（签名）　　项目专业质量检查员：（签名）　　年　月　日</td></tr>
<tr><td colspan="2">监理单位验收结论</td><td colspan="6">专业监理工程师：（签名）　　年　月　日</td></tr>
</table>

7.3.5.1.20　轨道验·机-233　联动试验检验批质量验收记录

市政基础设施工程

联动试验检验批质量验收记录

轨道验·机-233

第　　页共　　页

<table>
<tr><td colspan="4">工程名称</td><td colspan="5"></td></tr>
<tr><td colspan="4">单位工程名称</td><td colspan="5"></td></tr>
<tr><td colspan="4">施工单位</td><td></td><td colspan="2">分包单位</td><td colspan="2"></td></tr>
<tr><td colspan="4">项目负责人</td><td></td><td colspan="2">项目技术负责人</td><td colspan="2"></td></tr>
<tr><td colspan="4">分部（子分部）工程名称</td><td></td><td colspan="2">分项工程名称</td><td colspan="2"></td></tr>
<tr><td colspan="4">验收部位/区段</td><td></td><td colspan="2">检验批容量</td><td colspan="2"></td></tr>
<tr><td colspan="4">施工及验收依据</td><td colspan="5">《自动喷水灭火系统工程施工及验收规范》GB 50261</td></tr>
<tr><td colspan="4">验收项目</td><td>设计要求或规范规定</td><td>最小/实际抽样数量</td><td>检查记录</td><td colspan="2">检查结果</td></tr>
<tr><td rowspan="8">一般项目</td><td rowspan="3">联动试验</td><td>(1)</td><td>湿式系统联动试验的方法及状态(参数)、结果要求</td><td>第7.2.7条第1款</td><td>/</td><td></td><td colspan="2"></td></tr>
<tr><td>(2)</td><td>预作用系统、雨淋系统、水幕系统联动试验的方法及状态（参数）、结果要求</td><td>第7.2.7条第2款</td><td>/</td><td></td><td colspan="2"></td></tr>
<tr><td>(3)</td><td>干式系统联动试验的方法及状态(参数)、结果要求</td><td>第7.2.7条第3款</td><td>/</td><td></td><td colspan="2"></td></tr>
<tr><td></td><td></td><td></td><td></td><td></td><td></td><td colspan="2"></td></tr>
<tr><td></td><td></td><td></td><td></td><td></td><td></td><td colspan="2"></td></tr>
<tr><td></td><td></td><td></td><td></td><td></td><td></td><td colspan="2"></td></tr>
<tr><td></td><td></td><td></td><td></td><td></td><td></td><td colspan="2"></td></tr>
<tr><td></td><td></td><td></td><td></td><td></td><td></td><td colspan="2"></td></tr>
<tr><td>施工单位检查结果</td><td colspan="8">专业工长：(签名)　　项目专业质量检查员：(签名)　　年　月　日</td></tr>
<tr><td>监理单位验收结论</td><td colspan="8">专业监理工程师：(签名)　　年　月　日</td></tr>
</table>

7.3.6 供电系统

7.3.6.1 轨道验·机-257 冷滑行试验验收记录

市政基础设施工程

冷滑行试验验收记录

轨道验·机-257

第　页共　页

<table>
<tr><td colspan="2">工程名称</td><td colspan="4"></td></tr>
<tr><td colspan="2">单位工程名称</td><td colspan="4"></td></tr>
<tr><td colspan="2">施工单位</td><td></td><td>分包单位</td><td colspan="2"></td></tr>
<tr><td colspan="2">项目负责人</td><td></td><td>项目技术负责人</td><td colspan="2"></td></tr>
<tr><td colspan="2">分部（子分部）工程名称</td><td></td><td>分项工程名称</td><td colspan="2"></td></tr>
<tr><td colspan="2">验收部位/区段</td><td></td><td>检验批容量</td><td colspan="2"></td></tr>
<tr><td colspan="2">施工及验收依据</td><td colspan="4"></td></tr>
<tr><td colspan="2">执行的技术标准名称、编号及设计图号</td><td colspan="4"></td></tr>
<tr><td colspan="6">时间：从　年　月　日　时　分起到　年　月　日　时　分（共　h）</td></tr>
<tr><td>部位</td><td colspan="2">项目及标准/设计要求</td><td>检测记录</td><td colspan="2">检查(检测)结果</td></tr>
<tr><td rowspan="4"></td><td rowspan="4">冷滑行试验</td><td>接触网送电前应进行冷滑行试验，冷滑行试验不得少于2次</td><td></td><td colspan="2"></td></tr>
<tr><td>第一次运行速度为10～15km/h，车辆段为5～10km/h</td><td>详见“冷滑行第一次运行测量记录”</td><td colspan="2"></td></tr>
<tr><td>第二次运行速度为25～30km/h，车辆段为10～15km/h</td><td>详见“冷滑行第二次运行测量记录”</td><td colspan="2"></td></tr>
<tr><td>如需进行第三次，应按正常运行速度运行。</td><td></td><td colspan="2"></td></tr>
<tr><td rowspan="4"></td><td rowspan="4">接触轨</td><td>（1）接头应平滑</td><td></td><td colspan="2"></td></tr>
<tr><td>（2）端部弯头、侧面弯头的安装应符合设计规定</td><td></td><td colspan="2"></td></tr>
<tr><td>（3）防护罩及其托架不得突出接触轨限界</td><td></td><td colspan="2"></td></tr>
<tr><td>（4）隧道内直流开关柜（箱）及跨越隧道顶部的电缆安装牢固，且无侵入设备限界</td><td></td><td colspan="2"></td></tr>
<tr><td rowspan="5"></td><td rowspan="5">架空接触网</td><td>（1）接触线的“之”字值和拉出值应符合设计规定</td><td></td><td colspan="2"></td></tr>
<tr><td>（2）接触悬挂的弹性良好</td><td></td><td colspan="2"></td></tr>
<tr><td>（3）各类线夹安装应无碰弓、刮弓现象</td><td></td><td colspan="2"></td></tr>
<tr><td>（4）接触线应无弯曲、扭转现象</td><td></td><td colspan="2"></td></tr>
<tr><td>（5）受电弓与有关接地体、定位管及绝缘子之间的距离应符合设计规定</td><td></td><td colspan="2"></td></tr>
<tr><td>施工单位检查结果</td><td colspan="5">专业工长：（签名）　　专业质量检查员：（签名）　　年　月　日</td></tr>
<tr><td>监理单位验收结论</td><td colspan="5">专业监理工程师：（签名）　　年　月　日</td></tr>
</table>

7.3.6.2 轨道验·机-258-1 冷滑行第一次运行测量验收记录（一）

市政基础设施工程

冷滑行第一次运行测量验收记录（一）

轨道验·机-258-1

第　　页 共　　页

工程名称			
单位工程名称			
施工单位		分包单位	
项目负责人		项目技术负责人	
分部（子分部）工程名称		分项工程名称	
验收部位/区段		检验批容量	
施工及验收依据			

执行的技术标准名称、编号及设计图号		
测量部位	运行速度（km/h）	车辆段速度（km/h）
允许偏差值	为10～15km/h	为5～10km/h

施工单位检查结果	专业工长：（签名）　　专业质量检查员：（签名）　　年　月　日
监理单位验收结论	专业监理工程师：（签名）　　年　月　日

7.3.6.3 轨道验·机-258-2 冷滑行第二次运行测量验收记录（二）

市政基础设施工程

冷滑行第二次运行测量验收记录（二）

轨道验·机-258-2

第　　页 共　　页

工程名称			
单位工程名称			
施工单位		分包单位	
项目负责人		项目技术负责人	
分部（子分部）工程名称		分项工程名称	
验收部位/区段		检验批容量	
施工及验收依据			

执行的技术标准名称、编号及设计图号		
测量部位	运行速度（km/h）	车辆段速度（km/h）
允许偏差值	为25～30km/h	为10～15km/h

施工单位检查结果	专业工长：（签名）　　专业质量检查员：（签名）　　年　月　日
监理单位验收结论	专业监理工程师：（签名）　　年　月　日

7.3.6.4 轨道验·机-259 设备基础预埋件检验批质量验收记录

市政基础设施工程

设备基础预埋件检验批质量验收记录

轨道验·机-259

第　　页共　　页

<table>
<tr><td colspan="3">工程名称</td><td colspan="5"></td></tr>
<tr><td colspan="3">单位工程名称</td><td colspan="5"></td></tr>
<tr><td colspan="3">施工单位</td><td></td><td colspan="2">分包单位</td><td colspan="2"></td></tr>
<tr><td colspan="3">项目负责人</td><td></td><td colspan="2">项目技术负责人</td><td colspan="2"></td></tr>
<tr><td colspan="3">分部（子分部）工程名称</td><td></td><td colspan="2">分项工程名称</td><td colspan="2"></td></tr>
<tr><td colspan="3">验收部位/区段</td><td></td><td colspan="2">检验批容量</td><td colspan="2"></td></tr>
<tr><td colspan="3">施工及验收依据</td><td colspan="5">《铁路电力工程施工质量验收标准》TB 10420</td></tr>
<tr><td colspan="3">验收项目</td><td>设计要求或规范规定</td><td>最小/实际抽样数量</td><td>检查记录</td><td colspan="2">检查结果</td></tr>
<tr><td rowspan="3">主控项目</td><td>1</td><td>基础预埋件的类型、规格、质量应符合设计要求</td><td>第 4.2.1 条</td><td>/</td><td></td><td colspan="2"></td></tr>
<tr><td>2</td><td>基础测设位置及其高程应符合设计要求，并符合相关规定</td><td>第 4.2.6 条</td><td>/</td><td></td><td colspan="2"></td></tr>
<tr><td>3</td><td>设备托架接地位置应符合设计要求并安装正确，接地可靠</td><td>第 4.3.7 条</td><td>/</td><td></td><td colspan="2"></td></tr>
<tr><td rowspan="3">一般项目</td><td>1</td><td>基础预埋件的安装允许偏差应符合相关规定，其顶部宜高出抹平的地平面 2～3mm</td><td>第 4.2.9 条</td><td>/</td><td></td><td colspan="2"></td></tr>
<tr><td>2</td><td>基础预埋件的外形尺寸应符合设计要求，偏差范围应在 0～＋20mm 间</td><td>第 4.2.10 条</td><td>/</td><td></td><td colspan="2"></td></tr>
<tr><td></td><td></td><td></td><td></td><td></td><td colspan="2"></td></tr>
<tr><td>施工单位检查结果</td><td colspan="7">专业工长：（签名）　　专业质量检查员：（签名）　　年　月　日</td></tr>
<tr><td>监理单位验收结论</td><td colspan="7">专业监理工程师：（签名）　　年　月　日</td></tr>
</table>

7.3.6.5 轨道验·机-260 电力电缆及控制电缆检验批质量验收记录

市政基础设施工程

电力电缆及控制电缆检验批质量验收记录

轨道验·机-260

第 页 共 页

工程名称						
单位工程名称						
施工单位		分包单位				
项目负责人		项目技术负责人				
分部（子分部）工程名称		分项工程名称				
验收部位/区段		检验批容量				
施工及验收依据	《铁路电力牵引供电工程施工质量验收标准》TB 10421					

验收项目			设计要求或规范规定	最小/实际抽样数量	检查记录	检查结果
主控项目	1	设备运达现场应进行检查，电力电缆及控制电缆的规格、型号、长度及电压等级应符合设计要求。10kV及以上电力电缆其绝缘电阻不应小于400MQ。控制电缆绝缘电阻不应小于5MQ。电缆中间接头及终端头的附件规格、型号及电压等级与电缆的规格、型号互相吻合，且应符合设计要求	第4.14.1条	/		
	2	电缆的辐射径路、终端位置符合设计要求；直埋电缆埋深不应小于0.7m，通过道路及构筑物时应穿管保护，并应有径路示意图	第4.14.2条	/		
	3	电力电缆及控制电缆与设备的连接方法，固定牢固，绝缘良好，终端头接地可靠。各类电缆在终端处留有适当的备用长度	第4.14.3条	/		
	4	电力电缆终端头的相色标志与系统相位一致，各带电部位应满足相应电压等级的电气距离规定	第4.14.4条	/		
一般项目	1	电缆在支架或桥梁上的辐射应符合规定	第4.14.5条	/		
	2	金属电缆支架和电缆保护管的接地可靠，电缆保护管的管口封堵严密。电缆保护管垂直引出底面时的高度不宜小于2m，且固定牢靠	第4.14.6条	/		
	3	单相交流电力电缆的保护管及固定金具不得构成闭合磁路	第4.14.7条	/		
	4	电力电缆终端头和中间接头的电缆护层剥切长度、绝缘包扎长度及芯线连接强度应符合电缆头制作工艺要求；单相电力电缆的铠装或屏蔽层应有一端接地	第4.14.8条	/		
	5	力电缆终端头的接地线的界面选用标准：当电缆截面为120mm^{2}及以下时，接地线的界面不得小于16mm；当电缆截面为150mm^{2}及以上时，接地线的截面不得小于25mm^2；110kV及以上电缆接地线的截面应符合设计规定	第4.14.9条	/		
	6	控制电缆可以采用市售各类成品终端头或采用以千包或热塑形式制作终端头，其性能应保证终端头绝缘可靠，密封良好	第4.14.10条	/		
施工单位检查结果	专业工长：（签名）		专业质量检查员：（签名）		年 月 日	
监理单位验收结论			专业监理工程师：（签名）		年 月 日	

7.3.6.6 轨道验·机-261 交直流电源装置安装检验批质量验收记录

市政基础设施工程

交直流电源装置安装检验批质量验收记录

轨道验·机-261

第 页 共 页

工程名称						
单位工程名称						
施工单位				分包单位		
项目负责人				项目技术负责人		
分部（子分部）工程名称				分项工程名称		
验收部位/区段				检验批容量		
施工及验收依据	《铁路电力工程施工质量验收标准》TB 10420					
验收项目			设计要求或规范规定	最小/实际抽样数量	检查记录	检查结果
主控项目	1	直流系统运达现场应进行检查，充电装置和蓄电池盘柜应符合设计和产品规定	4.16.1	/		
	2	充电装置具备的各种状态下的充电功能及装置正负极对地的绝缘电阻值应符合产品的技术规定	4.16.2	/		
	3	具有自动控制功能的充电装置尚应符合设计规范要求	4.16.3	/		
	4	蓄电池的规格容量和电池数量应符合设计规定	4.16.4	/		
	5	配制电解液的化学材料在使用前应进行品质化验检测，化验合格方可以使用	4.16.5	/		
	6	随直流电源盘供货的蓄电池制造厂尚应提供产品合格证、试验报告、充放电记录及充电放电曲线图等	4.16.6	/		
	7	蓄电池组在盘柜内台架上排列整齐，连续正确可靠	4.16.7	/		
一般项目	1	充放电容量或倍率校验等应符合产品的技术规定		/		
施工单位检查结果	专业工长：（签名） 专业质量检查员：（签名） 年 月 日					
监理单位验收结论	专业监理工程师：（签名） 年 月 日					

7.3.6.7 轨道验·机-262 变电所综合自动化检验批质量验收记录

市政基础设施工程

变电所综合自动化检验批质量验收记录

轨道验·机-262

第 页 共 页

工程名称			
单位工程名称			
施工单位		分包单位	
项目负责人		项目技术负责人	
分部（子分部）工程名称		分项工程名称	
验收部位/区段		检验批容量	
施工及验收依据	《铁路电力牵引供电工程施工质量验收标准》TB 10421		

验收项目			设计要求或规范规定	最小/实际抽样数量	检查记录	检查结果
主控项目	1	监控系统的设备及附件的规格和型号、各种接插件的规格应与设备接口检查	第4.17.1条	/		
	2	操作系统软件及监控系统应用软件检查	第4.17.2条	/		
	3	自动化系统的监控主机及其外设的配置方案和位置检查	第4.17.3条	/		
	4	正式向控制柜和保护柜及监控主机送电前，对二次回路配线或数据传输电缆检查及绝缘测试	第4.17.4条	/		
	5	单体传动试验及相互的闭锁功能检查	第4.17.5条	/		
	6	综合自动化系统的当地监控。当地维护、数据采集与传输、数据预处理及当地和远程通信功能检查	第4.17.6条	/		
一般项目	1	变电所辅助信息检测系统功能元件（探头、电子眼等）的安装位置和防护装备检查	第4.17.7条	/		
	2	当监控装置具有进线自动检有压功能时，正常情况下应正确发送断路器位置信号，并将变压器两侧的电流模拟量传输至显示设备。线路故障时，失压保护功能可靠	第4.17.8条	/		
	3	线路-变压器组互为备用的自投功能检查	第4.17.9条	/		
	4	馈电线的距离保护和电流速断保护功能检查	第4.17.10条	/		
	5	馈电线的故障性质判断装置检查	第4.17.11条	/		
	6	电容补偿装置的各种保护功能动作检查	第4.17.12条	/		
	7	变电所辅助信息检测系统的气象检测、防灾报警、红外线围禁、智能门禁、图像报警功能检查	第4.17.13条	/		
	8	电器设备的位置信号检查	第4.17.14条	/		
施工单位检查结果	专业工长：（签名） 专业质量检查员：（签名） 年 月 日					
监理单位验收结论	专业监理工程师：（签名） 年 月 日					

7.3.6.8 轨道验·机-263 变电所启动试运行及送电开通检验批质量验收记录

市政基础设施工程

变电所启动试运行及送电开通检验批质量验收记录

轨道验·机-263

第 页共 页

<table>
<tr><td colspan="3">工程名称</td><td colspan="5"></td></tr>
<tr><td colspan="3">单位工程名称</td><td colspan="5"></td></tr>
<tr><td colspan="3">施工单位</td><td colspan="2"></td><td colspan="2">分包单位</td><td></td></tr>
<tr><td colspan="3">项目负责人</td><td colspan="2"></td><td colspan="2">项目技术负责人</td><td></td></tr>
<tr><td colspan="3">分部（子分部）工程名称</td><td colspan="2"></td><td colspan="2">分项工程名称</td><td></td></tr>
<tr><td colspan="3">验收部位/区段</td><td colspan="2"></td><td colspan="2">检验批容量</td><td></td></tr>
<tr><td colspan="3">施工及验收依据</td><td colspan="5">《铁路电力牵引供电工程施工质量验收标准》TB 10421</td></tr>
<tr><td colspan="3">验收项目</td><td>设计要求或规范规定</td><td>最小/实际抽样数量</td><td>检查记录</td><td colspan="2">检查结果</td></tr>
<tr><td rowspan="5">主控项目</td><td>1</td><td>牵引变电所在启动前应进行传动试验检查，检查试验的项目应保证变电所能可靠的投入运行并满足设计说明书的要求，在变电所启动前应进行试验</td><td>第4.18.1条</td><td>/</td><td></td><td colspan="2"></td></tr>
<tr><td>2</td><td>变电所受电前变压器、断路器、馈线的绝缘电阻合格。受电时，其高压侧母线电压、相位及相序，低压侧母线电压及相位以及所用电电压、相位、相序均符合设计要求。牵引变压器、电容补偿装置冲击合闸试验应无异常。送电后带负荷运行24h，全所无异常</td><td>第4.18.2条</td><td>/</td><td></td><td colspan="2"></td></tr>
<tr><td>3</td><td>变电所开关动作准确无误，闭锁功能符合设计规定要求。各种声光信号显示正确，测量仪表指示准确</td><td>第4.18.3条</td><td>/</td><td></td><td colspan="2"></td></tr>
<tr><td>4</td><td>各种保护装置动作准确可靠，保护范围符合设计规定</td><td>第4.18.4条</td><td>/</td><td></td><td colspan="2"></td></tr>
<tr><td>5</td><td>对于具有远动操作功能的变电所，其“四遥”或“五遥”及程序控制功能符合设计规定</td><td>第4.18.5条</td><td>/</td><td></td><td colspan="2"></td></tr>
<tr><td rowspan="3">一般项目</td><td></td><td></td><td></td><td></td><td></td><td colspan="2"></td></tr>
<tr><td></td><td></td><td></td><td></td><td></td><td colspan="2"></td></tr>
<tr><td></td><td></td><td></td><td></td><td></td><td colspan="2"></td></tr>
<tr><td>施工单位检查结果</td><td colspan="7">专业工长：（签名） 专业质量检查员：（签名） 年 月 日</td></tr>
<tr><td>监理单位验收结论</td><td colspan="7">专业监理工程师：（签名） 年 月 日</td></tr>
</table>

7.3.6.9 轨道验·机-264 网栅检验批质量验收记录

市政基础设施工程

网栅检验批质量验收记录

轨道验·机-264

第　　页共　　页

工程名称						
单位工程名称						
施工单位			分包单位			
项目负责人			项目技术负责人			
分部（子分部）工程名称			分项工程名称			
验收部位/区段			检验批容量			
施工及验收依据	参照供电系统施工质量验收标准（企业标准）(以下为参考的验收项目内容)					
验收项目			设计要求或规范规定	最小/实际抽样数量	检查记录	检查结果
主控项目	1	网栅型号、规格		/		
	2	整流变压器室中的高压防护网栅安装位置及高度		/		
	3	防护网栅的门扇开闭		/		
	4	网栅与带电体的距离		/		
	5	网栅的接地连接可靠		/		
一般项目	1	网栅立柱的埋设		/		
	2	板网结构件的钢板或钢板网连接		/		
	3	网栅整体结构的焊接牢		/		
施工单位检查结果	专业工长：(签名)　　专业质量检查员：(签名)　　年　月　日					
监理单位验收结论	专业监理工程师：(签名)　　年　月　日					

注：可参考《广州地铁供电系统施工质量验收标准》和《深圳地铁供电系统施工质量验收标准》

7.3.6.10 轨道验·机-265 电缆防护管检验批质量验收记录

市政基础设施工程

电缆防护管检验批质量验收记录

轨道验·机-265

第　　页 共　　页

<table>
<tr><td colspan="3">工程名称</td><td colspan="4"></td></tr>
<tr><td colspan="3">单位工程名称</td><td colspan="4"></td></tr>
<tr><td colspan="3">施工单位</td><td></td><td colspan="2">分包单位</td><td></td></tr>
<tr><td colspan="3">项目负责人</td><td></td><td colspan="2">项目技术负责人</td><td></td></tr>
<tr><td colspan="3">分部（子分部）工程名称</td><td></td><td colspan="2">分项工程名称</td><td></td></tr>
<tr><td colspan="3">验收部位/区段</td><td></td><td colspan="2">检验批容量</td><td></td></tr>
<tr><td colspan="3">施工及验收依据</td><td colspan="4">参照供电系统施工质量验收标准（企业标准）（以下为参考的验收项目内容）</td></tr>
<tr><td colspan="3">验收项目</td><td>设计要求或规范规定</td><td>最小/实际抽样数量</td><td>检查记录</td><td>检查结果</td></tr>
<tr><td rowspan="4">主控项目</td><td>1</td><td>电缆保护管的型号、规格、质量</td><td></td><td>/</td><td></td><td></td></tr>
<tr><td>2</td><td>电缆保护管内壁和管口外观、保护</td><td></td><td>/</td><td></td><td></td></tr>
<tr><td>3</td><td>地中埋设的保护管和沿道床下过轨的保护管敷设</td><td></td><td>/</td><td></td><td></td></tr>
<tr><td>4</td><td>保护管内径</td><td></td><td>/</td><td></td><td></td></tr>
<tr><td rowspan="3">一般项目</td><td>1</td><td>电缆保护管弯曲处外观</td><td></td><td>/</td><td></td><td></td></tr>
<tr><td>2</td><td>引至设备的电缆管管口敷设</td><td></td><td>/</td><td></td><td></td></tr>
<tr><td></td><td></td><td></td><td></td><td></td><td></td></tr>
<tr><td>施工单位检查结果</td><td colspan="6">专业工长：（签名）　　专业质量检查员：（签名）　　年　月　日</td></tr>
<tr><td>监理单位验收结论</td><td colspan="6">专业监理工程师：（签名）　　年　月　日</td></tr>
</table>

注：可参考《广州地铁供电系统施工质量验收标准》和《深圳地铁供电系统施工质量验收标准》

7.3.6.11 轨道验・机-266 轨电位限制装置检验批质量验收记录

市政基础设施工程

轨电位限制装置检验批质量验收记录

轨道验・机-266

第　　页 共　　页

<table>
<tr><td colspan="3">工程名称</td><td colspan="5"></td></tr>
<tr><td colspan="3">单位工程名称</td><td colspan="5"></td></tr>
<tr><td colspan="3">施工单位</td><td colspan="1"></td><td colspan="2">分包单位</td><td colspan="2"></td></tr>
<tr><td colspan="3">项目负责人</td><td colspan="1"></td><td colspan="2">项目技术负责人</td><td colspan="2"></td></tr>
<tr><td colspan="3">分部（子分部）工程名称</td><td colspan="1"></td><td colspan="2">分项工程名称</td><td colspan="2"></td></tr>
<tr><td colspan="3">验收部位/区段</td><td colspan="1"></td><td colspan="2">检验批容量</td><td colspan="2"></td></tr>
<tr><td colspan="3">施工及验收依据</td><td colspan="5">参照供电系统施工质量验收标准（企业标准）（以下为参考的验收项目内容）</td></tr>
<tr><td colspan="3">验收项目</td><td>设计要求或规范规定</td><td colspan="2">最小/实际抽样数量</td><td>检查记录</td><td>检查结果</td></tr>
<tr><td rowspan="3">主控项目</td><td>1</td><td>轨电位限制装置于基础槽钢应用镀锌标准件螺栓连接，且防松零件齐全，安装牢固</td><td></td><td colspan="2">/</td><td></td><td></td></tr>
<tr><td>2</td><td>轨电位限制装置的现场试验应满足合设计要求的规定</td><td></td><td colspan="2">/</td><td></td><td></td></tr>
<tr><td>3</td><td>轨电位限制装置于保护性接地端应有良好接触，柜体接地可靠</td><td></td><td colspan="2">/</td><td></td><td></td></tr>
<tr><td rowspan="3">一般项目</td><td>1</td><td>轨电位限制装置安装时其垂直度允许偏差应符合设计要求的规定</td><td></td><td colspan="2">/</td><td></td><td></td></tr>
<tr><td>2</td><td>表计、记录仪、指示灯等应能准确反映装置状态，所有操作按钮、转换开关都应有明确的永久性标识，操作灵活</td><td></td><td colspan="2">/</td><td></td><td></td></tr>
<tr><td>3</td><td>二次回路二次回路连接应符合设计要求的规定</td><td></td><td colspan="2">/</td><td></td><td></td></tr>
<tr><td colspan="2">施工单位检查结果</td><td colspan="6">专业工长：（签名）　　专业质量检查员：（签名）　　年　月　日</td></tr>
<tr><td colspan="2">监理单位验收结论</td><td colspan="6">专业监理工程师：（签名）　　年　月　日</td></tr>
</table>

注：可参考《广州地铁供电系统施工质量验收标准》和《深圳地铁供电系统施工质量验收标准》

7.3.6.12 轨道验·机-267 整流器柜、负极柜安装检验批质量验收记录

市政基础设施工程

整流器柜、负极柜安装检验批质量验收记录

轨道验·机-267

第　　页共　　页

工程名称						
单位工程名称						
施工单位			分包单位			
项目负责人			项目技术负责人			
分部（子分部）工程名称			分项工程名称			
验收部位/区段			检验批容量			
施工及验收依据	参照供电系统施工质量验收标准（企业标准）（以下为参考的验收项目内容）					
验收项目			设计要求或规范规定	最小/实际抽样数量	检查记录	检查结果
主控项目	1	硅整流器柜、负极柜外型尺寸、柜内设备规格、型号、安装位置		/		
	2	整流器柜、负极柜柜体安装		/		
	3	硅整流器的试验、调整及整机检查		/		
	4	整流器管单个参数、配对		/		
一般项目	1	整流柜、负极柜本体及其附件安装		/		
	2	整流柜、负极柜内设备接线		/		
	3	整流器柜、负极柜安装允许偏差		/		
	4	柜上的标志牌、标志框		/		
	5	整流器柜、负极柜内，外及盘面		/		
	6	二次回路		/		
	7	二次回路配线		/		
施工单位检查结果	专业工长：（签名）　　专业质量检查员：（签名）　　年　月　日					
监理单位验收结论	专业监理工程师：（签名）　　年　月　日					

注：可参考《广州地铁供电系统施工质量验收标准》和《深圳地铁供电系统施工质量验收标准》

7.3.6.13 轨道验·机-268 排流柜检验批质量验收记录

市政基础设施工程

排流柜检验批质量验收记录

轨道验·机-268

第　页共　页

<table>
<tr><td colspan="3">工程名称</td><td colspan="5"></td></tr>
<tr><td colspan="3">单位工程名称</td><td colspan="5"></td></tr>
<tr><td colspan="3">施工单位</td><td></td><td colspan="2">分包单位</td><td colspan="2"></td></tr>
<tr><td colspan="3">项目负责人</td><td></td><td colspan="2">项目技术负责人</td><td colspan="2"></td></tr>
<tr><td colspan="3">分部（子分部）工程名称</td><td></td><td colspan="2">分项工程名称</td><td colspan="2"></td></tr>
<tr><td colspan="3">验收部位/区段</td><td></td><td colspan="2">检验批容量</td><td colspan="2"></td></tr>
<tr><td colspan="3">施工及验收依据</td><td colspan="5">参照供电系统施工质量验收标准（企业标准）（以下为参考的验收项目内容）</td></tr>
<tr><td colspan="3">验收项目</td><td>设计要求或规范规定</td><td>最小/实际抽样数量</td><td>检查记录</td><td colspan="2">检查结果</td></tr>
<tr><td rowspan="5">主控项目</td><td>1</td><td>排流柜规格、型号、质量</td><td></td><td>/</td><td></td><td colspan="2"></td></tr>
<tr><td>2</td><td>排流柜安装在变电所内，安装位置、接线方式</td><td></td><td>/</td><td></td><td colspan="2"></td></tr>
<tr><td>3</td><td>排流柜中的负荷开关动作</td><td></td><td>/</td><td></td><td colspan="2"></td></tr>
<tr><td>4</td><td>排流柜功能性试验</td><td></td><td>/</td><td></td><td colspan="2"></td></tr>
<tr><td>5</td><td>智能排流柜控制器与变电所综合自动化（PSCADA）系统主控单元的接口及功能应符合设计要求</td><td></td><td>/</td><td></td><td colspan="2"></td></tr>
<tr><td rowspan="4">一般项目</td><td>1</td><td>排流柜与基础的连接</td><td></td><td>/</td><td></td><td colspan="2"></td></tr>
<tr><td>2</td><td>排流柜上的标志牌、标志框</td><td></td><td>/</td><td></td><td colspan="2"></td></tr>
<tr><td>3</td><td>二次回路</td><td></td><td>/</td><td></td><td colspan="2"></td></tr>
<tr><td>4</td><td>二次回路配线</td><td></td><td>/</td><td></td><td colspan="2"></td></tr>
<tr><td>施工单位检查结果</td><td colspan="7">专业工长：（签名）　　专业质量检查员：（签名）　　年　月　日</td></tr>
<tr><td>监理单位验收结论</td><td colspan="7">专业监理工程师：（签名）　　年　月　日</td></tr>
</table>

注：可参考《广州地铁供电系统施工质量验收标准》和《深圳地铁供电系统施工质量验收标准》

7.3.6.14 轨道验·机-269 GIS开关柜安装质量验收记录

市政基础设施工程

GIS开关柜安装质量验收记录

轨道验·机-269

第　页共　页

工程名称					
单位工程名称					
施工单位		分包单位			
项目负责人		项目技术负责人			
分部（子分部）工程名称		分项工程名称			
验收部位/区段		检验批容量			
施工及验收依据	《电气装置安装工程盘、柜及二次回路结线施工及验收规范》GB 50171				
验收项目		设计要求或规范规定	最小/实际抽样数量	检查记录	检查结果
盘、柜间及盘、柜上的设备与各构件间连接应牢固		第4.0.3条	/		
盘、柜的垂直、水平偏差及盘、柜面偏差和盘柜间接缝等的允许偏差符合相关规定		第4.0.4条	/		
盘、柜柜体接地应牢固可靠，标识应明显		第7.0.6条	/		
二次回路接线按图施工，接线正确、牢固、可靠，配线整齐、清晰、美观，绝缘良好，线缆端部编号正确、清晰、不易脱色，盘、柜内导线无接头，芯线无损伤		第6.0.1条	/		
机械、电气闭锁准确可靠，动静触头中心线一致，触头接触紧密，二次回路辅助开关切换接点动作准确，接触可靠		第4.0.6条	/		
盘、柜的漆层应完整，无损伤。固定电器的支架等应采取防锈蚀措施		第4.0.9条	/		
信号回路的声、光、电信号等应准确，工作可靠，带有照明的盘、柜照明完好		第5.0.1条	/		
盘、柜正面及背面各电器、端子排标注应清晰		第5.0.4条	/		
施工单位检查结果	专业工长：（签名）　　专业质量检查员：（签名）　　年　月　日				
监理单位验收结论	专业监理工程师：（签名）　　年　月　日				

7.3.6.15 轨道验·机-270 DC1500V 开关柜安装质量验收记录

市政基础设施工程

DC1500V 开关柜安装质量验收记录

轨道验·机-270

第　　页 共　　页

工程名称			
单位工程名称			
施工单位		分包单位	
项目负责人		项目技术负责人	
分部（子分部）工程名称		分项工程名称	
验收部位/区段		检验批容量	
施工及验收依据	《电气装置安装工程盘、柜及二次回路结线施工及验收规范》GB 50171		

验收项目	设计要求或规范规定	最小/实际抽样数量	检查记录	检查结果
盘、柜间及盘、柜上的设备与各构件间连接应牢固	第 4.0.3 条	/		
盘、柜的垂直、水平偏差及盘、柜面偏差和盘柜间接缝等的允许偏差符合相关规定	第 4.0.4 条	/		
手车式配电柜的手车与柜体的接地触头应接触可靠	第 7.0.4 条	/		
二次回路接线按图施工，接线正确、牢固、可靠，配线整齐、清晰、美观，绝缘良好，线缆端部编号正确、清晰、不易脱色，盘、柜内导线无接头，芯线无损伤	第 6.0.1 条	/		
手车式柜机械、电气闭锁准确、可靠，手车推拉轻便灵活，无卡阻、碰撞，手车与柜体间二次回路连接插件接触良好，柜内线缆不妨碍手车进出，且固定牢固	第 4.0.8 条	/		
盘、柜的漆层应完整，无损伤。固定电器的支架等应采取防锈蚀措施	第 4.0.9 条	/		
信号回路的声、光、电信号等应准确，工作可靠，带有照明的盘、柜照明完好	第 5.0.1 条	/		
盘、柜正面及背面各电器、端子排标注应清晰	第 5.0.4 条	/		

施工单位检查结果	专业工长：（签名）　　专业质量检查员：（签名）　　年　月　日
监理单位验收结论	专业监理工程师：（签名）　　年　月　日

7.3.6.16 轨道验·机-271 变电所附属设施检验批质量验收记录

市政基础设施工程

变电所附属设施检验批质量验收记录

轨道验·机-271

第　页共　页

<table>
<tr><td colspan="3">工程名称</td><td colspan="4"></td></tr>
<tr><td colspan="3">单位工程名称</td><td colspan="4"></td></tr>
<tr><td colspan="3">施工单位</td><td colspan="2"></td><td>分包单位</td><td></td></tr>
<tr><td colspan="3">项目负责人</td><td colspan="2"></td><td>项目技术负责人</td><td></td></tr>
<tr><td colspan="3">分部（子分部）工程名称</td><td colspan="2"></td><td>分项工程名称</td><td></td></tr>
<tr><td colspan="3">验收部位/区段</td><td colspan="2"></td><td>检验批容量</td><td></td></tr>
<tr><td colspan="3">施工及验收依据</td><td colspan="4">参照供电系统施工质量验收标准（企业标准）（以下为参考的验收项目内容）</td></tr>
<tr><td colspan="3">验收项目</td><td>设计要求或规范规定</td><td>最小/实际抽样数量</td><td>检查记录</td><td>检查结果</td></tr>
<tr><td>主控项目</td><td>1</td><td>干粉灭火器、操作手柄和钥匙、绝缘垫、操作模拟屏、临时调度电话已配置，并能完好使用</td><td></td><td>/</td><td></td><td></td></tr>
<tr><td>一般项目</td><td>1</td><td>防鼠板、检修孔盖板、爬梯等已安装，进出变电所管线孔洞已（防火）封堵；变电所操作记录本和进所作业登记簿、操作安全手套、绝缘鞋、安全警示已配置，并能完好使用</td><td></td><td>/</td><td></td><td></td></tr>
<tr><td colspan="2">施工单位检查结果</td><td colspan="5">专业工长：（签名）　　专业质量检查员：（签名）　　年　月　日</td></tr>
<tr><td colspan="2">监理单位验收结论</td><td colspan="5">专业监理工程师：（签名）　　年　月　日</td></tr>
</table>

注：可参考《广州地铁供电系统施工质量验收标准》和《深圳地铁供电系统施工质量验收标准》

7.3.6.17 轨道验·机-272 电力监控检验批质量验收记录

市政基础设施工程

电力监控检验批质量验收记录

轨道验·机-272

第　　页共　　页

工程名称						
单位工程名称						
施工单位			分包单位			
项目负责人			项目技术负责人			
分部（子分部）工程名称			分项工程名称			
验收部位/区段			检验批容量			
施工及验收依据	参照供电系统施工质量验收标准（企业标准）（以下为参考的验收项目内容）					
验收项目			设计要求或规范规定	最小/实际抽样数量	检查记录	检查结果
主控项目	1	主站硬件设备的安装位置		/		
	2	自动化屏设备接地、设备中端子排安装		/		
	3	主控站软件配置		/		
	4	监控单元与现场设备间隔单元相连通，现场监控设备的自恢复功能		/		
一般项目	1	监控系统的启动、自检和切换功能、检测调试		/		
	2	主控站硬件设备电流装置，输出电压		/		
	3	控制信号盘，集中监控设备安装		/		
施工单位检查结果	专业工长：（签名）　专业质量检查员：（签名）　年　月　日					
监理单位验收结论	专业监理工程师：（签名）　年　月　日					

注：可参考《广州地铁供电系统施工质量验收标准》和《深圳地铁供电系统施工质量验收标准》

7.3.6.18 轨道验·机-273 安全生产管理系统检验批质量验收记录

市政基础设施工程

安全生产管理系统检验批质量验收记录

轨道验·机-273

第 页共 页

工程名称					
单位工程名称					
施工单位			分包单位		
项目负责人			项目技术负责人		
分部（子分部）工程名称			分项工程名称		
验收部位/区段			检验批容量		
施工及验收依据	参照供电系统施工质量验收标准（企业标准）（以下为参考的验收项目内容）				

		验收项目	设计要求或规范规定	最小/实际抽样数量	检查记录	检查结果
主控项目	1	所内安全生产管理系统主机的规格、型号		/		
	2	电脑锁匙及解锁钥匙的规格、型号		/		
	3	锁具检查		/		
	4	安全生产管理系统各连线接线		/		
	5	图形模拟系统		/		
	6	安全生产管理系统操作功能检查		/		
	7	加载五防模拟操作，模拟逻辑		/		
	8	实际操作检验		/		
	9	操作票系统验收		/		
一般项目	1	备品备件检查		/		
施工单位检查结果	专业工长：（签名） 专业质量检查员：（签名） 年 月 日					
监理单位验收结论	专业监理工程师：（签名） 年 月 日					

注：可参考《广州地铁供电系统施工质量验收标准》和《深圳地铁供电系统施工质量验收标准》

7.3.6.19 轨道验·机-274 供电系统调试检验批质量验收记录

市政基础设施工程

供电系统调试检验批质量验收记录

轨道验·机-274

第 页 共 页

<table>
<tr><td colspan="4">工程名称</td><td colspan="5"></td></tr>
<tr><td colspan="4">单位工程名称</td><td colspan="5"></td></tr>
<tr><td colspan="4">施工单位</td><td></td><td colspan="2">分包单位</td><td colspan="2"></td></tr>
<tr><td colspan="4">项目负责人</td><td></td><td colspan="2">项目技术负责人</td><td colspan="2"></td></tr>
<tr><td colspan="4">分部（子分部）工程名称</td><td></td><td colspan="2">分项工程名称</td><td colspan="2"></td></tr>
<tr><td colspan="4">验收部位/区段</td><td></td><td colspan="2">检验批容量</td><td colspan="2"></td></tr>
<tr><td colspan="4">施工及验收依据</td><td colspan="5">参照供电系统施工质量验收标准（企业标准）（以下为参考的验收项目内容）</td></tr>
<tr><td colspan="4">验收项目</td><td>设计要求或规范规定</td><td>最小/实际抽样数量</td><td>检查记录</td><td colspan="2">检查结果</td></tr>
<tr><td rowspan="10">主控项目</td><td>1</td><td rowspan="6">所内系统调试</td><td>36KV GIS 柜间的联锁、闭锁关系调试</td><td></td><td>/</td><td></td><td colspan="2"></td></tr>
<tr><td>2</td><td>36kVⅠ、Ⅱ号进线故障母联自动投入调试</td><td></td><td>/</td><td></td><td colspan="2"></td></tr>
<tr><td>3</td><td>36kV 馈线断路器、整流机组、直流进线断路器、负极隔离开关间的联锁调试</td><td></td><td>/</td><td></td><td colspan="2"></td></tr>
<tr><td>4</td><td>1500V 直流馈线开关与接触网电动隔离开关联动调试</td><td></td><td>/</td><td></td><td colspan="2"></td></tr>
<tr><td>5</td><td>1500V 直流框架保护联跳调试</td><td></td><td>/</td><td></td><td colspan="2"></td></tr>
<tr><td>6</td><td>再生能量回馈装置调试</td><td></td><td>/</td><td></td><td colspan="2"></td></tr>
<tr><td>1</td><td rowspan="4">所间系统调试</td><td>所间纵联差动保护调试</td><td></td><td>/</td><td></td><td colspan="2"></td></tr>
<tr><td>2</td><td>所间直流连跳调试（越区供电）</td><td></td><td>/</td><td></td><td colspan="2"></td></tr>
<tr><td>3</td><td>1500V 直流馈线断路器与越区隔离开关的闭锁关系调试</td><td></td><td>/</td><td></td><td colspan="2"></td></tr>
<tr><td>4</td><td>动力变 36kVⅠ、Ⅱ号进线断路器、0.4kVⅠ、Ⅱ号进线断路器联跳及 0.4kV 母联自动投入调试</td><td></td><td>/</td><td></td><td colspan="2"></td></tr>
<tr><td>施工单位检查结果</td><td colspan="8">专业工长：（签名） 专业质量检查员：（签名） 年 月 日</td></tr>
<tr><td>监理单位验收结论</td><td colspan="8">专业监理工程师：（签名） 年 月 日</td></tr>
</table>

注：可参考《广州地铁供电系统施工质量验收标准》和《深圳地铁供电系统施工质量验收标准》

7.3.6.20 轨道验·机-275 参比电极检验批质量验收记录

市政基础设施工程

参比电极检验批质量验收记录

轨道验·机-275

第 页共 页

工程名称						
单位工程名称						
施工单位			分包单位			
项目负责人			项目技术负责人			
分部（子分部）工程名称			分项工程名称			
验收部位/区段			检验批容量			
施工及验收依据	参照供电系统施工质量验收标准（企业标准）（以下为参考的验收项目内容）					
验收项目			设计要求或规范规定	最小/实际抽样数量	检查记录	检查结果
主控项目	1	参考电极型号、规格		/		
	2	参考电极安装		/		
	3	参考电极材质		/		
	4	参考电极安装时不应和结构钢筋接触，严禁撞击其他刚硬结构物		/		
一般项目	1	参考电极的封洞挡板安装孔径		/		
	2	参考电极埋设的填充物、封洞挡板的封闭及引线的固定		/		
	3	将参考电极引线穿入玻璃钢管，并用管卡固定，参考电极安装完毕，道床表面和隧道侧墙表面应处理平整		/		
施工单位检查结果	专业工长：（签名） 专业质量检查员：（签名） 年 月 日					
监理单位验收结论	专业监理工程师：（签名） 年 月 日					

注：可参考《广州地铁供电系统施工质量验收标准》和《深圳地铁供电系统施工质量验收标准》

7.3.6.21　轨道验·机-276　传感器、转接器安装检验批质量验收记录

市政基础设施工程

传感器、转接器安装检验批质量验收记录

轨道验·机-276

第　页 共　页

<table>
<tr><td colspan="3">工程名称</td><td colspan="4"></td></tr>
<tr><td colspan="3">单位工程名称</td><td colspan="4"></td></tr>
<tr><td colspan="3">施工单位</td><td colspan="2"></td><td>分包单位</td><td></td></tr>
<tr><td colspan="3">项目负责人</td><td colspan="2"></td><td>项目技术负责人</td><td></td></tr>
<tr><td colspan="3">分部（子分部）工程名称</td><td colspan="2"></td><td>分项工程名称</td><td></td></tr>
<tr><td colspan="3">验收部位/区段</td><td colspan="2"></td><td>检验批容量</td><td></td></tr>
<tr><td colspan="3">施工及验收依据</td><td colspan="4">参照供电系统施工质量验收标准（企业标准）（以下为参考的验收项目内容）</td></tr>
<tr><td colspan="3">验收项目</td><td>设计要求或规范规定</td><td>最小/实际抽样数量</td><td>检查记录</td><td>检查结果</td></tr>
<tr><td rowspan="3">主控项目</td><td>1</td><td>传感器、转接器安装地点、固定方式</td><td></td><td>/</td><td></td><td></td></tr>
<tr><td>2</td><td>传感器、转接器应安装牢固可靠端正，不得侵入限界</td><td></td><td>/</td><td></td><td></td></tr>
<tr><td>3</td><td>传感器、转接器密封良好，预留电缆引入口应有防水、防潮措施</td><td></td><td>/</td><td></td><td></td></tr>
<tr><td rowspan="3">一般项目</td><td>1</td><td>传感器、转接器支架应安装水平、牢固可靠，支架防腐措施良好</td><td></td><td>/</td><td></td><td></td></tr>
<tr><td>2</td><td>参考电极端子和测试端子与连接引线、传感器与转接器连接的通信电缆</td><td></td><td>/</td><td></td><td></td></tr>
<tr><td></td><td></td><td></td><td></td><td></td><td></td></tr>
<tr><td>施工单位检查结果</td><td colspan="6">专业工长：（签名）　　专业质量检查员：（签名）　　年　月　日</td></tr>
<tr><td>监理单位验收结论</td><td colspan="6">专业监理工程师：（签名）　　年　月　日</td></tr>
</table>

注：可参考《广州地铁供电系统施工质量验收标准》和《深圳地铁供电系统施工质量验收标准》

7.3.6.22 轨道验·机-277 监测装置安装检验批质量验收记录

市政基础设施工程

监测装置安装检验批质量验收记录

轨道验·机-277

第 页 共 页

工程名称					
单位工程名称					
施工单位			分包单位		
项目负责人			项目技术负责人		
分部（子分部）工程名称			分项工程名称		
验收部位/区段			检验批容量		
施工及验收依据	参照供电系统施工质量验收标准（企业标准）（以下为参考的验收项目内容）				

验收项目			设计要求或规范规定	最小/实际抽样数量	检查记录	检查结果
主控项目	1	监测装置设备规格、型号，安装方式		/		
	2	监测装置的接地方式		/		
	3	监测装置可随时显示每个测试点的极化电压值、轨道电压值		/		
一般项目	1	监测装置表面涂层应完整，盘面清洁		/		
施工单位检查结果	专业工长：（签名） 专业质量检查员：（签名） 年 月 日					
监理单位验收结论	专业监理工程师：（签名） 年 月 日					

注：可参考《广州地铁供电系统施工质量验收标准》和《深圳地铁供电系统施工质量验收标准》

7.3.6.23 轨道验·机-278 电缆敷设与钢轨连接检验批质量验收记录

市政基础设施工程

电缆敷设及钢轨连接检验批质量验收记录

轨道验·机-278

第 页 共 页

<table>
<tr><td colspan="3">工程名称</td><td colspan="4"></td></tr>
<tr><td colspan="3">单位工程名称</td><td colspan="4"></td></tr>
<tr><td colspan="3">施工单位</td><td></td><td colspan="2">分包单位</td><td></td></tr>
<tr><td colspan="3">项目负责人</td><td></td><td colspan="2">项目技术负责人</td><td></td></tr>
<tr><td colspan="3">分部（子分部）工程名称</td><td></td><td colspan="2">分项工程名称</td><td></td></tr>
<tr><td colspan="3">验收部位/区段</td><td></td><td colspan="2">检验批容量</td><td></td></tr>
<tr><td colspan="3">施工及验收依据</td><td colspan="4">参照供电系统施工质量验收标准（企业标准）（以下为参考的验收项目内容）</td></tr>
<tr><td colspan="3">验收项目</td><td>设计要求或规范规定</td><td>最小/实际抽样数量</td><td>检查记录</td><td>检查结果</td></tr>
<tr><td rowspan="3">主控项目</td><td>1</td><td>电缆的规格、型号、长度及敷设路径、终端位置</td><td></td><td>/</td><td></td><td></td></tr>
<tr><td>2</td><td>电缆与设备的连接电缆正确，固定牢靠，绝缘良好</td><td></td><td>/</td><td></td><td></td></tr>
<tr><td>3</td><td>电缆与钢轨连接时在钢轨的焊接位置防护</td><td></td><td>/</td><td></td><td></td></tr>
<tr><td rowspan="5">一般项目</td><td>1</td><td>测量电缆在支架上的敷设外观</td><td></td><td>/</td><td></td><td></td></tr>
<tr><td>2</td><td>二次回路接线标记，字迹清晰，方便查验、校对</td><td></td><td>/</td><td></td><td></td></tr>
<tr><td>3</td><td>在电缆易破损部位应对电缆进行防护</td><td></td><td>/</td><td></td><td></td></tr>
<tr><td>4</td><td>杂散电流防护设备定向连接线截面</td><td></td><td>/</td><td></td><td></td></tr>
<tr><td>5</td><td>穿越道床的金属管保护</td><td></td><td>/</td><td></td><td></td></tr>
<tr><td>施工单位检查结果</td><td colspan="6">专业工长：（签名） 专业质量检查员：（签名） 年 月 日</td></tr>
<tr><td>监理单位验收结论</td><td colspan="6">专业监理工程师：（签名） 年 月 日</td></tr>
</table>

注：可参考《广州地铁供电系统施工质量验收标准》和《深圳地铁供电系统施工质量验收标准》

7.3.6.24 轨道验·机-279 杂散电流系统测试检验批质量验收记录

市政基础设施工程

杂散电流系统测试检验批质量验收记录

轨道验·机-279

第　页共　页

<table>
<tr><td colspan="3">工程名称</td><td colspan="4"></td></tr>
<tr><td colspan="3">单位工程名称</td><td colspan="4"></td></tr>
<tr><td colspan="3">施工单位</td><td>分包单位</td><td colspan="3"></td></tr>
<tr><td colspan="3">项目负责人</td><td>项目技术负责人</td><td colspan="3"></td></tr>
<tr><td colspan="3">分部（子分部）工程名称</td><td>分项工程名称</td><td colspan="3"></td></tr>
<tr><td colspan="3">验收部位/区段</td><td>检验批容量</td><td colspan="3"></td></tr>
<tr><td colspan="3">施工及验收依据</td><td colspan="4">参照供电系统施工质量验收标准（企业标准）（以下为参考的验收项目内容）</td></tr>
<tr><td colspan="3">验收项目</td><td>设计要求或规范规定</td><td>最小/实际抽样数量</td><td>检查记录</td><td>检查结果</td></tr>
<tr><td rowspan="3">主控项目</td><td>1</td><td>杂散电流系统测试应符合以下要求：
1）杂散电流防护测试应按照国家行业标准 CJJ 49—92《地铁杂散电流腐蚀防护技术规程》中规定的有关项目进行。
2）测量使用的仪表应满足国家行业标准 CJJ 49—92《地铁杂散电流腐蚀防护技术规程》中的有关规定</td><td></td><td>/</td><td></td><td></td></tr>
<tr><td>2</td><td>杂散电流系统测试应满足下列规定：
1）设备本体各项功能应达到设计要求；
2）排流网测防端子连接可靠，排流回路畅通满足设计标准</td><td></td><td>/</td><td></td><td></td></tr>
<tr><td>3</td><td>杂散电流检测系统调试应满足设计规定：
1）测量功能测试正常；
2）通信功能测试正常；
3）计算功能测试正常；
4）现实功能测试正确；
5）信息报警测试正确</td><td></td><td>/</td><td></td><td></td></tr>
<tr><td>施工单位检查结果</td><td colspan="6">专业工长：（签名）　　　专业质量检查员：（签名）　　　年　月　日</td></tr>
<tr><td>监理单位验收结论</td><td colspan="6">专业监理工程师：（签名）　　　年　月　日</td></tr>
</table>

注：可参考《广州地铁供电系统施工质量验收标准》和《深圳地铁供电系统施工质量验收标准》

7.3.6.25 轨道验·机-280 均回流检验批质量验收记录

市政基础设施工程

均回流检验批质量验收记录

轨道验·机-280

第　　页 共　　页

工程名称						
单位工程名称						
施工单位			分包单位			
项目负责人			项目技术负责人			
分部（子分部）工程名称			分项工程名称			
验收部位/区段			检验批容量			
施工及验收依据	参照供电系统施工质量验收标准（企业标准）（以下为参考的验收项目内容）					
验收项目			设计要求或规范规定	最小/实际抽样数量	检查记录	检查结果
主控项目	1	牵引回流电缆和均流电缆规格类型、载流截面、安装应符合设计要求，并应满足信号专业要求，均回流电缆与接线端子应连接紧固、与钢轨焊接应牢固、零件齐全。设备线夹与端子连接板的接触面光亮无氧化，均匀涂有薄层电力复合脂		/		
一般项目	1	地线电缆引入变电所接地网的连接安装应牢固可靠，整体美观，进出线电缆敷设美观，余长适度。电缆保护管完好。电缆无损伤，无中间接头，端头制作规范，焊接可靠		/		
施工单位检查结果	专业工长：（签名）　　专业质量检查员：（签名）　　年　月　日					
监理单位验收结论	专业监理工程师：（签名）　　年　月　日					

注：可参考《广州地铁供电系统施工质量验收标准》和《深圳地铁供电系统施工质量验收标准》

7.3.6.26 轨道验·机-281 变压器安装检验批质量验收记录

市政基础设施工程

变压器安装检验批质量验收记录

轨道验·机-281

第 页 共 页

<table>
<tr><td colspan="3">工程名称</td><td colspan="5"></td></tr>
<tr><td colspan="3">单位工程名称</td><td colspan="5"></td></tr>
<tr><td colspan="3">施工单位</td><td colspan="2"></td><td colspan="2">分包单位</td><td></td></tr>
<tr><td colspan="3">项目负责人</td><td colspan="2"></td><td colspan="2">项目技术负责人</td><td></td></tr>
<tr><td colspan="3">分部（子分部）工程名称</td><td colspan="2"></td><td colspan="2">分项工程名称</td><td></td></tr>
<tr><td colspan="3">验收部位/区段</td><td colspan="2"></td><td colspan="2">检验批容量</td><td></td></tr>
<tr><td colspan="3">施工及验收依据</td><td colspan="5">《建筑电气工程施工质量验收规范》GB 50303</td></tr>
<tr><td colspan="3">验收项目</td><td>设计要求或规范规定</td><td>最小/实际抽样数量</td><td colspan="2">检查记录</td><td>检查结果</td></tr>
<tr><td rowspan="5">主控项目</td><td>1</td><td>变压器安装应位置正确，附件齐全，油浸变压器油位正常，无渗油现象</td><td>第 4.1.1 条</td><td>/</td><td colspan="2"></td><td></td></tr>
<tr><td>2</td><td>变压器中性点的接地连接方式及接地电阻值应符合设计要求</td><td>第 4.1.2 条</td><td>/</td><td colspan="2"></td><td></td></tr>
<tr><td>3</td><td>变压器箱体、干式变压器的支架、基础型钢及外壳应分别单独与保护导体可靠连接，紧固件及防松零件齐全</td><td>第 4.1.3 条</td><td>/</td><td colspan="2"></td><td></td></tr>
<tr><td>4</td><td>变压器及高压电气设备应按本规范第 3.1.5 条的规定完成交接试验并合格</td><td>第 4.1.4 条</td><td>/</td><td colspan="2"></td><td></td></tr>
<tr><td></td><td></td><td></td><td></td><td colspan="2"></td><td></td></tr>
<tr><td rowspan="5">一般项目</td><td>1</td><td>有载调压开关的传动部分润滑应良好，动作应灵活，点洞给定位置与开关实际位置应一致，自动调节应符合产品的技术文件要求</td><td>第 4.2.1 条</td><td>/</td><td colspan="2"></td><td></td></tr>
<tr><td>2</td><td>绝缘件应无裂纹、缺损和瓷件瓷釉损坏等缺陷，外表应清洁，测温仪表指示应准确</td><td>第 4.2.2 条</td><td>/</td><td colspan="2"></td><td></td></tr>
<tr><td>3</td><td>装有滚轮的变压器就位后，应将滚轮用能拆卸的制动部件固定</td><td>第 4.2.3 条</td><td>/</td><td colspan="2"></td><td></td></tr>
<tr><td>4</td><td>变压器应按产品技术文件要求进行器身检查</td><td>第 4.2.4 条</td><td>/</td><td colspan="2"></td><td></td></tr>
<tr><td></td><td></td><td></td><td></td><td colspan="2"></td><td></td></tr>
<tr><td>施工单位检查结果</td><td colspan="7">专业工长：（签名） 专业质量检查员：（签名） 年 月 日</td></tr>
<tr><td>监理单位验收结论</td><td colspan="7">专业监理工程师：（签名） 年 月 日</td></tr>
</table>

7.3.6.27 轨道验·机-282 电缆支（桥）架安装质量验收记录

市政基础设施工程

电缆支（桥）架安装质量验收记录

轨道验·机-282

第 页 共 页

工程名称				
单位工程名称				
施工单位		分包单位		
项目负责人		项目技术负责人		
分部（子分部）工程名称		分项工程名称		
验收部位/区段		检验批容量		
施工及验收依据	《电气装置安装工程 电缆线路施工及验收规范》GB 50168			

验收项目	设计要求或规范规定	最小/实际抽样数量	检查记录	检查结果
钢材应平直，无明显扭曲，切口应无卷边、毛刺，支架应焊接牢固，无明显变形，金属支架必须尽享防腐处理	第 4.2.1 条	/		
电缆支架应安装牢固，横平竖直，托架支吊架的固定方式应按设计要求进行	第 4.2.3 条	/		
桥架连接件和附件质量符合现行的有关技术标准和设计要求	第 4.2.5 条	/		
电缆支架全长均匀，有良好的接地	第 4.2.9 条	/		
电缆桥架转弯处的转弯半径，不应小于该桥架上的电缆最小允许转弯半径的最大者	第 4.2.8 条	/		

施工单位检查结果	专业工长：（签名） 专业质量检查员：（签名） 年 月 日
监理单位验收结论	专业监理工程师：（签名） 年 月 日

7.3.6.28 轨道验·机-283 支持悬挂装置检验批质量验收记录

市政基础设施工程

支持悬挂装置检验批质量验收记录

轨道验·机-283

第 页 共 页

工程名称						
单位工程名称						
施工单位			分包单位			
项目负责人			项目技术负责人			
分部（子分部）工程名称			分项工程名称			
验收部位/区段			检验批容量			
施工及验收依据	参照供电系统施工质量验收标准（企业标准）《接触网（刚、柔）安装工程施工质量验收标准（试行）》QB/SZMC—21402					
验收项目			设计要求或规范规定	最小/实际抽样数量	检查记录	检查结果
主控项目	1	悬挂支持装置型号应符合设计		/		
	2	槽钢底座应水平安装		/		
	3	绝缘子交流耐压试验合格，浇注水泥部分不得有松动和辐射性裂纹		/		
	4	汇流排悬挂定位线夹材质、规格、尺寸符合设计要求		/		
一般项目	1	槽钢底座、悬吊槽钢、绝缘横撑、悬垂吊柱、T型头螺栓等构件无变形，镀锌层完整，螺栓应有不少于15mm的调节余量（净空限制地段除外）		/		
	2	T型头螺栓的头部长边应基本垂直于安装槽道方向，螺纹部分应涂油防腐		/		
	3	绝缘子安装端正，绝缘子瓷釉表面光滑、清洁、无裂纹、缺釉、斑点、气泡等缺陷，瓷釉剥落总面积不大于$30mm^2$		/		
	4	支持装置的跨距应符合设计图纸，允许误差±500mm		/		
施工单位检查结果	专业工长：（签名） 专业质量检查员：（签名） 年 月 日					
监理单位验收结论	专业监理工程师：（签名） 年 月 日					

注：可参考《广州地铁供电系统施工质量验收标准》和《深圳地铁供电系统施工质量验收标准》

7.3.6.29 轨道验·机-284 汇流排架设及调整检验批质量验收记录

市政基础设施工程

汇流排架设及调整检验批质量验收记录

轨道验·机-284

第 页 共 页

工程名称						
单位工程名称						
施工单位			分包单位			
项目负责人			项目技术负责人			
分部（子分部）工程名称			分项工程名称			
验收部位/区段			检验批容量			
施工及验收依据	参照供电系统施工质量验收标准（企业标准）《接触网（刚、柔）安装工程施工质量验收标准（试行）》QB/SZMC—21402					
验收项目			设计要求或规范规定	最小/实际抽样数量	检查记录	检查结果
主控项目	1	汇流排型号、材质、制造精度应符合设计和产品制造技术条件要求		/		
	2	连接件的接触面清洁，汇流排连接缝两端夹持接触线的齿槽连接处平顺光滑，不平顺度不大于0.3mm。汇流排连接端缝平均宽度不大于1mm，紧固件齐全，螺栓紧固力矩为50～55N·m		/		
一般项目	1	汇流排无明显转折角，表面光洁，无缺损、无毛刺、无污迹、无腐蚀，与接触线的接触面应涂电力复合脂		/		
	2	连接板及汇流排两端连接孔的尺寸误差符合产品质量要求，汇流排连接端蜂夹持导线侧需密贴，汇流排上平面缝隙宽带不大于2mm，汇流排中间接头紧固件齐全，并按标准力矩紧固		/		
施工单位检查结果	专业工长：（签名） 专业质量检查员：（签名） 年 月 日					
监理单位验收结论	专业监理工程师：（签名） 年 月 日					

注：可参考《广州地铁供电系统施工质量验收标准》和《深圳地铁供电系统施工质量验收标准》

7.3.6.30 轨道验·机-285 刚性接触网接触线架设及调整检验批质量验收记录

市政基础设施工程

刚性接触网接触线架设及调整检验批质量验收记录

轨道验·机-285

第 页 共 页

工程名称						
单位工程名称						
施工单位			分包单位			
项目负责人			项目技术负责人			
分部（子分部）工程名称			分项工程名称			
验收部位/区段			检验批容量			
施工及验收依据	参照供电系统施工质量验收标准（企业标准）《接触网（刚、柔）安装工程施工质量验收标准（试行）》QB/SZMC—21402					
验收项目			设计要求或规范规定	最小/实际抽样数量	检查记录	检查结果
主控项目	1	接触线型号、规格、材质、制造长度		/		
	2	接触线悬挂点距轨面的高度应符合设计要求		/		
	3	接触线拉出值的布置		/		
	4	接触线可靠嵌入汇流排内，与汇流排贴合密切，接触线与汇流排的接触面均匀涂有电力复合脂，在锚段内无接头、无硬弯		/		
	5	接触线在锚段末端汇流排外余长		/		
一般项目						
施工单位检查结果	专业工长：（签名） 专业质量检查员：（签名） 年 月 日					
监理单位验收结论	专业监理工程师：（签名） 年 月 日					

注：可参考《广州地铁供电系统施工质量验收标准》和《深圳地铁供电系统施工质量验收标准》

7.3.6.31 轨道验·机-286 刚性接触网架空地线架设及调整检验批质量验收记录

市政基础设施工程

刚性接触网架空地线架设及调整检验批质量验收记录

轨道验·机-286

第 页 共 页

工程名称						
单位工程名称						
施工单位			分包单位			
项目负责人			项目技术负责人			
分部（子分部）工程名称			分项工程名称			
验收部位/区段			检验批容量			
施工及验收依据	参照供电系统施工质量验收标准（企业标准）《接触网（刚、柔）安装工程施工质量验收标准（试行）》QB/SZMC—21402					
验收项目			设计要求或规范规定	最小/实际抽样数量	检查记录	检查结果
主控项目	1	架空地线及其所用金具的规格、类型符合设计要求。架空地线不得有两股以上的断股，一个耐张段内，断股补强和接头均不超过一个		/		
	2	架空地线的弛度应符合安装曲线，架空地线及其相连金具距接触网带电体距离不小于150mm		/		
一般项目	1	架空地线底座、地线线夹和安装在架空地线上的电连接线夹的螺栓紧固力矩应符合规范要求。架空地线下锚处调整螺栓长度处于许可范围内，并有调节余量		/		
	2	架空地线与接触网支持结构及设备底座的连接应为紧密连接		/		
	3	地线线夹安装端正，地线线夹中的铜垫片安放齐全、正确		/		
施工单位检查结果	专业工长：（签名） 专业质量检查员：（签名） 年 月 日					
监理单位验收结论	专业监理工程师：（签名） 年 月 日					

注：可参考《广州地铁供电系统施工质量验收标准》和《深圳地铁供电系统施工质量验收标准》

7.3.6.32 轨道验·机-287 刚性接触网中心锚结检验批质量验收记录

市政基础设施工程

刚性接触网中心锚结检验批质量验收记录

轨道验·机-287

第 页共 页

<table>
<tr><td colspan="3">工程名称</td><td colspan="5"></td></tr>
<tr><td colspan="3">单位工程名称</td><td colspan="5"></td></tr>
<tr><td colspan="3">施工单位</td><td></td><td colspan="2">分包单位</td><td colspan="2"></td></tr>
<tr><td colspan="3">项目负责人</td><td></td><td colspan="2">项目技术负责人</td><td colspan="2"></td></tr>
<tr><td colspan="3">分部（子分部）工程名称</td><td></td><td colspan="2">分项工程名称</td><td colspan="2"></td></tr>
<tr><td colspan="3">验收部位/区段</td><td></td><td colspan="2">检验批容量</td><td colspan="2"></td></tr>
<tr><td colspan="3">施工及验收依据</td><td colspan="5">参照供电系统施工质量验收标准（企业标准）《接触网（刚、柔）安装工程施工质量验收标准（试行）》QB/SZMC—21402</td></tr>
<tr><td colspan="3">验收项目</td><td>设计要求或规范规定</td><td>最小/实际抽样数量</td><td>检查记录</td><td colspan="2">检查结果</td></tr>
<tr><td rowspan="4">主控项目</td><td>1</td><td>中心锚结绝缘子型号、外观无损伤</td><td></td><td>/</td><td></td><td colspan="2"></td></tr>
<tr><td>2</td><td>中心锚结型式符合设计，安装在设计指定的位置上，并处于汇流排中心线的正上方</td><td></td><td>/</td><td></td><td colspan="2"></td></tr>
<tr><td></td><td></td><td></td><td></td><td></td><td colspan="2"></td></tr>
<tr><td></td><td></td><td></td><td></td><td></td><td colspan="2"></td></tr>
<tr><td rowspan="2">一般项目</td><td>1</td><td>中心锚结绝缘子及拉杆受力均衡适度，中心锚结与汇流排固定牢固，螺栓紧固力矩符合设计要求；调整螺栓处于可调状态</td><td></td><td>/</td><td></td><td colspan="2"></td></tr>
<tr><td></td><td></td><td></td><td></td><td></td><td colspan="2"></td></tr>
<tr><td>施工单位检查结果</td><td colspan="7">专业工长：（签名） 专业质量检查员：（签名） 年 月 日</td></tr>
<tr><td>监理单位验收结论</td><td colspan="7">专业监理工程师：（签名） 年 月 日</td></tr>
</table>

注：可参考《广州地铁供电系统施工质量验收标准》和《深圳地铁供电系统施工质量验收标准》

7.3.6.33 轨道验·机-288 刚性分段绝缘器检验批质量验收记录

市政基础设施工程

刚性分段绝缘器检验批质量验收记录

轨道验·机-288

第 页 共 页

工程名称						
单位工程名称						
施工单位			分包单位			
项目负责人			项目技术负责人			
分部（子分部）工程名称			分项工程名称			
验收部位/区段			检验批容量			
施工及验收依据	参照供电系统施工质量验收标准（企业标准）《接触网（刚、柔）安装工程施工质量验收标准（试行）》QB/SZMC—21402					
验收项目			设计要求或规范规定	最小/实际抽样数量	检查记录	检查结果
主控项目	1	分段绝缘器型号规格		/		
	2	分段绝缘器的安装符合设计要求，安装方式和绝缘性能符合产品安装使用说明书要求		/		
	3	分段绝缘器紧固件应齐全，连接牢固可靠，分段绝缘器上的锚固螺母和螺杆的旋紧扭矩符合设计要求；分段绝缘器与接触线接头处应平滑，与受电弓接触部分与轨面连线平行，受电弓双向通过时无打弓现象		/		
	4	刚性悬挂分段绝缘器带电体距接地体或不同供电分区带电体、不同供电分区运行机车受电弓的距离		/		
一般项目	1	分段绝缘器安装状态		/		
	2					
	3					
施工单位检查结果	专业工长：（签名） 专业质量检查员：（签名） 年 月 日					
监理单位验收结论	专业监理工程师：（签名） 年 月 日					

注：可参考《广州地铁供电系统施工质量验收标准》和《深圳地铁供电系统施工质量验收标准》

7.3.6.34 轨道验·机-289 刚性接触网膨胀接头检验批质量验收记录

市政基础设施工程

刚性接触网膨胀接头检验批质量验收记录

轨道验·机-289

第 页 共 页

<table>
<tr><td colspan="3">工程名称</td><td colspan="4"></td></tr>
<tr><td colspan="3">单位工程名称</td><td colspan="4"></td></tr>
<tr><td colspan="3">施工单位</td><td></td><td colspan="2">分包单位</td><td></td></tr>
<tr><td colspan="3">项目负责人</td><td></td><td colspan="2">项目技术负责人</td><td></td></tr>
<tr><td colspan="3">分部（子分部）工程名称</td><td></td><td colspan="2">分项工程名称</td><td></td></tr>
<tr><td colspan="3">验收部位/区段</td><td></td><td colspan="2">检验批容量</td><td></td></tr>
<tr><td colspan="3">施工及验收依据</td><td colspan="4">参照供电系统施工质量验收标准（企业标准）《接触网（刚、柔）安装工程施工质量验收标准（试行）》QB/SZMC—21402</td></tr>
<tr><td colspan="3">验收项目</td><td>设计要求或规范规定</td><td>最小/实际抽样数量</td><td>检查记录</td><td>检查结果</td></tr>
<tr><td rowspan="5">主控项目</td><td>1</td><td>膨胀接头的规格、型号</td><td></td><td>/</td><td></td><td></td></tr>
<tr><td>2</td><td>膨胀接头安装位置</td><td></td><td>/</td><td></td><td></td></tr>
<tr><td>3</td><td>膨胀接头的安装间隙</td><td></td><td>/</td><td></td><td></td></tr>
<tr><td>4</td><td>膨胀接头安装状态</td><td></td><td>/</td><td></td><td></td></tr>
<tr><td></td><td></td><td></td><td></td><td></td><td></td></tr>
<tr><td rowspan="5">一般项目</td><td>1</td><td>膨胀接头应安装在轨道上尽可能直的中轴线、拉出值为零的位置上</td><td></td><td>/</td><td></td><td></td></tr>
<tr><td>2</td><td>膨胀接头安装悬挂点跨距，拉出值</td><td></td><td>/</td><td></td><td></td></tr>
<tr><td></td><td></td><td></td><td></td><td></td><td></td></tr>
<tr><td></td><td></td><td></td><td></td><td></td><td></td></tr>
<tr><td></td><td></td><td></td><td></td><td></td><td></td></tr>
<tr><td>施工单位检查结果</td><td colspan="6">专业工长：（签名） 专业质量检查员：（签名） 年 月 日</td></tr>
<tr><td>监理单位验收结论</td><td colspan="6">专业监理工程师：（签名） 年 月 日</td></tr>
</table>

注：可参考《广州地铁供电系统施工质量验收标准》和《深圳地铁供电系统施工质量验收标准》

7.3.6.35 轨道验·机-290 接触网接地安装检验批质量验收记录

市政基础设施工程

接触网接地安装检验批质量验收记录

轨道验·机-290

第 页 共 页

工程名称						
单位工程名称						
施工单位			分包单位			
项目负责人			项目技术负责人			
分部（子分部）工程名称			分项工程名称			
验收部位/区段			检验批容量			
施工及验收依据	参照供电系统施工质量验收标准（企业标准）《接触网（刚、柔）安装工程施工质量验收标准（试行）》QB/SZMC—21402					
验收项目			设计要求或规范规定	最小/实际抽样数量	检查记录	检查结果
主控项目	1	支持装置底座、设备底座、开关接地刀闸等均应按设计要求接地。接地线材的材质和截面应满足设计要求		/		
主控项目	2	接地引下线采用电缆连接时，电连接线夹与导线连接面平整光洁，并涂有一层电力复合脂，连接应密贴牢固，螺栓紧固力矩符合要求，电缆的规格型号、电缆终端头的固定方式，接地电阻及带电距离均符合设计要求		/		
主控项目	3	接地线及其固定螺栓、卡子等对接触网带电体的距离。接地跳线或电缆接续规范、线夹端正，布线美观，余长适度		/		
主控项目	4	汇流排接地挂环安装位置及安装要求		/		
一般项目						
一般项目						
施工单位检查结果	专业工长：（签名） 专业质量检查员：（签名） 年 月 日					
监理单位验收结论	专业监理工程师：（签名） 年 月 日					

注：可参考《广州地铁供电系统施工质量验收标准》和《深圳地铁供电系统施工质量验收标准》

7.3.6.36　轨道验·机-291　锚段关节检验批质量验收记录

市政基础设施工程

锚段关节检验批质量验收记录

轨道验·机-291

第　　页 共　　页

<table>
<tr><td colspan="3">工程名称</td><td colspan="6"></td></tr>
<tr><td colspan="3">单位工程名称</td><td colspan="6"></td></tr>
<tr><td colspan="3">施工单位</td><td colspan="2"></td><td colspan="2">分包单位</td><td colspan="2"></td></tr>
<tr><td colspan="3">项目负责人</td><td colspan="2"></td><td colspan="2">项目技术负责人</td><td colspan="2"></td></tr>
<tr><td colspan="3">分部（子分部）工程名称</td><td colspan="2"></td><td colspan="2">分项工程名称</td><td colspan="2"></td></tr>
<tr><td colspan="3">验收部位/区段</td><td colspan="2"></td><td colspan="2">检验批容量</td><td colspan="2"></td></tr>
<tr><td colspan="3">施工及验收依据</td><td colspan="6">参照供电系统施工质量验收标准（企业标准）《接触网（刚、柔）安装工程施工质量验收标准（试行）》QB/SZMC—21402</td></tr>
<tr><td colspan="3">验收项目</td><td colspan="2">设计要求或规范规定</td><td>最小/实际抽样数量</td><td colspan="2">检查记录</td><td>检查结果</td></tr>
<tr><td rowspan="8">主控项目</td><td>1</td><td>刚性悬挂绝缘锚段关节两支悬挂的拉出值应符合设计要求</td><td colspan="2"></td><td>/</td><td colspan="2"></td><td></td></tr>
<tr><td>2</td><td>非绝缘锚段关节两支悬挂的拉出值应符合设计要求</td><td colspan="2"></td><td>/</td><td colspan="2"></td><td></td></tr>
<tr><td>3</td><td>贯通式刚柔过渡两支刚性悬挂接触线重叠处应等高，在刚柔过渡交界点处，汇流排对接触线不应产生下压或上抬</td><td colspan="2"></td><td>/</td><td colspan="2"></td><td></td></tr>
<tr><td>4</td><td>移动式汇流排和刚性悬挂接触网之间采用锚段关节式过渡形式时，应符合刚性悬挂非锚段关节的有关技术标准</td><td colspan="2"></td><td>/</td><td colspan="2"></td><td></td></tr>
<tr><td>5</td><td>线岔处在受电弓可能同时接触两支接触线范围内两支接触线应等高，在受电弓始触点渡线与正线接触线等高或高出正线接触线 3mm</td><td colspan="2"></td><td>/</td><td colspan="2"></td><td></td></tr>
<tr><td>6</td><td>交叉渡线线岔在交叉渡线处两线路中心的交叉点处，两支悬挂的汇流排中心线分别距交叉点 100mm</td><td colspan="2"></td><td>/</td><td colspan="2"></td><td></td></tr>
<tr><td>7</td><td>单开线岔悬挂点的拉出值距正线汇流排中心线按设计要求施工</td><td colspan="2"></td><td>/</td><td colspan="2"></td><td></td></tr>
<tr><td>8</td><td>锚段长度应符合设计要求</td><td colspan="2"></td><td>/</td><td colspan="2"></td><td></td></tr>
<tr><td colspan="2">施工单位检查结果</td><td colspan="7">专业工长：（签名）　　专业质量检查员：（签名）　　年　月　日</td></tr>
<tr><td colspan="2">监理单位验收结论</td><td colspan="7">专业监理工程师：（签名）　　年　月　日</td></tr>
</table>

注：可参考《广州地铁供电系统施工质量验收标准》和《深圳地铁供电系统施工质量验收标准》

7.3.6.37 轨道验·机-292 刚柔过渡安装检验批质量验收记录

市政基础设施工程

刚柔过渡安装检验批质量验收记录

轨道验·机-292

第　　页 共　　页

工程名称			
单位工程名称			
施工单位		分包单位	
项目负责人		项目技术负责人	
分部（子分部）工程名称		分项工程名称	
验收部位/区段		检验批容量	
施工及验收依据	参照供电系统施工质量验收标准（企业标准）《接触网（刚、柔）安装工程施工质量验收标准（试行）》QB/SZMC—21402		

验收项目			设计要求或规范规定	最小/实际抽样数量	检查记录	检查结果
主控项目	1	贯通式刚柔过渡处两支刚性悬挂接触线应等高，在刚柔过渡交界处，汇流排对接触线不应产生下压或上台		/		
	2	贯通的接触线下锚处绝缘子边缘应距受电弓包络线不应小于100mm，带点部位的绝缘距离不小于150mm		/		
	3	刚柔过渡装置在受电弓通过时应平滑过渡，无撞击或拉弧		/		
	4	关节式刚柔过渡处刚性接触悬挂接触线应比柔性接触线高20～50mm		/		
一般项目	1	刚性悬挂与相邻柔性悬挂导线不应相磨		/		
	2	刚柔过渡处的电连接、接地线应连接良好，安装牢固		/		
施工单位检查结果	专业工长：（签名）　　专业质量检查员：（签名）　　年　月　日					
监理单位验收结论	专业监理工程师：（签名）　　年　月　日					

注：可参考《广州地铁供电系统施工质量验收标准》和《深圳地铁供电系统施工质量验收标准》

7.3.6.38 轨道验·机-293 车场吊柱检验批质量验收记录

市政基础设施工程

车场吊柱检验批质量验收记录

轨道验·机-293

第　　页共　　页

<table>
<tr><td colspan="3">工程名称</td><td colspan="4"></td></tr>
<tr><td colspan="3">单位工程名称</td><td colspan="4"></td></tr>
<tr><td colspan="3">施工单位</td><td></td><td colspan="2">分包单位</td><td></td></tr>
<tr><td colspan="3">项目负责人</td><td></td><td colspan="2">项目技术负责人</td><td></td></tr>
<tr><td colspan="3">分部（子分部）工程名称</td><td></td><td colspan="2">分项工程名称</td><td></td></tr>
<tr><td colspan="3">验收部位/区段</td><td></td><td colspan="2">检验批容量</td><td></td></tr>
<tr><td colspan="3">施工及验收依据</td><td colspan="4">参照供电系统施工质量验收标准（企业标准）《接触网（刚、柔）安装工程施工质量验收标准（试行）》QB/SZMC—21402</td></tr>
<tr><td colspan="3">验收项目</td><td>设计要求或规范规定</td><td>最小/实际抽样数量</td><td>检查记录</td><td>检查结果</td></tr>
<tr><td rowspan="5">主控项目</td><td>1</td><td>车场吊柱外观质量及型号应符合设计要求和产品质量标准</td><td></td><td>/</td><td></td><td></td></tr>
<tr><td>2</td><td>车场吊柱安装应符合设计要求</td><td></td><td>/</td><td></td><td></td></tr>
<tr><td>3</td><td>车场吊柱侧面限界、高度符合设计要求，并在任何情况下，严禁侵入基本建筑限界</td><td></td><td>/</td><td></td><td></td></tr>
<tr><td></td><td></td><td></td><td></td><td></td><td></td></tr>
<tr><td></td><td></td><td></td><td></td><td></td><td></td></tr>
<tr><td rowspan="5">一般项目</td><td>1</td><td>热浸镀锌锌层均匀，无脱落、锈蚀现象，锌层厚度符合设计要求</td><td></td><td>/</td><td></td><td></td></tr>
<tr><td>2</td><td>跨距、限界符合设计要求</td><td></td><td>/</td><td></td><td></td></tr>
<tr><td>3</td><td>车场吊柱承载后应直立或向受力反方向略有倾斜</td><td></td><td>/</td><td></td><td></td></tr>
<tr><td></td><td></td><td></td><td></td><td></td><td></td></tr>
<tr><td></td><td></td><td></td><td></td><td></td><td></td></tr>
<tr><td>施工单位检查结果</td><td colspan="6">专业工长：（签名）　　专业质量检查员：（签名）　　年　月　日</td></tr>
<tr><td>监理单位验收结论</td><td colspan="6">专业监理工程师：（签名）　　年　月　日</td></tr>
</table>

注：可参考《广州地铁供电系统施工质量验收标准》和《深圳地铁供电系统施工质量验收标准》

7.3.6.39 轨道验·机-294 承力索、接触线架设检验批质量验收记录

市政基础设施工程

承力索、接触线架设检验批质量验收记录

轨道验·机-294

第　　页共　　页

<table>
<tr><td colspan="3">工程名称</td><td colspan="4"></td></tr>
<tr><td colspan="3">单位工程名称</td><td colspan="4"></td></tr>
<tr><td colspan="3">施工单位</td><td></td><td colspan="2">分包单位</td><td></td></tr>
<tr><td colspan="3">项目负责人</td><td></td><td colspan="2">项目技术负责人</td><td></td></tr>
<tr><td colspan="3">分部（子分部）工程名称</td><td></td><td colspan="2">分项工程名称</td><td></td></tr>
<tr><td colspan="3">验收部位/区段</td><td></td><td colspan="2">检验批容量</td><td></td></tr>
<tr><td colspan="3">施工及验收依据</td><td colspan="4">参照供电系统施工质量验收标准（企业标准）《接触网（刚、柔）安装工程施工质量验收标准（试行）》QB/SZMC—21402</td></tr>
<tr><td colspan="3">验收项目</td><td>设计要求或规范规定</td><td>最小/实际抽样数量</td><td>检查记录</td><td>检查结果</td></tr>
<tr><td rowspan="5">主控项目</td><td>1</td><td>各种线材的规格、型号应符合设计要求，并应有产品合格证书或检验报告等技术资料</td><td></td><td>/</td><td></td><td></td></tr>
<tr><td>2</td><td>各种绞线不应有断股、交叉、折叠、硬弯、松散等现象；接触导线不得有硬弯、扭弯、砸伤等现象</td><td></td><td>/</td><td></td><td></td></tr>
<tr><td>3</td><td>承力索、接触线的张力应满足设计要求，张力补偿的“b”值应符合设计的安装曲线</td><td></td><td>/</td><td></td><td></td></tr>
<tr><td>4</td><td>承力索、接触线在锚段范围内不应有接头，终端回头长度符合设计要求</td><td></td><td>/</td><td></td><td></td></tr>
<tr><td>5</td><td>承力索、接触线的规格、型号应符合设计要求，硬铜绞线TJ150承力索19股中断一股，可用同材质线扎紧使用；绞线有交叉、松散、折叠应修复使用</td><td></td><td>/</td><td></td><td></td></tr>
<tr><td rowspan="2">一般项目</td><td>1</td><td>交叉架设的接触网，正线及重要的承力索或接触线应在下方，侧线及次要的承力索或接触线应在上方，承力索之间应避免产生摩擦</td><td></td><td>/</td><td></td><td></td></tr>
<tr><td>2</td><td>下锚处的调整螺栓的外露应为20mm至螺纹全长的1/2</td><td></td><td>/</td><td></td><td></td></tr>
<tr><td>施工单位检查结果</td><td colspan="6">专业工长：（签名）　　专业质量检查员：（签名）　　年　月　日</td></tr>
<tr><td>监理单位验收结论</td><td colspan="6">专业监理工程师：（签名）　　年　月　日</td></tr>
</table>

注：可参考《广州地铁供电系统施工质量验收标准》和《深圳地铁供电系统施工质量验收标准》

7.3.6.40 轨道验·机-295 地电位均衡器检验批质量验收记录

市政基础设施工程

地电位均衡器检验批质量验收记录

轨道验·机-295

第　页共　页

<table>
<tr><td colspan="3">工程名称</td><td colspan="5"></td></tr>
<tr><td colspan="3">单位工程名称</td><td colspan="5"></td></tr>
<tr><td colspan="3">施工单位</td><td></td><td colspan="2">分包单位</td><td colspan="2"></td></tr>
<tr><td colspan="3">项目负责人</td><td></td><td colspan="2">项目技术负责人</td><td colspan="2"></td></tr>
<tr><td colspan="3">分部（子分部）工程名称</td><td></td><td colspan="2">分项工程名称</td><td colspan="2"></td></tr>
<tr><td colspan="3">验收部位/区段</td><td></td><td colspan="2">检验批容量</td><td colspan="2"></td></tr>
<tr><td colspan="3">施工及验收依据</td><td colspan="5">参照供电系统施工质量验收标准（企业标准）《接触网（刚、柔）安装工程施工质量验收标准（试行）》QB/SZMC—21402</td></tr>
<tr><td colspan="3">验收项目</td><td>设计要求或规范规定</td><td>最小/实际抽样数量</td><td>检查记录</td><td colspan="2">检查结果</td></tr>
<tr><td rowspan="5">主控项目</td><td>1</td><td>安装型号，两端连接方式应符合设计和产品安装要求</td><td></td><td>/</td><td></td><td colspan="2"></td></tr>
<tr><td>2</td><td>上端螺栓连接时螺母垫片齐全，紧固无松动现象。下端采用放热焊接方式时连接牢靠符合要求</td><td></td><td>/</td><td></td><td colspan="2"></td></tr>
<tr><td>3</td><td>地电位均衡器本身应用固定卡子进行有效固定</td><td></td><td>/</td><td></td><td colspan="2"></td></tr>
<tr><td></td><td></td><td></td><td></td><td></td><td colspan="2"></td></tr>
<tr><td></td><td></td><td></td><td></td><td></td><td colspan="2"></td></tr>
<tr><td rowspan="5">一般项目</td><td></td><td></td><td></td><td></td><td></td><td colspan="2"></td></tr>
<tr><td></td><td></td><td></td><td></td><td></td><td colspan="2"></td></tr>
<tr><td></td><td></td><td></td><td></td><td></td><td colspan="2"></td></tr>
<tr><td></td><td></td><td></td><td></td><td></td><td colspan="2"></td></tr>
<tr><td></td><td></td><td></td><td></td><td></td><td colspan="2"></td></tr>
<tr><td>施工单位检查结果</td><td colspan="7">专业工长：（签名）　　专业质量检查员：（签名）　　年　月　日</td></tr>
<tr><td>监理单位验收结论</td><td colspan="7">专业监理工程师：（签名）　　年　月　日</td></tr>
</table>

注：可参考《广州地铁供电系统施工质量验收标准》和《深圳地铁供电系统施工质量验收标准》

7.3.6.41 轨道验·机-296 地馈线架设检验批质量验收记录

市政基础设施工程

地馈线架设检验批质量验收记录

轨道验·机-296

第　　页共　　页

工程名称					
单位工程名称					
施工单位			分包单位		
项目负责人			项目技术负责人		
分部（子分部）工程名称			分项工程名称		
验收部位/区段			检验批容量		
施工及验收依据	参照供电系统施工质量验收标准（企业标准）《接触网（刚、柔）安装工程施工质量验收标准（试行）》QB/SZMC—21402				

验收项目			设计要求或规范规定	最小/实际抽样数量	检查记录	检查结果
主控项目	1	所有固定的金属底座、支撑装置、下锚底座均应与架空地线连接。接地线材质和截面应满足设计要求，在隧道壁上应稳固固定，接地电缆敷设应符合电缆施工及验收规范要求，两端连接牢固可靠。设备接地：安装隔离开关和避雷器的支撑装置与架空地线连接		/		
	2	避雷器的接地端与接地极连接，接地极接地电阻值应不大于10Ω。接地体的埋深及安装应符合设计要求		/		
一般项目	1	地面段支柱的接地安装符合设计要求，所有支柱均通过架空地线或接地电缆连接在一起，与变电所接地网接通		/		
施工单位检查结果	专业工长：（签名）　　专业质量检查员：（签名）　　年　月　日					
监理单位验收结论	专业监理工程师：（签名）　　年　月　日					

注：可参考《广州地铁供电系统施工质量验收标准》和《深圳地铁供电系统施工质量验收标准》

7.3.6.42 轨道验·机-297 定位装置检验批质量验收记录

市政基础设施工程

定位装置检验批质量验收记录

轨道验·机-297

第　页共　页

工程名称						
单位工程名称						
施工单位			分包单位			
项目负责人			项目技术负责人			
分部（子分部）工程名称			分项工程名称			
验收部位/区段			检验批容量			
施工及验收依据	参照供电系统施工质量验收标准（企业标准）《接触网（刚、柔）安装工程施工质量验收标准（试行）》QB/SZMC—21402					
验收项目			设计要求或规范规定	最小/实际抽样数量	检查记录	检查结果
主控项目	1	定位器或定位管装应符合设计要求，在平均温度时应垂直线路中心线，温度变化时，偏移量与接触线在该点的伸缩量一致，其偏转角最大不超过18°		/		
主控项目	2	定位器或定位管的倾斜度符合设计要求，保证导线工作面与轨面连线平行。转换柱或道岔柱处两定位管或定位器应能随温度变化可自由移动，不应卡滞，非工作支接触线和工作支定位器、管之间的间隙不小于50mm，线索与腕臂之间间隙不小于50mm，螺栓紧固力矩符合设计要求		/		
一般项目	1	各部螺栓紧固牢靠，软定位器回头统一顺直		/		
一般项目	2	定位管在支持器外露应在35～50mm范围内；固定定位的定位管应水平或稍有上抬，外露部分应大于100mm		/		
施工单位检查结果	专业工长：（签名）　专业质量检查员：（签名）　年　月　日					
监理单位验收结论	专业监理工程师：（签名）　年　月　日					

注：可参考《广州地铁供电系统施工质量验收标准》和《深圳地铁供电系统施工质量验收标准》

7.3.6.43 轨道验·机-298 接触网钢柱检验批质量验收记录

市政基础设施工程

接触网钢柱检验批质量验收记录

轨道验·机-298

第 页 共 页

工程名称					
单位工程名称					
施工单位			分包单位		
项目负责人			项目技术负责人		
分部（子分部）工程名称			分项工程名称		
验收部位/区段			检验批容量		
施工及验收依据	参照供电系统施工质量验收标准（企业标准）《接触网（刚、柔）安装工程施工质量验收标准（试行）》QB/SZMC—21402				
验收项目			设计要求或规范规定	最小/实际抽样数量	检查记录	检查结果
主控项目	1	对到场钢柱进行检查，其质量符合行业标准及相关规定		/		
	2	钢柱型号、规格及安装位置应符合设计要求		/		
	3	格构及实腹式钢柱侧面限界符合设计要求，在任何情况下，不得侵入基本建筑限界，钢柱承载后应直立或向受力反侧略有倾斜		/		
	4	桥钢柱（格构及实腹式）应垂直于直线路中心线。软横跨两根钢柱中心连线均应垂直于车站正线。同一组硬横梁两钢柱间距应符合横梁跨长		/		
一般项目	1	钢柱底部主角钢下钢垫片符合要求，分节组装的钢柱连接应紧固密贴，中间无垫片，中心线与中间法兰联结平面不垂直度符合要求。连接螺栓紧固力矩符合设计要求		/		
施工单位检查结果	专业工长：（签名） 专业质量检查员：（签名） 年 月 日					
监理单位验收结论	专业监理工程师：（签名） 年 月 日					

注：可参考《广州地铁供电系统施工质量验收标准》和《深圳地铁供电系统施工质量验收标准》

7.3.6.44 轨道验·机-299 接触网基础检验批质量验收记录

市政基础设施工程

接触网基础检验批质量验收记录

轨道验·机-299

第 页 共 页

<table>
<tr><td colspan="3">工程名称</td><td colspan="5"></td></tr>
<tr><td colspan="3">单位工程名称</td><td colspan="5"></td></tr>
<tr><td colspan="3">施工单位</td><td colspan="2"></td><td colspan="2">分包单位</td><td></td></tr>
<tr><td colspan="3">项目负责人</td><td colspan="2"></td><td colspan="2">项目技术负责人</td><td></td></tr>
<tr><td colspan="3">分部（子分部）工程名称</td><td colspan="2"></td><td colspan="2">分项工程名称</td><td></td></tr>
<tr><td colspan="3">验收部位/区段</td><td colspan="2"></td><td colspan="2">检验批容量</td><td></td></tr>
<tr><td colspan="3">施工及验收依据</td><td colspan="5">参照供电系统施工质量验收标准（企业标准）《接触网（刚、柔）安装工程施工质量验收标准（试行）》QB/SZMC—21402</td></tr>
<tr><td colspan="3">验收项目</td><td>设计要求或规范规定</td><td>最小/实际抽样数量</td><td>检查记录</td><td colspan="2">检查结果</td></tr>
<tr><td rowspan="3">主控项目</td><td>1</td><td>与基础在同等条件养护下，基础的混凝土试块的抗压极限强度值不应小于设计值</td><td></td><td>/</td><td></td><td colspan="2"></td></tr>
<tr><td>2</td><td>基础位置、外型尺寸、地脚螺栓位置及型号应符合设计要求。同一组硬横梁两基础中心连线应垂直于车站正线（或施工图标明的线路），偏差不应大于2°</td><td></td><td>/</td><td></td><td colspan="2"></td></tr>
<tr><td>3</td><td>所有预埋螺栓镀锌层完好，设备安装前应采取有效防护措施，并涂油防腐</td><td></td><td>/</td><td></td><td colspan="2"></td></tr>
<tr><td rowspan="8">一般项目</td><td>1</td><td>基础顶面应高出路肩100～200mm，低于相邻轨面200～600mm。拉线基础高出路面100mm，施工偏差±20mm</td><td></td><td>/</td><td></td><td colspan="2"></td></tr>
<tr><td>2</td><td>基础外露部分表面应清洁、平整、无麻面蜂窝棱角损伤或露钢筋现象</td><td></td><td>/</td><td></td><td colspan="2"></td></tr>
<tr><td>3</td><td>基础自然养护在环境温度高于5℃时，用湿草袋或细砂覆盖，并经常浇水，保护湿润，养护时间一般不少于7天</td><td></td><td>/</td><td></td><td colspan="2"></td></tr>
<tr><td>4</td><td>地脚螺栓外露长度±20mm</td><td></td><td>/</td><td></td><td colspan="2"></td></tr>
<tr><td>5</td><td>地脚螺栓间距（相互）允许±2mm</td><td></td><td>/</td><td></td><td colspan="2"></td></tr>
<tr><td>6</td><td>混凝土保护层允许偏差±10mm</td><td></td><td>/</td><td></td><td colspan="2"></td></tr>
<tr><td>7</td><td>基础横断面尺寸允许偏差±20mm</td><td></td><td>/</td><td></td><td colspan="2"></td></tr>
<tr><td>8</td><td>回填应符合设计要求</td><td></td><td>/</td><td></td><td colspan="2"></td></tr>
<tr><td colspan="2">施工单位检查结果</td><td colspan="6">专业工长：（签名） 专业质量检查员：（签名） 年 月 日</td></tr>
<tr><td colspan="2">监理单位验收结论</td><td colspan="6">专业监理工程师：（签名） 年 月 日</td></tr>
</table>

注：可参考《广州地铁供电系统施工质量验收标准》和《深圳地铁供电系统施工质量验收标准》

7.3.6.45 轨道验·机-300 拉线检验批质量验收记录

市政基础设施工程

拉线检验批质量验收记录

轨道验·机-300

第 页 共 页

<table>
<tr><td colspan="3">工程名称</td><td colspan="5"></td></tr>
<tr><td colspan="3">单位工程名称</td><td colspan="5"></td></tr>
<tr><td colspan="3">施工单位</td><td></td><td colspan="2">分包单位</td><td colspan="2"></td></tr>
<tr><td colspan="3">项目负责人</td><td></td><td colspan="2">项目技术负责人</td><td colspan="2"></td></tr>
<tr><td colspan="3">分部（子分部）工程名称</td><td></td><td colspan="2">分项工程名称</td><td colspan="2"></td></tr>
<tr><td colspan="3">验收部位/区段</td><td></td><td colspan="2">检验批容量</td><td colspan="2"></td></tr>
<tr><td colspan="3">施工及验收依据</td><td colspan="5">参照供电系统施工质量验收标准（企业标准）《接触网（刚、柔）安装工程施工质量验收标准（试行）》QB/SZMC—21402</td></tr>
<tr><td colspan="3">验收项目</td><td colspan="2">设计要求或规范规定</td><td>最小/实际抽样数量</td><td>检查记录</td><td>检查结果</td></tr>
<tr><td rowspan="5">主控项目</td><td>1</td><td>线材运达现场应进行检查，质量应符合相关标准的规定</td><td colspan="2"></td><td>/</td><td></td><td></td></tr>
<tr><td>2</td><td>柱拉线宜设在锚支的延长线上，在任何情况下严禁侵入基本建筑限界，当地形受限时，按设计要求施工</td><td colspan="2"></td><td>/</td><td></td><td></td></tr>
<tr><td>3</td><td>锚板型号、抗压极限强度、埋设深度及锚板拉杆规格均应符合设计要求</td><td colspan="2"></td><td>/</td><td></td><td></td></tr>
<tr><td>4</td><td>钢筋混凝土柱式拉线基础下锚拉线环环中心距锚柱的距离应符合设计要求</td><td colspan="2"></td><td>/</td><td></td><td></td></tr>
<tr><td>5</td><td>拉线型号应符合设计要求</td><td colspan="2"></td><td>/</td><td></td><td></td></tr>
<tr><td rowspan="3">一般项目</td><td>1</td><td>拉线角钢水平，应与支柱密贴，连接件镀锌层无脱落和漏镀现象钢绞线拉线无锈蚀现象并涂防腐油防腐。回头绑扎牢固</td><td colspan="2"></td><td>/</td><td></td><td></td></tr>
<tr><td>2</td><td>锚柱拉线施工允许偏差应符合规定</td><td colspan="2"></td><td>/</td><td></td><td></td></tr>
<tr><td>3</td><td>下锚拉线环应采用二级热镀锌防腐处理，其相对支柱的朝向应符合设计规定</td><td colspan="2"></td><td>/</td><td></td><td></td></tr>
<tr><td>施工单位检查结果</td><td colspan="7">专业工长：（签名） 专业质量检查员：（签名） 年 月 日</td></tr>
<tr><td>监理单位验收结论</td><td colspan="7">专业监理工程师：（签名） 年 月 日</td></tr>
</table>

注：可参考《广州地铁供电系统施工质量验收标准》和《深圳地铁供电系统施工质量验收标准》

7.3.6.46 轨道验·机-301 支柱检验批质量验收记录

市政基础设施工程

支柱检验批质量验收记录

轨道验·机-301

第　页 共　页

<table>
<tr><td colspan="3">工程名称</td><td colspan="4"></td></tr>
<tr><td colspan="3">单位工程名称</td><td colspan="4"></td></tr>
<tr><td colspan="3">施工单位</td><td></td><td colspan="2">分包单位</td><td></td></tr>
<tr><td colspan="3">项目负责人</td><td></td><td colspan="2">项目技术负责人</td><td></td></tr>
<tr><td colspan="3">分部（子分部）工程名称</td><td></td><td colspan="2">分项工程名称</td><td></td></tr>
<tr><td colspan="3">验收部位/区段</td><td></td><td colspan="2">检验批容量</td><td></td></tr>
<tr><td colspan="3">施工及验收依据</td><td colspan="4">参照供电系统施工质量验收标准（企业标准）《接触网（刚、柔）安装工程施工质量验收标准（试行）》QB/SZMC—21402</td></tr>
<tr><td colspan="3">验收项目</td><td>设计要求或规范规定</td><td>最小/实际抽样数量</td><td>检查记录</td><td>检查结果</td></tr>
<tr><td rowspan="5">主控项目</td><td>1</td><td>金具、零配件运达现场应进行检查，其质量应符合标准规定要求</td><td></td><td>/</td><td></td><td></td></tr>
<tr><td>2</td><td>全补偿、半补偿链型悬挂的腕臂安装位置及连接螺栓紧固力矩符合设计要求</td><td></td><td>/</td><td></td><td></td></tr>
<tr><td>3</td><td>简单悬挂的单腕臂安装位置及连接螺栓力矩符合设计要求</td><td></td><td>/</td><td></td><td></td></tr>
<tr><td>4</td><td>双线路腕臂安装高度及连接螺栓力矩符合设计要求</td><td></td><td>/</td><td></td><td></td></tr>
<tr><td>5</td><td>平腕臂受力后呈水平状态；定位管的状态应符合设计要求</td><td></td><td>/</td><td></td><td></td></tr>
<tr><td rowspan="5">一般项目</td><td>1</td><td>底座与支柱密贴，底座槽钢（或角钢）呈水平。腕臂各部件处在同一垂面内（不包括定位装置）。顶端管帽封堵良好，螺纹外露部分均涂防腐油</td><td></td><td>/</td><td></td><td></td></tr>
<tr><td></td><td></td><td></td><td></td><td></td><td></td></tr>
<tr><td></td><td></td><td></td><td></td><td></td><td></td></tr>
<tr><td></td><td></td><td></td><td></td><td></td><td></td></tr>
<tr><td></td><td></td><td></td><td></td><td></td><td></td></tr>
<tr><td>施工单位检查结果</td><td colspan="6">专业工长：（签名）　　专业质量检查员：（签名）　　年　月　日</td></tr>
<tr><td>监理单位验收结论</td><td colspan="6">专业监理工程师：（签名）　　年　月　日</td></tr>
</table>

注：可参考《广州地铁供电系统施工质量验收标准》和《深圳地铁供电系统施工质量验收标准》

7.3.6.47 轨道验·机-302 柔性接触网电连接检验批质量验收记录

市政基础设施工程

柔性接触网电连接检验批质量验收记录

轨道验·机-302

第　页 共　页

工程名称						
单位工程名称						
施工单位			分包单位			
项目负责人			项目技术负责人			
分部（子分部）工程名称			分项工程名称			
验收部位/区段			检验批容量			
施工及验收依据	参照供电系统施工质量验收标准（企业标准）《接触网（刚、柔）安装工程施工质量验收标准（试行）》QB/SZMC—21402					
验收项目			设计要求或规范规定	最小/实际抽样数量	检查记录	检查结果
主控项目	1	电连接线所用材质、线夹规格型号及安装形式应符合设计要求，并预留因温度变化而产生的位移长度		/		
	2	电连接线与线夹接触应良好，并涂电力复合脂，电连接线夹应端正牢固，螺栓紧固力矩应符合设计要求		/		
一般项目	1	辅助馈线与承力索、接触线之间的横向电连接按施工设计标准校准，正线上间距宜放在靠近第一根吊弦处		/		
	2	电连接安装应对接触网工作特性影响最小，预留的弧度应满足导线伸缩要求		/		
施工单位检查结果	专业工长：（签名）　　专业质量检查员：（签名）　　年　月　日					
监理单位验收结论	专业监理工程师：（签名）　　年　月　日					

注：可参考《广州地铁供电系统施工质量验收标准》和《深圳地铁供电系统施工质量验收标准》

7.3.6.48 轨道验·机-303 柔性接触网接触悬挂调整检验批质量验收记录

市政基础设施工程

柔性接触网接触悬挂调整检验批质量验收记录

轨道验·机-303

第　　页共　　页

工程名称			
单位工程名称			
施工单位		分包单位	
项目负责人		项目技术负责人	
分部（子分部）工程名称		分项工程名称	
验收部位/区段		检验批容量	
施工及验收依据	参照供电系统施工质量验收标准（企业标准）《接触网（刚、柔）安装工程施工质量验收标准（试行）》QB/SZMC—21402		

验收项目			设计要求或规范规定	最小/实际抽样数量	检查记录	检查结果
主控项目	1	接触线的拉出值应符合设计要求，一般直线段拉出值不大于200mm，曲线段拉出值不大于250mm		/		
	2	接触线悬挂点距轨面的高度应符合设计要求		/		
	3	正线锚段关节内，按图施工，垂直方向符合设计要求		/		
一般项目	1	接触线距轨面的高度应符合设计要求		/		
	2	双接触导线在定位点处两线间距为40mm。悬挂点双接触线拉出值是指受电弓中心距双接触导线最外一根接触线的中心，拉出值允许偏差为±15mm；在悬挂点处接触线距轨面的高度符合设计要求，允许偏差：隧道内为±10mm，隧道外为±20mm		/		
	3	承力索位置应在双接触线中心上方，其偏离双接触线中心允许偏差：隧道外为±50mm，隧道内为±20mm		/		
	4	正线接触线工作支部分改变方向时，与原方向的水平夹角一般不大于6°，渡线或其他线路及正线接触线的非工作支部分与原方向的水平夹角一般不大于10°		/		
施工单位检查结果	专业工长：（签名）　　　专业质量检查员：（签名）　　　年　月　日					
监理单位验收结论	专业监理工程师：（签名）　　　年　月　日					

注：可参考《广州地铁供电系统施工质量验收标准》和《深圳地铁供电系统施工质量验收标准》

7.3.6.49 轨道验·机-304 软横跨检验批质量验收记录

市政基础设施工程

软横跨检验批质量验收记录

轨道验·机-304

第 页 共 页

工程名称					
单位工程名称					
施工单位		分包单位			
项目负责人		项目技术负责人			
分部（子分部）工程名称		分项工程名称			
验收部位/区段		检验批容量			
施工及验收依据	参照供电系统施工质量验收标准（企业标准）《接触网（刚、柔）安装工程施工质量验收标准（试行）》QB/SZMC—21402				

验收项目			设计要求或规范规定	最小/实际抽样数量	检查记录	检查结果
主控项目	1	线材、绝缘子运达现场应进行检查，其质量应符合相关标准的规范		/		
	2	固定角钢高度应符合设计要求；简单悬挂的软横跨承力索与定位索的最小距离符合设计要求		/		
	3	横承力索和上、下部固定索不得有接头，连接螺栓紧固力矩符合设计要求		/		
一般项目	1	软横跨上螺栓应紧固，钢绞在线夹内的回头符合设计规定，软横跨固定索受力均匀。钢绞线和螺纹外露部分涂油防腐，电分段的绝缘子在同一垂面内		/		
	2	软横跨固定角钢的装高度应符合设计要求，允许偏差为±20mm		/		
施工单位检查结果	专业工长：（签名） 专业质量检查员：（签名） 年 月 日					
监理单位验收结论	专业监理工程师：（签名） 年 月 日					

注：可参考《广州地铁供电系统施工质量验收标准》和《深圳地铁供电系统施工质量验收标准》

7.3.6.50 轨道验·机-305 下锚装置检验批质量验收记录

市政基础设施工程

下锚装置检验批质量验收记录

轨道验·机-305

第 页共 页

<table>
<tr><td colspan="3">工程名称</td><td colspan="5"></td></tr>
<tr><td colspan="3">单位工程名称</td><td colspan="5"></td></tr>
<tr><td colspan="3">施工单位</td><td></td><td colspan="2">分包单位</td><td colspan="2"></td></tr>
<tr><td colspan="3">项目负责人</td><td></td><td colspan="2">项目技术负责人</td><td colspan="2"></td></tr>
<tr><td colspan="3">分部（子分部）工程名称</td><td></td><td colspan="2">分项工程名称</td><td colspan="2"></td></tr>
<tr><td colspan="3">验收部位/区段</td><td></td><td colspan="2">检验批容量</td><td colspan="2"></td></tr>
<tr><td colspan="3">施工及验收依据</td><td colspan="5">参照供电系统施工质量验收标准（企业标准）《接触网（刚、柔）安装工程施工质量验收标准（试行）》QB/SZMC—21402</td></tr>
<tr><td colspan="3">验收项目</td><td colspan="2">设计要求或规范规定</td><td>最小/实际抽样数量</td><td>检查记录</td><td>检查结果</td></tr>
<tr><td rowspan="5">主控项目</td><td>1</td><td>承力索、接触线在张力补偿器处的额定张力。坠铊串无卡滞现象</td><td colspan="2"></td><td>/</td><td></td><td></td></tr>
<tr><td>2</td><td>棘轮间钢丝绳缠绕正确，长度应满足设计要求，棘轮轴应注黄油防腐。棘轮及动滑轮应转动灵活</td><td colspan="2"></td><td>/</td><td></td><td></td></tr>
<tr><td>3</td><td>补偿终端的断线制动装置应动作可靠</td><td colspan="2"></td><td>/</td><td></td><td></td></tr>
<tr><td></td><td></td><td colspan="2"></td><td></td><td></td><td></td></tr>
<tr><td></td><td></td><td colspan="2"></td><td></td><td></td><td></td></tr>
<tr><td rowspan="2">一般项目</td><td>1</td><td>坠铊码放应水平，坠铊串排列整齐、无锈蚀，补偿绳不得有接头及松股、断股等缺陷，坠铊在稍加外力情况下，应滑动自如。张力补偿的坠铊串安装“b”值符合设计要求</td><td colspan="2"></td><td>/</td><td></td><td></td></tr>
<tr><td></td><td></td><td colspan="2"></td><td></td><td></td><td></td></tr>
<tr><td colspan="2">施工单位检查结果</td><td colspan="6">专业工长：（签名） 专业质量检查员：（签名） 年 月 日</td></tr>
<tr><td colspan="2">监理单位验收结论</td><td colspan="6">专业监理工程师：（签名） 年 月 日</td></tr>
</table>

注：可参考《广州地铁供电系统施工质量验收标准》和《深圳地铁供电系统施工质量验收标准》

7.3.6.51 轨道验·机-306 硬横跨检验批质量验收记录

市政基础设施工程

硬横跨检验批质量验收记录

轨道验·机-306

第　　页共　　页

工程名称						
单位工程名称						
施工单位			分包单位			
项目负责人			项目技术负责人			
分部（子分部）工程名称			分项工程名称			
验收部位/区段			检验批容量			
施工及验收依据	参照供电系统施工质量验收标准（企业标准）《接触网（刚、柔）安装工程施工质量验收标准（试行）》QB/SZMC—21402					
验收项目			设计要求或规范规定	最小/实际抽样数量	检查记录	检查结果
主控项目	1	硬横梁的规格、外观质量符合设计要求		/		
一般项目	1	硬横跨支柱顺、横线路方向均应直立		/		
	2	硬横梁的安装高度应符合设计要求。硬横梁与支柱、硬横梁各梁段结合密贴，连接牢固可靠，螺栓紧固力矩应符合设计要求。硬横梁呈水平状态，梁的挠度符合设计要求		/		
施工单位检查结果	专业工长：（签名）　　专业质量检查员：（签名）　　年　月　日					
监理单位验收结论	专业监理工程师：（签名）　　年　月　日					

注：可参考《广州地铁供电系统施工质量验收标准》和《深圳地铁供电系统施工质量验收标准》

7.3.6.52 轨道验·机-307 柔性分段绝缘器安装检验批质量验收记录

市政基础设施工程

柔性分段绝缘器安装检验批质量验收记录

轨道验·机-307

第 页 共 页

工程名称						
单位工程名称						
施工单位				分包单位		
项目负责人				项目技术负责人		
分部（子分部）工程名称				分项工程名称		
验收部位/区段				检验批容量		
施工及验收依据	参照供电系统施工质量验收标准（企业标准）《接触网（刚、柔）安装工程施工质量验收标准（试行）》QB/SZMC—21402					
验收项目			设计要求或规范规定	最小/实际抽样数量	检查记录	检查结果
主控项目	1	分段绝缘器运达现场应对其进行检查，其质量应符合设备采购合同的要求		/		
	2	分段绝缘器绝缘间隙应符合设计要求（AF为55mm，加朗分段为100mm或150mm）。承力索绝缘棒在主绝缘正上方，误差不超过±15mm		/		
	3	分段绝缘器紧固件应齐全，连接牢固可靠，分段绝缘器上的锚固螺母和螺杆的旋紧扭矩为50Nm；分段绝缘器与接触线接头处应平滑，与受电弓接触部分与轨面连线平行，受电弓双向通过时无打弓现象		/		
	4	刚性悬挂分段绝缘器带电体距接地体或不同供电分区带电体、不同供电分区运行机车受电弓的距离静态不小于150mm，动态不小于100mm		/		
一般项目	1	分段绝缘器中心对受电弓中心允许误差50mm		/		
施工单位检查结果	专业工长：（签名） 专业质量检查员：（签名） 年 月 日					
监理单位验收结论	专业监理工程师：（签名） 年 月 日					

注：可参考《广州地铁供电系统施工质量验收标准》和《深圳地铁供电系统施工质量验收标准》

7.3.6.53 轨道验·机-308 支架底座及绝缘支架检验批质量验收记录

市政基础设施工程

支架底座及绝缘支架检验批质量验收记录

轨道验·机-308

第　　页 共　　页

工程名称						
单位工程名称						
施工单位			分包单位			
项目负责人			项目技术负责人			
分部（子分部）工程名称			分项工程名称			
验收部位/区段			检验批容量			
施工及验收依据	《城市轨道交通接触轨供电系统技术规范》CJJ/T 198					
验收项目			设计要求或规范规定	最小/实际抽样数量	检查记录	检查结果
主控项目	1	底座、绝缘支架或绝缘子及连接零配件进场时应检查其规格、型号、外观，质量应符合设计要求	第5.2.1条	/		
	2	绝缘支架或绝缘子的电气性能、机械性能应符合设计规定	第5.2.2条	/		
	3	底座安装位置应符合设计要求，绝缘支撑装置安装应端正，各部件连接应牢固，螺栓紧固力矩值应符合产品说明书要求	第5.2.3条	/		
一般项目	1	绝缘支撑装置在垂直线路的水平方向和铅垂方向的调节孔宜居中安装	第5.2.4条	/		
施工单位检查结果	专业工长：（签名）　　专业质量检查员：（签名）　　年　月　日					
监理单位验收结论	专业监理工程师：（签名）　　年　月　日					

7.3.6.54 轨道验·机-309 接触轨检验批质量验收记录

市政基础设施工程

接触轨检验批质量验收记录

轨道验·机-309

第 页 共 页

<table>
<tr><td colspan="3">工程名称</td><td colspan="5"></td></tr>
<tr><td colspan="3">单位工程名称</td><td colspan="5"></td></tr>
<tr><td colspan="3">施工单位</td><td></td><td colspan="2">分包单位</td><td colspan="2"></td></tr>
<tr><td colspan="3">项目负责人</td><td></td><td colspan="2">项目技术负责人</td><td colspan="2"></td></tr>
<tr><td colspan="3">分部（子分部）工程名称</td><td></td><td colspan="2">分项工程名称</td><td colspan="2"></td></tr>
<tr><td colspan="3">验收部位/区段</td><td></td><td colspan="2">检验批容量</td><td colspan="2"></td></tr>
<tr><td colspan="3">施工及验收依据</td><td colspan="5">《城市轨道交通接触轨供电系统技术规范》CJJ/T 198</td></tr>
<tr><td colspan="3">验收项目</td><td>设计要求或规范规定</td><td>最小/实际抽样数量</td><td>检查记录</td><td colspan="2">检查结果</td></tr>
<tr><td rowspan="7">主控项目</td><td>1</td><td>接触轨及附件规格、型号、材质、外观</td><td>第5.3.1条</td><td>/</td><td></td><td colspan="2"></td></tr>
<tr><td>2</td><td>接触轨断电区的布置</td><td>第5.3.2条</td><td>/</td><td></td><td colspan="2"></td></tr>
<tr><td>3</td><td>端部弯头安装</td><td>第5.3.3条</td><td>/</td><td></td><td colspan="2"></td></tr>
<tr><td>4</td><td>接触轨接头安装</td><td>第5.3.4条</td><td>/</td><td></td><td colspan="2"></td></tr>
<tr><td>5</td><td>膨胀接头安装</td><td>第5.3.5条</td><td>/</td><td></td><td colspan="2"></td></tr>
<tr><td>6</td><td>接触轨中心锚结安装</td><td>第5.3.6条</td><td>/</td><td></td><td colspan="2"></td></tr>
<tr><td>7</td><td>接触轨安装位置及其安装误差</td><td>第5.3.7条</td><td>/</td><td></td><td colspan="2"></td></tr>
<tr><td rowspan="3">一般项目</td><td>1</td><td>接触轨选配</td><td>第5.3.8条</td><td>/</td><td></td><td colspan="2"></td></tr>
<tr><td>2</td><td>接触轨外观检查</td><td>第5.3.9条</td><td>/</td><td></td><td colspan="2"></td></tr>
<tr><td>3</td><td>普通接头安装</td><td>第5.3.10条</td><td>/</td><td></td><td colspan="2"></td></tr>
<tr><td colspan="2">施工单位检查结果</td><td colspan="6">专业工长：（签名） 专业质量检查员：（签名） 年 月 日</td></tr>
<tr><td colspan="2">监理单位验收结论</td><td colspan="6">专业监理工程师：（签名） 年 月 日</td></tr>
</table>

7.3.6.55 轨道验·机-310 接触轨防护罩检验批质量验收记录

市政基础设施工程

接触轨防护罩检验批质量验收记录

轨道验·机-310

第　页 共　页

工程名称					
单位工程名称					
施工单位			分包单位		
项目负责人			项目技术负责人		
分部（子分部）工程名称			分项工程名称		
验收部位/区段			检验批容量		
施工及验收依据	《城市轨道交通接触轨供电系统技术规范》CJJ/T 198				

验收项目			设计要求或规范规定	最小/实际抽样数量	检查记录	检查结果
主控项目	1	防护罩运达现场应检查其规格、型号、材质、外观，质量应符合设计要求	第5.4.1条	/		
	2	防护罩安装后应符合限界规定	第5.4.2条	/		
一般项目	1	防护罩安装应符合规范要求	第5.4.3条	/		
施工单位检查结果	专业工长：（签名）　　专业质量检查员：（签名）　　年　月　日					
监理单位验收结论	专业监理工程师：（签名）　　年　月　日					

7.3.6.56 轨道验·机-311 接触轨电连接检验批质量验收记录

市政基础设施工程

接触轨电连接检验批质量验收记录

轨道验·机-311

第　　页共　　页

<table>
<tr><td colspan="3">工程名称</td><td colspan="5"></td></tr>
<tr><td colspan="3">单位工程名称</td><td colspan="5"></td></tr>
<tr><td colspan="3">施工单位</td><td></td><td colspan="2">分包单位</td><td colspan="2"></td></tr>
<tr><td colspan="3">项目负责人</td><td></td><td colspan="2">项目技术负责人</td><td colspan="2"></td></tr>
<tr><td colspan="3">分部（子分部）工程名称</td><td></td><td colspan="2">分项工程名称</td><td colspan="2"></td></tr>
<tr><td colspan="3">验收部位/区段</td><td></td><td colspan="2">检验批容量</td><td colspan="2"></td></tr>
<tr><td colspan="3">施工及验收依据</td><td colspan="5">《城市轨道交通接触轨供电系统技术规范》CJJ/T 198</td></tr>
<tr><td colspan="3">验收项目</td><td>设计要求或规范规定</td><td>最小/实际抽样数量</td><td>检查记录</td><td colspan="2">检查结果</td></tr>
<tr><td rowspan="5">主控项目</td><td>1</td><td>电缆及附件规格、型号、电压等级、材质、数量、外观，质量应符合规范要求</td><td>第5.5.1条</td><td>/</td><td></td><td colspan="2"></td></tr>
<tr><td>2</td><td>电缆接线板安装应符合规范要求</td><td>第5.5.2条</td><td>/</td><td></td><td colspan="2"></td></tr>
<tr><td></td><td></td><td></td><td>/</td><td></td><td colspan="2"></td></tr>
<tr><td></td><td></td><td></td><td></td><td></td><td colspan="2"></td></tr>
<tr><td></td><td></td><td></td><td></td><td></td><td colspan="2"></td></tr>
<tr><td rowspan="5">一般项目</td><td>1</td><td>电缆敷设应符合规范要求</td><td>第5.5.3条</td><td>/</td><td></td><td colspan="2"></td></tr>
<tr><td></td><td></td><td></td><td></td><td></td><td colspan="2"></td></tr>
<tr><td></td><td></td><td></td><td></td><td></td><td colspan="2"></td></tr>
<tr><td></td><td></td><td></td><td></td><td></td><td colspan="2"></td></tr>
<tr><td></td><td></td><td></td><td></td><td></td><td colspan="2"></td></tr>
<tr><td>施工单位检查结果</td><td colspan="7">专业工长：（签名）　　专业质量检查员：（签名）　　年　月　日</td></tr>
<tr><td>监理单位验收结论</td><td colspan="7">专业监理工程师：（签名）　　年　月　日</td></tr>
</table>

7.3.6.57 轨道验·机-312 接触轨接地检验批质量验收记录

市政基础设施工程

接触轨接地检验批质量验收记录

轨道验·机-312

第 页 共 页

工程名称						
单位工程名称						
施工单位				分包单位		
项目负责人				项目技术负责人		
分部（子分部）工程名称				分项工程名称		
验收部位/区段				检验批容量		
施工及验收依据	《城市轨道交通接触轨供电系统技术规范》CJJ/T 198					
验收项目			设计要求或规范规定	最小/实际抽样数量	检查记录	检查结果
主控项目	1	线材规格、型号、材质、外观，质量	第5.6.1条	/		
	2	全线所有不带电金属底座均应与接地线可靠连接，连接方式应符合设计规定	第5.6.2条	/		
	3	接地线与牵引变电所接地装置应可靠连接，连接方式应符合设计规定	第5.6.3条	/		
一般项目	1	接地线接头搭接长度应符合设计要求，连接牢固可靠	第5.6.4条	/		
施工单位检查结果	专业工长：（签名） 专业质量检查员：（签名） 年 月 日					
监理单位验收结论	专业监理工程师：（签名） 年 月 日					

7.3.6.58 轨道验·机-313 隔离开关检验批质量验收记录

市政基础设施工程

隔离开关检验批质量验收记录

轨道验·机-313

第　　页共　　页

<table>
<tr><td colspan="3">工程名称</td><td colspan="4"></td></tr>
<tr><td colspan="3">单位工程名称</td><td colspan="4"></td></tr>
<tr><td colspan="3">施工单位</td><td colspan="2"></td><td>分包单位</td><td></td></tr>
<tr><td colspan="3">项目负责人</td><td colspan="2"></td><td>项目技术负责人</td><td></td></tr>
<tr><td colspan="3">分部（子分部）工程名称</td><td colspan="2"></td><td>分项工程名称</td><td></td></tr>
<tr><td colspan="3">验收部位/区段</td><td colspan="2"></td><td>检验批容量</td><td></td></tr>
<tr><td colspan="3">施工及验收依据</td><td colspan="4">《城市轨道交通接触轨供电系统技术规范》CJJ/T 198</td></tr>
<tr><td colspan="3">验收项目</td><td>设计要求或规范规定</td><td>最小/实际抽样数量</td><td>检查记录</td><td>检查结果</td></tr>
<tr><td rowspan="6">主控项目</td><td>1</td><td>隔离开关运达现场应对其进行检查，其质量应符合有关标准的规定</td><td>5.7.1</td><td>/</td><td></td><td></td></tr>
<tr><td>2</td><td>隔离开关安装位置、型号及各部尺寸、绝缘性能</td><td>5.7.2</td><td>/</td><td></td><td></td></tr>
<tr><td>3</td><td>操作机构传动操作应轻便灵活，机构的分、合闸指示与开关的实际分、合位置应一致</td><td>5.7.3</td><td>/</td><td></td><td></td></tr>
<tr><td>4</td><td>具有引弧触头的隔离开关，主触头和引弧触头开、合顺序正确，带接地刀闸的隔离开关接地刀闸与主触头间的机械闭锁应准确、可靠</td><td>5.23.4</td><td>/</td><td></td><td></td></tr>
<tr><td>5</td><td>隔离开关触头接触紧密。合闸后触头相对位置、备用行程、分闸状态时触头间净距或拉开角度，符合产品技术规定</td><td>5.23.5</td><td>/</td><td></td><td></td></tr>
<tr><td>6</td><td>开关线引线连接正确牢固，在任何情况下均满足带电距离要求，并预留因温度变化引起的位移长度</td><td>5.23.6</td><td>/</td><td></td><td></td></tr>
<tr><td rowspan="2">一般项目</td><td>1</td><td>开关托架，操作机构安装位置应便于操作，传动杆垂直与操作机构轴线一致，连接牢固，无松动现象，导电部分触头表面平整清洁，并涂有中性凡士林油。设备接线端子连接接触面涂有电力复合脂</td><td>5.23.7</td><td>/</td><td></td><td></td></tr>
<tr><td>2</td><td>操作机构距地面高度的施工符合要求</td><td>5.23.8</td><td>/</td><td></td><td></td></tr>
<tr><td>施工单位检查结果</td><td colspan="6">专业工长：（签名）　　专业质量检查员：（签名）　　年　月　日</td></tr>
<tr><td>监理单位验收结论</td><td colspan="6">专业监理工程师：（签名）　　年　月　日</td></tr>
</table>

7.3.6.59 轨道验·机-314 避雷器检验批质量验收记录

市政基础设施工程

避雷器检验批质量验收记录

轨道验·机-314

第　　页 共　　页

<table>
<tr><td colspan="3">工程名称</td><td colspan="4"></td></tr>
<tr><td colspan="3">单位工程名称</td><td colspan="4"></td></tr>
<tr><td colspan="3">施工单位</td><td></td><td colspan="2">分包单位</td><td></td></tr>
<tr><td colspan="3">项目负责人</td><td></td><td colspan="2">项目技术负责人</td><td></td></tr>
<tr><td colspan="3">分部（子分部）工程名称</td><td></td><td colspan="2">分项工程名称</td><td></td></tr>
<tr><td colspan="3">验收部位/区段</td><td></td><td colspan="2">检验批容量</td><td></td></tr>
<tr><td colspan="3">施工及验收依据</td><td colspan="4">《城市轨道交通接触轨供电系统技术规范》CJJ/T 198</td></tr>
<tr><td colspan="3">验收项目</td><td>设计要求或规范规定</td><td>最小/实际抽样数量</td><td>检查记录</td><td>检查结果</td></tr>
<tr><td rowspan="4">主控项目</td><td>1</td><td>避雷器外观检查符合质量要求</td><td>5.8.1</td><td>/</td><td></td><td></td></tr>
<tr><td>2</td><td>避雷器安装位置、规格、型号、引线方式</td><td>5.8.2</td><td>/</td><td></td><td></td></tr>
<tr><td>3</td><td>管型避雷器的闭口端固定，开口端朝下，喷气口应畅通，喷气孔正前方不得有任何障碍物；隔离间隙电极棒安装牢固，隔离距离及接地电阻值应符合设计要求</td><td>5.24.3</td><td>/</td><td></td><td></td></tr>
<tr><td>4</td><td>金属氧化物避雷器的接地电阻值</td><td>5.24.4</td><td>/</td><td></td><td></td></tr>
<tr><td rowspan="3">一般项目</td><td>1</td><td>肩架呈水平状态，两极棒水平，并在一条直线上，引线连接外加应力不超过端子本身所承受的应力，连接处涂电力复合脂</td><td>5.24.5</td><td>/</td><td></td><td></td></tr>
<tr><td>2</td><td>管型避雷器肩架安装应水平</td><td>5.24.6</td><td>/</td><td></td><td></td></tr>
<tr><td>3</td><td>金属氧化物避雷器竖直，支架水平，连接牢固可靠，吸流变压器两金属氧化物避雷器两组平行</td><td>5.24.7</td><td>/</td><td></td><td></td></tr>
<tr><td>施工单位检查结果</td><td colspan="6">专业工长：（签名）　　专业质量检查员：（签名）　　年　月　日</td></tr>
<tr><td>监理单位验收结论</td><td colspan="6">专业监理工程师：（签名）　　年　月　日</td></tr>
</table>

7.3.6.60 轨道验·机-315 接地装置检验批质量验收记录

市政基础设施工程

接地装置检验批质量验收记录

轨道验·机-315

第　　页共　　页

工程名称							
单位工程名称							
施工单位				分包单位			
项目负责人				项目技术负责人			
分部（子分部）工程名称				分项工程名称			
验收部位/区段				检验批容量			
施工及验收依据		《铁路电力工程施工质量验收标准》TB 10420					
验收项目			设计要求或规范规定	最小/实际抽样数量	检查记录	检查结果	
主控项目	1	变配电所接地干线所用的材料和规格应符合设计要求	第19.3.1条	/			
	2	接地干线不少于两处与接地装置引出干线连接	第19.3.2条	/			
一般项目	1	接地干线敷设位置不得妨碍设置的拆卸和检修；当沿建筑物墙壁水平敷设时，距离地面高度250～300mm，与建筑物墙壁间的间隙10～15mm；当接地线跨越建筑物变形缝时，设补偿装置；变压器室、高低压开关室内的接地干线上应设置不少于2个供临时接地用的接线柱或接地螺栓	第19.3.3条	/			
	2	电气装置的接地应以接地干线相连，不得在一个接地线中串接几个需要接地的电气装置	第19.2.10条	/			
施工单位检查结果		专业工长：（签名）　　专业质量检查员：（签名）　　年　月　日					
监理单位验收结论		专业监理工程师：（签名）　　年　月　日					

7.3.6.61 轨道验·机-316 接触线架设检验批质量验收记录

市政基础设施工程

接触线架设检验批质量验收记录

轨道验·机-316

第 页 共 页

工程名称						
单位工程名称						
施工单位			分包单位			
项目负责人			项目技术负责人			
分部（子分部）工程名称			分项工程名称			
验收部位/区段			检验批容量			
施工及验收依据	《铁路电力牵引供电工程施工质量验收标准》TB 10421					
验收项目			设计要求或规范规定	最小/实际抽样数量	检查记录	检查结果
主控项目	1	线材运达现场应进行检查，其质量应符合铁道行业标准	5.16.1	/		
主控项目	2	120km/h 以上区段正线接触线不允许有接头。站线接触线在一个锚段内允许有一个接头，两接头间距不应小于150m，接头悬挂点距离不应小于 2m	5.16.2	/		
主控项目	3	接触线接头应符合设计要求，接头线夹处应平滑不打弓，螺栓紧固力矩应符合产品说明书的要求	5.16.3	/		
主控项目	4	站场正线及重要线的接触线应在下方，侧线及次要线的接触线应在上方	5.16.4	/		
一般项目	1	张力补偿装置应符合设计要求，补偿绳应无磨支柱或拉线现象，坠砣完整	5.16.5	/		
一般项目						
施工单位检查结果	专业工长：（签名） 专业质量检查员：（签名） 年 月 日					
监理单位验收结论	专业监理工程师：（签名） 年 月 日					

7.3.6.62 轨道验·机-317 柔性接触网中心锚结检验批质量验收记录

市政基础设施工程

柔性中接触网中心锚结检验批质量验收记录

轨道验·机-317

第　　页 共　　页

工程名称							
单位工程名称							
施工单位				分包单位			
项目负责人				项目技术负责人			
分部（子分部）工程名称				分项工程名称			
验收部位/区段				检验批容量			
施工及验收依据	《铁路电力牵引供电工程施工质量验收标准》TB 10421						
验收项目			设计要求或规范规定	最小/实际抽样数量	检查记录	检查结果	
主控项目	1	器材进场的质量检验应符合相关规定	5.17.1	/			
主控项目	2	中心锚结应安装在设计指定位置上，接触线中心锚结所在跨距内不得有接触线接头。直线区段的中心锚结线夹端正，曲线区段中心锚线应与接触线倾斜度相一致，中心锚结线夹应牢固可靠，螺栓紧固力矩符合设计要求	5.17.2	/			
主控项目	3	中心锚结辅助绳的长度符合设计要求	5.17.3	/			
主控项目							
一般项目	1	全补偿链形悬挂承力索中心锚结辅助绳的弛度符合要求，全补偿、半补偿链形悬挂接触线中心锚结线夹两边锚结绳张力相等，接触线中心锚结线夹处接触线高度比相邻吊弦点高出20～60mm。安装形式应符合设计要求	5.17.4	/			
一般项目	2	弹性简单悬挂中心锚结应符合设计要求。下锚绳的弛度满足要求	5.17.5	/			
一般项目							
一般项目							
施工单位检查结果	专业工长：（签名）　　专业质量检查员：（签名）　　年　月　日						
监理单位验收结论	专业监理工程师：（签名）　　年　月　日						

7.3.6.63 轨道验·机-318 线岔检验批质量验收记录

市政基础设施工程

线岔检验批质量验收记录

轨道验·机-318

第　页共　页

工程名称						
单位工程名称						
施工单位			分包单位			
项目负责人			项目技术负责人			
分部（子分部）工程名称			分项工程名称			
验收部位/区段			检验批容量			
施工及验收依据	《铁路电力牵引供电工程施工质量验收标准》TB 10421					
验收项目			设计要求或规范规定	最小/实际抽样数量	检查记录	检查结果
主控项目	1	线岔质量符合相关规定	5.22.1	/		
	2	单开道岔采用交叉布置方式时符合相关规定	5.22.2	/		
	3	复式交分道岔采用交叉布置方式时符合相关规定	5.22.3	/		
	4	在直侧股线间距 800mm 处，两接触线应位于受电弓的同一侧，线岔始触区不得安装任何线夹	5.22.4	/		
施工单位检查结果	专业工长：（签名）　专业质量检查员：（签名）　年　月　日					
监理单位验收结论	专业监理工程师：（签名）　年　月　日					

7.3.6.64 轨道验·机-319 支柱防护、限界门检验批质量验收记录

市政基础设施工程

支柱防护、限界门检验批质量验收记录

轨道验·机-319

第 页 共 页

工程名称						
单位工程名称						
施工单位			分包单位			
项目负责人			项目技术负责人			
分部（子分部）工程名称			分项工程名称			
验收部位/区段			检验批容量			
施工及验收依据	《铁路电力牵引供电工程施工质量验收标准》TB 10421					
验收项目			设计要求或规范规定	最小/实际抽样数量	检查记录	检查结果
主控项目	1	机动车辆活动场所及货物站台上的支柱防护应符合设计要求，在任何情况下不得侵入基本建筑限界	5.30.1	/		
主控项目	2	限界门安装应符合设计要求，限制高度不得大于4.5m，支柱受力后应直立并略有外倾	5.30.2	/		
一般项目	1	支柱防护尺寸应符合设计要求，整体成形，坚固可靠	5.30.3	/		
一般项目	2	限界门下拉索（杆）呈水平状态，限高标志面采用反光膜，字迹清晰醒目，其逆反射系数应在Ⅳ级及以上。支柱及防护桩涂黑白相间油漆均匀，无脱落现象	5.30.4	/		
一般项目						
一般项目						
一般项目						
施工单位检查结果	专业工长：（签名） 专业质量检查员：（签名） 年 月 日					
监理单位验收结论	专业监理工程师：（签名） 年 月 日					

7.3.6.65 轨道验·机-320 冷、热滑试验及送电开通检验批质量验收记录

市政基础设施工程

冷、热滑试验及送电开通检验批质量验收记录表

轨道验·机-320

第　　页 共　　页

<table>
<tr><td colspan="3">工程名称</td><td colspan="5"></td></tr>
<tr><td colspan="3">单位工程名称</td><td colspan="5"></td></tr>
<tr><td colspan="3">施工单位</td><td></td><td colspan="2">分包单位</td><td colspan="2"></td></tr>
<tr><td colspan="3">项目负责人</td><td></td><td colspan="2">项目技术负责人</td><td colspan="2"></td></tr>
<tr><td colspan="3">分部（子分部）工程名称</td><td></td><td colspan="2">分项工程名称</td><td colspan="2"></td></tr>
<tr><td colspan="3">验收部位/区段</td><td></td><td colspan="2">检验批容量</td><td colspan="2"></td></tr>
<tr><td colspan="3">施工及验收依据</td><td colspan="5"></td></tr>
<tr><td colspan="3">验收项目</td><td colspan="2">设计要求或规范规定</td><td>最小/实际抽样数量</td><td>检查记录</td><td>检查结果</td></tr>
<tr><td rowspan="4">主控项目</td><td>1</td><td>冷滑试验应在线路限界检查后进行。冷滑时受电靴在接触轨授流面滑行应平顺，无碰靴、刮靴现象</td><td colspan="2">4.3.3.1</td><td></td><td>/</td><td></td></tr>
<tr><td>2</td><td>接触轨受电是在冷滑试验后进行，接触轨受电前应确保开通区段接触轨系统绝缘良好，接触轨系统受电后，各供电臂始、终端应确保有电</td><td colspan="2">4.3.3.2</td><td></td><td>/</td><td></td></tr>
<tr><td>3</td><td>热滑试验为接触轨送电后进行，试验车以规定运行速度往返运行，接触轨及设备应运行正常</td><td colspan="2">4.3.3.3</td><td></td><td>/</td><td></td></tr>
<tr><td>4</td><td></td><td colspan="2"></td><td></td><td></td><td></td></tr>
<tr><td colspan="2">施工单位检查结果</td><td colspan="6">专业工长：（签名）　　专业质量检查员：（签名）　　年　月　日</td></tr>
<tr><td colspan="2">监理单位验收结论</td><td colspan="6">专业监理工程师：（签名）　　年　月　日</td></tr>
</table>

7.3.7 通信系统

7.3.7.1 轨道验・机-321 支架、吊架安装检验批质量验收记录

市政基础设施工程

支架、吊架安装检验批质量验收记录

轨道验・机-321

第 页 共 页

工程名称						
单位工程名称						
施工单位			分包单位			
项目负责人			项目技术负责人			
分部（子分部）工程名称			分项工程名称			
验收部位/区段			检验批容量			
施工及验收依据	《城市轨道交通通信工程质量验收规范》GB 50382					
验收项目			设计要求或规范规定	最小/实际抽样数量	检查记录	检查结果
主控项目	1	支架、吊架及配件进场检查	第 4.2.1 条	/		
	2	支架、吊架安装位置及安装方式	第 4.2.2 条	/		
	3	支架、吊架不应安装的位置	第 4.2.3 条	/		
	4	区间电缆支架接地方式	第 4.2.4 条	/		
一般项目	1	支架、吊架的镀锌要求和尺寸	第 4.2.5 条	/		
	2	支架、吊架安装规范	第 4.2.6 条	/		
	3	支架、吊架安装质量	第 4.2.7 条	/		
	4	安装金属线槽及保护管用的支架、吊架间距	第 4.2.8 条	/		
	5	敷设电缆用的支架、吊架间距	第 4.2.9 条	/		
施工单位检查结果	专业工长：（签名） 专业质量检查员：（签名） 年 月 日					
监理单位验收结论	专业监理工程师：（签名） 年 月 日					

7.3.7.2 轨道验・机-322 桥架安装检验批质量验收记录

市政基础设施工程

桥架安装检验批质量验收记录

轨道验・机-322

第　页共　页

工程名称					
单位工程名称					
施工单位		分包单位			
项目负责人		项目技术负责人			
分部（子分部）工程名称		分项工程名称			
验收部位/区段		检验批容量			
施工及验收依据	《城市轨道交通通信工程质量验收规范》GB 50382				

		验收项目	设计要求或规范规定	最小/实际抽样数量	检查记录	检查结果
主控项目	1	线槽、走线架及配件进场检查	第4.3.1条	/		
	2	线槽、走线架安装位置和安装方式	第4.3.2条	/		
	3	线槽终端	第4.3.3条	/		
	4	金属线槽焊接	第4.3.4条	/		
	5	线槽、走线架与机架连接	第4.3.5条	/		
	6	金属线槽、走线架接地	第4.3.6条	/		
	7	线槽预埋	第4.3.7条	/		
	8	线槽内电力线、信号线分槽	第4.3.8条	/		
	9	线槽安装在经过建筑沉降缝或伸缩缝时应预留变形间距	第4.3.9条	/		
一般项目	1	金属线槽质量	第4.3.10条	/		
	2	线槽安装	第4.3.11条	/		
	3	线槽超长时热补偿	第4.3.12条	/		
	4	线槽内电缆引出	第4.3.13条	/		
	5	线槽拐直角弯时的弯曲半径	第4.3.14条	/		
施工单位检查结果	专业工长：（签名）　专业质量检查员：（签名）　年　月　日					
监理单位验收结论	专业监理工程师：（签名）　年　月　日					

7.3.7.3 轨道验·机-323 保护管安装检验批质量验收记录

市政基础设施工程

保护管安装检验批质量验收记录

轨道验·机-323

第 页 共 页

<table>
<tr><td colspan="3">工程名称</td><td colspan="5"></td></tr>
<tr><td colspan="3">单位工程名称</td><td colspan="5"></td></tr>
<tr><td colspan="3">施工单位</td><td colspan="2"></td><td colspan="2">分包单位</td><td></td></tr>
<tr><td colspan="3">项目负责人</td><td colspan="2"></td><td colspan="2">项目技术负责人</td><td></td></tr>
<tr><td colspan="3">分部（子分部）工程名称</td><td colspan="2"></td><td colspan="2">分项工程名称</td><td></td></tr>
<tr><td colspan="3">验收部位/区段</td><td colspan="2"></td><td colspan="2">检验批容量</td><td></td></tr>
<tr><td colspan="3">施工及验收依据</td><td colspan="5">《城市轨道交通通信工程质量验收规范》GB 50382</td></tr>
<tr><td colspan="3">验收项目</td><td>设计要求或规范规定</td><td>最小/实际抽样数量</td><td>检查记录</td><td colspan="2">检查结果</td></tr>
<tr><td rowspan="6">主控项目</td><td>1</td><td>保护管及配件进场检查</td><td>第 4.4.1 条</td><td>/</td><td></td><td colspan="2"></td></tr>
<tr><td>2</td><td>保护管煨管</td><td>第 4.4.2 条</td><td>/</td><td></td><td colspan="2"></td></tr>
<tr><td>3</td><td>保护管管口</td><td>第 4.4.3 条</td><td>/</td><td></td><td colspan="2"></td></tr>
<tr><td>4</td><td>金属保护管接地</td><td>第 4.4.4 条</td><td>/</td><td></td><td colspan="2"></td></tr>
<tr><td>5</td><td>保护管预埋</td><td>第 4.4.5 条</td><td>/</td><td></td><td colspan="2"></td></tr>
<tr><td>6</td><td>保护管变形间距</td><td>第 4.4.6 条</td><td>/</td><td></td><td colspan="2"></td></tr>
<tr><td rowspan="4">一般项目</td><td>1</td><td>保护管外观及涂层</td><td>第 4.4.7 条</td><td>/</td><td></td><td colspan="2"></td></tr>
<tr><td>2</td><td>保护管增设接线盒或拉线盒的位置</td><td>第 4.4.8 条</td><td>/</td><td></td><td colspan="2"></td></tr>
<tr><td>3</td><td>预埋保护管</td><td>第 4.4.9 条</td><td>/</td><td></td><td colspan="2"></td></tr>
<tr><td>4</td><td>保护管管卡安装</td><td>第 4.4.10 条</td><td>/</td><td></td><td colspan="2"></td></tr>
<tr><td>施工单位检查结果</td><td colspan="7">专业工长：（签名） 专业质量检查员：（签名） 年 月 日</td></tr>
<tr><td>监理单位验收结论</td><td colspan="7">专业监理工程师：（签名） 年 月 日</td></tr>
</table>

7.3.7.4 轨道验·机-324 通信管道安装检验批质量验收记录

市政基础设施工程

通信管道安装检验批质量验收记录

轨道验·机-324

第　　页共　　页

工程名称						
单位工程名称						
施工单位			分包单位			
项目负责人			项目技术负责人			
分部（子分部）工程名称			分项工程名称			
验收部位/区段			检验批容量			
施工及验收依据	《城市轨道交通通信工程质量验收规范》GB 50382					
验收项目			设计要求或规范规定	最小/实际抽样数量	检查记录	检查结果
主控项目	1	通信管道进场检查	第4.5.1条	/		
	2	通信管道埋深	第4.5.2条	/		
	3	通信管道试通	第4.5.3条	/		
	4	通信管道管孔封堵	第4.5.4条	/		
一般项目	1	人手孔外观	第4.5.5条	/		
	2	人手孔口圈外观	第4.5.6条	/		
	3	人手孔防渗、漏水及排水	第4.5.7条	/		
施工单位检查结果	专业工长：（签名）　　专业质量检查员：（签名）　　年　月　日					
监理单位验收结论	专业监理工程师：（签名）　　年　月　日					

7.3.7.5 轨道验·机-325 缆线布放检验批质量验收记录

市政基础设施工程

缆线布放检验批质量验收记录

轨道验·机-325

第 页 共 页

<table>
<tr><td colspan="3">工程名称</td><td colspan="4"></td></tr>
<tr><td colspan="3">单位工程名称</td><td colspan="4"></td></tr>
<tr><td colspan="3">施工单位</td><td></td><td>分包单位</td><td colspan="2"></td></tr>
<tr><td colspan="3">项目负责人</td><td></td><td>项目技术负责人</td><td colspan="2"></td></tr>
<tr><td colspan="3">分部（子分部）工程名称</td><td></td><td>分项工程名称</td><td colspan="2"></td></tr>
<tr><td colspan="3">验收部位/区段</td><td></td><td>检验批容量</td><td colspan="2"></td></tr>
<tr><td colspan="3">施工及验收依据</td><td colspan="4">《城市轨道交通通信工程质量验收规范》GB 50382</td></tr>
<tr><td colspan="3">验收项目</td><td>设计要求或规范规定</td><td>最小/实际抽样数量</td><td>检查记录</td><td>检查结果</td></tr>
<tr><td rowspan="7">主控项目</td><td>1</td><td>线缆型号、规格、质量</td><td>第4.6.1条</td><td>/</td><td></td><td></td></tr>
<tr><td>2</td><td>线缆外观、绝缘</td><td>第4.6.2条</td><td>/</td><td></td><td></td></tr>
<tr><td>3</td><td>线缆强弱电水平上下顺序</td><td>第4.6.3条</td><td>/</td><td></td><td></td></tr>
<tr><td>4</td><td>线槽内线缆排列</td><td>第4.6.4条</td><td>/</td><td></td><td></td></tr>
<tr><td>5</td><td>线缆管槽内敷设要求</td><td>第4.6.5条</td><td>/</td><td></td><td></td></tr>
<tr><td>6</td><td>屏蔽电缆、金属管防护</td><td>第4.6.6条</td><td>/</td><td></td><td></td></tr>
<tr><td>7</td><td>电源线与信号线交叉平行处理</td><td>第4.6.7条</td><td>/</td><td></td><td></td></tr>
<tr><td rowspan="6">一般项目</td><td>1</td><td>电源线、信号线的走向及径路</td><td>第4.6.8条</td><td>/</td><td></td><td></td></tr>
<tr><td>2</td><td>电源线、信号线布放的弯曲半径</td><td>第4.6.9条</td><td>/</td><td></td><td></td></tr>
<tr><td>3</td><td>线缆经过伸缩缝等余留处理</td><td>第4.6.10条</td><td>/</td><td></td><td></td></tr>
<tr><td>4</td><td>线缆在线槽、保护管利用率</td><td>第4.6.11条</td><td>/</td><td></td><td></td></tr>
<tr><td>5</td><td>室内光缆防护、余留</td><td>第4.6.12条</td><td>/</td><td></td><td></td></tr>
<tr><td>6</td><td>线缆在线槽内和爬架上固定间距</td><td>第4.6.13条</td><td>/</td><td></td><td></td></tr>
<tr><td>施工单位检查结果</td><td colspan="6">专业工长：（签名）　　专业质量检查员：（签名）　　年　月　日</td></tr>
<tr><td>监理单位验收结论</td><td colspan="6">专业监理工程师：（签名）　　年　月　日</td></tr>
</table>

7.3.7.6 轨道验·机-326 区间电缆支架安装检验批质量验收记录

市政基础设施工程

区间电缆支架安装检验批质量验收记录

轨道验·机-326

第　　页 共　　页

<table>
<tr><td colspan="3">工程名称</td><td colspan="5"></td></tr>
<tr><td colspan="3">单位工程名称</td><td colspan="5"></td></tr>
<tr><td colspan="3">施工单位</td><td></td><td colspan="2">分包单位</td><td colspan="2"></td></tr>
<tr><td colspan="3">项目负责人</td><td></td><td colspan="2">项目技术负责人</td><td colspan="2"></td></tr>
<tr><td colspan="3">分部（子分部）
工程名称</td><td></td><td colspan="2">分项工程名称</td><td colspan="2"></td></tr>
<tr><td colspan="3">验收部位/区段</td><td></td><td colspan="2">检验批容量</td><td colspan="2"></td></tr>
<tr><td colspan="3">施工及验收依据</td><td colspan="5">《城市轨道交通通信工程质量验收规范》GB 50382</td></tr>
<tr><td colspan="3">验收项目</td><td>设计要求或
规范规定</td><td>最小/实际
抽样数量</td><td>检查记录</td><td colspan="2">检查结果</td></tr>
<tr><td rowspan="4">主控项目</td><td>1</td><td>支架、吊架及配件进场检查</td><td>第 4.2.1 条</td><td>/</td><td></td><td colspan="2"></td></tr>
<tr><td>2</td><td>支架、吊架安装位置及安装方式</td><td>第 4.2.2 条</td><td>/</td><td></td><td colspan="2"></td></tr>
<tr><td>3</td><td>支架、吊架不应安装的位置</td><td>第 4.2.3 条</td><td>/</td><td></td><td colspan="2"></td></tr>
<tr><td>4</td><td>区间电缆支架接地方式</td><td>第 4.2.4 条</td><td>/</td><td></td><td colspan="2"></td></tr>
<tr><td rowspan="5">一般项目</td><td>1</td><td>支架、吊架的镀锌要求和尺寸</td><td>第 4.2.5 条</td><td>/</td><td></td><td colspan="2"></td></tr>
<tr><td>2</td><td>支架、吊架安装规范</td><td>第 4.2.6 条</td><td>/</td><td></td><td colspan="2"></td></tr>
<tr><td>3</td><td>支架、吊架安装质量</td><td>第 4.2.7 条</td><td>/</td><td></td><td colspan="2"></td></tr>
<tr><td>4</td><td>安装金属线槽及保护管用的支架、吊架间距</td><td>第 4.2.8 条</td><td>/</td><td></td><td colspan="2"></td></tr>
<tr><td>5</td><td>敷设电缆用的支架、吊架间距</td><td>第 4.2.9 条</td><td>/</td><td></td><td colspan="2"></td></tr>
<tr><td colspan="2">施工单位检查结果</td><td colspan="6">专业工长：（签名）　　专业质量检查员：（签名）　　年　月　日</td></tr>
<tr><td colspan="2">监理单位验收结论</td><td colspan="6">专业监理工程师：（签名）　　年　月　日</td></tr>
</table>

7.3.7.7 轨道验·机-327 光、电缆敷设检验批质量验收记录

市政基础设施工程

光、电缆敷设检验批质量验收记录

轨道验·机-327

第 页 共 页

<table>
<tr><td colspan="3">工程名称</td><td colspan="5"></td></tr>
<tr><td colspan="3">单位工程名称</td><td colspan="5"></td></tr>
<tr><td colspan="3">施工单位</td><td></td><td colspan="2">分包单位</td><td colspan="2"></td></tr>
<tr><td colspan="3">项目负责人</td><td></td><td colspan="2">项目技术负责人</td><td colspan="2"></td></tr>
<tr><td colspan="3">分部（子分部）
工程名称</td><td></td><td colspan="2">分项工程名称</td><td colspan="2"></td></tr>
<tr><td colspan="3">验收部位/区段</td><td></td><td colspan="2">检验批容量</td><td colspan="2"></td></tr>
<tr><td colspan="3">施工及验收依据</td><td colspan="5">《城市轨道交通通信工程质量验收规范》GB 50382</td></tr>
<tr><td colspan="3">验收项目</td><td>设计要求或规范规定</td><td>最小/实际抽样数量</td><td>检查记录</td><td colspan="2">检查结果</td></tr>
<tr><td rowspan="8">主控项目</td><td>1</td><td>光、电缆及配套器材进场检查</td><td>第5.2.1条</td><td>/</td><td></td><td colspan="2"></td></tr>
<tr><td>2</td><td>光、电缆单盘测试</td><td>第5.2.2条</td><td>/</td><td></td><td colspan="2"></td></tr>
<tr><td>3</td><td>光、电缆敷设</td><td>第5.2.3条</td><td>/</td><td></td><td colspan="2"></td></tr>
<tr><td>4</td><td>通信管道和人手孔内敷设</td><td>第5.2.4条</td><td>/</td><td></td><td colspan="2"></td></tr>
<tr><td>5</td><td>光、电缆线路防雷</td><td>第5.2.5条</td><td>/</td><td></td><td colspan="2"></td></tr>
<tr><td>6</td><td>光、电缆线路的防蚀和防电磁</td><td>第5.2.6条</td><td>/</td><td></td><td colspan="2"></td></tr>
<tr><td>7</td><td>光、电缆外护层（套）</td><td>第5.2.7条</td><td>/</td><td></td><td colspan="2"></td></tr>
<tr><td>8</td><td>光、电缆与其他管线、设施的间隔距离</td><td>第5.2.8条</td><td>/</td><td></td><td colspan="2"></td></tr>
<tr><td rowspan="3">一般项目</td><td>1</td><td>光、电缆弯曲半径</td><td>第5.2.9条</td><td>/</td><td></td><td colspan="2"></td></tr>
<tr><td>2</td><td>光、电缆线路余留</td><td>第5.2.10条</td><td>/</td><td></td><td colspan="2"></td></tr>
<tr><td>3</td><td>直埋光、电缆线路标桩的埋设</td><td>第5.2.11条</td><td>/</td><td></td><td colspan="2"></td></tr>
<tr><td>施工单位检查结果</td><td colspan="7">专业工长：（签名） 专业质量检查员：（签名） 年 月 日</td></tr>
<tr><td>监理单位验收结论</td><td colspan="7">专业监理工程师：（签名） 年 月 日</td></tr>
</table>

7.3.7.8 轨道验·机-328 光缆接续及引入检验批质量验收记录

市政基础设施工程

光缆接续及引入检验批质量验收记录

轨道验·机-328

第　　页 共　　页

<table>
<tr><td colspan="3">工程名称</td><td colspan="5"></td></tr>
<tr><td colspan="3">单位工程名称</td><td colspan="5"></td></tr>
<tr><td colspan="3">施工单位</td><td colspan="2"></td><td>分包单位</td><td colspan="2"></td></tr>
<tr><td colspan="3">项目负责人</td><td colspan="2"></td><td>项目技术负责人</td><td colspan="2"></td></tr>
<tr><td colspan="3">分部（子分部）工程名称</td><td colspan="2"></td><td>分项工程名称</td><td colspan="2"></td></tr>
<tr><td colspan="3">验收部位/区段</td><td colspan="2"></td><td>检验批容量</td><td colspan="2"></td></tr>
<tr><td colspan="3">施工及验收依据</td><td colspan="5">《城市轨道交通通信工程质量验收规范》GB 50382</td></tr>
<tr><td colspan="3">验收项目</td><td>设计要求或规范规定</td><td>最小/实际抽样数量</td><td>检查记录</td><td colspan="2">检查结果</td></tr>
<tr><td rowspan="5">主控项目</td><td>1</td><td>光缆接续</td><td>第5.3.1条</td><td>/</td><td></td><td colspan="2"></td></tr>
<tr><td>2</td><td>光缆接头的固定方式、位置</td><td>第5.3.2条</td><td>/</td><td></td><td colspan="2"></td></tr>
<tr><td>3</td><td>光缆引入</td><td>第5.3.3条</td><td>/</td><td></td><td colspan="2"></td></tr>
<tr><td>4</td><td>光配线架上或光终端盒的安装位置及面板排列</td><td>第5.3.4条</td><td>/</td><td></td><td colspan="2"></td></tr>
<tr><td>5</td><td>光配线架的安装</td><td>第5.3.5条</td><td>/</td><td></td><td colspan="2"></td></tr>
<tr><td rowspan="2">一般项目</td><td>1</td><td>光缆及接头盒进人孔处理</td><td>第5.3.6条</td><td>/</td><td></td><td colspan="2"></td></tr>
<tr><td>2</td><td>光缆标识</td><td>第5.3.7条</td><td>/</td><td></td><td colspan="2"></td></tr>
<tr><td colspan="2">施工单位检查结果</td><td colspan="6">专业工长：（签名）　　专业质量检查员：（签名）　　年　月　日</td></tr>
<tr><td colspan="2">监理单位验收结论</td><td colspan="6">专业监理工程师：（签名）　　年　月　日</td></tr>
</table>

7.3.7.9 轨道验·机-329 电缆接续及引入检验批质量验收记录

市政基础设施工程

电缆接续及引入检验批质量验收记录

轨道验·机-329

第　　页 共　　页

<table>
<tr><td colspan="3">工程名称</td><td colspan="5"></td></tr>
<tr><td colspan="3">单位工程名称</td><td colspan="5"></td></tr>
<tr><td colspan="3">施工单位</td><td colspan="2"></td><td>分包单位</td><td colspan="2"></td></tr>
<tr><td colspan="3">项目负责人</td><td colspan="2"></td><td>项目技术负责人</td><td colspan="2"></td></tr>
<tr><td colspan="3">分部（子分部）工程名称</td><td colspan="2"></td><td>分项工程名称</td><td colspan="2"></td></tr>
<tr><td colspan="3">验收部位/区段</td><td colspan="2"></td><td>检验批容量</td><td colspan="2"></td></tr>
<tr><td colspan="3">施工及验收依据</td><td colspan="5">《城市轨道交通通信工程质量验收规范》GB 50382</td></tr>
<tr><td colspan="3">验收项目</td><td>设计要求或规范规定</td><td>最小/实际抽样数量</td><td colspan="2">检查记录</td><td>检查结果</td></tr>
<tr><td rowspan="6">主控项目</td><td>1</td><td>电缆接续</td><td>第5.4.1条</td><td>/</td><td colspan="2"></td><td></td></tr>
<tr><td>2</td><td>电缆接头的固定方式、位置</td><td>第5.4.2条</td><td>/</td><td colspan="2"></td><td></td></tr>
<tr><td>3</td><td>电缆引入</td><td>第5.4.3条</td><td>/</td><td colspan="2"></td><td></td></tr>
<tr><td>4</td><td>分歧电缆接入干线</td><td>第5.4.4条</td><td>/</td><td colspan="2"></td><td></td></tr>
<tr><td>5</td><td>接线盒、分线盒和交接箱配线</td><td>第5.4.5条</td><td>/</td><td colspan="2"></td><td></td></tr>
<tr><td>6</td><td>配线架安装</td><td>第5.4.6条</td><td>/</td><td colspan="2"></td><td></td></tr>
<tr><td rowspan="4">一般项目</td><td>1</td><td>室内电缆分线盒、交接箱安装</td><td>第5.4.7条</td><td>/</td><td colspan="2"></td><td></td></tr>
<tr><td>2</td><td>电缆引入分线盒时管槽保护</td><td>第5.4.8条</td><td>/</td><td colspan="2"></td><td></td></tr>
<tr><td>3</td><td>接头装置</td><td>第5.4.9条</td><td>/</td><td colspan="2"></td><td></td></tr>
<tr><td>4</td><td>电缆引入室内配线架</td><td>第5.4.10条</td><td></td><td colspan="2"></td><td></td></tr>
<tr><td>施工单位检查结果</td><td colspan="7">专业工长：（签名）　　专业质量检查员：（签名）　　年　月　日</td></tr>
<tr><td>监理单位验收结论</td><td colspan="7">专业监理工程师：（签名）　　年　月　日</td></tr>
</table>

7.3.7.10 轨道验·机-330 漏缆敷设检验批质量验收记录

市政基础设施工程

漏缆敷设检验批质量验收记录

轨道验·机-330

第 页 共 页

<table>
<tr><td colspan="3">工程名称</td><td colspan="5"></td></tr>
<tr><td colspan="3">单位工程名称</td><td colspan="5"></td></tr>
<tr><td colspan="3">施工单位</td><td></td><td colspan="2">分包单位</td><td colspan="2"></td></tr>
<tr><td colspan="3">项目负责人</td><td></td><td colspan="2">项目技术负责人</td><td colspan="2"></td></tr>
<tr><td colspan="3">分部（子分部）
工程名称</td><td></td><td colspan="2">分项工程名称</td><td colspan="2"></td></tr>
<tr><td colspan="3">验收部位/区段</td><td></td><td colspan="2">检验批容量</td><td colspan="2"></td></tr>
<tr><td colspan="3">施工及验收依据</td><td colspan="5">《城市轨道交通通信工程质量验收规范》GB 50382</td></tr>
<tr><td colspan="3">验收项目</td><td>设计要求或
规范规定</td><td>最小/实际
抽样数量</td><td>检查记录</td><td colspan="2">检查结果</td></tr>
<tr><td rowspan="6">主控项目</td><td>1</td><td>漏缆、馈线及配套器材进场检查</td><td>第5.5.1条</td><td>/</td><td></td><td colspan="2"></td></tr>
<tr><td>2</td><td>漏缆单盘检测</td><td>第5.5.2条</td><td>/</td><td></td><td colspan="2"></td></tr>
<tr><td>3</td><td>漏缆吊挂支柱安装</td><td>第5.5.3条</td><td>/</td><td></td><td colspan="2"></td></tr>
<tr><td>4</td><td>漏缆吊挂用吊线敷设的安装方式</td><td>第5.5.4条</td><td>/</td><td></td><td colspan="2"></td></tr>
<tr><td>5</td><td>漏缆夹具的安装</td><td>第5.5.5条</td><td>/</td><td></td><td colspan="2"></td></tr>
<tr><td>6</td><td>漏缆敷设</td><td>第5.5.6条</td><td>/</td><td></td><td colspan="2"></td></tr>
<tr><td rowspan="2">一般项目</td><td>1</td><td>隧道外区段漏缆吊挂后最大下垂幅度</td><td>第5.5.9条</td><td>/</td><td></td><td colspan="2"></td></tr>
<tr><td>2</td><td>合成器与分路器的安装位置</td><td>第5.5.10条</td><td>/</td><td></td><td colspan="2"></td></tr>
<tr><td colspan="2">施工单位检查结果</td><td colspan="6">专业工长：（签名） 专业质量检查员：（签名） 年 月 日</td></tr>
<tr><td colspan="2">监理单位验收结论</td><td colspan="6">专业监理工程师：（签名） 年 月 日</td></tr>
</table>

7.3.7.11 轨道验·机-331 漏缆连接及引入检验批质量验收记录

市政基础设施工程

漏缆连接及引入检验批质量验收记录

轨道验·机-331

第　　页共　　页

<table>
<tr><td colspan="2">工程名称</td><td colspan="6"></td></tr>
<tr><td colspan="2">单位工程名称</td><td colspan="6"></td></tr>
<tr><td colspan="2">施工单位</td><td colspan="2"></td><td colspan="2">分包单位</td><td colspan="2"></td></tr>
<tr><td colspan="2">项目负责人</td><td colspan="2"></td><td colspan="2">项目技术负责人</td><td colspan="2"></td></tr>
<tr><td colspan="2">分部（子分部）
工程名称</td><td colspan="2"></td><td colspan="2">分项工程名称</td><td colspan="2"></td></tr>
<tr><td colspan="2">验收部位/区段</td><td colspan="2"></td><td colspan="2">检验批容量</td><td colspan="2"></td></tr>
<tr><td colspan="2">施工及验收依据</td><td colspan="6">《城市轨道交通通信工程质量验收规范》GB 50382</td></tr>
<tr><td colspan="3">验收项目</td><td>设计要求或
规范规定</td><td>最小/实际
抽样数量</td><td>检查记录</td><td colspan="2">检查结果</td></tr>
<tr><td rowspan="2">主控项目</td><td>1</td><td>漏缆固定接头</td><td>第 5.5.7 条</td><td>/</td><td></td><td colspan="2"></td></tr>
<tr><td>2</td><td>馈线连接</td><td>第 5.5.8 条</td><td>/</td><td></td><td colspan="2"></td></tr>
<tr><td rowspan="2">一般项目</td><td></td><td></td><td></td><td></td><td></td><td colspan="2"></td></tr>
<tr><td></td><td></td><td></td><td></td><td></td><td colspan="2"></td></tr>
<tr><td>施工单位检查结果</td><td colspan="7">

专业工长：（签名）　　专业质量检查员：（签名）　　年　月　日</td></tr>
<tr><td>监理单位验收结论</td><td colspan="7">

专业监理工程师：（签名）　　年　月　日</td></tr>
</table>

7.3.7.12 轨道验·机-332 光缆线路检测检验批质量验收记录

市政基础设施工程

光缆线路检测检验批质量验收记录

轨道验·机-332

第 页 共 页

工程名称						
单位工程名称						
施工单位				分包单位		
项目负责人				项目技术负责人		
分部（子分部）工程名称				分项工程名称		
验收部位/区段				检验批容量		
施工及验收依据	《城市轨道交通通信工程质量验收规范》GB 50382					
验收项目			设计要求或规范规定	最小/实际抽样数量	检查记录	检查结果
主控项目	1	光缆线路接续耗损平均值	第5.6.1条	/		
	2	光纤线路衰减	第5.6.2条	/		
	3	光缆线路S点的最小回波损耗	第5.6.3条	/		
一般项目						
施工单位检查结果	专业工长：（签名） 专业质量检查员：（签名） 年 月 日					
监理单位验收结论	专业监理工程师：（签名） 年 月 日					

7.3.7.13 轨道验・机-333 电缆线路检测检验批质量验收记录

市政基础设施工程

电缆线路检测检验批质量验收记录

轨道验・机-333

第　　页 共　　页

<table>
<tr><td colspan="3">工程名称</td><td colspan="5"></td></tr>
<tr><td colspan="3">单位工程名称</td><td colspan="5"></td></tr>
<tr><td colspan="3">施工单位</td><td colspan="2"></td><td colspan="2">分包单位</td><td></td></tr>
<tr><td colspan="3">项目负责人</td><td colspan="2"></td><td colspan="2">项目技术负责人</td><td></td></tr>
<tr><td colspan="3">分部（子分部）
工程名称</td><td colspan="2"></td><td colspan="2">分项工程名称</td><td></td></tr>
<tr><td colspan="3">验收部位/区段</td><td colspan="2"></td><td colspan="2">检验批容量</td><td></td></tr>
<tr><td colspan="3">施工及验收依据</td><td colspan="5">《城市轨道交通通信工程质量验收规范》GB 50382</td></tr>
<tr><td colspan="3">验收项目</td><td>设计要求或
规范规定</td><td>最小/实际
抽样数量</td><td colspan="2">检查记录</td><td>检查结果</td></tr>
<tr><td rowspan="2">主控项目</td><td>1</td><td>低频四线组通信电缆音频段电特性</td><td>第 5.6.4 条</td><td>/</td><td colspan="2"></td><td></td></tr>
<tr><td>2</td><td>市话电缆直流电特性</td><td>第 5.6.5 条</td><td>/</td><td colspan="2"></td><td></td></tr>
<tr><td rowspan="2">一般项目</td><td></td><td></td><td></td><td></td><td colspan="2"></td><td></td></tr>
<tr><td></td><td></td><td></td><td></td><td colspan="2"></td><td></td></tr>
<tr><td colspan="2">施工单位检查结果</td><td colspan="6">

专业工长：（签名）　　　　专业质量检查员：（签名）　　　　年　　月　　日</td></tr>
<tr><td colspan="2">监理单位验收结论</td><td colspan="6">

专业监理工程师：（签名）　　　　年　　月　　日</td></tr>
</table>

7.3.7.14 轨道验·机-334 漏缆线路检测检验批质量验收记录

市政基础设施工程

漏缆线路检测检验批质量验收记录

轨道验·机-334

第 页 共 页

工程名称			
单位工程名称			
施工单位		分包单位	
项目负责人		项目技术负责人	
分部（子分部） 工程名称		分项工程名称	
验收部位/区段		检验批容量	
施工及验收依据	《城市轨道交通通信工程质量验收规范》GB 50382		

验收项目			设计要求或规范规定	最小/实际抽样数量	检查记录	检查结果
主控项目	1	漏缆线路测试	第 5.6.4 条	/		
	2	馈线与漏缆连接后测试	第 5.6.5 条	/		
一般项目						
施工单位检查结果	专业工长：（签名） 专业质量检查员：（签名） 年 月 日					
监理单位验收结论	专业监理工程师：（签名） 年 月 日					

7.3.7.15 轨道验·机-335 电源设备安装检验批质量验收记录

市政基础设施工程

电源设备安装检验批质量验收记录

轨道验·机-335

第　页共　页

工程名称					
单位工程名称					
施工单位			分包单位		
项目负责人			项目技术负责人		
分部（子分部）工程名称			分项工程名称		
验收部位/区段			检验批容量		
施工及验收依据	《城市轨道交通通信工程质量验收规范》GB 50382				

验收项目			设计要求或规范规定	最小/实际抽样数量	检查记录	检查结果
主控项目	1	电源设备、防雷器件进场检查	第7.2.1条	/		
	2	电源设备的安装位置、机柜（架）的加固方式	第7.2.2条	/		
	3	配电设备的进出线配电开关及保护装置的数量、规格	第7.2.3条	/		
	4	蓄电池架（柜）的加工形式、规格尺寸和平面设置、抗震加固方式	第7.2.4条	/		
	5	蓄电池连接	第7.2.5条	/		
	6	交直流电源柜电气连接	第7.2.6条	/		
	7	电源设备的防雷	第7.2.7条	/		
	8	电源系统接地保护或接零保护	第7.2.8条	/		
	9	直流电源工作地	第7.2.9条	/		
一般项目	1	电源设备机柜安装的垂直偏差	第7.2.10条	/		
	2	电源架（柜）外观	第7.2.11条	/		
	3	蓄电池柜（架）水平及垂直角度	第7.2.12条	/		
	4	蓄电池排列	第7.2.13条	/		
施工单位检查结果	专业工长：（签名）　专业质量检查员：（签名）　年　月　日					
监理单位验收结论	专业监理工程师：（签名）　年　月　日					

7.3.7.16 轨道验·机-336 电源设备配线检验批质量验收记录

市政基础设施工程

电源设备配线检验批质量验收记录

轨道验·机-336

第 页 共 页

工程名称						
单位工程名称						
施工单位			分包单位			
项目负责人			项目技术负责人			
分部（子分部）工程名称			分项工程名称			
验收部位/区段			检验批容量			
施工及验收依据	《城市轨道交通通信工程质量验收规范》GB 50382					
验收项目			设计要求或规范规定	最小/实际抽样数量	检查记录	检查结果
主控项目	1	电源设备配线线缆进场检查	第 7.3.1 条	/		
	2	电源设备配线用电源线	第 7.3.2 条	/		
	3	可动部位的电源线余留	第 7.3.3 条	/		
	4	电源线和控制线应分开敷设	第 7.3.4 条	/		
	5	电源线颜色的配置或标识	第 7.3.5 条	/		
	6	电源设备配线端子接线	第 7.3.6 条	/		
一般项目	1	电源设备的线缆处理	第 7.3.7 条	/		
	2	电源设备配线	第 7.3.8 条	/		
施工单位检查结果	专业工长：（签名） 专业质量检查员：（签名） 年 月 日					
监理单位验收结论	专业监理工程师：（签名） 年 月 日					

7.3.7.17 轨道验·机-337 接地安装检验批质量验收记录

市政基础设施工程

接地安装检验批质量验收记录

轨道验·机-337

第 页 共 页

<table>
<tr><td colspan="3">工程名称</td><td colspan="5"></td></tr>
<tr><td colspan="3">单位工程名称</td><td colspan="5"></td></tr>
<tr><td colspan="3">施工单位</td><td></td><td colspan="2">分包单位</td><td colspan="2"></td></tr>
<tr><td colspan="3">项目负责人</td><td></td><td colspan="2">项目技术负责人</td><td colspan="2"></td></tr>
<tr><td colspan="3">分部（子分部）
工程名称</td><td></td><td colspan="2">分项工程名称</td><td colspan="2"></td></tr>
<tr><td colspan="3">验收部位/区段</td><td></td><td colspan="2">检验批容量</td><td colspan="2"></td></tr>
<tr><td colspan="3">施工及验收依据</td><td colspan="5">《城市轨道交通通信工程质量验收规范》GB 50382</td></tr>
<tr><td colspan="3">验收项目</td><td>设计要求或规范规定</td><td>最小/实际抽样数量</td><td>检查记录</td><td colspan="2">检查结果</td></tr>
<tr><td rowspan="3">主控项目</td><td>1</td><td>接地装置及材料进场检查</td><td>第7.4.1条</td><td>/</td><td></td><td colspan="2"></td></tr>
<tr><td>2</td><td>接地装置的安装位置、安装方式及引入方式</td><td>第7.4.2条</td><td>/</td><td></td><td colspan="2"></td></tr>
<tr><td>3</td><td>接地装置的接地电阻</td><td>第7.4.3条</td><td>/</td><td></td><td colspan="2"></td></tr>
<tr><td rowspan="2">一般项目</td><td>1</td><td>接地装置的焊接方式</td><td>第7.4.4条</td><td>/</td><td></td><td colspan="2"></td></tr>
<tr><td>2</td><td>地线盘（箱）、接地铜排安装</td><td>第7.4.5条</td><td>/</td><td></td><td colspan="2"></td></tr>
<tr><td>施工单位检查结果</td><td colspan="7">专业工长：（签名） 专业质量检查员：（签名） 年 月 日</td></tr>
<tr><td>监理单位验收结论</td><td colspan="7">专业监理工程师：（签名） 年 月 日</td></tr>
</table>

7.3.7.18 轨道验·机-338 电源系统性能检测检验批质量验收记录

市政基础设施工程

电源系统性能检测检验批质量验收记录

轨道验·机-338

第　页共　页

工程名称						
单位工程名称						
施工单位			分包单位			
项目负责人			项目技术负责人			
分部（子分部）工程名称			分项工程名称			
验收部位/区段			检验批容量			
施工及验收依据	《城市轨道交通通信工程质量验收规范》GB 50382					
验收项目			设计要求或规范规定	最小/实际抽样数量	检查记录	检查结果
主控项目	1	电源设备的绝缘性能	第7.5.1条	/		
	2	接地系统的接地电阻	第7.5.2条	/		
	3	交流输入电压相线与相线、每相相线与零线之间的电压	第7.5.3条	/		
	4	高频开关电源的配置容量、蓄电池的后备时间等性能指标	第7.5.4条	/		
	5	−48V高频开关电源的性能指标直流输出的杂音电平应符合表7.5.5的规定	第7.5.5条	/		
	6	不间断电源（UPS）下列性能指标	第7.5.6条	/		
	7	蓄电池组的性能指标	第7.5.7条	/		
	8	交流配电柜（箱）自动切换装置的延时性能	第7.5.8条	/		
施工单位检查结果	专业工长：（签名）　专业质量检查员：（签名）　年　月　日					
监理单位验收结论	专业监理工程师：（签名）　年　月　日					

7.3.7.19 轨道验·机-339 电源系统功能检验检验批质量验收记录

市政基础设施工程

电源系统功能检验检验批质量验收记录

轨道验·机-339

第　　页共　　页

<table>
<tr><td colspan="3">工程名称</td><td colspan="5"></td></tr>
<tr><td colspan="3">单位工程名称</td><td colspan="5"></td></tr>
<tr><td colspan="3">施工单位</td><td colspan="2"></td><td>分包单位</td><td colspan="2"></td></tr>
<tr><td colspan="3">项目负责人</td><td colspan="2"></td><td>项目技术负责人</td><td colspan="2"></td></tr>
<tr><td colspan="3">分部（子分部）
工程名称</td><td colspan="2"></td><td>分项工程名称</td><td colspan="2"></td></tr>
<tr><td colspan="3">验收部位/区段</td><td colspan="2"></td><td>检验批容量</td><td colspan="2"></td></tr>
<tr><td colspan="3">施工及验收依据</td><td colspan="5">《城市轨道交通通信工程质量验收规范》GB 50382</td></tr>
<tr><td colspan="3">验收项目</td><td>设计要求或
规范规定</td><td>最小/实际
抽样数量</td><td>检查记录</td><td colspan="2">检查结果</td></tr>
<tr><td rowspan="4">主控项目</td><td>1</td><td>不间断电源UPS的功能</td><td>第7.6.1条</td><td>/</td><td></td><td colspan="2"></td></tr>
<tr><td>2</td><td>高频开关电源设备的功能</td><td>第7.6.2条</td><td>/</td><td></td><td colspan="2"></td></tr>
<tr><td>3</td><td>交流配电柜（箱）的机械电气双重连锁、手动切换功能</td><td>第7.6.3条</td><td>/</td><td></td><td colspan="2"></td></tr>
<tr><td>4</td><td>通信电源系统进行人工或自动转换时，对通信设备供电不得中断</td><td>第7.6.4条</td><td>/</td><td></td><td colspan="2"></td></tr>
<tr><td>施工单位检查结果</td><td colspan="7">专业工长：（签名）　　专业质量检查员：（签名）　　年　月　日</td></tr>
<tr><td>监理单位验收结论</td><td colspan="7">专业监理工程师：（签名）　　年　月　日</td></tr>
</table>

7.3.7.20 轨道验·机-340 电源集中监控系统检验检验批质量验收记录

市政基础设施工程

电源集中监控系统检验检验批质量验收记录

轨道验·机-340

第 页 共 页

工程名称						
单位工程名称						
施工单位			分包单位			
项目负责人			项目技术负责人			
分部（子分部）工程名称			分项工程名称			
验收部位/区段			检验批容量			
施工及验收依据	《城市轨道交通通信工程质量验收规范》GB 50382					
验收项目			设计要求或规范规定	最小/实际抽样数量	检查记录	检查结果
主控项目	1	电源的集中监测	第7.7.1条	/		
	2	蓄电池的集中监测	第7.7.2条	/		
	3	电源集中监控的遥测、遥信、遥控操作反应时间	第7.7.3条	/		
	4	电源集中监控系统故障不影响其他工作	第7.7.4条	/		
	5	电源集中监控系统自身控制功能优先	第7.7.5条	/		
	6	电源集中监控系统故障诊断及告警功能	第7.7.6条	/		
	7	电源集中监控系统配置管理功	第7.7.7条	/		
	8	电源集中监控系统的故障管理功能	第7.7.8条	/		
	9	电源集中监控系统性能管理功能	第7.7.9条	/		
	10	电源集中监控系统的安全管理功能	第7.7.10条	/		
	11	电源集中监控系统的系统支持功能	第7.7.11条	/		
施工单位检查结果	专业工长：（签名） 专业质量检查员：（签名） 年 月 日					
监理单位验收结论	专业监理工程师：（签名） 年 月 日					

7.3.7.21 轨道验·机-341 传输设备安装检验批质量验收记录

市政基础设施工程

传输设备安装检验批质量验收记录

轨道验·机-341

第　　页 共　　页

工程名称						
单位工程名称						
施工单位			分包单位			
项目负责人			项目技术负责人			
分部（子分部）工程名称			分项工程名称			
验收部位/区段			检验批容量			
施工及验收依据	《城市轨道交通通信工程质量验收规范》GB 50382					
验收项目			设计要求或规范规定	最小/实际抽样数量	检查记录	检查结果
主控项目	1	设备进场验收	第6.2.1条	/		
	2	机柜（架）安装	第6.2.2条	/		
	3	壁挂式设备安装位置和方式	第6.2.3条	/		
	4	子架或机盘安装	第6.2.4条	/		
	5	电气连接及接地	第6.2.5条	/		
一般项目	1	设备外观、标识	第6.2.6条	/		
	2	机柜（架）倾斜度及相邻机柜（架）间隙	第6.2.7条	/		
	3	工作台布局	第6.2.8条	/		
施工单位检查结果	专业工长：（签名）　　专业质量检查员：（签名）　　年　月　日					
监理单位验收结论	专业监理工程师：（签名）　　年　月　日					

7.3.7.22 轨道验·机-342 传输设备配线检验批质量验收记录

市政基础设施工程

传输设备配线检验批质量验收记录

轨道验·机-342

第 页 共 页

工程名称						
单位工程名称						
施工单位				分包单位		
项目负责人				项目技术负责人		
分部（子分部）工程名称				分项工程名称		
验收部位/区段				检验批容量		
施工及验收依据	《城市轨道交通通信工程质量验收规范》GB 50382					
验收项目			设计要求或规范规定	最小/实际抽样数量	检查记录	检查结果
主控项目	1	设备配线光电缆及配套器材进场验收	第6.3.1条	/		
	2	配线电缆、光跳线的芯线	第6.3.2条	/		
	3	光缆尾纤布放	第6.3.3条	/		
	4	设备电源配线	第6.3.4条	/		
	5	接插件、连接器的组装	第6.3.5条	/		
	6	机柜（架）接地	第6.3.6条	/		
	7	配线电缆的屏蔽护套应可靠接地	第6.3.7条	/		
一般项目	1	缆线保护	第6.3.8条	/		
	2	缆线标识	第6.3.9条	/		
	3	缆线余留	第6.3.10条	/		
	4	配线焊接	第6.3.11条	/		
	5	配线卡接	第6.3.12条	/		
	6	不同类型配线分开	第6.3.13条	/		
施工单位检查结果	专业工长：（签名） 专业质量检查员：（签名） 年 月 日					
监理单位验收结论	专业监理工程师：（签名） 年 月 日					

7.3.7.23 轨道验·机-343 传输系统性能检测检验批质量验收记录

市政基础设施工程

传输系统性能检测检验批质量验收记录

轨道验·机-343

第　　页共　　页

<table>
<tr><td colspan="3">工程名称</td><td colspan="6"></td></tr>
<tr><td colspan="3">单位工程名称</td><td colspan="6"></td></tr>
<tr><td colspan="3">施工单位</td><td colspan="2"></td><td colspan="2">分包单位</td><td colspan="2"></td></tr>
<tr><td colspan="3">项目负责人</td><td colspan="2"></td><td colspan="2">项目技术负责人</td><td colspan="2"></td></tr>
<tr><td colspan="3">分部（子分部）
工程名称</td><td colspan="2"></td><td colspan="2">分项工程名称</td><td colspan="2"></td></tr>
<tr><td colspan="3">验收部位/区段</td><td colspan="2"></td><td colspan="2">检验批容量</td><td colspan="2"></td></tr>
<tr><td colspan="3">施工及验收依据</td><td colspan="6">《城市轨道交通通信工程质量验收规范》GB 50382</td></tr>
<tr><td colspan="3">验收项目</td><td>设计要求或
规范规定</td><td>最小/实际
抽样数量</td><td colspan="2">检查记录</td><td colspan="2">检查结果</td></tr>
<tr><td rowspan="8">主控项目</td><td>1</td><td>传输系统光通道的接收光功率</td><td>第 8.2.1 条</td><td>/</td><td colspan="2"></td><td colspan="2"></td></tr>
<tr><td>2</td><td>传输设备光接口的性能指标</td><td>第 8.2.2 条</td><td>/</td><td colspan="2"></td><td colspan="2"></td></tr>
<tr><td>3</td><td>传输设备电接口输出信号比特率</td><td>第 8.2.3 条</td><td>/</td><td colspan="2"></td><td colspan="2"></td></tr>
<tr><td>4</td><td>传输系统二四线接口音频指标</td><td>第 8.2.4 条</td><td>/</td><td colspan="2"></td><td colspan="2"></td></tr>
<tr><td>5</td><td>传输系统误码特性</td><td>第 8.2.5 条</td><td>/</td><td colspan="2"></td><td colspan="2"></td></tr>
<tr><td>6</td><td>传输系统抖动性能指标</td><td>第 8.2.6 条</td><td>/</td><td colspan="2"></td><td colspan="2"></td></tr>
<tr><td>7</td><td>传输系统保护倒换时间</td><td>第 8.2.7 条</td><td>/</td><td colspan="2"></td><td colspan="2"></td></tr>
<tr><td>8</td><td>基于 SDH 的多业务传送平台（MSTP）的吞吐量、丢包率、时延性能指标</td><td>第 8.2.8 条</td><td>/</td><td colspan="2"></td><td colspan="2"></td></tr>
<tr><td colspan="2">施工单位检查结果</td><td colspan="7">专业工长：（签名）　　专业质量检查员：（签名）　　年　月　日</td></tr>
<tr><td colspan="2">监理单位验收结论</td><td colspan="7">专业监理工程师：（签名）　　年　月　日</td></tr>
</table>

7.3.7.24 轨道验·机-344 传输系统功能检验检验批质量验收记录

市政基础设施工程

传输系统功能检验检验批质量验收记录

轨道验·机-344

第　　页 共　　页

<table>
<tr><td colspan="3">工程名称</td><td colspan="5"></td></tr>
<tr><td colspan="3">单位工程名称</td><td colspan="5"></td></tr>
<tr><td colspan="3">施工单位</td><td colspan="2"></td><td>分包单位</td><td colspan="2"></td></tr>
<tr><td colspan="3">项目负责人</td><td colspan="2"></td><td>项目技术负责人</td><td colspan="2"></td></tr>
<tr><td colspan="3">分部（子分部）工程名称</td><td colspan="2"></td><td>分项工程名称</td><td colspan="2"></td></tr>
<tr><td colspan="3">验收部位/区段</td><td colspan="2"></td><td>检验批容量</td><td colspan="2"></td></tr>
<tr><td colspan="3">施工及验收依据</td><td colspan="5">《城市轨道交通通信工程质量验收规范》GB 50382</td></tr>
<tr><td colspan="3">验收项目</td><td>设计要求或规范规定</td><td>最小/实际抽样数量</td><td>检查记录</td><td colspan="2">检查结果</td></tr>
<tr><td rowspan="5">主控项目</td><td>1</td><td>传输系统的下列可靠性功能</td><td>第8.3.1条</td><td>/</td><td></td><td colspan="2"></td></tr>
<tr><td>2</td><td>传输系统的保护倒换准则和功能</td><td>第8.3.2条</td><td>/</td><td></td><td colspan="2"></td></tr>
<tr><td>3</td><td>传输系统的同步和定时功能</td><td>第8.3.3条</td><td>/</td><td></td><td colspan="2"></td></tr>
<tr><td>4</td><td>同步数字系列（SDH）传输系统下列功能</td><td>第8.3.4条</td><td>/</td><td></td><td colspan="2"></td></tr>
<tr><td>5</td><td>基于SDH的多业务传送平台(MSTP)的以太网透传功能、二层交换功能、以太环网功能</td><td>第8.3.5条</td><td>/</td><td></td><td colspan="2"></td></tr>
<tr><td rowspan="2">一般项目</td><td></td><td></td><td></td><td></td><td></td><td colspan="2"></td></tr>
<tr><td></td><td></td><td></td><td></td><td></td><td colspan="2"></td></tr>
<tr><td colspan="2">施工单位检查结果</td><td colspan="6">专业工长：(签名)　　专业质量检查员：(签名)　　年　月　日</td></tr>
<tr><td colspan="2">监理单位验收结论</td><td colspan="6">专业监理工程师：(签名)　　年　月　日</td></tr>
</table>

7.3.7.25 轨道验·机-345 传输系统网管检验检验批质量验收记录

市政基础设施工程

传输系统网管检验检验批质量验收记录

轨道验·机-345

第　页 共　页

<table>
<tr><td colspan="3">工程名称</td><td colspan="5"></td></tr>
<tr><td colspan="3">单位工程名称</td><td colspan="5"></td></tr>
<tr><td colspan="3">施工单位</td><td colspan="2"></td><td colspan="2">分包单位</td><td></td></tr>
<tr><td colspan="3">项目负责人</td><td colspan="2"></td><td colspan="2">项目技术负责人</td><td></td></tr>
<tr><td colspan="3">分部（子分部）
工程名称</td><td colspan="2"></td><td colspan="2">分项工程名称</td><td></td></tr>
<tr><td colspan="3">验收部位/区段</td><td colspan="2"></td><td colspan="2">检验批容量</td><td></td></tr>
<tr><td colspan="3">施工及验收依据</td><td colspan="5">《城市轨道交通通信工程质量验收规范》GB 50382</td></tr>
<tr><td colspan="3">验收项目</td><td>设计要求或
规范规定</td><td>最小/实际
抽样数量</td><td colspan="2">检查记录</td><td>检查结果</td></tr>
<tr><td rowspan="5">主控项目</td><td>1</td><td>传输系统网管的通用功能</td><td>第8.4.1条</td><td>/</td><td colspan="2"></td><td></td></tr>
<tr><td>2</td><td>传输系统网管的故障管理功能</td><td>第8.4.2条</td><td>/</td><td colspan="2"></td><td></td></tr>
<tr><td>3</td><td>传输系统网管的性能管理功能</td><td>第8.4.3条</td><td>/</td><td colspan="2"></td><td></td></tr>
<tr><td>4</td><td>传输系统网管的配置管理功能</td><td>第8.4.4条</td><td>/</td><td colspan="2"></td><td></td></tr>
<tr><td>5</td><td>传输系统网管的安全管理功能</td><td>第8.4.5条</td><td>/</td><td colspan="2"></td><td></td></tr>
<tr><td rowspan="2">一般项目</td><td></td><td></td><td></td><td></td><td colspan="2"></td><td></td></tr>
<tr><td></td><td></td><td></td><td></td><td colspan="2"></td><td></td></tr>
<tr><td>施工单位检查结果</td><td colspan="7">专业工长：（签名）　　专业质量检查员：（签名）　　年　月　日</td></tr>
<tr><td>监理单位验收结论</td><td colspan="7">专业监理工程师：（签名）　　年　月　日</td></tr>
</table>

7.3.7.26 轨道验·机-346 公务电话设备安装检验批质量验收记录

市政基础设施工程

公务电话设备安装检验批质量验收记录

轨道验·机-346

第　　页 共　　页

<table>
<tr><td colspan="2">工程名称</td><td colspan="5"></td></tr>
<tr><td colspan="2">单位工程名称</td><td colspan="5"></td></tr>
<tr><td colspan="2">施工单位</td><td colspan="2"></td><td>分包单位</td><td colspan="2"></td></tr>
<tr><td colspan="2">项目负责人</td><td colspan="2"></td><td>项目技术负责人</td><td colspan="2"></td></tr>
<tr><td colspan="2">分部（子分部）工程名称</td><td colspan="2"></td><td>分项工程名称</td><td colspan="2"></td></tr>
<tr><td colspan="2">验收部位/区段</td><td colspan="2"></td><td>检验批容量</td><td colspan="2"></td></tr>
<tr><td colspan="2">施工及验收依据</td><td colspan="5">《城市轨道交通通信工程质量验收规范》GB 50382</td></tr>
<tr><td colspan="3">验收项目</td><td>设计要求或规范规定</td><td>最小/实际抽样数量</td><td>检查记录</td><td>检查结果</td></tr>
<tr><td rowspan="5">主控项目</td><td>1</td><td>设备进场验收</td><td>第6.2.1条</td><td>/</td><td></td><td></td></tr>
<tr><td>2</td><td>机柜（架）安装</td><td>第6.2.2条</td><td>/</td><td></td><td></td></tr>
<tr><td>3</td><td>壁挂式设备安装位置和方式</td><td>第6.2.3条</td><td>/</td><td></td><td></td></tr>
<tr><td>4</td><td>子架或机盘安装</td><td>第6.2.4条</td><td>/</td><td></td><td></td></tr>
<tr><td>5</td><td>电气连接及接地</td><td>第6.2.5条</td><td>/</td><td></td><td></td></tr>
<tr><td rowspan="3">一般项目</td><td>1</td><td>设备外观、标识</td><td>第6.2.6条</td><td>/</td><td></td><td></td></tr>
<tr><td>2</td><td>机柜（架）倾斜度及相邻机柜（架）间隙</td><td>第6.2.7条</td><td>/</td><td></td><td></td></tr>
<tr><td>3</td><td>工作台布局</td><td>第6.2.8条</td><td>/</td><td></td><td></td></tr>
<tr><td colspan="2">施工单位检查结果</td><td colspan="5">专业工长：（签名）　　专业质量检查员：（签名）　　年　月　日</td></tr>
<tr><td colspan="2">监理单位验收结论</td><td colspan="5">专业监理工程师：（签名）　　年　月　日</td></tr>
</table>

7.3.7.27 轨道验·机-347 公务电话设备配线检验批质量验收记录

市政基础设施工程

公务电话设备配线检验批质量验收记录

轨道验·机-347

第　　页共　　页

工程名称						
单位工程名称						
施工单位			分包单位			
项目负责人			项目技术负责人			
分部（子分部）工程名称			分项工程名称			
验收部位/区段			检验批容量			
施工及验收依据	《城市轨道交通通信工程质量验收规范》GB 50382					
验收项目			设计要求或规范规定	最小/实际抽样数量	检查记录	检查结果
主控项目	1	设备配线光电缆及配套器材进场验收	第6.3.1条	/		
	2	配线电缆、光跳线的芯线	第6.3.2条	/		
	3	光缆尾纤布放	第6.3.3条	/		
	4	设备电源配线	第6.3.4条	/		
	5	接插件、连接器的组装	第6.3.5条	/		
	6	机柜（架）接地	第6.3.6条	/		
	7	配线电缆的屏蔽护套应可靠接地	第6.3.7条	/		
一般项目	1	缆线保护	第6.3.8条	/		
	2	缆线标识	第6.3.9条	/		
	3	缆线余留	第6.3.10条	/		
	4	配线焊接	第6.3.11条	/		
	5	配线卡接	第6.3.12条	/		
	6	不同类型配线分开	第6.3.13条	/		
施工单位检查结果	专业工长：（签名）　　专业质量检查员：（签名）　　年　月　日					
监理单位验收结论	专业监理工程师：（签名）　　年　月　日					

7.3.7.28 轨道验·机-348 公务电话系统性能检测检验批质量验收记录

市政基础设施工程

公务电话系统性能检测检验批质量验收记录

轨道验·机-348

第 页 共 页

工程名称						
单位工程名称						
施工单位			分包单位			
项目负责人			项目技术负责人			
分部（子分部）工程名称			分项工程名称			
验收部位/区段			检验批容量			
施工及验收依据	《城市轨道交通通信工程质量验收规范》GB 50382					
验收项目			设计要求或规范规定	最小/实际抽样数量	检查记录	检查结果
主控项目	1	公务电话系统的本局呼叫接续故障率	第9.2.1条	/		
	2	忙时呼叫尝试次数（BHCA）	第9.2.2条	/		
	3	公务电话系统传输衰耗	第9.2.3条	/		
一般项目						
施工单位检查结果	专业工长：（签名） 专业质量检查员：（签名） 年 月 日					
监理单位验收结论	专业监理工程师：（签名） 年 月 日					

7.3.7.29 轨道验·机-349 公务电话系统功能检验检验批质量验收记录

市政基础设施工程

公务电话系统功能检验检验批质量验收记录

轨道验·机-349

第 页 共 页

<table>
<tr><td colspan="3">工程名称</td><td colspan="5"></td></tr>
<tr><td colspan="3">单位工程名称</td><td colspan="5"></td></tr>
<tr><td colspan="3">施工单位</td><td colspan="2"></td><td colspan="2">分包单位</td><td></td></tr>
<tr><td colspan="3">项目负责人</td><td colspan="2"></td><td colspan="2">项目技术负责人</td><td></td></tr>
<tr><td colspan="3">分部（子分部）工程名称</td><td colspan="2"></td><td colspan="2">分项工程名称</td><td></td></tr>
<tr><td colspan="3">验收部位/区段</td><td colspan="2"></td><td colspan="2">检验批容量</td><td></td></tr>
<tr><td colspan="3">施工及验收依据</td><td colspan="5">《城市轨道交通通信工程质量验收规范》GB 50382</td></tr>
<tr><td colspan="3">验收项目</td><td>设计要求或规范规定</td><td>最小/实际抽样数量</td><td>检查记录</td><td colspan="2">检查结果</td></tr>
<tr><td rowspan="8">主控项目</td><td>1</td><td>公务电话系统的话音业务功能</td><td>第9.3.1条</td><td>/</td><td></td><td colspan="2"></td></tr>
<tr><td>2</td><td>公务电话系统的下列非话业务功能</td><td>第9.3.2条</td><td>/</td><td></td><td colspan="2"></td></tr>
<tr><td>3</td><td>公务电话系统特种业务功能</td><td>第9.3.3条</td><td>/</td><td></td><td colspan="2"></td></tr>
<tr><td>4</td><td>公务电话系统话务台功能、测量台功能</td><td>第9.3.4条</td><td>/</td><td></td><td colspan="2"></td></tr>
<tr><td>5</td><td>公务电话系统时间同步功能</td><td>第9.3.5条</td><td>/</td><td></td><td colspan="2"></td></tr>
<tr><td>6</td><td>公务电话系统的话务统计功能、计费功能</td><td>第9.3.6条</td><td>/</td><td></td><td colspan="2"></td></tr>
<tr><td>7</td><td>公务电话系统的录音功能</td><td>第9.3.7条</td><td>/</td><td></td><td colspan="2"></td></tr>
<tr><td>8</td><td>公务电话系统主要部件冗余备份功能</td><td>第9.3.8条</td><td>/</td><td></td><td colspan="2"></td></tr>
<tr><td>施工单位检查结果</td><td colspan="7">专业工长：（签名） 专业质量检查员：（签名） 年 月 日</td></tr>
<tr><td>监理单位验收结论</td><td colspan="7">专业监理工程师：（签名） 年 月 日</td></tr>
</table>

7.3.7.30 轨道验·机-350 公务电话系统网管检验检验批质量验收记录

市政基础设施工程

公务电话系统网管检验检验批质量验收记录

轨道验·机-350

第 页 共 页

<table>
<tr><td colspan="2">工程名称</td><td colspan="6"></td></tr>
<tr><td colspan="2">单位工程名称</td><td colspan="6"></td></tr>
<tr><td colspan="2">施工单位</td><td colspan="2"></td><td colspan="2">分包单位</td><td colspan="2"></td></tr>
<tr><td colspan="2">项目负责人</td><td colspan="2"></td><td colspan="2">项目技术负责人</td><td colspan="2"></td></tr>
<tr><td colspan="2">分部（子分部）
工程名称</td><td colspan="2"></td><td colspan="2">分项工程名称</td><td colspan="2"></td></tr>
<tr><td colspan="2">验收部位/区段</td><td colspan="2"></td><td colspan="2">检验批容量</td><td colspan="2"></td></tr>
<tr><td colspan="2">施工及验收依据</td><td colspan="6">《城市轨道交通通信工程质量验收规范》GB 50382</td></tr>
<tr><td colspan="3">验收项目</td><td>设计要求或
规范规定</td><td>最小/实际
抽样数量</td><td>检查记录</td><td colspan="2">检查结果</td></tr>
<tr><td rowspan="5">主控项目</td><td>1</td><td>公务电话系统的人机命令功能</td><td>第9.4.1条</td><td>/</td><td></td><td colspan="2"></td></tr>
<tr><td>2</td><td>公务电话系统的故障管理功能</td><td>第9.4.2条</td><td>/</td><td></td><td colspan="2"></td></tr>
<tr><td>3</td><td>公务电话系统的下列维护管理功能</td><td>第9.4.3条</td><td>/</td><td></td><td colspan="2"></td></tr>
<tr><td>4</td><td>公务电话系统的下列数据管理功能</td><td>第9.4.4条</td><td>/</td><td></td><td colspan="2"></td></tr>
<tr><td>5</td><td>公务电话系统网管的性能管理功能</td><td>第9.4.5条</td><td>/</td><td></td><td colspan="2"></td></tr>
<tr><td colspan="2">施工单位检查结果</td><td colspan="6">专业工长：（签名） 专业质量检查员：（签名） 年 月 日</td></tr>
<tr><td colspan="2">监理单位验收结论</td><td colspan="6">专业监理工程师：（签名） 年 月 日</td></tr>
</table>

7.3.7.31 轨道验·机-351 专用电话设备安装检验批质量验收记录

市政基础设施工程

专用电话设备安装检验批质量验收记录

轨道验·机-351

第　　页 共　　页

<table>
<tr><td colspan="3">工程名称</td><td colspan="5"></td></tr>
<tr><td colspan="3">单位工程名称</td><td colspan="5"></td></tr>
<tr><td colspan="3">施工单位</td><td colspan="2"></td><td>分包单位</td><td colspan="2"></td></tr>
<tr><td colspan="3">项目负责人</td><td colspan="2"></td><td>项目技术负责人</td><td colspan="2"></td></tr>
<tr><td colspan="3">分部（子分部）
工程名称</td><td colspan="2"></td><td>分项工程名称</td><td colspan="2"></td></tr>
<tr><td colspan="3">验收部位/区段</td><td colspan="2"></td><td>检验批容量</td><td colspan="2"></td></tr>
<tr><td colspan="3">施工及验收依据</td><td colspan="5">《城市轨道交通通信工程质量验收规范》GB 50382</td></tr>
<tr><td colspan="3">验收项目</td><td>设计要求或
规范规定</td><td>最小/实际
抽样数量</td><td>检查记录</td><td colspan="2">检查结果</td></tr>
<tr><td rowspan="7">主控项目</td><td>1</td><td>设备进场验收</td><td>第 6.2.1 条</td><td>/</td><td></td><td colspan="2"></td></tr>
<tr><td>2</td><td>机柜（架）安装</td><td>第 6.2.2 条</td><td>/</td><td></td><td colspan="2"></td></tr>
<tr><td>3</td><td>壁挂式设备安装位置和方式</td><td>第 6.2.3 条</td><td>/</td><td></td><td colspan="2"></td></tr>
<tr><td>4</td><td>子架或机盘安装</td><td>第 6.2.4 条</td><td>/</td><td></td><td colspan="2"></td></tr>
<tr><td>5</td><td>电气连接及接地</td><td>第 6.2.5 条</td><td>/</td><td></td><td colspan="2"></td></tr>
<tr><td>6</td><td>区间电话安装位置、安装方式、接地</td><td>第 10.2.1 条</td><td>/</td><td></td><td colspan="2"></td></tr>
<tr><td>7</td><td>区间电话不得侵限</td><td>第 10.2.2 条</td><td>/</td><td></td><td colspan="2"></td></tr>
<tr><td rowspan="5">一般项目</td><td>1</td><td>设备外观、标识</td><td>第 6.2.6 条</td><td>/</td><td></td><td colspan="2"></td></tr>
<tr><td>2</td><td>机柜（架）倾斜度及相邻机柜（架）间隙</td><td>第 6.2.7 条</td><td>/</td><td></td><td colspan="2"></td></tr>
<tr><td>3</td><td>工作台布局</td><td>第 6.2.8 条</td><td>/</td><td></td><td colspan="2"></td></tr>
<tr><td>4</td><td>区间电话进线孔防水处理</td><td>第 10.2.3 条</td><td>/</td><td></td><td colspan="2"></td></tr>
<tr><td>5</td><td>区间电话箱盖应扣合可靠</td><td>第 10.2.4 条</td><td>/</td><td></td><td colspan="2"></td></tr>
<tr><td>施工单位检查结果</td><td colspan="7">专业工长：（签名）　　专业质量检查员：（签名）　　年　月　日</td></tr>
<tr><td>监理单位验收结论</td><td colspan="7">专业监理工程师：（签名）　　年　月　日</td></tr>
</table>

7.3.7.32 轨道验·机-352 专用电话设备配线检验批质量验收记录

市政基础设施工程

专用电话设备配线检验批质量验收记录

轨道验·机-352

第　　页 共　　页

<table>
<tr><td colspan="3">工程名称</td><td colspan="5"></td></tr>
<tr><td colspan="3">单位工程名称</td><td colspan="5"></td></tr>
<tr><td colspan="3">施工单位</td><td></td><td colspan="2">分包单位</td><td colspan="2"></td></tr>
<tr><td colspan="3">项目负责人</td><td></td><td colspan="2">项目技术负责人</td><td colspan="2"></td></tr>
<tr><td colspan="3">分部（子分部）
工程名称</td><td></td><td colspan="2">分项工程名称</td><td colspan="2"></td></tr>
<tr><td colspan="3">验收部位/区段</td><td></td><td colspan="2">检验批容量</td><td colspan="2"></td></tr>
<tr><td colspan="3">施工及验收依据</td><td colspan="5">《城市轨道交通通信工程质量验收规范》GB 50382</td></tr>
<tr><td colspan="3">验收项目</td><td>设计要求或规范规定</td><td>最小/实际抽样数量</td><td>检查记录</td><td colspan="2">检查结果</td></tr>
<tr><td rowspan="7">主控项目</td><td>1</td><td>设备配线光电缆及配套器材进场验收</td><td>第 6.3.1 条</td><td>/</td><td></td><td colspan="2"></td></tr>
<tr><td>2</td><td>配线电缆、光跳线的芯线</td><td>第 6.3.2 条</td><td>/</td><td></td><td colspan="2"></td></tr>
<tr><td>3</td><td>光缆尾纤布放</td><td>第 6.3.3 条</td><td>/</td><td></td><td colspan="2"></td></tr>
<tr><td>4</td><td>设备电源配线</td><td>第 6.3.4 条</td><td>/</td><td></td><td colspan="2"></td></tr>
<tr><td>5</td><td>接插件、连接器的组装</td><td>第 6.3.5 条</td><td>/</td><td></td><td colspan="2"></td></tr>
<tr><td>6</td><td>机柜（架）接地</td><td>第 6.3.6 条</td><td>/</td><td></td><td colspan="2"></td></tr>
<tr><td>7</td><td>配线电缆的屏蔽护套应可靠接地</td><td>第 6.3.7 条</td><td>/</td><td></td><td colspan="2"></td></tr>
<tr><td rowspan="6">一般项目</td><td>1</td><td>缆线保护</td><td>第 6.3.8 条</td><td>/</td><td></td><td colspan="2"></td></tr>
<tr><td>2</td><td>缆线标识</td><td>第 6.3.9 条</td><td>/</td><td></td><td colspan="2"></td></tr>
<tr><td>3</td><td>缆线余留</td><td>第 6.3.10 条</td><td>/</td><td></td><td colspan="2"></td></tr>
<tr><td>4</td><td>配线焊接</td><td>第 6.3.11 条</td><td>/</td><td></td><td colspan="2"></td></tr>
<tr><td>5</td><td>配线卡接</td><td>第 6.3.12 条</td><td>/</td><td></td><td colspan="2"></td></tr>
<tr><td>6</td><td>不同类型配线分开</td><td>第 6.3.13 条</td><td>/</td><td></td><td colspan="2"></td></tr>
<tr><td colspan="2">施工单位检查结果</td><td colspan="6">专业工长：（签名）　　专业质量检查员：（签名）　　年　月　日</td></tr>
<tr><td colspan="2">监理单位验收结论</td><td colspan="6">专业监理工程师：（签名）　　年　月　日</td></tr>
</table>

7.3.7.33 轨道验·机-353 专用电话系统性能检测检验批质量验收记录

市政基础设施工程

专用电话系统性能检测检验批质量验收记录

轨道验·机-353

第　　页 共　　页

<table>
<tr><td colspan="3">工程名称</td><td colspan="5"></td></tr>
<tr><td colspan="3">单位工程名称</td><td colspan="5"></td></tr>
<tr><td colspan="3">施工单位</td><td colspan="2"></td><td>分包单位</td><td colspan="2"></td></tr>
<tr><td colspan="3">项目负责人</td><td colspan="2"></td><td>项目技术负责人</td><td colspan="2"></td></tr>
<tr><td colspan="3">分部（子分部）工程名称</td><td colspan="2"></td><td>分项工程名称</td><td colspan="2"></td></tr>
<tr><td colspan="3">验收部位/区段</td><td colspan="2"></td><td>检验批容量</td><td colspan="2"></td></tr>
<tr><td colspan="3">施工及验收依据</td><td colspan="5">《城市轨道交通通信工程质量验收规范》GB 50382</td></tr>
<tr><td colspan="3">验收项目</td><td>设计要求或规范规定</td><td>最小/实际抽样数量</td><td>检查记录</td><td colspan="2">检查结果</td></tr>
<tr><td rowspan="3">主控项目</td><td>1</td><td>专用电话系统模拟接口传输损耗</td><td>第10.3.1条</td><td>/</td><td></td><td colspan="2"></td></tr>
<tr><td>2</td><td>专用电话系统设备本局呼叫接续故障率</td><td>第10.3.2条</td><td>/</td><td></td><td colspan="2"></td></tr>
<tr><td>3</td><td>忙时呼叫尝试次数（BHCA）</td><td>第10.3.3条</td><td>/</td><td></td><td colspan="2"></td></tr>
<tr><td rowspan="2">一般项目</td><td></td><td></td><td></td><td></td><td></td><td colspan="2"></td></tr>
<tr><td></td><td></td><td></td><td></td><td></td><td colspan="2"></td></tr>
<tr><td>施工单位检查结果</td><td colspan="7">

专业工长：（签名）　　专业质量检查员：（签名）　　年　月　日</td></tr>
<tr><td>监理单位验收结论</td><td colspan="7">

专业监理工程师：（签名）　　年　月　日</td></tr>
</table>

7.3.7.34 轨道验·机-354 专用电话系统功能检验检验批质量验收记录

市政基础设施工程

专用电话系统功能检验检验批质量验收记录

轨道验·机-354

第 页 共 页

工程名称						
单位工程名称						
施工单位			分包单位			
项目负责人			项目技术负责人			
分部（子分部）工程名称			分项工程名称			
验收部位/区段			检验批容量			
施工及验收依据	《城市轨道交通通信工程质量验收规范》GB 50382					
验收项目			设计要求或规范规定	最小/实际抽样数量	检查记录	检查结果
主控项目	1	调度电话系统功能	第10.4.1条	/		
	2	站内集中电话功能	第10.4.2条	/		
	3	站间行车电话功能	第10.4.3条	/		
	4	紧急电话功能	第10.4.4条	/		
	5	区间电话应功能	第10.4.5条	/		
	6	会议电话功能	第10.4.6条	/		
	7	录音设备的功能	第10.4.7条	/		
	8	专用电话系统的靠性功能	第10.4.8条	/		
施工单位检查结果	专业工长：（签名） 专业质量检查员：（签名） 年 月 日					
监理单位验收结论	专业监理工程师：（签名） 年 月 日					

7.3.7.35 轨道验·机-355 专用电话系统网管检验检验批质量验收记录

市政基础设施工程

专用电话系统网管检验检验批质量验收记录

轨道验·机-355

第　页共　页

工程名称						
单位工程名称						
施工单位			分包单位			
项目负责人			项目技术负责人			
分部（子分部）工程名称			分项工程名称			
验收部位/区段			检验批容量			
施工及验收依据	《城市轨道交通通信工程质量验收规范》GB 50382					
验收项目			设计要求或规范规定	最小/实际抽样数量	检查记录	检查结果
主控项目	1	专用电话系统网管配置管理功能	第10.5.1条	/		
	2	专用电话系统网管性能管理功能	第10.5.2条	/		
	3	专用电话系统网管故障管理功能	第10.5.3条	/		
	4	专用电话系统网管安全管理功能	第10.5.4条	/		
施工单位检查结果	专业工长：（签名）　专业质量检查员：（签名）　年　月　日					
监理单位验收结论	专业监理工程师：（签名）　年　月　日					

7.3.7.36 轨道验·机-356 天线杆（塔）安装检验批质量验收记录

市政基础设施工程

天线杆（塔）安装检验批质量验收记录

轨道验·机-356

第　页共　页

<table>
<tr><td colspan="3">工程名称</td><td colspan="4"></td></tr>
<tr><td colspan="3">单位工程名称</td><td colspan="4"></td></tr>
<tr><td colspan="3">施工单位</td><td></td><td colspan="2">分包单位</td><td></td></tr>
<tr><td colspan="3">项目负责人</td><td></td><td colspan="2">项目技术负责人</td><td></td></tr>
<tr><td colspan="3">分部（子分部）工程名称</td><td></td><td colspan="2">分项工程名称</td><td></td></tr>
<tr><td colspan="3">验收部位/区段</td><td></td><td colspan="2">检验批容量</td><td></td></tr>
<tr><td colspan="3">施工及验收依据</td><td colspan="4">《城市轨道交通通信工程质量验收规范》GB 50382</td></tr>
<tr><td colspan="3">验收项目</td><td>设计要求或规范规定</td><td>最小/实际抽样数量</td><td>检查记录</td><td>检查结果</td></tr>
<tr><td rowspan="11">主控项目</td><td>1</td><td>天线杆（塔）设备进场验</td><td>第11.2.1条</td><td>/</td><td></td><td></td></tr>
<tr><td>2</td><td>天线杆（塔）基础深度、标高及塔靴安装位置</td><td>第11.2.2条</td><td>/</td><td></td><td></td></tr>
<tr><td>3</td><td>天线杆（塔）基础混凝土的强度等级、所用原材料的规格</td><td>第11.2.3条</td><td>/</td><td></td><td></td></tr>
<tr><td>4</td><td>天线杆（塔）地基与基础部分的验收</td><td>第11.2.4条</td><td>/</td><td></td><td></td></tr>
<tr><td>5</td><td>天线杆（塔）塔靴安装</td><td>第11.2.5条</td><td>/</td><td></td><td></td></tr>
<tr><td>6</td><td>天线杆（塔）的高度、垂直度</td><td>第11.2.6条</td><td>/</td><td></td><td></td></tr>
<tr><td>7</td><td>铁塔安装</td><td>第11.2.7条</td><td>/</td><td></td><td></td></tr>
<tr><td>8</td><td>天线加挂支柱高度及方位、平台位置及尺寸、爬梯的设置方式</td><td>第11.2.8条</td><td>/</td><td></td><td></td></tr>
<tr><td>9</td><td>天线杆（塔）防雷</td><td>第11.2.9条</td><td>/</td><td></td><td></td></tr>
<tr><td>10</td><td>屋顶天线杆安装</td><td>第11.2.10条</td><td>/</td><td></td><td></td></tr>
<tr><td>11</td><td>天线杆埋深</td><td>第11.2.11条</td><td>/</td><td></td><td></td></tr>
<tr><td rowspan="2">一般项目</td><td>1</td><td>铁塔构件的热镀锌层</td><td>第11.2.12条</td><td>/</td><td></td><td></td></tr>
<tr><td></td><td></td><td></td><td></td><td></td><td></td></tr>
<tr><td>施工单位检查结果</td><td colspan="6">专业工长：（签名）　专业质量检查员：（签名）　年　月　日</td></tr>
<tr><td>监理单位验收结论</td><td colspan="6">专业监理工程师：（签名）　年　月　日</td></tr>
</table>

7.3.7.37 轨道验·机-357 天馈安装检验批质量验收记录

市政基础设施工程

天馈安装检验批质量验收记录

轨道验·机-357

第 页 共 页

<table>
<tr><td colspan="3">工程名称</td><td colspan="5"></td></tr>
<tr><td colspan="3">单位工程名称</td><td colspan="5"></td></tr>
<tr><td colspan="3">施工单位</td><td colspan="2"></td><td>分包单位</td><td colspan="2"></td></tr>
<tr><td colspan="3">项目负责人</td><td colspan="2"></td><td>项目技术负责人</td><td colspan="2"></td></tr>
<tr><td colspan="3">分部（子分部）
工程名称</td><td colspan="2"></td><td>分项工程名称</td><td colspan="2"></td></tr>
<tr><td colspan="3">验收部位/区段</td><td colspan="2"></td><td>检验批容量</td><td colspan="2"></td></tr>
<tr><td colspan="3">施工及验收依据</td><td colspan="5">《城市轨道交通通信工程质量验收规范》GB 50382</td></tr>
<tr><td colspan="3">验收项目</td><td>设计要求或规范规定</td><td>最小/实际抽样数量</td><td>检查记录</td><td colspan="2">检查结果</td></tr>
<tr><td rowspan="5">主控项目</td><td>1</td><td>天线、馈线及附件进场验收</td><td>第11.3.1条</td><td>/</td><td></td><td colspan="2"></td></tr>
<tr><td>2</td><td>天线安装</td><td>第11.3.2条</td><td>/</td><td></td><td colspan="2"></td></tr>
<tr><td>3</td><td>馈线安装</td><td>第11.3.3条</td><td>/</td><td></td><td colspan="2"></td></tr>
<tr><td>4</td><td>天线、馈线防雷</td><td>第11.3.4条</td><td>/</td><td></td><td colspan="2"></td></tr>
<tr><td>5</td><td>天馈系统的电压驻波比</td><td>第11.3.5条</td><td>/</td><td></td><td colspan="2"></td></tr>
<tr><td rowspan="2">一般项目</td><td>1</td><td>天线与跳线接头处应制作滴水湾，并应进行防水密封处理</td><td>第11.3.6条</td><td>/</td><td></td><td colspan="2"></td></tr>
<tr><td>2</td><td>天线、馈线避雷地线接地体与连接线等焊接处进行防腐处理</td><td>第11.3.7条</td><td>/</td><td></td><td colspan="2"></td></tr>
<tr><td colspan="2">施工单位检查结果</td><td colspan="6">专业工长：（签名） 专业质量检查员：（签名） 年 月 日</td></tr>
<tr><td colspan="2">监理单位验收结论</td><td colspan="6">专业监理工程师：（签名） 年 月 日</td></tr>
</table>

7.3.7.38 轨道验·机-358 无线通信设备安装检验批质量验收记录

市政基础设施工程

无线通信设备安装检验批质量验收记录

轨道验·机-358

第　　页 共　　页

工程名称						
单位工程名称						
施工单位			分包单位			
项目负责人			项目技术负责人			
分部（子分部）工程名称			分项工程名称			
验收部位/区段			检验批容量			
施工及验收依据	《城市轨道交通通信工程质量验收规范》GB 50382					
验收项目			设计要求或规范规定	最小/实际抽样数量	检查记录	检查结果
主控项目	1	设备进场验收	第6.2.1条	/		
	2	机柜（架）安装	第6.2.2条	/		
	3	壁挂式设备安装位置和方式	第6.2.3条	/		
	4	子架或机盘安装	第6.2.4条	/		
	5	电气连接及接地	第6.2.5条	/		
一般项目	1	设备外观、标识	第6.2.6条	/		
	2	机柜（架）倾斜度及相邻机柜（架）间隙	第6.2.7条	/		
	3	工作台布局	第6.2.8条	/		
施工单位检查结果	专业工长：（签名）　专业质量检查员：（签名）　年　月　日					
监理单位验收结论	专业监理工程师：（签名）　年　月　日					

7.3.7.39 轨道验·机-359 无线通信设备配线检验批质量验收记录

市政基础设施工程

无线通信设备配线检验批质量验收记录

轨道验·机-359

第　页共　页

<table>
<tr><td colspan="3">工程名称</td><td colspan="4"></td></tr>
<tr><td colspan="3">单位工程名称</td><td colspan="4"></td></tr>
<tr><td colspan="3">施工单位</td><td></td><td colspan="2">分包单位</td><td></td></tr>
<tr><td colspan="3">项目负责人</td><td></td><td colspan="2">项目技术负责人</td><td></td></tr>
<tr><td colspan="3">分部（子分部）工程名称</td><td></td><td colspan="2">分项工程名称</td><td></td></tr>
<tr><td colspan="3">验收部位/区段</td><td></td><td colspan="2">检验批容量</td><td></td></tr>
<tr><td colspan="3">施工及验收依据</td><td colspan="4">《城市轨道交通通信工程质量验收规范》GB 50382</td></tr>
<tr><td colspan="3">验收项目</td><td>设计要求或规范规定</td><td>最小/实际抽样数量</td><td>检查记录</td><td>检查结果</td></tr>
<tr><td rowspan="7">主控项目</td><td>1</td><td>设备配线光电缆及配套器材进场验收</td><td>第 6.3.1 条</td><td>/</td><td></td><td></td></tr>
<tr><td>2</td><td>配线电缆、光跳线的芯线</td><td>第 6.3.2 条</td><td>/</td><td></td><td></td></tr>
<tr><td>3</td><td>光缆尾纤布放</td><td>第 6.3.3 条</td><td>/</td><td></td><td></td></tr>
<tr><td>4</td><td>设备电源配线</td><td>第 6.3.4 条</td><td>/</td><td></td><td></td></tr>
<tr><td>5</td><td>接插件、连接器的组装</td><td>第 6.3.5 条</td><td>/</td><td></td><td></td></tr>
<tr><td>6</td><td>机柜（架）接地</td><td>第 6.3.6 条</td><td>/</td><td></td><td></td></tr>
<tr><td>7</td><td>配线电缆的屏蔽护套应可靠接地</td><td>第 6.3.7 条</td><td>/</td><td></td><td></td></tr>
<tr><td rowspan="6">一般项目</td><td>1</td><td>缆线保护</td><td>第 6.3.8 条</td><td>/</td><td></td><td></td></tr>
<tr><td>2</td><td>缆线标识</td><td>第 6.3.9 条</td><td>/</td><td></td><td></td></tr>
<tr><td>3</td><td>缆线余留</td><td>第 6.3.10 条</td><td>/</td><td></td><td></td></tr>
<tr><td>4</td><td>配线焊接</td><td>第 6.3.11 条</td><td>/</td><td></td><td></td></tr>
<tr><td>5</td><td>配线卡接</td><td>第 6.3.12 条</td><td>/</td><td></td><td></td></tr>
<tr><td>6</td><td>不同类型配线分开</td><td>第 6.3.13 条</td><td>/</td><td></td><td></td></tr>
<tr><td>施工单位检查结果</td><td colspan="6">专业工长：（签名）　　专业质量检查员：（签名）　　年　月　日</td></tr>
<tr><td>监理单位验收结论</td><td colspan="6">专业监理工程师：（签名）　　年　月　日</td></tr>
</table>

7.3.7.40 轨道验·机-360 无线通信区间设备安装检验批质量验收记录

市政基础设施工程

无线通信区间设备安装检验批质量验收记录

轨道验·机-360

第　　页 共　　页

<table>
<tr><td colspan="2">工程名称</td><td colspan="5"></td></tr>
<tr><td colspan="2">单位工程名称</td><td colspan="5"></td></tr>
<tr><td colspan="2">施工单位</td><td></td><td colspan="2">分包单位</td><td colspan="2"></td></tr>
<tr><td colspan="2">项目负责人</td><td></td><td colspan="2">项目技术负责人</td><td colspan="2"></td></tr>
<tr><td colspan="2">分部（子分部）工程名称</td><td></td><td colspan="2">分项工程名称</td><td colspan="2"></td></tr>
<tr><td colspan="2">验收部位/区段</td><td></td><td colspan="2">检验批容量</td><td colspan="2"></td></tr>
<tr><td colspan="2">施工及验收依据</td><td colspan="5">《城市轨道交通通信工程质量验收规范》GB 50382</td></tr>
<tr><td colspan="3">验收项目</td><td>设计要求或规范规定</td><td>最小/实际抽样数量</td><td>检查记录</td><td>检查结果</td></tr>
<tr><td rowspan="4">主控项目</td><td>1</td><td>基站和直放站的避雷器安装</td><td>第 11.4.1 条</td><td>/</td><td></td><td></td></tr>
<tr><td>2</td><td>高架及地面区间直放站的地线设置及接地电阻</td><td>第 11.4.2 条</td><td>/</td><td></td><td></td></tr>
<tr><td>3</td><td>直放站的安装方式及防护等级</td><td>第 11.4.3 条</td><td>/</td><td></td><td></td></tr>
<tr><td>4</td><td>无线通信系统区间设备安装不得侵入设备界限</td><td>第 11.4.4 条</td><td>/</td><td></td><td></td></tr>
<tr><td rowspan="3">一般项目</td><td></td><td></td><td></td><td></td><td></td><td></td></tr>
<tr><td></td><td></td><td></td><td></td><td></td><td></td></tr>
<tr><td></td><td></td><td></td><td></td><td></td><td></td></tr>
<tr><td>施工单位检查结果</td><td colspan="6">专业工长：（签名）　　专业质量检查员：（签名）　　年　月　日</td></tr>
<tr><td>监理单位验收结论</td><td colspan="6">专业监理工程师：（签名）　　年　月　日</td></tr>
</table>

7.3.7.41 轨道验·机-361 无线通信区间设备配线检验批质量验收记录

市政基础设施工程

无线通信区间设备配线检验批质量验收记录

轨道验·机-361

第　　页 共　　页

<table>
<tr><td colspan="3">工程名称</td><td colspan="5"></td></tr>
<tr><td colspan="3">单位工程名称</td><td colspan="5"></td></tr>
<tr><td colspan="3">施工单位</td><td></td><td colspan="2">分包单位</td><td colspan="2"></td></tr>
<tr><td colspan="3">项目负责人</td><td></td><td colspan="2">项目技术负责人</td><td colspan="2"></td></tr>
<tr><td colspan="3">分部（子分部）
工程名称</td><td></td><td colspan="2">分项工程名称</td><td colspan="2"></td></tr>
<tr><td colspan="3">验收部位/区段</td><td></td><td colspan="2">检验批容量</td><td colspan="2"></td></tr>
<tr><td colspan="3">施工及验收依据</td><td colspan="5">《城市轨道交通通信工程质量验收规范》GB 50382</td></tr>
<tr><td colspan="3">验收项目</td><td>设计要求或
规范规定</td><td>最小/实际
抽样数量</td><td colspan="2">检查记录</td><td>检查结果</td></tr>
<tr><td rowspan="3">主控项目</td><td>1</td><td>基站及直放站配线</td><td>第 11.4.5 条</td><td>/</td><td colspan="2"></td><td></td></tr>
<tr><td></td><td></td><td></td><td></td><td colspan="2"></td><td></td></tr>
<tr><td></td><td></td><td></td><td></td><td colspan="2"></td><td></td></tr>
<tr><td rowspan="3">一般项目</td><td></td><td></td><td></td><td></td><td colspan="2"></td><td></td></tr>
<tr><td></td><td></td><td></td><td></td><td colspan="2"></td><td></td></tr>
<tr><td></td><td></td><td></td><td></td><td colspan="2"></td><td></td></tr>
<tr><td>施工单位检查结果</td><td colspan="7">专业工长：（签名）　　专业质量检查员：（签名）　　年　月　日</td></tr>
<tr><td>监理单位验收结论</td><td colspan="7">专业监理工程师：（签名）　　年　月　日</td></tr>
</table>

7.3.7.42 轨道验·机-362 无线通信车载设备安装检验批质量验收记录

市政基础设施工程

无线通信车载设备安装检验批质量验收记录

轨道验·机-362

第　　页共　　页

<table>
<tr><td colspan="2">工程名称</td><td colspan="5"></td></tr>
<tr><td colspan="2">单位工程名称</td><td colspan="5"></td></tr>
<tr><td colspan="2">施工单位</td><td colspan="2"></td><td>分包单位</td><td colspan="2"></td></tr>
<tr><td colspan="2">项目负责人</td><td colspan="2"></td><td>项目技术负责人</td><td colspan="2"></td></tr>
<tr><td colspan="2">分部（子分部）
工程名称</td><td colspan="2"></td><td>分项工程名称</td><td colspan="2"></td></tr>
<tr><td colspan="2">验收部位/区段</td><td colspan="2"></td><td>检验批容量</td><td colspan="2"></td></tr>
<tr><td colspan="2">施工及验收依据</td><td colspan="5">《城市轨道交通通信工程质量验收规范》GB 50382</td></tr>
<tr><td colspan="3">验收项目</td><td>设计要求或
规范规定</td><td>最小/实际
抽样数量</td><td>检查记录</td><td>检查结果</td></tr>
<tr><td rowspan="2">主控项目</td><td>1</td><td>无线通信车载设备的安装、布线，以及防震防电磁干扰等要求应符合设计和车辆专业的要求。车载设备安装不得超出车辆界限</td><td>第 11.4.6 条</td><td>/</td><td></td><td></td></tr>
<tr><td></td><td></td><td></td><td></td><td></td><td></td></tr>
<tr><td rowspan="3">一般项目</td><td></td><td></td><td></td><td></td><td></td><td></td></tr>
<tr><td></td><td></td><td></td><td></td><td></td><td></td></tr>
<tr><td></td><td></td><td></td><td></td><td></td><td></td></tr>
<tr><td>施工单位检查结果</td><td colspan="6">

专业工长：（签名）　　专业质量检查员：（签名）　　年　月　日</td></tr>
<tr><td>监理单位验收结论</td><td colspan="6">

专业监理工程师：（签名）　　年　月　日</td></tr>
</table>

7.3.7.43 轨道验·机-363 无线通信系统性能检测检验批质量验收记录

市政基础设施工程

无线通信系统性能检测检验批质量验收记录

轨道验·机-363

第 页共 页

<table>
<tr><td colspan="3">工程名称</td><td colspan="5"></td></tr>
<tr><td colspan="3">单位工程名称</td><td colspan="5"></td></tr>
<tr><td colspan="3">施工单位</td><td colspan="2"></td><td colspan="2">分包单位</td><td></td></tr>
<tr><td colspan="3">项目负责人</td><td colspan="2"></td><td colspan="2">项目技术负责人</td><td></td></tr>
<tr><td colspan="3">分部（子分部）
工程名称</td><td colspan="2"></td><td colspan="2">分项工程名称</td><td></td></tr>
<tr><td colspan="3">验收部位/区段</td><td colspan="2"></td><td colspan="2">检验批容量</td><td></td></tr>
<tr><td colspan="3">施工及验收依据</td><td colspan="5">《城市轨道交通通信工程质量验收规范》GB 50382</td></tr>
<tr><td colspan="3">验收项目</td><td>设计要求或规范规定</td><td>最小/实际抽样数量</td><td>检查记录</td><td colspan="2">检查结果</td></tr>
<tr><td rowspan="5">主控项目</td><td>1</td><td>基站设备射频输出功率、发射频偏、调制矢量误差、接收灵敏度指标</td><td>第 11.5.1 条</td><td>/</td><td></td><td colspan="2"></td></tr>
<tr><td>2</td><td>直放站设备射频输出功率、输入输出光功率、光接收动态范围、增益指标</td><td>第 11.5.2 条</td><td>/</td><td></td><td colspan="2"></td></tr>
<tr><td>3</td><td>手持台和车载台的射频输出功率、发射频偏指标</td><td>第 11.5.3 条</td><td>/</td><td></td><td colspan="2"></td></tr>
<tr><td>4</td><td>无线通信系统空间波覆盖的时间地点概率应不小于 90%，漏泄同轴电缆辐射电波的时间地点概率不应小于 95%</td><td>第 11.5.4 条</td><td>/</td><td></td><td colspan="2"></td></tr>
<tr><td>5</td><td>单呼和组呼的通话质量模拟测试指标</td><td>第 11.5.5 条</td><td>/</td><td></td><td colspan="2"></td></tr>
<tr><td>施工单位检查结果</td><td colspan="7">

专业工长：（签名） 专业质量检查员：（签名） 年 月 日</td></tr>
<tr><td>监理单位验收结论</td><td colspan="7">

专业监理工程师：（签名） 年 月 日</td></tr>
</table>

7.3.7.44 轨道验·机-364 无线通信系统功能检验检验批质量验收记录

市政基础设施工程

无线通信系统功能检验检验批质量验收记录

轨道验·机-364

第 页 共 页

<table>
<tr><td colspan="3">工程名称</td><td colspan="5"></td></tr>
<tr><td colspan="3">单位工程名称</td><td colspan="5"></td></tr>
<tr><td colspan="3">施工单位</td><td colspan="2"></td><td colspan="2">分包单位</td><td></td></tr>
<tr><td colspan="3">项目负责人</td><td colspan="2"></td><td colspan="2">项目技术负责人</td><td></td></tr>
<tr><td colspan="3">分部（子分部）
工程名称</td><td colspan="2"></td><td colspan="2">分项工程名称</td><td></td></tr>
<tr><td colspan="3">验收部位/区段</td><td colspan="2"></td><td colspan="2">检验批容量</td><td></td></tr>
<tr><td colspan="3">施工及验收依据</td><td colspan="5">《城市轨道交通通信工程质量验收规范》GB 50382</td></tr>
<tr><td colspan="3">验收项目</td><td>设计要求或
规范规定</td><td>最小/实际
抽样数量</td><td colspan="2">检查记录</td><td>检查结果</td></tr>
<tr><td rowspan="6">主控项目</td><td>1</td><td>无线交换控制设备移动用户的数量管理、调度台数量管理、基站数量管理和冗余备份功能</td><td>第11.6.1条</td><td>/</td><td colspan="2"></td><td></td></tr>
<tr><td>2</td><td>基站设备的冗余备份功能</td><td>第11.6.2条</td><td>/</td><td colspan="2"></td><td></td></tr>
<tr><td>3</td><td>直放站设备冗余备份、断电恢复功能</td><td>第11.6.3条</td><td>/</td><td colspan="2"></td><td></td></tr>
<tr><td>4</td><td>车载台设备语音呼叫、数据传输和二次开发功能</td><td>第11.6.4条</td><td>/</td><td colspan="2"></td><td></td></tr>
<tr><td>5</td><td>调度台设备的显示功能、语音呼叫、数据传输、转接强拆强插功能和冗余备份功能</td><td>第11.6.5条</td><td>/</td><td colspan="2"></td><td></td></tr>
<tr><td>6</td><td>系统功能</td><td>第11.6.6条</td><td>/</td><td colspan="2"></td><td></td></tr>
<tr><td colspan="2">施工单位检查结果</td><td colspan="6">专业工长：（签名） 专业质量检查员：（签名） 年 月 日</td></tr>
<tr><td colspan="2">监理单位验收结论</td><td colspan="6">专业监理工程师：（签名） 年 月 日</td></tr>
</table>

7.3.7.45 轨道验·机-365 无线通信系统网管检验检验批质量验收记录

市政基础设施工程

无线通信系统网管检验检验批质量验收记录

轨道验·机-365

第　　页共　　页

<table>
<tr><td colspan="3">工程名称</td><td colspan="5"></td></tr>
<tr><td colspan="3">单位工程名称</td><td colspan="5"></td></tr>
<tr><td colspan="3">施工单位</td><td colspan="2"></td><td colspan="2">分包单位</td><td></td></tr>
<tr><td colspan="3">项目负责人</td><td colspan="2"></td><td colspan="2">项目技术负责人</td><td></td></tr>
<tr><td colspan="3">分部（子分部）
工程名称</td><td colspan="2"></td><td colspan="2">分项工程名称</td><td></td></tr>
<tr><td colspan="3">验收部位/区段</td><td colspan="2"></td><td colspan="2">检验批容量</td><td></td></tr>
<tr><td colspan="3">施工及验收依据</td><td colspan="5">《城市轨道交通通信工程质量验收规范》GB 50382</td></tr>
<tr><td colspan="3">验收项目</td><td>设计要求或
规范规定</td><td>最小/实际
抽样数量</td><td colspan="2">检查记录</td><td>检查结果</td></tr>
<tr><td rowspan="3">主控项目</td><td>1</td><td>无线通信系统网管的故障管理、性能管理、配置管理、用户管理、和安全管理功能</td><td>第11.7.1条</td><td>/</td><td colspan="2"></td><td></td></tr>
<tr><td>2</td><td>直放站网管的故障管理、性能管理、配置管理和安全管理功能</td><td>第11.7.2条</td><td>/</td><td colspan="2"></td><td></td></tr>
<tr><td>3</td><td>二次开发网管功能</td><td>第11.7.3条</td><td>/</td><td colspan="2"></td><td></td></tr>
<tr><td>施工单位检查结果</td><td colspan="7">专业工长：（签名）　　专业质量检查员：（签名）　　年　月　日</td></tr>
<tr><td>监理单位验收结论</td><td colspan="7">专业监理工程师：（签名）　　年　月　日</td></tr>
</table>

7.3.7.46 轨道验·机-366 视频监视设备安装检验批质量验收记录

市政基础设施工程

视频监视设备安装检验批质量验收记录

轨道验·机-366

第 页 共 页

工程名称					
单位工程名称					
施工单位			分包单位		
项目负责人			项目技术负责人		
分部（子分部）工程名称			分项工程名称		
验收部位/区段			检验批容量		
施工及验收依据	《城市轨道交通通信工程质量验收规范》GB 50382				
验收项目		设计要求或规范规定	最小/实际抽样数量	检查记录	检查结果
主控项目	1 设备进场验收	第6.2.1条	/		
	2 机柜（架）安装	第6.2.2条	/		
	3 壁挂式设备安装位置和方式	第6.2.3条	/		
	4 子架或机盘安装	第6.2.4条	/		
	5 电气连接及接地	第6.2.5条	/		
	6 摄像机安装位置、监视目标	第12.2.1条	/		
	7 摄像机支架应稳固，摄像机及前端设备安装	第12.2.2条	/		
	8 室外摄像机支柱（杆）的安装	第12.2.3条	/		
	9 室外摄像机的安装	第12.2.4条	/		
	10 室外机箱的安装高度、防护功能、防雷接地	第12.2.5条	/		
一般项目	1 视频监视区间设备安装不得侵入设备限界	第12.2.6条	/		
	2 设备外观、标识	第6.2.6条	/		
	3 机柜（架）倾斜度及相邻机柜（架）间隙	第6.2.7条	/		
	4 工作台布局	第6.2.8条	/		
施工单位检查结果	专业工长：（签名） 专业质量检查员：（签名） 年 月 日				
监理单位验收结论	专业监理工程师：（签名） 年 月 日				

7.3.7.47 轨道验·机-367 视频监视设备配线检验批质量验收记录

市政基础设施工程

视频监视设备配线检验批质量验收记录

轨道验·机-367

第　　页共　　页

工程名称						
单位工程名称						
施工单位			分包单位			
项目负责人			项目技术负责人			
分部（子分部）工程名称			分项工程名称			
验收部位/区段			检验批容量			
施工及验收依据	《城市轨道交通通信工程质量验收规范》GB 50382					
验收项目			设计要求或规范规定	最小/实际抽样数量	检查记录	检查结果
主控项目	1	设备配线光电缆及配套器材进场验收	第6.3.1条	/		
	2	配线电缆、光跳线的芯线	第6.3.2条	/		
	3	光缆尾纤布放	第6.3.3条	/		
	4	设备电源配线	第6.3.4条	/		
	5	接插件、连接器的组装	第6.3.5条	/		
	6	机柜（架）接地	第6.3.6条	/		
	7	配线电缆的屏蔽护套应可靠接地	第6.3.7条	/		
	8	摄像机配线	第12.2.7条	/		
一般项目	1	缆线保护	第6.3.8条	/		
	2	缆线标识	第6.3.9条	/		
	3	缆线余留	第6.3.10条	/		
	4	配线焊接	第6.3.11条	/		
	5	配线卡接	第6.3.12条	/		
	6	不同类型配线分开	第6.3.13条	/		
施工单位检查结果	专业工长：（签名）　　专业质量检查员：（签名）　　年　月　日					
监理单位验收结论	专业监理工程师：（签名）　　年　月　日					

7.3.7.48 轨道验·机-368 视频监视车载设备安装检验批质量验收记录

市政基础设施工程

视频监视车载设备安装检验批质量验收记录

轨道验·机-368

第　　页 共　　页

<table>
<tr><td colspan="3">工程名称</td><td colspan="5"></td></tr>
<tr><td colspan="3">单位工程名称</td><td colspan="5"></td></tr>
<tr><td colspan="3">施工单位</td><td colspan="2"></td><td colspan="2">分包单位</td><td></td></tr>
<tr><td colspan="3">项目负责人</td><td colspan="2"></td><td colspan="2">项目技术负责人</td><td></td></tr>
<tr><td colspan="3">分部（子分部）
工程名称</td><td colspan="2"></td><td colspan="2">分项工程名称</td><td></td></tr>
<tr><td colspan="3">验收部位/区段</td><td colspan="2"></td><td colspan="2">检验批容量</td><td></td></tr>
<tr><td colspan="3">施工及验收依据</td><td colspan="5">《城市轨道交通通信工程质量验收规范》GB 50382</td></tr>
<tr><td colspan="3">验收项目</td><td>设计要求或
规范规定</td><td>最小/实际
抽样数量</td><td colspan="2">检查记录</td><td>检查结果</td></tr>
<tr><td rowspan="2">主控项目</td><td>1</td><td>视频监视系统车载设备的安装和布线，以及防振和防电磁干扰。车载设备安装不得超出车辆限界</td><td>第 12.2.8 条</td><td>/</td><td colspan="2"></td><td></td></tr>
<tr><td></td><td></td><td></td><td></td><td colspan="2"></td><td></td></tr>
<tr><td rowspan="3">一般项目</td><td></td><td></td><td></td><td></td><td colspan="2"></td><td></td></tr>
<tr><td></td><td></td><td></td><td></td><td colspan="2"></td><td></td></tr>
<tr><td></td><td></td><td></td><td></td><td colspan="2"></td><td></td></tr>
<tr><td colspan="2">施工单位检查结果</td><td colspan="6">专业工长：（签名）　　专业质量检查员：（签名）　　年　月　日</td></tr>
<tr><td colspan="2">监理单位验收结论</td><td colspan="6">专业监理工程师：（签名）　　年　月　日</td></tr>
</table>

7.3.7.49 轨道验·机-369 视频监视系统性能检测检验批质量验收记录

市政基础设施工程

视频监视系统性能检测检验批质量验收记录

轨道验·机-369

第 页 共 页

<table>
<tr><td colspan="3">工程名称</td><td colspan="5"></td></tr>
<tr><td colspan="3">单位工程名称</td><td colspan="5"></td></tr>
<tr><td colspan="3">施工单位</td><td colspan="2"></td><td>分包单位</td><td colspan="2"></td></tr>
<tr><td colspan="3">项目负责人</td><td colspan="2"></td><td>项目技术负责人</td><td colspan="2"></td></tr>
<tr><td colspan="3">分部（子分部）
工程名称</td><td colspan="2"></td><td>分项工程名称</td><td colspan="2"></td></tr>
<tr><td colspan="3">验收部位/区段</td><td colspan="2"></td><td>检验批容量</td><td colspan="2"></td></tr>
<tr><td colspan="3">施工及验收依据</td><td colspan="5">《城市轨道交通通信工程质量验收规范》GB 50382</td></tr>
<tr><td colspan="3">验收项目</td><td>设计要求或
规范规定</td><td>最小/实际
抽样数量</td><td>检查记录</td><td colspan="2">检查结果</td></tr>
<tr><td rowspan="6">主控项目</td><td>1</td><td>摄像机的清晰度、最低照度、信噪比、灰度等级指标</td><td>第12.3.1条</td><td>/</td><td></td><td colspan="2"></td></tr>
<tr><td>2</td><td>显示设备的分辨率、灰度等级指标</td><td>第12.3.2条</td><td>/</td><td></td><td colspan="2"></td></tr>
<tr><td>3</td><td>模拟电视系统的图像质量</td><td>第12.3.3条</td><td>/</td><td></td><td colspan="2"></td></tr>
<tr><td>4</td><td>系统的数字电视图像质量</td><td>第12.3.4条</td><td>/</td><td></td><td colspan="2"></td></tr>
<tr><td>5</td><td>视频监视系统的时延、抖动、丢包率等网络性能指标</td><td>第12.3.5条</td><td>/</td><td></td><td colspan="2"></td></tr>
<tr><td>6</td><td>中心级与车站级的视频实用调用时延、PTZ控制时延、历史图像检索响应时延、图像间切换时延等操作响应时延</td><td>第12.3.6条</td><td>/</td><td></td><td colspan="2"></td></tr>
<tr><td>施工单位检查结果</td><td colspan="7">专业工长：（签名） 专业质量检查员：（签名） 年 月 日</td></tr>
<tr><td>监理单位验收结论</td><td colspan="7">专业监理工程师：（签名） 年 月 日</td></tr>
</table>

7.3.7.50 轨道验·机-370 视频监视系统功能检验检验批质量验收记录

市政基础设施工程

视频监视系统功能检验检验批质量验收记录

轨道验·机-370

第 页 共 页

<table>
<tr><td colspan="3">工程名称</td><td colspan="5"></td></tr>
<tr><td colspan="3">单位工程名称</td><td colspan="5"></td></tr>
<tr><td colspan="3">施工单位</td><td colspan="2"></td><td>分包单位</td><td colspan="2"></td></tr>
<tr><td colspan="3">项目负责人</td><td colspan="2"></td><td>项目技术负责人</td><td colspan="2"></td></tr>
<tr><td colspan="3">分部（子分部）工程名称</td><td colspan="2"></td><td>分项工程名称</td><td colspan="2"></td></tr>
<tr><td colspan="3">验收部位/区段</td><td colspan="2"></td><td>检验批容量</td><td colspan="2"></td></tr>
<tr><td colspan="3">施工及验收依据</td><td colspan="5">《城市轨道交通通信工程质量验收规范》GB 50382</td></tr>
<tr><td colspan="3">验收项目</td><td>设计要求或规范规定</td><td>最小/实际抽样数量</td><td>检查记录</td><td colspan="2">检查结果</td></tr>
<tr><td rowspan="7">主控项目</td><td>1</td><td>中心与车站级视频控制系统的功能</td><td>第 12.4.1 条</td><td>/</td><td></td><td colspan="2"></td></tr>
<tr><td>2</td><td>视频监视系统的录像功能</td><td>第 12.4.2 条</td><td>/</td><td></td><td colspan="2"></td></tr>
<tr><td>3</td><td>视频监视系统的录像回放功能</td><td>第 12.4.3 条</td><td>/</td><td></td><td colspan="2"></td></tr>
<tr><td>4</td><td>视频监视系统控制中心大屏的图像分割、图像拼接功能</td><td>第 12.4.4 条</td><td>/</td><td></td><td colspan="2"></td></tr>
<tr><td>5</td><td>视频监视系统与其他系统间联动功能</td><td>第 12.4.5 条</td><td>/</td><td></td><td colspan="2"></td></tr>
<tr><td>6</td><td>视频监视系统智能分析功能</td><td>第 12.4.6 条</td><td>/</td><td></td><td colspan="2"></td></tr>
<tr><td>7</td><td>抗攻击和防病毒功能</td><td>第 12.4.7 条</td><td>/</td><td></td><td colspan="2"></td></tr>
<tr><td colspan="2">施工单位检查结果</td><td colspan="6">专业工长：（签名） 专业质量检查员：（签名） 年 月 日</td></tr>
<tr><td colspan="2">监理单位验收结论</td><td colspan="6">专业监理工程师：（签名） 年 月 日</td></tr>
</table>

7.3.7.51 轨道验·机-371 视频监视系统网管检验检验批质量验收记录

市政基础设施工程

视频监视系统网管检验检验批质量验收记录

轨道验·机-371

第　　页共　　页

工程名称						
单位工程名称						
施工单位			分包单位			
项目负责人			项目技术负责人			
分部（子分部）工程名称			分项工程名称			
验收部位/区段			检验批容量			
施工及验收依据	《城市轨道交通通信工程质量验收规范》GB 50382					
验收项目			设计要求或规范规定	最小/实际抽样数量	检查记录	检查结果
主控项目	1	视频监视系统的网管功能	第 12.5.1 条	/		
	2	视频监视系统的数据通信功能	第 12.5.2 条	/		
	3	视频监视系统网管的人机交互功能	第 12.5.3 条	/		
施工单位检查结果	专业工长：（签名）　专业质量检查员：（签名）　年　月　日					
监理单位验收结论	专业监理工程师：（签名）　年　月　日					

7.3.7.52 轨道验·机-372 广播设备安装检验批质量验收记录

市政基础设施工程

广播设备安装检验批质量验收记录

轨道验·机-372

第　　页 共　　页

<table>
<tr><td colspan="3">工程名称</td><td colspan="5"></td></tr>
<tr><td colspan="3">单位工程名称</td><td colspan="5"></td></tr>
<tr><td colspan="3">施工单位</td><td colspan="2"></td><td colspan="2">分包单位</td><td></td></tr>
<tr><td colspan="3">项目负责人</td><td colspan="2"></td><td colspan="2">项目技术负责人</td><td></td></tr>
<tr><td colspan="3">分部（子分部）工程名称</td><td colspan="2"></td><td colspan="2">分项工程名称</td><td></td></tr>
<tr><td colspan="3">验收部位/区段</td><td colspan="2"></td><td colspan="2">检验批容量</td><td></td></tr>
<tr><td colspan="3">施工及验收依据</td><td colspan="5">《城市轨道交通通信工程质量验收规范》GB 50382</td></tr>
<tr><td colspan="3">验收项目</td><td>设计要求或规范规定</td><td>最小/实际抽样数量</td><td colspan="2">检查记录</td><td>检查结果</td></tr>
<tr><td rowspan="10">主控项目</td><td>1</td><td>设备进场验收</td><td>第6.2.1条</td><td>/</td><td colspan="2"></td><td></td></tr>
<tr><td>2</td><td>机柜（架）安装</td><td>第6.2.2条</td><td>/</td><td colspan="2"></td><td></td></tr>
<tr><td>3</td><td>壁挂式设备安装位置和方式</td><td>第6.2.3条</td><td>/</td><td colspan="2"></td><td></td></tr>
<tr><td>4</td><td>子架或机盘安装</td><td>第6.2.4条</td><td>/</td><td colspan="2"></td><td></td></tr>
<tr><td>5</td><td>电气连接及接地</td><td>第6.2.5条</td><td>/</td><td colspan="2"></td><td></td></tr>
<tr><td>6</td><td>控制中心和车站广播的负载区数量</td><td>第13.2.1条</td><td>/</td><td colspan="2"></td><td></td></tr>
<tr><td>7</td><td>外场扬声器安装位置、安装方式</td><td>第13.2.2条</td><td>/</td><td colspan="2"></td><td></td></tr>
<tr><td>8</td><td>当扩音馈线为地下电缆时，所用电缆盒和线间变压器盒的端子绝缘电阻，应符合产品技术条件规定</td><td>第13.2.3条</td><td>/</td><td colspan="2"></td><td></td></tr>
<tr><td>9</td><td>当露天扬声器馈线引入室内时，应装设真空保安器</td><td>第13.2.4条</td><td>/</td><td colspan="2"></td><td></td></tr>
<tr><td>10</td><td>广播系统区间设备安装不得侵入设备限界</td><td>第13.2.5条</td><td>/</td><td colspan="2"></td><td></td></tr>
<tr><td rowspan="3">一般项目</td><td>1</td><td>设备外观、标识</td><td>第6.2.6条</td><td>/</td><td colspan="2"></td><td></td></tr>
<tr><td>2</td><td>机柜（架）倾斜度及相邻机柜（架）间隙</td><td>第6.2.7条</td><td>/</td><td colspan="2"></td><td></td></tr>
<tr><td>3</td><td>工作台布局</td><td>第6.2.8条</td><td>/</td><td colspan="2"></td><td></td></tr>
<tr><td colspan="2">施工单位检查结果</td><td colspan="6">专业工长：（签名）　　专业质量检查员：（签名）　　年　月　日</td></tr>
<tr><td colspan="2">监理单位验收结论</td><td colspan="6">专业监理工程师：（签名）　　年　月　日</td></tr>
</table>

7.3.7.53 轨道验·机-373 广播设备配线检验批质量验收记录

市政基础设施工程

广播设备配线检验批质量验收记录

轨道验·机-373

第 页 共 页

<table>
<tr><td colspan="3">工程名称</td><td colspan="5"></td></tr>
<tr><td colspan="3">单位工程名称</td><td colspan="5"></td></tr>
<tr><td colspan="3">施工单位</td><td colspan="2"></td><td>分包单位</td><td colspan="2"></td></tr>
<tr><td colspan="3">项目负责人</td><td colspan="2"></td><td>项目技术负责人</td><td colspan="2"></td></tr>
<tr><td colspan="3">分部（子分部）
工程名称</td><td colspan="2"></td><td>分项工程名称</td><td colspan="2"></td></tr>
<tr><td colspan="3">验收部位/区段</td><td colspan="2"></td><td>检验批容量</td><td colspan="2"></td></tr>
<tr><td colspan="3">施工及验收依据</td><td colspan="5">《城市轨道交通通信工程质量验收规范》GB 50382</td></tr>
<tr><td colspan="3">验收项目</td><td>设计要求或
规范规定</td><td>最小/实际
抽样数量</td><td colspan="2">检查记录</td><td>检查结果</td></tr>
<tr><td rowspan="8">主控项目</td><td>1</td><td>设备配线光电缆及配套器材进场验收</td><td>第6.3.1条</td><td>/</td><td colspan="2"></td><td></td></tr>
<tr><td>2</td><td>配线电缆、光跳线的芯线</td><td>第6.3.2条</td><td>/</td><td colspan="2"></td><td></td></tr>
<tr><td>3</td><td>光缆尾纤布放</td><td>第6.3.3条</td><td>/</td><td colspan="2"></td><td></td></tr>
<tr><td>4</td><td>设备电源配线</td><td>第6.3.4条</td><td>/</td><td colspan="2"></td><td></td></tr>
<tr><td>5</td><td>接插件、连接器的组装</td><td>第6.3.5条</td><td>/</td><td colspan="2"></td><td></td></tr>
<tr><td>6</td><td>机柜（架）接地</td><td>第6.3.6条</td><td>/</td><td colspan="2"></td><td></td></tr>
<tr><td>7</td><td>配线电缆的屏蔽护套应可靠接地</td><td>第6.3.7条</td><td>/</td><td colspan="2"></td><td></td></tr>
<tr><td>8</td><td>扬声器配线</td><td>第13.2.6条</td><td>/</td><td colspan="2"></td><td></td></tr>
<tr><td rowspan="6">一般项目</td><td>1</td><td>缆线保护</td><td>第6.3.8条</td><td>/</td><td colspan="2"></td><td></td></tr>
<tr><td>2</td><td>缆线标识</td><td>第6.3.9条</td><td>/</td><td colspan="2"></td><td></td></tr>
<tr><td>3</td><td>缆线余留</td><td>第6.3.10条</td><td>/</td><td colspan="2"></td><td></td></tr>
<tr><td>4</td><td>配线焊接</td><td>第6.3.11条</td><td>/</td><td colspan="2"></td><td></td></tr>
<tr><td>5</td><td>配线卡接</td><td>第6.3.12条</td><td>/</td><td colspan="2"></td><td></td></tr>
<tr><td>6</td><td>不同类型配线分开</td><td>第6.3.13条</td><td>/</td><td colspan="2"></td><td></td></tr>
<tr><td>施工单位检查结果</td><td colspan="7">专业工长：（签名） 专业质量检查员：（签名） 年 月 日</td></tr>
<tr><td>监理单位验收结论</td><td colspan="7">专业监理工程师：（签名） 年 月 日</td></tr>
</table>

7.3.7.54 轨道验·机-374 广播系统性能检测检验批质量验收记录

市政基础设施工程

广播系统性能检测检验批质量验收记录

轨道验·机-374

第　页 共　页

工程名称						
单位工程名称						
施工单位			分包单位			
项目负责人			项目技术负责人			
分部（子分部）工程名称			分项工程名称			
验收部位/区段			检验批容量			
施工及验收依据	《城市轨道交通通信工程质量验收规范》GB 50382					
验收项目			设计要求或规范规定	最小/实际抽样数量	检查记录	检查结果
主控项目	1	播音控制盒的输入输出电平、频率响应、谐波失真、信噪比指标	第13.3.1条	/		
	2	功率放大器的额定输出电压、输出功率、频率响应、谐波失真、信噪比、输出电压调整率、输入过激励抑制能力、输入灵敏度指标	第13.3.2条	/		
	3	语音合成器的频率响应、谐波失真、信噪比、输出电平、回放时间、播放通道等指标	第13.3.3条	/		
	4	扬声器和音柱的额定功率、输入电压、频率响应、灵敏度指标	第13.3.4条	/		
	5	广播系统的最大声压级指标	第13.3.5条	/		
	6	广播系统的声场不均匀度指标	第13.3.6条	/		
施工单位检查结果	专业工长：（签名）　专业质量检查员：（签名）　年　月　日					
监理单位验收结论	专业监理工程师：（签名）　年　月　日					

7.3.7.55 轨道验·机-375 广播系统功能检验检验批质量验收记录

市政基础设施工程

广播系统功能检验检验批质量验收记录

轨道验·机-375

第 页 共 页

<table>
<tr><td colspan="3">工程名称</td><td colspan="5"></td></tr>
<tr><td colspan="3">单位工程名称</td><td colspan="5"></td></tr>
<tr><td colspan="3">施工单位</td><td colspan="2"></td><td>分包单位</td><td colspan="2"></td></tr>
<tr><td colspan="3">项目负责人</td><td colspan="2"></td><td>项目技术负责人</td><td colspan="2"></td></tr>
<tr><td colspan="3">分部（子分部）
工程名称</td><td colspan="2"></td><td>分项工程名称</td><td colspan="2"></td></tr>
<tr><td colspan="3">验收部位/区段</td><td colspan="2"></td><td>检验批容量</td><td colspan="2"></td></tr>
<tr><td colspan="3">施工及验收依据</td><td colspan="5">《城市轨道交通通信工程质量验收规范》GB 50382</td></tr>
<tr><td colspan="3">验收项目</td><td>设计要求或规范规定</td><td>最小/实际抽样数量</td><td>检查记录</td><td colspan="2">检查结果</td></tr>
<tr><td rowspan="4">主控项目</td><td>1</td><td>车站播音控制盒的播音功能、监听功能、故障显示功能</td><td>第13.4.1条</td><td>/</td><td></td><td colspan="2"></td></tr>
<tr><td>2</td><td>车站广播设备的优先级功能、分区分路广播功能、多路平行广播功能、自动手动紧急三种不同播音方式、车站接收列车运行信息并自动播音功能、噪声探测及控制功能、功放自动检测倒换功能、状态查询功能、负载功放主要技术指标测量功能</td><td>第13.4.2条</td><td>/</td><td></td><td colspan="2"></td></tr>
<tr><td>3</td><td>控制中心广播设备的全选单选组选车站和各广播区的功能、优先级功能、多路平行广播功能、监听功能</td><td>第13.4.3条</td><td>/</td><td></td><td colspan="2"></td></tr>
<tr><td>4</td><td>桥架、线管及接线盒应可靠接地；当采用联合接地时，接地电阻不应大于1Ω</td><td>第13.4.4条</td><td>/</td><td></td><td colspan="2"></td></tr>
<tr><td colspan="2">施工单位检查结果</td><td colspan="6">专业工长：（签名） 专业质量检查员：（签名） 年 月 日</td></tr>
<tr><td colspan="2">监理单位验收结论</td><td colspan="6">专业监理工程师：（签名） 年 月 日</td></tr>
</table>

7.3.7.56 轨道验·机-376 广播系统网管检验检验批质量验收记录

市政基础设施工程

广播系统网管检验检验批质量验收记录

轨道验·机-376

第　　页 共　　页

<table>
<tr><td colspan="2">工程名称</td><td colspan="5"></td></tr>
<tr><td colspan="2">单位工程名称</td><td colspan="5"></td></tr>
<tr><td colspan="2">施工单位</td><td colspan="2"></td><td colspan="2">分包单位</td><td></td></tr>
<tr><td colspan="2">项目负责人</td><td colspan="2"></td><td colspan="2">项目技术负责人</td><td></td></tr>
<tr><td colspan="2">分部（子分部）工程名称</td><td colspan="2"></td><td colspan="2">分项工程名称</td><td></td></tr>
<tr><td colspan="2">验收部位/区段</td><td colspan="2"></td><td colspan="2">检验批容量</td><td></td></tr>
<tr><td colspan="2">施工及验收依据</td><td colspan="5">《城市轨道交通通信工程质量验收规范》GB 50382</td></tr>
<tr><td colspan="3">验收项目</td><td>设计要求或规范规定</td><td>最小/实际抽样数量</td><td>检查记录</td><td>检查结果</td></tr>
<tr><td rowspan="4">主控项目</td><td>1</td><td>广播系统网管配置管理功能</td><td>第13.5.1条</td><td>/</td><td></td><td></td></tr>
<tr><td>2</td><td>广播系统网管性能管理功能</td><td>第13.5.2条</td><td>/</td><td></td><td></td></tr>
<tr><td>3</td><td>广播系统网管的故障检测和诊断、故障恢复、故障记录和显示告警等故障管理功能</td><td>第13.5.3条</td><td>/</td><td></td><td></td></tr>
<tr><td>4</td><td>广播系统网管的用户操作纪律、操作历史记录、调度广播操作记录及录音等日志管理功能</td><td>第13.5.4条</td><td>/</td><td></td><td></td></tr>
<tr><td colspan="2">施工单位检查结果</td><td colspan="5">专业工长：（签名）　　专业质量检查员：（签名）　　年　月　日</td></tr>
<tr><td colspan="2">监理单位验收结论</td><td colspan="5">专业监理工程师：（签名）　　年　月　日</td></tr>
</table>

7.3.7.57 轨道验·机-377 乘客信息系统设备安装检验批质量验收记录

市政基础设施工程

乘客信息系统设备安装检验批质量验收记录

轨道验·机-377

第　　页 共　　页

<table>
<tr><td colspan="3">工程名称</td><td colspan="5"></td></tr>
<tr><td colspan="3">单位工程名称</td><td colspan="5"></td></tr>
<tr><td colspan="3">施工单位</td><td colspan="2"></td><td>分包单位</td><td colspan="2"></td></tr>
<tr><td colspan="3">项目负责人</td><td colspan="2"></td><td>项目技术负责人</td><td colspan="2"></td></tr>
<tr><td colspan="3">分部（子分部）
工程名称</td><td colspan="2"></td><td>分项工程名称</td><td colspan="2"></td></tr>
<tr><td colspan="3">验收部位/区段</td><td colspan="2"></td><td>检验批容量</td><td colspan="2"></td></tr>
<tr><td colspan="3">施工及验收依据</td><td colspan="5">《城市轨道交通通信工程质量验收规范》GB 50382</td></tr>
<tr><td colspan="3">验收项目</td><td>设计要求或规范规定</td><td>最小/实际抽样数量</td><td>检查记录</td><td colspan="2">检查结果</td></tr>
<tr><td rowspan="8">主控项目</td><td>1</td><td>设备进场验收</td><td>第6.2.1条</td><td>/</td><td></td><td colspan="2"></td></tr>
<tr><td>2</td><td>机柜（架）安装</td><td>第6.2.2条</td><td>/</td><td></td><td colspan="2"></td></tr>
<tr><td>3</td><td>壁挂式设备安装位置和方式</td><td>第6.2.3条</td><td>/</td><td></td><td colspan="2"></td></tr>
<tr><td>4</td><td>子架或机盘安装</td><td>第6.2.4条</td><td>/</td><td></td><td colspan="2"></td></tr>
<tr><td>5</td><td>电气连接及接地</td><td>第6.2.5条</td><td>/</td><td></td><td colspan="2"></td></tr>
<tr><td>6</td><td>乘客信息系统终端设备的安装位置与安装方式</td><td>第14.2.1条</td><td>/</td><td></td><td colspan="2"></td></tr>
<tr><td>7</td><td>显示终端的支架安装</td><td>第14.2.2条</td><td>/</td><td></td><td colspan="2"></td></tr>
<tr><td>8</td><td>显示终端安装在地面、高架站台时，其防水、防尘要求</td><td>第14.2.3条</td><td>/</td><td></td><td colspan="2"></td></tr>
<tr><td rowspan="3">一般项目</td><td>1</td><td>设备外观、标识</td><td>第6.2.6条</td><td>/</td><td></td><td colspan="2"></td></tr>
<tr><td>2</td><td>机柜（架）倾斜度及相邻机柜（架）间隙</td><td>第6.2.7条</td><td>/</td><td></td><td colspan="2"></td></tr>
<tr><td>3</td><td>工作台布局</td><td>第6.2.8条</td><td>/</td><td></td><td colspan="2"></td></tr>
<tr><td>施工单位检查结果</td><td colspan="7">专业工长：（签名）　　专业质量检查员：（签名）　　年　月　日</td></tr>
<tr><td>监理单位验收结论</td><td colspan="7">专业监理工程师：（签名）　　年　月　日</td></tr>
</table>

7.3.7.58 轨道验·机-378 乘客信息系统设备配线检验批质量验收记录

市政基础设施工程

乘客信息系统设备配线检验批质量验收记录

轨道验·机-378

第 页 共 页

工程名称			
单位工程名称			
施工单位		分包单位	
项目负责人		项目技术负责人	
分部（子分部）工程名称		分项工程名称	
验收部位/区段		检验批容量	
施工及验收依据	《城市轨道交通通信工程质量验收规范》GB 50382		

验收项目			设计要求或规范规定	最小/实际抽样数量	检查记录	检查结果
主控项目	1	设备配线光电缆及配套器材进场验收	第 6.3.1 条	/		
	2	配线电缆、光跳线的芯线	第 6.3.2 条	/		
	3	光缆尾纤布放	第 6.3.3 条	/		
	4	设备电源配线	第 6.3.4 条	/		
	5	接插件、连接器的组装	第 6.3.5 条	/		
	6	机柜（架）接地	第 6.3.6 条	/		
	7	配线电缆的屏蔽护套应可靠接地	第 6.3.7 条	/		
	8	显示终端配线	第 14.2.4 条	/		
施工单位检查结果	专业工长：（签名） 专业质量检查员：（签名） 年 月 日					
监理单位验收结论	专业监理工程师：（签名） 年 月 日					

7.3.7.59 轨道验·机-379 乘客信息系统区间设备安装检验批质量验收记录

市政基础设施工程

乘客信息系统区间设备安装检验批质量验收记录

轨道验·机-379

第　　页 共　　页

<table>
<tr><td colspan="3">工程名称</td><td colspan="5"></td></tr>
<tr><td colspan="3">单位工程名称</td><td colspan="5"></td></tr>
<tr><td colspan="3">施工单位</td><td colspan="2"></td><td>分包单位</td><td colspan="2"></td></tr>
<tr><td colspan="3">项目负责人</td><td colspan="2"></td><td>项目技术负责人</td><td colspan="2"></td></tr>
<tr><td colspan="3">分部（子分部）
工程名称</td><td colspan="2"></td><td>分项工程名称</td><td colspan="2"></td></tr>
<tr><td colspan="3">验收部位/区段</td><td colspan="2"></td><td>检验批容量</td><td colspan="2"></td></tr>
<tr><td colspan="3">施工及验收依据</td><td colspan="5">《城市轨道交通通信工程质量验收规范》GB 50382</td></tr>
<tr><td colspan="3">验收项目</td><td>设计要求或
规范规定</td><td>最小/实际
抽样数量</td><td>检查记录</td><td colspan="2">检查结果</td></tr>
<tr><td rowspan="3">主控项目</td><td>1</td><td>乘客信息系统区间车地无线设备的安装位置和安装方式。乘客信息系统区间设备安装不得侵入设备限界</td><td>第14.2.5条</td><td>/</td><td></td><td colspan="2"></td></tr>
<tr><td></td><td></td><td></td><td></td><td></td><td colspan="2"></td></tr>
<tr><td></td><td></td><td></td><td></td><td></td><td colspan="2"></td></tr>
<tr><td rowspan="3">一般项目</td><td></td><td></td><td></td><td></td><td></td><td colspan="2"></td></tr>
<tr><td></td><td></td><td></td><td></td><td></td><td colspan="2"></td></tr>
<tr><td></td><td></td><td></td><td></td><td></td><td colspan="2"></td></tr>
<tr><td colspan="2">施工单位检查结果</td><td colspan="6">

专业工长：（签名）　　专业质量检查员：（签名）　　年　月　日</td></tr>
<tr><td colspan="2">监理单位验收结论</td><td colspan="6">

专业监理工程师：（签名）　　年　月　日</td></tr>
</table>

7.3.7.60 轨道验·机-380 乘客信息系统区间设备配线检验批质量验收记录

市政基础设施工程

乘客信息系统区间设备配线检验批质量验收记录

轨道验·机-380

第 页 共 页

工程名称					
单位工程名称					
施工单位			分包单位		
项目负责人			项目技术负责人		
分部（子分部）工程名称			分项工程名称		
验收部位/区段			检验批容量		
施工及验收依据	《城市轨道交通通信工程质量验收规范》GB 50382				

		验收项目	设计要求或规范规定	最小/实际抽样数量	检查记录	检查结果
主控项目	1	乘客信息系统车地无线设备的布线及天馈线敷设	第14.2.6条	/		
一般项目						
施工单位检查结果	专业工长：（签名） 专业质量检查员：（签名） 年 月 日					
监理单位验收结论	专业监理工程师：（签名） 年 月 日					

7.3.7.61 轨道验·机-381 乘客信息系统车载设备安装检验批质量验收记录

市政基础设施工程

乘客信息系统车载设备安装检验批质量验收记录

轨道验·机-381

第　页 共　页

工程名称					
单位工程名称					
施工单位			分包单位		
项目负责人			项目技术负责人		
分部（子分部）工程名称			分项工程名称		
验收部位/区段			检验批容量		
施工及验收依据	《城市轨道交通通信工程质量验收规范》GB 50382				

		验收项目	设计要求或规范规定	最小/实际抽样数量	检查记录	检查结果
主控项目	1	乘客信息系统车载设备的安装、布线、以及防震、防电磁干扰。乘客信息系统车载设备安装不得超出车辆限界	第14.2.7条	/		
一般项目						
施工单位检查结果	专业工长：（签名）　　专业质量检查员：（签名）　　年　月　日					
监理单位验收结论	专业监理工程师：（签名）　　年　月　日					

7.3.7.62 轨道验·机-382 乘客信息系统性能检测检验批质量验收记录

市政基础设施工程

乘客信息系统性能检测检验批质量验收记录

轨道验·机-382

第　　页 共　　页

<table>
<tr><td colspan="3">工程名称</td><td colspan="5"></td></tr>
<tr><td colspan="3">单位工程名称</td><td colspan="5"></td></tr>
<tr><td colspan="3">施工单位</td><td></td><td colspan="2">分包单位</td><td colspan="2"></td></tr>
<tr><td colspan="3">项目负责人</td><td></td><td colspan="2">项目技术负责人</td><td colspan="2"></td></tr>
<tr><td colspan="3">分部（子分部）工程名称</td><td></td><td colspan="2">分项工程名称</td><td colspan="2"></td></tr>
<tr><td colspan="3">验收部位/区段</td><td></td><td colspan="2">检验批容量</td><td colspan="2"></td></tr>
<tr><td colspan="3">施工及验收依据</td><td colspan="5">《城市轨道交通通信工程质量验收规范》GB 50382</td></tr>
<tr><td colspan="3">验收项目</td><td>设计要求或规范规定</td><td>最小/实际抽样数量</td><td>检查记录</td><td colspan="2">检查结果</td></tr>
<tr><td rowspan="6">主控项目</td><td>1</td><td>乘客信息系统显示设备的显示分辨率、屏幕亮度、可视角度、响应时间和功耗</td><td>第14.3.1条</td><td>/</td><td></td><td colspan="2"></td></tr>
<tr><td>2</td><td>多媒体查询机的屏幕显示分辨率、屏幕触控分辨率、定位精度</td><td>第14.3.2条</td><td>/</td><td></td><td colspan="2"></td></tr>
<tr><td>3</td><td>乘客信息系统网络子系统主干网的吞吐量、丢包率和时延</td><td>第14.3.3条</td><td>/</td><td></td><td colspan="2"></td></tr>
<tr><td>4</td><td>乘客信息系统网络子系统车地网的无线信号覆盖强度、漫游切换时延、吞吐量、丢包率和时延</td><td>第14.3.4条</td><td>/</td><td></td><td colspan="2"></td></tr>
<tr><td>5</td><td>乘客信息系统网络子系统车载网的吞吐量、丢包率、时延和环网切换响应时间</td><td>第14.3.5条</td><td>/</td><td></td><td colspan="2"></td></tr>
<tr><td>6</td><td>乘客信息系统地面、车载图像质量</td><td>第14.3.6条</td><td>/</td><td></td><td colspan="2"></td></tr>
<tr><td>施工单位检查结果</td><td colspan="7">专业工长：（签名）　　专业质量检查员：（签名）　　年　月　日</td></tr>
<tr><td>监理单位验收结论</td><td colspan="7">专业监理工程师：（签名）　　年　月　日</td></tr>
</table>

7.3.7.63 轨道验·机-383 乘客信息系统功能检验检验批质量验收记录

市政基础设施工程

乘客信息系统功能检验检验批质量验收记录

轨道验·机-383

第　　页共　　页

工程名称						
单位工程名称						
施工单位			分包单位			
项目负责人			项目技术负责人			
分部（子分部）工程名称			分项工程名称			
验收部位/区段			检验批容量			
施工及验收依据	《城市轨道交通通信工程质量验收规范》GB 50382					
验收项目			设计要求或规范规定	最小/实际抽样数量	检查记录	检查结果
主控项目	1	信息显示设备支持功能	第14.4.1条	/		
主控项目	2	车站子系统功能	第14.4.2条	/		
主控项目	3	控制中心功能	第14.4.3条	/		
主控项目	4	乘客信息系统采用IP网络承载业务抗攻击和防病毒能力	第14.4.4条	/		
施工单位检查结果	专业工长：（签名）　　专业质量检查员：（签名）　　年　月　日					
监理单位验收结论	专业监理工程师：（签名）　　年　月　日					

7.3.7.64 轨道验·机-384 乘客信息系统网管检验检验批质量验收记录

市政基础设施工程

乘客信息系统网管检验检验批质量验收记录

轨道验·机-384

第　页共　页

<table>
<tr><td colspan="3">工程名称</td><td colspan="5"></td></tr>
<tr><td colspan="3">单位工程名称</td><td colspan="5"></td></tr>
<tr><td colspan="3">施工单位</td><td></td><td>分包单位</td><td colspan="3"></td></tr>
<tr><td colspan="3">项目负责人</td><td></td><td>项目技术负责人</td><td colspan="3"></td></tr>
<tr><td colspan="3">分部（子分部）工程名称</td><td></td><td>分项工程名称</td><td colspan="3"></td></tr>
<tr><td colspan="3">验收部位/区段</td><td></td><td>检验批容量</td><td colspan="3"></td></tr>
<tr><td colspan="3">施工及验收依据</td><td colspan="5">《城市轨道交通通信工程质量验收规范》GB 50382</td></tr>
<tr><td colspan="3">验收项目</td><td>设计要求或规范规定</td><td>最小/实际抽样数量</td><td>检查记录</td><td colspan="2">检查结果</td></tr>
<tr><td rowspan="3">主控项目</td><td>1</td><td>乘客信息系统网管的用户管理、优先级设定、播放内容监视等功能</td><td>第14.5.1条</td><td>/</td><td></td><td colspan="2"></td></tr>
<tr><td>2</td><td>乘客信息系统网管的设备管理功能</td><td>第14.5.2条</td><td>/</td><td></td><td colspan="2"></td></tr>
<tr><td>3</td><td>乘客信息系统网管的日志及报表管理、参数管理、素材管理、磁盘空间管理等功能</td><td>第14.5.3条</td><td>/</td><td></td><td colspan="2"></td></tr>
<tr><td colspan="2">施工单位检查结果</td><td colspan="6">专业工长：（签名）　专业质量检查员：（签名）　年　月　日</td></tr>
<tr><td colspan="2">监理单位验收结论</td><td colspan="6">专业监理工程师：（签名）　年　月　日</td></tr>
</table>

7.3.7.65 轨道验·机-385 时钟设备安装检验批质量验收记录

市政基础设施工程

时钟设备安装检验批质量验收记录

轨道验·机-385

第 页 共 页

<table>
<tr><td colspan="3">工程名称</td><td colspan="5"></td></tr>
<tr><td colspan="3">单位工程名称</td><td colspan="5"></td></tr>
<tr><td colspan="3">施工单位</td><td colspan="2"></td><td>分包单位</td><td colspan="2"></td></tr>
<tr><td colspan="3">项目负责人</td><td colspan="2"></td><td>项目技术负责人</td><td colspan="2"></td></tr>
<tr><td colspan="3">分部（子分部）工程名称</td><td colspan="2"></td><td>分项工程名称</td><td colspan="2"></td></tr>
<tr><td colspan="3">验收部位/区段</td><td colspan="2"></td><td>检验批容量</td><td colspan="2"></td></tr>
<tr><td colspan="3">施工及验收依据</td><td colspan="5">《城市轨道交通通信工程质量验收规范》GB 50382</td></tr>
<tr><td colspan="3">验收项目</td><td>设计要求或规范规定</td><td>最小/实际抽样数量</td><td colspan="2">检查记录</td><td>检查结果</td></tr>
<tr><td rowspan="9">主控项目</td><td>1</td><td>设备进场验收</td><td>第6.2.1条</td><td>/</td><td colspan="2"></td><td></td></tr>
<tr><td>2</td><td>机柜（架）安装</td><td>第6.2.2条</td><td>/</td><td colspan="2"></td><td></td></tr>
<tr><td>3</td><td>壁挂式设备安装位置和方式</td><td>第6.2.3条</td><td>/</td><td colspan="2"></td><td></td></tr>
<tr><td>4</td><td>子架或机盘安装</td><td>第6.2.4条</td><td>/</td><td colspan="2"></td><td></td></tr>
<tr><td>5</td><td>电气连接及接地</td><td>第6.2.5条</td><td>/</td><td colspan="2"></td><td></td></tr>
<tr><td>6</td><td>卫星接收天线安装位置、安装方式</td><td>第15.2.1条</td><td>/</td><td colspan="2"></td><td></td></tr>
<tr><td>7</td><td>天线支撑架及馈线防雷</td><td>第15.2.2条</td><td>/</td><td colspan="2"></td><td></td></tr>
<tr><td>8</td><td>子钟安装</td><td>第15.2.3条</td><td>/</td><td colspan="2"></td><td></td></tr>
<tr><td>9</td><td>子钟设备安装不得侵入设备限界</td><td>第15.2.4条</td><td>/</td><td colspan="2"></td><td></td></tr>
<tr><td rowspan="3">一般项目</td><td>1</td><td>设备外观、标识</td><td>第6.2.6条</td><td>/</td><td colspan="2"></td><td></td></tr>
<tr><td>2</td><td>机柜（架）倾斜度及相邻机柜（架）间隙</td><td>第6.2.7条</td><td>/</td><td colspan="2"></td><td></td></tr>
<tr><td>3</td><td>工作台布局</td><td>第6.2.8条</td><td>/</td><td colspan="2"></td><td></td></tr>
<tr><td>施工单位检查结果</td><td colspan="7">专业工长：（签名） 专业质量检查员：（签名） 年 月 日</td></tr>
<tr><td>监理单位验收结论</td><td colspan="7">专业监理工程师：（签名） 年 月 日</td></tr>
</table>

7.3.7.66 轨道验·机-386 时钟设备配线检验批质量验收记录

市政基础设施工程

时钟设备配线检验批质量验收记录

轨道验·机-386

第　　页 共　　页

工程名称			
单位工程名称			
施工单位		分包单位	
项目负责人		项目技术负责人	
分部（子分部）工程名称		分项工程名称	
验收部位/区段		检验批容量	
施工及验收依据	《城市轨道交通通信工程质量验收规范》GB 50382		

验收项目			设计要求或规范规定	最小/实际抽样数量	检查记录	检查结果
主控项目	1	设备配线光电缆及配套器材进场验收	第6.3.1条	/		
	2	配线电缆、光跳线的芯线	第6.3.2条	/		
	3	光缆尾纤布放	第6.3.3条	/		
	4	设备电源配线	第6.3.4条	/		
	5	接插件、连接器的组装	第6.3.5条	/		
	6	机柜（架）接地	第6.3.6条	/		
	7	配线电缆的屏蔽护套应可靠接地	第6.3.7条	/		
	8	卫星接收天线的馈线安装	第15.2.5条	/		
	9	子钟配线	第15.2.6条	/		
	10	当时钟系统各类接口之间布线	第15.2.7条	/		
一般项目	1	缆线保护	第6.3.8条	/		
	2	缆线标识	第6.3.9条	/		
	3	缆线余留	第6.3.10条	/		
	4	配线焊接	第6.3.11条	/		
	5	配线卡接	第6.3.12条	/		
	6	不同类型配线分开	第6.3.13条	/		
施工单位检查结果	专业工长：（签名）　　专业质量检查员：（签名）　　年　月　日					
监理单位验收结论	专业监理工程师：（签名）　　年　月　日					

7.3.7.67 轨道验·机-387 时钟系统性能检测检验批质量验收记录

市政基础设施工程

时钟系统性能检测检验批质量验收记录

轨道验·机-387

第　　页共　　页

工程名称					
单位工程名称					
施工单位			分包单位		
项目负责人			项目技术负责人		
分部（子分部）工程名称			分项工程名称		
验收部位/区段			检验批容量		
施工及验收依据	《城市轨道交通通信工程质量验收规范》GB 50382				

验收项目			设计要求或规范规定	最小/实际抽样数量	检查记录	检查结果
主控项目	1	卫星接收设备的接收载波频率、接收灵敏度、可同时跟踪卫星颗数、冷热启动捕获时间、定时准确度	第15.3.1条	/		
	2	时间显示设备显示发光强度；自走时累积误差	第15.3.2条	/		
	3	时钟系统的绝对跟踪准确度、相对守时准确度、NTP方式下的时钟设备的同步同期、NTP接口处理能力	第15.3.3条	/		
施工单位检查结果	专业工长：（签名）　　专业质量检查员：（签名）　　年　月　日					
监理单位验收结论	专业监理工程师：（签名）　　年　月　日					

7.3.7.68 轨道验·机-388 时钟系统功能检验检验批质量验收记录

市政基础设施工程

时钟系统功能检验检验批质量验收记录

轨道验·机-388

第 页 共 页

<table>
<tr><td colspan="3">工程名称</td><td colspan="5"></td></tr>
<tr><td colspan="3">单位工程名称</td><td colspan="5"></td></tr>
<tr><td colspan="3">施工单位</td><td></td><td colspan="2">分包单位</td><td colspan="2"></td></tr>
<tr><td colspan="3">项目负责人</td><td></td><td colspan="2">项目技术负责人</td><td colspan="2"></td></tr>
<tr><td colspan="3">分部（子分部）
工程名称</td><td></td><td colspan="2">分项工程名称</td><td colspan="2"></td></tr>
<tr><td colspan="3">验收部位/区段</td><td></td><td colspan="2">检验批容量</td><td colspan="2"></td></tr>
<tr><td colspan="3">施工及验收依据</td><td colspan="5">《城市轨道交通通信工程质量验收规范》GB 50382</td></tr>
<tr><td colspan="3">验收项目</td><td>设计要求或规范规定</td><td>最小/实际抽样数量</td><td colspan="2">检查记录</td><td>检查结果</td></tr>
<tr><td rowspan="4">主控项目</td><td>1</td><td>当卫星接收设备处于跟踪状态时，应能对本地设备时间进行校准</td><td>第15.4.1条</td><td>/</td><td colspan="2"></td><td></td></tr>
<tr><td>2</td><td>时间显示设备功能</td><td>第15.4.2条</td><td>/</td><td colspan="2"></td><td></td></tr>
<tr><td>3</td><td>时钟系统的告警功能、通过人工或自动进行多时间源输入处理功能、自动选择可用时间源功能、时延补偿功能和NTP方式下的授时功能</td><td>第15.4.3条</td><td>/</td><td colspan="2"></td><td></td></tr>
<tr><td>4</td><td>卫星接收设备、母钟、子钟和电源等冗余热备份功能</td><td>第15.4.4条</td><td>/</td><td colspan="2"></td><td></td></tr>
<tr><td>施工单位检查结果</td><td colspan="7">专业工长：（签名） 专业质量检查员：（签名） 年 月 日</td></tr>
<tr><td>监理单位验收结论</td><td colspan="7">专业监理工程师：（签名） 年 月 日</td></tr>
</table>

7.3.7.69 轨道验·机-389 时钟系统网管检验检验批质量验收记录

市政基础设施工程

时钟系统网管检验检验批质量验收记录

轨道验·机-389

第　　页 共　　页

<table>
<tr><td colspan="3">工程名称</td><td colspan="5"></td></tr>
<tr><td colspan="3">单位工程名称</td><td colspan="5"></td></tr>
<tr><td colspan="3">施工单位</td><td colspan="2"></td><td>分包单位</td><td colspan="2"></td></tr>
<tr><td colspan="3">项目负责人</td><td colspan="2"></td><td>项目技术负责人</td><td colspan="2"></td></tr>
<tr><td colspan="3">分部（子分部）工程名称</td><td colspan="2"></td><td>分项工程名称</td><td colspan="2"></td></tr>
<tr><td colspan="3">验收部位/区段</td><td colspan="2"></td><td>检验批容量</td><td colspan="2"></td></tr>
<tr><td colspan="3">施工及验收依据</td><td colspan="5">《城市轨道交通通信工程质量验收规范》GB 50382</td></tr>
<tr><td colspan="3">验收项目</td><td>设计要求或规范规定</td><td>最小/实际抽样数量</td><td>检查记录</td><td colspan="2">检查结果</td></tr>
<tr><td rowspan="5">主控项目</td><td>1</td><td>时钟系统网管的告警监测、告警自动上报、告警解除、告警查询等告警管理功能</td><td>第 15.5.1 条</td><td>/</td><td></td><td colspan="2"></td></tr>
<tr><td>2</td><td>时钟系统网管的性能管理功能</td><td>第 15.5.2 条</td><td>/</td><td></td><td colspan="2"></td></tr>
<tr><td>3</td><td>时间与同步系统网管的配置管理功能</td><td>第 15.5.3 条</td><td>/</td><td></td><td colspan="2"></td></tr>
<tr><td>4</td><td>时间与同步系统网管的数据统计分析功能</td><td>第 15.5.4 条</td><td>/</td><td></td><td colspan="2"></td></tr>
<tr><td>5</td><td>时间与同步系统网管的安全管理功能</td><td>第 15.5.5 条</td><td>/</td><td></td><td colspan="2"></td></tr>
<tr><td colspan="2">施工单位检查结果</td><td colspan="6">专业工长：（签名）　　专业质量检查员：（签名）　　年　月　日</td></tr>
<tr><td colspan="2">监理单位验收结论</td><td colspan="6">专业监理工程师：（签名）　　年　月　日</td></tr>
</table>

7.3.7.70 轨道验·机-390 数据网络设备安装检验批质量验收记录

市政基础设施工程

数据网络设备安装检验批质量验收记录

轨道验·机-390

第　　页 共　　页

<table>
<tr><td colspan="3">工程名称</td><td colspan="5"></td></tr>
<tr><td colspan="3">单位工程名称</td><td colspan="5"></td></tr>
<tr><td colspan="3">施工单位</td><td colspan="2"></td><td colspan="2">分包单位</td><td></td></tr>
<tr><td colspan="3">项目负责人</td><td colspan="2"></td><td colspan="2">项目技术负责人</td><td></td></tr>
<tr><td colspan="3">分部（子分部）
工程名称</td><td colspan="2"></td><td colspan="2">分项工程名称</td><td></td></tr>
<tr><td colspan="3">验收部位/区段</td><td colspan="2"></td><td colspan="2">检验批容量</td><td></td></tr>
<tr><td colspan="3">施工及验收依据</td><td colspan="5">《城市轨道交通通信工程质量验收规范》GB 50382</td></tr>
<tr><td colspan="3">验收项目</td><td>设计要求或规范规定</td><td>最小/实际抽样数量</td><td>检查记录</td><td colspan="2">检查结果</td></tr>
<tr><td rowspan="5">主控项目</td><td>1</td><td>设备进场验收</td><td>第6.2.1条</td><td>/</td><td></td><td colspan="2"></td></tr>
<tr><td>2</td><td>机柜（架）安装</td><td>第6.2.2条</td><td>/</td><td></td><td colspan="2"></td></tr>
<tr><td>3</td><td>壁挂式设备安装位置和方式</td><td>第6.2.3条</td><td>/</td><td></td><td colspan="2"></td></tr>
<tr><td>4</td><td>子架或机盘安装</td><td>第6.2.4条</td><td>/</td><td></td><td colspan="2"></td></tr>
<tr><td>5</td><td>电气连接及接地</td><td>第6.2.5条</td><td>/</td><td></td><td colspan="2"></td></tr>
<tr><td rowspan="3">一般项目</td><td>1</td><td>设备外观、标识</td><td>第6.2.6条</td><td>/</td><td></td><td colspan="2"></td></tr>
<tr><td>2</td><td>机柜（架）倾斜度及相邻机柜（架）间隙</td><td>第6.2.7条</td><td>/</td><td></td><td colspan="2"></td></tr>
<tr><td>3</td><td>工作台布局</td><td>第6.2.8条</td><td>/</td><td></td><td colspan="2"></td></tr>
<tr><td colspan="2">施工单位检查结果</td><td colspan="6">专业工长：（签名）　　专业质量检查员：（签名）　　年　月　日</td></tr>
<tr><td colspan="2">监理单位验收结论</td><td colspan="6">专业监理工程师：（签名）　　年　月　日</td></tr>
</table>

7.3.7.71 轨道验·机-391 数据网络设备配线检验批质量验收记录

市政基础设施工程

数据网络设备配线检验批质量验收记录

轨道验·机-391

第　页共　页

<table>
<tr><td colspan="3">工程名称</td><td colspan="5"></td></tr>
<tr><td colspan="3">单位工程名称</td><td colspan="5"></td></tr>
<tr><td colspan="3">施工单位</td><td></td><td>分包单位</td><td colspan="3"></td></tr>
<tr><td colspan="3">项目负责人</td><td></td><td>项目技术负责人</td><td colspan="3"></td></tr>
<tr><td colspan="3">分部（子分部）工程名称</td><td></td><td>分项工程名称</td><td colspan="3"></td></tr>
<tr><td colspan="3">验收部位/区段</td><td></td><td>检验批容量</td><td colspan="3"></td></tr>
<tr><td colspan="3">施工及验收依据</td><td colspan="5">《城市轨道交通通信工程质量验收规范》GB 50382</td></tr>
<tr><td colspan="3">验收项目</td><td>设计要求或规范规定</td><td>最小/实际抽样数量</td><td>检查记录</td><td>检查结果</td><td></td></tr>
<tr><td rowspan="7">主控项目</td><td>1</td><td>设备配线光电缆及配套器材进场验收</td><td>第6.3.1条</td><td>/</td><td></td><td></td><td></td></tr>
<tr><td>2</td><td>配线电缆、光跳线的芯线</td><td>第6.3.2条</td><td>/</td><td></td><td></td><td></td></tr>
<tr><td>3</td><td>光缆尾纤布放</td><td>第6.3.3条</td><td>/</td><td></td><td></td><td></td></tr>
<tr><td>4</td><td>设备电源配线</td><td>第6.3.4条</td><td>/</td><td></td><td></td><td></td></tr>
<tr><td>5</td><td>接插件、连接器的组装</td><td>第6.3.5条</td><td>/</td><td></td><td></td><td></td></tr>
<tr><td>6</td><td>机柜（架）接地</td><td>第6.3.6条</td><td>/</td><td></td><td></td><td></td></tr>
<tr><td>7</td><td>配线电缆的屏蔽护套应可靠接地</td><td>第6.3.7条</td><td>/</td><td></td><td></td><td></td></tr>
<tr><td rowspan="6">一般项目</td><td>1</td><td>缆线保护</td><td>第6.3.8条</td><td>/</td><td></td><td></td><td></td></tr>
<tr><td>2</td><td>缆线标识</td><td>第6.3.9条</td><td>/</td><td></td><td></td><td></td></tr>
<tr><td>3</td><td>缆线余留</td><td>第6.3.10条</td><td>/</td><td></td><td></td><td></td></tr>
<tr><td>4</td><td>配线焊接</td><td>第6.3.11条</td><td>/</td><td></td><td></td><td></td></tr>
<tr><td>5</td><td>配线卡接</td><td>第6.3.12条</td><td>/</td><td></td><td></td><td></td></tr>
<tr><td>6</td><td>不同类型配线分开</td><td>第6.3.13条</td><td>/</td><td></td><td></td><td></td></tr>
<tr><td>施工单位检查结果</td><td colspan="7">专业工长：（签名）　专业质量检查员：（签名）　年　月　日</td></tr>
<tr><td>监理单位验收结论</td><td colspan="7">专业监理工程师：（签名）　年　月　日</td></tr>
</table>

7.3.7.72 轨道验·机-392 数据网络性能检测检验批质量验收记录

市政基础设施工程

数据网络性能检测检验批质量验收记录

轨道验·机-392

第　　页 共　　页

工程名称						
单位工程名称						
施工单位			分包单位			
项目负责人			项目技术负责人			
分部（子分部）工程名称			分项工程名称			
验收部位/区段			检验批容量			
施工及验收依据	《城市轨道交通通信工程质量验收规范》GB 50382					
验收项目			设计要求或规范规定	最小/实际抽样数量	检查记录	检查结果
主控项目	1	以太网交换机的吞吐量、丢包率、吞吐量下的转发时延指标	第16.2.1条	/		
	2	路由器的吞吐量、丢包率、吞吐量下的包转发时延	第16.2.2条	/		
	3	防火墙的时延、吞吐量、丢包率和并发连接数	第16.2.3条	/		
	4	数据网业务端到端吞吐量、时延、丢包率指标	第16.2.4条	/		
施工单位检查结果	专业工长：（签名）　　专业质量检查员：（签名）　　年　月　日					
监理单位验收结论	专业监理工程师：（签名）　　年　月　日					

7.3.7.73 轨道验·机-393 数据网络功能检验检验批质量验收记录

市政基础设施工程

数据网络功能检验检验批质量验收记录

轨道验·机-393

第 页 共 页

<table>
<tr><td colspan="3">工程名称</td><td colspan="5"></td></tr>
<tr><td colspan="3">单位工程名称</td><td colspan="5"></td></tr>
<tr><td colspan="3">施工单位</td><td colspan="2"></td><td colspan="2">分包单位</td><td></td></tr>
<tr><td colspan="3">项目负责人</td><td colspan="2"></td><td colspan="2">项目技术负责人</td><td></td></tr>
<tr><td colspan="3">分部（子分部）
工程名称</td><td colspan="2"></td><td colspan="2">分项工程名称</td><td></td></tr>
<tr><td colspan="3">验收部位/区段</td><td colspan="2"></td><td colspan="2">检验批容量</td><td></td></tr>
<tr><td colspan="3">施工及验收依据</td><td colspan="5">《城市轨道交通通信工程质量验收规范》GB 50382</td></tr>
<tr><td colspan="3">验收项目</td><td>设计要求或规范规定</td><td>最小/实际抽样数量</td><td>检查记录</td><td colspan="2">检查结果</td></tr>
<tr><td rowspan="5">主控项目</td><td>1</td><td>以太网交换机的流量控制功能、MAC 地址学习功能、MAC 地址学习时间老化功能、组播功能、地址过滤功能、VLAN 功能和 ACL 访问控制列表功能，交换机所支持的 VLAN 数量不应小于交换机端口数量</td><td>第 16.3.1 条</td><td>/</td><td></td><td colspan="2"></td></tr>
<tr><td>2</td><td>以太网交换机的电源、系统处理器热备份功能；设备接口卡应具有热插拨功能；当现场软件版本更新时，设备应能正常工作</td><td>第 16.3.2 条</td><td>/</td><td></td><td colspan="2"></td></tr>
<tr><td>3</td><td>路由器的 QoS 策略、ACL 访问控制列表功能；以最小的发送间隔发送数据流量时，背对背的缓存能力应能保证数据转发无丢包</td><td>第 16.3.3 条</td><td>/</td><td></td><td colspan="2"></td></tr>
<tr><td>4</td><td>路由器的电源、系统处理器热备份功能；设备接口卡应具有热插拨功能；当现场软件版本更新时，设备应能正常工作</td><td>第 16.3.4 条</td><td>/</td><td></td><td colspan="2"></td></tr>
<tr><td>5</td><td>防火墙的冗余配置、负载均衡功能、包过滤功能、信息内容过滤、防范扫描窥探功能、支持 VPN/基于代理技术的安全认证、网络地址转化（NAT）、流量检测抗攻击和系统管理功能</td><td>第 16.3.5 条</td><td>/</td><td></td><td colspan="2"></td></tr>
<tr><td>施工单位检查结果</td><td colspan="7">专业工长：（签名） 专业质量检查员：（签名） 年 月 日</td></tr>
<tr><td>监理单位验收结论</td><td colspan="7">专业监理工程师：（签名） 年 月 日</td></tr>
</table>

7.3.7.74 轨道验·机-394 数据网络网管检验检验批质量验收记录

市政基础设施工程

数据网络网管检验检验批质量验收记录

轨道验·机-394

第　　页 共　　页

<table>
<tr><td colspan="3">工程名称</td><td colspan="5"></td></tr>
<tr><td colspan="3">单位工程名称</td><td colspan="5"></td></tr>
<tr><td colspan="3">施工单位</td><td colspan="2"></td><td colspan="2">分包单位</td><td></td></tr>
<tr><td colspan="3">项目负责人</td><td colspan="2"></td><td colspan="2">项目技术负责人</td><td></td></tr>
<tr><td colspan="3">分部（子分部）
工程名称</td><td colspan="2"></td><td colspan="2">分项工程名称</td><td></td></tr>
<tr><td colspan="3">验收部位/区段</td><td colspan="2"></td><td colspan="2">检验批容量</td><td></td></tr>
<tr><td colspan="3">施工及验收依据</td><td colspan="5">《城市轨道交通通信工程质量验收规范》GB 50382</td></tr>
<tr><td colspan="3">验收项目</td><td>设计要求或
规范规定</td><td>最小/实际
抽样数量</td><td colspan="2">检查记录</td><td>检查结果</td></tr>
<tr><td rowspan="3">主控项目</td><td>1</td><td>时钟系统网管的告警监测、告警自动上报、告警解除、告警查询等告警管理功能</td><td>第16.4.1条</td><td>/</td><td colspan="2"></td><td></td></tr>
<tr><td></td><td></td><td></td><td></td><td colspan="2"></td><td></td></tr>
<tr><td></td><td></td><td></td><td></td><td colspan="2"></td><td></td></tr>
<tr><td>施工单位检查结果</td><td colspan="7">专业工长：（签名）　　专业质量检查员：（签名）　　年　月　日</td></tr>
<tr><td>监理单位验收结论</td><td colspan="7">专业监理工程师：（签名）　　年　月　日</td></tr>
</table>

7.3.7.75　轨道验·机-395　集中告警设备安装检验批质量验收记录

市政基础设施工程

集中告警设备安装检验批质量验收记录

轨道验·机-395

第　　页　共　　页

<table>
<tr><td colspan="3">工程名称</td><td colspan="5"></td></tr>
<tr><td colspan="3">单位工程名称</td><td colspan="5"></td></tr>
<tr><td colspan="3">施工单位</td><td></td><td colspan="2">分包单位</td><td colspan="2"></td></tr>
<tr><td colspan="3">项目负责人</td><td></td><td colspan="2">项目技术负责人</td><td colspan="2"></td></tr>
<tr><td colspan="3">分部（子分部）
工程名称</td><td></td><td colspan="2">分项工程名称</td><td colspan="2"></td></tr>
<tr><td colspan="3">验收部位/区段</td><td></td><td colspan="2">检验批容量</td><td colspan="2"></td></tr>
<tr><td colspan="3">施工及验收依据</td><td colspan="5">《城市轨道交通通信工程质量验收规范》GB 50382</td></tr>
<tr><td colspan="3">验收项目</td><td>设计要求或规范规定</td><td>最小/实际抽样数量</td><td colspan="2">检查记录</td><td>检查结果</td></tr>
<tr><td rowspan="5">主控项目</td><td>1</td><td>设备进场验收</td><td>第 6.2.1 条</td><td>/</td><td colspan="2"></td><td></td></tr>
<tr><td>2</td><td>机柜（架）安装</td><td>第 6.2.2 条</td><td>/</td><td colspan="2"></td><td></td></tr>
<tr><td>3</td><td>壁挂式设备安装位置和方式</td><td>第 6.2.3 条</td><td>/</td><td colspan="2"></td><td></td></tr>
<tr><td>4</td><td>子架或机盘安装</td><td>第 6.2.4 条</td><td>/</td><td colspan="2"></td><td></td></tr>
<tr><td>5</td><td>电气连接及接地</td><td>第 6.2.5 条</td><td>/</td><td colspan="2"></td><td></td></tr>
<tr><td rowspan="3">一般项目</td><td>1</td><td>设备外观、标识</td><td>第 6.2.6 条</td><td>/</td><td colspan="2"></td><td></td></tr>
<tr><td>2</td><td>机柜（架）倾斜度及相邻机柜（架）间隙</td><td>第 6.2.7 条</td><td>/</td><td colspan="2"></td><td></td></tr>
<tr><td>3</td><td>工作台布局</td><td>第 6.2.8 条</td><td>/</td><td colspan="2"></td><td></td></tr>
<tr><td>施工单位检查结果</td><td colspan="7">

专业工长：（签名）　　专业质量检查员：（签名）　　年　月　日</td></tr>
<tr><td>监理单位验收结论</td><td colspan="7">

专业监理工程师：（签名）　　年　月　日</td></tr>
</table>

7.3.7.76 轨道验·机-396 集中告警设备配线检验批质量验收记录

市政基础设施工程

集中告警设备配线检验批质量验收记录

轨道验·机-396

第　　页 共　　页

<table>
<tr><td colspan="3">工程名称</td><td colspan="4"></td></tr>
<tr><td colspan="3">单位工程名称</td><td colspan="4"></td></tr>
<tr><td colspan="3">施工单位</td><td></td><td>分包单位</td><td colspan="2"></td></tr>
<tr><td colspan="3">项目负责人</td><td></td><td>项目技术负责人</td><td colspan="2"></td></tr>
<tr><td colspan="3">分部（子分部）工程名称</td><td></td><td>分项工程名称</td><td colspan="2"></td></tr>
<tr><td colspan="3">验收部位/区段</td><td></td><td>检验批容量</td><td colspan="2"></td></tr>
<tr><td colspan="3">施工及验收依据</td><td colspan="4">《城市轨道交通通信工程质量验收规范》GB 50382</td></tr>
<tr><td colspan="3">验收项目</td><td>设计要求或规范规定</td><td>最小/实际抽样数量</td><td>检查记录</td><td>检查结果</td></tr>
<tr><td rowspan="7">主控项目</td><td>1</td><td>设备配线光电缆及配套器材进场验收</td><td>第6.3.1条</td><td>/</td><td></td><td></td></tr>
<tr><td>2</td><td>配线电缆、光跳线的芯线</td><td>第6.3.2条</td><td>/</td><td></td><td></td></tr>
<tr><td>3</td><td>光缆尾纤布放</td><td>第6.3.3条</td><td>/</td><td></td><td></td></tr>
<tr><td>4</td><td>设备电源配线</td><td>第6.3.4条</td><td>/</td><td></td><td></td></tr>
<tr><td>5</td><td>接插件、连接器的组装</td><td>第6.3.5条</td><td>/</td><td></td><td></td></tr>
<tr><td>6</td><td>机柜（架）接地</td><td>第6.3.6条</td><td>/</td><td></td><td></td></tr>
<tr><td>7</td><td>配线电缆的屏蔽护套应可靠接地</td><td>第6.3.7条</td><td>/</td><td></td><td></td></tr>
<tr><td rowspan="6">一般项目</td><td>1</td><td>缆线保护</td><td>第6.3.8条</td><td>/</td><td></td><td></td></tr>
<tr><td>2</td><td>缆线标识</td><td>第6.3.9条</td><td>/</td><td></td><td></td></tr>
<tr><td>3</td><td>缆线余留</td><td>第6.3.10条</td><td>/</td><td></td><td></td></tr>
<tr><td>4</td><td>配线焊接</td><td>第6.3.11条</td><td>/</td><td></td><td></td></tr>
<tr><td>5</td><td>配线卡接</td><td>第6.3.12条</td><td>/</td><td></td><td></td></tr>
<tr><td>6</td><td>不同类型配线分开</td><td>第6.3.13条</td><td>/</td><td></td><td></td></tr>
<tr><td colspan="2">施工单位检查结果</td><td colspan="5">专业工长：（签名）　　专业质量检查员：（签名）　　年　月　日</td></tr>
<tr><td colspan="2">监理单位验收结论</td><td colspan="5">专业监理工程师：（签名）　　年　月　日</td></tr>
</table>

7.3.7.77 轨道验·机-397 集中告警系统性能检测检验批质量验收记录

市政基础设施工程

集中告警系统性能检测检验批质量验收记录

轨道验·机-397

第　　页共　　页

<table>
<tr><td colspan="3">工程名称</td><td colspan="5"></td></tr>
<tr><td colspan="3">单位工程名称</td><td colspan="5"></td></tr>
<tr><td colspan="3">施工单位</td><td colspan="2"></td><td colspan="2">分包单位</td><td></td></tr>
<tr><td colspan="3">项目负责人</td><td colspan="2"></td><td colspan="2">项目技术负责人</td><td></td></tr>
<tr><td colspan="3">分部（子分部）
工程名称</td><td colspan="2"></td><td colspan="2">分项工程名称</td><td></td></tr>
<tr><td colspan="3">验收部位/区段</td><td colspan="2"></td><td colspan="2">检验批容量</td><td></td></tr>
<tr><td colspan="3">施工及验收依据</td><td colspan="5">《城市轨道交通通信工程质量验收规范》GB 50382</td></tr>
<tr><td colspan="3">验收项目</td><td>设计要求或规范规定</td><td>最小/实际抽样数量</td><td>检查记录</td><td colspan="2">检查结果</td></tr>
<tr><td rowspan="4">主控项目</td><td>1</td><td>通信集中告警系统响应性能</td><td>第17.2.1条</td><td>/</td><td></td><td colspan="2"></td></tr>
<tr><td>2</td><td>通信集中告警系统对采集后数据的处理准确性</td><td>第17.2.2条</td><td>/</td><td></td><td colspan="2"></td></tr>
<tr><td>3</td><td>通信集中告警系统存储能力和存储时间</td><td>第17.2.3条</td><td>/</td><td></td><td colspan="2"></td></tr>
<tr><td>4</td><td>通信集中告警系统的数据检索响应时延</td><td>第17.2.4条</td><td>/</td><td></td><td colspan="2"></td></tr>
<tr><td>施工单位检查结果</td><td colspan="7">

专业工长：（签名）　　专业质量检查员：（签名）　　年　月　日</td></tr>
<tr><td>监理单位验收结论</td><td colspan="7">

专业监理工程师：（签名）　　年　月　日</td></tr>
</table>

7.3.7.78 轨道验·机-398 集中告警系统功能检验检验批质量验收记录

市政基础设施工程

集中告警系统功能检验检验批质量验收记录

轨道验·机-398

第 页 共 页

工程名称						
单位工程名称						
施工单位			分包单位			
项目负责人			项目技术负责人			
分部（子分部）工程名称			分项工程名称			
验收部位/区段			检验批容量			
施工及验收依据	《城市轨道交通通信工程质量验收规范》GB 50382					
验收项目			设计要求或规范规定	最小/实际抽样数量	检查记录	检查结果
主控项目	1	通信集中告警系统采集内容和范围	第17.3.1条	/		
	2	通信集中告警系统的显示、告警、存储、检索功能	第17.3.2条	/		
	3	通信集中告警系统应与时钟系统时间同步，并对采集到的告警信息统一加注时间	第17.3.3条	/		
	4	通信集中告警系统的系统设备冗余、系统设备掉电重启恢复、系统网络通道冗余、软件系统备份恢复等可靠性功能	第17.3.4条	/		
施工单位检查结果	专业工长：（签名） 专业质量检查员：（签名） 年 月 日					
监理单位验收结论	专业监理工程师：（签名） 年 月 日					

7.3.7.79 轨道验·机-399 集中告警系统网管检验检验批质量验收记录

市政基础设施工程

集中告警系统网管检验检验批质量验收记录

轨道验·机-399

第 页共 页

<table>
<tr><td colspan="3">工程名称</td><td colspan="5"></td></tr>
<tr><td colspan="3">单位工程名称</td><td colspan="5"></td></tr>
<tr><td colspan="3">施工单位</td><td colspan="2"></td><td>分包单位</td><td colspan="2"></td></tr>
<tr><td colspan="3">项目负责人</td><td colspan="2"></td><td>项目技术负责人</td><td colspan="2"></td></tr>
<tr><td colspan="3">分部（子分部）
工程名称</td><td colspan="2"></td><td>分项工程名称</td><td colspan="2"></td></tr>
<tr><td colspan="3">验收部位/区段</td><td colspan="2"></td><td>检验批容量</td><td colspan="2"></td></tr>
<tr><td colspan="3">施工及验收依据</td><td colspan="5">《城市轨道交通通信工程质量验收规范》GB 50382</td></tr>
<tr><td colspan="3">验收项目</td><td>设计要求或规范规定</td><td>最小/实际抽样数量</td><td>检查记录</td><td colspan="2">检查结果</td></tr>
<tr><td rowspan="3">主控项目</td><td>1</td><td>通信集中告警系统网管的拓扑管理、告警管理、数据管理、和安全管理功能</td><td>第 17.4.1 条</td><td>/</td><td></td><td colspan="2"></td></tr>
<tr><td></td><td></td><td></td><td></td><td></td><td colspan="2"></td></tr>
<tr><td></td><td></td><td></td><td></td><td></td><td colspan="2"></td></tr>
<tr><td colspan="2">施工单位检查结果</td><td colspan="6">专业工长：（签名） 专业质量检查员：（签名） 年 月 日</td></tr>
<tr><td colspan="2">监理单位验收结论</td><td colspan="6">专业监理工程师：（签名） 年 月 日</td></tr>
</table>

7.3.7.80 轨道验·机-400 民用通信引入-线路安装检验批质量验收记录

市政基础设施工程

民用通信引入一线路安装检验批质量验收记录

轨道验·机-400

第 页 共 页

工程名称			
单位工程名称			
施工单位		分包单位	
项目负责人		项目技术负责人	
分部（子分部）工程名称		分项工程名称	
验收部位/区段		检验批容量	
施工及验收依据	《城市轨道交通通信工程质量验收规范》GB 50382		

验收项目			设计要求或规范规定	最小/实际抽样数量	检查记录	检查结果
主控项目	1	民用通信引入采用的光缆、电缆、漏缆等成品线缆	第 18.2.1 条	/		
	2	支架、托架、吊架、夹具、等其他材料、构配件	第 18.2.2 条	/		
	3	民用通信引入预埋管线、预留孔洞	第 18.2.3 条	/		
	4	民用通信引入出入机房的沟、槽、管、孔，应进行防火防鼠封堵	第 18.2.4 条	/		
	5	民用通信引入线路光缆、电缆、漏缆敷设位置	第 18.2.5 条	/		
	6	民用通信引入缆线在经过人防门时应符合设计及人防专业的要求	第 18.2.6 条	/		
	7	民用通信引入区间设备的安装	第 18.2.7 条	/		
施工单位检查结果	专业工长：（签名） 专业质量检查员：（签名） 年 月 日					
监理单位验收结论	专业监理工程师：（签名） 年 月 日					

7.3.7.81 轨道验·机-401 民用通信引入-系统性能及功能验收检验批质量验收记录

市政基础设施工程

民用通信引入-系统性能及功能验收检验批质量验收记录

轨道验·机-401

第 页 共 页

<table>
<tr><td colspan="3">工程名称</td><td colspan="5"></td></tr>
<tr><td colspan="3">单位工程名称</td><td colspan="5"></td></tr>
<tr><td colspan="3">施工单位</td><td colspan="2"></td><td>分包单位</td><td colspan="2"></td></tr>
<tr><td colspan="3">项目负责人</td><td colspan="2"></td><td>项目技术负责人</td><td colspan="2"></td></tr>
<tr><td colspan="3">分部（子分部）工程名称</td><td colspan="2"></td><td>分项工程名称</td><td colspan="2"></td></tr>
<tr><td colspan="3">验收部位/区段</td><td colspan="2"></td><td>检验批容量</td><td colspan="2"></td></tr>
<tr><td colspan="3">施工及验收依据</td><td colspan="5">《城市轨道交通通信工程质量验收规范》GB 50382</td></tr>
<tr><td colspan="3">验收项目</td><td>设计要求或规范规定</td><td>最小/实际抽样数量</td><td colspan="2">检查记录</td><td>检查结果</td></tr>
<tr><td rowspan="2">主控项目</td><td>1</td><td>民用通信引入的系统性能和功能</td><td>第 18.3.1 条</td><td>/</td><td colspan="2"></td><td></td></tr>
<tr><td>2</td><td>民用通信的引入不得影响城市轨道交通通信系统的正常使用，其杂散发射指标应符合现行行业标准《无线电设备杂散发射技术要求和测量方法》YD/T 1483 的要求</td><td>第 18.3.2 条</td><td>/</td><td colspan="2"></td><td></td></tr>
<tr><td>施工单位检查结果</td><td colspan="7">专业工长：（签名） 专业质量检查员：（签名） 年 月 日</td></tr>
<tr><td>监理单位验收结论</td><td colspan="7">专业监理工程师：（签名） 年 月 日</td></tr>
</table>

7.3.8 信号系统

7.3.8.1 轨道验·机-402 支架、线槽安装检验批质量验收记录

市政基础设施工程

支架、线槽安装检验批质量验收记录

轨道验·机-402

第　　页 共　　页

<table>
<tr><td colspan="2">工程名称</td><td colspan="5"></td></tr>
<tr><td colspan="2">单位工程名称</td><td colspan="5"></td></tr>
<tr><td colspan="2">施工单位</td><td></td><td colspan="2">分包单位</td><td colspan="2"></td></tr>
<tr><td colspan="2">项目负责人</td><td></td><td colspan="2">项目技术负责人</td><td colspan="2"></td></tr>
<tr><td colspan="2">分部（子分部）工程名称</td><td></td><td colspan="2">分项工程名称</td><td colspan="2"></td></tr>
<tr><td colspan="2">验收部位/区段</td><td></td><td colspan="2">检验批容量</td><td colspan="2"></td></tr>
<tr><td colspan="2">施工及验收依据</td><td colspan="5">《城市轨道交通信号工程施工质量验收标准》GB/T 50578</td></tr>
<tr><td colspan="3">验收项目</td><td>设计要求或规范规定</td><td>最小/实际抽样数量</td><td>检查记录</td><td>检查结果</td></tr>
<tr><td rowspan="6">主控项目</td><td>1</td><td>光电缆支架线槽型号规格</td><td>第 4.2.1 条</td><td>/</td><td></td><td></td></tr>
<tr><td>2</td><td>支架、线槽安装位置高度间距</td><td>第 4.2.2 条</td><td>/</td><td></td><td></td></tr>
<tr><td>3</td><td>支架安装的位置情况及防腐性处理</td><td>第 4.2.3 条</td><td>/</td><td></td><td></td></tr>
<tr><td>4</td><td>支架安装牢固性与接地连接防腐处理</td><td>第 4.2.4 条</td><td>/</td><td></td><td></td></tr>
<tr><td>5</td><td>金属线槽焊接方式</td><td>第 4.2.5 条</td><td>/</td><td></td><td></td></tr>
<tr><td>6</td><td>线槽接缝连接方式</td><td>第 4.2.6 条</td><td>/</td><td></td><td></td></tr>
<tr><td rowspan="5">一般项目</td><td>1</td><td>支架在坡度隧道安装平行情况</td><td>第 4.2.7 条</td><td>/</td><td></td><td></td></tr>
<tr><td>2</td><td>支架安装防腐处理及连接情况</td><td>第 4.2.8 条</td><td>/</td><td></td><td></td></tr>
<tr><td>3</td><td>支架安装间距情况</td><td>第 4.2.9 条</td><td>/</td><td></td><td></td></tr>
<tr><td>4</td><td>槽线安装情况</td><td>第 4.2.10 条</td><td>/</td><td></td><td></td></tr>
<tr><td>5</td><td>混凝土线槽安装情况，及金属线槽防腐处理情况</td><td>第 4.2.11 条</td><td>/</td><td></td><td></td></tr>
<tr><td>施工单位检查结果</td><td colspan="6">专业工长：（签名）　　专业质量检查员：（签名）　　年　月　日</td></tr>
<tr><td>监理单位验收结论</td><td colspan="6">专业监理工程师：（签名）　　年　月　日</td></tr>
</table>

7.3.8.2 轨道验·机-403 光电缆敷设检验批质量验收记录

市政基础设施工程

光电缆敷设检验批质量验收记录

轨道验·机-403

第　页共　页

<table>
<tr><td colspan="3">工程名称</td><td colspan="5"></td></tr>
<tr><td colspan="3">单位工程名称</td><td colspan="5"></td></tr>
<tr><td colspan="3">施工单位</td><td></td><td colspan="2">分包单位</td><td colspan="2"></td></tr>
<tr><td colspan="3">项目负责人</td><td></td><td colspan="2">项目技术负责人</td><td colspan="2"></td></tr>
<tr><td colspan="3">分部（子分部）
工程名称</td><td></td><td colspan="2">分项工程名称</td><td colspan="2"></td></tr>
<tr><td colspan="3">验收部位/区段</td><td></td><td colspan="2">检验批容量</td><td colspan="2"></td></tr>
<tr><td colspan="3">施工及验收依据</td><td colspan="5">《城市轨道交通信号工程施工质量验收标准》GB/T 50578</td></tr>
<tr><td colspan="3">验收项目</td><td>设计要求或
规范规定</td><td>最小/实际
抽样数量</td><td>检查记录</td><td>检查结果</td><td></td></tr>
<tr><td rowspan="6">主控项目</td><td>1</td><td>光电缆型号、规格</td><td>第 4.3.1 条</td><td>/</td><td></td><td></td><td></td></tr>
<tr><td>2</td><td>光电缆单盘测试、指标</td><td>第 4.3.2 条</td><td>/</td><td></td><td></td><td></td></tr>
<tr><td>3</td><td>光电缆敷设径路位置</td><td>第 4.3.3 条</td><td>/</td><td></td><td></td><td></td></tr>
<tr><td>4</td><td>光电缆直埋符合要求</td><td>第 4.3.4 条</td><td>/</td><td></td><td></td><td></td></tr>
<tr><td>5</td><td>光电缆敷设弯曲半径</td><td>第 4.3.5 条</td><td>/</td><td></td><td></td><td></td></tr>
<tr><td>6</td><td>光电缆敷设不得破损</td><td>第 4.3.6 条</td><td>/</td><td></td><td></td><td></td></tr>
<tr><td rowspan="4">一般项目</td><td>1</td><td>支架、槽分层敷设整齐自然</td><td>第 4.3.7 条</td><td>/</td><td></td><td></td><td></td></tr>
<tr><td>2</td><td>敷设时不应扭绞、交叉溢出线槽</td><td>第 4.3.8 条</td><td>/</td><td></td><td></td><td></td></tr>
<tr><td>3</td><td>光电缆敷设余留量符合要求</td><td>第 4.3.9 条</td><td>/</td><td></td><td></td><td></td></tr>
<tr><td>4</td><td>干线电光缆径路设置标志</td><td>第 4.3.10 条</td><td>/</td><td></td><td></td><td></td></tr>
<tr><td colspan="2">施工单位检查结果</td><td colspan="6">专业工长：（签名）　　专业质量检查员：（签名）　　年　月　日</td></tr>
<tr><td colspan="2">监理单位验收结论</td><td colspan="6">专业监理工程师：（签名）　　年　月　日</td></tr>
</table>

7.3.8.3 轨道验·机-404 光电缆防护检验批质量验收记录

市政基础设施工程

光电缆防护检验批质量验收记录

轨道验·机-404

第　　页 共　　页

<table>
<tr><td colspan="3">工程名称</td><td colspan="5"></td></tr>
<tr><td colspan="3">单位工程名称</td><td colspan="5"></td></tr>
<tr><td colspan="3">施工单位</td><td colspan="2"></td><td>分包单位</td><td colspan="2"></td></tr>
<tr><td colspan="3">项目负责人</td><td colspan="2"></td><td>项目技术负责人</td><td colspan="2"></td></tr>
<tr><td colspan="3">分部（子分部）
工程名称</td><td colspan="2"></td><td>分项工程名称</td><td colspan="2"></td></tr>
<tr><td colspan="3">验收部位/区段</td><td colspan="2"></td><td>检验批容量</td><td colspan="2"></td></tr>
<tr><td colspan="3">施工及验收依据</td><td colspan="5">《城市轨道交通信号工程施工质量验收标准》GB/T 50578</td></tr>
<tr><td colspan="3">验收项目</td><td>设计要求或
规范规定</td><td>最小/实际
抽样数量</td><td>检查记录</td><td colspan="2">检查结果</td></tr>
<tr><td rowspan="5">主控项目</td><td>1</td><td>光电缆防护管槽型号规格</td><td>第4.4.1条</td><td>/</td><td></td><td colspan="2"></td></tr>
<tr><td>2</td><td>光电缆线路防护地点数量</td><td>第4.4.2条</td><td>/</td><td></td><td colspan="2"></td></tr>
<tr><td>3</td><td>管槽防护热镀锌涂漆封堵</td><td>第4.4.3条</td><td>/</td><td></td><td colspan="2"></td></tr>
<tr><td>4</td><td>光电缆穿轨道水沟防护</td><td>第4.4.4条</td><td>/</td><td></td><td colspan="2"></td></tr>
<tr><td>5</td><td>光电缆地下接续接头防护</td><td>第4.4.5条</td><td>/</td><td></td><td colspan="2"></td></tr>
<tr><td rowspan="2">一般项目</td><td>1</td><td>光电缆与管线交叉平行防护</td><td>第4.4.6条</td><td>/</td><td></td><td colspan="2"></td></tr>
<tr><td>2</td><td>采取防紫外线措施</td><td>第4.4.7条</td><td>/</td><td></td><td colspan="2"></td></tr>
<tr><td colspan="2">施工单位检查结果</td><td colspan="6">

专业工长：（签名）　　专业质量检查员：（签名）　　年　月　日</td></tr>
<tr><td colspan="2">监理单位验收结论</td><td colspan="6">

专业监理工程师：（签名）　　年　月　日</td></tr>
</table>

7.3.8.4 轨道验·机-405 光电缆接续检验批质量验收记录

市政基础设施工程

光电缆接续检验批质量验收记录

轨道验·机-405

第 页 共 页

<table>
<tr><td colspan="3">工程名称</td><td colspan="5"></td></tr>
<tr><td colspan="3">单位工程名称</td><td colspan="5"></td></tr>
<tr><td colspan="3">施工单位</td><td colspan="2"></td><td>分包单位</td><td colspan="2"></td></tr>
<tr><td colspan="3">项目负责人</td><td colspan="2"></td><td>项目技术负责人</td><td colspan="2"></td></tr>
<tr><td colspan="3">分部（子分部）
工程名称</td><td colspan="2"></td><td>分项工程名称</td><td colspan="2"></td></tr>
<tr><td colspan="3">验收部位/区段</td><td colspan="2"></td><td>检验批容量</td><td colspan="2"></td></tr>
<tr><td colspan="3">施工及验收依据</td><td colspan="5">《城市轨道交通信号工程施工质量验收标准》GB/T 50578</td></tr>
<tr><td colspan="3">验收项目</td><td>设计要求或规范规定</td><td>最小/实际抽样数量</td><td>检查记录</td><td colspan="2">检查结果</td></tr>
<tr><td rowspan="5">主控项目</td><td>1</td><td>光电缆接续材料检查、型号、规格、相关产品标准</td><td>第 4.5.1 条</td><td>/</td><td></td><td colspan="2"></td></tr>
<tr><td>2</td><td>综合扭绞信号电缆接续应 A 端与 B 端相接</td><td>第 4.5.2 条</td><td>/</td><td></td><td colspan="2"></td></tr>
<tr><td>3</td><td>电缆接续应符合要求</td><td>第 4.5.3 条</td><td>/</td><td></td><td colspan="2"></td></tr>
<tr><td>4</td><td>电缆穿越铁路、公路</td><td>第 4.5.4 条</td><td>/</td><td></td><td colspan="2"></td></tr>
<tr><td>5</td><td>光缆接续检验、质量要求、检验数量</td><td>第 4.5.5 条</td><td>/</td><td></td><td colspan="2"></td></tr>
<tr><td rowspan="2">一般项目</td><td>1</td><td>相同芯线数的电缆接续，备用芯线应连通</td><td>第 4.5.6 条</td><td>/</td><td></td><td colspan="2"></td></tr>
<tr><td>2</td><td>接头装置宜按设计要求进行编号</td><td>第 4.5.7 条</td><td>/</td><td></td><td colspan="2"></td></tr>
<tr><td>施工单位检查结果</td><td colspan="7">专业工长：（签名） 专业质量检查员：（签名） 年 月 日</td></tr>
<tr><td>监理单位验收结论</td><td colspan="7">专业监理工程师：（签名） 年 月 日</td></tr>
</table>

7.3.8.5 轨道验·机-406 箱、盒安装检验批质量验收记录

市政基础设施工程

箱、盒安装检验批质量验收记录

轨道验·机-406

第 页 共 页

<table>
<tr><td colspan="3">工程名称</td><td colspan="5"></td></tr>
<tr><td colspan="3">单位工程名称</td><td colspan="5"></td></tr>
<tr><td colspan="3">施工单位</td><td></td><td colspan="2">分包单位</td><td colspan="2"></td></tr>
<tr><td colspan="3">项目负责人</td><td></td><td colspan="2">项目技术负责人</td><td colspan="2"></td></tr>
<tr><td colspan="3">分部（子分部）
工程名称</td><td></td><td colspan="2">分项工程名称</td><td colspan="2"></td></tr>
<tr><td colspan="3">验收部位/区段</td><td></td><td colspan="2">检验批容量</td><td colspan="2"></td></tr>
<tr><td colspan="3">施工及验收依据</td><td colspan="5">《城市轨道交通信号工程施工质量验收标准》GB/T 50578</td></tr>
<tr><td colspan="3">验收项目</td><td>设计要求或
规范规定</td><td>最小/实际
抽样数量</td><td colspan="2">检查记录</td><td>检查结果</td></tr>
<tr><td rowspan="4">主控项目</td><td>1</td><td>箱盒检查型号、规格</td><td>第4.6.1条</td><td>/</td><td colspan="2"></td><td></td></tr>
<tr><td>2</td><td>箱盒安装位置、高度距离</td><td>第4.6.2条</td><td>/</td><td colspan="2"></td><td></td></tr>
<tr><td>3</td><td>电缆引入箱、盒应做成端</td><td>第4.6.3条</td><td>/</td><td colspan="2"></td><td></td></tr>
<tr><td>4</td><td>箱盒内电缆配线要求</td><td>第4.6.4条</td><td>/</td><td colspan="2"></td><td></td></tr>
<tr><td rowspan="5">一般项目</td><td>1</td><td>混凝土基础强度、埋设、防锈情况</td><td>第4.6.5条</td><td>/</td><td colspan="2"></td><td></td></tr>
<tr><td>2</td><td>箱盒支架镀锌涂漆防腐</td><td>第4.6.6条</td><td>/</td><td colspan="2"></td><td></td></tr>
<tr><td>3</td><td>箱盒内端子编号</td><td>第4.6.7条</td><td>/</td><td colspan="2"></td><td></td></tr>
<tr><td>4</td><td>箱盒内设备排列及封堵</td><td>第4.6.8条</td><td>/</td><td colspan="2"></td><td></td></tr>
<tr><td>5</td><td>箱盒安装情况</td><td>第4.6.9条</td><td>/</td><td colspan="2"></td><td></td></tr>
<tr><td colspan="2">施工单位检查结果</td><td colspan="6">

专业工长：（签名） 专业质量检查员：（签名） 年 月 日</td></tr>
<tr><td colspan="2">监理单位验收结论</td><td colspan="6">

专业监理工程师：（签名） 年 月 日</td></tr>
</table>

7.3.8.6 轨道验·机-407 高柱信号机安装检验批质量验收记录

市政基础设施工程

高柱信号机安装检验批质量验收记录

轨道验·机-407

第　页共　页

工程名称			
单位工程名称			
施工单位		分包单位	
项目负责人		项目技术负责人	
分部（子分部）工程名称		分项工程名称	
验收部位/区段		检验批容量	
施工及验收依据	《城市轨道交通信号工程施工质量验收标准》GB/T 50578		

验收项目			设计要求或规范规定	最小/实际抽样数量	检查记录	检查结果
主控项目	1	高柱信号机质量	第5.2.1条	/		
	2	高柱信号机的安装位置、安装高度、显示方向及灯光配列	第5.2.2条	/		
	3	高柱信号机混凝土机柱	第5.2.3条	/		
	4	高柱信号机安装（埋设深度、延伸度、接地方式）	第5.2.4条	/		
	5	高柱信号机光源	第5.2.5条	/		
	6	高柱信号机配线	第5.2.6条	/		
一般项目	1	高柱信号机安装要求（灯位安装、顶端及电线引入管口、梯子安装情况）	第5.2.7条	/		
	2	高柱信号机灯室结构	第5.2.8条			
	3	高柱信号机组件安装	第5.2.9条	/		
施工单位检查结果	专业工长：（签名）　专业质量检查员：（签名）　年　月　日					
监理单位验收结论	专业监理工程师：（签名）　年　月　日					

7.3.8.7 轨道验·机-408 矮型信号机安装检验批质量验收记录

市政基础设施工程

矮型信号机安装检验批质量验收记录

轨道验·机-408

第　　页 共　　页

<table>
<tr><td colspan="2">工程名称</td><td colspan="5"></td></tr>
<tr><td colspan="2">单位工程名称</td><td colspan="5"></td></tr>
<tr><td colspan="2">施工单位</td><td colspan="2"></td><td>分包单位</td><td colspan="2"></td></tr>
<tr><td colspan="2">项目负责人</td><td colspan="2"></td><td>项目技术负责人</td><td colspan="2"></td></tr>
<tr><td colspan="2">分部（子分部）工程名称</td><td colspan="2"></td><td>分项工程名称</td><td colspan="2"></td></tr>
<tr><td colspan="2">验收部位/区段</td><td colspan="2"></td><td>检验批容量</td><td colspan="2"></td></tr>
<tr><td colspan="2">施工及验收依据</td><td colspan="5">《城市轨道交通信号工程施工质量验收标准》GB/T 50578</td></tr>
<tr><td colspan="3">验收项目</td><td>设计要求或规范规定</td><td>最小/实际抽样数量</td><td>检查记录</td><td>检查结果</td></tr>
<tr><td rowspan="5">主控项目</td><td>1</td><td>信号机型号、规格</td><td>第5.3.1条</td><td>/</td><td></td><td></td></tr>
<tr><td>2</td><td>信号机位置、高度、显示</td><td>第5.3.2条</td><td>/</td><td></td><td></td></tr>
<tr><td>3</td><td>信号机支架接地与绝缘</td><td>第5.3.3条</td><td>/</td><td></td><td></td></tr>
<tr><td>4</td><td>信号机光源要求</td><td>第5.3.4条</td><td>/</td><td></td><td></td></tr>
<tr><td>5</td><td>信号机配线</td><td>第5.3.5条</td><td>/</td><td></td><td></td></tr>
<tr><td rowspan="4">一般项目</td><td>1</td><td>信号机混凝土基础</td><td>第5.3.6条</td><td>/</td><td></td><td></td></tr>
<tr><td>2</td><td>信号机支架安装方式</td><td>第5.3.7条</td><td>/</td><td></td><td></td></tr>
<tr><td>3</td><td>信号机灯室结构</td><td>第5.3.8条</td><td>/</td><td></td><td></td></tr>
<tr><td>4</td><td>信号机组件安装</td><td>第5.3.9条</td><td>/</td><td></td><td></td></tr>
<tr><td colspan="2">施工单位检查结果</td><td colspan="5">专业工长：（签名）　　专业质量检查员：（签名）　　年　月　日</td></tr>
<tr><td colspan="2">监理单位验收结论</td><td colspan="5">专业监理工程师：（签名）　　年　月　日</td></tr>
</table>

7.3.8.8 轨道验·机-409 非标信号机安装检验批质量验收记录

市政基础设施工程

非标信号机安装检验批质量验收记录

轨道验·机-409

第　　页共　　页

工程名称					
单位工程名称					
施工单位			分包单位		
项目负责人			项目技术负责人		
分部（子分部）工程名称			分项工程名称		
验收部位/区段			检验批容量		
施工及验收依据	《城市轨道交通信号工程施工质量验收标准》GB/T 50578				

验收项目			设计要求或规范规定	最小/实际抽样数量	检查记录	检查结果
主控项目	1	信号机型号、规格	第5.4.1条	/		
	2	信号机位置、高度、显示	第5.4.2条	/		
	3	信号机机构连接	第5.4.3条	/		
	4	信号机引入出配线保护	第5.4.4条	/		
	5	信号机光源要求	第5.4.5条	/		
	6	信号机配线	第5.4.6条	/		
一般项目	1	信号机灯室结构	第5.4.7条	/		
	2	信号机组件安装	第5.4.8条	/		
	3	信号机机构防腐处理	第5.4.9条	/		
施工单位检查结果	专业工长：（签名）　　专业质量检查员：（签名）　　年　月　日					
监理单位验收结论	专业监理工程师：（签名）　　年　月　日					

7.3.8.9 轨道验·机-410 发车指示器安装检验批质量验收记录

市政基础设施工程

发车指示器安装检验批质量验收记录

轨道验·机-410

第　页共　页

工程名称						
单位工程名称						
施工单位			分包单位			
项目负责人			项目技术负责人			
分部（子分部）工程名称			分项工程名称			
验收部位/区段			检验批容量			
施工及验收依据	《城市轨道交通信号工程施工质量验收标准》GB/T 50578					
验收项目			设计要求或规范规定	最小/实际抽样数量	检查记录	检查结果
主控项目	1	发车指示器进场检查、型号、规格、质量	第5.5.1条	/		
	2	发车指示器的安装位置、高度及显示方向	第5.5.2条	/		
	3	发车指示器配线的规格、型号	第5.5.3条	/		
一般项目	1	发车指示器的安装	第5.5.4条	/		
施工单位检查结果	专业工长：（签名）　专业质量检查员：（签名）　年　月　日					
监理单位验收结论	专业监理工程师：（签名）　年　月　日					

7.3.8.10 轨道验·机-411 按钮装置安装检验批质量验收记录

市政基础设施工程

按钮装置安装检验批质量验收记录

轨道验·机-411

第　　页 共　　页

<table>
<tr><td colspan="3">工程名称</td><td colspan="5"></td></tr>
<tr><td colspan="3">单位工程名称</td><td colspan="5"></td></tr>
<tr><td colspan="3">施工单位</td><td colspan="2"></td><td>分包单位</td><td colspan="2"></td></tr>
<tr><td colspan="3">项目负责人</td><td colspan="2"></td><td>项目技术负责人</td><td colspan="2"></td></tr>
<tr><td colspan="3">分部（子分部）工程名称</td><td colspan="2"></td><td>分项工程名称</td><td colspan="2"></td></tr>
<tr><td colspan="3">验收部位/区段</td><td colspan="2"></td><td>检验批容量</td><td colspan="2"></td></tr>
<tr><td colspan="3">施工及验收依据</td><td colspan="5">《城市轨道交通信号工程施工质量验收标准》GB/T 50578</td></tr>
<tr><td colspan="3">验收项目</td><td>设计要求或规范规定</td><td>最小/实际抽样数量</td><td>检查记录</td><td colspan="2">检查结果</td></tr>
<tr><td rowspan="8">主控项目</td><td>1</td><td>按钮装置进场检查、型号、规格、质量</td><td>第5.6.1条</td><td>/</td><td></td><td colspan="2"></td></tr>
<tr><td>2</td><td>紧急停车按钮箱安装位置及高度</td><td>第5.6.2条</td><td>/</td><td></td><td colspan="2"></td></tr>
<tr><td>3</td><td>安装位置及高度</td><td>第5.6.3条</td><td>/</td><td></td><td colspan="2"></td></tr>
<tr><td>4</td><td>站台关门按钮箱安装位置及高度</td><td>第5.6.4条</td><td>/</td><td></td><td colspan="2"></td></tr>
<tr><td>5</td><td>车辆基地车控制室应急盘安装位置及高度</td><td>第5.6.5条</td><td>/</td><td></td><td colspan="2"></td></tr>
<tr><td>6</td><td>同意按钮柱在车场的安装位置及高度</td><td>第5.6.6条</td><td>/</td><td></td><td colspan="2"></td></tr>
<tr><td>7</td><td>自动折返按钮的安装位置及高度</td><td>第5.6.7条</td><td>/</td><td></td><td colspan="2"></td></tr>
<tr><td>8</td><td>按钮装置配线引入管口防护情况</td><td>第5.6.8条</td><td>/</td><td></td><td colspan="2"></td></tr>
<tr><td>一般项目</td><td>1</td><td>按钮装置安装</td><td>第5.6.6条</td><td>/</td><td></td><td colspan="2"></td></tr>
<tr><td colspan="2">施工单位检查结果</td><td colspan="6">专业工长：（签名）　　专业质量检查员：（签名）　　年　月　日</td></tr>
<tr><td colspan="2">监理单位验收结论</td><td colspan="6">专业监理工程师：（签名）　　年　月　日</td></tr>
</table>

7.3.8.11 轨道验·机-412 安装装置安装检验批质量验收记录

市政基础设施工程

安装装置安装检验批质量验收记录

轨道验·机-412

第　页 共　页

工程名称						
单位工程名称						
施工单位			分包单位			
项目负责人			项目技术负责人			
分部（子分部）工程名称			分项工程名称			
验收部位/区段			检验批容量			
施工及验收依据	《城市轨道交通信号工程施工质量验收标准》GB/T 50578					
验收项目			设计要求或规范规定	最小/实际抽样数量	检查记录	检查结果
主控项目	1	安装装置安装检查、型号、规格、及产品标准规定	第6.2.1条	/		
	2	安装装置的位置、安装方式	第6.2.2条	/		
	3	安装装置采用侧式方式	第6.2.3条	/		
	4	安装装置采用轨枕式安装	第6.2.4条	/		
	5	固定尖轨头铁螺栓	第6.2.5条	/		
	6	密贴调整杆动作时空动距离	第6.2.6条	/		
一般项目	1	安装装置热镀锌涂漆防腐	第6.2.7条	/		
	2	各种连接杆调整丝扣余量	第6.2.8条	/		
	3	各零部件正确齐全紧固	第6.2.9条	/		
施工单位检查结果	专业工长：（签名）　专业质量检查员：（签名）　年　月　日					
监理单位验收结论	专业监理工程师：（签名）　年　月　日					

7.3.8.12 轨道验·机-413 外锁闭装置安装检验批质量验收记录

市政基础设施工程

外锁闭装置安装检验批质量验收记录

轨道验·机-413

第 页 共 页

<table>
<tr><td colspan="3">工程名称</td><td colspan="5"></td></tr>
<tr><td colspan="3">单位工程名称</td><td colspan="5"></td></tr>
<tr><td colspan="3">施工单位</td><td colspan="2"></td><td>分包单位</td><td colspan="2"></td></tr>
<tr><td colspan="3">项目负责人</td><td colspan="2"></td><td>项目技术负责人</td><td colspan="2"></td></tr>
<tr><td colspan="3">分部（子分部）
工程名称</td><td colspan="2"></td><td>分项工程名称</td><td colspan="2"></td></tr>
<tr><td colspan="3">验收部位/区段</td><td colspan="2"></td><td>检验批容量</td><td colspan="2"></td></tr>
<tr><td colspan="3">施工及验收依据</td><td colspan="5">《城市轨道交通信号工程施工质量验收标准》GB/T 50578</td></tr>
<tr><td colspan="3">验收项目</td><td>设计要求或
规范规定</td><td>最小/实际
抽样数量</td><td>检查记录</td><td colspan="2">检查结果</td></tr>
<tr><td rowspan="3">主
控
项
目</td><td>1</td><td>外锁闭装置检查型号规格</td><td>第 6.3.1 条</td><td>/</td><td></td><td colspan="2"></td></tr>
<tr><td>2</td><td>外锁闭安装装置位置、安装方式符合相关产品规定</td><td>第 6.3.2 条</td><td>/</td><td></td><td colspan="2"></td></tr>
<tr><td>3</td><td>外锁闭安装装置的安装要求</td><td>第 6.3.3 条</td><td>/</td><td></td><td colspan="2"></td></tr>
<tr><td>一
般
项
目</td><td>1</td><td>各零部件安装应正确、齐全</td><td>第 6.3.4 条</td><td>/</td><td></td><td colspan="2"></td></tr>
<tr><td colspan="2">施工
单位
检查
结果</td><td colspan="6">专业工长：（签名） 专业质量检查员：（签名） 年 月 日</td></tr>
<tr><td colspan="2">监理
单位
验收
结论</td><td colspan="6">专业监理工程师：（签名） 年 月 日</td></tr>
</table>

7.3.8.13 轨道验·机-414 转辙机安装检验批质量验收记录

市政基础设施工程

转辙机安装检验批质量验收记录

轨道验·机-414

第　　页 共　　页

<table>
<tr><td colspan="2">工程名称</td><td colspan="6"></td></tr>
<tr><td colspan="2">单位工程名称</td><td colspan="6"></td></tr>
<tr><td colspan="2">施工单位</td><td colspan="2"></td><td colspan="2">分包单位</td><td colspan="2"></td></tr>
<tr><td colspan="2">项目负责人</td><td colspan="2"></td><td colspan="2">项目技术负责人</td><td colspan="2"></td></tr>
<tr><td colspan="2">分部（子分部）
工程名称</td><td colspan="2"></td><td colspan="2">分项工程名称</td><td colspan="2"></td></tr>
<tr><td colspan="2">验收部位/区段</td><td colspan="2"></td><td colspan="2">检验批容量</td><td colspan="2"></td></tr>
<tr><td colspan="2">施工及验收依据</td><td colspan="6">《城市轨道交通信号工程施工质量验收标准》GB/T 50578</td></tr>
<tr><td colspan="3">验收项目</td><td>设计要求或
规范规定</td><td>最小/实际
抽样数量</td><td>检查记录</td><td colspan="2">检查结果</td></tr>
<tr><td rowspan="5">主控项目</td><td>1</td><td>转辙检查型号、规格要求</td><td>第 6.4.1 条</td><td>/</td><td></td><td colspan="2"></td></tr>
<tr><td>2</td><td>转辙机、液压站安装位置、方式</td><td>第 6.4.2 条</td><td>/</td><td></td><td colspan="2"></td></tr>
<tr><td>3</td><td>转辙机动作杆与密贴调整杆安装要求</td><td>第 6.4.3 条</td><td>/</td><td></td><td colspan="2"></td></tr>
<tr><td>4</td><td>液压转辙机安装</td><td>第 6.4.4 条</td><td>/</td><td></td><td colspan="2"></td></tr>
<tr><td>5</td><td>转辙机内部配线符合要求</td><td>第 6.4.5 条</td><td>/</td><td></td><td colspan="2"></td></tr>
<tr><td>一般项目</td><td>1</td><td>各零部件正确、齐全紧固</td><td>第 6.4.6 条</td><td>/</td><td></td><td colspan="2"></td></tr>
<tr><td>施工单位检查结果</td><td colspan="7">

专业工长：（签名）　　专业质量检查员：（签名）　　年　月　日</td></tr>
<tr><td>监理单位验收结论</td><td colspan="7">

专业监理工程师：（签名）　　年　月　日</td></tr>
</table>

7.3.8.14 轨道验·机-415 机械绝缘轨道电路安装检验批质量验收记录

市政基础设施工程

机械绝缘轨道电路安装检验批质量验收记录

轨道验·机-415

第　页共　页

<table>
<tr><td colspan="3">工程名称</td><td colspan="6"></td></tr>
<tr><td colspan="3">单位工程名称</td><td colspan="6"></td></tr>
<tr><td colspan="3">施工单位</td><td colspan="2"></td><td colspan="2">分包单位</td><td colspan="2"></td></tr>
<tr><td colspan="3">项目负责人</td><td colspan="2"></td><td colspan="2">项目技术负责人</td><td colspan="2"></td></tr>
<tr><td colspan="3">分部（子分部）工程名称</td><td colspan="2"></td><td colspan="2">分项工程名称</td><td colspan="2"></td></tr>
<tr><td colspan="3">验收部位/区段</td><td colspan="2"></td><td colspan="2">检验批容量</td><td colspan="2"></td></tr>
<tr><td colspan="3">施工及验收依据</td><td colspan="6">《城市轨道交通信号工程施工质量验收标准》GB/T 50578</td></tr>
<tr><td colspan="4">验收项目</td><td>设计要求或规范规定</td><td>最小/实际抽样数量</td><td colspan="2">检查记录</td><td>检查结果</td></tr>
<tr><td rowspan="11">主控项目</td><td>1</td><td colspan="2">设备规格、型号、质量</td><td>第7.2.1条</td><td>/</td><td colspan="2"></td><td></td></tr>
<tr><td>2</td><td colspan="2">安装位置、安装方法</td><td>第7.2.2条</td><td>/</td><td colspan="2"></td><td></td></tr>
<tr><td>3</td><td colspan="2">限流装置的调整</td><td>第7.2.3条</td><td>/</td><td colspan="2"></td><td></td></tr>
<tr><td>4</td><td colspan="2">有绝缘轨道电路配线</td><td>第7.2.4条</td><td>/</td><td colspan="2"></td><td></td></tr>
<tr><td>5</td><td colspan="2">钢轨绝缘安装</td><td>第7.2.5条</td><td>/</td><td colspan="2"></td><td></td></tr>
<tr><td rowspan="3">6</td><td rowspan="3">轨道引接线</td><td>钢轨引接线</td><td>第7.2.6.1条</td><td>/</td><td colspan="2"></td><td></td></tr>
<tr><td>引接线防护</td><td>第7.2.6.2条</td><td>/</td><td colspan="2"></td><td></td></tr>
<tr><td>引接线安装</td><td>第7.2.6.3条</td><td>/</td><td colspan="2"></td><td></td></tr>
<tr><td>7</td><td colspan="2">连续线安装</td><td>第7.2.7条</td><td>/</td><td colspan="2"></td><td></td></tr>
<tr><td>8</td><td colspan="2">道岔跳线安装</td><td>第7.2.8条</td><td>/</td><td colspan="2"></td><td></td></tr>
<tr><td>9</td><td colspan="2">回流线安装</td><td>第7.2.9条</td><td>/</td><td colspan="2"></td><td></td></tr>
<tr><td rowspan="3">一般项目</td><td>1</td><td colspan="2">钢轨绝缘配件安装</td><td>第7.2.10条</td><td>/</td><td colspan="2"></td><td></td></tr>
<tr><td>2</td><td colspan="2">连接线裸露部分防腐</td><td>第7.2.11条</td><td>/</td><td colspan="2"></td><td></td></tr>
<tr><td></td><td colspan="2"></td><td></td><td></td><td colspan="2"></td><td></td></tr>
<tr><td>施工单位检查结果</td><td colspan="8">专业工长：（签名）　专业质量检查员：（签名）　年　月　日</td></tr>
<tr><td>监理单位验收结论</td><td colspan="8">专业监理工程师：（签名）　年　月　日</td></tr>
</table>

7.3.8.15　轨道验·机-416　电气绝缘轨道电路安装检验批质量验收记录

市政基础设施工程

电气绝缘轨道电路安装检验批质量验收记录

轨道验·机-416

第　　页 共　　页

<table>
<tr><td colspan="3">工程名称</td><td colspan="5"></td></tr>
<tr><td colspan="3">单位工程名称</td><td colspan="5"></td></tr>
<tr><td colspan="3">施工单位</td><td></td><td>分包单位</td><td colspan="3"></td></tr>
<tr><td colspan="3">项目负责人</td><td></td><td>项目技术负责人</td><td colspan="3"></td></tr>
<tr><td colspan="3">分部（子分部）工程名称</td><td></td><td>分项工程名称</td><td colspan="3"></td></tr>
<tr><td colspan="3">验收部位/区段</td><td></td><td>检验批容量</td><td colspan="3"></td></tr>
<tr><td colspan="3">施工及验收依据</td><td colspan="5">《城市轨道交通信号工程施工质量验收标准》GB/T 50578</td></tr>
<tr><td colspan="3">验收项目</td><td>设计要求或规范规定</td><td>最小/实际抽样数量</td><td>检查记录</td><td colspan="2">检查结果</td></tr>
<tr><td rowspan="3">主控项目</td><td>1</td><td>设备规格、型号、质量</td><td>第7.3.1条</td><td>/</td><td></td><td colspan="2"></td></tr>
<tr><td>2</td><td>安装位置、安装方法</td><td>第7.3.2条</td><td>/</td><td></td><td colspan="2"></td></tr>
<tr><td>3</td><td>调谐单元安装</td><td>第7.3.3条</td><td>/</td><td></td><td colspan="2"></td></tr>
<tr><td rowspan="4">一般项目</td><td>1</td><td>调谐单元盒安装</td><td>第7.3.4条</td><td>/</td><td></td><td colspan="2"></td></tr>
<tr><td>2</td><td>塞钉式连接棒安装</td><td>第7.3.5条</td><td>/</td><td></td><td colspan="2"></td></tr>
<tr><td>3</td><td>焊接式连接棒安装</td><td>第7.3.6条</td><td>/</td><td></td><td colspan="2"></td></tr>
<tr><td>4</td><td>连接棒钢轨侧部分安装</td><td>第7.3.7条</td><td>/</td><td></td><td colspan="2"></td></tr>
<tr><td>施工单位检查结果</td><td colspan="7">专业工长：（签名）　　专业质量检查员：（签名）　　年　月　日</td></tr>
<tr><td>监理单位验收结论</td><td colspan="7">专业监理工程师：（签名）　　年　月　日</td></tr>
</table>

7.3.8.16 轨道验·机-417 环线安装检验批质量验收记录

市政基础设施工程

环线安装检验批质量验收记录

轨道验·机-417

第　　页 共　　页

工程名称						
单位工程名称						
施工单位			分包单位			
项目负责人			项目技术负责人			
分部（子分部）工程名称			分项工程名称			
验收部位/区段			检验批容量			
施工及验收依据	《城市轨道交通信号工程施工质量验收标准》GB/T 50578					
验收项目			设计要求或规范规定	最小/实际抽样数量	检查记录	检查结果
主控项目	1	环线规格、型号、质量	第7.5.1条	/		
	2	环线安装位置、安装方法	第7.5.2条	/		
	3	道岔区长环线安装	第7.5.3条	/		
	4	车地通信环线安装	第7.5.4条	/		
一般项目	1	环线安装	第7.5.5条	/		
施工单位检查结果	专业工长：（签名）　　专业质量检查员：（签名）　　年　月　日					
监理单位验收结论	专业监理工程师：（签名）　　年　月　日					

7.3.8.17 轨道验·机-418 波导管安装检验批质量验收记录

市政基础设施工程

波导管安装检验批质量验收记录

轨道验·机-418

第 页 共 页

<table>
<tr><td colspan="3">工程名称</td><td colspan="5"></td></tr>
<tr><td colspan="3">单位工程名称</td><td colspan="5"></td></tr>
<tr><td colspan="3">施工单位</td><td></td><td colspan="2">分包单位</td><td colspan="2"></td></tr>
<tr><td colspan="3">项目负责人</td><td></td><td colspan="2">项目技术负责人</td><td colspan="2"></td></tr>
<tr><td colspan="3">分部（子分部）
工程名称</td><td></td><td colspan="2">分项工程名称</td><td colspan="2"></td></tr>
<tr><td colspan="3">验收部位/区段</td><td></td><td colspan="2">检验批容量</td><td colspan="2"></td></tr>
<tr><td colspan="3">施工及验收依据</td><td colspan="5">《城市轨道交通信号工程施工质量验收标准》GB/T 50578</td></tr>
<tr><td colspan="3">验收项目</td><td>设计要求或规范规定</td><td>最小/实际抽样数量</td><td>检查记录</td><td colspan="2">检查结果</td></tr>
<tr><td rowspan="4">主控项目</td><td>1</td><td>波导管规格、型号、质量</td><td>第 7.6.1 条</td><td>/</td><td></td><td colspan="2"></td></tr>
<tr><td>2</td><td>波导管安装位置、安装方法</td><td>第 7.6.2 条</td><td>/</td><td></td><td colspan="2"></td></tr>
<tr><td>3</td><td>波导管的安装</td><td>第 7.6.3 条</td><td>/</td><td></td><td colspan="2"></td></tr>
<tr><td>4</td><td>波导管、轨旁无线电子盒、耦合器接地</td><td>第 7.6.4 条</td><td>/</td><td></td><td colspan="2"></td></tr>
<tr><td rowspan="5">一般项目</td><td>1</td><td>波导管在钢轨边缘安装</td><td>第 7.6.5 条</td><td>/</td><td></td><td colspan="2"></td></tr>
<tr><td>2</td><td>波导管与轨旁无线电子盒连接的射频电缆长度</td><td>第 7.6.6 条</td><td>/</td><td></td><td colspan="2"></td></tr>
<tr><td>3</td><td>波导管及各种安装配件的防腐处理</td><td>第 7.6.7 条</td><td>/</td><td></td><td colspan="2"></td></tr>
<tr><td>4</td><td>波导管防护膜</td><td>第 7.6.8 条</td><td></td><td></td><td colspan="2"></td></tr>
<tr><td>5</td><td>波导管防护罩</td><td>第 7.6.8 条</td><td>/</td><td></td><td colspan="2"></td></tr>
<tr><td colspan="2">施工单位检查结果</td><td colspan="6">专业工长：（签名）　　专业质量检查员：（签名）　　年　月　日</td></tr>
<tr><td colspan="2">监理单位验收结论</td><td colspan="6">专业监理工程师：（签名）　　年　月　日</td></tr>
</table>

7.3.8.18 轨道验·机-419 漏泄同轴电缆敷设检验批质量验收记录

市政基础设施工程

漏泄同轴电缆敷设检验批质量验收记录

轨道验·机-419

第　页 共　页

<table>
<tr><td colspan="3">工程名称</td><td colspan="5"></td></tr>
<tr><td colspan="3">单位工程名称</td><td colspan="5"></td></tr>
<tr><td colspan="3">施工单位</td><td></td><td colspan="2">分包单位</td><td colspan="2"></td></tr>
<tr><td colspan="3">项目负责人</td><td></td><td colspan="2">项目技术负责人</td><td colspan="2"></td></tr>
<tr><td colspan="3">分部（子分部）工程名称</td><td></td><td colspan="2">分项工程名称</td><td colspan="2"></td></tr>
<tr><td colspan="3">验收部位/区段</td><td></td><td colspan="2">检验批容量</td><td colspan="2"></td></tr>
<tr><td colspan="3">施工及验收依据</td><td colspan="5">《城市轨道交通信号工程施工质量验收标准》GB/T 50578</td></tr>
<tr><td colspan="3">验收项目</td><td>设计要求或规范规定</td><td>最小/实际抽样数量</td><td>检查记录</td><td colspan="2">检查结果</td></tr>
<tr><td rowspan="4">主控项目</td><td>1</td><td>漏泄同轴电缆规格、型号、质量</td><td>第7.7.1条</td><td>/</td><td></td><td colspan="2"></td></tr>
<tr><td>2</td><td>漏泄同轴电缆单盘测试</td><td>第7.7.2条</td><td>/</td><td></td><td colspan="2"></td></tr>
<tr><td>3</td><td>漏泄同轴电缆安装位置、安装方式</td><td>第7.7.3条</td><td>/</td><td></td><td colspan="2"></td></tr>
<tr><td>4</td><td>漏泄同轴电缆安装要求</td><td>第7.7.4条</td><td>/</td><td></td><td colspan="2"></td></tr>
<tr><td colspan="2">施工单位检查结果</td><td colspan="6">专业工长：（签名）　　专业质量检查员：（签名）　　年　月　日</td></tr>
<tr><td colspan="2">监理单位验收结论</td><td colspan="6">专业监理工程师：（签名）　　年　月　日</td></tr>
</table>

7.3.8.19 轨道验·机-420 应答器安装检验批质量验收记录

市政基础设施工程

应答器安装检验批质量验收记录

轨道验·机-420

第 页 共 页

<table>
<tr><td colspan="3">工程名称</td><td colspan="5"></td></tr>
<tr><td colspan="3">单位工程名称</td><td colspan="5"></td></tr>
<tr><td colspan="3">施工单位</td><td></td><td>分包单位</td><td colspan="3"></td></tr>
<tr><td colspan="3">项目负责人</td><td></td><td>项目技术负责人</td><td colspan="3"></td></tr>
<tr><td colspan="3">分部（子分部）工程名称</td><td></td><td>分项工程名称</td><td colspan="3"></td></tr>
<tr><td colspan="3">验收部位/区段</td><td></td><td>检验批容量</td><td colspan="3"></td></tr>
<tr><td colspan="3">施工及验收依据</td><td colspan="5">《城市轨道交通信号工程施工质量验收标准》GB/T 50578</td></tr>
<tr><td colspan="3">验收项目</td><td>设计要求或规范规定</td><td>最小/实际抽样数量</td><td>检查记录</td><td>检查结果</td><td></td></tr>
<tr><td rowspan="4">主控项目</td><td>1</td><td>应答器型号、规格</td><td>第7.8.1条</td><td>/</td><td></td><td></td><td></td></tr>
<tr><td>2</td><td>应答器安装位置、安装方法</td><td>第7.8.2条</td><td>/</td><td></td><td></td><td></td></tr>
<tr><td>3</td><td>应答器安装高度及纵向、横向偏移</td><td>第7.8.3条</td><td>/</td><td></td><td></td><td></td></tr>
<tr><td>4</td><td>有源应答器馈电盒安装应符合要求</td><td>第7.8.4条</td><td>/</td><td></td><td></td><td></td></tr>
<tr><td>一般项目</td><td>1</td><td>有源应答器馈电盒安装平稳、牢固</td><td>第7.8.5条</td><td>/</td><td></td><td></td><td></td></tr>
<tr><td colspan="2">施工单位检查结果</td><td colspan="6">专业工长：（签名） 专业质量检查员：（签名） 年 月 日</td></tr>
<tr><td colspan="2">监理单位验收结论</td><td colspan="6">专业监理工程师：（签名） 年 月 日</td></tr>
</table>

7.3.8.20 轨道验·机-421 AP 天线安装检验批质量验收记录

市政基础设施工程

AP 天线安装检验批质量验收记录

轨道验·机-421

第 页共 页

<table>
<tr><td colspan="3">工程名称</td><td colspan="5"></td></tr>
<tr><td colspan="3">单位工程名称</td><td colspan="5"></td></tr>
<tr><td colspan="3">施工单位</td><td colspan="2"></td><td>分包单位</td><td colspan="2"></td></tr>
<tr><td colspan="3">项目负责人</td><td colspan="2"></td><td>项目技术负责人</td><td colspan="2"></td></tr>
<tr><td colspan="3">分部（子分部）
工程名称</td><td colspan="2"></td><td>分项工程名称</td><td colspan="2"></td></tr>
<tr><td colspan="3">验收部位/区段</td><td colspan="2"></td><td>检验批容量</td><td colspan="2"></td></tr>
<tr><td colspan="3">施工及验收依据</td><td colspan="5">《城市轨道交通信号工程施工质量验收标准》GB/T 50578</td></tr>
<tr><td colspan="3">验收项目</td><td>设计要求或规范规定</td><td>最小/实际抽样数量</td><td>检查记录</td><td colspan="2">检查结果</td></tr>
<tr><td rowspan="4">主控项目</td><td>1</td><td>AP 天线型号、规格</td><td>第 7.9.1 条</td><td>/</td><td></td><td colspan="2"></td></tr>
<tr><td>2</td><td>AP 天线安装位置、安装方法</td><td>第 7.9.2 条</td><td>/</td><td></td><td colspan="2"></td></tr>
<tr><td>3</td><td>AP 天线安装牢固、方向准确</td><td>第 7.9.3 条</td><td>/</td><td></td><td colspan="2"></td></tr>
<tr><td>4</td><td>AP 天线纵向、横向偏移量</td><td>第 7.9.4 条</td><td>/</td><td></td><td colspan="2"></td></tr>
<tr><td>施工单位检查结果</td><td colspan="7">专业工长：（签名） 专业质量检查员：（签名） 年 月 日</td></tr>
<tr><td>监理单位验收结论</td><td colspan="7">专业监理工程师：（签名） 年 月 日</td></tr>
</table>

7.3.8.21 轨道验·机-422 无线接入单元安装检验批质量验收记录

市政基础设施工程

无线接入单元安装检验批质量验收记录

轨道验·机-422

第　　页 共　　页

<table>
<tr><td colspan="3">工程名称</td><td colspan="5"></td></tr>
<tr><td colspan="3">单位工程名称</td><td colspan="5"></td></tr>
<tr><td colspan="3">施工单位</td><td colspan="2"></td><td colspan="2">分包单位</td><td></td></tr>
<tr><td colspan="3">项目负责人</td><td colspan="2"></td><td colspan="2">项目技术负责人</td><td></td></tr>
<tr><td colspan="3">分部（子分部）工程名称</td><td colspan="2"></td><td colspan="2">分项工程名称</td><td></td></tr>
<tr><td colspan="3">验收部位/区段</td><td colspan="2"></td><td colspan="2">检验批容量</td><td></td></tr>
<tr><td colspan="3">施工及验收依据</td><td colspan="5">《城市轨道交通信号工程施工质量验收标准》GB/T 50578</td></tr>
<tr><td colspan="3">验收项目</td><td>设计要求或规范规定</td><td>最小/实际抽样数量</td><td colspan="2">检查记录</td><td>检查结果</td></tr>
<tr><td rowspan="4">主控项目</td><td>1</td><td>无线接入单元进场检查型号、规格、质量</td><td>第7.10.1条</td><td>/</td><td colspan="2"></td><td></td></tr>
<tr><td>2</td><td>无线接入单元的安装位置及安装方法</td><td>第7.10.2条</td><td>/</td><td colspan="2"></td><td></td></tr>
<tr><td>3</td><td>无线接入单元电子箱安装的要求</td><td>第7.10.3条</td><td>/</td><td colspan="2"></td><td></td></tr>
<tr><td>4</td><td>无线接入缆线布安装要求</td><td>第7.10.4条</td><td>/</td><td colspan="2"></td><td></td></tr>
<tr><td>一般项目</td><td>1</td><td>电子箱安装要求</td><td>第7.10.5条</td><td>/</td><td colspan="2"></td><td></td></tr>
<tr><td colspan="2">施工单位检查结果</td><td colspan="6">专业工长：（签名）　　专业质量检查员：（签名）　　年　月　日</td></tr>
<tr><td colspan="2">监理单位验收结论</td><td colspan="6">专业监理工程师：（签名）　　年　月　日</td></tr>
</table>

7.3.8.22 轨道验·机-423 计轴装置安装检验批质量验收记录

市政基础设施工程

计轴装置安装检验批质量验收记录

轨道验·机-423

第　　页 共　　页

工程名称			
单位工程名称			
施工单位		分包单位	
项目负责人		项目技术负责人	
分部（子分部）工程名称		分项工程名称	
验收部位/区段		检验批容量	
施工及验收依据	《城市轨道交通信号工程施工质量验收标准》GB/T 50578		

验收项目			设计要求或规范规定	最小/实际抽样数量	检查记录	检查结果
主控项目	1	计轴装置型号、规格	第7.11.1条	/		
	2	计轴装置安装位置、方法	第7.11.2条	/		
	3	计轴磁头的安装	第7.11.3条	/		
	4	计轴电子盒的安装	第7.11.4条	/		
	5	计轴装置采用专用电缆	第7.11.5条	/		
一般项目	1	计轴电缆采用橡皮软管防护	第7.11.6条	/		
	2	磁头安装平稳、牢固	第7.11.7条	/		
	3	电子盒安装应与地面保持垂直	第7.11.8条	/		
施工单位检查结果	专业工长：（签名）　专业质量检查员：（签名）　年　月　日					
监理单位验收结论	专业监理工程师：（签名）　年　月　日					

7.3.8.23 轨道验·机-424 LTE-M室外设备安装检验批质量验收记录

市政基础设施工程

LTE-M室外设备安装检验批质量验收记录

轨道验·机-424

第　　页共　　页

工程名称			
单位工程名称			
施工单位		分包单位	
项目负责人		项目技术负责人	
分部（子分部）工程名称		分项工程名称	
验收部位/区段		检验批容量	
施工及验收依据	《城市轨道交通信号工程施工质量验收标准》GB/T 50578		

验收项目			设计要求或规范规定	最小/实际抽样数量	检查记录	检查结果
主控项目	1	射频拉远单元RRU及附属设备进场验收	第7.12.1条	/		
	2	RRU及附属设备的安装方式、安装位置	第7.12.2条	/		
	3	室外设备的安装	第7.12.3条	/		
	4	室外设备缆线布放	第7.12.4条	/		
	5	LTE-M的天线杆塔及天馈安装	第7.12.5条	/		
	6	波导管输送安装	第7.12.6条	/		
	7	漏缆敷设	第7.12.7条	/		
施工单位检查结果	专业工长：（签名）　　专业质量检查员：（签名）　　年　月　日					
监理单位验收结论	专业监理工程师：（签名）　　年　月　日					

7.3.8.24 轨道验·机-425 机柜及设备、人机界面安装检验批质量验收记录

市政基础设施工程

机柜及设备、人机界面安装检验批质量验收记录

轨道验·机-425

第　　页　共　　页

<table>
<tr><td colspan="3">工程名称</td><td colspan="5"></td></tr>
<tr><td colspan="3">单位工程名称</td><td colspan="5"></td></tr>
<tr><td colspan="3">施工单位</td><td colspan="2"></td><td colspan="2">分包单位</td><td></td></tr>
<tr><td colspan="3">项目负责人</td><td colspan="2"></td><td colspan="2">项目技术负责人</td><td></td></tr>
<tr><td colspan="3">分部（子分部）
工程名称</td><td colspan="2"></td><td colspan="2">分项工程名称</td><td></td></tr>
<tr><td colspan="3">验收部位/区段</td><td colspan="2"></td><td colspan="2">检验批容量</td><td></td></tr>
<tr><td colspan="3">施工及验收依据</td><td colspan="5">《城市轨道交通信号工程施工质量验收标准》GB/T 50578</td></tr>
<tr><td colspan="3">验收项目</td><td>设计要求或
规范规定</td><td>最小/实际
抽样数量</td><td colspan="2">检查记录</td><td>检查结果</td></tr>
<tr><td rowspan="5">主控项目</td><td>1</td><td>机柜及设备、人机界面型号、规格</td><td>第 8.2.1 条</td><td>/</td><td colspan="2"></td><td></td></tr>
<tr><td>2</td><td>机柜安装位置</td><td>第 8.2.2 条</td><td>/</td><td colspan="2"></td><td></td></tr>
<tr><td>3</td><td>机柜底座</td><td>第 8.2.3 条</td><td>/</td><td colspan="2"></td><td></td></tr>
<tr><td>4</td><td>机柜内元器件安装</td><td>第 8.2.4 条</td><td>/</td><td colspan="2"></td><td></td></tr>
<tr><td>5</td><td>人机界面安装</td><td>第 8.2.5 条</td><td>/</td><td colspan="2"></td><td></td></tr>
<tr><td rowspan="2">一般项目</td><td>1</td><td>机柜及人机界面安装</td><td>第 8.2.6 条</td><td>/</td><td colspan="2"></td><td></td></tr>
<tr><td>2</td><td>各部件安装</td><td>第 8.2.7 条</td><td>/</td><td colspan="2"></td><td></td></tr>
<tr><td colspan="2">施工单位检查结果</td><td colspan="6">专业工长：（签名）　　专业质量检查员：（签名）　　年　月　日</td></tr>
<tr><td colspan="2">监理单位验收结论</td><td colspan="6">专业监理工程师：（签名）　　年　月　日</td></tr>
</table>

7.3.8.25 轨道验·机-426 天线及测速装置安装检验批质量验收记录

市政基础设施工程

天线及测速装置安装检验批质量验收记录

轨道验·机-426

第 页 共 页

<table>
<tr><td colspan="2">工程名称</td><td colspan="5"></td></tr>
<tr><td colspan="2">单位工程名称</td><td colspan="5"></td></tr>
<tr><td colspan="2">施工单位</td><td colspan="2"></td><td colspan="2">分包单位</td><td></td></tr>
<tr><td colspan="2">项目负责人</td><td colspan="2"></td><td colspan="2">项目技术负责人</td><td></td></tr>
<tr><td colspan="2">分部（子分部）工程名称</td><td colspan="2"></td><td colspan="2">分项工程名称</td><td></td></tr>
<tr><td colspan="2">验收部位/区段</td><td colspan="2"></td><td colspan="2">检验批容量</td><td></td></tr>
<tr><td colspan="2">施工及验收依据</td><td colspan="5">《城市轨道交通信号工程施工质量验收标准》GB/T 50578</td></tr>
<tr><td colspan="3">验收项目</td><td>设计要求或规范规定</td><td>最小/实际抽样数量</td><td>检查记录</td><td>检查结果</td></tr>
<tr><td rowspan="3">主控项目</td><td>1</td><td>天线及测速装置型号、规格</td><td>第8.3.1条</td><td>/</td><td></td><td></td></tr>
<tr><td>2</td><td>天线及测速装置安装位置、安装方式</td><td>第8.3.2条</td><td>/</td><td></td><td></td></tr>
<tr><td>3</td><td>测速装置安装</td><td>第8.3.3条</td><td>/</td><td></td><td></td></tr>
<tr><td rowspan="2">一般项目</td><td>1</td><td>车体外部敷设线缆防护</td><td>第8.3.4条</td><td>/</td><td></td><td></td></tr>
<tr><td>2</td><td>各类金属安装支架、防护管防腐处理</td><td>第8.3.5条</td><td>/</td><td></td><td></td></tr>
<tr><td>施工单位检查结果</td><td colspan="6">专业工长：（签名） 专业质量检查员：（签名） 年 月 日</td></tr>
<tr><td>监理单位验收结论</td><td colspan="6">专业监理工程师：（签名） 年 月 日</td></tr>
</table>

7.3.8.26 轨道验·机-427 车载设备配线检验批质量验收记录

市政基础设施工程

车载设备配线检验批质量验收记录

轨道验·机-427

第 页 共 页

工程名称						
单位工程名称						
施工单位			分包单位			
项目负责人			项目技术负责人			
分部（子分部）工程名称			分项工程名称			
验收部位/区段			检验批容量			
施工及验收依据	《城市轨道交通信号工程施工质量验收标准》GB/T 50578					
验收项目			设计要求或规范规定	最小/实际抽样数量	检查记录	检查结果
主控项目	1	各种配线线缆型号、规格	第8.4.1条	/		
	2	车载设备配线	第8.4.2条	/		
	3	馈线长度	第8.4.3条	/		
一般项目	1	各类配线	第8.4.4条	/		
施工单位检查结果	专业工长：（签名） 专业质量检查员：（签名） 年 月 日					
监理单位验收结论	专业监理工程师：（签名） 年 月 日					

7.3.8.27 轨道验·机-428 机柜安装检验批质量验收记录

市政基础设施工程

机柜安装检验批质量验收记录

轨道验·机-428

第　　页共　　页

工程名称						
单位工程名称						
施工单位			分包单位			
项目负责人			项目技术负责人			
分部（子分部）工程名称			分项工程名称			
验收部位/区段			检验批容量			
施工及验收依据	《城市轨道交通信号工程施工质量验收标准》GB/T 50578					
验收项目			设计要求或规范规定	最小/实际抽样数量	检查记录	检查结果
主控项目	1	各类机柜检查型号规格	第 9.2.1 条	/		
	2	机房内机柜位置、朝向、间距	第 9.2.2 条	/		
	3	机柜架安装平直端正稳固	第 9.2.3 条	/		
一般项目	1	机柜内设备完整牢固	第 9.2.4 条	/		
	2	机柜铭牌文字符号齐全	第 9.2.5 条	/		
	3	机柜漆面色调一致且防腐	第 9.2.6 条	/		
施工单位检查结果	专业工长：（签名）　　专业质量检查员：（签名）　　年　月　日					
监理单位验收结论	专业监理工程师：（签名）　　年　月　日					

7.3.8.28 轨道验·机-429 走线架、线槽安装检验批质量验收记录

市政基础设施工程

走线架、线槽安装检验批质量验收记录

轨道验·机-429

第　　页共　　页

<table>
<tr><td colspan="3">工程名称</td><td colspan="5"></td></tr>
<tr><td colspan="3">单位工程名称</td><td colspan="5"></td></tr>
<tr><td colspan="3">施工单位</td><td colspan="2"></td><td>分包单位</td><td colspan="2"></td></tr>
<tr><td colspan="3">项目负责人</td><td colspan="2"></td><td>项目技术负责人</td><td colspan="2"></td></tr>
<tr><td colspan="3">分部（子分部）
工程名称</td><td colspan="2"></td><td>分项工程名称</td><td colspan="2"></td></tr>
<tr><td colspan="3">验收部位/区段</td><td colspan="2"></td><td>检验批容量</td><td colspan="2"></td></tr>
<tr><td colspan="3">施工及验收依据</td><td colspan="5">《城市轨道交通信号工程施工质量验收标准》GB/T 50578</td></tr>
<tr><td colspan="3">验收项目</td><td>设计要求或
规范规定</td><td>最小/实际
抽样数量</td><td>检查记录</td><td colspan="2">检查结果</td></tr>
<tr><td rowspan="3">主控项目</td><td>1</td><td>走线架、线槽进场检查，型号、规格、质量</td><td>第9.3.1条</td><td>/</td><td></td><td colspan="2"></td></tr>
<tr><td>2</td><td>走线架、线槽安装位置、方法</td><td>第9.3.2条</td><td>/</td><td></td><td colspan="2"></td></tr>
<tr><td>3</td><td>走线架、线槽连接</td><td>第9.3.3条</td><td>/</td><td></td><td colspan="2"></td></tr>
<tr><td>一般项目</td><td>1</td><td>走线架、线槽安装符合要求</td><td>第9.3.4条</td><td>/</td><td></td><td colspan="2"></td></tr>
<tr><td colspan="2">施工单位检查结果</td><td colspan="6">专业工长：（签名）　　专业质量检查员：（签名）　　年　月　日</td></tr>
<tr><td colspan="2">监理单位验收结论</td><td colspan="6">专业监理工程师：（签名）　　年　月　日</td></tr>
</table>

7.3.8.29 轨道验·机-430 光电缆引入及安装检验批质量验收记录

市政基础设施工程

光电缆引入及安装检验批质量验收记录

轨道验·机-430

第　　页 共　　页

<table>
<tr><td colspan="3">工程名称</td><td colspan="5"></td></tr>
<tr><td colspan="3">单位工程名称</td><td colspan="5"></td></tr>
<tr><td colspan="3">施工单位</td><td colspan="2"></td><td>分包单位</td><td colspan="2"></td></tr>
<tr><td colspan="3">项目负责人</td><td colspan="2"></td><td>项目技术负责人</td><td colspan="2"></td></tr>
<tr><td colspan="3">分部（子分部）工程名称</td><td colspan="2"></td><td>分项工程名称</td><td colspan="2"></td></tr>
<tr><td colspan="3">验收部位/区段</td><td colspan="2"></td><td>检验批容量</td><td colspan="2"></td></tr>
<tr><td colspan="3">施工及验收依据</td><td colspan="5">《城市轨道交通信号工程施工质量验收标准》GB/T 50578</td></tr>
<tr><td colspan="3">验收项目</td><td>设计要求或规范规定</td><td>最小/实际抽样数量</td><td>检查记录</td><td colspan="2">检查结果</td></tr>
<tr><td rowspan="3">主控项目</td><td>1</td><td>分线盘柜上的接线端子</td><td>第9.4.1条</td><td>/</td><td></td><td colspan="2"></td></tr>
<tr><td>2</td><td>光缆引入及光配线架</td><td>第9.4.2条</td><td>/</td><td></td><td colspan="2"></td></tr>
<tr><td>3</td><td>分线盘柜上的接线端子</td><td>第9.4.3条</td><td>/</td><td></td><td colspan="2"></td></tr>
<tr><td rowspan="4">一般项目</td><td>1</td><td>分线盘（柜）安装</td><td>第9.4.4条</td><td>/</td><td></td><td colspan="2"></td></tr>
<tr><td>2</td><td>引至信号设备室的电缆</td><td>第9.4.5条</td><td>/</td><td></td><td colspan="2"></td></tr>
<tr><td>3</td><td>引入室内的电缆</td><td>第9.4.6条</td><td>/</td><td></td><td colspan="2"></td></tr>
<tr><td>4</td><td>引入电缆的防护及安装</td><td>第9.4.7条</td><td>/</td><td></td><td colspan="2"></td></tr>
<tr><td colspan="2">施工单位检查结果</td><td colspan="6">专业工长：（签名）　　专业质量检查员：（签名）　　年　月　日</td></tr>
<tr><td colspan="2">监理单位验收结论</td><td colspan="6">专业监理工程师：（签名）　　年　月　日</td></tr>
</table>

7.3.8.30　轨道验·机-431　操作显示设备安装检验批质量验收记录

市政基础设施工程

操作显示设备安装检验批质量验收记录

轨道验·机-431

第　　页共　　页

<table>
<tr><td colspan="3">工程名称</td><td colspan="5"></td></tr>
<tr><td colspan="3">单位工程名称</td><td colspan="5"></td></tr>
<tr><td colspan="3">施工单位</td><td colspan="2"></td><td colspan="2">分包单位</td><td></td></tr>
<tr><td colspan="3">项目负责人</td><td colspan="2"></td><td colspan="2">项目技术负责人</td><td></td></tr>
<tr><td colspan="3">分部（子分部）工程名称</td><td colspan="2"></td><td colspan="2">分项工程名称</td><td></td></tr>
<tr><td colspan="3">验收部位/区段</td><td colspan="2"></td><td colspan="2">检验批容量</td><td></td></tr>
<tr><td colspan="3">施工及验收依据</td><td colspan="5">《城市轨道交通信号工程施工质量验收标准》GB/T 50578</td></tr>
<tr><td colspan="3">验收项目</td><td>设计要求或规范规定</td><td>最小/实际抽样数量</td><td colspan="2">检查记录</td><td>检查结果</td></tr>
<tr><td rowspan="4">主控项目</td><td>1</td><td>操作显示设备型号、规格</td><td>第 9.5.1 条</td><td>/</td><td colspan="2"></td><td></td></tr>
<tr><td>2</td><td>操作显示设备安装位置、整体布局</td><td>第 9.5.2 条</td><td>/</td><td colspan="2"></td><td></td></tr>
<tr><td>3</td><td>操作显示设备安装</td><td>第 9.5.3 条</td><td>/</td><td colspan="2"></td><td></td></tr>
<tr><td>4</td><td>单元控制台安装</td><td>第 9.5.4 条</td><td>/</td><td colspan="2"></td><td></td></tr>
<tr><td rowspan="2">一般项目</td><td>1</td><td>操作显示设备安装的稳固、整齐、操作方便情况</td><td>第 9.5.5 条</td><td>/</td><td colspan="2"></td><td></td></tr>
<tr><td>2</td><td>单元控制台安装</td><td>第 9.5.6 条</td><td>/</td><td colspan="2"></td><td></td></tr>
<tr><td>施工单位检查结果</td><td colspan="7">专业工长：（签名）　　专业质量检查员：（签名）　　年　月　日</td></tr>
<tr><td>监理单位验收结论</td><td colspan="7">专业监理工程师：（签名）　　年　月　日</td></tr>
</table>

7.3.8.31　轨道验·机-432　大屏设备安装检验批质量验收记录

市政基础设施工程

大屏设备安装检验批质量验收记录

轨道验·机-432

第　　页 共　　页

<table>
<tr><td colspan="3">工程名称</td><td colspan="5"></td></tr>
<tr><td colspan="3">单位工程名称</td><td colspan="5"></td></tr>
<tr><td colspan="3">施工单位</td><td colspan="2"></td><td colspan="2">分包单位</td><td></td></tr>
<tr><td colspan="3">项目负责人</td><td colspan="2"></td><td colspan="2">项目技术负责人</td><td></td></tr>
<tr><td colspan="3">分部（子分部）工程名称</td><td colspan="2"></td><td colspan="2">分项工程名称</td><td></td></tr>
<tr><td colspan="3">验收部位/区段</td><td colspan="2"></td><td colspan="2">检验批容量</td><td></td></tr>
<tr><td colspan="3">施工及验收依据</td><td colspan="5">《城市轨道交通信号工程施工质量验收标准》GB/T 50578</td></tr>
<tr><td colspan="3">验收项目</td><td>设计要求或规范规定</td><td>最小/实际抽样数量</td><td colspan="2">检查记录</td><td>检查结果</td></tr>
<tr><td rowspan="5">主控项目</td><td>1</td><td>大屏设备型号、规格</td><td>第9.6.1条</td><td>/</td><td colspan="2"></td><td></td></tr>
<tr><td>2</td><td>大屏设备安装位置、屏幕配置及安装方式</td><td>第9.6.2条</td><td>/</td><td colspan="2"></td><td></td></tr>
<tr><td>3</td><td>大屏安装设备控制功能及显示模式</td><td>第9.6.3条</td><td>/</td><td colspan="2"></td><td></td></tr>
<tr><td>4</td><td>大屏设备显示屏的显示功能</td><td>第9.6.4条</td><td>/</td><td colspan="2"></td><td></td></tr>
<tr><td>5</td><td>大屏设备接口情况</td><td>第9.6.5条</td><td>/</td><td colspan="2"></td><td></td></tr>
<tr><td>一般项目</td><td>1</td><td>各种支架、导轨、夹具安装</td><td>第9.6.6条</td><td>/</td><td colspan="2"></td><td></td></tr>
<tr><td>施工单位检查结果</td><td colspan="7">专业工长：（签名）　　专业质量检查员：（签名）　　年　月　日</td></tr>
<tr><td>监理单位验收结论</td><td colspan="7">专业监理工程师：（签名）　　年　月　日</td></tr>
</table>

7.3.8.32 轨道验·机-433 电源设备安装检验批质量验收记录

市政基础设施工程

电源设备安装检验批质量验收记录

轨道验·机-433

第 页 共 页

工程名称					
单位工程名称					
施工单位			分包单位		
项目负责人			项目技术负责人		
分部（子分部）工程名称			分项工程名称		
验收部位/区段			检验批容量		
施工及验收依据	《城市轨道交通信号工程施工质量验收标准》GB/T 50578				

验收项目			设计要求或规范规定	最小/实际抽样数量	检查记录	检查结果
主控项目	1	电源设备检查型号规格等	第9.7.1条	/		
	2	电源设备安装位置方式	第9.7.2条	/		
	3	电源屏的安装	第9.7.3条	/		
	4	不间断电源（UPS）安装	第9.7.4条	/		
	5	电源线布放要求	第9.7.5条	/		
一般项目	1	电源屏安装端正稳固无损	第9.7.6条	/		
	2	电源屏配线连接牢固齐全	第9.7.7条	/		
	3	蓄电池排列整齐距离均匀	第9.7.8条	/		
施工单位检查结果	专业工长：（签名） 专业质量检查员：（签名） 年 月 日					
监理单位验收结论	专业监理工程师：（签名） 年 月 日					

7.3.8.33 轨道验·机-434 室内设备配线检验批质量验收记录

市政基础设施工程

室内设备配线检验批质量验收记录

轨道验·机-434

第 页 共 页

<table>
<tr><td colspan="3">工程名称</td><td colspan="5"></td></tr>
<tr><td colspan="3">单位工程名称</td><td colspan="5"></td></tr>
<tr><td colspan="3">施工单位</td><td></td><td colspan="2">分包单位</td><td colspan="2"></td></tr>
<tr><td colspan="3">项目负责人</td><td></td><td colspan="2">项目技术负责人</td><td colspan="2"></td></tr>
<tr><td colspan="3">分部（子分部）
工程名称</td><td></td><td colspan="2">分项工程名称</td><td colspan="2"></td></tr>
<tr><td colspan="3">验收部位/区段</td><td></td><td colspan="2">检验批容量</td><td colspan="2"></td></tr>
<tr><td colspan="3">施工及验收依据</td><td colspan="5">《城市轨道交通信号工程施工质量验收标准》GB/T 50578</td></tr>
<tr><td colspan="3">验收项目</td><td>设计要求或
规范规定</td><td>最小/实际
抽样数量</td><td>检查记录</td><td colspan="2">检查结果</td></tr>
<tr><td rowspan="3">主控项目</td><td>1</td><td>各种配线缆</td><td>第9.8.1条</td><td>/</td><td></td><td colspan="2"></td></tr>
<tr><td>2</td><td>线缆布放要求</td><td>第9.8.2条</td><td>/</td><td></td><td colspan="2"></td></tr>
<tr><td>3</td><td>线缆终端连接</td><td>第9.8.3条</td><td>/</td><td></td><td colspan="2"></td></tr>
<tr><td rowspan="2">一般项目</td><td>1</td><td>电缆终端安装及标识</td><td>第9.8.4条</td><td>/</td><td></td><td colspan="2"></td></tr>
<tr><td>2</td><td>配线电缆芯线</td><td>第9.8.5条</td><td>/</td><td></td><td colspan="2"></td></tr>
<tr><td>施工单位检查结果</td><td colspan="7">专业工长：（签名） 专业质量检查员：（签名） 年 月 日</td></tr>
<tr><td>监理单位验收结论</td><td colspan="7">专业监理工程师：（签名） 年 月 日</td></tr>
</table>

7.3.8.34 轨道验·机-435 防雷设施安装检验批质量验收记录

市政基础设施工程

防雷设施安装检验批质量验收记录

轨道验·机-.435

第　页共　页

<table>
<tr><td colspan="2">工程名称</td><td colspan="5"></td></tr>
<tr><td colspan="2">单位工程名称</td><td colspan="5"></td></tr>
<tr><td colspan="2">施工单位</td><td></td><td colspan="2">分包单位</td><td colspan="2"></td></tr>
<tr><td colspan="2">项目负责人</td><td></td><td colspan="2">项目技术负责人</td><td colspan="2"></td></tr>
<tr><td colspan="2">分部（子分部）工程名称</td><td></td><td colspan="2">分项工程名称</td><td colspan="2"></td></tr>
<tr><td colspan="2">验收部位/区段</td><td></td><td colspan="2">检验批容量</td><td colspan="2"></td></tr>
<tr><td colspan="2">施工及验收依据</td><td colspan="5">《城市轨道交通信号工程施工质量验收标准》GB/T 50578</td></tr>
<tr><td colspan="3">验收项目</td><td>设计要求或规范规定</td><td>最小/实际抽样数量</td><td>检查记录</td><td>检查结果</td></tr>
<tr><td rowspan="3">主控项目</td><td>1</td><td>信号防雷设施检查、型号、规格相关产品标准</td><td>第10.2.1条</td><td>/</td><td></td><td></td></tr>
<tr><td>2</td><td>防雷设施安装位置、方式</td><td>第10.2.2条</td><td>/</td><td></td><td></td></tr>
<tr><td>3</td><td>防雷设施安装应符合要求</td><td>第10.2.3条</td><td>/</td><td></td><td></td></tr>
<tr><td>一般项目</td><td>1</td><td>防雷设施安装牢固、可靠</td><td>第10.2.4条</td><td>/</td><td></td><td></td></tr>
<tr><td>施工单位检查结果</td><td colspan="6">专业工长：（签名）　　专业质量检查员：（签名）　　年　月　日</td></tr>
<tr><td>监理单位验收结论</td><td colspan="6">专业监理工程师：（签名）　　年　月　日</td></tr>
</table>

7.3.8.35 轨道验·机-436 接地装置安装检验批质量验收记录

市政基础设施工程

接地装置安装检验批质量验收记录

轨道验·机-436

第　　页 共　　页

<table>
<tr><td colspan="3">工程名称</td><td colspan="5"></td></tr>
<tr><td colspan="3">单位工程名称</td><td colspan="5"></td></tr>
<tr><td colspan="3">施工单位</td><td colspan="2"></td><td>分包单位</td><td colspan="2"></td></tr>
<tr><td colspan="3">项目负责人</td><td colspan="2"></td><td>项目技术负责人</td><td colspan="2"></td></tr>
<tr><td colspan="3">分部（子分部）
工程名称</td><td colspan="2"></td><td>分项工程名称</td><td colspan="2"></td></tr>
<tr><td colspan="3">验收部位/区段</td><td colspan="2"></td><td>检验批容量</td><td colspan="2"></td></tr>
<tr><td colspan="3">施工及验收依据</td><td colspan="5">《城市轨道交通信号工程施工质量验收标准》GB/T 50578</td></tr>
<tr><td colspan="3">验收项目</td><td>设计要求或规范规定</td><td>最小/实际抽样数量</td><td>检查记录</td><td colspan="2">检查结果</td></tr>
<tr><td rowspan="5">主控项目</td><td>1</td><td>接地装置型号、规格要求</td><td>第 10.3.1 条</td><td>/</td><td></td><td colspan="2"></td></tr>
<tr><td>2</td><td>接地装置安装位置、方式</td><td>第 10.3.2 条</td><td>/</td><td></td><td colspan="2"></td></tr>
<tr><td>3</td><td>信号接地箱与综合接地箱</td><td>第 10.3.3 条</td><td>/</td><td></td><td colspan="2"></td></tr>
<tr><td>4</td><td>分设接地体埋深不小 700mm</td><td>第 10.3.4 条</td><td>/</td><td></td><td colspan="2"></td></tr>
<tr><td>5</td><td>电力牵引区段信号设备防护</td><td>第 10.3.5 条</td><td>/</td><td></td><td colspan="2"></td></tr>
<tr><td rowspan="2">一般项目</td><td>1</td><td>接地体引接线连接牢固</td><td>第 10.3.6 条</td><td>/</td><td></td><td colspan="2"></td></tr>
<tr><td>2</td><td>信号接地体采用镀锌钢材</td><td>第 10.3.7 条</td><td>/</td><td></td><td colspan="2"></td></tr>
<tr><td>施工单位检查结果</td><td colspan="7">专业工长：（签名）　　专业质量检查员：（签名）　　年　月　日</td></tr>
<tr><td>监理单位验收结论</td><td colspan="7">专业监理工程师：（签名）　　年　月　日</td></tr>
</table>

7.3.8.36 轨道验·机-437 试车线设备安装检验批质量验收记录

市政基础设施工程

试车线设备安装检验批质量验收记录

轨道验·机-437

第 页 共 页

工程名称					
单位工程名称					
施工单位			分包单位		
项目负责人			项目技术负责人		
分部（子分部）工程名称			分项工程名称		
验收部位/区段			检验批容量		
施工及验收依据	《城市轨道交通信号工程施工质量验收标准》GB/T 50578				
验收项目		设计要求或规范规定	最小/实际抽样数量	检查记录	检查结果
1	试车线轨旁设备安装符合第7章要求	第11.2.1条	/		
2	试车线室内设备安装符合第9章要求	第11.2.2条	/		
施工单位检查结果	专业工长：（签名） 专业质量检查员：（签名） 年 月 日				
监理单位验收结论	专业监理工程师：（签名） 年 月 日				

7.3.8.37 轨道验·机-438 试车线系统功能检验检验批质量验收记录

市政基础设施工程

试车线系统功能检验检验批质量验收记录

轨道验·机-438

第 页 共 页

工程名称					
单位工程名称					
施工单位			分包单位		
项目负责人			项目技术负责人		
分部（子分部）工程名称			分项工程名称		
验收部位/区段			检验批容量		
施工及验收依据	《城市轨道交通信号工程施工质量验收标准》GB/T 50578				
验收项目		设计要求或规范规定	最小/实际抽样数量	检查记录	检查结果
1	试车线设备的列车自动防护功能符合第15.2节规定	第11.3.1条	/		
2	试车线设备的列车自动运行功能符合第17.2节规定	第11.3.2条	/		
施工单位检查结果	专业工长：（签名） 专业质量检查员：（签名） 年 月 日				
监理单位验收结论	专业监理工程师：（签名） 年 月 日				

7.3.8.38 轨道验·机-439 设备标识检验批质量验收记录

市政基础设施工程

设备标识检验批质量验收记录

轨道验·机-439

第 页 共 页

<table>
<tr><td colspan="3">工程名称</td><td colspan="5"></td></tr>
<tr><td colspan="3">单位工程名称</td><td colspan="5"></td></tr>
<tr><td colspan="3">施工单位</td><td colspan="2"></td><td>分包单位</td><td colspan="2"></td></tr>
<tr><td colspan="3">项目负责人</td><td colspan="2"></td><td>项目技术负责人</td><td colspan="2"></td></tr>
<tr><td colspan="3">分部（子分部）
工程名称</td><td colspan="2"></td><td>分项工程名称</td><td colspan="2"></td></tr>
<tr><td colspan="3">验收部位/区段</td><td colspan="2"></td><td>检验批容量</td><td colspan="2"></td></tr>
<tr><td colspan="3">施工及验收依据</td><td colspan="5">《城市轨道交通信号工程施工质量验收标准》GB/T 50578</td></tr>
<tr><td colspan="3">验收项目</td><td>设计要求或
规范规定</td><td>最小/实际
抽样数量</td><td>检查记录</td><td colspan="2">检查结果</td></tr>
<tr><td rowspan="2">主控项目</td><td>1</td><td>标识名称及书写</td><td>第 12.2.1 条</td><td>/</td><td></td><td colspan="2"></td></tr>
<tr><td>2</td><td>主体柜架颜色</td><td>第 12.2.2 条</td><td>/</td><td></td><td colspan="2"></td></tr>
<tr><td colspan="2">施工单位检查结果</td><td colspan="6">专业工长：（签名）　　专业质量检查员：（签名）　　年　月　日</td></tr>
<tr><td colspan="2">监理单位验收结论</td><td colspan="6">专业监理工程师：（签名）　　年　月　日</td></tr>
</table>

7.3.8.39 轨道验·机-440 硬面化检验批质量验收记录

市政基础设施工程

硬面化检验批质量验收记录

轨道验·机-440

第　　页 共　　页

<table>
<tr><td colspan="3">工程名称</td><td colspan="5"></td></tr>
<tr><td colspan="3">单位工程名称</td><td colspan="5"></td></tr>
<tr><td colspan="3">施工单位</td><td colspan="2"></td><td colspan="2">分包单位</td><td></td></tr>
<tr><td colspan="3">项目负责人</td><td colspan="2"></td><td colspan="2">项目技术负责人</td><td></td></tr>
<tr><td colspan="3">分部（子分部）
工程名称</td><td colspan="2"></td><td colspan="2">分项工程名称</td><td></td></tr>
<tr><td colspan="3">验收部位/区段</td><td colspan="2"></td><td colspan="2">检验批容量</td><td></td></tr>
<tr><td colspan="3">施工及验收依据</td><td colspan="5">《城市轨道交通信号工程施工质量验收标准》GB/T 50578</td></tr>
<tr><td colspan="3">验收项目</td><td>设计要求或
规范规定</td><td>最小/实际
抽样数量</td><td colspan="2">检查记录</td><td>检查结果</td></tr>
<tr><td rowspan="3">主控项目</td><td>1</td><td>硬面化范围、混凝土强度</td><td>第 12.3.1 条</td><td>/</td><td colspan="2"></td><td></td></tr>
<tr><td>2</td><td>相邻设备硬面化处理</td><td>第 12.3.2 条</td><td>/</td><td colspan="2"></td><td></td></tr>
<tr><td>3</td><td>硬面化表面观质感</td><td>第 12.3.3 条</td><td>/</td><td colspan="2"></td><td></td></tr>
<tr><td colspan="2">施工单位检查结果</td><td colspan="6">专业工长：（签名）　　专业质量检查员：（签名）　　年　月　日</td></tr>
<tr><td colspan="2">监理单位验收结论</td><td colspan="6">专业监理工程师：（签名）　　年　月　日</td></tr>
</table>

7.3.8.40 轨道验·机-441 室内单项试验检验批质量验收记录

市政基础设施工程

室内单项试验检验批质量验收记录

轨道验·机-441

第　页共　页

<table>
<tr><td colspan="3">工程名称</td><td colspan="5"></td></tr>
<tr><td colspan="3">单位工程名称</td><td colspan="5"></td></tr>
<tr><td colspan="3">施工单位</td><td colspan="2"></td><td>分包单位</td><td colspan="2"></td></tr>
<tr><td colspan="3">项目负责人</td><td colspan="2"></td><td>项目技术负责人</td><td colspan="2"></td></tr>
<tr><td colspan="3">分部（子分部）工程名称</td><td colspan="2"></td><td>分项工程名称</td><td colspan="2"></td></tr>
<tr><td colspan="3">验收部位/区段</td><td colspan="2"></td><td>检验批容量</td><td colspan="2"></td></tr>
<tr><td colspan="3">施工及验收依据</td><td colspan="5">《城市轨道交通信号工程施工质量验收标准》GB/T 50578</td></tr>
<tr><td colspan="4">验收项目</td><td>设计要求或规范规定</td><td>最小/实际抽样数量</td><td>检查记录</td><td>检查结果</td></tr>
<tr><td rowspan="12">主控项目</td><td>1</td><td colspan="2">联锁设备功能性试验</td><td>第13.2.1条</td><td>/</td><td></td><td></td></tr>
<tr><td>2</td><td rowspan="6">电源设备试验</td><td>各种输出及功能</td><td>第13.2.2(1)条</td><td>/</td><td></td><td></td></tr>
<tr><td>3</td><td>主、副电源切换</td><td>第13.2.2(2)条</td><td>/</td><td></td><td></td></tr>
<tr><td>4</td><td>不间断电源的输出</td><td>第13.2.2(3)条</td><td>/</td><td></td><td></td></tr>
<tr><td>5</td><td>电源设备对地绝缘电阻</td><td>第13.2.2(4)条</td><td>/</td><td></td><td></td></tr>
<tr><td>6</td><td>电源故障报警功能</td><td>第13.2.2(5)条</td><td>/</td><td></td><td></td></tr>
<tr><td>7</td><td>密封式铅酸蓄电池</td><td>第13.2.2(6)条</td><td>/</td><td></td><td></td></tr>
<tr><td>8</td><td rowspan="4">联锁试验</td><td>进路联锁表要求</td><td>第12.2.3(1)条</td><td>/</td><td></td><td></td></tr>
<tr><td>9</td><td>列车防护进路与敌对信号</td><td>第12.2.3(3)条</td><td>/</td><td></td><td></td></tr>
<tr><td>10</td><td>站内联锁设备与区间、站间、场间的联锁关系</td><td>第12.2.3(3)条</td><td>/</td><td></td><td></td></tr>
<tr><td>11</td><td>联锁设备的采集、驱动单元与相对应的采集对象、执行器件的状态</td><td>第12.2.3(4)条</td><td>/</td><td></td><td></td></tr>
<tr><td>12</td><td colspan="2">车站联锁设备故障报警</td><td>第12.2.4条</td><td>/</td><td></td><td></td></tr>
<tr><td>施工单位检查结果</td><td colspan="7">专业工长：（签名）　专业质量检查员：（签名）　年　月　日</td></tr>
<tr><td>监理单位验收结论</td><td colspan="7">专业监理工程师：（签名）　年　月　日</td></tr>
</table>

7.3.8.41 轨道验·机-442 室外单项试验检验批质量验收记录

市政基础设施工程

室外单项试验检验批质量验收记录

轨道验·机-442

第 页 共 页

<table>
<tr><td colspan="3">工程名称</td><td colspan="5"></td></tr>
<tr><td colspan="3">单位工程名称</td><td colspan="5"></td></tr>
<tr><td colspan="3">施工单位</td><td></td><td colspan="2">分包单位</td><td colspan="2"></td></tr>
<tr><td colspan="3">项目负责人</td><td></td><td colspan="2">项目技术负责人</td><td colspan="2"></td></tr>
<tr><td colspan="3">分部(子分部)
工程名称</td><td></td><td colspan="2">分项工程名称</td><td colspan="2"></td></tr>
<tr><td colspan="3">验收部位/区段</td><td></td><td colspan="2">检验批容量</td><td colspan="2"></td></tr>
<tr><td colspan="3">施工及验收依据</td><td colspan="5">《城市轨道交通信号工程施工质量验收标准》GB/T 50578</td></tr>
<tr><td colspan="3">验收项目</td><td>设计要求或
规范规定</td><td>最小/实际
抽样数量</td><td colspan="2">检查记录</td><td>检查结果</td></tr>
<tr><td rowspan="4">主控项目</td><td>1</td><td>信号机试验</td><td>第13.3.1条</td><td>/</td><td colspan="2"></td><td></td></tr>
<tr><td>2</td><td>道岔转辙设备试验</td><td>第13.3.2条</td><td>/</td><td colspan="2"></td><td></td></tr>
<tr><td>3</td><td>轨道电路试验</td><td>第13.3.3条</td><td>/</td><td colspan="2"></td><td></td></tr>
<tr><td>4</td><td>计轴区段试验</td><td>第13.3.4条</td><td>/</td><td colspan="2"></td><td></td></tr>
<tr><td colspan="2">施工单位检查结果</td><td colspan="6">专业工长：(签名) 专业质量检查员：(签名) 年 月 日</td></tr>
<tr><td colspan="2">监理单位验收结论</td><td colspan="6">专业监理工程师：(签名) 年 月 日</td></tr>
</table>

7.3.8.42 轨道验·机-443 综合试验检验批质量验收记录

市政基础设施工程

综合试验检验批质量验收记录

轨道验·机-443

第 页 共 页

<table>
<tr><td colspan="2">工程名称</td><td colspan="5"></td></tr>
<tr><td colspan="2">单位工程名称</td><td colspan="5"></td></tr>
<tr><td colspan="2">施工单位</td><td></td><td colspan="2">分包单位</td><td colspan="2"></td></tr>
<tr><td colspan="2">项目负责人</td><td></td><td colspan="2">项目技术负责人</td><td colspan="2"></td></tr>
<tr><td colspan="2">分部（子分部）
工程名称</td><td></td><td colspan="2">分项工程名称</td><td colspan="2"></td></tr>
<tr><td colspan="2">验收部位/区段</td><td></td><td colspan="2">检验批容量</td><td colspan="2"></td></tr>
<tr><td colspan="2">施工及验收依据</td><td colspan="5">《城市轨道交通信号工程施工质量验收标准》GB/T 50578</td></tr>
<tr><td colspan="3">验收项目</td><td>设计要求或
规范规定</td><td>最小/实际
抽样数量</td><td>检查记录</td><td>检查结果</td></tr>
<tr><td rowspan="4">主控项目</td><td>1</td><td>道岔、信号机和区段的联锁</td><td>第 13.4.1 条</td><td>/</td><td></td><td></td></tr>
<tr><td>2</td><td>装设引导信号机的信号机因故不能开放时</td><td>第 13.4.2 条</td><td>/</td><td></td><td></td></tr>
<tr><td>3</td><td>室内、外设备一致性检验</td><td>第 13.4.3 条</td><td>/</td><td></td><td></td></tr>
<tr><td>4</td><td>正线与车辆基地间的接口测试及功能</td><td>第 13.4.4 条</td><td>/</td><td></td><td></td></tr>
<tr><td>施工单位检查结果</td><td colspan="6">专业工长：（签名） 专业质量检查员：（签名） 年 月 日</td></tr>
<tr><td>监理单位验收结论</td><td colspan="6">专业监理工程师：（签名） 年 月 日</td></tr>
</table>

7.3.8.43 轨道验·机-444 数据通信系统检验检验批质量验收记录

市政基础设施工程

数据通信系统检验检验批质量验收记录

轨道验·机-444

第　页共　页

工程名称						
单位工程名称						
施工单位			分包单位			
项目负责人			项目技术负责人			
分部（子分部）工程名称			分项工程名称			
验收部位/区段			检验批容量			
施工及验收依据	《城市轨道交通信号工程施工质量验收标准》GB/T 50578					
验收项目			设计要求或规范规定	最小/实际抽样数量	检查记录	检查结果
主控项目	1	无线网络冗余功能	第14.2.1条	/		
主控项目	2	数据通信网络系统的保护倒换和恢复自愈功能	第14.2.2条	/		
主控项目	3	数据通信网络系统的安全功能	第14.2.3条	/		
主控项目	4	地通信传输性能	第14.2.4条	/		
施工单位检查结果	专业工长：（签名）　专业质量检查员：（签名）　年　月　日					
监理单位验收结论	专业监理工程师：（签名）　年　月　日					

7.3.8.44 轨道验·机-445 列车自动防护系统（ATP）功能检验检验批质量验收记录

市政基础设施工程

列车自动防护系统（ATP）功能检验检验批质量验收记录

轨道验·机-445

第 页 共 页

工程名称			
单位工程名称			
施工单位		分包单位	
项目负责人		项目技术负责人	
分部（子分部）工程名称		分项工程名称	
验收部位/区段		检验批容量	
施工及验收依据	《城市轨道交通信号工程施工质量验收标准》GB/T 50578		

验收项目			设计要求或规范规定	最小/实际抽样数量	检查记录	检查结果
主控项目	1	列车驾驶模式	第15.2.1条	/		
	2	列车安全控制功能	第15.2.2条	/		
	3	列车车门的安全控制功能	第15.2.3条	/		
	4	站台屏蔽门自动控制功能	第15.2.4条	/		
	5	故障报警功能	第15.2.5条	/		
	6	车载设备人机界面信息显示功能	第15.2.6条	/		
施工单位检查结果	专业工长：（签名） 专业质量检查员：（签名） 年 月 日					
监理单位验收结论	专业监理工程师：（签名） 年 月 日					

7.3.8.45 轨道验·机-446 列车自动监控系统（ATS）功能检验检验批质量验收记录

市政基础设施工程

列车自动监控系统（ATS）功能检验检验批质量验收记录

轨道验·机-446

第　　页共　　页

<table>
<tr><td colspan="3">工程名称</td><td colspan="5"></td></tr>
<tr><td colspan="3">单位工程名称</td><td colspan="5"></td></tr>
<tr><td colspan="3">施工单位</td><td></td><td colspan="2">分包单位</td><td colspan="2"></td></tr>
<tr><td colspan="3">项目负责人</td><td></td><td colspan="2">项目技术负责人</td><td colspan="2"></td></tr>
<tr><td colspan="3">分部（子分部）工程名称</td><td></td><td colspan="2">分项工程名称</td><td colspan="2"></td></tr>
<tr><td colspan="3">验收部位/区段</td><td></td><td colspan="2">检验批容量</td><td colspan="2"></td></tr>
<tr><td colspan="3">施工及验收依据</td><td colspan="5">《城市轨道交通信号工程施工质量验收标准》GB/T 50578</td></tr>
<tr><td colspan="3">验收项目</td><td>设计要求或规范规定</td><td>最小/实际抽样数量</td><td>检查记录</td><td colspan="2">检查结果</td></tr>
<tr><td rowspan="10">主控项目</td><td>1</td><td>操作模式功能</td><td>第16.2.1条</td><td>/</td><td></td><td colspan="2"></td></tr>
<tr><td>2</td><td>优先级控制</td><td>第16.2.2条</td><td>/</td><td></td><td colspan="2"></td></tr>
<tr><td>3</td><td>信息显示功能</td><td>第16.2.3条</td><td>/</td><td></td><td colspan="2"></td></tr>
<tr><td>4</td><td>控制功能</td><td>第16.2.4条</td><td>/</td><td></td><td colspan="2"></td></tr>
<tr><td>5</td><td>列车运行调整功能</td><td>第16.2.5条</td><td>/</td><td></td><td colspan="2"></td></tr>
<tr><td>6</td><td>列车最小运行间隔和折返时间</td><td>第16.2.6条</td><td>/</td><td></td><td colspan="2"></td></tr>
<tr><td>7</td><td>列车运行时刻表的编制及管理功能</td><td>第16.2.7条</td><td>/</td><td></td><td colspan="2"></td></tr>
<tr><td>8</td><td>各种运营报告的打印功能</td><td>第16.2.8条</td><td>/</td><td></td><td colspan="2"></td></tr>
<tr><td>9</td><td>对报警和事件管理功能</td><td>第16.2.9条</td><td>/</td><td></td><td colspan="2"></td></tr>
<tr><td>10</td><td>权限管理功能</td><td>第16.2.10条</td><td>/</td><td></td><td colspan="2"></td></tr>
<tr><td colspan="2">施工单位检查结果</td><td colspan="6">专业工长：（签名）　　专业质量检查员：（签名）　　年　月　日</td></tr>
<tr><td colspan="2">监理单位验收结论</td><td colspan="6">专业监理工程师：（签名）　　年　月　日</td></tr>
</table>

7.3.8.46 轨道验·机-447 列车自动运行系统（ATO）功能检验检验批质量验收记录

市政基础设施工程

列车自动运行系统（ATO）功能检验检验批质量验收记录

轨道验·机-447

第 页共 页

<table>
<tr><td colspan="3">工程名称</td><td colspan="5"></td></tr>
<tr><td colspan="3">单位工程名称</td><td colspan="5"></td></tr>
<tr><td colspan="3">施工单位</td><td colspan="2"></td><td>分包单位</td><td colspan="2"></td></tr>
<tr><td colspan="3">项目负责人</td><td colspan="2"></td><td>项目技术负责人</td><td colspan="2"></td></tr>
<tr><td colspan="3">分部（子分部）工程名称</td><td colspan="2"></td><td>分项工程名称</td><td colspan="2"></td></tr>
<tr><td colspan="3">验收部位/区段</td><td colspan="2"></td><td>检验批容量</td><td colspan="2"></td></tr>
<tr><td colspan="3">施工及验收依据</td><td colspan="5">《城市轨道交通信号工程施工质量验收标准》GB/T 50578</td></tr>
<tr><td colspan="3">验收项目</td><td>设计要求或规范规定</td><td>最小/实际抽样数量</td><td colspan="2">检查记录</td><td>检查结果</td></tr>
<tr><td rowspan="4">主控项目</td><td>1</td><td>ATO系统的列车速度控制功能</td><td>第17.2.1条</td><td>/</td><td colspan="2"></td><td></td></tr>
<tr><td>2</td><td>列车自动折返功能</td><td>第17.2.2条</td><td>/</td><td colspan="2"></td><td></td></tr>
<tr><td>3</td><td>车门/站台屏蔽门自动控制功能</td><td>第17.2.3条</td><td>/</td><td colspan="2"></td><td></td></tr>
<tr><td>4</td><td>故障报警功能</td><td>第17.2.4条</td><td>/</td><td colspan="2"></td><td></td></tr>
<tr><td colspan="2">施工单位检查结果</td><td colspan="6">专业工长：（签名） 专业质量检查员：（签名） 年 月 日</td></tr>
<tr><td colspan="2">监理单位验收结论</td><td colspan="6">专业监理工程师：（签名） 年 月 日</td></tr>
</table>

7.3.8.47 轨道验·机-448 列车自动控制系统（ATC）功能检验检验批质量验收记录

市政基础设施工程

列车自动控制系统（ATC）功能检验检验批质量验收记录

轨道验·机-448

第　页 共　页

<table>
<tr><td colspan="4">工程名称</td><td colspan="5"></td></tr>
<tr><td colspan="4">单位工程名称</td><td colspan="5"></td></tr>
<tr><td colspan="4">施工单位</td><td></td><td colspan="2">分包单位</td><td colspan="2"></td></tr>
<tr><td colspan="4">项目负责人</td><td></td><td colspan="2">项目技术负责人</td><td colspan="2"></td></tr>
<tr><td colspan="4">分部（子分部）工程名称</td><td></td><td colspan="2">分项工程名称</td><td colspan="2"></td></tr>
<tr><td colspan="4">验收部位/区段</td><td></td><td colspan="2">检验批容量</td><td colspan="2"></td></tr>
<tr><td colspan="4">施工及验收依据</td><td colspan="5">《城市轨道交通信号工程施工质量验收标准》GB/T 50578</td></tr>
<tr><td colspan="5">验收项目</td><td>设计要求或规范规定</td><td>最小/实际抽样数量</td><td>检查记录</td><td>检查结果</td></tr>
<tr><td rowspan="5">主控项目</td><td>1</td><td rowspan="4">ATC系统</td><td colspan="2">ATP、ATO和ATS系统接口性能测试</td><td>第18.2.1.1条</td><td>/</td><td></td><td></td></tr>
<tr><td>2</td><td colspan="2">正线进度的行车试验</td><td>第18.2.1.2条</td><td>/</td><td></td><td></td></tr>
<tr><td>3</td><td colspan="2">系统运营能力检验</td><td>第18.2.1.3条</td><td>/</td><td></td><td></td></tr>
<tr><td>4</td><td colspan="2">114h系统运行试验</td><td>第18.2.1.4条</td><td>/</td><td></td><td></td></tr>
<tr><td>5</td><td colspan="3">ATC系统降级运行功能</td><td>第18.2.2条</td><td>/</td><td></td><td></td></tr>
<tr><td colspan="2">施工单位检查结果</td><td colspan="7">

专业工长：（签名）　　专业质量检查员：（签名）　　年　月　日</td></tr>
<tr><td colspan="2">监理单位验收结论</td><td colspan="7">

专业监理工程师：（签名）　　年　月　日</td></tr>
</table>

7.3.9 自动售检票系统

7.3.9.1 轨道验·机-449 管槽安装检验批质量验收记录

市政基础设施工程

管槽安装检验批质量验收记录

轨道验·机-449

第　　页 共　　页

<table>
<tr><td colspan="3">工程名称</td><td colspan="5"></td></tr>
<tr><td colspan="3">单位工程名称</td><td colspan="5"></td></tr>
<tr><td colspan="3">施工单位</td><td></td><td>分包单位</td><td colspan="3"></td></tr>
<tr><td colspan="3">项目负责人</td><td></td><td>项目技术负责人</td><td colspan="3"></td></tr>
<tr><td colspan="3">分部（子分部）
工程名称</td><td></td><td>分项工程名称</td><td colspan="3"></td></tr>
<tr><td colspan="3">验收部位/区段</td><td></td><td>检验批容量</td><td colspan="3"></td></tr>
<tr><td colspan="3">施工及验收依据</td><td colspan="5">《城市轨道交通自动售检票系统工程质量验收标准》GB/T 50381</td></tr>
<tr><td colspan="3">验收项目</td><td>设计要求或规范规定</td><td>最小/实际抽样数量</td><td>检查记录</td><td colspan="2">检查结果</td></tr>
<tr><td rowspan="5">主控项目</td><td>1</td><td>金属配管预埋</td><td>第4.2.1条</td><td>/</td><td></td><td colspan="2"></td></tr>
<tr><td>2</td><td>金属线槽预埋</td><td>第4.2.2条</td><td>/</td><td></td><td colspan="2"></td></tr>
<tr><td>3</td><td>分向盒、接线盒预埋</td><td>第4.2.3条</td><td>/</td><td></td><td colspan="2"></td></tr>
<tr><td>4</td><td>预埋金属管件电气连接</td><td>第4.2.4条</td><td>/</td><td></td><td colspan="2"></td></tr>
<tr><td>5</td><td>经过沉降、伸缩缝时保护</td><td>第4.2.5条</td><td>/</td><td></td><td colspan="2"></td></tr>
<tr><td rowspan="6">一般项目</td><td>1</td><td>线槽安装质量</td><td>第4.2.6条</td><td>/</td><td></td><td colspan="2"></td></tr>
<tr><td>2</td><td>金属弯管要求</td><td>第4.2.7条</td><td>/</td><td></td><td colspan="2"></td></tr>
<tr><td>3</td><td>金属导管预埋</td><td>第4.2.8条</td><td>/</td><td></td><td colspan="2"></td></tr>
<tr><td>4</td><td>金属导管加装分向盒要求</td><td>第4.2.9条</td><td>/</td><td></td><td colspan="2"></td></tr>
<tr><td>5</td><td>管路经沉降、伸缩缝时保护</td><td>第4.2.10条</td><td>/</td><td></td><td colspan="2"></td></tr>
<tr><td>6</td><td>可挠性导管敷设</td><td>第4.2.11条</td><td>/</td><td></td><td colspan="2"></td></tr>
<tr><td>施工单位检查结果</td><td colspan="7">专业工长：（签名）　　专业质量检查员：（签名）　　年　月　日</td></tr>
<tr><td>监理单位验收结论</td><td colspan="7">专业监理工程师：（签名）　　年　月　日</td></tr>
</table>

7.3.9.2 轨道验·机-450 管槽接头检验批质量验收记录

市政基础设施工程

管槽接头检验批质量验收记录

轨道验·机-450

第 页 共 页

<table>
<tr><td colspan="3">工程名称</td><td colspan="4"></td></tr>
<tr><td colspan="3">单位工程名称</td><td colspan="4"></td></tr>
<tr><td colspan="3">施工单位</td><td></td><td>分包单位</td><td colspan="2"></td></tr>
<tr><td colspan="3">项目负责人</td><td></td><td>项目技术负责人</td><td colspan="2"></td></tr>
<tr><td colspan="3">分部（子分部）
工程名称</td><td></td><td>分项工程名称</td><td colspan="2"></td></tr>
<tr><td colspan="3">验收部位/区段</td><td></td><td>检验批容量</td><td colspan="2"></td></tr>
<tr><td colspan="3">施工及验收依据</td><td colspan="4">《城市轨道交通自动售检票系统工程质量验收标准》GB/T 50381</td></tr>
<tr><td colspan="3">验收项目</td><td>设计要求或
规范规定</td><td>最小/实际
抽样数量</td><td>检查记录</td><td>检查结果</td></tr>
<tr><td rowspan="3">主控项目</td><td>1</td><td>金属导管连接处紧密</td><td>第4.3.1条</td><td>/</td><td></td><td></td></tr>
<tr><td>2</td><td>金属导管连接处防水</td><td>第4.3.2条</td><td>/</td><td></td><td></td></tr>
<tr><td></td><td></td><td></td><td></td><td></td><td></td></tr>
<tr><td rowspan="3">一般项目</td><td></td><td></td><td></td><td></td><td></td><td></td></tr>
<tr><td></td><td></td><td></td><td></td><td></td><td></td></tr>
<tr><td></td><td></td><td></td><td></td><td></td><td></td></tr>
<tr><td>施工单位检查结果</td><td colspan="6">专业工长：（签名） 专业质量检查员：（签名） 年 月 日</td></tr>
<tr><td>监理单位验收结论</td><td colspan="6">专业监理工程师：（签名） 年 月 日</td></tr>
</table>

7.3.9.3 轨道验·机-451 管槽封口检验批质量验收记录

市政基础设施工程

管槽封口检验批质量验收记录

轨道验·机-451

第 页 共 页

工程名称					
单位工程名称					
施工单位			分包单位		
项目负责人			项目技术负责人		
分部（子分部）工程名称			分项工程名称		
验收部位/区段			检验批容量		
施工及验收依据	《城市轨道交通自动售检票系统工程质量验收标准》GB/T 50381				

验收项目			设计要求或规范规定	最小/实际抽样数量	检查记录	检查结果
主控项目	1	预埋管头部封堵	第4.4.1条	/		
	2	预埋线槽端头封堵	第4.4.2条	/		
一般项目	1	预埋管引出地面要求	第4.4.3条	/		
	2	预埋线槽引出地面要求	第4.4.4条	/		
施工单位检查结果	专业工长：（签名） 专业质量检查员：（签名） 年 月 日					
监理单位验收结论	专业监理工程师：（签名） 年 月 日					

7.3.9.4 轨道验·机-452 桥架安装检验批质量验收记录

市政基础设施工程

桥架安装检验批质量验收记录

轨道验·机-452

第 页 共 页

<table>
<tr><td colspan="3">工程名称</td><td colspan="5"></td></tr>
<tr><td colspan="3">单位工程名称</td><td colspan="5"></td></tr>
<tr><td colspan="3">施工单位</td><td></td><td colspan="2">分包单位</td><td colspan="2"></td></tr>
<tr><td colspan="3">项目负责人</td><td></td><td colspan="2">项目技术负责人</td><td colspan="2"></td></tr>
<tr><td colspan="3">分部（子分部）
工程名称</td><td></td><td colspan="2">分项工程名称</td><td colspan="2"></td></tr>
<tr><td colspan="3">验收部位/区段</td><td></td><td colspan="2">检验批容量</td><td colspan="2"></td></tr>
<tr><td colspan="3">施工及验收依据</td><td colspan="5">《城市轨道交通自动售检票系统工程质量验收标准》GB/T 50381</td></tr>
<tr><td colspan="3">验收项目</td><td>设计要求或
规范规定</td><td>最小/实际
抽样数量</td><td>检查记录</td><td colspan="2">检查结果</td></tr>
<tr><td rowspan="2">主控项目</td><td>1</td><td>桥架安装的质量</td><td>第 4.5.1 条</td><td>/</td><td></td><td colspan="2"></td></tr>
<tr><td>2</td><td>桥架经沉降、伸缩缝时保护</td><td>第 4.5.2 条</td><td>/</td><td></td><td colspan="2"></td></tr>
<tr><td rowspan="2">一般项目</td><td>1</td><td>桥架安装的其他质量要求</td><td>第 4.5.3 条</td><td>/</td><td></td><td colspan="2"></td></tr>
<tr><td>2</td><td></td><td></td><td></td><td></td><td colspan="2"></td></tr>
<tr><td colspan="2">施工单位检查结果</td><td colspan="6">专业工长：（签名） 专业质量检查员：（签名） 年 月 日</td></tr>
<tr><td colspan="2">监理单位验收结论</td><td colspan="6">专业监理工程师：（签名） 年 月 日</td></tr>
</table>

7.3.9.5 轨道验·机-453 线缆敷设检验批质量验收记录

市政基础设施工程

线缆敷设检验批质量验收记录

轨道验·机-453

第 页 共 页

<table>
<tr><td colspan="3">工程名称</td><td colspan="5"></td></tr>
<tr><td colspan="3">单位工程名称</td><td colspan="5"></td></tr>
<tr><td colspan="3">施工单位</td><td colspan="2"></td><td>分包单位</td><td colspan="2"></td></tr>
<tr><td colspan="3">项目负责人</td><td colspan="2"></td><td>项目技术负责人</td><td colspan="2"></td></tr>
<tr><td colspan="3">分部（子分部）
工程名称</td><td colspan="2"></td><td>分项工程名称</td><td colspan="2"></td></tr>
<tr><td colspan="3">验收部位/区段</td><td colspan="2"></td><td>检验批容量</td><td colspan="2"></td></tr>
<tr><td colspan="3">施工及验收依据</td><td colspan="5">《城市轨道交通自动售检票系统工程质量验收标准》GB/T 50381</td></tr>
<tr><td colspan="3">验收项目</td><td>设计要求或
规范规定</td><td>最小/实际
抽样数量</td><td>检查记录</td><td colspan="2">检查结果</td></tr>
<tr><td rowspan="3">主控项目</td><td>1</td><td>线缆规格、型号、数量、质量</td><td>第5.1.1条</td><td>/</td><td></td><td colspan="2"></td></tr>
<tr><td>2</td><td>数据线缆、电缆分管槽敷设</td><td>第5.1.2条</td><td>/</td><td></td><td colspan="2"></td></tr>
<tr><td>3</td><td>分线设备构件</td><td>第5.1.3条</td><td>/</td><td></td><td colspan="2"></td></tr>
<tr><td rowspan="2">一般项目</td><td>1</td><td>线缆管槽内敷设质量</td><td>第5.1.4条</td><td>/</td><td></td><td colspan="2"></td></tr>
<tr><td>2</td><td>室内线缆敷设质量</td><td>第5.1.5条</td><td>/</td><td></td><td colspan="2"></td></tr>
<tr><td>施工单位检查结果</td><td colspan="7">专业工长：（签名） 专业质量检查员：（签名） 年 月 日</td></tr>
<tr><td>监理单位验收结论</td><td colspan="7">专业监理工程师：（签名） 年 月 日</td></tr>
</table>

7.3.9.6 轨道验·机-454 线缆引入检验批质量验收记录

市政基础设施工程

线缆引入检验批质量验收记录

轨道验·机-454

第 页 共 页

<table>
<tr><td colspan="3">工程名称</td><td colspan="4"></td></tr>
<tr><td colspan="3">单位工程名称</td><td colspan="4"></td></tr>
<tr><td colspan="3">施工单位</td><td></td><td>分包单位</td><td colspan="2"></td></tr>
<tr><td colspan="3">项目负责人</td><td></td><td>项目技术负责人</td><td colspan="2"></td></tr>
<tr><td colspan="3">分部（子分部）
工程名称</td><td></td><td>分项工程名称</td><td colspan="2"></td></tr>
<tr><td colspan="3">验收部位/区段</td><td></td><td>检验批容量</td><td colspan="2"></td></tr>
<tr><td colspan="3">施工及验收依据</td><td colspan="4">《城市轨道交通自动售检票系统工程质量验收标准》GB/T 50381</td></tr>
<tr><td colspan="3">验收项目</td><td>设计要求或规范规定</td><td>最小/实际抽样数量</td><td>检查记录</td><td>检查结果</td></tr>
<tr><td rowspan="2">主控项目</td><td>1</td><td>配线设备的型号、规格、数量、绝缘电阻</td><td>第 5.2.1 条</td><td>/</td><td></td><td></td></tr>
<tr><td></td><td></td><td></td><td></td><td></td><td></td></tr>
<tr><td rowspan="2">一般项目</td><td>1</td><td>线缆引入、成端的质量</td><td>第 5.2.2 条</td><td>/</td><td></td><td></td></tr>
<tr><td>2</td><td>线缆标识</td><td>第 5.2.3 条</td><td>/</td><td></td><td></td></tr>
<tr><td colspan="2">施工单位检查结果</td><td colspan="5">专业工长：（签名） 专业质量检查员：（签名） 年 月 日</td></tr>
<tr><td colspan="2">监理单位验收结论</td><td colspan="5">专业监理工程师：（签名） 年 月 日</td></tr>
</table>

7.3.9.7 轨道验·机-455 线缆接续检验批质量验收记录

市政基础设施工程

线缆接续检验批质量验收记录

轨道验·机-455

第 页 共 页

<table>
<tr><td colspan="3">工程名称</td><td colspan="5"></td></tr>
<tr><td colspan="3">单位工程名称</td><td colspan="5"></td></tr>
<tr><td colspan="3">施工单位</td><td colspan="2"></td><td>分包单位</td><td colspan="2"></td></tr>
<tr><td colspan="3">项目负责人</td><td colspan="2"></td><td>项目技术负责人</td><td colspan="2"></td></tr>
<tr><td colspan="3">分部（子分部）
工程名称</td><td colspan="2"></td><td>分项工程名称</td><td colspan="2"></td></tr>
<tr><td colspan="3">验收部位/区段</td><td colspan="2"></td><td>检验批容量</td><td colspan="2"></td></tr>
<tr><td colspan="3">施工及验收依据</td><td colspan="5">《城市轨道交通自动售检票系统工程质量验收标准》GB/T 50381</td></tr>
<tr><td colspan="3">验收项目</td><td>设计要求或
规范规定</td><td>最小/实际
抽样数量</td><td>检查记录</td><td colspan="2">检查结果</td></tr>
<tr><td rowspan="3">主控项目</td><td>1</td><td>光纤接续要求</td><td>第 5.3.1 条</td><td>/</td><td></td><td colspan="2"></td></tr>
<tr><td>2</td><td>数据线缆终接要求</td><td>第 5.3.2 条</td><td>/</td><td></td><td colspan="2"></td></tr>
<tr><td>3</td><td>电源电缆接续要求</td><td>第 5.3.3 条</td><td>/</td><td></td><td colspan="2"></td></tr>
<tr><td>施工单位检查结果</td><td colspan="7">

专业工长：（签名） 专业质量检查员：（签名） 年 月 日</td></tr>
<tr><td>监理单位验收结论</td><td colspan="7">

专业监理工程师：（签名） 年 月 日</td></tr>
</table>

7.3.9.8 轨道验·机-456 线缆特性检测检验批质量验收记录

市政基础设施工程

线缆特性检测检验批质量验收记录

轨道验·机-456

第 页 共 页

<table>
<tr><td colspan="3">工程名称</td><td colspan="5"></td></tr>
<tr><td colspan="3">单位工程名称</td><td colspan="5"></td></tr>
<tr><td colspan="3">施工单位</td><td colspan="2"></td><td>分包单位</td><td colspan="2"></td></tr>
<tr><td colspan="3">项目负责人</td><td colspan="2"></td><td>项目技术负责人</td><td colspan="2"></td></tr>
<tr><td colspan="3">分部（子分部）
工程名称</td><td colspan="2"></td><td>分项工程名称</td><td colspan="2"></td></tr>
<tr><td colspan="3">验收部位/区段</td><td colspan="2"></td><td>检验批容量</td><td colspan="2"></td></tr>
<tr><td colspan="3">施工及验收依据</td><td colspan="5">《城市轨道交通自动售检票系统工程质量验收标准》GB/T 50381</td></tr>
<tr><td colspan="3">验收项目</td><td>设计要求或
规范规定</td><td>最小/实际
抽样数量</td><td colspan="2">检查记录</td><td>检查结果</td></tr>
<tr><td rowspan="3">主控项目</td><td>1</td><td>控制电缆特性指标</td><td>第5.4.1条</td><td>/</td><td colspan="2"></td><td></td></tr>
<tr><td>2</td><td>光纤线路特性指标</td><td>第5.4.2条</td><td>/</td><td colspan="2"></td><td></td></tr>
<tr><td>3</td><td>网络数据线缆特性指标</td><td>第5.4.3条</td><td>/</td><td colspan="2"></td><td></td></tr>
<tr><td colspan="2">施工单位检查结果</td><td colspan="6">专业工长：（签名） 专业质量检查员：（签名） 年 月 日</td></tr>
<tr><td colspan="2">监理单位验收结论</td><td colspan="6">专业监理工程师：（签名） 年 月 日</td></tr>
</table>

7.3.9.9 轨道验·机-457 车站终端设备安装检验批质量验收记录

市政基础设施工程

车站终端设备安装检验批质量验收记录

轨道验·机-457

第　　页共　　页

<table>
<tr><td colspan="3">工程名称</td><td colspan="5"></td></tr>
<tr><td colspan="3">单位工程名称</td><td colspan="5"></td></tr>
<tr><td colspan="3">施工单位</td><td></td><td colspan="2">分包单位</td><td colspan="2"></td></tr>
<tr><td colspan="3">项目负责人</td><td></td><td colspan="2">项目技术负责人</td><td colspan="2"></td></tr>
<tr><td colspan="3">分部（子分部）
工程名称</td><td></td><td colspan="2">分项工程名称</td><td colspan="2"></td></tr>
<tr><td colspan="3">验收部位/区段</td><td></td><td colspan="2">检验批容量</td><td colspan="2"></td></tr>
<tr><td colspan="3">施工及验收依据</td><td colspan="5">《城市轨道交通自动售检票系统工程质量验收标准》GB/T 50381</td></tr>
<tr><td colspan="3">验收项目</td><td>设计要求或
规范规定</td><td>最小/实际
抽样数量</td><td colspan="2">检查记录</td><td>检查结果</td></tr>
<tr><td rowspan="2">主控项目</td><td>1</td><td>终端设备规格、型号、质量</td><td>第 6.2.1 条</td><td>/</td><td colspan="2"></td><td></td></tr>
<tr><td></td><td></td><td></td><td></td><td colspan="2"></td><td></td></tr>
<tr><td rowspan="2">一般项目</td><td>1</td><td>终端设备安装</td><td>第 6.2.2 条</td><td>/</td><td colspan="2"></td><td></td></tr>
<tr><td>2</td><td>自动检票机导向标志安装</td><td>第 6.2.3 条</td><td>/</td><td colspan="2"></td><td></td></tr>
<tr><td colspan="2">施工单位检查结果</td><td colspan="6">专业工长：（签名）　　专业质量检查员：（签名）　　年　月　日</td></tr>
<tr><td colspan="2">监理单位验收结论</td><td colspan="6">专业监理工程师：（签名）　　年　月　日</td></tr>
</table>

7.3.9.10 轨道验·机-458 机房设备安装检验批质量验收记录

市政基础设施工程

机房设备安装检验批质量验收记录

轨道验·机-458

第　页共　页

工程名称						
单位工程名称						
施工单位			分包单位			
项目负责人			项目技术负责人			
分部（子分部）工程名称			分项工程名称			
验收部位/区段			检验批容量			
施工及验收依据	《城市轨道交通自动售检票系统工程质量验收标准》GB/T 50381					
验收项目			设计要求或规范规定	最小/实际抽样数量	检查记录	检查结果
主控项目	1	机房设备型号、规格、质量、数量	第6.3.1条	/		
	2	机柜插接件	第6.3.2条	/		
一般项目	1	机房设备安装	第6.3.3条	/		
	2	机柜安装	第6.3.4条	/		
	3	设备附件齐全	第6.3.5条	/		
	4	设备镀漆防护	第6.3.6条	/		
施工单位检查结果	专业工长：（签名）　专业质量检查员：（签名）　年　月　日					
监理单位验收结论	专业监理工程师：（签名）　年　月　日					

7.3.9.11 轨道验·机-459 紧急按钮安装检验批质量验收记录

市政基础设施工程

紧急按钮安装检验批质量验收记录

轨道验·机-459

第　　页共　　页

<table>
<tr><td colspan="2">工程名称</td><td colspan="5"></td></tr>
<tr><td colspan="2">单位工程名称</td><td colspan="5"></td></tr>
<tr><td colspan="2">施工单位</td><td></td><td colspan="2">分包单位</td><td colspan="2"></td></tr>
<tr><td colspan="2">项目负责人</td><td></td><td colspan="2">项目技术负责人</td><td colspan="2"></td></tr>
<tr><td colspan="2">分部（子分部）
工程名称</td><td></td><td colspan="2">分项工程名称</td><td colspan="2"></td></tr>
<tr><td colspan="2">验收部位/区段</td><td></td><td colspan="2">检验批容量</td><td colspan="2"></td></tr>
<tr><td colspan="2">施工及验收依据</td><td colspan="5">《城市轨道交通自动售检票系统工程质量验收标准》GB/T 50381</td></tr>
<tr><td colspan="3">验收项目</td><td>设计要求或规范规定</td><td>最小/实际抽样数量</td><td>检查记录</td><td>检查结果</td></tr>
<tr><td rowspan="2">主控项目</td><td>1</td><td>紧急按钮安装质量</td><td>第6.4.1条</td><td>/</td><td></td><td></td></tr>
<tr><td></td><td></td><td></td><td></td><td></td><td></td></tr>
<tr><td rowspan="3">一般项目</td><td></td><td></td><td></td><td></td><td></td><td></td></tr>
<tr><td></td><td></td><td></td><td></td><td></td><td></td></tr>
<tr><td></td><td></td><td></td><td></td><td></td><td></td></tr>
<tr><td>施工单位检查结果</td><td colspan="6">专业工长：（签名）　　专业质量检查员：（签名）　　年　月　日</td></tr>
<tr><td>监理单位验收结论</td><td colspan="6">专业监理工程师：（签名）　　年　月　日</td></tr>
</table>

7.3.9.12　轨道验·机-460　设备配线检验批质量验收记录

市政基础设施工程

设备配线检验批质量验收记录

轨道验·机-460

第　　页 共　　页

<table>
<tr><td colspan="3">工程名称</td><td colspan="5"></td></tr>
<tr><td colspan="3">单位工程名称</td><td colspan="5"></td></tr>
<tr><td colspan="3">施工单位</td><td></td><td colspan="2">分包单位</td><td colspan="2"></td></tr>
<tr><td colspan="3">项目负责人</td><td></td><td colspan="2">项目技术负责人</td><td colspan="2"></td></tr>
<tr><td colspan="3">分部（子分部）工程名称</td><td></td><td colspan="2">分项工程名称</td><td colspan="2"></td></tr>
<tr><td colspan="3">验收部位/区段</td><td></td><td colspan="2">检验批容量</td><td colspan="2"></td></tr>
<tr><td colspan="3">施工及验收依据</td><td colspan="5">《城市轨道交通自动售检票系统工程质量验收标准》GB/T 50381</td></tr>
<tr><td colspan="3">验收项目</td><td>设计要求或规范规定</td><td>最小/实际抽样数量</td><td colspan="2">检查记录</td><td>检查结果</td></tr>
<tr><td rowspan="2">主控项目</td><td>1</td><td>配线线缆规格、型号</td><td>第6.5.1条</td><td>/</td><td colspan="2"></td><td></td></tr>
<tr><td></td><td></td><td></td><td></td><td colspan="2"></td><td></td></tr>
<tr><td rowspan="3">一般项目</td><td>1</td><td>设备配线质量</td><td>第6.5.2条</td><td>/</td><td colspan="2"></td><td></td></tr>
<tr><td>2</td><td>设备配线不得有接头</td><td>第6.5.3条</td><td>/</td><td colspan="2"></td><td></td></tr>
<tr><td>3</td><td>设备配线外观</td><td>第6.5.4条</td><td>/</td><td colspan="2"></td><td></td></tr>
<tr><td colspan="2">施工单位检查结果</td><td colspan="6">专业工长：（签名）　　专业质量检查员：（签名）　　年　月　日</td></tr>
<tr><td colspan="2">监理单位验收结论</td><td colspan="6">专业监理工程师：（签名）　　年　月　日</td></tr>
</table>

7.3.9.13 轨道验·机-461 自动检票机检测检验批质量验收记录

市政基础设施工程

自动售票机检测检验批质量验收记录

轨道验·机-461

第 页 共 页

工程名称						
单位工程名称						
施工单位			分包单位			
项目负责人			项目技术负责人			
分部（子分部）工程名称			分项工程名称			
验收部位/区段			检验批容量			
施工及验收依据	《城市轨道交通自动售检票系统工程质量验收标准》GB/T 50381					
验收项目			设计要求或规范规定	最小/实际抽样数量	检查记录	检查结果
主控项目	1	自动检票机通信	第8.2.1条	/		
	2	自动检票机主要性能	第8.2.2条	/		
	3	自动检票机读写感应距离	第8.2.3条	/		
	4	自动检票机正常模式功能	第8.2.4条	/		
	5	自动检票机人票对应	第8.2.5条	/		
	6	非正常车票告警	第8.2.6条	/		
	7	紧急模式功能	第8.2.7条	/		
	8	自动检票机断电保存	第8.2.8条	/		
	9	强行进站告警	第8.2.9条	/		
	10	出入方向指示	第8.2.10条	/		
	11	多张车票处理功能	第8.2.11条	/		
	12	显示器功能	第8.2.12条	/		
	13	自动检票机离线工作	第8.2.13条	/		
	14	自动检票机安全性能	第8.2.14条	/		
施工单位检查结果	专业工长：（签名） 专业质量检查员：（签名） 年 月 日					
监理单位验收结论	专业监理工程师：（签名） 年 月 日					

7.3.9.14 轨道验·机-462 半自动售票机检测检验批质量验收记录

市政基础设施工程

半自动售票机检测检验批质量验收记录

轨道验·机-462

第　　页 共　　页

工程名称						
单位工程名称						
施工单位			分包单位			
项目负责人			项目技术负责人			
分部（子分部）工程名称			分项工程名称			
验收部位/区段			检验批容量			
施工及验收依据	《城市轨道交通自动售检票系统工程质量验收标准》GB/T 50381					
验收项目			设计要求或规范规定	最小/实际抽样数量	检查记录	检查结果
主控项目	1	半自动售票机通信	第8.3.1条	/		
	2	半自动售票机基本功能	第8.3.2条	/		
	3	半自动售票机车票检查	第8.3.3条	/		
	4	车票发售显示	第8.3.4条	/		
	5	车票处理时间	第8.3.5条	/		
	6	车票充值显示	第8.3.6条	/		
	7	车票更新	第8.3.7条	/		
	8	收款处理显示	第8.3.8条	/		
	9	机体接地	第8.3.9条	/		
施工单位检查结果	专业工长：（签名）　专业质量检查员：（签名）　年　月　日					
监理单位验收结论	专业监理工程师：（签名）　年　月　日					

7.3.9.15 轨道验·机-463 自动售票机检测检验批质量验收记录

市政基础设施工程

自动售票机检测检验批质量验收记录

轨道验·机-463

第 页共 页

<table>
<tr><td colspan="3">工程名称</td><td colspan="5"></td></tr>
<tr><td colspan="3">单位工程名称</td><td colspan="5"></td></tr>
<tr><td colspan="3">施工单位</td><td></td><td>分包单位</td><td colspan="3"></td></tr>
<tr><td colspan="3">项目负责人</td><td></td><td>项目技术负责人</td><td colspan="3"></td></tr>
<tr><td colspan="3">分部（子分部）工程名称</td><td></td><td>分项工程名称</td><td colspan="3"></td></tr>
<tr><td colspan="3">验收部位/区段</td><td></td><td>检验批容量</td><td colspan="3"></td></tr>
<tr><td colspan="3">施工及验收依据</td><td colspan="5">《城市轨道交通自动售检票系统工程质量验收标准》GB/T 50381</td></tr>
<tr><td colspan="3">验收项目</td><td>设计要求或规范规定</td><td>最小/实际抽样数量</td><td>检查记录</td><td colspan="2">检查结果</td></tr>
<tr><td rowspan="13">主控项目</td><td>1</td><td>自动售票机通信</td><td>第 8.4.1 条</td><td>/</td><td></td><td colspan="2"></td></tr>
<tr><td>2</td><td>自动售票机操作模式</td><td>第 8.4.2 条</td><td>/</td><td></td><td colspan="2"></td></tr>
<tr><td>3</td><td>自动售票机基本功能</td><td>第 8.4.3 条</td><td>/</td><td></td><td colspan="2"></td></tr>
<tr><td>4</td><td>自动售票机找零功能</td><td>第 8.4.4 条</td><td>/</td><td></td><td colspan="2"></td></tr>
<tr><td>5</td><td>售票操作功能</td><td>第 8.4.5 条</td><td>/</td><td></td><td colspan="2"></td></tr>
<tr><td>6</td><td>车票发售功能</td><td>第 8.4.6 条</td><td>/</td><td></td><td colspan="2"></td></tr>
<tr><td>7</td><td>硬币处理模块功能</td><td>第 8.4.7 条</td><td>/</td><td></td><td colspan="2"></td></tr>
<tr><td>8</td><td>纸币处理模块功能</td><td>第 8.4.8 条</td><td>/</td><td></td><td colspan="2"></td></tr>
<tr><td>9</td><td>钱箱功能</td><td>第 8.4.9 条</td><td>/</td><td></td><td colspan="2"></td></tr>
<tr><td>10</td><td>开门安全防范</td><td>第 8.4.10 条</td><td>/</td><td></td><td colspan="2"></td></tr>
<tr><td>11</td><td>断电后完成最后一次处理</td><td>第 8.4.11 条</td><td>/</td><td></td><td colspan="2"></td></tr>
<tr><td>12</td><td>不规范操作提示</td><td>第 8.4.12 条</td><td>/</td><td></td><td colspan="2"></td></tr>
<tr><td>13</td><td>机体接地</td><td>第 8.4.13 条</td><td>/</td><td></td><td colspan="2"></td></tr>
<tr><td>施工单位检查结果</td><td colspan="7">专业工长：（签名） 专业质量检查员：（签名） 年 月 日</td></tr>
<tr><td>监理单位验收结论</td><td colspan="7">专业监理工程师：（签名） 年 月 日</td></tr>
</table>

7.3.9.16 轨道验·机-464 自动加值机、自动验票机、便携式验票机检测检验批质量验收记录

市政基础设施工程

自动加值机、自动验票机、便携式验票机检测检验批质量验收记录

轨道验·机-464

第 页 共 页

工程名称						
单位工程名称						
施工单位			分包单位			
项目负责人			项目技术负责人			
分部（子分部）工程名称			分项工程名称			
验收部位/区段			检验批容量			
施工及验收依据	《城市轨道交通自动售检票系统工程质量验收标准》GB/T 50381					
验收项目			设计要求或规范规定	最小/实际抽样数量	检查记录	检查结果
主控项目	1	自动充值验票机通信	第8.5.1条	/		
	2	自动充值验票机的自助式充值功能	第8.5.2条	/		
	3	自动充值验票机显示功能	第8.5.3条	/		
	4	无效车票提示	第8.5.4条	/		
	5	纸币处理模块功能	第8.5.5条	/		
	6	不规范操作提示	第8.5.6条	/		
	7	开门安全防范功能	第8.5.7条	/		
	8	装卸钱箱身份密码指令验证	第8.5.8条	/		
	9	便携式验票机显示功能	第8.5.9条	/		
	10	自动充值验票机机体接地	第8.5.10条	/		
施工单位检查结果	专业工长：（签名） 专业质量检查员：（签名） 年 月 日					
监理单位验收结论	专业监理工程师：（签名） 年 月 日					

7.3.9.17 轨道验·机-465 车站局域网检测检验批质量验收记录

市政基础设施工程

车站局域网检测检验批质量验收记录

轨道验·机-465

第　　页共　　页

<table>
<tr><td colspan="3">工程名称</td><td colspan="5"></td></tr>
<tr><td colspan="3">单位工程名称</td><td colspan="5"></td></tr>
<tr><td colspan="3">施工单位</td><td colspan="2"></td><td>分包单位</td><td colspan="2"></td></tr>
<tr><td colspan="3">项目负责人</td><td colspan="2"></td><td>项目技术负责人</td><td colspan="2"></td></tr>
<tr><td colspan="3">分部（子分部）
工程名称</td><td colspan="2"></td><td>分项工程名称</td><td colspan="2"></td></tr>
<tr><td colspan="3">验收部位/区段</td><td colspan="2"></td><td>检验批容量</td><td colspan="2"></td></tr>
<tr><td colspan="3">施工及验收依据</td><td colspan="5">《城市轨道交通自动售检票系统工程质量验收标准》GB/T 50381</td></tr>
<tr><td colspan="3">验收项目</td><td>设计要求或
规范规定</td><td>最小/实际
抽样数量</td><td colspan="2">检查记录</td><td>检查结果</td></tr>
<tr><td rowspan="3">主控项目</td><td>1</td><td>车站局域网连通性</td><td>第9.1.1条</td><td>/</td><td colspan="2"></td><td></td></tr>
<tr><td>2</td><td>网络设备的性能</td><td>第9.1.2条</td><td>/</td><td colspan="2"></td><td></td></tr>
<tr><td>3</td><td>网络系统容量、带宽、延时、丢包率、流量控制性能</td><td>第9.1.3条</td><td>/</td><td colspan="2"></td><td></td></tr>
<tr><td rowspan="3">一般项目</td><td></td><td></td><td></td><td></td><td colspan="2"></td><td></td></tr>
<tr><td></td><td></td><td></td><td></td><td colspan="2"></td><td></td></tr>
<tr><td></td><td></td><td></td><td></td><td colspan="2"></td><td></td></tr>
<tr><td>施工单位检查结果</td><td colspan="7">

专业工长：（签名）　　专业质量检查员：（签名）　　年　月　日</td></tr>
<tr><td>监理单位验收结论</td><td colspan="7">

专业监理工程师：（签名）　　年　月　日</td></tr>
</table>

7.3.9.18 轨道验·机-466 车站计算机系统功能检测检验批质量验收记录

市政基础设施工程

车站计算机系统功能检测检验批质量验收记录

轨道验·机-466

第 页 共 页

<table>
<tr><td colspan="3">工程名称</td><td colspan="5"></td></tr>
<tr><td colspan="3">单位工程名称</td><td colspan="5"></td></tr>
<tr><td colspan="3">施工单位</td><td></td><td colspan="2">分包单位</td><td colspan="2"></td></tr>
<tr><td colspan="3">项目负责人</td><td></td><td colspan="2">项目技术负责人</td><td colspan="2"></td></tr>
<tr><td colspan="3">分部（子分部）工程名称</td><td></td><td colspan="2">分项工程名称</td><td colspan="2"></td></tr>
<tr><td colspan="3">验收部位/区段</td><td></td><td colspan="2">检验批容量</td><td colspan="2"></td></tr>
<tr><td colspan="3">施工及验收依据</td><td colspan="5">《城市轨道交通自动售检票系统工程质量验收标准》GB/T 50381</td></tr>
<tr><td colspan="3">验收项目</td><td>设计要求或规范规定</td><td>最小/实际抽样数量</td><td>检查记录</td><td colspan="2">检查结果</td></tr>
<tr><td rowspan="12">主控项目</td><td>1</td><td>车站计算机与中央通信</td><td>第 9.2.1 条</td><td>/</td><td></td><td colspan="2"></td></tr>
<tr><td>2</td><td>车站计算机与终端设备通信</td><td>第 9.2.2 条</td><td>/</td><td></td><td colspan="2"></td></tr>
<tr><td>3</td><td>设备状态显示和监视功能</td><td>第 9.2.3 条</td><td>/</td><td></td><td colspan="2"></td></tr>
<tr><td>4</td><td>车站计算机下达运行控制命令的功能</td><td>第 9.2.4 条</td><td>/</td><td></td><td colspan="2"></td></tr>
<tr><td>5</td><td>运营模式设置功能</td><td>第 9.2.5 条</td><td>/</td><td></td><td colspan="2"></td></tr>
<tr><td>6</td><td>参数管理功能</td><td>第 9.2.6 条</td><td>/</td><td></td><td colspan="2"></td></tr>
<tr><td>7</td><td>设备软件管理功能</td><td>第 9.2.7 条</td><td>/</td><td></td><td colspan="2"></td></tr>
<tr><td>8</td><td>实时客流统计</td><td>第 9.2.8 条</td><td>/</td><td></td><td colspan="2"></td></tr>
<tr><td>9</td><td>日终处理和运营报表功能</td><td>第 9.2.9 条</td><td>/</td><td></td><td colspan="2"></td></tr>
<tr><td>10</td><td>系统后台处理功能</td><td>第 9.2.10 条</td><td>/</td><td></td><td colspan="2"></td></tr>
<tr><td>11</td><td>中央通信中断后功能</td><td>第 9.2.11 条</td><td>/</td><td></td><td colspan="2"></td></tr>
<tr><td>12</td><td>系统时间同步功能</td><td>第 9.2.12 条</td><td>/</td><td></td><td colspan="2"></td></tr>
<tr><td>施工单位检查结果</td><td colspan="7">专业工长：（签名） 专业质量检查员：（签名） 年 月 日</td></tr>
<tr><td>监理单位验收结论</td><td colspan="7">专业监理工程师：（签名） 年 月 日</td></tr>
</table>

7.3.9.19 轨道验·机-467 紧急按钮检测检验批质量验收记录

市政基础设施工程

紧急按钮检测检验批质量验收记录

轨道验·机-467

第　　页共　　页

工程名称					
单位工程名称					
施工单位			分包单位		
项目负责人			项目技术负责人		
分部（子分部）工程名称			分项工程名称		
验收部位/区段			检验批容量		
施工及验收依据	《城市轨道交通自动售检票系统工程质量验收标准》GB/T 50381				

验收项目			设计要求或规范规定	最小/实际抽样数量	检查记录	检查结果
主控项目	1	紧急按钮按下放行功能	第9.3.1条	/		
	2	紧急按钮系统恢复功能	第9.3.2条	/		
一般项目						
施工单位检查结果	专业工长：（签名）　　专业质量检查员：（签名）　　年　月　日					
监理单位验收结论	专业监理工程师：（签名）　　年　月　日					

7.3.9.20 轨道验·机-468 线路中央计算机系统局域网检验批质量验收记录

市政基础设施工程

线路中央计算机系统局域网检验批质量验收记录

轨道验·机-468

第 页 共 页

<table>
<tr><td colspan="3">工程名称</td><td colspan="5"></td></tr>
<tr><td colspan="3">单位工程名称</td><td colspan="5"></td></tr>
<tr><td colspan="3">施工单位</td><td></td><td>分包单位</td><td colspan="3"></td></tr>
<tr><td colspan="3">项目负责人</td><td></td><td>项目技术负责人</td><td colspan="3"></td></tr>
<tr><td colspan="3">分部（子分部）
工程名称</td><td></td><td>分项工程名称</td><td colspan="3"></td></tr>
<tr><td colspan="3">验收部位/区段</td><td></td><td>检验批容量</td><td colspan="3"></td></tr>
<tr><td colspan="3">施工及验收依据</td><td colspan="5">《城市轨道交通自动售检票系统工程质量验收标准》GB/T 50381</td></tr>
<tr><td colspan="3">验收项目</td><td>设计要求或
规范规定</td><td>最小/实际
抽样数量</td><td>检查记录</td><td>检查结果</td></tr>
<tr><td rowspan="4">主控项目</td><td>1</td><td>中央计算机系统局域网连通性</td><td>第10.1.1条</td><td>/</td><td></td><td></td></tr>
<tr><td>2</td><td>网络设备的性能</td><td>第10.1.2条</td><td>/</td><td></td><td></td></tr>
<tr><td>3</td><td>网络系统容量、带宽、延时、丢包率、流量</td><td>第10.1.3条</td><td>/</td><td></td><td></td></tr>
<tr><td>4</td><td>局域网系统的冗余度</td><td>第10.1.4条</td><td>/</td><td></td><td></td></tr>
<tr><td rowspan="3">一般项目</td><td></td><td></td><td></td><td></td><td></td><td></td></tr>
<tr><td></td><td></td><td></td><td></td><td></td><td></td></tr>
<tr><td></td><td></td><td></td><td></td><td></td><td></td></tr>
<tr><td colspan="2">施工单位检查结果</td><td colspan="5">专业工长：（签名） 专业质量检查员：（签名） 年 月 日</td></tr>
<tr><td colspan="2">监理单位验收结论</td><td colspan="5">专业监理工程师：（签名） 年 月 日</td></tr>
</table>

7.3.9.21 轨道验·机-469 线路中央计算机系统功能检测检验批质量验收记录

市政基础设施工程

线路中央计算机系统功能检测检验批质量验收记录

轨道验·机-469

第 页 共 页

<table>
<tr><td colspan="3">工程名称</td><td colspan="5"></td></tr>
<tr><td colspan="3">单位工程名称</td><td colspan="5"></td></tr>
<tr><td colspan="3">施工单位</td><td colspan="2"></td><td>分包单位</td><td colspan="2"></td></tr>
<tr><td colspan="3">项目负责人</td><td colspan="2"></td><td>项目技术负责人</td><td colspan="2"></td></tr>
<tr><td colspan="3">分部（子分部）工程名称</td><td colspan="2"></td><td>分项工程名称</td><td colspan="2"></td></tr>
<tr><td colspan="3">验收部位/区段</td><td colspan="2"></td><td>检验批容量</td><td colspan="2"></td></tr>
<tr><td colspan="3">施工及验收依据</td><td colspan="5">《城市轨道交通自动售检票系统工程质量验收标准》GB/T 50381</td></tr>
<tr><td colspan="3">验收项目</td><td>设计要求或规范规定</td><td>最小/实际抽样数量</td><td>检查记录</td><td colspan="2">检查结果</td></tr>
<tr><td rowspan="12">主控项目</td><td>1</td><td>车站系统运行模式监视和设置功能</td><td>第 10.2.1 条</td><td>/</td><td></td><td colspan="2"></td></tr>
<tr><td>2</td><td>车票管理功能</td><td>第 10.2.2 条</td><td>/</td><td></td><td colspan="2"></td></tr>
<tr><td>3</td><td>参数管理功能</td><td>第 10.2.3 条</td><td>/</td><td></td><td colspan="2"></td></tr>
<tr><td>4</td><td>用户及权限管理功能</td><td>第 10.2.4 条</td><td>/</td><td></td><td colspan="2"></td></tr>
<tr><td>5</td><td>实时客流统计</td><td>第 10.2.5 条</td><td>/</td><td></td><td colspan="2"></td></tr>
<tr><td>6</td><td>设备软件管理功能</td><td>第 10.2.6 条</td><td>/</td><td></td><td colspan="2"></td></tr>
<tr><td>7</td><td>日终处理、运营报表和交易数据查询功能</td><td>第 10.2.7 条</td><td>/</td><td></td><td colspan="2"></td></tr>
<tr><td>8</td><td>应急票发售和缴销功能</td><td>第 10.2.8 条</td><td>/</td><td></td><td colspan="2"></td></tr>
<tr><td>9</td><td>系统后台处理功能</td><td>第 10.2.9 条</td><td>/</td><td></td><td colspan="2"></td></tr>
<tr><td>10</td><td>线路中央计算机系统与票务清分系统时钟同步</td><td>第 10.2.10 条</td><td>/</td><td></td><td colspan="2"></td></tr>
<tr><td>11</td><td>维修管理功能</td><td>第 10.2.11 条</td><td>/</td><td></td><td colspan="2"></td></tr>
<tr><td>12</td><td>线路中央编码分拣机系统功能</td><td>第 10.2.12 条</td><td>/</td><td></td><td colspan="2"></td></tr>
<tr><td>施工单位检查结果</td><td colspan="7">专业工长：（签名） 专业质量检查员：（签名） 年 月 日</td></tr>
<tr><td>监理单位验收结论</td><td colspan="7">专业监理工程师：（签名） 年 月 日</td></tr>
</table>

7.3.9.22 轨道验·机-470 票务清分系统计算机局域网检验批质量验收记录

市政基础设施工程

票务清分系统计算机局域网检验批质量验收记录

轨道验·机-470

第　　页 共　　页

<table>
<tr><td colspan="3">工程名称</td><td colspan="4"></td></tr>
<tr><td colspan="3">单位工程名称</td><td colspan="4"></td></tr>
<tr><td colspan="3">施工单位</td><td></td><td colspan="2">分包单位</td><td></td></tr>
<tr><td colspan="3">项目负责人</td><td></td><td colspan="2">项目技术负责人</td><td></td></tr>
<tr><td colspan="3">分部（子分部）工程名称</td><td></td><td colspan="2">分项工程名称</td><td></td></tr>
<tr><td colspan="3">验收部位/区段</td><td></td><td colspan="2">检验批容量</td><td></td></tr>
<tr><td colspan="3">施工及验收依据</td><td colspan="4">《城市轨道交通自动售检票系统工程质量验收标准》GB/T 50381</td></tr>
<tr><td colspan="3">验收项目</td><td>设计要求或规范规定</td><td>最小/实际抽样数量</td><td>检查记录</td><td>检查结果</td></tr>
<tr><td rowspan="4">主控项目</td><td>1</td><td>票务清分系统应与线路中央计算机系统通信</td><td>第11.1.1条</td><td>/</td><td></td><td></td></tr>
<tr><td>2</td><td>网络设备的性能</td><td>第11.1.2条</td><td>/</td><td></td><td></td></tr>
<tr><td>3</td><td>网络系统容量、带宽、延时、丢包率、流量控制性能</td><td>第11.1.3条</td><td>/</td><td></td><td></td></tr>
<tr><td>4</td><td>局域网系统的冗余</td><td>第11.1.4条</td><td>/</td><td></td><td></td></tr>
<tr><td rowspan="3">一般项目</td><td></td><td></td><td></td><td></td><td></td><td></td></tr>
<tr><td></td><td></td><td></td><td></td><td></td><td></td></tr>
<tr><td></td><td></td><td></td><td></td><td></td><td></td></tr>
<tr><td colspan="2">施工单位检查结果</td><td colspan="5">专业工长：（签名）　　专业质量检查员：（签名）　　年　月　日</td></tr>
<tr><td colspan="2">监理单位验收结论</td><td colspan="5">专业监理工程师：（签名）　　年　月　日</td></tr>
</table>

7.3.9.23 轨道验·机-471 票务清分系统功能检测检验批质量验收记录

市政基础设施工程

票务清分系统功能检测检验批质量验收记录

轨道验·机-471

第 页共 页

<table>
<tr><td colspan="3">工程名称</td><td colspan="5"></td></tr>
<tr><td colspan="3">单位工程名称</td><td colspan="5"></td></tr>
<tr><td colspan="3">施工单位</td><td colspan="2"></td><td>分包单位</td><td colspan="2"></td></tr>
<tr><td colspan="3">项目负责人</td><td colspan="2"></td><td>项目技术负责人</td><td colspan="2"></td></tr>
<tr><td colspan="3">分部（子分部）
工程名称</td><td colspan="2"></td><td>分项工程名称</td><td colspan="2"></td></tr>
<tr><td colspan="3">验收部位/区段</td><td colspan="2"></td><td>检验批容量</td><td colspan="2"></td></tr>
<tr><td colspan="3">施工及验收依据</td><td colspan="5">《城市轨道交通自动售检票系统工程质量验收标准》GB/T 50381</td></tr>
<tr><td colspan="3">验收项目</td><td>设计要求或
规范规定</td><td>最小/实际
抽样数量</td><td colspan="2">检查记录</td><td>检查结果</td></tr>
<tr><td rowspan="10">主控项目</td><td>1</td><td>清分规则功能检测</td><td>第11.2.1条</td><td>/</td><td colspan="2"></td><td></td></tr>
<tr><td>2</td><td>安全管理功能</td><td>第11.2.2条</td><td>/</td><td colspan="2"></td><td></td></tr>
<tr><td>3</td><td>车票管理功能</td><td>第11.2.3条</td><td>/</td><td colspan="2"></td><td></td></tr>
<tr><td>4</td><td>消息报文传输和转接功能</td><td>第11.2.4条</td><td>/</td><td colspan="2"></td><td></td></tr>
<tr><td>5</td><td>交易清分功能</td><td>第11.2.5条</td><td>/</td><td colspan="2"></td><td></td></tr>
<tr><td>6</td><td>应用业务管理功能</td><td>第11.2.6条</td><td>/</td><td colspan="2"></td><td></td></tr>
<tr><td>7</td><td>清分系统与其他相关清算系统的数据交换能力和清算功能</td><td>第11.2.7条</td><td>/</td><td colspan="2"></td><td></td></tr>
<tr><td>8</td><td>清分系统基本性能</td><td>第11.2.8条</td><td>/</td><td colspan="2"></td><td></td></tr>
<tr><td>9</td><td>票务清分系统与标准时间源的时间同步</td><td>第11.2.9条</td><td>/</td><td colspan="2"></td><td></td></tr>
<tr><td>10</td><td>票务清分中心编码分拣机系统功能</td><td>第11.2.10条</td><td>/</td><td colspan="2"></td><td></td></tr>
<tr><td>施工单位检查结果</td><td colspan="7">专业工长：（签名） 专业质量检查员：（签名） 年 月 日</td></tr>
<tr><td>监理单位验收结论</td><td colspan="7">专业监理工程师：（签名） 年 月 日</td></tr>
</table>

7.3.9.24 轨道验·机-472 容灾备份功能检测检验批质量验收记录

市政基础设施工程

容灾备份功能检测检验批质量验收记录

轨道验·机-472

第　　页 共　　页

<table>
<tr><td colspan="3">工程名称</td><td colspan="5"></td></tr>
<tr><td colspan="3">单位工程名称</td><td colspan="5"></td></tr>
<tr><td colspan="3">施工单位</td><td colspan="2"></td><td>分包单位</td><td colspan="2"></td></tr>
<tr><td colspan="3">项目负责人</td><td colspan="2"></td><td>项目技术负责人</td><td colspan="2"></td></tr>
<tr><td colspan="3">分部（子分部）工程名称</td><td colspan="2"></td><td>分项工程名称</td><td colspan="2"></td></tr>
<tr><td colspan="3">验收部位/区段</td><td colspan="2"></td><td>检验批容量</td><td colspan="2"></td></tr>
<tr><td colspan="3">施工及验收依据</td><td colspan="5">《城市轨道交通自动售检票系统工程质量验收标准》GB/T 50381</td></tr>
<tr><td colspan="3">验收项目</td><td>设计要求或规范规定</td><td>最小/实际抽样数量</td><td colspan="2">检查记录</td><td>检查结果</td></tr>
<tr><td rowspan="3">主控项目</td><td>1</td><td>容灾计算机系统通信</td><td>第11.3.1条</td><td>/</td><td colspan="2"></td><td></td></tr>
<tr><td>2</td><td>容灾功能</td><td>第11.3.2条</td><td>/</td><td colspan="2"></td><td></td></tr>
<tr><td>3</td><td>数据备份和恢复功能</td><td>第11.3.3条</td><td>/</td><td colspan="2"></td><td></td></tr>
<tr><td rowspan="3">一般项目</td><td></td><td></td><td></td><td></td><td colspan="2"></td><td></td></tr>
<tr><td></td><td></td><td></td><td></td><td colspan="2"></td><td></td></tr>
<tr><td></td><td></td><td></td><td></td><td colspan="2"></td><td></td></tr>
<tr><td>施工单位检查结果</td><td colspan="7">

专业工长：（签名）　　专业质量检查员：（签名）　　年　月　日</td></tr>
<tr><td>监理单位验收结论</td><td colspan="7">

专业监理工程师：（签名）　　年　月　日</td></tr>
</table>

7.3.9.25 轨道验·机-473 网络化运营验收检测检验批质量验收记录

市政基础设施工程

网络化运营验收检测检验批质量验收记录

轨道验·机-473

第 页 共 页

<table>
<tr><td colspan="3">工程名称</td><td colspan="5"></td></tr>
<tr><td colspan="3">单位工程名称</td><td colspan="5"></td></tr>
<tr><td colspan="3">施工单位</td><td colspan="2"></td><td>分包单位</td><td colspan="2"></td></tr>
<tr><td colspan="3">项目负责人</td><td colspan="2"></td><td>项目技术负责人</td><td colspan="2"></td></tr>
<tr><td colspan="3">分部（子分部）工程名称</td><td colspan="2"></td><td>分项工程名称</td><td colspan="2"></td></tr>
<tr><td colspan="3">验收部位/区段</td><td colspan="2"></td><td>检验批容量</td><td colspan="2"></td></tr>
<tr><td colspan="3">施工及验收依据</td><td colspan="5">《城市轨道交通自动售检票系统工程质量验收标准》GB/T 50381</td></tr>
<tr><td colspan="3">验收项目</td><td>设计要求或规范规定</td><td>最小/实际抽样数量</td><td>检查记录</td><td colspan="2">检查结果</td></tr>
<tr><td rowspan="3">主控项目</td><td>1</td><td>票务清分系统通信</td><td>第 11.4.1 条</td><td>/</td><td></td><td colspan="2"></td></tr>
<tr><td>2</td><td>网络化运营检测</td><td>第 11.4.2 条</td><td>/</td><td></td><td colspan="2"></td></tr>
<tr><td></td><td></td><td></td><td></td><td></td><td colspan="2"></td></tr>
<tr><td rowspan="3">一般项目</td><td></td><td></td><td></td><td></td><td></td><td colspan="2"></td></tr>
<tr><td></td><td></td><td></td><td></td><td></td><td colspan="2"></td></tr>
<tr><td></td><td></td><td></td><td></td><td></td><td colspan="2"></td></tr>
<tr><td>施工单位检查结果</td><td colspan="7">专业工长：（签名） 专业质量检查员：（签名） 年 月 日</td></tr>
<tr><td>监理单位验收结论</td><td colspan="7">专业监理工程师：（签名） 年 月 日</td></tr>
</table>

7.3.9.26 轨道验·机-474 自动售检票电源设备安装检验批质量验收记录

市政基础设施工程

自动售检票电源设备安装检验批质量验收记录

轨道验·机-474

第　页共　页

<table>
<tr><td colspan="2">工程名称</td><td colspan="6"></td></tr>
<tr><td colspan="2">单位工程名称</td><td colspan="6"></td></tr>
<tr><td colspan="2">施工单位</td><td colspan="2"></td><td colspan="2">分包单位</td><td colspan="2"></td></tr>
<tr><td colspan="2">项目负责人</td><td colspan="2"></td><td colspan="2">项目技术负责人</td><td colspan="2"></td></tr>
<tr><td colspan="2">分部（子分部）工程名称</td><td colspan="2"></td><td colspan="2">分项工程名称</td><td colspan="2"></td></tr>
<tr><td colspan="2">验收部位/区段</td><td colspan="2"></td><td colspan="2">检验批容量</td><td colspan="2"></td></tr>
<tr><td colspan="2">施工及验收依据</td><td colspan="6">《城市轨道交通自动售检票系统工程质量验收标准》GB/T 50381</td></tr>
<tr><td colspan="3">验收项目</td><td>设计要求或规范规定</td><td>最小/实际抽样数量</td><td>检查记录</td><td colspan="2">检查结果</td></tr>
<tr><td rowspan="5">主控项目</td><td>1</td><td>电源设备型号、规格及容量</td><td>第12.2.1条</td><td>/</td><td></td><td colspan="2"></td></tr>
<tr><td>2</td><td>配电柜安装</td><td>第12.2.2条</td><td>/</td><td></td><td colspan="2"></td></tr>
<tr><td>3</td><td>蓄电池组安装</td><td>第12.2.3条</td><td>/</td><td></td><td colspan="2"></td></tr>
<tr><td>4</td><td>UPS接线</td><td>第12.2.4条</td><td>/</td><td></td><td colspan="2"></td></tr>
<tr><td>5</td><td>配电箱（盘）安装</td><td>第12.2.5条</td><td>/</td><td></td><td colspan="2"></td></tr>
<tr><td rowspan="5">一般项目</td><td>1</td><td>电源设备安装位置、顺序、方向及进出线方式</td><td>第12.2.6条</td><td>/</td><td></td><td colspan="2"></td></tr>
<tr><td>2</td><td>电源设备安装要求</td><td>第12.2.7条</td><td>/</td><td></td><td colspan="2"></td></tr>
<tr><td>3</td><td>电源设备仪表指示</td><td>第12.2.8条</td><td>/</td><td></td><td colspan="2"></td></tr>
<tr><td>4</td><td>蓄电池安装要求</td><td>第12.2.9条</td><td>/</td><td></td><td colspan="2"></td></tr>
<tr><td>5</td><td>配电箱（盘）安装要求</td><td>第12.2.10条</td><td>/</td><td></td><td colspan="2"></td></tr>
<tr><td>施工单位检查结果</td><td colspan="7">专业工长：（签名）　专业质量检查员：（签名）　年　月　日</td></tr>
<tr><td>监理单位验收结论</td><td colspan="7">专业监理工程师：（签名）　年　月　日</td></tr>
</table>

7.3.9.27 轨道验·机-475 电源布线检验批质量验收记录

市政基础设施工程

电源布线检验批质量验收记录

轨道验·机-475

第　　页共　　页

<table>
<tr><td colspan="3">工程名称</td><td colspan="5"></td></tr>
<tr><td colspan="3">单位工程名称</td><td colspan="5"></td></tr>
<tr><td colspan="3">施工单位</td><td colspan="2"></td><td colspan="2">分包单位</td><td></td></tr>
<tr><td colspan="3">项目负责人</td><td colspan="2"></td><td colspan="2">项目技术负责人</td><td></td></tr>
<tr><td colspan="3">分部（子分部）
工程名称</td><td colspan="2"></td><td colspan="2">分项工程名称</td><td></td></tr>
<tr><td colspan="3">验收部位/区段</td><td colspan="2"></td><td colspan="2">检验批容量</td><td></td></tr>
<tr><td colspan="3">施工及验收依据</td><td colspan="5">《城市轨道交通自动售检票系统工程质量验收标准》GB/T 50381</td></tr>
<tr><td colspan="3">验收项目</td><td>设计要求或
规范规定</td><td>最小/实际
抽样数量</td><td colspan="2">检查记录</td><td>检查结果</td></tr>
<tr><td rowspan="4">主控项目</td><td>1</td><td>电源线缆的型号、规格及数量</td><td>第 12.3.1 条</td><td>/</td><td colspan="2"></td><td></td></tr>
<tr><td>2</td><td>电源布线要求</td><td>第 12.3.2 条</td><td>/</td><td colspan="2"></td><td></td></tr>
<tr><td>3</td><td>电源线接插座要求</td><td>第 12.3.3 条</td><td>/</td><td colspan="2"></td><td></td></tr>
<tr><td>4</td><td>电源配线要求</td><td>第 12.3.4 条</td><td>/</td><td colspan="2"></td><td></td></tr>
<tr><td rowspan="3">一般项目</td><td>1</td><td>电源线缆的敷设路径和固定方法</td><td>第 12.3.5 条</td><td>/</td><td colspan="2"></td><td></td></tr>
<tr><td>2</td><td>设备接线固定，无裸露</td><td>第 12.3.6 条</td><td>/</td><td colspan="2"></td><td></td></tr>
<tr><td></td><td></td><td></td><td></td><td colspan="2"></td><td></td></tr>
<tr><td>施工单位检查结果</td><td colspan="7">

专业工长：（签名）　　专业质量检查员：（签名）　　年　月　日</td></tr>
<tr><td>监理单位验收结论</td><td colspan="7">

专业监理工程师：（签名）　　年　月　日</td></tr>
</table>

7.3.9.28 轨道验·机-476 防雷与接地检验批质量验收记录

市政基础设施工程

防雷与接地检验批质量验收记录

轨道验·机-476

第　　页共　　页

<table>
<tr><td colspan="3">工程名称</td><td colspan="5"></td></tr>
<tr><td colspan="3">单位工程名称</td><td colspan="5"></td></tr>
<tr><td colspan="3">施工单位</td><td colspan="2"></td><td>分包单位</td><td colspan="2"></td></tr>
<tr><td colspan="3">项目负责人</td><td colspan="2"></td><td>项目技术负责人</td><td colspan="2"></td></tr>
<tr><td colspan="3">分部（子分部）工程名称</td><td colspan="2"></td><td>分项工程名称</td><td colspan="2"></td></tr>
<tr><td colspan="3">验收部位/区段</td><td colspan="2"></td><td>检验批容量</td><td colspan="2"></td></tr>
<tr><td colspan="3">施工及验收依据</td><td colspan="5">《城市轨道交通自动售检票系统工程质量验收标准》GB/T 50381</td></tr>
<tr><td colspan="3">验收项目</td><td>设计要求或规范规定</td><td>最小/实际抽样数量</td><td>检查记录</td><td colspan="2">检查结果</td></tr>
<tr><td rowspan="5">主控项目</td><td>1</td><td>防雷、工作（或联合）接地、保护地线与设备连接</td><td>第12.4.1条</td><td>/</td><td></td><td colspan="2"></td></tr>
<tr><td>2</td><td>接地安装</td><td>第12.4.2条</td><td>/</td><td></td><td colspan="2"></td></tr>
<tr><td>3</td><td>接地连接导线布放无接头</td><td>第12.4.3条</td><td>/</td><td></td><td colspan="2"></td></tr>
<tr><td>4</td><td>系统的雷电防护等级、防雷设施的设置位置、方式及数量</td><td>第12.4.4条</td><td>/</td><td></td><td colspan="2"></td></tr>
<tr><td>5</td><td>接地线良好牢固</td><td>第12.4.5条</td><td>/</td><td></td><td colspan="2"></td></tr>
<tr><td rowspan="3">一般项目</td><td>1</td><td>综合接地盘引出的位置</td><td>第12.4.6条</td><td>/</td><td></td><td colspan="2"></td></tr>
<tr><td></td><td></td><td></td><td></td><td></td><td colspan="2"></td></tr>
<tr><td></td><td></td><td></td><td></td><td></td><td colspan="2"></td></tr>
<tr><td colspan="2">施工单位检查结果</td><td colspan="6">专业工长：（签名）　　专业质量检查员：（签名）　　年　月　日</td></tr>
<tr><td colspan="2">监理单位验收结论</td><td colspan="6">专业监理工程师：（签名）　　年　月　日</td></tr>
</table>

7.3.9.29 轨道验·机-477 电源与接地检测检验批质量验收记录

市政基础设施工程

电源与接地检测检验批质量验收记录

轨道验·机-477

第 页共 页

<table>
<tr><td colspan="3">工程名称</td><td colspan="5"></td></tr>
<tr><td colspan="3">单位工程名称</td><td colspan="5"></td></tr>
<tr><td colspan="3">施工单位</td><td></td><td colspan="2">分包单位</td><td colspan="2"></td></tr>
<tr><td colspan="3">项目负责人</td><td></td><td colspan="2">项目技术负责人</td><td colspan="2"></td></tr>
<tr><td colspan="3">分部（子分部）工程名称</td><td></td><td colspan="2">分项工程名称</td><td colspan="2"></td></tr>
<tr><td colspan="3">验收部位/区段</td><td></td><td colspan="2">检验批容量</td><td colspan="2"></td></tr>
<tr><td colspan="3">施工及验收依据</td><td colspan="5">《城市轨道交通自动售检票系统工程质量验收标准》GB/T 50381</td></tr>
<tr><td colspan="3">验收项目</td><td>设计要求或规范规定</td><td>最小/实际抽样数量</td><td>检查记录</td><td colspan="2">检查结果</td></tr>
<tr><td rowspan="6">主控项目</td><td>1</td><td>电源设备测试</td><td>第12.5.1条</td><td>/</td><td></td><td colspan="2"></td></tr>
<tr><td>2</td><td>电源设备的电性能测试</td><td>第12.5.2条</td><td>/</td><td></td><td colspan="2"></td></tr>
<tr><td>3</td><td>电源监控功能</td><td>第12.5.3条</td><td>/</td><td></td><td colspan="2"></td></tr>
<tr><td>4</td><td>电源线缆芯线间和芯线对地绝缘电阻</td><td>第12.5.4条</td><td>/</td><td></td><td colspan="2"></td></tr>
<tr><td>5</td><td>防雷设备要求</td><td>第12.5.5条</td><td>/</td><td></td><td colspan="2"></td></tr>
<tr><td>6</td><td>接地要求</td><td>第12.5.6条</td><td>/</td><td></td><td colspan="2"></td></tr>
<tr><td rowspan="3">一般项目</td><td></td><td></td><td></td><td></td><td></td><td colspan="2"></td></tr>
<tr><td></td><td></td><td></td><td></td><td></td><td colspan="2"></td></tr>
<tr><td></td><td></td><td></td><td></td><td></td><td colspan="2"></td></tr>
<tr><td colspan="2">施工单位检查结果</td><td colspan="6">专业工长：（签名） 专业质量检查员：（签名） 年 月 日</td></tr>
<tr><td colspan="2">监理单位验收结论</td><td colspan="6">专业监理工程师：（签名） 年 月 日</td></tr>
</table>

7.3.11　屏蔽门安装

7.3.11.1　轨道验·机-498　门槛安装检验批质量验收记录

市政基础设施工程

门槛安装检验批质量验收记录

轨道验·机-498

第　　页 共　　页

工程名称						
单位工程名称						
施工单位			分包单位			
项目负责人			项目技术负责人			
分部（子分部）工程名称			分项工程名称			
验收部位/区段			检验批容量			
施工及验收依据	《城市轨道交通站台屏蔽门系统技术规范》CJJ 183					
验收项目			设计要求或规范规定	最小/实际抽样数量	检查记录	检查结果
主控项目	1	门槛防滑措施	第 6.4.2-1～1）条	/		
	2	门槛上表面与纵向轨顶面平行度及全长平行度	第 6.4.2-1～2）条	/		
	3	绝缘装置正确安装	第 6.4.2-1～3）条	/		
一般项目	1	相邻门槛检修均匀，高差小于 1mm	第 6.4.2-2～1）条	/		
	2	门槛下部支撑连接螺栓扭力	第 6.4.2-2～2）条	/		
	3	门槛外观	第 6.4.2-2～3）条	/		
	4	门槛距离轨面标高尺寸	第 6.4.2-2～4）条	/		
	5	门槛轨道侧边缘与轨道中心线距离	第 6.4.2-2～5）条	/		
施工单位检查结果	专业工长：（签名）　　专业质量检查员：（签名）　　年　月　日					
监理单位验收结论	专业监理工程师：（签名）　　年　月　日					

7.3.11.2 轨道验·机-499 上部结构安装检验批质量验收记录

市政基础设施工程

上部结构安装检验批质量验收记录

轨道验·机-499

第　页共　页

<table>
<tr><td colspan="3">工程名称</td><td colspan="5"></td></tr>
<tr><td colspan="3">单位工程名称</td><td colspan="5"></td></tr>
<tr><td colspan="3">施工单位</td><td></td><td colspan="2">分包单位</td><td colspan="2"></td></tr>
<tr><td colspan="3">项目负责人</td><td></td><td colspan="2">项目技术负责人</td><td colspan="2"></td></tr>
<tr><td colspan="3">分部（子分部）
工程名称</td><td></td><td colspan="2">分项工程名称</td><td colspan="2"></td></tr>
<tr><td colspan="3">验收部位/区段</td><td></td><td colspan="2">检验批容量</td><td colspan="2"></td></tr>
<tr><td colspan="3">施工及验收依据</td><td colspan="5">《城市轨道交通站台屏蔽门系统技术规范》CJJ 183</td></tr>
<tr><td colspan="3">验收项目</td><td>设计要求或
规范规定</td><td>最小/实际
抽样数量</td><td colspan="2">检查记录</td><td>检查结果</td></tr>
<tr><td rowspan="7">主控项目</td><td>1</td><td>预埋件与土建结构之间的接触表面</td><td>第6.4.3-1～1）条</td><td>/</td><td colspan="2"></td><td></td></tr>
<tr><td>2</td><td>绝缘装置安装</td><td>第6.4.3-1～2）条</td><td>/</td><td colspan="2"></td><td></td></tr>
<tr><td>3</td><td>安装完成后能适应土建结构垂直方向10mm沉量</td><td>第6.4.3-1～3）条</td><td>/</td><td colspan="2"></td><td></td></tr>
<tr><td></td><td></td><td></td><td></td><td colspan="2"></td><td></td></tr>
<tr><td></td><td></td><td></td><td></td><td colspan="2"></td><td></td></tr>
<tr><td></td><td></td><td></td><td></td><td colspan="2"></td><td></td></tr>
<tr><td></td><td></td><td></td><td></td><td colspan="2"></td><td></td></tr>
<tr><td rowspan="3">一般项目</td><td>1</td><td>连接螺栓扭力，紧固螺栓防松措施</td><td>第6.4.3-2～1）条
第6.4.3-2～2）条</td><td>/</td><td colspan="2"></td><td></td></tr>
<tr><td>2</td><td>上部结构导轨侧到轨道中心线的水平距离</td><td>第6.4.3-2～3）条</td><td>/</td><td colspan="2"></td><td></td></tr>
<tr><td>3</td><td>上部结构下表面到轨道面的垂直距离</td><td>第6.4.3-1～4）条</td><td>/</td><td colspan="2"></td><td></td></tr>
<tr><td>施工单位检查结果</td><td colspan="7">专业工长：（签名）　　专业质量检查员：（签名）　　年　月　日</td></tr>
<tr><td>监理单位验收结论</td><td colspan="7">专业监理工程师：（签名）　　年　月　日</td></tr>
</table>

7.3.11.3 轨道验·机-500 门体结构安装检验批质量验收记录

市政基础设施工程

门体结构安装检验批质量验收记录

轨道验·机-500

第　　页 共　　页

工程名称						
单位工程名称						
施工单位			分包单位			
项目负责人			项目技术负责人			
分部（子分部）工程名称			分项工程名称			
验收部位/区段			检验批容量			
施工及验收依据	《城市轨道交通站台屏蔽门系统技术规范》CJJ 183					
验收项目			设计要求或规范规定	最小/实际抽样数量	检查记录	检查结果
主控项目	1	门梁结构等电位电缆安装	第6.4.4-1～1）条	/		
	2	门机梁、门楣及立柱之间的连接情况	第6.4.4-1～2）条	/		
	3	门楣或固定侧盒安装，门机导轨中心线与门槛面的平行度	第6.4.4-1～3）条	/		
一般项目	1	立柱与轨面垂直	第6.4.4-2～1）条	/		
	2	立柱装饰板牢固度及立柱外观	第6.4.4-2～2）条	/		
	3	门体立柱间距	第6.4.4-2～3）条	/		
	4	门机梁到固定中心线距离	第6.4.4-2～4）条	/		
施工单位检查结果	专业工长：（签名）　专业质量检查员：（签名）　年　月　日					
监理单位验收结论	专业监理工程师：（签名）　年　月　日					

7.3.11.4 轨道验·机-501 滑动门安装检验批质量验收记录

市政基础设施工程

滑动门安装检验批质量验收记录

轨道验·机-501

第　　页 共　　页

<table>
<tr><td colspan="2">工程名称</td><td colspan="5"></td></tr>
<tr><td colspan="2">单位工程名称</td><td colspan="5"></td></tr>
<tr><td colspan="2">施工单位</td><td colspan="2"></td><td>分包单位</td><td colspan="2"></td></tr>
<tr><td colspan="2">项目负责人</td><td colspan="2"></td><td>项目技术负责人</td><td colspan="2"></td></tr>
<tr><td colspan="2">分部（子分部）工程名称</td><td colspan="2"></td><td>分项工程名称</td><td colspan="2"></td></tr>
<tr><td colspan="2">验收部位/区段</td><td colspan="2"></td><td>检验批容量</td><td colspan="2"></td></tr>
<tr><td colspan="2">施工及验收依据</td><td colspan="5">《城市轨道交通站台屏蔽门系统技术规范》CJJ 183</td></tr>
<tr><td colspan="3">验收项目</td><td>设计要求或规范规定</td><td>最小/实际抽样数量</td><td>检查记录</td><td>检查结果</td></tr>
<tr><td rowspan="6">主控项目</td><td>1</td><td>滑动门轨道侧和站台侧手动解锁装置功能</td><td>第6.4.5-1～1）条</td><td>/</td><td></td><td></td></tr>
<tr><td>2</td><td>轨道侧通过手动把手开启</td><td>第6.4.5-1～1）条</td><td>/</td><td></td><td></td></tr>
<tr><td>3</td><td>滑动门的净开度</td><td>第6.4.5-1～2）条</td><td>/</td><td></td><td></td></tr>
<tr><td>4</td><td>每一扇门体均能使用专用钥匙开启</td><td>第6.4.5-1～4）条</td><td>/</td><td></td><td></td></tr>
<tr><td>5</td><td>门框轨道侧到轨道中心的距离</td><td></td><td>/</td><td></td><td></td></tr>
<tr><td>6</td><td>滑动门关闭后中间橡胶部分不透光</td><td></td><td>/</td><td></td><td></td></tr>
<tr><td rowspan="5">一般项目</td><td>1</td><td>铰链定位销、端门闭门器、调节支架、安全开关等安装位置及方式</td><td>第6.4.5-2～1）条</td><td>/</td><td></td><td></td></tr>
<tr><td>2</td><td>两扇滑动门在关闭状态下应为同一平面</td><td>第6.4.5-2～4）条</td><td>/</td><td></td><td></td></tr>
<tr><td>3</td><td>门与门楣、门槛、立柱之间的间隙</td><td>第6.4.5-2～4）条</td><td>/</td><td></td><td></td></tr>
<tr><td>4</td><td>两滑动门关门后结合处的上、下间距</td><td>第6.4.5-2～6）条</td><td>/</td><td></td><td></td></tr>
<tr><td>5</td><td>屏蔽门间隙密封措施</td><td>第6.4.5-2～7）条</td><td>/</td><td></td><td></td></tr>
<tr><td>施工单位检查结果</td><td colspan="6">专业工长：（签名）　　专业质量检查员：（签名）　　年　月　日</td></tr>
<tr><td>监理单位验收结论</td><td colspan="6">专业监理工程师：（签名）　　年　月　日</td></tr>
</table>

7.3.11.5 轨道验·机-502 应急门安装检验批质量验收记录

市政基础设施工程

应急门安装检验批质量验收记录

轨道验·机-502

第　页共　页

工程名称						
单位工程名称						
施工单位			分包单位			
项目负责人			项目技术负责人			
分部（子分部）工程名称			分项工程名称			
验收部位/区段			检验批容量			
施工及验收依据	《城市轨道交通站台屏蔽门系统技术规范》CJJ 183					
验收项目			设计要求或规范规定	最小/实际抽样数量	检查记录	检查结果
主控项目	1	应急门轨道侧、站台侧手动解锁装置应灵活、可靠	第6.4.5-1～1）条	/		
	2	应急门可开启，并定位于90°	第6.4.5-1～3）条	/		
	3	门体垂直度	第6.4.5-1～5）条	/		
	4	门体与门槛的间隙	第6.4.5-1～5）条	/		
	5	应急门是否可以完全关闭且锁紧		/		
一般项目	1	开、关门应灵活可靠	第6.4.5-2～3）条	/		
	2	密封胶、毛刷的安装	第6.4.5-2～6）条	/		
	3	行程开关的安装		/		
施工单位检查结果	专业工长：（签名）　专业质量检查员：（签名）　年　月　日					
监理单位验收结论	专业监理工程师：（签名）　年　月　日					

7.3.11.6 轨道验·机-503 端门活动门安装检验批质量验收记录

市政基础设施工程

端门活动门安装检验批质量验收记录

轨道验·机-503

第　　页 共　　页

<table>
<tr><td colspan="3">工程名称</td><td colspan="5"></td></tr>
<tr><td colspan="3">单位工程名称</td><td colspan="5"></td></tr>
<tr><td colspan="3">施工单位</td><td colspan="2"></td><td colspan="2">分包单位</td><td></td></tr>
<tr><td colspan="3">项目负责人</td><td colspan="2"></td><td colspan="2">项目技术负责人</td><td></td></tr>
<tr><td colspan="3">分部（子分部）工程名称</td><td colspan="2"></td><td colspan="2">分项工程名称</td><td></td></tr>
<tr><td colspan="3">验收部位/区段</td><td colspan="2"></td><td colspan="2">检验批容量</td><td></td></tr>
<tr><td colspan="3">施工及验收依据</td><td colspan="5">《城市轨道交通站台屏蔽门系统技术规范》CJJ 183</td></tr>
<tr><td colspan="3">验收项目</td><td>设计要求或规范规定</td><td>最小/实际抽样数量</td><td>检查记录</td><td colspan="2">检查结果</td></tr>
<tr><td rowspan="7">主控项目</td><td>1</td><td>门体开启角度大于等于90°时，在90°位置可靠定位；开启角度小于90°时，门体自动关闭</td><td>第6.4.5-1～3）条</td><td>/</td><td></td><td colspan="2"></td></tr>
<tr><td>2</td><td>门体垂直度</td><td>第6.4.5-1～5）条</td><td>/</td><td></td><td colspan="2"></td></tr>
<tr><td>3</td><td>门体与门槛的间隙</td><td>第6.4.5-1～5）条</td><td>/</td><td></td><td colspan="2"></td></tr>
<tr><td></td><td></td><td></td><td></td><td></td><td colspan="2"></td></tr>
<tr><td></td><td></td><td></td><td></td><td></td><td colspan="2"></td></tr>
<tr><td></td><td></td><td></td><td></td><td></td><td colspan="2"></td></tr>
<tr><td></td><td></td><td></td><td></td><td></td><td colspan="2"></td></tr>
<tr><td rowspan="5">一般项目</td><td>1</td><td>开、关门应灵活可靠</td><td>第6.4.5-2～3）条</td><td>/</td><td></td><td colspan="2"></td></tr>
<tr><td>2</td><td>密封胶、毛刷的安装</td><td>第6.4.5-2～6）条</td><td>/</td><td></td><td colspan="2"></td></tr>
<tr><td>3</td><td>行程开关的安装</td><td></td><td>/</td><td></td><td colspan="2"></td></tr>
<tr><td></td><td></td><td></td><td></td><td></td><td colspan="2"></td></tr>
<tr><td></td><td></td><td></td><td></td><td></td><td colspan="2"></td></tr>
<tr><td>施工单位检查结果</td><td colspan="7">专业工长：（签名）　　专业质量检查员：（签名）　　年　月　日</td></tr>
<tr><td>监理单位验收结论</td><td colspan="7">专业监理工程师：（签名）　　年　月　日</td></tr>
</table>

7.3.11.7 轨道验·机-504 固定门安装检验批质量验收记录

市政基础设施工程

固定门安装检验批质量验收记录

轨道验·机-504

第　　页 共　　页

工程名称						
单位工程名称						
施工单位			分包单位			
项目负责人			项目技术负责人			
分部（子分部）工程名称			分项工程名称			
验收部位/区段			检验批容量			
施工及验收依据	《城市轨道交通站台屏蔽门系统技术规范》CJJ 183					
验收项目			设计要求或规范规定	最小/实际抽样数量	检查记录	检查结果
主控项目	1	门体安装牢固	第6.4.5-1～5）条	/		
	2	门体垂直度	第6.4.5-1～5）条	/		
一般项目	1	密封胶条的安装	第6.4.5-2～1）条	/		
	2	固定门玻璃是否无缺损	第6.4.5-2～2）条	/		
	3	固定门和应急门应在同一个平面上安装，固定门门楣、门扇、门槛面之间的间隙应均匀	第6.4.5-2～4）条	/		
施工单位检查结果	专业工长：（签名）　　专业质量检查员：（签名）　　年　月　日					
监理单位验收结论	专业监理工程师：（签名）　　年　月　日					

7.3.11.8 轨道验·机-505 屏蔽门系统接地装置安装检验批质量验收记录

市政基础设施工程

屏蔽门系统接地装置安装检验批质量验收记录

轨道验·机-505

第　　页共　　页

<table>
<tr><td colspan="3">工程名称</td><td colspan="5"></td></tr>
<tr><td colspan="3">单位工程名称</td><td colspan="5"></td></tr>
<tr><td colspan="3">施工单位</td><td></td><td colspan="2">分包单位</td><td colspan="2"></td></tr>
<tr><td colspan="3">项目负责人</td><td></td><td colspan="2">项目技术负责人</td><td colspan="2"></td></tr>
<tr><td colspan="3">分部（子分部）
工程名称</td><td></td><td colspan="2">分项工程名称</td><td colspan="2"></td></tr>
<tr><td colspan="3">验收部位/区段</td><td></td><td colspan="2">检验批容量</td><td colspan="2"></td></tr>
<tr><td colspan="3">施工及验收依据</td><td colspan="5">《城市轨道交通站台屏蔽门系统技术规范》CJJ 183</td></tr>
<tr><td colspan="3">验收项目</td><td>设计要求或规范规定</td><td>最小/实际抽样数量</td><td>检查记录</td><td colspan="2">检查结果</td></tr>
<tr><td rowspan="5">主控项目</td><td>1</td><td>接地电阻值测试</td><td></td><td>/</td><td></td><td colspan="2"></td></tr>
<tr><td>2</td><td>接地装置测试点的设置</td><td></td><td>/</td><td></td><td colspan="2"></td></tr>
<tr><td></td><td></td><td></td><td></td><td></td><td colspan="2"></td></tr>
<tr><td></td><td></td><td></td><td></td><td></td><td colspan="2"></td></tr>
<tr><td></td><td></td><td></td><td></td><td></td><td colspan="2"></td></tr>
<tr><td rowspan="4">一般项目</td><td>1</td><td>接地装置选用的材质和允许的最小规格、尺寸</td><td></td><td>/</td><td></td><td colspan="2"></td></tr>
<tr><td></td><td></td><td></td><td></td><td></td><td colspan="2"></td></tr>
<tr><td></td><td></td><td></td><td></td><td></td><td colspan="2"></td></tr>
<tr><td></td><td></td><td></td><td></td><td></td><td colspan="2"></td></tr>
<tr><td>施工单位检查结果</td><td colspan="7">专业工长：（签名）　　专业质量检查员：（签名）　　年　月　日</td></tr>
<tr><td>监理单位验收结论</td><td colspan="7">专业监理工程师：（签名）　　年　月　日</td></tr>
</table>

7.3.11.9 轨道验·机-506 顶箱盖板安装检验批质量验收记录

市政基础设施工程

顶箱盖板安装检验批质量验收记录

轨道验·机-506

第　页共　页

<table>
<tr><td colspan="3">工程名称</td><td colspan="4"></td></tr>
<tr><td colspan="3">单位工程名称</td><td colspan="4"></td></tr>
<tr><td colspan="3">施工单位</td><td>分包单位</td><td colspan="3"></td></tr>
<tr><td colspan="3">项目负责人</td><td>项目技术负责人</td><td colspan="3"></td></tr>
<tr><td colspan="3">分部（子分部）工程名称</td><td>分项工程名称</td><td colspan="3"></td></tr>
<tr><td colspan="3">验收部位/区段</td><td>检验批容量</td><td colspan="3"></td></tr>
<tr><td colspan="3">施工及验收依据</td><td colspan="4">《城市轨道交通站台屏蔽门系统技术规范》CJJ 183</td></tr>
<tr><td colspan="3">验收项目</td><td>设计要求或规范规定</td><td>最小/实际抽样数量</td><td>检查记录</td><td>检查结果</td></tr>
<tr><td rowspan="5">主控项目</td><td>1</td><td>各盖板、支架质检爬电距离间隙，绝缘性能</td><td>第6.4.7-1～1）条</td><td>/</td><td></td><td></td></tr>
<tr><td>2</td><td>顶箱后封板安装牢固，前盖板安装平整，起开起角度不小于70度，并能在最大开启角度定位</td><td>第6.4.7-1～2）条</td><td>/</td><td></td><td></td></tr>
<tr><td></td><td></td><td></td><td></td><td></td><td></td></tr>
<tr><td></td><td></td><td></td><td></td><td></td><td></td></tr>
<tr><td></td><td></td><td></td><td></td><td></td><td></td></tr>
<tr><td rowspan="6">一般项目</td><td>1</td><td>相邻盖板间距均匀</td><td>第6.4.7-2～1）条</td><td>/</td><td></td><td></td></tr>
<tr><td>2</td><td>相邻盖板的平面平整</td><td>第6.4.7-2～2）条</td><td>/</td><td></td><td></td></tr>
<tr><td>3</td><td>前下盖板的支撑构件</td><td>第6.4.7-2～3）条</td><td>/</td><td></td><td></td></tr>
<tr><td>4</td><td>盖板密封胶，盖板外观</td><td>第6.4.7-2～4）条
第6.4.7-2～5）条</td><td>/</td><td></td><td></td></tr>
<tr><td>5</td><td>后盖板毛刷</td><td>第6.4.7-2～6）条</td><td>/</td><td></td><td></td></tr>
<tr><td></td><td></td><td></td><td></td><td></td><td></td></tr>
<tr><td>施工单位检查结果</td><td colspan="6">专业工长：（签名）　　专业质量检查员：（签名）　　年　月　日</td></tr>
<tr><td>监理单位验收结论</td><td colspan="6">专业监理工程师：（签名）　　年　月　日</td></tr>
</table>

7.3.11.10 轨道验·机-507 配电柜、控制柜和配电箱安装检验批质量验收记录

市政基础设施工程

配电柜、控制柜和配电箱安装检验批质量验收记录

轨道验·机-507

第　　页 共　　页

工程名称						
单位工程名称						
施工单位			分包单位			
项目负责人			项目技术负责人			
分部（子分部）工程名称			分项工程名称			
验收部位/区段			检验批容量			
施工及验收依据	《城市轨道交通站台屏蔽门系统技术规范》CJJ 183					
验收项目			设计要求或规范规定	最小/实际抽样数量	检查记录	检查结果
主控项目	1	金属框架及基础型钢的接地或接零；门的接地跨接及其标识		/		
	2	防止电击伤害的保护可靠；保护导体的端子设置及导体的截面积		/		
	3	柜、屏、台、箱、盘之间的连接及其与基础型钢的连接		/		
	4	柜、屏、台、箱、盘间馈电和二次控制线路绝缘电阻测试		/		
	5	箱（盘）内配线与接线连接（含防松措施及设零线和保护地线汇流排）；开关（含断路器及漏电保护装置等）动作		/		
一般项目	1	柜、屏、台、箱、盘内元（器）件、装置、接线的选用及其动作、标识的检查试验		/		
	2	柜、屏、台、箱、盘间馈电和二次控制回路的配线选用，二次控制回路连线的绑扎、固定和标识		/		
	3	柜、屏、台、箱、盘可动面板（门）上所装电器的连接线选用及其敷设长度裕量、加强绝缘的外护套、线端固定和连接		/		
	4	箱（盘）材质选用，安装位置，箱体开孔适配，涂镀层，箱（盘）内接线及其回路标识		/		
施工单位检查结果	专业工长：（签名）　　专业质量检查员：（签名）　　年　月　日					
监理单位验收结论	专业监理工程师：（签名）　　年　月　日					

7.3.11.11 轨道验·机-508 电线、电缆穿管和线槽敷线检验批质量验收记录

市政基础设施工程

电线、电缆穿管和线槽敷线检验批质量验收记录

轨道验·机-508

第　页共　页

<table>
<tr><td colspan="3">工程名称</td><td colspan="5"></td></tr>
<tr><td colspan="3">单位工程名称</td><td colspan="5"></td></tr>
<tr><td colspan="3">施工单位</td><td colspan="2"></td><td>分包单位</td><td colspan="2"></td></tr>
<tr><td colspan="3">项目负责人</td><td colspan="2"></td><td>项目技术负责人</td><td colspan="2"></td></tr>
<tr><td colspan="3">分部（子分部）
工程名称</td><td colspan="2"></td><td>分项工程名称</td><td colspan="2"></td></tr>
<tr><td colspan="3">验收部位/区段</td><td colspan="2"></td><td>检验批容量</td><td colspan="2"></td></tr>
<tr><td colspan="3">施工及验收依据</td><td colspan="5">《城市轨道交通站台屏蔽门系统技术规范》CJJ 183</td></tr>
<tr><td colspan="3">验收项目</td><td>设计要求或
规范规定</td><td>最小/实际
抽样数量</td><td>检查记录</td><td colspan="2">检查结果</td></tr>
<tr><td rowspan="5">主控项目</td><td>1</td><td>三相或单相交流单芯电缆穿于钢管敷设的限制要求（不得单独穿于钢导管内）</td><td></td><td>/</td><td></td><td colspan="2"></td></tr>
<tr><td>2</td><td>不同回路、不同电压等级、交流与直流的电线不穿于同一管内；同一交流回路的电线穿于同一金属管内；管内不得有接头</td><td></td><td>/</td><td></td><td colspan="2"></td></tr>
<tr><td>3</td><td>线缆表面无划伤、破损</td><td>第6.4.9-1～1）条</td><td>/</td><td></td><td colspan="2"></td></tr>
<tr><td>4</td><td>通信线的屏蔽层、线槽、线缆保护管接地</td><td>第6.4.9-1～6）条</td><td>/</td><td></td><td colspan="2"></td></tr>
<tr><td>5</td><td>轨道侧线槽安装风压承受力</td><td>第6.4.9-1～8）条</td><td>/</td><td></td><td colspan="2"></td></tr>
<tr><td rowspan="3">一般项目</td><td>1</td><td>电线、电缆穿管前，管内的清扫及管口的保护；穿入线缆后，管口的密封</td><td></td><td>/</td><td></td><td colspan="2"></td></tr>
<tr><td>2</td><td>同一建（构）筑物内电线绝缘层颜色的选择（导线色标）规定</td><td></td><td>/</td><td></td><td colspan="2"></td></tr>
<tr><td>3</td><td>线槽敷线：导线余量、槽内无接头、回路标识、分段绑扎，同回路相、零线在同一金属线槽内敷，以及对同电源不同回路无抗干扰要求线路、有抗干扰要求线路的规定（措施）</td><td></td><td>/</td><td></td><td colspan="2"></td></tr>
<tr><td colspan="2">施工单位检查结果</td><td colspan="6">专业工长：（签名）　　专业质量检查员：（签名）　　年　月　日</td></tr>
<tr><td colspan="2">监理单位验收结论</td><td colspan="6">专业监理工程师：（签名）　　年　月　日</td></tr>
</table>

7.3.11.12 轨道验·机-509 中央接口盘（PSC）安装检验批质量验收记录

市政基础设施工程

中央接口盘（PSC）安装检验批质量验收记录

轨道验·机-509

第 页共 页

<table>
<tr><td colspan="3">工程名称</td><td colspan="5"></td></tr>
<tr><td colspan="3">单位工程名称</td><td colspan="5"></td></tr>
<tr><td colspan="3">施工单位</td><td colspan="2"></td><td colspan="2">分包单位</td><td></td></tr>
<tr><td colspan="3">项目负责人</td><td colspan="2"></td><td colspan="2">项目技术负责人</td><td></td></tr>
<tr><td colspan="3">分部（子分部）工程名称</td><td colspan="2"></td><td colspan="2">分项工程名称</td><td></td></tr>
<tr><td colspan="3">验收部位/区段</td><td colspan="2"></td><td colspan="2">检验批容量</td><td></td></tr>
<tr><td colspan="3">施工及验收依据</td><td colspan="5">《城市轨道交通站台屏蔽门系统技术规范》CJJ 183</td></tr>
<tr><td colspan="3">验收项目</td><td>设计要求或规范规定</td><td>最小/实际抽样数量</td><td>检查记录</td><td colspan="2">检查结果</td></tr>
<tr><td rowspan="6">主控项目</td><td>1</td><td>PSC 柜内接线端子</td><td></td><td>/</td><td></td><td colspan="2"></td></tr>
<tr><td>2</td><td>接线电缆</td><td></td><td>/</td><td></td><td colspan="2"></td></tr>
<tr><td>3</td><td>控制柜接安装</td><td></td><td>/</td><td></td><td colspan="2"></td></tr>
<tr><td>4</td><td>PSC 柜内电气元件安装</td><td></td><td>/</td><td></td><td colspan="2"></td></tr>
<tr><td>5</td><td>控制柜控制系统</td><td></td><td>/</td><td></td><td colspan="2"></td></tr>
<tr><td>6</td><td>PSC 柜外表</td><td></td><td>/</td><td></td><td colspan="2"></td></tr>
<tr><td rowspan="4">一般项目</td><td>1</td><td>PSC 柜铭牌</td><td></td><td>/</td><td></td><td colspan="2"></td></tr>
<tr><td>2</td><td>柜面指示灯</td><td></td><td>/</td><td></td><td colspan="2"></td></tr>
<tr><td></td><td></td><td></td><td></td><td></td><td colspan="2"></td></tr>
<tr><td></td><td></td><td></td><td></td><td></td><td colspan="2"></td></tr>
<tr><td colspan="2">施工单位检查结果</td><td colspan="6">专业工长：（签名） 专业质量检查员：（签名） 年 月 日</td></tr>
<tr><td colspan="2">监理单位验收结论</td><td colspan="6">专业监理工程师：（签名） 年 月 日</td></tr>
</table>

7.3.11.13 轨道验·机-510 电源系统安装检验批质量验收记录

市政基础设施工程

电源系统安装检验批质量验收记录

轨道验·机-510

第　　页 共　　页

工程名称						
单位工程名称						
施工单位			分包单位			
项目负责人			项目技术负责人			
分部（子分部）工程名称			分项工程名称			
验收部位/区段			检验批容量			
施工及验收依据	《城市轨道交通站台屏蔽门系统技术规范》CJJ 183					
验收项目			设计要求或规范规定	最小/实际抽样数量	检查记录	检查结果
主控项目	1	站台门直流驱动电源		/		
	2	交流控制电源		/		
	3	直流控制电源		/		
	4	过流、过压保护	第6.4.10-1～1)	/		
	5	驱动、控制电源与外电源隔离阻抗	第6.4.10-1～2)	/		
	6	各金属结构之间等电位连接	第6.4.10-1～4)	/		
	7	门体状态监测	第6.4.10-1～5)	/		
	8	声光报监装置	第6.4.10-1～5)	/		
	9	驱动电源的备用电源容量		/		
	10	控制电源的备用电源容量		/		
一般项目	1	供电系统柜体		/		
	2	供电系统开关		/		
	3	供电系统仪表		/		
	4	蓄电池放电前后电压		/		
	5	蓄电池与外部接口电缆安装		/		
施工单位检查结果	专业工长：（签名）　　专业质量检查员：（签名）　　年　月　日					
监理单位验收结论	专业监理工程师：（签名）　　年　月　日					

7.3.11.14　轨道验·机-511　系统调试检验批质量验收记录

市政基础设施工程

系统调试检验批质量验收记录

轨道验·机-511

第　　页共　　页

工程名称						
单位工程名称						
施工单位			分包单位			
项目负责人			项目技术负责人			
分部（子分部）工程名称			分项工程名称			
验收部位/区段			检验批容量			
施工及验收依据	《城市轨道交通站台屏蔽门系统技术规范》CJJ 183					
验收项目			设计要求或规范规定	最小/实际抽样数量	检查记录	检查结果
主控项目	1	滑动门、应急门功能		/		
	2	IBP、LCB、DOI、PSL、SMT功能		/		
	3	通电前中央接口盘、配电柜、蓄电池柜及就地控制盘壳体与车站地之间的接地电阻值		/		
	4	通电前站台门与轨道连接的等电位电阻值		/		
	5	整列门体在500VDC电压下进行测试的绝缘电阻值		/		
	6	5000次循环测试		/		
	7	IBP联调		/		
	8	ISCS联调		/		
	9	信号联调		/		
施工单位检查结果	专业工长：（签名）　　专业质量检查员：（签名）　　年　月　日					
监理单位验收结论	专业监理工程师：（签名）　　年　月　日					

7.4 填 表 说 明

7.1 通用表格

7.1.1 检查（测）验收及汇总

该节用表适用于各专业工程，主要包括了对工程材料检验、施工/安全及功能性检测质量情况进行检查汇总，以及工序/检验批、分项、分部工程质量验收等方面的通用表式。

7.1.2 地基基础

本节用表以《建筑地基基础工程施工质量验收规范》GB 50202—2018、《地下防水工程质量验收规范》GB 50208—2011 为编制依据，适用于各专业工程该结构部位质量验收没有专用表或专用表不齐全、不能满足实际验收需求时填写。

7.1.3 混凝土结构

本节用表以《混凝土结构工程施工质量验收规范》GB 50204—2015 为编制依据，适用于各专业工程该类型结构质量验收没有专用表或专用表不齐全、不能满足实际验收需求时填写。

7.1.4 钢结构

本节用表以《钢结构工程施工质量验收规范》GB 50205—2001 为编制依据，适用于各专业工程该类型结构质量验收没有专用表或专用表不齐全、不能满足实际验收需求时填写。

7.1.1 检查（测）验收及汇总

7.1.1.13 轨道验·通-13 主体结构渗漏及修补情况检查汇总表

1. 编制依据

（1）《混凝土结构工程施工质量验收规范》GB 50204—2015。

（2）《地下防水工程质量验收规范》GB 50208—2011。

2. 填写要求

（1）记录必须分日期、分部位、渗漏描述、修补方法、修补效果、量测。

（2）裂缝：缝隙从混凝土表面延伸至混凝土内部，构件主要受力部位有影响结构性能的裂缝，用红颜色做记号。

（3）每个渗漏修补点都需记录。

3. 实施要点

（1）检查现场调配的配合比是否按方案施工。

（2）混凝土表面修补过后是否平整、裂缝、麻面等缺陷。

（3）外观质量一般缺陷。

4. 表格解析

现浇结构不应有影响结构性能和使用功能尺寸偏差。对超过尺寸允许偏差影响结构性能和安装，应有施工单位提出技术方案，并经监理（建设）单位进行处理。对处理部位应重新验收。

7.1.1.18 轨道验·通-18 锚栓（固定）装置牢固性试验验收记录

一、适用范围

本表用于接触网锚栓（固定）装置牢固性试验过程记录。

二、执行标准

《混凝土后锚固件抗拔和抗剪性能检测技术规程》DBJ/T 15—35—2004 等。以最新颁布的规范、标准为准。

三、表内填写提示

按照《混凝土后锚固件抗拔和抗剪性能检测技术规程》DBJ/T 15—35—2004 的要求填写。

7.1.1.19 轨道验·通-19 电缆单盘测试验收记录

一、适用范围

本表用于设备安装工程电缆单盘测试记录。

二、执行标准

应符合现行国家标准《城市轨道交通信号工程质量验收标准》GB 50578—2010、《城市轨道交通通信工程质量验收标准》GB 50382—2016 等相关规定。

三、表内填写提示

（1）绝缘电阻：根据规范要求，测试并记录实测值。

（2）直流电阻：根据规范要求，测试并记录实测值。

7.1.1.20 轨道验·通-20 光缆单盘测试验收记录

一、适用范围

本表用于设备安装工程光缆单盘测试记录。

二、执行标准

应符合现行国家标准《城市轨道交通信号工程质量验收标准》GB 50578—2010、《城市轨道交通通信工程质量验收标准》GB 50382—2016 等相关规定。

三、表内填写提示

按照《城市轨道交通信号工程质量验收标准》GB 50578—2010、《城市轨道交通通信工程质量验收标准》GB 50382—2016 等相关规定，根据不同的波长测试光缆的衰减值。

7.1.1.21 轨道验·通-21 避雷针（网）及接地装置隐蔽工程验收记录

1. 编制依据

（1）《建筑物防雷设计规范》GB 50057—2010。

（2）《建筑物防雷施工与质量验收规范》GB 50601—2010。

2. 填写要求

（1）记录必须分日期，分单元（部位）进行。

（2）避雷针及接地装置的安装应进行监理旁站（对无监理项目，应由建设单位承担）。

（3）避雷针（网）及接地装置隐蔽验收记录应由项目专业质检员及监理工程师签证认可，手续应齐全。

3. 实施要点

（1）避雷网和避雷带宜采用圆钢或扁钢，优先采用圆钢。圆钢直径不应小于 8mm。扁钢截面不应小于 48mm^2。其厚度不应小于 4mm。

（2）埋于土壤中的人工垂直接地体宜采用角钢、钢管或圆钢；埋于土壤中的人工水平接地体宜采用扁钢或圆钢。圆钢直径不应小于 10mm；扁钢截面不应小于 100m^2，其厚度不应小于 4mm；角钢厚度不应小于 4mm；钢管壁厚不应小于 3.5mm。

（3）金属板之间采用搭接时，其搭接长度不应小于 100mm。

（4）每根引下线的冲击接地电阻不宜大于 10Ω。

4. 表格解析

（1）施工形象进度：避雷针（网）及接地装置施工已完成。

（2）试验部位：接地装置的接地阻值、钢材品种规格、搭接长度详见《建筑物防雷设计规范》GB 50057—2010。

7.1.1.26 轨道验·通-26 绝缘子绝缘电阻测试验收记录

一、适用范围

本表用于接触网绝缘子绝缘电阻测试过程记录。

二、执行标准

参照广州地铁集团有限公司供电系统施工质量验收标准及深圳市地铁集团有限公司《接触网（刚、柔）安装工程施工质量验收标准（试行）》QB/SZMC—21402—2014。

三、表内填写提示

按照广州地铁集团有限公司供电系统施工质量验收标准及深圳市地铁集团有限公司《接触网（刚、柔）安装工程施工质量验收标准（试行）》QB/SZMC—21402—2014的要求填写。

7.1.1.30　轨道验·通-30　________安装检查记录

一、适用范围

本表用于设备安装工程设备、材料安装检查记录。

二、执行标准

应符合设备安装工程各系统设备、材料安装的相关国家、行业标准等。

三、表内填写提示

根据各系统设备、材料相关国家、行业标准中的要求进行安装检查，并填写检查结果。

7.1.6　建筑节能

7.1.6.5　市政验·通-195　通风与空调系统节能工程检验批质量验收记录

一、适用范围

本表适用于通风与空调系统节能工程检验批的质量验收。

二、检验批划分说明

通风与空调节能工程验收的检验批划分应按本规范第3.4.1条的规定执行。当需要重新划分检验批时，可按系统、不同功能区域等划分为若干个检验批。

地铁通风与空调系统节能工程可划分为车站公共区通风与空调系统、设备及管理用房通风与空调系统、车站轨道行车区隧道通风系统三个功能分区。

三、《地铁节能工程施工质量验收规范》DBJ5—114—2016规范摘要

Ⅰ　主控项目

5.2.1　通风与空调系统节能工程说采用的设备、管道、自控阀门、仪表、绝热材料等产品进行进场验收，并对应下列产品的技术性能参数和功能进行核查。验收和核查的结果应经监理工程师（建设单位代表）检查认可，且应形成相应的验收和核查记录。各种材料和设备的质量证明文件和相关技术资料应齐全，并应符合设计要求和国家、省现行有关标准规定。

1. 组合式空调机组、柜式空调机组、新风机组及多联空调系统室内机等设备的供冷量、风量、风压、噪声及功率，风机盘管机组的供冷量、风量、水阻力、噪声及功率。

2. 风机、排风热回收装置的风量、风压、功率、风机单位风量耗功率及额定热回收效率。

3. 金属风管、复合材料风管及成品风管的规格、材质及厚度。

4. 自控阀门与仪表的类型、规格、材质及压力。

5. 绝热材料的导热系数、密度、厚度及吸水率。

检验方法：观察、尺量检查；核查质量证明文件。

检查数量：全数检查。

5.2.2　通风与空调节能工程风机盘管机组和绝热材料进场时，应对其下列性能进行复验，复验应为见证取样送检。

1. 风机管盘机组的供冷量、风量、水阻力、功率及噪声。

2. 绝热材料的导热系数、密度、吸水率及有机绝热材料的燃烧性能。

检验方法：核查复验报告。

检查数量：同厂家、同形式的风机盘管机组，按数量复验1%，但不得少于一台。

5.2.3　风机基本参数和实际性能、能效等级应符合设计要求和相关标准的规定，并应有由权威部门出具的风机形式试验报告和耐高温检测报告。

检验方法：观察检查；核查检验报告等技术资料。

检查数量：全数检查。

5.2.4　通风与空调节能工程中的送、排风系统、新风系统及空调风系统、空调水系统的安装，应符合下列规定：

1. 各系统的形式，应符合设计要求。

2. 各种设备、自控阀门、过滤器与仪表应按设计要求安装齐全，不得随意增减和更换。

3. 水系统各分支管路水力平衡装置、温控装置与仪表的安装位置、方向应符合设计要求，并便于观察、操作和调试。

4. 空调系统应满足设计要求的分系统、分区、分层、分室温度调控和冷计量功能。

检验方法：观察检查。

检查数量：全数检查。

5.2.5　风管的制作与安装应符合下列规定：

1. 风管的材质、断面尺寸及厚度、平整度等应符合设计要求。

2. 风管的部件、风管与土建风道及风管间的连接应严密、牢固。

3. 风管的严密性及强度检验结果应符合设计要求和《地下铁道工程施工及验收规范》GB 50299 等现行国家标准的有关规定。

4. 需要绝热的风管与金属支架的接触处、符合材料风管及需要绝热的非金属管的连接和内部支撑加固等处，应有放热桥的措施，并应符合设计要求。

检验方法：观察、尺量检查；核查风管及风管系统严密性及强度检验报告。

检查数量：按数量抽查 10%，且不得少于 1 个人系统。

5.2.6　空调机组、新风机组及风机管盘机组的安装应符合下列规定：

1. 规格、数量应符合设计要求。

2. 安装位置和方向应正确，且与风管、送风静压箱、回风箱、阀门的连接应严密可靠。

3. 机组与供回水管的连接应正确，机组下部冷凝水排放管的水封高度应符合设计要求。

4. 现场组装的组合式空调机组各功能段之间连接应严密，并应作漏风量的检测；其漏风量必须符合现行国家标准《组合式空调机组》GB/T 14294 的规定。

5. 机组内的空气热交换器翅片和空气过滤器应清洁、完好，且安装位置和方向必须正确，并便于维护和清理。过滤器的阻力应满足设计要求和相关标准的规定。

检验方法：观察检查；核查漏风量测试记录。

检查数量：按同类产品的数量抽查 20%，且不得少于 1 台。

5.2.7　多联式空调机组安装应符合以下规定：

1. 规格、数量应符合设计要求。

2. 机组与风管、回风箱及风口的连接应严密、可靠。

3. 室外机应安装于通风良好且干燥的位置，尽量避免电磁波、高温热源、阳光直接辐射等的影响。

4. 冷凝水的排水应符合设计要求，并应作排水试验。

5. 制冷剂管道的连接应保证接缝严密，无渗漏，绝热应符合设计要求。

6. 制冷剂管道等效长度应符合设计要求。

7. 安装完毕之后，应对制冷剂管道系统和室内机进行气密性试验和真空干燥试验，以及制冷剂充注。

检验方法：观察、尺量检查；核查清洗、气密性、真空干燥和制冷充注检验记录。

检查数量：按数量抽查 20%，且不得少于 1 台。

5.2.8　风机的安装应符合下列规定：

1. 规格、数量应符合设计要求。

2. 安装位置及进、出口方向及做法应正确，与风管的连接应严密、可靠。

3. 全空气空调系统的送、排风机的风量、风压及耗功率应满足设计要求及相关规定。

检验方法：观察方法；按设计施工图进行核对。

检查数量：按数量抽查20%，且不得少于1台。

5.2.9 组合风阀的安装应符合下列规定：

1. 在结构墙体上安装时，应设支撑框架，框架表面应平整、尺寸正确、四角方正、横平竖直、焊缝饱满；框架与预埋件焊接牢固，框架与结构墙体间应填充密封材料。

2. 组合风阀与框架、风阀与风阀之间连接应牢固可靠，不漏风。

3. 组合风阀与框架、所采用的密封件、涂料及电动执行机构耐高温、耐湿性能应符合设计要求。

4. 组合风阀的执行机构及联动装置动作可靠，阀板或叶片的开启角度一致、关闭严密，并与输入输出信号一致。

5. 组合风阀的有效通风面积应不小于80%，在风阀全开时，阻力系数应小于或等于0.5。

检验方法：观察检查；核查技术资料。

检查数量：按数量抽查20%，且不得少于1个。

5.2.10 消声器的安装应符合下列规定：

1. 在结构墙上安装时，应设支撑框架。框架表面应平整、尺寸正确、四角方正、横平竖直、焊缝饱满；框架与预埋件焊接牢固，框架与结构墙体间应填充密封材料。

2. 消声器缝隙封堵严密，其漏风量应符合设计和现行国家标准的要求。

3. 吸声体应保持清洁，无灰尘堵塞穿板孔的孔洞，且吸声体各纵向段应相互平行，前端外缘应处于与气体方向垂直的同一平面内，且与中间连接板结合牢固；各段间及结构侧壁的距离应符合设计要求。

检验方法：观察检查；核查技术资料。

检查数量：按数量抽查20%，且不得少于1个。

5.2.11 空调机组、新风机组及风机盘管机组水系统自控阀门与仪表的安装应符合下列规定：

1. 规格、数量应符合设计要求。

2. 方向应正确，位置应便于操作和观察。

检验方法：观察方法。

检查数量：按类型数量抽查10%，且均不得少于1个。

5.2.12 空调风管系统及部件的绝热层和防潮层施工应符合下列规定：

1. 绝热材料的燃烧性能、材质、规格及厚度等应符合设计要求。

2. 绝热层与风管、部件及设备应紧密贴合，无裂缝、空隙等缺陷，且纵、横向的接缝应错开。

3. 绝热层表面应平整。当采用卷材或板材时，其厚度允许偏差为5mm；采用涂抹或其他方式时，其厚度允许偏差为10mm。

4. 风管法兰部位绝热层的厚度，不应低于风管绝热层厚度的80%。

5. 风管穿楼板和穿墙处的绝热层应连续、不间断。

6. 防潮层（包括绝热层的端部）应完整，且封闭良好，其搭接缝应顺水。

7. 带有防潮层、隔汽层绝热材料的拼缝处，应用胶带严封，粘胶带的宽度不应少于50mm。

8. 风管系统阀门等部件的绝热，不得影响其操作功能。

9. 阀门绝热层要严密，无缝隙，阀门操作机构不得有结露和滴水现象。

检验方法：观察检查；用钢针刺入绝热层、尺量检查。

检查数量：管道按轴线长度抽10%；风管穿楼板和穿墙处及阀门等配件抽查10%，且不得少于2个。

5.2.13 空调冷水系统管道、制冷剂管道及配件绝热层和防潮层的施工，应符合下列规定：

1. 绝热材料的燃烧性能、材质、规格及厚度等应符合设计要求。

2. 绝热管壳的捆扎、粘贴应牢固，铺设应平整；硬质或半硬质的绝热管壳每节至少应用防腐金属丝、耐腐蚀带或专用胶带捆扎、粘贴 2 道，其间距为 300～350mm，且捆扎、粘贴应紧贴，无滑动、松弛与断裂现象。

3. 硬质或半硬质绝热管壳的拼接缝隙，保冷时不应大于 2mm，并用粘结材料勾缝填满；纵缝应错开，外层的水平接缝应设在侧下方。

4. 松散或软质绝热材料应按规定密度压缩其体积，疏密应均匀，搭接处不应有空隙。

5. 防潮层与绝热层应结合紧密，封端良好，不得有虚贴、气泡、皱褶、裂缝等缺陷。

6. 立管的防潮层应由管道的低端向高端敷设，环向搭接缝应朝向低端；纵向搭接缝应位于管道的侧面，并顺水。

7. 卷材防潮层采用螺旋形缠绕的方式施工时，卷材的搭接宽度宜为 30～50mm。

8. 空调冷水管道及制冷剂管道穿楼板和穿墙处的绝热层应连续、不间断，且绝热层与穿楼板和穿墙处的套管之间应用不燃材料填实，不得有空隙；套管两端应进行密封封堵。

9. 管道阀门、过滤器及法兰部位的绝热结构应严密，并能单独拆卸，且不得影响其操作功能。

检验方法：观察检查；用钢针刺入绝热层、尺量检查。

检查数量：按数量抽查 10%，且绝热层不得少于 10 段、防潮层不得少于 10m、阀门等配件不得少于 5 个。

5.2.14　空调冷冻水管道及制冷剂管道与支、吊架之间应设置绝热衬垫，其厚度不应小于绝热层厚度，宽度应大于支、吊架支承面的宽度。衬垫的表面应平整，衬垫与绝热材料间应填实、无空隙。

检验方法：观察、尺量检查。

检查数量：按数量抽查 5%，且不得少于 5 处。

5.2.15　通风与空调系统在调试前，应对风管系统进行无过滤网吹扫。试运行后，应对过滤网进行清洗或更换。

检验方法：观察检查；核查吹扫或清洗记录。

检查数量：全数检查。

5.2.16　通风与空调系统安装完毕，应进行通风机和空调机组等设备的单机运转和调试，并应进行系统的风量平衡调试，通风系统和空调系统应分别连续、稳定运行 6h 和 8h 以上，单机试运转和调试结果应符合设计要求；系统的总风量与设计风量的允许偏差不应大于 10%，风口的风量与设计风量的允许偏差不应大于 15%。

检验方法：核查试运转和调试记录。

检查数量：全数检查。

5.2.17　多联机空调系统安装完毕后，应进行系统的试运转与调试，并应在工程验收前，进行系统带负荷效果运行检验，检验结构应符合射界要求。

检验方法：核查系统试运行和调试及系统带负荷效果运行检验记录。

检查数量：全数检查。

Ⅱ　一般项目

5.3.1　通风与空调系统中送、回风口、新风口、排风口的型号、规格、数量、功能应符合设计要求，其安装位置及方向应正确，应能满足系统风量调整。

检验方法：观察检查。

检查数量：全数检查。

7.1.6.7　轨道验·通-197　配电与照明节能工程检验批质量验收记录

一、填写依据

《地铁节能工程施工质量验收规范》DBJ 5—114—2016。

二、检验批划分说明

配电与照明节能工程验收的检验批划分应按本规范第 3.4.1 条的规定执行。当需要重新划分检验批时，可按照公共区、设备及管理用房、车站轨行区轨道划分为若干个检验批

三、《地铁节能工程施工质量验收规范》DBJ 5—114—2016 规范摘要

Ⅰ 主控项目

7.2.1 配电与照明节能工程采用的配电设备、电线电缆、照明光源、灯具及其附属装置等产品进场时，应按设计要求对其类型、灯具及其附属装置等产品进场时，应按设计要求对其类型、材质、规格及外观等进行验收，验收结果应经监理工程师（建设单位代表）检查认可，且应形成相应的验收和核查记录。各种材料和设备的质量证明文件和相关技术资料应齐全，并应符合设计要求和国家、省现行有关标准的规定。

检验方法：观察检查；技术资料和性能检测报告等质量证明文件与实物核对。

检查数量：全数检查。

7.2.2 配电与照明节能工程采用的照明光源、灯具及其附属装置，低压配电系统选择的电线、电缆进场时，应对其下列性能参数进行复验，复验应为见证取样送检：

1. 光源初始光效。

2. 灯具镇流器能效值。

3. 灯具效值。

4. 照明设备谐波含量值。

5. 电线、电缆的导体截面和电阻值。

检验方法：现场随机抽样送检；核查复验报告。

检查数量：光源、镇流器、灯具、照明设备，同厂家、同材质、同类型的，其数量 500 个（套）及以下时抽检 2 个（套），500 个（套）以上时抽检 3 个（套）。

同一厂家各种规格电线、电缆总数的 10%，且不少于 2 个规格。

7.2.3 低压配电系统选择的导体截面不得低于设计值。

检验方法：核查质量证明文件及相关技术资料。

检查数量：全数检查。

7.2.4 工程安装完成后应对配电系统进行调试，调试合格后应对低压配电线系统以下技术参数进行测试，其测试结果应符合下列规定：

1. 受电端电压允许偏差：三相供电电压允许偏差为标称系统电压的±7%；单相 220V 为+7%、−10%。

2. 正常运行情况下用电设备端子处电压允许偏差：对于室内照明±5%，车站轨行区钟明±5%～±10%，一般用途电动机±5%、电梯电动机±7%，其他无特殊规定设备±5%。

3. 10kV 及以下配电变压器低压侧，功率因数不低于 0.9。

4. 配电系统谐波电压限值为：380V 的电网标称电压，电压总谐波畸变率（THDu）为 5%，奇次（1～25 次）谐波含有率为 4%，偶次（2～24 次）谐波含有率为 2%。

5. 谐波电流不应超过国家现行有关标准的规定。

检验方法：负荷在 40%以上负荷检测条件的情况下，使用标准仪器表进行现场测试；对于室内插座等装置使用带负载模拟的仪表进行测试。

检查数量：受电端全数检查，末端处抽测 5%。

7.2.5 照明系统安装完成后应通电试运行，按设计要求测试并记录照明系统的照度和功率密度值。

1. 照度值不得小于设计值的 90%。

2. 功率密度值应符合设计要求或现行国家标准《城市轨道交通照明》GB/T 16275 中的规定。

检验方法：在无外界光源的情况下，检测被检区域内平均照度和功率密度。

检查数量：各典型功能区域检查不少于2处。

Ⅱ 一般项目

7.3.1 母线与母线或母线与电器接线端子，当采用螺栓搭接连接时应牢固、可靠，且符合相关标准的规定。

检验方法：使用力矩扳手对压接螺栓进行力矩检测。

检查数量：母线按检验批抽查10%

7.3.2 交流单芯电缆或分相后的每相电缆宜品字形（三叶形）敷设，且不得形成闭合铁磁回路。

检验方法：观察检查。

检查数量：全数检查。

7.1.6.8 轨道验·通-198 监测与控制节能工程检验批质量验收记录

一、填写依据

《地铁节能工程施工质量验收规范》DBJ 5—114—2016。

二、检验批划分说明

监测与控制节能工程检验批的划分应按照本规范第3.4.1条规定执行。

三、《地铁节能工程施工质量验收规范》DBJ5—114—2016规范摘要

Ⅰ 主控项目

10.2.1 节能监测与控制工程采用的设备、材料及附属产品进场时，应按照设计要求对其品种、规格、型号、外观和性能等进行检查验收，并应经监理工程师（建设单位代表）检查认可，形成相应的验收与核查记录。各种材料和设备的质量证明文件和相关技术资料应齐全，并应符合国家、省现行有关标准的规定。还应对下列产品进行重点检查：

1. 涉及系统集成的部分应在设备进场前进行工厂测试，保证集成系统各功能复合设计要求。

2. 自动控制阀门和执行机构应检查相关设计计算书，并校核门口口径等参数。

检验方法：进行外观检查；对照设计文件核查质量证明文件。

检查数量：全数检查。

10.2.2 监测与控制系统安装质量应符合以下规定：

1. 传感器及执行机构的安装质量应符合现行国家标准《自动化仪表工程施工及质量验收规范》GB 50093的有关规定。

2. 阀门及流量仪表的型号和参数、仪表前后的直管段长度及流体方向等应符合设计要求。

3. 温度传感器的安装位置、插入深度应符合设计要求。

4. 涉及节能控制的关键传感器应预留检测孔或检测位置，管道保温时应作明显标识。

检验方法：对照图纸或产品说明书，观察检查和尺量检查。

检查数量：每种仪表按20%抽检，不足10台应全部检查。

10.2.3 节能监测与控制工程的系统集成软件安装并完成系统地址配置后，在软件加载到现场控制器前，应对综合监测系统工作站软件功能进行逐项测试，测试结果应符合设计文件要求。测试项目包括：系统集成功能、数据采集功能、警报连锁控制、设备运行状态显示、运动控制功能、程序参数下载、瞬间保护功能、紧急事故运行模式切换、历史数据处理等。

检验方法：观察检查；核查测试报告。

检查数量：全数检测。

10.2.4 节能监测与控制系统和通风与空调系统应同步进行试运行与调试，并应符合下列规定：

1. 当通风与空调系统稳定时，应进行不少于5d的正常运行，系统控制及故障报警功能应符合设计要求。

2. 当通风与空调系统不稳定时，可采用模拟方式进行系统试运行与调试。

检验方法：观察检查；核查调试报告和试运行记录。

检查数量：全数检查。

10.2.5　能耗监测计量装置宜具备数据远传功能和能耗核算功能，其设置应符合下列规定：

1. 按分区、分类、分系统、分项进行设置和监测。

2. 对主要能耗系统、大型设备的耗能量（含水、电）、输出冷量等参数进行检测。

检验方法：观察检查，并在综合监控系统工作站调用监测数据及能耗图表。

检查数量：全数检查。

10.2.6　当冷源的水系统采用变频调节控制方式时，在最低频率工况下，机组、水泵应能满足设计要求，安全、可靠、节能运行。

检验方法：利用标准仪器现场实测数据，计算得出机组能效系数（cop）、水泵运行效率。

检查数量：全数检测。

10.2.7　供配电的监测与数据采集系统应符合设计要求

检验方法：观察检查，在综合监控系统工作站显示运行数据并具有报警功能。

检查数量：全数检测。

10.2.8　照明自动控制系统的功能应符合设计要求，当设计无要求时，应符合下列规定：

1. 站厅、站台照明，应能实现分组控制；

2. 设备区、公共区、区间照明、广告照明，应能实现分区、分组控制。

检验方法：

1. 现场操作检查控制方式。

2. 依据施工图，按回路分组，在综合监控系统工作站上进行被检回路的快关控制。观察相应回路的动作情况。

3. 在综合监控系统工作站改变时间表控制程序的设定，观察相应回路的动作情况。

检查数量：现场操作检查为全数检查，在综合监控系统工作站上检查按照明控制箱总数的5%检测，不足五台全部检测。

10.2.9　电梯与自动扶梯宜由BAS实行监控。无人乘行时，应能实现节能模式运行。

检验方法：通过综合监控系统工作站对系统运行状态进行监视，与电梯和自动扶梯的实际工作情况进行核实。

检查数量：全数检测。

10.2.10　给水排水监测系统控制功能及故障、危险水位报警功能应符合设计要求。

检验方法：通过综合监控系统工作站参数设置或人为改变现场测控点状态，检测设备的控制功能；在综合监控系统工作站或现场模拟故障及危险水位，检测故障监视、危险水位报警和保护功能。

检查数量：按系统的50%抽样检测，不足5套全部检测。

Ⅱ　一般项目

10.3.1　地铁节能工程监测与控制系统可靠性、实时性、可操作性、可维护性等系统性能的检测，应包括下列内容：

1. 控制设备的有效性，执行器动作应与控制系统的指令一致。

2. 控制系统的采样速度、操作响应时间、报警反应速度。

3. 冗余设备的故障检测、切换时间和切换功能。

4. 应用软件的在线编程（组态）、参数修改、下载功能，设备及网络故障自检测功能。

5. 故障检测与诊断系统的报警和显示功能。

6. 被控设备的顺序控制和连锁功能。

7. 自动控制、远程控制、现场控制模式下的命令冲突检测功能。

8. 人机界面可视化功能。

检验方法：分别在综合监控系统工作站、现场控制器上和现场，利用参数设定、程序下载、故障设定、数据修改和事件设定等方法，通过与设定的参数要求对照，进行上述系统的性能检测。

检查数量：全数检测。

7.1.6.9 轨道验·通-199 围护结构节能工程检验批质量验收记录

一、填写依据

《地铁节能工程施工质量验收规范》DBJ 5—114—2016。

二、检验批划分说明

围护结构节能工程检验批应按下列规定划分：

1. 按围护结构类型划分检验批。

2. 检验批的划分也可根据施工、质量控制和专业验收的需要，按工程量、楼层、施工段、变形缝等进行。

3. 当按计数方法检验时，其抽样数量应符合本规范表 3.2.5 最小抽样数量的规定。

三、《地铁节能工程施工质量验收规范》DBJ 5—114—2016 规范摘要

Ⅰ 主控项目

4.2.1 用于地铁围护结构节能工程的绝热材料、站台门、设计有节能要求的门窗等，其品种、规格、尺寸和性能应符合设计要求和相关标准的规定：

检验方法：观察、尺量检查；核查质量证明文件。

检查数量：全数检查。

4.2.2 围护结构节能工程使用的绝热材料进场时，应对其导热系数或热阻、密度、压缩强度或抗压强度及有机绝热材料的燃烧性能进行复验，复验应为见证取样送检。

检验方法：核查质量证明文件及进场复验报告。

检查数量：同一施工单位、同一生产厂家的同一种产品，至少抽查 1 组。

4.2.3 站台门及设计有节能要求门窗的气密性能、玻璃传热系数应符合设计和相关标准要求。

检验方法：核查产品性能检测报告等质量证明文件。

检查数量：全数检查。

4.2.4 绝热材料的厚度应符合设计要求；绝热板材与基层及各层之间的粘结或连接必须牢固，粘结强度和连接方式应符合设计要求。

检验方法：观察检查；核查隐蔽工程验收记录；手扳检查；绝热材料厚度采用尺量、钢针插入或剖开检查。

检查数量：每个检验批抽查不少于 3 处。

4.2.5 设计有节能要求的门窗框或副框与洞口之间的间隙应采用弹性闭孔材料填充饱满，并使用密封胶密封；门窗框与副框之间的缝隙应使用密封胶密封。

检验方法：观察检查；核查隐蔽工程验收记录。

检查数量：全数检查。

4.2.6 站台门门机框与外部四周、各门扇与门楣、门槛面以及门槛面和立柱之间的安装间隙及密封应符合设计要求，两滑动门扇关闭应严密。

检验方法：观察、尺量检查；核查隐蔽工程验收记录。

检查数量：全数检查。

Ⅱ 一般项目

4.3.1 围护结构节能工程所使用的密封材料，其物理性能应符合相关标准中的要求。密封条安装位置应正确，镶嵌牢固，不得脱槽，接头处不得开裂。各门扇关闭时密封条应接触严密。

检验方法：观察检查。

检验数量：全数检查。

7.1.6.10　轨道验·通-200　电梯与自动扶梯节能工程检验批质量验收记录

一、填写依据

《地铁节能工程施工质量验收规范》DB J5—114—2016。

二、检验批划分说明

电梯与自动扶梯节能工程的验收，应符合本规范第 3.4.1 条规定。如需重新划分检验批，可按单台电梯或自动扶梯作为一个检验批来划分。

三、《地铁节能工程施工质量验收规范》DBJ 5—114—2016 规范摘要

Ⅰ　主控项目

8.2.1　电梯与自动扶梯节能工程与节能相关的主要材料、成品、配件和设备须具有质量合格证明文件。电梯和自动扶梯规格、型号、相关技术参数应符合设计要求和国家、省有关技术标准的规定。进场时应作检查验收，验收及核查的结果应经监理工程师（建设单位代表）核查确认，并应形成相应的验收、核查记录。

检验方法：观察检查；核查质量证明文件。

检查数量：全数检查。

8.2.2　单台曳引式乘客电梯能源效率等级和标准待机能耗应符合设计要求和相关标准的规定。

检验方法：核查技术文件资料、检验报告。

检查数量：全数检查。

7.1.6.11　轨道验·通-201　给水排水节能工程检验批质量验收记录

一、填写依据

《地铁节能工程施工质量验收规范》DBJ 5—114—2016。

二、检验批划分说明

给水排水节能工程验收的检验批划分应按本规范第 3.4.1 条规定执行。当需要重新划分检验批时，可按照公共区、设备及管理用房、车站轨行区隧道划分为若干个检验批。

三、《地铁节能工程施工质量验收规范》DBJ 5—114—2016 规范摘要

Ⅰ　主控项目

9.2.1　地铁给水排水节能工程所使用的主要材料、成品、半成品、配件、器具和设备应进行进场验收，并对应下列产品的技术性能参数进行核查。验收与核查的结果应经监理工程师（建设单位代表）检查认可，并应形成相应的验收、核查记录。各种产品和设备的质量证明文件和相关技术资料应齐全，并应符合国家和省现行有关标准的规定。

1. 水泵的流量、扬程、电机功率及效率。

2. 自控阀门与仪表的技术性能参数。

3. 管道和管径的类型、规格、材质、工作温度及工作压力。

检验方法：观察检查；核查质量证明文件。

检查数量：全数检查。

9.2.2　水泵、管道、设备仪表及阀门安装应符合下列规定：

1. 水泵的管口与管道连接应严密，无渗水、漏水现象。

2. 管道固定应牢固、无泄漏，坡度须符合设计要求；水平管道和水平管道、水平管道和立管的连接、立管与排出管端部的连接应符合设计及相关标准的要求。

3. 液压指示计或液位控制装置应指示正确，动作可靠，显示清晰。

4. 阀门安装位置、方向应正确，其轴线和管线一致；安装前应作强度和严密性试验。

检验方法：观察检查；核查技术文件资料及检验报告。

检查数量：水泵及管道应全数检查；设备仪表及阀门按本规范表 3.2.5 最小抽样数量的 2 倍进行抽样，主干管上切断作用的闭路阀门，应全数检查。

9.2.3 给水管道系统作水压试验；排水管道埋设前应作灌水试验和通水试验，试验结果应符合设计要求和相关标准的规定；给水排水工程施工完毕后，应进行水泵试运转及调试。

检验方法：观察检查；核查试验记录、试运转和调试记录。

检查数量：全数检查。

7.1.6.12 轨道验·通-202 地面节能工程检验批质量验收记录

一、检验批划分

1. 检验批可按施工段或变形缝划分。

2. 当面积超过 $200m^2$ 时，每 $200m^2$ 可划分为一个检验批，不足 $200m^2$ 也为一个检验批。

3. 不同构造做法的地面节能工程应单独划分检验批。

二、《建筑节能工程施工质量验收规范》GB 50446—2017 规范摘要

Ⅰ 主控项目

8.2.1 用于地面节能工程的保温材料，其品种、规格应符合设计要求和相关标准的规定。

检验方法：观察、尺量或称重检查；核查质量证明文件。

检查数量：按进场批次，每批随机抽取 3 个试样进行检查；质量证明文件应按照出厂检验批进行核查。

8.2.2 地面节能工程的保温材料，其导热系数、密度、抗压强度或压缩强度、燃烧性能应符合设计要求。

检验方法：核查质量证明文件和复验报告。

检查数量：全数检查。

8.2.3 地面节能工程采用的保温材料，进场时应对导热系数、密度、抗压强度或压缩强度、燃烧性能进行复验复验应为见证取样送检。

检验方法：随机抽样送检；核查复验报告。

检查数量：同一厂家同一品种的产品抽查不少于 3 组。

8.2.4 地面节能工程施工前，应对基层进行处理，使其达到设计和施工方案要求。

检验方法：对照设计和施工方案观察检查。

检查数量：全数检查。

8.2.5 建筑地面保温层、隔热层、保护层等各层的设置和构造做法以及保温层的厚度应符合设计要求。并应施工方案进行施工。

检验方法：对照设计和施工方案观察检查；尺量检查。

检查数量：全数检查。

8.2.6 地面节能工程的施工质量应符合下列规定：

1. 保温板与基层之间、各构造层之间的粘结应牢固，缝隙应严密。

2. 保温浆料层应分层施工。

3. 穿越地面直接接触室外空气的各种金属管道应按设计要求，采取隔断热桥的保温绝热措施。

检验方法：观察检查；核查隐蔽工程验收记录。

检查数量：每个检验批抽查 2 处，每处 $10m^2$；穿越地面的金属管道处全数检查。

8.2.7 有防水要求的地面，其节能保温做法不得影响地面排水坡度，保温层面层不得渗漏。

检验方法：用长度 500mm 水平尺检查；观察检查。

检查数量：全数检查。

8.2.8 严寒、寒冷地区的建筑首层直接与土壤接触的地面、采暖地下室与土壤接触的外墙、毗邻不采暖空间的地面以及底面直接接触室外空气的地面应按设计要求采取隔热保温措施。

检验方法：对照设计观察检查。

检查数量：全数检查。

8.2.9 保温层的表面防潮层、保护层应符合设计要求。

检验方法：观察检查。

检查数量：全数检查。

Ⅱ 一般项目

8.3.1 采用地面辐射供暖工程的地面，其地面节能做法应符合设计要求，并应符合《地面辐射供暖技术规程》JGJ 142的规定。

检验方法：观察检查。

检查数量：全数检查。

7.2 土建工程专用表

7.2.2 隧道区间

7.2.2.1 轨道验·土-33 洞身开挖检查质量验收记录

一、适用范围

本表适用于洞身开挖检查记录。

二、执行规范

《地下铁道工程施工质量验收标准》GB/T 50299—2018。

三、表内填写提示

开挖中线和高程必须符合设计要求

检查数量：每一开挖循环检查一次。

检验方法：全站仪、水准仪、激光断面测量仪检查。

第7.5.14条 隧道应按设计尺寸严格控制开挖断面尺寸，不得欠挖，其允许超挖值应符合表7.5.14的规定。

检查数量：每一开挖循环检查一次。

检验方法：全站仪、水准仪、激光断面测量仪测周边轮廓断面，绘断面图与设计断面核对。

第7.4.7-2条 爆破眼的眼痕率：硬岩应大于80%，中硬岩应大于70%，软岩应大于50%，并在轮廓面上均匀分布。

检查数量：全数检查。

检验方法：观察。

隧道允许超挖值（mm） 表7.5.14

隧道开挖部位	岩层分类							
	爆破岩层						土质和不需要爆破岩层	
	硬岩		中硬岩		软岩		平均	最大
拱部	平均	最大	平均	最大	平均	最大		
	100	200	150	250	150	250	100	150
边墙及仰拱	100	150	100	150	100	150	100	150

7.2.2.2 轨道验·土-34 格栅钢架制安、钢筋网检查质量验收记录

一、适用范围

本表适用于格栅钢架制安、钢筋网的检查记录。

二、执行标准

《地下铁道工程施工质量验收标准》GB/T 50299—2018。

三、表内填写提示

7.6.2　钢筋格栅和钢筋网采用的钢筋种类、型号、规格应符合设计要求，其施焊应符合设计及钢筋焊接标准的规定。

检查数量：以同一工程、同一厂家、同一牌号、同一规格的钢筋，以不超过30t作为1批，若同一工程、同一厂家、同一牌号、同一规格的钢筋、成型钢筋，连续三次进场检验均一次检验合格，在进场检验时，可比常规检验批数量扩大一倍。

检验方法：检查每批原材料进场的出厂质量证明文件、抽样复检报告及焊件试验报告。

7.6.5.3　钢筋格栅与壁面应楔紧，每片钢筋格栅节点及相邻格栅纵向必须分别连接牢固。

检查数量：全数检查。

检验方法：观察，测量、尺量。

7.6.3　钢筋格栅加工应符合下列规定：

1. 拱架（包括顶拱和墙拱架）应圆顺，直墙架应直顺，允许偏差为：拱架及弧长______mm，墙架长度±20mm，拱、墙架横断面尺寸______mm。

2. 钢筋格栅组装后应在同一平面内，允许偏差为：高度±30mm，宽度±20mm，扭曲度20mm。

7.6.4　钢筋网加工允许偏差为：钢筋间距±10mm，钢筋搭接长±15mm。

7.6.5　钢筋格栅安装应符合下列规定：

1. 基面应坚实并清理干净，必要时应进行预加固。

2. 钢筋格栅应垂直线路中线，允许偏差为：横向±30mm，纵向±50mm，高程±30mm，垂直度5‰。

7.6.6　钢筋网铺设应符合下列规定：

1. 铺设应平整，并与格栅或锚杆连接牢固。

2. 钢筋格栅采用双层钢筋网时，应在第一层铺设好后再铺第二层。

3. 每层钢筋网之间应搭接牢固，且搭接长度不应小于200mm。

检查数量：每榀拱架检查一次。

检验方法：检查拱架制作加工记录、检查记录，尺量。

7.2.2.3　轨道验·土-35　管棚安装质量验收记录

一、检验批划分

管棚施工质量验收按每一施工循环划分一个检验批进行验收。

二、《地下铁道工程施工质量验收标准》GB/T 50299—2018、《铁路隧道工程施工质量验收标准》TB 10417—2018规范摘要

Ⅰ　主控项目

6.6.2　（TB 10417—2018）管棚所用钢管的品种、级别、规格和数量必须符合设计要求：

检查数量：全部检查。

检验方法：观察、钢尺检查。

6.6.3　（TB 10417—2018）管棚的搭接长度应符合设计要求：

检查数量：全部检查。

检验方法：观察。

Ⅱ　一般项目

7.3.5　（GB/T 50299—2018）导管和管棚注浆应符合下列规定：

1. 注浆浆液宜采用水泥或水泥砂浆，其水泥浆的水灰比为0.5～1，水泥砂浆配合比为1∶0.5～3。

2. 注浆浆液必须充满钢管及周围的空隙并密实。

检查数量：全部检查

检验方法：查施工记录的注浆量和注浆压力，观察。

6.6.4　（TB 10417—2018）钻孔的孔位、外插角、孔径施工允许偏差和检验方法应符合表6.6.4的规定。

管棚施工允许偏差（mm）和检验方法　　表 6.6.4

项目	钻孔外插角	孔距	孔深	检验数量	检验方法
管棚	1°	±150	±50	全部检查	仪器测量、尺量

7.2.2.4　轨道验·土-36　小导管安装质量验收记录

一、检验批划分

超前小导管施工质量验收按每一施工循环划分一个检验批进行验收。

二、《地下铁道工程施工质量验收标准》GB/T 50299—2018、《铁路隧道工程施工质量验收标准》TB 10417—2018 规范摘要

Ⅰ　主控项目

6.7.2　(TB 10417—2018) 超前小导管所用钢管的品种、级别、规格和数量必须符合设计要求：

检查数量：全部检查。

检验方法：观察、钢尺检查。

6.7.3　(TB 10417—2018) 超前小导管与支撑结构的连接应符合设计要求：

检查数量：全部检查。

检验方法：观察。

6.7.4　(TB 10417—2018) 超前小导管的纵向搭接长度应符合设计要求：

检查数量：全部检查。

检验方法：观察、尺量。

Ⅱ　一般项目

7.3.5　(GB/T 50299—2018) 导管和管棚注浆应符合下列规定：

1. 注浆浆液宜采用水泥或水泥砂浆，其水泥浆的水灰比为 0.5～1，水泥砂浆配合比为 1∶0.5～3；

2. 注浆浆液必须充满钢管及周围的空隙并密实。

检查数量：全部检查。

检验方法：查施工记录的注浆量和注浆压力，观察。

6.7.5　(TB 10417—2018) 超前小导管施工允许偏差和检验方法应符合表 6.7.5 的规定：

超前小导管施工允许偏差（mm）和检验法　　表 6.7.5

项目	超前小导管外插角	孔间距	孔深	检验数量	检验方法
小导管	2°	±50	+500	每环抽查 3 根	仪器测量、尺量

7.2.2.5　轨道验·土-37　喷射混凝土检查质量验收记录

一、适用范围

本表适用于喷射混凝土施工的检查记录。

二、执行标准

《地下铁道工程施工质量验收标准》GB/T 50299—2018。

三、表内填写提示

7.6.7　喷射混凝土应掺速凝剂，原材料应符合下列规定：

1. 水泥：优先采用普通硅酸盐水泥，标号不低于 325 号，性能符合现行水泥标准。

2. 细骨料：采用中砂或粗砂，细度模数应大于 2.5，含水率控制在 5%～7%。

3. 粗骨料：采用卵石或碎石，粒径不应大于 15mm。

4. 水：采用饮用水。

5. 速凝剂：质量合格，使用前应做与水泥相容性试验及水泥净浆凝结效果试验，初凝时间不应超

过 5min，终凝时间不应超过 10min。

检查数量：混凝土原材料按《混凝土结构工程施工质量验收规范》GB 50204—2015 规定批次送检。

检验方法：检查原材料进场质量证明书、抽样复检报告。

7.6.9.1 喷射混凝土混合料应搅拌均匀，配合比水泥与砂石重量比应取 1∶4～4.5，砂率应取 45%～55%，水灰比应取 0.4～0.45，速凝剂掺量应通过试验确定。

检查数量：施工前对同等级、同性能的喷射混凝土进行一次配合比设计。

检验方法：进行配合比选定试验，检查现场搅拌混合料是否按设计配比进行。

7.6.12 喷射混凝土 2h 后应养护，养护时间不应小于 14d，当气温低于＋5℃时，不得喷水养护。

检查数量：全数检查。

检验方法：观察。

7.6.14.1 喷射混凝土强度必须符合设计要求

检查数量：抗压强度和抗渗压力试件制作组数：同一配合比，区间或小于其断面的结构，每 20m 拱和墙各取一组抗压强度试件，车站各取二组；抗渗压力试件区间结构每 40m 取一组；车站每 20m 取一组。

检验方法：检查混凝土试块抗压强度、抗渗压力检验报告。

7.6.14.2 混凝土喷射平均厚度不小于设计厚度，一个断面检查点 60%以上喷射厚度不小于设计厚度，最小值不小于设计厚度 1/3。

检查数量：区间或小于其断面的结构每 20m 检查一个断面，车站每 10m 检查一个断面。

检验方法：用针探法或凿孔法检查。

Ⅱ 一般项目

7.6.9.2 混凝土原材料称量允许偏差为：水泥和速凝剂±2%，砂石±3%。

检查数量：每一工作班抽查不少于一次。

检验方法：复称。

7.6.11 喷射混凝土作业应紧跟开挖工作面，施工时分段分片依次自下而上进行并先喷钢筋格栅与壁面间混凝土，然后再喷两钢筋格栅之间混凝土等要求。

检查数量：每一作业循环检查一个断面。

检验方法：观察。

7.6.14.3 喷射混凝土应密实、平整，无裂缝、脱落、漏喷、露筋、空鼓、渗漏水等现象，平整度允许偏差为 30mm，且矢弦比不应大于 1/6。

检查数量：全部检查。

检验方法：用小锤轻击检查，观察检查。

7.2.4 轨道工程

7.2.4.1 轨道验·土-124 隔离层铺设及隔振器定位及安装检查质量验收记录

一、检验批划分

本表适用于隔离层铺设及隔振器定位及安装的检查记录。

二、《浮置板轨道技术规范》CJJ/T 191—2012 规范摘要

Ⅰ 主要项目

第 5.2.2 条 浮置板轨道工程验收除应符合现行国家标准《地下铁道工程施工及验收标准》GB/T 50299 的规定外，还应符合下列规定：

1. 隔振元件数量应符合设计要求，轨道基础高程误差及隔振器或隔振支座安装的平面位置应符合本规范第 5.1.4 条的要求。

2. 剪力铰数量及其安装位置应符合设计要求，剪力铰安装位置的偏差宜小于5mm。

3. 浮置板长度的允许偏差为±12mm。

4. 浮置板宽度的允许偏差为±6mm。

5. 浮置板轨道排水及两侧密封条安装应符合设计要求。

6. 浮置板轨道施工质量验收记录应满足建设单位及城市档案馆竣工文件编制的有关规定。

第5.1.4条　轨道基础应符合下列规定：

1. 轨道基础的高程允许偏差范围为0～－5mm，基础表面严禁局部凸出或凹陷。

2. 隔振器或隔振支座安装位置的基础表面平整度的允许偏差为±2mm/m²，对不满足要求的部位进行整修，修整范围应包含安装位置的基础表面及距安装位置外轮廓线100mm的区域。

3. 隔振器或隔振支座安装的平面位置允许偏差为±3mm。

Ⅱ　一般项目

第5.1.5条　铺设隔离膜的浮置板轨道施工，其隔离膜厚度不小于1mm的透明薄膜，不得出现破损，隔离膜的两侧边缘应固定，并应铺贴平整，与隔振器应粘合无缝。

7.2.4.8　轨道验·土-131　铺底碴检验批质量验收记录

一、检验批划分

根据《铁路轨道工程施工质量验收标准》TB 10413—2018第3.2.6项要求，铺底碴质量验收应按每5km划分为一个检验批。

二、《铁路轨道工程施工质量验收标准》TB 10413—2018规范摘要

Ⅰ　主控项目

5.2.1　底碴进场时应对其品种、外观等进行验收，其质量应符合现行《铁路碎石道床底碴》TB/T 2897的规定。

检验数量：施工单位、监理单位全部检查。

检验方法：施工单位、监理单位检查生产检验报告和产品合格证，观察检查。

5.2.2　底碴进场时应对其杂质含量和粒径级配进行检验。

1. 杂质含量按现行《铁路碎石道碴黏土团及其他杂质含量试验方法》TB/T 2328.17进行试验，其含量的质量百分率不得大于0.5%。

2. 底碴粒径级配应符合表5.2.2的规定。

底碴粒径级配　　**表5.2.2**

方孔筛孔边长（mm）	0.075	0.1	0.5	1.7	7.1	16	25	45
过筛质量百分率（%）	0～7	0～11	7～32	13～46	41～75	67～91	82～100	100

检验数量：同一产地、品种且连续进场的底碴，每5000m³为一批，不足5000m³时亦按一批计。施工单位每批抽检一次，监理单位见证取样检测次数为施工单位抽检次数的20%，但每单位工程不少于一次。

检验方法：每批等距间隔4处取样，每次25kg拌和均匀，分别进行粒径级配和杂质含量试验；监理单位检查施工单位试验报告，并进行见证取样检测。

5.2.3　底碴铺设应采用压强不小于160kPa的机械碾压，压实密度不低于1.6g/cm³。

检验数量：施工单位压实密度每5km抽检5处，每处测2个点位；监理单位见证检测次数为施工单位抽检次数的20%，但每单位工程不少于一次。

检验方法：施工单位检算碾压机械压强，用灌水法检测压实密度；监理单位检查施工单位检算资料，并见证检。

Ⅱ　一般项目

5.2.4　底碴厚度允许偏差为±50mm，半宽允许偏差为＋500mm。

检验数量：每500m抽检1处。

检验方法：尺量。

7.2.4.9　轨道验·土-132　轨道架设及轨枕安装检验批质量验收记录

一、检验批划分

根据《铁路轨道工程施工质量验收标准》TB 10413—2018第3.2.6项要求，轨道架设及安装质量验收应按每施工段划分为一个检验批。

二、《铁路轨道工程施工质量验收标准》TB 10413—2018

《地下铁道工程施工质量验收标准》GB/T 50299—2018规范摘要

Ⅰ　主控项目

第8.2.1条　钢轨、扣件、轨枕的类型、规格和质量应符合设计要求和产品标准规定（施工规范的要求）

检验数量：施工单位、监理单位全部检查。

检验方法：检验产品合格证、质量证明文件，观察检查。

第13.4.1　钢轨架设前必须调直，扣件的飞边、毛刺等应打磨干净并涂油。

第13.4.2　轨排均应采用支撑架架设，其架设间距：直线段宜3m、曲线段宜2.5m设置一个，直线段支撑架应垂直线路方向，曲线段支撑架应垂直线路的切线方向。

第13.4.3　架设于支撑架上的钢轨应初步调整其水平、位置、轨距和高程，轨枕位置准确。

第13.4.4　轨枕安装时，直线段两股钢轨的轨枕中心线应与线路中线垂直，曲线段应与线路中线的切线方向垂直。

第13.5.2　配轨采用相对式接头，直线段允许相错量为20mm；曲线段采用现行标准缩短轨，允许相错量为规定缩短量之半加15mm，当缩短轨对接布置困难而需要错接时，其错开距离不应小于3m。

第13.4.5条　承轨槽边缘至道床变形缝、钢轨普通（绝缘）接缝中心距离不应小于70mm。

第13.4.5条　轨枕或短轨枕安装距离允许偏差为±10(mm)。

第13.4.6条　轨枕的垫板安装完毕，其扣件宜先安装轨道的一侧再安装另一侧，位置正确后拧紧螺栓。钢轨的普通接头和绝缘接头，应按设计轨缝宽度安装夹板后拧紧螺栓。

7.2.4.11　轨道验·土-134　有缝线路轨道铺设及调整检验批质量验收记录轨

一、检验批划分

根据《铁路轨道工程施工质量验收标准》TB 10413—2018第3.2.6项要求，有缝线路铺设及调整质量验收应按每2km或每股道划分为一个检验批。

二、《铁路轨道轨道工程施工质量验收标准》TB 1043—2018规范摘要

《地下铁道工程施工质量验收标准》GB/T 50299—2018规范摘要

Ⅰ　主控项目

8.2.1　钢轨、轨枕、扣件及其连接配件进场时，应对其规格、型号、外观进行验收，其质量应符合设计及产品标准规定；铺设旧轨时应符合旧轨使用技术条件的规定。

检验数量：施工单位、监理单位全部检查。

检验方法：查验产品合格证、质量证明文件，观察检查。

13.5.2　轨道的两股铜轨应采用相对式接头，直线段允许相错量为20mm；曲缉段采用现行标准缩短轨，允许相错量为规定缩短量之半加15mm，当缩短轨对接布置困难而需要错接时，其错开距离不应小于3m。

13.4.5　轨枕或短轨（岔）枕安装距离允许偏差为±10mm，承轨槽边结距整体道床变形辑和钢轨

普通（绝缘）接缝中心均不应小于 70mm。

Ⅱ一般项目

7.7.3 有碴轨道整理作业后，轨道静态几何尺寸允许偏差和检验方法应符合表 7.7.3-1～2 规定。

有碴轨道整道允许偏差和检验方法　　表 7.7.3-1

<table>
<tr><th>序号</th><th colspan="2">项目</th><th>允许偏差（mm）</th><th>检验方法</th></tr>
<tr><td>1</td><td colspan="2">轨距</td><td>+4
−2</td><td>万能道尺量</td></tr>
<tr><td rowspan="2">2</td><td rowspan="2">轨向</td><td>直线（10m 弦量）</td><td>4</td><td>尺量</td></tr>
<tr><td>曲线</td><td>见表
7.7.3-2</td><td>尺量</td></tr>
<tr><td>3</td><td colspan="2">水平</td><td>4</td><td rowspan="2">万能道尺量</td></tr>
<tr><td>4</td><td colspan="2">扭曲（基长 6.25m）</td><td>4</td></tr>
<tr><td>5</td><td colspan="2">高低（10m 弦量）</td><td>4</td><td>尺量</td></tr>
</table>

曲线 20m 弦正矢允许偏差　　表 7.7.3-2

曲线半径（m）	缓和曲线正矢与计算正矢差（mm）	圆曲线正矢连续差（mm）	圆曲线正矢最大最小值差（mm）
≤650	4	8	12
>650	3	6	9

检验数量：施工单位每 5km 抽检 2 处，每处各抽检 10 个测点；监理单位见证检测数量为施工单位检测数量的 20%。

7.2.4.12 轨道验·土-135 钢轨伸缩调节器铺设及整道检验批质量验收记录

一、检验批划分

钢轨伸缩调节器分项工程的施工质量验收应按每组划分检验批。

二、《铁路轨道工程施工质量验收标准》TB 10413—2018 规范摘要

Ⅰ 主控项目

9.5.1 钢轨伸缩调节器种类、型号及技术条件应符合设计要求及产品技术条件规定。

检查数量：施工单位、监理单位全部检查。

检验方法：查验产品合格证和质量证明文件、观察检查。

9.5.2 钢轨伸缩调节器铺设位置应符合设计规定。

检查数量：施工单位、监理单位全部检查。

检验方法：施工单位对照设计图纸、尺量；监理单位检查施工单位检查记录．并观察检查。

9.5.3 铺设钢轨伸缩调节器时，应根据铺设时的轨温预留伸缩量，铺设后应做好伸缩起点标志。

检查数量：施工单位、监理单位全部检查。

检验方法：施工单位轨温计测量、尺量；监理单位观察检查

9.5.4 钢轨伸缩调节器的尖轨刨切范围内应与基本轨密贴；尖轨尖端至其后 400mm 处，缝隙不得大于 0.2mm，其余部分不得大于 0.8mm

检查数量：施工单位、监理单位全部检查。

检验方法：施工单位尺量；监理单位检查施工单位检测记录并观察检查。

9.5.5　钢轨伸缩调节器铺设调整后，应达到基本轨伸缩无障碍，尖轨锁定不爬行。

检查数量：施工单位、监理单位全部检查。

检验方法：观察检查。

Ⅱ　一般项目

9.5.6　钢轨伸缩调节器铺设应符合以下规定：

1. 垫板、轨撑及螺栓安装齐全，螺母达到规定扭矩：尖轨轨撑扣件螺母扭矩应为120～150N·m。基本轨轨撑扣件螺母扭矩应为60～80N·m，铁垫板塑料套管连接螺栓螺母扭矩应为300～320N·m。

2. 伸缩调节器两端、尖轨尖端、尖轨轨头刨切起点处，轨距允许偏差均为±1mm。

检测数量：施工单位全部检查。

检验方法：尺量、塞尺及测力扳手检测。

9.5.7　轨枕应方正，间距及偏斜允许偏差为±120mm。

检验数量：施工单位每组抽检10根轨枕。

检验方法：观察检查、尺量。

9.5.8　钢轨伸缩调节器轨道中线与设计中线允许偏差30mm。

检验数量：施工单位每组抽检3处。

检验方法：尺量。

9.5.9　钢轨伸缩调节器整道应符合以下标准：

1. 轨向：单向调节器用12.5m弦、双向调节器用5m弦测量，每隔1m检查1处，尖轨尖端至尖轨顶宽5mm处范围内允许有4mm的空线，其余范围内允许有2mm的空线，不允许抗线。

2. 轨面前后高低：用12.5m弦测量不得大于4mm，每组抽检3处。

3. 左右股钢轨水平差不得大于4mm，每组抽检3处。

4. 在6.25m测量基线内，轨面扭曲不得大于4mm。

检测数量：施工单位每组全部检查。

检验方法：观察检查、尺量。

7.2.4.15　轨道验·土-138　预铺道砟检验批质量验收记录

一、检验批划分

根据《铁路轨道工程施工质量验收标准》TB 10413—2018第3.2.6项要求，预铺道砟质量验收应按每5km划分为一个检验批。

二、《铁路轨道工程施工质量验收标准》TB 10413—2018规范摘要

Ⅰ　主控项目

5.3.1　道砟材质应符合现行《铁路碎石道砟》TB/T 2140的规定

检验数量：同一产地、同一级别的道砟，每50000m^3为一批，不足50000m^3时亦按一批计。施工单位每批抽检一次，监理单位全部见证检测。

检验方法：施工单位按现行《铁路碎石道砟》TB/T 2140中规定的方法进行检验，监理单位见证检测。

5.3.2　道砟进场时应对其品种、级别、外观等进行验收，其质量应符合现行《铁路碎石道砟》TB/T 2140的规定。

检验数量：施工单位、监理单位全部检查。

检验方法：施工单位、监理单位全部检查生产检验报告和产品合格证。

5.3.3　道砟进场时应对其粒径级配、颗粒形状及清洁度进行检验。

1. 道砟粒径级配应符合表5.3.3规定。

道砟粒径级配 **表 5.3.3**

方孔筛孔边长（mm）	16	25	35.5	45	56	63
边筛质量百分率（%）	0～5	5～15	25～40	55～75	92～97	97～100

2. 道砟针状指数和片状指数按现行《铁路碎石道砟针状指数和片状指数试验方法》TB/T 2328.16 行试验，针状指数、片状指数均不得大于 50%。

3. 杂质含量按现行《铁路碎石道砟黏土团及其他杂质含量试验方法》TB/T 2328.17 进行试验，其含量的质量百分率不得大于 0.5%。

检验数量：同一产地、级别且连续进场的道砟，每 $5000m^3$ 为一批，不足 $5000m^3$ 时亦按一批计。施工单位每批抽检一次，监理单位见证取样检测次数为施工单位抽检次数的 20%，但每单位工程不少于一次。

检验方法：施工单位每批等距间隔 4 处取样，每次 35kg 拌和均匀，分别进行粒径级配、针状指数、片状指数和杂质含量试验；监理单位检查施工单位试验报告，并进行见证取样检测。

Ⅱ 一般项目

5.3.5 有缝线路单层道床轨道，铺轨前每股钢轨下预铺砟带宽度应不小于 800mm，厚度 150～200mm。

检验数量：施工单位每 500m 抽检 1 处。

检验数量：施工单位每 500m 抽检 1 处。

5.3.7 无缝线路铺轨前道砟摊铺应按中线铺设，并采用压强不小于 160kPa 的机械碾压，压实密度不得低于 $1.6g/cm^3$。砟面平整度用 3m 靠尺检查不得大于 30mm。

检验数量：施工单位砟面平整度每 5km 抽检 10 处，压实密度每 5km 抽检 3 次，每次测 3 个点位。

检验方法：检算碾压机械压强、观察检查、用 3m 直尺测量平整度。

7.2.4.16 轨道验·土-139 无缝线路铺碴整道检验批质量验收记录

一、检验批划分

轨道整理分项工程的施工质量验收应按区间分左右线划分检验批。

二、《铁路轨道工程施工质量验收标准》TB 10413—2018

《地下铁道工程施工质量验收标准》GB/T 50299—2018 规范摘要

Ⅰ 主控项目

7.7.1 道床达到稳定状态时，其状态参数应符合下表的规定。状态参数实测最小值与平均值之差不应大于 20%。

有碴道床稳定状态参数指标（平均值） **表 7.7.1**

序号	项 目	参数指标	
		Ⅱ型枕	Ⅲ型枕
1	道床支承刚度（kN/mm）	70	100
2	道床横向阻力（kN/枕）	9	10
3	道床纵向阻力（kN/枕）	10	12

检验数量：施工单位道床纵、横向阻力及支承刚度每 5km 各检测 1 处，每处 10 根轨枕，分别求取平均值。有桥梁和隧道的区间应在桥隧范围内各抽检 1 处；监理单位见证检测施工单位检验数量的 20%。

检验方法：施工单位用轨枕刚度仪等专用仪器检测；监理单位检查施工单位检测记录，并见证检测。

7.7.3 有碴轨道整理作业后，轨道静态几何尺寸允许偏差和检验方法应符合表 7.7.3-1～2 规定。

有碴轨道整道允许偏差和检验方法 **表 7.7.3-1**

序号	项目		允许偏差（mm）	检验方法
1	轨距		+4、−2	万能道尺量
2	轨向	直线（10m 弦量）	4	尺量
		曲线	见表 7.7.3-2	尺量
3	水平		4	万能道尺量
4	扭曲（基长 6.25m）		4	
5	高低（10m 弦量）		4	尺量

曲线 20m 弦正矢允许偏差 **表 7.7.3-2**

曲线半径（m）	缓和曲线正矢与计算正矢差	圆曲线正矢连续差	圆曲线最大最小差
≤650	4	8	12
>650	3	6	9

检查数量：施工单位每 5km 抽检 2 处，每处各抽检 10 个测点；监理单位见证检测数量为施工单位检测数量的 20%。

Ⅱ 一般项目

7.7.5 有砟轨道整理作业后，轨道静态几何尺寸、轨枕空吊板率允许偏差和检验方法应符合表 7.7.5 规定。

有砟轨道整道允许偏差和检验方法 **表 7.7.5**

序号	项 目		允许偏差（mm）	检查方法
1	中 线		30（宽枕 100）	尺量
2	线间距	相邻正线和站线，站线和站线	±20	
		钢梁上	±10	
		线间距设计 4.0m 时	不得有负误差	
3	轨面高程	路基上	+50、−30	水平仪测量
		建筑物上	±10	
		紧靠站台	+50、0	尺量
4	轨枕空吊板（不得连续出现）		8%	观察检查
5	道床厚度		±50	尺量
6	道床半宽		+50、−20	
7	砟肩堆高		不得有负误差	尺量

检验数量：每 5km 抽检 2 处，每处各抽检 10 个测点。

7.2.4.17　轨道验·土-140　钢弹簧浮置板道床顶升检验批质量验收记录

一、检验批划分

根据《城市轨道交通弹簧浮置板轨道技术标准》QGD—001—2009 第 7.1-1 项要求，钢弹簧浮置板顶升质量验收应按每 1km 划分为一个检验批。

二、《城市轨道交通弹簧浮置板轨道技术标准》QGD—001—2009 规范摘要

Ⅰ　主要项目

7.2.5.1　隔振器安装位置符合设计规定。

检验项目：施工单位全部检查。

检验方法：用仪器测量，对照设计文件观察检查。

7.2.5.2　顶升高度符合设计规定。

检验项目：施工单位全部检查，监理单位检查检查记录。

检验方法：用仪器测量。

Ⅱ　一般项目

7.2.5.4　安装隔振弹簧前，应将弹簧浮置板道床之间、与其他类型之间及道床两侧与土建结构之间采用柔性密封材料密封。

检验项目：施工单位全部检查，监理单位抽查 10%。

检验方法：观察检查。

7.2.5.5　安装弹簧时，应将隔振器套筒内清理干净。

检验项目：施工单位全部检查。

检验方法：观察检查。

7.2.4.19　轨道验·土-142　有缝线路轨道整理检验批质量验收记录

一、检验批划分

根据《铁路轨道工程施工质量验收标准》TB 10413—2018 第 3.2.6 项要求，有缝线路轨道整理质量验收应按每 2km 或每股道划分为一个检验批。

二、《铁路轨道工程施工质量验收标准》TB 10413—2018 规范摘要

Ⅰ　主控项目

8.4.3　无砟轨道静态几何尺寸允许偏差应符合表 8.4.3 的规定。

无砟轨道静态几何尺寸允许偏差　　表 8.4.3

序号	项目		允许偏差（mm）
1	轨距		±2
2	轨向	直线（10m 弦量）	4
		曲线	见表 7.7.4-2
3	水平		4
4	扭曲（基长 6.25m）		4
5	高低（10m 弦量）		4

曲线 20m 弦正矢允许偏差　　表 7.7.3-2

曲线半径（m）	缓和曲线正矢与计算正矢差（mm）	圆曲线正矢连续差（mm）	圆曲线正矢最大最小值差（mm）
≤650	3	6	9
>650	3	4	6

检验数量：施工单位每 2km 抽检 2 处，每处各抽检 10 个测点；监理单位按施工单位抽检次数的 10%进行见证检验，但至少一次。

检查方法：尺量。

Ⅱ 一般项目

8.4.10 无砟轨道静态几何尺寸允许偏差应符合表 8.4.10 的规定。

检验数量：施工单位每 2km 抽检 2 处各项均抽检 10 个测点，但每个单位工程至少抽检一个曲线 10 个测点。

检查方法：观察检查、尺量、测力扳手检测。

无砟轨道静态几何尺寸允许偏差 **表 8.4.10**

序号	检验项目		允许偏差（mm）
1	轨道中线与设计中线差		10
2	线间距		±20 （正线线间距为 4.0m 时，不允许有负偏差）
3	高程		±10
4	接头	错牙、错台	1
		接头相错量	40（曲线加缩短轨缩短量的一半）
5	轨枕	间距	±10
		轨底坡	1/35～1/45

7.2.4.26 轨道验·土-149 道口铺设检验批质量验收记录

一、检验批划分

道口铺设分项工程的施工质量验收应按每处划分检验批。

二、《铁路轨道工程施工质量验收标准》TB 10413—2018 规范摘要

Ⅰ 主控项目

10.1.1 道口铺面板及其结构构件材质应符合设计规定及产品质量标准。

检验数量：施工单位、监理单位全部检查。

检验方法：施工单位观察检查、尺量；监理单位检查施工单位检查记录。

10.1.2 道口位置应符合设计规定。

检验数量；施工单位、监理单位全部检查。

检验方法：对照设计文件、尺量。

10.1.3 道口范围内不得有钢轨接头，不能避免时，应予焊接。

检验数量：施工单位、监理单位全部检查。

检验方法：观察检查。

Ⅱ 一般项目

10.1.4 道口铺面板在钢轨头部外侧 50mm 范围内应低于轨面 5mm。其余面板应与轨面一致，允许偏差为±5mm。

检验数量：施工单位全部检查。

检验方法：观察检查。

10.1.5 道口铺设几何尺寸允许偏差应符合表 10.1.5 的规定。

10.1.6 护轨轮缘槽宽度应为 70～100mm，曲线内股应为 90～100mm，深度应为 45～60。

检验数量：施工单位全部检查。

检验方法：尺量。

道口铺设允许偏差 表 10.1.5

序号	检验项目	允许偏差	检验方法及数量
1	板面接缝宽	<10	尺量，抽查 10%
2	相邻板面高差	<3	
3	道口宽度	±50	尺量，测 3 点以上
4	铺面板厚度	±10	尺量，抽查 10%

10.1.7 护轨应为连续的整体，并保持轮缘槽平顺；两端做成喇叭口，距护轨端 300mm 处弯向线路中心，其终端距护轨工作边应不小于 150mm。

检验数量：施工单位全部检查。

检验方法：尺量。

7.2.4.27 轨道验·土-150 道口防护设施检验批质量验收记录

一、检验批划分

道口防护设施分项工程的施工质量验收应按每处划分检验批。

二、《铁路轨道工程施工质量验收标准》TB 10413—2018 规范摘要

Ⅰ 主控项目

第 10.2.1 条 防护设施及标志的规格、尺寸、配筋、混凝土强度、涂料质量等均应符合设计要求。

检验数量：施工单位、监理单位全部检查。

检验方法：施工单位查验混凝土试验报告及钢筋检查证、观察检查、尺量；监理单位查验混凝土试验报告及钢筋检查证、检查施工单位检验记录，并观察检查。

第 10.2.2 条 防护设施设置显示方向正确。

检验数量：施工单位、监理单位全部检查。

检验方法：观察检查。

第 10.2.3 条 道口标志应齐全并符合国家相关规定。

检验数量：施工单位、监理单位全部检查。

检验方法：施工单位观察检查、尺量；监理单位检查施工单位检测记录，并观察检查。

Ⅱ 一般项目

第 10.2.4 条 防护设施及标志应设置准确、齐全、无损伤、涂料均匀、图案完整清晰，预留高度符合要求。

检查数量：施工单位全部检查。

检验方法：观察检查。

7.2.4.28 轨道验·土-151 感应板安装检验批质量验收记录

一、检验批划分

感应板安装分项工程的施工质量验收应按每施工段划分检验批。

二、《直线电机轨道交通施工验收规范》CJJ 201—2013 规范摘要

Ⅰ 主要项目

第 12.4.4 条 固定式感应板顶面应控制在钢轨顶面上 15mm 的范围内，可调式感应板顶面应控制在钢轨－2mm～1mm 的范围内。

检验数量：全数检查。

检验方法：感应板高度测量尺。

第 12.4.5 条 固定式感应板扣件螺栓的紧固力矩应为 220N·m。

检验数量：全数检查。

检验方法：扭力扳手。

第 12.4.6 条　固定式感应板的 T 形螺栓应固定在铁垫板的防松槽内。

检验数量：全数检查。

检验方法：观察、核对。

第 12.4.7 条　可调式感应板应接地处理。

检验数量：全数检查。

检验方法：观察、检查。

Ⅱ　一般项目

第 12.4.8 条　每块固定式感应板工作面划痕不应超过三处，累计长度不应超过 500mm，划深不应超过 1mm，支架不宜有变形、损伤、脱漆。

检验数量：全数检查。

检验方法：观察、核对。

第 12.4.9 条　可调式感应板工作面划痕长度不应超过 20mm，深度不应超过 3mm。

检验数量：全数检查。

检验方法：观察、核对。

第 12.4.10 条　标识应清晰。

检验数量：全数检查。

检验方法：观察、核对。

7.2.4.29　轨道验・土-152　护轨铺设检验批质量验收记录

一、检验批划分

护轨铺设分项工程的施工质量验收应按每处划分检验批。

二、《铁路轨道工程施工质量验收标准》TB 10413—2018 规范摘要

Ⅰ　主要项目

第 11.0.1 条　护轨、扣件的规格、型号、质量应符合设计要求。

检验数量：施工单位、监理单位全部检查。

检验方法：施工单位观察检查、尺量；监理单位检查施工单位检测记录，并观察检查。

第 11.0.2 条　护轨每个接头应不少于 4 个接头螺栓，螺母应在轮缘槽外侧。

检验数量：施工单位、监理单位全部检查。

检验方法：施工单位观察检查、尺量；监理单位检查施工单位检验记录，并观察检查。

第 11.0.3 条　有轨道电路时，护轨梭头连接处应设置绝缘接头。

检验数量：施工单位、监理单位全部检查。

检验方法：观察检查。

第 11.0.4 条　桥面护轨两端伸出桥台胸墙外不小于 5m（在直线上桥长大于 50m，曲线上桥长大于 30m 的桥上为 10m）后，应将其弯折交会于轨道中心，弯折部分的长度一般不小于 5m，困难条件下不小于 3m，特殊情况按设计要求办理。轨端应切成斜面结成梭头，固定在轨枕上，梭头超出台尾应大于 2m。

检验数量：施工单位全部检查；监理单位平行检验 10%。

检验方法：施工单位观察检查、尺量；监理单位检查施工单位检测记录，并进行平行检验。

第 11.0.5 条　其他地段的护轨（含单侧护轨），两端应伸出防护地段不小于 5m 后再弯折。弯折部分的长度同桥面护轨。单侧护轨与双侧护轨相连时，相连侧护轨伸出防护段后应弯向道心，长度不小于 5m，另一侧按规定做成喇叭口。

检验数量：施工单位全部检查；监理单位平行检验 10%。

检验方法：施工单位观察检查、尺量；监理单位检查施工单位检测记录，并进行平行检验。

Ⅱ　一般项目

第 11.0.6 条　护轨的弯折部分弯度应一致，梭头斜面平整，坡度不得小于 1∶1。

检验数量：施工单位全部检查。

检验方法：观察检查、尺量。

第 11.0.7 条　护轨铺设地段应符合设计规定。护轨应在轨道基本稳定后铺设。护轨的每根轨枕上应设置不少于 2 个道钉或扣件。当木枕净距等于或小于 150mm 时，可每隔 1 根钉 2 个道钉。

检验数量：施工单位全部检查。

检验方法：对照设计文件、观察检查、尺量。

第 11.0.8 条　护轨与基本轨头部间距应为 200mm（基本轨为 60kg/m 及以上和采用分开式 K 型扣件时为 20mm），允许偏差为±10mm。

检验数量：施工单位全部检查。

检验方法：尺量。

第 11.0.9 条　护轨面高于基本轨面不得大于 5mm，低于基本轨面不得大于 25mm。

检验数量：施工单位全部检查。

检验方法：尺量。

第 11.0.10 条　在木枕护轨底加垫经防腐处理的木垫板时，其厚度不得大于 30mm，并应加钉固定。

检验数量：施工单位全部检查。

检验方法：观察检查、尺量。

7.2.4.30　轨道验·土-153　平台安装检验批质量验收记录

一、检验批划分

疏散平台安装分项工程的施工质量验收应按一个区间分左线和右线划分检验批。

二、《直线电机轨道交通施工验收规范》CJJ 201—2013 规范摘要

Ⅰ　主控项目

第 7.6.1 条　疏散平台构件安装完后必须满足限界要求。

检查数量：全数检查。

检验方法：观察、测量检查。

第 7.6.2 条　疏散平台的起点和终点、区间断面变化处、不同类型疏散平台接口处必须安装平台支撑装置。

检查数量：全数检查。

检验方法：观察、检查。

第 7.6.3 条　锚栓安装边距要求应符合本规范第 7.5.1 条规定。

检查数量：全数检查。

检验方法：观察、测量检查。

第 7.6.4 条　锚栓安装后拉拔力检测应符合本规范第 7.5.1 条规定。

检查数量：按数量 1‰抽查，且不少于 3 处。

检验方法：观察，查阅测试记录和化学填充剂产品批号。

Ⅱ　一般项目

第 7.6.5 条　疏散平台宽度应满足设计要求。

检查数量：全数检查。

检验方法：观察、测量检查。

第 7.6.6 条　疏散平台踏板边缘到线路中心线水平距离应符合本规范第 7.3.3 条规定。

检查数量：全数检查。

检验方法：观察、测量检查。

第 7.6.7 条　疏散平台踏板应密贴隧道壁，相邻平台面应在同一平面上。平台踏板支撑装置安装应符合本规范第 7.3.3 条规定。

检查数量：全数检查。

检验方法：观察检查。

第 7.6.8 条　平台扶手中心线距平台踏板高度应符合本规范第 7.3.4 条规定。

检查数量：全数检查。

检验方法：观察、测量检查。

7.2.4.31　轨道验 · 土-154　步梯安装检验批质量验收记录

一、检验批划分

疏散平台步梯安装分项工程的施工质量验收应按一个区间分左线和右线划分检验批。

二、广州市轨道交通工程区间隧道复合材料消防疏散平台安装施工质量验收标准规范摘要

Ⅰ　主要项目

第 3.6.1 条　平台步梯高度应保证平台步级水平，平台步梯末端复合材料水沟盖板规格质量符合技术要求，与水沟的混凝土面接合平稳牢固。

检验数量：施工单位、监理单位全部检查。

检验方法：观察、检查。

第 3.6.2 条　复合材料平台步梯的材质、性能、规格、符合设计要求，安装牢固可靠，平台步梯边缘距线路中心线距离符合设计要求。

检验数量：施工单位、监理单位全部检查。

检验方法：观察、测量检查。

Ⅱ　一般项目

第 3.6.3 条　化学紧固锚栓化学药剂填充密实。

检验数量：施工单位全检。

检验方法：观察、检查。

第 3.6.4 条　复合材料平台步梯外观颜色均匀一致，无翘曲、裂纹等缺陷，平台步梯安装水平，高度位置合适，安装稳固可靠。

检验数量：施工单位全部检查。

检验方法：观察、测量检查。

7.2.4.32　轨道验 · 土-155　扶手安装检验批质量验收记录

一、检验批划分

疏散平台扶手安装分项工程的施工质量验收应按一个区间分左线和右线划分检验批。

二、广州市轨道交通工程区间隧道复合材料消防疏散平台安装施工质量验收标准规范摘要

Ⅰ　主要项目

第 3.3.1 条　锚固螺栓载荷检测应符合设计要求，化学锚固螺栓所使用的化学填充剂必须在有效期内使用，对已锚固的锚栓应进行现场抗拔承载力检测。

检验数量：施工单位、监理单位检查螺栓拉力测试数量一般不少于锚栓总数的 1‰，如发现 1 处不合格，则对同一批次施工的所有杆件全部检测，并对前期采用同一工法施工的杆件加做 25%的检测，检测中如又发现有 1 处以上不合格，则必须对同一工法施工的杆件全部检测。连续 5 个检验批检测全部合格，可以调减检测数量，但不能少于各检验批总数的 1‰，且不少于 3 个。

检验方法：观察，查阅螺栓拉力测试记录和化学填充剂产品批号。

第 3.5.2 条　平台扶手管中心距平台踏板高度为 950mm，误差±10mm，扶手管中心距混凝土墙面

约 80mm。

检验数量：施工单位、监理单位 30%检查。

检验方法：观察、测量检查。

Ⅱ　一般项目

第 3.5.3 条　平台扶手沿消防平台、平台步梯内侧全长布置。扶手为复合材料，安装后扶手杆不滑动、不转动。

检验数量：施工单位全检。

检验方法：观察、检查。

第 3.5.4 条　复合材料平台扶手杆件规格、材质性能符合设计和产品制造技术要求。扶手锚固件材料，规格符合设计要求。

检验数量：施工单位全检。

检验方法：观察、检查。

7.2.6　装饰装修

本节用表部分表格采用《广东省建筑工程竣工验收技术资料统一用表》2016 版中装饰装修用表，部分表格以《建筑装饰装修工程质量验收标准》GB 50210—2018 为编制依据，对抹灰工程、外墙防水工程、门窗工程、吊顶工程、轻质隔墙工程、饰面板工程、饰面砖工程、幕墙工程、涂饰工程、裱糊及软包工程及细部工程 12 个专业表格进行了更新。

各分项工程的检验批划分及检查数量要求：

1. 抹灰工程：

(1) 相同材料、工艺和施工条件的室外抹灰工程每 1000m^2应划分为一个检验批，不足 1000m^2时也应划分为一个检验批。

(2) 相同材料、工艺和施工条件的室内抹灰工程每 50 个自然间应划分为一个检验批，不足 50 间也应划分为一个检验批，大面积房间和走廊可按抹灰面积每 30m^2计为 1 间。

(3) 检查数量应符合下列规定：

1) 室内每个检验批应至少抽查 10%，并不得少于 3 间，不足 3 间时应全数检查。

2) 室外每个检验批每 100m^2应至少抽查一处，每处不得小于 10m^2。

2. 外墙防水工程：相同材料、工艺和施工条件的外墙防水工程每 1000m^2应划分为一个检验批，不足 1000m^2时也应划分为一个检验批。

每个检验批每 100m^2应至少抽查一处，每处检查不得小于 10m^2，节点构造应全数进行检查。

3. 门窗工程：

(1) 同一品种、类型和规格的木门窗、金属门窗、塑料门窗和门窗玻璃每 100 樘应划分为一个检验批，不足 100 樘也应划分为一个检验批。

(2) 同一品种、类型和规格的特种门每 50 樘应划分为一个检验批，不足 50 樘也应划分为一个检验批。

(3) 检查数量应符合下列规定：

1) 木门窗、金属门窗、塑料门窗和门窗玻璃每个检验批应至少抽查 5%，并不得少于 3 樘，不足 3 樘时应全数检查；高层建筑的外窗每个检验批应至少抽查 10%，并不得少于 6 樘，不足 6 樘时应全数检查；

2) 特种门每个检验批应至少抽查 50%，并不得少于 10 樘，不足 10 樘时应全数检查。

4. 吊顶工程：同一品种的吊顶工程每 50 间应划分为一个检验批，不足 50 间也应划分为一个检验批，大面积房间和走廊可按吊顶面积每 30m^2计为 1 间。每个检验批应至少抽查 10%，并不得少于 3 间，不足 3 间时应全数检查。

5. 轻质隔墙工程：同一品种的轻质隔墙工程每 50 间应划分为一个检验批，不足 50 间也应划分为一个检验批，大面积房间和走廊可按轻质隔墙面积每 30m^{2}计为 1 间。板材隔墙和骨架隔墙每个检验批应至少抽查 10%，并不得少于 3 间，不足 3 间时应全数检查；活动隔墙和玻璃隔墙每个检验批应至少抽查 20%，并不得少于 6 间，不足 6 间时应全数检查。

6. 饰面板工程：

（1）相同材料、工艺和施工条件的室内饰面板工程每 50 间应划分为一个检验批，不足 50 间也应划分为一个检验批，大面积房间和走廊可按饰面板面积每 30m^{2}计为 1 间。

（2）相同材料、工艺和施工条件的室外饰面板工程每 1000m^{2}应划分为一个检验批，不足 1000m^{2}也应划分为一个检验批。

（3）检查数量应符合下列规定：

1）室内每个检验批应至少抽查 10%，并不得少于 3 间，不足 3 间时应全数检查；

2）室外每个检验批每 100m^{2}应至少抽查一处，每处不得小于 10m^2。

7. 饰面砖工程：

（1）相同材料、工艺和施工条件的室内饰面板工程每 50 间应划分为一个检验批，不足 50 间也应划分为一个检验批，大面积房间和走廊可按饰面板面积每 30m^{2}计为 1 间。

（2）相同材料、工艺和施工条件的室外饰面板工程每 1000m^{2}应划分为一个检验批，不足 1000m^{2}也应划分为一个检验批。

（3）检查数量应符合下列规定：

1）室内每个检验批应至少抽查 10%，并不得少于 3 间，不足 3 间时应全数检查；

2）室外每个检验批每 100m^{2}应至少抽查一处，每处不得小于 10m^2。

8. 幕墙工程：

（1）相同设计、材料、工艺和施工条件的幕墙工程每 1000m^{2}应划分为一个检验批，不足 1000m^{2}也应划分为一个检验批。

（2）同一单位工程不连续的幕墙工程应单独划分检验批。

（3）对于异形或有特殊要求的幕墙，检验批的划分应根据幕墙的结构、工艺特点及幕墙工程规模，由监理单位（或建设单位）和施工单位协商确定。

（4）幕墙工程主控项目和一般项目的验收内容、检验方法、检查数量应符合现行行业标准《玻璃幕墙工程技术规范》JGJ 102、《金属与石材幕墙工程技术规范》JGJ 133 和《人造板材幕墙工程技术规范》JGJ 336 的规定。

9. 涂饰工程：

（1）室外涂饰工程每 100m^2 应至少检查一处，每处不得小于 10m^2；

（2）室内涂饰工程每个检验批应至少抽查 10%，并不得少于 3 间；不足 3 间时应全数检查。

（3）涂饰工程的基层处理应符合下列规定：

1）新建筑物的混凝土或抹灰基层在用腻子找平或直接涂饰涂料前应涂刷抗碱封闭底漆；

2）既有建筑墙面在用腻子找平或直接涂饰涂料前应清除疏松的旧装修层，并涂刷界面剂；

3）混凝土或抹灰基层在用溶剂型腻子找平或直接涂刷溶剂型涂料时，含水率不得大于 8%；在用乳液型腻子找平或直接涂刷乳液型涂料时，含水率不得大于 10%，木材基层的含水率不得大于 12%；

4）找平层应平整、坚实、牢固，无粉化、起皮和裂缝；内墙找平层的粘结强度应符合现行行业标准《建筑室内用腻子》JG/T 298 的规定；

5）厨房、卫生间墙面的找平层应使用耐水腻子。

10. 裱糊及软包工程：

（1）同一品种的裱糊或软包工程每 50 间应划分为一个检验批，不足 50 间也应划分为一个检验批，大面积房间和走廊可按裱糊或软包面积每 30m^{2}计为 1 间。

（2）检查数量应符合下列规定：

1）裱糊工程每个检验批应至少抽查5间，不足5间时应全数检查；

2）软包工程每个检验批应至少抽查10间，不足10间时应全数检查。

11. 细部工程：

(1) 同类制品每50间（处）应划分为一个检验批，不足50间（处）也应划分为一个检验批；

(2) 每部楼梯应划分为一个检验批。

(3) 橱柜、窗帘盒、窗台板、门窗套和室内花饰每个检验批应至少抽查3间（处），不足3间（处）时应全数检查；护栏、扶手和室外花饰每个检验批应全数检查。

7.2.6.45 轨道验·土-302 人造板材幕墙安装检验批质量验收记录

一、检验批划分

1. 设计、材料、工艺和施工条件相同的人造板材幕墙工程，每1000m^3为一个检验批，不足1000m^3应划分为一个独立检验批；每个检验批每100m^3应至少查一处，每处不得少于10m^3。

2. 同一单位工程中不连续的幕墙工程应单独划分检验批。

3. 对于异形或有特殊要求的幕墙，检验批的划分应根据幕墙的结构、工艺特点及幕墙工程的规模，宜由监理单位、建设单位和施工单位协商确定。

二、《建筑装饰装修工程施工质量验收标准》GB 50210—2018规范摘要（规范与表格规范不符）

11.5.1 人造板材幕墙工程主控项目应包括下列项目：

1. 人造板材幕墙工程所用材料、构件和组件质量；
2. 人造板材幕墙的造型、立面分格、颜色、光泽、花纹和图案；
3. 人造板材幕墙主体结构上的埋件；
4. 人造板材幕墙连接安装质量；
5. 金属框架和连接件的防腐处理；
6. 人造板材幕墙防雷；
7. 人造板材幕墙的防火、保温、防潮材料的设置；
8. 变形缝、墙角的连接节点；
9. 有防水要求的人造板材幕墙防水效果。

11.5.2 人造板材幕墙工程一般项目应包括下列项目：

1. 人造板材幕墙表面质量；
2. 板缝；
3. 人造板材幕墙流水坡向和滴水线；
4. 人造板材表面质量；
5. 人造板材幕墙安装偏差。

7.3 机电设备安装工程专用表格

7.3.1 建筑给水排水

7.3.1.19 轨道验·机-19 雨水管道及配件安装检验批质量验收记录

一、适用范围

本表适用于雨水管道及配件安装检验批的质量检查验收。

二、表内填写提示

雨水管道及配件安装应符合现行国家标准《建筑给水排水及采暖工程施工质量验收规范》GB 50242—2002的相关规定：

主控项目

安装在室内的雨水管道安装后应做灌水试验，灌水高度必须到每根立管L部的雨水斗。

检查方法：灌水试验持续1h，不渗不漏。

雨水管道如采用塑料管，其伸缩节安装应符合设计要求。

检查方法：对照图纸检查。

悬吊式雨水管道的敷设坡度不得小于5‰；埋地雨水管道的最小坡度，应符合表5.3.3的规定。

地下埋设雨水排水管道的最小坡度　　表5.3.3

项次	管径（mm）	最小坡度（‰）	项次	管径（mm）	最小坡度（‰）
1	50	20	4	125	6
2	70	15	5	150	5
3	100	8	6	200～400	4

检验方法：水平尺、拉线尺量检查。

一般项目

雨水管道不得与生活污水管道相连接。

检查方法：观察检查。

雨水斗管的连接应固定在屋面承重结构上。雨水斗边缘与屋面相连处应严密不漏。连接管管径当设计无要求时，不得小于100mm。

检查方法：观察和尺量检查。

悬吊式雨水管道的检查口或带法兰堵口的三通的间距不得大于表5.3.6规定。

悬吊管检查口间距　　表5.3.6

项次	悬吊管直径（mm）	检查口间距（m）
1	≤150	≯15
2	≥200	≯20

检验方法：拉线、尺量检查。

雨水管道安装的允许偏差应符合本规范表5.2.16

雨水钢管管道焊接的焊口允许偏差应符合表5.3.8的规定。

钢管管道焊口允许偏差和检验方法　　表5.3.8

<table>
<tr><th>项次</th><th colspan="3">项目</th><th>允许偏差</th><th>检查方法</th></tr>
<tr><td>1</td><td>焊口平直度</td><td colspan="2">管壁厚10mm以内</td><td>管壁厚1/4</td><td rowspan="3">焊接检验尺和游标卡尺检查</td></tr>
<tr><td rowspan="2">2</td><td rowspan="2">焊缝加强面</td><td colspan="2">高度</td><td rowspan="2">＋1mm</td></tr>
<tr><td colspan="2">宽度</td></tr>
<tr><td rowspan="3">3</td><td rowspan="3">咬边</td><td colspan="2">深度</td><td>小于0.5mm</td><td rowspan="3">直尺检查</td></tr>
<tr><td rowspan="2">长度</td><td>连续长度</td><td>25mm</td></tr>
<tr><td>总长度</td><td>小于焊缝长度的10%</td></tr>
</table>

7.3.2　通风与空调

7.3.2.26　轨道验·机-55　风管与配件产成品检验批质量验收记录（金属风管）

一、适用范围

本表适用于风管与配件产成品（金属风管）检验批质量验收记录的质量检查验收。

二、《通风与空调工程施工质量验收规范》GB 50243—2016规范摘要

Ⅰ　主控项目

4.1.5　镀锌钢板及含有各类复合保护层的钢板应采用咬口连接或铆接，不得采用焊接连接。

4.1.7　净化空调系统风管的材质应符合下列规定：

1. 应按工程设计要求选用。当设计无要求时，宜采用镀锌钢板，且镀锌层厚度不应小于 $100g/m^2$。

2. 当生产工艺或环境条件要求采用非金属风管时，应采用不燃材料或难燃材料，且表面应光滑、平整、不产尘、不易霉变。

4.2.1　风管加工质量应通过工艺性的检测或验证，强度和严密性要求应符合下列规定：

1. 风管在试验压力保持 5min 及以上时，接缝处应无开裂，整体结构应无永久性的变形及损伤。试验压力应符合下列规定：

(1) 低压风管应为 1.5 倍的工作压力；

(2) 中压风管应为 1.2 倍的工作压力，且不低于 750Pa；

(3) 高压风管应为 1.2 倍的工作压力。

2. 矩形金属风管的严密性检验，在工作压力下的风管允许漏风量应符合表 4.2.1 的规定。

风管允许漏风量　　表 4.2.1

风管类别	允许漏风量[$m^3/(h \cdot m^2)$]
低压风管	$Q_l \leqslant 0.1056P^{0.65}$
中压风管	$Q_m \leqslant 0.0352P^{0.65}$
高压风管	$Q_h \leqslant 0.0117P^{0.65}$

注：Q_l 为低压风管允许漏风量，Q_m 为中压风管允许漏风量，Q_h 为高压风管允许漏风量，P 为系统风管工作压力（Pa）。

3. 低压、中压圆形金属与复合材料风管，以及采用非法兰形式的非金属风管的允许漏风量，应为矩形金属风管规定值的 50%。

4. 砖、混凝土风道的允许漏风量不应大于矩形金属低压风管规定值的 1.5 倍。

5. 排烟、除尘、低温送风及变风量空调系统风管的严密性应符合中压风管的规定，N1～N5 级净化空调系统风管的严密性应符合高压风管的规定。

6. 风管系统工作压力绝对值不大于 125Pa 的微压风管，在外观和制造工艺检验合格的基础上，不应进行漏风量的验证测试。

7. 输送剧毒类化学气体及病毒的实验室通风与空调风管的严密性能应符合设计要求。

8. 风管或系统风管强度与漏风量测试应符合本规范附录 C 的规定。

检查数量：按Ⅰ方案。

检查方法：按风管系统的类别和材质分别进行，查阅产品合格证和测试报告，或实测旁站。

4.2.2　防火风管的本体、框架与固定材料、密封垫料等必须采用不燃材料，防火风管的耐火极限时间应符合系统防火设计的规定。

检查数量：全数检查。

检查方法：查阅材料质量合格证明文件和性能检测报告，观察检查与点燃试验。

4.2.3　金属风管的制作应符合下列规定：

1. 金属风管的材料品种、规格、性能与厚度应符合设计要求。当风管厚度设计无要求时，应按本规范执行。钢板风管板材厚度应符合表 4.2.3-1 的规定。镀锌钢板的镀锌层厚度应符合设计或合同的规定，当设计无规定时，不应采用低于 $80g/m^2$ 板材；不锈钢板风管板材厚度应符合表 4.2.3-2 的规定；铝板风管板材厚度应符合表 4.2.3-3 的规定。

钢板风管板材厚度　　表 4.2.3-1

风管直径长边尺寸 b（mm）类别	板材厚度（mm）				
	微压、低压系统风管	中压系统风管		高压系统风管	除尘系统风管
		圆形	矩形		
$b \leqslant 320$	0.5	0.5	0.5	0.75	2.0
$320 < b \leqslant 450$	0.5	0.6	0.6	0.75	2.0
$450 < b \leqslant 630$	0.6	0.75	0.75	1.0	3.0
$630 < b \leqslant 1000$	0.75	0.75	0.75	1.0	4.0
$1000 < b \leqslant 1500$	1.0	1.0	1.0	1.2	5.0
$1500 < b \leqslant 2000$	1.0	1.2	1.2	1.5	按设计要求
$2000 < b \leqslant 4000$	1.2	按设计要求	1.2	按设计要求	按设计要求

注：1. 螺旋风管的钢板厚度可按圆形风管减少 10%～15%。

2. 排烟系统风管钢板厚度可按高压系统。

3. 不适用于地下人防与防火隔墙的预埋管。

不锈钢板风管板材厚度（mm）　　表 4.2.3-2

风管直径或长边尺寸 b	微压、低压、中压	高压
$b \leqslant 450$	0.5	0.75
$450 < b \leqslant 1120$	0.75	1.0
$1120 < b \leqslant 2000$	1.0	1.2
$2000 < b \leqslant 4000$	1.2	按设计要求

铝板风管板材厚度（mm）　　表 4.2.3-3

风管直径或长边尺寸 b	微压、低压、中压	风管直径或长边尺寸 b	微压、低压、中压
$b \leqslant 320$	1.0	$630 < b \leqslant 2000$	2.0
$320 < b \leqslant 630$	1.5	$2000 < b \leqslant 4000$	按设计要求

4.2.7　净化空调系统风管的制作应符合下列规定：

1. 风管内表面应平整、光滑，管内不得设有加固框或加固筋。

2. 风管不得有横向拼接缝。矩形风管底边宽度小于或等于 900mm 时，底面不得有拼接缝；大于 900mm 且小于或等于 1800mm 时，底面拼接缝不得多于 1 条；大于 1800mm 且小于或等于 2700mm 时，底面拼接缝不得多于 2 条。

3. 风管所用的螺栓、螺母、垫圈和铆钉的材料应与管材性能相适应，不应产生电化学腐蚀。

4. 当空气洁净度等级为 N1～N5 级时，风管法兰的螺栓及铆钉孔的间距不应大于 80mm；当空气洁净度等级为 N6～N9 级时，不应大于 120mm。不得采用抽芯铆钉。

5. 矩形风管不得使用 S 形插条及直角形插条连接。边长大于 1000mm 的净化空调系统风管，无相应的加固措施，不得使用薄钢板法兰弹簧夹连接。

6. 空气洁净度等级为 N1～N5 级净化空调系统的风管，不得采用按扣式咬口连接。

7. 风管制作完毕后，应清洗。清洗剂不应对人体、管材和产品等产生危害。

检查数量：按Ⅰ方案。

检查方法：查阅材料质量合格证明文件和观察检查，白绸布擦拭。

Ⅱ 一般项目

4.3.1 金属风管的制作应符合下列规定：

1. 金属法兰连接风管的制作应符合下列规定：

(1) 风管与配件的咬口缝应紧密、宽度应一致、折角应平直、圆弧应均匀，且两端面应平行。风管不应有明显的扭曲与翘角，表面应平整，凹凸不应大于10mm。

(2) 当风管的外径或外边长小于或等于300mm时，其允许偏差不应大于2mm；当风管的外径或外边长大于300mm时，不应大于3mm。管口平面度的允许偏差不应大于2mm；矩形风管两条对角线长度之差不应大于3mm，圆形法兰任意两直径之差不应大于3mm。

(3) 焊接风管的焊缝应饱满、平整，不应有凸瘤、穿透的夹渣和气孔、裂缝等其他缺陷。风管目测应平整，不应有凹凸大于10mm的变形。

(4) 风管法兰的焊缝应熔合良好、饱满，无假焊和孔洞。法兰外径或外边长及平面度的允许偏差不应大于2mm。同一批量加工的相同规格法兰的螺孔排列应一致，并应具有互换性。

(5) 风管与法兰采用铆接连接时，铆接应牢固，不应有脱铆和漏铆现象；翻边应平整、紧贴法兰，宽度应一致，且不应小于6mm；咬缝及矩形风管的四角处不应有开裂与孔洞。

(6) 风管与法兰采用焊接连接时，焊缝应低于法兰的端面。除尘系统风管宜采用内侧满焊，外侧间断焊形式。当风管与法兰采用点焊固定连接时，焊点应融合良好，间距不应大于100mm；法兰与风管应紧贴，不应有穿透的缝隙与孔洞。

(7) 镀锌钢板风管表面不得有10%以上的白花、锌层粉化等镀锌层严重损坏的现象。

(8) 当不锈钢板或铝板风管的法兰采用碳素钢材时，材料规格应符合本规范第4.2.3条的规定，并应根据设计要求进行防腐处理；铆钉材料应与风管材质相同，不应产生电化学腐蚀。

2. 金属无法兰连接风管的制作应符合下列规定：

(1) 圆形风管无法兰连接形式应符合表4.3.1-1的规定。矩形风管无法兰连接形式应符合表4.3.1-2的规定。

圆形风管无法兰连接形式 **表4.3.1-1**

无法兰连接形式		附件板厚（mm）	接口要求	使用范围
承插连接		—	插入深度≥30mm，有密封要求	直径<700mm微压、低压风管
带加强筋承插		—	插入深度≥20mm，有密封要求	微压、低压、中压风管
角钢加固承插		—	插入深度≥20mm，有密封要求	微压、低压、中压风管
芯管连接		≥管板厚	插入深度≥20mm，有密封要求	微压、低压、中压风管

续表

无法兰连接形式		附件板厚（mm）	接口要求	使用范围
立筋抱箍连接		≥管板厚	扳边与楞筋匹配一致，紧固严密	微压、低压、中压风管
抱箍连接		≥管板厚	对口尽量靠近不重叠，抱箍应居中，宽度≥100mm	直径<700mm 微压、低压风管
内胀芯管连接		≥管板厚	橡胶密封垫固定应牢固	大口径螺旋风管

矩形风管无法兰连接形式　　表 4.3.1-2

无法兰连接形式		附件板厚（mm）	使用范围
S形插条		≥0.7	微压、低压风管，单独使用连接处必须有固定措施
C形插条		≥0.7	微压、低压、中压风管
立咬口		≥0.7	微压、低压、中压风管
包边立咬口		≥0.7	微压、低压、中压风管
薄钢板法兰插条		≥1.0	微压、低压、中压风管
薄钢板法兰弹簧夹		≥1.0	微压、低压、中压风管

续表

无法兰连接形式		附件板厚（mm）	使用范围
直角型 平插条		≥0.7	微压、低压风管

4.3.4 净化空调系统风管除应符合本规范第 4.3.1 条的规定外，尚应符合下列规定：

1. 咬口缝处所涂密封胶宜在正压侧。

2. 镀锌钢板风管的咬口缝、折边和铆接等处有损伤时，应进行防腐处理。

3. 镀锌钢板风管的镀锌层不应有多处或 10%表面积的损伤、粉化脱落等现象。

4. 风管清洗达到清洁要求后，应对端部进行密闭封堵，并应存放在清洁的房间。

5. 净化空调系统的静压箱本体、箱内高效过滤器的固定框架及其他固定件应为镀锌、镀镍件或其他防腐件。

检查数量：按Ⅱ方案。

检验方法：观察检查。

4.3.5 圆形弯管的曲率半径和分节数应符合表 4.3.5 的规定。圆形弯管的弯曲角度及圆形三通、四通支管与总管夹角的制作偏差不应大于 3°。

圆形弯管的曲率半径和分节数 **表 4.3.5**

弯管直径 D（mm）	曲率半径 R	弯管角度和最少节数							
		90°		60°		45°		30°	
		中节	端节	中节	端节	中节	端节	中节	端节
80～220	≥1.5D	2	2	1	2	1	2	—	2
240～450	1.0D～1.5D	3	2	2	2	1	2	—	2
480～800	1.0D～1.5D	4	2	2	2	1	2	1	2
850～1400	1.0D	5	2	3	2	2	2	1	2
1500～2000	1.0D	8	2	5	2	3	2	2	2

检验数量：按Ⅱ方案。

检验方法：观察和尺量检查。

4.3.6 矩形风管弯管宜采用曲率半径为一个平面边长，内外同心弧的形式。当采用其他形式的弯管，且平面边长大于 500mm 时，应设弯管导流片。

检验数量：按Ⅱ方案。

检验方法：观察和尺量检查。

4.3.7 风管变径管单面变径的夹角不宜大于 30°，双面变径的夹角不宜大于 60°。圆形风管支管与总管的夹角不宜大于 60°。

检查数量：按Ⅱ方案。

检查方法：尺量及观察检查。

4.3.8 防火风管的制作应符合下列规定：

1. 防火风管的口径允许偏差应符合本规范第 4.3.1 条的规定。

2. 采用型钢框架外敷防火板的防火风管，框架的焊接应牢固，表面应平整，偏差不应大于 2mm。防火板敷设形状应规整，固定应牢固，接缝应用防火材料封堵严密，且不应有穿孔。

3. 采用在金属风管外敷防火绝热层的防火风管，风管严密性要求应按本规范第 4.2.1 条中有关压金属风管的规定执行。防火绝热层的设置应按本规范第 10 章的规定执行。

检查数量：按Ⅱ方案。

检查方法：尺量及观察检查。

7.3.2.27 轨道验·机-56 风管与配件产成品检验批质量验收记录（非金属风管）

一、适用范围

本表适用于风管与配件产成品（非金属风管）检验批质量验收记录的质量检查验收。

二、《通风与空调工程施工质量验收规范》GB 50243—2016 规范摘要

Ⅰ 主控项目

4.2.1 风管加工质量应通过工艺性的检测或验证，强度和严密性要求应符合下列规定：

1. 风管在试验压力保持 5min 及以上时，接缝处应无开裂，整体结构应无永久性的变形及损伤。试验压力应符合下列规定：

（1）低压风管应为 1.5 倍的工作压力；

（2）中压风管应为 1.2 倍的工作压力，且不低于 750Pa；

（3）高压风管应为 1.2 倍的工作压力。

2. 矩形金属风管的严密性检验，在工作压力下的风管允许漏风量应符合表 4.2.1 的规定。

风管允许漏风量 **表 4.2.1**

风管类别	允许漏风量 [$m^3/(h \cdot m^2)$]
低压风管	$Q_l \leqslant 0.1056P^{0.65}$
中压风管	$Q_m \leqslant 0.0352P^{0.65}$
高压风管	$Q_h \leqslant 0.0117P^{0.65}$

注：Q_l 为低压风管允许漏风量，Q_m 为中压风管允许漏风量，Q_h 为高压风管允许漏风量，P 为系统风管工作压力（Pa）。

3. 低压、中压圆形金属与复合材料风管，以及采用非法兰形式的非金属风管的允许漏风量，应为矩形金属风管规定值的 50%。

4. 砖、混凝土风道的允许漏风量不应大于矩形金属低压风管规定值的 1.5 倍。

5. 排烟、除尘、低温送风及变风量空调系统风管的严密性应符合中压风管的规定，N1～N5 级净化空调系统风管的严密性应符合高压风管的规定。

6. 风管系统工作压力绝对值不大于 125Pa 的微压风管，在外观和制造工艺检验合格的基础上，不应进行漏风量的验证测试。

7. 输送剧毒类化学气体及病毒的实验室通风与空调风管的严密性能应符合设计要求。

8. 风管或系统风管强度与漏风量测试应符合本规范附录 C 的规定。

检查数量：按Ⅰ方案。

检查方法：按风管系统的类别和材质分别进行，查阅产品合格证和测试报告，或实测旁站。

4.2.4 非金属风管的制作应符合下列规定：

1. 非金属风管的材料品种、规格、性能与厚度等应符合设计要求。当设计无厚度规定时，应按本规范执行。高压系统非金属风管应按设计要求。

2. 硬聚氯乙烯风管的制作应符合下列规定：

(1) 硬聚氯乙烯圆形风管板材厚度应符合表 4.2.4-1 的规定，硬聚氯乙烯矩形风管板材厚度应符合表 4.2.4-2 的规定。

(2) 硬聚氯乙烯圆形风管法兰规格应符合表 4.2.4-3 的规定，硬聚氯乙烯矩形风管法兰规格应符合表 4.2.4-4 的规定。法兰螺孔的间距不得大于 120mm。矩形风管法兰的四角处，应设有螺孔。

(3) 当风管的直径或边长大于 500mm 时，风管与法兰的连接处应设加强板，且间距不得大于 450mm。

硬聚氯乙烯圆形风管板材厚度（mm） **表 4.2.4-1**

风管直径 D	板材厚度	
	微压、低压	中压
$D \leqslant 320$	3.0	4.0
$320 < D \leqslant 800$	4.0	6.0
$800 < D \leqslant 1200$	5.0	8.0
$1200 < D \leqslant 2000$	6.0	10.0
$D > 2000$	按设计要求	

硬聚氯乙烯矩形风管板材厚度（mm） **表 4.2.4-2**

风管长边尺寸 b	板材厚度	
	微压、低压	中压
$b \leqslant 320$	3.0	4.0
$320 < b \leqslant 500$	4.0	5.0
$500 < b \leqslant 800$	5.0	6.0
$800 < b \leqslant 1250$	6.0	8.0
$1250 < b \leqslant 2000$	8.0	10.0

硬聚氯乙烯圆形风管法兰规格 **表 4.2.4-3**

风管直径 D	材料规格（宽×厚）（mm）	连接螺栓
$D \leqslant 180$	35×6	M6
$180 < D \leqslant 400$	35×8	M8
$400 < D \leqslant 500$	35×10	
$500 < D \leqslant 800$	40×10	
$180 < D \leqslant 1400$	40×12	M10
$1400 < D \leqslant 1600$	50×15	
$1600 < D \leqslant 2000$	60×15	
$D > 2000$	按设计要求	

硬聚氯乙烯矩形风管法兰规格 **表 4.2.4-4**

风管边长 b（mm）	材料规格（宽×厚）（mm）	连接螺栓
$b \leq 160$	35×6	M6
$160 < b \leq 400$	35×8	M8
$400 < b \leq 500$	35×10	
$500 < b \leq 800$	40×10	M10
$800 < b \leq 1250$	45×12	
$1250 < b \leq 1600$	50×15	
$1600 < b \leq 2000$	60×18	
$b > 2000$	按设计要求	

3. 玻璃钢风管的制作应符合下列规定：

（1）微压、低压及中压系统有机玻璃钢风管板材的厚度应符合表 4.2.4-5 的规定。无机玻璃钢（氯氧镁水泥）风管板材的厚度应符合表 4.2.4-6 的规定，风管玻璃纤维布厚度与层数应符合表 4.2.4-7 的规定，且不得采用高碱玻璃纤维布。风管表面不得出现泛卤及严重泛霜。

（2）玻璃钢风管法兰的规格应符合表 4.2.4-8 的规定，螺栓孔的间距不得大于 120mm。矩形风管法兰的四角处应设有螺孔。

（3）当采用套管连接时，套管厚度不得小于风管板材厚度。

（4）玻璃钢风管的加固应为本体材料或防腐性能相同的材料，加固件应与风管成为整体。

微压、低压、中压有机玻璃钢风管板材厚度（mm） **表 4.2.4-5**

圆形风管直径 D 或矩形风管长边尺寸 b	壁厚	圆形风管直径 D 或矩形风管长边尺寸 b	壁厚
$D(b) \leq 200$	2.5	$630 < D(b) \leq 1000$	4.8
$200 < D(b) \leq 400$	3.2	$1000 < D(b) \leq 2000$	6.2
$400 < D(b) \leq 630$	4.0		

微压、低压、中压无机玻璃钢风管板材厚度（mm） **表 4.2.4-6**

圆形风管直径 D 或矩形风管长边尺寸 b	壁厚	圆形风管直径 D 或矩形风管长边尺寸 b	壁厚
$D(b) \leq 300$	2.5～3.5	$1000 < D(b) \leq 1500$	5.5～6.5
$300 < D(b) \leq 500$	3.5～4.5	$1500 < D(b) \leq 2000$	6.5～7.5
$500 < D(b) \leq 1000$	4.5～5.5	$D(b) > 2000$	7.5～8.5

微压、低压、中压系统无机玻璃钢风管玻璃纤维布厚度与层数（mm） **表 4.2.4-7**

圆形风管直径 D 或矩形风管长边 b	风管管体玻璃纤维布厚度		风管法兰玻璃纤维布厚度	
	0.3	0.4	0.3	0.4
	玻璃布层数			
$D(b) \leq 300$	5	4	8	7
$300 < D(b) \leq 500$	7	5	10	8

续表

圆形风管直径 D 或矩形风管长边 b	风管管体玻璃纤维布厚度		风管法兰玻璃纤维布厚度	
	0.3	0.4	0.3	0.4
	玻璃布层数			
$500< D(b) \leqslant 1000$	8	6	13	9
$1000< D(b) \leqslant 1500$	9	7	14	10
$1500< D(b) \leqslant 2000$	12	8	16	14
$D(b) >2000$	14	9	20	16

玻璃钢风管法兰规格 **表 4.2.4-8**

风管直径 D 或风管边长 b（mm）	材料规格（宽×厚）（mm）	连接螺栓
$D(b) \leqslant 400$	30×4	M8
$400< D(b) \leqslant 1000$	40×6	
$100< D(b) \leqslant 2000$	50×8	M10

4. 砖、混凝土建筑风道的伸缩缝，应符合设计要求，不应有渗水和漏风。

5. 织物布风管在工程中使用时，应具有相应符合国家现行标准的规定，并应符合卫生与消防的要求。

检查数量：按Ⅰ方案。

检查方法：观察检查、尺量、查验材料质量证明书、产品合格证。

Ⅱ 一般项目

4.3.2 非金属风管的制作除应符合本规范第 4.3.1 条第 1 款的规定外，尚应符合下列规定：

1. 硬聚氯乙烯风管的制作应符合下列规定：

(1) 风管两端面应平行，不应有扭曲，外径或外边长的允许偏差不应大于 2mm。表面应平整，圆弧应均匀，凹凸不应大于 5mm。

(2) 焊缝形式及适用范围应符合表 4.3.2-1 的规定。

硬聚氯乙烯板焊缝形式及适用范围 **表 4.3.2-1**

焊缝形式	图示	焊缝高度（mm）	板材厚度（mm）	坡口厚度 α（°）	适用范围
V 形对接焊缝		2～3	3～5	70～90	单面焊的风管
X 形对接焊缝		2～3	≥5	70～90	风管法兰及厚板的拼接

续表

焊缝形式	图　示	焊缝高度（mm）	板材厚度（mm）	坡口厚度 α（°）	适用范围
搭接焊缝	a；≥3a	≥最小板厚	3～10	—	风管或配件的加固
角焊缝（无坡口）		2～3	6～18	—	风管或配件的加固
角焊缝（无坡口）		≥最小板厚	≥3	—	风管配件的角焊
V形单面角焊缝	1~1.5；α	2～3	3～8	70～90	风管角部焊接
V形双面角焊缝	3~5；α	2～3	6～15	70～90	厚壁风管角部焊接

（3）焊缝应饱满，排列应整齐，不应有焦黄断裂现象。

（4）矩形风管的四角可采用煨角或焊接连接。当采用煨角连接时，纵向焊缝距煨角处宜大于80mm。

2. 有机玻璃钢风管的制作应符合下列规定：

（1）风管两端面应平行，内表面应平整光滑、无气泡，外表面应整齐，厚度应均匀，且边缘处不应有毛刺及分层现象。

（2）法兰与风管的连接应牢固，内角交界处应采用圆弧过渡。管口与风管轴线成直角，平面度的允许偏差不应大于3mm；螺孔的排列应均匀，至管口的距离应一致，允许偏差不应大于2mm。

（3）风管的外径或外边长尺寸的允许偏差不应大于3mm，圆形风管的任意正交两直径之差不应大于5mm，矩形风管的两对角线之差不应大于5mm。

（4）矩形玻璃钢风管的边长大于900mm，且管段长度大于1250mm时，应采取加固措施。加固筋的分布应均匀整齐。

3. 无机玻璃钢风管的制作除应符合本条第2款的规定外，尚应符合下列规定：

（1）风管表面应光洁，不应有多处目测到的泛霜和分层现象；

（2）风管的外形尺寸应符合表4.3.2-2的规定；

无机玻璃钢风管外形尺寸（mm） **表 4.3.2-2**

直径 D 或大边长 b	矩形风管表面不平度	矩形风管管口对角线之差	法兰平面的不平度	圆形风管两直径之差
$D(b)\leqslant 300$	$\leqslant 3$	$\leqslant 3$	$\leqslant 2$	$\leqslant 3$
$300<D(b)\leqslant 500$	$\leqslant 3$	$\leqslant 4$	$\leqslant 2$	$\leqslant 3$
$500<D(b)\leqslant 1000$	$\leqslant 4$	$\leqslant 5$	$\leqslant 2$	$\leqslant 4$
$1000<D(b)\leqslant 1500$	$\leqslant 4$	$\leqslant 6$	$\leqslant 3$	$\leqslant 5$
$1500<D(b)\leqslant 2000$	$\leqslant 5$	$\leqslant 7$	$\leqslant 3$	$\leqslant 5$

（3）风管法兰制作应符合本条第 2 款第 2 项的规定。

4. 砖、混凝土建筑风道内径或内边长的允许偏差不应大于 20mm，两对角线之差不应大于 30mm；内表面的水泥砂浆涂抹应平整，且不应有贯穿性的裂缝及孔洞。

检验数量：按Ⅱ方案。

检验方法：查验测试记录，观察和尺量检查。

7.3.2.28　轨道验·机-57　风管与配件产成品检验批质量验收记录（复合材料风管）

一、适用范围

本表适用于风管与配件产成品（复合材料风管）检验批质量验收记录的质量检查验收。

二、《通风与空调工程施工质量验收规范》GB 50243—2016 规范摘要

Ⅰ　主控项目

4.2.1　风管加工质量应通过工艺性的检测或验证，强度和严密性要求应符合下列规定：

1. 风管在试验压力保持 5min 及以上时，接缝处应无开裂，整体结构应无永久性的变形及损伤。试验压力应符合下列规定：

（1）低压风管应为 1.5 倍的工作压力；

（2）中压风管应为 1.2 倍的工作压力，且不低于 750Pa；

（3）高压风管应为 1.2 倍的工作压力。

2. 矩形金属风管的严密性检验，在工作压力下的风管允许漏风量应符合表 4.2.1 的规定。

风管允许漏风量 **表 4.2.1**

风管类别	允许漏风量[$m^3/(h\cdot m^2)$]
低压风管	$Q_l\leqslant 0.1056P^{0.65}$
中压风管	$Q_m\leqslant 0.0352P^{0.65}$
高压风管	$Q_h\leqslant 0.0117P^{0.65}$

注：Q_l 为低压风管允许漏风量，Q_m 为中压风管允许漏风量，Q_h 为高压风管允许漏风量，P 为系统风管工作压力（Pa）。

3. 低压、中压圆形金属与复合材料风管，以及采用非法兰形式的非金属风管的允许漏风量，应为矩形金属风管规定值的 50%。

4. 砖、混凝土风道的允许漏风量不应大于矩形金属低压风管规定值的 1.5 倍。

5. 排烟、除尘、低温送风及变风量空调系统风管的严密性应符合中压风管的规定，N1～N5 级净化空调系统风管的严密性应符合高压风管的规定。

6. 风管系统工作压力绝对值不大于 125Pa 的微压风管，在外观和制造工艺检验合格的基础上，不

应进行漏风量的验证测试。

7. 输送剧毒类化学气体及病毒的实验室通风与空调风管的严密性能应符合设计要求。

8. 风管或系统风管强度与漏风量测试应符合本规范附录C的规定。

检查数量：按Ⅰ方案。

检查方法：按风管系统的类别和材质分别进行，查阅产品合格证和测试报告，或实测旁站。

4.2.6 复合材料风管的制作应符合下列规定：

1. 复合风管的材料品种、规格、性能与厚度等应符合设计要求。复合板材的内外覆面层粘贴应牢固，表面平整无破损，内部绝热材料不得外露。

2. 铝箔复合材料风管的连接、组合应符合下列规定：

(1) 采用直接黏结连接的风管，边长不应大于500mm；采用专用连接件连接的风管，金属专用连接件的厚度不应小于1.2mm，塑料专用连接件的厚度不应小于1.5mm。

(2) 风管内的转角连接缝，应采取密封措施。

(3) 铝箔玻璃纤维复合风管采用压敏铝箔胶带连接时，胶带应粘接在铝箔面上，接缝两边的宽度均应大于20mm。不得采用铝箔胶带直接与玻璃纤维断面相黏结的方法。

3. 夹芯彩钢板复合材料风管，应符合现行国家标准《建筑设计防火规范》GB 50016的有关规定。当用于排烟系统时，内壁金属板的厚度应符合表4.2.3-1的规定。

检查数量：按Ⅰ方案。

检查方法：尺量、观察检查、查验材料质量证明书、产品合格证。

Ⅱ 一般项目

4.3.3 复合材料风管的制作应符合下列规定：

1. 复合材料风管及法兰的允许偏差应符合表4.3.3-1的规定。

复合材料风管及法兰允许偏差（mm） **表4.3.3-1**

风管长边尺寸 b或直径D	允许偏差				
	边长或直径偏差	矩形风管表面平面度	矩形风管端口对角线之差	法兰或端口平面度	圆形法兰任意正交两直径之差
$b(D) \leqslant 320$	±2	≤3	≤3	≤2	≤3
$320 < b(D) \leqslant 2000$	±3	≤5	≤4	≤4	≤5

2. 双面铝箔复合绝热材料风管的制作应符合下列规定：

(1) 风管的折角应平直，两端面应平行，允许偏差应符合本条第1款的规定。

(2) 板材的拼接应平整，凹凸不大于5mm，无明显变形、起泡和铝箔破损。

(3) 风管长边尺寸大于1600mm时，板材拼接应采用H形PVC或铝合金加固条。

(4) 边长大于320mm的矩形风管采用插接连接时，四角处应粘贴直角垫片，插接连接件与风管粘接应牢固，插接连接件应互相垂直，插接连接件间隙不应大于2mm。

(5) 风管采用法兰连接时，风管与法兰的连接应牢固。

(6) 矩形弯管的圆弧面采用机械压弯成型制作时，轧压深度不宜超过5mm。圆弧面成型后，应对轧压处的铝箔划痕密封处理。

(7) 聚氨酯铝箔复合材料风管或酚醛铝箔复合材料风管，内支撑加固的镀锌螺杆直径不应小于8mm，穿管壁处应进行密封处理。聚氨酯（酚醛）铝箔复合材料风管内支撑加固的设置应符合表4.3.3-2的规定。

聚氨酯（酚醛）铝箔复合材料风管内支撑加固的设置　　　　表 4.3.3-2

类别		系统工作压力（Pa）			
		≤300	301～500	501～750	751～1000
		横向加固点数			
风管内边长 b（mm）	$410<b\leq 600$	—	—	—	1
	$600<b\leq 800$	—	1	1	1
	$800<b\leq 1200$	1	1	1	1
	$1200<b\leq 1500$	1	1	1	2
	$1500<b\leq 2000$	2	2	2	2
纵向加固间距（mm）					
聚氨酯复合风管		≤1000	≤800	≤600	
酚醛复合风管		≤800			

3. 铝箔玻璃纤维复合材料风管除应符合本条第 1 款的规定外，尚应符合下列规定：

（1）风管的离心玻璃纤维板材应干燥平整，板外表面的铝箔隔气保护层与内芯玻璃纤维材料应黏合牢固，内表面应有防纤维脱落的保护层，且不得释放有害物质。

（2）风管采用承插阶梯接口形式连接时，承口应在风管外侧，插口应在风管内侧，承、插口均应整齐，插入深度应大于或等于风管板材厚度。插接口处预留的覆面层材料厚度应等同于板材厚度，接缝处的粘接应严密牢固。

（3）风管采用外套角钢法兰连接时，角钢法兰规格可为同尺寸金属风管的法兰规格或小一档规格。槽形连接件应采用厚度不小于 1mm 的镀锌钢板。角钢外套法兰与槽形连接件的连接，应采用不小于 M6 的镀锌螺栓（图 4.3.3），螺栓间距不应大于 120mm。法兰与板材间及螺栓孔的周边应涂胶密封。

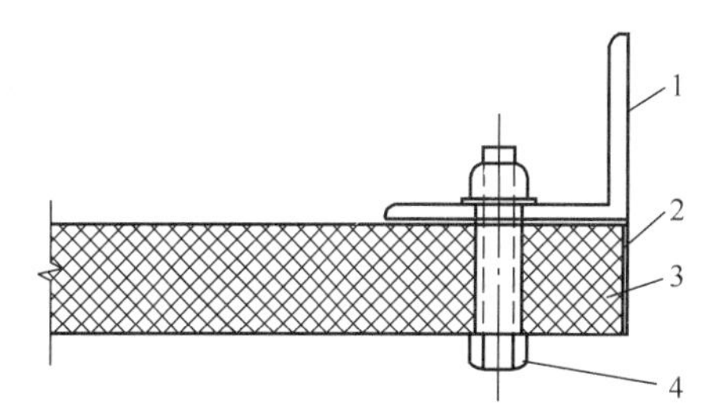

图 4.3.3　玻璃纤维复合风管角钢连接示意

1—角钢外法兰；2—槽形连接件；3—风管；4—M6 镀锌螺栓

（4）铝箔玻璃纤维复合风管内支撑加固的镀锌螺杆直径不应小于 6mm，穿管壁处应采取密封处理。正压风管长边尺寸大于或等于 1000mm 时，应增设外加固框。外加固框架应与内支撑的镀锌螺杆相固定。负压风管的加固框应设在风管的内侧，在工作压力下其支撑的镀锌螺杆不得有弯曲变形。风管内支撑的加固应符合表 4.3.3-3 的规定。

玻璃纤维复合风管内支撑加固　　　　表 4.3.3-3

类别		系统工作压力（Pa）		
		≤100	101～250	251～500
		内支撑横向加固点数		
风管边长 b（mm）	$400<b\leq 500$	—	—	1
	$500<b\leq 600$	—	1	1
	$600<b\leq 800$	1	1	1
	$800<b\leq 1000$	1	1	2
	$1000<b\leq 1200$	1	2	2
	$1200<b\leq 1400$	2	2	3
	$1400<b\leq 1600$	2	3	3
	$1600<b\leq 1800$	2	3	4
	$1800<b\leq 2000$	3	3	4
金属加固框纵向间距（mm）		≤600		≤400

4. 机制玻璃纤维增强氯氧镁水泥复合板风管除应符合本条第 1 款的规定外，尚应符合下列规定：

（1）矩形弯管的曲率半径和分节数应符合表 4.3.3-4 的规定。

矩形弯管的曲率半径和分节数 **表 4.3.3-4**

弯管边长 b（mm）	曲率半径 R	弯管角度和最少分节数							
		90°		60°		45°		30°	
		中节	端节	中节	端节	中节	端节	中节	端节
$b \leqslant 600$	$\geqslant 1.5b$	2	2	1	2	1	2	—	2
$600 < b \leqslant 1200$	$(1.0 \sim 1.5)\ b$	2	2	2	2	1	2	—	2
$1200 < b \leqslant 2000$	$1.0b$	3	2	2	2	1	2	1	2

注：当 b 与曲率半径为大值时，弯管的中节数可参照圆形风管弯管的规定，适度增加。

（2）风管板材采用对接粘接时，在对接缝的两面应分别粘贴 3 层及以上，宽度不应小于 50mm 的玻璃纤维布增强。

（3）粘接剂应与产品相匹配，且不应散发有毒有害气体。

（4）风管内加固用的镀锌支撑螺杆直径不应小于 10mm，穿管壁处应进行密封。风管内支撑横向加固应符合表 4.3.3-5 的规定，纵向间距不应大于 1250mm。当负压系统风管的内支撑高度大于 800mm 时，支撑杆应采用镀锌钢管。

风管内支撑横向加固数量 **表 4.3.3-5**

风管长边尺寸 b（mm）	系统设计工作压力 P（Pa）			
	$P \leqslant 500$		$500 < P \leqslant 1000$	
	复合板厚度（mm）		复合板厚度（mm）	
	18～24	25～45	18～24	25～45
$1250 \leqslant b < 1600$	1	—	1	—
$1600 \leqslant b < 2000$	1	1	2	1

检查数量：按Ⅱ方案。

检查方法：查阅测试资料、尺量、观察检查。

4.3.5　圆形弯管的曲率半径和分节数应符合表 4.3.5 的规定。圆形弯管的弯曲角度及圆形三通、四通支管与总管夹角的制作偏差不应大于 3°。

圆形弯管的曲率半径和分节数 **表 4.3.5**

弯管直径 D（mm）	曲率半径 R	弯管角度和最少节数							
		90°		60°		45°		30°	
		中节	端节	中节	端节	中节	端节	中节	端节
80～220	$\geqslant 1.5D$	2	2	1	2	1	2	—	2
240～450	$1.0D \sim 1.5D$	3	2	2	2	1	2	—	2
480～800	$1.0D \sim 1.5D$	4	2	2	2	1	2	1	2
850～1400	$1.0D$	5	2	3	2	2	2	1	2
1500～2000	$1.0D$	8	2	5	2	3	2	2	2

检验数量：按Ⅱ方案。

检验方法：观察和尺量检查。

4.3.6　矩形风管弯管宜采用曲率半径为一个平面边长，内外同心弧的形式。当采用其他形式的弯管，且平面边长大于500mm时，应设弯管导流片。

检验数量：按Ⅱ方案。

检验方法：观察和尺量检查。

4.3.7　风管变径管单面变径的夹角不宜大于30°，双面变径的夹角不宜大于60°。圆形风管支管与总管的夹角不宜大于60°。

检查数量：按Ⅱ方案。

检查方法：尺量及观察检查。

7.3.2.29　轨道验·机-58　风管部件与消声器产成品检验批质量验收记录

一、适用范围

本表适用于风管部件与消声器产成品检验批质量验收记录的质量检查验收。

二、《通风与空调工程施工质量验收规范》GB 50243—2016规范摘要

Ⅰ　主控项目

5.2.1　风管部件材料的品种、规格和性能应符合设计要求。

检查数量：按Ⅰ方案。

检查方法：观察、尺量、检查产品合格证明文件。

5.2.2　外购风管部件成品的性能参数应符合设计及相关技术文件的要求。

检查数量：按Ⅰ方案。

检查方法：观察检查、检查产品技术文件。

5.2.3　成品风阀的制作应符合下列规定：

1. 风阀应设有开度指示装置，并应能准确反映阀片开度。

2. 手动风量调节阀的手轮或手柄应以顺时针方向转动为关闭。

3. 电动、气动调节阀的驱动执行装置，动作应可靠，且在最大工作压力下工作应正常。

4. 净化空调系统的风阀，活动件、固定件以及紧固件均应采取防腐措施，风阀叶片主轴与阀体轴套配合应严密，且应采取密封措施。

5. 工作压力大于1000Pa的调节风阀，生产厂应提供在1.5倍工作压力下能自由开关的强度测试合格的证书或试验报告。

6. 密闭阀应能严密关闭，漏风量应符合设计要求。

检查数量：按Ⅰ方案。

检查方法：观察、尺量、手动操作、查阅测试报告。

5.2.4　防火阀、排烟阀或排烟口的制作应符合现行国家标准《建筑通风和排烟系统用防火阀门》GB 15930的有关规定，并应具有相应的产品合格证明文件。

检查数量：全数检查。

检查方法：观察、尺量、手动操作，查阅产品质量证明文件。

5.2.5　防爆系统风阀的制作材料应符合设计要求，不得替换。

检查数量：全数检查。

检查方法：观察检查、尺量检查、检查材料质量证明文件。

5.2.6　消声器、消声弯管的制作应符合下列规定：

1. 消声器的类别、消声性能及空气阻力应符合设计要求和产品技术文件的规定。

2. 矩形消声弯管平面边长大于800mm时，应设置吸声导流片。

3. 消声器内消声材料的织物覆面层应平整，不应有破损，并应顺气流方向进行搭接。

4. 消声器内的织物覆面层应有保护层，保护层应采用不易锈蚀的材料，不得使用普通铁丝网。当使用穿孔板保护层时，穿孔率应大于20%。

5. 净化空调系统消声器内的覆面材料应采用尼龙布等不易产尘的材料。

6. 微穿孔（缝）消声器的孔径或孔缝、穿孔率及板材厚度应符合产品设计要求，综合消声量应符合产品技术文件要求。

检查数量：按Ⅰ方案。

检查方法：观察、尺量、查阅性能检测报告和产品质量合格证。

5.2.7 防排烟系统的柔性短管必须采用不燃材料。

检查数量：全数检查。

检查方法：观察检查、检查材料燃烧性能检测报告。

Ⅱ 一般项目

5.3.1 风管部件活动机构的动作应灵活，制动和定位装置动作应可靠，法兰规格应与相连风管法兰相匹配。

检查数量：按Ⅱ方案。

检查方法：观察检查、手动操作、尺量检查。

5.3.2 风阀的制作应符合下列规定：

1. 单叶风阀的结构应牢固，启闭应灵活，关闭应严密，与阀体的间隙应小于2mm。多叶风阀开启时，不应有明显的松动现象；关闭时，叶片的搭接应贴合一致。截面积大于1.2m^2的多叶风阀应实施分组调节。

2. 止回阀阀片的转轴、铰链应采用耐锈蚀材料。阀片在最大负荷压力下不应弯曲变形，启闭应灵活，关闭应严密。水平安装的止回阀应有平衡调节机构。

3. 三通调节风阀的手柄转轴或拉杆与风管（阀体）的结合处应严密，阀板不得与风管相碰擦，调节应方便，手柄与阀片应处于同一转角位置，拉杆可在操控范围内作定位固定。

4. 插板风阀的阀体应严密，内壁应做防腐处理。插板应平整，启闭应灵活，并应有定位固定装置。斜插板风阀阀体的上、下接管应成直线。

5. 定风量风阀的风量恒定范围和精度应符合工程设计及产品技术文件要求。

6. 风阀法兰尺寸允许偏差应符合表5.3.2的规定。

风阀法兰尺寸允许偏差（mm） **表5.3.2**

风阀长边尺寸 b 或直径 D	允许偏差			
	边长或直径偏差	矩形风阀端口对角线之差	法兰或端口端面平面度	圆形风阀法兰任意正交两直径之差
$b(D)\leqslant 320$	±2	±3	0～2	±2
$320< b(D)\leqslant 2000$	±3	±3	0～2	±2

检查数量：按Ⅱ方案。

检查方法：观察检查、手动操作、尺量检查。

5.3.3 风罩的制作应符合下列规定：

1. 风罩的结构应牢固，形状应规则，表面应平整光滑，转角处弧度应均匀，外壳不得有尖锐的边角。

2. 与风管连接的法兰应与风管法兰相匹配。

3. 厨房排烟罩下部集水槽应严密不漏水，并应坡向排放口。罩内安装的过滤器应便于拆卸和清洗。

4. 槽边侧吸罩、条缝抽风罩的尺寸应正确，吸口应平整。罩口加强板间距应均匀。

检查数量：按Ⅱ方案。

检查方法：观察检查、手动操作、尺量检查。

5.3.4　风帽的制作应符合下列规定：

1. 风帽的结构应牢固，形状应规则，表面应平整。

2. 与风管连接的法兰应与风管法兰相匹配。

3. 伞形风帽伞盖的边缘应采取加固措施，各支撑的高度尺寸应一致。

4. 锥形风帽内外锥体的中心应同心，锥体组合的连接缝应顺水，下部排水口应畅通。

5. 筒形风帽外筒体的上下沿口应采取加固措施，不圆度不应大于直径的2%。伞盖边缘与外筒体的距离应一致，挡风圈的位置应准确。

6. 旋流型屋顶自然通风器的外形应规整，转动应平稳流畅，且不应有碰擦音。

检查数量：按Ⅱ方案。

检查方法：观察检查、手动操作、尺量检查。

5.3.5　风口的制作应符合下列规定：

1. 风口的结构应牢固，形状应规则，外表装饰面应平整。

2. 风口的叶片或扩散环的分布应匀称。

3. 风口各部位的颜色应一致，不应有明显的划伤和压痕。调节机构应转动灵活、定位可靠。

4. 风口应以颈部的外径或外边长尺寸为准，风口颈部尺寸应符合表5.3.5的规定。

风口颈部尺寸允许偏差（mm）　　**表5.3.5**

<table>
<tr><td colspan="6">圆形风口</td></tr>
<tr><td colspan="2">直径</td><td colspan="2">≤250</td><td colspan="2">>250</td></tr>
<tr><td colspan="2">允许偏差</td><td colspan="2">−2～0</td><td colspan="2">−3～0</td></tr>
<tr><td colspan="6">矩形风口</td></tr>
<tr><td>大边长</td><td colspan="2"><300</td><td>300～800</td><td colspan="2">>800</td></tr>
<tr><td>允许偏差</td><td colspan="2">−1～0</td><td>−2～0</td><td colspan="2">−3～0</td></tr>
<tr><td>对角线长度</td><td colspan="2"><300</td><td>300～500</td><td colspan="2">>500</td></tr>
<tr><td>对角线长度之差</td><td colspan="2">0～1</td><td>0～2</td><td colspan="2">0～3</td></tr>
</table>

检查数量：按Ⅱ方案。

检查方法：观察检查、手动操作、尺量检查。

5.3.6　消声器和消声静压箱的制作应符合下列规定：

1. 消声材料的材质应符合工程设计的规定，外壳应牢固严密，不得漏风。

2. 阻性消声器充填的消声材料，体积密度应符合设计要求，铺设应均匀，并应采取防止下沉的措施。片式阻性消声器消声片的材质、厚度及片距，应符合产品技术文件要求。

3. 现场组装的消声室（段），消声片的结构、数量、片距及固定应符合设计要求。

4. 阻抗复合式、微穿孔（缝）板式消声器的隔板与壁板的结合处应紧贴严密；板面应平整、无毛刺，孔径（缝宽）和穿孔（开缝）率和共振腔的尺寸应符合国家现行标准的有关规定。

5. 消声器与消声静压箱接口应与相连接的风管相匹配，尺寸的允许偏差应符合本规范表5.3.2的规定。

检查数量：按Ⅱ方案。

检查方法：观察检查、尺量检查、查验材质证明书。

5.3.7　柔性短管的制作应符合下列规定：

1. 外径或外边长应与风管尺寸相匹配。
2. 应采用抗腐、防潮、不透气及不易霉变的柔性材料。
3. 用于净化空调系统的还应是内壁光滑、不易产生尘埃的材料。
4. 柔性短管的长度宜为150mm～250mm，接缝的缝制或粘接应牢固、可靠，不应有开裂；成型短管应平整，无扭曲等现象。
5. 柔性短管不应为异径连接管，矩形柔性短管与风管连接不得采用抱箍固定的形式。
6. 柔性短管与法兰组装宜采用压板铆接连接，铆钉间距宜为60mm～80mm。
检查数量：按Ⅱ方案。
检查方法：观察检查、尺量检查。
5.3.8 过滤器的过滤材料与框架连接应紧密牢固，安装方向应正确。
检查数量：按Ⅱ方案。
检查方法：观察检查、手动操作。
5.3.9 风管内电加热器的加热管与外框及管壁的连接应牢固可靠，绝缘良好，金属外壳应与PE线可靠连接。
检查数量：按Ⅱ方案。
检查方法：观察检查、手动操作。
5.3.10 检查门应平整，启闭应灵活，关闭应严密，与风管或空气处理室的连接处应采取密封措施，且不应有渗漏点。净化空调系统风管检查门的密封垫料，应采用成型密封胶带或软橡胶条。
检查数量：按Ⅱ方案。
检查方法：观察检查、手动操作。

7.3.2.30 轨道验·机-59 风管系统安装检验批质量验收记录（排风系统）

一、适用范围
本表适用于风管系统安装检验批质量验收记录（排风系统）的质量检查验收。
二、《通风与空调工程施工质量验收规范》GB 50243—2016规范摘要
Ⅰ 主控项目
6.2.1 风管系统支、吊架的安装应符合下列规定：
1. 预埋件位置应正确、牢固可靠，埋入部分应去除油污，且不得涂漆。
2. 风管系统支、吊架的形式和规格应按工程实际情况选用。
3. 风管直径大于2000mm或边长大于2500mm风管的支、吊架的安装要求，应按设计要求执行。
检查数量：按Ⅰ方案。
检查方法：查看设计图、尺量、观察检查。
6.2.2 当风管穿过需要封闭的防火、防爆的墙体或楼板时，必须设置厚度不小于1.6mm的钢制防护套管；风管与防护套管之间应采用不燃柔性材料封堵严密。
检查数量：全数。
检查方法：尺量、观察检查。
6.2.3 风管安装必须符合下列规定：
1. 风管内严禁其他管线穿越。
2. 输送含有易燃、易爆气体或安装在易燃、易爆环境的风管系统必须设置可靠的防静电接地装置。
3. 输送含有易燃、易爆气体的风管系统通过生活区或其他辅助生产房间时不得设置接口。
4. 室外风管系统的拉索等金属固定件严禁与避雷针或避雷网连接。
检查数量：全数。
检查方法：尺量、观察检查。
6.2.4 外表温度高于60℃，且位于人员易接触部位的风管，应采取防烫伤的措施。

检查数量：按Ⅰ方案。

检查方法：观察检查。

6.2.7 风管部件的安装应符合下列规定：

1. 风管部件及操作机构的安装应便于操作。

2. 斜插板风阀安装时，阀板应顺气流方向插入；水平安装时，阀板应向上开启。

3. 止回阀、定风量阀的安装方向应正确。

4. 防爆波活门、防爆超压排气活门安装时，穿墙管的法兰和在轴线视线上的杠杆应铅垂，活门开启应朝向排气方向，在设计的超压下能自动启闭。关闭后，阀盘与密封圈贴合应严密。

5. 防火阀、排烟阀（口）的安装位置、方向应正确。位于防火分区隔墙两侧的防火阀，距墙表面不应大于200mm。

检查数量：按Ⅰ方案。

检查方法：吊垂、手扳、尺量、观察检查。

6.2.8 风口的安装位置应符合设计要求，风口或结构风口与风管的连接应严密牢固，不应存在可察觉的漏风点或部位，风口与装饰面贴合应紧密。X射线发射房间的送、排风口应采取防止射线外泄的措施。

检查数量：按Ⅰ方案。

检查方法：观察检查。

6.2.9 风管系统安装完毕后，应按系统类别要求进行施工质量外观检验。合格后，应进行风管系统的严密性检验，漏风量除应符合设计要求和本规范第4.2.1条的规定外，尚应符合下列规定：

1. 当风管系统严密性检验出现不合格时，除应修复不合格的系统外，受检方应申请复验或复检。

2. 净化空调系统进行风管严密性检验时，N1～N5级的系统按高压系统风管的规定执行；N6～N9级，且工作压力小于等于1500Pa的，均按中压系统风管的规定执行。

检查数量：微压系统，按工艺质量要求实行全数观察检验；低压系统，按Ⅱ方案实行抽样检验；中压系统，按Ⅰ方案实行抽样检验；高压系统，全数检验。

检查方法：除微压系统外，严密性测试按本规范附录C的规定执行。

6.2.11 住宅厨房、卫生间排风道的结构、尺寸应符合设计要求，内表面应平整；各层支管与风道的连接应严密，并应设置防倒灌的装置。

检查数量：按Ⅰ方案。

检查方法：观察检查。

6.2.12 病毒实验室通风与空调系统的风管安装连接应严密，允许渗漏量应符合设计要求。

检查数量：全数。

检查方法：观察检查，查验现场漏风量检测报告。

Ⅱ 一般项目

6.3.1 风管支、吊架的安装应符合下列规定：

1. 金属风管水平安装，直径或边长小于等于400mm时，支、吊架间距不应大于4m；大于400mm时，间距不应大于3m。螺旋风管的支、吊架的间距可为5m与3.75m；薄钢板法兰风管的支、吊架间距不应大于3m。垂直安装时，应设置至少2个固定点，支架间距不应大于4m。

2. 支、吊架的设置不应影响阀门、自控机构的正常动作，且不应设置在风口、检查门处，离风口和分支管的距离不宜小于200mm。

3. 悬吊的水平主、干风管直线长度大于20m时，应设置防晃支架或防止摆动的固定点。

4. 矩形风管的抱箍支架，折角应平直，抱箍应紧贴风管。圆形风管的支架应设托座或抱箍，圆弧应均匀，且应与风管外径一致。

5. 风管或空调设备使用的可调节减振支、吊架，拉伸或压缩量应符合设计要求。

6. 不锈钢板、铝板风管与碳素钢支架的接触处，应采取隔绝或防腐绝缘措施。

7. 边长（直径）大于1250mm的弯头、三通等部位应设置单独的支、吊架。

检查数量：按Ⅱ方案。

检查方法：尺量、观察检查。

6.3.2 风管系统的安装应符合下列规定：

1. 风管应保持清洁，管内不应有杂物和积尘。

2. 风管安装的位置、标高、走向，应符合设计要求。现场风管接口的配置应合理，不得缩小其有效截面。

3. 法兰的连接螺栓应均匀拧紧，螺母宜在同一侧。

4. 风管接口的连接应严密牢固。风管法兰的垫片材质应符合系统功能的要求，厚度不应小于3mm。垫片不应凸入管内，且不宜突出法兰外；垫片接口交叉长度不应小于30mm。

5. 风管与砖、混凝土风道的连接接口，应顺着气流方向插入，并应采取密封措施。风管穿出屋面处应设置防雨装置，且不得渗漏。

6. 外保温风管必需穿越封闭的墙体时，应加设套管。

7. 风管的连接应平直。明装风管水平安装时，水平度的允许偏差应为3‰，总偏差不应大于20mm；明装风管垂直安装时，垂直度的允许偏差应为2‰，总偏差不应大于20mm。暗装风管安装的位置应正确，不应有侵占其他管线安装位置的现象。

8. 金属无法兰连接风管的安装应符合下列规定：

（1）风管连接处应完整，表面应平整。

（2）承插式风管的四周缝隙应一致，不应有折叠状褶皱。内涂的密封胶应完整，外粘的密封胶带应粘贴牢固。

（3）矩形薄钢板法兰风管可采用弹性插条、弹簧夹或U形紧固螺栓连接。连接固定的间隔不应大于150mm，净化空调系统风管的间隔不应大于100mm，且分布应均匀。当采用弹簧夹连接时，宜采用正反交叉固定方式，且不应松动。

（4）采用平插条连接的矩形风管，连接后板面应平整。

（5）置于室外与屋顶的风管，应采取与支架相固定的措施。

检查数量：按Ⅱ方案。

检查方法：尺量、观察检查。

6.3.3 除尘系统风管宜垂直或倾斜敷设。倾斜敷设时，风管与水平夹角宜大于或等于45°；当现场条件限制时，可采用小坡度和水平连接管。含有凝结水或其他液体的风管，坡度应符合设计要求，并应在最低处设排液装置。

检查数量：按Ⅱ方案。

检查方法：尺量、观察检查。

6.3.5 柔性短管的安装，应松紧适度，目测平顺、不应有强制性的扭曲。可伸缩金属或非金属柔性风管的长度不宜大于2m。柔性风管支、吊架的间距不应大于1500mm，承托的座或箍的宽度不应小于25mm，两支架间风道的最大允许下垂应为100mm，且不应有死弯或塌凹。

检查数量：按Ⅱ方案。

检查方法：尺量、观察检查。

6.3.6 非金属风管的安装除应符合本规范第6.3.2条的规定外，尚应符合下列规定：

1. 风管连接应严密，法兰螺栓两侧应加镀锌垫圈。

2. 风管垂直安装时，支架间距不应大于3m。

3. 硬聚氯乙烯风管的安装尚应符合下列规定：

（1）采用承插连接的圆形风管，直径小于或等于200mm时，插口深度宜为40～80mm，粘接处应严密牢固；

（2）采用套管连接时，套管厚度不应小于风管壁厚，长度宜为150mm～250mm；

（3）采用法兰连接时，垫片宜采用3mm～5mm软聚氯乙烯板或耐酸橡胶板；

（4）风管直管连续长度大于20m时，应按设计要求设置伸缩节，支管的重量不得由干管承受；

（5）风管所用的金属附件和部件，均应进行防腐处理。

4. 织物布风管的安装应符合下列规定：

（1）悬挂系统的安装方式、位置、高度和间距应符合设计要求。

（2）水平安装钢绳垂吊点的间距不得大于3m。长度大于15m的钢绳应增设吊架或可调节的花篮螺栓。风管采用双钢绳垂吊时，两绳应平行，间距应与风管的吊点相一致。

（3）滑轨的安装应平整牢固，目测不应有扭曲；风管安装后应设置定位固定。

（4）织物布风管与金属风管的连接处应采取防止锐口划伤的保护措施。

（5）织物布风管垂吊吊带的间距不应大于1.5m，风管不应呈现波浪形。

检查数量：按Ⅱ方案。

检查方法：尺量、观察检查。

6.3.7 复合材料风管的安装除应符合本规范第6.3.6条的规定外，尚应符合下列规定：

1. 复合材料风管的连接处，接缝应牢固，不应有孔洞和开裂。当采用插接连接时，接口应匹配，不应松动，端口缝隙不应大于5mm。

2. 复合材料风管采用金属法兰连接时，应采取防冷桥的措施。

3. 酚醛铝箔复合板风管与聚氨酯铝箔复合板风管的安装，尚应符合下列规定：

（1）插接连接法兰的不平整度应小于或等于2mm，插接连接条的长度应与连接法兰齐平，允许偏差应为－2mm～＋0mm；

（2）插接连接法兰四角的插条端头与护角应有密封胶封堵；

（3）中压风管的插接连接法兰之间应加密封垫或采取其他密封措施。

4. 玻璃纤维复合板风管的安装应符合下列规定：

（1）风管的铝箔复合面与丙烯酸等树脂涂层不得损坏，风管的内角接缝处应采用密封胶勾缝。

（2）榫连接风管的连接应在榫口处涂胶粘剂，连接后在外接缝处应采用扒钉加固，间距不宜大于50mm，并宜采用宽度大于或等于50mm的热敏胶带粘贴密封。

（3）采用槽形插接等连接构件时，风管端切口应采用铝箔胶带或刷密封胶封堵。

（4）采用槽型钢制法兰或插条式构件连接的风管，风管外壁钢抱箍与内壁金属内套，应采用镀锌螺栓固定，螺孔间距不应大于120mm，螺母应安装在风管外侧。螺栓穿过的管壁处应进行密封处理。

（5）风管垂直安装宜采用“井”字形支架，连接应牢固。

5. 玻璃纤维增强氯氧镁水泥复合材料风管，应采用黏结连接。直管长度大于30m时，应设置伸缩节。

检查数量：按Ⅱ方案。

检查方法：尺量、观察检查。

6.3.8 风阀的安装应符合下列规定：

1. 风阀应安装在便于操作及检修的部位。安装后，手动或电动操作装置应灵活可靠，阀板关闭应严密。

2. 直径或长边尺寸大于或等于630mm的防火阀，应设独立支、吊架。

3. 排烟阀（排烟口）及手控装置（包括钢索预埋套管）的位置应符合设计要求。钢索预埋套管弯管不应大于2个，且不得有死弯及瘪陷；安装完毕后应操控自如，无阻涩等现象。

4. 除尘系统吸入管段的调节阀，宜安装在垂直管段上。

5. 防爆波悬摆活门、防爆超压排气活门和自动排气活门安装时，位置的允许偏差应为10mm，标高的允许偏差应为±5mm，框正、侧面与平衡锤连杆的垂直度允许偏差应为5mm。

检查数量：按Ⅱ方案。

检查方法：尺量、观察检查。

6.3.9 排风口、吸风罩（柜）的安装应排列整齐、牢固可靠，安装位置和标高允许偏差应为±10mm，水平度的允许偏差应为3‰，且不得大于20mm。

检查数量：按Ⅱ方案。

检查方法：尺量、观察检查。

6.3.10 风帽安装应牢固，连接风管与屋面或墙面的交接处不应渗水。

检查数量：按Ⅱ方案。

检查方法：尺量、观察检查。

6.3.11 消声器及静压箱的安装应符合下列规定：

1. 消声器及静压箱安装时，应设置独立支、吊架，固定应牢固。

2. 当采用回风箱作为静压箱时，回风口处应设置过滤网。

检查数量：按Ⅱ方案。

检查方法：观察检查。

6.3.12 风管内过滤器的安装应符合下列规定：

1. 过滤器的种类、规格应符合设计要求。

2. 过滤器应便于拆卸和更换。

3. 过滤器与框架及框架与风管或机组壳体之间连接应严密。

检查数量：按Ⅱ方案。

检查方法：观察检查。

7.3.2.31 轨道验·机-60 风管系统安装检验批质量验收记录（送风系统）

一、适用范围

本表适用于风管系统安装检验批质量验收记录（排风系统）的质量检查验收。

二、《通风与空调工程施工质量验收规范》GB 50243—2016 规范摘要

Ⅰ 主控项目

6.2.1 风管系统支、吊架的安装应符合下列规定：

1. 预埋件位置应正确、牢固可靠，埋入部分应去除油污，且不得涂漆。

2. 风管系统支、吊架的形式和规格应按工程实际情况选用。

3. 风管直径大于2000mm或边长大于2500mm风管的支、吊架的安装要求，应按设计要求执行。

检查数量：按Ⅰ方案。

检查方法：查看设计图、尺量、观察检查。

6.2.2 当风管穿过需要封闭的防火、防爆的墙体或楼板时，必须设置厚度不小于1.6mm的钢制防护套管；风管与防护套管之间应采用不燃柔性材料封堵严密。

检查数量：全数。

检查方法：尺量、观察检查。

6.2.3 风管安装必须符合下列规定：

1. 风管内严禁其他管线穿越。

2. 输送含有易燃、易爆气体或安装在易燃、易爆环境的风管系统必须设置可靠的防静电接地装置。

3. 输送含有易燃、易爆气体的风管系统通过生活区或其他辅助生产房间时不得设置接口。

4. 室外风管系统的拉索等金属固定件严禁与避雷针或避雷网连接。

检查数量：全数。

检查方法：尺量、观察检查。

6.2.4 外表温度高于60℃，且位于人员易接触部位的风管，应采取防烫伤的措施。

检查数量：按Ⅰ方案。

检查方法：观察检查。

6.2.7 风管部件的安装应符合下列规定：

1. 风管部件及操作机构的安装应便于操作。

2. 斜插板风阀安装时，阀板应顺气流方向插入；水平安装时，阀板应向上开启。

3. 止回阀、定风量阀的安装方向应正确。

4. 防爆波活门、防爆超压排气活门安装时，穿墙管的法兰和在轴线视线上的杠杆应铅垂，活门开启应朝向排气方向，在设计的超压下能自动启闭。关闭后，阀盘与密封圈贴合应严密。

5. 防火阀、排烟阀（口）的安装位置、方向应正确。位于防火分区隔墙两侧的防火阀，距墙表面不应大于200mm。

检查数量：按Ⅰ方案。

检查方法：吊垂、手扳、尺量、观察检查。

6.2.8 风口的安装位置应符合设计要求，风口或结构风口与风管的连接应严密牢固，不应存在可察觉的漏风点或部位，风口与装饰面贴合应紧密。X射线发射房间的送、排风口应采取防止射线外泄的措施。

检查数量：按Ⅰ方案。

检查方法：观察检查。

6.2.9 风管系统安装完毕后，应按系统类别要求进行施工质量外观检验。合格后，应进行风管系统的严密性检验，漏风量除应符合设计要求和本规范第4.2.1条的规定外，尚应符合下列规定：

1. 当风管系统严密性检验出现不合格时，除应修复不合格的系统外，受检方应申请复验或复检。

2. 净化空调系统进行风管严密性检验时，N1～N5级的系统按高压系统风管的规定执行；N6级～N9级，且工作压力小于等于1500Pa的，均按中压系统风管的规定执行。

检查数量：微压系统，按工艺质量要求实行全数观察检验；低压系统，按Ⅱ方案实行抽样检验；中压系统，按Ⅰ方案实行抽样检验；高压系统，全数检验。

检查方法：除微压系统外，严密性测试按本规范附录C的规定执行。

6.2.11 住宅厨房、卫生间排风道的结构、尺寸应符合设计要求，内表面应平整；各层支管与风道的连接应严密，并应设置防倒灌的装置。

检查数量：按Ⅰ方案。

检查方法：观察检查。

6.2.12 病毒实验室通风与空调系统的风管安装连接应严密，允许渗漏量应符合设计要求。

检查数量：全数。

检查方法：观察检查，查验现场漏风量检测报告。

Ⅱ 一般项目

6.3.1 风管支、吊架的安装应符合下列规定：

1. 金属风管水平安装，直径或边长小于等于400mm时，支、吊架间距不应大于4m；大于400mm时，间距不应大于3m。螺旋风管的支、吊架的间距可为5m与3.75m；薄钢板法兰风管的支、吊架间距不应大于3m。垂直安装时，应设置至少2个固定点，支架间距不应大于4m。

2. 支、吊架的设置不应影响阀门、自控机构的正常动作，且不应设置在风口、检查门处，离风口和分支管的距离不宜小于200mm。

3. 悬吊的水平主、干风管直线长度大于20m时，应设置防晃支架或防止摆动的固定点。

4. 矩形风管的抱箍支架，折角应平直，抱箍应紧贴风管。圆形风管的支架应设托座或抱箍，圆弧应均匀，且应与风管外径一致。

5. 风管或空调设备使用的可调节减振支、吊架，拉伸或压缩量应符合设计要求。

6. 不锈钢板、铝板风管与碳素钢支架的接触处，应采取隔绝或防腐绝缘措施。

7. 边长（直径）大于1250mm的弯头、三通等部位应设置单独的支、吊架。

检查数量：按Ⅱ方案。

检查方法：尺量、观察检查。

6.3.2 风管系统的安装应符合下列规定：

1. 风管应保持清洁，管内不应有杂物和积尘。

2. 风管安装的位置、标高、走向，应符合设计要求。现场风管接口的配置应合理，不得缩小其有效截面。

3. 法兰的连接螺栓应均匀拧紧，螺母宜在同一侧。

4. 风管接口的连接应严密牢固。风管法兰的垫片材质应符合系统功能的要求，厚度不应小于3mm。垫片不应凸入管内，且不宜突出法兰外；垫片接口交叉长度不应小于30mm。

5. 风管与砖、混凝土风道的连接接口，应顺着气流方向插入，并应采取密封措施。风管穿出屋面处应设置防雨装置，且不得渗漏。

6. 外保温风管必需穿越封闭的墙体时，应加设套管。

7. 风管的连接应平直。明装风管水平安装时，水平度的允许偏差应为3‰，总偏差不应大于20mm；明装风管垂直安装时，垂直度的允许偏差应为2‰，总偏差不应大于20mm。暗装风管安装的位置应正确，不应有侵占其他管线安装位置的现象。

8. 金属无法兰连接风管的安装应符合下列规定：

（1）风管连接处应完整，表面应平整。

（2）承插式风管的四周缝隙应一致，不应有折叠状褶皱。内涂的密封胶应完整，外粘的密封胶带应粘贴牢固。

（3）矩形薄钢板法兰风管可采用弹性插条、弹簧夹或U形紧固螺栓连接。连接固定的间隔不应大于150mm，净化空调系统风管的间隔不应大于100mm，且分布应均匀。当采用弹簧夹连接时，宜采用正反交叉固定方式，且不应松动。

（4）采用平插条连接的矩形风管，连接后板面应平整。

（5）置于室外与屋顶的风管，应采取与支架相固定的措施。

检查数量：按Ⅱ方案。

检查方法：尺量、观察检查。

6.3.3 除尘系统风管宜垂直或倾斜敷设。倾斜敷设时，风管与水平夹角宜大于或等于45°；当现场条件限制时，可采用小坡度和水平连接管。含有凝结水或其他液体的风管，坡度应符合设计要求，并应在最低处设排液装置。

检查数量：按Ⅱ方案。

检查方法：尺量、观察检查。

6.3.5 柔性短管的安装，应松紧适度，目测平顺、不应有强制性的扭曲。可伸缩金属或非金属柔性风管的长度不宜大于2m。柔性风管支、吊架的间距不应大于1500mm，承托的座或箍的宽度不应小于25mm，两支架间风道的最大允许下垂应为100mm，且不应有死弯或塌凹。

检查数量：按Ⅱ方案。

检查方法：尺量、观察检查。

6.3.6 非金属风管的安装除应符合本规范第6.3.2条的规定外，尚应符合下列规定：

1. 风管连接应严密，法兰螺栓两侧应加镀锌垫圈。

2. 风管垂直安装时，支架间距不应大于3m。

3. 硬聚氯乙烯风管的安装尚应符合下列规定：

（1）采用承插连接的圆形风管，直径小于或等于200mm时，插口深度宜为40～80mm，粘接处应严密牢固；

（2）采用套管连接时，套管厚度不应小于风管壁厚，长度宜为150～250mm；

（3）采用法兰连接时，垫片宜采用3～5mm软聚氯乙烯板或耐酸橡胶板；

（4）风管直管连续长度大于20m时，应按设计要求设置伸缩节，支管的重量不得由干管承受；

（5）风管所用的金属附件和部件，均应进行防腐处理。

4. 织物布风管的安装应符合下列规定：

（1）悬挂系统的安装方式、位置、高度和间距应符合设计要求。

（2）水平安装钢绳垂吊点的间距不得大于3m。长度大于15m的钢绳应增设吊架或可调节的花篮螺栓。风管采用双钢绳垂吊时，两绳应平行，间距应与风管的吊点相一致。

（3）滑轨的安装应平整牢固，目测不应有扭曲；风管安装后应设置定位固定。

（4）织物布风管与金属风管的连接处应采取防止锐口划伤的保护措施。

（5）织物布风管垂吊吊带的间距不应大于1.5m，风管不应呈现波浪形。

检查数量：按Ⅱ方案。

检查方法：尺量、观察检查。

6.3.7 复合材料风管的安装除应符合本规范第6.3.6条的规定外，尚应符合下列规定：

1. 复合材料风管的连接处，接缝应牢固，不应有孔洞和开裂。当采用插接连接时，接口应匹配，不应松动，端口缝隙不应大于5mm。

2. 复合材料风管采用金属法兰连接时，应采取防冷桥的措施。

3. 酚醛铝箔复合板风管与聚氨酯铝箔复合板风管的安装，尚应符合下列规定：

（1）插接连接法兰的不平整度应小于或等于2mm，插接连接条的长度应与连接法兰齐平，允许偏差应为－2mm～＋0mm；

（2）插接连接法兰四角的插条端头与护角应有密封胶封堵；

（3）中压风管的插接连接法兰之间应加密封垫或采取其他密封措施。

4. 玻璃纤维复合板风管的安装应符合下列规定：

（1）风管的铝箔复合面与丙烯酸等树脂涂层不得损坏，风管的内角接缝处应采用密封胶勾缝。

（2）榫连接风管的连接应在榫口处涂胶粘剂，连接后在外接缝处应采用扒钉加固，间距不宜大于50mm，并宜采用宽度大于或等于50mm的热敏胶带粘贴密封。

（3）采用槽形插接等连接构件时，风管端切口应采用铝箔胶带或刷密封胶封堵。

（4）采用槽型钢制法兰或插条式构件连接的风管，风管外壁钢抱箍与内壁金属内套，应采用镀锌螺栓固定，螺孔间距不应大于120mm，螺母应安装在风管外侧。螺栓穿过的管壁处应进行密封处理。

（5）风管垂直安装宜采用“井”字形支架，连接应牢固。

5. 玻璃纤维增强氯氧镁水泥复合材料风管，应采用黏结连接。直管长度大于30m时，应设置伸缩节。

检查数量：按Ⅱ方案。

检查方法：尺量、观察检查。

6.3.8 风阀的安装应符合下列规定：

1. 风阀应安装在便于操作及检修的部位。安装后，手动或电动操作装置应灵活可靠，阀板关闭应严密。

2. 直径或长边尺寸大于或等于630mm的防火阀，应设独立支、吊架。

3. 排烟阀（排烟口）及手控装置（包括钢索预埋套管）的位置应符合设计要求。钢索预埋套管弯管不应大于2个，且不得有死弯及瘪陷；安装完毕后应操控自如，无阻涩等现象。

4. 除尘系统吸入管段的调节阀，宜安装在垂直管段上。

5. 防爆波悬摆活门、防爆超压排气活门和自动排气活门安装时，位置的允许偏差应为 10mm，标高的允许偏差应为±5mm，框正、侧面与平衡锤连杆的垂直度允许偏差应为 5mm。

检查数量：按Ⅱ方案。

检查方法：尺量、观察检查。

6.3.9 排风口、吸风罩（柜）的安装应排列整齐、牢固可靠，安装位置和标高允许偏差应为±10mm，水平度的允许偏差应为 3‰，且不得大于 20mm。

检查数量：按Ⅱ方案。

检查方法：尺量、观察检查。

6.3.10 风帽安装应牢固，连接风管与屋面或墙面的交接处不应渗水。

检查数量：按Ⅱ方案。

检查方法：尺量、观察检查。

6.3.11 消声器及静压箱的安装应符合下列规定：

1. 消声器及静压箱安装时，应设置独立支、吊架，固定应牢固。

2. 当采用回风箱作为静压箱时，回风口处应设置过滤网。

检查数量：按Ⅱ方案。

检查方法：观察检查。

6.3.12 风管内过滤器的安装应符合下列规定：

1. 过滤器的种类、规格应符合设计要求。

2. 过滤器应便于拆卸和更换。

3. 过滤器与框架及框架与风管或机组壳体之间连接应严密。

检查数量：按Ⅱ方案。

检查方法：观察检查。

7.3.2.32 轨道验·机-61 风管系统安装检验批质量验收记录（防、排烟系统）

一、适用范围

本表适用于风管系统安装检验批质量验收记录（防、排烟系统）的质量检查验收。

二、《通风与空调工程施工质量验收规范》GB 50243—2016 规范摘要

Ⅰ 主控项目

6.2.1 风管系统支、吊架的安装应符合下列规定：

1. 预埋件位置应正确、牢固可靠，埋入部分应去除油污，且不得涂漆。

2. 风管系统支、吊架的形式和规格应按工程实际情况选用。

3. 风管直径大于 2000mm 或边长大于 2500mm 风管的支、吊架的安装要求，应按设计要求执行。

检查数量：按Ⅰ方案。

检查方法：查看设计图、尺量、观察检查。

6.2.2 当风管穿过需要封闭的防火、防爆的墙体或楼板时，必须设置厚度不小于 1.6mm 的钢制防护套管；风管与防护套管之间应采用不燃柔性材料封堵严密。

检查数量：全数。

检查方法：尺量、观察检查。

6.2.3 风管安装必须符合下列规定：

1. 风管内严禁其他管线穿越。

2. 输送含有易燃、易爆气体或安装在易燃、易爆环境的风管系统必须设置可靠的防静电接地装置。

3. 输送含有易燃、易爆气体的风管系统通过生活区或其他辅助生产房间时不得设置接口。

4. 室外风管系统的拉索等金属固定件严禁与避雷针或避雷网连接。

检查数量：全数。

检查方法：尺量、观察检查。

6.2.4　外表温度高于60℃，且位于人员易接触部位的风管，应采取防烫伤的措施。

检查数量：按Ⅰ方案。

检查方法：观察检查。

6.2.7　风管部件的安装应符合下列规定：

1. 风管部件及操作机构的安装应便于操作。

2. 斜插板风阀安装时，阀板应顺气流方向插入；水平安装时，阀板应向上开启。

3. 止回阀、定风量阀的安装方向应正确。

4. 防爆波活门、防爆超压排气活门安装时，穿墙管的法兰和在轴线视线上的杠杆应铅垂，活门开启应朝向排气方向，在设计的超压下能自动启闭。关闭后，阀盘与密封圈贴合应严密。

5. 防火阀、排烟阀（口）的安装位置、方向应正确。位于防火分区隔墙两侧的防火阀，距墙表面不应大于200mm。

检查数量：按Ⅰ方案。

检查方法：吊垂、手扳、尺量、观察检查。

6.2.8　风口的安装位置应符合设计要求，风口或结构风口与风管的连接应严密牢固，不应存在可察觉的漏风点或部位，风口与装饰面贴合应紧密。X射线发射房间的送、排风口应采取防止射线外泄的措施。

检查数量：按Ⅰ方案。

检查方法：观察检查。

6.2.9　风管系统安装完毕后，应按系统类别要求进行施工质量外观检验。合格后，应进行风管系统的严密性检验，漏风量除应符合设计要求和本规范第4.2.1条的规定外，尚应符合下列规定：

1. 当风管系统严密性检验出现不合格时，除应修复不合格的系统外，受检方应申请复验或复检。

2. 净化空调系统进行风管严密性检验时，N1～N5级的系统按高压系统风管的规定执行；N6～N9级，且工作压力小于等于1500Pa的，均按中压系统风管的规定执行。

检查数量：微压系统，按工艺质量要求实行全数观察检验；低压系统，按Ⅱ方案实行抽样检验；中压系统，按Ⅰ方案实行抽样检验；高压系统，全数检验。

检查方法：除微压系统外，严密性测试按本规范附录C的规定执行。

5.2.7　防排烟系统的柔性短管必须采用不燃材料。

检查数量：全数检查。

检查方法：观察检查、检查材料燃烧性能检测报告。

Ⅱ　一般项目

6.3.1　风管支、吊架的安装应符合下列规定：

1. 金属风管水平安装，直径或边长小于等于400mm时，支、吊架间距不应大于4m；大于400mm时，间距不应大于3m。螺旋风管的支、吊架的间距可为5m与3.75m；薄钢板法兰风管的支、吊架间距不应大于3m。垂直安装时，应设置至少2个固定点，支架间距不应大于4m。

2. 支、吊架的设置不应影响阀门、自控机构的正常动作，且不应设置在风口、检查门处，离风口和分支管的距离不宜小于200mm。

3. 悬吊的水平主、干风管直线长度大于20m时，应设置防晃支架或防止摆动的固定点。

4. 矩形风管的抱箍支架，折角应平直，抱箍应紧贴风管。圆形风管的支架应设托座或抱箍，圆弧应均匀，且应与风管外径一致。

5. 风管或空调设备使用的可调节减振支、吊架，拉伸或压缩量应符合设计要求。

6. 不锈钢板、铝板风管与碳素钢支架的接触处，应采取隔绝或防腐绝缘措施。

7. 边长（直径）大于1250mm的弯头、三通等部位应设置单独的支、吊架。

检查数量：按Ⅱ方案。

检查方法：尺量、观察检查。

6.3.2 风管系统的安装应符合下列规定：

1. 风管应保持清洁，管内不应有杂物和积尘。

2. 风管安装的位置、标高、走向，应符合设计要求。现场风管接口的配置应合理，不得缩小其有效截面。

3. 法兰的连接螺栓应均匀拧紧，螺母宜在同一侧。

4. 风管接口的连接应严密牢固。风管法兰的垫片材质应符合系统功能的要求，厚度不应小于3mm。垫片不应凸入管内，且不宜突出法兰外；垫片接口交叉长度不应小于30mm。

5. 风管与砖、混凝土风道的连接接口，应顺着气流方向插入，并应采取密封措施。风管穿出屋面处应设置防雨装置，且不得渗漏。

6. 外保温风管必需穿越封闭的墙体时，应加设套管。

7. 风管的连接应平直。明装风管水平安装时，水平度的允许偏差应为3‰，总偏差不应大于20mm；明装风管垂直安装时，垂直度的允许偏差应为2‰，总偏差不应大于20mm。暗装风管安装的位置应正确，不应有侵占其他管线安装位置的现象。

8. 金属无法兰连接风管的安装应符合下列规定：

（1）风管连接处应完整，表面应平整。

（2）承插式风管的四周缝隙应一致，不应有折叠状褶皱。内涂的密封胶应完整，外粘的密封胶带应粘贴牢固。

（3）矩形薄钢板法兰风管可采用弹性插条、弹簧夹或U形紧固螺栓连接。连接固定的间隔不应大于150mm，净化空调系统风管的间隔不应大于100mm，且分布应均匀。当采用弹簧夹连接时，宜采用正反交叉固定方式，且不应松动。

（4）采用平插条连接的矩形风管，连接后板面应平整。

（5）置于室外与屋顶的风管，应采取与支架相固定的措施。

检查数量：按Ⅱ方案。

检查方法：尺量、观察检查。

6.3.5 柔性短管的安装，应松紧适度，目测平顺、不应有强制性的扭曲。可伸缩金属或非金属柔性风管的长度不宜大于2m。柔性风管支、吊架的间距不应大于1500mm，承托的座或箍的宽度不应小于25mm，两支架间风道的最大允许下垂应为100mm，且不应有死弯或塌凹。

检查数量：按Ⅱ方案。

检查方法：尺量、观察检查。

6.3.8 风阀的安装应符合下列规定：

1. 风阀应安装在便于操作及检修的部位。安装后，手动或电动操作装置应灵活可靠，阀板关闭应严密。

2. 直径或长边尺寸大于或等于630mm的防火阀，应设独立支、吊架。

3. 排烟阀（排烟口）及手控装置（包括钢索预埋套管）的位置应符合设计要求。钢索预埋套管弯管不应大于2个，且不得有死弯及瘪陷；安装完毕后应操控自如，无阻涩等现象。

4. 除尘系统吸入管段的调节阀，宜安装在垂直管段上。

5. 防爆波悬摆活门、防爆超压排气活门和自动排气活门安装时，位置的允许偏差应为10mm，标高的允许偏差应为±5mm，框正、侧面与平衡锤连杆的垂直度允许偏差应为5mm。

检查数量：按Ⅱ方案。

检查方法：尺量、观察检查。

6.3.13 风口的安装应符合下列规定：

1. 风口表面应平整、不变形，调节应灵活、可靠。同一厅室、房间内的相同风口的安装高度应一致，排列应整齐。

2. 明装无吊顶的风口，安装位置和标高允许偏差应为 10mm。

3. 风口水平安装，水平度的允许偏差应为 3‰。

4. 风口垂直安装，垂直度的允许偏差应为 2‰。

检查数量：按Ⅱ方案。

检查方法：尺量、观察检查。

7.3.2.33 轨道验·机-62 风管系统安装检验批质量验收记录（舒适性空调风系统）

一、适用范围

本表适用于风管系统安装检验批质量验收记录（舒适性空调风系统）的质量检查验收。

二、《通风与空调工程施工质量验收规范》GB 50243—2016 规范摘要

Ⅰ 主控项目

6.2.1 风管系统支、吊架的安装应符合下列规定：

1. 预埋件位置应正确、牢固可靠，埋入部分应去除油污，且不得涂漆。

2. 风管系统支、吊架的形式和规格应按工程实际情况选用。

3. 风管直径大于 2000mm 或边长大于 2500mm 风管的支、吊架的安装要求，应按设计要求执行。

检查数量：按Ⅰ方案。

检查方法：查看设计图、尺量、观察检查。

6.2.2 当风管穿过需要封闭的防火、防爆的墙体或楼板时，必须设置厚度不小于 1.6mm 的钢制防护套管；风管与防护套管之间应采用不燃柔性材料封堵严密。

检查数量：全数。

检查方法：尺量、观察检查。

6.2.3 风管安装必须符合下列规定：

1. 风管内严禁其他管线穿越。

2. 输送含有易燃、易爆气体或安装在易燃、易爆环境的风管系统必须设置可靠的防静电接地装置。

3. 输送含有易燃、易爆气体的风管系统通过生活区或其他辅助生产房间时不得设置接口。

4. 室外风管系统的拉索等金属固定件严禁与避雷针或避雷网连接。

检查数量：全数。

检查方法：尺量、观察检查。

6.2.7 风管部件的安装应符合下列规定：

1. 风管部件及操作机构的安装应便于操作。

2. 斜插板风阀安装时，阀板应顺气流方向插入；水平安装时，阀板应向上开启。

3. 止回阀、定风量阀的安装方向应正确。

4. 防爆波活门、防爆超压排气活门安装时，穿墙管的法兰和在轴线视线上的杠杆应铅垂，活门开启应朝向排气方向，在设计的超压下能自动启闭。关闭后，阀盘与密封圈贴合应严密。

5. 防火阀、排烟阀（口）的安装位置、方向应正确。位于防火分区隔墙两侧的防火阀，距墙表面不应大于 200mm。

检查数量：按Ⅰ方案。

检查方法：吊垂、手扳、尺量、观察检查。

6.2.8 风口的安装位置应符合设计要求，风口或结构风口与风管的连接应严密牢固，不应存在可察觉的漏风点或部位，风口与装饰面贴合应紧密。X射线发射房间的送、排风口应采取防止射线外泄的措施。

检查数量：按Ⅰ方案。

检查方法：观察检查。

6.2.9　风管系统安装完毕后，应按系统类别要求进行施工质量外观检验。合格后，应进行风管系统的严密性检验，漏风量除应符合设计要求和本规范第4.2.1条的规定外，尚应符合下列规定：

1. 当风管系统严密性检验出现不合格时，除应修复不合格的系统外，受检方应申请复验或复检。

2. 净化空调系统进行风管严密性检验时，N1～N5级的系统按高压系统风管的规定执行；N6级～N9级，且工作压力小于等于1500Pa的，均按中压系统风管的规定执行。

检查数量：微压系统，按工艺质量要求实行全数观察检验；低压系统，按Ⅱ方案实行抽样检验；中压系统，按Ⅰ方案实行抽样检验；高压系统，全数检验。

检查方法：除微压系统外，严密性测试按本规范附录C的规定执行。

6.2.12　病毒实验室通风与空调系统的风管安装连接应严密，允许渗漏量应符合设计要求。

检查数量：全数。

检查方法：观察检查，查验现场漏风量检测报告。

Ⅱ　一般项目

6.3.1　风管支、吊架的安装应符合下列规定：

1. 金属风管水平安装，直径或边长小于等于400mm时，支、吊架间距不应大于4m；大于400mm时，间距不应大于3m。螺旋风管的支、吊架的间距可为5m与3.75m；薄钢板法兰风管的支、吊架间距不应大于3m。垂直安装时，应设置至少2个固定点，支架间距不应大于4m。

2. 支、吊架的设置不应影响阀门、自控机构的正常动作，且不应设置在风口、检查门处，离风口和分支管的距离不宜小于200mm。

3. 悬吊的水平主、干风管直线长度大于20m时，应设置防晃支架或防止摆动的固定点。

4. 矩形风管的抱箍支架，折角应平直，抱箍应紧贴风管。圆形风管的支架应设托座或抱箍，圆弧应均匀，且应与风管外径一致。

5. 风管或空调设备使用的可调节减振支、吊架，拉伸或压缩量应符合设计要求。

6. 不锈钢板、铝板风管与碳素钢支架的接触处，应采取隔绝或防腐绝缘措施。

7. 边长（直径）大于1250mm的弯头、三通等部位应设置单独的支、吊架。

检查数量：按Ⅱ方案。

检查方法：尺量、观察检查。

6.3.2　风管系统的安装应符合下列规定：

1. 风管应保持清洁，管内不应有杂物和积尘。

2. 风管安装的位置、标高、走向，应符合设计要求。现场风管接口的配置应合理，不得缩小其有效截面。

3. 法兰的连接螺栓应均匀拧紧，螺母宜在同一侧。

4. 风管接口的连接应严密牢固。风管法兰的垫片材质应符合系统功能的要求，厚度不应小于3mm。垫片不应凸入管内，且不宜突出法兰外；垫片接口交叉长度不应小于30mm。

5. 风管与砖、混凝土风道的连接接口，应顺着气流方向插入，并应采取密封措施。风管穿出屋面处应设置防雨装置，且不得渗漏。

6. 外保温风管必需穿越封闭的墙体时，应加设套管。

7. 风管的连接应平直。明装风管水平安装时，水平度的允许偏差应为3‰，总偏差不应大于20mm；明装风管垂直安装时，垂直度的允许偏差应为2‰，总偏差不应大于20mm。暗装风管安装的位置应正确，不应有侵占其他管线安装位置的现象。

8. 金属无法兰连接风管的安装应符合下列规定：

（1）风管连接处应完整，表面应平整。

（2）承插式风管的四周缝隙应一致，不应有折叠状褶皱。内涂的密封胶应完整，外粘的密封胶带应粘贴牢固。

（3）矩形薄钢板法兰风管可采用弹性插条、弹簧夹或 U 形紧固螺栓连接。连接固定的间隔不应大于 150mm，净化空调系统风管的间隔不应大于 100mm，且分布应均匀。当采用弹簧夹连接时，宜采用正反交叉固定方式，且不应松动。

（4）采用平插条连接的矩形风管，连接后板面应平整。

（5）置于室外与屋顶的风管，应采取与支架相固定的措施。

检查数量：按Ⅱ方案。

检查方法：尺量、观察检查。

6.3.5　柔性短管的安装，应松紧适度，目测平顺、不应有强制性的扭曲。可伸缩金属或非金属柔性风管的长度不宜大于 2m。柔性风管支、吊架的间距不应大于 1500mm，承托的座或箍的宽度不应小于 25mm，两支架间风道的最大允许下垂应为 100mm，且不应有死弯或塌凹。

检查数量：按Ⅱ方案。

检查方法：尺量、观察检查。

6.3.6　非金属风管的安装除应符合本规范第 6.3.2 条的规定外，尚应符合下列规定：

1. 风管连接应严密，法兰螺栓两侧应加镀锌垫圈。

2. 风管垂直安装时，支架间距不应大于 3m。

3. 硬聚氯乙烯风管的安装尚应符合下列规定：

（1）采用承插连接的圆形风管，直径小于或等于 200mm 时，插口深度宜为 40～80mm，粘接处应严密牢固；

（2）采用套管连接时，套管厚度不应小于风管壁厚，长度宜为 150～250mm；

（3）采用法兰连接时，垫片宜采用 3～5mm 软聚氯乙烯板或耐酸橡胶板；

（4）风管直管连续长度大于 20m 时，应按设计要求设置伸缩节，支管的重量不得由干管承受；

（5）风管所用的金属附件和部件，均应进行防腐处理。

4. 织物布风管的安装应符合下列规定：

（1）悬挂系统的安装方式、位置、高度和间距应符合设计要求。

（2）水平安装钢绳垂吊点的间距不得大于 3m。长度大于 15m 的钢绳应增设吊架或可调节的花篮螺栓。风管采用双钢绳垂吊时，两绳应平行，间距应与风管的吊点相一致。

（3）滑轨的安装应平整牢固，目测不应有扭曲；风管安装后应设置定位固定。

（4）织物布风管与金属风管的连接处应采取防止锐口划伤的保护措施。

（5）织物布风管垂吊吊带的间距不应大于 1.5m，风管不应呈现波浪形。

检查数量：按Ⅱ方案。

检查方法：尺量、观察检查。

6.3.7　复合材料风管的安装除应符合本规范第 6.3.6 条的规定外，尚应符合下列规定：

1. 复合材料风管的连接处，接缝应牢固，不应有孔洞和开裂。当采用插接连接时，接口应匹配，不应松动，端口缝隙不应大于 5mm。

2. 复合材料风管采用金属法兰连接时，应采取防冷桥的措施。

3. 酚醛铝箔复合板风管与聚氨酯铝箔复合板风管的安装，尚应符合下列规定：

（1）插接连接法兰的不平整度应小于或等于 2mm，插接连接条的长度应与连接法兰齐平，允许偏差应为－2mm～＋0mm；

（2）插接连接法兰四角的插条端头与护角应有密封胶封堵；

（3）中压风管的插接连接法兰之间应加密封垫或采取其他密封措施。

4. 玻璃纤维复合板风管的安装应符合下列规定：

（1）风管的铝箔复合面与丙烯酸等树脂涂层不得损坏，风管的内角接缝处应采用密封胶勾缝。

（2）榫连接风管的连接应在榫口处涂胶粘剂，连接后在外接缝处应采用扒钉加固，间距不宜大于

50mm，并宜采用宽度大于或等于 50mm 的热敏胶带粘贴密封。

(3) 采用槽形插接等连接构件时，风管端切口应采用铝箔胶带或刷密封胶封堵。

(4) 采用槽型钢制法兰或插条式构件连接的风管，风管外壁钢抱箍与内壁金属内套，应采用镀锌螺栓固定，螺孔间距不应大于 120mm，螺母应安装在风管外侧。螺栓穿过的管壁处应进行密封处理。

(5) 风管垂直安装宜采用“井”字形支架，连接应牢固。

5. 玻璃纤维增强氯氧镁水泥复合材料风管，应采用黏结连接。直管长度大于 30m 时，应设置伸缩节。

检查数量：按Ⅱ方案。

检查方法：尺量、观察检查。

6.3.8 风阀的安装应符合下列规定：

1. 风阀应安装在便于操作及检修的部位。安装后，手动或电动操作装置应灵活可靠，阀板关闭应严密。

2. 直径或长边尺寸大于或等于 630mm 的防火阀，应设独立支、吊架。

3. 排烟阀（排烟口）及手控装置（包括钢索预埋套管）的位置应符合设计要求。钢索预埋套管弯管不应大于 2 个，且不得有死弯及瘪陷；安装完毕后应操控自如，无阻涩等现象。

4. 除尘系统吸入管段的调节阀，宜安装在垂直管段上。

5. 防爆波悬摆活门、防爆超压排气活门和自动排气活门安装时，位置的允许偏差应为 10mm，标高的允许偏差应为±5mm，框正、侧面与平衡锤连杆的垂直度允许偏差应为 5mm。

检查数量：按Ⅱ方案。

检查方法：尺量、观察检查。

6.3.11 消声器及静压箱的安装应符合下列规定：

1. 消声器及静压箱安装时，应设置独立支、吊架，固定应牢固。

2. 当采用回风箱作为静压箱时，回风口处应设置过滤网。

检查数量：按Ⅱ方案。

检查方法：观察检查。

6.3.12 风管内过滤器的安装应符合下列规定：

1. 过滤器的种类、规格应符合设计要求。

2. 过滤器应便于拆卸和更换。

3. 过滤器与框架及框架与风管或机组壳体之间连接应严密。

检查数量：按Ⅱ方案。

检查方法：观察检查。

6.3.13 风口的安装应符合下列规定：

1. 风口表面应平整、不变形，调节应灵活、可靠。同一厅室、房间内的相同风口的安装高度应一致，排列应整齐。

2. 明装无吊顶的风口，安装位置和标高允许偏差应为 10mm。

3. 风口水平安装，水平度的允许偏差应为 3‰。

4. 风口垂直安装，垂直度的允许偏差应为 2‰。

检查数量：按Ⅱ方案。

检查方法：尺量、观察检查。

7.3.2.34 轨道验·机-63 风管系统安装检验批质量验收记录（恒温恒湿空调风系统）

一、适用范围

本表适用于风管系统安装检验批质量验收记录（恒温恒湿空调风系统）的质量检查验收。

二、《通风与空调工程施工质量验收规范》GB 50243—2016 规范摘要

Ⅰ 主控项目

6.2.1 风管系统支、吊架的安装应符合下列规定：

1. 预埋件位置应正确、牢固可靠，埋入部分应去除油污，且不得涂漆。

2. 风管系统支、吊架的形式和规格应按工程实际情况选用。

3. 风管直径大于2000mm或边长大于2500mm风管的支、吊架的安装要求，应按设计要求执行。

检查数量：按Ⅰ方案。

检查方法：查看设计图、尺量、观察检查。

6.2.2 当风管穿过需要封闭的防火、防爆的墙体或楼板时，必须设置厚度不小于1.6mm的钢制防护套管；风管与防护套管之间应采用不燃柔性材料封堵严密。

检查数量：全数。

检查方法：尺量、观察检查。

6.2.3 风管安装必须符合下列规定：

1. 风管内严禁其他管线穿越。

2. 输送含有易燃、易爆气体或安装在易燃、易爆环境的风管系统必须设置可靠的防静电接地装置。

3. 输送含有易燃、易爆气体的风管系统通过生活区或其他辅助生产房间时不得设置接口。

4. 室外风管系统的拉索等金属固定件严禁与避雷针或避雷网连接。

检查数量：全数。

检查方法：尺量、观察检查。

6.2.4 外表温度高于60℃，且位于人员易接触部位的风管，应采取防烫伤的措施。

检查数量：按Ⅰ方案。

检查方法：观察检查。

6.2.7 风管部件的安装应符合下列规定：

1. 风管部件及操作机构的安装应便于操作。

2. 斜插板风阀安装时，阀板应顺气流方向插入；水平安装时，阀板应向上开启。

3. 止回阀、定风量阀的安装方向应正确。

4. 防爆波活门、防爆超压排气活门安装时，穿墙管的法兰和在轴线视线上的杠杆应铅垂，活门开启应朝向排气方向，在设计的超压下能自动启闭。关闭后，阀盘与密封圈贴合应严密。

5. 防火阀、排烟阀（口）的安装位置、方向应正确。位于防火分区隔墙两侧的防火阀，距墙表面不应大于200mm。

检查数量：按Ⅰ方案。

检查方法：吊垂、手扳、尺量、观察检查。

6.2.8 风口的安装位置应符合设计要求，风口或结构风口与风管的连接应严密牢固，不应存在可察觉的漏风点或部位，风口与装饰面贴合应紧密。X射线发射房间的送、排风口应采取防止射线外泄的措施。

检查数量：按Ⅰ方案。

检查方法：观察检查。

6.2.9 风管系统安装完毕后，应按系统类别要求进行施工质量外观检验。合格后，应进行风管系统的严密性检验，漏风量除应符合设计要求和本规范第4.2.1条的规定外，尚应符合下列规定：

1. 当风管系统严密性检验出现不合格时，除应修复不合格的系统外，受检方应申请复验或复检。

2. 净化空调系统进行风管严密性检验时，N1～N5级的系统按高压系统风管的规定执行；N6～N9级，且工作压力小于等于1500Pa的，均按中压系统风管的规定执行。

检查数量：微压系统，按工艺质量要求实行全数观察检验；低压系统，按Ⅱ方案实行抽样检验；中压系统，按Ⅰ方案实行抽样检验；高压系统，全数检验。

检查方法：除微压系统外，严密性测试按本规范附录C的规定执行。

6.2.12　病毒实验室通风与空调系统的风管安装连接应严密，允许渗漏量应符合设计要求。

检查数量：全数。

检查方法：观察检查，查验现场漏风量检测报告。

Ⅱ　一般项目

6.3.1　风管支、吊架的安装应符合下列规定：

1. 金属风管水平安装，直径或边长小于等于400mm时，支、吊架间距不应大于4m；大于400mm时，间距不应大于3m。螺旋风管的支、吊架的间距可为5m与3.75m；薄钢板法兰风管的支、吊架间距不应大于3m。垂直安装时，应设置至少2个固定点，支架间距不应大于4m。

2. 支、吊架的设置不应影响阀门、自控机构的正常动作，且不应设置在风口、检查门处，离风口和分支管的距离不宜小于200mm。

3. 悬吊的水平主、干风管直线长度大于20m时，应设置防晃支架或防止摆动的固定点。

4. 矩形风管的抱箍支架，折角应平直，抱箍应紧贴风管。圆形风管的支架应设托座或抱箍，圆弧应均匀，且应与风管外径一致。

5. 风管或空调设备使用的可调节减振支、吊架，拉伸或压缩量应符合设计要求。

6. 不锈钢板、铝板风管与碳素钢支架的接触处，应采取隔绝或防腐绝缘措施。

7. 边长（直径）大于1250mm的弯头、三通等部位应设置单独的支、吊架。

检查数量：按Ⅱ方案。

检查方法：尺量、观察检查。

6.3.2　风管系统的安装应符合下列规定：

1. 风管应保持清洁，管内不应有杂物和积尘。

2. 风管安装的位置、标高、走向，应符合设计要求。现场风管接口的配置应合理，不得缩小其有效截面。

3. 法兰的连接螺栓应均匀拧紧，螺母宜在同一侧。

4. 风管接口的连接应严密牢固。风管法兰的垫片材质应符合系统功能的要求，厚度不应小于3mm。垫片不应凸入管内，且不宜突出法兰外；垫片接口交叉长度不应小于30mm。

5. 风管与砖、混凝土风道的连接接口，应顺着气流方向插入，并应采取密封措施。风管穿出屋面处应设置防雨装置，且不得渗漏。

6. 外保温风管必需穿越封闭的墙体时，应加设套管。

7. 风管的连接应平直。明装风管水平安装时，水平度的允许偏差应为3‰，总偏差不应大于20mm；明装风管垂直安装时，垂直度的允许偏差应为2‰，总偏差不应大于20mm。暗装风管安装的位置应正确，不应有侵占其他管线安装位置的现象。

8. 金属无法兰连接风管的安装应符合下列规定：

(1) 风管连接处应完整，表面应平整。

(2) 承插式风管的四周缝隙应一致，不应有折叠状褶皱。内涂的密封胶应完整，外粘的密封胶带应粘贴牢固。

(3) 矩形薄钢板法兰风管可采用弹性插条、弹簧夹或U形紧固螺栓连接。连接固定的间隔不应大于150mm，净化空调系统风管的间隔不应大于100mm，且分布应均匀。当采用弹簧夹连接时，宜采用正反交叉固定方式，且不应松动。

(4) 采用平插条连接的矩形风管，连接后板面应平整。

(5) 置于室外与屋顶的风管，应采取与支架相固定的措施。

检查数量：按Ⅱ方案。

检查方法：尺量、观察检查。

6.3.6 非金属风管的安装除应符合本规范第6.3.2条的规定外，尚应符合下列规定：

1. 风管连接应严密，法兰螺栓两侧应加镀锌垫圈。

2. 风管垂直安装时，支架间距不应大于3m。

3. 硬聚氯乙烯风管的安装尚应符合下列规定：

(1) 采用承插连接的圆形风管，直径小于或等于200mm时，插口深度宜为40～80mm，粘接处应严密牢固；

(2) 采用套管连接时，套管厚度不应小于风管壁厚，长度宜为150～250mm；

(3) 采用法兰连接时，垫片宜采用3～5mm软聚氯乙烯板或耐酸橡胶板；

(4) 风管直管连续长度大于20m时，应按设计要求设置伸缩节，支管的重量不得由干管承受；

(5) 风管所用的金属附件和部件，均应进行防腐处理。

4. 织物布风管的安装应符合下列规定：

(1) 悬挂系统的安装方式、位置、高度和间距应符合设计要求。

(2) 水平安装钢绳垂吊点的间距不得大于3m。长度大于15m的钢绳应增设吊架或可调节的花篮螺栓。风管采用双钢绳垂吊时，两绳应平行，间距应与风管的吊点相一致。

(3) 滑轨的安装应平整牢固，目测不应有扭曲；风管安装后应设置定位固定。

(4) 织物布风管与金属风管的连接处应采取防止锐口划伤的保护措施。

(5) 织物布风管垂吊吊带的间距不应大于1.5m，风管不应呈现波浪形。

检查数量：按Ⅱ方案。

检查方法：尺量、观察检查。

6.3.7 复合材料风管的安装除应符合本规范第6.3.6条的规定外，尚应符合下列规定：

1. 复合材料风管的连接处，接缝应牢固，不应有孔洞和开裂。当采用插接连接时，接口应匹配，不应松动，端口缝隙不应大于5mm。

2. 复合材料风管采用金属法兰连接时，应采取防冷桥的措施。

3. 酚醛铝箔复合板风管与聚氨酯铝箔复合板风管的安装，尚应符合下列规定：

(1) 插接连接法兰的不平整度应小于或等于2mm，插接连接条的长度应与连接法兰齐平，允许偏差应为－2mm～＋0mm；

(2) 插接连接法兰四角的插条端头与护角应有密封胶封堵；

(3) 中压风管的插接连接法兰之间应加密封垫或采取其他密封措施。

4. 玻璃纤维复合板风管的安装应符合下列规定：

(1) 风管的铝箔复合面与丙烯酸等树脂涂层不得损坏，风管的内角接缝处应采用密封胶勾缝。

(2) 榫连接风管的连接应在榫口处涂胶粘剂，连接后在外接缝处应采用扒钉加固，间距不宜大于50mm，并宜采用宽度大于或等于50mm的热敏胶带粘贴密封。

(3) 采用槽形插接等连接构件时，风管端切口应采用铝箔胶带或刷密封胶封堵。

(4) 采用槽型钢制法兰或插条式构件连接的风管，风管外壁钢抱箍与内壁金属内套，应采用镀锌螺栓固定，螺孔间距不应大于120mm，螺母应安装在风管外侧。螺栓穿过的管壁处应进行密封处理。

(5) 风管垂直安装宜采用“井”字形支架，连接应牢固。

5. 玻璃纤维增强氯氧镁水泥复合材料风管，应采用黏结连接。直管长度大于30m时，应设置伸缩节。

检查数量：按Ⅱ方案。

检查方法：尺量、观察检查。

6.3.8 风阀的安装应符合下列规定：

1. 风阀应安装在便于操作及检修的部位。安装后，手动或电动操作装置应灵活可靠，阀板关闭应严密。

2. 直径或长边尺寸大于或等于 630mm 的防火阀，应设独立支、吊架。

3. 排烟阀（排烟口）及手控装置（包括钢索预埋套管）的位置应符合设计要求。钢索预埋套管弯管不应大于 2 个，且不得有死弯及瘪陷；安装完毕后应操控自如，无阻涩等现象。

4. 除尘系统吸入管段的调节阀，宜安装在垂直管段上。

5. 防爆波悬摆活门、防爆超压排气活门和自动排气活门安装时，位置的允许偏差应为 10mm，标高的允许偏差应为±5mm，框正、侧面与平衡锤连杆的垂直度允许偏差应为 5mm。

检查数量：按Ⅱ方案。

检查方法：尺量、观察检查。

6.3.11　消声器及静压箱的安装应符合下列规定：

1. 消声器及静压箱安装时，应设置独立支、吊架，固定应牢固。

2. 当采用回风箱作为静压箱时，回风口处应设置过滤网。

检查数量：按Ⅱ方案。

检查方法：观察检查。

6.3.12　风管内过滤器的安装应符合下列规定：

1. 过滤器的种类、规格应符合设计要求。

2. 过滤器应便于拆卸和更换。

3. 过滤器与框架及框架与风管或机组壳体之间连接应严密。

检查数量：按Ⅱ方案。

检查方法：观察检查。

6.3.13　风口的安装应符合下列规定：

1. 风口表面应平整、不变形，调节应灵活、可靠。同一厅室、房间内的相同风口的安装高度应一致，排列应整齐。

2. 明装无吊顶的风口，安装位置和标高允许偏差应为 10mm。

3. 风口水平安装，水平度的允许偏差应为 3‰。

4. 风口垂直安装，垂直度的允许偏差应为 2‰。

检查数量：按Ⅱ方案。

检查方法：尺量、观察检查。

7.3.2.35　轨道验・机-64　风管系统安装检验批质量验收记录（地下人防系统）

一、适用范围

本表适用于风管系统安装检验批质量验收记录（地下人防系统）的质量检查验收。

二、《通风与空调工程施工质量验收规范》GB 50243—2016 规范摘要

Ⅰ　主控项目

6.2.1　风管系统支、吊架的安装应符合下列规定：

1. 预埋件位置应正确、牢固可靠，埋入部分应去除油污，且不得涂漆。

2. 风管系统支、吊架的形式和规格应按工程实际情况选用。

3. 风管直径大于 2000mm 或边长大于 2500mm 风管的支、吊架的安装要求，应按设计要求执行。

检查数量：按Ⅰ方案。

检查方法：查看设计图、尺量、观察检查。

6.2.2　当风管穿过需要封闭的防火、防爆的墙体或楼板时，必须设置厚度不小于 1.6mm 的钢制防护套管；风管与防护套管之间应采用不燃柔性材料封堵严密。

检查数量：全数。

检查方法：尺量、观察检查。

6.2.3　风管安装必须符合下列规定：

1. 风管内严禁其他管线穿越。

2. 输送含有易燃、易爆气体或安装在易燃、易爆环境的风管系统必须设置可靠的防静电接地装置。

3. 输送含有易燃、易爆气体的风管系统通过生活区或其他辅助生产房间时不得设置接口。

4. 室外风管系统的拉索等金属固定件严禁与避雷针或避雷网连接。

检查数量：全数。

检查方法：尺量、观察检查。

6.2.7 风管部件的安装应符合下列规定：

1. 风管部件及操作机构的安装应便于操作。

2. 斜插板风阀安装时，阀板应顺气流方向插入；水平安装时，阀板应向上开启。

3. 止回阀、定风量阀的安装方向应正确。

4. 防爆波活门、防爆超压排气活门安装时，穿墙管的法兰和在轴线视线上的杠杆应铅垂，活门开启应朝向排气方向，在设计的超压下能自动启闭。关闭后，阀盘与密封圈贴合应严密。

5. 防火阀、排烟阀（口）的安装位置、方向应正确。位于防火分区隔墙两侧的防火阀，距墙表面不应大于200mm。

检查数量：按Ⅰ方案。

检查方法：吊垂、手扳、尺量、观察检查。

6.2.8 风口的安装位置应符合设计要求，风口或结构风口与风管的连接应严密牢固，不应存在可察觉的漏风点或部位，风口与装饰面贴合应紧密。X射线发射房间的送、排风口应采取防止射线外泄的措施。

检查数量：按Ⅰ方案。

检查方法：观察检查。

6.2.9 风管系统安装完毕后，应按系统类别要求进行施工质量外观检验。合格后，应进行风管系统的严密性检验，漏风量除应符合设计要求和本规范第4.2.1条的规定外，尚应符合下列规定：

1. 当风管系统严密性检验出现不合格时，除应修复不合格的系统外，受检方应申请复验或复检。

2. 净化空调系统进行风管严密性检验时，N1级～N5级的系统按高压系统风管的规定执行；N6级～N9级，且工作压力小于等于1500Pa的，均按中压系统风管的规定执行。

检查数量：微压系统，按工艺质量要求实行全数观察检验；低压系统，按Ⅱ方案实行抽样检验；中压系统，按Ⅰ方案实行抽样检验；高压系统，全数检验。

检查方法：除微压系统外，严密性测试按本规范附录C的规定执行。

6.2.10 当设计无要求时，人防工程染毒区的风管应采用大于等于3mm钢板焊接连接；与密闭阀门相连接的风管，应采用带密封槽的钢板法兰和无接口的密封垫圈，连接应严密。

检查数量：全数。

检查方法：尺量、观察、查验检测报告。

Ⅱ 一般项目

6.3.1 风管支、吊架的安装应符合下列规定：

1. 金属风管水平安装，直径或边长小于等于400mm时，支、吊架间距不应大于4m；大于400mm时，间距不应大于3m。螺旋风管的支、吊架的间距可为5m与3.75m；薄钢板法兰风管的支、吊架间距不应大于3m。垂直安装时，应设置至少2个固定点，支架间距不应大于4m。

2. 支、吊架的设置不应影响阀门、自控机构的正常动作，且不应设置在风口、检查门处，离风口和分支管的距离不宜小于200mm。

3. 悬吊的水平主、干风管直线长度大于20m时，应设置防晃支架或防止摆动的固定点。

4. 矩形风管的抱箍支架，折角应平直，抱箍应紧贴风管。圆形风管的支架应设托座或抱箍，圆弧应均匀，且应与风管外径一致。

5. 风管或空调设备使用的可调节减振支、吊架，拉伸或压缩量应符合设计要求。

6. 不锈钢板、铝板风管与碳素钢支架的接触处，应采取隔绝或防腐绝缘措施。

7. 边长（直径）大于1250mm的弯头、三通等部位应设置单独的支、吊架。

检查数量：按Ⅱ方案。

检查方法：尺量、观察检查。

6.3.2 风管系统的安装应符合下列规定：

1. 风管应保持清洁，管内不应有杂物和积尘。

2. 风管安装的位置、标高、走向，应符合设计要求。现场风管接口的配置应合理，不得缩小其有效截面。

3. 法兰的连接螺栓应均匀拧紧，螺母宜在同一侧。

4. 风管接口的连接应严密牢固。风管法兰的垫片材质应符合系统功能的要求，厚度不应小于3mm。垫片不应凸入管内，且不宜突出法兰外；垫片接口交叉长度不应小于30mm。

5. 风管与砖、混凝土风道的连接接口，应顺着气流方向插入，并应采取密封措施。风管穿出屋面处应设置防雨装置，且不得渗漏。

6. 外保温风管必需穿越封闭的墙体时，应加设套管。

7. 风管的连接应平直。明装风管水平安装时，水平度的允许偏差应为3‰，总偏差不应大于20mm；明装风管垂直安装时，垂直度的允许偏差应为2‰，总偏差不应大于20mm。暗装风管安装的位置应正确，不应有侵占其他管线安装位置的现象。

8. 金属无法兰连接风管的安装应符合下列规定：

（1）风管连接处应完整，表面应平整。

（2）承插式风管的四周缝隙应一致，不应有折叠状褶皱。内涂的密封胶应完整，外粘的密封胶带应粘贴牢固。

（3）矩形薄钢板法兰风管可采用弹性插条、弹簧夹或U形紧固螺栓连接。连接固定的间隔不应大于150mm，净化空调系统风管的间隔不应大于100mm，且分布应均匀。当采用弹簧夹连接时，宜采用正反交叉固定方式，且不应松动。

（4）采用平插条连接的矩形风管，连接后板面应平整。

（5）置于室外与屋顶的风管，应采取与支架相固定的措施。

检查数量：按Ⅱ方案。

检查方法：尺量、观察检查。

6.3.5 柔性短管的安装，应松紧适度，目测平顺、不应有强制性的扭曲。可伸缩金属或非金属柔性风管的长度不宜大于2m。柔性风管支、吊架的间距不应大于1500mm，承托的座或箍的宽度不应小于25mm，两支架间风道的最大允许下垂应为100mm，且不应有死弯或塌凹。

检查数量：按Ⅱ方案。

检查方法：尺量、观察检查。

6.3.8 风阀的安装应符合下列规定：

1. 风阀应安装在便于操作及检修的部位。安装后，手动或电动操作装置应灵活可靠，阀板关闭应严密。

2. 直径或长边尺寸大于或等于630mm的防火阀，应设独立支、吊架。

3. 排烟阀（排烟口）及手控装置（包括钢索预埋套管）的位置应符合设计要求。钢索预埋套管弯管不应大于2个，且不得有死弯及瘪陷；安装完毕后应操控自如，无阻涩等现象。

4. 除尘系统吸入管段的调节阀，宜安装在垂直管段上。

5. 防爆波悬摆活门、防爆超压排气活门和自动排气活门安装时，位置的允许偏差应为10mm，标高的允许偏差应为±5mm，框正、侧面与平衡锤连杆的垂直度允许偏差应为5mm。

检查数量：按Ⅱ方案。

检查方法：尺量、观察检查。

6.3.11　消声器及静压箱的安装应符合下列规定：

1. 消声器及静压箱安装时，应设置独立支、吊架，固定应牢固。

2. 当采用回风箱作为静压箱时，回风口处应设置过滤网。

检查数量：按Ⅱ方案。

检查方法：观察检查。

6.3.12　风管内过滤器的安装应符合下列规定：

1. 过滤器的种类、规格应符合设计要求。

2. 过滤器应便于拆卸和更换。

3. 过滤器与框架及框架与风管或机组壳体之间连接应严密。

检查数量：按Ⅱ方案。

检查方法：观察检查。

6.3.13　风口的安装应符合下列规定：

1. 风口表面应平整、不变形，调节应灵活、可靠。同一厅室、房间内的相同风口的安装高度应一致，排列应整齐。

2. 明装无吊顶的风口，安装位置和标高允许偏差应为10mm。

3. 风口水平安装，水平度的允许偏差应为3‰。

4. 风口垂直安装，垂直度的允许偏差应为2‰。

检查数量：按Ⅱ方案。

检查方法：尺量、观察检查。

7.3.2.36　轨道验·机-65　风机与空气处理设备安装检验批质量验收记录（通风系统）

一、适用范围

本表适用于风机与空气处理设备安装检验批质量验收记录（通风系统）的质量检查验收。

二、《通风与空调工程施工质量验收规范》GB 50243—2016 规范摘要

Ⅰ　主控项目

7.2.1　风机及风机箱的安装应符合下列规定：

1. 产品的性能、技术参数应符合设计要求，出口方向应正确。

2. 叶轮旋转应平稳，每次停转后不应停留在同一位置上。

3. 固定设备的地脚螺栓应紧固，并应采取防松动措施。

4. 落地安装时，应按设计要求设置减振装置，并应采取防止设备水平位移的措施。

5. 悬挂安装时，吊架及减振装置应符合设计及产品技术文件的要求。

检查数量：按Ⅰ方案。

检查方法：依据设计图纸核对，盘动，观察检查。

7.2.2　通风机传动装置的外露部位以及直通大气的进、出风口，必须装设防护罩、防护网或采取其他安全防护措施。

检查数量：全数检查。

检查方法：依据设计图纸核对，观察检查。

7.2.4　空气热回收装置的安装应符合下列规定：

1. 产品的性能、技术参数等应符合设计要求。

2. 热回收装置接管应正确，连接应可靠、严密。

3. 安装位置应预留设备检修空间。

检查数量：按Ⅰ方案。

检查方法：依据设计图纸核对，观察检查。

7.2.6 除尘器的安装应符合下列规定：

1. 产品的性能、技术参数、进出口方向应符合设计要求。

2. 现场组装的除尘器壳体应进行漏风量检测，在设计工作压力下允许漏风量应小于5%，其中离心式除尘器应小于3%。

3. 布袋除尘器、静电除尘器的壳体及辅助设备接地应可靠。

4. 湿式除尘器与淋洗塔外壳不应渗漏，内侧的水幕、水膜或泡沫层成形应稳定。

检查数量：按Ⅰ方案。

检查方法：依据设计图纸核对，观察检查和查阅测试记录。

7.2.10 静电式空气净化装置的金属外壳必须与PE线可靠连接。

检查数量：全数检查。

检查方法：核对材料、观察检查或电阻测定。

7.2.11 电加热器的安装必须符合下列规定：

1. 电加热器与钢构架间的绝热层必须采用不燃材料，外露的接线柱应加设安全防护罩。

2. 电加热器的外露可导电部分必须与PE线可靠连接。

3. 连接电加热器的风管的法兰垫片，应采用耐热不燃材料。

检查数量：全数检查。

检查方法：核对材料、观察检查，查阅测试记录。

7.2.12 过滤吸收器的安装方向应正确，并应设独立支架，与室外的连接管段不得有渗漏。

检查数量：全数检查。

检查方法：观察检查和查阅施工或检测记录。

Ⅱ 一般项目

7.3.1 风机及风机箱的安装应符合下列规定：

1. 通风机安装允许偏差应符合表7.3.1的规定，叶轮转子与机壳的组装位置应正确。叶轮进风口插入风机机壳进风口或密封圈的深度，应符合设备技术文件要求或应为叶轮直径的1/100。

2. 轴流风机的叶轮与筒体之间的间隙应均匀，安装水平偏差和垂直度偏差均不应大于1‰。

3. 减振器的安装位置应正确，各组或各个减振器承受荷载的压缩量应均匀一致，偏差应小于2mm。

4. 风机的减振钢支、吊架，结构形式和外形尺寸应符合设计或设备技术文件的要求。焊接应牢固，焊缝外部质量应符合本规范第9.3.2条第3款的规定。

通风机安装允许偏差 **表7.3.1**

项次	项目		允许偏差	检验方法
1	中心线的平面位移		10mm	经纬仪或拉线和尺量检查
2	标高		±10mm	水准仪或水平仪、直尺、拉线和尺量检查
3	皮带轮轮宽中心平面偏移		1mm	在主、从动皮带轮端面拉线和尺量检查
4	传动轴水平度		纵向0.2‰ 横向0.3‰	在轴或皮带轮0°和180°的两个位置上，用水平仪检查
5	联轴器	两轴芯径向位移	0.05mm	采用百分表圆周法或塞尺四点法检查验证
		两轴线倾斜	0.2‰	

5. 风机的进、出口不得承受外加的重量，相连接的风管、阀件应设置独立的支、吊架。

检查数量：按Ⅱ方案。

检查方法：尺量、观察或查阅施工记录。

7.3.2 空气风幕机的安装应符合下列规定：

1. 安装位置及方向应正确，固定应牢固可靠。

2. 机组的纵向垂直度和横向水平度的允许偏差均应为2‰。

3. 成排安装的机组应整齐，出风口平面允许偏差应为5mm。

检查数量：按Ⅱ方案。

检查方法：尺量、观察检查。

7.3.5 空气过滤器的安装应符合下列规定：

1. 过滤器框架安装应平整牢固，方向应正确，框架与围护结构之间应严密。

2. 粗效、中效袋式空气过滤器的四周与框架应均匀压紧，不应有可见缝隙，并应便于拆卸和更换滤料。

3. 卷绕式空气过滤器的框架应平整，上、下筒体应平行，展开的滤料应松紧适度。

检查数量：按Ⅱ方案。

检查方法：观察检查。

7.3.6 蒸汽加湿器的安装应符合下列规定：

1. 加湿器应设独立支架，加湿器喷管与风管间应进行绝热、密封处理。

2. 干蒸汽加湿器的蒸汽喷口不应朝下。

检查数量：按Ⅱ方案。

检查方法：观察检查。

7.3.8 空气热回收器的安装位置及接管应正确，转轮式空气热回收器的转轮旋转方向应正确，运转应平稳，且不应有异常振动与声响。

检查数量：按Ⅱ方案。

检查方法：观察检查。

7.3.11 除尘器的安装应符合下列规定：

1. 除尘器的安装位置应正确，固定应牢固平稳，除尘器安装允许偏差和检验方法应符合表7.3.11的规定。

除尘器安装允许偏差和检验方法 **表7.3.11**

项次	项目		允许偏差（mm）	检验方法
1	平面位移		≤10	经纬仪或拉线、尺量检查
2	标高		±10	水准仪、直线和尺量检查
3	垂直度	每米	≤2	吊线和尺量检查
4		总偏差	≤10	

2. 除尘器的活动或转动部件的动作应灵活、可靠，并应符合设计要求。

3. 除尘器的排灰阀、卸料阀、排泥阀的安装应严密，并应便于操作与维护修理。

检查数量：按Ⅱ方案。

检查方法：尺量、观察检查及查阅施工记录。

7.3.12 现场组装静电除尘器除应符合设备技术文件外，尚应符合下列规定：

1. 阳极板组合后的阳极排平面度允许偏差应为5mm，对角线允许偏差应为10mm。

2. 阴极小框架组合后主平面的平面度允许偏差应为5mm，对角线允许偏差应为10mm。

3. 阴极大框架的整体平面度允许偏差应为15mm，整体对角线允许偏差应为10mm。

4. 阳极板高度小于或等于7m的电除尘器，阴、阳极间距允许偏差应为5mm。阳极板高度大于7m的电除尘器，阴、阳极间距允许偏差应为10mm。

5. 振打锤装置的固定应可靠，振打锤的转动应灵活。锤头方向应正确，振打锤锤头与振打砧之间应保持良好的线接触状态，接触长度应大于锤头厚度的70%。

检查数量：按Ⅱ方案。

检查方法：尺量、观察检查及查阅施工记录。

7.3.13 现场组装布袋除尘器的安装应符合下列规定：

1. 外壳应严密，滤袋接口应牢固。

2. 分室反吹袋式除尘器的滤袋安装应平直。每条滤袋的拉紧力应为30N/m±5N/m，与滤袋连接接触的短管和袋帽不应有毛刺。

3. 机械回转扁袋式除尘器的旋臂，转动应灵活可靠；净气室上部的顶盖应密封不漏气，旋转应灵活，不应有卡阻现象。

4. 脉冲袋式除尘器的喷吹孔应对准文氏管的中心，同心度允许偏差应为2mm。

检查数量：按Ⅱ方案。

检查方法：尺量、观察检查及查阅施工记录。

7.3.2.37 轨道验·机-66 风机与空气处理设备安装检验批质量验收记录（舒适空调系统）

一、适用范围

本表适用于风机与空气处理设备安装检验批质量验收记录（舒适空调系统）的质量检查验收。

二、《通风与空调工程施工质量验收规范》GB 50243—2016 规范摘要

Ⅰ 主控项目

7.2.1 风机及风机箱的安装应符合下列规定：

1. 产品的性能、技术参数应符合设计要求，出口方向应正确。

2. 叶轮旋转应平稳，每次停转后不应停留在同一位置上。

3. 固定设备的地脚螺栓应紧固，并应采取防松动措施。

4. 落地安装时，应按设计要求设置减振装置，并应采取防止设备水平位移的措施。

5. 悬挂安装时，吊架及减振装置应符合设计及产品技术文件的要求。

检查数量：按Ⅰ方案。

检查方法：依据设计图纸核对，盘动，观察检查。

7.2.2 通风机传动装置的外露部位以及直通大气的进、出风口，必须装设防护罩、防护网或采取其他安全防护措施。

检查数量：全数检查。

检查方法：依据设计图纸核对，观察检查。

7.2.3 单元式与组合式空气处理设备的安装应符合下列规定：

1. 产品的性能、技术参数和接口方向应符合设计要求。

2. 现场组装的组合式空调机组应按现行国家标准《组合式空调机组》GB/T 14294的有关规定进行漏风量的检测。通用机组在700Pa静压下，漏风率不应大于2%；净化空调系统机组在1000Pa静压下，漏风率不应大于1%。

3. 应按设计要求设置减振支座或支、吊架，承重量应符合设计及产品技术文件的要求。

检查数量：通用机组按Ⅱ方案，净化空调系统机组N7～N9级按Ⅰ方案，N1～N6级全数检查。

检查方法：依据设计图纸核对，查阅测试记录。

7.2.4 空气热回收装置的安装应符合下列规定：

1. 产品的性能、技术参数等应符合设计要求。

2. 热回收装置接管应正确，连接应可靠、严密。

3. 安装位置应预留设备检修空间。

检查数量：按Ⅰ方案。

检查方法：依据设计图纸核对，观察检查。

7.2.5 空调末端设备的安装应符合下列规定：

1. 产品的性能、技术参数应符合设计要求。

2. 风机盘管机组、变风量与定风量空调末端装置及地板送风单元等的安装，位置应正确，固定应牢固、平整，便于检修。

3. 风机盘管的性能复验应按现行国家标准《建筑节能工程施工质量验收规范》GB 50411 的规定执行。

4. 冷辐射吊顶安装固定应可靠，接管应正确，吊顶面应平整。

检查数量：按Ⅰ方案。

检查方法：依据设计图纸核对，观察检查和查阅施工记录。

7.2.10 静电式空气净化装置的金属外壳必须与 PE 线可靠连接。

检查数量：全数检查。

检查方法：核对材料、观察检查或电阻测定。

7.2.11 电加热器的安装必须符合下列规定：

1. 电加热器与钢构架间的绝热层必须采用不燃材料，外露的接线柱应加设安全防护罩。

2. 电加热器的外露可导电部分必须与 PE 线可靠连接。

3. 连接电加热器的风管的法兰垫片，应采用耐热不燃材料。

检查数量：全数检查。

检查方法：核对材料、观察检查，查阅测试记录。

7.2.12 过滤吸收器的安装方向应正确，并应设独立支架，与室外的连接管段不得有渗漏。

检查数量：全数检查。

检查方法：观察检查和查阅施工或检测记录。

Ⅱ 一般项目

7.3.1 风机及风机箱的安装应符合下列规定：

1. 通风机安装允许偏差应符合表 7.3.1 的规定，叶轮转子与机壳的组装位置应正确。叶轮进风口插入风机机壳进风口或密封圈的深度，应符合设备技术文件要求或应为叶轮直径的 1/100。

2. 轴流风机的叶轮与筒体之间的间隙应均匀，安装水平偏差和垂直度偏差均不应大于 1‰。

3. 减振器的安装位置应正确，各组或各个减振器承受荷载的压缩量应均匀一致，偏差应小于 2mm。

4. 风机的减振钢支、吊架，结构形式和外形尺寸应符合设计或设备技术文件的要求。焊接应牢固，焊缝外部质量应符合本规范第 9.3.2 条第 3 款的规定。

通风机安装允许偏差　　表 7.3.1

项次	项　　目	允许偏差	检　验　方　法
1	中心线的平面位移	10mm	经纬仪或拉线和尺量检查
2	标高	±10mm	水准仪或水平仪、直尺、拉线和尺量检查
3	皮带轮轮宽中心平面偏移	1mm	在主、从动皮带轮端面拉线和尺量检查

续表

项次	项目		允许偏差	检验方法
4	传动轴水平度		纵向0.2‰ 横向0.3‰	在轴或皮带轮0°和180°的两个位置上，用水平仪检查
5	联轴器	两轴芯径向位移	0.05mm	采用百分表圆周法或塞尺四点法检查验证
		两轴线倾斜	0.2‰	

5. 风机的进、出口不得承受外加的重量，相连接的风管、阀件应设置独立的支、吊架。

检查数量：按Ⅱ方案。

检查方法：尺量、观察或查阅施工记录。

7.3.2　空气风幕机的安装应符合下列规定：

1. 安装位置及方向应正确，固定应牢固可靠。

2. 机组的纵向垂直度和横向水平度的允许偏差均应为2‰。

3. 成排安装的机组应整齐，出风口平面允许偏差应为5mm。

检查数量：按Ⅱ方案。

检查方法：尺量、观察检查。

7.3.3　单元式空调机组的安装应符合下列规定：

1. 分体式空调机组的室外机和风冷整体式空调机组的安装固定应牢固可靠，并应满足冷却风自然进入的空间环境要求。

2. 分体式空调机组室内机的安装位置应正确，并应保持水平，冷凝水排放应顺畅。管道穿墙处密封应良好，不应有雨水渗入。

检查数量：按Ⅱ方案。

检查方法：观察检查。

7.3.4　组合式空调机组、新风机组的安装应符合下列规定：

1. 组合式空调机组各功能段的组装应符合设计的顺序和要求，各功能段之间的连接应严密，整体外观应平整。

2. 供、回水管与机组的连接应正确，机组下部冷凝水管的水封高度应符合设计或设备技术文件的要求。

3. 机组与风管采用柔性短管连接时，柔性短管的绝热性能应符合风管系统的要求。

4. 机组应清扫干净，箱体内不应有杂物、垃圾和积尘。

5. 机组内空气过滤器（网）和空气热交换器翅片应清洁、完好，安装位置应便于维护和清理。

检查数量：按Ⅱ方案。

检查方法：观察检查。

7.3.5　空气过滤器的安装应符合下列规定：

1. 过滤器框架安装应平整牢固，方向应正确，框架与围护结构之间应严密。

2. 粗效、中效袋式空气过滤器的四周与框架应均匀压紧，不应有可见缝隙，并应便于拆卸和更换滤料。

3. 卷绕式空气过滤器的框架应平整，上、下筒体应平行，展开的滤料应松紧适度。

检查数量：按Ⅱ方案。

检查方法：观察检查。

7.3.6　蒸汽加湿器的安装应符合下列规定：

1. 加湿器应设独立支架，加湿器喷管与风管间应进行绝热、密封处理。

2. 干蒸汽加湿器的蒸汽喷口不应朝下。

检查数量：按Ⅱ方案。

检查方法：观察检查。

7.3.7 紫外线与离子空气净化装置的安装应符合下列规定：

1. 安装位置应符合设计或产品技术文件的要求，并应方便检修。

2. 装置应紧贴空调箱体的壁板或风管的外表面，固定应牢固，密封应良好。

3. 装置的金属外壳应与PE线可靠连接。

检查数量：按Ⅱ方案。

检查方法：观察检查、查阅试验记录，或实测。

7.3.8 空气热回收器的安装位置及接管应正确，转轮式空气热回收器的转轮旋转方向应正确，运转应平稳，且不应有异常振动与声响。

检查数量：按Ⅱ方案。

检查方法：观察检查。

7.3.9 风机盘管机组的安装应符合下列规定：

1. 机组安装前宜进行风机三速试运转及盘管水压试验。试验压力应为系统工作压力的1.5倍，试验观察时间应为2min，不渗漏为合格。

2. 机组应设独立支、吊架，固定应牢固，高度与坡度应正确。

3. 机组与风管、回风箱或风口的连接，应严密可靠。

检查数量：按Ⅱ方案。

检查方法：观察检查、查阅试验记录。

7.3.10 变风量、定风量末端装置安装时，应设独立的支、吊架，与风管连接前宜做动作试验，且应符合产品的性能要求。

检查数量：按Ⅱ方案。

检查方法：观察检查、查阅试验记录。

7.3.2.38 轨道验·机-67 风机与空气处理设备安装检验批质量验收记录（恒温恒湿空调系统）

一、适用范围

本表适用于风机与空气处理设备安装检验批质量验收记录（恒温恒湿空调系统）的质量检查验收。

二、《通风与空调工程施工质量验收规范》GB 50243—2016 规范摘要

Ⅰ 主控项目

7.2.1 风机及风机箱的安装应符合下列规定：

1. 产品的性能、技术参数应符合设计要求，出口方向应正确。

2. 叶轮旋转应平稳，每次停转后不应停留在同一位置上。

3. 固定设备的地脚螺栓应紧固，并应采取防松动措施。

4. 落地安装时，应按设计要求设置减振装置，并应采取防止设备水平位移的措施。

5. 悬挂安装时，吊架及减振装置应符合设计及产品技术文件的要求。

检查数量：按Ⅰ方案。

检查方法：依据设计图纸核对，盘动，观察检查。

7.2.2 通风机传动装置的外露部位以及直通大气的进、出风口，必须装设防护罩、防护网或采取其他安全防护措施。

检查数量：全数检查。

检查方法：依据设计图纸核对，观察检查。

7.2.3 单元式与组合式空气处理设备的安装应符合下列规定：

1. 产品的性能、技术参数和接口方向应符合设计要求。

2. 现场组装的组合式空调机组应按现行国家标准《组合式空调机组》GB/T 14294 的有关规定进行漏风量的检测。通用机组在 700Pa 静压下，漏风率不应大于 2%；净化空调系统机组在 1000Pa 静压下，漏风率不应大于 1%。

3. 应按设计要求设置减振支座或支、吊架，承重量应符合设计及产品技术文件的要求。

检查数量：通用机组按Ⅱ方案，净化空调系统机组 N7～N9 级按Ⅰ方案，N1～N6 级全数检查。

检查方法：依据设计图纸核对，查阅测试记录。

7.2.4 空气热回收装置的安装应符合下列规定：

1. 产品的性能、技术参数等应符合设计要求。

2. 热回收装置接管应正确，连接应可靠、严密。

3. 安装位置应预留设备检修空间。

检查数量：按Ⅰ方案。

检查方法：依据设计图纸核对，观察检查。

7.2.5 空调末端设备的安装应符合下列规定：

1. 产品的性能、技术参数应符合设计要求。

2. 风机盘管机组、变风量与定风量空调末端装置及地板送风单元等的安装，位置应正确，固定应牢固、平整，便于检修。

3. 风机盘管的性能复验应按现行国家标准《建筑节能工程施工质量验收规范》GB 50411 的规定执行。

4. 冷辐射吊顶安装固定应可靠，接管应正确，吊顶面应平整。

检查数量：按Ⅰ方案。

检查方法：依据设计图纸核对，观察检查和查阅施工记录。

7.2.10 静电式空气净化装置的金属外壳必须与 PE 线可靠连接。

检查数量：全数检查。

检查方法：核对材料、观察检查或电阻测定。

7.2.11 电加热器的安装必须符合下列规定：

1. 电加热器与钢构架间的绝热层必须采用不燃材料，外露的接线柱应加设安全防护罩。

2. 电加热器的外露可导电部分必须与 PE 线可靠连接。

3. 连接电加热器的风管的法兰垫片，应采用耐热不燃材料。

检查数量：全数检查。

检查方法：核对材料、观察检查，查阅测试记录。

Ⅱ 一般项目

7.3.1 风机及风机箱的安装应符合下列规定：

1. 通风机安装允许偏差应符合表 7.3.1 的规定，叶轮转子与机壳的组装位置应正确。叶轮进风口插入风机机壳进风口或密封圈的深度，应符合设备技术文件要求或应为叶轮直径的 1/100。

通风机安装允许偏差 **表 7.3.1**

项次	项目	允许偏差	检验方法
1	中心线的平面位移	10mm	经纬仪或拉线和尺量检查
2	标高	±10mm	水准仪或水平仪、直尺、拉线和尺量检查
3	皮带轮轮宽中心平面偏移	1mm	在主、从动皮带轮端面拉线和尺量检查

续表

项次	项目		允许偏差	检验方法
4	传动轴水平度		纵向 0.2‰ 横向 0.3‰	在轴或皮带轮 0°和 180°的两个位置上，用水平仪检查
5	联轴器	两轴芯径向位移	0.05mm	采用百分表圆周法或塞尺四点法检查验证
		两轴线倾斜	0.2‰	

2. 轴流风机的叶轮与筒体之间的间隙应均匀，安装水平偏差和垂直度偏差均不应大于 1‰。

3. 减振器的安装位置应正确，各组或各个减振器承受荷载的压缩量应均匀一致，偏差应小于 2mm。

4. 风机的减振钢支、吊架，结构形式和外形尺寸应符合设计或设备技术文件的要求。焊接应牢固，焊缝外部质量应符合本规范第 9.3.2 条第 3 款的规定。

5. 风机的进、出口不得承受外加的重量，相连接的风管、阀件应设置独立的支、吊架。

检查数量：按Ⅱ方案。

检查方法：尺量、观察或查阅施工记录。

7.3.3 单元式空调机组的安装应符合下列规定：

1. 分体式空调机组的室外机和风冷整体式空调机组的安装固定应牢固可靠，并应满足冷却风自然进入的空间环境要求。

2. 分体式空调机组室内机的安装位置应正确，并应保持水平，冷凝水排放应顺畅。管道穿墙处密封应良好，不应有雨水渗入。

检查数量：按Ⅱ方案。

检查方法：观察检查。

7.3.4 组合式空调机组、新风机组的安装应符合下列规定：

1. 组合式空调机组各功能段的组装应符合设计的顺序和要求，各功能段之间的连接应严密，整体外观应平整。

2. 供、回水管与机组的连接应正确，机组下部冷凝水管的水封高度应符合设计或设备技术文件的要求。

3. 机组与风管采用柔性短管连接时，柔性短管的绝热性能应符合风管系统的要求。

4. 机组应清扫干净，箱体内不应有杂物、垃圾和积尘。

5. 机组内空气过滤器（网）和空气热交换器翅片应清洁、完好，安装位置应便于维护和清理。

检查数量：按Ⅱ方案。

检查方法：观察检查。

7.3.5 空气过滤器的安装应符合下列规定：

1. 过滤器框架安装应平整牢固，方向应正确，框架与围护结构之间应严密。

2. 粗效、中效袋式空气过滤器的四周与框架应均匀压紧，不应有可见缝隙，并应便于拆卸和更换滤料。

3. 卷绕式空气过滤器的框架应平整，上、下筒体应平行，展开的滤料应松紧适度。

检查数量：按Ⅱ方案。

检查方法：观察检查。

7.3.6 蒸汽加湿器的安装应符合下列规定：

1. 加湿器应设独立支架，加湿器喷管与风管间应进行绝热、密封处理。

2. 干蒸汽加湿器的蒸汽喷口不应朝下。

检查数量：按Ⅱ方案。

检查方法：观察检查。

7.3.8　空气热回收器的安装位置及接管应正确，转轮式空气热回收器的转轮旋转方向应正确，运转应平稳，且不应有异常振动与声响。

检查数量：按Ⅱ方案。

检查方法：观察检查。

7.3.10　变风量、定风量末端装置安装时，应设独立的支、吊架，与风管连接前宜做动作试验，且应符合产品的性能要求。

检查数量：按Ⅱ方案。

检查方法：观察检查、查阅试验记录。

7.3.2.39　轨道验·机-68　空调制冷机组及系统安装检验批质量验收记录（制冷机组及辅助设备）

一、适用范围

本表适用于空调制冷机组及系统安装检验批质量验收记录（制冷机组及辅助设备）的质量检查验收。

二、《通风与空调工程施工质量验收规范》GB 50243—2016 规范摘要

Ⅰ　主控项目

8.2.1　制冷机组及附属设备的安装应符合下列规定：

1. 制冷（热）设备、制冷附属设备产品性能和技术参数应符合设计要求，并应具有产品合格证书、产品性能检验报告。

2. 设备的混凝土基础应进行质量交接验收，且应验收合格。

3. 设备安装的位置、标高和管口方向应符合设计要求。采用地脚螺栓固定的制冷设备或附属设备，垫铁的放置位置应正确，接触应紧密，每组垫铁不应超过3块；螺栓应紧固，并应采取防松动措施。

检查数量：全数检查。

检查方法：观察、核对设备型号、规格；查阅产品质量合格证书、性能检验报告和施工记录。

8.2.3　直接膨胀蒸发式冷却器的表面应保持清洁、完整，空气与制冷剂应呈逆向流动；冷却器四周的缝隙应堵严，冷凝水排放应畅通。

检查数量：全数检查。

检查方法：观察检查。

8.2.4　燃油管道系统必须设置可靠的防静电接地装置。

检查数量：全数检查。

检查方法：观察、查阅试验记录。

8.2.5　燃气管道的安装必须符合下列规定：

1. 燃气系统管道与机组的连接不得使用非金属软管。

2. 当燃气供气管道压力大于5kPa时，焊缝无损检测应按设计要求执行；当设计无规定时，应对全部焊缝进行无损检测并合格。

3. 燃气管道吹扫和压力试验的介质应采用空气或氮气，严禁采用水。

检查数量：全数检查。

检查方法：观察、查阅压力试验与无损检测报告。

8.2.6　组装式的制冷机组和现场充注制冷剂的机组，应进行系统管路吹污、气密性试验、真空试验和充注制冷剂检漏试验，技术数据应符合产品技术文件和国家现行标准的有关规定。

检查数量：全数检查。

检查方法：旁站观察，查阅试验及试运行记录。

8.2.8　氨制冷机应采用密封性能良好、安全性好的整体式冷水机组。除磷青铜材料外，氨制冷剂

的管道、附件、阀门及填料不得采用铜或铜合金材料，管内不得镀锌。氨系统管道的焊缝应进行射线照相检验，抽检率应为10%，以质量不低于Ⅲ级为合格。

检查数量：全数检查。

检查方法：观察检查、查阅探伤报告和试验记录。

8.2.9 多联机空调（热泵）系统的安装应符合下列规定：

1. 多联机空调（热泵）系统室内机、室外机产品的性能、技术参数等应符合设计要求，并应具有出厂合格证、产品性能检验报告。

2. 室内机、室外机的安装位置、高度应符合设计及产品技术的要求，固定应可靠。室外机的通风条件应良好。

3. 制冷剂应根据工程管路系统的实际情况，通过计算后进行充注。

4. 安装在户外的室外机组应可靠接地，并应采取防雷保护措施。

检查数量：按Ⅰ方案。

检查方法：旁站、观察检查和查阅试验记录。

8.2.10 空气源热泵机组的安装应符合下列规定：

1. 空气源热泵机组产品的性能、技术参数应符合设计要求，并应具有出厂合格证、产品性能检验报告。

2. 机组应有可靠的接地和防雷措施，与基础间的减振应符合设计要求。

3. 机组的进水侧应安装水力开关，并应与制冷机的启动开关连锁。

检查数量：全数检查。

检查方法：旁站，观察和查阅产品性能检验报告。

8.2.11 吸收式制冷机组的安装应符合下列规定：

1. 吸收式制冷机组的产品的性能、技术参数应符合设计要求。

2. 吸收式机组安装后，设备内部应冲洗干净。

3. 机组的真空试验应合格。

4. 直燃型吸收式制冷机组排烟管的出口应设置防雨帽、防风罩和避雷针，燃油油箱上不得采用玻璃管式油位计。

检查数量：全数检查。

检查方法：旁站、观察、查阅产品性能检验报告和施工记录。

Ⅱ 一般项目

8.3.1 制冷（热）机组与附属设备的安装应符合下列规定：

1. 设备与附属设备安装允许偏差和检验方法应符合表8.3.1的规定。

设备与附属设备安装允许偏差和检验方法 **表8.3.1**

项次	项目	允许偏差	检验方法
1	平面位置	10mm	经纬仪或拉线或尺量检查
2	标高	±10mm	水准仪或经纬仪、拉线和尺量检查

2. 整体组合式制冷机组机身纵、横向水平度的允许偏差应为1‰。当采用垫铁调整机组水平度时，应接触紧密并相对固定。

3. 附属设备的安装应符合设备技术文件的要求，水平度或垂直度允许偏差应为1‰。

4. 制冷设备或制冷附属设备基（机）座下减振器的安装位置应与设备重心相匹配，各个减振器的压缩量应均匀一致，且偏差不应大于2mm。

5. 采用弹性减振器的制冷机组，应设置防止机组运行时水平位移的定位装置。

6. 冷热源与辅助设备的安装位置应满足设备操作及维修的空间要求，四周应有排水设施。

检查数量：按Ⅱ方案。

检查方法：水准仪、经纬仪、拉线和尺量检查，查阅安装记录。

8.3.2 模块式冷水机组单元多台并联组合时，接口应牢固、严密不漏，外观应平整完好，目测无扭曲。

检查数量：全数检查。

检查方法：尺量、观察检查。

8.3.6 多联机空调系统的安装应符合下列规定：

1. 室外机的通风应通畅，不应有短路现象，运行时不应有异常噪声。当多台机组集中安装时，不应影响相邻机组的正常运行。

2. 室外机组应安装在设计专用平台上，并应采取减振与防止紧固螺栓松动的措施。

3. 风管式室内机的送、回风口之间，不应形成气流短路。风口安装应平整，且应与装饰线条相一致。

4. 室内外机组间冷媒管道的布置应采用合理的短捷路线，并应排列整齐。

检查数量：按Ⅱ方案。

检查方法：尺量、观察检查。

8.3.7 空气源热泵机组除应符合本规范第8.3.1条的规定外，尚应符合下列规定：

1. 机组安装的位置应符合设计要求。同规格设备成排就位时，目测排列应整齐，允许偏差不应大于10mm。水力开关的前端宜有4倍管径及以上的直管段。

2. 机组四周应按设备技术文件要求，留有设备维修空间。设备进风通道的宽度不应小于1.2倍的进风口高度；当两个及以上机组进风口共用一个通道时，间距宽度不应小于2倍的进风口高度。

3. 当机组设有结构围挡和隔音屏障时，不得影响机组正常运行的通风要求。

检查数量：按Ⅱ方案。

检查方法：尺量、观察检查、旁站或查阅试验记录。

8.3.8 燃油系统油泵和蓄冷系统载冷剂泵安装时，纵、横向水平度允许偏差应为1‰，联轴器两轴芯轴向倾斜允许偏差应为0.2‰，径向允许位移不应大于0.05mm。

检查数量：全数检查。

检查方法：尺量、观察检查。

8.3.9 吸收式制冷机组安装除应符合本规范第8.3.1的规定外，尚应符合下列规定：

1. 吸收式分体机组运至施工现场后，应及时运入机房进行组装，并应清洗、抽真空。

2. 机组的真空泵到达指定安装位置后，应进行找正、找平。抽气连接管应采用直径与真空泵进口直径相同的金属管，当采用橡胶管时，应采用真空用的胶管，并应对管接头处采取密封措施。

3. 机组的屏蔽泵到达指定安装位置后，应进行找正、找平，电线接头处应采取防水密封措施。

4. 机组的水平度允许偏差应为2‰。

检查数量：按Ⅱ方案。

检查方法：观察检查，查阅泵安装和真空测试记录。

7.3.2.40 轨道验·机-69 空调制冷机组及系统安装检验批质量验收记录（制冷剂管道系统）

一、适用范围

本表适用于空调制冷机组及系统安装检验批质量验收记录（制冷剂管道系统）的质量检查验收。

二、《通风与空调工程施工质量验收规范》GB 50243—2016 规范摘要

Ⅰ 主控项目

8.2.2 制冷剂管道系统应按设计要求或产品要求进行强度、气密性及真空试验，且应试验合格。

检查数量：全数检查。

检查方法：观察、旁站、查阅试验记录。

8.2.7 蒸汽压缩式制冷系统管道、管件和阀门的安装应符合下列规定：

1. 制冷系统的管道、管件和阀门的类别、材质、管径、壁厚及工作压力等应符合设计要求，并应具有产品合格证书、产品性能检验报告。

2. 法兰、螺纹等处的密封材料应与管内的介质性能相适应。

3. 制冷循环系统的液管不得向上装成"Ω"形；除特殊回油管外，气管不得向下装成"U"形；液体支管引出时，必须从干管底部或侧面接出；气体支管引出时，应从干管顶部或侧面接出；有两根以上的支管从干管引出时，连接部位应错开，间距不应小于2倍支管直径，且不应小于200mm。

4. 管道与机组连接应在管道吹扫、清洁合格后进行。与机组连接的管路上应按设计要求及产品技术文件的要求安装过滤器、阀门、部件、仪表等，位置应正确、排列应规整；管道应设独立的支吊架；压力表距阀门位置不宜小于200mm。

5. 制冷设备与附属设备之间制冷剂管道的连接，制冷剂管道坡度、坡向应符合设计及设备技术文件的要求。当设计无要求时，应符合表8.2.7的规定。

制冷剂管道坡度、坡向 **表8.2.7**

管道名称	坡向	坡度
压缩机吸气水平管（氟）	压缩机	≥10‰
压缩机吸气水平管（氨）	蒸发器	≥3‰
压缩机排气水平管	油分离器	≥10‰
冷凝器水平供液管	贮液器	1‰～3‰
油分离器至冷凝器水平管	油分离器	3‰～5‰

6. 制冷系统投入运行前，应对安全阀进行调试校核，开启和回座压力应符合设备技术文件要求。

7. 系统多余的制冷剂不得向大气直接排放，应采用回收装置进行回收。

检查数量：按Ⅰ方案。

检查方法：核查合格证明文件，观察、尺量，查阅测量、调试校核记录。

8.2.8 氨制冷机应采用密封性能良好、安全性好的整体式冷水机组。除磷青铜材料外，氨制冷剂的管道、附件、阀门及填料不得采用铜或铜合金材料，管内不得镀锌。氨系统管道的焊缝应进行射线照相检验，抽检率应为10%，以质量不低于Ⅲ级为合格。

检查数量：全数检查。

检查方法：观察检查、查阅探伤报告和试验记录。

8.2.9 多联机空调（热泵）系统的安装应符合下列规定：

1. 多联机空调（热泵）系统室内机、室外机产品的性能、技术参数等应符合设计要求，并应具有出厂合格证、产品性能检验报告。

2. 室内机、室外机的安装位置、高度应符合设计及产品技术的要求，固定应可靠。室外机的通风条件应良好。

3. 制冷剂应根据工程管路系统的实际情况，通过计算后进行充注。

4. 安装在户外的室外机组应可靠接地，并应采取防雷保护措施。

检查数量：按Ⅰ方案。

检查方法：旁站、观察检查和查阅试验记录。

8.2.10 空气源热泵机组的安装应符合下列规定：

1. 空气源热泵机组产品的性能、技术参数应符合设计要求，并应具有出厂合格证、产品性能检验报告。

2. 机组应有可靠的接地和防雷措施，与基础间的减振应符合设计要求。

3. 机组的进水侧应安装水力开关，并应与制冷机的启动开关连锁。

检查数量：全数检查。

检查方法：旁站，观察和查阅产品性能检验报告。

Ⅱ 一般项目

8.3.3 制冷剂管道、管件的安装应符合下列规定：

1. 管道、管件的内外壁应清洁干燥，连接制冷机的吸、排气管道应设独立支架；管径小于或等于40mm的铜管道，在与阀门连接处应设置支架。水平管道支架的间距不应大于1.5m，垂直管道不应大于2.0m；管道上、下平行敷设时，吸气管应在下方。

2. 制冷剂管道弯管的弯曲半径不应小于3.5倍管道直径，最大外径与最小外径之差不应大于8‰的管道直径，且不应使用焊接弯管及皱褶弯管。

3. 制冷剂管道的分支管，应按介质流向弯成90°与主管连接，不宜使用弯曲半径小于1.5倍管道直径的压制弯管。

4. 铜管切口应平整，不得有毛刺、凹凸等缺陷，切口允许倾斜偏差应为管径的1%；管扩口应保持同心，不得有开裂及皱褶，并应有良好的密封面。

5. 铜管采用承插钎焊焊接连接时，应符合表8.3.3的规定，承口应迎着介质流动方向。当采用套管钎焊焊接连接时，插接深度不应小于表8.3.3中最小承插连接的规定；当采用对接焊接时，管道内壁应齐平，错边量不应大于10‰壁厚，且不大于1mm。

铜管承、插口深度（mm） **表8.3.3**

铜管规格	≤*DN*15	*DN*20	*DN*25	*DN*32	*DN*40	*DN*50	*DN*65
承口的扩口深度	9～12	12～15	15～18	17～20	21～24	24～26	26～30
最小插入深度	7	9	10	12	13	14	
间隙尺寸	0.05～0.27			0.05～0.35			

6. 管道穿越墙体或楼板时，应加装套管；管道的支吊架和钢管的焊接应按本规范第9章的规定执行。

检查数量：按Ⅱ方案。

检查方法：尺量、观察检查。

8.3.4 制冷剂系统阀门的安装应符合下列规定：

1. 制冷剂阀门安装前应进行强度和严密性试验。强度试验压力应为阀门公称压力的1.5倍，时间不得少于5min；严密性试验压力应为阀门公称压力的1.1倍，持续时间30s不漏为合格。

2. 阀体应清洁干燥、不得有锈蚀，安装位置、方向和高度应符合设计要求。

3. 水平管道上阀门的手柄不应向下，垂直管道上阀门的手柄应便于操作。

4. 自控阀门安装的位置应符合设计要求。电磁阀、调节阀、热力膨胀阀、升降式止回阀等的阀头均应向上；热力膨胀阀的安装位置应高于感温包，感温包应装在蒸发器出口处的回气管上，与管道应接触良好、绑扎紧密。

5. 安全阀应垂直安装在便于检修的位置，排气管的出口应朝向安全地带，排液管应装在泄水管上。

检查数量：按Ⅱ方案。

检查方法：尺量、观察检查、旁站或查阅试验记录。

8.3.5 制冷系统的吹扫排污应采用压力为0.5MPa～0.6MPa（表压）的干燥压缩空气或氮气，应以白色（布）标识靶检查5min，目测无污物为合格。系统吹扫干净后，系统中阀门的阀芯拆下清洗应干净。

检查数量：全数检查。

检查方法：观察、旁站或查阅试验记录。

8.3.6　多联机空调系统的安装应符合下列规定：

1. 室外机的通风应通畅，不应有短路现象，运行时不应有异常噪声。当多台机组集中安装时，不应影响相邻机组的正常运行。

2. 室外机组应安装在设计专用平台上，并应采取减振与防止紧固螺栓松动的措施。

3. 风管式室内机的送、回风口之间，不应形成气流短路。风口安装应平整，且应与装饰线条相一致。

4. 室内外机组间冷媒管道的布置应采用合理的短捷路线，并应排列整齐。

检查数量：按Ⅱ方案。

检查方法：尺量、观察检查。

8.3.8　燃油系统油泵和蓄冷系统载冷剂泵安装时，纵、横向水平度允许偏差应为1‰，联轴器两轴芯轴向倾斜允许偏差应为0.2‰，径向允许位移不应大于0.05mm。

检查数量：全数检查。

检查方法：尺量、观察检查。

7.3.2.41　轨道验·机-70　空调水系统安装检验批质量验收记录（水泵及附属设备）

一、适用范围

本表适用于空调水系统安装检验批质量验收记录（水泵及附属设备）的质量检查验收。

二、《通风与空调工程施工质量验收规范》GB 50243—2016 规范摘要

Ⅰ　主控项目

9.2.1　空调水系统设备与附属设备的性能、技术参数，管道、管配件及阀门的类型、材质及连接形式应符合设计要求。

检查数量：按Ⅰ方案。

检查方法：观察检查、查阅产品质量证明文件和材料进场验收记录。

9.2.4　阀门的安装应符合下列规定：

1. 阀门安装前应进行外观检查，阀门的铭牌应符合现行国家标准《工业阀门　标志》GB/T 12220的有关规定。工作压力大于1.0MPa及在主干管上起到切断作用和系统冷、热水运行转换调节功能的阀门和止回阀，应进行壳体强度和阀瓣密封性能的试验，且应试验合格。其他阀门可不单独进行试验。壳体强度试验压力应为常温条件下公称压力的1.5倍，持续时间不应少于5min，阀门的壳体、填料应无渗漏。严密性试验压力应为公称压力的1.1倍，在试验持续的时间内应保持压力不变，阀门压力试验持续时间与允许泄漏量应符合表9.2.4的规定。

阀门压力试验持续时间与允许泄漏量　　表9.2.4

公称直径 *DN*（mm）	最短试验持续时间（s）	
	严密性试验（水）	
	止回阀	其他阀门
≤50	60	15
65～150	60	60
200～300	60	120
≥350	120	120
允许泄漏量	3滴×（*DN*/25）/min	小于*DN*65为0滴，其他为2滴×（*DN*/25）/min

注：压力试验的介质为洁净水。用于不锈钢阀门的试验水，氯离子含量不得高于25mg/L。

9.2.6　水泵、冷却塔的技术参数和产品性能应符合设计要求，管道与水泵的连接应采用柔性接管，且应为无应力状态，不得有强行扭曲、强制拉伸等现象。

检查数量：全数检查。

检查方法：按图核对，观察、实测或查阅水泵试运行记录。

9.2.7 水箱、集水器、分水器与储水罐的水压试验或满水试验应符合设计要求，内外壁防腐涂层的材质、涂抹质量、厚度应符合设计或产品技术文件的要求。

检查数量：全数检查。

检查方法：尺量、观察检查，查阅试验记录。

9.2.8 蓄能系统设备的安装应符合下列规定：

1. 蓄能设备的技术参数应符合设计要求，并应具有出厂合格证、产品性能检验报告。

2. 蓄冷（热）装置与热能塔等设备安装完毕后应进行水压和严密性试验，且应试验合格。

3. 储槽、储罐与底座应进行绝热处理，并应连续均匀地放置在水平平台上，不得采用局部垫铁方法校正装置的水平度。

4. 输送乙烯乙二醇溶液的管路不得采用内壁镀锌的管材和配件。

5. 封闭容器或管路系统中的安全阀应按设计要求设置，并应在设定压力情况下开启灵活，系统中的膨胀罐应工作正常。

检查数量：按Ⅰ方案。

检查方法：旁站、观察检查和查阅产品与试验记录。

9.2.9 地源热泵系统热交换器的施工应符合下列规定：

1. 垂直地埋管应符合下列规定：

(1) 钻孔的位置、孔径、间距、数量与深度不应小于设计要求，钻孔垂直度偏差不应大于1.5%。

(2) 埋地管的材质、管径应符合设计要求。埋管的弯管应为定型的管接头，并应采用热熔或电熔连接方式与管道相连接。直管段应采用整管。

(3) 下管应采用专用工具，埋管的深度应符合设计要求，且两管应分离，不得相贴合。

(4) 回填材料及配比应符合设计要求，回填应采用注浆管，并应由孔底向上满填。

(5) 水平环路集管埋设的深度距地面不应小于1.5m，或埋设于冻土层以下0.6m；供、回环路集管的间距应大于0.6m。

2. 水平埋管热交换器的长度、回路数量和埋设深度应符合设计要求。

3. 地表水系统热交换器的回路数量、组对长度与所在水面下深度应符合设计要求。

检查数量：按Ⅰ方案。

检查方法：测斜仪、尺量、目测，查阅材料验收记录。

Ⅱ 一般项目

9.3.2 金属管道与设备的现场焊接应符合下列规定：

3. 设备现场焊缝外部质量应符合下列规定：

(1) 设备焊缝外观质量允许偏差应符合表9.3.2-4的规定。

设备焊缝外观质量允许偏差 **表9.3.2-4**

序号	类别	质量要求
1	焊缝	不允许有裂缝、未焊透、未熔合、表面气孔、外露夹渣、未焊满等现象
2	咬边	咬边：深度≤0.10T，且≤1.0mm，长度不限
3	根部收缩（根部凹陷）	根部收缩（根部凹陷）：深度≤0.2+0.02T，且≤1.0mm，长度不限
4	角焊缝厚度不足	应≤0.3+0.05T，且≤2.0mm；每100mm焊缝长度内缺陷总长度≤25mm
5	角焊缝焊脚不对称	差值≤2+0.20t（t设计焊缝厚度）

（2）设备焊缝余高和根部凸出允许偏差应符合表 9.3.2-5 的规定。

设备焊缝余高和根部凸出允许偏差（mm） **表 9.3.2-5**

母材厚度 T	≤6	>6，≤25	>25
余高和根部凸出	≤2	≤4	≤5

检查数量：按Ⅱ方案。

检查方法：焊缝检查尺尺量、观察检查。

9.3.7 风机盘管机组及其他空调设备与管道的连接，应采用耐压值大于或等于 1.5 倍工作压力的金属或非金属柔性接管，连接应牢固，不应有强扭和瘪管。冷凝水排水管的坡度应符合设计要求。当设计无要求时，管道坡度宜大于或等于 8‰，且应坡向出水口。设备与排水管的连接应采用软接，并应保持畅通。

检查数量：按Ⅱ方案。

检查方法：观察、查阅产品合格证明文件。

9.3.10 除污器、自动排气装置等管道部件的安装应符合下列规定：

1. 阀门安装的位置及进、出口方向应正确且应便于操作。连接应牢固紧密，启闭应灵活。成排阀门的排列应整齐美观，在同一平面上的允许偏差不应大于 3mm。

2. 电动、气动等自控阀门安装前应进行单体调试，启闭试验应合格。

3. 冷（热）水和冷却水系统的水过滤器应安装在进入机组、水泵等设备前端的管道上，安装方向应正确，安装位置应便于滤网的拆装和清洗，与管道连接应牢固严密。过滤器滤网的材质、规格应符合设计要求。

4. 闭式管路系统应在系统最高处及所有可能积聚空气的管段高点设置排气阀，在管路最低点应设有排水管及排水阀。

检查数量：按Ⅱ方案。

检查方法：对照设计文件，尺量、观察和操作检查。

9.3.11 冷却塔安装应符合下列规定：

1. 基础的位置、标高应符合设计要求，允许误差应为±20mm，进风侧距建筑物应大于 1m。冷却塔部件与基座的连接应采用镀锌或不锈钢螺栓，固定应牢固。

2. 冷却塔安装应水平，单台冷却塔的水平度和垂直度允许偏差应为 2‰。多台冷却塔安装时，排列应整齐，各台开式冷却塔的水面高度应一致，高度偏差值不应大于 30mm。当采用共用集管并联运行时，冷却塔集水盘（槽）之间的连通管应符合设计要求。

3. 冷却塔的集水盘应严密、无渗漏，进、出水口的方向和位置应正确。静止分水器的布水应均匀；转动布水器喷水出口方向应一致，转动应灵活、水量应符合设计或产品技术文件的要求。

4. 冷却塔风机叶片端部与塔身周边的径向间隙应均匀。可调整角度的叶片，角度应一致，并应符合产品技术文件要求。

5. 有水冻结危险的地区，冬季使用的冷却塔及管道应采取防冻与保温措施。

检查数量：按Ⅱ方案。

检查方法：尺量、观察检查，积水盘充水试验或查阅试验记录。

9.3.12 水泵及附属设备的安装应符合下列规定：

1. 水泵的平面位置和标高允许偏差应为±10mm，安装的地脚螺栓应垂直，且与设备底座应紧密固定。

2. 垫铁组放置位置应正确、平稳，接触应紧密，每组不应大于 3 块。

3. 整体安装的泵的纵向水平偏差不应大于 0.1‰，横向水平偏差不应大于 0.2‰。组合安装的泵的纵、横向安装水平偏差不应大于0.05‰。水泵与电机采用联轴器连接时，联轴器两轴芯的轴向倾斜不应大于0.2‰，径向位移不应大于0.05mm。整体安装的小型管道水泵目测应水平，不应有偏斜。

4. 减振器与水泵及水泵基础的连接，应牢固平稳、接触紧密。

检查数量：按Ⅱ方案。

检查方法：扳手试拧、观察检查，用水平仪和塞尺测量或查阅设备安装记录。

9.3.13 水箱、集水器、分水器、膨胀水箱等设备安装时，支架或底座的尺寸、位置应符合设计要求。设备与支架或底座接触应紧密，安装应平整牢固。平面位置允许偏差应为15mm，标高允许偏差应为±5mm，垂直度允许偏差应为1‰。

检查数量：按Ⅱ方案。

检查方法：尺量、观察检查，旁站或查阅试验记录。

9.3.15 地源热泵系统地埋管热交换系统的施工应符合下列规定：

1. 单U管钻孔孔径不应小于110mm，双U管钻孔孔径不应小于140mm。

2. 埋管施工过程中的压力试验，工作压力小于或等于1.0MPa时应为工作压力的1.5倍，工作压力大于1.0MPa时应为工作压力加0.5MPa，试验压力应全数合格。

3. 埋地换热管应按设计要求分组汇集连接，并应安装阀门。

4. 建筑基础底下地埋水平管的埋设深度，应小于或等于设计深度，并应延伸至水平环路集管连接处，且应进行标识。

检查数量：按Ⅱ方案。

检查方法：尺量、观察检查，旁站或查阅试验记录。

9.3.16 地表水地源热泵系统换热器的长度、形式尺寸应符合设计要求，衬垫物的平面定位允许偏差应为200mm，高度允许偏差应为±50mm。绑扎固定应牢固。

检查数量：按Ⅱ方案。

检查方法：尺量、观察检查，旁站或查阅试验记录。

9.3.17 蓄能系统设备的安装应符合下列规定：

1. 蓄能设备（储槽、罐）放置的位置应符合设计要求，基础表面应平整，倾斜度不应大于5‰。同一系统中多台蓄能装置基础的标高应一致，尺寸允许偏差应符合本规范第8.3.1条的规定。

2. 蓄能系统的接管应满足设计要求。当多台蓄能设备支管与总管相接时，应顺向插入，两支管接入点的间距不宜小于5倍总管管径长度。

3. 温度和压力传感器的安装位置应符合设计要求，并应预留检修空间。

4. 蓄能装置的绝热材料与厚度应符合设计要求。绝热层、防潮层和保护层的施工质量应符合本规范第10章的规定。

5. 充灌的乙二醇溶液的浓度应符合设计要求。

6. 现场制作钢制蓄能储槽等装置时，应符合现行国家标准《立式圆筒形钢制焊接储罐施工规范》GB 50128、《钢结构工程施工质量验收规范》GB 50205和《现场设备、工业管道焊接工程施工规范》GB 50236的有关规定。

7. 采用内壁保温的水蓄冷储罐，应符合相关绝热材料的施工工艺和验收要求。绝热层、防水层的强度应满足水压的要求；罐内的布水器、温度传感器、液位指示器等的技术性能和安装位置应符合设计要求。

8. 采用隔膜式储罐的隔膜应满布，且升降应自如。

检查数量：按Ⅱ方案。

检查方法：观察检查，密度计检测、旁站或查阅试验记录。

7.3.2.42 轨道验·机-71 空调水系统安装检验批质量验收记录（Ⅰ）（金属管道）

一、适用范围

本表适用于空调水系统安装检验批质量验收记录（Ⅰ）（金属管道）的质量检查验收。

二、《通风与空调工程施工质量验收规范》GB 50243—2016 规范摘要

Ⅰ 主控项目

9.2.1 空调水系统设备与附属设备的性能、技术参数，管道、管配件及阀门的类型、材质及连接形式应符合设计要求。

检查数量：按Ⅰ方案。

检查方法：观察检查、查阅产品质量证明文件和材料进场验收记录。

9.2.2 管道的安装应符合下列规定：

1. 隐蔽安装部位的管道安装完成后，应在水压试验，合格后方能交付隐蔽工程的施工。

2. 并联水泵的出口管道进入总管应采用顺水流斜向插接的连接形式，夹角不应大于60°。

3. 系统管道与设备的连接应在设备安装完毕后进行。管道与水泵、制冷机组的接口应为柔性接管，且不得强行对口连接。与其连接的管道应设置独立支架。

4. 判定空调水系统管路冲洗、排污合格的条件是目测排出口的水色和透明度与入口的水对比应相近，且无可见杂物。当系统继续运行2h以上，水质保持稳定后，方可与设备相贯通。

5. 固定在建筑结构上的管道支、吊架，不得影响结构体的安全。管道穿越墙体或楼板处应设钢制套管，管道接口不得置于套管内，钢制套管应与墙体饰面或楼板底部平齐，上部应高出楼层地面20～50mm，且不得将套管作为管道支撑。当穿越防火分区时，应采用不燃材料进行防火封堵；保温管道与套管四周的缝隙应使用不燃绝热材料填塞紧密。

检查数量：按Ⅰ方案。

检查方法：尺量、观察检查，旁站或查阅试验记录。

9.2.3 管道系统安装完毕，外观检查合格后，应按设计要求进行水压试验。当设计无要求时，应符合下列规定：

1. 冷（热）水、冷却水与蓄能（冷、热）系统的试验压力，当工作压力小于或等于1.0MPa时，应为1.5倍工作压力，最低不应小于0.6MPa；当工作压力大于1.0MPa时，应为工作压力加0.5MPa。

2. 系统最低点压力升至试验压力后，应稳压10min，压力下降不应得大于0.02MPa，然后应将系统压力降至工作压力，外观检查无渗漏为合格。对于大型、高层建筑等垂直位差较大的冷（热）水、冷却水管道系统，当采用分区、分层试压时，在该部位的试验压力下，应稳压10min，压力不得下降，再将系统压力降至该部位的工作压力，在60min内压力不得下降、外观检查无渗漏为合格。

3. 各类耐压塑料管的强度试验压力（冷水）应为1.5倍工作压力，且不应小于0.9MPa；严密性试验压力应为1.15倍的设计工作压力。

4. 凝结水系统采用通水试验，应以不渗漏，排水畅通为合格。

检查数量：全数检查。

检查方法：旁站观察或查阅试验记录。

9.2.4 阀门的安装应符合下列规定：

1. 阀门安装前应进行外观检查，阀门的铭牌应符合现行国家标准《工业阀门 标志》GB/T 12220的有关规定。工作压力大于1.0MPa及在主干管上起到切断作用和系统冷、热水运行转换调节功能的阀门和止回阀，应进行壳体强度和阀瓣密封性能的试验，且应试验合格。其他阀门可不单独进行试验。壳体强度试验压力应为常温条件下公称压力的1.5倍，持续时间不应少于5min，阀门的壳体、填料应无渗漏。严密性试验压力应为公称压力的1.1倍，在试验持续的时间内应保持压力不变，阀门压力试验持续时间与允许泄漏量应符合表9.2.4的规定。

2. 阀门的安装位置、高度、进出口方向应符合设计要求，连接应牢固紧密。

3. 安装在保温管道上的手动阀门的手柄不得朝向下。

4. 动态与静态平衡阀的工作压力应符合系统设计要求，安装方向应正确。阀门在系统运行时，应按参数设计要求进行校核、调整。

阀门压力试验持续时间与允许泄漏量 **表 9.2.4**

公称直径 DN（mm）	最短试验持续时间（s）	
	严密性试验（水）	
	止回阀	其他阀门
≤50	60	15
65～150	60	60
200～300	60	120
≥350	120	120
允许泄漏量	3 滴×（DN/25）/min	小于 DN65 为 0 滴，其他为 2 滴×（DN/25）/min

注：压力试验的介质为洁净水。用于不锈钢阀门的试验水，氯离子含量不得高于 25mg/L。

5. 电动阀门的执行机构应能全程控制阀门的开启与关闭。

检查数量：安装在主干管上起切断作用的闭路阀门全数检查，其他款项按Ⅰ方案。

检查方法：按设计图核对、观察检查；旁站或查阅试验记录。

9.2.5 补偿器的安装应符合下列规定：

1. 补偿器的补偿量和安装位置应符合设计文件的要求，并应根据设计计算的补偿量进行预拉伸或预压缩。

2. 波纹管膨胀节或补偿器内套有焊缝的一端，水平管路上应安装在水流的流入端，垂直管路上应安装在上端。

3. 填料式补偿器应与管道保持同心，不得歪斜。

4. 补偿器一端的管道应设置固定支架，结构形式和固定位置应符合设计要求，并应在补偿器的预拉伸（或预压缩）前固定。

5. 滑动导向支架设置的位置应符合设计与产品技术文件的要求，管道滑动轴心应与补偿器轴心相一致。

检查数量：按Ⅰ方案。

检查方法：观察检查，旁站或查阅补偿器的预拉伸或预压缩记录。

Ⅱ 一般项目

9.3.2 金属管道与设备的现场焊接应符合下列规定：

1. 管道焊接材料的品种、规格、性能应符合设计要求。管道焊接坡口形式和尺寸应符合表 9.3.2-1 的规定。对口平直度的允许偏差应为 1%，全长不应大于 10mm。管道与设备的固定焊口应远离设备，且不宜与设备接口中心线相重合。管道的对接焊缝与支、吊架的距离应大于 50mm。

管道焊接坡口形式和尺寸 **表 9.3.2-1**

项次	厚度 T（mm）	坡口名称	坡口形式	坡口尺寸			备注
				间隙 C（mm）	钝边 P（mm）	坡口角度 α（°）	
1	1～3	I 形坡口		0～1.5 单面焊	—	—	内壁错边量 ≤0.25T，且≤2mm
	3～6			0～2.5 双面焊			
2	3～9	V 形坡口		0～2.0	0～2.0	60～65	
	9～26			0～3.0	0～3.0	55～60	

续表

项次	厚度 T (mm)	坡口名称	坡口形式	坡口尺寸			备注
				间隙 C (mm)	钝边 P (mm)	坡口角度α (°)	
3	2～30	T形坡口	T_1 C T_2	0～2.0	—	—	

2. 管道现场焊接后，焊缝表面应清理干净，并应进行外观质量检查。焊缝外观质量应符合下列规定：

(1) 管道焊缝外观质量允许偏差应符合表 9.3.2-2 的规定。

管道焊缝外观质量允许偏差　　表 9.3.2-2

序号	类别	质　量　要　求
1	焊缝	不允许有裂缝、未焊透、未熔合、表面气孔、外露夹渣、未焊满等现象
2	咬边	纵缝不允许咬边：其他焊缝深度≤0.10T（T 板厚），且≤1.0mm，长度不限
3	根部收缩（根部凹陷）	深度≤0.20＋0.04T，且≤2.0mm，长度不限
4	角焊缝厚度不足	应≤0.30＋0.05T，且≤2.0mm；每 100mm 焊缝长度内缺陷总长度≤25mm
5	角焊缝焊脚不对称	差值≤2＋0.20t（t 设计焊缝厚度）

(2) 管道焊缝余高和根部凸出允许偏差应符合表 9.3.2-3 的规定。

管道焊缝余高和根部凸出允许偏差（mm）　　表 9.3.2-3

母材厚度 T	≤6	＞6，≤13	＞13，≤50
余高和根部凸出	≤2	≤4	≤5

3. 设备现场焊缝外部质量应符合下列规定：

(1) 设备焊缝外观质量允许偏差应符合表 9.3.2-4 的规定。

设备焊缝外观质量允许偏差　　表 9.3.2-4

序号	类别	质　量　要　求
1	焊缝	不允许有裂缝、未焊透、未熔合、表面气孔、外露夹渣、未焊满等现象
2	咬边	咬边：深度≤0.10T，且≤1.0mm，长度不限
3	根部收缩（根部凹陷）	根部收缩（根部凹陷）：深度≤0.20＋0.02T，且≤1.0mm，长度不限
4	角焊缝厚度不足	应≤0.30＋0.05T，且≤2.0mm；每 100mm 焊缝长度内缺陷总长度≤25mm
5	角焊缝焊脚不对称	差值≤2＋0.20t（t 设计焊缝厚度）

（2）设备焊缝余高和根部凸出允许偏差应符合表 9.3.2-5 的规定。

设备焊缝余高和根部凸出允许偏差（mm） **表 9.3.2-5**

母材厚度 T	≤6	>6，≤25	>25
余高和根部凸出	≤2	≤4	≤5

检查数量：按Ⅱ方案。

检查方法：焊缝检查尺尺量、观察检查。

9.3.3 螺纹连接管道的螺纹应清洁规整，断丝或缺丝不应大于螺纹全扣数的 10%。管道的连接应牢固，接口处的外露螺纹应为 2 扣～3 扣，不应有外露填料。镀锌管道的镀锌层应保护完好，局部破损处应进行防腐处理。

检查数量：按Ⅱ方案。

检查方法：尺量、观察检查。

9.3.4 法兰连接管道的法兰面应与管道中心线垂直，且应同心。法兰对接应平行，偏差不应大于管道外径的 1.5‰，且不得大于 2mm。连接螺栓长度应一致，螺母应在同一侧，并应均匀拧紧。紧固后的螺母应与螺栓端部平齐或略低于螺栓。法兰衬垫的材料、规格与厚度应符合设计要求。

检查数量：按Ⅱ方案。

检查方法：尺量、观察检查。

9.3.5 钢制管道的安装应符合下列规定：

1. 管道和管件安装前，应将其内、外壁的污物和锈蚀清除干净。管道安装后应保持管内清洁。

2. 热弯时，弯制弯管的弯曲半径不应小于管道外径的 3.5 倍；冷弯时，不应小于管道外径的 4 倍。焊接弯管不应小于管道外径的 1.5 倍；冲压弯管不应小于管道外径的 1 倍。弯管的最大外径与最小外径之差，不应大于管道外径的 8%，管壁减薄率不应大于 15%。

3. 冷（热）水管道与支、吊架之间，应设置衬垫。衬垫的承压强度应满足管道全重，且应采用不燃与难燃硬质绝热材料或经防腐处理的木衬垫。衬垫的厚度不应小于绝热层厚度，宽度应大于等于支、吊架支承面的宽度。衬垫的表面应平整、上下两衬垫接合面的空隙应填实。

4. 管道安装允许偏差和检验方法应符合表 9.3.5 的规定。安装在吊顶内等暗装区域的管道，位置应正确，且不应有侵占其他管线安装位置的现象。

管道安装允许偏差和检验方法 **表 9.3.5**

项目			允许偏差（mm）	检查方法
坐标	架空及地沟	室外	25	按系统检查管道的起点、终点、分支点和变向点及各点之间的直管。 用经纬仪、水准仪、液体连通器、水平仪、拉线和尺量度
		室内	15	
	埋地		60	
标高	架空及地沟	室外	±20	
		室内	±15	
	埋地		±25	
水平管道平直度	DN≤100mm		$2L$‰，最大 40	用直尺、拉线和尺量检查
	DN>100mm		$3L$‰，最大 60	
立管垂直度			$5L$‰，最大 25	用直尺、线锤、拉线和尺量检查

续表

项　　目	允许偏差（mm）	检　查　方　法
成排管段间距	15	用直尺尺量检查
成排管段或成排阀门在同一平面上	3	用直尺、拉线和尺量检查
交叉管的外壁或绝热层的最小间距	20	用直尺、拉线和尺量检查

注：L 为管道的有效长度（mm）。

检查数量：按Ⅱ方案。

检查方法：尺量、观察检查。

9.3.6　沟槽式连接管道的沟槽与橡胶密封圈和卡箍套应为配套，沟槽及支、吊架的间距应符合表9.3.6的规定。

沟槽式连接管道的沟槽及支、吊架的间距　　表9.3.6

公称直径（mm）	沟槽		端面垂直度允许偏差（mm）	支、吊架的间距（m）
	深度（mm）	允许偏差（mm）		
65～100	2.20	0～0.3	1.0	3.5
125～150	2.20	0～0.3	1.5	4.2
200	2.50	0～0.3		4.2
225～250	2.50	0～0.3		5.0
300	3.0	0～0.5		5.0

注：1. 连接管端面应平整光滑、无毛刺；沟槽深度在规定范围。

2. 支、吊架不得支承在连接头上。

3. 水平管的任两个连接头之间应设置支、吊架。

检查数量：按Ⅱ方案。

检查方法：尺量、观察检查、查阅产品合格证明文件。

9.3.8　金属管道的支、吊架的形式、位置、间距、标高应符合设计要求。当设计无要求时，应符合下列规定：

1. 支、吊架的安装应平整牢固，与管道接触应紧密，管道与设备连接处应设置独立支、吊架。当设备安装在减振基座上时，独立支架的固定点应为减振基座。

2. 冷（热）媒水、冷却水系统管道机房内总、干管的支、吊架，应采用承重防晃管架，与设备连接的管道管架宜采取减振措施。当水平支管的管架采用单杆吊架时，应在系统管道的起始点、阀门、三通、弯头处及长度每隔15m处设置承重防晃支、吊架。

3. 无热位移的管道吊架的吊杆应垂直安装，有热位移的管道吊架的吊杆应向热膨胀（或冷收缩）的反方向偏移安装。偏移量应按计算位移量确定。

4. 滑动支架的滑动面应清洁平整，安装位置应满足管道要求，支承面中心应向反方向偏移1/2位移量或符合设计文件要求。

5. 竖井内的立管应每两层或三层设置滑动支架。建筑结构负重允许时，水平安装管道支、吊架的最大间距应符合表9.3.8的规定，弯管或近处应设置支、吊架。

水平安装管道支、吊架的最大间距　　表 9.3.8

公称直径（mm）		15	20	25	32	40	50	70	80	100	125	150	200	250	300
支架的最大间距（m）	L_1	1.5	2.0	2.5	2.5	3.0	3.5	4.0	5.0	5.0	5.5	6.5	7.5	8.5	9.5
	L_2	2.5	3.0	3.5	4.0	4.5	5.0	6.0	6.5	6.5	7.5	7.5	9.0	9.5	10.5

注：1. 适用于工作压力不大于 2.0MPa，不保温或保温材料密度不大于 200kg/m^{3}的管道系统。

2. L_1用于保温管道，L_2用于不保温管道。

3. 洁净区（室内）管道支吊架应采用镀锌或采取其他的防腐措施。

4. 公称直径大于 300mm 的管道，可参考公称直径为 300mm 的管道执行。

6. 管道支、吊架的焊接应符合本规范第 9.3.2-3 条的规定。固定支架与管道焊接时，管道侧的咬边量应小于 10%的管壁厚度，且小于 1mm。

检查数量：按Ⅱ方案。

检查方法：尺量、观察检查。

9.3.10　除污器、自动排气装置等管道部件的安装应符合下列规定：

1. 阀门安装的位置及进、出口方向应正确且应便于操作。连接应牢固紧密，启闭应灵活。成排阀门的排列应整齐美观，在同一平面上的允许偏差不应大于 3mm。

2. 电动、气动等自控阀门安装前应进行单体调试，启闭试验应合格。

3. 冷（热）水和冷却水系统的水过滤器应安装在进入机组、水泵等设备前端的管道上，安装方向应正确，安装位置应便于滤网的拆装和清洗，与管道连接应牢固严密。过滤器滤网的材质、规格应符合设计要求。

4. 闭式管路系统应在系统最高处及所有可能积聚空气的管段高点设置排气阀，在管路最低点应设有排水管及排水阀。

检查数量：按Ⅱ方案。

检查方法：对照设计文件，尺量、观察和操作检查。

7.3.2.43　轨道验·机-72　空调水系统安装检验批质量验收记录（非金属管道）

一、适用范围

本表适用于空调水系统安装检验批质量验收记录（非金属管道）的质量检查验收。

二、《通风与空调工程施工质量验收规范》GB 50243—2016 规范摘要

Ⅰ　主控项目

9.2.1　空调水系统设备与附属设备的性能、技术参数，管道、管配件及阀门的类型、材质及连接形式应符合设计要求。

检查数量：按Ⅰ方案。

检查方法：观察检查、查阅产品质量证明文件和材料进场验收记录。

9.2.2　管道的安装应符合下列规定：

1. 隐蔽安装部位的管道安装完成后，应在水压试验，合格后方能交付隐蔽工程的施工。

2. 并联水泵的出口管道进入总管应采用顺水流斜向插接的连接形式，夹角不应大于 60°。

3. 系统管道与设备的连接应在设备安装完毕后进行。管道与水泵、制冷机组的接口应为柔性接管，且不得强行对口连接。与其连接的管道应设置独立支架。

4. 判定空调水系统管路冲洗、排污合格的条件是目测排出口的水色和透明度与入口的水对比应相近，且无可见杂物。当系统继续运行 2h 以上，水质保持稳定后，方可与设备相贯通。

5. 固定在建筑结构上的管道支、吊架，不得影响结构体的安全。管道穿越墙体或楼板处应设钢制

套管，管道接口不得置于套管内，钢制套管应与墙体饰面或楼板底部平齐，上部应高出楼层地面 20mm～50mm，且不得将套管作为管道支撑。当穿越防火分区时，应采用不燃材料进行防火封堵；保温管道与套管四周的缝隙应使用不燃绝热材料填塞紧密。

检查数量：按Ⅰ方案。

检查方法：尺量、观察检查，旁站或查阅试验记录。

9.2.3 管道系统安装完毕，外观检查合格后，应按设计要求进行水压试验。当设计无要求时，应符合下列规定：

1. 冷（热）水、冷却水与蓄能（冷、热）系统的试验压力，当工作压力小于或等于 1.0MPa 时，应为 1.5 倍工作压力，最低不应小于 0.6MPa；当工作压力大于 1.0MPa 时，应为工作压力加 0.5MPa。

2. 系统最低点压力升至试验压力后，应稳压 10min，压力下降不应得大于 0.02MPa，然后应将系统压力降至工作压力，外观检查无渗漏为合格。对于大型、高层建筑等垂直位差较大的冷（热）水、冷却水管道系统，当采用分区、分层试压时，在该部位的试验压力下，应稳压 10min，压力不得下降，再将系统压力降至该部位的工作压力，在 60min 内压力不得下降、外观检查无渗漏为合格。

3. 各类耐压塑料管的强度试验压力（冷水）应为 1.5 倍工作压力，且不应小于 0.9MPa；严密性试验压力应为 1.15 倍的设计工作压力。

4. 凝结水系统采用通水试验，应以不渗漏，排水畅通为合格。

检查数量：全数检查。

检查方法：旁站观察或查阅试验记录。

9.2.4 阀门的安装应符合下列规定：

1. 阀门安装前应进行外观检查，阀门的铭牌应符合现行国家标准《工业阀门　标志》GB/T 12220 的有关规定。工作压力大于 1.0MPa 及在主干管上起到切断作用和系统冷、热水运行转换调节功能的阀门和止回阀，应进行壳体强度和阀瓣密封性能的试验，且应试验合格。其他阀门可不单独进行试验。壳体强度试验压力应为常温条件下公称压力的 1.5 倍，持续时间不应少于 5min，阀门的壳体、填料应无渗漏。严密性试验压力应为公称压力的 1.1 倍，在试验持续的时间内应保持压力不变，阀门压力试验持续时间与允许泄漏量应符合表 9.2.4 的规定。

阀门压力试验持续时间与允许泄漏量　　表 9.2.4

公称直径 *DN*（mm）	最短试验持续时间（s）	
	严密性试验（水）	
	止回阀	其他阀门
≤50	60	15
65～150	60	60
200～300	60	120
≥350	120	120
允许泄漏量	3 滴×（*DN*/25）/min	小于 *DN*65 为 0 滴，其他为 2 滴×（*DN*/25）/min

注：压力试验的介质为洁净水。用于不锈钢阀门的试验水，氯离子含量不得高于 25mg/L。

2. 阀门的安装位置、高度、进出口方向应符合设计要求，连接应牢固紧密。

3. 安装在保温管道上的手动阀门的手柄不得朝向下。

4. 动态与静态平衡阀的工作压力应符合系统设计要求，安装方向应正确。阀门在系统运行时，应按参数设计要求进行校核、调整。

5. 电动阀门的执行机构应能全程控制阀门的开启与关闭。

检查数量：安装在主干管上起切断作用的闭路阀门全数检查，其他款项按Ⅰ方案。

检查方法：按设计图核对、观察检查；旁站或查阅试验记录。

Ⅱ 一般项目

9.3.1 采用建筑塑料管道的空调水系统，管道材质及连接方法应符合设计和产品技术的要求，管道安装尚应符合下列规定：

1. 采用法兰连接时，两法兰面应平行，误差不得大于2mm。密封垫为与法兰密封面相配套的平垫圈，不得突入管内或突出法兰之外。法兰连接螺栓应采用两次紧固，紧固后的螺母应与螺栓齐平或略低于螺栓。

2. 电熔连接或热熔连接的工作环境温度不应低于5℃环境。插口外表面与承口内表面应作小于0.2mm的刮削，连接后同心度的允许误差应为2%；热熔熔接接口圆周翻边应饱满、匀称，不应有缺口状缺陷、海绵状的浮渣与目测气孔。接口处的错边应小于10%的管壁厚。承插接口的插入深度应符合设计要求，熔融的包浆在承、插件间形成均匀的凸缘，不得有裂纹凹陷等缺陷。

3. 采用密封圈承插连接的胶圈应位于密封槽内，不应有皱折扭曲。插入深度应符合产品要求，插管与承口周边的偏差不得大于2mm。

检查数量：按Ⅱ方案。

检查方法：尺量、观察检查，验证产品合格证书和试验记录。

9.3.8 金属管道的支、吊架的形式、位置、间距、标高应符合设计要求。当设计无要求时，应符合下列规定：

1. 支、吊架的安装应平整牢固，与管道接触应紧密，管道与设备连接处应设置独立支、吊架。当设备安装在减振基座上时，独立支架的固定点应为减振基座。

2. 冷（热）媒水、冷却水系统管道机房内总、干管的支、吊架，应采用承重防晃管架，与设备连接的管道管架宜采取减振措施。当水平支管的管架采用单杆吊架时，应在系统管道的起始点、阀门、三通、弯头处及长度每隔15m处设置承重防晃支、吊架。

3. 无热位移的管道吊架的吊杆应垂直安装，有热位移的管道吊架的吊杆应向热膨胀（或冷收缩）的反方向偏移安装。偏移量应按计算位移量确定。

4. 滑动支架的滑动面应清洁平整，安装位置应满足管道要求，支承面中心应向反方向偏移1/2位移量或符合设计文件要求。

5. 竖井内的立管应每两层或三层设置滑动支架。建筑结构负重允许时，水平安装管道支、吊架的最大间距应符合表9.3.8的规定，弯管或近处应设置支、吊架。

水平安装管道支、吊架的最大间距 **表9.3.8**

公称直径 (mm)		15	20	25	32	40	50	70	80	100	125	150	200	250	300
支架的最大间距 (m)	L_1	1.5	2.0	2.5	2.5	3.0	3.5	4.0	5.0	5.0	5.5	6.5	7.5	8.5	9.5
	L_2	2.5	3.0	3.5	4.0	4.5	5.0	6.0	6.5	6.5	7.5	7.5	9.0	9.5	10.5

注：1. 适用于工作压力不大于2.0MPa，不保温或保温材料密度不大于200kg/m^{3}的管道系统。

2. L_1用于保温管道，L_2用于不保温管道。

3. 洁净区（室内）管道支吊架应采用镀锌或采取其他的防腐措施。

4. 公称直径大于300mm的管道，可参考公称直径为300mm的管道执行。

6. 管道支、吊架的焊接应符合本规范第9.3.2-3的规定。固定支架与管道焊接时，管道侧的咬边量应小于10%的管壁厚度，且小于1mm。

检查数量：按Ⅱ方案。

检查方法：尺量、观察检查。

9.3.9 采用聚丙烯（PP-R）管道时，管道与金属支、吊架之间应采取隔绝措施，不宜直接接触，支、吊架的间距应符合设计要求。当设计无要求时，聚丙烯（PP-R）冷水管支、吊架的间距应符合表9.3.9的规定，使用温度大于或等于60℃热水管道应加宽支承面积。

聚丙烯（PP-R）冷水管支、吊架的间距（mm） **表 9.3.9**

公称外径 *De*	20	25	32	40	50	63	75	90	110
水平安装	600	700	800	900	1000	1100	1200	1350	1550
垂直安装	900	1000	1100	1300	1600	1800	2000	2200	2400

检查数量：按Ⅱ方案。

检查方法：观察检查。

9.3.10 除污器、自动排气装置等管道部件的安装应符合下列规定：

1. 阀门安装的位置及进、出口方向应正确且应便于操作。连接应牢固紧密，启闭应灵活。成排阀门的排列应整齐美观，在同一平面上的允许偏差不应大于3mm。

2. 电动、气动等自控阀门安装前应进行单体调试，启闭试验应合格。

3. 冷（热）水和冷却水系统的水过滤器应安装在进入机组、水泵等设备前端的管道上，安装方向应正确，安装位置应便于滤网的拆装和清洗，与管道连接应牢固严密。过滤器滤网的材质、规格应符合设计要求。

4. 闭式管路系统应在系统最高处及所有可能积聚空气的管段高点设置排气阀，在管路最低点应设有排水管及排水阀。

检查数量：按Ⅱ方案。

检查方法：对照设计文件，尺量、观察和操作检查。

7.3.2.44 轨道验·机-73 空调水系统安装检验批质量验收记录（设备）

一、适用范围

本表适用于空调水系统安装检验批质量验收记录（设备）的质量检查验收。

二、《通风与空调工程施工质量验收规范》GB 50243—2016 规范摘要

Ⅰ 主控项目

9.2.1 空调水系统设备与附属设备的性能、技术参数，管道、管配件及阀门的类型、材质及连接形式应符合设计要求。

检查数量：按Ⅰ方案。

检查方法：观察检查、查阅产品质量证明文件和材料进场验收记录。

9.2.6 水泵、冷却塔的技术参数和产品性能应符合设计要求，管道与水泵的连接应采用柔性接管，且应为无应力状态，不得有强行扭曲、强制拉伸等现象。

检查数量：全数检查。

检查方法：按图核对，观察、实测或查阅水泵试运行记录。

9.2.7 水箱、集水器、分水器与储水罐的水压试验或满水试验应符合设计要求，内外壁防腐涂层的材质、涂抹质量、厚度应符合设计或产品技术文件的要求。

检查数量：全数检查。

检查方法：尺量、观察检查，查阅试验记录。

Ⅱ 一般项目

9.3.7 风机盘管机组及其他空调设备与管道的连接，应采用耐压值大于或等于1.5倍工作压力的金属或非金属柔性接管，连接应牢固，不应有强扭和瘪管。冷凝水排水管的坡度应符合设计要求。当设计无要求时，管道坡度宜大于或等于8‰，且应坡向出水口。设备与排水管的连接应采用软接，并应保持畅通。

检查数量：按Ⅱ方案。

检查方法：观察、查阅产品合格证明文件。

9.3.10 除污器、自动排气装置等管道部件的安装应符合下列规定：

1. 阀门安装的位置及进、出口方向应正确且应便于操作。连接应牢固紧密，启闭应灵活。成排阀门的排列应整齐美观，在同一平面上的允许偏差不应大于3mm。

2. 电动、气动等自控阀门安装前应进行单体调试，启闭试验应合格。

3. 冷（热）水和冷却水系统的水过滤器应安装在进入机组、水泵等设备前端的管道上，安装方向应正确，安装位置应便于滤网的拆装和清洗，与管道连接应牢固严密。过滤器滤网的材质、规格应符合设计要求。

4. 闭式管路系统应在系统最高处及所有可能积聚空气的管段高点设置排气阀，在管路最低点应设有排水管及排水阀。

检查数量：按Ⅱ方案。

检查方法：对照设计文件，尺量、观察和操作检查。

9.3.11 冷却塔安装应符合下列规定：

1. 基础的位置、标高应符合设计要求，允许误差应为±20mm，进风侧距建筑物应大于1m。冷却塔部件与基座的连接应采用镀锌或不锈钢螺栓，固定应牢固。

2. 冷却塔安装应水平，单台冷却塔的水平度和垂直度允许偏差应为2‰。多台冷却塔安装时，排列应整齐，各台开式冷却塔的水面高度应一致，高度偏差值不应大于30mm。当采用共用集管并联运行时，冷却塔集水盘（槽）之间的连通管应符合设计要求。

3. 冷却塔的集水盘应严密、无渗漏，进、出水口的方向和位置应正确。静止分水器的布水应均匀；转动布水器喷水出口方向应一致，转动应灵活、水量应符合设计或产品技术文件的要求。

4. 冷却塔风机叶片端部与塔身周边的径向间隙应均匀。可调整角度的叶片，角度应一致，并应符合产品技术文件要求。

5. 有水冻结危险的地区，冬季使用的冷却塔及管道应采取防冻与保温措施。

检查数量：按Ⅱ方案。

检查方法：尺量、观察检查，积水盘充水试验或查阅试验记录。

9.3.12 水泵及附属设备的安装应符合下列规定：

1. 水泵的平面位置和标高允许偏差应为±10mm，安装的地脚螺栓应垂直，且与设备底座应紧密固定。

2. 垫铁组放置位置应正确、平稳，接触应紧密，每组不应大于3块。

3. 整体安装的泵的纵向水平偏差不应大于0.1‰，横向水平偏差不应大于0.2‰。组合安装的泵的纵、横向安装水平偏差不应大于0.05‰。水泵与电机采用联轴器连接时，联轴器两轴芯的轴向倾斜不应大于0.2‰，径向位移不应大于0.05mm。整体安装的小型管道水泵目测应水平，不应有偏斜。

4. 减振器与水泵及水泵基础的连接，应牢固平稳、接触紧密。

检查数量：按Ⅱ方案。

检查方法：扳手试拧、观察检查，用水平仪和塞尺测量或查阅设备安装记录。

9.3.13 水箱、集水器、分水器、膨胀水箱等设备安装时，支架或底座的尺寸、位置应符合设计要求。设备与支架或底座接触应紧密，安装应平整牢固。平面位置允许偏差应为15mm，标高允许偏差应为±5mm，垂直度允许偏差应为1‰。

检查数量：按Ⅱ方案。

检查方法：尺量、观察检查，旁站或查阅试验记录。

7.3.2.45 轨道验·机-74 防腐与绝热施工检验批质量验收记录（风管系统与设备）

一、适用范围

本表防腐与绝热施工检验批质量验收记录（风管系统与设备）的质量检查验收。

二、《通风与空调工程施工质量验收规范》GB 50243—2016规范摘要

Ⅰ 主控项目

10.2.1 风管和管道防腐涂料的品种及涂层层数应符合设计要求，涂料的底漆和面漆应配套。

检查数量：按Ⅰ方案。

检查方法：按面积抽查，查对施工图纸和观察检查。

10.2.2 风管和管道的绝热层、绝热防潮层和保护层，应采用不燃或难燃材料，材质、密度、规格与厚度应符合设计要求。

检查数量：按Ⅰ方案。

检查方法：查对施工图纸、合格证和做燃烧试验。

10.2.3 风管和管道的绝热材料进场时，应按现行国家标准《建筑节能工程施工质量验收规范》GB 50411的规定进行验收。

检查数量：按Ⅰ方案。

检查方法：按现行国家标准《建筑节能工程施工质量验收规范》GB 50411的有关规定执行。

10.2.4 洁净室（区）内的风管和管道的绝热层，不应采用易产尘的玻璃纤维和短纤维矿棉等材料。

检查数量：全数检查。

检查方法：观察检查。

Ⅱ 一般项目

10.3.1 防腐涂料的涂层应均匀，不应有堆积、漏涂、皱纹、气泡、掺杂及混色等缺陷。

检查数量：按Ⅱ方案。

检查方法：按面积或件数抽查，观察检查。

10.3.2 设备、部件、阀门的绝热和防腐涂层，不得遮盖铭牌标志和影响部件、阀门的操作功能；经常操作的部位应采用能单独拆卸的绝热结构。

检查数量：按Ⅱ方案。

检查方法：观察检查。

10.3.3 绝热层应满铺，表面应平整，不应有裂缝、空隙等缺陷。当采用卷材或板材时，允许偏差应为5mm；当采用涂抹或其他方式时，允许偏差应为10mm。

检查数量：按Ⅱ方案。

检查方法：观察检查。

10.3.4 橡塑绝热材料的施工应符合下列规定：

1. 黏结材料应与橡塑材料相适用，无溶蚀被黏结材料的现象。

2. 绝热层的纵、横向接缝应错开，缝间不应有孔隙，与管道表面应贴合紧密，不应有气泡。

3. 矩形风管绝热层的纵向接缝宜处于管道上部。

4. 多重绝热层施工时，层间的拼接缝应错开。

检查数量：按Ⅱ方案。

检查方法：观察检查。

10.3.5 风管绝热材料采用保温钉固定时，应符合下列规定：

1. 保温钉与风管、部件及设备表面的连接，应采用黏结或焊接，结合应牢固，不应脱落；不得采用抽芯铆钉或自攻螺丝等破坏风管严密性的固定方法。

2. 矩形风管及设备表面的保温钉应均布，风管保温钉数量应符合表10.3.5的规定。首行保温钉距绝热材料边沿的距离应小于120mm，保温钉的固定压片应松紧适度、均匀压紧。

风管保温钉数量（个/m²） **表10.3.5**

隔热层材料	风管底面	侧面	顶面
铝箔岩棉保温板	≥20	≥16	≥10
铝箔玻璃棉保温板（毡）	≥16	≥10	≥8

3. 绝热材料纵向接缝不宜设在风管底面。

检查数量：按Ⅱ方案。

检查方法：观察检查。

10.3.7 风管及管道的绝热防潮层（包括绝热层的端部）应完整，并应封闭良好。立管的防潮层环向搭接缝口应顺水流方向设置；水平管的纵向缝应位于管道的侧面，并应顺水流方向设置；带有防潮层绝热材料的拼接缝应采用粘胶带封严，缝两侧粘胶带黏结的宽度不应小于20mm。胶带应牢固地粘贴在防潮层面上，不得有胀裂和脱落。

检查数量：按Ⅱ方案。

检查方法：尺量和观察检查。

10.3.8 绝热涂抹材料作绝热层时，应分层涂抹，厚度应均匀，不得有气泡和漏涂等缺陷，表面固化层应光滑牢固，不应有缝隙。

检查数量：按Ⅱ方案。

检查方法：观察检查。

10.3.9 金属保护壳的施工应符合下列规定：

1. 金属保护壳板材的连接应牢固严密，外表应整齐平整。

2. 圆形保护壳应贴紧绝热层，不得有脱壳、褶皱、强行接口等现象。接口搭接应顺水流方向设置，并应有凸筋加强，搭接尺寸应为20mm～25mm。采用自攻螺钉紧固时，螺钉间距应匀称，且不得刺破防潮层。

3. 矩形保护壳表面应平整，楞角应规则，圆弧应均匀，底部与顶部不得有明显的凸肚及凹陷。

4. 户外金属保护壳的纵、横向接缝应顺水流方向设置，纵向接缝应设在侧面。保护壳与外墙面或屋顶的交接处应设泛水，且不应渗漏。

检查数量：按Ⅱ方案。

检查方法：尺量和观察检查。

7.3.2.46 轨道验·机-75 防腐与绝热施工检验批质量验收记录（管道系统与设备）

一、适用范围

本表防腐与绝热施工检验批质量验收记录（管道系统与设备）的质量检查验收。

二、《通风与空调工程施工质量验收规范》GB 50243—2016规范摘要

Ⅰ 主控项目

10.2.1 风管和管道防腐涂料的品种及涂层层数应符合设计要求，涂料的底漆和面漆应配套。

检查数量：按Ⅰ方案。

检查方法：按面积抽查，查对施工图纸和观察检查。

10.2.2 风管和管道的绝热层、绝热防潮层和保护层，应采用不燃或难燃材料，材质、密度、规格与厚度应符合设计要求。

检查数量：按Ⅰ方案。

检查方法：查对施工图纸、合格证和做燃烧试验。

10.2.3 风管和管道的绝热材料进场时，应按现行国家标准《建筑节能工程施工质量验收规范》GB 50411 的规定进行验收。

检查数量：按Ⅰ方案。

检查方法：按现行国家标准《建筑节能工程施工质量验收规范》GB 50411 的有关规定执行。

10.2.4 洁净室（区）内的风管和管道的绝热层，不应采用易产尘的玻璃纤维和短纤维矿棉等材料。

检查数量：全数检查。

检查方法：观察检查。

Ⅱ 一般项目

10.3.1 防腐涂料的涂层应均匀，不应有堆积、漏涂、皱纹、气泡、掺杂及混色等缺陷。

检查数量：按Ⅱ方案。

检查方法：按面积或件数抽查，观察检查。

10.3.2 设备、部件、阀门的绝热和防腐涂层，不得遮盖铭牌标志和影响部件、阀门的操作功能；经常操作的部位应采用能单独拆卸的绝热结构。

检查数量：按Ⅱ方案。

检查方法：观察检查。

10.3.3 绝热层应满铺，表面应平整，不应有裂缝、空隙等缺陷。当采用卷材或板材时，允许偏差应为 5mm；当采用涂抹或其他方式时，允许偏差应为 10mm。

检查数量：按Ⅱ方案。

检查方法：观察检查。

10.3.4 橡塑绝热材料的施工应符合下列规定：

1. 黏结材料应与橡塑材料相适用，无溶蚀被黏结材料的现象。

2. 绝热层的纵、横向接缝应错开，缝间不应有孔隙，与管道表面应贴合紧密，不应有气泡。

3. 矩形风管绝热层的纵向接缝宜处于管道上部。

4. 多重绝热层施工时，层间的拼接缝应错开。

检查数量：按Ⅱ方案。

检查方法：观察检查。

7.3.2.47 轨道验·机-76 工程系统调试检验批质量验收记录（单机试运行及调试）

一、适用范围

本表适用于工程系统调试检验批质量验收记录（单机试运行及调试）的质量检查验收。

二、《通风与空调工程施工质量验收规范》GB 50243—2016 规范摘要

Ⅰ 主控项目

11.2.2 设备单机试运转及调试应符合下列规定：

1. 通风机、空气处理机组中的风机，叶轮旋转方向应正确、运转应平稳、应无异常振动与声响，电机运行功率应符合设备技术文件要求。在额定转速下连续运转 2h 后，滑动轴承外壳最高温度不得大于 70℃，滚动轴承不得大于 80℃。

2. 水泵叶轮旋转方向应正确，应无异常振动和声响，紧固连接部位应无松动，电机运行功率应符合设备技术文件要求。水泵连续运转 2h 滑动轴承外壳最高温度不得超过 70℃，滚动轴承不得超过 75℃。

3. 冷却塔风机与冷却水系统循环试运行不应小于 2h，运行应无异常。冷却塔本体应稳固、无异常振动。冷却塔中风机的试运转尚应符合本条第 1 款的规定。

4. 制冷机组的试运转除应符合设备技术文件和现行国家标准《制冷设备、空气分离设备安装工程施工及验收规范》GB 50274 的有关规定外，尚应符合下列规定：

（1）机组运转应平稳、应无异常振动与声响；

（2）各连接和密封部位不应有松动、漏气、漏油等现象；

（3）吸、排气的压力和温度应在正常工作范围内；

（4）能量调节装置及各保护继电器、安全装置的动作应正确、灵敏、可靠；

（5）正常运转不应少于 8h。

5. 多联式空调（热泵）机组系统应在充灌定量制冷剂后，进行系统的试运转，并应符合下列规定：

（1）系统应能正常输出冷风或热风，在常温条件下可进行冷热的切换与调控；

（2）室外机的试运转应符合本条第 4 款的规定；

（3）室内机的试运转不应有异常振动与声响，百叶板动作应正常，不应有渗漏水现象，运行噪声应符合设备技术文件要求；

（4）具有可同时供冷、热的系统，应在满足当季工况运行条件下，实现局部内机反向工况的运行。

6. 电动调节阀、电动防火阀、防排烟风阀（口）的手动、电动操作应灵活可靠，信号输出应正确。

7. 变风量末端装置单机试运转及调试应符合下列规定：

（1）控制单元单体供电测试过程中，信号及反馈应正确，不应有故障显示；

（2）启动送风系统，按控制模式进行模拟测试，装置的一次风阀动作应灵敏可靠；

（3）带风机的变风量末端装置，风机应能根据信号要求运转，叶轮旋转方向应正确，运转应平稳，不应有异常振动与声响；

（4）带再热的末端装置应能根据室内温度实现自动开启与关闭。

8. 蓄能设备（能源塔）应按设计要求正常运行。

检查数量：第 3、4、8 款全数，其他按Ⅰ方案。

检查方法：调整控制模式，旁站、观察、查阅调试记录。

Ⅱ　一般项目

11.3.1　设备单机试运转及调试应符合下列规定：

1. 风机盘管机组的调速、温控阀的动作应正确，并应与机组运行状态一一对应，中档风量的实测值应符合设计要求。

2. 风机、空气处理机组、风机盘管机组、多联式空调（热泵）机组等设备运行时，产生的噪声不应大于设计及设备技术文件的要求。

3. 水泵运行时壳体密封处不得渗漏，紧固连接部位不应松动，轴封的温升应正常，普通填料密封的泄漏水量不应大于 60mL/h，机械密封的泄漏水量不应大于 5mL/h。

4. 冷却塔运行产生的噪声不应大于设计及设备技术文件的规定值，水流量应符合设计要求。冷却塔的自动补水阀应动作灵活，试运转工作结束后，集水盘应清洗干净。

检查数量：第 1、2 款按Ⅱ方案；第 3、4 款全数检查。

检查方法：观察、旁站、查阅调试记录，按本规范附录 E 进行测试校核。

11.3.5　通风与空调工程通过系统调试后，监控设备与系统中的检测元件和执行机构应正常沟通，应正确显示系统运行的状态，并应完成设备的连锁、自动调节和保护等功能。

检查数量：按Ⅱ方案。

检查方法：旁站观察，查阅调试记录。

7.3.2.48　轨道验·机-77　工程系统调试检验批质量验收记录（非设计满负荷条件下系统联合试运转及调试）

一、适用范围

本表适用于工程系统调试检验批质量验收记录（非设计满负荷条件下系统联合试运转及调试）的质

量检查验收。

二、《通风与空调工程施工质量验收规范》GB 50243—2016 规范摘要

Ⅰ 主控项目

11.2.3 系统非设计满负荷条件下的联合试运转及调试应符合下列规定：

1. 系统总风量调试结果与设计风量的允许偏差应为−5%～+10%，建筑内各区域的压差应符合设计要求。

2. 变风量空调系统联合调试应符合下列规定：

（1）系统空气处理机组应在设计参数范围内对风机实现变频调速；

（2）空气处理机组在设计机外余压条件下，系统总风量应满足本条文第1款的要求，新风量的允许偏差应为0～+10%；

（3）变风量末端装置的最大风量调试结果与设计风量的允许偏差应为0～+15%；

（4）改变各空调区域运行工况或室内温度设定参数时，该区域变风量末端装置的风阀（风机）动作（运行）应正确；

（5）改变室内温度设定参数或关闭部分房间空调末端装置时，空气处理机组应自动正确地改变风量；

（6）应正确显示系统的状态参数。

3. 空调冷（热）水系统、冷却水系统的总流量与设计流量的偏差不应大于10%。

4. 制冷（热泵）机组进出口处的水温应符合设计要求。

5. 地源（水源）热泵换热器的水温与流量应符合设计要求。

6. 舒适空调与恒温、恒湿空调室内的空气温度、相对湿度及波动范围应符合或优于设计要求。

检查数量：第1、2款及第4款的舒适性空调，按Ⅰ方案；第3、5、6款及第4款的恒温、恒湿空调系统，全数检查。

检查方法：调整控制模式，旁站、观察、查阅调试记录。

11.2.4 防排烟系统联合试运行与调试后的结果，应符合设计要求及国家现行标准的有关规定。

检查数量：全数检查。

检查方法：观察、旁站、查阅调试记录。

11.2.5 净化空调系统除应符合本规范第11.2.3条的规定外，尚应符合下列规定：

1. 单向流洁净室系统的系统总风量允许偏差应为0～+10%，室内各风口风量的允许偏差应为0～+15%。

2. 单向流洁净室系统的室内截面平均风速的允许偏差应为0～+10%，且截面风速不均匀度不应大于0.25。

3. 相邻不同级别洁净室之间和洁净室与非洁净室之间的静压差不应小于5Pa，洁净室与室外的静压差不应小于10Pa。

4. 室内空气洁净度等级应符合设计要求或为商定验收状态下的等级要求。

5. 各类通风、化学实验柜、生物安全柜在符合或优于设计要求的负压下运行应正常。

检查数量：第3款，按Ⅰ方案；第1、2、4、5款，全数检查。

检查方法：检查、验证调试记录，按本规范附录E进行测试校核。

11.2.6 蓄能空调系统的联合试运转及调试应符合下列规定：

1. 系统中载冷剂的种类及浓度应符合设计要求。

2. 在各种运行模式下系统运行应正常平稳；运行模式转换时，动作应灵敏正确。

3. 系统各项保护措施反应应灵敏，动作应可靠。

4. 蓄能系统在设计最大负荷工况下运行应正常。

5. 系统正常运转不应少于一个完整的蓄冷释冷周期。

检查数量：全数检查。

检查方法：观察、旁站、查阅调试记录。

11.2.7 空调制冷系统、空调水系统与空调风系统的非设计满负荷条件下的联合试运转及调试，正常运转不应少于8h，除尘系统不应少于2h。

检查数量：全数检查。

检查方法：观察、旁站、查阅调试记录。

Ⅱ 一般项目

11.3.3 空调系统非设计满负荷条件下的联合试运转及调试应符合下列规定：

1. 空调水系统应排除管道系统中的空气，系统连续运行应正常平稳，水泵的流量、压差和水泵电机的电流不应出现10%以上的波动。

2. 水系统平衡调整后，定流量系统的各空气处理机组的水流量应符合设计要求，允许偏差应为15%；变流量系统的各空气处理机组的水流量应符合设计要求，允许偏差应为10%。

3. 冷水机组的供回水温度和冷却塔的出水温度应符合设计要求；多台制冷机或冷却塔并联运行时，各台制冷机及冷却塔的水流量与设计流量的偏差不应大于10%。

4. 舒适性空调的室内温度应优于或等于设计要求，恒温恒湿和净化空调的室内温、湿度应符合设计要求。

5. 室内（包括净化区域）噪声应符合设计要求，测定结果可采用Nc或dB（A）的表达方式。

6. 环境噪声有要求的场所，制冷、空调设备机组应按现行国家标准《采暖通风与空气调节设备噪声声功率级的测定工程法》GB/T 9068的有关规定进行测定。

7. 压差有要求的房间、厅堂与其他相邻房间之间的气流流向应正确。

检查数量：第1、3款全数检查，第2款及第4款～第7款，按Ⅱ方案。

检查方法：观察、旁站、用仪器测定、查阅调试记录。

11.3.4 蓄能空调系统联合试运转及调试应符合下列规定：

1. 单体设备及主要部件联动应符合设计要求，动作应协调正确，不应有异常。

2. 系统运行的充冷时间、蓄冷量、冷水温度、放冷时间等应满足相应工况的设计要求。

3. 系统运行过程中管路不应产生凝结水等现象。

4. 自控计量检测元件及执行机构工作应正常，系统各项参数的反馈及动作应正确、及时。

检查数量：全数检查。

检查方法：旁站观察、查阅调试。

11.3.5 通风与空调工程通过系统调试后，监控设备与系统中的检测元件和执行机构应正常沟通，应正确显示系统运行的状态，并应完成设备的连锁、自动调节和保护等功能。

检查数量：按Ⅱ方案。

检查方法：旁站观察，查阅调试记录。

7.3.3 建筑电气

7.3.3.1 轨道验·机-81 电气配管埋设隐蔽工程验收记录

1. 编制依据

《建筑电气工程施工质量验收规范》GB 50303—2015

2. 填写要求

（1）隐蔽工程验收记录指下道工序所遮盖的重要部位或项目，在隐蔽前必须按照质量验收规范进行的隐蔽检查记录

（2）电气配管埋设隐蔽工程项目中的主要有关测试资料，包括原材料试（化）验单、质量验收记录、出厂合格证等填在表格相应位置。

3. 表格解析

（1）回路名称编号：按配电系统图上的回路编号填写。

（2）配管名称及规格：填写保护管材质和口径大小。

（3）接头连接方式：塑料管填粘接；钢管填套管焊接等。

（4）与本表所列电气配管埋设隐蔽工程验收相关所必要的示图（照片）和说明，应随本表之后作为本表的附件。

7.3.4 智能建筑

本节用表部分表格采用《广东省建筑工程竣工验收技术资料统一用表》2016 版中智能建筑用表，部分表格以《智能建筑工程施工规范》GB 50606、《智能建筑工程质量验收规范》GB 50339、《综合布线系统工程验收规范》GB/T 50312 为编制依据，对综合管线、综合布线系统、智能化集成系统、信息接入系统、用户电话交换系统、信息网络系统、综合布线系统、有线电视及卫星电视接收系统、公共广播系统、会议系统、信息导引及发布系统、时钟系统、信息化应用系统、建筑设备监控系统、安全防范系统、应急响应系统、机房工程、防雷与接地等专业质量验收记录表格进行了更新。

7.3.5 灭火系统、火灾自动报警系统

7.3.5.1 自动喷水灭火系统

7.3.5.2 轨道验·机-217 消防水泵安装检验批质量验收记录

一、适用范围

本表适用于消防水泵安装检验批质量验收记录的质量检查验收。

二、《自动喷水灭火系统施工及验收规范》GB 50261—2017 规范摘要

Ⅰ 主控项目

4.2.1 消防水泵的规格、型号应符合设计要求，并应有产品合格证和安装使用说明书。

检查数量：全数检查。

检查方法：对照图纸观察检查。

4.2.2 消防水泵的安装，应符合现行国家标准《机械设备安装工程施工及验收通用规范》GB 50231、《风机、压缩机、泵安装工程施工及验收规范》GB 50275 的有关规定。

检查数量：全数检查。

检查方法：尺量和观察检查。

4.2.3 吸水管及其附件的安装应符合下列要求：

1. 吸水管上宜设过滤器，并应安装在控制阀后。

2. 吸水管上的控制阀应在消防水泵固定于基础上之后再进行安装，其直径不应小于消防水泵吸水口直径，且不应采用没有可靠锁定装置的蝶阀，蝶阀应采用沟槽式或法兰式蝶阀。

检查数量：全数检查。

检查方法：观察检查。

3. 当消防水泵和消防水池位于独立的两个基础上且相互为刚性连接时，吸水管上应加设柔性连接管。

检查数量：全数检查。

检查方法：观察检查。

4. 吸水管水平管段上不应有气囊和漏气现象。变径连接时，应采用偏心异径管件并应采用管顶平接。

检查数量：全数检查。

检查方法：观察检查。

4.2.4 消防水泵的出水管上应安装止回阀、控制阀和压力表，或安装控制阀、多功能水泵控制阀和压力表；系统的总出水管上还应安装压力表；安装压力表时应加设缓冲装置。缓冲装置的前面应安装旋塞；压力表量程应为工作压力的2.0～2.5倍。止回阀或多功能水泵控制阀的安装方向应与水流方向一致。

检查数量：全数检查。

检查方法：观察检查。

4.2.5 在水泵出水管上，应安装由控制阀、检测供水压力、流量用的仪表及排水管道组成的系统流量压力检测装置或预留可供连接流量压力检测装置的接口，其通水能力应与系统供水能力一致。

检查数量：全数检查。

检查方法：观察检查。

7.3.5.1.3 轨道验·机-218 消防水箱安装和消防水池施工检验批质量验收记录

一、适用范围

本表适用于消防水箱安装和消防水池施工检验批质量验收记录的质量检查验收。

二、《自动喷水灭火系统施工及验收规范》GB 50261—2017 规范摘要

Ⅰ 主控项目

4.3.1 消防水池、高位消防水箱的施工和安装，应符合现行国家标准《给水排水构筑物工程施工及验收规范》GB 50141、《建筑给水排水及采暖工程施工质量验收规范》GB 50242的有关规定。消防水池、高位消防水箱的水位显示装置设置方式及设置位置应符合设计文件要求。

检查数量：全数检查。

检查方法：尺量和观察检查。

4.3.2 钢筋混凝土消防水池或消防水箱的进水管、出水管应加设防水套管，对有振动的管道应加设柔性接头。组合式消防水池或消防水箱的进水管、出水管接头宜采用法兰连接，采用其他连接时应做防锈处理。

检查数量：全数检查。

检查方法：观察检查。

Ⅱ 一般项目

4.3.3 高位消防水箱、消防水池的容积、安装位置应符合设计要求。安装时，池（箱）外壁与建筑本体结构墙面或其他池壁之间的净距，应满足施工或装配的需要。无管道的侧面，净距不宜小于0.7m；安装有管道的侧面，净距不宜小于1.0m，且管道外壁与建筑本体墙面之间的通道宽度不宜小于0.6m；设有人孔的池顶，顶板面与上面建筑本体板底的净空不应小于0.8m，拼装形式的高位消防水箱底与所在地坪的距离不宜小于0.5m。

检查数量：全数检查。

检查方法：对照图纸，尺量检查。

4.3.4 消防水池、高位消防水箱的溢流管、泄水管不得与生产或生活用水的排水系统直接相连，应采用间接排水方式。

检查数量：全数检查。

检查方法：观察检查。

4.3.5 高位消防水箱、消防水池的人孔宜密闭。通气管、溢流管应有防止昆虫及小动物爬入水池（箱）的措施。

检查数量：全数检查。

检查方法：对照图纸，观察检查。

4.3.6 当高位消防水箱、消防水池与其他用途的水箱、水池合用时，应复核有效的消防水量，满足设计要求，并应设有防止消防用水被他用的措施。

检查数量：全数检查。

检查方法：列照图纸，尺量检查。

4.3.7 高位消防水箱、消防水池的进水管、出水管上应设置带有指示启闭装置的阀门。

检查数量：全数检查。

检查方法：对照图纸，观察检查。

4.3.8 高位消防水箱的出水管上应设置防止消防用水倒流进入高位消防水箱的止回阀。

检查数量：全数检查。

检查方法：对照图纸，核对产品的性能检验报告和观察检查。

7.3.5.1.4 轨道验·机-219 消防气压给水设备及稳压泵安装检验批质量验收记录

一、适用范围

本表适用于消防气压给水设备及稳压泵安装检验批质量验收记录的质量检查验收。

二、《自动喷水灭火系统施工及验收规范》GB 50261—2017 规范摘要

Ⅰ 主控项目

4.4.1 消防气压给水设备的气压罐，其容积（总容积、最大有效水容积）、气压、水位及工作压力应符合设计要求。

检查数量：全数检查。

检查方法：对照图纸，观察检查。

4.4.2 消防气压给水设备安装位置、进水管及出水管方向应符合设计要求；出水管上应设止回阀，安装时其四周应设检修通道，其宽度不宜小于 0.7m，消防气压给水设备顶部至楼板或梁底的距离不宜小于 0.6m。

检查数量：全数检查。

检查方法：对照图纸，尺量和观察检查。

Ⅱ 一般项目

4.4.3 消防气压给水设备上的安全阀、压力表、泄水管、水位指示器、压力控制仪表等的安装应符合产品使用说明书的要求。

检查数量：全数检查。

检查方法：对照图纸，观察检查。

4.4.4 稳压泵的规格、型号应符合设计要求，并应有产品合格证和安装使用说明书。

检查数量：全数检查。

检查方法：对照图纸，观察检查。

4.4.5 稳压泵的安装应符合现行国家标准《机械设备安装工程施工及验收通用规范》GB 50231 和《风机、压缩机、泵安装工程施工及验收规范》GB 50275 的有关规定。

检查数量：全数检查。

检查方法：尺量和观察检查。

7.3.5.1.5 轨道验·机-220 消防水泵接合器安装检验批质量验收记录

一、适用范围

本表适用于喷头安装检验批质量验收记录的质量检查验收。

二、《自动喷水灭火系统施工及验收规范》GB 50261—2017 规范摘要

Ⅰ 主控项目

4.5.1 组装式消防水泵接合器的安装，应按接口、本体、连接管、止回阀、安全阀、放空管、控制阀的顺序进行，止回阀的安装方向应使消防用水能从消防水泵接合器进入系统；整体式消防水泵接合器的安装，按其使用安装说明书进行。

检查数量：全数检查。

检查方法：观察检查。

4.5.2　消防水泵接合器的安装应符合下列规定：

1. 应安装在便于消防车接近的人行道或非机动车行驶地段，距室外消火栓或消防水池的距离宜为15～40m。

检查数量：全数检查。

检查方法：观察检查、尺量检查。

2. 自动喷水灭火系统的消防水泵接合器应设置与消火栓系统的消防水泵接合器区别的永久性固定标志，并有分区标志。

检查数量：全数检查。

检查方法：观察检查。

3. 地下消防水泵接合器应采用铸有“消防水泵接合器”标志的铸铁井盖，并应在附近设置指示其位置的永久性固定标志。

检查数量：全数检查。

检查方法：观察检查。

4. 墙壁消防水泵接合器的安装应符合设计要求。设计无要求时，其安装高度距地面宜为0.7m；与墙面上的门、窗、孔、洞的净距离不应小于2.0m，且不应安装在玻璃幕墙下方。

检查数量：全数检查。

检查方法：观察检查和尺量检查。

4.5.3　地下消防水泵接合器的安装，应使进水口与井盖底面的距离不大于0.4m，且不应小于井盖的半径。

检查数量：全数检查。

检查方法：尺量检查。

Ⅱ　一般项目

4.5.4　地下消防水泵接合器井的砌筑应有防水和排水措施。

检查数量：全数检查。

检查方法：观察检查。

5.3.5.1.6～7.3.5.18　轨道验・机-221-1　　轨道验・机-221-2　轨道验・机-221-3　管网安装检验批质量验收记录

一、适用范围

本表适用于喷头安装检验批质量验收记录的质量检查验收。

二、《自动喷水灭火系统工程施工及验收规范》GB 50261—2017 规范摘要

Ⅰ　主控项目

5.1.1　管网采用钢管时，其材质应符合现行国家标准《输送流体用无缝钢管》GB/T 8163 和《低压流体输送用焊接钢管》GB/T 3091 的要求。

检查数量：全数检查。

检查方法：查验材料质量合格证明文件、性能检测报告，尺量、观察检查。

5.1.2　管网采用不锈钢管时，其材质应符合现行国家标准《流体输送用不锈钢焊接钢管》GB/T 12771 和《不锈钢卡压式管件组件第2部分：连接用薄壁不锈钢管》GB/T 19228.2 的要求。

检查数量：全数检查。

检查方法：查验材料质量合格证明文件、性能检测报告，尺量、观察检查。

5.1.3　管网采用铜管道时，其材质应符合现行国家标准《无缝铜水管和铜气管》GB/T 18033、《铜管接头 第1部分：钎焊式管件》GB/T 11618.1 和《铜管接头 第2部分：卡压式管件》GB/T 11618.2 的要求。

检查数量：全数检查。

检查方法：查验材料质量合格证明文件、性能检测报告，尺量、观察检查。

5.1.4　管网采用涂覆钢管时，其材质应符合现行国家标准《自动喷水灭火系统 第20部分 涂覆钢管》GB 5135.20的要求。

检查数量：全数检查。

检查方法：查验材料质量合格证明文件、性能检测报告，尺量、观察检查。

5.1.5　管网采用氯化聚氯乙烯（PVC-C）管道时，其材质应符合现行国家标准《自动喷水灭火系统 第19部分 塑料管道及管件》GB 5135.19的要求。

检查数量：全数检查。

检查方法：查验材料质量合格证明文件、性能检测报告，尺量、观察检查。

5.1.6　管道连接后不应减小过水横断面面积。热镀锌钢管、涂覆钢管安装应采用螺纹、沟槽式管件或法兰连接。

5.1.7　薄壁不锈钢管安装应采用环压、卡凸式、卡压、沟槽式、法兰等连接。

5.1.8　铜管安装应采用钎焊、卡套、卡压、沟槽式等连接。

5.1.9　氯化聚氯乙烯（PVC-C）管材与氯化聚氯乙烯（PVC-C）管件的连接应采用承插式粘接连接；氯化聚氯乙烯（PVC-C）管材与法兰式管道、阀门及管件的连接，应采用氯化聚氯乙烯（PVC-C）法兰与其他材质法兰对接连接；氯化聚氯乙烯（PVC-C）管材与螺纹式管道、阀门及管件的连接应采用内丝接头的注塑管件螺纹连接；氯化聚氯乙烯（PVC-C）管材与沟槽式（卡箍）管道、阀门及管件的连接，应采用沟槽（卡箍）注塑管件连接。

检查数量：抽查20%，且不得少于5处。

检查方法：观察检查，强度试验。

5.1.10　管网安装前应校直管道，并清除管道内部的杂物；在具有腐蚀性的场所，安装前应按设计要求对管道、管件等进行防腐处理；安装时应随时清除管道内部的杂物。

检查数量：抽查20%，且不得少于5处。

检查方法：观察检查和用水平尺检查。

5.1.11　沟槽式管件连接应符合下列规定：

1. 选用的沟槽式管件应符合现行国家标准《自动喷水灭火系统 第11部分：淘槽式管接件》GB 5135.11的要求，其材质应为球墨铸铁，并应符合现行国家标准《球墨铸铁件》GB/T 1348的要求；橡胶密封圈的材质应为EPDM（三元乙丙橡胶），并应符合《金属管道系统快速管接头的性能要求和试验方法》ISO 6182—12的要求。

2. 沟槽式管件连接时，其管道连接沟槽和开孔应用专用滚槽机和开孔机加工，并应做防腐处理；连接前应检查沟槽和孔洞尺寸，加工质量应符合技术要求；沟槽、孔洞处不得有毛刺、破损性裂纹和脏物。

检查数量：抽查20%，且不得少于5处。

检查方法：观察和尺量检查。

3. 橡胶密封圈应无破损和变形。

检查数量：抽查20%，且不得少于5处。

检查方法：观察检查。

4. 沟槽式管件的凸边应卡进沟槽后再紧固螺栓，两边应同时紧固，紧固时发现橡胶圈起皱应更换新橡胶圈。

检查数量：抽查20%，且不得少于5处。

检查方法：观察检查。

5. 机械三通连接时，应检查机械三通与孔洞的间隙，各部位应均匀，然后再紧固到位；机械三通开孔间距不应小于500mm，机械四通开孔间距不应小于1000mm；机械三通、机械四通连接时支管的口径应满足表5.1.11的规定。

采用支管接头（机械三通、机械四通）时支管的最大允许管径（mm）　表5.1.11

主管直径 *DN*		50	65	80	100	125	150	200	250	300
支管直径 *DN*	机械三通	25	40	40	65	80	100	100	100	100
	机械四通	—	32	40	50	65	80	100	100	100

检查数量：抽查20%，且不得少于5处。

检查方法：观察检查和尺量检查。

6. 配水干管（立管）与配水管（水平管）连接，应采用沟槽式管件，不应采用机械三通。

检查数量：抽查20%，且不得少于5处。

检查方法：观察检查。

7. 埋地的沟槽式管件的螺栓、螺帽应做防腐处理。水泵房内的埋地管道连接应采用挠性接头。

检查数量：全数检查。

检查方法：观察检查或局部解剖检查。

5.1.12　螺纹连接应符合下列要求：

1. 管道宜采用机械切割，切割面不得有飞边、毛刺；管道螺纹密封面应符合现行国家标准《普通螺纹 基本尺寸》GB/T 196、《普通螺纹 公差》GB/T 197和《普通螺纹 管路系列》GB/T 1414的有关规定。

2. 当管道变径时，宜采用异径接头；在管道弯头处不宜采用补芯，当需要采用补芯时，三通上可用1个，四通上不应超过2个；公称直径大于50mm的管道不宜采用活接头。

检查数量：全数检查。

检查方法：观察检查。

3. 螺纹连接的密封填料应均匀附着在管道的螺纹部分；拧紧螺纹时，不得将填料挤入管道内；连接后，应将连接处外部清理干净。

检查数量：抽查20%，且不得少于5处。

检查方法：观察检查。

5.1.13　法兰连接可采用焊接法兰或螺纹法兰。焊接法兰焊接处应做防腐处理，并宜重新镀锌后再连接。焊接应符合现行国家标准《工业金属管道工程施工规范》GB 50235、《现场设备、工业管道焊接工程施工规范》GB 50236的有关规定。螺纹法兰连接应预测对接位置，清除外露密封填料后再紧固、连接。

检查数量：抽查20%，且不得少于5处。

检查方法：观察检查。

Ⅱ　一般项目

5.1.14　管道的安装位置应符合设计要求。当设计无要求时，管道的中心线与梁、柱、楼板等的最小距离应符合表5.1.14的规定。公称直径大于或等于100mm的管道其距离顶板、墙面的安装距离不宜小于200mm。

管道的中心线与梁、柱、楼板的最小距离（mm）　表5.1.14

公称直径	25	32	40	50	70	80	100	125	150	200	250	300
距离	40	40	50	60	70	80	100	125	150	200	250	300

检查数量：抽查20%，且不得少于5处。

检查方法：尺量检查。

5.1.15　管道支架、吊架、防晃支架的安装应符合下列要求：

管道应固定牢固；管道支架或吊架之间的距离不应大于表5.1.15-1～表5.1.15-5的规定。

镀锌钢管道、涂覆钢管道支架或吊架之间的距离　　**表5.1.15-1**

公称直径（mm）	25	32	40	50	70	80	100	125	150	200	250	300
距离（m）	3.5	4.0	4.5	5.0	6.0	6.0	6.5	7.0	8.0	9.5	11.0	12.0

不锈钢管道的支架或吊架之间的距离　　**表5.1.15-2**

公称直径 *DN*（mm）	25	32	40	50～100	150～300
水平管（m）	1.8	2.0	2.2	2.5	3.5
立管（m）	2.2	2.5	2.8	3.0	4.0

注：1. 在距离各管件或阀门100mm以内应采用管卡牢固固定，特别在干管变支管处；
　　2. 阀门等组件应加设承重支架。

铜管道的支架或吊架之间的距离　　**表5.1.15-3**

公称直径 *DN*（mm）	25	32	40	50	65	80	100	125	150	200	250	300
水平管（m）	1.8	2.4	2.4	2.4	3.0	3.0	3.0	3.0	3.5	3.5	4.0	4.0
立管（m）	2.4	3.0	3.0	3.0	3.5	3.5	3.5	3.5	4.0	4.0	4.5	4.5

氯化聚氯乙烯（PVC-C）管道支架或吊架之间的距离　　**表5.1.15-4**

公称外径（mm）	25	32	40	50	65	80
最大间距（m）	1.8	2.0	2.1	2.4	2.7	3.0

沟槽连接管道最大支承间距　　**表5.1.15-5**

公称直径（mm）	最大支撑间距（m）
65～100	3.5
125～200	4.2
250～315	5.0

注：1. 横管的任何两个接头之间应有支承；
　　2. 不得支承在接头上。

检查数量：抽查20%，且不得少于5处。

检查方法：尺量检查。

1. 管道支架、吊架、防晃支架的形式、材质、加工尺寸及焊接质量等，应符合设计要求和国家现行有关标准的规定。

2. 管道支架、吊架的安装位置不应妨碍喷头的喷水效果；管道支架、吊架与喷头之间的距离不宜小于300mm；与末端喷头之间的距离不宜大于750mm。

检查数量：抽查20%，且不得少于5处。

检查方法：尺量检查。

3. 配水支管上每一直管段、相邻两喷头之间的管段设置的吊架均不宜少于1个，吊架的间距不宜大于3.6m。

检查数量：抽查 20%，且不得少于 5 处。

检查方法：观察检查和尺量检查。

4. 当管道的公称直径等于或大于 50mm 时，每段配水干管或配水管设置防晃支架不应少于 1 个，且防晃支架的间距不宜大于 15m；当管道改变方向时，应增设防晃支架。

检查数量：全数检查。

检查方法：观察检查和尺量检查。

5. 竖直安装的配水干管除中间用管卡固定外，还应在其始端和终端设防晃支架或采用管卡固定，其安装位置距地面或楼面的距离宜为 1.5m～1.8m。

检查数量：全数检查。

检查方法：观察检查和尺量检查。

5.1.16　管道穿过建筑物的变形缝时，应采取抗变形措施。穿过墙体或楼板时应加设套管，套管长度不得小于墙体厚度，穿过楼板的套管其顶部应高出装饰地面 20mm；穿过卫生间或厨房楼板的套管，其顶部应高出装饰地面 50mm，且套管底部应与楼板底面相平。套管与管道的间隙应采用不燃材料填塞密实。

检查数量：抽查 20%，且不得少于 5 处。

检查方法：观察检查和尺量检查。

5.1.17　管道横向安装宜设 2‰～5‰的坡度，且应坡向排水管；当局部区域难以利用排水管将水排净时，应采取相应的排水措施。当喷头数量小于或等于 5 只时，可在管道低凹处加设堵头；当喷头数量大于 5 只时，宜装设带阀门的排水管。

检查数量：全数检查。

检查方法：观察检查，水平尺和尺量检查。

5.1.18　配水干管、配水管应做红色或红色环圈标志。红色环圈标志，宽度不应小于 20mm，间隔不宜大于 4m，在一个独立的单元内环圈不宜少于 2 处。

检查数量：抽查 20%，且不得少于 5 处。

检查方法：观察检查和尺量检查。

5.1.19　管网在安装中断时，应将管道的敞口封闭。

检查数量：全数检查。

检查方法：观察检查。

5.1.20　涂覆钢管的安装应符合下列有关规定：

1. 涂覆钢管严禁剧烈撞击或与尖锐物品碰触，不得抛、摔、滚、拖；

2. 不得在现场进行焊接操作；

3. 涂覆钢管与铜管、氯化聚氯乙烯（PVC-C）管连接时应采用专用过渡接头。

5.1.21　不锈钢管的安装应符合下列有关规定：

1. 薄壁不锈钢管与其他材料的管材、管件和附件相连接时，应有防止电化学腐蚀的措施。

2. 公称直径为 *DN*25～50 的薄壁不锈钢管道与其他材料的管道连接时，应采用专用螺纹转换连接件（如环压或卡压式不锈钢管的螺纹转换接头）连接。

3. 公称直径为 *DN*65～100 的薄壁不锈钢管道与其他材料的管道连接时，宜采用专用法兰转换连接件连接。

4. 公称直径 *DN*≥125 的薄壁不锈钢管道与其他材料的管道连接时，宜采用沟槽式管件连接或法兰连接。

5.1.22　铜管的安装应符合下列有关规定：

1. 硬钎焊可用于各种规格铜管与管件的连接；对管径不大于 *DN*50、需拆卸的铜管可采用卡套连接；管径不大于 *DN*50 的铜管可采用卡压连接；管径不小于 *DN*50 的铜管可采用沟槽连接。

2. 管道支承件宜采用铜合金制品。当采用钢件支架时，管道与支架之间应设软性隔垫，隔垫不得对管道产生腐蚀。

3. 当沟槽连接件为非铜材质时，其接触面应采取必要的防腐措施。

5.1.23 氯化聚氯乙烯（PVC-C）管道的安装应符合下列有关规定：

1. 氯化聚氯乙烯（PVC-C）管材与氯化聚氯乙烯（PVC-C）管件的连接应采用承插式粘接连接；氯化聚氯乙烯（PVC-C）管材与法兰式管道、阀门及管件的连接，应采用氯化聚氯乙烯（PVC-C）法兰与其他材质法兰对接连接；氯化聚氯乙烯（PVC-C）管材与螺纹式管道、阀门及管件的连接应采用内丝接头的注塑管件螺纹连接；氯化聚氯乙烯（PVC-C）管材与沟槽式（卡箍）管道、阀门及管件的连接，应采用沟槽（卡箍）注塑管件连接。

2. 粘接连接应选用与管材、管件相兼容的粘接剂，粘接连接宜在4℃～38℃的环境温度下操作，接头粘接不得在雨中或水中施工，并应远离火源，避免阳光直射。

5.1.24 消防洒水软管的安装应符合下列有关规定：

1. 消防洒水软管出水口的螺纹应和喷头的螺纹标准一致。

2. 消防洒水软管安装弯曲时应大于软管标记的最小弯曲半径。

3. 消防洒水软管应安装相应的支架系统进行固定，确保连接喷头处锁紧。

4. 消防洒水软管波纹段与接头处60mm之内不得弯曲。

5. 应用在洁净室区域的消防洒水软管应采用全不锈钢材料制作的编织网型式焊接软管，不得采用橡胶圈密封的组装型式的软管。

6. 应用在风烟管道处的消防洒水软管应采用全不锈钢材料制作的编织网型式焊接型软管，且应安装配套防火底座和与喷头响应温度对应的自熔密封塑料袋。

7.3.5.1.9 轨道验·机-222 喷头安装检验批质量验收记录

一、适用范围

本表适用于喷头安装检验批质量验收记录的质量检查验收。

二、《自动喷水灭火系统施工及验收规范》GB 50261—2017 规范摘要

Ⅰ 主控项目

5.2.1 喷头安装必须在系统试压、冲洗合格后进行。

检查数量：全数检查。

检查方法：检查系统试压、冲洗记录表。

5.2.2 喷头安装时，不应对喷头进行拆装、改动，并严禁给喷头、隐蔽式喷头的装饰盖板附加任何装饰性涂层。

检查数量：全数检查。

检查方法：观察检查。

5.2.3 喷头安装应使用专用扳手，严禁利用喷头的框架施拧；喷头的框架、溅水盘产生变形或释放原件损伤时，应采用规格、型号相同的喷头更换。

检查数量：全数检查。

检查方法：观察检查。

5.2.4 安装在易受机械损伤处的喷头，应加设喷头防护罩。

检查数量：全数检查。

检查方法：观察检查。

5.2.5 喷头安装时，溅水盘与吊顶、门、窗、洞口或障碍物的距离应符合设计要求。

检查数量：抽查20%，且不得少于5处。

检查方法：对照图纸，尺量检查。

5.2.6 安装前检查喷头的型号、规格、使用场所应符合设计要求。系统采用隐蔽式喷头时，配水

支管的标高和吊顶的开口尺寸应准确控制。

检查数量：全数检查。

检查方法：对照图纸，观察检查。

Ⅱ　一般项目

5.2.7　当喷头的公称直径小于 10mm 时，应在配水干管或配水管上安装过滤器。

检查数量：全数检查。

检查方法：观察检查。

5.2.8　当喷头溅水盘高于附近梁底或高于宽度小于 1.2m 的通风管道、排管、桥架腹面时，喷头溅水盘高于梁底、通风管道、排管、桥架腹面的最大垂直距离应符合表 5.2.8-1～表 5.2.8-9 的规定（图 5.2.8）。

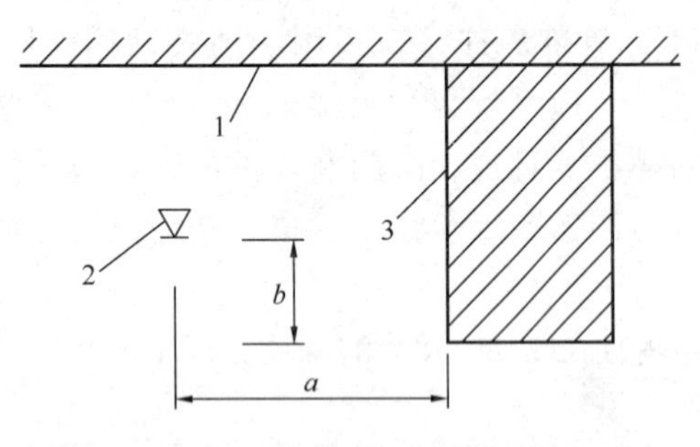

图 5.2.8　喷头与梁等障碍物的距离

1—天花板或屋顶；2—喷头；3—障碍物

检查数量：全数检查。

检查方法：尺量检查。

喷头溅水盘高于梁底、通风管道腹面的最大垂直距离（标准直立与下垂喷头）　表 5.2.8-1

喷头与梁、通风管道、排管、桥架的水平距离 a（mm）	喷头溅水盘高于梁底、通风管道、排管、桥架腹面的最大垂直距离 b（mm）
$a<300$	0
$300\leqslant a<600$	60
$600\leqslant a<900$	140
$900\leqslant a<1200$	240
$1200\leqslant a<1500$	350
$1500\leqslant a<1800$	450
$1800\leqslant a<2100$	600
$a\geqslant 2100$	880

喷头溅水盘高于梁底、通风管道腹面的最大垂直距离（边墙型喷头，与障碍物平行）　表 5.2.8-2

喷头与梁、通风管道、排管、桥架的水平距离 a（mm）	喷头溅水盘高于梁底、通风管道、排管、桥架腹面的最大垂直距离 b（mm）
$a<300$	30
$300\leqslant a<600$	80
$600\leqslant a<900$	140
$900\leqslant a<1200$	200
$1200\leqslant a<1500$	250
$1500\leqslant a<1800$	320
$1800\leqslant a<2100$	380
$2100\leqslant a<2250$	440

喷头溅水盘高于梁底、通风管道腹面的最大垂直距离
（边墙型喷头，与障碍物垂直） **表 5.2.8-3**

喷头与梁、通风管道、排管、桥架的水平距离 a（mm）	喷头溅水盘高于梁底、通风管道、排管、桥架腹面的最大垂直距离 b（mm）
$a<1200$	不允许
$1200\leqslant a<1500$	30
$1500\leqslant a<1800$	50
$1800\leqslant a<2100$	100
$2100\leqslant a<2400$	180
$a\geqslant 2400$	280

喷头溅水盘高于梁底、通风管道腹面的最大垂直距离
（扩大覆盖面直立与下垂喷头） **表 5.2.8-4**

喷头与梁、通风管道、排管、桥架的水平距离 a（mm）	喷头溅水盘高于梁底、通风管道、排管、桥架腹面的最大垂直距离 b（mm）
$a<300$	0
$300\leqslant a<600$	0
$600\leqslant a<900$	30
$900\leqslant a<1200$	80
$1200\leqslant a<1500$	130
$1500\leqslant a<1800$	180
$1800\leqslant a<2100$	230
$2100\leqslant a<2400$	350
$2400\leqslant a<2700$	380
$2700\leqslant a<3000$	480

喷头溅水盘高于梁底、通风管道腹面的最大垂直距离
（扩大覆盖面边墙型喷头，与障碍物平行） **表 5.2.8-5**

喷头与梁、通风管道、排管、桥架的水平距离 a（mm）	喷头溅水盘高于梁底、通风管道、排管、桥架腹面的最大垂直距离 b（mm）
$a<450$	0
$450\leqslant a<900$	30
$900\leqslant a<1200$	80
$1200\leqslant a<1350$	130
$1350\leqslant a<1800$	180
$1800\leqslant a<1950$	230
$1950\leqslant a<2100$	280
$2100\leqslant a<2250$	350

喷头溅水盘高于梁底、通风管道腹面的最大垂直距离

（扩大覆盖面边墙型喷头，与障碍物垂直）　　表 5.2.8-6

喷头与梁、通风管道、排管、桥架的水平距离 a（mm）	喷头溅水盘高于梁底、通风管道、排管、桥架腹面的最大垂直距离 b（mm）
$a<240$	不允许
$2400\leqslant a<3000$	30
$3000\leqslant a<3300$	50
$3300\leqslant a<3600$	80
$3600\leqslant a<3900$	100
$3900\leqslant a<4200$	150
$4200\leqslant a<4500$	180
$4500\leqslant a<4800$	230
$4800\leqslant a<5100$	280
$a\geqslant 5100$	350

喷头溅水盘高于梁底、通风管道腹面的

最大垂直距离（特殊应用喷头）　　表 5.2.8-7

喷头与梁、通风管道、排管、桥架的水平距离 a（mm）	喷头溅水盘高于梁底、通风管道、排管、桥架腹面的最大垂直距离 b（mm）
$a<300$	0
$300\leqslant a<600$	40
$600\leqslant a<900$	140
$900\leqslant a<1200$	250
$1200\leqslant a<1500$	380
$1500\leqslant a<1800$	550
$a\geqslant 1800$	780

喷头溅水盘高于梁底、通风管道腹面的

最大垂直距离（ESFR 喷头）　　表 5.2.8-8

喷头与梁、通风管道、排管、桥架的水平距离 a（mm）	喷头溅水盘高于梁底、通风管道、排管、桥架腹面的最大垂直距离 b（mm）
$a<300$	0
$300\leqslant a<600$	40
$600\leqslant a<900$	140
$900\leqslant a<1200$	250
$1200\leqslant a<1500$	380
$1500\leqslant a<1800$	550
$a\geqslant 1800$	780

喷头溅水盘高于梁底、通风管道腹面的最大垂直距离

（直立和下垂型家用喷头） **表 5.2.8-9**

喷头与梁、通风管道、排管、桥架的水平距离 a（mm）	喷头溅水盘高于梁底、通风管道、排管、桥架腹面的最大垂直距离 b（mm）
a<450	0
450≤a<900	30
900≤a<1200	80
1200≤a<1350	130
1350≤a<1800	180
1350≤a<1950	230
1950≤a<2100	280
a≥2100	350

5.2.9 当梁、通风管道、排管、桥架宽度大于 1.2m 时，增设的喷头应安装在其腹面以下部位。

检查数量：全数检查。

检查方法：观察检查。

5.2.10 当喷头安装在不到顶的隔断附近时，喷头与隔断的水平距离和最小垂直距离应符合表 5.2.10 的规定（图 5.2.10）。

检查数量：全数检查。

检查方法：尺量检查。

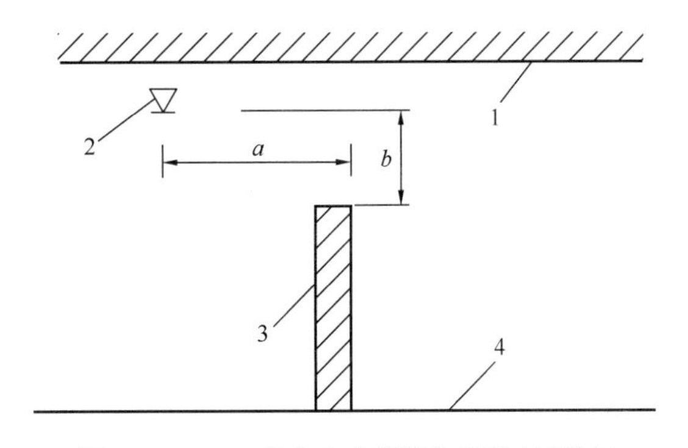

图 5.2.10 喷头与隔断障碍物的距离

1—天花板或屋顶；2—喷头；3—障碍物；4—地板

喷头与隔断的水平距离和最小垂直距离（mm） **表 5.2.10**

喷头与隔断的水平距离 a	喷头与隔断的最小垂直距离 b
a<150	80
150≤a<300	150
300≤a<450	240
450≤a<600	310
600≤a<750	390
a≥750	450

5.2.11　下垂式早期抑制快速响应（ESFR）喷头溅水盘与顶板的距离应为150～360mm。直立式早期抑制快速响应（ESFR）喷头溅水盘与顶板的距离应为100～150mm。

5.2.12　顶板处的障碍物与任何喷头的相对位置，应使喷头到障碍物底部的垂直距离（H）以及到障碍物边缘的水平距离（L）满足图5.2.12所示的要求。当无法满足要求时，应满足下列要求之一。

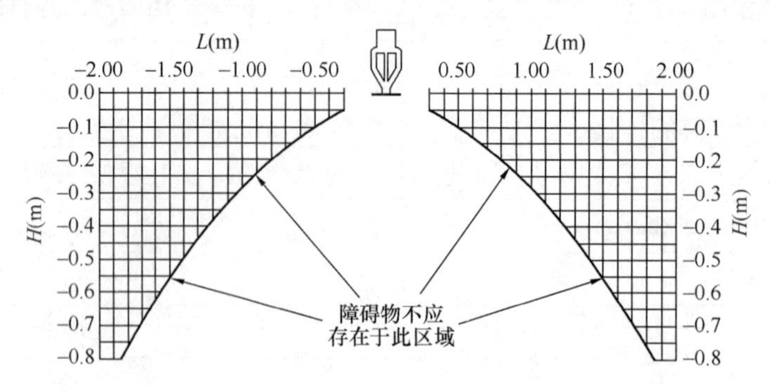

图5.2.12　喷头与障碍物的相对位置

1. 当顶板处实体障碍物宽度不大于0.6m时，应在障碍物的两侧都安装喷头，且两侧喷头到该障碍物的水平距离不应大于所要求喷头间距的一半。

2. 对顶板处非实体的建筑构件，喷头与构件侧缘应保持不小于0.3m的水平距离。

5.2.13　早期抑制快速响应（ESFR）喷头与喷头下障碍物的距离应满足本规范图5.2.12所示的要求。当无法满足要求时，喷头下障碍物的宽度与位置应满足本规范表5.2.13的规定。

喷头下障碍物的宽度与位置　　**表5.2.13**

喷头下障碍物宽度 W（cm）	障碍物位置或其他要求	
	障碍物边缘距喷头溅水盘最小允许水平距离 L（m）	障碍物顶端距喷头溅水盘最小允许垂直距离 H（m）
$W \leqslant 2$	任意	0.1
$2 < W \leqslant 5$	任意	0.6
	0.3	任意
$5 < W \leqslant 30$	0.3	任意
$30 < W \leqslant 60$	0.6	任意
$W \geqslant 60$	障碍物位置任意。障碍物以下应加装同类喷头，喷头最大间距应为2.4m。若障碍物底面不是平面（例如圆形风管）或不是实体（例如一组电缆），应在障碍物下安装一层宽度相同或稍宽的不燃平板，再按要求在这层平板下安装喷头	

5.2.14　直立式早期抑制快速响应（ESFR）喷头下的障碍物，满足下列任一要求时，可以忽略不计。

1. 腹部通透的屋面托架或桁架，其下弦宽度或直径不大于10cm。

2. 其他单独的建筑构件，其宽度或直径不大于10cm。

3. 单独的管道或线槽等，其宽度或直径不大于10cm，或者多根管道或线槽，总宽度不大于10cm。

7.3.5.1.10 轨道验·机-223 报警阀组安装检验批质量验收记录

一、适用范围

本表适用于报警阀组安装检验批质量验收记录的质量检查验收。

二、《自动喷水灭火系统施工及验收规范》GB 50261—2017 规范摘要

Ⅰ 主控项目

5.3.1 报警阀组的安装应在供水管网试压、冲洗合格后进行。安装时应先安装水源控制阀、报警阀，然后进行报警阀辅助管道的连接。水源控制阀、报警阀与配水干管的连接，应使水流方向一致。报警阀组安装的位置应符合设计要求；当设计无要求时，报警阀组应安装在便于操作的明显位置，距室内地面高度宜为 1.2m；两侧与墙的距离不应小于 0.5m；正面与墙的距离不应小于 1.2m；报警阀组凸出部位之间的距离不应小于 0.5m。安装报警阀组的室内地面应有排水设施，排水能力应满足报警阀调试、验收和利用试水阀门泄空系统管道的要求。

检查数量：全数检查。

检查方法：检查系统试压、冲洗记录表，观察检查和尺量检查。

5.3.2 报警阀组附件的安装应符合下列要求：

1. 压力表应安装在报警阀上便于观测的位置。

检查数量：全数检查。

检查方法：观察检查。

2. 排水管和试验阀应安装在便于操作的位置。

检查数量：全数检查。

检查方法：观察检查。

3. 水源控制阀安装应便于操作，且应有明显开闭标志和可靠的锁定设施。

检查数量：全数检查。

检查方法：观察检查。

5.3.3 湿式报警阀组的安装应符合下列要求：

1. 应使报警阀前后的管道中能顺利充满水；压力波动时，水力警铃不应发生误报警。

检查数量：全数检查。

检查方法：观察检查和开启阀门以小于一个喷头的流量放水。

2. 报警水流通路上的过滤器应安装在延迟器前，且便于排渣操作的位置。

检查数量：全数检查。

检查方法：观察检查。

5.3.4 干式报警阀组的安装应符合下列要求：

1. 应安装在不发生冰冻的场所。

2. 安装完成后，应向报警阀气室注入高度为 50～100mm 的清水。

3. 充气连接管接口应在报警阀气室充注水位以上部位，且充气连接管的直径不应小于 15mm；止回阀、截止阀应安装在充气连接管上。

检查数量：全数检查。

检查方法：观察检查和尺量检查。

4. 气源设备的安装应符合设计要求和国家现行有关标准的规定。

5. 安全排气阀应安装在气源与报警阀之间，且应靠近报警阀。

检查数量：全数检查。

检查方法：观察检查。

6. 加速器应安装在靠近报警阀的位置，且应有防止水进入加速器的措施。

检查数量：全数检查。

检查方法：观察检查。

7. 低气压预报警装置应安装在配水干管一侧。

检查数量：全数检查。

检查方法：观察检查。

8. 下列部位应安装压力表：

(1) 报警阀充水一侧和充气一侧；

(2) 空气压缩机的气泵和储气罐上；

(3) 加速器上。

检查数量：全数检查。

检查方法：观察检查。

9. 管网充气压力应符合设计要求。

5.3.5 雨淋阀组的安装应符合下列要求：

1. 雨淋阀组可采用电动开启、传动管开启或手动开启，开启控制装置的安装应安全可靠。水传动管的安装应符合湿式系统有关要求。

2. 预作用系统雨淋阀组后的管道若需充气，其安装应按干式报警阀组有关要求进行。

3. 雨淋阀组的观测仪表和操作阀门的安装位置应符合设计要求，并应便于观测和操作。

检查数量：全数检查。

检查方法：观察检查。

4. 雨淋阀组手动开启装置的安装位置应符合设计要求，且在发生火灾时应能安全开启和便于操作。

检查数量：全数检查。

检查方法：对照图纸观察检查和开启阀门检查。

5. 压力表应安装在雨淋阀的水源一侧。

检查数量：全数检查。

检查方法：观察检查。

7.3.5.1.11 轨道验·机-224 其他组件安装检验批质量验收记录

一、适用范围

本表适用于其他组件安装检验批质量验收记录的质量检查验收。

二、《自动喷水灭火系统施工及验收规范》GB 50261—2017 规范摘要

Ⅰ 主控项目

5.4.1 水流指示器的安装应符合下列要求：

1. 水流指示器的安装应在管道试压和冲洗合格后进行，水流指示器的规格、型号应符合设计要求。

检查数量：全数检查。

检查方法：对照图纸观察检查和检查管道试压和冲洗记录。

2. 水流指示器应使电器元件部位竖直安装在水平管道上侧，其动作方向应和水流方向一致；安装后的水流指示器浆片、膜片应动作灵活，不应与管壁发生碰擦。

检查数量：全数检查。

检查方法：观察检查和开启阀门放水检查。

5.4.2 控制阀的规格、型号和安装位置均应符合设计要求；安装方向应正确，控制阀内应清洁、无堵塞、无渗漏；主要控制阀应加设启闭标志；隐蔽处的控制阀应在明显处设有指示其位置的标志。

检查数量：全数检查。

检查方法：观察检查。

5.4.3 压力开关应竖直安装在通往水力警铃的管道上，且不应在安装中拆装改动。管网上的压力控制装置的安装应符合设计要求。

检查数量：全数检查。

检查方法：观察检查。

5.4.4 水力警铃应安装在公共通道或值班室附近的外墙上，且应安装检修、测试用的阀门。水力警铃和报警阀的连接应采用热镀锌钢管，当镀锌钢管的公称直径为20mm时，其长度不宜大于20m；安装后的水力警铃启动时，警铃声强度应不小于70dB。

检查数量：全数检查。

检查方法：观察检查、尺量检查和开启阀门放水，水力警铃启动后检查压力表的数值。

5.4.5 末端试水装置和试水阀的安装位置应便于检查、试验，并应有相应排水能力的排水设施。

检查数量：全数检查。

检查方法：观察检查。

Ⅱ 一般项目

5.4.6 信号阀应安装在水流指示器前的管道上，与水流指示器之间的距离不宜小于300mm。

检查数量：全数检查。

检查方法：观察检查和尺量检查。

5.4.7 排气阀的安装应在系统管网试压和冲洗合格后进行；排气阀应安装在配水干管顶部、配水管的末端，且应确保无渗漏。

检查数量：全数检查。

检查方法：观察检查和检查管道试压和冲洗记录。

5.4.8 节流管和减压孔板的安装应符合设计要求。

检查数量：全数检查。

检查方法：对照图纸观察检查和尺量检查。

5.4.9 压力开关、信号阀、水流指示器的引出线应用防水套管锁定。

检查数量：全数检查。

检查方法：观察检查。

5.4.10 减压阀的安装应符合下列要求：

1. 减压阀安装应在供水管网试压、冲洗合格后进行。

检查数量：全数检查。

检查方法：检查管道试压和冲洗记录。

2. 减压阀安装前应进行检查：其规格型号应与设计相符；阀外控制管路及导向阀各连接件不应有松动；外观应无机械损伤，并应清除阀内异物。

检查数量：全数检查。

检查方法：对照图纸观察检查和手扳检查。

3. 减压阀水流方向应与供水管网水流方向一致。

检查数量：全数检查。

检查方法：观察检查。

4. 应在进水侧安装过滤器，并宜在其前后安装控制阀。

检查数量：全数检查。

检查方法：观察检查。

5. 可调式减压阀宜水平安装，阀盖应向上。

检查数量：全数检查。

检查方法：观察检查。

6. 比例式减压阀宜垂直安装；当水平安装时，单呼吸孔减压阀其孔口应向下，双呼吸孔减压阀其孔口应呈水平位置。

检查数量：全数检查。

检查方法：观察检查。

7. 安装自身不带压力表的减压阀时，应在其前后相邻部位安装压力表。

检查数量：全数检查。

检查方法：观察检查。

5.4.11　多功能水泵控制阀的安装应符合下列要求：

1. 安装应在供水管网试压、冲洗合格后进行。

检查数量：全数检查。

检查方法：检查管道试压和冲洗记录。

2. 安装前应进行检查：其规格型号应与设计相符；主阀各部件应完好；紧固件应齐全，无松动；各连接管路应完好，接头紧固；外观应无机械损伤，并应清除阀内异物。

检查数量：全数检查。

检查方法：对照图纸观察检查和手扳检查。

3. 水流方向应与供水管网水流方向一致。

检查数量：全数检查。

检查方法：观察检查。

4. 出口安装其他控制阀时应保持一定间距，以便于维修和管理。

检查数量：全数检查。

检查方法：观察检查。

5. 宜水平安装，且阀盖向上。

检查数量：全数检查。

检查方法：观察检查。

6. 安装自身不带压力表的多功能水泵控制阀时，应在其前后相邻部位安装压力表。

检查数量：全数检查。

检查方法：观察检查。

7. 进口端不宜安装柔性接头。

检查数量：全数检查。

检查方法：观察检查。

5.4.12　倒流防止器的安装应符合下列要求：

1. 应在管道冲洗合格以后进行。

检查数量：全数检查。

检查方法：检查管道试压和冲洗记录。

2. 不应在倒流防止器的进口前安装过滤器或者使用带过滤器的倒流防止器。

检查数量：全数检查。

检查方法：观察检查。

3. 宜安装在水平位置，当竖直安装时，排水口应配备专用弯头。倒流防止器宜安装在便于调试和维护的位置。

检查数量：全数检查。

检查方法：观察检查。

4. 倒流防止器两端应分别安装闸阀，而且至少有一端应安装挠性接头。

检查数量：全数检查。

检查方法：观察检查。

5. 倒流防止器上的泄水阀不宜反向安装，泄水阀应采取间接排水方式，其排水管不应直接与排水管（沟）连接。

检查数量：全数检查。

检查方法：观察检查。

6. 安装完毕后首次启动使用时，应关闭出水闸阀，缓慢打开进水闸阀。待阀腔充满水后，缓慢打开出水闸阀。

检查数量：全数检查。

检查方法：观察检查。

7.3.5.1.12 轨道验·机-225 水压试验检验批质量验收记录

一、适用范围

本表适用于水压试验检验批质量验收记录的质量检查验收。

二、《自动喷水灭火系统施工及验收规范》GB 50261—2017 规范摘要

Ⅰ 主控项目

6.2.1 当系统设计工作压力等于或小于 1.0MPa 时，水压强度试验压力应为设计工作压力的 1.5 倍，并不应低于 1.4MPa；当系统设计工作压力大于 1.0MPa 时，水压强度试验压力应为该工作压力加 0.4MPa。

检查数量：全数检查。

检查方法：观察检查。

6.2.2 水压强度试验的测试点应设在系统管网的最低点。对管网注水时应将管网内的空气排净，并应缓慢升压，达到试验压力后稳压 30min 后，管网应无泄漏、无变形，且压力降不应大于 0.05MPa。

检查数量：全数检查。

检查方法：观察检查。

6.2.3 水压严密性试验应在水压强度试验和管网冲洗合格后进行。试验压力应为设计工作压力，稳压 24h，应无泄漏。

检查数量：全数检查。

检查方法：观察检查。

Ⅱ 一般项目

6.2.4 水压试验时环境温度不宜低于 5℃，当低于 5℃时，水压试验应采取防冻措施。

检查数量：全数检查。

检查方法：用温度计检查。

6.2.5 自动喷水灭火系统的水源干管、进户管和室内埋地管道，应在回填前单独或与系统一起进行水压强度试验和水压严密性试验。

检查数量：全数检查。

检查方法：观察和检查水压强度试验和水压严密性试验记录。

7.3.5.1.13 轨道验·机-226 气压试验检验批质量验收记录

一、适用范围

本表适用于气压试验检验批质量验收记录的质量检查验收。

二、《自动喷水灭火系统施工及验收规范》GB 50261—2017 规范摘要

Ⅰ 主控项目

6.3.1 气压严密性试验压力应为 0.28MPa，且稳压 24h，压力降不应大于 0.01MPa。

检查数量：全数检查。

检查方法：观察检查。

Ⅱ 一般项目

6.3.2 气压试验的介质宜采用空气或氮气。

检查数量：全数检查。

检查方法：观察检查。

7.3.5.1.14 轨道验·机-227 冲洗检验批质量验收记录

一、适用范围

本表适用于冲洗检验批质量验收记录的质量检查验收。

二、《自动喷水灭火系统施工及验收规范》GB 50261—2017 规范摘要

Ⅰ 主控项目

6.4.1 管网冲洗的水流流速、流量不应小于系统设计的水流流速、流量；管网冲洗宜分区、分段进行；水平管网冲洗时，其排水管位置应低于配水支管。

检查数量：全数检查。

检查方法：使用流量计和观察检查。

6.4.2 管网冲洗的水流方向应与灭火时管网的水流方向一致。

检查数量：全数检查。

检查方法：观察检查。

6.4.3 管网冲洗应连续进行。当出口处水的颜色、透明度与入口处水的颜色、透明度基本一致时冲洗方可结束。

检查数量：全数检查。

检查方法：观察检查。

Ⅱ 一般项目

6.4.4 管网冲洗宜设临时专用排水管道，其排放应畅通和安全。排水管道的截面面积不得小于被冲洗管道截面面积的60%。

检查数量：全数检查。

检查方法：观察和尺量、试水检查。

6.4.5 管网的地上管道与地下管道连接前，应在配水干管底部加设堵头后对地下管道进行冲洗。

检查数量：全数检查。

检查方法：观察检查。

6.4.6 管网冲洗结束后，应将管网内的水排除干净，必要时可采用压缩空气吹干。

检查数量：全数检查。

检查方法：观察检查。

7.3.5.1.15 轨道验·机-228 水源测试检验批质量验收记录

一、适用范围

本表适用于水源测试检验批质量验收记录的质量检查验收。

二、《自动喷水灭火系统施工及验收规范》GB 50261—2017 规范摘要

Ⅰ 主控项目

7.2.2 水源测试应符合下列要求：

1. 按设计要求核实高位消防水箱、消防水池的容积，高位消防水箱设置高度、消防水池（箱）水位显示等应符合设计要求；合用水池、水箱的消防储水应有不做他用的技术措施。

检查数量：全数检查。

检查方法：对照图纸观察和尺量检查。

2. 应按设计要求核实消防水泵接合器的数量和供水能力，并应通过移动式消防水泵做供水试验进行验证。

检查数量：全数检查。

检查方法：观察检查和进行通水试验。

7.3.5.1.16　轨道验·机-229　消防水泵调试检验批质量验收记录

一、适用范围

本表适用于消防水泵调试检验批质量验收记录的质量检查验收。

二、《自动喷水灭火系统施工及验收规范》GB 50261—2017 规范摘要

Ⅰ　主控项目

7.2.3　消防水泵调试应符合下列要求：

1. 以自动或手动方式启动消防水泵时，消防水泵应在 55s 内投入正常运行。

检查数量：全数检查。

检查方法：用秒表检查。

2. 以备用电源切换方式或备用泵切换启动消防水泵时，消防水泵应在 1min 或 2min 内投入正常运行。

检查数量：全数检查。

检查方法：用秒表检查。

7.3.5.1.17　轨道验·机-230　稳定泵调试检验批质量验收记录

一、适用范围

本表适用于稳定泵调试检验批质量验收记录的质量检查验收。

二、《自动喷水灭火系统施工及验收规范》GB 50261—2017 规范摘要

Ⅰ　主控项目

7.2.4　稳压泵应按设计要求进行调试。当达到设计启动条件时，稳压泵应立即启动；当达到系统设计压力时，稳压泵应自动停止运行；当消防主泵启动时，稳压泵应停止运行。

检查数量：全数检查。

检查方法：观察检查。

7.3.5.1.18　轨道验·机-231　报警阀组调试检验批质量验收记录

一、适用范围

本表适用于报警阀组调试检验批质量验收记录的质量检查验收。

二、《自动喷水灭火系统施工及验收规范》GB 50261—2017 规范摘要

Ⅰ　主控项目

7.2.5　报警阀调试应符合下列要求：

1. 湿式报警阀调试时，在末端装置处放水，当湿式报警阀进口水压大于 0.14MPa、放水流量大于 1L/s 时，报警阀应及时启动；带延迟器的水力警铃应在 5～90s 内发出报警铃声，不带延迟器的水力警铃应在 15s 内发出报警铃声；压力开关应及时动作，启动消防泵并反馈信号。

检查数量：全数检查。

检查方法：使用压力表、流量计、秒表和观察检查。

2. 干式报警阀调试时，开启系统试验阀，报警阀的启动时间、启动点压力、水流到试验装置出口所需时间，均应符合设计要求。

检查数量：全数检查。

检查方法：使用压力表、流量计、秒表、声强计和观察检查。

3. 雨淋阀调试宜利用检测、试验管道进行。自动和手动方式启动的雨淋阀，应在 15s 之内启动；公称直径大于 200mm 的雨淋阀调试时，应在 60s 之内启动。雨淋阀调试时，当报警水压为 0.05MPa 时，水力警铃应发出报警铃声。

检查数量：全数检查。

检查方法：使用压力表、流量计、秒表、声强计和观察检查。

7.3.5.1.19　轨道验·机-232　排水装置调试检验批质量验收记录

一、适用范围

本表适用于排水装置调试检验批质量验收记录的质量检查验收。

二、《自动喷水灭火系统施工及验收规范》GB 50261—2017 规范摘要

Ⅱ　一般项目

7.2.6　调试过程中，系统排出的水应通过排水设施全部排走。

检查数量：全数检查。

检查方法：观察检查。

7.3.5.1.20　轨道验·机-233　联动试验检验批质量验收记录

一、适用范围

本表适用于联动试验检验批质量验收记录的质量检查验收。

二、《自动喷水灭火系统施工及验收规范》GB 50261—2017 规范摘要

Ⅱ　一般项目

7.2.7　联动试验应符合下列要求，并应按本规范附录 C 表 C.0.4 的要求进行记录：

1. 湿式系统的联动试验，启动一只喷头或以 0.94～1.5L/s 的流量从末端试水装置处放水时，水流指示器、报警阀、压力开关、水力警铃和消防水泵等应及时动作，并发出相应的信号。

检查数量：全数检查。

检查方法：打开阀门放水，使用流量计和观察检查。

2. 预作用系统、雨淋系统、水幕系统的联动试验，可采用专用测试仪表或其他方式，对火灾自动报警系统的各种探测器输入模拟火灾信号，火灾自动报警控制器应发出声光报警信号，并启动自动喷水灭火系统；采用传动管启动的雨淋系统、水幕系统联动试验时，启动 1 只喷头，雨淋阀打开，压力开关动作，水泵启动。

检查数量：全数检查。

检查方法：观察检查。

3. 干式系统的联动试验，启动 1 只喷头或模拟 1 只喷头的排气量排气，报警阀应及时启动，压力开关、水力警铃动作并发出相应信号。

检查数量：全数检查。

检查方法：观察检查。

7.3.6　供电系统

7.3.6.4　轨道验·机-259　设备基础预埋件检验批质量验收记录

一、适用范围

本表适用于设备基础预埋件检验批的质量检查验收。

二、表内填写提示

本表参照《铁路电力工程施工质量验收标准》TB 10420—2018 相关规定：

Ⅰ　主控项目

第 4.2.1 条　运达现场的水泥、砂、石料、钢筋、型钢等原材料，按进场批次检验，其品种、规格、质量应符合有关规定。

检验数量：施工、监理单位均全部检查。

检验方法：按国家铁路局现行标准《铁路混凝土工程施工质量验收标准》TB 10424—2018 第 6.2.1～6.2.6 条的有关规定。

第 4.2.6 条　基础测设位置及其高程应符合设计要求，并符合下面表规定。

基础施工允许偏差范围

检验项目	纵横轴心中心位置		基础面高程		
	设备基础	构架基础	独立电气设备	互相联动设备	构架
允许偏差	＋10	＋20	0　−20	±10	0−10

检验数量：施工、监理单位均全部检查。

检验方法：测量检查。

第 4.3.7 条　横梁、爬梯、地线架及设备托（支）架接地位置应符合设计要求并安装正确，接地可靠。

检验数量：施工、监理单位均全部检查。

检验方法：观察检查。

Ⅱ　一般项目

第 4.2.9 条　盘、柜等基础预埋型钢的安装允许偏差应符合下表规定，其顶部宜高出抹平的地面 2～3mm。

检验数量：施工单位全部检查。

检验方法：测量检查。

基础型钢安装允许偏差

检验项目		不直度	水平度	位置误差及不平行度
允许偏差	mm/m	1	1	—
	mm/全长	5	5	5

第 4.2.10 条　基础槽钢的外形尺寸应符合设计要求，偏差范围应在 0～＋20mm 间。

检验数量：施工单位全部检查。

检验方法：测量检查。

7.3.6.5　轨道验・机-260　电力电缆及控制电缆检验批质量验收记录

一、适用范围

本表适用于电力电缆及控制电缆的质量检查验收。

二、表内填写提示

电力电缆及控制电缆敷设应符合现行国家标准《铁路电力牵引供电工程施工质量验收标准》TB 10421—2018 的相关规定：

Ⅰ　主控项目

4.14.1　设备运达现场应进行检查，电力电缆及控制电缆的规格、型号、长度及电压等级应符合设计要求。10kV 及以上电力电缆其绝缘电阻不应小于 400MΩ。控制电缆绝缘电阻不应小于 5MΩ。电缆中间接头及终端头的附件规格、型号及电压等级与电缆的规格、型号互相吻合，且应符合设计要求。

检验数量：施工单位、监理单位全部检查。

检验方法：施工单位观察，10kV 及以上电力电缆用 2500V/2500MΩ 兆欧表检查。控制电缆用 500V/500MΩ 兆欧表检查，监理单位查阅试验报告。

4.14.2　电缆的辐射径路、终端位置符合设计要求；直埋电缆埋深不应小于 0.7m，通过道路及构筑物时应穿管保护，并应有径路示意图。

检验数量：施工单位、监理单位全部检查。检验方法：观察检查、按示意图核对检查。监理单位旁站监理。

4.14.3　电力电缆及控制电缆与设备的连接方法，固定牢固，绝缘良好，终端头接地可靠。各类电缆在终端处留有适当的备用长度。

检验数量：施工单位、监理单位全部检查。

检验方法：观察检查。

4.14.4　电力电缆终端头的相色标志与系统相位一致，各带电部位应满足相应电压等级的电气距离规定。

检验数量：施工单位、监理单位全部检查。

检验方法：观察、测量检查，必要时进行核相。

Ⅱ　一般项目

4.14.5　电缆在支架或桥梁上的辐射应符合下列规定：

1. 电缆在支架上的排列层次自上而下依次为：高压电缆、电力电缆、控制电缆，电力电缆和控制电缆不得排列在同一层。

2. 控制电缆在每层支架上的排列不宜超过 1 层，在桥架上的排列不宜超过 2 层。

3. 电缆在支架或桥架，上排列整齐，绑扎牢固；每条电缆的终端处及位于电缆穿墙板处、夹层处或电缆井进出口处的显著部位均应挂有标志牌，标志牌规格应统一，字迹清晰，挂装牢靠。

检验数量：施工单位全部检查。

检验方法：观察检查。

4.14.6　金属电缆支架和电缆保护管的接地可靠，电缆保护管的管口封堵严密。电缆保护管垂直引出底面时的高度不宜小于 2m，且固定牢靠。

4.14.7　单相交流电力电缆的保护管及固定金具不得构成闭合磁路。

检验数量：施工单位全部检查。

检验方法：观察检查。

4.14.8　电力电缆终端头和中间接头的电缆护层剥切长度、绝缘包扎长度及芯线连接强度应符合电缆头制作工艺要求；单相电力电缆的铠装或屏蔽层应有一端接地。

检验数量：施工单位全部检查。

检验方法：观察、测量检查。

4.14.9　电力电缆终端头的接地线的界面选用标准：当电缆截面为 120mm^2 及以下时，接地线的界面不得小于 16mm^2；当电缆截面为 150mm^2 及以上时，接地线的截面不得小于 25mm^2；110kV 及以上电缆接地线的截面应符合设计规定。

检验数量：施工单位全部检查。

检验方法：观察、测量检查。

4.14.10　控制电缆可以采用市售各类成品终端头或采用以或热塑形式制作终端头，其性能应保证终端头绝缘可靠，密封良好。

检验数量：施工单位全部检查。

检验方法：观察、测量检查。

7.3.6.6　轨道验・机-261　交直流电源装置检验批质量验收记录

一、适用范围

本表适用于交直流电源装置安装的质量检查验收。

二、表内填写提示

验收项目应符合现行国家标准《铁路电力牵引供电工程施工质量验收标准》TB 10421—2018 的相关规定：

Ⅰ　主控项目

4.16.1　直流系统运达现场应进行检查，充电装置和蓄电池盘柜应符合设计和产品规定。

检验数量：施工单位、监理单位全部检查。

检验方法：观察检查。

4.16.2　充电装置具备的各种状态下的充电功能及装置正负极对地的绝缘电阻值应符合产品的技术规定。

检验数量：施工单位、监理单位全部检查。

检验方法：与产品说明书核对与校验。

4.16.3　具有自动控制功能的充电装置尚应符合下列规定。

1. 装置能根据产品的技术要求，蓄电池在正常充电情况下，装置应由恒流限压状态自动向动恒压充电、浮充电、正常运行状态转换，且转换过程和持续时间符合技术规定。

2. 自动控制功能应自动定期对蓄电池组进行均衡充电，确保电池组随时具备额定容量。

3. 满足远动系统运行要求，具备由远方对电压、电流进行调控的功能。在故障状态下，装置应自动或经手动能切换到“当地”运行方式。

检验数量：施工单位、监理单位全部检查。

检验方法：施工单位以产品技术规定进行校验及传动检查，监理单位见证检查。

4.16.4　蓄电池的规格容量和电池数量应符合设计规定。

检验数量：施工单位、监理单位全部检查。

检验方法：与产品说明书核对并与充放电记录比对。

4.16.5　配制电解液的化学材料在使用前应进行品质化验检测，化验合格方可以使用。

检验数量：施工单位、监理单位全部检查。

检验方法：查阅化验检测记录。

4.16.6　随直流电源盘供货的蓄电池制造厂尚应提供产品合格证、试验报告、充放电记录及充电放电曲线图等。

检验数量：施工单位、监理单位全部检查。

检验方法：观察检查。

4.16.7　蓄电池组在盘柜内台架上排列整齐，连续正确可靠。

检验数量：施工单位、监理单位全部检查。

检验方法：观察、测量检查。

4.16.8　充放电容量或倍率校验等应符合产品的技术规定。

检验数量：施工单位、监理单位全部检查。

检验方法：施工电位观察、测量检查，监理单位查阅蓄电池在现场所做的充放电记录及充、放电特性曲线图。

7.3.6.7　轨道验・机-262　变电所综合自动化检验批质量验收记录

一、适用范围

本表适用于变电所综合自动化的质量检查验收。

二、表内填写提示

变电所综合自动化质量验收应符合现行国家标准《铁路电力牵引供电工程施工质量验收标准》TB 10421—2018的相关规定：

Ⅰ　主控项目

4.17.1 监控系统的设备及附件的规格和型号应符合设计规定，各种接插件的规格应与设备接口互相一致，且符合订货合同要求。

检验数量：施工单位、监理单位全部检查。

检验方法：观察检查及查阅产品说明书。

4.17.2　操作系统软件及监控系统应用软件应符合设计及定货合同规定。

检验数量：施工单位、监理单位全部检查。

检验方法：观察、操作检查。

4.17.3　自动化系统的监控主机及其外设的配置方案和位置应便于维护人员操作及监视，所有通信断口的连接应符合产品规定。

检验数量：施工单位、监理单位全部检查。

检验方法：观察检查。

4.17.4　正式向控制柜和保护柜及监控主机送电前，对二次回路配线或数据传输电缆进行详细检查及有关的绝缘测试。确认合格后，方可送电。

检验数量：施工单位、监理单位全部检查。

检验方法：观察、测试检查。

4.17.5　根据产品的技术规定，通过当地监控主机或利用便携机通过应急控制模块单元分别对每一个间隔内的电气装置进行单体传动试验及相互的闭锁功能检查，应符合设计规定。

检验数量：施工单位、监理单位全部检查。

检验方法：施工单位操作检查。监理单位见证检测。

4.17.6　综合自动化系统的当地监控。当地维护、数据采集与传输、数据预处理及当地和远程通信功能应符合设计规定。

检验数量：施工单位、监理单位全部检查。

检验方法：施工单位观察、试验检查。监理单位见证试验。

Ⅱ　一般项目

4.17.7　变电所辅助信息检测系统功能元件（探头、电子眼等）的安装位置和防护装备应符合设计及产品技术文件的规定；系统能在突发事件发生时自动启动变电所报警系统和调度中心安全监控主机系统并显示和保存实时图像。

检验数量：施工单位全部检查。

检验方法：按设计图纸和产品技术文件进行核对。模拟启动变电所报警系统，在调度中心进行检查确认。

4.17.8　当监控装置具有进线自动检有压功能时，正常情况下应正确发送断路器位置信号，并将变压器两侧的电流模拟量传输至显示设备。线路故障时，失压保护功能可靠。

检验数量：施工单位全部检查。

检验方法：观察、试验检查。

4.17.9　线路一变压器组互为备用的自投功能复合设计规定。

检验数量：施工单位全部检查。

检验方法：观察、试验检查。

4.17.10　馈电线的距离保护和电流速断保护功能复合设计规定，能正确发送、传输断路器位置信号和电流模拟量至显示设备。

检验数量：施工单位全部检查。

检验方法：观察、模拟试验检查。

4.17.11　在馈电线发生故障的情况下，馈电线的故障性质判断装置应能他根据设计规定的程序，正确起用断路器与隔离开关之间的联动、联锁功能，准确判断上下行接触网馈电线的故障位置，并恢复向无故障线路的供电。

检验数量：施工单位全部检查。

检验方法：观察、试验检查。

4.17.12　电容补偿装置的各种保护功能动作准确，并正确传输相关信息。

检验数量：施工单位全部检查。

检验方法：观察、试验检查。

4.17.13　变电所辅助信息检测系统的气象检测、防灾报警、红外线围禁、智能门禁、图像报警功能应符合产品的技术规定。

检验数量：施工单位全部检查。

检验方法：现场模拟试验，分别在现场和调度中心进行检查确认。

4.17.14　电器设备的位置信号能够在该设备的控制装置及变电所得中央信号控制盘或模拟盘上及远动终端准确显示。

检验数量：施工单位全部检查。

检验方法：观察、试验检查。

7.3.6.7　轨道验·机-263　变电所启动试运行及送电开通检验批质量验收记录

一、适用范围

本表适用于变电所启动试运行及送电开通检验批质量验收。

二、表内填写提示

验收项目应符合现行国家标准《铁路电力牵引供电工程施工质量验收标准》TB 10421—2018 的相关规定：

Ⅰ　主控项目

4.18.1　牵引变电所在启动前应进行传动试验检查，检查试验的项目应保证变电所能可靠地投入运行并满足设计说明书的要求，在变电所启动前应进行下列试验：

1. 确认每台电器设备均能够进行可靠的操作，按设计说明书规定的运行条件及设备操作对象表的顺序，在控制室逐一对本所的所有电气设备进行传动检查。并模拟施工状态的产生，在本所对自动装置的动作情况及返回信号的正确性进行确认，应达到设计规定。

2. 在配备综合自动化功能的变电所，除进行上述试验项目外，尚应根据计算机操作菜单显示的功能，进行相应电气设备的顺序操作及程序操作功能的检查。

3. 对于配备远动操作系统的变电所，除进行，上述两项试验检查外，尚应根据设计要求，对操作对戏那个的位置信号、故障信号、预告信号等在电力调度中心进行检查确认，同时检查事故记录和事故打印功能的完整性。在具备条件的情况下，应由电力调度中心进行必要的遥控操作检查。

检验数量：施工单位、监理单位全部检查。

检验方法：在变电所启动试运行前进行检查。

4.18.2　变电所受电前变压器、断路器、馈线的绝缘电阻合格。受电时，其高压侧母线电压、相位及相序，低压侧母线电压及相位以及所用电电压、相位、相序均符合设计要求。牵引变压器、电容补偿装置冲击合闸试验应无异常。送电后带负荷运行 24h，全所无异常。

检验数量：施工单位、监理单位全部检查。

检验方法：施工单位随变电所启动试运行期间进行检查。监理单位见证检测。

4.18.3　变电所开关动作准确无误，闭锁功能符合设计规定要求。各种声光信号显示正确，测量仪表指示准确。

检验数量：施工单位、监理单位全部检查。

检验方法：随变电所启动试运行期间进行观察检查。

4.18.4　各种保护装置动作准确可靠，保护范围符合设计规定。

检验数量：施工单位、监理单位全部检查。

检验方法：随变电所启动试运行期间进行观察检查。

4.18.5　对于具有远动操作功能的变电所，其“四遥”或“五遥”及程序控制功能符合设计规定。

检验数量：施工单位、监理单位全部检查。

检验方法：随变电所启动试运行期间进行观察检查。

7.3.6.9　轨道验·机-264　网栅检验批质量验收记录

一、适用范围

本表适用于网栅检验批的质量检查验收。

二、表内填写提示

本表编制时参考了《广州地铁供电系统施工质量验收标准》和《深圳地铁供电系统施工质量验收标准》，实际验收时应按工程设计，合同等相关文件明确的验收标准为依据填写。本表中所填写内容仅做参考，不作为最终验收依据。

7.3.6.10 轨道验·机-265 电缆防护管检验批质量验收记录

一、适用范围

本表适用于电缆防护管安装的质量检查验收。

二、表内填写提示

本表编制时参考了《广州地铁供电系统施工质量验收标准》和《深圳地铁供电系统施工质量验收标准》，实际验收时应按工程设计，合同等相关文件明确的验收标准为依据填写。本表中所填写内容仅做参考，不作为最终验收依据。

Ⅰ 主控项目

第1条 电缆保护管规格、型号、安装路径符合设计要求。

检查方法：观察、测量检查。

第2条 电缆保护管内壁和管口光滑，无毛刺，固定牢靠，防腐良好；出入电缆夹层、建筑物和轨道道床下的保护管口应封堵严密。

检验方法：观察检查。

第3条 地中埋设的保护管和沿道床下过轨的保护管的抗压要求，应符合设计规定，并都具有耐环境腐蚀性。

检查方法：观察检查。

第4条 电缆保护管的内径不宜小于电缆外径或多根电缆包络外径的1.5倍。

检查方法：观察、测量检查。

Ⅱ 一般项目

第5条 电缆保护管弯曲处无明显的皱折和不平，明设部分横平竖直，成排敷设的排列整齐。

检验方法：观察检查。

第6条 引至设备的电缆管管口位置，应便于电缆与设备的连接并不妨碍设备进出，并列敷设的电缆管管口高度应一致。

检验方法：观察检查。

7.3.6.11 轨道验·机-266 轨电位限制装置检验批质量验收记录

一、适用范围

本表适用于轨电位限制装置检验批的质量检查验收。

二、表内填写提示

本表编制时参考了《广州地铁供电系统施工质量验收标准》和《深圳地铁供电系统施工质量验收标准》，实际验收时应按工程设计，合同等相关文件明确的验收标准为依据填写。本表中所填写内容仅做参考，不作为最终验收依据。

Ⅰ 主控项目

第1条 轨电位限制装置于基础槽钢应用镀锌标准件螺栓连接，且防松零件齐全，安装牢固。

检查方法：观察检查。

第2条 轨电位限制装置的现场试验应满足下列要求：

1）设定值测试：检查电压继电器的定值应准确，三段电位动作保护应正确；

2）功能试验：轨电位限制装置的动作特性和闭锁功能应符合产品技术标准，且动作可靠。

检查方法：查验试验报告，试操作。

第3条 轨电位限制装置于保护性接地端应有良好接触，柜体接地可靠。可开启的门与柜体间应用软编制铜线可靠连接。

检查方法：观察试验。

Ⅱ 一般项目

第4条 轨电位限制装置安装时其垂直度允许偏差应符合下表的规定：

项目	允许偏差（mm）	检验频率		检验方法
		范围	点数	
垂直度（mm）	<1.5	每限制装置	1	用吊线测量

检查方法：观察、测量检查。

第5条 轨电位限制装置的表计、记录仪、指示灯等应能准确反映装置状态，所有操作按钮、转换开关都应有明确的永久性标识，操作灵活。

检验方法：观察检查，试操作。

第6条 轨电位限制装置的二次回路允许采用线槽或线把布线形式，接线方式应根据设备实际情况分别采用插接、焊锡连接及压接端子连接；当采用压接端子连接方式时，压接端子的规格应与导线规格匹配，压接牢固；二次回路接线固定牢靠，排列整齐；回路编号正确、字迹清晰。

检验方法：观察检查。

7.3.6.12 轨道验·机-267 整流器柜、负极柜安装检验批质量验收记录

一、适用范围

本表适用于整流器柜、负极柜安装检验批的质量检查验收。

二、表内填写提示

本表编制时参考了《广州地铁供电系统施工质量验收标准》和《深圳地铁供电系统施工质量验收标准》，实际验收时应按工程设计，合同等相关文件明确的验收标准为依据填写。本表中所填写内容仅做参考，不作为最终验收依据。

Ⅰ 主控项目

第1条 硅整流器柜、负极柜外型尺寸、柜内设备规格、型号、安装位置必须符合设计要求。

检查方法：查阅设计图纸及检查安装记录。

第2条 整流器柜、负极柜柜体采用绝缘法安装并经框架保护接地，柜体对地绝缘电阻值应符合设计要求（5000V，5MΩ；5000V/min）。绝缘安装方式满足供货商要求，并得到其安装督导人员的确认。

检查方法：检查安装记录。

第3条 硅整流器的试验、调整及整机检查结果必须符合设计要求、施工规范和产品技术文件的要求。

检查方法：随机检查和安装记录。

第4条 整流器管单个参数、配对结果应符合设计及产品技术要求，快速熔断器表面无裂纹，破损，绝缘部件完整。

检查方法：观察及检查安装记录。

Ⅱ 一般项目

第5条 柜本体及其附件安装应符合以下规定：

1）柜内、外应清除干净，临时固定器件的绳索标签等应拆除，盘面清洁。柜体安装排列整齐，表面油漆色泽一致，完好，标识正确。

2）柜内元器件应完整无损并固定牢固。

3）端子排等无断裂变形，接触弹簧片应有弹性。

4）元、器件出厂时调整的定位标准应无错位现象。

5）柜、绝缘板与基础槽钢间连接紧密，固定牢固。

检验方法：观察检查。

第6条　柜内设备接线应符合以下规定：

1）完整齐全，固定牢固，操动部分动作灵活，准确。

2）二次接线正确，固定牢靠，导线与电器或端子排的连接紧密，标志清晰、齐全，焊接连接的导线应无脱焊、碰壳、短路。

3）一、二次电缆接线正确，连接紧固。

4）母排连接紧固，符合施工规范规定。

5）硅二极管接线端的极性必须相同。

6）非带电部分需接地时，应符合接地装置的规定。

检验方法：观察检查。

第7条　柜安装允许偏差应符合下表的规定：

<table>
<tr><th rowspan="2">序号</th><th rowspan="2" colspan="2">项　目</th><th rowspan="2">允许偏差（mm）</th><th colspan="2">检验频率</th><th rowspan="2">检验方法</th></tr>
<tr><th>范围</th><th>点数</th></tr>
<tr><td>1</td><td colspan="2">垂直度（每米）</td><td>＜1.5</td><td rowspan="6">每座整流器柜、负极距</td><td>2</td><td>吊线测量</td></tr>
<tr><td rowspan="2">2</td><td rowspan="2">水平偏差</td><td>相邻两盘顶部</td><td>＜2</td><td>2</td><td>直尺测量</td></tr>
<tr><td>成列盘顶部</td><td>＜5</td><td>2</td><td>拉线测量</td></tr>
<tr><td rowspan="2">3</td><td rowspan="2">盘面偏差</td><td>相邻两盘边</td><td>＜1</td><td>2</td><td>直尺测量</td></tr>
<tr><td>成列盘面</td><td>＜5</td><td>2</td><td>拉线测量</td></tr>
<tr><td>4</td><td colspan="2">盘间接缝</td><td>＜2</td><td>2</td><td>直尺测量</td></tr>
</table>

检查方法：观察、测量检查。

第8条　柜上的标志牌、标志框齐全、清晰、正确。

检查方法：观察检查。

第9条　整流器柜、负极柜内，外及盘面应清洁，油漆完整。柜门开启自如，门与柜体间连接软导线应安装牢固。

检查方法：观察检查。

第10条　二次回路允许采用线槽或线把布线形式，接线方式应根据设备实际情况分别采用插接、焊锡连接及压接端子连接；当采用压接端子连接方式时，压接端子的规格应与导线规格匹配，压接牢固；二次回路接线固定牢靠，排列整齐；回路编号正确、字迹清晰。

检查方法：观察检查。

第11条　二次回路配线应满足以下要求：

（1）端子号清晰、牢固；

（2）每个接线端子同一侧所接芯线不得超过两根。

检查方法：观察检查。

7.3.6.13　轨道验·机-268　排流柜检验批质量验收记录

一、适用范围

本表适用于排流柜的质量检查验收。

二、表内填写提示

本表编制时参考了《广州地铁供电系统施工质量验收标准》和《深圳地铁供电系统施工质量验收标

准》，实际验收时应按工程设计，合同等相关文件明确的验收标准为依据填写。本表中所填写内容仅做参考，不作为最终验收依据。

Ⅰ 主控项目

第1条 排流柜运达现场应进行检查，其质量应符合下列规定：

(1) 设备的规格、型号应符合设计规定。

(2) 设备表面油漆涂层完整，无锈蚀及损伤等缺陷。

(3) 设备上安装的元、器件型号、规格正确，完好无损、固定牢靠，二次回路接线正确，连接可靠。

(4) 各种接线端子的排列顺序及绝缘间隔与端子排接线图一致。

检查方法：观察检查。

第2条 排流柜安装在变电所内，安装位置、接线方式符合设计要求。

检验方法：观察、测量检查。

第3条 排流柜中的负荷开关动作灵活，准确可靠，触头接触紧密，传动部位无卡阻现象。

检查方法：观察检查。

第4条 排流柜功能性试验合格，试验项目应符合设备采购合同规定。

检查方法：查阅试验记录。

第5条 智能排流柜控制器与变电所综合自动化（PSCADA）系统主控单元的接口应符合设计要求；且具有下列功能：

(1) 实时检测快速熔断器的开关状态，显示被测电流和电压工作状态；

(2) 报警信号（当地/远方）。

检查方法：观察试验检查。

Ⅱ 一般项目

第6条 排流柜与基础的连接应固定牢固，所有紧固件应防腐处理，柜内清洁、无杂物。

检验方法：观察检查。

第7条 排流柜上的标志牌、标志框齐全、清晰、正确。

检验方法：观察检查。

第8条 二次回路允许采用线槽或线把布线形式，接线方式应根据设备实际情况分别采用插接、焊锡连接及压接端子连接；当采用压接端子连接方式时，压接端子的规格应与导线规格匹配，压接牢固；二次回路接线固定牢靠，排列整齐；回路编号正确、字迹清晰。

检验方法：观察检查。

第9条 二次回路配线应满足以下要求：

(1) 端子号清晰、牢固；

(2) 每个接线端子同一侧所接芯线不得超过两根。

检验方法：观察检查。

7.3.6.14 轨道验·机-269 GIS开关柜安装质量验收记录

一、适用范围

本表适用于GIS开关柜安装的质量检查验收。

二、表内填写提示

GIS开关柜安装应符合现行国家标准《电气装置安装工程盘、柜及二次回路接线施工及验收规范》GB 50171—2012的相关规定：

第4.0.3条：盘、柜间及盘、柜上的设备与各构件间连接应牢固；控制、保护盘柜和自动装置盘等与基础型钢不宜焊接固定。

第4.0.4条：盘柜单独或成列安装时，其垂直、水平偏差及盘、柜面偏差和盘、柜间接缝等的允许偏差应符合表4.0.4的规定。

盘、柜安装的允许偏差　　表 4.0.4

项　目		允许偏差（mm）
垂直度（每米）		1.5
水平偏差	相邻两盘顶部	2
	成列盘顶部	5
盘面偏差	相邻两盘边	1
	成列盘面	5
盘间接缝		2

第 7.0.6 条：盘、柜柜体接地应牢固可靠，标识应明显。

第 6.0.1 条：二次回路结线应符合下列要求：

1. 应按有效图纸施工，接线应正确。

2. 导线与电气元件间采用螺栓连接、插接、焊接或压接等，且均应牢固可靠。

3. 盘、柜内的导线不应有接头，导线芯线应无损伤。

4. 多股导线与端子、设备连接应压终端附件。

5. 电缆芯线和所配导线的端部均应标明其回路编号，编号应正确，字迹清晰，不易脱色。

6. 配线应整齐、清晰、美观，导线绝缘应良好。

7. 每个接线端子的每侧接线宜为 1 根，不得超过 2 根；对于插接式端子，不同截面的两根导线不得接在同一端子中；螺栓连接端子接两根导线时，中间应加平垫片。

第 4.0.6 条：成套柜的安装应符合下列规定：

1. 机械闭锁、电气闭锁应动作准确、可靠。

2. 动触头与静触头的中心线应一致，触头接触应紧密。

3. 二次回路辅助开关的切换接点应动作准确，接触应可靠。

第 4.0.9 条：盘、柜的漆层应完整，无损伤。固定电器的支架等应采取防锈蚀措施。

第 5.0.1 条：盘、柜上的电器安装应符合下列要求：

1. 电器元件质量应良好，型号、规格应符合设计要求，外观应完好，附件应齐全，排列应整齐，固定应牢固，密封应良好。

2. 电器单独拆、装、更换而不应影响其他电器及导线束的固定。

3. 发热元件宜安装在散热良好的地方；两个发热元件之间的连线应采用耐热导线。

4. 熔断器的规格、断路器的参数应符合设计及级配要求。

5. 压板应接触良好，相邻压板间应有足够安全距离，切换时不应碰及相邻的压板。

6. 信号回路的声、光、电信号等应正确，工作应可靠。

7. 盘上装有装置性设备或其他有接地要求的电器，其外壳应可靠接地。

8. 带有照明的封闭式盘、柜，照明应完好。

第 5.0.4 条：盘、柜的正面及背面各电器、端子排等应标明编号、名称、用途及操作位置，且字迹应清晰、工整，不易脱色。

7.3.6.15　轨道验·机-270　DC1500V 开关柜安装质量验收记录

一、适用范围

本表适用于 DC1500V 开关柜安装的质量检查验收。

二、表内填写提示

GIS 开关柜安装应符合现行国家标准《电气装置安装工程盘、柜及二次回路接线施工及验收规范》

GB 50171—2012 的相关规定：

第 4.0.3 条：盘、柜间及盘、柜上的设备与各构件间连接应牢固；控制、保护盘柜和自动装置盘等与基础型钢不宜焊接固定。

第 4.0.4 条：盘柜单独或成列安装时，其垂直、水平偏差及盘、柜面偏差和盘、柜间接缝等的允许偏差应符合表 4.0.4 的规定。

盘、柜安装的允许偏差　　　　表 4.0.4

项　　目	
垂直度（每米）	
水平偏差	相邻两盘顶部
	成列盘顶部
盘面偏差	相邻两盘边
	成列盘面
盘　间　接　缝	

第 7.0.6 条：盘、柜柜体接地应牢固可靠，标识应明显。

第 6.0.1 条：二次回路结线应符合下列要求：

1. 应按有效图纸施工，接线应正确。

2. 导线与电气元件间采用螺栓连接、插接、焊接或压接等，且均应牢固可靠。

3. 盘、柜内的导线不应有接头，导线芯线应无损伤。

4. 多股导线与端子、设备连接应压终端附件。

5. 电缆芯线和所配导线的端部均应标明其回路编号，编号应正确，字迹清晰，不易脱色。

6. 配线应整齐、清晰、美观，导线绝缘应良好。

7. 每个接线端子的每侧接线宜为 1 根，不得超过 2 根；对于插接式端子，不同截面的两根导线不得接在同一端子中；螺栓连接端子接两根导线时，中间应加平垫片。

第 4.0.6 条：成套柜的安装应符合下列规定：

1. 机械闭锁、电气闭锁应动作准确、可靠。

2. 动触头与静触头的中心线应一致，触头接触应紧密。

3. 二次回路辅助开关的切换接点应动作准确，接触应可靠。

第 4.0.9 条：盘、柜的漆层应完整，无损伤。固定电器的支架等应采取防锈蚀措施。

第 5.0.1 条：盘、柜上的电器安装应符合下列要求：

1. 电器元件质量应良好，型号、规格应符合设计要求，外观应完好，附件应齐全，排列应整齐，固定应牢固，密封应良好。

2. 电器单独拆、装、更换而不应影响其他电器及导线束的固定。

3. 发热元件宜安装在散热良好的地方；两个发热元件之间的连线应采用耐热导线。

4. 熔断器的规格、断路器的参数应符合设计及级配要求。

5. 压板应接触良好，相邻压板间应有足够安全距离，切换时不应碰及相邻的压板。

6. 信号回路的声、光、电信号等应正确，工作应可靠。

7. 盘上装有装置性设备或其他有接地要求的电器，其外壳应可靠接地。

8. 带有照明的封闭式盘、柜，照明应完好。

第 5.0.4 条：盘、柜的正面及背面各电器、端子排等应标明编号、名称、用途及操作位置，且字迹应清晰、工整，不易脱色。

7.3.6.16　轨道验·机-271　变电所附属设施检验批质量验收记录

一、适用范围

本表适用于变电所附属设施的质量检查验收。

二、表内填写提示

本表编制时参考了《广州地铁供电系统施工质量验收标准》和《深圳地铁供电系统施工质量验收标准》，实际验收时应按工程设计，合同等相关文件明确的验收标准为依据填写。本表中所填写内容仅做参考，不作为最终验收依据。

Ⅰ　主控项目

第1条　灭火器、操作手柄和钥匙、绝缘垫、操作模拟屏、临时调度电话已配置，并能完好使用。

检查方法：观察、操作检查。

Ⅱ　一般项目

第2条　防鼠板、电缆沟和检修孔盖板、爬梯已安装，进出变电所管线孔洞已封堵；变电所操作记录本和进所作业登记簿、操作安全手套、绝缘鞋、安全警示已配置，并能完好使用。

检验方法：观察检查。

7.3.6.17　轨道验·机-272　电力监控检验批质量验收记录

一、适用范围

本表适用于电力监控的质量检查验收。

二、表内填写提示

本表编制时参考了《广州地铁供电系统施工质量验收标准》和《深圳地铁供电系统施工质量验收标准》，实际验收时应按工程设计，合同等相关文件明确的验收标准为依据填写。本表中所填写内容仅做参考，不作为最终验收依据。

Ⅰ　主控项目

第1条　主站硬件设备的安装位置应准确，各插件安装牢固，接线正确。

检查方法：观察检查。

第2条　自动化屏设备接地、设备中端子排安装应符合设计及产品技术文件的要求，自动化屏设备的电缆敷设和二次配线应符合国家及相关行业现行技术规范的规定。

检查方法：观察检查。

第3条　主控站软件配置应齐全，软、硬件的连接应正确，通信数据处理正确，保证不间断通讯，无对时误差。

检查方法：试机动态检查。

第4条　监控单元与现场设备间隔单元相连通，现场监控设备的自恢复功能应符合设计要求。

检验方法：试测动态检查。

Ⅱ　一般项目

第5条　监控系统的启动、自检和切换功能、检测调试应正常，工作可靠，主监控单元与通信单元测试，达到数据传输正常，系统通讯工作状态良好。

检验方法：试测动态检查。

第6条　主控站硬件设备电流装置，输出电压应符合设计要求，信号显示正确，电缆布线排布整齐，牢固可靠，二次接线排列标准，标记清楚。

检验方法：观察检查。

第7条　控制信号盘，集中监控设备安装应牢固、连接紧密、标志正确、接地可靠，电器性能及数量应符合设计要求，电源装置的输入输出极性及电压值应符合产品技术文件规定。

检验方法：观察检查。

7.3.6.18 轨道验·机-273 安全生产管理系统检验批质量验收记录

一、适用范围

本表适用于安全生产管理系统的质量检查验收。

二、表内填写提示

本表编制时参考了《广州地铁供电系统施工质量验收标准》和《深圳地铁供电系统施工质量验收标准》，实际验收时应按工程设计，合同等相关文件明确的验收标准为依据填写。本表中所填写内容仅做参考，不作为最终验收依据。

Ⅰ 主控项目

第1条 所内五防主机的安装应符合下列要求：

1）主机、外设配置齐备、完好，满足技术规格书和设计要求。

2）主接线图正确，符合现场实际。

3）主机运行稳定，软件版本符合要求，开关量点位及串口符合要求，散热良好。

4）适配器通信及功能正常。

检查方法：观察检查、调试记录。

第2条 电脑锁匙及解锁钥匙应符合下列规定：

1）电脑钥匙一主一备，充电良好。与适配器传送座、充电座接触良好。

2）电气、机械解锁锁匙及备用锁具按设计要求配置齐全。

3）解锁钥匙存放箱安装位置合适，解锁钥匙按管理制度封存，无遗漏。

4）解锁钥匙使用登记记录薄齐全。

检查方法：观察检查。

第3条 锁具检查应符合下列规定：

1）锁具安装齐全，符合技术规格书和设计要求。

2）附件无锈蚀、断裂，连接应牢固，焊接点良好。

3）检查安装工艺，电气锁安装在操作箱或端子箱或屏柜适当位置，不与其他操作部件产生冲突，方便插用电脑钥匙。

4）应保持电脑钥匙液晶屏面向操作人员，并尽可能便于左手操作。

5）各间隔同类锁具安装位置应统一、美观。

6）锁具标签、标牌规范齐全。

7）核对锁码（使用电脑钥匙读码，对照锁码表检查）。

8）核对锁具属性设置、对应双重名称编号正确。

检查方法：观察、试验检查

第4条 接线检查应符合下列规定：

断路器直流电气锁（就地）、电动隔离开关交流电气锁、验电锁接线正确，符合设计要求（条件许可时应经传动检验）。

检查方法：观察、试验检查

第5条 图形模拟系统界面应清晰、实用；图形应齐全正确。

检查方法：观察检查

第6条 五防操作功能检查应符合下列规定：

1）防带负荷拉隔离开关符合要求。

2）防带负荷合隔离开关（根据站内主接线特点制定）符合要求。

3）防带接地隔离开关合闸（主变检修时各侧接地、各母线地隔离开关闭锁逻辑必须检验）符合要求。

4）防带电合接地隔离开关（母线接地、主变检修时各侧接地闭锁逻辑必须检验）符合要求。

5）模拟其他操作后走错至其他间隔操作，应不能误切断路器。

6）主变中性点接地隔离开关与变压器高压侧、变压器中压侧断路器相互闭锁。

7）模拟操作后发送电脑锁匙应正常，电脑锁匙与实际设备模拟核对应正确

检查方法：试验检查。

第 7 条　加载五防模拟操作，模拟逻辑。

检查方法：试验检查。

第 8 条　实际操作检验。

操作过程（关键点）检验五防闭锁、电脑锁匙错误报警功能，操作后检验电脑锁匙操作汇报、装置的操作追忆（黑匣子）等功能。

检查方法：观察、试验检查。

第 9 条　操作票系统验收

1）操作票图形开票、手工开票、典型票等开票方式符合技术规格书要求，经五防判断方可打印出票。

2）操作票生成、修改、添加、存储符合功能要求，界面清晰实用。

3）系统权限分级设置符合管理要求。

4）操作票系统运行稳定。

检查方法：观察、试验检查。

Ⅱ　一般项目

第 10 条　备品备件与备品备件清单核对检查。

检验方法：对照检查。

7.3.6.19　轨道验·机-274　供电系统调试检验批质量验收记录

一、适用范围

本表适用于供电系统调试的质量检查验收。

二、表内填写提示

本表编制时参考了《广州地铁供电系统施工质量验收标准》和《深圳地铁供电系统施工质量验收标准》，实际验收时应按工程设计，合同等相关文件明确的验收标准为依据填写。本表中所填写内容仅做参考，不作为最终验收依据。

Ⅰ　主控项目

第 1 条　所内系统调试：

1）33kV GIS 柜间的联锁、闭锁关系调试；

2）33kVⅠ、Ⅱ号进线故障母联自动投入调试；

3）33kV 馈线断路器、整流机组、直流进线断路器、负极隔离开关间的联锁调试；

4）1500V 直流馈线开关与接触网电动隔离开关联动调试；

5）1500V 直流框架保护联跳调试；

6）再生能量回馈装置调试。

检查方法：检查调试记录。

第 2 条　所间系统调试：

1）所间纵联差动保护调试；

2）所间直流连跳调试（越区供电）；

3）1500V 直流馈线断路器与越区隔离开关的闭锁关系调试；

4）动力变 36kVⅠ、Ⅱ号进线断路器、0.4kVⅠ、Ⅱ号进线断路器联跳及 0.4kV 母联自动投入调试。

检查方法：检查调试记录。

7.3.6.20 轨道验·机-275 参比电极检验批质量验收记录

一、适用范围

本表适用于参比电极的质量检查验收。

二、表内填写提示

本表编制时参考了《广州地铁供电系统施工质量验收标准》和《深圳地铁供电系统施工质量验收标准》，实际验收时应按工程设计，合同等相关文件明确的验收标准为依据填写。本表中所填写内容仅做参考，不作为最终验收依据。

Ⅰ 主控项目

第1条 参考电极采用材质应符合设计要求，参考电极应无锈蚀或机械损伤，规格、型号与设计要求相符。

检查方法：观察检查。

第2条 参考电极安装地点在道床、隧道结构墙内，安装位置与对应的测试端子之间距离不应超过1m的范围，安装孔直径应不小于60mm，深160mm。

检验方法：观察、测量检查。

第3条 参考电极材质应为氧化钼，在埋设前应在$CuSO_4$溶液中浸泡时间不少于24h。

检查方法：观察检查。

第4条 参考电极安装时不应和结构钢筋接触，严禁撞击其他刚硬结构物。

检查方法：观察检查。

Ⅱ 一般项目

第5条 参考电极的封洞挡板安装孔径不小于60mm，厚8mm，中间引线预留孔直径为10mm。

检验方法：观察、测量检查。

第6条 参考电极埋设的填充物、封洞挡板的封闭及引线的固定，应符合设计要求。

检验方法：观察检查。

第7条 将参考电极引线穿入玻璃钢管或镀锌钢管，并用管卡固定，参考电极安装完毕，道床表面和隧道侧墙表面应处理平整。

检验方法：观察检查。

7.3.6.21 轨道验·机-276 传感器、转接器检验批质量验收记录

一、适用范围

本表适用于传感器、转接器安装的质量检查验收。

二、表内填写提示

本表编制时参考了《广州地铁供电系统施工质量验收标准》和《深圳地铁供电系统施工质量验收标准》，实际验收时应按工程设计，合同等相关文件明确的验收标准为依据填写。本表中所填写内容仅做参考，不作为最终验收依据。

Ⅰ 主控项目

第1条 传感器、转接器安装地点、固定方式应符合设计要求，安装高度在轨面以上1.2m～1.5m之间，不应设在旅客站台乘客视野范围内。

检查方法：观察、测量检查。

第2条 传感器、转接器应安装牢固可靠端正，不得侵入限界。

检验方法：观察、测量检查。

第3条 传感器、转接器密封良好，预留电缆引入口应有防水、防潮措施。

检查方法：观察检查。

Ⅱ 一般项目

第4条 传感器、转接器支架应安装水平、牢固可靠，支架防腐措施良好。

检验方法：观察、测量检查。

第 5 条　参考电极端子和测试端子与连接引线、传感器与转接器连接的通信电缆均应连接可靠。

检验方法：观察检查。

7.3.6.22　轨道验·机-277　监测装置安装检验批质量验收记录

一、适用范围

本表适用于监测装置安装的质量检查验收。

二、表内填写提示

本表编制时参考了《广州地铁供电系统施工质量验收标准》和《深圳地铁供电系统施工质量验收标准》，实际验收时应按工程设计，合同等相关文件明确的验收标准为依据填写。本表中所填写内容仅做参考，不作为最终验收依据。

Ⅰ　主控项目

第 1 条　监测装置设备规格、型号，安装方式应符合设计要求，柜内元、器件应正确、固定牢固。

检查方法：观察检查。

第 2 条　监测装置的接地方式应符合设计要求。

检查方法：观察检查。

第 3 条　监测装置可随时显示每个测试点的极化电压值、轨道电压值等。

检查方法：观察检查。

Ⅱ　一般项目

第 4 条　监测装置表面涂层应完整，盘面清洁。

检查方法：观察检查。

7.3.6.23　轨道验·机-278　电缆敷设与钢轨连接检验批质量验收记录

一、适用范围

本表适用于电缆敷设与钢轨连接的质量检查验收。

二、表内填写提示

本表编制时参考了《广州地铁供电系统施工质量验收标准》和《深圳地铁供电系统施工质量验收标准》，实际验收时应按工程设计，合同等相关文件明确的验收标准为依据填写。本表中所填写内容仅做参考，不作为最终验收依据。

Ⅰ　主控项目

第 1 条　电缆的规格、型号、长度及敷设路径、终端位置应符合设计要求。

检查方法：观察检查。

第 2 条　电缆与设备的连接电缆正确，固定牢靠，绝缘良好。

检验方法：观察、测量检查。

第 3 条　电缆与钢轨连接时在钢轨的焊接位置进行除锈、打磨，保证焊接面的清洁，焊接饱满牢固可靠，不应有裂缝、气孔及脱焊，更不得有假焊或漏焊现象。电缆焊接前应套有塑料套管加以防护。

检查方法：观察检查。

Ⅱ　一般项目

第 4 条　测量电缆在支架上的敷设应排列整齐，绑扎牢固，电缆终端，转弯等地方挂电缆挂牌，标志清晰。

检验方法：观察检查。

第 5 条　二次回路接线标记，字迹清晰，方便查验、校对。

检验方法：观察检查。

第 6 条　在电缆易破损部位应对电缆进行防护。

检验方法：观察检查。

第 7 条　杂散电流防护设备定向连接线截面应符合设计要求。

检验方法：观察检查。

第 8 条　穿越道床的金属管在其穿越钢轨底部位置上加绝缘层处理。

检验方法：观察检查。

7.3.6.24　轨道验·机-279　杂散电流系统测试检验批质量验收记录

一、适用范围

本表适用于杂散电流系统测试的质量检查验收。

二、表内填写提示

本表编制时参考了《广州地铁供电系统施工质量验收标准》和《深圳地铁供电系统施工质量验收标准》，实际验收时应按工程设计，合同等相关文件明确的验收标准为依据填写。本表中所填写内容仅做参考，不作为最终验收依据。

Ⅰ　主控项目

第 1 条　杂散电流系统测试应符合以下要求：

1）杂散电流防护测试应按照国家行业标准《地铁杂散电流腐蚀防护技术规程》CJJ 49—1992 中规定的有关项目进行。

2）测量使用的仪表应满足国家行业标准《地铁杂散电流腐蚀防护技术规程》CJJ 49—1992 中的有关规定；

检查方法：查看测试记录。

第 2 条　杂散电流系统测试应满足下列规定：

1）设备本体各项功能应达到设计要求；

2）排流网测防端子连接可靠，排流回路畅通满足设计标准。

检验方法：试验、观察检查。

第 3 条　杂散电流检测系统调试应满足设计规定：

1）测量功能测试正常；

2）通信功能测试正常；

3）计算功能测试正常；

4）现实功能测试正确；

5）信息报警测试正确。

检验方法：试验、观察检查。

7.3.6.25　轨道验·机-280　均回流检验批质量验收记录

一、适用范围

本表适用于均回流检验批的质量检查验收。

二、执行标准

本表编制时参考了《广州地铁供电系统施工质量验收标准》和《深圳地铁供电系统施工质量验收标准》，实际验收时应按工程设计，合同等相关文件明确的验收标准为依据填写。本表中所填写内容仅做参考，不作为最终验收依据。

Ⅰ　主控项目

第 1 条　牵引回流电缆和均流电缆规格类型、载流截面、安装应符合设计要求，并应满足信号专业要求，均回流电缆与接线端子应连接紧固、与钢轨焊接应牢固、零件齐全。设备线夹与端子连接板的接触面光亮无氧化，均匀涂有薄层电力复合脂。

检验方法：观察及查阅产品合格证。

检验数量：全部。

Ⅱ　一般项目

第2条　地线电缆引入变电所接地网的连接安装应牢固可靠，整体美观，进出线电缆敷设美观，余长适度。电缆保护管完好。电缆无损伤，无中间接头，端头制作规范，焊接可靠。

检验方法：观察。

检验数量：全部。

7.3.6.26　轨道验·机-281　变压器安装检验批质量验收记录

一、适用范围

本表适用于变压器安装检验批的质量检查验收。

二、表内填写提示

变压器安装应符合现行国家标准《建筑电气工程施工质量验收规范》GB 50303—2015 的相关规定：

Ⅰ　主控项目

第4.1.1条　变压器安装应位置正确，附件齐全，油浸变压器油位正常，无渗油现象。

检查数量：全数检查。

检查方法：观察检查。

第4.1.2条　变压器中性点的接地连接方式及接地电阻值应符合设计要求。

检查数量：全部检查。

检查方法：观察检查并用接地电阻测试仪测试。

第4.1.3条　变压器箱体、干式变压器的支架、基础型钢及外壳应分别单独与保护导体可靠连接，紧固件及防松零件齐全。

检查数量：紧固件及放松零件抽查5%，其余全数检查。

检查方法：观察检查。

第4.1.4条　变压器及高压电气设备应按本规范第3.1.5条的规定完成交接试验并合格。

检查数量：全数检查。

检查方法：试验时观察检查或查阅交接试验记录。

Ⅱ　一般项目

第4.2.1条　有载调压开关的传动部分润滑应良好，动作应灵活，给定位置与开关实际位置应一致，自动调节应符合产品的技术文件要求。

检查数量：全部检查。

检查方法：观察检查或操作检查。

第4.2.2条　绝缘件应无裂纹、缺损和瓷件瓷釉损坏等缺陷，外表应清洁，测温仪表指示应准确。

检查数量：各种规格各抽查10%，且不得小于1件。

检查方法：观察检查。

第4.2.3条　装有滚轮的变压器就位后，应将滚轮用能拆卸的制动部件固定。

检查数量：全数检查。

检查方法：观察检查。

第4.2.4条　变压器应按产品技术文件要求进行器身检查。

检查数量：全数检查。

检查方法：核对产品技术文件，查阅运输过程文件。

7.3.6.27　轨道验·机-282　电缆支（桥）架安装质量验收记录

一、适用范围

本表适用于电缆支（桥）架安装的质量检查验收。

二、表内填写提示

验收项目应符合现行国家标准《电气装置安装工程电缆线路施工及验收规范》GB 50168—2006 的

相关规定：

第 4.2.1 条　电缆支架的加工应符合下列要求：

1. 钢材应平直，无明显扭曲。下料误差应在 5mm 范围内，切口应无卷边、毛刺。

2. 支架应焊接牢固，无显著变形。各横撑间的垂直净距与设计偏差不应大于 5mm。

3. 金属电缆支架必须进行防腐处理。位于湿热、盐雾以及有化学腐蚀地区时，应根据设计作特殊的防腐处理。

第 4.2.3 条　电缆支架应安装牢固，横平竖直；托架支吊架的固定方式应按设计要求进行。各支架的同层横挡应同一水平面上，其高低偏差不应大于 5mm。托架支吊架沿桥架走向左右的偏差不应大于 10mm。

有坡度的电缆沟内或建筑物上安装的电缆支架，应有与电缆沟或建筑物相同的坡度。电缆支架最上层及最下层至沟顶、楼板或沟底、地面的距离，当设计无规定时，不宜小于下表数值。

电缆支架最上层及最下层至沟顶、楼板或沟底、地面的距离（mm）　　**表 4.2.3**

敷设方式	电缆隧道及夹层	电缆沟	吊架	桥架
最上层至沟顶或楼板	300～350	150～200	150～200	350～450
最下层至沟底或地面	100～150	50～100	—	100～150

第 4.2.5 条　电缆桥架的配制应符合下列要求：

1. 电缆梯架（托盘）、电缆梯架（托盘）的支（吊）架、连接件和附件的质量应符合现行的有关技术标准。

2. 电缆梯架（托盘）的规格、支吊跨距、防腐类型应符合设计要求。

第 4.2.9 条　电缆支架全长均匀，有良好的接地。

第 4.2.8 条　电缆桥架转弯处的转弯半径，不应小于该桥架上的电缆最小允许转弯半径的最大者。

7.3.6.28　轨道验·机-283　支持悬挂装置检验批质量验收记录

一、适用范围

本表适用于支持悬挂装置检验批的质量检查验收。

二、表内填写提示

本表编制时参考了广州地铁集团有限公司、深圳市地铁集团有限公司《接触网（刚、柔）安装工程施工质量验收标准（试行）》QB/SZMC-21402—2014，实际验收时应按工程设计，合同等相关文件明确的验收标准为依据填写。本表中所填写内容仅做参考，不作为最终验收依据。

Ⅰ　主控项目

第 1 条　隧道吊柱外观质量及型号应符合设计要求和产品质量标准。焊接缝无砂眼，表面光滑。

检验方法：观察及查阅出厂合格证、钢材成分化验报告。

检验数量：30％

第 2 条　隧道吊柱安装应符合设计要求，单开道岔的标准定为支柱纵向位置应道岔导曲线外侧两线间中心距 180～200mm 处，非标准定位应符合设计要求。

检验方法：尺量和检查工程记录。

检验数量：全部。

第 3 条　隧道吊柱限界、高度符合设计要求，并在任何情况下，严禁侵入基本建筑限界及受电弓动态包络线。

检验方法：尺量。

检验数量：全部。

Ⅱ　一般项目

第1条　热浸镀锌锌层均匀，无脱落、锈蚀现象，锌层厚度符合设计要求。

检验方法：观察、查阅镀锌层检测报告

检验数量：30％

第2条　跨距、限界符合设计要求。允许施工误差：跨距为＋1，－2m，限界为－30，＋100mm。

第3条　隧道吊柱承载后应直立或向受力反方向略有倾斜。

检验方法：尺量。

检验数量：全部。

7.3.6.29　轨道验·机-284　汇流排架设及调整检验批质量验收记录

一、适用范围

本表适用于汇流排架设及调整检验批的质量检查验收。

二、表内填写提示

本表编制时参考了广州地铁集团有限公司、深圳市地铁集团有限公司《接触网（刚、柔）安装工程施工质量验收标准（试行）》QB/SZMC-21402—2014，实际验收时应按工程设计，合同等相关文件明确的验收标准为依据填写。本表中所填写内容仅做参考，不作为最终验收依据。

Ⅰ　主控项目

第1条　汇流排型号、材质、制造精度应符合设计和产品制造技术条件要求。

检验数量：施工单位、监理单位检查全部质量证明书，外观按型号、批号抽检10％。

检验方法：检查质量证明书和进行外观检查。

第2条　连接件的接触面清洁，汇流排连接缝两端夹持接触线的齿槽连接处平顺光滑，不平顺度不大于0.3mm。汇流排连接端缝平均宽度不大于1mm，紧固件齐全，螺栓紧固力矩为50～55N·m。

检验数量：施工单位全部检查，监理单位抽查10％。

检验方法：观察、尺量、力矩扳手检查。

Ⅱ　一般项目

第3条　汇流排无明显转折角，表面光洁，无缺损、无毛刺、无污迹、无腐蚀，与接触线的接触面应涂电力复合脂。

第4条　连接板及汇流排两端连接孔的尺寸误差符合产品质量要求，汇流排连接端缝夹持导线侧需密贴，汇流排上平面缝隙宽度不大于2mm，汇流排中间接头紧固件齐全，并按标准力矩紧固。

第5条　汇流排中轴线应垂直于所在处的轨道平面，偏斜不应大于1°。汇流排呈圆滑曲线布置，不应出现明显折角。

检验数量：施工单位全部检查，监理单位抽查10％。

检验方法：观察、尺量、力矩扳手检查。

7.3.6.30　轨道验·机-285　刚性接触网接触线架设及调整检验批质量验收记录

一、适用范围

本表适用于刚性接触网接触线架设及调整检验批的质量检查验收。

二、表内填写提示

本表编制时参考了广州地铁集团有限公司、深圳市地铁集团有限公司《接触网（刚、柔）安装工程施工质量验收标准（试行）》QB/SZMC-21402—2014，实际验收时应按工程设计，合同等相关文件明确的验收标准为依据填写。本表中所填写内容仅做参考，不作为最终验收依据。

Ⅰ　主控项目

第1条　接触线型号、规格、材质、制造长度应符合设计和产品制造技术条件要求，不得有接头，不得有损伤、扭曲。

检验数量：施工单位、监理单位全部检查质量证明书和外观。

检验方法：检查质量证明书和进行外观检查。

第 2 条 接触线悬挂点距轨面的高度应符合设计要求，允许偏差不大于±10mm，相邻的悬挂点相对高差般不得超过所在跨距值的 1‰，设计变坡段不超过 1.5‰。

第 3 条 接触线拉出值的布置符合设计要求，允许偏差±20mm。

检验数量：施工单位全部检查、监理单位抽查 10%。

检验方法：测量检查。

第 4 条 接触线可靠嵌入汇流排内，与汇流排贴合密切，接触线与汇流排的接触面均匀涂有电力复合脂或其他导电介质，在锚段内无接头、无硬弯。

检验数量：施工单位、监理单位全部检查。

检验方法：观察检查。监理单位旁站监理。

第 5 条 接触线在锚段末端汇流排外余长度为 100～150mm，沿汇流排终端方向顺延，一般情况对接地体的距离不小于 150mm。

检验数量：施工单位、监理单位全部检查。

检验方法：观察、尺量。

7.3.6.31 轨道验·机-286 刚性接触网架空地线架设及调整检验批质量验收记录

一、适用范围

本表适用于刚性接触网架空地线架设及调整检验批的质量检查验收。

二、表内填写提示

本表编制时参考了广州地铁集团有限公司、深圳市地铁集团有限公司《接触网（刚、柔）安装工程施工质量验收标准（试行）》QB/SZMC-21402—2014，实际验收时应按工程设计，合同等相关文件明确的验收标准为依据填写。本表中所填写内容仅做参考，不作为最终验收依据。

Ⅰ 主控项目

第 1 条 架空地线及其所用金具的规格、类型符合设计要求。架空地线不得有两股以上的断股，一个耐张段内，断股补强处数和接头处数均不超过一个。

第 2 条 架空地线的弛度应符合安装曲线，其允许偏差为－2.5%～＋5%。

检验方法：观察、测量。

检验数量：全部。

Ⅱ 一般项目

第 3 条 地线底座、地线线夹和安装在架空地线上的电连接线夹的螺栓紧固力矩应符合规范要求。架空地线下锚处调整螺栓长度处于许可范围内，最少不少于 20mm，最大外露不大于螺纹长 1/2。

第 4 条 架空地线与接触网支持结构及设备底座的连接应为紧密连接。

第 5 条 地线线夹安装端正，地线线夹中的铜衬垫齐全，安放正确。

检验方法：观察。

检验数量：全部。

7.3.6.32 轨道验·机-287 刚性接触网中心锚结检验批质量验收记录

一、适用范围

本表适用于刚性接触网中心锚结检验批的质量检查验收。

二、表内填写提示

本表编制时参考了广州地铁集团有限公司、深圳市地铁集团有限公司《接触网（刚、柔）安装工程施工质量验收标准（试行）》QB/SZMC-21402—2014，实际验收时应按工程设计，合同等相关文件明确的验收标准为依据填写。本表中所填写内容仅做参考，不作为最终验收依据。

Ⅰ　主控项目

第1条　中心锚结绝缘子型号符合设计和产品技术条件，表面无损伤，带电体至接地体距离不小于150mm。特别困难地段不小于120mm。

检验数量：施工单位、监理单位全部检查质量证明书，外观按品种、牌号、批号抽检。

检验方法：检查质量证明书和进行外观检查。

第2条　中心锚结型式符合设计，安装在设计指定的位置上，并处于汇流排中心线的正上方，底座中心偏离汇流排中心不大于±30mm；中心锚结线夹处平顺无负弛度。

检验数量：施工单位全部检查，监理单位抽检不少于10%。

检验方法：观察、力矩扳手测量检查。

Ⅱ　一般项目

第3条　中心锚结绝缘子及拉杆受力均衡适度；中心锚结与汇流排固定牢固，螺栓紧固力矩25Nm；调整螺栓处于可调状态。

检验数量：施工单位全部检查。

检验方法：观察检查。

7.3.6.33　轨道验·机-288　刚性分段绝缘器检验批质量验收记录

一、适用范围

本表适用于刚性分段绝缘器检验批的质量检查验收。

二、表内填写提示

本表编制时参考了广州地铁集团有限公司、深圳市地铁集团有限公司《接触网（刚、柔）安装工程施工质量验收标准（试行）》QB/SZMC-21402—2014，实际验收时应按工程设计，合同等相关文件明确的验收标准为依据填写。本表中所填写内容仅做参考，不作为最终验收依据。

Ⅰ　主控项目

第1条　分段绝缘器运达现场应对其进行检查，其质量应符合设备采购合同的要求。

检验数量：施工单位、监理单位全部检查质量证明书，外观按品种、牌号、批号抽检。

检验方法：检查质量证明书和进行外观检查。

第2条　分段绝缘器绝缘间隙应符合设计要求（AF为55mm，加朗分段为100mm或150mm）。承力索绝缘棒在主绝缘正上方，误差不超过±15mm。

检验数量：施工单位、监理单位全部检查。

检验方法：施工单位查阅施工设计图，尺量、激光测量仪测量。监理单位见证试验。

第3条　分段绝缘器紧固件应齐全，连接牢固可靠，分段绝缘器上的锚固螺母和螺杆的旋紧扭矩为50Nm；分段绝缘器与接触线接头处应平滑，与受电弓接触部分与轨面连线平行，受电弓双向通过时无打弓现象。

检验数量：施工单位、监理单位全部检查。

检验方法：观察、力矩扳手测量检查。

第4条　刚性悬挂分段绝缘器带电体距接地体或不同供电分区带电体、不同供电分区运行机车受电弓的距离静态不小于150mm，动态不小于100mm。

检验数量：施工单位、监理单位全部检查。

检验方法：观察、尺量检查。

Ⅱ　一般项目

第5条　分段绝缘器中心对受电弓中心允许误差50mm。

检验数量：施工单位全部检查。

检验方法：观察检查。

7.3.6.34 轨道验·机-289 刚性接触网膨胀接头检验批质量验收记录

一、适用范围

本表适用于刚性接触网膨胀接头检验批的质量检查验收。

二、表内填写提示

本表编制时参考了广州地铁集团有限公司、深圳市地铁集团有限公司《接触网（刚、柔）安装工程施工质量验收标准（试行）》QB/SZMC-21402—2014，实际验收时应按工程设计，合同等相关文件明确的验收标准为依据填写。本表中所填写内容仅做参考，不作为最终验收依据。

Ⅰ 主控项目

第1条 膨胀接头的规格、型号应符合设计要求，其质量应符合设计和产品技术要求。

检验数量：施工单位、监理单位全部检查。

检验方法：观察、测量检查；查阅设计文件和产品质量证明文件。

第2条 膨胀接头安装位置应符合设计要求，膨胀接头两端接触线高度和拉出值应符合设计和产品技术要求，膨胀接头与汇流排连接应呈直线状态，膨胀接头不应受外力弯曲。

检验数量：施工单位、监理单位全部检查。

检验方法：观察、测量检查。

第3条 膨胀接头的安装间隙应符合设计安装曲线的规定。

检验数量：施工单位、监理单位全部检查。

检验方法：观察、测量检查。

第4条 膨胀接头安装应符合产品技术要求，膨胀接头与受电弓接触部分与轨面平行，受电弓双向通过时均应平顺无打弓现象。

检验数量：施工单位、监理单位全部检查。

检验方法：观察、测量检查，模拟冷滑检测。

Ⅱ 一般项目

第5条 膨胀接头应安装在轨道上尽可能直的中轴线、拉出值为零的位置上。

第6条 膨胀接头安装在4m的跨距点上，其两边相邻跨距符合设计要求，拉出值都为零。

7.3.6.35 轨道验·机-290 接触网接地安装检验批质量验收记录

一、适用范围

本表适用于接地安装检验批的质量检查验收。

二、表内填写提示

本表编制时参考了广州地铁集团有限公司、深圳市地铁集团有限公司《接触网（刚、柔）安装工程施工质量验收标准（试行）》QB/SZMC-21402—2014，实际验收时应按工程设计，合同等相关文件明确的验收标准为依据填写。本表中所填写内容仅做参考，不作为最终验收依据。

Ⅰ 主控项目

第1条 支持装置底座、设备底座、开关接地刀闸等均应按设计要求接地。接地线材的材质和截面应满足设计要求，在隧道壁上应稳固固定，接地电缆敷设应符合电缆施工及验收规范的要求两端连接牢固可靠。

检验数量：施工单位全部检查，监理单位抽查数量不少于10%。

检验方法：观察、测量检查。

第2条 接地引下线采用电缆连接时，电连接线夹与导线连接面平整光洁，并涂有一层电力复合脂，连接应密贴牢固，螺栓紧固力矩符合要求，电缆的规格型号、电缆终端头的固定方式，接地电阻及带电距离均符合设计要求。

检验数量：施工单位、监理单位全部检查。

检验方法：施工单位观察、试验、力矩扳手测量检查，监理单位查阅试验报告。

第 3 条　接地线及其固定螺栓、卡子等对接触网带电体的距离不应小于 150mm，对受电弓的瞬时距离不应小于 100mm，且不得侵入设备限界。接地跳线或电缆接续规范、线夹端正，布线美观，余长适度。

检验数量：施工单位全部检查，监理单位抽查数量不少于 10%。

检验方法：观察、测量检查。

第 4 条　汇流排接地挂环安装位置符合设计要求，安装稳固，连接可靠。接地挂环与汇流排连接处的接触面应清洁，均匀涂抹薄层电力复合脂。

检验数量：施工单位、监理单位全部检查。

检验方法：施工单位查阅施工设计图、力矩扳手检测。

7.3.6.36　轨道验·机-291　锚段关节检验批质量验收记录

一、适用范围

本表适用于锚段关节检验批的质量检查验收。

二、表内填写提示

本表编制时参考了广州地铁、深圳市地铁集团有限公司《接触网（刚、柔）安装工程施工质量验收标准（试行）》QB/SZMC-21402—2014，实际验收时应按工程设计，合同等相关文件明确的验收标准为依据填写。本表中所填写内容仅做参考，不作为最终验收依据。

Ⅰ　主控项目

第 1 条　刚性悬挂绝缘锚段关节两支悬挂的拉出值应符合设计要求，允许误差 0～20mm。两支接触线在关节中间悬挂点处应等高，转换悬挂点处非工作支接触网不得低于工作支接触网，可以比工作支接触网高出 1mm。

检验数量：施工单位、监理单位全部检查。

检验方法：测量检查。

第 2 条　非绝缘锚段关节两支悬挂的拉出值应符合设计要求，允许误差 0～20mm。两支接触线在关节中间悬挂点处应等高，转换悬挂点处非工作支不得低于工作支，可以比工作支高出 3mm。

检验数量：施工单位、监理单位全部检查。

检验方法：测量检查。

第 3 条　贯通式刚柔过渡两支刚性悬挂接触线重叠处应等高，在刚柔过渡交界点处，汇流排对接触线不应产生下压或上抬；连接线夹的螺栓紧固力矩符合设计要求；防护罩对露天汇流排覆盖完全。防护罩安装稳固，性能满足设计要求；两支悬挂点的拉出值应符合设计要求，间距允许误差 0～20mm。

检验数量：施工单位、监理单位全部检查。

检验方法：水平尺、测杆测量检查。

第 4 条　移动式汇流排和刚性悬挂接触网之间采用锚段关节式过渡形式时，应符合刚性悬挂非锚段关节的有关技术标准。各相关配套的设备构成部分应满足设计要求。

检验数量：施工单位、监理单位全部检查。

检验方法：观察、测量、操作测试检查。

第 5 条　接触线下锚处绝缘子边缘应距受电弓包络线不应小于 75mm，刚性悬挂带电体距柔性悬挂下锚底座、下锚支悬挂等接地体不应小于 150mm；受电弓距柔性悬挂下锚底座、下锚支悬挂等接地体一般不小于 150mm；刚性悬挂与相邻柔性悬挂导线不应相互摩擦。

检验数量：施工单位、监理单位全部检查。

检验方法：水平尺、测杆测量检查。

第 6 条　线岔处在受电弓可能同时接触两支接触线范围内两支接触线应等高，在受电弓始触点渡线与正线接触线等高或高出正线接触线 3mm。

检验数量：施工单位、监理单位全部检查。

检验方法：尺量、激光测量仪测量检查。

第 7 条　交叉渡线线岔在交叉渡线处两线路中心的交叉点处，两支悬挂的汇流排中心线分别距交叉点 100mm。允许误差 0～20mm。

检验数量：施工单位、监理单位全部检查。

检验方法：尺量、激光测量仪测量检查。

第 8 条　单开线岔悬挂点的拉出值距正线汇流排中心线按设计要求施工，允许误差 0～30mm。

检验数量：施工单位、监理单位全部检查。

检验方法：尺量、激光测量仪测量检查。

第 9 条　锚段长度应符合设计要求。

检验数量：施工单位、监理单位全部检查。

检验方法：尺量、激光测量仪测量检查。

7.3.6.37　轨道验·机-292　刚柔过渡安装检验批质量验收记录

一、适用范围

本表适用于刚柔过渡安装检验批的质量检查验收。

二、表内填写提示

本表编制时参考了广州地铁集团有限公司、深圳市地铁集团有限公司《接触网（刚、柔）安装工程施工质量验收标准（试行）》QB/SZMC-21402—2014，实际验收时应按工程设计，合同等相关文件明确的验收标准为依据填写。本表中所填写内容仅做参考，不作为最终验收依据。

Ⅰ　主控项目

第 1 条　贯通式刚柔过渡处两支刚性悬挂接触线应等高，在刚柔过渡交界处，汇流排对接触线不应产生下压或上台。

检验数量：全部。

检验方法：测量。

第 2 条　贯通的接触线下锚处绝缘子边缘应距受电弓包络线不应小于 100mm，带点部位的绝缘距离不小于 150mm。

检验数量：全部。

检验方法：测量。

第 3 条　刚柔过渡装置在受电弓通过时应平滑过渡，无撞击或拉弧。

检验数量：全部。

检验方法：观察，测量。

第 4 条　关节式刚柔过渡处刚性接触悬挂接触线应比柔性接触线高 20～50mm.

检验数量：全部。

检验方法：测量。

Ⅱ　一般项目

第 5 条　刚性悬挂与相邻柔性悬挂导线不应相磨。

检验数量：全部。

检验方法：观察。

第 6 条　刚柔过渡处的电连接、接地线应连接良好，安装牢固。

检验数量：全部。

检验方法：测量。

7.3.6.38　轨道验·机-293　车场吊柱检验批质量验收记录

一、适用范围

本表适用于车场吊柱检验批的质量检查验收。

二、表内填写提示

本表编制时参考了广州地铁集团有限公司、深圳市地铁集团有限公司《接触网（刚、柔）安装工程施工质量验收标准（试行）》QB/SZMC-21402—2014，实际验收时应按工程设计，合同等相关文件明确的验收标准为依据填写。本表中所填写内容仅做参考，不作为最终验收依据。

Ⅰ 主控项目

第1条 车场吊柱外观质量及型号应符合设计要求和产品质量标准。焊接缝无砂眼，表面光滑。

检验方法：观察及查阅出厂合格证、钢材成分化验报告。

检验数量：30%。

第2条 车场吊柱安装应符合设计要求，单开道岔的标准定为支柱纵向位置应道岔导曲线外侧两线间中心距180～200mm处，非标准定位应符合设计要求。

检验方法：尺量和检查工程记录。

检验数量：全部。

第3条 车场吊柱限界、高度符合设计要求，并在任何情况下，严禁侵入基本建筑限界及受电弓动态包络线。

检验方法：尺量。

检验数量：全部。

Ⅱ 一般项目

第4条 热浸镀锌锌层均匀，无脱落、锈蚀现象，锌层厚度符合设计要求。

检验方法：观察、查阅镀锌层检测报告

检验数量：30%。

第5条 跨距、限界符合设计要求。允许施工误差：跨距为−2m，+1m，限界为−30mm，+100mm。

第6条 车场吊柱承载后应直立或向受力反方向略有倾斜。

检验方法：尺量。

检验数量：全部。

7.3.6.39 轨道验·机-294 承力索、接触线架设检验批质量验收记录

一、适用范围

本表适用于承力索架设检验批的质量检查验收。

二、表内填写提示

本表编制时参考了广州地铁集团有限公司、深圳市地铁集团有限公司《接触网（刚、柔）安装工程施工质量验收标准（试行）》QB/SZMC-21402—2014，实际验收时应按工程设计，合同等相关文件明确的验收标准为依据填写。本表中所填写内容仅做参考，不作为最终验收依据。

Ⅰ 主控项目

第1条 各种线材的规格、型号应符合设计要求，并应有产品合格证书或检验报告等技术资料。

检验方法：查阅合格证书或检验报告。

检验数量：30%。

第2条 各种绞线不应有断股、交叉、折叠、硬弯、松散等现象；接触导线不得有硬弯、扭弯、砸伤等现象。

检验方法：观察。

检验数量：30%。

承力索、接触线架设主控项目

第3条 承力索、接触线的张力应满足设计要求，张力补偿的“b”值应符合设计的安装曲线。

第4条 承力索、接触线在锚段范围内不应有接头，终端回头长度符合设计要求。

第5条 承力索、接触线的规格、型号应符合设计要求，硬铜绞线TJ150承力索19股中断一股，可用同材质线扎紧使用；绞线有交叉、松散、折叠应修复使用。

检验方法：观察、尺量。

检验数量：30%。

Ⅱ　一般项目

第6条　交叉架设的接触网，正线及重要的承力索或接触线应在下方，侧线及次要的承力索或接触线应在上方，承力索之间应避免产生摩擦。

检验方法：观察及水平尺量、冷滑、热滑。

检验数量：全部。

第7条　下锚处的调整螺栓的外露应为20mm至螺纹全长的1/2。

检验方法：观察、尺量。

检验数量：全部。

7.3.6.40　轨道验·机-295　地电位均衡器检验批质量验收记录

一、适用范围

本表适用于地电位均衡器检验批的质量检查验收。

二、表内填写提示

本表编制时参考了广州地铁集团有限公司、深圳市地铁集团有限公司《接触网（刚、柔）安装工程施工质量验收标准（试行）》QB/SZMC-21402—2014，实际验收时应按工程设计，合同等相关文件明确的验收标准为依据填写。本表中所填写内容仅做参考，不作为最终验收依据。

Ⅰ　主控项目

第1条　火花间隙安装前应进行下列检查：

1. 表面光洁、无裂纹、无破损；

2. 螺栓牢固、不松动；

3. 绝缘电阻：用500V摇表检查不应小于500MΩ；

4. 交流工频放电电压（20℃时）：最高900V，最低500V；

5. 外形及尺寸应符合技术条件。

第2条　接地体（线）的连接应采用焊接，焊接必须牢固无虚焊。接至电气设备上的接地线，应用镀锌螺栓连接；有色金属接地线不能采用焊接时，可用螺栓连接。

第3条　装放电间隙应符合下列规定：

1. 检查确认放电间隙，技术指标应符合：放电间隙的安装位置应便于监视及维护，安装应牢靠。

7.3.6.41　轨道验·机-296　地馈线架设检验批质量验收记录

一、适用范围

本表适用于地馈线架设检验批的质量检查验收。

二、表内填写提示

本表编制时参考了广州地铁集团有限公司、深圳市地铁集团有限公司《接触网（刚、柔）安装工程施工质量验收标准（试行）》QB/SZMC-21402—2014，实际验收时应按工程设计，合同等相关文件明确的验收标准为依据填写。本表中所填写内容仅做参考，不作为最终验收依据。

Ⅰ　主控项目

第1条　所有固定的金属底座、支撑装置、下锚底座均应与架空地线连接。接地线材质和截面应满足设计要求，在隧道壁上应稳固固定，接地电缆敷设应符合电缆施工及验收规范要求，两端连接牢固可靠。设备接地：安装隔离开关和避雷器的支撑装置与架空地线连接。

第2条　避雷器的接地端与接地极连接，接地极接地电阻值应不大于10Ω。接地体的埋深及安装应符合设计要求。

Ⅱ　一般项目

第3条　地面段支柱的接地安装符合设计要求，所有支柱均通过架空地线或接地电缆连接在一起，与变电所接地网接通。

7.3.6.42　轨道验·机-297　定位装置检验批质量验收记录

一、适用范围

本表适用于定位装置检验批的质量检查验收。

二、表内填写提示

本表编制时参考了广州地铁集团有限公司、深圳市地铁集团有限公司《接触网（刚、柔）安装工程施工质量验收标准（试行）》QB/SZMC-21402—2014，实际验收时应按工程设计，合同等相关文件明确的验收标准为依据填写。本表中所填写内容仅做参考，不作为最终验收依据。

Ⅰ　主控项目

第1条　定位器或定位管装应符合设计要求，在平均温度时应垂直线路中心线，温度变化时，偏移量与接触线在该点的伸缩量一致，其偏转角最大不超过18°。

检验方法：观察、尺量。

检验数量：30%。

第2条　定位器或定位管的倾斜度符合设计要求，保证导线工作面与轨面连线平行。转换柱或道岔柱处两定位管或定位器应能随温度变化可自由移动，不应卡滞，非工作支接触线和工作支定位器、管之间的间隙不小于50mm，线索与腕臂之间间隙不小于50mm，螺栓紧固力矩符合设计要求。

检验方法：观察、尺量、力矩扳手测量。

检验数量：30%。

Ⅱ　一般项目

第3条　各部螺栓紧固牢靠，软定位器回头统一顺直。

第4条　定位管在支持器外露应在35～50mm范围内，固定定位的定位管应水平或稍有上抬，外露部分应大于100mm。

检验方法：观察、尺量。

检验数量：30%。

7.3.6.43　轨道验·机-298　接触网钢柱检验批质量验收记录

一、适用范围

本表适用于钢柱检验批的质量检查验收。

二、表内填写提示

本表编制时参考了广州地铁集团有限公司、深圳市地铁集团有限公司《接触网（刚、柔）安装工程施工质量验收标准（试行）》QB/SZMC-21402—2014，实际验收时应按工程设计，合同等相关文件明确的验收标准为依据填写。本表中所填写内容仅做参考，不作为最终验收依据。

Ⅰ　主控项目

第1条　支柱外观质量及型号应符合设计要求和产品质量标准。硬横梁支柱及横梁、H型钢柱表面镀锌层完好，焊接处无裂缝。

检验方法：观察及查阅出厂合格证、钢材成分化验报告、镀锌层检测报告及硬横跨型式试验报告。

检验数量：全部。

第2条　支柱安装应符合设计要求，单开道岔的标准定位支柱纵向位置应在道岔导曲线外侧两线间中心距180～200mm处，非标准定位应符合设计要求。

检验方法：尺量和检查隐蔽工程记录。

检验数量：全部。

第3条　支柱限界符合设计要求。限界值一般不应小于2350mm，并在任何情况下，严禁侵入基本建筑限界。

第 4 条　单腕臂中间支柱应垂直于邻轨中心线。

检验方法：尺量。

检验数量：全部。

Ⅱ　一般项目

第 5 条　热浸镀锌锌层均匀，无脱落、锈蚀现象，锌层厚度符合设计要求。

检验方法：观察、查阅镀锌层检测报告。

检验数量：全部。

第 6 条　支柱跨距、侧面限界符合设计要求。允许施工误差：跨距为－2m，＋1m，侧面限界为－60mm，＋100mm。

第 7 条　支柱受力后的倾斜标准：

1. 顺线路方向应直立，单侧下锚支柱柱顶应向拉线侧倾斜 0.5%～1%，其他支柱顺线路应直立，允许误差 0～0.5%。

2. 横线路方向：直线和曲外支柱受力后应直立，允许向受力反方向倾斜 0～0.5%；曲内支柱受力后应直立，允许向受力反方 0～0.5%；硬横跨支柱应直立。

第 8 条　每组硬横跨的支柱中心连线应垂直于正线线路中心线或施工图标明的线路，偏差不应大于 3°。

检验方法：尺量。

检验数量：全部。

7.3.6.44　轨道验·机-299　接触网基础检验批质量验收记录

一、适用范围

本表适用于柔性接触网基础检验批的质量检查验收。

二、表内填写提示

本表编制时参考了广州地铁集团有限公司、深圳市地铁集团有限公司《接触网（刚、柔）安装工程施工质量验收标准（试行）》QB/SZMC-21402—2014，实际验收时应按工程设计，合同等相关文件明确的验收标准为依据填写。本表中所填写内容仅做参考，不作为最终验收依据。

Ⅰ　主控项目

第 1 条　与基础在同等条件养护下，基础的混凝土试块的抗压极限强度值不应小于设计值。

检验方法：查阅材料合格证、混凝土试块的抗压极限强度试验报告。

检验数量：每浇制 50m^{3}一组试块（每组 3 块，试块尺寸为 150mm×150mm×150mm）。

第 2 条　基础位置、外型尺寸、地脚螺栓位置及型号应符合设计要求。同一组硬横梁两基础中心连线应垂直于车站正线（或施工图标明的线路），偏差不应大于 2°。

检验方法：随工检查或对应施工图核查，查阅隐蔽工程记录。

检验数量：全部

运营要求 所有预埋螺栓镀锌层完好，设备安装前应采取有效防护措施，并涂油防腐。

Ⅱ　一般项目

第 3 条　基础顶面应高出路肩 100～200mm，低于相邻轨面 200～600mm。拉线基础高出路面 100mm，施工偏差±20mm。

检验方法：尺量及查阅隐蔽工程记录。

检验数量：全部。

第 4 条　基础外露部分表面应清洁、平整、无麻面蜂窝棱角损伤或露钢筋现象。

检验方法：观察检查。

检验数量：30%。

第 5 条　基础自然养护在环境温度高于 5℃时，用湿草袋或细砂覆盖，并经常浇水，保护湿润，养护时间一般不少于7天。

检验方法：随工检查

检验数量：全部

第6条 基础外型尺寸、地脚螺栓外露长度、间距允许偏差应符合下表的规定。

基础外型尺寸、地脚螺栓外露长度、间距允许偏差（mm）

项 目	允 许 偏 差
地脚螺栓外露长度	±20
地脚螺栓间距（相互）	±2
混凝土保护层	±10
基础横断面尺寸	±20

检验方法：尺量及查阅隐蔽工程记录。

检验数量：全部。

第7条 回填应符合设计要求

检验方法：观察。

检验数量：全部。

7.3.6.45 轨道验·机-300 拉线检验批质量验收记录

一、适用范围

本表适用于拉线检验批的质量检查验收。

二、表内填写提示

本表编制时参考了广州地铁集团有限公司、深圳市地铁集团有限公司《接触网（刚、柔）安装工程施工质量验收标准（试行）》QB/SZMC-21402—2014，实际验收时应按工程设计，合同等相关文件明确的验收标准为依据填写。本表中所填写内容仅做参考，不作为最终验收依据。

Ⅰ 主控项目

第1条 线材运达现场应进行检查，质量应符合相关标准的规定

检验方法：观察、尺量。

检验数量：30%。

第2条 柱拉线宜设在锚支的延长线上，在任何情况下严禁侵入基本建筑限界，当地形受限时，按设计要求施工。

检验方法：观察、尺量。

检验数量：30%。

第3条 锚板型号、抗压极限强度、埋设深度及锚板拉杆规格均应符合设计要求

检验方法：观察、尺量。

检验数量：30%。

第4条 钢筋混凝土柱式拉线基础下锚拉线环环中心距锚柱的距离应符合设计要求。

检验方法：观察、尺量。

检验数量：30%。

第5条 拉线型号应符合设计要求。

检验方法：观察、尺量。

检验数量：30%。

Ⅱ 一般项目

第6条 拉线角钢水平，应与支柱密贴，连接件镀锌层无脱落和漏镀现象钢绞线拉线无锈蚀现象

第7条 并涂防腐油防腐，回头绑扎牢固。

第8条 锚柱拉线施工允许偏差应符合规定。

第9条 下锚拉线环应采用二级热镀锌防腐处理，其相对支柱的朝向应符合设计规定。

7.3.6.46 轨道验·机-301 支柱检验批质量验收记录

一、适用范围

本表适用于支柱检验批的质量检查验收。

二、表内填写提示

本表编制时参考了广州地铁集团有限公司、深圳市地铁集团有限公司《接触网（刚、柔）安装工程施工质量验收标准（试行）》QB/SZMC-21402—2014，实际验收时应按工程设计，合同等相关文件明确的验收标准为依据填写。本表中所填写内容仅做参考，不作为最终验收依据。

Ⅰ 主控项目

第1条 金具、零配件运达现场应进行检查，其质量应符合标准规定要求

第2条 全补偿、半补偿链型悬挂的腕臂安装位置及连接螺栓紧固力矩符合设计要求。

第3条 简单悬挂的单腕臂安装位置及连接螺栓力矩符合设计要求。

第4条 双线路腕臂安装高度及连接螺栓力矩符合设计要求。

第5条 平腕臂受力后呈水平状态；定位管的状态应符合设计要求。

Ⅱ 一般项目

第5条 底座与支柱密贴，底座槽钢（或角钢）呈水平。腕臂各部件处在同一垂面内（不包括定位装置）。顶端管帽封堵良好，螺纹外露部分均涂防。

7.3.6.47 轨道验·机-302 柔性接触网电连接检验批质量验收记录

一、适用范围

本表适用于柔性接触网电连接检验批的质量检查验收。

二、表内填写提示

本表编制时参考了广州地铁集团有限公司、深圳市地铁集团有限公司《接触网（刚、柔）安装工程施工质量验收标准（试行）》QB/SZMC-21402—2014，实际验收时应按工程设计，合同等相关文件明确的验收标准为依据填写。本表中所填写内容仅做参考，不作为最终验收依据。

Ⅰ 主控项目

第1条 电连接线所用绞线或电缆的材质、线夹规格型号及安装形式应符合设计要求，不应有松股、断股现象。

第2条 电连接线夹型号应符合设计，螺栓紧固力矩应符合要求、接触良好，接触面应涂电力复合脂。

检验方法：观察、力矩扳手测量。

检验数量：全部。

一般项目：

第3条 辅助馈线与承力索、接触线之间的横向电连接按施工设计标准校准。正线上间距宜放在靠近第一根吊弦处。

检验方法：尺量。

检验数量：全部。

第4条 电连接安装应对接触网工作特性影响最小，预留的弧度应满足导线伸缩要求。

检验方法：观察、力矩扳手测量。

检验数量：全部。

7.3.6.48 轨道验·机-303 柔性接触网接触悬挂调整检验批质量验收记录

一、适用范围

本表适用于柔性接触网接触悬挂调整检验批的质量检查验收。

二、表内填写提示

本表编制时参考了广州地铁集团有限公司、深圳市地铁集团有限公司《接触网（刚、柔）安装工程施工质量验收标准（试行）》QB/SZMC-21402—2014，实际验收时应按工程设计，合同等相关文件明确的验收标准为依据填写。本表中所填写内容仅做参考，不作为最终验收依据。

Ⅰ　主控项目

第1条　接触线的拉出值应符合设计要求，一般直线段拉出值不大于200mm，曲线段拉出值不大于250mm。

检验方法：尺量或冷滑车测量。

检验数量：全部。

第2条　接触线悬挂点距轨面的高度应符合设计要求。

第3条　正线锚段关节内，按图施工，垂直方向符合设计要求。

检验方法：尺量。

检验数量：全部。

Ⅱ　一般项目

① 接触线距轨面的高度应符合设计要求。

② 双接触导线在定位点处两线间距为40mm。悬挂点双接触线拉出值是指受电弓中心距双接触导线最外一根接触线的中心，拉出值允许偏差为±15mm；在悬挂点处接触线距轨面的高度符合设计要求，允许偏差：隧道内为±10mm，隧道外为±20mm。

③ 承力索位置应在双接触线中心上方，其偏离双接触线中心允许偏差：隧道外为±50mm，隧道内为±20mm。

检验方法：尺量。

检验数量：30%。

设计要求

正线接触线工作支部分改变方向时，与原方向的水平夹角一般不大于6°，渡线或其他线路及正线接触线的非工作支部分与原方向的水平夹角一般不大于10°

7.3.6.49　轨道验・机-304　软横跨检验批质量验收记录

一、适用范围

本表适用于软横跨检验批的质量检查验收。

二、表内填写提示

本表编制时参考了广州地铁集团有限公司、深圳市地铁集团有限公司《接触网（刚、柔）安装工程施工质量验收标准（试行）》QB/SZMC-21402—2014，实际验收时应按工程设计，合同等相关文件明确的验收标准为依据填写。本表中所填写内容仅做参考，不作为最终验收依据。

Ⅰ　主控项目

第1条　线材运达现场应进行检查，其质量应符合相关标准的规定。外观质量且应符合下列规定：

1. 镀锌钢绞线、镀铝锌钢绞线不得有断股、交叉、折叠、硬弯、松散等缺陷；如有缺陷应按规定进行处理；

2. 镀锌钢绞线表面镀锌良好，不得锈蚀；

3. 镀铝锌钢绞线镀层良好。

检验数量：施工单位、监理单位全部检查质量证明文件，外观按品种、牌号、批号抽检.

检验方法：检查质量证明书和进行外观检查。

第2条　绝缘子运达现场应其进行检查，其质量应符合铁道行业标准《电气化铁道接触网用棒形瓷绝缘子》TB/T 2076、《电气化铁道接触网用耐污棒形玻璃绝缘子》TB/T 2801、《电气化铁道接触网用棒形悬式复合绝缘子》TB/T 3068及有关标准的规定。

检查数量：施工单位按品种、牌号、批号抽检。监理单位平行检验抽取数量不少于施工单位抽检的100%。

检验方法：施工单位检查质量证明书、进行外观检查和复验，绝缘子交流耐压试验，可按每批产品抽样5%，但每次试验数量不少于50只，若不合格率在20%以上，则必须100%进行试验，将不合格的剔出。监理单位检查复验报告或平行检验。

第3条 固定角钢高度应符合设计要求，横向承力索至上部固定索最短吊弦处距离为400～600mm，简单悬挂的软横跨承力索与定位索的最小距离符合设计要求，施工偏差±100mm，软横跨受力后，固定索及定位索应水平，允许有轻微负弛度。

检验数量：施工单位抽检30%。监理单位抽检不少于10%。

检验方法：观察、尺量检查。

第4条 横向承力索及上、下部固定索不得有接头，连接螺栓紧固力矩符合设计要求。双横承力索的软横跨，两根承力索应平行，受力均匀，"V"形联板无偏斜。

检验数量：施工单位抽检30%。监理单位抽检不少于10%。

检验方法：观察检查，力矩扳手测量。

Ⅱ 一般项目

第5条 半斜链形悬挂软横跨的直吊弦在直线区段应在线路中心，曲线区段与接触线（拉出值）在同一垂面内。直链形悬挂承力索与接触线应在同一垂面内，调整螺栓螺丝外露长度应为20mm至螺纹全长的1/2。钢绞在线夹内的回头，软横跨固定索受力均匀。钢绞线和螺纹外露部分涂油防腐，电分段的绝缘子在同一垂面内.

检验数量：施工单位抽检30%。

检验方法：观察、尺量检查。

7.3.6.50 轨道验·机-305 下锚装置检验批质量验收记录

一、适用范围

本表适用于下锚装置检验批的质量检查验收。

二、表内填写提示

本表编制时参考了广州地铁集团有限公司、深圳市地铁集团有限公司《接触网（刚、柔）安装工程施工质量验收标准（试行）》QB/SZMC-21402—2014，实际验收时应按工程设计，合同等相关文件明确的验收标准为依据填写。本表中所填写内容仅做参考，不作为最终验收依据。

Ⅰ 主控项目

第1条 承力索、接触线在张力补偿器处的额定张力。坠铊串无卡滞现象。

第2条 棘轮间钢丝绳缠绕正确，长度应满足设计要求，棘轮轴应注黄油防腐。棘轮及动滑轮应转动灵活。

第3条 补偿终端的断线制动装置应动作可靠。

Ⅱ 一般项目

第4条 坠铊码放应水平，坠铊串排列整齐、无锈蚀，补偿绳不得有接头及松股、断股等缺陷，坠铊在稍加外力情况下，应滑动自如。张力补偿的坠铊串安装"b"值符合设计要求。

7.3.6.51 轨道验·机-306 硬横跨检验批质量验收记录

一、适用范围

本表适用于硬横跨检验批的质量检查验收。

二、表内填写提示

本表编制时参考了广州地铁集团有限公司、深圳市地铁集团有限公司《接触网（刚、柔）安装工程施工质量验收标准（试行）》QB/SZMC-21402—2014，实际验收时应按工程设计，合同等相关文件明确的验收标准为依据填写。本表中所填写内容仅做参考，不作为最终验收依据。

Ⅰ　主控项目

第1条　硬横跨的安装应符合设计安装要求。

检验方法：观察、尺量。

检验数量：全部。

Ⅱ　一般项目

第2条　硬横跨上各种螺栓、垫片、垫圈等应齐全，螺栓应紧固，调整螺栓的调整范围应有一定的余量。

第3条　硬横跨固定角钢的安装高度应符合设计要求，允许偏差为±20mm。

检验方法：观察、尺量。

检验数量：全部。

7.3.6.52　轨道验·机-307　柔性分段绝缘器安装检验批质量验收记录

一、适用范围

本表适用于柔性分段绝缘器安装检验批的质量检查验收。

二、表内填写提示

本表编制时参考了广州地铁集团有限公司、深圳市地铁集团有限公司《接触网（刚、柔）安装工程施工质量验收标准（试行）》QB/SZMC-21402—2014，实际验收时应按工程设计，合同等相关文件明确的验收标准为依据填写。本表中所填写内容仅做参考，不作为最终验收依据。

Ⅰ　主控项目

第1条　分段绝缘器运达现场应对其进行检查，其质量应符合设备采购合同的要求。

检验数量：施工单位、监理单位全部检查质量证明书，外观按品种、牌号、批号抽检。

检验方法：检查质量证明书和进行外观检查。

第2条　分段绝缘器绝缘间隙应符合设计要求（AF为55mm，加朗分段为100mm或150mm）。承力索绝缘棒在主绝缘正上方，误差不超过±15mm。

检验数量：施工单位、监理单位全部检查。

检验方法：施工单位查阅施工设计图，尺量、激光测量仪测量。监理单位见证试验。

第3条　分段绝缘器紧固件应齐全，连接牢固可靠，分段绝缘器上的锚固螺母和螺杆的旋紧扭矩为50Nm；分段绝缘器与接触线接头处应平滑，与受电弓接触部分与轨面连线平行，受电弓双向通过时无打弓现象。

检验数量：施工单位、监理单位全部检查。

检验方法：观察、力矩扳手测量检查。

第4条　刚性悬挂分段绝缘器带电体距接地体或不同供电分区带电体、不同供电分区运行机车受电弓的距离静态不小于150mm，动态不小于100mm。

检验数量：施工单位、监理单位全部检查。

检验方法：观察、尺量检查。

Ⅱ　一般项目

第5条　分段绝缘器中心对受电弓中心允许误差50mm。

检验数量：施工单位全部检查。

检验方法：观察检查。

7.3.6.53　轨道验·机-308　支架底座及绝缘支架检验批质量验收记录

一、适用范围

本表适用于支架底座及绝缘支架检验批的质量检查验收。

二、表内填写提示

参照《城市轨道交通接触轨供电系统技术规范》CJJ/T 198—2013。

Ⅰ 主控项目

5.2.1 底座、绝缘支架或绝缘子及连接零配件进场时应检查其规格、型号、外观，质量应符合设计要求。

检验数量：全部检查。

检验方法：查阅产品质量证明文件，观察和测量检查。

5.2.2 绝缘支架或绝缘子的电气性能、机械性能应符合设计规定。

检验数量：全部检查产品质量证明文件，按每批次数量的10%测量绝缘电阻。

检验方法：查阅产品质量证明文件，目测、绝缘电阻测试。

5.2.3 底座安装位置应符合设计要求，绝缘支撑装置安装应端正，各部件连接应牢固，螺栓紧固力矩值应符合产品说明书要求。

检验数量：全部检查。

检验方法：观察、钢尺测量、用力矩扳手检查。

Ⅱ 一般项目

5.2.4 绝缘支撑装置在垂直线路的水平方向和铅垂方向的调节孔宜居中安装。

检验数量：全部检查。

检验方法：观察和测量检查。

7.3.6.54 轨道验·机-309 接触轨检验批质量验收记录

一、适用范围

本表适用于接触轨检验批的质量检查验收。

二、表内填写提示

《城市轨道交通接触轨供电系统技术规范》CJJ/T 198—2013。

Ⅰ 主控项目

5.3.1 接触轨及附件运达现场应检查其规格、型号、材质、外观，质量应符合设计要求。

检验数量：全部检查。

检验方法：查阅产品质量证明文件，观察和测量检查。

5.3.2 接触轨断电区的布置应符合设计要求。

检验数量：全部检查。

检验方法：对照设计文件尺量检查。

5.3.3 端部弯头安装应符合本规范第4.3.3条的规定。

检验数量：全部检查。

检验方法：观察和尺量检查。

5.3.4 接触轨接头安装应符合本规范第4.3.4条的规定。

检验数量：全部检查。

检验方法：观察、尺量和用力矩扳手检查。

5.3.5 膨胀接头安装应符合本规范第4.3.5条的规定。

检验数量：全部检查。

检验方法：观察、尺量检查。

5.3.6 接触轨中心锚结安装应符合本规范第4.3.6条的规定。

检验数量：全部检查。

检验方法：观察检查。

5.3.7 接触轨安装位置及其安装误差应符合本规范第4.3.7条的规定。

检验数量：全部检查。

检验方法：观察、尺量检查。

7.3.6.55 轨道验·机-310 接触轨防护罩检验批质量验收记录

一、适用范围

本表适用接触轨防护罩检验批的质量检查验收。

二、表内填写提示

参照《城市轨道交通接触轨供电系统技术规范》CJJ/T 198—2013。

Ⅰ 主控项目

5.4.1 防护罩运达现场应检查其规格、型号、材质、外观，质量应符合设计要求。

检验数量：全部检查。

检验方法：查阅产品质量证明文件，观察和测量检查。

5.4.2 防护罩安装后应符合限界规定。

检验数量：全部检查。

检验方法：观察、尺量检查。

Ⅱ 一般项目

5.4.3 防护罩安装应符合本规范第4.4.2条的规定。

检验数量：全部检查。

检验方法：观察、尺量检查。

7.3.6.56 轨道验·机-311 接触轨电连接检验批质量验收记录

一、适用范围

本表适用于接触轨电连接检验批的质量检查验收。

二、表内填写提示

参照《城市轨道交通接触轨供电系统技术规范》CJJ/T 198—2013。

Ⅰ 主控项目

5.5.1 电缆及附件运达现场应检查其规格、型号、电压等级、材质、数量、外观，质量应符合设计要求。

检验数量：全部检查。

检验方法：查阅产品质量证明文件，观察和测量检查。

5.5.2 电缆接线板安装应符合本规范第4.5.1条的规定。

检验数量：全部检查。

检验方法：观察、尺量检查。

Ⅱ 一般项目

5.5.3 电缆敷设应符合本规范第4.5.2条的规定。

检验数量：全部检查。

检验方法：观察、尺量和力矩扳手测量检查。

7.3.6.57 轨道验·机-312 接触轨接地检验批质量验收记录

一、适用范围

本表适用于接触轨接地检验批的质量检查验收。

二、表内填写提示

《城市轨道交通接触轨供电系统技术规范》CJJ/T 198—2013。

Ⅰ 主控项目

5.6.1 线材运达现场应检查其规格、型号、材质、外观，质量应符合设计要求。

检验数量：全部检查。

检验方法：查阅产品质量证明文件，观察和测量检查。

5.6.2　全线所有不带电金属底座均应与接地线可靠连接，连接方式应符合设计规定。

检验数量：全部检查。

检验方法：观察和测量检查。

5.6.3　接地线与牵引变电所接地装置应可靠连接，连接方式应符合设计规定。

检验数量：全部检查。

检验方法：观察和测量检查。

Ⅱ　一般项目

5.6.4　接地线接头搭接长度应符合设计要求，连接牢固可靠。

检验数量：全部检查。

检验方法：观察和测量检查。

7.3.6.58　轨道验·机-313　隔离开关检验批质量验收记录

一、适用范围

本表适用于隔离开关检验批的质量检查验收。

二、执行标准

《城市轨道交通接触轨供电系统技术规范》CJJ/T 198—2013。

Ⅰ　主控项目

5.7.1　隔离开关运达现场应进行检查，其质量应符合设计要求，电气性能应符合现行国家标准《电气装置安装工程电气设备交接试验标准》GB 50150 的有关规定。

检验数量：全部检查。

检验方法：检查产品质量证明文件、电气试验报告，并进行外观检查。

5.7.2　隔离开关型号、安装位置及各部件安装尺寸应符合设计要求。

检验数量：全部检查。

检验方法：观察和尺量检查。

5.7.3　操动机构传动操作应轻便灵活，隔离开关应分合顺利可靠，分合位置正确。

检验数量：全部检查。

检验方法：观察和操作检查。

5.7.4　电动隔离开关的电源和控制回路接线正确，在允许电压波动范围内应正确、可靠动作。隔离开关机械连锁或电气连锁应正确可靠。机构的分合闸指示与开关的实际状态应一致。

检验数量：全部检查。

检验方法：观察检查和电气试验。

Ⅱ　一般项目

5.7.5　底座安装应水平、牢固，同组隔离开关应在同一水平面上安装牢固。

检验数量：全部检查。

检验方法：观察和尺量检查。

5.7.6　隔离开关引线连接正确牢固，布线规整。

检验数量：全部检查。

检验方法：观察检查。

7.3.6.59　轨道验·机-314　避雷器检验批质量验收记录

一、适用范围

本表适用避雷器检验批的质量检查验收。

二、表内填写提示

《城市轨道交通接触轨供电系统技术规范》CJJ/T 198—2013。

Ⅰ　主控项目

5.8.1　避雷器运达现场应进行检查，其质量应符合设计要求。电气性能应符合现行国家标准《电气装置安装工程电气设备交接试验标准》GB 50150 的有关规定。

检验数量：全部检查。

检验方法：检查质量证明文件和电气试验报告，并进行外观检查。

5.8.2　避雷器安装位置、规格、型号、引线方式应符合设计要求，引线连接正确牢固。

检验数量：全部检查。

检验方法：观察和尺量检查。

5.8.3　避雷器的工频接地电阻值不应大于 10Ω。

检验数量：全部检查。

检验方法：测量检查。

Ⅱ　一般项目

5.8.4　避雷器安装应竖直，支架水平，连接应牢固可靠。

检验数量：全部检查。

检验方法：观察和尺量检查。

7.3.6.60　轨道验·机-315　接地装置检验批质量验收记录

一、适用范围

本表适用于接地装置检验批的质量检查验收。

二、表内填写提示

接地装置安装应符合现行国家标准《地下铁道工程施工及验收标准》GB/T 50299—2018、《铁路电力工程施工质量验收标准》TB 10420 的相关规定。

Ⅰ　主控项目

第 19.2.10 条　电气装置的接地应以单独的接地线与接地干线相连，不得在一个接地线中串接几个需要接地的电气装置。在爆炸危险环境内的接地干线在不同方向与接地体相连，连接处不应少于两处。参考 TB 10420—2003

检验数量：施工单位全部检查。

检验方法：观察检查。

第 19.3.1 条　变配电所接地干线所用的材料和规格应符合设计要求。参考 TB 10420—2003

检验数量：施工、监理单位全部检查。

检验方法：观察检查。

第 19.3.2 条　变压器室、高低压开关室内的接地干线不少于两处与接地装置引出干线连接。参考 TB 10240—2003

检验数量：施工、监理单位全部检查。检验方法：观察检查。

Ⅱ　一般项目

第 19.3.3 条　变电所内明敷接地干线安装应符合下列规定：参考 TB 10240—2003

1. 敷设位置不得妨碍设备的拆卸与检查、检修。
2. 当沿建筑物墙壁水平敷设时，距离地面高度 250～300mm，与建筑物墙壁间的间隙 10～15mm。
3. 当接地线跨越建筑物变形缝时，设补偿装置。
4. 变压器室、高低压开关室内的接地干线上应设置不少于 2 个供临时接地用的接线柱或接地螺栓。

7.3.6.61　轨道验·机-316　接触线架设检验批质量验收记录

一、适用范围

本表适用于接触线架设的质量验收。

二、本表填写提示

《铁路电力牵引供电工程施工质量验收标准》TB 10421—2003

Ⅰ 主控项目

5.16.1 线材运达现场应进行检查，其质量应符合铁道行业标准《铜接触线》TB/T 2810、《铜合金接触线》TB/T 2821 的规定。

检验数量：施工单位、监理单位全部检查质量证明文件，外观按品种、牌号、批号抽检。

检验方法：检查质量证明书和进行外观检查。

5.16.2 120km/h 以上区段正线接触线不允许有接头。站线接触线在一个锚段内允许有一个接头．两接头间距不应小于 150m，接头悬挂点距离不应小于 2m。

检验数量：施工单位、监理单位全部检查。

检验方法：观察检查。

5.16.3 接触线接头应符合设计要求，接头线夹处应平滑不打弓，螺栓紧固力矩应符合产品说明书的要求。

检验数量：施工单位、监理单位全部检查。

检验方法：观察，力矩扳手、冷滑车检测检查。

5.16.4 站场正线及重要线的接触线应在下方，侧线及次要线的接触线应在上方。

检验数量：施工单位、监理单位全部检查。

检验方法：观察检查。

Ⅱ 一般项目

5.16.5 张力补偿装置应符合设计要求，补偿绳应无磨支柱或拉线现象，坠砣完整。

检验数量：施工单位全部检查。

检验方法：观察检查。

7.3.6.62 轨道验·机-317 柔性接触网中心锚结检验批质量验收记录

一、适用范围

本表适用于柔性接触网中心锚的质量验收。

二、本表填写提示

《铁路电力牵引供电工程施工质量验收标准》TB 10421

Ⅰ 主控项目

5.17.1 器材进场的质量检验应符合规定。

1. 铜、铜合金及铜包钢绞线、镀铝锌钢芯铝绞线不得有断股、交叉、折叠、硬弯、松散等缺陷；如有缺陷应按规定进行处理；

2. 铜、铜合金及铜包钢绞线、镀铝锌钢芯铝绞线不得有腐蚀现象。

5.17.2 中心锚结应安装在设计指定位置上，接触线中心锚结所在跨距内不得有接触线接头．直线区段的中心。

锚结线夹端正，曲线区段中心锚线应与接触线倾斜度相一致，中心锚结线夹应牢固可靠，螺栓紧固力矩符合设计要求。

检验数量：施工单位全部检查。监理单位抽检不少于 10%。

检验方法：观察、力矩扳手测量检查。

5.17.3 中心锚结辅助绳的长度符合设计要求，允许偏差±20mm。

检验数量：施工单位抽检 30%。监理单位抽检不少于 10%。

检验方法：测量检查。

Ⅱ 一般项目

5.17.4 全补偿链形悬挂承力索中心锚结辅助绳的弛度小于或等于所在跨距承力索的弛度，全补偿、半补偿链形悬挂接触线中心锚结线夹两边锚结绳张力相等，接触线中心锚结线夹处接触线高度比相邻吊弦点高出20～60mm。安装形式应符合设计要求。采用镀锌钢绞线的承力索中心锚结辅助绳和接触线中心锚结应均涂防腐油防腐

检验数量：施工单位抽检30%。

检验方法：观察、测杆测量检查。

5.17.5 弹性简单悬挂中心锚结应符合设计要求。下锚绳的弛度应满足：在最高温度时，中心锚结线夹处接触线高于两边悬挂点50mm，在最低温度时平腕臂抬头不大于50mm。采用镀锌钢绞线的中心锚结绳应涂防腐油防腐。

检验数量：施工单位全部检查。

检验方法：观察、尺量检查。

7.3.6.63 轨道验·机-318 线岔检验批质量验收记录

一、检验批划分

一个区间或一个站

二、《铁路电力牵引供电工程施工质量验收标准》TB 10421 规范摘要

Ⅰ 主控项目

1. 道岔处在受电弓可能同时接触两支接触线范围内，两支接触线应等高，在受电弓始触点渡线接触线应与正线接触线等高或高出正线接触线1mm。

检查数量：施工单位、监理单位全部检查。

检验方法：观察、测量检查。

2. 单开道岔，悬挂点的拉出值距正线汇流排中心线一般为200mm，允许误差±20mm。

检查数量：施工单位、监理单位全部检查。

检验方法：观察、测量检查。

3. 交叉渡线道岔在交叉渡线两线路中心的交叉点处，两支悬挂的汇流排中心线分别距交叉点100mm。

允许误差±20mm。

检查数量：施工单位、监理单位全部检查。

检验方法：观察、测量检查。

4. 在冷滑试验中受电弓通过时应平滑无撞击，热滑试验中不应出现固定拉弧点。

检查数量：施工单位、监理单位全部检查。

检验方法：观察检查，监理单位旁站监理。

Ⅱ 一般项目

1. 道岔处电连接线、接地线应完整无遗漏，安装牢固，符合设计要求。

检查数量：施工单位全部检查。

检验方法：观察检查。

7.3.6.64 轨道验·机-319 支柱防护、限界门检验批质量验收记录

一、适用范围

本表适用于支柱防护、限界门的质量验收。

二、《铁路电力牵引供电工程施工质量验收标准》TB 10421 本表填写提示

Ⅰ 主控项目

5.30.1 机动车辆活动场所及货物站台上的支柱防护应符合设计要求，在任何情况下不得侵入基本建筑限界。

检验数量：施工单位全部检查。监理单位抽检不少于10%。

检验方法：尺量检查。

5.30.2 限界门安装应符合设计要求，限制高度不得大于4.5m，支柱受力后应直立并略有外倾。

检验数量：施工单位全部检查。监理单位抽检不少于10%。

检验方法：测杆、线坠测量检查。

Ⅱ 一般项目

5.30.3 支柱防护尺寸应符合设计要求，整体成形，坚固可靠。

检验数量：施工单位全部检查。

检验方法：观察、尺量检查。

5.30.4 限界门下拉索（杆）呈水平状态，限高标志面采用反光膜，字迹清晰醒目，其逆反射系数应在Ⅳ级及以上。支柱及防护桩涂黑白相间油漆均匀，无脱落现象。

检验数量：施工单位全部检查。

检验方法：观察检查。

7.3.6.65 轨道验·机-320 冷、热滑试验及送电开通检验批质量验收记录

一、适用范围

本表适用于冷滑行试验验收记录。

二、《铁路电力牵引供电工程施工质量验收标准》TB 10421 规范摘要

5.31.1 冷滑试验及送电开通前，应对影响安全运营的路内、外电力线路，建筑物及材木进行全面检查，并应符合下列知定。

1. 电力线跨越接触网时．距接触网的垂直距离应符合有关规定。

2. 跨越接触网的立交桥及构筑物防护网安装应符合设计要求，安装牢固，接地良好。

3. 接触网距树木间的最小距离，水平不应小于3.5m，垂直不应小于3.0m。

检验数量：施工单位全部检查，监理单位抽检不少于10%。

检验方法：观察、尺量检查。

5.31.2 冷滑试验及送电开通前，应用受电弓动态包络线检查尺，对接触网进行检测。检查尺应按照设计给定的营业电力机车受电弓动态最大抬升量和最大摆动量或按 $\upsilon \leqslant 120$km/h 时，最大抬升量为100mm，左右最大摆动量为200mm，120km/h$\leqslant \upsilon \leqslant$160km/h 时，最大抬升量为120mm，左右最大摆动量250mm制作，支持装置及定位装置任何部位均应在受电弓动态包络线范围以外。

检验数量：施工单位、监理单位全部检查。

检验方法：观察、测试检查。

5.31.3 拉出值最大不应大于400mm，接触线线面正确，无弯曲、碰弓、脱弓现象。常速冷滑无不允许的硬点。

检验数量：施工单位、监理单位全部检查。

检验方法：施工单位冷滑车检验。监理单位见证试验。

5.31.4 受电弓在正常情况下距接地体瞬时间隙不成小手200mm，困难情况下不应小于的160mm。

检验数量：施工单位全部检查。监理单位抽检不少于10%。

检验方法：施工单位尺量、冷滑车检验。监理单位见证试验。

5.31.5 品弦线夹、定位线夹、接触线接头线夹、中心锚结线夹、电连接线夹、分段绝缘器、分相绝缘器、线岔等无碰弓现象和不允许的硬点。

检验数量：施工单位、监理单位全部检查。

检验方法：施工单位观察、冷滑车检验，监理单位见证试验。

5.31.6 开通区段接触网绝缘良好。接触线送电后，各供电臂始、终端确保有电。

检验数量：施工单位全部检查各供电臂。监理单位抽检不少于10%。

检验方法：施工单位用2500V兆欧表测试。用35kV高压验电器验电或在分区所控制盘观察。监理单位见证试验。

7.3.7 通信系统

7.3.7.1 轨道验・机-321 支架、吊架安装检验批质量验收记录

一、适用范围

本表适用于支架、吊架安装检验批质量验收记录。

二、表内填写提示

支架、吊架安装应符合现行国家标准《城市轨道交通通信工程质量验收规范》GB 50382—2016 的相关规定：

Ⅰ 主控项目

第 4.2.1 条 支架、吊架及配件到达现场应进行检查，其型号、规格和质量应符合设计要求。

检验数量：全部检查。

检验方法：对照设计文件检查出厂合格证及其他质量证明文件，并观察检查外观及形状。

第 4.2.2 条 支架、吊架安装位置及安装方式应符合设计要求，并应固定牢固；支架与吊架的各臂应连接牢固。支架、吊架安装不得侵入设备限界。

检验数量：全部检查。

检验方法：观察、尺量检查。

第 4.2.3 条 支架、吊架不应安装在具有较大振动、热源、腐蚀性液滴及排污沟道的位置，也不应安装在具有高温、高压、腐蚀性及易燃易爆等介质的工业设备、管道及能移动的构筑物上。

检验数量：全部检查。

检验方法：观察检查。

第 4.2.4 条 区间电缆支架接地方式应符合设计要求，接地连接应可靠。

检验数量：全部检查。

检验方法：观察、用万用表检查。

Ⅱ 一般项目

第 4.2.5 条 支架、吊架的镀锌要求和尺寸应符合设计要求；切口处不应有卷边，表面应光洁、无毛刺。

检验数量：全部检查。

检验方法：观察检查。

第 4.2.6 条 当支架、吊架安装在有坡度、弧度的建筑物构架上时，其安装坡度、弧度应与建筑物构架的坡度、弧度相同。

检验数量：全部检查。

检验方法：观察检查。

第 4.2.7 条 支架、吊架安装应横平竖直、整齐美观，安装位置偏差不宜大于 50mm。在同一直线段上的支架、吊架应间距均匀，同层托臂应在同一水平面上。

检验数量：全部检查。

检验方法：观察、尺量检查。

第 4.2.8 条 安装金属线槽及保护管用的支架、吊架间距应符合设计要求。

检验数量：全部检查。

检验方法：观察检查。

第 4.2.9 条 敷设电缆用的支架、吊架间距应符合设计要求；当设计无要求时，水平敷设时宜为 0.8～1.5m；垂直敷设时宜为 1.0m。

检验数量：全部检查。

检验方法：观察、尺量检查。

7.3.7.2 轨道验·机-322 桥架安装检验批质量验收记录

一、适用范围

本表适用于桥架安装检验批质量验收记录。

二、表内填写提示

桥架安装应符合现行国家标准《城市轨道交通通信工程质量验收规范》GB 50382—2016 的相关规定：

Ⅰ 主控项目

第 4.3.1 条 线槽、走线架及配件到达现场应进行检查，其型号、规格和质量应符合设计要求。

检验数量：全部检查。

检验方法：对照设计文件检查出厂合格证及其他质量证明文件，并观察检查外观及形状。

第 4.3.2 条 线槽、走线架安装位置和安装方式应符合设计要求。

检验数量：全部检查。

检验方法：观察检查。

第 4.3.3 条 线槽终端应进行防火，防鼠封堵。

检验数量：全部检查。

检验方法：观察检查。

第 4.3.4 条 金属线槽焊接应牢固，内层应平整，不应有明显的变形，埋设时焊接处应进行防腐处理。

检验数量：全部检查。

检验方法：观察检查。

第 4.3.5 条 线槽、走线架与机架连接处应垂直并连接牢固。

检验数量：全部检查。

检验方法：观察检查。

第 4.3.6 条 金属线槽、走线架应接地，线槽接缝处应有连接线或跨接线。

检验数量：全部检查。

检验方法：观察、用万用表检查。

第 4.3.7 条 预埋线槽时，线槽的连接处、出线口和分线盒，均应进行防水处理。

检验数量：全部检查。

检验方法：观察检查。

第 4.3.8 条 当供电线缆与信号电缆在同一径路用线槽敷设时，宜分线槽敷设。

检验数量：全部检查。

检验方法：观察检查。

第 4.3.9 条 线槽安装在经过建筑沉降缝或伸缩缝时应预留变形间距。

检验数量：全部检查。

检验方法：观察检查。

Ⅱ 一般项目

第 4.3.10 条 金属线槽的金属材料厚度、镀锌要求应符合设计要求。

检验数量：全部检查。

检验方法：对照设计文件检查出厂合格证及其他质量证明文件。

第 4.3.11 条 线槽的安装应横平竖直，排列整齐。槽与槽之间、槽与设备盘（箱）之间、槽与盖之间、盖与盖之间的连接处，应对合严密。

检验数量：全部检查。

检验方法：观察、尺量检查。

第 4.3.12 条　当线槽的直线长度超过 50m 时，宜采取热膨胀补偿措施。

检验数量：全部检查。

检验方法：观察检查。

第 4.3.13 条　当线槽内引出电缆时，应采用线缆保护措施。

检验数量：全部检查。

检验方法：观察检查。

第 4.3.14 条　当线槽拐直角弯时，其弯头的弯曲半径不应小于槽内最粗电缆外径的 10 倍。

检验数量：全部检查。

检验方法：观察检查。

7.3.7.3　轨道验·机-323　保护管安装检验批质量验收记录

一、适用范围

本表适用于保护管安装检验批质量验收记录。

二、表内填写提示

保护管安装应符合现行国家标准《城市轨道交通通信工程质量验收规范》GB 50382—2016 的相关规定：

Ⅰ　主控项目

第 4.4.1 条　保护管及配件到达现场应进行检查，其型号、规格和质量应符合设计要求。

检验数量：全部检查。

检验方法：对照设计文件检查出厂合格证及其他质量证明文件，并观察检查外观及形状。

第 4.4.2 条　保护管煨管应符合下列规定：

1. 弯成角度不应小于 90°。

2. 弯曲半径不应小于管外径的 6 倍。

3. 弯扁度不应大于该管外径的 1/10。

4. 弯曲处应无凹陷、裂缝。

5. 单根保护管的直角弯不应超过两个。

检验数量：全部检查。

检验方法：随工检查。

第 4.4.3 条　保护管管口应采用防火材料进行密封处理。

检验数量：全部检查。

检验方法：观察检查。

第 4.4.4 条　金属保护管应可靠接地，金属保护管连接后应保证整个系统的电气连通性。

检验数量：全部检查。

检验方法：用万用表检查。

第 4.4.5 条　埋入墙或混凝土内的保护管宜采用整根材料；当需连接时，应在连接处进行防水处理。预埋保护管管口应进行防护处理。

检验数量：全部检查。

检验方法：随工检查。

第 4.4.6 条　保护管安装在经过建筑沉降或伸缩缝时应预留变形间距。

检验数量：全部检查。

检验方法：观察检查。

Ⅱ　一般项目

第 4.4.7 条　保护管不应有变形及裂缝，管口应光滑、无锐边，内外壁应光洁、无毛刺尺寸应准确；金属保护管的镀锌要求应符合设计要求。

检验数量：全部检查。

检验方法：观察检查。

第4.4.8条　保护管增设接线盒或拉线盒的位置应符合设计要求，接线盒或拉线盒开口朝向应方便施工。预埋箱、盒位置应准确，并应固定牢固。与预埋保护管连接的接线盒（底盒）的表面应与墙面平齐，误差应小于2mm。

检验数量：全部检查。

检验方法：观察检查。

第4.4.9条　预埋保护管应符合下列规定：

1. 伸入箱、盒内的长度不应小于5mm，并应固定牢固，多根管伸入时应排列整齐。

2. 预埋的保护管引出表面时，管口宜伸出表面200mm；当从地下引入落地式盘（箱）时，宜高出盘（箱）底内面50mm。

3. 预埋的金属保护管管外不应涂漆。

4. 当预埋保护管埋入墙或混凝土内时，离表面的净距离不应小于15mm。检验数量：全部检查。

检验方法：观察、尺量检查。

第4.4.10条　保护管应排列整齐、固定牢固。用管卡固定或水平吊挂安装时，管卡间距或吊杆间距应符合设计要求

检验数量：全部检查。

检验方法：观察检查。

7.3.7.4　轨道验·机-324　通信管道安装检验批质量验收记录

一、适用范围

本表适用于通信管道安装检验批质量验收记录。

二、表内填写提示

通信管道安装应符合现行国家标准《城市轨道交通通信工程质量验收规范》GB 50382—2016的相关规定：

Ⅰ　主控项目

第4.5.1条　通信管道所用的器材在使用之前应进行检查，其型号、规格和质量应符合设计要求。

检验数量：全部检查。

检验方法：对照设计文件检查出厂合格证及其他质量证明文件，并观察检查外观及形状。

第4.5.2条　通信管道埋深达不到要求时，其包封和防护、管道倾斜度、管道弯度、段长，以及防水、防蚀防强电干扰的要求，应符合设计要求。

检验数量：全部检查。

检验方法：对照设计文件检查。

第4.5.3条　通信管道应进行试通，对不能通过标准拉棒但能通过比标准拉棒直径小1mm的拉棒的孔段占试通孔段总数的比例不应大于10%。

检验数量：钢材、塑料等单孔组群的通信管道，2孔及以下试通全部管孔，3孔至6孔抽试2孔，6孔以上每增加5孔多抽试1孔。

检验方法：在直线管道使用比管孔标称直径小5mm长900mm的拉棒试通；对弯曲半径大于36m的弯管道，使用比管孔标称直径小6mm长900mm的拉棒试通。

第4.5.4条　通信管道进入建筑物、人手孔时，管孔应进行封堵。

检验数量：全部检查。

检验方法：观察检查。

Ⅱ　一般项目

第4.5.5条　人手孔四壁及基础表面应平整，铁件安装牢固并应符合设计要求，管道窗口处理应美观。

检验数量：全部检查。
检验方法：观察检查。
第 4.5.6 条　人手孔口圈安装质量、位置和高程应符合设计要求。
检验方法：观察、尺量检查。
第 4.5.7 条　人手孔防渗、漏水及排水功能应良好。
检验数量：全部检查。
检验方法：观察检查。

7.3.7.5　轨道验・机-325　缆线布放检验批质量验收记录

一、适用范围
本表适用于缆线布放检验批质量验收记录。
二、表内填写提示
缆线布放应符合现行国家标准《城市轨道交通通信工程质量验收规范》GB 50382—2016 的相关规定：
Ⅰ　主控项目
第 4.6.1 条　电源线、信号线及配套器材的进场验收应符合下列规定：
1. 数量、型号、规格和质量应符合设计和订货合同的要求。
2. 合格证、质量检验报告等质量证明文件应齐全。
3. 缆线外皮应无破损、挤压变形，缆线应无受潮、扭曲、背扣。
检验数量：全部检查。
检验方法：对照设计文件和订货合同，检查实物和质量证明文件。
第 4.6.2 条　电源线、信号线不应断线和错线，线间绝缘、组间绝缘应符合设计要求。
检验数量：全部检查。
检验方法：用万用表检查断线和错线，用兆欧表测试绝缘应符合设计要求。
第 4.6.3 条　当多层水平线槽垂直排列时，布放应按强电、弱电的顺序从上至下排列。
检验数量：全部检查。
检验方法：观察检查。
第 4.6.4 条　线槽内的电源线、信号线应排列整齐，不应扭绞、交叉及溢出线槽。
检验数量：全部检查。
检验方法：观察检查。
第 4.6.5 条　电源线、信号线在管内或线槽内不应有接头和扭结。
检验数量：全部检查。
检验方法：观察检查。
第 4.6.6 条　当采用屏蔽电缆或穿金属保护管以及在线槽内敷设时，缆线与具有强磁场和强电场的电气设备之间的净距离大于 0.8m。屏蔽线应单端接地。
检验数量：全部检查。
检验方法：观察、尺量检查。
第 4.6.7 条　电源线与信号线应分开布放；当交叉敷设时，应成直角；当平行敷设时，相互间的距离应符合设计要求。
检验数量：全部检查。
检验方法：观察检查。
Ⅱ　一般项目
第 4.6.8 条　电源线、信号线的走向及径路应符合设计要求；布线应牢固、整齐。
检验数量：全部检查。
检验方法：观察检查。

第 4.6.9 条　电源线、信号线布放的弯曲半径应符合下列规定：

1. 光缆弯曲半径不应小于光缆外径的 15 倍。

2. 大对数对绞电缆的弯曲半径不应小于电缆外径的 10 倍。

3. 同轴电缆、馈线的弯曲半径不应小于电缆外径的 15 倍。

检验数量：全部检查。

检验方法：尺量检查。

第 4.6.10 条　电源线、信号线布放经过伸缩缝、转接盒及缆线终端处时应进行余留。

检验数量：全部检查。

检验方法：观察检查。

第 4.6.11 条　线槽敷设截面利用率不宜大于 50%，保护管敷设截面利用率不宜大于 40%。

检验数量：全部检查。

检验方法：观察检查。

第 4.6.12 条　室内光缆宜在线槽中敷设；当在桥架敷设时应采取防护措施。光缆连接线两端的余留应符合工艺要求。

检验数量：全部检查。

检验方法：观察检查。

第 4.6.13 条　在垂直的线槽或爬架上敷设时，电源线、信号线应在线槽内和爬架上进行绑扎固定，其固定间距不宜大于 1m。

检验数量：全部检查。

检验方法：观察检查。

7.3.7.6　轨道验·机-326　区间电缆支架安装检验批质量验收记录

一、适用范围

本表适用于区间电缆支架安装检验批质量验收记录。

二、表内填写提示

区间电缆支架安装应符合现行国家标准《城市轨道交通通信工程质量验收规范》GB 50382—2016 的相关规定：

Ⅰ　主控项目

第 4.2.1 条　支架、吊架及配件到达现场应进行检查，其型号、规格和质量应符合设计要求。

检验数量：全部检查。

检验方法：对照设计文件检查出厂合格证及其他质量证明文件，并观察检查外观及形状。

第 4.2.2 条　支架、吊架安装位置及安装方式应符合设计要求，并应固定牢固；支架与吊架的各臂应连接牢固。支架、吊架安装不得侵入设备限界。

检验数量：全部检查。

检验方法：观察、尺量检查。

第 4.2.3 条　支架、吊架不应安装在具有较大振动、热源、腐蚀性液滴及排污沟道的位置，也不应安装在具有高温、高压、腐蚀性及易燃易爆等介质的工业设备、管道及能移动的构筑物上。

检验数量：全部检查。

检验方法：观察检查。

第 4.2.4 条　区间电缆支架接地方式应符合设计要求，接地连接应可靠。

检验数量：全部检查。

检验方法：观察、用万用表检查。

Ⅱ　一般项目

第 4.2.5 条　支架、吊架的镀锌要求和尺寸应符合设计要求；切口处不应有卷边，表面应光洁、无毛刺。

检验数量：全部检查。

检验方法：观察检查。

第4.2.6条　当支架、吊架安装在有坡度、弧度的建筑物构架上时，其安装坡度、弧度应与建筑物构架的坡度、弧度相同。

检验数量：全部检查。

检验方法：观察检查。

第4.2.7条　支架、吊架安装应横平竖直、整齐美观，安装位置偏差不宜大于50mm。在同一直线段上的支架、吊架应间距均匀，同层托臂应在同一水平面上。

检验数量：全部检查。

检验方法：观察、尺量检查。

第4.2.8条　安装金属线槽及保护管用的支架、吊架间距应符合设计要求。

检验数量：全部检查。

检验方法：观察检查。

第4.2.9条　敷设电缆用的支架、吊架间距应符合设计要求；当设计无要求时，水平敷设时宜为0.8m～1.5m；垂直敷设时宜为1.0m。

检验数量：全部检查。

检验方法：观察、尺量检查。

7.3.7.7　轨道验·机-327　光、电缆敷设检验批质量验收记录

一、适用范围

本表适用于光、电缆敷设检验批质量验收记录。

二、表内填写提示

光、电缆敷设应符合现行国家标准《城市轨道交通通信工程质量验收规范》GB 50382—2016的相关规定：

Ⅰ　主控项目

第5.2.1条　光、电缆及配套器材进场验收应符合下列规定：

1. 型号、规格、质量应符合设计和订货合同要求。

2. 合格证、质量检验报告等质量证明文件应齐全。

3. 光、电缆应无压扁、护套损伤和表面严重划伤等缺陷。

检验数量：全部检查。

检验方法：对照设计文件和订货合同检查实物和质量证明文件。

第5.2.2条　光、电缆单盘测试应符合下列规定：

1. 单盘光缆长度、衰耗应符合设计和订货要求。

2. 市话通信电缆的单线电阻、绝缘电阻、电气绝缘强度等直流电性能应符合该型号规格电缆的产品技术标准的规定；单盘电缆应不断线、不混线。

3. 低频四芯组电缆的环线电阻、环阻不平衡、绝缘电阻、电气绝缘强度等直流电性能，交流对地不平衡、近/远端串音、杂音计电压等交流电性能应符合该型号规格电缆的产品技术标准的规定。

检验数量：全部检查。

检验方法：用光时域反射仪（OTDR）测试光缆；用万用表、直流电桥、兆欧表、耐压测试仪等测试电缆。

第5.2.3条　光、电缆敷设应符合下列规定：

1. 敷设径路及光、电缆的端别应符合设计要求；

2. 光、电缆在支架上敷设位置应符合设计要求，并应固定牢靠；

3. 直埋光、电缆的埋深应符合设计要求；

4. 区间光、电缆的敷设，不得侵入设备限界。

检验数量：全部检查。

检验方法：观察、尺量检查。

第 5.2.4 条　在通信管道和人手孔内敷设光、电缆时应符合下列规定：

1. 管孔运用应符合设计要求。

2. 同一根光、电缆所占各段管道的管孔宜保持一致。

3. 光、电缆在人手孔支架上的排列顺序应与光、电缆管孔运用相适应，在人手孔内应避免光、电缆相互交越、交叉，不应阻碍空闲管孔的使用。

检验数量：全部检查。

检验方法：观察检查。

第 5.2.5 条　光、电缆线路防雷设施的设置地点、数量、方式和防护措施应符合设计要求。

检验数量：全部检查。

检验方法：观察检查。

第 5.2.6 条　光、电缆线路的防蚀和防电磁设施的设置地点、数量、方式和防护措施应符合设计要求。

检验数量：全部检查。

检验方法：观察检查。

第 5.2.7 条　光、电缆外护层（套）不得有破损、变形或扭伤，接头处应密封良好。

检验数量：全部检查。

检验方法：观察检查。

第 5.2.8 条　光、电缆与其他管线、设施的间隔距离应符合设计要求。

检验数量：全部检查。

检验方法：观察、尺量检查。

Ⅱ　一般项目

第 5.2.9 条　光、电缆敷设、接续或固定安装时的弯曲半径不应小于光电缆外径的 15 倍。

检验数量：全部检查。

检验方法：观察检查，或检查随工检验记录。

第 5.2.10 条　光、电缆线路余留的设置位置和长度应符合设计要求。

检验数量：全部检查。

检验方法：对照设计文件检查。

第 5.2.11 条　直埋光、电缆线路标桩的埋设应符合设计要求；光电缆标桩应埋设在径路的正上方，接续标桩应埋设在接续点的正上方；标识应清楚。

检验数量：全部检查。

检验方法：对照设计文件检查。

7.3.7.8　轨道验・机-328　光缆接续及引入检验批质量验收记录

一、适用范围

本表适用于光缆接续及引入检验批质量验收记录。

二、表内填写提示

光缆接续及引入应符合现行国家标准《城市轨道交通通信工程质量验收规范》GB 50382—2016 的相关规定：

Ⅰ　主控项目

第 5.3.1 条　光缆接续应符合下列规定：

1. 芯线按光纤色谱排列顺序对应接续；光纤接续部位应采用热缩加强管保护，加强管收缩应均匀、无气泡。

2. 光缆的金属外护套和加强芯应紧固在接头盒内。同一侧的金属外护套与金属加强芯在电气上应连通；两侧的金属外护套、金属加强芯应绝缘。

3. 光缆接头盒盒体安装应牢固、密封良好。

4. 光纤收容时的余长单端引入引出长度不应小于 0.8m，两端引入引出长度不应小于 1.2m。

5. 光纤收容时的弯曲半径不应小于 40mm。

6. 光缆接头处的弯曲半径不应小于护套外径的 20 倍。

7. 光缆接续后宜余留 2～3m 长度。

检验数量：全部检查。

检验方法：随工检查。监理单位旁站。

第 5.3.2 条　光缆接头的固定方式、位置应符合设计要求。

检验数量：全部检查。

检验方法：观察检查。

第 5.3.3 条　光缆引入应符合下列规定：

1. 光缆引入时，其室内、室外金属护层及金属加强芯应断开，并应彼此绝缘分别接地。

2. 光缆引入应在光配线架上或光终端盒中终端，并标识清晰。

3. 引入室内的光缆应进行固定并安装牢固。

检验数量：全部检查。

检验方法：观察、用万用表检查。

第 5.3.4 条　光配线架上或光终端盒的安装位置及面板排列应符合设计要求。

检验数量：全部检查。

检验方法：观察检查。

第 5.3.5 条　光配线架的安装应符合下列规定：

1. 光配线架的型号、规格和安装位置应符合设计要求，架体安装应牢固可靠，紧固件应齐全并安装牢固。

2. 光配线架上的标志应齐全、清晰、耐久可靠；光缆终端区光缆进、出应有标识。

3. 光纤收容盘内，光纤的盘留弯曲半径应大于 40mm。

4. 裸光纤与尾纤的接续应符合 GB 50382—2016 第 5.3.1 条的相关要求，其接头应加热熔保护管保护，并应按顺序排列固定。

5. 尾纤应按单元进行盘留，盘留弯曲半径应大于 50mm。

检验数量：全部检查。

检验方法：本条第 1、2 款观察检查，第 3 款～第 5 款随工检查。

Ⅱ　一般项目

第 5.3.6 条　光缆及接头盒在进入人孔时，应放在人孔铁架上固定保护。

应符合设计要求。

检验数量：全部检查。

检验方法：观察检查。

第 5.3.7 条　光缆引入室内、光配线架或光终端盒时，其型号、规格、起止点及上下行标识应清晰准确。

检验数量：全部检查。

检验方法：观察检查。

7.3.7.9　轨道验·机-329　电缆接续及引入检验批质量验收记录

一、适用范围

本表适用于电缆接续及引入检验批质量验收记录。

二、表内填写提示

电缆接续及引入应符合现行国家标准《城市轨道交通通信工程质量验收规范》GB 50382—2016 的相关规定：

Ⅰ 主控项目

第 5.4.1 条 电缆接续应符合下列规定：

1. 电缆接续时芯线线位应正确、连接可靠，接续完成后应检查无错线、断线，绝缘应良好。

2. 直通电缆两侧的金属护层及屏蔽钢带应有效连通。

3. 人、手孔内的电缆接头应固定在托板架上，相邻接头放置应错开。

4. 电缆接头盒盒体应安装牢固、密封良好。

5. 电缆成端的弯曲半径不应小于电缆外径的 15 倍。

检验数量：全部检查。

检验方法：用万用表检查错线和断线，用兆欧表测试绝缘电阻。监理单位旁站。

第 5.4.2 条 电缆接头的固定方式、位置应符合设计要求。

检验数量：全部检查。

检验方法：观察检查。

第 5.4.3 条 电缆引入应符合下列规定：

1. 电缆引入室内时，其室内、室外两侧的屏蔽钢带及金属护层应电气绝缘；外线侧的屏蔽钢带及金属护层应可靠接地；设备侧的屏蔽钢带及金属护层应悬浮。

2. 电缆引入室内应终端在配线架或分线盒上，并应标识清楚。

3. 电缆引入防护应符合设计要求。

检验数量：全部检查。

检验方法：观察、用万用表检查。

第 5.4.4 条 分歧电缆接入干线的端别应与干线端别相对应。

检验数量：全部检查。

检验方法：观察检查。

第 5.4.5 条 接线盒、分线盒和交接箱的配线应卡接牢固、排列整齐、序号正确，标识应清楚。

检验数量：全部检查。

检验方法：观察检查。

第 5.4.6 条 配线架的安装应符合下列规定：

1. 配线架的型号、规格和安装位置应符合设计要求，架体安装应牢固可靠，紧固件应齐全并固定牢靠。

2. 配线架上的标志应齐全、清晰、耐久可靠，卡接模块上应有标识。

3. 接线端子应连接牢固，接触可靠。

4. 接线排上任意互不相连的两接线端子之间、任一接线端子和金属固定件之间，其绝缘电阻不应小于 50MΩ。

5. 总配线架的总地线和交换机的地线应实现等电位连接，引入总配线架的用户电缆其屏蔽层在电路两端应接地，交换机侧进线应在入局界面处与室内地线总汇集排连接接地。

6. 总配线架的告警功能应符合设计要求。

检验数量：绝缘电阻抽测 10%，其余项目应全部检查。

检验方法：观察、测试、试验检查；绝缘电阻用 500V 兆欧表测试。

Ⅱ 一般项目

第 5.4.7 条 当室内电缆分线盒、交接箱安装在墙上时，其位置及高度应符合设计要求。

检验数量：全部检查。

检验方法：观察、尺量检查。

第 5.4.8 条　当电缆引入分线盒时，从引入口到分线盒的电缆宜采用管槽保护。

检验数量：全部检查。

第 5.4.9 条　接头装置宜按设计要求进行编号。

检验数量：全部检查。

检验方法：观察检查。

第 5.4.10 条　电缆引入室内及配线架时，其型号、规格、起止点及上下行标识应清晰准确。

检验数量：全部检查。

检验方法：观察检查。

7.3.7.10　轨道验·机-330　漏缆敷设检验批质量验收记录

一、适用范围

本表适用于漏缆敷设检验批质量验收记录。

二、表内填写提示

漏缆敷设应符合现行国家标准《城市轨道交通通信工程质量验收规范》GB 50382—2016 的相关规定：

Ⅰ　主控项目

第 5.5.1 条　漏缆、馈线及配套器材进场验收应符合下列规定。

1. 型号、规格、质量应符合设计和订货合同要求。

2. 合格证、质量检验报告等质量证明文件应齐全。

3. 漏缆和馈线应无压扁、护套损伤、表面严重划伤等缺陷。

检验数量：全部检查。

检验方法：对照设计文件和订货合同检查实物和质量证明文件。

第 5.5.2 条　漏缆单盘检测应符合下列规定。

1. 内外导体直流电阻、绝缘介电强度、绝缘电阻等直流电气特性应符合设计要求。

2. 特性阻抗、电压驻波比、标称耦合损耗、传输衰减等交流电气特性应符合设计和订货合同要求。

检验数量：全部检查。

检验方法：直流电气特性测试检验，交流电气特性测试检验或检查出厂检验报告。

第 5.5.3 条　漏缆吊挂支柱安装应符合下列规定：

1. 位置、高度及埋深应符合设计要求。

2. 防雷接地应符合设计要求。

3. 基础的浇注方式和强度应符合设计要求。

4. 漏缆吊挂支柱不得侵入设备限界。

检验数量：全部检查。

检验方法：观察、尺量检查。监理单位旁站。

第 5.5.4 条　漏缆吊挂用吊线敷设的安装方式应符合设计要求，并应吊挂牢固。

检验数量：全部检查。

检验方法：观察、尺量检查。

第 5.5.5 条　漏缆夹具的安装应符合下列规定：

1. 漏缆夹具的安装位置、间隔、强度及距钢轨面的高度应符合设计要求。

2. 当漏缆夹具固定在支架上时，支架的安装位置、安装强度及距钢轨面的高度应符合设计要求。

3. 漏缆防火夹具的设置应符合设计要求。

检验数量：全部检查。

检验方法：观察、尺量检查。

第 5.5.6 条　漏缆敷设应符合下列规定：

1. 漏缆应固定牢靠，安装件的固定间隔应符合设计要求。

2. 隧道内漏缆架挂位置、漏缆的开口方向应符合设计要求。

3. 漏缆不应急剧弯曲，弯曲半径应符合该型号规格漏缆产品的工程应用指标要求。

4. 漏缆敷设不得侵入设备限界。

检验数量：全部检查。

检验方法：观察、尺量检查。

Ⅱ　一般项目

第 5.5.9 条　隧道外区段漏缆吊挂后最大下垂幅度应在 0.15～0.20m 范围内。

检验数量：全部检查。

检验方法：尺量检查。

第 5.5.10 条　合成器与分路器的安装位置应符合设计要求；分路器空余端应接上相匹配的终端负载。

检验数量：全部检查。

检验方法：观察检查。

7.3.7.11　轨道验·机-331　漏缆连接及引入检验批质量验收记录

一、适用范围

本表适用于漏缆连接及引入检验批质量验收记录。

二、表内填写提示

漏缆连接及引入应符合现行国家标准《城市轨道交通通信工程质量验收规范》GB 50382—2016 的相关规定：

Ⅰ　主控项目

第 5.5.7 条　漏缆固定接头应保持原漏缆结构及开槽间距不变；接头应连接可靠，装配后接头外部应按设计要求进行防护。

检验数量：全部检查。

检验方法：观察检查，用万用表检查固定接头的接续。

第 5.5.8 条　单根馈线中间不得有接头；馈线在室外与功分器、漏缆连接应可靠，接头处应进行防水处理，并应固定可靠。

检验数量：全部检查。

检验方法：观察检查。

7.3.7.12　轨道验·机-332　光缆线路检测检验批质量验收记录

一、适用范围

本表适用于光缆线路检测检验批质量验收记录。

二、表内填写提示

光缆线路检测应符合现行国家标准《城市轨道交通通信工程质量验收规范》GB 50382—2016 的相关规定：

Ⅰ　主控项目

第 5.6.1 条　测试光缆线路在一个区间（中继段）内，每根光纤的背向散射曲线应平滑、无阶跃反射峰，测得的接续耗损平均值应符合下列指标要求。

1. 1310nm、1550nm 波长时单模光纤 $\bar{\alpha} \leqslant 0.08$dB。

2. 多模光纤 $\bar{\alpha} \leqslant 0.2$dB。

检验数量：全部检查。

检验方法：用光时域反射仪（OTDR）测试检验。

第 5.6.2 条　测试光缆线路区间或中继段的光纤线路衰减 α_1，其测试值应小于计算值。α_1 应按下式计算：

$$\alpha_1 = \alpha_0 L + \alpha n + \alpha_c m \qquad (5.6.2)$$

式中　α_1——光纤线路衰减（dB）；

α_0——光纤衰减标称值（dB/km）；

α——光缆中继段每根光纤双向接头平均损耗（dB），单模光纤 $\alpha \leqslant 0.08$dB（1310nm、1550nm）；

α_c——光纤活动连接器平均损耗（dB），单模光纤 $\alpha_c \leqslant 0.7$dB；

L——光缆中继段长度（km）；

n——光缆中继段内每根光纤接头数；

m——光缆中继段内每根光纤活动连接器数。

检验数量：全部检查。

检验方法：用光源、光功率计测试检验。

第 5.6.3 条　在同步数字系列（SDH）不同速率口测试光缆线路区间、中继段 S 点的最小回波损耗指标应符合下列规定：

1. STM-1 速率口 1550nm 波长的最小回波损耗不应小于 20dB。
2. STM-4 速率口 1310nm 波长的最小回波损耗不应小于 20dB。
3. STM-4 速率口 1550nm 波长的最小回波损耗不应小于 24dB。
4. STM-16 速率口 1310nm、1550nm 波长的最小回波损耗不应小于 24dB。
5. STM-64 速率口 1310nm 波长的最小回波损耗不应小于 14dB。
6. STM-64 速率口 1550nm 波长的最小回波损耗不应小于 24dB。

检验数量：全部检查。

检验方法：用回波损耗测试仪测试检验。

7.3.7.13　轨道验·机-333　电缆线路检测检验批质量验收记录

一、适用范围

本表适用于电缆线路检测检验批质量验收记录。

二、表内填写提示

光缆线路检测应符合现行国家标准《城市轨道交通通信工程质量验收规范》GB 50382—2016 的相关规定：

Ⅰ　主控项目

第 5.6.4 条　测试低频四线组通信电缆音频段电特性，其换算后的结果应符合表 5.6.4 的规定。

表 5.6.4　低频四线组音频段电特性标准

序号	项　目	测量频率	单位	标准	换算
1	0.9mm 线径环阻（20℃）	直流	Ω/km	≤57	实测值/L
	0.7mm 线径环阻（20℃）	直流	Ω/km	≤96	
	0.6mm 线径环阻（20℃）	直流	Ω/km	≤132	
	0.5mm 线径环阻（20℃）	直流	Ω/km	≤190	
2	环阻不平衡（20℃）	直流	Ω	≤2	—
3	0.9mm、0.7mm 线径绝缘电阻	直流	MΩ·km	≥10000	实测值×$(L+L')$
	0.6mm、0.5mm 线径绝缘电阻	直流	MΩ·km	≥5000	

续表

序号	项目		测量频率	单位	标准	换算
4	电气绝缘强度	所有芯线与金属外护套间	直流	V	≥1800 (2min)	—
		芯线间	直流	V	≥1000 (2min)	
5	交流对地不平衡衰减		800Hz	dB	≥65	—
6	近端串音衰减		800Hz	dB	≥74	—
7	远端串音防卫度		800Hz	dB	≥61	—
8	轨道交通区段杂音计电压（峰值）	调度回线	800Hz	mV	≤1.25	用杂音测试器测量时，应用高阻挡，输入端并接阻抗值等于电缆输入阻抗 Z，其实测值应乘以 $\sqrt{600/Z}$
		一般回线	800Hz	mV	≤2.5	

检验数量：全部检查。

检验方法：用直流电桥、500V兆欧表、耐压测试仪、电平表、杂音计、串音衰减测试仪测试检验。

第5.6.5条　测试市话电缆直流电特性，其换算后的结果应符合表5.6.5的规定。

表5.6.5　市话电缆直流电特性标准

序号	项目	单位	标准	换算
1	0.8mm线径单线环阻（20℃）	Ω/km	≤74	实测值/L
	0.6mm线径单线环阻（20℃）	Ω/km	≤132	
	0.5mm线径单线环阻（20℃）	Ω/km	≤190	
	0.4mm线径单线环阻（20℃）	Ω/km	≤296	
2	绝缘电阻	MΩ·km	≥3000 （填充式电缆） ≥10000 （非填充式电缆）	实测值× $(L+L')$

检验数量：全部检查。

检验方法：用直流电桥、250V兆欧表测试检验。

7.3.7.14　轨道验·机-334　漏缆线路检测检验批质量验收记录

一、适用范围

本表适用于漏缆线路检测检验批质量验收记录。

二、表内填写提示

漏缆线路检测应符合现行国家标准《城市轨道交通通信工程质量验收规范》GB 50382—2016的相

关规定：

Ⅰ　主控项目

第5.7.1条　测试漏缆线路下列指标应符合设计要求：

1. 内、外导体直流电阻，绝缘电阻，绝缘介电强度。

2. 工作频段内电压驻波比和传输衰减。

检验数量：全部检查。

检验方法：用直流电桥、兆欧表、耐压测试仪、驻波比测试电桥、信号源、功率计测试检验。

第5.7.2条　馈线与漏缆连接后的指标应符合下列规定：

1. 馈线、漏缆连接后驻波比在工作频段内应小于1.5。

2. 按馈线、漏缆长度及合路器、分路器等部件计算的总衰减应符合设计要求。

检验数量：全部检查。

检验方法：用驻波比测试电桥、信号源、功率计测试检验。

7.3.7.15　轨道验·机-335　电源设备安装检验批质量验收记录

一、适用范围

本表适用于电源设备安装检验批质量验收记录。

二、表内填写提示

电源设备安装应符合现行国家标准《城市轨道交通通信工程质量验收规范》GB 50382—2016的相关规定：

Ⅰ　主控项目

第7.2.1条　电源设备、防雷器件的进场验收应符合下列规定：

1. 数量、型号、规格和质量应符合设计要求。

2. 图纸和说明书等技术资料、合格证和质量检验报告等质量证明文件应齐全。

3. 机柜（架）、设备及附件应无变形，表面应无损伤，镀层和漆饰应完整无脱落，铭牌和标识应完整清晰。

4. 机柜（架）、设备内的部件应完好、连接无松动；应无受潮、发霉、锈蚀。

检验数量：全部检查。

检验方法：对照设计文件和订货合同，检查实物和质量证明文件。

第7.2.2条　电源设备的安装位置、机柜（架）的加固方式应符合设计要求。

检验数量：全部检查。

检验方法：对照设计文件观察检查。

第7.2.3条　配电设备的进出线配电开关及保护装置的数量、规格应符合设计要求。

检验数量：全部检查。

检验方法：对照设计文件观察检查。

第7.2.4条　蓄电池架（柜）的加工形式、规格尺寸和平面设置、抗震加固方式应符合设计要求。

检验数量：全部检查。

检验方法：对照设计文件观察检查。

第7.2.5条　蓄电池连接应可靠，接点和连接条应经过防腐处理。

检验数量：全部检查。

检验方法：观察检查。

第7.2.6条　交直流电源柜各单位插接良好，电气触点应接触可靠、连接紧密；输入电源的相线和零线不得接错，其零线不得虚接或断开。

检验数量：全部检查。

检验方法：观察检查。

第 7.2.7 条　电源设备的防雷等级、防雷器件的安装位置及数量应符合设计要求。

检验数量：全部检查。

检验方法：对照设计文件观察检查。

第 7.2.8 条　电源系统接地保护或接零保护应可靠，且应有标识。

检验数量：全部检查。

检验方法：观察、用万用表检查。

第 7.2.9 条　直流电源工作地应采用单点接地方式，并应就近从地线盘上引入。

检验数量：全部检查。

检验方法：观察检查。

Ⅱ　一般项目

第 7.2.10 条　电源设备机柜安装的垂直偏差应小于 1.5‰。

检验数量：全部检查。

检验方法：观察、尺量检查。

第 7.2.11 条　电源架（柜）各种零件不得脱落或碰坏，各种标志应准确、清晰、齐全、机柜漆面应完好、漆色一致。

检验数量：全部检查。

检验方法：观察检查。

第 7.2.12 条　蓄电池柜（架）水平及垂直角度应符合设计要求，漆面应完好，螺栓、螺母应经过防腐处理。

检验数量：全部检查。

检验方法：观察、尺量检查。

第 7.2.13 条　蓄电池安装应排列整齐，距离应均匀一致。

检验数量：全部检查。

检验方法：观察、尺量检查。

7.3.7.16　轨道验·机-336　电源设备配线检验批质量验收记录

一、适用范围

本表适用于电源设备配线检验批质量验收记录。

二、表内填写提示

电源设备配线应符合现行国家标准《城市轨道交通通信工程质量验收规范》GB 50382—2016 的相关规定：

Ⅰ　主控项目

第 7.3.1 条　电源设备配线线缆进场验收应符合下列规定：

1. 数量、型号、规格和质量应符合设计和订货合同的要求。

2. 合格证和质量检验报告等质量证明文件应齐全。

3. 缆线外皮应无破损、挤压变形，缆线应无受潮、扭曲和背扣。

检验数量：全部检查。

检验方法：对照设计文件和订货合同，检查实物和质量证明文件。

第 7.3.2 条　电源设备配线用电源线应采用整段线料，配线中间不得有接头。

检验数量：全部检查。

检验方法：观察检查。

第 7.3.3 条　连接柜（箱）面板上的电器控制板等可动部位的电源线应采用多股铜芯软电源线，敷设长度应有适当余留。

检验数量：全部检查。

检验方法：观察检查。

第 7.3.4 条　引入引出交流不间断电源装置的电源线和控制线应分开敷设，在电缆支架上平行敷设时间间距不应小于 150mm。

检验数量：全部检查。

检验方法：观察、尺量检查。

第 7.3.5 条　电源线颜色的配置或标识应牢固并应符合下列规定：

1. 对交流电源线，A 相应为黄色，B 相应为绿色，C 相应为红色，零线应为天蓝色或黑色，保护地线应为黄绿双色。

2. 对直流电源线，正极应为红色，负极应为蓝色。

检验数量：全部检查。

检验方法：观察检查。

第 7.3.6 条　电源设备配线端子接线应准确、连接牢固，配线两端的标志应齐全、正确。

检验数量：全部检查。

检验方法：对照设计文件，观察检查。

Ⅱ　一般项目

第 7.3.7 条　电源设备的输出电源线应成束绑扎，不同电压等级，交流线、直流线及控制线应分别绑扎并有标识。通信设备接地线与交流配电设备的接地线宜分开敷设。

检验数量：全部检查。

检验方法：观察检查。

第 7.3.8 条　电源设备配线的布放应平直整齐，不得有急剧转弯和起伏不平，应无扭绞和交叉。所有电源设备线、缆绑扎固定后不应妨碍手动开关或抽出式部件的拉出或推入。

检验数量：全部检查。

检验方法：观察检查。

7.3.7.17　轨道验·机-337　接地安装检验批质量验收记录

一、适用范围

本表适用于接地安装检验批质量验收记录。

二、表内填写提示

接地安装应符合现行国家标准《城市轨道交通通信工程质量验收规范》GB 50382—2016 的相关规定：

Ⅰ　主控项目

第 7.4.1 条　接地装置及材料应进行进场验收，其数量、型号规格和质量应符合设计要求。

检验数量：全部检查。

检验方法：对照设计文件和订货合同检查实物和质量证明文件，并检查外观、形状及标识。

第 7.4.2 条　接地装置的安装位置、安装方式及引入方式应符合设计要求。

检验数量：全部检查。

检验方法：对照设计文件观察检查。

第 7.4.3 条　接地装置的接地电阻应符合下列规定：

1. 独立设置接地装置的接地电阻值应符合设计要求。

2. 室外综合接地体接地电阻不应大于 1Ω。

检验数量：全部检查。

检验方法：用接地电阻测试仪测试检验。

Ⅱ　一般项目

第 7.4.4 条　接地装置的焊接方式应符合设计要求；焊接工艺应符合相应的工艺技术；焊接处应进

行防腐处理。

检验数量：全部检查。

检验方法：观察检查。

第 7.4.5 条　地线盘（箱）、接地铜排安装应符合下列规定。

检验数量：全部检查。

检验方法：观察、用万用表检查。

7.3.7.18　轨道验·机-338　电源系统性能检测检验批质量验收记录

一、适用范围

本表适用于电源系统性能检测检验批质量验收记录。

二、表内填写提示

电源系统性能检测应符合现行国家标准《城市轨道交通通信工程质量验收规范》GB 50382—2016 的相关规定：

Ⅰ　主控项目

第 7.5.1 条　电源设备的绝缘性能应符合下列规定：

1. 电源设备的带电部分与金属外壳间的绝缘电阻不应小于 5MΩ。

2. 电源配线的芯线间和芯线对地绝缘电阻不应小于 1MΩ。

检验数量：全部检查。

检验方法：用兆欧表测试检验。

第 7.5.2 条　接地系统的接地电阻应符合设计要求。

检验数量：全部检查。

检验方法：用接地电阻测试仪测试。

第 7.5.3 条　交流输入电压相线与相线、每相相线与零线之间的电压应符合设计要求。

检验数量：全部检查。

检验方法：用电压表测试检验。

第 7.5.4 条　高频开关电源的配置容量、蓄电池的后备时间等性能指标应符合设计要求。

检验数量：全部检查。

检验方法：对照设计文件检查实际配置。

第 7.5.5 条　－48V 高频开关电源的性能指标应符合下列规定：

1. 直流输出电压应在－57V～－40V 范围内。

2. 直流输出的杂音电平应符合 GB 50382—2016 表 7.5.5 的规定。

检验数量：全部检查。

检验方法：测试检验，或检查出厂检验报告。

第 7.5.6 条　不间断电源（UPS）下列性能指标应符合设计要求：

1. 输入交流电压额定值、频率额定值。

2. 输出电压额定值、频率额定值、电压精度、瞬态电压恢复时间、频率精度。

3. UPS 电池后备时间。

检验数量：全部检查。

检验方法：测试检验，或检查出厂检验报告。

第 7.5.7 条　蓄电池组的性能指标应符合下列规定：

1. 常温时蓄电池浮充充电电压应为（2.20V～2.27V）/单体。

2. 蓄电池均衡充电单体电压应为 2.30V～2.40V。

3. 单体蓄电池和由若干个单体组成一体的组合蓄电池，其各电池间的开路电压最高与最低差值不应大于 20mV(2V)、50mV(6V)、100mV(12V)。

4. 蓄电池进入浮充状态24h后，各蓄电池之间的端电压差应符合下列规定：蓄电池组由不多于24只2V蓄电池组成时各蓄电池之间的端电压差不应大于90mV、蓄电池组由多于24只2V蓄电池组成时各蓄电池之间的端电压差不应大于200mV、6V蓄电池组成时不应大于240mV、12V蓄电池组成时不应大于480mV。

5. 蓄电池容量按I10（A）（10h率放电电流）或I3（A）（3h率放电电流）进行测试，2V单体放电终止电压不应小于1.80V。

6. 蓄电池最大充电电流不大于0.25I10（A）时，最大补充充电电压不大于2.40V/单体时，各项指标应正常。

检验数量：本条第5款容量测试按车站数量的10%抽测，不少于1站，并应包含不同规格型号。其余项目全部检查。

检验方法：测试检验。

第7.5.8条　交流配电柜（箱）自动切换装置的延时性能应符合设计要求。

检验数量：全部检查。

检验方法：测试检验。

7.3.7.19　轨道验·机-339　电源系统功能检验检验批质量验收记录

一、适用范围

本表适用于电源系统功能检测检验批质量验收记录。

二、表内填写提示

电源系统功能检测应符合现行国家标准《城市轨道交通通信工程质量验收规范》GB 50382—2016的相关规定：

Ⅰ　主控项目

第7.6.1条　不间断电源UPS的功能应符合下列规定：

1. 当输入电源过高、过低，输出电压过高、过低，过流、欠流，UPS设备过载、短路，蓄电池欠压或熔断器熔断时，UPS的自动保护动作应准确，声光告警应正常。

2. 旁路功能应正常。

3. 手动与自动转换功能、自动稳压及稳流功能应符合设计要求。

4. 交流监控模块或本地监控单元应能对交流电源设备进行监控和维护，对UPS的参数设置、故障告警及电池管理功能正常。

5. 本地及远端监控接口性能应正常。

6. 备用冗余UPS与并联冗余UPS功能应符合设计要求。

检验数量：全部检查。

检验方法：试验检验，或检查出厂检验报告。

第7.6.2条　高频开关电源设备的下列功能应符合要求：

1. 当交流输入过压、欠压、缺相，直流输出过压、欠压、过流、欠流，蓄电池欠压，充电过流，负载过流，输出开路、短路或熔断器熔断时，高频开关电源的自动保护动作应准确，声光告警应正常。

2. 浮充、均充方式能自动转换，输出能自动稳压、稳流。

3. 本地及远端监控接口性能应正常。

4. 整流模块热备份功能应符合设计要求。

检验数量：全部检查。

检验方法：试验检验，或检查出厂检验报告。

第7.6.3条　交流配电柜（箱）的机械电气双重连锁、手动切换功能应符合设计要求。

检验数量：全部检查。

检验方法：验证检验。

第7.6.4条　通信电源系统进行人工或自动转换时，对通信设备供电不得中断。

检验数量：全部检查。

检验方法：试验检验。

7.3.7.20　轨道验·机-340　电源集中监控系统检验检验批质量验收记录

一、适用范围

本表适用于电源集中监控系统检验检验批质量验收记录。

二、表内填写提示

电源集中监控系统检验应符合现行国家标准《城市轨道交通通信工程质量验收规范》GB 50382—2016的相关规定：

Ⅰ　主控项目

第7.7.1条　对电源的集中监测应符合下列规定：

1. 交流输入/输出电压、输入/输出电流、输出频率的测量相对误差不应大于2%。

2. 直流输出电压测量相对误差不应大于0.5%。

3. 直流电流测量相对误差不应大于2%。

检验数量：全部检查。

检验方法：测试检验。

第7.7.2条　对蓄电池的集中监测应符合下列规定：

1. 2V单体电池端电压误差范围不应大于5mV。

2. 6V单体电池端电压误差范围不应大于10mV。

3. 12V单体电池端电压误差范围不应大于20mV。

4. 总电压相对误差范围不应大于0.5%。

5. 电池温度误差范围应为±1℃。

6. 进行模拟实际负载充放电检验，电池容量应与实际相符。

检验数量：全部检查。

检验方法：测试、试验检验。

第7.7.3条　电源集中监控的遥测、遥信、遥控操作反应时间应符合设计要求。

检验数量：全部检查。

检验方法：试验检验。

第7.7.4条　电源集中监控系统的任何故障不得影响被监控对象的正常工作；监控系统的局部故障不得影响监控系统其他部分的正常工作。

检验数量：全部检查。

检验方法：试验检验。

第7.7.5条　电源集中监控系统的加入不应改变被监控设备原有的控制功能，并应以被监控设备自身控制功能为优先。

检验数量：全部检查。

检验方法：试验检验。

第7.7.6条　电源集中监控系统对自身软、硬件故障、通信中断的故障诊断及告警功能应正常。

检验数量：全部检查。

检验方法：试验检验。

第7.7.7条　电源集中监控系统的状态配置、物理设备配置、软件配置、数据同步配置、数据统计配置等配置管理功能应符合设计要求。

检验数量：全部检查。

检验方法：试验检验。

第 7.7.8 条　电源集中监控系统的故障告警等级、告警记录状态、告警分类表管理、事件上报控制管理、故障信息处理、故障信息显示、故障反应时间等故障管理功能应符合设计要求。

检验数量：全部检查。

检验方法：试验检验。

第 7.7.9 条　电源集中监控系统的数据采集、数据存储、数据统计分析、性能门限管理等性能管理功能应符合设计要求。的弯曲半径不应小于电缆外径的 10 倍。

检验数量：全部检查。

检验方法：试验检验。

第 7.7.10 条　电源集中监控系统的接入安全管理、系统自身安全管理、用户管理、系统日志管理等安全管理功能应符合设计要求。

检验数量：全部检查。

检验方法：试验检验。

第 7.7.11 条　电源集中监控系统的操作界面、数据备份与恢复、系统校时、系统智能型、系统组态功能、档案管理功能等系统支持功能应符合设计要求。

检验数量：全部检查。

检验方法：试验检验。

7.3.7.21　轨道验・机-341　传输设备安装检验批质量验收记录

一、适用范围

本表适用于传输设备安装检验批质量验收记录。

二、表内填写提示

传输设备安装应符合现行国家标准《城市轨道交通通信工程质量验收规范》GB 50382—2016 的相关规定：

Ⅰ　主控项目

第 6.2.1 条　设备进场验收应符合下列规定：

1. 数量、型号、规格和质量应符合设计要求。

2. 图纸和说明书等技术资料，合格证和质量检验报告等质量证明文件应齐全。

3. 机柜（架）、设备及附件应无变形、表面应无损伤，镀层、漆饰应完整无脱落，铭牌、标识应完整清晰。

4. 机柜（架）、设备内的部件应完好，连接应元松动；应无受潮、发霉和锈蚀。

检验数量：全部检查。

检验方法：对照设计文件和订货合同，检查实物和质量证明文件。

第 6.2.2 条　机柜（架）安装应符合下列规定：

1. 机柜（架）的安装位置及安装方式应符合设计要求。

2. 机柜（架）底座应对地加固。

3. 机柜（架）安装应稳定牢固。

检验数量：全部检查。

检验方法：观察检查。

第 6.2.3 条　壁挂式设备安装位置和方式应符合设计要求，并应安装牢固可靠。

检验数量：全部检查。

检验方法：观察检查。

第 6.2.4 条　子架或机盘安装应符合下列规定：

1. 子架或机盘安装位置应符合设备技术文件或设计要求。

2. 子架或机盘应整齐一致，接触应良好。

检验数量：全部检查。

检验方法：观察检查。

第 6.2.5 条　金属机柜（架）、基础性钢应保持电气连接，并应可靠接地。

检验数量：全部检查。

检验方法：用万用表检查。

Ⅱ　一般项目

第 6.2.6 条　设备应排列整齐、漆饰完好，铭牌和标记应清楚准确。

检验数量：全部检查。

检验方法：观察检查。

第 6.2.7 条　机柜（架）应垂直，倾斜度偏差应小于机柜（架）高度的 1‰；相邻机柜（架）间隙不应大于 3mm；相邻机柜（架）正立面平齐。

检验数量：全部检查。

检验方法：观察、尺量检查。

第 6.2.8 条　各类工作台布局应符合设计要求。

检验数量：全部检查。

检验方法：观察检查。

7.3.7.22　轨道验·机-342　传输设备配线检验批质量验收记录

一、适用范围

本表适用于传输设备配线检验批质量验收记录。

二、表内填写提示

传输设备配线应符合现行国家标准《城市轨道交通通信工程质量验收规范》GB 50382—2016 的相关规定：

Ⅰ　主控项目

第 6.3.1 条　设备配线光电缆及配套器材进场验收应符合下列规定：

1. 数量、型号、规格和质量应符合设计和订货合同的要求。

2. 合格证、质量检验报告等质量证明文件应齐全。

3. 缆线外皮应无破损、挤压变形，缆线应无受潮、扭曲和背扣。

检验数量：全部检查。

检验方法：对照设计文件和订货合同，检查实物和质量证明文件。

第 6.3.2 条　配线电缆、光跳线的芯线应无错线或断线、换线，中间不得有接头。

检验数量：全部检查。

检验方法：用万用表、对号器等检查断线、混线。

第 6.3.3 条　光缆尾纤应按标定的纤序连接设备。光跳线应单独布放，并采用垫衬固定，不得挤压和扭曲。

检验数量：全部检查。

检验方法：对照设计文件检查光缆尾纤纤序，并观察检查。

第 6.3.4 条　设备电源配线中间不得有接头，电源端子接线应准确，配线两端的标志应齐全。

检验数量：全部检查。

检验方法：观察检查。

第 6.3.5 条　接插件、连接器的组装应符合相应的工艺要求。应配件齐全、线位正确、装配可靠、连接牢固。

检验数量：全部检查。

检验方法：观察检查、测试检验。

第 6.3.6 条　机柜（架）应可靠接地。

检验数量：全部检查。

检验方法：用万用表检查。

第 6.3.7 条　配线电缆的屏蔽护套应可靠接地。

检验数量：全部检查。

检验方法：用万用表检查。

Ⅱ　一般项目

第 6.3.8 条　各种缆线在防静电地板下、走线架或槽道内、机柜（架）内应均匀绑扎固定、松紧适度，其他软光纤应加套管或线槽保护。

检验数量：全部检查。

检验方法：观察检查。

第 6.3.9 条　缆线两端的标签，其型号、序号、长度及起止设备名称等标识信息应准确。

检验数量：全部检查。

检验方法：观察检查。

第 6.3.10 条　当缆线接入设备或配线架时，应留有余长。

检验数量：全部检查。

检验方法：观察检查。

第 6.3.11 条　当设备配线采用焊接时，焊接后芯线绝缘层应无烫伤、开裂及后缩现象，绝缘层离开端子边缘不应大于 1mm。

检验数量：全部检查。

检验方法：观察检查，并用对号器检查端子。

第 6.3.12 条　当设备配线采用卡接时，电缆芯线的卡接端子应接触牢固。

检验数量：全部检查。

检验方法：观察检查，并用对号器检查卡接端子。

第 6.3.13 条　配线电缆和电源线应分开布放，间距不应小于 50mm。交流配线和直流配线应分开绑扎。

检验数量：全部检查。

检验方法：观察检查。

7.3.7.23　轨道验·机-343　传输系统性能检测检验批质量验收记录

一、适用范围

本表适用于传输系统性能检测检验批质量验收记录。

二、表内填写提示

传输系统性能检测应符合现行国家标准《城市轨道交通通信工程质量验收规范》GB 50382—2016 的相关规定：

Ⅰ　主控项目

第 8.2.1 条　传输系统光通道的接收光功率不应超过系统的过载光功率，并应符合下式要求：

$$P_1 \geqslant P_R + M_c + M_e \qquad (8.2.1)$$

式中　P_1——接收端在 R 点实测系统接收光功率（dBm）；

PR——在 R 点测得的接收器的接收灵敏度（dBm）；

Mc——光缆富余度（dB）；

Me——设备富余度（dB）。

检验数量：全部检查。

检验方法：用光功率计、光可变衰减器、误码仪测试检验。

第 8.2.2 条　传输设备光接口的性能指标应符合下列规定：

1. 平均发送光功率、接收机灵敏度、接收机最小过载功率应符合设计要求。

2. 光输入口允许频偏不应大于$\pm 20\times 10^{-6}$。

3. 光接口反射系数、回波损耗应符合现行国家标准《同步数字体系（SDH）光缆线路系统进网要求》GB/T 15941 的规定。检验数量：全部检查。

检验方法：用光源、光功率计、光可变衰减器、误码仪、回波损耗测试仪、传输综合分析仪测试检验。

第 8.2.3 条　传输设备电接口输出信号比特率应符合 GB 50382—2016 表 8.2.3 的要求。

检验数量：全部检查。

检验方法：用传输综合分析仪测试检验。

第 8.2.4 条　传输系统二四线接口音频指标应符合下列规定：

1. 用参考测试频率 1020Hz 的正弦波信号，以—10dBm0 的电平加到发送侧的输入端，测试通路接收电平允许偏差应为：±0.6dB（四线一四线）、±0.8dB（二线-二线）。

2. 净衰耗频率特性应符合 GB 50382—2016 表 8.2.4-1 规定。

3. 用正弦法测试增益随输入电平变化特性应符合 GB 50382—2016 表 8.2.4-2 的规定。

4. 空闲信道噪声（衡重噪声）不应大于－65dBm0p。

5. 用噪声法测试的总失真应符合 GB 50382—2016 表 8.2.4-3 的规定。

6. 路际近端、远端串音电平均应小于－65dB。

检验数量：全部检查。

检验方法：用 PCM 通路分析仪测试检验。

第 8.2.5 条　传输系统误码特性应符合下列规定：

1. STM-N 工程数字段的误码应符合 GB 50382—2016 表 8.2.5 的规定。

2. 准同步数字系列（PDH）端到端应无误码。检验数量：全部检查。

检验方法：用传输综合测试仪测试检验。

第 8.2.6 条　传输系统抖动性能指标应符合下列规定：

1. 同步数字系列（SDH）网络接口最大输出抖动应符合 GB 50382—2016 表 8.2.6-1 的要求。

2. SDH-N 网络接口最大输入抖动容限应符合 GB 50382—2016 表 8.2.6-2、表 8.2.6-3（图 8.2.6-1、图 8.2.6-2）的要求。

3. PDH 2048kbit/s 输出口的最大允许输出抖动应符合 GB 50382—2016 表 8.2.6-4 的要求。

4. PDH2048kbit/s 接口输入抖动容限应符合 GB 50382—2016 表 8.2.6-5 的要求。

检验数量：全部检查。

检验方法：用传输综合测试仪测试检验。

第 8.2.7 条　在设计要求的保护倒换方式下，传输系统保护倒换时间应小于 50ms。

检验数量：全部检查。

检验方法：用传输综合测试仪测试检验。

第 8.2.8 条　基于 SDH 的多业务传送平台（MSTP）的吞吐量、丢包率、时延性能指标应符合设计要求。

检验数量：全部检查。

检验方法：用数据网络分析仪测试检验。

7.3.7.24　轨道验·机-344　传输系统功能检验检验批质量验收记录

一、适用范围

本表适用于传输系统功能检验检验批质量验收记录。

二、表内填写提示

传输系统功能检验应符合现行国家标准《城市轨道交通通信工程质量验收规范》GB 50382—2016的相关规定：

Ⅰ 主控项目

第8.3.1条 传输系统的下列可靠性功能应符合设计要求。

1. 主控、交叉、时钟、电源等核心板件热备功能。

2. 支路板热备功能。

3. 设备接口卡热插拔功能

检验数量：全部检查。

检验方法：试验检验。

第8.3.2条 传输系统的保护倒换准则和功能符合设计要求。

检验数量：全部检查。

检验方法：通过系统设备和网管进行试验检验。

第8.3.3条 传输系统的同步和定时功能应符合下列规定：

1. 同步和定时方式应符合设计要求。

2. 同步和定时源切换功能应正常。

检验数量：全部检查。

检验方法：通过系统设备和网管进行试验检验。

第8.3.4条 同步数字系列（SDH）传输系统下列功能应符合设计要求：

1. 开销和维护功能应包括：

1）再生段开销：A1、A2、OOF、LOF、B1；

2）复用段开销：B2、K1、K2、M1；

3）高阶通道开销：B3、G1；

4）低阶通道开销：V5（b1～b8）。

2. 告警功能应包括：电源故障、机盘失效、机盘空缺（Card missing）、参考时钟失效、信号丢失（LOS）、帧失步（OOF）、帧丢失（LOF）、收AIS、远端接收失效（FERF）、信号劣化（$BER>1\times10^{-6}$）、信号大误码（$BER>1\times10^{-3}$）、远端接收误码（FEBE）、指针丢失（LOP）、电接口复帧丢失（LOM）、激光器自动关闭（ALS）。

检验数量：全部检查。

检验方法：通过系统设备和网管进行试验检验。

第8.3.5条 基于SDH的多业务传送平台（MSTP）的以太网透传功能、二层交换功能、以太环网功能应符合设计要求。

检验数量：全部检查。

检验方法：通过系统设备和网管进行试验检验。

7.3.7.25 轨道验·机-345 传输系统网管检验检验批质量验收记录

一、适用范围

本表适用于传输系统网管检验检验批质量验收记录。

二、表内填写提示

传输系统网管检验应符合现行国家标准《城市轨道交通通信工程质量验收规范》GB 50382—2016的相关规定：

Ⅰ 主控项目

第8.4.1条 传输系统网管的系统接入方式、安全可靠性、软件管理、数据管理、软件技术、用户界面、系统性能、北向接口等通用功能应符合设计要求。

检验数量：全部检查。

检验方法：通过网管进行试验检验。

第 8.4.2 条　传输系统网管的告警类型、告警严重级别、告警状态、业务告警、告警报告收集与显示、告警严重等级分配、告警屏蔽、告警相关性抑制与故障定位、告警查询与统计、告警确认、告警清除、告警显示过滤、告警同步等故障管理功能应符合设计要求。

检验数量：全部检查。

检验方法：通过网管进行试验检验。

第 8.4.3 条　传输系统网管的 SDH 性能参数、以太网业务性能参数、低速数据等其他业务性能参数、性能参数收集方式、设定性能监测参数、查询/修改性能监测参数、性能数据上报管理、性能门限管理、性能数据查询、性能数据存储等性能管理功能应符合设计要求。

检验数量：全部检查。

检验方法：通过网管进行试验检验。

第 8.4.4 条　传输系统网管的拓扑管理、数据配置管理网元配置管理等配置管理功能应符合设计要求。

检验数量：全部检查。

检验方法：通过网管进行试验检验。

第 8.4.5 条　传输系统网管的用户等级划分、用户管理、操作日志管理、查询操作日志、备份操作日志、删除操作日志等安全管理功能应符合设计要求。

检验数量：全部检查。

检验方法：通过网管进行试验检验。

7.3.7.26　轨道验·机-346　公务电话设备安装检验批质量验收记录

一、适用范围

本表适用于公务电话设备安装检验批质量验收记录。

二、表内填写提示

公务电话设备安装应符合现行国家标准《城市轨道交通通信工程质量验收规范》GB 50382—2016 的相关规定：

Ⅰ　主控项目

第 6.2.1 条　设备进场验收应符合下列规定：

1. 数量、型号、规格和质量应符合设计要求。

2. 图纸和说明书等技术资料，合格证和质量检验报告等质量证明文件应齐全。

3. 机柜（架）、设备及附件应无变形、表面应无损伤，镀层、漆饰应完整无脱落，铭牌、标识应完整清晰。

4. 机柜（架）、设备内的部件应完好，连接应元松动；应无受潮、发霉和锈蚀。设备进场验收应符合下列规定：

（1）数量、型号、规格和质量应符合设计要求。

（2）图纸和说明书等技术资料，合格证和质量检验报告等质量证明文件应齐全。

检验数量：全部检查。

检验方法：对照设计文件和订货合同，检查实物和质量证明文件。

第 6.2.2 条　机柜（架）安装应符合下列规定：

1. 机柜（架）的安装位置及安装方式应符合设计要求。

2. 机柜（架）底座应对地加固。

3. 机柜（架）安装应稳定牢固。机柜（架）安装应符合下列规定：1. 机柜（架）底座应对地加固 2. 机柜（架）安装应稳定牢固。

检验数量：全部检查。

检验方法：观察检查。

第 6.2.3 条　壁挂式设备安装位置和方式应符合设计要求，并应安装牢固可靠。

检验数量：全部检查。

检验方法：观察检查。

第 6.2.4 条　子架或机盘安装应符合下列规定：

1. 子架或机盘安装位置应符合设备技术文件或设计要求。

2. 子架或机盘应整齐一致，接触应良好。子架或机盘安装符合下列规定：1. 子架或机盘安装位置应符合设备技术文件或设计要求 2. 子架或机盘应整齐一致，接触应良好。

检验数量：全部检查。

检验方法：观察检查。

第 6.2.5 条　金属机柜（架）、基础性钢应保持电气连接，并应可靠接地。

检验数量：全部检查。

检验方法：用万用表检查。

Ⅱ　一般项目

第 6.2.6 条　设备应排列整齐、漆饰完好，铭牌和标记应清楚准确。

检验数量：全部检查。

检验方法：观察检查。

第 6.2.7 条　机柜（架）应垂直，倾斜度偏差应小于机柜（架）高度的 1‰；相邻机柜（架）间隙不应大于 3mm；相邻机柜（架）正立面平齐。

检验数量：全部检查。

检验方法：观察、尺量检查。

第 6.2.8 条　各类工作台布局应符合设计要求。

检验数量：全部检查。

检验方法：观察检查。

7.3.7.27　轨道验・机-347　公务电话设备配线检验批质量验收记录

一、适用范围

本表适用于公务电话设备配线检验批质量验收记录。

二、表内填写提示

公务电话设备配线应符合现行国家标准《城市轨道交通通信工程质量验收规范》GB 50382—2016 的相关规定：

Ⅰ　主控项目

第 6.3.1 条　设备配线光电缆及配套器材进场验收应符合下列规定：

1. 数量、型号、规格和质量应符合设计和订货合同的要求。

2. 合格证、质量检验报告等质量证明文件应齐全。

3. 缆线外皮应无破损、挤压变形，缆线应无受潮、扭曲和背扣。

检验数量：全部检查。

检验方法：对照设计文件和订货合同，检查实物和质量证明文件。

第 6.3.2 条　配线电缆、光跳线的芯线应无错线或断线、换线，中间不得有接头。

检验数量：全部检查。

检验方法：用万用表、对号器等检查断线、混线。

第 6.3.3 条　光缆尾纤应按标定的纤序连接设备。光跳线应单独布放，并采用垫衬固定，不得挤压和扭曲。

检验数量：全部检查。

检验方法：对照设计文件检查光缆尾纤纤序，并观察检查。

第6.3.4条　设备电源配线中间不得有接头，电源端子接线应准确，配线两端的标志应齐全。

检验数量：全部检查。

检验方法：观察检查。

第6.3.5条　接插件、连接器的组装应符合相应的工艺要求。应配件齐全、线位正确、装配可靠、连接牢固。

检验数量：全部检查。

检验方法：观察检查、测试检验。

第6.3.6条　机柜（架）应可靠接地。

检验数量：全部检查。

检验方法：用万用表检查。

第6.3.7条　配线电缆的屏蔽护套应可靠接地。

检验数量：全部检查。

检验方法：用万用表检查。

Ⅱ　一般项目

第6.3.8条　各种缆线在防静电地板下、走线架或槽道内、机柜（架）内应均匀绑扎固定、松紧适度，其他软光纤应加套管或线槽保护。

检验数量：全部检查。

检验方法：观察检查。

第6.3.9条　缆线两端的标签，其型号、序号、长度及起止设备名称等标识信息应准确。

检验数量：全部检查。

检验方法：观察检查。

第6.3.10条　当缆线接入设备或配线架时，应留有余长。

检验数量：全部检查。

检验方法：观察检查。

第6.3.11条　当设备配线采用焊接时，焊接后芯线绝缘层应无烫伤、开裂及后缩现象，绝缘层离开端子边缘不应大于1mm。

检验数量：全部检查。

检验方法：观察检查，并用对号器检查端子。

第6.3.12条　当设备配线采用卡接时，电缆芯线的卡接端子应接触牢固。

检验数量：全部检查。

检验方法：观察检查，并用对号器检查卡接端子。

第6.3.13条　配线电缆和电源线应分开布放，间距不应小于50mm。交流配线和直流配线应分开绑扎。

检验数量：全部检查。

检验方法：观察检查。

7.3.7.28　轨道验·机-348　公务电话系统性能检测检验批质量验收记录

一、适用范围

本表适用于公务电话系统性能检测检验批质量验收记录。

二、表内填写提示

公务电话系统性能检测应符合现行国家标准《城市轨道交通通信工程质量验收规范》GB 50382—2016的相关规定：

Ⅰ　主控项目

第 9.2.1 条　公务电话系统的本局呼叫接续故障率不应大于 4×4^{-10} 。

检验数量：全部检查。

检验方法：用模拟呼叫器测试检验接不少于 32 对用户至模拟呼叫器，平均每小时每队用户产生不少于 200 次呼叫，测试呼叫次数不小于 40000 次。

第 9.2.2 条　忙时呼叫尝试次数（BHCA）应符合设计要求。

检验数量：全部检查。

检验方法：用延伸法测试检验，或检查出厂检验报告。

第 9.2.3 条　公务电话系统传输衰耗应符合下列规定：

1. 公务电话交换机至所辖范围内的用户线传输衰耗不应大于 7dB。

2. 远距离用户的全程传输衰耗应符合设计要求。

检验数量：按本线与轨道交通其他运营线、相关车站远端模块个抽检 1 个通道。

检验方法：用振荡器、电平表测试检验。

7.3.7.29　轨道验・机-349　公务电话系统功能检验检验批质量验收记录

一、适用范围

本表适用于公务电话系统功能检验检验批质量验收记录。

二、表内填写提示

公务电话系统功能检验应符合现行国家标准《城市轨道交通通信工程质量验收规范》GB 50382—2016 的相关规定：

Ⅰ　主控项目

第 9.3.1 条　公务电话系统的话音业务功能应符合下列规定：

1. 系统建立功能应正常。

2. 本局呼叫、出/入局呼叫、汇接中继呼叫（可选）、释放控制等基本业务功能应正常。

3. 缩位拨号、热线服务、限制呼出、转移呼叫、遇忙呼叫转移、呼叫等待、三方通话、遇忙回叫、空号服务、追查恶意呼叫、主叫号码显示/限制、用户会议电话等新业务功能应正常。

4. VPN 功能应符合设计要求。

检验数量：全部检查。

检验方法：试验检验。

第 9.3.2 条　公务电话系统的下列非话业务功能应符合设计要求：

1. 在用户电路上接入用户传真机的传真功能。

2. 在用户电路上接入调制解调器功能。

3. 接入语音和数据终端的综合业务功能。

4. 非话业务不被其他业务中断功能。

检验数量：全部检查。

检验方法：试验检验。

第 9.3.3 条　公务电话系统的“119”“110”“120”等特种业务功能应符合设计要求。

检验数量：全部检查。

检验方法：试验检验。

第 9.3.4 条　公务电话系统话务台功能、测量台功能应符合设计要求。

检验数量：全部检查。

检验方法：试验检验。

第 9.3.5 条　公务电话系统时钟同步方式、系统及其附属设备的时间同步功能应符合设计要求。

检验数量：全部检查。

检验方法：试验检验。

第 9.3.6 条　公务电话系统的话务统计功能、计费功能应符合设计要求。

检验方法：试验检验。

第 9.3.7 条　公务电话系统的录音功能应符合设计要求。

检验数量：全部检查。

检验方法：试验检验。

第 9.3.8 条　公务电话系统主要部件冗余备份功能应符合设计要求。

检验数量：全部检查。

检验方法：试验检验。

第 9.3.9 条　公务电话系统的长时间通话功能应正常。

的弯曲半径不应小于电缆外径的 10 倍。

检验数量：全部检查。

检验方法：试验检验。用 10 对话机连成通话状态，在 48h 后通话电路应正常，计费正确，无重接、断话或单向通话等现象。

7.3.7.30　轨道验・机-350　公务电话系统网管检验检验批质量验收记录

一、适用范围

本表适用于公务电话系统网管检验检验批质量验收记录。

二、表内填写提示

公务电话系统网管检验应符合现行国家标准《城市轨道交通通信工程质量验收规范》GB 50382—2016 的相关规定：

Ⅰ　主控项目

第 9.4.1 条　公务电话系统的人机命令功能应符合设计要求。

检验数量：全部检查。

检验方法：通过网管进行试验检验。

第 9.4.2 条　公务电话系统的故障管理功能应符合下列规定：

1. 硬件及软件故障的诊断、告警显示及统计分析、故障信息输出等功能应符合设计要求。

2. 硬件故障定位精度应符合下列规定：

1）对各类用户电路和服务电路板应能定位至每一个电路；

2）对公共控制电路，要求 70%应能定位至 1 块板，90%应能定位至 3 块板。

3. 发生一般性硬件和软件故障时系统的自纠能力和自动恢复功能应符合设计要求。

检验数量：全部检查。

检验方法：通过网管进行试验检验。

第 9.4.3 条　公务电话系统的下列维护管理功能应符合设计要求：

1. 对用户线和用户电路的例行测试和指定测试。

2. 对中继线和中继电路的例行测试和指定测试。

3. 对公用设备的例行测试和指定测试。

4. 对信号链路的例行测试和指定测试。

5. 对交换网络的例行测试和指定测试。

检验数量：全部检查。

检验方法：通过网管进行试验检验。

第 9.4.4 条　公务电话系统的下列数据管理功能应符合设计要求：

1. 电路数量、路由计划、发号位数等局数据管理。

2. 用户号码、设备号码、类别和性能等用户数据管理。

3. 计费数据管理。
4. 更改数据时正常进行的通话不受影响，且不应影响系统的正常运行。
检验数量：全部检查。
检验方法：通过网管进行试验检验。
第 9.4.5 条　公务电话系统网管的性能管理功能应符合设计要求。
检验数量：全部检查。
检验方法：通过网管进行试验检验。

7.3.7.31　轨道验·机-351　专用电话设备安装检验批质量验收记录

一、适用范围
本表适用于专用电话设备安装检验批质量验收记录。
二、表内填写提示
专用电话设备安装应符合现行国家标准《城市轨道交通通信工程质量验收规范》GB 50382—2016的相关规定：
Ⅰ　主控项目
第 6.2.1 条　设备进场验收应符合下列规定：
1. 数量、型号、规格和质量应符合设计要求。
2. 图纸和说明书等技术资料，合格证和质量检验报告等质量证明文件应齐全。
3. 机柜（架）、设备及附件应无变形、表面应无损伤，镀层、漆饰应完整无脱落，铭牌、标识应完整清晰。
4. 机柜（架）、设备内的部件应完好，连接应元松动；应无受潮、发霉和锈蚀。设备进场验收应符合下列规定：1. 数量、型号、规格和质量应符合设计要求 2. 图纸和说明书等技术资料，合格证和质量检验报告等质量证明文件应齐全。
检验数量：全部检查。
检验方法：对照设计文件和订货合同，检查实物和质量证明文件。
第 6.2.2 条　机柜（架）安装应符合下列规定：
1. 机柜（架）的安装位置及安装方式应符合设计要求。
2. 机柜（架）底座应对地加固。
3. 机柜（架）安装应稳定牢固。机柜（架）安装应符合下列规定：（1）机柜（架）底座应对地加固。(2) 机柜（架）安装应稳定牢固。
检验数量：全部检查。
检验方法：观察检查。
第 6.2.3 条　壁挂式设备安装位置和方式应符合设计要求，并应安装牢固可靠。
检验数量：全部检查。
检验方法：观察检查。
第 6.2.4 条　子架或机盘安装应符合下列规定：
1. 子架或机盘安装位置应符合设备技术文件或设计要求。
2. 子架或机盘应整齐一致，接触应良好。
检验数量：全部检查。
检验方法：观察检查。
第 6.2.5 条　金属机柜（架）、基础性钢应保持电气连接，并应可靠接地。
检验数量：全部检查。
检验方法：用万用表检查。
第 10.2.1 条　区间电话安装位置、安装方式、接地等应符合设计要求，安装应牢固。

检验数量：全部检查。

检验方法：观察检查。

第 10.2.2 条　区间电话及相关设施安装不得侵入设备限界。

检验数量：全部检查。

检验方法：观察、尺量检查。

Ⅱ　一般项目

第 6.2.6 条　设备应排列整齐、漆饰完好，铭牌和标记应清楚准确。

检验数量：全部检查。

检验方法：观察检查。

第 6.2.7 条　机柜（架）应垂直，倾斜度偏差应小于机柜（架）高度的 1‰；相邻机柜（架）间隙不应大于 3mm；相邻机柜（架）正立面平齐。

检验数量：全部检查。

检验方法：观察、尺量检查。

第 6.2.8 条　各类工作台布局应符合设计要求。

检验数量：全部检查。

检验方法：观察检查。

第 10.2.3 条　区间电话进线孔应进行防水处理。

检验数量：全部检查。

检验方法：观察检查。

第 10.2.4 条　区间电话箱盖应扣合可靠。

检验数量：全部检查。

检验方法：观察检查。

7.3.7.32　轨道验·机-352　专用电话设备配线检验批质量验收记录

一、适用范围

本表适用于专用电话设备配线检验批质量验收记录。

二、表内填写提示

专用电话设备配线应符合现行国家标准《城市轨道交通通信工程质量验收规范》GB 50382—2016 的相关规定：

Ⅰ　主控项目

第 6.3.1 条　设备配线光电缆及配套器材进场验收应符合下列规定：

1 数量、型号、规格和质量应符合设计和订货合同的要求。

2 合格证、质量检验报告等质量证明文件应齐全。

3 缆线外皮应无破损、挤压变形，缆线应无受潮、扭曲和背扣。

检验数量：全部检查。

检验方法：对照设计文件和订货合同，检查实物和质量证明文件。

第 6.3.2 条　配线电缆、光跳线的芯线应无错线或断线、换线，中间不得有接头。

检验数量：全部检查。

检验方法：用万用表、对号器等检查断线、混线。

第 6.3.3 条　光缆尾纤应按标定的纤序连接设备。光跳线应单独布放，并采用垫衬固定，不得挤压和扭曲。

检验数量：全部检查。

检验方法：对照设计文件检查光缆尾纤纤序，并观察检查。

第 6.3.4 条　设备电源配线中间不得有接头，电源端子接线应准确，配线两端的标志应齐全。

检验数量：全部检查。

检验方法：观察检查。

第 6.3.5 条　接插件、连接器的组装应符合相应的工艺要求。应配件齐全、线位正确、装配可靠、连接牢固。

检验数量：全部检查。

检验方法：观察检查、测试检验。

第 6.3.6 条　机柜（架）应可靠接地。

检验数量：全部检查。

检验方法：用万用表检查。

第 6.3.7 条　配线电缆的屏蔽护套应可靠接地。

检验数量：全部检查。

检验方法：用万用表检查。

Ⅱ　一般项目

第 6.3.8 条　各种缆线在防静电地板下、走线架或槽道内、机柜（架）内应均匀绑扎固定、松紧适度，其他软光纤应加套管或线槽保护。

检验数量：全部检查。

检验方法：观察检查。

第 6.3.9 条　缆线两端的标签，其型号、序号、长度及起止设备名称等标识信息应准确。

检验数量：全部检查。

检验方法：观察检查。

第 6.3.10 条　当缆线接入设备或配线架时，应留有余长。

检验数量：全部检查。

检验方法：观察检查。

第 6.3.11 条　当设备配线采用焊接时，焊接后芯线绝缘层应无烫伤、开裂及后缩现象，绝缘层离开端子边缘不应大于 1mm。

检验数量：全部检查。

检验方法：观察检查，并用对号器检查端子。

第 6.3.12 条　当设备配线采用卡接时，电缆芯线的卡接端子应接触牢固。

检验数量：全部检查。

检验方法：观察检查，并用对号器检查卡接端子。

第 6.3.13 条　配线电缆和电源线应分开布放，间距不应小于 50mm。交流配线和直流配线应分开绑扎。

检验数量：全部检查。

检验方法：观察检查。

7.3.7.33　轨道验・机-353　专用电话系统性能检测检验批质量验收记录

一、适用范围

本表适用于专用电话系统性能检测检验批质量验收记录。

二、表内填写提示

专用电话系统性能检测应符合现行国家标准《城市轨道交通通信工程质量验收规范》GB 50382—2016 的相关规定：

Ⅰ　主控项目

第 10.3.1 条　专用电话系统模拟接口传输损耗应符合下列规定：

1. 调度台至值班台间传输损耗不应大于 7dB。

2. 模拟调度电话的端对端最大衰减应符合设计要求，且不宜大于 30dB。

检验数量：全部检查。

检验方法：用振荡器、电平表测试检验。

第 10.3.2 条　专用电话系统设备本局呼叫接续故障率不应大于 1×10^{-4}。

检验数量：全部检查。

检验方法：用模拟呼叫器测试检验。

第 10.3.3 条　忙时呼叫尝试次数（BHCA）应符合设计要求。

检验数量：全部检查。

检验方法：用延伸法测试检验，或检查出厂检验报告。

7.3.7.34　轨道验・机-354　专用电话系统功能检验检验批质量验收记录

一、适用范围

本表适用于专用电话系统功能检验检验批质量验收记录。

二、表内填写提示

专用电话系统功能检验应符合现行国家标准《城市轨道交通通信工程质量验收规范》GB 50382—2016 的相关规定：

Ⅰ　主控项目

第 10.4.1 条　调度电话系统功能应符合下列规定：

1. 应能通过调度台进行选呼、组呼、全呼、强拆、强插、会议等方式呼叫车站、车辆段值班台和调度分机，且在任何情况下不应发生阻塞现象。

2. 呼叫优先级、呼叫等待、呼叫限制和呼叫显示等功能应符合设计要求。

3. 调度台间以及调度台与调度分机间的通话应清晰正常。

4. 调度分机能对调度台进行一般呼叫和紧急呼叫。

5. 对调度分机的一般呼叫和紧急呼叫的控制方式、振铃和显示方式应符合设计要求。

6. 录音功能应符合设计要求。

7. 时间同步功能应符合设计要求。

检验数量：全部检查。

检验方法：试验检验。

第 10.4.2 条　站内集中电话功能应符合下列规定：

1. 应能通过值班台进行选呼、组呼、全呼、强插和强拆等。

2. 分机呼入或呼出时的锁闭性能应可靠。

3. 回铃音及通话应清晰正常。

4. 分机的热线或延时热线功能应符合设计要求。

检验数量：全部检查。

检验方法：试验检验。

第 10.4.3 条　站间行车电话功能应符合下列规定：

1. 值班员按下热键应能迅速且无阻塞地建立两车站值班员之间通话。

2. 在车站值班台上应有相应的热键及相对应的独立显示灯区分上下行车站。

3. 回铃音及通话应清晰正常。

检验数量：全部检查。

检验方法：试验检验。

第 10.4.4 条　紧急电话功能应符合下列规定：

1. 用户摘机或拨特殊按钮应能迅速连接至车控室值班台。

2. 车站值班台上的紧急呼叫显示应符合设计要求。

3. 回铃音及通话应清晰正常。
检验数量：全部检查。
检验方法：试验检验。
第 10.4.5 条　区间电话应功能符合下列要求：
1. 区间分机可呼叫专用电话或公务电话分机。
2. 在规定时间内不拨号自动与值班台接通的延时热线功能应正常。
3. 车站值班台上区间电话呼叫显示应符合设计要求。
检验数量：全部检查。
检验方法：试验检验。
第 10.4.6 条　会议电话功能应符合下列规定：
1. 会议电话最大通话数应符合设计要求。
2. 会议发起后，受话应清晰、无失真和振鸣。
3. 主席台可随意增、减分机用户，且不应影响会议电话的进行。
4. 会议电话不应影响其他调度电话的通信。
检验数量：全部检查。
检验方法：试验检验。
第 10.4.7 条　录音设备的下列功能应符合设计要求：
1. 通道记录功能。
2. 语音记录功能。
3. 回放、监听、显示、检索和转存功能。
4. 安全管理、启动方式和断电保护功能。
检验数量：全部检查。
检验方法：试验检验。
第 10.4.8 条　专用电话系统的下列可靠性功能应符合设计要求：
1. 数字环保护功能。
2. 调度台、值班台应急分机功能。
3. 电源板、主控板、数字板等主要设备部件冗余倒换功能。
4. 双中心保护功能。
5. 站间备用通道倒换功能。
检验数量：全部检查。
检验方法：试验检验。

7.3.7.35　轨道验·机-355　专用电话系统网管检验检验批质量验收记录

一、适用范围
本表适用于专用电话系统网管检验检验批质量验收记录。
二、表内填写提示
专用电话系统网管检验应符合现行国家标准《城市轨道交通通信工程质量验收规范》GB 50382—2016 的相关规定：
Ⅰ　主控项目
第 10.5.1 条　专用电话系统网管下列配置管理功能应符合设计要求：
1. 局数据、用户数据等数据的输入和修改。
2. 数据输入和修改不影响系统的正常运行。
检验数量：全部检查。
检验方法：通过网管进行试验检验。

第 10.5.2 条　专用电话系统网管下列性能管理功能应符合设计要求：
1. 设备运行状态、程序数据版本。
2. 性能数据的采集、诊断、分析。
3. 自动/人工控制主、备用设备的启用、转换和停用。
检验数量：全部检查。
检验方法：通过网管进行试验检验。
第 10.5.3 条　专用电话系统网管下列故障管理功能应符合设计要求：
1. 硬件和软件故障自动监测和诊断。
2. 硬件故障定位和隔离。
3. 软件故障的自动纠错能力和自动恢复，包括再启动和再装入等。
4. 故障记录和显示告警。
检验数量：全部检查。
检验方法：通过网管进行试验检验。
第 10.5.4 条　专用电话系统网管下列安全管理功能应符合设计要求：
1. 用户鉴权、操作权限的管理。
2. 日志管理功能，包括登录日志管理和操作日志管理。
检验数量：全部检查。
检验方法：通过网管进行试验检验。

7.3.7.36　轨道验·机-356　天线杆（塔）安装检验批质量验收记录

一、适用范围
本表适用于天线杆（塔）安装检验批质量验收记录。
二、表内填写提示
天线杆（塔）安装应符合现行国家标准《城市轨道交通通信工程质量验收规范》GB 50382—2016 的相关规定：
Ⅰ　主控项目
第 11.2.1 条　天线杆（塔）设备和材料进场验收应符合下列规定：
1. 数量、型号、规格和质量应符合设计和订货合同的要求。
2. 合格证、质量检验报告等质量证明文件应齐全。
3. 铁塔构件的镀锌层应均匀光滑、不翘皮、无锈蚀。
4. 混凝土天线杆杆体裂纹应符合国家现行相关标准的规定。
检验数量：全部检查。
检验方法：对照设计文件和订货合同，检查实物和质量证明文件，并观察检查外观及形状。
第 11.2.2 条　天线杆（塔）基础深度、标高及塔靴安装位置应符合设计要求。
检验数量：全部检查。
检验方法：观察。尺量检查。
第 11.2.3 条　天线杆（塔）基础混凝土的强度等级、所用原材料的规格应符合设计要求。
检验数量：全部检查。
检验方法：按现行国家标准《混凝土结构工程施工质量验收规范》GB 50204 的有关规定。
第 11.2.4 条　天线杆（塔）地基与基础部分的验收，应按现行国家标准《建筑地基基础工程施工质量验收规范》GB 50202、《混凝土结构工程施工质量验收规范》GB 50204 的要求进行。
第 11.2.5 条　天线杆（塔）塔靴安装应符合下列规定：
1. 塔靴安装位置应正确，各塔靴的中心间距允许偏差不应大于 3mm。
2. 各塔靴的高度允许偏差不应大于 3mm。

3. 塔靴紧固螺栓应具有防腐措施。

检验数量：全部检查。

检验方法：观察、尺量检查。

第 11.2.6 条 天线杆（塔）的高度、垂直度应符合设计要求。

检验数量：全部检查。

检验方法：用经纬仪测试检验。

第 11.2.7 条 铁塔安装应符合下列规定：

1. 铁塔塔靴与基础预埋螺栓连接应牢固，紧固度应符合设计要求。铁塔全部连接螺栓应进行防松处理。

2. 自立式铁塔塔身各横截面应成相似多边形，同一横截面上对角线或边的长度偏差不应大于 5mm。

3. 所有焊接部位应牢固、无虚焊、漏焊等缺陷。

4. 铁塔塔身与基础连接螺栓应采取防盗措施。

检验数量：全部检查。

检验方法：观察、尺量检查。用力矩扳手试验检查螺栓紧固度。其中螺栓紧固度的检查应在塔身上、中、下三部分抽验。

第 11.2.8 条 天线加挂支柱高度及方位、平台位置及尺寸、爬梯的设置方式应符合设计要求，安装应牢固可靠。

检验数量：全部检查。

检验方法：对照设计文件观察、测试检验。

第 11.2.9 条 天线杆（塔）防雷应符合下列规定：

1. 天线杆（塔）避雷针、防雷装置、接地引下线的安装位置及方式应符合设计要求。

2. 铁塔塔体的接地电阻应符合设计要求，塔体金属构件间应保证电气连通。

3. 避雷针安装应牢固可靠。

检验数量：全部检查。

检验方法：观察、测试检验。用接地电阻测试仪测试铁塔塔体的接地电阻，用万用表检查电气连通性。

第 11.2.10 条 屋顶天线杆安装应符合下列规定：

1. 天线杆强度和安装方式应符合承重抗风要求以及设计要求。

2. 天线杆底座应与建筑物避雷网用避雷引下线连通。

3. 天线杆如不在建筑物防雷系统保护范围内，应安装避雷针，并应确保天线在避雷针保护区域 LPZ0B 范围内。

4. 屋顶天线底座及其与屋顶面连接的膨胀螺栓应采用混凝土覆盖保护。

检验数量：全部检查。

检验方法：对照设计文件检查出厂质量证明文件，并观察检查。

第 11.2.11 条 天线杆埋深应符合 GB 50382—2016 表 11.2.11 的要求

检验数量：全部检查。

检验方法：随工检查。

Ⅱ 一般项目

第 11.2.12 条 铁塔构件的热镀锌层应均匀光滑、无漏镀，不得出现返锈现象。

检验数量：全部检查。

检验方法：观察检查。

7.3.7.37 轨道验·机-357 天馈安装检验批质量验收记录

一、适用范围

本表适用于天馈安装检验批质量验收记录。

二、表内填写提示

天馈安装应符合现行国家标准《城市轨道交通通信工程质量验收规范》GB 50382—2016 的相关规定：

Ⅰ 主控项目

第 11.3.1 条 天线、馈线及附件材料进场验收应符合下列规定：

1. 数量、型号、规格和质量应符合设计和订货合同的要求。

2. 图纸和说明书等技术资料，合格证和质量检验报告等质量证明文件应齐全。

3. 天线的外观应无凹凸、破损、断裂等现象，驻波比应符合设计要求。

4. 馈线包装应无破损，外表应无压扁损坏。

检验数量：全部检查。

检验方法：对照设计文件和订货合同，检查实物和质量证明文件。

第 11.3.2 条 天线安装应符合下列规定：

1. 天线的安装高度、安装方式应符合设计要求。

2. 天线馈电点应朝下，护套顶端应与支架主杆顶部齐平或略高出支架主杆顶部。

检验数量：全部检查。

检验方法：对照设计文件观察检查。用罗盘仪、天线倾角仪测试检验。

第 11.3.3 条 馈线安装应符合下列规定：

1. 馈线导入室内方式应符合设计要求。

2. 馈线引入机房前，在墙洞入口处应做制作滴水弯；馈线引入室内应采取防火封堵措施。

3. 馈线布放应路由合理、路径最短，拐弯最少。

4. 馈线固定方式应符合设计要求，弯曲半径应符合所用馈线的产品要求。

5. 馈线中间不应有接头。

检验数量：全部检查。

检验方法：观察、尺量检查。

第 11.3.4 条 天线、馈线防雷应符合下列规定：

1. 馈线进入机房与设备连接前应安装馈线避雷器，接地端子应就近引接到接地线上。

2. 馈线在室外部分的外防护层应有不少于 3 点的外防护层接地连接，外防护层的接地位置应在天线与馈线连接处、馈线引入机房应在馈线洞外处。

检验数量：全部检查。

检验方法：对照设计文件观察检查，用万用表检查。

第 11.3.5 条 天馈系统的电压驻波比不应大于 1.5。

检验数量：全部检查。

检验方法：用驻波比测试仪测试检验。

Ⅱ 一般项目

第 11.3.6 条 天线与跳线接头处应制作滴水弯，并应进行防水密封处理。

检验数量：全部检查。

检验方法：观察检查。

第 11.3.7 条 天线、馈线避雷地线接地体与连接线等焊接处进行防腐处理。

检验数量：全部检查。

检验方法：观察检查。

7.3.7.38 轨道验·机-358 无线通信设备安装检验批质量验收记录

一、适用范围

本表适用于无线通信设备安装检验批质量验收记录。

二、表内填写提示

无线通信设备安装应符合现行国家标准《城市轨道交通通信工程质量验收规范》GB 50382—2016的相关规定：

Ⅰ 主控项目

第6.2.1条 设备进场验收应符合下列规定：

1. 数量、型号、规格和质量应符合设计要求。

2. 图纸和说明书等技术资料，合格证和质量检验报告等质量证明文件应齐全。

3. 机柜（架）、设备及附件应无变形、表面应无损伤，镀层、漆饰应完整无脱落，铭牌、标识应完整清晰。

4. 机柜（架）、设备内的部件应完好，连接应元松动；应无受潮、发霉和锈蚀。

检验数量：全部检查。

检验方法：对照设计文件和订货合同，检查实物和质量证明文件。

第6.2.2条 机柜（架）安装应符合下列规定：

1. 机柜（架）的安装位置及安装方式应符合设计要求。

2. 机柜（架）底座应对地加固。

3. 机柜（架）安装应稳定牢固。

检验数量：全部检查。

检验方法：观察检查。

第6.2.3条 壁挂式设备安装位置和方式应符合设计要求，并应安装牢固可靠。

检验数量：全部检查。

检验方法：观察检查。

第6.2.4条 子架或机盘安装应符合下列规定：

1. 子架或机盘安装位置应符合设备技术文件或设计要求。

2. 子架或机盘应整齐一致，接触应良好。

检验数量：全部检查。

检验方法：观察检查。

第6.2.5条 金属机柜（架）、基础性钢应保持电气连接，并应可靠接地。

检验数量：全部检查。

检验方法：用万用表检查。

Ⅱ 一般项目

第6.2.6条 设备应排列整齐、漆饰完好，铭牌和标记应清楚准确。

检验数量：全部检查。

检验方法：观察检查。

第6.2.7条 机柜（架）应垂直，倾斜度偏差应小于机柜（架）高度的1‰；相邻机柜（架）间隙不应大于3mm；相邻机柜（架）正立面平齐。

检验数量：全部检查。

检验方法：观察、尺量检查。

第6.2.8条 各类工作台布局应符合设计要求。

检验数量：全部检查。

检验方法：观察检查。

7.3.7.39　轨道验·机-359　无线通信设备配线检验批质量验收记录

一、适用范围

本表适用于无线通信设备配线检验批质量验收记录。

二、表内填写提示

无线通信设备配线应符合现行国家标准《城市轨道交通通信工程质量验收规范》GB 50382—2016的相关规定：

Ⅰ　主控项目

第6.3.1条　设备配线光电缆及配套器材进场验收应符合下列规定：

1. 数量、型号、规格和质量应符合设计和订货合同的要求。

2. 合格证、质量检验报告等质量证明文件应齐全。

3. 缆线外皮应无破损、挤压变形，缆线应无受潮、扭曲和背扣。

检验数量：全部检查。

检验方法：对照设计文件和订货合同，检查实物和质量证明文件。

第6.3.2条　配线电缆、光跳线的芯线应无错线或断线、换线，中间不得有接头。

检验数量：全部检查。

检验方法：用万用表、对号器等检查断线、混线。

第6.3.3条　光缆尾纤应按标定的纤序连接设备。光跳线应单独布放，并采用垫衬固定，不得挤压和扭曲。

检验数量：全部检查。

检验方法：对照设计文件检查光缆尾纤纤序，并观察检查。

第6.3.4条　设备电源配线中间不得有接头，电源端子接线应准确，配线两端的标志应齐全。

检验数量：全部检查。

检验方法：观察检查。

第6.3.5条　接插件、连接器的组装应符合相应的工艺要求。应配件齐全、线位正确、装配可靠、连接牢固。

检验数量：全部检查。

检验方法：观察检查、测试检验。

第6.3.6条　机柜（架）应可靠接地。

检验数量：全部检查。

检验方法：用万用表检查。

第6.3.7条　配线电缆的屏蔽护套应可靠接地。

检验数量：全部检查。

检验方法：用万用表检查。

Ⅱ　一般项目

第6.3.8条　各种缆线在防静电地板下、走线架或槽道内、机柜（架）内应均匀绑扎固定、松紧适度，其他软光纤应加套管或线槽保护。

检验数量：全部检查。

检验方法：观察检查。

第6.3.9条　缆线两端的标签，其型号、序号、长度及起止设备名称等标识信息应准确。

检验数量：全部检查。

检验方法：观察检查。

第6.3.10条　当缆线接入设备或配线架时，应留有余长。

检验数量：全部检查。

检验方法：观察检查。

第 6.3.11 条　当设备配线采用焊接时，焊接后芯线绝缘层应无烫伤、开裂及后缩现象，绝缘层离开端子边缘不应大于 1mm。

检验数量：全部检查。

检验方法：观察检查，并用对号器检查端子。

第 6.3.12 条　当设备配线采用卡接时，电缆芯线的卡接端子应接触牢固。

检验数量：全部检查。

检验方法：观察检查，并用对号器检查卡接端子。

第 6.3.13 条　配线电缆和电源线应分开布放，间距不应小于 50mm。交流配线和直流配线应分开绑扎。

检验数量：全部检查。

检验方法：观察检查。

7.3.7.40　轨道验·机-360　无线通信区间设备安装检验批质量验收记录

一、适用范围

本表适用于无线通信区间设备安装检验批质量验收记录。

二、表内填写提示

无线通信区间设备安装应符合现行国家标准《城市轨道交通通信工程质量验收规范》GB 50382—2016 的相关规定：

Ⅰ　主控项目

第 11.4.1 条　基站和直放站的避雷器安装应串接与天线、馈线和室内同轴馈线之间。避雷装置安装应符合设计要求。

检验数量：全部检查。

检验方法：观察检查。

第 11.4.2 条　高架及地面区间直放站的地线设置及接地电阻应符合设计要求。

检验数量：全部检查。

检验方法：用接地电阻测试仪测接地电阻。

第 11.4.3 条　直放站的安装方式及防护等级应符合设计要求。

检验数量：全部检查。

检验方法：观察检查。

第 11.4.4 条　无线通信系统区间设备安装不得侵入设备界限。

检验数量：全部检查。

检验方法：观察、尺量检查。

7.3.7.41　轨道验·机-361　无线通信区间设备配线检验批质量验收记录

一、适用范围

本表适用于无线通信区间设备配线检验批质量验收记录。

二、表内填写提示

无线通信区间设备配线应符合现行国家标准《城市轨道交通通信工程质量验收规范》GB 50382—2016 的相关规定：

Ⅰ　主控项目

第 11.4.5 条　基站及直放站配线应符合下列规定：

1. 配线应走向合理并绑扎牢固，与设备连接应可靠。

2. 布线应符合本规范第 4.6 节的相关规定。

3. 出线部分应采取适当的防护措施。

检验数量：全部检查。

检验方法：观察检查。

7.3.7.42　轨道验·机-362　无线通信车载设备安装检验批质量验收记录

一、适用范围

本表适用于无线通信车载设备安装检验批质量验收记录。

二、表内填写提示

无线通信车载设备安装应符合现行国家标准《城市轨道交通通信工程质量验收规范》GB 50382—2016的相关规定：

Ⅰ　主控项目

第11.4.6条　线通信车载设备的安装、布线，以及防震防电磁干扰等要求应符合设计和车辆专业的要求。车载设备安装不得超出车辆界限。

检验数量：全部检查。

检验方法：观察、尺量检查。

7.3.7.43　轨道验·机-363　无线通信系统性能检测检验批质量验收记录

一、适用范围

本表适用于无线通信系统性能检测检验批质量验收记录。

二、表内填写提示

无线通信系统性能检测应符合现行国家标准《城市轨道交通通信工程质量验收规范》GB 50382—2016的相关规定：

Ⅰ　主控项目

第11.5.1条　基站设备射频输出功率、发射频偏、调制矢量误差、接收灵敏度指标应符合设计要求。

检验数量：全部检查。

检验方法：用无线综合测试仪测试检验。接收灵敏度可检查出厂检验报告。

第11.5.2条　直放站设备射频输出功率、输入输出光功率、光接收动态范围、增益指标应符合设计要求。

检验数量：全部检查。

检验方法：用功率计测试检验。

第11.5.3条　手持台和车载台的射频输出功率、发射频偏指标应符合设计要求。

检验数量：按型号规格各批次抽验1台。

检验方法：用无线综合测试仪测试检验。

第11.5.4条　无线通信系统空间波覆盖的时间地点概率应不小于90%，漏泄同轴电缆辐射电波的时间地点概率不应小于95%。

检验数量：全部检查。

检验方法：用场强仪测试检验。

第11.5.5条　单呼和组呼的接通率、掉话率、语音质量、平均呼叫建立时延、切换失败率等通话质量模拟测试指标应符合设计要求。

检验数量：全部检查。

检验方法：用专用测试系统测试检验。

7.3.7.44　轨道验·机-364　无线通信系统功能检验检验批质量验收记录

一、适用范围

本表适用于无线通信系统功能检验检验批质量验收记录。

二、表内填写提示

无线通信系统功能检验应符合现行国家标准《城市轨道交通通信工程质量验收规范》GB 50382—2016 的相关规定：

Ⅰ 主控项目

第 11.6.1 条 无线交换控制设备移动用户的数量管理、调度台数量管理、基站数量管理和冗余备份功能应符合设计要求。

检验数量：全部检查。

检验方法：试验检验或检查出厂检验报告。

第 11.6.2 条 基站设备的冗余备份功能应符合设计要求。

检验数量：全部检查。

检验方法：试验检验或检查出厂检验报告。

第 11.6.3 条 直放站设备冗余备份、断电恢复功能应符合设计要求。

检验数量：全部检查。

检验方法：试验检验或检查出厂检验报告。

第 11.6.4 条 车载台设备语音呼叫、数据传输和二次开发功能应符合设计要求。

检验数量：全部检查。

检验方法：试验检验或检查出厂检验报告。

第 11.6.5 条 调度台设备的显示功能、语音呼叫、数据传输、转接强拆强插功能和冗余备份功能应符合设计要求。

检验数量：全部检查。

检验方法：试验检验或检查出厂检验报告。

第 11.6.6 条 系统的用户终端业务、承载业务、呼叫种类、区域选择、优化呼叫、预占优先呼叫、滞后进入、动态重组、自动重发、限时通话、超出服务区指示、呼叫显示、主叫被叫显示限制、呼叫提示、讲话方识别显示、无条件呼叫转移、遇忙呼叫转移、用户不可及时呼叫转移、无应答呼叫转移、缩位寻址、至忙用户的呼叫完成、至无应答用户的呼叫完成、呼叫限制、移动台遥毙/复活、业务信道全忙时信令信道可作为业务信道使用、故障弱化、虚拟专网、鉴权、空中接口加密、端到端加密、直通工作方式、二次开发功能和录音功能等应符合设计要求。

检验数量：全部检查。

检验方法：试验检验。

7.3.7.45 轨道验·机-365 无线通信系统网管检验检验批质量验收记录

一、适用范围

本表适用于无线通信系统网管检验检验批质量验收记录。

二、表内填写提示

无线通信系统网管检验应符合现行国家标准《城市轨道交通通信工程质量验收规范》GB 50382—2016 的相关规定：

Ⅰ 主控项目

第 11.7.1 条 无线通信系统网管的故障管理、性能管理、配置管理、用户管理、和安全管理功能应符合设计要求。

检验数量：全部检查。

检验方法：通过网管进行试验检验。

第 11.7.2 条 直放站网管的故障管理、性能管理、配置管理和安全管理功能应符合设计要求。

检验数量：全部检查。

检验方法：通过网管进行试验检验。

第 11.7.3 条 二次开发网管功能应符合设计要求。

检验数量：全部检查。

检验方法：通过网管进行试验检验。

7.3.7.46 轨道验·机-366 视频监视设备安装检验批质量验收记录

一、适用范围

本表适用于视频监视设备安装检验批质量验收记录。

二、表内填写提示

视频监视设备安装应符合现行国家标准《城市轨道交通通信工程质量验收规范》GB 50382—2016 的相关规定：

Ⅰ 主控项目

第 6.2.1 条 设备进场验收应符合下列规定：

1. 数量、型号、规格和质量应符合设计要求。

2. 图纸和说明书等技术资料，合格证和质量检验报告等质量证明文件应齐全。

3. 机柜（架）、设备及附件应无变形、表面应无损伤，镀层、漆饰应完整无脱落，铭牌、标识应完整清晰。

4. 机柜（架）、设备内的部件应完好，连接应元松动；应无受潮、发霉和锈蚀。

检验数量：全部检查。

检验方法：对照设计文件和订货合同，检查实物和质量证明文件。

第 6.2.2 条 机柜（架）安装应符合下列规定：

1. 机柜（架）的安装位置及安装方式应符合设计要求。

2. 机柜（架）底座应对地加固。

3. 机柜（架）安装应稳定牢固。

检验数量：全部检查。

检验方法：观察检查。

第 6.2.3 条 壁挂式设备安装位置和方式应符合设计要求，并应安装牢固可靠。

检验数量：全部检查。

检验方法：观察检查。

第 6.2.4 条 子架或机盘安装应符合下列规定：

1. 子架或机盘安装位置应符合设备技术文件或设计要求。

2. 子架或机盘应整齐一致，接触应良好。

检验数量：全部检查。

检验方法：观察检查。

第 6.2.5 条 金属机柜（架）、基础性钢应保持电气连接，并应可靠接地。

检验数量：全部检查。

检验方法：用万用表检查。

第 12.2.1 条 摄像机安装位置、监视目标应符合设计要求。

检验数量：全部检查。

检验方法：对照设计文件，观察、试验检查。

第 12.2.2 条 摄像机支架应稳固，摄像机及前端设备安装应牢固，云镜转动应正常。

检验数量：全部检查。

检验方法：观察、试验检查。

第 12.2.3 条 室外摄像机支柱（杆）的安装应符合设计要求：1. 高度、埋深。2. 防雷接地。3. 基础的浇注方式和强度。

检验数量：全部检查。

检验方法：观察、测试检查。

第12.2.4条　室外摄像机的安装应符合下列规定：

1. 安装方式应符合设计要求，安装应牢固可靠。

2. 云台水平、垂直转动角度符合设计要求。

3. 防雷接地符合设计要求。

4. 在接触网等高压带电设备附近架设摄像机时，安全防护距离符合设计要求。

5. 防护罩安装牢固，防护性能符合设计要求。

检验数量：全部检查。

检验方法：观察、尺量检查，试验检验。

第12.2.5条　室外机箱的安装高度、防护功能、防雷接地应符合设计要求，并应安装牢固。

检验数量：全部检查。

检验方法：观察、尺量检查，试验检验。

第12.2.6条　视频监视区间设备安装不得侵入设备限界。

检验数量：全部检查。

检验方法：观察、尺量检查。

Ⅱ　一般项目

第6.2.6条　设备应排列整齐、漆饰完好，铭牌和标记应清楚准确。

检验数量：全部检查。

检验方法：观察检查。

第6.2.7条　机柜（架）应垂直，倾斜度偏差应小于机柜（架）高度的1‰；相邻机柜（架）间隙不应大于3mm；相邻机柜（架）正立面平齐。

检验数量：全部检查。

检验方法：观察、尺量检查。

第6.2.8条　各类工作台布局应符合设计要求。

检验数量：全部检查。

检验方法：观察检查。

第12.2.9条　监视器的安装位置应使屏幕不受外来光直射。当有不可避免的光时，宜加遮光罩遮挡。

检验数量：全部检查。

检验方法：观察检查。

7.3.7.47　轨道验·机-367　视频监视设备配线检验批质量验收记录

一、适用范围

本表适用于视频监视设备配线检验批质量验收记录。

二、表内填写提示

视频监视设备配线应符合现行国家标准《城市轨道交通通信工程质量验收规范》GB 50382—2016的相关规定：

Ⅰ　主控项目

第6.3.1条　设备配线光电缆及配套器材进场验收应符合下列规定：

1. 数量、型号、规格和质量应符合设计和订货合同的要求。

2. 合格证、质量检验报告等质量证明文件应齐全。

3. 缆线外皮应无破损、挤压变形，缆线应无受潮、扭曲和背扣。

检验数量：全部检查。

检验方法：对照设计文件和订货合同，检查实物和质量证明文件。

第 6.3.2 条　配线电缆、光跳线的芯线应无错线或断线、换线，中间不得有接头。

检验数量：全部检查。

检验方法：用万用表、对号器等检查断线、混线。

第 6.3.3 条　光缆尾纤应按标定的纤序连接设备。光跳线应单独布放，并采用垫衬固定，不得挤压和扭曲。

检验数量：全部检查。

检验方法：对照设计文件检查光缆尾纤纤序，并观察检查。

第 6.3.4 条　设备电源配线中间不得有接头，电源端子接线应准确，配线两端的标志应齐全。

检验数量：全部检查。

检验方法：观察检查。

第 6.3.5 条　接插件、连接器的组装应符合相应的工艺要求。应配件齐全、线位正确、装配可靠、连接牢固。

检验数量：全部检查。

检验方法：观察检查、测试检验。

第 6.3.6 条　机柜（架）应可靠接地。

检验数量：全部检查。

检验方法：用万用表检查。

第 6.3.7 条　配线电缆的屏蔽护套应可靠接地。

检验数量：全部检查。

检验方法：用万用表检查。

Ⅱ　一般项目

第 6.3.8 条　各种缆线在防静电地板下、走线架或槽道内、机柜（架）内应均匀绑扎固定、松紧适度，其他软光纤应加套管或线槽保护。

检验数量：全部检查。

检验方法：观察检查。

第 6.3.9 条　缆线两端的标签，其型号、序号、长度及起止设备名称等标识信息应准确。

检验数量：全部检查。

检验方法：观察检查。

第 6.3.10 条　当缆线接入设备或配线架时，应留有余长。

检验数量：全部检查。

检验方法：观察检查。

第 6.3.11 条　当设备配线采用焊接时，焊接后芯线绝缘层应无烫伤、开裂及后缩现象，绝缘层离开端子边缘不应大于 1mm。

检验数量：全部检查。

检验方法：观察检查，并用对号器检查端子。

第 6.3.12 条　当设备配线采用卡接时，电缆芯线的卡接端子应接触牢固。

检验数量：全部检查。

检验方法：观察检查，并用对号器检查卡接端子。

第 6.3.13 条　配线电缆和电源线应分开布放，间距不应小于 50mm。交流配线和直流配线应分开绑扎。

检验数量：全部检查。

检验方法：观察检查。

第 12.2.7 条　摄像机配线应符合下列规定：

1. 配线应走向合理并绑扎牢固、与设备连接可靠。

2. 布线应符合本规范第 4.6 节的相关规定。

3. 从摄像机引出的电缆宜留余量，不得影响摄像机的转动。

4. 摄像机的电缆和电源线应固定，不应用插头承受电缆的自重。

5. 摄像机出线部分应采取防护措施。

检验数量：全部检查。

检验方法：观察检查。

7.3.7.48 轨道验·机-368 视频监视车载设备安装检验批质量验收记录

一、适用范围

本表适用于视频监视车载设备安装检验批质量验收记录。

二、表内填写提示

视频监视车载设备安装应符合现行国家标准《城市轨道交通通信工程质量验收规范》GB 50382—2016 的相关规定：

Ⅰ 主控项目

第 11.2.8 条 视频监视系统车载设备的安装和布线，以及防振和防电磁干扰等要求应符合设计和车辆专业要求。车载设备安装不得超出车辆限界。

检验数量：全部检查。

检验方法：观察、尺量检查。

7.3.7.49 轨道验·机-369 视频监视系统性能检测检验批质量验收记录

一、适用范围

本表适用于视频监视系统性能检测检验批质量验收记录。

二、表内填写提示

视频监视系统性能检测应符合现行国家标准《城市轨道交通通信工程质量验收规范》GB 50382—2016 的相关规定：

Ⅰ 主控项目

第 12.3.1 条 摄像机的清晰度、最低照度、信噪比、灰度等级指标应符合设计要求。

检验数量：全部检查。

检验方法：测试检验，或检查出厂检验报告。

第 12.3.2 条 显示设备的分辨率、灰度等级指标应符合设计要求。

检验数量：全部检查。

检验方法：测试检验，或检查出厂检验报告。

第 12.3.3 条 在摄像机标准照度下，模拟电视系统的图像质量应符合下列规定：

1. 采用五级损伤制主观评定，图像质量评价不应低于 4 分。

2. 对应 4 分图像质量的信噪比应符合 GB 50382—2016 表 12.3.3 的规定。

3. 图像水平清晰度不应低于 400 线。

4. 图像画面的灰度不应低于 8 级。

5. 系统的各路视频信号输出电平应为 1Vp－p±3dBVBS。

6. 当监视画面为可用图像时，系统信噪比不应小于 25dB。

检验数量：全部检查。

检验方法：用视频信号发生器、视频综合分析仪测试检验。

第 12.3.4 条 在摄像机标准照度下，系统的数字电视图像质量应符合下列规定：

1. 采用五级损伤制主观评定，图像质量评价不应低于 4 分。

2. 峰值信噪比（PSNR）不应小于 32dB。

3. 图像水平清晰度不应低于400线。
4. 图像画面的灰度不应低于8级。
5. 经智能处理的图像质量应符合设计要求。
检验数量：全部检查。
检验方法：用视频信号发生器、视频综合分析仪测试检验。
第12.3.5条　当采用IP网络承载业务时，视频监视系统的时延、抖动、丢包率等网络性能指标应符合设计要求。
检验数量：全部检查。
检验方法：用网络性能测试仪测试检验。
第12.3.6条　中心级与车站级的视频实用调用时延、PTZ控制时延、历史图像检索响应时延、图像间切换时延等操作响应时延应符合设计要求。
检验数量：全部检查。
检验方法：测试检验。

7.3.7.50　轨道验·机-370　视频监视系统功能检验检验批质量验收记录

一、适用范围
本表适用于视频监视系统功能检验检验批质量验收记录。
二、表内填写提示
视频监视系统功能检验应符合现行国家标准《城市轨道交通通信工程质量验收规范》GB 50382—2016的相关规定：
Ⅰ　主控项目
第12.4.1条　中心与车站级视频控制系统的下列功能应符合设计要求：
1. 云台操控（PTZ）控制功能。
2. 自动光圈调节、调焦、变倍等图像参数调整功能。
3. 图像间自由切换与多画面功能。
4. 字符叠加功能。
5. 时间同步功能。
6. 镜头预置位及恢复功能。
7. 图像轮巡功能。
8. 报警功能。
9. 控制中心画面选择的优先级功能。
检验数量：全部检查。
检验方法：试验检验。
第12.4.2条　视频监视系统的录像功能应符合下列规定：
1. 实时图像连续存储功能，或根据设定的事件、时间、地点有条件存储功能应正常。
2. 按不同的安全等级采用不同图像分辨率存储功能应正常。
3. 存储图像内容应完整。
4. 存储容量或时间应符合设计要求。
5. 对不同视频流可以分别设置存储空间，并能支持循环存储。
检验数量：全部检查。
检验方法：试验检验。
第12.4.3条　视频监视系统的录像回放功能应符合下列规定：
1. 支持用户根据时间、地点、事件等多种条件进行检索和回放功能应正常。
2. 支持多用户同时调用和检索历史图像功能应正常。

3. 支持本地回放历史图像和远程直接回放历史图像功能应正常。

4. 回放时正常播放、倒放、快进、快退、拖拽、暂停等操作应正常。

检验数量：全部检查。

检验方法：试验检验。

第 12.4.4 条　视频监视系统控制中心大屏的图像分割、图像拼接功能应符合设计要求。

检验数量：全部检查。

检验方法：试验检验。

第 12.4.5 条　视频监视系统与其他系统间联动功能应符合设计要求。

检验数量：全部检查。

检验方法：试验检验。

第 12.4.6 条　视频监视系统智能分析功能应符合设计要求。

检验数量：全部检查。

检验方法：试验检验。

第 12.4.7 条　当视频监视系统采用 IP 网络承载业务时，其抗攻击和防病毒功能应符合设计要求。

检验数量：全部检查。

检验方法：试验检验。

7.3.7.51　轨道验·机-371　视频监视系统网管检验检验批质量验收记录

一、适用范围

本表适用于视频监视系统网管检验检验批质量验收记录。

二、表内填写提示

视频监视系统网管检验应符合现行国家标准《城市轨道交通通信工程质量验收规范》GB 50382—2016 的相关规定：

Ⅰ　主控项目

第 12.5.1 条　视频监视系统的用户管理、配置管理、性能管理、故障管理、安全管理、日志管理等网管功能应符合设计要求。

检验数量：全部检查。

检验方法：通过网管进行试验检验。

第 12.5.2 条　视频监视系统各车站网管设备和控制中心网管设备的数据通信功能应符合设计要求。

检验数量：全部检查。

检验方法：通过网管进行试验检验。

第 12.5.3 条　视频监视系统网管的人机交互功能应符合设计要求。

检验数量：全部检查。

检验方法：通过网管进行试验检验。

7.3.7.52　轨道验·机-372　广播设备安装检验批质量验收记录

一、适用范围

本表适用于广播设备安装检验批质量验收记录。

二、表内填写提示

广播设备安装应符合现行国家标准《城市轨道交通通信工程质量验收规范》GB 50382—2016 的相关规定：

Ⅰ　主控项目

第 6.2.1 条　设备进场验收应符合下列规定：

1. 数量、型号、规格和质量应符合设计要求。

2. 图纸和说明书等技术资料，合格证和质量检验报告等质量证明文件应齐全。

3. 机柜（架）、设备及附件应无变形、表面应无损伤，镀层、漆饰应完整无脱落，铭牌、标识应完整清晰。

4. 机柜（架）、设备内的部件应完好，连接应元松动；应无受潮、发霉和锈蚀。

检验数量：全部检查。

检验方法：对照设计文件和订货合同，检查实物和质量证明文件。

第 6.2.2 条　机柜（架）安装应符合下列规定：

1. 机柜（架）的安装位置及安装方式应符合设计要求。

2. 机柜（架）底座应对地加固。

3. 机柜（架）安装应稳定牢固。

检验数量：全部检查。

检验方法：观察检查。

第 6.2.3 条　壁挂式设备安装位置和方式应符合设计要求，并应安装牢固可靠。

检验数量：全部检查。

检验方法：观察检查。

第 6.2.4 条　子架或机盘安装应符合下列规定：

1. 子架或机盘安装位置应符合设备技术文件或设计要求。

2. 子架或机盘应整齐一致，接触应良好。

检验数量：全部检查。

检验方法：观察检查。

第 6.2.5 条　金属机柜（架）、基础性钢应保持电气连接，并应可靠接地。

检验数量：全部检查。

检验方法：用万用表检查。

第 13.2.1 条　控制中心和车站广播的负载区数量应符合设计要求。

检验数量：全部检查。

检验方法：对照设计文件观察检查。

第 13.2.2 条　外场扬声器安装位置、安装方式应符合设计要求。

检验数量：全部检查。

检验方法：对照设计文件观察检查。

第 13.2.3 条　当扩音馈线为地下电缆时，所用电缆盒和线间变压器盒的端子绝缘电阻，应符合产品技术条件规定。

检验数量：全部检查。

检验方法：用兆欧表测试检验。

第 13.2.4 条　当露天扬声器馈线引入室内时，应装设真空保安器。

检验数量：全部检查。

检验方法：观察检查。

第 13.2.5 条　广播系统区间设备安装不得侵入设备限界。

检验数量：全部检查。

检验方法：观察、尺量检查。

Ⅱ　一般项目

第 6.2.6 条　设备应排列整齐、漆饰完好，铭牌和标记应清楚准确。

检验数量：全部检查。

检验方法：观察检查。

第 6.2.7 条　机柜（架）应垂直，倾斜度偏差应小于机柜（架）高度的 1‰；相邻机柜（架）间隙不应大于3mm；相邻机柜（架）正立面平齐。

检验数量：全部检查。

检验方法：观察、尺量检查。

第6.2.8条　各类工作台布局应符合设计要求。

检验数量：全部检查。

检验方法：观察检查。

7.3.7.53　轨道验·机-373　广播设备配线检验批质量验收记录

一、适用范围

本表适用于广播设备配线检验批质量验收记录。

二、表内填写提示

广播设备配线应符合现行国家标准《城市轨道交通通信工程质量验收规范》GB 50382—2016的相关规定：

Ⅰ　主控项目

第6.3.1条　设备配线光电缆及配套器材进场验收应符合下列规定：

1. 数量、型号、规格和质量应符合设计和订货合同的要求。

2. 合格证、质量检验报告等质量证明文件应齐全。

3. 缆线外皮应无破损、挤压变形，缆线应无受潮、扭曲和背扣。

检验数量：全部检查。

检验方法：对照设计文件和订货合同，检查实物和质量证明文件。

第6.3.2条　配线电缆、光跳线的芯线应无错线或断线、换线，中间不得有接头。

检验数量：全部检查。

检验方法：用万用表、对号器等检查断线、混线。

第6.3.3条　光缆尾纤应按标定的纤序连接设备。光跳线应单独布放，并采用垫衬固定，不得挤压和扭曲。

检验数量：全部检查。

检验方法：对照设计文件检查光缆尾纤纤序，并观察检查。

第6.3.4条　设备电源配线中间不得有接头，电源端子接线应准确，配线两端的标志应齐全。

检验数量：全部检查。

检验方法：观察检查。

第6.3.5条　接插件、连接器的组装应符合相应的工艺要求。应配件齐全、线位正确、装配可靠、连接牢固。

检验数量：全部检查。

检验方法：观察检查、测试检验。

第6.3.6条　机柜（架）应可靠接地。

检验数量：全部检查。

检验方法：用万用表检查。

第6.3.7条　配线电缆的屏蔽护套应可靠接地。

检验数量：全部检查。

检验方法：用万用表检查。

第13.2.6条　扬声器配线应符合下列规定：

1. 配线走向应合理，并应绑扎牢固，与设备连接应可靠。

2. 布线应符合本规范第4.6节的规定。

3. 扬声器出线部分应采取适当的防护措施。

检验数量：全部检查。

检验方法：观察检查。

Ⅱ 一般项目

第 6.3.8 条 各种缆线在防静电地板下、走线架或槽道内、机柜（架）内应均匀绑扎固定、松紧适度，其他软光纤应加套管或线槽保护。

检验数量：全部检查。

检验方法：观察检查。

第 6.3.9 条 缆线两端的标签，其型号、序号、长度及起止设备名称等标识信息应准确。

检验数量：全部检查。

检验方法：观察检查。

第 6.3.10 条 当缆线接入设备或配线架时，应留有余长。

检验数量：全部检查。

检验方法：观察检查。

第 6.3.11 条 当设备配线采用焊接时，焊接后芯线绝缘层应无烫伤、开裂及后缩现象，绝缘层离开端子边缘不应大于 1mm。

检验数量：全部检查。

检验方法：观察检查，并用对号器检查端子。

第 6.3.12 条 当设备配线采用卡接时，电缆芯线的卡接端子应接触牢固。

检验数量：全部检查。

检验方法：观察检查，并用对号器检查卡接端子。

第 6.3.13 条 配线电缆和电源线应分开布放，间距不应小于 50mm。交流配线和直流配线应分开绑扎。

检验数量：全部检查。

检验方法：观察检查。

7.3.7.54 轨道验·机-374 广播系统性能检测检验批质量验收记录

一、适用范围

本表适用于广播系统性能检测检验批质量验收记录。

二、表内填写提示

广播系统性能检测应符合现行国家标准《城市轨道交通通信工程质量验收规范》GB 50382—2016 的相关规定：

Ⅰ 主控项目

第 13.3.1 条 播音控制盒的输入输出电平、频率响应、谐波失真、信噪比指标应符合设计要求。

检验数量：全部检查。

检验方法：检查出厂检验报告。

第 13.3.2 条 功率放大器的额定输出电压、输出功率、频率响应、谐波失真、信噪比、输出电压调整率、输入过激励抑制能力、输入灵敏度指标应符合设计要求。

检验数量：全部检查。

检验方法：检查出厂检验报告。

第 13.3.3 条 语音合成器的频率响应、谐波失真、信噪比、输出电平、回放时间、播放通道等指标应符合设计要求。

检验数量：全部检查。

检验方法：检查出厂检验报告。

第 13.3.4 条 扬声器和音柱的额定功率、输入电压、频率响应、灵敏度指标应符合设计要求。

检验数量：全部检查。

检验方法：检查出厂检验报告。

第13.3.5条　广播系统的最大声压级指标应符合设计要求。

检验数量：全部检查。

检验方法：用声强计测试检验。

第13.3.6条　广播系统的声场不均匀度指标应符合设计要求。

检验数量：全部检查。

检验方法：用声强计测试检验。

7.3.7.55　轨道验·机-375　广播系统功能检验检验批质量验收记录

一、适用范围

本表适用于广播系统功能检验检验批质量验收记录。

二、表内填写提示

广播系统功能检验应符合现行国家标准《城市轨道交通通信工程质量验收规范》GB 50382—2016的相关规定：

Ⅰ　主控项目

第13.4.1条　车站播音控制盒的播音功能、监听功能、故障显示功能应符合设计要求。

检验数量：全部检查。

检验方法：验证检验。

第13.4.2条　车站广播设备的优先级功能、分区分路广播功能、多路平行广播功能、自动手动紧急三种不同播音方式、车站接收列车运行信息并自动播音功能、噪声探测及控制功能、功放自动检测倒换功能、状态查询功能、负载功放主要技术指标测量功能应符合设计要求。

检验数量：全部检查。

检验方法：验证检验。

第13.4.3条　控制中心广播设备的全选单选组选车站和各广播区的功能、优先级功能、多路平行广播功能、监听功能应符合设计要求。

检验数量：全部检查。

检验方法：验证检验。

第13.4.4条　桥架、线管及接线盒应可靠接地；当采用联合接地时，接地电阻不应大于1Ω。

检验数量：全部检查。

检验方法：验证检验。

7.3.7.56　轨道验·机-376　广播系统网管检验检验批质量验收记录

一、适用范围

本表适用于广播系统网管检验检验批质量验收记录。

二、表内填写提示

广播系统网管检验应符合现行国家标准《城市轨道交通通信工程质量验收规范》GB 50382—2016的相关规定：

Ⅰ　主控项目

第13.5.1条　广播系统网管对各车站的预录音进行集中管理、维护、发布功能，对系统的优先级设置功能、以及音源音量、负载音量、频率均衡等参数设置等配置管理功能应符合设计要求。

检验数量：全部检查。

检验方法：通过网管进行试验检验。

第13.5.2条　广播系统网管对各车站的播音控制盒、功能模块、功放等设备运行状态的监测功能，对各车站的负载区开路或短路、功放的功率的频率响应等性能数据的采集、诊断，分析等性能管理功能应符合设计要求。

检验数量：全部检查。

检验方法：通过网管进行试验检验。

第 13.5.3 条　广播系统网管的故障检测和诊断、故障恢复、故障记录和显示告警等故障管理功能应符合设计要求。

检验数量：全部检查。

检验方法：通过网管进行试验检验。

第 13.5.4 条　广播系统网管的用户操作纪律、操作历史记录、调度广播操作记录及录音等日志管理功能应符合设计要求。

检验数量：全部检查。

检验方法：通过网管进行试验检验。

7.3.7.57　轨道验·机-377　乘客信息系统设备安装检验批质量验收记录

一、适用范围

本表适用于乘客信息系统设备安装检验批质量验收记录。

二、表内填写提示

乘客信息系统设备安装应符合现行国家标准《城市轨道交通通信工程质量验收规范》GB 50382—2016 的相关规定：

Ⅰ　主控项目

第 6.2.1 条　设备进场验收应符合下列规定：

1. 数量、型号、规格和质量应符合设计要求。

2. 图纸和说明书等技术资料，合格证和质量检验报告等质量证明文件应齐全。

3. 机柜（架）、设备及附件应无变形、表面应无损伤，镀层、漆饰应完整无脱落，铭牌、标识应完整清晰。

4. 机柜（架）、设备内的部件应完好，连接应元松动；应无受潮、发霉和锈蚀。

检验数量：全部检查。

检验方法：对照设计文件和订货合同，检查实物和质量证明文件。

第 6.2.2 条　机柜（架）安装应符合下列规定：

1. 机柜（架）的安装位置及安装方式应符合设计要求。

2. 机柜（架）底座应对地加固。

3. 机柜（架）安装应稳定牢固。

检验数量：全部检查。

检验方法：观察检查。

第 6.2.3 条　壁挂式设备安装位置和方式应符合设计要求，并应安装牢固可靠。

检验数量：全部检查。

检验方法：观察检查。

第 6.2.4 条　子架或机盘安装应符合下列规定：

1. 子架或机盘安装位置应符合设备技术文件或设计要求。

2. 子架或机盘应整齐一致，接触应良好。

检验数量：全部检查。

检验方法：观察检查。

第 6.2.5 条　金属机柜（架）、基础性钢应保持电气连接，并应可靠接地。

检验数量：全部检查。

检验方法：用万用表检查。

第 14.2.1 条　乘客信息系统终端设备的安装位置与安装方式应符合设计要求。

检验数量：全部检查。

检验方法：观察检查。

第 14.2.2 条　显示终端的支架安装应牢固、稳定。

检验数量：全部检查。

检验方法：观察检查。

第 14.2.3 条　显示终端安装在地面、高架站台时，其防水、防尘要求应符合设计要求。

检验数量：全部检查。

检验方法：观察检查。

Ⅱ　一般项目

第 6.2.6 条　设备应排列整齐、漆饰完好，铭牌和标记应清楚准确。

检验数量：全部检查。

检验方法：观察检查。

第 6.2.7 条　机柜（架）应垂直，倾斜度偏差应小于机柜（架）高度的 1‰；相邻机柜（架）间隙不应大于 3mm；相邻机柜（架）正立面平齐。

检验数量：全部检查。

检验方法：观察、尺量检查。

第 6.2.8 条　各类工作台布局应符合设计要求。

检验数量：全部检查。

检验方法：观察检查。

7.3.7.58　轨道验·机-378　乘客信息系统设备配线检验批质量验收记录

一、适用范围

本表适用于乘客信息系统设备配线检验批质量验收记录。

二、表内填写提示

乘客信息系统设备配线应符合现行国家标准《城市轨道交通通信工程质量验收规范》GB 50382—2016 的相关规定：

Ⅰ　主控项目

第 6.3.1 条　设备配线光电缆及配套器材进场验收应符合下列规定：

1. 数量、型号、规格和质量应符合设计和订货合同的要求。

2. 合格证、质量检验报告等质量证明文件应齐全。

3. 缆线外皮应无破损、挤压变形，缆线应无受潮、扭曲和背扣。

检验数量：全部检查。

检验方法：对照设计文件和订货合同，检查实物和质量证明文件。

第 6.3.2 条　配线电缆、光跳线的芯线应无错线或断线、换线，中间不得有接头。

检验数量：全部检查。

检验方法：用万用表、对号器等检查断线、混线。

第 6.3.3 条　光缆尾纤应按标定的纤序连接设备。光跳线应单独布放，并采用垫衬固定，不得挤压和扭曲。

检验数量：全部检查。

检验方法：对照设计文件检查光缆尾纤纤序，并观察检查。

第 6.3.4 条　设备电源配线中间不得有接头，电源端子接线应准确，配线两端的标志应齐全。

检验数量：全部检查。

检验方法：观察检查。

第 6.3.5 条　接插件、连接器的组装应符合相应的工艺要求。应配件齐全、线位正确、装配可靠、连接牢固。

检验数量：全部检查。

检验方法：观察检查、测试检验。

第 6.3.6 条　机柜（架）应可靠接地。

检验数量：全部检查。

检验方法：用万用表检查。

第 6.3.7 条　配线电缆的屏蔽护套应可靠接地。

检验数量：全部检查。

检验方法：用万用表检查。

第 14.2.4 条　显示终端配线应符合下列规定：

1. 配线走向应合理，并应绑扎牢固，与设备连接应可靠。

2. 布线应符合本规范第 4.6 节的规定。

3. 显示器出线部分应采取机械防护措施。

检验数量：全部检查。

检验方法：观察检查。

7.3.7.59　轨道验·机-379　乘客信息系统区间设备安装检验批质量验收记录

一、适用范围

本表适用于乘客信息系统区间设备安装检验批质量验收记录。

二、表内填写提示

乘客信息系统区间设备安装应符合现行国家标准《城市轨道交通通信工程质量验收规范》GB 50382—2016 的相关规定：

Ⅰ　主控项目

第 14.2.5 条　乘客信息系统区间车地无线设备的安装位置和安装方式应符合设计要求，安装应牢固。乘客信息系统区间设备安装不得侵入设备限界。

检验数量：全部检查。

检验方法：观察、尺量检查。

7.3.7.60　轨道验·机-380　乘客信息系统区间设备配线检验批质量验收记录

一、适用范围

本表适用于乘客信息系统区间设备配线检验批质量验收记录。

二、表内填写提示

乘客信息系统区间设备配线应符合现行国家标准《城市轨道交通通信工程质量验收规范》GB 50382—2016 的相关规定：

Ⅰ　主控项目

第 14.2.6 条　乘客信息系统车地无线设备的布线及天馈线敷设，应符合下列规定：

1. 布线应符合本规范第 4.6 节的规定。

2. 区间设备箱内的各种配线及终接、天馈线的敷设和连接，应符合安装及布线要求。

3. 区间车地无线设备及天馈线的接地应符合设计要求。

检验数量：全部检查。

检验方法：观察、用万用表检查。

7.3.7.61　轨道验·机-381　乘客信息系统车载设备安装检验批质量验收记录

一、适用范围

本表适用于乘客信息系统车载设备安装检验批质量验收记录。

二、表内填写提示

乘客信息系统车载设备安装应符合现行国家标准《城市轨道交通通信工程质量验收规范》GB 50382—2016 的相关规定：

Ⅰ 主控项目

第 14.2.7 条 乘客信息系统车载设备的安装、布线、以及防震、防电磁干扰等要求应符合设计和车辆专业的要求。乘客信息系统车载设备安装不得超出车辆限界。

检验数量：全部检查。

检验方法：观察、尺量检查。

7.3.7.62 轨道验·机-382 乘客信息系统性能检测检验批质量验收记录

一、适用范围

本表适用于乘客信息系统性能检测检验批质量验收记录。

二、表内填写提示

乘客信息系统性能检测应符合现行国家标准《城市轨道交通通信工程质量验收规范》GB 50382—2016 的相关规定：

Ⅰ 主控项目

第 14.3.1 条 乘客信息系统显示设备的显示分辨率、屏幕亮度、可视角度、响应时间和功耗应符合设计要求。

检验数量：全部检查。

检验方法：检查出厂检验报告。

第 14.3.2 条 多媒体查询机的屏幕显示分辨率、屏幕触控分辨率、定位精度应符合设计要求。

检验数量：全部检查。

检验方法：检查出厂检验报告。

第 14.3.3 条 乘客信息系统网络子系统主干网的吞吐量、丢包率和时延应符合设计要求。

检验数量：全部检查。

检验方法：用网络性能测试仪测试检验。

第 14.3.4 条 乘客信息系统网络子系统车地网的无线信号覆盖强度、漫游切换时延、吞吐量、丢包率和时延应符合设计要求。

检验数量：全部检查。

检验方法：用场强仪、网络性能测试仪测试检验。

第 14.3.5 条 乘客信息系统网络子系统车载网的吞吐量、丢包率、时延和环网切换响应时间应符合设计要求。

检验数量：全部检查。

检验方法：用网络性能测试仪测试检验。

第 14.3.6 条 乘客信息系统地面、车载图像质量均应符合设计要求。

检验数量：全部检查。

检验方法：用视频信号发生器、视频综合测试仪或专用测试系统测试检验。

7.3.7.63 轨道验·机-383 乘客信息系统功能检验检验批质量验收记录

一、适用范围

本表适用于乘客信息系统功能检验检验批质量验收记录。

二、表内填写提示

乘客信息系统功能检验应符合现行国家标准《城市轨道交通通信工程质量验收规范》GB 50382—2016 的相关规定：

Ⅰ 主控项目

第 14.4.1 条 信息显示设备支持的下列功能应符合设计要求：

1. 文本信息的显示内容，文本信息的显示方式。
2. 图形信息的显示内容，支持的图形信息格式。
3. 多媒体视频信息显示内容，以及视频节目的格式。
4. 字幕叠加功能。
5. 分区、分路显示功能。

检验数量：全部检查。

检验方法：试验检验。

第 14.4.2 条 车站子系统的下列功能应符合设计要求：

1. 收发及播放控制功能：

1）接收中心下发的控制命令、各类信息内容、系统参数，并存储功能；

2）本站显示终端播放控制。

2. 车站紧急消息发布功能。
3. 收发内容日志记录功能。
4. 查询机信息查询功能。
5. 时间显示及同步功能。
6. 接口功能。
7. 车站设备监控、管理、故障显示、告警功能。

检验数量：全部检查。

检验方法：试验检验。

第 14.4.3 条 控制中心的下列功能应符合设计要求：

1. 播控功能：

1）媒体素材信息的编辑、审核、发布；

2）预定义运营信息库的统一编辑、审核和下发功能；

3）对车站信息显示屏的播表和版式的统一编辑、预览、审核、发布；

4）查询机显示界面和查询内容统一编辑和发布。

2. 全选、单选、组选车站和各显示区的显示功能。
3. 显示优先级设置功能。
4. 应急预案编制、播放控制功能。
5. 时间显示及同步功能。
6. 接口功能。

检验数量：全部检查。

检验方法：试验检验。

第 14.4.4 条 乘客信息系统采用 IP 网络承载业务时，其抗攻击和防病毒能力应符合设计要求。

检验数量：全部检查。

检验方法：试验检验。

7.3.7.64 轨道验·机-384 乘客信息系统网管检验检验批质量验收记录

一、适用范围

本表适用于乘客信息系统网管检验检验批质量验收记录。

二、表内填写提示

乘客信息系统网管检验应符合现行国家标准《城市轨道交通通信工程质量验收规范》GB 50382—2016 的相关规定：

Ⅰ 主控项目

第 14.5.1 条 乘客信息系统网管的用户管理、优先级设定、播放内容监视等功能应符合设计要求。

检验数量：全部检查。

检验方法：通过网管进行试验检验。

第 14.5.2 条 乘客信息系统网管的设备监控及运营状态监视、系统设备认证、设备编码、IP 地址分配、车站显示屏远程开关机、设备故障信息的统计和分析、故障修复日志等设备管理功能应符合设计要求。

检验数量：全部检查。

检验方法：通过网管进行试验检验。

第 14.5.3 条 乘客信息系统网管的日志及报表管理、参数管理、素材管理、磁盘空间管理等功能应符合设计要求。

检验数量：全部检查。

检验方法：通过网管进行试验检验。

7.3.7.65 轨道验·机-385 时钟设备安装检验批质量验收记录

一、适用范围

本表适用于时钟设备安装检验批质量验收记录。

二、表内填写提示

时钟设备安装应符合现行国家标准《城市轨道交通通信工程质量验收规范》GB 50382—2016 的相关规定：

Ⅰ 主控项目

第 6.2.1 条 设备进场验收应符合下列规定：

1. 数量、型号、规格和质量应符合设计要求。

2. 图纸和说明书等技术资料，合格证和质量检验报告等质量证明文件应齐全。

3. 机柜（架）、设备及附件应无变形、表面应无损伤，镀层、漆饰应完整无脱落，铭牌、标识应完整清晰。

4. 机柜（架）、设备内的部件应完好，连接应元松动；应无受潮、发霉和锈蚀。

检验数量：全部检查。

检验方法：对照设计文件和订货合同，检查实物和质量证明文件。

第 6.2.2 条 机柜（架）安装应符合下列规定：

1. 机柜（架）的安装位置及安装方式应符合设计要求。

2. 机柜（架）底座应对地加固。

3. 机柜（架）安装应稳定牢固。

检验数量：全部检查。

检验方法：观察检查。

第 6.2.3 条 壁挂式设备安装位置和方式应符合设计要求，并应安装牢固可靠。

检验数量：全部检查。

检验方法：观察检查。

第 6.2.4 条 子架或机盘安装应符合下列规定：

1. 子架或机盘安装位置应符合设备技术文件或设计要求。

2. 子架或机盘应整齐一致，接触应良好。

检验数量：全部检查。

检验方法：观察检查。

第 6.2.5 条 金属机柜（架）、基础性钢应保持电气连接，并应可靠接地。

检验数量：全部检查。

检验方法：用万用表检查。

第 15.2.1 条　卫星接收天线安装位置、安装方式应符合设计要求，系统应能稳定接收导航卫星的信号。

检验数量：全部检查。

检验方法：观察检查，检查系统接收卫星数量和信号强度。

第 15.2.2 条　天线支撑架以及由室外引入室内的馈线应加装防雷器，应安装在接近进楼前处；防雷器接地应可靠。

检验数量：全部检查。

检验方法：观察、用万用表检查。

第 15.2.3 条　子钟安装应符合下列规定：

1. 安装的安装位置和安装方式应符合设计要求。

2. 支架及子钟安装应平稳牢固。

3. 子钟安装应远离防火自动喷淋系统的喷头。

检验数量：全部检查。

检验方法：观察检查。

第 15.2.4 条　子钟设备安装不得侵入设备限界，不得影响人身与行车安全。

检验数量：全部检查。

检验方法：观察、尺量检查。

Ⅱ　一般项目

第 6.2.6 条　设备应排列整齐、漆饰完好，铭牌和标记应清楚准确。

检验数量：全部检查。

检验方法：观察检查。

第 6.2.7 条　机柜（架）应垂直，倾斜度偏差应小于机柜（架）高度的 1‰；相邻机柜（架）间隙不应大于 3mm；相邻机柜（架）正立面平齐。

检验数量：全部检查。

检验方法：观察、尺量检查。

第 6.2.8 条　各类工作台布局应符合设计要求。

检验数量：全部检查。

检验方法：观察检查。

7.3.7.66　轨道验·机-386　时钟设备配线检验批质量验收记录

一、适用范围

本表适用于时钟设备配线检验批质量验收记录。

二、表内填写提示

时钟设备配线应符合现行国家标准《城市轨道交通通信工程质量验收规范》GB 50382—2016 的相关规定：

Ⅰ　主控项目

第 6.3.1 条　设备配线光电缆及配套器材进场验收应符合下列规定：

1. 数量、型号、规格和质量应符合设计和订货合同的要求。

2. 合格证、质量检验报告等质量证明文件应齐全。

3. 缆线外皮应无破损、挤压变形，缆线应无受潮、扭曲和背扣。

检验数量：全部检查。

检验方法：对照设计文件和订货合同，检查实物和质量证明文件。

第 6.3.2 条　配线电缆、光跳线的芯线应无错线或断线、换线，中间不得有接头。

检验数量：全部检查。

检验方法：用万用表、对号器等检查断线、混线。

第 6.3.3 条　光缆尾纤应按标定的纤序连接设备。光跳线应单独布放，并采用垫衬固定，不得挤压和扭曲。

检验数量：全部检查。

检验方法：对照设计文件检查光缆尾纤纤序，并观察检查。

第 6.3.4 条　设备电源配线中间不得有接头，电源端子接线应准确，配线两端的标志应齐全。

检验数量：全部检查。

检验方法：观察检查。

第 6.3.5 条　接插件、连接器的组装应符合相应的工艺要求。应配件齐全、线位正确、装配可靠、连接牢固。

检验数量：全部检查。

检验方法：观察检查、测试检验。

第 6.3.6 条　机柜（架）应可靠接地。

检验数量：全部检查。

检验方法：用万用表检查。

第 6.3.7 条　配线电缆的屏蔽护套应可靠接地。

检验数量：全部检查。

检验方法：用万用表检查。

第 15.2.5 条　卫星接收天线的馈线安装应符合下列规定：

1. 馈线弯曲半径应符合所用电缆的技术要求。

2. 馈线应通过密封窗导入室内。

3. 馈线接头应经良好防水处理。

检验数量：全部检查。

检验方法：观察检查。

第 15.2.6 条　子钟配线应符合下列规定：

1. 配线走向应合理，并应绑扎牢固，与设备连接应可靠。

2. 布线应符合本规范第 4.6 节的相关规定。

3. 子钟设备出线部分应采取防护措施。

检验数量：全部检查。

检验方法：观察检查。

第 15.2.7 条　当时钟系统采用不同的时间同步信号时，各类接口之间布线的长度应小于系统传输距离的要求。

检验数量：全部检查。

检验方法：观察、尺量检查。

Ⅱ　一般项目

第 6.3.8 条　各种缆线在防静电地板下、走线架或槽道内、机柜（架）内应均匀绑扎固定、松紧适度，其他软光纤应加套管或线槽保护。

检验数量：全部检查。

检验方法：观察检查。

第 6.3.9 条　缆线两端的标签，其型号、序号、长度及起止设备名称等标识信息应准确。

检验数量：全部检查。

检验方法：观察检查。

第 6.3.10 条　当缆线接入设备或配线架时，应留有余长。

检验数量：全部检查。

检验方法：观察检查。

第 6.3.11 条　当设备配线采用焊接时，焊接后芯线绝缘层应无烫伤、开裂及后缩现象，绝缘层离开端子边缘不应大于 1mm。

检验数量：全部检查。

检验方法：观察检查，并用对号器检查端子。

第 6.3.12 条　当设备配线采用卡接时，电缆芯线的卡接端子应接触牢固。

检验数量：全部检查。

检验方法：观察检查，并用对号器检查卡接端子。

第 6.3.13 条　配线电缆和电源线应分开布放，间距不应小于 50mm。交流配线和直流配线应分开绑扎。

检验数量：全部检查。

检验方法：观察检查。

7.3.7.67　轨道验·机-387　时钟系统性能检测检验批质量验收记录

一、适用范围

本表适用于时钟系统性能检测检验批质量验收记录。

二、表内填写提示

时钟系统性能检测应符合现行国家标准《城市轨道交通通信工程质量验收规范》GB 50382—2016 的相关规定：

Ⅰ　主控项目

第 15.3.1 条　卫星接收设备的接收载波频率、接收灵敏度、可同时跟踪卫星颗数、冷热启动捕获时间、定时准确度应符合设计要求。

检验数量：全部检查。

检验方法：试验检验，并检查出厂检验报告。

第 15.3.2 条　时间显示设备显示发光强度应符合设计要求，显示应清晰；自走时累积误差应符合设计和技术标准的规定。

检验数量：全部检查。

检验方法：观察、试验检查。

第 15.3.3 条　时钟系统的绝对跟踪准确度、相对守时准确度、NTP 方式下的时钟设备的同步同期、NTP 接口处理能力应符合设计要求。

检验数量：全部检查。

检验方法：观察检查。

7.3.7.68　轨道验·机-388　时钟系统功能检验检验批质量验收记录

一、适用范围

本表适用于时钟系统功能检验检验批质量验收记录。

二、表内填写提示

时钟系统功能检验应符合现行国家标准《城市轨道交通通信工程质量验收规范》GB 50382—2016 的相关规定：

Ⅰ　主控项目

第 15.4.1 条　当卫星接收设备处于跟踪状态时，应能对本地设备时间进行校准。

检验数量：全部检查。

检验方法：试验检验。

第 15.4.2 条　时间显示设备功能应符合下列规定：

1. 当上级母钟发生故障时，下级母钟或时间显示设备应能独立运行。

2. 母钟及子钟应能自动校时。

3. 显示内容格式应符合设计要求。

4. 应具有故障告警功能，并能将故障告警信号送至接入的母钟及网管系统。

5. 显示设备的防护等级应符合设计要求。

检验数量：全部检查。

检验方法：试验检验。

第 15.4.3 条　时钟系统的告警功能、通过人工或自动进行多时间源输入处理功能、自动选择可用时间源功能、时延补偿功能和 NTP 方式下的授时功能应正常。

检验数量：全部检查。

检验方法：试验检验。

第 15.4.4 条　卫星接收设备、母钟、子钟和电源等冗余热备份功能应符合设计要求。

检验数量：全部检查。

检验方法：试验检验。

7.3.7.69　轨道验·机-389　时钟系统网管检验检验批质量验收记录

一、适用范围

本表适用于时钟系统网管检验检验批质量验收记录。

二、表内填写提示

时钟系统网管检验应符合现行国家标准《城市轨道交通通信工程质量验收规范》GB 50382—2016 的相关规定：

Ⅰ　主控项目

第 15.5.1 条　时钟系统网管的告警监测、告警自动上报、告警解除、告警查询等告警管理功能应符合设计要求。

检验数量：全部检查。

检验方法：通过网管进行试验检验。

第 15.5.2 条　时钟系统网管的性能管理功能应符合下列规定：

1. 应能监测时间同步设备的性能参数。

2. 应能以曲线或表格形式显示结果，并能显示母钟及标准时间信号接收单元的运行状态，循环检测下级母钟运行状态，以及本级母钟所控的显示设备的运行状态。

检验数量：全部检查。

检验方法：通过网管进行试验检验。

第 15.5.3 条　时间与同步系统网管的配置管理功能应符合下列规定：

1. 应能对系统和设备运行参数进行配置和修改。

2. 应能对时间同步设备进行增加/删除网元、修改网元的属性配置数据、设置输入信号的各种门限、定时查看通信链路状况、时延补偿参数和设备校时参数、系统的时间同步管理等操作。

检验数量：全部检查。

检验方法：通过网管进行试验检验。

第 15.5.4 条　时间与同步系统网管的数据统计分析功能应符合设计要求。

检验数量：全部检查。

检验方法：通过网管进行试验检验。

第 15.5.5 条　时间与同步系统网管的安全管理功能应符合设计要求。

检验数量：全部检查。

检验方法：通过网管进行试验检验。

7.3.7.70　轨道验·机-390　数据网络设备安装检验批质量验收记录

一、适用范围

本表适用于数据网络设备安装检验批质量验收记录。

二、表内填写提示

数据网络设备安装应符合现行国家标准《城市轨道交通通信工程质量验收规范》GB 50382—2016的相关规定：

Ⅰ　主控项目

第6.2.1条　设备进场验收应符合下列规定：

1. 数量、型号、规格和质量应符合设计要求。

2. 图纸和说明书等技术资料，合格证和质量检验报告等质量证明文件应齐全。

3. 机柜（架）、设备及附件应无变形、表面应无损伤，镀层、漆饰应完整无脱落，铭牌、标识应完整清晰。

4. 机柜（架）、设备内的部件应完好，连接应元松动；应无受潮、发霉和锈蚀。

检验数量：全部检查。

检验方法：对照设计文件和订货合同，检查实物和质量证明文件。

第6.2.2条　机柜（架）安装应符合下列规定：

1. 机柜（架）的安装位置及安装方式应符合设计要求。

2. 机柜（架）底座应对地加固。

3. 机柜（架）安装应稳定牢固。

检验数量：全部检查。

检验方法：观察检查。

第6.2.3条　壁挂式设备安装位置和方式应符合设计要求，并应安装牢固可靠。

检验数量：全部检查。

检验方法：观察检查。

第6.2.4条　子架或机盘安装应符合下列规定：

1. 子架或机盘安装位置应符合设备技术文件或设计要求。

2. 子架或机盘应整齐一致，接触应良好。

检验数量：全部检查。

检验方法：观察检查。

第6.2.5条　金属机柜（架）、基础性钢应保持电气连接，并应可靠接地。

检验数量：全部检查。

检验方法：用万用表检查。

Ⅱ　一般项目

第6.2.6条　设备应排列整齐、漆饰完好，铭牌和标记应清楚准确。

检验数量：全部检查。

检验方法：观察检查。

第6.2.7条　机柜（架）应垂直，倾斜度偏差应小于机柜（架）高度的1‰；相邻机柜（架）间隙不应大于3mm；相邻机柜（架）正立面平齐。

检验数量：全部检查。

检验方法：观察、尺量检查。

第6.2.8条　各类工作台布局应符合设计要求。

检验数量：全部检查。

检验方法：观察检查。

7.3.7.71 轨道验·机-391 数据网络设备配线检验批质量验收记录

一、适用范围

本表适用于数据网络设备配线检验批质量验收记录。

二、表内填写提示

数据网络设备配线应符合现行国家标准《城市轨道交通通信工程质量验收规范》GB 50382—2016的相关规定：

Ⅰ 主控项目

第6.3.1条 设备配线光电缆及配套器材进场验收应符合下列规定：

1. 数量、型号、规格和质量应符合设计和订货合同的要求。

2. 合格证、质量检验报告等质量证明文件应齐全。

3. 缆线外皮应无破损、挤压变形，缆线应无受潮、扭曲和背扣。

检验数量：全部检查。

检验方法：对照设计文件和订货合同，检查实物和质量证明文件。

第6.3.2条 配线电缆、光跳线的芯线应无错线或断线、换线，中间不得有接头。

检验数量：全部检查。

检验方法：用万用表、对号器等检查断线、混线。

第6.3.3条 光缆尾纤应按标定的纤序连接设备。光跳线应单独布放，并采用垫衬固定，不得挤压和扭曲。

检验数量：全部检查。

检验方法：对照设计文件检查光缆尾纤纤序，并观察检查。

第6.3.4条 设备电源配线中间不得有接头，电源端子接线应准确，配线两端的标志应齐全。

检验数量：全部检查。

检验方法：观察检查。

第6.3.5条 接插件、连接器的组装应符合相应的工艺要求。应配件齐全、线位正确、装配可靠、连接牢固。

检验数量：全部检查。

检验方法：观察检查、测试检验。

第6.3.6条 机柜（架）应可靠接地。

检验数量：全部检查。

检验方法：用万用表检查。

第6.3.7条 配线电缆的屏蔽护套应可靠接地。

检验数量：全部检查。

检验方法：用万用表检查。

Ⅱ 一般项目

第6.3.8条 各种缆线在防静电地板下、走线架或槽道内、机柜（架）内应均匀绑扎固定、松紧适度，其他软光纤应加套管或线槽保护。

检验数量：全部检查。

检验方法：观察检查。

第6.3.9条 缆线两端的标签，其型号、序号、长度及起止设备名称等标识信息应准确。

检验数量：全部检查。

检验方法：观察检查。

第 6.3.10 条　当缆线接入设备或配线架时，应留有余长。

检验数量：全部检查。

检验方法：观察检查。

第 6.3.11 条　当设备配线采用焊接时，焊接后芯线绝缘层应无烫伤、开裂及后缩现象，绝缘层离开端子边缘不应大于 1mm。

检验数量：全部检查。

检验方法：观察检查，并用对号器检查端子。

第 6.3.12 条　当设备配线采用卡接时，电缆芯线的卡接端子应接触牢固。

检验数量：全部检查。

检验方法：观察检查，并用对号器检查卡接端子。

第 6.3.13 条　配线电缆和电源线应分开布放，间距不应小于 50mm。交流配线和直流配线应分开绑扎。

检验数量：全部检查。

检验方法：观察检查。

7.3.7.72　轨道验・机-392　数据网络性能检测检验批质量验收记录

一、适用范围

本表适用于数据网络性能检测检验批质量验收记录。

二、表内填写提示

数据网络性能检测应符合现行国家标准《城市轨道交通通信工程质量验收规范》GB 50382—2016 的相关规定：

Ⅰ　主控项目

第 16.2.1 条　以太网交换机的吞吐量、丢包率、吞吐量下的转发时延指标应符合设计要求。

检验数量：全部检查。

检验方法：用数据网络测试仪测试检验。

第 16.2.2 条　路由器的吞吐量、丢包率、吞吐量下的包转发时延应符合设计要求。

检验数量：全部检查。

检验方法：用数据网络测试仪测试检验。

第 16.2.3 条　防火墙的时延、吞吐量、丢包率和并发连接数应符合设计要求。

检验数量：全部检查。

检验方法：用数据网络测试仪测试检验。

第 16.2.4 条　数据网业务端到端吞吐量、时延、丢包率指标应符合设计要求。

检验数量：全部检查。

检验方法：用数据网络测试仪测试检验。

7.3.7.73　轨道验・机-393　数据网络功能检验检验批质量验收记录

一、适用范围

本表适用于数据网络功能检验检验批质量验收记录。

二、表内填写提示

数据网络功能检验应符合现行国家标准《城市轨道交通通信工程质量验收规范》GB 50382—2016 的相关规定：

Ⅰ　主控项目

第 16.3.1 条　以太网交换机的流量控制功能、MAC 地址学习功能、MAC 地址学习时间老化功能、组播功能、地址过滤功能、VLAN 功能和 ACL 访问控制列表功能应符合设计要求，交换机所支持的 VLAN 数量不应小于交换机端口数量。

检验数量：全部检查。

检验方法：试验检验。

第 16.3.2 条　以太网交换机的电源、系统处理器热备份功能应符合设计要求；设备接口卡应具有热插拔功能；当现场软件版本更新时，设备应能正常工作。

检验数量：全部检查。

检验方法：试验检验。

第 16.3.3 条　路由器的 QOS 策略、ACL 访问控制列表功能应符合设计要求；以最小的发送间隔发送数据流量时，背对背的缓存能力应能保证数据转发无丢包。

检验数量：全部检查。

检验方法：试验检验。

第 16.3.4 条　路由器的电源、系统处理器热备份功能，应符合设计要求；设备接口卡应具有热插拔功能；当现场软件版本更新时，设备应能正常工作。

检验数量：全部检查。

检验方法：试验检验。

第 16.3.5 条　防火墙的冗余配置、负载均衡功能、包过滤功能、信息内容过滤、防范扫描窥探功能、支持 VPN/基于代理技术的安全认证、网络地址转化（NAT）、流量检测抗攻击和系统管理功能应符合设计要求。

检验数量：全部检查。

检验方法：试验检验。

7.3.7.74　轨道验·机-394　数据网络网管检验检验批质量验收记录

一、适用范围

本表适用于数据网络网管检验检验批质量验收记录。

二、表内填写提示

数据网络网管检验应符合现行国家标准《城市轨道交通通信工程质量验收规范》GB 50382—2016 的相关规定：

Ⅰ　主控项目

第 16.4.1 条　数据网网管的配置管理、拓扑管理、故障管理、性能管理、路由管理、QOS 管理、信息发布、报表统计、VPN 管理、流量采集分析功能、安全管理功能应符合设计要求。

检验数量：全部检查。

检验方法：通过网管进行试验检验。

7.3.7.75　轨道验·机-395　集中告警设备安装检验批质量验收记录

一、适用范围

本表适用于集中告警设备安装检验批质量验收记录。

二、表内填写提示

集中告警设备安装应符合现行国家标准《城市轨道交通通信工程质量验收规范》GB 50382—2016 的相关规定：

Ⅰ　主控项目

第 6.2.1 条　设备进场验收应符合下列规定：

1. 数量、型号、规格和质量应符合设计要求。

2. 图纸和说明书等技术资料，合格证和质量检验报告等质量证明文件应齐全。

3. 机柜（架）、设备及附件应无变形、表面应无损伤，镀层、漆饰应完整无脱落，铭牌、标识应完整清晰。

4. 机柜（架）、设备内的部件应完好，连接应元松动；应无受潮、发霉和锈蚀。

检验数量：全部检查。
检验方法：对照设计文件和订货合同，检查实物和质量证明文件。
第6.2.2条　机柜（架）安装应符合下列规定：
1. 机柜（架）的安装位置及安装方式应符合设计要求。
2. 机柜（架）底座应对地加固。
3. 机柜（架）安装应稳定牢固。
检验数量：全部检查。
检验方法：观察检查。
第6.2.3条　壁挂式设备安装位置和方式应符合设计要求，并应安装牢固可靠。
检验数量：全部检查。
检验方法：观察检查。
第6.2.4条　子架或机盘安装应符合下列规定：
1. 子架或机盘安装位置应符合设备技术文件或设计要求。
2. 子架或机盘应整齐一致，接触应良好。
检验数量：全部检查。
检验方法：观察检查。
第6.2.5条　金属机柜（架）、基础性钢应保持电气连接，并应可靠接地。
检验数量：全部检查。
检验方法：用万用表检查。
Ⅱ　一般项目
第6.2.6条　设备应排列整齐、漆饰完好，铭牌和标记应清楚准确。
检验数量：全部检查。
检验方法：观察检查。
第6.2.7条　机柜（架）应垂直，倾斜度偏差应小于机柜（架）高度的1‰；相邻机柜（架）间隙不应大于3mm；相邻机柜（架）正立面平齐。
检验数量：全部检查。
检验方法：观察、尺量检查。
第6.2.8条　各类工作台布局应符合设计要求。
检验数量：全部检查。
检验方法：观察检查。

7.3.7.76　轨道验·机-396　集中告警设备配线检验批质量验收记录

一、适用范围
本表适用于集中告警设备配线检验批质量验收记录。
二、表内填写提示
集中告警设备配线应符合现行国家标准《城市轨道交通通信工程质量验收规范》GB 50382—2016的相关规定：
Ⅰ　主控项目
第6.3.1条　设备配线光电缆及配套器材进场验收应符合下列规定：
1. 数量、型号、规格和质量应符合设计和订货合同的要求。
2. 合格证、质量检验报告等质量证明文件应齐全。
3. 缆线外皮应无破损、挤压变形，缆线应无受潮、扭曲和背扣。
检验数量：全部检查。
检验方法：对照设计文件和订货合同，检查实物和质量证明文件。

第 6.3.2 条　配线电缆、光跳线的芯线应无错线或断线、换线，中间不得有接头。

检验数量：全部检查。

检验方法：用万用表、对号器等检查断线、混线。

第 6.3.3 条　光缆尾纤应按标定的纤序连接设备。光跳线应单独布放，并采用垫衬固定，不得挤压和扭曲。

检验数量：全部检查。

检验方法：对照设计文件检查光缆尾纤纤序，并观察检查。

第 6.3.4 条　设备电源配线中间不得有接头，电源端子接线应准确，配线两端的标志应齐全。

检验数量：全部检查。

检验方法：观察检查。

第 6.3.5 条　接插件、连接器的组装应符合相应的工艺要求。应配件齐全、线位正确、装配可靠、连接牢固。

检验数量：全部检查。

检验方法：观察检查、测试检验。

第 6.3.6 条　机柜（架）应可靠接地。

检验数量：全部检查。

检验方法：用万用表检查。

第 6.3.7 条　配线电缆的屏蔽护套应可靠接地。

检验数量：全部检查。

检验方法：用万用表检查。

Ⅱ　一般项目

第 6.3.8 条　各种缆线在防静电地板下、走线架或槽道内、机柜（架）内应均匀绑扎固定、松紧适度，其他软光纤应加套管或线槽保护。

检验数量：全部检查。

检验方法：观察检查。

第 6.3.9 条　缆线两端的标签，其型号、序号、长度及起止设备名称等标识信息应准确。

检验数量：全部检查。

检验方法：观察检查。

第 6.3.10 条　当缆线接入设备或配线架时，应留有余长。

检验数量：全部检查。

检验方法：观察检查。

第 6.3.11 条　当设备配线采用焊接时，焊接后芯线绝缘层应无烫伤、开裂及后缩现象，绝缘层离开端子边缘不应大于 1mm。

检验数量：全部检查。

检验方法：观察检查，并用对号器检查端子。

第 6.3.12 条　当设备配线采用卡接时，电缆芯线的卡接端子应接触牢固。

检验数量：全部检查。

检验方法：观察检查，并用对号器检查卡接端子。

第 6.3.13 条　配线电缆和电源线应分开布放，间距不应小于 50mm。交流配线和直流配线应分开绑扎。

检验数量：全部检查。

检验方法：观察检查。

7.3.7.77 轨道验·机-397 集中告警系统性能检测检验批质量验收记录

一、适用范围

本表适用于集中告警系统性能检测检验批质量验收记录。

二、表内填写提示

集中告警系统性能检测应符合现行国家标准《城市轨道交通通信工程质量验收规范》GB 50382—2016的相关规定：

Ⅰ 主控项目

第17.2.1条 通信集中告警系统下列响应性能应符合设计要求：

1. 告警响应时间。

2. 操作响应时间。

1）简单操作及普通数据查询操作界面响应时间；

2）大数据量报表数据查询操作界面响应时间。

检验数量：全部检查。

检验方法：测试检验。

第17.2.2条 通信集中告警系统对采集后数据的处理准确性应符合设计要求。

检验数量：全部检查。

检验方法：测试检验。

第17.2.3条 通信集中告警系统存储能力和存储时间应符合设计要求。

检验数量：全部检查。

检验方法：测试检验。

第17.2.4条 通信集中告警系统的数据检索响应时延应符合设计要求。

检验数量：全部检查。

检验方法：测试检验。

7.3.7.78 轨道验·机-398 集中告警系统功能检验检验批质量验收记录

一、适用范围

本表适用于集中告警系统功能检验检验批质量验收记录。

二、表内填写提示

集中告警系统功能检验应符合现行国家标准《城市轨道交通通信工程质量验收规范》GB 50382—2016的相关规定：

Ⅰ 主控项目

第17.3.1条 通信集中告警系统采集内容和范围应符合设计要求。

检验数量：全部检查。

检验方法：试验检验。

第17.3.2条 通信集中告警系统的显示、告警、存储、检索功能应符合设计要求。

检验数量：全部检查。

检验方法：试验检验。

第17.3.3条 通信集中告警系统应与时钟系统时间同步，并对采集到的告警信息统一加注时间。

检验数量：全部检查。

检验方法：试验检验。

第17.3.4条 通信集中告警系统的系统设备冗余、系统设备掉电重启恢复、系统网络通道冗余、软件系统备份恢复等可靠性功能应符合设计要求。

检验数量：全部检查。

检验方法：试验检验。

7.3.7.79　轨道验·机-399　集中告警系统网管检验检验批质量验收记录

一、适用范围

本表适用于集中告警系统网管检验检验批质量验收记录。

二、表内填写提示

集中告警系统网管检验应符合现行国家标准《城市轨道交通通信工程质量验收规范》GB 50382—2016 的相关规定：

Ⅰ　主控项目

17.4.1 条　通信集中告警系统网管的拓扑管理、告警管理、数据管理、和安全管理功能应符合设计要求。

检验数量：全部检查。

检验方法：通过网管进行试验检验。

7.3.7.80　轨道验·机-400　民用通信引入—线路安装检验批质量验收记录

一、适用范围

本表适用于民用通信引入—线路安装检验批质量验收记录。

二、表内填写提示

民用通信引入—线路安装应符合现行国家标准《城市轨道交通通信工程质量验收规范》GB 50382—2016 的相关规定：

Ⅰ　主控项目

第 18.2.1 条　民用通信引入采用的光缆、电缆、漏缆等成品线缆的低烟、无卤阻燃、防腐防鼠等特性，应符合现行国家标准《地铁设计规范》GB 50157 要求，并应由具有相应资质的检测单位出具检测报告。

检验数量：全部检查。

检验方法：对照设计文件、订货合同检查实物及检测报告。

第 18.2.2 条　支架、托架、吊架、夹具等其他材料、构配件，其材质、物理机械性能应符合设计要求。

检验数量：全部检查。

检验方法：对照设计文件、订货合同检查实物及检测报告。

第 18.2.3 条　民用通信引入预埋管线、预留孔洞的使用应符合设计要求。

检验数量：全部检查。

检验方法：对照设计文件观察检查。

第 18.2.4 条　民用通信引入出入机房的沟、槽、管、孔，应进行防火防鼠封堵。

检验数量：全部检查。

检验方法：观察检查。

第 18.2.5 条　民用通信引入线路光缆、电缆、漏缆敷设位置应符合设计要求，并固定牢固。区间光缆、电缆、漏缆的敷设，不得侵入设备界限。

检验数量：全部检查。

检验方法：观察、尺量检查。

第 18.2.6 条　民用通信引入缆线在经过人防门时应符合设计及人防专业的要求。

检验数量：全部检查。

检验方法：观察检查。

第 18.2.7 条　民用通信引入区间设备的安装应符合设计要求，并固定牢靠，不得侵入设备界限。

检验数量：全部检查。

检验方法：观察、尺量检查。

7.3.7.81 轨道验·机-401 民用通信引入-系统性能及功能验收检验批质量验收记录

一、适用范围

本表适用于民用通信引入-系统性能及功能验收检验批质量验收记录。

二、表内填写提示

民用通信引入-系统性能及功能验收应符合现行国家标准《城市轨道交通通信工程质量验收规范》GB 50382—2016 的相关规定：

Ⅰ 主控项目

第 18.3.1 条 民用通信引入的系统性能和功能应符合设计要求。

检验数量：全部检查。

检验方法：测试、试验检验。

第 18.3.2 条 民用通信的引入不得影响城市轨道交通通信系统的正常使用，其杂散发射指标应符合现行行业标准《无线电设备杂散发射技术要求和测量方法》YD/T 1483 的要求。

检验数量：全部检查。

检验方法：测试、试验检验。

7.3.8 信号系统

7.3.8.1 轨道验·机-402 支架、线槽安装检验批质量验收记录

一、适用范围

本表适用于支架、线槽安装检验批的质量检查验收。

二、表内填写提示

支架、线槽安装应符合现行国家标准《城市轨道交通信号工程施工质量验收标准》GB/T 50578—2018 的相关规定：

Ⅰ 主控项目

第 4.2.1 条 光电缆的支架、线槽进场时应进行检查，其型号、规格、质量应符合设计要求及相关产品标准的规定。

检查数量：全部检查。

检查方法：对照设计文件检查产品相关质量证明文件，并观察检查外观。

第 4.2.2 条 支架的安装位置、安装高度及安装间距应符合设计要求。

检查数量：全部检查。

检查方法：对照设计文件观察、尺量检查。

第 4.2.3 条 支架不应安装在具有较大振动、热源、腐蚀性滴液及排水沟道的位置，也不应安装在具有高温、高压、腐蚀性及易燃易爆等介质的工艺设备、管道及能移动的构筑物上。

检查数量：全部检查。

检查方法：观察检查。

第 4.2.4 条 支架应安装牢固；支架之间应按设计要求电气连接，并应在站端与综合接地体连接；当区间有接地极时，支架应与区间接地极连接；接地连接处应进行防腐处理。

检查数量：全部检查。

检查方法：观察检查。

第 4.2.5 条 金属线槽采用焊方式连接时应焊接牢固，内层应平整，不应有明显的变形，焊接处应做防腐处理。采用螺栓固定方式连接时螺栓应紧固。

检查数量：全部检查。

检查方法：观察、尺量检查。

第 4.2.6 条 金属线槽应接地，接缝处应有连接线或跨接线。

检查数量：全部检查。

检查方法：观察、尺量检查。

Ⅱ　一般项目

第 4.2.7 条　支架在带有坡度的隧道内安装时，支架应与隧道内的坡度相平行；支架在有弧度的隧道壁安装时支架应与隧道壁的弧度吻合密贴。检查数量：全部检查。

检查方法：观察检查。

第 4.2.8 条　支架在安装前应经热镀锌等防腐处理。安装用螺栓应垂直于安装切面，胀管应全部在切面下，当采用预埋槽时，应采用 T 形螺栓连接牢固。

检查数量：全部检查。

检查方法：观察检查。

第 4.2.9 条　支架安装应横平竖直、整齐美观。在同一直线段上的支架安装应间距均匀，同层托臂应在同一水平面上。

检查数量：全部检查。

检查方法：观察检查。

检查数量：全部检查。

检查方法：观察检查。

第 4.2.10 条　线槽安装应横平竖直，并应排列整齐。垂直排列的线槽拐弯时，其弯弧度应一致。线槽与支架连接处应垂直，连接应牢固；槽与槽之间、槽与设备盘箱间、槽与盖之间、盖与盖之间的连接处，应对合严密。

检查数量：全部检查。

检查方法：观察检查。

第 4.2.11 条　采用混凝土线槽时，槽内应光洁，并应无水泥掉块、缺损或钢筋外露现象；采用金属线槽时，应经热镀锌等防腐处理。切口处应光滑、无卷边、无毛刺。埋设安装的金属线槽接口处应进行防水处理。

检查数量：全部检查。

检查方法：观察检查。

7.3.8.2　轨道验·机-403　光电缆敷设检验批质量验收记录

一、适用范围

本表适用于光电缆敷设检验批的质量检查验收。

二、表内填写提示

光电）缆敷设应符合现行国家标准《城市轨道交通信号工程施工质量验收标准》GB/T 50578—2018 的相关规定：

Ⅰ　主控项目

第 4.3.1 条　光电缆进场时应进行检查，其型号、规格、质量应符合设计要求及相关产品标准的规定。

检查数量：全部检查。

检验方法：对照设计文件检查产品相关质量证明文件，并观察检查外观。

第 4.3.2 条　光电缆敷设前应进行单盘测试，测试指标应符合产品技术条件及设计要求。

检查数量：全部检查。

检验方法：施工单位用万用表、直流电桥、兆欧表等测试电缆；用光时域反射仪测试光缆。监理单位见证试验。

第 4.3.3 条　光电缆敷设径路、位置应符合设计要求。经过人防门、防淹门时应满足防灾设计的要求。

检查数量：全部检查。

检验方法：对照施工设计图检查。

第 4.3.4 条　当光电缆直埋时应符合下列要求：

1. 两设备间的径路应选择最短或通过障碍物及跨股道最少。

2. 不得在岔道尖端、辙岔心及钢轨接头处穿越股道。

3. 土质地带埋设深度不得小于 700mm，石质地埋设带深度不得小于 500mm，并均应在冻土层以下。

4. 电缆沟底应平坦、无石块和杂物，沟内电（光）缆应自然松弛排列整齐、不交叉。

5. 当特殊地段需采用电缆槽防护时，槽顶距地面不得小于 200mm。

检查数量：全部检查。

检验方法：施工单位检查随工检查记录，监理单位旁站监理。

第 4.3.5 条　光电缆敷设的弯曲半径应符合下列规定：

1. 全塑电缆不得小于电缆外径的 10 倍。

2. 铠装电缆不得小于电缆外径的 15 倍。

3. 电缆敷设时的弯曲半径不得小于光缆外径的 15 倍。

检查数量：全部检查。

检验方法：检查随工检查记录。

第 4.3.6 条　光电缆敷设后外护层不得有破损、变形或扭伤，接头处应密封良好。

检查数量：全部检查。

检验方法：观察检查。

Ⅱ　一般项目

第 4.3.7 条　（光电）缆在电缆支架上应分层敷设，并排列整齐、自然松弛，同层架设时不应扭绞、交叉。

检查数量：全部检查。

检验方法：观察检查。

第 4.3.8 条　光电缆在线槽内敷设时应排列整齐，不应扭绞、交叉及溢出线槽。

检查数量：全部检查。

检验方法：观察检查。

第 4.3.9 条　电（光）缆敷设余留量应符合下列要求：

1. 引致室内的（光电）缆余留量不应小于 5cm。

2. 室外设备端（光电）缆余留量应不小于 2cm；当光电缆敷设长度小于 20m 时，余留量不应小于 1m。

3. 当光电缆过桥，在桥两端的余留量不得小于 2m。

4. 当（光电）缆接续时，接续点两端的余量不应小于 2m。

5. 当光电缆经过人防门、防淹门时，应按设计要求余留。

6. 光电缆经过建筑伸缩缝的余量长度不应小于其最大伸缩量。

检查数量：全部检查。

检验方法：观察、尺量检查。

第 4.3.10 条　干线光电缆径路的下列地点应设置径路标志：

1. 光电缆的转向处或分支处。

2. 大于 500m 的直线中间点。

3. 通过人防通道等障碍物处需标明径路的部位。

4. 光电缆地下接续处。

检查数量：全部检查。

检验方法：观察检查。

7.3.8.3 轨道验·机-404 光电缆防护检验批质量验收记录

一、适用范围

本表适用于光电缆防护检验批的质量检查验收。

二、表内填写提示

光电缆防护应符合现行国家标准《城市轨道交通信号工程施工质量验收标准》GB/T 50578—2018的相关规定：

Ⅰ 主控项目

第4.4.1条 光电缆防护用管、槽等器材进场时应进行检查，其型号、规格、质量应符合设计要求。

检查数量：全部检查。

检验方法：对照设计文件检查产品相关质量证明文件，并观察检查外观。

第4.4.2条 光电缆防护设施的设置地点、设置方式、设置数量应符合设计要求。

检查数量：全部检查。

检验方法：观察检查。

第4.4.3条 当使用金属管（槽）作防护时，应经热镀锌等防腐处理。防护用管（槽）的两端应采取相应的保护措施；光电缆引入室内时应用防火材料封堵。

检查数量：全部检查。

检验方法：观察检查。

第4.4.4条 光电缆穿越轨道、排水沟时，应使用管槽防护，并应符合下列要求：

1. 通过碎石道床过轨时，防护管两端各伸出轨枕端不应小于500mm，并埋于地面200mm以下，管口应封堵。

2. 在整体道床处过轨时，防护管两端应各超出枕端，并用管卡直接固定在地面上；防护管槽与钢轨应采取绝缘措施。

3. 穿越排水沟时，应采用金属管槽防护，防护管槽长度应大于排水沟宽度，并在排水沟两端用管卡直接固定在地面上。

4. 防护管槽内径不得小于光电缆外径的1.5倍。

检查数量：全部检查。

检验方法：检查随工检验记录。

第4.4.5条 光电缆在地下接续时，地下接头装置应用线槽进行防护，防护长度不应小于1m。

检查数量：全部检查。

检验方法：观察、尺量检查。

Ⅱ 一般项目

第4.4.6条 光电缆在室外与其他管线、建筑物交叉或平行敷设时的防护，应符合设计要求；当设计未要求时，防护应符合现行国家标准《地铁设计规范》GB 50157的规定。

检查数量：全部检查。

检验方法：观察、尺量检查。

第4.4.7条 当敷设在地上区间的光电缆不具备阳光辐射能力时，应该采取防紫外线防护措施。

检查数量：全部检查。

检验方法：观察检查。

7.3.8.4 轨道验·机-405 光电缆接续检验批质量验收记录

一、适用范围

本表适用于（光电）缆接续检验批的质量检查验收。

二、表内填写提示

（光电）缆接续应符合现行国家标准《城市轨道交通信号工程施工质量验收标准》GB/T 50578—2018的相关规定：

Ⅰ　主控项目

第4.5.1条　光电缆接续材料进场应进行检查，其型号、规格、质量应符合设计要求及相关产品标准的规定。

检查数量：全部检查。

检验方法：对照设计文件检查产品相关质量证明文件，并观察检查外观。

第4.5.2条　综合扭绞信号电缆接续应A端与B端相接，相同的芯组内颜色相同的芯线应一一对应相接。

检查数量：全部检查。

检验方法：观察检查，监理单位旁站监理。

第4.5.3条　电缆接续应符合下列要求：

1. 电缆接续应符合相应的工艺技术要求。

2. 电缆的地下接头应水平放置，接头两端各300mm内不得弯曲。

3. 屏蔽连接线及电缆芯线焊接时，不得使用腐蚀性焊剂，焊接应牢固。

检查数量：全部检查。

检验方法：观察检查。旁站。

第4.5.4条　电缆在穿越铁路、公路及道口时，及距钢轨、公路和道口的边缘2m内的地方不得进行地下接续；在距热力、煤气、燃料管道小于2m范围内不应进行地下接续。

检查数量：全部检查。

检验方法：检查随工检验记录。

第4.5.5条　光缆接续、引入成端的检验项目及质量要求、检验数量、检验方法、按现行国家标准《城市轨道交通信号工程质量验收规范》GB 50328的有关规定执行。

Ⅱ　一般项目

第4.5.6条　相同芯线的电缆接续时，备用芯线连通。

检查数量：全部检查。

检验方法：测试检查。

第4.5.7条　接头装置宜按设计要求进行编号。

检查数量：全部检查。

检验方法：观察检查。

7.3.8.5　轨道验·机-406　箱、盒安装检验批质量验收记录

一、适用范围

本表适用于箱、盒安装检验批的质量检查验收。

二、表内填写提示

箱、盒安装应符合现行国家标准《城市轨道交通信号工程施工质量验收标准》GB/T 50578—2018的相关规定：

Ⅰ　主控项目

第4.6.1条　箱、盒进场后应进行检查，其型号、规格、质量应符合设计要求及相关产品标准的规定。

检查数量：全部检查。

检验方法：对照设计文件检查产品相关质量证明文件，并观察检查外观。

第 4.6.2 条　箱、盒的安装位置、安装高度及距线路中心的距离应符合设计要求。

检查数量：全部检查。

检验方法：观察、尺量检查。

第 4.6.3 条　电缆引入箱、盒应做成端，并符合下列要求：

1. 电缆外护套和引入孔应做密封处理。

2. 电缆的钢带、铝护套应连通。

3. 金属芯线根部不得有损伤；对外露金属芯线、端子和根部以下的护层应做绝缘保护。

4. 电缆成端后应保持电缆芯组的自然排列，应避免芯线混乱。

5. 电缆引入成端后应灌注绝缘胶固定，胶面应高于金属屏蔽层。

检查数量：全部检查。

检验方法：观察、测试检查。

第 4.6.4 条　箱、盒内电缆配线应符合下列要求：

1. 引入箱盒内的电缆应在端子上与其他电缆或设备软电线进行连接，每根芯线应留有能做 2 次～3 次线环的余量；备用芯线的长度应保证与最远程端子进行配线连接。

2. 采用端子上线时，芯线线环应按顺时针绕制，线环间及线环与螺母间应垫垫圈。

3. 采用插接型端子配线时一孔一线，并应连接牢固。

检查数量：全部检查。

检验方法：观察检查。

Ⅱ　一般项目

第 4.6.5 条　箱、盒安装在混凝土基础上时，混凝土基础强度及埋设深度应达到设计要求。基础固定螺栓外露部分应有防锈措施，基础表面应平整光洁并无明显缺边掉角现象。

检查数量：全部检查。

检验方法：观察检查。

第 4.6.6 条　箱、盒采用支架安装方式。金属基础支架应经热镀锌等防腐处理。

检查数量：全部检查。

检验方法：观察检查。

第 4.6.7 条　箱、盒内端子编号应符合下列要求：

1. 终端电缆盒端子编号应从基础开始，并依顺时针方向依次编号。

2. 分向电缆盒端子编号，应面对车控室，并按顺时针方向依次编号；采用压接端子连接方式时，其端子编号应符合设计要求。

3. 变压器箱端子编号，靠箱边侧应为奇数，靠设备侧应为偶数，站在面向箱子引线孔侧端子应自右向左依次编号。

4. 所有箱、盒配线起始端子应有醒目标注。

检查数量：全部检查。

检验方法：对照核对，观察检查。

第 4.6.8 条　箱、盒内的设备部件应排列整齐，并应固定牢固。备用引接孔应封堵严密。

检查数量：全部检查。

检验方法：观察检查。

第 4.6.9 条　箱盒应端正、牢固，箱（盒）体应无损伤裂纹和锈蚀，箱（盒）盖密封应良好螺栓应紧固无松动。

检查数量：全部检查。

检验方法：观察检查。

7.3.8.6　轨道验·机-407　高柱信号机安装检验批质量验收记录

一、适用范围

本表适用于高柱信号机安装检验批的质量检查验收。

二、表内填写提示

高柱信号机安装应符合现行国家标准《城市轨道交通信号工程施工质量验收标准》GB/T 50578—2018 的相关规定：

Ⅰ　主控项目

第 5.2.1 条　高柱信号机及其附属设施进场时应进行检查，其型号、规格、质量应符合设计要求及相关产品标准的规定。

检查数量：全部检查。

检验方法：对照设计文件检查产品相关质量证明文件，并观察检查外观。

第 5.2.2 条　高柱型信号机的安装位置、安装高度及灯光配列应符合设计规定。

检查数量：全部检查。

检验方法：观察、尺量检查。

第 5.2.3 条　高柱信号机应采用环形预应力混凝土机柱，机柱质量应满足下列规定：

1. 横向裂缝宽度应小于 0.2mm，长度应小于周长的 1/2；裂缝条数不应超过 5 条，且间距应在 200mm 以上。

2. 纵向裂缝不应超过 1 条，裂缝宽度应在 0.2 mm 以内，长度应小于 1000mm，混凝土面应无剥落现象。

3. 机柱的弯曲度不应大于机柱长度的 1/200。

检查数量：全部检查。

检验方法：观察、测试检查。

第 5.2.4 条　高柱信号机安装应符合下列要求：

1. 机柱埋设深度应符合设计规定。

2. 机柱应垂直于地面安装，在距离钢轨顶面 4500mm 高处，其倾斜量不应大于 36mm。

3. 高柱信号机梯子及机构应安全接地，接地方式应满足设计要求。

检查数量：全部检查。

检验方法：观察、尺量检查。

第 5.2.5 条　高柱信号机光源应符合下列要求：

1. 显示距离应满足设计要求；

2. 当采用灯泡为光源时，应使用有主、副灯丝的专用灯泡。

3. 当采用 LED 为光源时，其电气特性应满足设计要求。

检查数量：全部检查。

检验方法：观察、测试检查。

第 5.2.6 条　高柱信号机配线应符合下列要求：

1. 信号机配线型号及规格应符合设计要求。

2. 配线不得有中间接头，并应无破损、老化现象。

3. 在箱盒、机构内部配线应绑扎整齐。

4. 配线在引入管进出口处应进行防护处理。

检查数量：全部检查。

检验方法：观察检查。

Ⅱ　一般项目

第 5.2.7 条　高柱信号机安装应符合下列要求：

1. 同一机柱上同方向安装的信号机构各灯位中心应在一条直线上（不包括引导信号机构、柱下部调车信号机构和进路表示器），固定托架安装应水平、牢固。

2. 机柱顶端及电线引入管人口封堵应严密。

3. 信号机梯子中心与机柱中心应一致，梯子支架应水平，梯子应平直，并应连接牢固。

检查数量：全部检查。

检验方法：观察、尺量检查。

第 5.2.8 条　高柱信号机灯室结构应符合下列要求：

1. 各灯室之间不得串光。

2. 色玻璃及透镜应清洁、明亮，并应无影响显示的斑点和裂纹。

3. 机构盖关闭应严密，并应无渗、漏水现象。

检查数量：全部检查。

检验方法：尺量检查。

第 5.2.9 条　高柱信号机组件安装应符合下列要求：

1. 各部组件安装应齐全，并应无破损、裂纹现象。

2. 各部连接件连接应正确，紧固件平衡应紧固。

3. 各开口销安装应正确，劈开角度应为 60°～90°。

检查数量：全部检查。

检验方法：观察检查。

7.3.8.7　轨道验·机-408　矮型信号机安装检验批质量验收记录

一、适用范围

本表适用于矮型信号机安装检验批的质量检查验收。

二、表内填写提示

矮型信号机安装应符合现行国家标准《城市轨道交通信号工程施工质量验收标准》GB/T 50578—2018 的相关规定：

Ⅰ　主控项目

第 5.3.1 条　矮型信号机及其附属设施应进行检查，其型号、规格、质量应符合设计要求及相关产品标准的规定。

检查数量：全部检查。

检验方法：对照设计文件检查产品相关质量证明文件，并观察检查外观。

第 5.3.2 条　矮型信号机的安装位置、安装高度、显示方向及灯光配列应符合设计要求。

检查数量：全部检查。

检验方法：对照设计文件观察、尺量检查。

第 5.3.3 条　矮型信号机金属支架与隧道体或桥梁体有接地要求时，应保证接地良好；有绝缘要求时支架与隧道体或桥梁体间的绝缘电阻应符合设计规定。

检查数量：全部检查。

检验方法：观察、测试检查。

第 5.3.4 条　矮型信号机光源应符合本规范第 5.2.5 条的规定。

第 5.3.5 条　矮型信号机配线应符合本规范第 5.2.6 条的规定。

Ⅱ　一般项目

第 5.3.6 条　矮型信号机安装在混凝土基础上时，混凝土基础强度及基础埋深应达到设计要求。基础螺栓应竖立垂直，螺栓间距应正确，外露部分应有防锈措施，基础表面应平整光洁并无缺边掉角现象。

检查数量：全部检查。

检验方法：观察检查。

第 5.3.7 条 当矮型信号机采用金属基础支架安装方式。支架安装应平稳、支架顶面应水平。金属基础支架使用前应经热镀钵等防腐处理。

检查数量：全部检查。

检验方法：观察检查。

第 5.3.8 条 矮型信号机灯室结构应符合本规范第 5.2.8 条的规定。

第 5.3.9 条 矮型信号机组件安装应符合本规范在第 5.2.9 条的规定。

7.3.8.8 轨道验·机-409 非标信号机安装检验批质量验收记录

一、适用范围

本表适用于非标信号机安装检验批的质量检查验收。

二、表内填写提示

非标信号机安装应符合现行国家标准《城市轨道交通信号工程施工质量验收标准》GB/T 50578—2018 的相关规定：

Ⅰ 主控项目

第 5.4.1 条 非标信号机及其附属设施进场时应进行检查，其型号、规格、质量应符合设计要求及相关产品标准的规定。

检查数量：全部检查。

检验方法：对照设计文件检查产品相关质量证明文件，并观察检查外观。

第 5.4.2 条 非标信号机的安装位置、安装高度、显示方向及灯光配列应符合设计规定。

检查数量：全部检查。

检验方法：观察、尺量检查。

第 5.4.3 条 非标信号机构与机柱云台应采用螺栓连接，并连接牢固。机柱底极与轨道板应采用胀管螺栓固定，并固定牢固。

检查数量：全部检查。

检验方法：观察检查。

第 5.4.4 条 机柱出线口应采取防水、防导线破损措施。

检查数量：全部检查。

检验方法：观察检查。

第 5.4.5 条 非标信号机光源应符合本规范第 5.2.5 条的规定。

第 5.4.6 条 非标信号机配线应符合本规范第 5.2.6 条的规定。

Ⅱ 一般项目

第 5.4.7 条 非标信号机灯室结构应符合本规范第 5.2.8 条的规定。

第 5.4.8 条 非标信号机组件安装应符合本规范第 5.2.9 条的规定。

第 5.4.9 条 非标信号机金属机柱应经热镀锌等防腐处理，并应无锈蚀和裂纹现象。

检查数量：全部检查。

检验方法：观察检查。

7.3.8.9 轨道验·机-410 发车指示器安装检验批质量验收记录

一、适用范围

本表适用于发车指示器安装检验批的质量检查验收。

二、表内填写提示

发车指示器安装应符合现行国家标准《城市轨道交通信号工程施工质量验收标准》GB/T 50578—2018 的相关规定：

Ⅰ 主控项目

第 5.5.1 条 发车指示器进场时应进行检查，其型号、规格、质量应符合设计要求及相关产品标准的规定。

检查数量：全部检查。

检验方法：对照设计文件检查产品相关质量证明文件，并观察检查外观。

第 5.5.2 条 发车指示器的安装位置、安装高度、显示方方式应符合设计规定。

检查数量：全部检查。

检验方法：观察、尺量检查。

第 5.5.3 条 发车指示器配线引入管口处应采取防护措施，防护管路应采用卡箍固定。

检查数量：全部检查。

检验方法：观察检查。

Ⅱ 一般项目

第 5.5.4 条 发车指示器的安装应符合下列要求：

1. 在站台地面上安装时，应采用属机柱安装方式，机柱与地面应垂直安装牢固。

2. 在站台顶棚下、隧道中或高架线路桥梁体上安装时，应采用金属支架安装方式，支架应安装牢固。

3. 金属机柱、支架应经热镀锌、涂漆等防腐处理，并应无锈蚀和裂纹现象。

检查数量：全部检查。

检验方法：观察检查。

7.3.8.10 轨道验·机-411 按钮装置安装检验批质量验收记录

一、适用范围

本表适用于按钮装置安装检验批的质量检查验收。

二、表内填写提示

按钮装置安装应符合现行国家标准《城市轨道交通信号工程施工质量验收标准》GB/T 50578—2018 的相关规定：

Ⅰ 主控项目

第 5.6.1 条 按钮装置及配线线缆进场时应进行检查，其型号、规格、质量应符合设计要求及相关产品标准的规定。

检查数量：全部检查。

检验方法：对照设计文件检查产品相关质量证明文件，并观察检查外观。

第 5.6.2 条 紧急停车接钮箱的安装位置、安装高度应符合设计要求。安装在站台上的按钮箱不得妨碍旅客通行。

检查数量：全部检查。

检验方法：观察、尺量检查。

第 5.6.3 条 区域封锁按钮箱的安装位置、安装高度应符合设计要求。按钮操作应灵活、无卡阻，灯光显示应明亮。

检查数量：全部检查。

检验方法：观察、尺量检查。

第 5.6.4 条 站台关门按钮箱的安装位置、安装高度应符合设计要求。按钮操作应灵活、无卡阻，灯光显示应明亮。

检查数量：全部检查。

检验方法：观察、尺量检查。

第 5.6.5 条 车辆基地车控室应急盘的安装位置、安装高度应满足设计要求。应急盘应紧贴墙面垂直安装，并应固定牢固、封印完整。盘面指示灯显示和功能应符合设计要求，按钮操作应灵活、无卡阻。

检查数量：全部检查。

检验方法：观察、尺量检查。

第 5.6.6 条　同意按钮柱在车场的安装位置、安装高度应满足设计要求。按钮柱应垂直于地面安装。按钮操作应灵活、无卡阻，灯光显示应明亮。

检查数量：全部检查。

检验方法：观察、尺量检查。

第 5.6.7 条　自动折返按钮的安装位置、安装高度应满足设计要求。安装在站台上的按钮箱不得妨碍行人通行。按钮应操作灵活、无卡阻，灯光显示应明亮。

检查数量：全部检查。

检验方法：观察、尺量检查。

第 5.6.8 条　按钮装置配线引入管口处应加防护，防护管槽应固定牢固。

检查数量：全部检查。

检验方法：观察、尺量检查。

Ⅱ　一般项目

第 5.6.9 条　按钮装置应安装平顺、牢固，各部件组装应完整，箱（盘）体应无破损、裂纹、脱焊和锈蚀现象。

检查数量：全部检查。

检验方法：观察检查。

7.3.8.11　轨道验・机-412　安装装置安装检验批质量验收记录

一、适用范围

本表适用于安装装置安装检验批的质量检查验收。

二、表内填写提示

安装装置安装应符合现行国家标准《城市轨道交通信号工程施工质量验收标准》GB/T 50578—2018 的相关规定：

Ⅰ　主控项目

第 6.2.1 条　安装装置进场时进行检查，其型号、规格、质量应符合设计要求及相关产品标准的规定。

检查数量：全部检查。

检验方法：对照设计文件检查产品相关质量证明文件，并观察检查外观。

第 6.2.2 条　安装装置的安装位置、安装方式应符合设计要求。

检查数量：全部检查。

检验方法：观察、尺量检查。

第 6.2.3 条　安装装置采用侧式安装方式时应符合下列要求：

1. 固定长基础角钢的角形座铁应与钢轨紧贴。

2. 长基础角钢与单开道岔直股基本轨或对称形道岔中心线垂直，其偏移量不得大于 20mm。

3. 固定道岔转换设备的短基础角钢应与长基础角钢垂直连接。

4. 密贴调整杆、表示杆或锁闭杆、尖端杆、第一连接杆与长基础角钢之间应平行，其前后偏差各不应大于 20mm。

5. 各部绝缘及铁配件安装应正确，并应无遗漏和破损现象。

检查数量：全部检查。

检验方法：观察、尺量检查。监理单位见证试验。

第 6.2.4 条　安装装置采用轨枕式安装方式时应符合下列要求：

1. 预留基坑容积应满足转辙机安装空间，并有防渗水措施。

2. 基础角钢应与钢轨垂直安装，角形座铁应与钢轨紧贴。

3. 杆件应动作灵活，与机坑边缘应无卡阻、碰擦现象。

检查数量：全部检查。

检验方法：观察、尺量检查。监理单位见证试验。

第 6.2.5 条　固定尖轨接头铁的螺栓头部与基本轨不得相碰。

检查数量：全部检查。

检验方法：观察检查。

第 6.2.6 条　密贴调整杆动作时，其空动距离不得小于 5mm。

检查数量：全部检查。

检验方法：观察、尺量检查。

Ⅱ　一般项目

第 6.2.7 条　安装装置应经热镀锌、涂漆等防腐处理，或涂刷防锈漆，并无脱皮、反锈、鼓包现象。

检查数量：全部检查。

检验方法：观察检查。

第 6.2.8 条　各种连接杆的调整丝扣余量不应小于 10mm。

检查数量：全部检查。

检验方法：观察、尺量检查。

第 6.2.9 条　各零部件安装应正确和齐全；螺栓应紧固、无松动；开口销应齐全，其双臂对称劈开角度应为 60°～90°。

检查数量：全部检查。

检验方法：观察检查。

7.3.8.12　轨道验·机-413　外锁闭转辙装置安装检验批质量验收记录

一、适用范围

本表适用于外锁闭转辙装置安装检验批的质量检查验收。

二、表内填写提示

外锁闭转辙装置安装应符合现行国家标准《城市轨道交通信号工程施工质量验收标准》GB/T 50578—2018的相关规定：

Ⅰ　主控项目

第 6.3.1 条　外锁闭装置进场时进行检查，其型号、规格、质量应符合设计要求。

检查数量：全部检查。

检验方法：对照设计文件检查产品相关质量证明文件，并观察检查外观。

第 6.3.2 条　外锁闭装置的安装位置、安装方式应符合设计要求。

检查数量：全部检查。

检验方法：观察、尺量检查。

第 6.3.3 条　外锁闭装置的安装应符合下列要求：

1. 锁闭框、尖轨连接铁、锁钩和锁闭杆等部件的安装应正确，并连接牢固。

2. 可动部分在转换过程中应动作平稳、灵活，并无磨卡现象。

3. 外锁闭两侧（定位、反位）的锁闭量应符合相关技术要求。

4. 锁闭框下部两侧的限位螺钉应有效插入锁闭杆两侧导向槽内，不得松脱。

检查数量：全部检查。

检验方法：观察、尺量检查。监理单位见证试验。

Ⅱ 一般项目

第 6.3.4 条 各零部件安装应正确、齐全；螺栓应紧固、无松动，开口销应齐全，双臂对称劈开角度应为 60°～90°。

检查数量：全部检查。

检验方法：观察检查。

7.3.8.13 轨道验·机-414 转辙机安装检验批质量验收记录

一、适用范围

本表适用于转辙机安装检验批的质量检查验收。

二、表内填写提示

转辙机安装应符合现行国家标准《城市轨道交通信号工程施工质量验收标准》GB/T 50578—2018 的相关规定：

Ⅰ 主控项目

第 6.4.1 转辙机及附件进场时进行检查，其型号、规格、质量应符合设计要求。

检查数量：全部检查。

检验方法：对照设计文件检查产品相关质量证明文件，并观察检查外观。

第 6.4.2 条 转辙机、液压站的安装位置、安装方式应符合设计要求。

检查数量：全部检查。

检验方法：观察、尺量检查。

第 6.4.3 条 转辙机动作杆与密贴调整杆应在一条直线上，并与表示杆、道岔第一连接杆平行。

检查数量：全部检查。

检验方法：观察检查。监理单位见证试验。

第 6.4.4 条 液压转辙机的液压站应固定牢固，油管两端应连接紧密。

检查数量：全部检查。

检验方法：观察检查。

第 6.4.5 条 转辙机的内部配线应符合下列要求：

1. 配线线缆型号及规格应符合设计要求。

2. 配线线缆不得有中间接头，并无损伤、老化现象。

3. 机箱内部的配线应绑扎整齐。

4. 绝缘软线两端芯线采用铜钱绕制线环时，应缠绕紧密，线环的孔径与连接端子柱外径应匹配。

5. 配线在引人管进出口处应加防护。

6. 接插件应插接牢固，防松脱装置应紧固。

检查数量：全部检查。

检验方法：观察检查。

Ⅱ 一般项目

第 6.4.6 条 各零部件安装应正确、开全；各部螺栓应紧固、无松动；开口销应齐全，其双臂对称劈开角度应为 60°～90°。

检查数量：全部检查。

检验方法：观察检查。

7.3.8.14 轨道验·机-415 机械绝缘轨道电路安装检验批质量验收记录

一、适用范围

本表适用机械绝缘轨道电路安装检验批的质量检查验收。

二、表内填写提示

机械绝缘轨道电路安装应符合现行国家标准《城市轨道交通信号工程施工质量验收标准》GB/T 50578—2018的相关规定：

Ⅰ 主控项目

第 7.2.1 条 机械绝缘轨道电路设备场时进行检查，其型号、规格、质量应符合设计要求。

检查数量：全部检查。

检验方法：对照设计文件检查产品相关质量证明文件，并观察检查外观。

第 7.2.2 条 机械绝缘轨道电路设备的安装位置、安装方法应符合设计要求。

检查数量：全部检查。

检验方法：观察、尺量检查。

第 7.2.3 条 机械绝缘轨道电路限流装置的调整应满足轨道电路性能要求，严禁拆除变阻器的止挡。

检查数量：全部检查。

检验方法：观察检查。

第 7.2.4 条 机械绝缘轨道电路设备配线应符合下列要求：

1. 配线线缆型号及规格应符合设计要求。

2. 配线线缆不得有破损、老化和中间接头现象。

检查数量：全部检查。

检验方法：观察检查。

第 7.2.5 条 钢轨绝缘安装应符合下列要求：

1. 轨道电路的两钢轨绝缘应并列安装，不能并列安装时，其错开的距离应满足设计要求。

2. 设于警冲标外方的钢轨绝缘，除渡线及其他侵限绝缘外，绝缘安装位置与警冲标计算位置的最小距离应符合设计要求。

3. 钢轨绝缘夹板螺栓应正反交替安装（辙叉跟部除外），轨端绝缘的顶部与轨面应平齐。

检查数量：全部检查。

检验方法：观察检查。

第 7.2.6 条 钢轨引接线的安装应符合下列要求：

1. 无牵引电流通过的钢轨引接线截面积不应小于 $15mm^2$，有牵引电流通过的钢轨引接线截面积应符合设计要求；

2. 钢轨引接线穿越股道时，应采用绝缘橡胶管防护；固定引接线的卡钉、卡具不得与钢轨铁垫板、防爬器接触；

3. 钢轨引接线连接螺栓的绝缘管、垫圈等部件应安装正确、齐全；螺栓紧固、无松动。

第 7.2.7 条 钢轨接续线的安装应符合下列要求：

1. 有牵引电流通过的钢轨，接续线连接应为多股铜钱，其截面积符合设计要求；

2. 钢轨接续线应安装在钢轨外侧。在道岔辙叉跟部或其他安装困难处，接续线可安装在钢轨内侧；

3. 塞钉式钢轨接续线应紧贴钢轨鱼尾夹板上部安装平直、无弯曲；胀钉式钢轨接续线沿钢轨底边敷设安装；焊接式钢轨接续线应在钢轨鱼尾夹饭的两侧焊接牢固，并呈弧形下垂。

第 7.2.8 条 道岔跳线的安装应符合下列要求：

1. 无牵引电流通过的道岔跳线截面积不应小于 $15mm^2$时，有牵引电流通过的道岔跳线截面积应符合设计要求；

2. 道岔跳线穿越钢轨时，卧轨底的距离应大于或等于 30mm，并用卡具固定在轨枕上；如在整体道床处过轨，则用卡具直接固定在道床上。

检查数量：全部检查。

检验方法：观察、尺量检查。

第 7.2.9 条　回流线的安装应符合下列要求：

1. 伸缩轨牵引回流线应采用镀锌钢管防护；伸缩轨两端回流线的伸缩量应符合设计规定。

2. 回流线应采用焊接方式或胀钉方式与钢轨连接，连接应牢固、无松动。

检查数量：全部检查。

检验方法：观察、尺量检查。

Ⅱ　一般项目

第 7.2.10 条　钢轨绝缘配件应安装正确、齐全、无破损。

检查数量：全部检查。

检验方法：观察检查。

第 7.2.11 条　各类连接线的金属裸露部分，在安装完后应涂刷机械油。钢绞线应无断股、锈蚀现象。塞钉不得打弯，打入深度应为出钢轨 1mm～4mm，塞钉头与钢轨的接缝处应涂漆封闭。

检查数量：全部检查。

检验方法：观察检查。

7.3.8.15　轨道验·机-416　电气绝缘轨道电路安装检验批质量验收记录

一、适用范围

本表适用于电气绝缘轨道电路安装检验批的质量检查验收。

二、表内填写提示

电气绝缘轨道电路安装应符合现行国家标准《城市轨道交通信号工程施工质量验收标准》GB/T 50578—2018 的相关规定：

Ⅰ　主控项目

第 7.3.1 条　电气绝缘轨道电路设备、材料进场时进行检查，其型号、规格、质量应符合设计要求。

检查数量：全部检查。

检验方法：对照设计文件检查产品相关质量证明文件，并观察检查外观。

第 7.3.2 条　电气绝缘轨道电路设备的安装位置、安装方法应符合设计要求。

检查数量：全部检查。

检验方法：观察、尺量检查。

第 7.3.3 条　调谐单元安装应符合下列要求：

1. 单元盒内部元器件应安装牢固，并无损伤。

2. 单元盒密封装置应完整，防潮性能应良好。

3. 单元盒体接地状态应良好。

检查数量：全部检查。

检验方法：观察、万用表检查。

Ⅱ　一般项目

第 7.3.4 条　调谐单元盒安装应端正、牢靠，螺栓应紧固、无松动。

检查数量：全部检查。

检验方法：观察检查。

第 7.3.5 条　塞钉式连接棒安装时应符合下列要求：

1. 采用塞钉方式与钢轨连接时，钢轨打眼和塞钉安装应使用专用工具操作。塞钉不得弯曲，打入深度应为露出钢轨 1mm～4mm，塞钉头与钢轨的接缝处应防腐封闭。

2. 采用拉杆塞钉方式与钢轨连接时，应使用专用工具冷压线环，线环应紧贴轨腰，安装螺栓应紧固牢固。

检查数量：全部检查。

检验方法：观察检查。

第 7.3.6 条　焊接式连接棒安装时应符合下列要求：

1. 焊接接头外观应光滑饱满，焊接应牢固，焊位应正确，导线应元损伤，并应无漏焊、假焊。

2. 焊料应充满接头，不得有凹陷和高出钢轨踏面现象。

3. 焊接后应涂防锈涂料。

检查数量：全部检查。

检验方法：观察检查。

第 7.3.7 条　连接棒沿钢轨侧敷设部分应紧贴钢轨，并用专用卡具将棒固定在钢轨底部。

检查数量：全部检查。

检验方法：观察检查。

7.3.8.16　轨道验·机-417　环线安装检验批质量验收记录

一、适用范围

本表适用于环线安装检验批的质量检查验收。

二、表内填写提示

环线安装应符合现行国家标准《城市轨道交通信号工程施工质量验收标准》GB/T 50578—2018 的相关规定：

Ⅰ　主控项目

第 7.5.1 条　环线进场时应进行检查，其型号、规格、质量应符合设计要求及相关产品标准的规定。

检查数量：全部检查。

检验方法：对照设计文件检查产品相关质量证明文件，并观察检查外观。

第 7.5.2 条　环线的安装位置、安装方法应符合设计和相关技术需求。

检查数量：全部检查。

检验方法：对照设计文件观察、尺量检查。

第 7.5.3 条　道岔区长环线的安装应符合下列要求：

1. 环线安装宽度及交叉点应符合设计规定，每个交叉处的电缆走线应紧密、无缝隙。

2. 环线沿钢轨敷设时，环线与钢轨应接触紧密、无扭绞、不翘起；环线应用轨底卡固定在钢轨上。

3. 环线不沿钢轨敷设时，应用Ω卡固定在承轨台或自制小枕木上；环线应无扭绞、不翘起。

检查数量：全部检查。

检验方法：对照设计文件观察、尺量检查。

第 7.5.4 条　车-地通信环线的安装应符合下列要求：

1. 环线安装宽度及交叉点应符合设计规定；每个交叉处的电缆走线应紧密、无缝隙。

2. 环线走线时，应用Ω卡固定在承轨台或自制小枕木上。环线应无扭绞、不翘起。

检查数量：全部检查。

检验方法：对照设计文件观察、尺量检查。

Ⅱ　一般项目

第 7.5.5 条　环线安装应端正、牢靠，各类卡具应固定牢固。

检查数量：全部检查。

检验方法：观察检查。

7.3.8.17　轨道验·机-418　波导管安装检验批质量验收记录

一、适用范围

本表适用于波导管安装检验批的质量检查验收。

二、表内填写提示

波导管安装应符合现行国家标准《城市轨道交通信号工程施工质量验收标准》GB/T 50578—2018的相关规定：

Ⅰ 主控项目

第7.6.1条 波导管及安装附件进场时应进行检查，其型号、规格、质量应符合设计要求及相关产品标准的规定。

检查数量：全部检查。

检验方法：对照设计文件检查产品相关质量证明文件，并观察检查外观。

第7.6.2条 波导管的安装位置、安装方法应符合设计和相关技术要求。

检查数量：全部检查。

检验方法：观察、尺量检查。

第7.6.3条 波导管的安装应符合下列要求：

1. 波导管安装支架的高度、间隔位置，及支架与走行轨中心距离应符合设计要求，支架与走行轨应垂直安装。

2. 波导管安装调整后应与走行轨平行，并应与轨面相对水平。

3. 相邻波导管分段端头间距离应符合设计要求。

4. 波导管双槽法兰距离滑动支架的间隙应符合设计要求。

检查数量：全部检查。

检验方法：观察、尺量检查。

第7.6.4条 波导管、轨旁无线电子盒、耦合器均应接地良好。

检查数量：全部检查。

检验方法：观察、用万用表检查。

Ⅱ 一般项目

第7.6.5条 波导管在钢轨边缘安装时，道床应平滑且无建筑碎石，轨枕宽度及轨枕之间距离应满足波导管安装空间要求。波导管在隧道顶部安装时，安装面应平坦，并无其他障碍物。

检查数量：全部检查。

检验方法：观察检查。

第7.6.6条 波导管与轨旁无线电子盒（或耦合器）间连接的射频电缆长度应符合设计要求，连接应牢固、无松动。

检查数量：全部检查。

检验方法：观察、尺量检查。

第7.6.7条 波导管安装配件应经热镀锌等防腐处理；支架安装应端正、牢靠，螺栓应紧固、无松动。

检查数量：全部检查。

检验方法：观察检查。

第7.6.8条 波导管防护膜应安装牢固，波导管防护膜应完好。

检查数量：全部检查。

检验方法：观察检查。

7.3.8.18 轨道验·机-419 漏泄同轴电缆敷设检验批质量验收记录

一、适用范围

本表适用于漏泄同轴电缆敷设检验批的质量检查验收。

二、表内填写提示

漏泄同轴电缆敷设应符合现行国家标准《城市轨道交通信号工程施工质量验收标准》GB/T 50578—2018的相关规定：

Ⅰ 主控项目

第 7.7.1 条 漏泄同轴电缆到达现场应进行检查，其型号、规格、质量应符合设计要求及相关产品标准的规定。

检查数量：全部检查。

检验方法：对照设计文件检查产品相关质量证明文件，并观察检查外观。

第 7.7.2 条 漏泄同轴电缆应在现场进行单盘测试，其内外导体的直流电阻、绝缘介电强度、绝缘电阻等直流电气指标应符合产品技术要求；其特性阻抗、电压驻波比、标称耦合损耗、传输衰减等交流电气指标，应符合设计要求。

检查数量：全部检查。

检验方法：施工单位进行直流电气特性现场检测；交流电气特性进行厂验，或检查出厂测试记录。监理单位见证。

第 7.7.3 条 漏泄同轴电缆的安装位置、安装方式应符合设计和相关技术要求。

检查数量：全部检查。

检验方法：对照设计文件观察、尺量检查。

第 7.7.4 条 漏泄同轴电缆安装的要求及检验项目、检验数量、检验方法应按现行国家标准《城市轨道交通通信工程质量验收规范》GB 50382 的有关规定执行。

7.3.8.19 轨道验・机-420 应答器安装检验批质量验收记录

一、适用范围

本表适用于应答器安装检验批的质量检查验收。

二、表内填写提示

应答器安装应符合现行国家标准《城市轨道交通信号工程施工质量验收标准》GB/T 50578—2018 的相关规定：

Ⅰ 主控项目

第 7.8.1 条 应答器及附件进场时应进行检查，其型号、规格、质量应符合设计要求。

检查数量：全部检查。

检验方法：对照设计文件检查产品相关质量证明文件，并观察检查外观。

第 7.8.2 条 应答器的安装位置、安装方法应符合设计要求。

检查数量：全部检查。

检验方法：观察、尺量检查。

第 7.8.3 条 应答器的安装高度，以及纵向、横向偏移量应符合设计要求。

检查数量：全部检查。

检验方法：观察、尺量检查。

第 7.8.4 条 有源应答器馈电盒的安装应符合下列要求：

1. 馈电盒的连接电缆应采取机械防护措施，并用卡具固定牢固。

2. 馈电盒内部配线应正确，并连接牢靠。

3. 馈电盒密封装置应完整，防潮性能应良好。

4. 馈电盒体应接地良好。

检查数量：全部检查。

检验方法：观察、用万用表检查。

Ⅱ 一般项目

第 7.6.5 条 有源应答器馈电盒应安装平稳、牢固，螺栓应紧固、无松动。

检查数量：全部检查。

检验方法：观察检查。

7.3.8.20　轨道验·机-421　AP天线安装检验批质量验收记录

一、适用范围

本表适用于AP天线安装检验批的质量检查验收。

二、表内填写提示

AP天线安装应符合现行国家标准《城市轨道交通信号工程施工质量验收标准》GB/T 50578—2018的相关规定：

Ⅰ　主控项目

第7.9.1条　AP天线及附件进场时应进行检查，其型号、规格、质量应符合设计要求。

检查数量：全部检查。

检验方法：对照设计文件检查产品相关质量证明文件，并观察检查外观。

第7.9.2条　AP天线的安装位置、安装方法应符合设计要求。

检查数量：全部检查。

检验方法：观察、尺量检查。

第7.9.3条　AP天线应安装牢固、方向准确。

检查数量：全部检查。

检验方法：观察、测试检查。

7.3.8.21　轨道验·机-422　无线接入单元安装检验批质量验收记录

一、适用范围

本表适用于无线接入单元安装检验批的质量检查验收。

二、表内填写提示

无线接入单元安装应符合现行国家标准《城市轨道交通信号工程施工质量验收标准》GB/T 50578—2018的相关规定：

Ⅰ　主控项目

第7.10.1条　无线接入单元及附件进场时应进行检查，其型号、规格、质量应符合设计要求及相关产品标准的规定。

检查数量：全部检查。

检验方法：对照设计文件检查产品相关质量证明文件，并观察检查外观。

第7.10.2条　无线接入单元的安装位置、安装方法应符合设计和相关技术要求。

检查数量：全部检查。

检验方法：对照设计文件观察、尺量检查。

第7.10.3条　无线接入单元电子箱安装应符合下列要求：

1. 电子箱应密封良好，底部防水接头应安装牢固。

2. 电子箱内配线应绑扎整齐，元器件装应齐全、牢固。

3. 电子箱体应接地良好。

检查数量：全部检查。

检验方法：观察、测试检查。

第7.10.4条　无线接入单元缆线布放应符合下列规定：

1. 布线应走向合理、绑扎牢固，馈线弯曲半径应满足最小弯曲半径的要求；

2. 设备的电源线、馈线、光缆均应接地良好，防水及机械防护应满足设计要求。

检查数量：全部检查。

检验方法：观察、测试检查。

Ⅱ　一般项目

检查数量：全部检查。

检验方法：观察检查。

第 7.10.5 条　电子箱应安装端正、牢靠，与地面应垂直；螺栓应紧固、无松动。

检查数量：全部检查。

检验方法：观察检查。

7.3.8.22　轨道验·机-423　计轴装置安装检验批质量验收记录

一、适用范围

本表适用于计轴装置安装检验批的质量检查验收。

二、表内填写提示

计轴装置安装应符合现行国家标准《城市轨道交通信号工程施工质量验收标准》GB/T 50578—2018 的相关规定：

Ⅰ　主控项目

第 7.11.1 条　计轴装置及附件进场时应进行检查，其型号、规格、质量应符合设计要求及相关产品标准的规定。

检查数量：全部检查。

检验方法：对照设计文件检查产品相关质量证明文件，并观察检查外观。

第 7.11.2 条　计轴装置的安装位置、安装方法应符合设计和相关技术要求。

检查数量：全部检查。

检验方法：观察、尺量检查。

第 7.11.3 条　计轴磁头的安装应符合下列要求：

1. 磁头的安装位置应满足设计要求，磁头安装必须用绝缘材料与钢轨隔离。

2. 磁头在钢轨上的安装孔中心距轨底高度、孔径、孔距、两相邻磁头的安装间距应符合设计要求。

检查数量：全部检查。

检验方法：观察、尺量检查。

第 7.11.4 条　计轴电子盒的安装应符合下列要求：

1. 电子盒安装位置应根据磁头电缆的布置方式确定，宜靠近信号设备机房。

2. 电子盒内部配线应连接正确、排列整齐。

3. 电子盒密封装置应完整。

4. 电子盒体应接地良好。

检查数量：全部检查。

检验方法：观察、用万用表检查。

第 7.11.5 条　计轴装置采用的专用电缆，其长度应符合设计要求；电缆走线应平缓走向，严禁盘圈、弯折。

检查数量：全部检查。

检验方法：观察、尺量检查。

Ⅱ　一般项目

第 7.11.6 条　计轴磁头电缆应采用橡胶软管防护，并用金属卡箍固定。过水沟时应用镀锌钢管防护。

检查数量：全部检查。

检验方法：观察检查。

第 7.11.7 条　磁头安装应平稳、牢固，螺栓应紧固、无松动。

检查数量：全部检查。

检验方法：观察检查。

第 7.11.8 条　电子盒安装应平稳、牢固，螺栓应紧固、无松动。

检查数量：全部检查。

检验方法：观察检查。

7.3.8.23　轨道验·机-424　LTE-M 室外设备安装检验批质量验收记录

一、适用范围

本表适用于 LTE-M 室外设备安装检验批的质量检查验收。

二、表内填写提示

LTE-M 室外设备安装应符合现行国家标准《城市轨道交通信号工程施工质量验收标准》GB/T 50578—2018 的相关规定：

Ⅰ　主控项目

第 7.12.1 条　射频拉远单元 RRU 及附属设备进场验收应符合下列规定：

1. 数量、型号、规格应满足设计要求。

2. 图纸、说明书、合格证、质量检验报告等质量证明文件应齐全。

3. 设备及附件应无变形，表面应无损伤，镀层、漆饰应完整无脱落，铭牌、标识应完整清晰。

4. 设备内部件应完好，连接应无松动；应无受潮发霉、锈蚀现象。

检查数量：全部检查。

检验方法：对照设计文件检查实物和质量证明文件。

第 7.12.2 条　RRU 及附属设备的安装方式、安装位置应满足设计要求。

检查数量：全部检查。

检验方法：对照设计文件观察检查。

第 7.12.3 条　室外设备安装应符合下列规定：

1. 设备安装应牢固、稳定；

2. 抗风、防雨、防震、防结露及散热功能应满足设计要求；

3. 接地应满足设计要求。

检查数量：全部检查。

检验方法：对照设计文件观察检查。

第 7.12.4 条　室外设备缆线布放应符合下列规定：

1. 布线应走向合理、绑扎牢固，馈线弯曲半径应满足最小弯曲半径的要求；

2. 设备的电源线、馈线、光缆应接地良好，防水及机械防护满足设计要求。

检查数量：全部检查。

检验方法：观察、测试检查。

第 7.12.5 条　LTE-M 的天线杆塔及天馈安装应按现行国家标准《城市轨道交通通信工程质量验收标准》GB 50382—2016 的轨道执行。

第 7.12.6 条　采用波导管传输时，安装应符合本标准第 7.6 节的规定。

第 7.12.7 条　漏缆敷设应符合本标准第 7.7 节的规定。

7.3.8.24　轨道验·机-425　机柜及设备、人机界面安装检验批质量验收记录

一、适用范围

本表适用于机柜及设备、人机界面安装检验批的质量检查验收。

二、表内填写提示

机柜及设备、人机界面安装应符合现行国家标准《城市轨道交通信号工程施工质量验收标准》GB/T 50578—2018 的相关规定：

Ⅰ　主控项目

第 8.2.1 条　机柜及设备、辅助驾驶设备、人机界面进场时应进行检查，其型号、规格、质量应符合设计要求及相关产品标准的规定。

检查数量：全部检查。

检验方法：对照设计文件检查产品相关质量证明文件，并观察检查外观。

第8.2.2条　机柜安装位置、安装方式应符合设计要求。

检查数量：全部检查。

检验方法：对照设计文件观察、尺量检查。

第8.2.3条　机柜底座应有防震装置，底座应与机架电气隔离，机架应与车体接地连接。

检查数量：全部检查。

检验方法：观察、用万用表检查。

第8.2.4条　机柜内各种元器件应安装正确，模块箱体应安装端正、牢靠；制动接口单元继电器应固定牢固，各种接插件应插接紧密、无松动。

检查数量：全部检查。

检验方法：观察检查。

第8.2.5条　人机界面安装应符合驾驶人员使用要求。屏幕显示应正确、清晰，各种操作手柄、扳键和按钮应动作可靠、灵活。

检查数量：全部检查。

检验方法：试验、观察检查。

Ⅱ　一般项目

第8.2.6条　机柜及人机界面应安装牢固，并无歪斜、变形、损伤、腐蚀现象，封印应完整。

检查数量：全部检查。

检验方法：观察检查。

第8.2.7条　各部件应安装端正、牢靠，螺栓应紧固、无松动。

检查数量：全部检查。

检验方法：观察检查。

7.3.8.25　轨道验·机-426　天线及测速装置安装检验批质量验收记录

一、适用范围

本表适用于天线及测速装置安装检验批的质量检查验收。

二、表内填写提示

天线及测速装置安装应符合现行国家标准《城市轨道交通信号工程施工质量验收标准》GB/T 50578—2018的相关规定：

Ⅰ　主控项目

第8.3.1条　天线及测速设备、附件等进场时应进行检查，其型号、规格、质量应符合设计要求及相关产品标准的规定。

检查数量：全部检查。

检验方法：对照设计文件检查产品相关质量证明文件，并观察检查外观。

第8.3.2条　天线及测速装置的安装位置、安装方式应符合设计和相关技术要求。

检查数量：全部检查。

检验方法：观察、尺量检查。

第8.3.3条　测速装置安装应符合下列要求：

1. 测速装置安装应位置精确、固定牢靠。

2. 测速装置的接线端子盒固定牢固、引线管出线部位封闭良好。

检查数量：全部检查。

检验方法：观察、尺量检查。

Ⅱ　一般项目

第 8.3.4 条　车体外部敷设线缆应用金属管防护，并与车体固定牢固。出线口及保护管口应防护。

检查数量：全部检查。

检验方法：观察检查。

第 8.3.5 条　各类金属安装支架、防护管均应经过热镀锌等防腐处理。

检查数量：全部检查。

检验方法：观察检查。

7.3.8.26　轨道验·机-427　车载设备配线检验批质量验收记录

一、适用范围

本表适用于配线检验批的质量检查验收。

二、表内填写提示

配线应符合现行国家标准《城市轨道交通信号工程施工质量验收标准》GB 50578—2018 的相关规定：

Ⅰ　主控项目

第 8.4.1 条　各种配线线缆进场时应进行检查，其型号、规格、质量应符合设计要求及相关产品标准的规定。

检查数量：全部检查。

检验方法：对照设计文件检查产品相关质量证明文件，并观察检查外观。

第 8.4.2 条　车载设备配线应符合下列要求：

1. 电源线、信号线应分开布放；线缆布放应避开周围热管路。

2. 配线不得有中间接头、背扣或绝缘破损现象。

3. 配线采用压接方式时应使用专用工具操作，配线应连接正确、绑扎整齐。

4. 配线电缆应连接牢固，并应防护良好。

检查数量：全部检查。

检验方法：观察检查。

第 8.4.3 条　馈线长度应满足设计要求；馈线敷设应平顺、牢固，弯曲半径应满足馈线最小弯曲半径的要求。车载天馈系统驻波比应满足设计要求。

检查数量：全部检查。

检验方法：观察、测试检查。

Ⅱ　一般项目

第 8.4.4 条　各类配线应标志清晰、正确。

检查数量：全部检查。

检验方法：观察检查。

7.3.8.27　轨道验·机-428　机柜安装检验批质量验收记录

一、适用范围

本表适用于机柜安装检验批的质量检查验收。

二、表内填写提示

机柜安装应符合现行国家标准《城市轨道交通信号工程施工质量验收标准》GB/T 50578—2018 的相关规定：

Ⅰ　主控项目

第 9.2.1 条　各类机柜进场时应进行检查，其型号、规格、质量应符合设计要求及相关产品标准的规定。

检查数量：全部检查。

检验方法：对照设计文件检查产品相关质量证明文件，并观察检查外观。

第 9.2.2 条　机房内机柜的平面布置、安装位置、机柜朝向、柜间距应符合设计要求。

检查数量：全部检查。

检验方法：观察、尺量检查。

第 9.2.3 条　机柜安装应符合下列要求：

1. 机柜固定方式应符合设计要求。机柜底座与地面固定应平稳、牢固。当机房内铺设有防静电地板时，底座应与防静电地板等高。

2. 机柜安装应横平竖直、端正稳固。倾斜度偏差应小于机柜高度的 1‰；同排各种机柜应正面处于同一平面、底部处于同一直线。

3. 除有特定的绝缘隔离、散热、电磁干扰等要求外，机柜应相互紧密靠拢，或用螺栓连接。

4. 机柜间需绝缘隔离时，各种绝缘装置应安装齐全、无损伤。

5. 机柜有抗震设计要求时，机柜的抗震加固措施应符合设计要求。

6. 机柜进线孔应封堵。

检查数量：全部检查。

检验方法：观察、尺量检查。

Ⅱ　一般项目

第 9.2.4 条　机柜内所有设备的紧固件应安装完整、牢固，各种零配件应无脱落。

检查数量：全部检查。

检验方法：观察检查。

第 9.2.5 条　机柜铭牌文字和符号标志应正确、清晰、齐全。

检查数量：全部检查。

检验方法：观察检查。

第 9.2.6 条　机柜漆面色调应一致，并无脱漆现象；机柜金属底座应经热镀锌、涂漆等防腐处理。

检查数量：全部检查。

检验方法：观察检查。

7.3.8.28　轨道验·机-429　走线架、线槽安装检验批质量验收记录

一、适用范围

本表适用于走线架、线槽安装检验批的质量检查验收。

二、表内填写提示

走线架、线槽安装应符合现行国家标准《城市轨道交通信号工程施工质量验收标准》GB/T 50578—2018的相关规定：

Ⅰ　主控项目

第 9.3.1 条　各类走线架、线槽及附件进场时应进行检查，其型号、规格、质量应符合设计要求及相关产品标准的规定。

检查数量：全部检查。

检验方法：对照设计文件检查产品相关质量证明文件，并观察检查外观。

第 9.3.2 条　走线架、线槽的安装位置、安装方法应符合设计要求。

检查数量：全部检查。

检验方法：对照设计文件观察、尺量检查。

第 9.3.3 条　走线架、金属线槽应接地，走线架、金属线槽连接处应电气联通。

检查数量：全部检查。

检验方法：观察、用万用表检查。

Ⅱ　一般项目

第 9.3.4 条　走线架、线槽）安装应符合下列要求：

1. 线槽引入口、接缝处宜采取线缆磨损保护措施；

2. 走线架、线槽安装应平直、稳固。

检查数量：全部检查。

检验方法：观察、尺量检查。

7.3.8.29　轨道验·机-430　光电缆引入及安装检验批质量验收记录

一、适用范围

本表适用于光电缆引入及安装检验批的质量检查验收。

二、表内填写提示

光电缆引入及安装应符合现行国家标准《城市轨道交通信号工程施工质量验收标准》GB/T 50578—2018的相关规定：

Ⅰ　主控项目

第 9.4.1 条　电缆引入信号设备室在转弯时不得有硬弯或背扣，电缆的弯曲半径应符合本规范第 4.3.5 条的规定。

检查数量：全部检查。

检验方法：观察检查。

第 9.4.2 条　分线盘（柜）上的接线端子排列编号应与施工图纸相符，接线端子上的标志应正确清晰。

检查数量：全部检查。

检验方法：观察检查。

第 9.4.3 条　光缆引入及光配线架检验项目及质量要求、检验数量、检验方法应按现行国家标准《城市轨道交通通信工程质量验收标准》GB 50382 的有关规定执行。

Ⅱ　一般项目

第 9.4.4 条　分线盘应与两边墙体固定，其安装高度应符合设计要求。分线柜安装应符合本规范第 9.2.3 条的规定。

检查数量：全部检查。

检验方法：观察、尺量检查。

第 9.4.5 条　引至信号设备室的电缆余留量，应符合本规范第 4.3.9 条规定。电缆引入孔应用防火材料封堵严密。

检查数量：全部检查。

检验方法：观察、尺量检查。

第 9.4.6 条　引入室内的每条电缆应进行标识，标识内容应正确、清晰。

检查数量：全部检查。

检验方法：观察检查。

第 9.4.7 条　从引入口到分线盘（柜）的电缆应有相应防护措施。引入电缆应排列整齐，并分段固定。

检查数量：全部检查。

检验方法：观察检查。

7.3.8.30　轨道验·机-431　操作显示设备安装检验批质量验收记录

一、适用范围

本表适用于操作显示设备安装检验批的质量检查验收。

二、表内填写提示

操作显示设备安装应符合现行国家标准《城市轨道交通信号工程施工质量验收标准》GB/T 50578—2018的相关规定：

Ⅰ 主控项目

第9.5.1条 操作显示设备进场时应进行检查，其型号、规格、质量应符合设计要求及相关产品标准的规定。

检查数量：全部检查。

检验方法：对照设计文件检查产品相关质量证明文件，并观察检查外观。

第9.5.2条 操作显示设备安装位置、整体布局应符合设计要求。

检查数量：全部检查。

检验方法：观察、尺量检查。

第9.5.3条 操作显示设备安装应符合下列要求：

1. 各种接口连接应符合设计要求，应连接正确、牢靠。

2. 操作显示设备配线应采用专用电缆，并有防护措施。

3. 操作显示设备显示屏图像、字符应清晰，键盘、鼠标应操作灵便，打印机、扫描仪等应安装正确。

检查数量：全部检查。

检验方法：观察、测试检查。

第9.5.4条 单元控制台安装应符合下列要求：

1. 控制台表示盘面的布置及表示方式应符合设计要求。

2. 各种指示灯应安装正确，并应显示清晰、亮度均匀。

3. 各种按钮应动作灵活，接点应通/断可靠；插接件应接触紧密、牢固。

4. 控制台内部配线应正确；接地装置应安装牢靠。

5. 各种限流装置容量应符合设计要求；报警装置应安装正确、牢固。

检查数量：全部检查。

检验方法：观察、测试检查。

Ⅱ 一般项目

第9.5.5条 操作显示设备应摆放稳固、整齐，并应方便操作。

检查数量：全部检查。

检验方法：观察、尺量检查。

第9.5.6条 单元控制台应安装稳固，各种紧固零件、门销、加封孔应完整无损。

检查数量：全部检查。

检验方法：观察检查。

7.3.8.31 轨道验·机-432 大屏设备安装检验批质量验收记录

一、适用范围

本表适用于大屏设备安装检验批的质量检查验收。

二、表内填写提示

大屏设备安装应符合现行国家标准《城市轨道交通信号工程施工质量验收标准》GB/T 50578—2018的相关规定：

Ⅰ 主控项目

第9.6.1条 大屏设备进场时应进行检查，其型号、规格、质量应符合设计要求及相关产品标准的规定。

检查数量：全部检查。

检验方法：对照设计文件检查产品相关质量证明文件，并观察检查外观。

第 9.6.2 条　大屏设备的安装位置、屏幕配置及安装方式，应符合设计要求。

检查数量：全部检查。

检验方法：观察、尺量检查。

第 9.6.3 条　大屏设备的控制功能、显示模式应符合设计要求。

检查数量：全部检查。

检验方法：观察、测试检查。

第 9.6.4 条　大屏设备显示屏的分辨率、亮度、清晰度、图像失真、色彩还原、画面稳定无闪烁等显示功能应满足设计要求。

检查数量：全部检查。

检验方法：观察、测试检查。

第 9.6.5 条　大屏设备与其他系统的接口类型、协议、数据等功能应满足设计要求。

检查数量：全部检查。

检验方法：观察、测试检查。

Ⅱ　一般项目

第 9.6.6 条　各种支架、导轨、夹具应安装正确牢固；各部连接件应安装齐全，并应连接紧固、无松动。

检查数量：全部检查。

检验方法：观察检查。

7.3.8.32　轨道验·机-433　电源设备安装检验批质量验收记录

一、适用范围

本表适用于电源设备安装检验批的质量检查验收。

二、表内填写提示

电源设备安装应符合现行国家标准《城市轨道交通信号工程施工质量验收标准》GB/T 50578—2018 的相关规定：

Ⅰ　主控项目

第 9.7.1 条　电源设备及附件、电源线等进场时应进行检查，其型号、规格、质量应符合设计要求及相关产品标准的规定。

检查数量：全部检查。

检验方法：对照设计文件检查产品相关质量证明文件，并观察检查外观。

第 9.7.2 条　电源设备的安装位置、安装方式应符合设计要求。

检查数量：全部检查。

检验方法：观察、尺量检查。

第 9.7.3 条　电源屏的安装应符合下列要求：

1. 各屏排列顺序应符合设计规定，安装应符合规范第 9.2.3 条的规定。

2. 信号两路电源应经专用防雷箱后再引至信号电源屏。引入电源相序与电源屏的相序、屏与屏之间的相序应一致。

3. 电源屏各种按钮应动作灵活，开关应通/断可靠；限流装置容量应符合设计要求；各种模块应安装端正、牢固。

4. 电源屏应可靠接地。

5. 各种指示灯应安装正确，指示灯显示应清晰、亮度均匀；报警装置应安装齐全、完好。

检查数量：全部检查。

检验方法：观察、试验检查。

第 9.7.4 条　不间断电源（UPS）安装应符合下列要求：

1. 机柜应安装端正、稳固，机柜外壳应可靠接地。

2. 蓄电池配置应符合设计要求，连接线应牢固、极性正确。

3. 蓄电池柜应可靠接地。

检查数量：全部检查。

检验方法：观察、用万用表检查。

第 9.7.5 条　电源线布放应符合下列要求：

1. 电源线在防静电地板下布设时，应采用线槽或走线架防护；槽内电源线应布放平直、整齐，槽内底板应清洁，盖板应完好、封盖严密。

2. 电源线在地沟内布设时，应采用电缆。

3. 电源线在线槽内布设时，布放应自然顺直，不得扭绞。

4. 电源线在墙内布设时，宜采用镀锌钢管进行防护；在墙面布线时，应采用金属管（槽）防护；管（槽）在墙面应安装平整、固定牢靠。

检查数量：全部检查。

检验方法：观察检查。

Ⅱ　一般项目

第 9.7.6 条　电源屏应安装端正、稳固；各连接部件应安装齐全、无损伤，并应紧固、无松动。

检查数量：全部检查。

检验方法：观察检查。

第 9.7.7 条　电源屏配线应连接牢固、无松动，配线两端应标志齐全。

检查数量：全部检查。

检验方法：观察检查。

第 9.7.8 条　蓄电池应排列整齐，距离应均匀一致。蓄电池正负极应安装绝缘保护盖。

检查数量：全部检查。

检验方法：观察、尺量检查。

7.3.8.33　轨道验·机-434　室内设备配线检验批质量验收记录

一、适用范围

本表适用于配线检验批的质量检查验收。

二、表内填写提示

配线应符合现行国家标准《城市轨道交通信号工程施工质量验收标准》GB/T 50578—2018 的相关规定：

Ⅰ　主控项目

第 9.8.1 条　各种配线线缆进场时应进行检查，其型号、规格、质量应符合设计要求及相关产品标准的规定。

检查数量：全部检查。

检验方法：对照设计文件检查产品相关质量证明文件，并观察检查外观。

第 9.8.2 条　配线线缆布放应符合下列规定：

1. 配线线缆不得有中间接头或绝缘破损。

2. 信号线、电源线应分开布放，交流和直流配线应分开绑扎。

3. 线缆布放时应有适当的余量，不同用途的载频配线布放方式应符合设计要求。

4. 配线线缆布放弯曲半径应满足线缆最小弯曲半径的要求。

检查数量：全部检查。

检验方法：观察、尺量检查。

第 9.8.3 条　配线连接应符合下列要求：

1. 配线采用接线端子方式连接时，每个端子上的配线不宜超过两个线头。连接时，各线间应用金属垫片隔开。端子根部螺帽应紧固无松动，配线头根部应用塑料套管防护，套管长度应均匀一致。

2. 配线采用焊接方式连按时，严禁使用带腐蚀性的焊剂。焊接应牢固，焊点应饱满光滑、无毛刺，配线应无脱焊、断股现象。

3. 配线采用压接方式连接时，应使用与芯线截面相适应的专用压线工具。压接时接点片与导线应压接牢固、长度适当，配线应无脱股、断股现象。

4. 配纯采用插接方式连战时，应一孔一线，严禁一孔插接多根导线。插接时应采用专用工具操作，多股铜芯线插接前应压接接线帽。

5. 屏蔽线的屏蔽层应与屏蔽端子连接良好。

检查数量：全部检查。

检验方法：观察检查。

Ⅱ　一般项目

第 9.8.4 条　配线电缆终端应固定在机架上，排列应整齐、美观，引出端应标识正确、清晰。

检查数量：全部检查。

检验方法：观察检查。

第 9.8.5 条　配线电缆芯线在连接端子前的扭绞状态应满足设计要求；线头剥切部分芯钱应无伤痕；绕制线环时，线环应按顺时针方向旋转。

检查数量：全部检查。

检验方法：观察检查。

7.3.8.34　轨道验・机-435　防雷设施安装检验批质量验收记录

一、适用范围

本表适用于防雷设施安装检验批的质量检查验收。

二、表内填写提示

防雷设施安装应符合现行国家标准《城市轨道交通信号工程施工质量验收标准》GB/T 50578—2018 的相关规定：

Ⅰ　主控项目

第 10.2.1 条　信号防雷设施进场时应进行检查，其型号、规格、质量应符合设计要求及相关产品标准的规定。

检查数量：全部检查。

检验方法：对照设计文件检查产品相关质量证明文件，并观察检查外观。

第 10.2.2 条　防雷设施的安装位置、安装方式应符合设计要求。

检查数量：全部检查。

检验方法：观察、尺量检查。

第 10.2.3 条　防雷设施的安装应符合下列要求：

1. 防雷设施与被防护设备之间的连接线路宜取最短路径，不应迂回绕接。

2. 防雷设施的配线与其他设备配线应分开布放；其他设备配线不得借用防雷设施的配线端子。

检查数量：全部检查。

检验方法：观察检查。

Ⅱ　一般项目

第 10.2.4 条　防雷设施应安装牢固、可靠，并应标识正确、清晰。

检查数量：全部检查。

检验方法：观察检查。

7.3.8.35 轨道验·机-436 接地装置安装检验批质量验收记录

一、适用范围

本表适用于接地装置安装检验批的质量检查验收。

二、表内填写提示

接地装置安装应符合现行国家标准《城市轨道交通信号工程施工质量验收标准》GB/T 50578—2018的相关规定：

Ⅰ 主控项目

第10.3.1条 接地装置进场时应进行检查，其型号、规格、质量应符合设计要求及相关产品标准的规定。

检查数量：全部检查。

检验方法：对照设计文件检查产品相关质量证明文件，并观察检查外观。

第10.3.2条 接地装置的安装位置、安装方式应符合设计要求。

检查数量：全部检查。

检验方法：对照文件观察、尺量检查。

第10.3.3条 信号设备室内信号接地箱与综合接地箱之间接线应连接正确、可靠。当采用综合接地时，接地电阻不应大于1Ω。

检查数量：全部检查。

检验方法：观察检查，用接地电阻测试仪测试接地电阻。

第10.3.4条 分设接地体的埋深不得小于700mm，距其他设备和建筑物不得小于1500mm。分设接地的接地电阻不应大于4Ω。

检查数量：全部检查。

检验方法：检查随工检验记录，用接地电阻试仪测试接地电阻。

第10.3.5条 电力牵引区段信号设备防护应符合下列要求：

1. 信号干线屏蔽电缆引入室内时，其屏蔽层应接地。

2. 距接触网带电部分小于5000mm的信号设备，其金属外壳应接地。

3. 信号设备的金属外缘距回流线的距离应大于1000mm；当距离不足1000mm时，应加绝缘防护，但不得小于700mm。

检查数量：全部检查。

检验方法：观察、尺量检查。

Ⅱ 一般项目

第10.3.6条 接地体与引接线连接部分应焊接牢固，焊接处应进行防腐处理。

检查数量：全部检查。

检验方法：观察检查。

第10.3.7条 信号接地体应符合设计要求；设计无要求时，宜采用镀锌钢材、铜板、石墨。

检查数量：全部检查。

检验方法：观察检查。

7.3.8.36 轨道验·机-437 试车线设备安装检验批质量验收记录

一、适用范围

本表适用于试车线设备安装检验批的质量检查验收。

二、表内填写提示

试车线设备安装应符合现行国家标准《城市轨道交通信号工程施工质量验收标准》GB/T 50578—2018的相关规定：

Ⅰ 主控项目

第 11.2.1 条 试车线轨旁设备的安装应符合本规范第 7 章的相关规定。

第 11.2.2 条 删除室内设备的安装应符合本标准第 9 章的规定。

7.3.8.37 轨道验・机-438 试车线系统功能检验检验批质量验收记录

一、适用范围

本表适用于试车线系统功能检验批的质量检查验收。

二、表内填写提示

试车线设备系统功能应符合现行国家标准《城市轨道交通信号工程施工质量验收标准》GB/T 50578—2018 的相关规定：

Ⅰ 主控项目

第 11.3.1 条 试车线设备的系统功能检验应符合本规范第 15.2 节的规定。

第 11.3.2 条 试车线设备的列车自动运行功能应符合本标准第 17.2 节的规定。

7.3.8.38 轨道验・机-439 设备标识检验批质量验收记录

一、适用范围

本表适用于设备标识检验批的质量检查验收。

二、表内填写提示

设备标识应符合现行国家标准《城市轨道交通信号工程施工质量验收标准》GB 50578—2018 的相关规定：

Ⅰ 主控项目

第 12.2.1 条 室外信号设备标识的名称及编号书写、标识的位置应满足设计要求：

第 12.2.2 条 室内主体机柜的颜色应符合设计要求。

检查数量：全部检查。

检验方法：观察检查。

7.3.8.39 轨道验・机-440 硬面化检验批质量验收记录

一、适用范围

本表适用于硬面化检验批的质量检查验收。

二、表内填写提示

硬面化应符合现行国家标准《城市轨道交通信号工程施工质量验收标准》GB/T 50578—2018 的相关规定：

Ⅰ 主控项目

第 12.3.1 条 硬面化范围、硬面化用混凝土的强度及硬面化的上部厚度应符合设计要求。

检查数量：全部检查。

检验方法：观察、尺量检查。

第 12.3.2 条 相邻设备宜采用同一个围桩及硬面化处理。

第 12.3.3 条 硬面化表面应平整光洁无裂纹，并应无缺边掉角现象。

检查数量：全部检查。

检验方法：观察检查。

Ⅱ 一般项目

7.3.8.40 轨道验・机-441 室内单项试验检验批质量验收记录

一、适用范围

本表适用于室内单项试验检验批的质量检查验收。

二、表内填写提示

室内单项试验应符合现行国家标准《城市轨道交通信号工程施工质量验收标准》GB/T 50578—

2018 的相关规定：

Ⅰ 主控项目

第 13.2.1 条 联锁设备功能性试验应符合设计要求。

检查数量：全部检查。

检验方法：试验、检查。监理单位见证。

第 13.2.2 条 电源设备试验应符合下列要求：

1. 各种电源输出电压值测试应符合设计要求，并无接地、混电现象。

2. 主、副电源应切换（包括自动和手动）可靠，切换时间和电压稳定度应符合设计要求。

3. 不间断电源的输出电压、频率、满负荷放电时间及超载性能应符合设计要求。

4. 电源设备对地绝缘电阻值应符合设计要求。

5. 电源故障报警功能应试验正常。

6. 密封式铅酸蓄电池的均充电压、浮充电压、端电压均衡性、内阻、容量应满足设计要求。

检查数量：全部检查。

检验方法：试验、检测。监理单位见证。

第 13.2.3 条 车站联锁试验应符合下到要求：

1. 进路联锁表所列的每条列车/调车进路的建立与取消、信号机开放与关闭、进路锁闭与解锁等项目的试验，应保证联锁关系正确并符合设计要求。

2. 进路不应建立敌对进路，敌对信号不得开放；建立进路时，与该进路无关的设备不得误动作，列车防护进路应正确和完整。

3. 站内联锁设备与区间、站（场）间的联锁关系应符合设计要求。

4. 计算机联锁设备的采集单元与采集对象、驱动单元与执行器件的状态应一致。

检查数量：全部检查。

检验方法：对照设计联锁表，逐项进行检测、试验。监理单位旁站监理。

第 13.2.4 条 车站联锁设备故障报警信号应及时、准确、可靠。

检查数量：全部检查。

检验方法：试验检查。监理单位旁站监理。

7.3.8.41 轨道验·机-442 室外单项试验检验批质量验收记录

一、适用范围

本表适用于室外单项试验检验批的质量检查验收。

二、表内填写提示

室外单项试验应符合现行国家标准《城市轨道交通信号工程施工质量验收标准》GB/T 50578—2018 的相关规定：

Ⅰ 主控项目

第 13.3.1 条 信号机试验应符合下列要求：

1. 信号机光源的额定电压、灯光色显应正确，调整显示距离应符合设计要求。

2. 色灯信号机正常点灯时，应点亮主灯丝。设有灯丝转换装置的信号机，主、副灯丝转换应可靠，并能及时接通报警电路。

3. LED 信号机正常工作时全部灯管应点亮。当 LED 灯管故障数达到或超过报警门限值时，正常 LED 灯管应继续点亮，并能及时接通报警电路。

检查数量：全部检查。

检验方法：试验、检查。监理单位见证。

第 13.3.2 条 道岔转辙设备试验应符合下列要求：

1. 道岔在定位或反位状态时：尖轨与基本轨密贴应良好；道岔在正常转换时，电机不应空转。

2. 道岔尖轨因故不能转换或转换中途受阻时，电动转辙机应使电机克服摩擦连接力空转；电液转辙机应打开溢流阀排流。

3. 转辙设备可动部分在转动过程中应动作平稳、灵活、无卡阻现象，杆件连接部位旷量应符合设计要求。

4. 道岔的转换动程、外锁闭量以及转换时间、动作电流与故障电流等主要性能指标应符合设计要求。

5. 在道第一牵引点锁闭杆中心处的尖轨与基本轨间有4mm及以上间隙时，道岔不得锁闭；其他牵引点处的不锁闭间隙应符合设计要求。

6. 转辙机内表示系统的动接点与定接点在接触状态时，接点相互接触深度不应小于4mm，动接点前端边缘与定接点座的距离不应小于2mm。在挤岔状态时，转辙机表示系统的定位、反位接点应可靠断开。

7. 转辙机开启机盖或插入手摇把时，其安全接点应可靠断开，非经人工恢复不得接通启动电路；关闭机盖时安全接点应接触良好。

检查数量：全部检查。

检验方法：试验、检测。监理单位见证。

第13.3.3条　轨道电路试验应符合下列要求：

1. 调整状态下轨道电路接收端接收到的信号强度（电压和电流）不应小于接收设备要求的最低输入工作值。

2. 在轨道电路区段内任何地点用标准分路灵敏电阻分路导线对钢轨进行分路时，轨道电路接收到的信号强度（电压和电流）应低于接收设备要求的最大可靠落下（释放）值。标准分路灵敏度电阻应符合相应的轨道电路的设计规定值。

3. 轨道电路极性、相位、频率检测应满足设计要求。

4. 轨道电路测试盘所测试区段与室外实际区段应一致，测试盘上的测试数据与相应轨道继电器线圈上的测试数据应相同。

检查数量：全部检查。

检验方法：试验、检测。监理单位见证。

第13.3.4条　计轴区段试验应符合下列规定：

1. 室外磁头的工作频率及工作电压应满足设计要求；

2. 计轴系统运算设备采集脉冲并进行轮对计数的功能应正常；

3. 计轴区段板卡记录的测试区段占用与空闲状态应与室外实际一致，区段内计数轮对数应与实际一致。

检查数量：全部检查。

检验方法：试验、检测。监理单位见证。

7.3.8.42　轨道验·机-443　综合试验检验批质量验收记录

一、适用范围

本表适用于综合试验检验批的质量检查验收。

二、表内填写提示

综合试验应符合现行国家标准《城市轨道交通信号工程施工质量验收标准》GB/T 50578—2018的相关规定：

Ⅰ　主控项目

第13.4.1条　应检查进路上道岔、信号机和区段的联锁，联锁条件不符时，严禁进路开通；敌对进路必须相互照查，不得同时开通。

检验数量：全部检查。

检验方法：试验检查。见证检验。

第 13.4.2 条　装设引导信号的信号机因故不能开放时，应通过引导信号实现列车的引导作业。当装设引导信号的信号机因故不能开放，且引导进路道岔失去表示时，应通过引导总锁闭实现列车的引导作业。

第 13.4.3 条　室内、外设备一致性检验应符合下列要求：

1 控制台（显示器）上复示信号显示与室外对应信号机的信号显示含义应一致，灯丝断丝报警功能符合设计要求；

2 室外轨道电路位置与控制台（显示器）上的轨道区段表示应一致；

3 室外道岔实际定/反位位置与控制台（显示器）上的道岔位置表示相符；操作道岔时，室外道岔转换设备动作状态与室内有关设备动作状态应一致。

4 室外其他设备状态与控制台（显示器）上的相关表示应一致。

检验数量：全部检查。

检验方法：试验检查。见证检验。

第 13.4.4 条　正线与车辆基地间、试车线与车辆基地间的接口测试及功能检验应符合设计要求。

检查数量：全部检查。

检验方法：试验、检查。监理单位旁站监理。

7.3.8.43　轨道验·机-444　数据通信系统检验检验批质量验收记录

一、适用范围

本表适用于数据通信系统检验批的质量检查验收。

二、表内填写提示

数据通信系统应符合现行国家标准《城市轨道交通信号工程施工质量验收标准》GB/T 50578—2018 的相关规定：

Ⅰ　主控项目

第 14.2.1 条　无线网络冗余功能应符合设计满足和现行行业标准《城市轨道交通基于通信的列车自动控制系统技术要求》CJ/T 407 的规定。

检查数量：全部检查。

检验方法：在车载侧和轨旁设备侧进行模拟故障测试，列车按设计运营速度进行全线路检测，地面操控配合随车观察、测试检验。见证检验。

第 14.2.2 条　数据通信网络系统的下列保护倒换和恢复自愈功能应满足设计要求和现行行业标准《城市轨道交通基于通信的列车自动控制系统技术要求》CT/T 407 的规定：

1. 车载网络的倒换与恢复；

2. 轨旁网络的倒换与恢复；

3. 骨干传输网络的倒换与恢复；

4. 地面控制中心网络的倒换与恢复。

检查数量：全部检查。

检验方法：在车载侧和地面侧进行模拟故障测试，列车按设计运营速度进行全线路检测，地面操控配合随车观察、测试检验。见证检验。。

第 14.2.3 条　数据通信网络系统的下列安全功能应满足设计要求和现行行业标准《城市轨道交通基于通信的列车自动控制系统技术要求》CJ/T 407 的规定：

1. 车地无线网络的用户权限、接入访问、数据加密机制等安全功能；

2. 数据网络系统安全策略。

检查数量：全部检查。

检验方法：在无线网络和有线网络侧进行各类安全模拟攻击测试，列车按设计运营速度进行全线路检测，地面操控配合随车观察、测试检验。见证检验。

第 14.2.4 条　数据通信网络在设计运营速度的下列第通信传输性能应满足设计要求和现行行业标准《城市轨道交通基于通信的列车自动控制系统技术要求》CJ/T 407 的规定：

1. 无线网络信号强度覆盖；
2. 无线网络越区切换时延和成功率；
3. 车地间传输通道的端对双向传输数据吞吐量；
4. 车地间传输通道的端对丢包率；
5. 车地间传输通道的时延；
6. 最大网络保护倒换时间。

检验数量：全部检查。

检验方法：在车载侧和地面侧进行网络性能测试，列车按设计运营速度进行全线路检测，地面操控配合随车观察、测试检验。见证检验。

7.3.8.44　轨道验·机-445　列车自动防护系统（ATP）功能检验检验批质量验收记录

一、适用范围

本表适用于列车自动防护系统（ATP）功能检验批的质量检查验收。

二、表内填写提示

列车自动防护系统（ATP）功能应符合现行国家标准《城市轨道交通信号工程施工质量验收标准》GB/T 50578—2018 的相关规定：

Ⅰ　主控项目

第 15.2.1 条　列车下列驾驶模式应符合设计要求：

1. 限制人工模式。
2. 非限制人工模式。
3. 列车自动保护人工模式。
4. 列车自动运行模式。
5. 列车自动折返模式。
6. 无人驾驶模式。

检查数量：全部检查。

检验方法：地面操控配合随车观察、试验检查。监理单位见证。

第 15.2.2 条　列车下列安全控制功能应满足设计要求：

1. 列车安全运行间隔功能。
2. 列车超速防护功能。
3. 列车溜逸与退行防护功能。
4. 移动授权功能；
5. 列车紧急停车功能；
6. 区域封锁功能；
7. 临时限速功能。

检查数量：全部检查。

检验方法：地面操控配合随车观察、试验检查。监理单位见证。

第 15.2.3 条　列车车门的下列安全控制功能应满足设计要求：

1. 正常开关车门功能；
2. 非正常状态下的车门安全防护功能；
3. 人工切除车门防护功能。

检查数量：全部检查。

检验方法：地面操控配合随车观察、试验检查。监理单位见证。

第 15.2.4 条　站台屏蔽门的下列自动控制功能应满足设计要求：

1. 正常开关站台屏蔽门功能；

2. 互锁解除功能。

检查数量：全部检查。

检验方法：地面操控配合随车观察、试验检查。监理单位见证。

第 15.2.5 条　ATP 系统的下列故障报警功能应满足设计要求：

1. 对各种事件、设备故障、报警信息等实时记录功能；

2. 对记录的输出、回放查询、统计等功能；

3. 记录保持时间；

4. 日志功能；

5. 系统自诊断报警功能。

检查数量：全部检查。

检验方法：地面操控配合随车观察、试验检查。监理单位见证。

第 15.2.6 条　各种信号驾驶模式下的车载设备人机界面信息显示功能应满足设计要求。

检查数量：全部检查。

检验方法：地面操控配合随车观察、试验检查。监理单位见证。

7.3.8.45　轨道验·机-446　列车自动监控系统（ATS）功能检验检验批质量验收记录

一、适用范围

本表适用于列车自动监控系统（ATS）功能检验批的质量检查验收。

二、表内填写提示

列车自动监控系统（ATS）功能应符合现行国家标准《城市轨道交通信号工程施工质量验收标准》GB/T 50578—2018 的相关规定：

Ⅰ　主控项目

第 16.2.1 条　操作模式功能应符合设计要求。操作模式功能应验证下列内容：

1. 有时刻表的自动控制模式。

2. 无时刻表的自动控制模式和人工控制模式。

检查数量：全部检查。

检验方法：试验检查。监理单位见证。

第 16.2.2 条　ATS 系统的优先级控制应符合下列规定：

1. 人工控制优先自动控制；

2. 车站自动控制应优先远程自动控制；

3. 在正常情况下，车站控制权和中央控制权之间的转换应经过授权；

4. 在紧急情况下，车站可不经控制中心同意立即获得紧急站授权。

检查数量：全部检查。

检验方法：试验检查。监理单位见证。

第 16.2.3 条　系统的下列信息显示功能应满足设计要求：

1. 应实时显示全线轨道线路布置图、列车位置信息、列车车次号信息、进路及道岔、信号机、地面占用检查设备等轨旁设备的状态；

2. 在 CBTC 级别模式下，还应实时显示列车的驾驶模式、列车所处的运行级别等车载设备的状态以及列车的车门状态、站台屏蔽门状态、临时限速等信息的功能；

3. 系统设置、修改、移动、取消、查询列车识别号、列车位置等信息的功能；

4. 回放模式；

5. 模拟模式；
检查数量：全部检查。
检验方法：试验检查。监理单位见证。
第 16.2.4 条　ATS 系统的下列控制功能应符合设计要求：
1. 信号控制、包括进路控制、信号机控制、岔道控制、终端模式设置；
2. 自动进路控制，包括连续通过进路、车次号触发进路、接近触发进路；
3. 列车折返控制，包括列车自动折返、列车人工折返；
4. 站台控制，包括停站时间设置、扣车及停站终止等；
5. 临时限速控制。
检查数量：全部检查。
检验方法：试验检查。监理单位见证。
第 16.2.5 条　系统的下列列车运行调整功能应满足设计要求：
1. 列车交会、冲突时的调度管理功能；
2. 时刻表和追踪间隔自动监督和调整列车运行功能；
3. 控制列车在车站停车的功能；
4. 扣车功能；
5. 跳停功能；
6. 提前发车功能；
7. 区间运行时分调整；
8. 车站停站时分调整；
9. 列车增减调整。
检查数量：全部检查。
检验方法：试验检查。监理单位见证。
第 16.2.6 条　列车最小运行间隔和折返时间应满足设计要求。
检查数量：全部检查。
检验方法：试验检查。监理单位见证试验。
第 15.2.7 条　列车运行时刻表的编制及管理功能应符合设计要求。
检查数量：全部检查。
检验方法：试验检查。监理单位见证。
第 16.2.8 条　报表、操作记录等日志管理及打印功能应满足设计要求。
检查数量：全部检查。
检验方法：试验检查。监理单位见证。
第 16.2.9 条　对报警和事件管理功能应符合设计要求。
检查数量：全部检查。
检验方法：试验检查。监理单位见证。
第 16.2.10 条　系统的下列权限管理功能应满足设计要求：
1. 登录用户管理功能；
2. 控制区域管理功能。
检查数量：全部检查。
检验方法：试验检查。监理单位见证。

7.3.8.46　轨道验·机-447　列车自动运行系统（ATO）功能检验检验批质量验收记录

一、适用范围
本表适用于列车自动运行系统（ATO）功能检验批的质量检查验收。

二、表内填写提示

列车自动运行系统（ATO）功能应符合现行国家标准《城市轨道交通信号工程施工质量验收标准》GB/T 50578—2018 的相关规定：

Ⅰ 主控项目

第 17.2.1 条 列车速度控制功能应符合设计要求。列车速度控制功能应验证下列内容：

1. 在规定允许的范围内自动调节列车运行速度。

2. 在规定的停车点停车并满足停车精度的要求。

3. 应能支持多级别的速度、加速度和制动率调整。

检查数量：全部检查。

检验方法：地面操控配合随车观察、试验检查。监理单位见证试验。

第 17.2.2 条 列车自动折返功能应符合设计要求。列车自动折返功能应验证停车精度能满足停站、折返和存车作业的要求。

检查数量：全部检查。

检验方法：地面操控配合随车观察、试验检查。监理单位见证试验。

第 17.2.3 条 车门/屏蔽门自动控制功能应符合设计要求。车门/屏蔽门自动控制功能应验证下列内容：

1. 根据车载 ATP 接收到的信息能以手动或自动方式控制车门。

2. 列车车门开启前 ATO 系统自动确认车速为零。

3. 列车停车位置及开门方位准确。

检查数量：全部检查。

检验方法：地面操控配合随车观察、试验检查。监理单位见证试验。

第 17.2.4 条 故障报警功能应符合设计要求。故障报警功能应验证下列内容：

1. 对各种事件、设备故障、报警信息等实时记录功能；

2. 对记录的输出、回放查询、统计等功能；

3. 记录保存时间；

4. 日志功能；

5. 系统自诊断报警功能。

检查数量：全部检查。

检验方法：试验检验。监理单位见证试验。

7.3.8.47 轨道验·机-448 列车自动控制系统（ATC）功能检验检验批质量验收记录

一、适用范围

本表适用于列车自动控制系统（ATC）功能检验批的质量检查验收。

二、表内填写提示

列车自动控制系统（ATC）功能应符合现行国家标准《城市轨道交通信号工程施工质量验收标准》GB/T 50578—2018 的相关规定：

Ⅰ 主控项目

第 18.2.1 条 ATC 系统应进行下列项目的综合检验，并应符合设计和相关技术要求：

1. ATP、ATO 和 ATS 系统的接口性能测试。

2. 正线进路的行车试验。

3. 系统运营能力检验。

4. 144h 系统运行试验。

检查数量：全部检查。

检验方法：试验检查。监理单位见证。

第 18.2.2 条　ATC 系统降级运行功能应符合设计要求。

检查数量：全部检查。

检验方法：试验检查。监理单位见证。

7.3.9　自动售检票系统

7.3.9.1　轨道验·机-449　管槽安装检验批质量验收记录

一、适用范围

本表适用于管槽安装检验批质量验收记录。

二、表内填写提示

管槽安装应符合现行国家标准《城市轨道交通自动售检票系统工程质量验收标准》GB/T 50381—2018：

Ⅰ　主控项目

4.2.1　金属配管预埋的质量应符合下列规定：

1. 管件的规格、型号、数量应符合设计要求。

2. 金属配管严禁采用对口熔焊连接；镀锌和壁厚小于或等于 2mm 的钢导管，严禁采用套管熔焊连接。

3. 当金属配管采用螺纹连接时，连接处的两端必须保证可靠接地连通。

4. 镀锌的钢导管、可挠性导管不得熔焊跨接接地线，以专用接地卡跨接的两卡间连线为铜芯软导线时，截面面积不小于 $4mm^2$。

检验数量：全部检查。

检验方法：观察、测量、进行样品制作试验。

4.2.2　金属线槽预埋的质量应符合下列规定：

1. 金属线槽预埋的规格、型号、数量应符合设计要求。

2. 金属线槽出线盒处应采取防水、防尘措施，能承受车站地面相同的压力，并应符合设计要求。

检验数量：全部检查。

检验方法：观察、测量。

4.2.3　分向盒、接线盒预埋的质量应符合下列规定：

1. 分向盒、接线盒的规格、型号、数量应符合设计要求。

2. 分向盒、接线盒处应采取防水、防尘措施，能承受车站地面相同的压力，并应符合设计要求。

检验数量：全部检查。

检验方法：观察、用万用表测量。

4.2.4　金属线槽、金属导管、接线盒、分向盒必须电气连接，且必须可靠接地。

检验数量：全部检查。

检验方法：观察、用万用表测量。

4.2.5　当金属线槽、金属导管及可挠性导管经过建筑物伸缩缝、沉降缝时，两相邻线槽、导管之间应预留 5～10mm 的间隙或设伸缩节。

检验数量：全部检查。

检验方法：观察、测量。

Ⅱ　一般项目

4.2.6　线槽的安装质量应符合下列规定：

1. 线槽平整，内部光洁、无毛刺、加工尺寸准确。

2. 线槽连接牢固，无明显的变形。

3. 明敷的直线段金属线槽长度超过 30m 时设伸缩节。

检验数量：抽验 10%。

检验方法：随工检验、检查随工检验记录。

4.2.7 预制金属弯管时，弯成的角度不应小于90°；弯曲半径不应小于管外径的10倍，管弯处不应有裂缝和明显的弯扁。

检验数量：抽验10%。

检验方法：随工检验、检查随工检验记录。

4.2.8 暗配的金属导管，其填埋深度与建筑物、构筑物表面的距离不应小于15mm；金属导管应排列整齐，固定点间距应均匀，安装牢固；在金属导管的终端、弯头中点或柜、台、箱、盘等边缘的距离150mm～500mm范围内应设有管卡，中间直线段管卡间的最大距离应符合表4.2.8的规定。

管卡间最大距离 **表4.2.8**

敷设方式	导管种类	导管直径（mm）				
		15～20	25～32	32～40	50～65	65以上
		管卡间最大距离（m）				
暗配	壁厚>2mm刚性钢导管	1.5	2	2.5	2.5	3.5
	壁厚≤2mm刚性钢导管	1	1.5	2	—	—
	刚性绝缘导管	1	1.5	1.5	2	2

检验数量：抽验10%。

检验方法：随工检验、检查随工检验记录。

4.2.9 当金属导管管路较长或有弯时，宜加装分向盒。2个分向盒之间的距离应符合下列规定：

1. 对直线管路，不超过30m。
2. 当2个分向盒之间有1个弯时，不超过20m。
3. 当2个分向盒之间有2个弯时，不超过15m。
4. 当2个分向盒之间有3个弯时，不超过8m。

检验数堂：抽验10%。

检验方法：随工检验、检查随工检验记录。

4.2.10 当管路经过建筑物的伸缩缝和沉降缝时，应采取保护措施。

检验数量：全部检查。

检验方法：随工检验、检查随工检验记录。

4.2.11 可挠性导管敷设应符合下列规定：

1. 可挠性导管与金属导管或电气设备、器具间的连接应采用专用接头；可挠性导管的连接处应密封良好，防水覆盖层应完整无损。
2. 可挠性导管不得作接地的接续导体。
3. 可挠性导管经过建筑物伸缩缝和沉降缝时，采取保护措施。

检验数量：对本条第1、2款抽验10%，本条第3款全部检验。

检验方法：随工检验、检查随工检验记录。

7.3.9.2 轨道验·机-450 管槽接头检验批质量验收记录

一、适用范围

本表适用于管槽接头检验批质量验收记录。

二、表内填写提示

管槽接头应符合现行国家标准《城市轨道交通自动售检票系统工程质量验收标准》GB/T 50381—2018：

Ⅰ 主控项目

4.3.1 金属导管与金属导管、金属导管与分向盒的连接应紧密、牢固。

检验数量：抽验10%。

检验方法：随工检验、检查随工检验记录。

4.3.2 金属导管与金属导管、金属导管与分向盒的连接处应做防水处理。

检验数量：抽验10%。

检验方法：随工检验、检查随工检验记录。

7.3.9.3 轨道验·机-451 管槽封口检验批质量验收记录

一、适用范围

本表适用于管槽封口检验批质量验收记录。

二、表内填写提示

管槽封口应符合现行国家标准《城市轨道交通自动售检票系统工程质量验收标准》GB/T 50381—2018：

Ⅰ 主控项目

4.4.1 所有预埋管的头部应进行封堵，防止杂物进入。

检验数量：全部检查。

检验方法：随工检验、检查随工检验记录。

4.4.2 预埋线槽的端头应设堵头进行封口，并应采取防水、防尘措施。

检验数量：全部检查。

检验方法：随工检验、检查随工检验记录。

Ⅱ 一般项目

4.4.3 当预埋管引出地面时，管口应光滑，管口宜高出基础面50mm～80mm。

检验数量：全部检查。

检验方法：随工检验、检查随工检验记录。

4.4.4 当预埋线槽引出地面时，槽口应光滑，槽口宜高出基础面50mm～80mm。

检验数量：全部检查。

检验方法：随工检验、检查随工检验记录。

7.3.9.4 轨道验·机-452 桥架安装检验批质量验收记录

一、适用范围

本表适用于桥架安装检验批质量验收记录。

二、表内填写提示

桥架安装应符合现行国家标准《城市轨道交通自动售检票系统工程质量验收标准》GB/T 50381—2018：

Ⅰ 主控项目

4.5.1 桥架安装的质量检验应符合下列规定：

1. 桥架的规格、型号、质量、数量符合设计要求。
2. 桥架和引入或引出的金属导管保证可靠接地。
3. 桥架全长与接地干线连接不少于2处。
4. 桥架间连接板的两端保证可靠接地连通。

检验数量：全部检验。

检验数量：全部检验。

4.5.2 当桥架经过伸缩缝、沉降缝时，在工艺上应采取保护措施。

检验数量：全部检验。

Ⅱ 一般项目

4.5.3 桥架的安装质量除应符合本规范第4.5.1条的规定外，还应符合下列规定：

1. 桥架水平安装的支架间距不大于2m；垂直安装的支架间距不大于2m；桥架安装横平竖直，排列整齐，弯曲度一致；桥架水平度每米偏差不超过2mm。

2. 桥架与支架、桥架连接板之间的螺栓紧固，螺母位于桥架外侧。

3. 桥架敷设在易燃易爆气体管道和热力管道的下方，当设计无要求时，桥架与管道的最小间距，应符合表4.5.3的规定。

桥架与管道的最小间距（m） **表4.5.3**

管道类别		平行间距	交叉间距
一般工艺管道		0.4	0.3
易燃易爆气体管道		0.5	0.5
热力管道	有保温层	0.5	0.3
	无保温层	1	0.5

检验数量：抽验10%。

检验方法：观察、尺量检查。

7.3.9.5 轨道验·机-453 线缆敷设检验批质量验收记录

一、适用范围

本表适用于线缆敷设检验批质量验收记录。

二、表内填写提示

线缆敷设应符合现行国家标准《城市轨道交通自动售检票系统工程质量验收标准》GB/T 50381—2018：

Ⅰ 主控项目

5.1.1 数据线缆、电源电缆和控制电缆的型号、规格、数量和质量应符合设计要求。

检验数量：全部检查。

检验方法：对照设计文件检查，检查外观。

5.1.2 数据线缆、控制电缆和电源电缆应分管分槽敷设。线缆出入口处，应做密封处理并满足防火要求。

检验数量：全部检查。

检验方法：观察检查。

5.1.3 配线用的分线设备及部件的绝缘电阻应符合设备技术条件的规定。

检验数量：全部检查。

检验方法：观察检查并用绝缘测试器测试。

Ⅱ 一般项目

5.1.4 数据线缆、控制电缆和电源电缆在管槽内敷设的质量应符合下列规定：

1. 管槽内线缆敷设应平直，无扭绞、打圈等现象。线缆在管槽内应无接头。

2. 线槽敷设截面利用率不应大于50%。当3根及以上绝缘导线敷设于同一根防护管时，其总截面积（含防护层）不宜超过管内截面的40%；2根绝缘导线敷设于同一根管时，管内径不宜小于2根绝缘导线外径之和的1.35倍。

3. 线缆敷设时应留有一定余量，在设备出线处根据实际情况预留。

4. 敷设于水平线槽内的线缆，每隔3m～5m宜绑扎固定；敷设于垂直线槽内的线缆每隔2m宜绑扎固定。

5. 线缆两端及经过分线盒应有标签，标明线缆的起始和终端位置，标签应清晰、准确、牢固。

检验数量：全部检查。

检验方法：观察检查。

5.1.5　AFC设备的室内配线高度应一致，与其他管线交叉或穿越墙壁和楼板时应进行防护。

检验数量：抽验10%。

检验方法：观察检查。

7.3.9.6　轨道验·机-454　线缆引入检验批质量验收记录

一、适用范围

本表适用于线缆引入检验批质量验收记录。

二、表内填写提示

线缆引入应符合现行国家标准《城市轨道交通自动售检票系统工程质量验收标准》GB/T 50381—2018：

Ⅰ　主控项目

5.2.1　配线设备的型号、规格、数量应符合设计要求。配线设备的绝缘电阻应符合设备技术条件规定。

检验数量：全部检查。

检验方法：对照设计文件检查，检查外观并用绝缘测试器测试。

Ⅱ　一般项目

5.2.2　线缆引入、成端的质量应符合下列规定：

1. 线缆引入时，引入口处加防护。

2. 配线设备端子跳线排列整齐顺直。配线箱底孔引进电缆后堵牢。

检验数量：抽验10%。

检验方法：观察检查。

5.2.3　线缆应有明显标志，并应标明线缆的型号、长度。

检验数量：全部检查。

检验方法：观察检查。

7.3.9.7　轨道验·机-455　线缆接续检验批质量验收记录

一、适用范围

本表适用于线缆接续检验批质量验收记录。

二、表内填写提示

线缆接续应符合现行国家标准《城市轨道交通自动售检票系统工程质量验收标准》GB/T 50381—2018：

Ⅰ　主控项目

5.3.1　光纤接续应符合下列规定：

1. 单模光纤接续平均损耗不大于0.1dB，多模光纤接续平均损耗不大于0.2dB。

2. 光纤的弯曲半径不小于40mm。

检验数量：全部检查。

检验方法：观察、用光时域反射仪（OTDR）测量接续损耗、尺量检查弯曲半径。

5.3.2　数据电缆终接应符合下列规定：

1. 线缆在终接前，必须核对缆线标识内容的正确性。

2. 线缆中间无接头。

3. 线缆终接处必须牢固，接触良好。

4. 对绞电缆终接应符合下列要求：

1）对绞电缆与连接器件连接应认准线号、线位色标，不得颠倒和错接。

2）终接时每对对绞线应保持扭绞状态，扭绞松开长度不应对于5类电缆不应大于13mm，对于6

类电缆应尽是保持扭绞状态，减少扭绞松开长度。

3）对绞线与 8 位模块式通用插座相连时，必须按色标和线对顺序进行卡接。在同一工程中，T586A 和 T586B 两种连接方式只能采用一种，不应混合使用。

4）屏蔽对绞电缆的屏蔽层与连接器件终接处屏蔽罩应通过紧固器件可靠接触，缆线屏蔽层应与连接器件屏蔽罩 360°圆周接触，接触长度不宜小于 10mm。屏蔽层不应用于受力的场合。

5）对不同的屏蔽对绞线和屏蔽电缆，屏蔽层应采用不同的端接方法，应对编织层或金属箔与汇流导线进行有效的端接。

6）每个 2 口 86 面板底盒宜终接 2 条对绞电缆或 1 根 2 芯/4 芯光缆，不宜兼做过路盒使用。

检验数量：抽验 30％。

检验方法：观察、用万用表测量。

5.3.3 电源电缆接续应符合下列规定：

1. 电源电缆接续应正确。

2. 电源电缆的芯线与电气设备的连接应符合下列规定：

1）截面面积在 $10mm^2$ 及以下的单股铜芯线直接与设备的端子连接。

2）截面面积在 $2.5mm^2$ 及以下的多股铜芯线拧紧搪锡或接续端子后与设备端子连接。

3）截面面积大于 $2.5mm^2$ 的多股铜芯线，除设备自带插接式端子外，焊接或压接端子后再与设备端子连接；多股铜芯线与插接式端子连接前，端部拧紧搪锡。

3. 每个设备的端子接线不应多于 2 根电线。

4. 电源电缆的芯线连接管和端子规格与芯线的规格适配，且不得采用开口端子。

检验数量：抽验 30％。

检验方法：观察检查、用万用表测量。

7.3.9.8 轨道验·机-456 线缆特性检测检验批质量验收记录

一、适用范围

本表适用于线缆特性检测检验批质量验收记录。

二、表内填写提示

线缆特性检测应符合现行国家标准《城市轨道交通自动售检票系统工程质量验收标准》GB/T 50381—2018：

Ⅰ 主控项目

5.4.1 控制电缆线间和线对地间的绝缘电阻值应大于 0.5MΩ。

检验数量：全部检验。

检验方法：用绝缘测试器测量。

5.4.2 光线路特性指标应符合下列规定：

1. 每根光纤接续损耗平均值应符合下列指标：

单模光纤 $\bar{\alpha}\leqslant 0.1$dB（1310nm、1550nm）；

多模光纤 $\bar{\alpha}\leqslant 0.2$dB。

2. 光纤线路衰减测试值应小于光纤线路衰减计算值。光纤线路衰减计算值应按下式计算：

$$\alpha_1=\alpha_0 L+\bar{\alpha}n+\alpha_c m \tag{5.4.2}$$

式中：α_1——光纤线路衰减计算值（dB）；

α_0——光纤衰减标称值（dB/km）；

$\bar{\alpha}$——光缆段每根光纤接头平均损耗（dB）；

单模光纤 $\bar{\alpha}\leqslant 0.08$dB（1310nm、1550nm）；

多模光纤 $\bar{\alpha}\leqslant 0.2$dB。

α_c——光纤活动连接器平均损耗（dB）；

单模光纤 α_c ≤0.7dB；

多模光纤 α_c ≤1.0dB。

L——光缆段长度（km）；

n——光缆段内每根光纤接头数；

m——光缆段内每根光纤活动连接器数。

3. 光缆布线链路的衰减（或介入损耗〕在规定的传输窗口不应大于表 5.4.2-1 的规定。

光缆布线链路的衰减　　表 5.4.2-1

布线	链路长度	衰减（dB）			
		单模光纤		多模光纤	
		1310nm	1550nm	850nm	1300nm
水平	100	2.2	2.2	2.5	2.5
配线（水平）子系统	500	2.7	2.7	3.9	2.6
干线（垂直）子系统	1500	3.6	3.6	7.4	3.6

4. 光缆布线链路的最小光回波损耗应大于表 5.4.2-2 的规定。

光缆布线链路的最小光回波损耗　　表 5.4.2-2

类别	单模光纤		多模光纤	
波长（nm）	1310	1550	850	1300
光回波损耗（dB）	26	26	20	20

检验数量：全部检查。

检验方法：用网络分析仪测试衰减、波长和回波损耗。

5.4.3　数据电缆的特性指标应符合现行国家标准《综合布线系统工程验收规范》GB 50312 中的有关规定。

检验数量：全部检查。

检验方法：用以太网电缆测试仪测试。

7.3.9.9　轨道验·机-457　车站终端设备安装检验批质量验收记录

一、适用范围

本表适用于车站终端设备安装检验批质量验收记录。

二、表内填写提示

车站终端设备安装应符合现行国家标准《城市轨道交通自动售检票系统工程质量验收标准》GB/T 50381—2018：

Ⅰ　主控项目

6.2.1　终端设备的进场质量应符合下列规定：

1. 设备安装前对设备进行开箱检查，设备完好无缺、附件资料齐全。

2. 终端设备的型号、规格、质量和数量符合设计要求。

3. 终端设备外形完好，表面无划痕及破损；设备的外形尺寸、设备内的各主要部件及接线端口的型号、规格符合设计要求。

4. 终端设备接地点和设备接地必须连接可靠。

5. 终端设备构件连接紧密、牢固，安装用的紧固件有防锈层。

检验数量：全部检查。

检验方法：对照设计文件检查，检查外观。

Ⅱ 一般项目

6.2.2 终端设备安装的质量应符合下列规定：

1. 设备安装位置符合设计要求。

2. 设备安装的通道宽度符合设计要求。

3. 各类终端设备周围留出足够的操作和维护空间。

4. 设备、底座安装牢固，底座与地面间做防水处理；设备安装垂直、水平偏差小于2mm，自动检票机水平间隔偏差小于5mm。

检验数量：抽查30%。

检验方法：对照设计文件检查，检查外观，尺量观察。

6.2.3 安装于自动检票机上方的出入导向显示设备应安装牢固，安装位置符合设计要求。

检验数量：全部检查。

检验方法：对照设计文件观察检查，检查外观，尺量观察。

7.3.9.10 轨道验·机-458 机房设备安装检验批质量验收记录

一、适用范围

本表适用于机房设备安装检验批质量验收记录。

二、表内填写提示

机房设备安装应符合现行国家标准《城市轨道交通自动售检票系统工程质量验收标准》GB/T 50381—2018：

Ⅰ 主控项目

6.3.1 服务器、工作站、交换机、打印机、编码分拣机、票卡清洗机、个性化票卡制作设备、图形输入设备和机柜的型号、规格、质量和数量应符合设计要求。

检验数量：抽验30%。

检验方法：对照设计文件检查，检查外观。

6.3.2 各种机柜插接件应插接准确、牢固。

检验数量：全部检查。

检验方法：对照设计文件检查。

Ⅱ 一般项目

6.3.3 服务器、工作站、交换机、打印机和编码分拣机、票卡清洗机、个性化票卡制作设备、图形输入设备的安装应稳定、牢固，位置应准确，并应符合设计要求。

检验数量：全部检查。

检验方法：观察、检查。

6.3.4 机柜的安装质量应符合下列规定：

1. 机柜固定牢固、垂直、水平，最大允许偏差为2mm。

2. 同列机柜正面位于同一平面，最大允许偏差为5mm。

3. 防静电地板下基础底座安装牢固，底座上平面与地板上平面一致。

检验数量：全部检查。

检验方法：观察、尺量检查。

6.3.5 设备的附件应齐全完整。

检验数量：全部检查。

检验方法：观察、检查。

6.3.6 设备的机箱漆饰应良好，没有明显色差，不得有严重脱漆和锈蚀。

检验数量：全部检查。

检验方法：观察、检查。

7.3.9.11　轨道验·机-459　紧急按钮安装检验批质量验收记录

一、适用范围

本表适用于紧急按钮安装检验批质量验收记录。

二、表内填写提示

紧急按钮安装应符合现行国家标准《城市轨道交通自动售检票系统工程质量验收标准》GB/T 50381—2018：

Ⅰ　主控项目

6.4.1　紧急按钮安装的质量应符合下列规定：

1. 紧急按钮在车站综合后备盘（IBP盘）上的安装应牢固，并便于操作，并有明显醒目的标志。

2. 引入电缆或引出线采用屏蔽保护措施。

检验数量：全部检查。

检验方法：观察、尺量检查。

7.3.9.12　轨道验·机-460　设备配线检验批质量验收记录

一、适用范围

本表适用于设备配线检验批质量验收记录。

二、表内填写提示

设备配线应符合现行国家标准《城市轨道交通自动售检票系统工程质量验收标准》GB/T 50381—2018：

Ⅰ　主控项目

6.5.1　设备的配线线缆的规格、型号应符合设计要求。

检验数量：抽验10%。

检验方法：观察、检查。

Ⅱ　一般项目

6.5.2　设备的配线线缆不得破损、受潮、扭曲、折皱；配线转弯的弯曲半径不得小于线缆直径的5倍。在进、出设备的部位和转弯处，应固定牢固。

检验数量：抽验10%。

检验方法：观察、检查。

6.5.3　设备的配线线缆中间不得有接头，连接方式应符合设计要求。

检验数量：抽验10%。

检验方法：观察、检查。

6.5.4　设备间的线缆布放应平直整齐；绑扎应牢固。

检验数量：抽验10%。

检验方法：观察、检查。

7.3.9.13　轨道验·机-461　自动检票机检测检验批质量验收记录

一、适用范围

本表适用于自动检票机检测检验批质量验收记录。

二、表内填写提示

自动检票机检测应符合现行国家标准《城市轨道交通自动售检票系统工程质量验收标准》GB/T 50381—2018：

Ⅰ　主控项目

8.2.1　自动检票机与车站计算机间双向通信应正常，并应能及时将交易数据上传车站计算机系统，并在车站计算机系统上显示交易记录。

检验数量：全部检查。

检验方法：用车票通过自动检票机，并在车站计算机上查看交易记录。

8.2.2　自动检票机主要性能应符合表8.2.2中的有关规定：

自动检票机主要性能　　表8.2.2

<table>
<tr><td colspan="3">项目</td><td>要求</td></tr>
<tr><td colspan="3">单张车票处理时间（包括检查、编码、校验等）/s</td><td>≤0.30</td></tr>
<tr><td colspan="3">单张车票回收处理时间（包括检查、编码、校验、无效退出等）/s</td><td>≤0.50</td></tr>
<tr><td colspan="3">门式自动检票机的闸门打开时间（检查车票为有效后）/s</td><td>≤0.50</td></tr>
<tr><td rowspan="3">通过能力/(人/min)</td><td colspan="2">转杆式自动检票机</td><td>≥25</td></tr>
<tr><td rowspan="2">门式自动检票机</td><td>无回收票</td><td>≥30</td></tr>
<tr><td>有回收票</td><td>≥25</td></tr>
<tr><td rowspan="2">通道净宽/mm</td><td colspan="2">常规通道</td><td>≥500</td></tr>
<tr><td colspan="2">宽通道</td><td>900</td></tr>
<tr><td colspan="3">自动检票机宽度/mm</td><td>≤300</td></tr>
<tr><td rowspan="2">储值票总容量</td><td colspan="2">卡片型车票/张</td><td>≥1500</td></tr>
<tr><td colspan="2">筹码型车票/枚</td><td>≥2000</td></tr>
</table>

检验数量：全部检查。

检验方法：用多人、多张车票（包括储值票及单程票等），依次快速通过自动检票机，观察显示数据及闸门状态，检测自动检票机的主要性能。

8.2.3　安装在自动检票机上的读写装置与各种车票（包括单程票和储值票等）的读写感应距离应符合设计要求。

检验数量：全部检查。

检验方法：用各种车票在自动检票机上使用，检测读写装置与车票的感应距离。

8.2.4　自动检票机正常模式应符合下列规定：

1. 自动检票机的出口和入口方向显示允许通行和禁止通行标志。

2. 在回收车票时，如有多个票箱，票箱之间能自动切换。当设备内票箱渐满至系统设定值时，自动检票机能向车站计算机系统告警。

3. 自动检票机的乘客显示器和方向指示器能实时反映车票信息、通行指示和设备状态信息。

4. 在处理特种车票时，有声光进行提示，并符合设计要求。

5. 当双向自动检票机在一端使用时，另一端暂停使用，且乘客显示屏和方向指示器作显示相应提示。

检验数量：全部检查。

检验方法：实测检查。

8.2.5　当使用正常车票时，自动检票机应自动完成进站和出站通行，进出站人数应与相应的车票使用次数相一致。

检验数量：全部检查。

检验方法：用正常车票进行自动检票机的进站和出站通行试验。

8.2.6　当使用非正常车票时，自动检票机的乘客显示器应能显示提示信息，并应有声光告警，自动检票机的处理方式应符合设计要求。

检验数量：全部检查。

检验方法：用非正常车票进行自动检票机的进站和出站通行试验。

8.2.7　在紧急模式下，启动紧急按钮或计算机系统上的紧急模式，所有自动检票机闸锁应立即全部解锁处于常开状态，乘客可不使用车票快速通过自动检票机出站。所有自动检票机均应显示禁止进站标志和允许出站标志。

检验数量：全部检查。

检验力法：进行自动检票机紧急模式试验。

8.2.8 当自动检票机正在交易遇电源中断时，自动检票机应能完成最后一笔交易并应保证交易记录不丢失。自动检票机闸锁应即刻解锁，乘客不使用车票可通过自动检票机出站。

检验数量：全部检查。

检验方法：进行自动检票机的交易中断电试验。

8.2.9 当无票强行进站或出站时，自动检票机应能在保证安全的情况下，阻止进站或出站，并应有声光告警。

检验数量：全部检查。

检验方法：做强行进站和出站试验。

8.2.10 安装于自动检票机上方的出入导向显示装置的显示应与自动检票机的方向指示器显示相一致。

检验数量：全部检查。

检验方法：观察、检查。

8.2.11 当自动检票机同时检测到多张车票待处理时，应按设计要求的流程处理。

检验数量：全部检查。

检验方法：进行多张车票进站和出站试验。

8.2.12 自动检票机的乘客显示器所显示的内容和信息，应符合设计要求。

检验数量：全部检查。

检验方法：观察、检查。

8.2.13 在与线路中央计算机系统及车站计算机系统通信中断时，应支持离线模式运行，保存数据的时间应符合设计要求，当通信恢复后，应能自动上传未传数据。

检验数量：全部检查。

检验方法：进行自动检票机通信中断的试验。

8.2.14 自动检票机的安全检测应符合下列规定：

1. 自动检票机的所有金属外壳或机体应可靠接地，其保护接地导体和保护连接导体应符合系统设计的有关要求。

2. 当乘客通过自动检票机时，应确保安全。

3. 当乘客携带符合规定的行李通过门式自动检票机时，应确保安全通过。

检验数量：全部检查。

检验方法：按要求进行安全检测。

7.3.9.14 轨道验·机-462 半自动售票机检测检验批质量验收记录

一、适用范围

本表适用于半自动售票机检测检验批质量验收记录。

二、表内填写提示

半自动售票机检测应符合现行国家标准《城市轨道交通自动售检票系统工程质量验收标准》GB/T 50381—2018：

Ⅰ 主控项目

8.3.1 半自动售票机与车站计算机系统间双向通信正常，应能及时将交易数据上传车站计算机系统，并在车站计算机系统上显示交易记录。

检验数量：全部检查。

检验方法：用车票在半自动售票机上进行操作，并在车站计算机上查看交易记录。

8.3.2 半自动售票机的基本功能应符合下列规定：

1. 具有权限登录功能，记录所有人员的登录及退出数据，当操作员班次结束时，自动生成班次报告。

2. 具备相应的安全措施。

3. 打印有关车票及现金处理单据。

4. 对车票进行处理时，操作显示器显示车票处理及分析信息，并显示下一步操作的指示信息。在进行现金处理时，显示有关现金处理信息。操作显示器显示系统及设备状态信息。

5. 乘客显示器显示相关的车票分析、处理结果、现金信息。在未登录前或半自动售票机发生故障时，乘客显示器显示暂停服务的信息；在设备正常登录后，乘客显示器显示正常服务的信息。

6. 在与线路中央计算机及车站计算机通信中断时，能在离线模式下工作，保存数据的时间应符合设计要求。在通信恢复后，能自动上传未传送的数据。

检验数量：全部检查。

检验方法：按基本功能要求进行实测。

8.3.3 半自动售票机应对车票做以下内容的检查：

1. 密钥安全性。

2. 黑名单。

3. 未初始化。

4. 已初始化。

5. 使用地点、时间。

6. 余值/乘次。

7. 有效期。

8. 进出次序。

9. 更新信息。

10. 超程。

11. 超时等。

检验数量：全部检查。

检验方法：使用半自动售票机对车票进行实测。

8.3.4 车票发售时，显示器应显示下列内容：

1. 赋值前，操作显示器显示将发售车票的类型、将赋值金额等相关信息，乘客显示器显示将发售车票的金额等相关信息。

2. 赋值后，操作显示器及乘客显示器显示将发售车票赋值后的金额。

检验数量：全部检查。

检验方法：进行半自动售票机车票发售时显示功能试验。

8.3.5 单张车票的处理时间应小于1秒。有自动出票功能时，车票处理时间应符合设计要求。

检验数量：全部检查。

检验方法：进行半自动售票机车票处理速度测试。

8.3.6 车票充值时，显示器应显示下列内容：

1. 充值前，操作显示器及乘客显示器显示车票的余值等信息。

2. 充值后，操作显示器及乘客显示器显示车票的新余值等信息。

3. 充值失败，操作显示器显示失败信息并发出声音提示。

检验数量：全部检查。

检验方法：使用半自动售票机对车票进行加值试验。

8.3.7 车票更新应符合下列规定：

1. 若车票存在两种或以上需要同时更新的项目，则对每项更新处理进行确认。

2. 进行更新处理时，半自动售票机更新车票的进出站状态、时间及车费更新标志等编码信息。

3. 更新时有车票记录日期。

4. 车票的可更新次数限制，符合设计要求。

5. 黑名单或未初始化的无效车票不得予以更新。

6. 操作显示器显示车票的分析结果、历史交易数据及车票状态。

7. 乘客显示器显示车票的分析结果、余值。

检验数量：全部检查。

检验方法：进行半自动售票机车票更新功能试验。

8.3.8　在收款处理时，相应信息应在操作显示器及乘客显示器显示。

检验数量：全部检查。

检验方法：进行半自动售票机收款处理时显示试验。

8.3.9　半自动售票机所有金属外壳或机体应可靠接地，其保护接地导体和保护连接导体应符合系统设计的有关要求。

检验数量：全部检查。

检验方法：按要求进行安全检测。

7.3.9.15　轨道验·机-463　自动售票机检测检验批质量验收记录

一、适用范围

本表适用于自动售票机检测检验批质量验收记录。

二、表内填写提示

自动售票机检测应符合现行国家标准《城市轨道交通自动售检票系统工程质量验收标准》GB/T 50381—2018：

Ⅰ　主控项目

8.4.1　自动售票机与车站计算机系统间双向通信正常时，应能及时将交易记录上传车站计算机系统并在车站计算机系统上显示交易记录。

检验数量：全部检查。

检验方法：在自动售票机上进行售票试验。

8.4.2　自动售票机具有多种操作模式，符合设计要求。

检验数量：全部检查。

检验方法：进行每种操作模式测试。

8.4.3　自动售票机的基本功能应符合下列规定：

1. 发售有效车票。

2. 密钥安全性检查。

3. 能够向车站计算机系统上传车票处理交易、设备运行状态等数据，接收车站计算机系统或线路中央计算机系统下达的命令、票价表、黑名单及其他参数等数据，并对版本控制参数执行自动生效处理。

4. 支持自动接收硬币、纸币、储值票和银行卡等一种或数种支付方式。

5. 在线路中央计算机系统及车站计算机系统通信中断时，能在离线模式下工作，保存数据的时间应符合设计要求。在通信恢复正常后，能自动上传未传送的数据。

检验数量：全部检查。

检验方法：对照功能要求逐项检查试验。

8.4.4　自动售票机的找零功能应符合设计要求。

检验数量：全部检查。

检验方法：进行找零功能检查试验。

8.4.5　售票操作功能正常，并符合下列规定：

1. 选择票种、张数以后，乘客显示器应显示相应的收费金额。

2. 乘客显示器应实时显示乘客投入金额或需投入的金额。当投入金额大于或等于所需车费时，开始发售车票并找零，应符合设计要求。

3. 无效操作可通过不同声响或在乘客显示器上有明确提示信息。

4. 出票口、退币口及找零口有车票、硬币或纸币时，宜有明显的声音提示和指示灯指示。

检验数量：全部检查。

检验方法：对照功能要求逐项检查试验。

8.4.6　车票发售功能正常，并应符合下列规定：

1. 车票处理模块应能一次性发售单张或多张车票。

2. 车票及找零宜同时进入出票/找零处，并应有声光提示。

3. 单张车票的发售时间应≤3s。

检验数量：全部检查。

检验方法：对功能要求逐项检查试验。

8.4.7　硬币处理模块功能正常，并应符合下列规定：

1. 硬币处理模块可接受硬币种类的参数设置。

2. 可接受硬币种类的数量符合设计要求。

3. 真币的接收率和假币的拒绝率，符合设计要求，无法识别的硬币给予退币处理。

4. 找零硬币的种类及每种硬币的存币量符合设计要求。

5. 硬币暂存器的容量符合设计要求。

6. 硬币找零器的容量符合设计要求。

7. 暂停服务或关闭时，投币口关闭。

检验数量：全部检查。

检验方法：对照功能要求逐项检查试验。

8.4.8　纸币处理模块功能正常，并应符合下列规定：

1. 纸币处理模块可接受纸币种类的参数设置。

2. 可接受纸币种类的数量符合设计要求。

3. 纸币真币检测准确率和假币拒绝率符合设计要求，无法识别的纸币给予退币处理。

4. 找零纸币的种类及每种纸币的存币量符合设计要求。

5. 纸币暂存器的容量符合设计要求。

6. 自动售票机暂停接收纸币、暂停服务或关闭时，投币口关闭。

检验数量：全部检查。

检验方法：对照功能要求逐项检查试验。

8.4.9　钱箱功能正常，并应符合下列规定：

1. 钱箱的钱币存放容量符合设计要求。

2. 监测钱箱内钱币“将满”及“满”的状态。

3. 当钱箱的状态信息发生变化时，应立即上传至车站计算机。

4. 钱箱具有电子身份识别功能。

5. 钱箱带有安全锁装置，从自动售票机取走钱箱时，设备将暂停服务。

检验数量：全部检查。

检验方法：进行钱箱功能试验。

8.4.10　自动售票机开门时应进行安全识别检测，应有输入身份识别码和操作密码的时间限制，并有超时报警，同时上传至车站计算机。

检验数量：全部检查。

检验方法：进行开门及身份识别码和密码验证试验。

8.4.11 设备断电后应能完成最后一次的交易处理，并应保证交易记录不丢失。

检验数量：全部检查。

检验方法：进行断电试验。

8.4.12 在购票操作时，当出现不按规定操作的动作，系统应能自动提示，提示内容应符合设计要求。

检验数量：全部检查。

检验方法：进行非正常购票操作试验。

8.4.13 自动售票机所有金属外壳或机体应可靠接地，其保护接地导体和保护连接导体应符合系统设计的有关要求。

检验数量：全部检查。

检验方法：按要求进行安全检测。

7.3.9.16 轨道验·机-464 自动加值机、自动验票机、便携式验票机检测检验批质量验收记录

一、适用范围

本表适用于自动加值机、自动验票机、便携式验票机检测检验批质量验收记录。

二、表内填写提示

自动加值机、自动验票机、便携式验票机检测应符合现行国家标准《城市轨道交通自动售检票系统工程质量验收标准》GB/T 50381—2018：

Ⅰ 主控项目

8.5.1 自动充值验票机与车站计算机系统间双向通信正常时，应能及时将相关数据上传车站计算机系统，并在车站计算机系统上显示记录。

检验数量：全部检查。

检验方法：用车票在自动充值验票机上进行充值测试。

8.5.2 自动充值验票机的自助式充值功能，应符合设计要求。

检验数量：全部检查。

检验方法：进行自动充值试验。

8.5.3 自动充值验票机应能通过乘客显示器显示所验车票的车票号、票内余额、有效期、卡状态以及最近几次消费交易等信息。

检验数量：全部检查。

检验方法：进行验票试验。

8.5.4 对无效车票进行验票和充值时，应有相应的提示并拒绝验票和充值。

检验数量：全部检查。

检验方法：进行无效车票充值和验票试验。

8.5.5 纸币处理模块功能应符合下列规定：

1. 纸币处理模块可接受纸币种类的参数设置。

2. 可接受纸币种类的数量符合设计要求。

3. 纸币真币检测准确率和假币拒绝率，符合设计要求，无法识别的纸币给予退回处理。

4. 纸币暂存器的容量符合设计要求。

5. 暂停接收纸币、暂停服务或关闭时，投币口关闭。

检验数量：全部检查。

检验方法：对照功能设计要求逐项检查试验。

8.5.6 在验票或充值操作时，当出现不按规定操作的动作，设备应有相应的提示，提示内容应符合设计要求。

检验数量：全部检查。

检验方法：进行非正常操作试验。

8.5.7　自动充值验票机开门时应进行安全识别检测，有输入身份识别码和操作密码的时间限制，并有超时报警，同时上传至车站计算机。

检验数量：全部检查。

检验方法：进行开门及身份识别码和密码验证试验。

8.5.8　装卸钱箱时应通过身份密码指令验证，记录相应信息，并应上传车站计算机。

检验数量：全部检查。

检验方法：进行装卸钱箱试验。

8.5.9　便携式验票机应能通过显示器显示车票的车票号、票内余额、有效期、卡状态等信息。

检验数量：全部检查。

检验方法：进行读票试验。

8.5.10　自动充值验票机所有金属外壳或机体应可靠接地，其保护接地导体和保护连接导体应符合系统设计的有关要求。

检验数量：全部检查。

检验方法：按要求进行安全检测。

7.3.9.17　轨道验·机-465　车站局域网检测检验批质量验收记录

一、适用范围

本表适用于车站局域网检测检验批质量验收记录。

二、表内填写提示

车站局域网检测应符合现行国家标准《城市轨道交通自动售检票系统工程质量验收标准》GB/T 50381—2018：

Ⅰ　主控项目

9.1.1　车站局域网应保证连通性。

检验数量：全部检查。

检验方法：用计算机在与车站局域网相连的任意网络设备上进行网络连通性检测。

9.1.2　网络设备的性能应符合设计要求。

检验数量：全部检查。

检验方法：用网络分析仪测试。

9.1.3　网络系统容量、带宽、延时、丢包率、流量控制性能应符合设计要求。

检验数量：全部检查。

检验方法：用网络分析仪测试。

7.3.9.18　轨道验·机-466　车站计算机系统功能检测检验批质量验收记录

一、适用范围

本表适用于车站计算机系统功能检测检验批质量验收记录。

二、表内填写提示

车站计算机系统功能检测应符合现行国家标准《城市轨道交通自动售检票系统工程质量验收标准》GB/T 50381—2018：

Ⅰ　主控项目

9.2.1　车站计算机与中央计算机系统间应双向通信正常。

检验数量：全部检查。

检验方法：通过车站计算机测试。

9.2.2　车站计算机系统与本车站所有终端设备间应双向通信正常。

检验数量：全部检查。

检验方法：通过车站计算机测试。

9.2.3　设备状态显示和监视功能应正常，并应符合下列规定：

1. 监视显示屏上显示的车站终端设备基本布置、数量应与实际相一致，且收费区和非收费区明确显示。

2. 监视显示屏上显示的车站终端设备图标，能明确区分设备种类和设备号。

3. 能监视车站设备的运行状态，有变化或异常时能声光提示，能用颜色的不同显示来区分事件或故障类别，并能记录形成报表，符合设计要求。

4. 在系统、网络、设备等状态发生变化后，能自动接收其状态数据，监视器在5秒时间内有声光告警。

5. 按照系统参数设置的查询频率能查询车站设备的状态数据。

6. 能保存所有接收的设备状态数据。

检验数量：全部检查。

检验方法：进行监视功能试验。

9.2.4　车站计算机下达运行控制命令的功能正常，同时应符合下列规定：

1. 可以选择控制单台、一组、一类或车站全部设备的运行模式，如：正常服务、关闭、暂停服务、维修测试、故障、离线、双向自动检票机的单向进出或双向模式、紧急模式等。

2. 查询车站设备状态、寄存器数据和参数管理等信息，符合设计要求。

3. 对于双向自动检票机，可设置为仅进站、仅出站或双向模式。

4. 触发设备的各类数据上传，符合设计要求。

5. 上传寄存器数据、设备状态等数据信息。

检验数量：全部检查。

检验方法：进行控制功能试验。

9.2.5　运营模式设置功能正常，并应符合下列规定：

1. 设置本车站的运营模式：正常模式、降级运行模式、紧急模式等均符合设计要求。

2. 设置本车站的运营模式的实时性，响应时间符合设计要求。

检验数量：全部检查。

检验方法：进行运营模式设置试验。

9.2.6　参数管理功能正常，并应符合下列规定：

1. 查询车站系统当前使用的各类参数版本。

2. 查询终端设备当前使用的各类参数版本。

3. 查询参数版本的实时性，响应时间符合设计要求。

4. 参数同步功能正常。

检验数量：全部检查。

检验方法：进行参数管理功能试验。

9.2.7　设备软件管理功能正常，并应符合下列规定：

1. 显示车站系统当前使用的各类设备软件版本。

2. 查询终端设备当前使用的软件版本。

3. 软件版本查询的实时性，响应时间符合设计要求。

4. 下发软件功能正常及时，符合设计要求。

7.3.9.19　轨道验·机-467　紧急按钮检测检验批质量验收记录

一、适用范围

本表适用于紧急按钮检测检验批质量验收记录。

二、表内填写提示

紧急按钮检测应符合现行国家标准《城市轨道交通自动售检票系统工程质量验收标准》GB/T 50381—2018：

Ⅰ 主控项目

9.3.1 紧急按钮按下时，应能向车站设备发出紧急放行命令，并应在车站计算机和中央计算机上显示。

检验数量：全部检查。

检验方法：进行紧急按钮按下试验。

9.3.2 紧急按钮恢复后，所有车站设备应能自动恢复正常运行，车站计算机和中央计算机应记录该状态。

检验数量：全部检查。

检验方法：进行紧急按钮恢复试验。

7.3.9.20 轨道验·机-468 线路中央计算机系统局域网检验批质量验收记录

一、适用范围

本表适用于线路中央计算机系统局域网检验批质量验收记录。

二、表内填写提示

线路中央计算机系统局域网应符合现行国家标准《城市轨道交通自动售检票系统工程质量验收标准》GB/T 50381—2018：

Ⅰ 主控项目

10.1.1 线路中央计算机系统应与车站计算机系统通信正常，线路中央计算机系统局域网应保证连通性。

检验数量：全部检查。

检验方法：用计算机在与线路中央计算机系统局域网相连的任意网络设备上进行网络连通性检测。

10.1.2 网络设备的性能应符合设计要求。

检验数量：全部检查。

检验方法：用网络分析仪测试。

10.1.3 网络系统容量、带宽、延时、丢包率、流量控制性能应符合设计要求。

检验数量：全部检查。

检验方法：用网络分析仪测试。

10.1.4 局域网系统的冗余度应符合设计要求。

检验数量：全部检查。

检验方法：模拟网络设备故障，观察网络的冗余保护措施。

7.3.9.21 轨道验·机-469 线路中央计算机系统功能检测检验批质量验收记录

一、适用范围

本表适用于线路中央计算机系统功能检测检验批质量验收记录。

二、表内填写提示

线路中央计算机系统功能检测应符合现行国家标准《城市轨道交通自动售检票系统工程质量验收标准》GB/T 50381—2018：

Ⅰ 主控项目

10.2.1 车站系统运行模式监视和设置功能正常，并应符合下列规定：

1. 监视显示屏上显示的线路车站图正确无误，并显示各车站系统当前的运行模式。

2. 监视显示屏上应显示车站设备布局图，并显示相应设备的运行状态。

3. 设置车站的运营模式：正常模式、降级运行模式、紧急摸式等均符合设计要求。

4. 设置车站的运营模式的实时性，响应时间符合设计要求。
检验数量：全部检查。
检验方法：进行运行模式监视和设置试验。
10.2.2 车票管理功能正常，并应符合下列规定：
1. 车票动态库存管理功能。
2. 车票查询、统计功能。
3. 监控车票编码分拣设备。
检验数量：全部检查。
检验方法：进行车票管理功能试验。
10.2.3 参数管理功能正常，并应符合下列规定：
1. 查询各类参数的版本。
2. 编辑各类线路参数的草稿版本。
3. 向指定车站同步各类参数。
4. 查询参数版本的实时性，响应时间符合设计要求。
检验数量：全部检查。
检验方法：进行参数符理功能试验。
10.2.4 用户及权限管理功能应符合设计要求。
检验数量：全部检查。
检验方法：进行用户及权限管理功能试验。
10.2.5 实时客流统计的实时性应符合设计要求。
检验数量：全部检查。
检验方法：进行实时客流统计试验。
10.2.6 设备软件管理功能正常，并应符合下列规定：
1. 对终端设备软件包进行版本管理。
2. 查询设备当前使用的软件版本号。
3. 将系统中保存的终端设备软件包发送给指定车站、设备。
4. 软件版本查询的实时性，响应时间符合设计要求。
5. 下发软件功能正常及时，符合设计要求。
检验数量：全部检查。
检验方法：进行设备软件管理功能试验。
10.2.7 日终处理、运营报表和交易数据查询功能正常，并应符合下列规定：
1. 操作界面上能实时显示日终处理的状态。
2. 日终处理的时效性，符合设计要求。
3. 查询以往运营日的日终处理情况的时效性，符合设计要求。
4. 成功完成日终处理后，自动生成并可打印各种运营报表。
5. 运营报表的种类符合设计要求。
6. 运营报表与实际相一致。
7. 报表查询的实时性，符合设计要求。
8. 交易数据查询响应时间，符合设计要求。
检验数量：全部检查。
检验方法：进行日终处理、运营报表和交易数据查询试验。
10.2.8 应急票发售和缴销功能正常，并应符合下列规定：
1. 应急票的预赋值发行，符合设计要求。

2. 应急票的缴销，符合设计要求。

3. 预赋值、出售和缴销信息记录，可生成查询和统计报表，符合设计要求。

检验数量：全部检查。

检验方法：实测检查。

10.2.9　系统后台处理功能应满足下列要求：

1. 系统能及时采集并上传交易、寄存器、事件和状态数据。

2. 数据采集的实时性要求。

3. 系统能及时将各种参数接收、保存并准确下发到车站计算机系统。

4. 在系统、网络、设备均运行正常的情况下，接收清分系统下发的参数后，或在操作界面下达参数下发命令后，下发完成时间符合设计要求。

5. 系统的单日客流处理能力和高峰客流处理能力，符合设计要求。

6. 系统应能保存交易数据的时间符合设计要求。

检验数量：全部检查。

检验方法：进行系统后台处理试验。

10.2.10　与时钟系统同步功能正常，符合设计要求。

检验数量：全部检查。

检验方法：进行时间同步功能试验。

10.2.11　维修管理功能正常，并应符合下列规定：

1. 故障监控。

2. 部件管理。

3. 维护统计。

检验数量：全部检查。

检验方法：进行线路中央计算机系统维修管理功能测试。

10.2.12　线路中央编码分拣机系统的功能正常，并应符合下列规定：

1. 车票初始化。

2. 车票分拣。

3. 车票赋值和预赋值。

4. 车票的注销和更新。

5. 授权认证管理功能。

6. 从线路中央计算机系统下载参数信息。

7. 向线路中央计算机系统上传数据信息。

检验数量：全部检查。

检验方法：对照功能要求逐项检查试验。

7.3.9.22　轨道验·机-470　票务清分系统计算机局域网检验批质量验收记录

一、适用范围

本表适用于票务清分系统计算机局域网检验批质量验收记录。

二、表内填写提示

票务清分系统计算机局域网应符合现行国家标准《城市轨道交通自动售检票系统工程质量验收标准》GB/T 50381—2018：

Ⅰ　主控项目

11.1.1　票务清分系统应与线路中央计算机系统通信正常，清分系统计算机局域网应保证连通性。

检验数量：全部检查。

检验方法：用计算机在与票务清分系统计算机局域网相连的任意网络设备上进行网络连通性检测。

11.1.2　网络设备的性能应符合设计要求。

检验数量：全部检查。

检验方法：用网络分析仪测试。

11.1.3　网络系统容量、带宽、延时、丢包率、流量控制性能应符合设计要求。

检验数量：全部检查。

检验方法：用网络分析仪测试。

11.1.4　局域网系统的冗余应符合设计要求。

检验数量：全部检查。

检验方法：模拟网络设备故障，观察网络的冗余保护措施。

7.3.9.23　轨道验·机-471　票务清分系统功能检测检验批质量验收记录

一、适用范围

本表适用于线路票务清分系统功能检测检验批质量验收记录。

二、表内填写提示

票务清分系统功能检测应符合现行国家标准《城市轨道交通自动售检票系统工程质量验收标准》GB/T 50381—2018：

Ⅰ　主控项目

11.2.1　清分规则功能检测应符合下列规定：

1. 路网基本信息管理。

2. 售票界面的维护功能。

3. 车票类型表参数管理。

4. 节假日、高峰时段等其他业务参数管理。

5. 清分比例表计算及调整。

6. 换乘规则计算及调整。

7. 路网费率表计算及调整。

8. 参数下发。

检验数量：全部检查。

检验方法：进行清分规则功能的检测。

11.2.2　安全管理功能应符合下列规定：

1. 密钥管理，包括密钥的生成、发布、导出和导入。

2. SAM 卡的管理。

3. 安全认证。

检验数量：全部检查。

检验方法：进行安全管理功能的检测。

11.2.3　车票管理功能应符合下列规定：

1. 车票发行管理，包括车票类型定义、初始化编码、发行等。

2. 车票调配管理。

3. 车票分拣和注销管理。

4. SAM 卡库存管理。

检验数量：全部检查。

检验方法：进行车票管理功能的检测。

11.2.4　消息报文传输和转接功能应符合下列规定：

1. 消息报文接收。

2. 消息报文转接。

3. 消息报文发送。

检验数量：全部检查。

检验方法：进行消息报文传输和转接的检测。

11.2.5 交易清分功能应符合下列规定：

1. 清分处理，包括发售收益统计、运营收益统计、运营交易数据清分、对账结算。

2. 客流统计、分析。

3. 日终处理。

4. 运营报表。

检验数量：全部检查。

检验方法：进行交易清分功能的检测。

11.2.6 应用业务管理功能应符合下列规定：

1. 信息版本控制。

2. 系统代码参数配置。

3. 数据导入和导出管理。

4. 基础信息管理和信息发布。

5. 运营模式管理。

6. 车票黑名单管理。

7. 业务监控管理，主要是通信连接状态、客流、车票调配等。

8. 应用进程管理。

9. 应急票预授权管理。

10. 票卡应用信息查询。

11. 可疑账和挂失管理。

检验数量：全部检查。

检验方法：进行应用业务管理功能的检测。

11.2.7 清分系统应具有与其他相关清算系统的数据交换能力和清算功能，并应符合设计要求。

检验数量：全部检查。

检验方法：做数据交换功能测试。

11.2.8 基本性能应符合下列规定：

1. 处理能力：单日客流处理能力、高峰客流处理能力和报表查询能力。

2. 存储容量。

3. 系统用户管理。

4. 数据归档和备份。

5. 系统数据恢复。

6. 系统日志管理。

7. 新线接入功能。

检验数量：全部检查。

检验方法：进行基本性能的检测。

11.2.9 清分系统与时钟系统同步功能正常，符合设计要求。

检验数量：全部检查。

检验方法：进行时间同步功能试验。

11.2.10 票务清分中心编码分拣机系统的功能正常，并应符合下列规定：

1. 车票初始化。

2. 车票分拣。

3. 车票的注销和更新。
4. 授权认证管理功能。
5. 从票务清分系统下载参数信息。
6. 向票务清分系统上传数据信息。
检验数量：全部检查。
检验方法：对照功能要求逐项检查试验。

7.3.9.24　轨道验·机-472　容灾备份功能检测检验批质量验收记录

一、适用范围
本表适用于容灾备份功能检测检验批质量验收记录。
二、表内填写提示
容灾备份功能检测应符合现行国家标准《城市轨道交通自动售检票系统工程质量验收标准》GB/T 50381—2018：
Ⅰ　主控项目
11.3.1　容灾计算机系统与票务清分系统通信正常，容灾系统计算机局域网应保证连通性。
检验数量：全部检查。
检验方法：用计算机在与容灾系统计算机局域网连接的网络设备上进行网络连通性检验。
11.3.2　容灾功能正常，并应符合下列规定：
1. 具有清分系统主要功能，与清分系统保持同步。
2. 票务清分系统发生故障时，能切换到容灾系统，可承担清分系统的主要职能。
3. 清分系统的数据失效时，能启动容灾系统的备用数据。
检验数量：全部检查。
检验方法：对容灾功能进行检测。
11.3.3　数据备份和恢复功能正常，并应符合下列规定：
1. 容灾系统根据相应备份策略，对清分系统日常数据能实现在线同步备份。
2. 系统需要恢复时，可从容灾系统获取最近的可用的全量或增量备份数据，恢复至上次备份时状态。
3. 备份原则能根据不同数据特征制订。
4. 能定期对备份数据的正确性和完整性进行检验。
检验数量：全部检查。
检验方法：对数据备份和恢复功能进行检测。

7.3.9.25　轨道验·机-473　网络化运营验收检测检验批质量验收记录

一、适用范围
本表适用于网络化运营验收检测检验批质量验收记录。
二、表内填写提示
网络化运营验收检测应符合现行国家标准《城市轨道交通自动售检票系统工程质量验收标准》GB/T 50381—2018：
Ⅰ　主控项目
11.4.1　票务清分系统应与各线路中央计算机系统、各车站计算机系统等所有网络各终端设备通信应正常，并确保连通性。
检验数量：全部检查。
检验方法：用计算机检查所有本系统网络局域网内的票务清分系统与各线路中央计算机系统、各车站计算机系统的连通性检验。
11.4.2　网络化运营检测应符合下列规定：
1. 检查票务清分系统或线路中央下发的所有运营参数准确无误。

2. 检查各终端设备接收的下发运营参数及时、准确、无误。

3. 对本网络内的所有使用的各种类专用车票进行初始化编码。

4. 对本网络内的所有使用的各种车票，按模拟运营喘要进行赋值。

5. 对本网络内的所有使用的各种车票，在所有终端设备上进行模拟运营对照设计要求的终端设备功能进行检测，每台终端设备的使用次数不少于10次。

6. 对本网络内的各线路车站之间换乘测试。

7. 测试检查所有交易金额均符合本系统规定的票价规则。

8. 切换日期后，检查车站计算机系统、线路中央计算机系统和票务清分系统的各类报表，准确无误，并符合设计要求。

检验数量：全部检查。

检验方法：对本网络进行模拟运行检测。

7.3.9.26　轨道验·机-474　自动售检票电源设备安装检验批质量验收记录

一、适用范围

本表适用于电源设备安装检验批质量验收记录。

二、表内填写提示

电源设备安装应符合现行国家标准《城市轨道交通自动售检票系统工程质量验收标准》GB/T 50381—2018：

Ⅰ　主控项目

12.2.1　电源设备到达现场应对其型号、规格及容量进行检查，并应符合设计要求。

检验数量：全部检查。

检验方法：对照设计文件检查相关质量证明文件，并观察检查外观。

12.2.2　配电柜各单元应插接良好，电气接触点应接触可靠、连接紧密；输入电源的相线和零线不得接错，其零线不得虚接或断开。

检验数量：全部检查。

检验方法：用万用表测量，并观察检查。

12.2.3　蓄电池组安装应排列整齐、连接正确、接触良好，蓄电池电极或接线应无腐蚀，充放电情况应良好，不得过放。

检验数量：全部检查。

检验方法：观察并检查充放电记录。

12.2.4　UPS输出端的中性线（N极），必须与由接地装置直接引来的接地干线相连接并重复接地。UPS装置的可接近裸露导体应接地可靠，且应有标识。

检验数量：抽查10%。

检验方法：观察检查。

12.2.5　配电箱安装应符合下列规定：

1. 配电箱体内元器件完好、齐全，配置性能符合设计要求。

2. 回路编号齐全、正确。

3. 交流配电箱内，零线和保护线在零线和保护地线汇流排上连接，不得绞接，并有编号。

检验数量：全部检查。

检验方法：对照设计文件观察检查。

Ⅱ　一般项目

12.2.6　电源设备的安装位置、顺序、方向及进出线方式应符合设计要求。

检验数量：全部检查。

检验方法：观察检查。

12.2.7　电源设备安装应符合下列规定：
1. UPS机柜、电池柜应固定在金属底座上，不应直接放置在防静电地板上。
2. 电源柜安装垂直度最大允许偏差为1.5‰。
3. 电源柜应按设计要求采用防震措施。
4. 电源柜安装应牢固、端正。
5. 表面应平整，镀漆完好，标志齐全。
检验数量：全部检查。
检验方法：观察检查、尺量检查。
12.2.8　电源设备各种仪表指示应正常。
检验数量：全部检查。
检验方法：观察检查。
12.2.9　蓄电池安装应符合下列规定：
1. 稳固、平正；标志正确、清晰、齐全。
2. 无渗漏。
3. 蓄电池架（柜）安装稳固、端正，全长水平偏差小于15mm。
检验数量：全部检查。
检验方法：观察检查、尺量检查。
12.2.10　配电箱安装应符合下列规定：
1. 箱体无损坏或明显变形、开孔合适，切口整齐、镀漆完好。
2. 暗式配电箱箱盖紧贴墙面。
3. 配管与箱体连接有专用锁紧螺母。
4. 配电箱安装牢固，箱底边距地面宜为1.5m。
检验数量：全部检查。
检验方法：对照设计文件观察检查、尺量检查。

7.3.9.27　轨道验·机-475　电源布线检验批质量验收记录

一、适用范围
本表适用于电源布线检验批质量验收记录。
二、表内填写提示
电源布线应符合现行国家标准《城市轨道交通自动售检票系统工程质量验收标准》GB/T 50381—2018：
Ⅰ　主控项目
12.3.1　电源线缆的型号、规格及数量应符合设计要求；电源线缆不得破损、受潮、扭曲、折皱；端子型号应正确。
检验数量：全部检查。
检验方法：对照设计文件观察检查。
12.3.2　电源布线应符合下列规定：
1. 交、直流电源线缆应分开布放，不得绑在同一线束内。
2. 电源布线不得有接头。
3. 不同电压等级的线缆应分类布置，并应分别单独设槽、管敷设，在同一线槽内宜采用隔板隔开。
4. 电源线缆与数据线缆交叉敷设时宜成直角，平行敷设时，电源线缆目与数据线缆的间距应符合设计要求。
5. 电源线缆与数据线缆和控制电缆分管分槽敷设。
检验数量：全部检查。

检验方法：对照设计文件观察检查。

12.3.3 电源线连接到地面插座盒、墙上插座盒、多功能插座板的接线应正确，设备引出电源线的位置应合适。

检验数量：全部检查。

检验方法：对照设计文件观察检查。

12.3.4 电源端子接线必须正确，电源线缆两端的标志必须齐全。直流电源线必须以线色区别正、负极性，直流电源正、负极严禁错接与短路，接触必须牢固；交流电源线必须以线色区别相线、零线、地线，严禁错接与短路，接触必须牢固。

检验数量：全部检查。

检验方法：对照设计文件观察、检查。

Ⅱ 一般项目

12.3.5 电源线缆的敷设路径和固定方法应符合设计要求。

检验数量：全部检查。

检验方法：观察、检查。

12.3.6 设备内外接线固定松紧应适度，无裸露导电部分。

检验数量：抽验10%。

检验方法：观察、检查。

7.3.9.28 轨道验·机-476 防雷与接地检验批质量验收记录

一、适用范围

本表适用于防雷与接地检验批质量验收记录。

二、表内填写提示

防雷与接地应符合现行国家标准《城市轨道交通自动售检票系统工程质量验收标准》GB/T 50381—2018：

Ⅰ 主控项目

12.4.1 防雷、工作（或联合）接地、保护地线与设备连接应符合设计要求。

检验数量：全部检查。

检验方法：对照设计文件检查。

12.4.2 接地安装应符合下列规定：

1. 接地方式、设备接地端子排列、地线接入及连接应符合设计要求。

2. 设备室内综合接地盘端子、站厅层售票机房接地端子与接地线连接应牢固、接触应良好。

3. 屏蔽接地要求网络数据电缆屏蔽层应单点接地。

4. 接地连接绝缘铜芯导线截面面积不得小于16mm^2。

5. 金属线槽及其支架和引入或引出的金属导管应可靠接地。

6. 接地隐蔽工程部分应有检查验收合格记录。

7. 配电箱接地保护应可靠，且应有标识。

检验数量：全部检查。

检验方法：观察、检查。

12.4.3 接地连接导线布放不得有接头。

检验数量：全部检查。

检验方法：对照设计文件检查。

12.4.4 系统的雷电防护等级、防雷设施的设置位置、方式及数量应符合设计要求。

检验数量：全部检查。

检验方法：观察、检查。

12.4.5　设备的接地线与工作（或联合）地线及保护地线的连接应良好牢固。

检验数量：抽验10%。

检验方法：对照设计文件观察、检查。

Ⅱ　一般项目

12.4.6　从共用综合接地体引出的位置应符合设计要求。

检验数量：全部检查。

检验方法：对照设计文件观察、检查。

7.3.9.29　轨道验·机-477　电源与接地检测检验批质量验收记录

一、适用范围

本表适用于电源与接地检测检验批质量验收记录。

二、表内填写提示

电源与接地检测应符合现行国家标准《城市轨道交通自动售检票系统工程质量验收标准》GB/T 50381—2018：

Ⅰ　主控项目

12.5.1　电源设备测试应符合下列规定：

1. 电源设备带电部分与金属外壳间的绝缘电阻大于5MΩ。

2. 首次充、放电的各项指标均符合设计要求。

检验数量：全部检查。

检验方法：用500V绝缘电阻测试仪、数字万用表、电池容量测试仪进行测试。

12.5.2　电源设备的电性能测试应符合下列规定：

1. 人工或自动转换时，供电不中断。

2. 故障报警准确、可靠。

3. 蓄电池组容量符合设计要求。

4. 输出电压和输出电流超限时，保护电路动作准确。

5. 输入电源故障时，能自动转换蓄电池组供电。

6. UPS的输入、输出各级保护系统和技术性能指标符合设计要求。

检验数量：全部检查。

检验方法：模拟故障试验、检查。

12.5.3　电源监控应能检测主电源及后备电源的供电情况。

检验数量：全部检查。

检验方法：对照设计文件进行操作试验。

12.5.4　电源线缆的芯线间和芯线对地的绝缘电阻应大于0.5MΩ。

检验数量：全部检查。

检验方法：用500V兆欧表测试。

12.5.5　防雷设备的选用应符合设计要求，应由有资质的防雷测试单位进行检测，并应出具检测合格报告。

检验数量：全部检查。

检验方法：检查防雷设备的选用报告。

12.5.6　防雷接地与交流工频接地、直流工作接地、安全保护接地必须共用综合接地体，接地装置的接地电阻值必须按接入设备中要求的最小值确定，其接地电阻测试值严禁大于1Ω。

检验数量：全部检查。

检验方法：用接地电阻测试仪测试或检查接地电阻测试记录。

7.3.11 屏蔽门安装

7.3.11.1 轨道验·机-498 门槛安装检验批质量验收记录

一、适用范围

本表适用于屏蔽门门槛检验批的质量检查验收。

二、表内填写提示

屏蔽门门槛应符合现行国家标准《城市轨道交通站台屏蔽门系统技术规范》CJJ 183—2012、《城市轨道交通站台屏蔽门》CJ/T 236—2006 的相关规定：

6.4.2 门槛安装工程检验批应符合下列规定：

1. 主控项目：

(1) 滑动门门槛、应急门门槛、端门门槛应有防滑措施；

(2) 门槛上表面应与纵向轨顶面平行，平行度应小于

0.5mm/m，全长范围内误差应控制在 0～5mm；

(3) 绝缘装置安装应正确，并应符合设计要求。

2. 一般项目：

(1) 相邻门槛间隙应均匀，接缝处高差应小于 1mm；

(2) 门槛下部支撑连接螺栓的扭力应符合设计要求；

(3) 门槛外观应良好；

(4) 门槛面距离轨道面的标高尺寸应符合设计要求；

(5) 门槛轨道侧边缘距离轨道中心线应符合设计要求。

7.3.11.2 轨道验·机-499 上部结构安装检验批质量验收记录

一、适用范围

本表适用于屏蔽门上部结构安装检验批的质量检查验收。

二、表内填写提示

屏蔽门上部结构安装应符合现行国家标准《城市轨道交通站台屏蔽门系统技术规范》CJJ 183—2012、《城市轨道交通站台屏蔽门》CJ/T 236—2006 的相关规定：

6.4.3 上部结构安装工程检验批应符合下列规定：

1. 主控项目：

(1) 预埋件与土建结构之间．的接触表面应平整；

(2) 绝缘装置安装正确应符合设计要求，

(3) 安装完成后应能适应车站土建结构垂直方向 10mm 沉降量。

2. 一般项目：

(1) 连接螺栓的扭力应符合设计要求；

(2) 紧固螺栓应有防松措施；

(3) 上部结构导轨侧到轨道中心线的水平距离应符合设计要求；

(4) 上部结构下表面到导轨面的垂直距离应符合设计要求。

7.3.11.3 轨道验·机-500 门体结构安装检验批质量验收记录

一、适用范围

本表适用于屏蔽门门体结构安装检验批的质量检查验收。

二、表内填写提示

屏蔽门门体结构安装应符合现行国家标准《城市轨道交通站台屏蔽门系统技术规范》CJJ 183—2012、《城市轨道交通站台屏蔽门》CJ/T 236—2006 的相关规定：

6.4.4 门体结构安装工程检验批应符合下列规定：

1. 主控项目：

(1) 门体结构应有等电位连接电缆；

(2) 门机梁、门相及立柱之间的连接应牢固、可靠；

(3) 屏蔽门门楣或固定侧盒的安装应使门机导轨中心线与门槛平行，门机导轨中心线与门槛面的平行度应小于 1mm/m。

2. 一般项目：

(1) 立柱应垂直于轨道面；

(2) 装在立柱上的不锈钢或铝合金装饰板应平滑牢固且外观良好；

(3) 各门体立柱间距应符合设计要求；

(4) 门机梁到轨道中心线距离应符合设计要求。

7.3.11.4 轨道验·机-501 滑动门安装检验批质量验收记录

一、适用范围

本表适用于屏蔽门滑动门安装检验批的质量检查验收。

二、表内填写提示

屏蔽门滑动门安装应符合现行国家标准《城市轨道交通站台屏蔽门系统技术规范》CJJ 183—2012、《城市轨道交通站台屏蔽门》CJ/T 236—2006 的相关规定：

6.4.5 滑动门、应急门、端门和固定门安装工程检验批应符合下列规定：

1. 主控项目：

(1) 在轨道侧，应能通过滑动门上的手动把手开启滑动门，应能通过应急门、端门上的推杆锁开启应急门、端门；

(2) 滑动门、应急门开度应符合设计要求；

(3) 应急门可开启并定位 90°，端门开启后可向站台侧旋转并定位 90°，且在小于 90°开启后应能自动关闭；

(4) 滑动门、应急门、端门的每一扇门体应能在站台侧用同一规格专用钥匙正常开启；

(5) 门体安装应牢固可靠，并应符合限界要求。

2. 一般项目：

(1) 滑动门导靴、应急门上铰链定位销、端门闭门器、固定门调节支架、电气安全开关、各密封胶条的安装应正确，并应符合设计要求；

(2) 外观应良好；

(3) 滑动门、应急门、端门开关门状况应良好；

(4) 每侧站台固定门和应急门应在同一个平面上安装；固定门扇与门楣、门槛面之间间隙应均匀；

(5) 全高屏蔽门滑动门门扇、应急门门扇与门楣、门槛面之间的间隙不应大于 10mm，全高封闭式屏蔽门间隙处应有密封毛刷或其他形式的密封装置；

(6) 全高屏蔽门滑动门与滑动门立柱之间的间隙不应大于 6mm，半高屏蔽门滑动门与固定侧盒立柱之间的间隙不应大于 8mm，并应在间隙设置毛刷或橡胶条等；

(7) 全高封闭式屏蔽门间隙内应有密封措施。

7.3.11.5 轨道验·机-502 应急门安装检验批质量验收记录

一、适用范围

本表适用于屏蔽门应急门安装检验批的质量检查验收。

二、表内填写提示

屏蔽门应急门安装应符合现行国家标准《城市轨道交通站台屏蔽门系统技术规范》CJJ 183—2012、《城市轨道交通站台屏蔽门》CJ/T 236—2006 的相关规定：

Ⅰ　主控项目

6.4.5　滑动门、应急门、端门和固定门安装工程检验批应符合下列规定：

1. 主控项目：

（1）在轨道侧，应能通过滑动门上的手动把手开启滑动门，应能通过应急门、端门上的推杆锁开启应急门、端门；

（2）滑动门、应急门开度应符合设计要求；

（3）应急门可开启并定位90°，端门开启后可向站台侧旋转并定位90°，且在小于90°开启后应能自动关闭；

（4）滑动门、应急门、端门的每一扇门体应能在站台侧用同一规格专用钥匙正常开启；

（5）门体安装应牢固可靠，并应符合限界要求。

2. 一般项目：

（1）滑动门导靴、应急门上铰链定位销、端门闭门器、固定门调节支架、电气安全开关、各密封胶条的安装应正确，并应符合设计要求；

（2）外观应良好；

（3）滑动门、应急门、端门开关门状况应良好；

（4）每侧站台固定门和应急门应在同一个平面上安装；固定门扇与门楣、门槛面之间间隙应均匀；

（5）全高屏蔽门滑动门门扇、应急门门扇与门楣、门槛面之间的间隙不应大于10mm，全高封闭式屏蔽门间隙处应有密封毛刷或其他形式的密封装置；

（6）全高屏蔽门滑动门与滑动门立柱之间的间隙不应大于6mm，半高屏蔽门滑动门与固定侧盒立柱之间的间隙不应大于8mm，并应在间隙设置毛刷或橡胶条等；

（7）全高封闭式屏蔽门间隙内应有密封措施。

7.3.11.6　轨道验·机-503　端门活动门安装检验批质量验收记录

一、适用范围

本表适用于屏蔽门端门活动门安装检验批的质量检查验收。

二、表内填写提示

屏蔽门端门活动门安装应符合现行国家标准《城市轨道交通站台屏蔽门系统技术规范》CJJ 183—2012、《城市轨道交通站台屏蔽门》CJ/T 236—2006的相关规定：

6.4.7　盖板安装工程检验批应符合下列规定：

1. 主控项目：

（1）各盖板、各支架之间爬电距离间隙应符合设计要求，绝缘性能应良好；

（2）屏蔽门顶箱后封板安装应牢固，前盖板安装应平整，其开启角度不应小于70°，并应能在最大开启角度定位。

2. 一般项目：

（1）相邻盖板的间距应均匀；

（2）相邻盖板的平面应平整；

（3）前下盖板的支撑构件安装应良好，并应符合设计要求；

（4）盖板密封胶安装应良好，并应符合设计要求；

（5）盖板外观应良好；

（6）后盖板的毛刷安装应牢固，并应符合设计要求。

7.3.11.7　轨道验·机-504　固定门安装检验批质量验收记录

一、适用范围

本表适用于屏蔽门固定门安装检验批的质量检查验收。

二、表内填写提示

屏蔽门固定门安装应符合现行国家标准《城市轨道交通站台屏蔽门系统技术规范》CJJ 183—2012、《城市轨道交通站台屏蔽门》CJ/T 236—2006的相关规定：

6.4.5 滑动门、应急门、端门和固定门安装工程检验批应符合下列规定：

1. 主控项目：

(1) 在轨道侧，应能通过滑动门上的手动把手开启滑动门，应能通过应急门、端门上的推杆锁开启应急门、端门；

(2) 滑动门、应急门开度应符合设计要求；

(3) 应急门可开启并定位90°；端门开启后可向站台侧旋转并定位90°，且在小于90°开启后应能自动关闭；

(4) 滑动门、应急门、端门的每一扇门体应能在站台侧用同一规格专用钥匙正常开启；

(5) 门体安装应牢固可靠，并应符合限界要求。

2. 一般项目：

(1) 滑动门导靴、应急门上铰链定位销、端门闭门器、固定门调节支架、电气安全开关、各密封胶条的安装应正确，并应符合设计要求；

(2) 外观应良好；

(3) 滑动门、应急门、端门开关门状况应良好；

(4) 每侧站台固定门和应急门应在同一个平面上安装；固定门扇与门楣、门槛面之间间隙应均匀；

(5) 全高屏蔽门滑动门门扇、应急门门扇与门楣、门槛面之间的间隙不应大于10mm，全高封闭式屏蔽门间隙处应有密封毛刷或其他形式的密封装置；

(6) 全高屏蔽门滑动门与滑动门立柱之间的间隙不应大于6mm，半高屏蔽门滑动门与固定侧盒立柱之间的间隙不应大于8mm，并应在间隙设置毛刷或橡胶条等；

(7) 全高封闭式屏蔽门间隙内应有密封措施。

7.3.11.9 轨道验·机-506 顶箱盖板安装检验批质量验收记录

一、适用范围

本表适用于屏蔽门应急门安装检验批的质量检查验收。

二、表内填写提示

屏蔽门应急门安装应符合现行国家标准《城市轨道交通站台屏蔽门系统技术规范》CJJ 183—2012、《城市轨道交通站台屏蔽门》CJ/T 236—2006的相关规定：

Ⅰ 主控项目

6.4.7 盖板安装工程检验批应符合下列规定：

1. 主控项目：

(1) 各盖板、各支架之间爬电距离间隙应符合设计要求，绝缘性能应良好；

(2) 屏蔽门顶箱后封板安装应牢固，前盖板安装应平整，其开启角度不应小于70°，并应能在最大开启角度定位。

2. 一般项目：

(1) 相邻盖板的间距应均匀；

(2) 相邻盖板的平面应平整；

(3) 前下盖板的支撑构件安装应良好，并应符合设计要求；

(4) 盖板密封胶安装应良好，并应符合设计要求；

(5) 盖板外观应良好；

(6) 后盖板的毛刷安装应牢固，并应符合设计要求。

7.3.11.10 轨道验·机-507 配电柜、控制柜和配电箱安装检验批质量验收记录

一、适用范围

本表适用于屏蔽门成套配电柜、控制柜（屏、台）和动力、照明配电箱（盘）安装检验批的质量检查验收。

二、表内填写提示

屏蔽门成套配电柜、控制柜（屏、台）和动力、照明配电箱（盘）安装应符合现行国家标准《城市轨道交通站台屏蔽门系统技术规范》CJJ 183—2012、《城市轨道交通站台屏蔽门》CJ/T 236—2006 的相关规定：

6.4.8 设备柜安装工程检验批应符合下列规定：

1. 主控项目：

(1) 设备柜的接地应符合设计要求；

(2) 电气绝缘应符合设计要求。

2. 一般项目：

(1) 设备柜安装应牢固可靠，并应符合设计要求；

(2) 设备柜应标有中文名称；

(3) 设备柜内的设备，其接线应正确、牢固、整齐，标志应清晰齐全；

(4) 设备柜的垂直度和平整度应符合设计要求。

7.3.11.11 轨道验·机-508 电线、电缆穿管和线槽敷线检验批质量验收记录

一、适用范围

本表适用于屏蔽门端门电线、电缆穿管和线槽敷线检验批的质量检查验收。

二、表内填写提示

屏蔽门电线、电缆穿管和线槽敷线应符合现行国家标准《城市轨道交通站台屏蔽门系统技术规范》CJJ 183—2012、《城市轨道交通站台屏蔽门》CJ/T 236—2006 的相关规定：

6.4.9 线槽和线缆安装工程检验批应符合下列规定：

1. 主控项目：

(1) 动力线和通信线的表面应无划伤或破损；

(2) 动力线和通信线终端头和接头的制作应符合设计要求；

(3) 线槽的安装路径、安装方式应符合设计要求；

(4) 动力线和通信线应分开放置在不同的线槽内；

(5) 线缆防护管的规格应符合设计要求；

(6) 通信线的屏蔽层、线槽和线缆保护管的接地应符合设计要求；

(7) 线槽及其支架、托架安装应牢固可靠；

(8) 轨道侧线槽安装应能承受设计要求的风压。

2. 一般项目：

(1) 线缆保护管安装应牢固、排列整齐，管口应光滑，应符合设计要求；

(2) 线缆布置应符合设计要求；

(3) 控制电缆的最小允许弯曲半径应大于 10D。

7.3.11.12 轨道验·机-509 中央接口盘（PSC）安装检验批质量验收记录

一、适用范围

本表适用于屏蔽门中央接口盘（PSC）安装检验批的质量检查验收。

二、表内填写提示

屏蔽门中央接口盘（PSC）安装应符合现行国家标准《城市轨道交通站台屏蔽门系统技术规范》CJJ 183—2012、《城市轨道交通站台屏蔽门》CJ/T 236—2006 的相关规定。

7.3.11.13 轨道验·机-510 电源系统安装检验批质量验收记录

一、适用范围

本表适用于屏蔽门电源系统安装检验批的质量检查验收。

二、表内填写提示

屏蔽门电源系统安装应符合现行国家标准《城市轨道交通站台屏蔽门系统技术规范》CJJ 183—2012、《城市轨道交通站台屏蔽门》CJ/T 236—2006 的相关规定：

6.4.10　电源及监控系统检验批应符合下列规定：

1. 主控项目：

(1) 应具有过流、过压保护，当电压在±10%范围内波动时，屏蔽门系统应能正常工作；当电压超过 10%时，，屏蔽门系统应自动保护；

(2) 驱动电源、控制电源与外电源的隔离阻抗不应小于 5Ma；

(3) 动力电缆、控制电缆应采用不同线槽敷设或同槽分室；

(4) 门体金属机械结构之间应采用电线（缆）相连，保持等电位连接；

(5) 端门、应急门应安装关闭且锁紧装置，应能检测门体状态，在门体超过规定时间未关闭时，应有声光报警；

(6) 滑动门单元应安装关闭且锁紧装置，应能检测门体状态。

2. 一般项目：

(1) 驱动电源和控制电源供电回路宜相互独立设置；

(2) 应按本规范第 4.48～第 4.4.10 条的要求进行检验；其中 0.5Ma 绝缘电阻值要求应在屏蔽门门体与其他接口进行绝缘封闭前进行测量；

(3) 屏蔽门设备房、顶箱或固定侧盒内应按设计要求配线。软线和无防护套电缆应在导管、线槽或能确保起到等效防护作用的装置中使用；

(4) 导管、线槽的敷设应整齐牢固；线槽内导线总截面积不应大于线槽净截面积 60%；导管内导线总截面积不应大于导管内净截面积 40%；软管固定间距不应大于 1m，端头固定间距不应大于 0.1m；

(5) 接地线应采用黄绿相间的绝缘导线。

7.3.11.14　轨道验·机-511　系统调试检验批质量验收记录

一、适用范围

本表适用于屏蔽门系统调试检验批的质量检查验收。

二、表内填写提示

屏蔽门系统调试应符合现行国家标准《城市轨道交通站台屏蔽门系统技术规范》CJJ 183—2012、《城市轨道交通站台屏蔽门》CJ/T 236—2006 的相关规定：

6.4.11　系统调试检验批应符合下列规定：

1. 主控项目：

(1) 屏蔽门系统与综合监控系统的接口符合双方接口文件技术条款的要求；

(2) 屏蔽门系统与信号系统的接口符合双方接口文件技术条款的要求；

(3) 主监视系统对各单元及系统的状态及故障信息的监视功能符合合同要求，

(4) 屏蔽门系统 5 级控制功能要求；

(5) 具有断相、错相保护装置或功能；

(6) 具有短路保护装置、过载保护装置；

(7) 滑动门、应急门、端门安全开关应动作可靠。

2. 一般项目：

(1) 屏蔽门安装后每个单元应进行运行试验和功能测试；一侧完整的屏蔽门应连续进行 5000 次运行检测，检测期间屏蔽门应运行平稳、无运行故障；

(2) 在列车正常运行状况下，屏蔽门不宜产生因风压差引起的风哨声；当屏蔽门顶箱或固定侧盒关闭时，在站台侧距离屏蔽门 1m 离地 1.5m 处测量屏蔽门运行时噪声不应大于 70dB (A)；

（3）屏蔽门的外观表面应保持平整，无破损，无刮花；轨道侧手动把手和推杆应有清晰的操作标识，透明部件上应有清晰的防撞标识；

（4）当屏蔽门开关运行时，门扇与立柱、门扇上端与门楣、门扇下端与门槛、门扇下端与地面应无刮碰现象；

（5）门扇与立柱、门扇上端与门楣、门扇下端与门槛、门扇下端与地面之间各自的间隙在整个长度上应基本一致；

（6）设备房、顶箱、门体和门槛等部位应保持清洁。

第八章　工程竣工验收文件

基本要求

一、该表格各地方根据本地的实际情况参考使用。

二、表格允许打印，但填写意见和签名必须由本人签署。

三、凡空格处要求盖公章的，必须加盖单位公章。

四、凡空格处要求盖执业资格证章的，必须加盖个人执业资格证章。

五、引用市政/房建表格的可根据最后一列的市政/房建表格编码进行索引，表格编码按第二列的编码进行编制。

8.16 轨道竣-16 单位工程竣工验收备案法定文件核查表

市政基础设施工程

单位工程竣工验收备案法定文件核查表

轨道竣-16

<table>
<tr><td colspan="2">工程名称</td><td></td><td>工程地址</td><td colspan="2"></td></tr>
<tr><td colspan="2">工程规模</td><td></td><td>工程类别</td><td colspan="2"></td></tr>
<tr><td colspan="2">地面层数</td><td></td><td>地下室层数</td><td colspan="2"></td></tr>
<tr><td colspan="2">建设单位</td><td></td><td>勘察单位</td><td colspan="2"></td></tr>
<tr><td colspan="2">设计单位</td><td></td><td>施工单位</td><td colspan="2"></td></tr>
<tr><td colspan="2">监理单位</td><td></td><td>施工图审查单位</td><td colspan="2"></td></tr>
<tr><td>序号</td><td colspan="2">文件资料名称</td><td>责任单位</td><td>核查结果</td><td>实施依据</td></tr>
<tr><td>1</td><td colspan="2">单位（子单位）工程质量控制资料核查记录</td><td></td><td></td><td rowspan="16">《中华人民共和国建设工程质量管理条例》、《广东省建设工程质量管理条例》、《房屋建筑和市政基础设施工程竣工验收备案管理办法》（城乡建设部令第2号）</td></tr>
<tr><td>2</td><td colspan="2">单位（子单位）工程安全和功能检验资料核查及主要功能抽查记录</td><td></td><td></td></tr>
<tr><td>3</td><td colspan="2">单位（子单位）工程外观质量检查记录</td><td></td><td></td></tr>
<tr><td>4</td><td colspan="2">工程实体质量检查记录</td><td></td><td></td></tr>
<tr><td>5</td><td colspan="2">质量评估报告</td><td>监理单位</td><td></td></tr>
<tr><td>6</td><td colspan="2">勘察文件质量检查报告</td><td>勘察单位</td><td></td></tr>
<tr><td>7</td><td colspan="2">设计文件质量检查报告</td><td>设计单位</td><td></td></tr>
<tr><td>8</td><td colspan="2">市政基础设施工程质量保修书</td><td></td><td></td></tr>
<tr><td>9</td><td colspan="2">工程质量验收计划书</td><td></td><td></td></tr>
<tr><td>10</td><td colspan="2">单位（子单位）工程预验收质量问题整改报告核查表</td><td></td><td></td></tr>
<tr><td>11</td><td colspan="2">建设主管部门及工程质量监督机构责令整改报告核查表</td><td></td><td></td></tr>
<tr><td>12</td><td colspan="2">单位（子单位）工程质量竣工验收记录</td><td rowspan="2">建设、勘察、设计、施工、监理单位</td><td></td></tr>
<tr><td>13</td><td colspan="2">单位（子单位）工程竣工验收报告</td><td></td></tr>
<tr><td>14</td><td colspan="2">竣工验收备案表</td><td>建设单位</td><td></td></tr>
<tr><td>15</td><td colspan="2">法规、规章规定必须提供的其他文件</td><td>有关单位</td><td></td></tr>
<tr><td>16</td><td colspan="2">单位工程竣工验收备案法定文件核查表</td><td></td><td></td></tr>
<tr><td>检查意见</td><td colspan="5">经检查，单位工程竣工验收法定文件合法、齐全、有效。
总监理工程师：（建设单位项目人）： 年 月 日</td></tr>
</table>